国家出版基金项目
NATIONAL PUBLICATION FOUNDATION

"十四五"国家重点出版物
出版规划项目

中国兽药研究与应用全书

COMPREHENSIVE SERIES
ON VETERINARY DRUG
RESEARCH AND APPLICATION
IN CHINA

新兽药创制

薛飞群 主编

化学工业出版社
·北京·

内容简介

本书对新兽药创制领域常用的研究方法和原理进行了介绍，突出介绍了近年来新兽药创制的新理论、新方法和新材料。主要内容包括：绪论、新药物靶标的发现、新化学实体的发现、药物合成新策略、药用新材料（辅料）、新剂型的创制、纳米药物创制、生物药物的创制、新兽药的质量控制及质量标准建立等。书中包含大量新药创制的实例、新兽药创制中药物评价、药物质量控制要点等。

本书可作为动物医学、动物药学、动物科学、化工合成等专业教师、研究生、科研人员的良好参考读物，也可为兽药研发企业提供研发指导。

图书在版编目（CIP）数据

新兽药创制 / 薛飞群主编 . — 北京：化学工业出版社，2025. 1. —（中国兽药研究与应用全书）.
ISBN 978-7-122-46080-6

Ⅰ. S859. 79

中国国家版本馆 CIP 数据核字第 2024N25F34 号

责任编辑：邵桂林　刘　军　　　文字编辑：张熙然
责任校对：王鹏飞　　　　　　　　装帧设计：尹琳琳

出版发行：化学工业出版社
　　　　　（北京市东城区青年湖南街 13 号　邮政编码 100011）
印　　装：北京建宏印刷有限公司
787mm×1092mm　1/16　印张 35　字数 873 千字
2025 年 6 月北京第 1 版第 1 次印刷

购书咨询：010-64518888　　　售后服务：010-64518899
网　　址：http://www.cip.com.cn
凡购买本书，如有缺损质量问题，本社销售中心负责调换。

定　　价：268. 00 元　　　　　　　版权所有　违者必究

本书编写人员名单

主　编

薛飞群　中国农业科学院上海兽医研究所

副主编

张继瑜　中国农业科学院兰州畜牧与兽药研究所

朱　奎　中国农业大学

张可煜　中国农业科学院上海兽医研究所

编写人员（按姓氏笔画）：

马猛华　皖西学院

王春梅　中国农业科学院上海兽医研究所

王霄旸　中国农业科学院上海兽医研究所

刘起军　四川恒通动保生物科技有限公司

刘爱玲　天津瑞普生物技术股份有限公司

李剑勇　中国农业科学院兰州畜牧与兽药研究所

邱银生　武汉轻工大学

谷　峰　中国农业科学院上海兽医研究所

周　文　中国农业科学院上海兽医研究所

徐麒麟　浙江工业大学

郭大伟　南京农业大学

曾　勇　湖北省兽药监察所

丛书序言

我国是世界养殖业第一大国。兽药作为不可或缺的生产资料，对保障和促进养殖业健康发展至关重要，对保障我国动物源性食品安全具有重大战略意义，在我国国民经济的发展中起着不可替代的重要作用。党和政府高度重视兽药科研、生产、应用和管理，要求大力发展和推广使用安全、有效、质量可控、低残留兽药，除了要求保障我国畜牧养殖业健康发展外，进一步保障人民群众"舌尖上的安全"。国家发布的《"十四五"全国畜牧兽医行业发展规划》中明确规定，要继续完善兽药质量标准体系、检验体系等；同时提出推动兽药产业转型升级，加快兽用中药产业发展，加强中兽药饲料添加剂研发，支持发展动物专用原料药及制剂、安全高效的多价多联疫苗、新型标记疫苗及兽医诊断制品。以 2020 年《兽药管理条例》修订、突出"减抗替抗"为标志，我国兽药生产、管理工作和行业发展面临深刻调整，进入全新的发展时代。

兽药创新发展势在必行，成果的产业化应用推广是行业发展的关键。在国家科技创新政策的支持下，广大兽药从业人员深入实施创新驱动发展战略，推动高水平农业科技自立自强，兽药创制能力得到了大幅提升，取得了相当成效，特别是针对重大动物疾病和新发病的预防控制的兽药（尤其是疫苗）创制开发取得了丰硕的成果。我国兽药科技创新平台初具规模、兽药创制体系形成并稳步发展，取得一系列自主研发的新兽药品种，已经成为世界上少数几个具有新兽药创制能力的国家，为我国实现科技强国、加快建设农业强国提供坚实保障。

为了系统总结新中国成立以来兽药工业的研究与应用发展状况和取得的成果，尤其是介绍近年来我国在新兽药研究、创制与应用过程中取得的新技术、新成果和新思路，包括兽药安全评价、管理和贸易流通等，在化学工业出版社的邀请和提议下，沈建忠院士、金宁一院士组织了国内兽药教学、科研、生产、应用和管理等各领域知名专家编写了《中国兽药研究与应用全书》。参与编写的专家在本领域学术造诣深厚、取得了丰硕的成果、具有丰富的经验，代表了当前我国兽药学科领域的水平，保证了本套全书内容的权威性。

《中国兽药研究与应用全书》包含 10 卷，紧紧围绕党中央提出的新五大发展理念，结合国家兽药施用"减量增效"方针、最新修订的《兽药管理条例》和农业农村部"减抗限抗"政策，分别从中国兽药产业发展、兽用化学药物及应用、中兽药及应用、兽用疫苗及应用、兽用诊断试剂及应用、兽用抗生素替代物及应用、兽药残留与分析、兽药管理与国际贸易、兽药安全性与有效性评价、新兽药创制等方面给予了深入阐述，对学科和行业发展具有重要的参考价值和指导价值。

我相信，《中国兽药研究与应用全书》的顺利出版必将对推动我国兽药技术创新，提升兽药行业竞争力，保障畜牧养殖业的绿色和良性发展、动物和人类健康，保护生态环境等方面起到重要和积极作用。

祝贺《中国兽药研究与应用全书》顺利出版，是为序。

中国工程院院士
国家兽药安全评价中心主任、兽医公共卫生安全全国重点实验室主任

前言

兽药是重要的农业投入品。新兽药的创制不仅是防治动物疾病的需要，而且直接影响食品安全、生物安全和人类健康。本书从我国新兽药创制的实际出发，介绍了新兽药设计、开发的原则。然后，重点讲解了当前新药物靶标的发现原理和技术、新兽药新化学实体的发现方法和研究策略、新的辅料与剂型、纳米药物与生物药物，以及新兽药的质量控制要求等。每个章节都从基本概念、技术发展历程、主要研究方法、研究进展和应用等方面逐一展开。介绍内容尽可能包含最新研究进展和应用成果。

本书编写人员主要来自中国农业科学院上海兽医研究所、中国农业大学、中国农业科学院兰州畜牧与兽药研究所、南京农业大学、武汉轻工大学、湖北省兽药监察所等，他们具有丰富的新兽药筛选、剂型开发和新兽药申报注册经验，研发的包括国家一类新兽药沙咪珠利在内的多项新兽药已经在我国兽医临床广泛应用。同时，本书编写人员还包括来自天津瑞普生物技术股份有限公司、四川恒通动保生物科技有限公司等长期从事新兽药开发和成果转化的科研、管理人员，他们丰富了本书的实用性。

我们希望本书可以帮助读者了解新兽药创制的基本模式，并促进我国新兽药的创制。我们尽力确保本书没有错误，但可能也会有疏漏之处。我们也很乐意听到读者的反馈和建议。

编者

目录

第 9 章
新兽药的质量控制及质量标准建立　　512

第 1 章
绪 论

1.1

新兽药创制的意义

1.1.1 新兽药创制的现状

1.1.1.1 新兽药的产品结构

新兽药创制关乎畜牧业发展，关乎国家农业科研的进步。近年来，随着我国非洲猪瘟、抗生素、药物残留、动物源食品安全等一系列问题的出现，新兽药创新研发变得尤为重要。从目前我国新兽药注册情况来看，我国兽药注册类型主要为化药、生物兽药、中兽药等，化药包括原料药和化学制剂，其中抗微生物药物占化药的71%，其次为抗寄生虫药物约占12%，其余的为水产药物、消毒药、解热镇痛药等。对于化药，其原料药主要有头孢洛宁、加米霉素、匹莫苯丹、马波沙星、泰地罗新等；其化学制剂主要有阿莫西林可溶性粉、替米考星可溶粉、莫能菌素预混剂等。对于抗寄生虫药物，最近研发注册的主要有沙咪珠利、氢溴酸常山酮预混剂、羟氯扎胺混悬液等。生物兽药就目前来看，以疫苗为主，多数以病毒性疫苗为主，如禽流感、非洲猪瘟、口蹄疫、伪狂犬等，其次就是一些诊断试剂等。对于中兽药，其大多数以散剂为主，如功苋止痢散、益母草提取物散等。

1.1.1.2 国内新兽药注册情况

随着畜禽产业化进程的加速，国家对兽药管理制度的不断完善，我国新兽药产品注册数量也呈上升趋势（图1-1）。

图 1-1 2016—2020 年我国新兽药产品注册数量变化情况

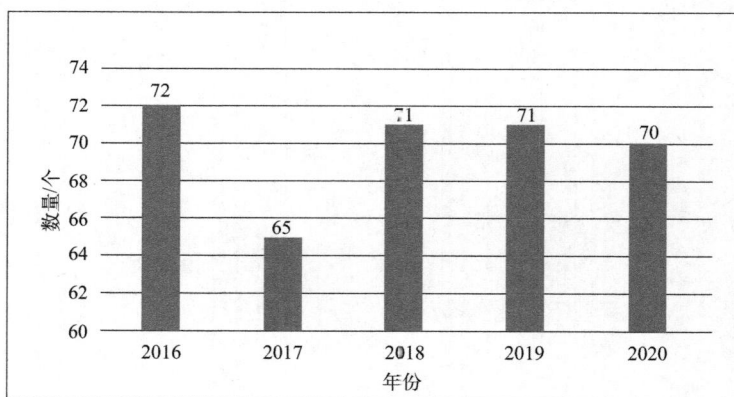

就近几年新兽药注册统计数据（图1-2）来看，2020年全年共注册新兽药70个，其中一类8个、二类24个、三类32个、四类2个、五类4个，研制的新兽药类别主要是三类，申报注册的兽药大多以国家需求为导向，如非洲猪瘟、禽流感等重大疾病的检测试剂盒，其次就是以中药研制的新兽药。另外，对于国内新兽药的创制，大多以仿制药物为主，对于一种药物出现再注册现象、一种药物多种剂型；对于剂型，我国研发的新兽药剂

型种类比较单一，一般为粉剂、散剂、口服剂、预混剂以及普通注射剂等；对于新的给药系统、新的给药途径等具有明显临床优势的剂型开发较少。虽说现在国内药物创制不断进步，但近几年进口新兽药数据显示，我国进口新兽药的比例还是比较高。随着社会不断发展，人民生活水平的提高，宠物药、食用动物新兽药、多剂型兽药等是大势所趋，创制出适合宠物的药物、降低药物在食用动物的残留将是一个重大的问题。

图 1-2　2016—2020 年度国内新兽药注册统计数据对比

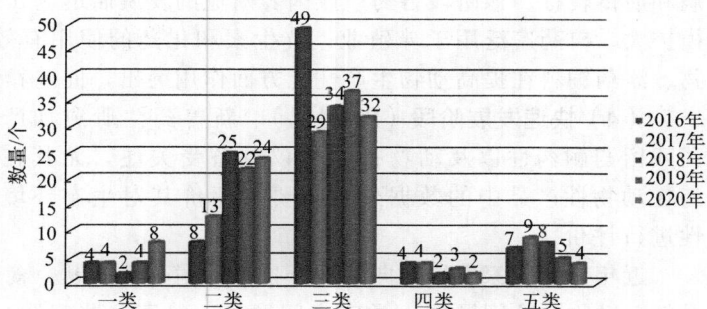

1.1.1.3　进口新兽药注册情况

2020 年进口新兽药共计 69 个，与上一年相比呈下降趋势（图 1-3），但一些药物还是主要靠进口。其中宠物用药及一些专用药物进口占比较大。

图 1-3　2016—2020 年进口新兽药注册（再注册）数据对比

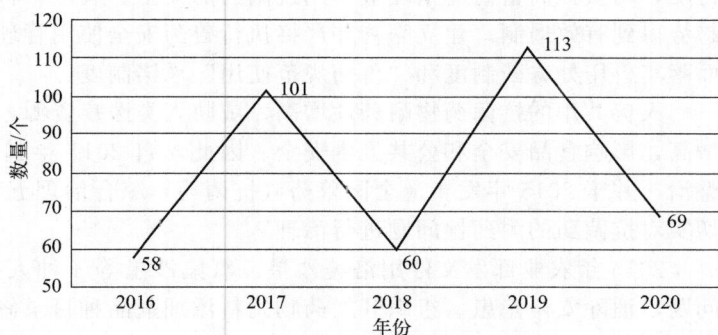

1.1.2　我国新兽药的创制历程

1.1.2.1　新兽药发展史

（1）初始阶段（20 世纪 60 年代以前）　由于当时国内经济落后，畜牧业还以个体养殖、手工方式的家庭副业为主，对畜禽疾病没有意识，几乎没有兽药产业，治疗动物通常使用人药，对于畜病的诊断也仅仅是经验之谈。

（2）成长阶段（20 世纪 60~80 年代）　随着专业化、工业化养殖业的兴起和发展，庞大密集的畜群流动频繁，为传染病和寄生虫病的流行创造了条件。进而兽医服务开始面向健康动物，进入预防兽医产业阶段，扑灭烈性传染病和地方流行病成为重点。因此，这一阶段生产兽用抗生素、化药、疫苗等的企业快速成长。

另外，在这个时期抗生素大力发展，大多数天然抗生素都是这个时期筛选成功的。以至于现在要开发一种天然抗生素非常困难，故大多数是进行结构改造合成衍生物，有时要筛选几万个衍生物才能得到一个上市的产品。

（3）黄金阶段（20世纪末）　1989年，农业部（现农业农村部）颁布了我国第一部兽药GMP《兽药生产质量管理规范（试行）》，推动了兽药生产朝着规范化方向进行。同时随着养殖业向集约化发展，畜禽疾病由烈性传染病转向慢性传染病、中毒病、营养代谢病和遗传转移。该阶段兽药产业因养殖业的发展而迅速壮大，兽药生产企业数量增加、规模扩大。兽药广泛用于养殖业，抗生素和化药的使用有效降低了动物发病率，促生长药物、添药饲料在提高动物生产性能方面作用突出，促进养殖业发展。

（4）快速发展阶段（21世纪）　新兽药注册愈加严格，近年来由于食品安全、兽药残留与耐药性以及动物福利等议题备受关注，尤其在安全性方面，除了要求测定兽药在动物性产品中的数据外，还要求评价其对生态环境的影响，同时还要对细菌耐药性进行评价。

近年来，国家发展导向倾向于抗菌药耐药性问题、食用动物性药物、宠物药物研发以及针对动物安全问题即人类安全问题等，对于这些问题，国家相关部门也发布相应的文件、管理规定等，进而推动兽药研发向着安全、有效、绿色等方向发展。具体表现在政策方面和新兽药注册方面。

① 政策方面：对于抗菌药物问题，农业农村部印发了《全国兽用抗菌药使用减量化行动方案（2021—2025年）》指出以食用动物为重点，稳步推进兽用抗菌药物使用减量化行动，切实提高畜禽养殖环节兽用抗菌药的安全、规范、科学性，以确保动物源细菌耐药趋势得到有效遏制。建立完善并严格执行兽药安全使用管理制度，做到规范科学用药，全面落实兽用处方药制度和"兽药规范使用"承诺制度。

人兽共用的抗菌药物耐药性增高，威胁人类医疗资源，动物专用抗菌药物耐药性逐年增高，影响食品安全和公共卫生安全。因此，自2011年起，持续开展兽用抗菌药物专项整治，并于2015年发布《全国兽药（抗菌药）综合治理五年行动方案（2015—2019年）》切实对抗菌药的耐药性问题进行治理。

2015年农业部发文停用洛美沙星、氧氟沙星等4种人兽共用品种，旨在防范耐药性问题，消除安全隐患。组织开展药物饲料添加剂品种目录修订工作，有机砷、喹乙醇等品种已纳入评价范畴。

② 新兽药注册方面

a. 在我国申请注册用于食品动物的兽药产品，其有效成分尚无国家兽药残留限量标准和兽药残留检测方法标准的，注册申报时应提交兽药残留限量标准和兽药残留检测方法标准建议草案。批准兽药注册时，兽药残留限量标准（试行）和兽药残留检测方法标准（试行）与兽药质量标准一并发布实施。

b. 兽药注册申请单位在提交兽药残留检测方法标准研究资料时，除提交兽药残留检测方法标准草案、起草说明及相关数据外，还应提交2家有资质单位出具的该兽药残留检测方法标准验证试验报告及其说明。

c. 新兽药注册类应在农业部公告第442号中《化学药品注册分类及注册资料要求》项目32"残留检测方法及文献资料"项下提交有关材料；进口兽药注册类应在补充材料中提交有关材料。

d. 在兽药产品注册复核检验的同时，中国兽医药品监察所应对兽药残留检测方法标准实施复核检验，并出具复核检验报告及其说明。

e. 在新兽药监测期内或进口兽药注册证书有效期内，兽药注册申请单位应向全国兽药残留专家委员会办公室提交兽药残留限量标准（试行）、兽药残留检测方法标准（试行）转为国家标准的申请及其相关材料，并通过全国兽药残留专家委员会的技术审查。监测期内或有效期届满前未通过全国兽药残留专家委员会审查的，应暂停生产或进口该产品。自暂停生产或暂停进口之日起2年内，仍未通过全国兽药残留专家委员会审查的，注销该产品质量标准、兽药残留限量标准（试行）和兽药残留检测方法标准（试行），并注销该产品已取得的产品批准文号或进口兽药注册证书。

1.1.2.2 新兽药创制过程

（1）**发现阶段** 发现阶段主要是对发现的新化合物进行探索性研究，包括进行化合物结构和性质研究、进行试验条件下的小试产，同时还要开展先导性试验，进行实验动物和靶动物的剂量反应、毒性和药代动力学研究。根据先导性试验研究结果进行市场研发决策，主要是看是否符合临床需要，经济效益如何，开发可行性多大，是否有研发的必要，一般在此阶段开始专利登记申请。

（2）**非临床研究阶段** 该阶段主要是回答开发可行性问题，以决定是否投入资金进一步研发。此阶段一般用实验动物进行相关性试验研究，包括药理学研究方面进行的药物的主要药效、一般药效、药代动力学和作用机理等研究，以证明有效性问题，以及毒理学研究方面进行的急性毒性、长期毒性和特殊毒性研究，必要时还要进行毒代动力学研究，以证明安全性问题。另外，要根据药理学研究结果，开展有关的药学研究，评选并确定剂型，进行产品稳定性考察，制定相应的质量标准，并进一步开展原料药与制剂的中试生产，此阶段用实验动物进行试验。

（3）**临床研究阶段** 此阶段主要确定新兽药产品是否有进一步研发的意义，此阶段研究一般要用靶动物进行试验，可以分三期来进行。Ⅰ期临床试验：在实验室可控条件下进行，包括靶动物耐受性试验，寻找有效剂量和中毒剂量范围，确定靶动物的有效性和安全性；开展靶动物的药代动力学及生物利用度试验，为下一步推荐临床使用剂量提供依据。Ⅱ期临床试验：包括药效评价试验，即用健康靶动物在可控条件下进行药效对照试验，必要时进行疾病动物药代动力学试验，确定初步的有效剂量，因此也有人称为剂量确定试验；根据确定的有效剂量，对健康动物进行残留消除试验，确定使用后的休药期。Ⅲ期临床试验国外也叫剂量验证试验，主要是验证Ⅰ期、Ⅱ期的结果是否可行，此试验就是在自然生产条件下，在指定的区域进行靶动物随机对照试验，以进一步验证临床试验剂量，同时根据临床使用剂量，进行靶动物的安全试验，考察加大临床使用剂量的毒副反应。

（4）**新兽药注册阶段** 在完成第三期临床研究阶段后，要准备申报的材料，提交新兽药注册申请，进行新兽药注册。所需注册材料：

① 综述材料

a. 兽药名称：包括通用名、英文名、汉语拼音及命名依据，对于原料药还需提供中英文化学名，并提供化学结构式、分子式、分子量。

b. 证明性材料：包括申请人合法登记证明材料；新兽药或新制剂使用的工艺、处方专利情况及其权属状态说明；对他人的专利不构成侵权的保证书；兽药临床试验批准文件；内包装材料和容器符合药用要求的证明性文件。

c. 立题目的与依据：应对国内外相关兽药的研发、上市销售现状及相关文献资料，或生产、使用情况进行全面综述。

d. 对研究结果的总结及评价：从安全性、有效性、质量可控性等方面对主要研究成果进行综合评价。

e. 说明书样稿、起草说明，最新参考文献及包装、样签设计样稿：说明书样稿的项目、内容应符合《兽药标签和说明书管理办法》和《兽药标签和说明书编写细则》的规定。

② 药学研究资料

a. 药学研究资料综述：按照不同的注册对象分别进行原料药和制剂学研究资料综述，原料药学研究综述包括合成工艺研究试验概述、结构确证资料概述、质量研究和质量标准制定概况、稳定性研究概况、国内外文献资料综述。制剂药学研究综述包括剂型选择和处方筛选研究概况、质量研究和质量标准制定概况、稳定性研究概况。

b. 确定化学结构或组分的试验资料及文献资料：主要是通过紫外光谱、红外光谱、液相色谱、质谱、核磁共振、热差等试验得到的与结果确证相关的研究试验报告及所有试验图谱、图谱解析与结论。

c. 原料药生产工艺的研究资料及文献资料：包括工艺流程图、化学反应式、起始原料和有机溶剂、各合成操作步骤中的反应条件、终产品的精制方法及主要理化常数，注明投料量、收率，并说明工艺过程中可能产生或夹杂的杂质或中间产物。

d. 制剂处方、工艺研究资料及文献资料、原辅料来源及质量标准：包括剂型选择依据资料；单方制剂与复方制剂等辅料的选择及用量等处方筛选研究资料。

e. 质量研究工作的试验资料及文献资料：包括理化性质、纯度检查、溶出度、含量测定及方法学研究试验资料等。

f. 兽药标准草案及起草说明：质量标准的格式、所用术语和计量单位及检测所用的试药、试液、缓冲液、滴定液应依据《中华人民共和国兽药典》进行。

g. 标准物质的制备及考核资料：应提供标准物质的制备、精制方法、赋值方法以及溯源性。

h. 药物稳定性研究的试验资料：药物稳定性研究应按照农业农村部发布的《兽用化学药物稳定性研究技术指导原则》要求的考察项目、试验条件、试验期限设计试验研究方案，并提交试验研究资料。

i. 直接接触兽药的包装材料和容器的选择依据及质量标准：需要进行包装材料与产品的相容性检查、密封性检查。

j. 样品检验报告：所有申请注册的兽药均应提供连续三批中试产品的全项检验报告，且批号应与稳定性试验批号一致，并涵盖临床试验用药物的批号。

③ 药理毒理研究资料

a. 药理毒理研究资料综述：应包括药物药效学、作用机制、实验动物的药代动力学、安全药理、毒理等研究资料。一类兽药需提供研究结果的综述，其他类兽药需提供国内外文献资料综述。

b. 主要药效学试验资料：一类兽药需要提供研究资料；二类兽药可以用文献综述代替研究资料；三类兽药分国外上市和未上市二种情况，若在国外未上市销售应提供与已上市药物比较的药效学试验资料，若已在国外上市销售，可用文献综述代替试验资料。

c. 安全药理学研究的试验资料及文献资料。

d. 微生物敏感性试验资料及文献资料：此项资料目前只针对抗感染药或抗球虫药提出要求。申请注册抗感染药或抗球虫药，必须提供对历史和现行临床分离的细菌和寄生虫的敏感性比较研究的实验材料。

e. 药代动力学试验资料及文献资料。

f. 急性毒性试验资料及文献资料。

g. 亚慢性毒性试验资料及文献资料。

h. 致突变试验资料及文献资料。

i. 生殖毒性试验（含致畸试验）资料及文献资料。

j. 慢性毒性（含致癌试验）资料及文献资料。

k. 过敏性（局部、全身和光敏毒性）、溶血性和局部（血管、皮肤、黏膜、肌肉等）刺激性等主要与局部、全身给药相关的特殊安全性试验资料：此项针对各种不同给药途径制剂提出不同要求。通过静脉注射、肌内注射、皮下给药注射的，应提供过敏性、溶血性试验资料；肌内注射、皮下注射、皮肤局部给药的，应提供局部刺激性试验资料。必要时，应提供局部吸收试验资料。

④ 临床试验资料

a. 国内外相关的临床试验资料综述。

b. 临床试验批准文件，试验方案、临床试验资料：各类兽药均应提供临床试验方案、临床试验批准文件和中国兽医药品监察所或农业农村部认可的兽药检验机构出具的临床试验用药物及对照药物检验报告。

c. 靶动物安全性试验资料。

⑤ 残留试验资料

a. 国内外残留试验资料综述：此项只针对用于食用动物的兽药提出要求。需提供兽药及其代谢产物在动物组织是否产生残留、残留的程度、残留时间的资料。

b. 残留检测方法及文献资料：此项也只针对食用动物用药，应提供详细的兽药及代谢产物在动物组织中的残留检测方法。

c. 残留消除试验研究资料，包括试验方案：此项也只针对用于食用动物的兽药提出要求。需要提供药物制剂在靶动物体内消除规律的研究资料，确定在推荐的使用条件下动物组织是否产生残留，并确定休药期。对于抗微生物药和抗寄生虫药还应提供残留物对人肠道菌群的潜在作用，评价对食品加工业的影响。

⑥ 生态毒性试验资料　生态毒性试验资料及文献资料：应提供排出靶动物体内的兽药及其代谢产物在环境中的各项降解途径，对环境潜在的影响，并提出减少影响需要采取的预防措施。

（5）上市后阶段　新兽药获得上市批准后还应进一步完善生产制造工艺与质量控制标准，并补充必要的药理学与毒理学资料，开展上市后对动物以及人的不良反应监测，观察上市的新兽药是否缺乏疗效？在规定的使用条件下动物的毒副反应如何？对药物生产者和使用者的毒副反应如何？如果标签外使用，会出现什么毒副反应？检测在食用动物使用后的残留情况，以判断休药期够不够，对食品安全有无影响？用药后对生态环境有何影响？对抗菌药物还要检测耐药性的发展情况。

1.1.3　我国新兽药创制的主要机构与成就

（1）**孟布酮**　孟布酮化学名为 3-(4′-甲氧基萘甲酰基) 丙酸。该药由西南大学、天津瑞普生物技术股份有限公司、湖北龙翔药业科技股份有限公司申报注册。该药为动物专用利胆药，能够增加动物胆汁的分泌，并具有刺激胃肠道分泌胃液的作用。

该药合成以 1-萘酚为原料，经甲基化反应和傅克酰基化反应合成。合成路线为：

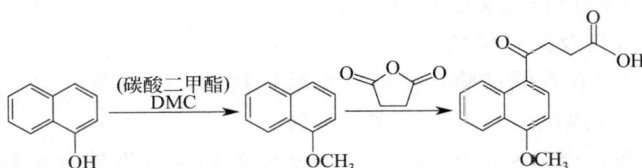

（2）**羟氯扎胺**　羟氯扎胺属于水杨酰苯胺类药物，是由中国农业科学院兰州畜牧与兽药研究所、常州齐晖药业有限公司、内蒙古齐晖化学有限公司申请注册的一类药物。该药对吸虫、绦虫及线虫均有驱虫作用，尤其对肝片吸虫疗效突出，是治疗牛、绵羊、山羊肝片吸虫的首选药。

羟氯扎胺化学结构：

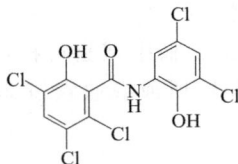

（3）**泰地罗新**　泰地罗新是一种新型泰乐菌素衍生物类广谱抗菌药，对一些革兰氏阳性菌和革兰氏阴性菌均具有抗菌活性。该新药由青岛农业大学等 8 个研究单位联合研制申报注册。

目前文献报道该药物合成均以泰乐菌素为原料，主要有 3 条路线：①以泰乐菌素为原料，经还原将 20 位醛基还原为羟基得到雷诺菌素，水解脱除 5 位碳霉糖和 23 位脱氧阿洛糖，再将 20，23 位羟基同时碘活化、胺取代制得泰地罗新；②以泰乐菌素为原料，首先水解脱除 5 位碳霉糖和 23 位脱氧阿洛糖，再将 23 位羟基氧化成醛基，同时进行 20，23 位醛基还原胺化制得泰地罗新；③以泰乐菌素为原料，先进行还原胺化将 20 位醛基转化成哌啶基，再水解脱除 5 位碳霉糖和 23 位脱氧阿洛糖，用碘活化 23 位羟基后进行哌啶取代制得泰地罗新。

（4）**替米沙坦**　替米沙坦为特异性血管紧张素Ⅱ受体Ⅰ型拮抗剂。与肾脏的血管收缩、水钠潴留、醛固酮合成增加和器官重塑效应有关，能够使肾脏灌流液流速、尿流速和肾小球滤过率呈剂量依赖性增强。该药主要由中国农业大学、洛阳惠中兽药有限公司、北京市兽药监察所等研制单位申报注册。

合成主要以 3-甲基-4-氨基苯甲酸甲酯为起始原料，经酯化、硝化、还原、环化、两步缩合、水解合成等过程。

（5）**匹莫苯丹**　匹莫苯丹是由中国农业大学、青岛农业大学、新疆农业大学、山东信得科技股份有限公司、山东谊源药业股份有限公司联合创制注册的一种国家二类新药。该药作用机制主要是增加肌丝的敏感度，具有磷酸二酯酶抑制剂的作用和延长动作电位时间的作用。

对于其化合物的合成，主要以氯苯、乙酰苯胺、对氯苯甲醛、3-(4-乙酰氨基苯甲酰基)-丁腈、邻苯二乙酸二铵和2-溴-2-苯基乙酰苯等化合物为原料合成制备。

匹莫苯丹化学结构式：

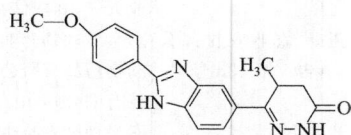

（6）双氯芬酸钠　双氯芬酸钠为第三代强效非甾体消炎镇痛药，具有解热、镇痛、抗炎、抗风湿的作用，主要由中国农业科学院兰州畜牧与兽药研究所、郑州大学、河南省兽药监察所、郑州百瑞动物药业有限公司等共同研制注册的一类新药，目前广泛应用于临床治疗各种慢性风湿性关节炎、类风湿性关节炎、红斑狼疮、消炎镇痛等。

目前该化合物的合成路线：一是以邻卤苯乙酸或其衍生物和2,6-二氯苯胺为原料经过缩合等反应合成；二是以2,3-二氢吲哚二酮为主要原料通过缩合、水解等反应进行合成；三是以邻卤苯甲酸和2,6-二氯苯胺为原料经缩合等反应进行合成；四是以2,2,6,6-四氯环己酮和邻氨基苯乙酸为原料，通过缩合、脱卤化氢、芳构化等反应进行合成；五是以2,6-二氯二苯胺为起始原料，以氯乙酰氯为酰化试剂，经酰化、环合、水解开环得到目标产物。

（7）马波沙星　马波沙星是一种新型的氟喹诺酮类抗菌药物，通过抑制细菌的DNA转录酶从而抑制细菌的生长，抗菌谱广，抗菌活性强，对革兰氏阴性菌、革兰氏阳性菌和支原体等均有抗菌作用。由河北远征药业有限公司和浙江凯胜生物药业有限公司联合创制而成。

对于其合成，目前文献报道以2,3,4,5-四氟苯甲酸为原料，经酰化、缩合、水解、环化等反应进行合成。

2009年至2021年我国新注册兽药汇总（化药）见表1-1。

表1-1　2009年至2021年我国新注册兽药汇总（化药）

通用名	新兽药注册证书号	公告号	研制单位	类别	国别
盐酸溴己新可溶性粉	（2022）新兽药证字04号	农业农村部公告 第520号	齐鲁动物保健品有限公司	五类	
克林霉素磷酸酯颗粒	（2022）新兽药证字01号	农业农村部公告 第518号	瑞普生物药业有限公司（天津）　天津瑞普生物技术股份有限公司	四类	
乳酸溶液（14.0%）(lactic acid solution)	（2022）外兽药证字02号	农业农村部公告 第517号	利拉伐公司美国生产厂（West Agro, Inc. d/b/a DeLaval Manufacturing）		美国
过硫酸氢钾复合物粉(10.0%)(compound potassium peroxymonosulphate powder)	（2022）外兽药证字01号	农业农村部公告 第517号	夸克英国有限公司（Quat-Chem Limited）		英国
恩诺沙星子宫注入剂	（2021）新兽药证字34号	农业农村部公告 第438号	华南农业大学 青岛农业大学 山东鲁抗舍里乐药业有限公司高新区分公司 安徽科尔药业有限公司 广州金泓格农业科技有限公司	五类	
阿莫西林克拉维酸钾颗粒	（2021）新兽药证字33号	农业农村部公告 第438号	内蒙古联邦动保药品有限公司	四类	

通用名	新兽药注册证书号	公告号	研制单位	类别	国别
匹莫苯丹咀嚼片	（2021）新兽药证字 32 号	农业农村部公告 第 438 号	青岛农业大学 中国农业大学 新疆农业大学 山东信得科技股份有限公司 南京金盾动物药业有限责任公司 南京威特动物药品有限公司 青岛百慧智业生物科技有限公司 山东谊源药业股份有限公司 秦皇岛摩登狗生物科技有限公司	二类	
匹莫苯丹	（2021）新兽药证字 31 号	农业农村部公告 第 438 号	青岛农业大学 中国农业大学 新疆农业大学 山东信得科技股份有限公司 山东谊源药业股份有限公司	二类	
泰地罗新注射液	（2021）新兽药证字 24 号	农业农村部公告 第 418 号	河北远征药业有限公司 福建傲农生物制药有限公司 河南牧翔动物药业有限公司 河北远征禾木药业有限公司 青岛农业大学 山东鲁抗舍里乐药业有限公司高新区分公司 山东德州神牛药业有限公司 保定九孚生化有限公司 河北威远药业有限公司	二类	
泰地罗新	（2021）新兽药证字 23 号	农业农村部公告 第 418 号	青岛农业大学 河北远征禾木药业有限公司 山东鲁抗舍里乐药业有限公司 郑州福源动物药业有限公司 河北远征药业有限公司 保定九孚生化有限公司 黑龙江联顺生物科技有限公司 河北威远药业有限公司	二类	
盐酸溴己新可溶性粉	（2021）新兽药证字 18 号	农业农村部公告 第 408 号	天津市中升挑战生物科技有限公司	五类	
维他昔布注射液	（2021）新兽药证字 17 号	农业农村部公告 第 408 号	北京欧博方医药科技有限公司 青岛欧博方医药科技有限公司	四类	
利福昔明子宫注入剂	（2021）新兽药证字 15 号	农业农村部公告 第 408 号	中国农业科学院饲料研究所 北京市畜牧总站 广东温氏大华农生物科技有限公司动物保健品厂 齐鲁动物保健品有限公司 华秦源(北京)动物药业有限公司杨凌分公司	五类	
非泼罗尼吡丙醚滴剂（犬用，2.68mL）(fipronil and pyriproxyfen spot-on solution)	（2021）外兽药证字 76 号	农业农村部公告 第 502 号	法国维克有限公司(Virbac)		法国
非泼罗尼吡丙醚滴剂（犬用，1.34mL）(fipronil and pyriproxyfen spot-on solution)	（2021）外兽药证字 75 号	农业农村部公告 第 502 号	法国维克有限公司(Virbac)		法国
非泼罗尼吡丙醚滴剂（犬用，0.67mL）(fipronil and pyriproxyfen spot-on solution)	（2021）外兽药证字 74 号	农业农村部公告 第 502 号	法国维克有限公司(Virbac)		法国
非泼罗尼吡丙醚滴剂（猫用，0.5mL）(fipronil and pyriproxyfen spot-on solution)	（2021）外兽药证字 73 号	农业农村部公告 第 502 号	法国维克有限公司(Virbac)		法国

通用名	新兽药注册证书号	公告号	研制单位	类别	国别
托曲珠利内服混悬液〔(1000mL∶50.0g)tol-trazuril oral suspension〕	（2021）外兽药证字66号	农业农村部公告 第486号	法国诗华动物保健公司（CEVA SANTE ANIMALE S. A.）		法国
托曲珠利内服混悬液〔(250mL∶12.5g)tol-trazuril oral suspension〕	（2021）外兽药证字65号	农业农村部公告 第486号	法国诗华动物保健公司（CEVA SANTE ANIMALE S. A.）		法国
枸橼酸马罗匹坦注射液(20mL∶0.2g)(maro-pitant citrate injection)	（2021）外兽药证字61号	农业农村部公告 第479号	硕腾公司西班牙赫罗纳生产厂（Zoetis Manufacturing & Research Spain, S. L.）		西班牙
马来酸奥拉替尼片(16mg)(oclacitinib maleate tablets)	（2021）外兽药证字53号	农业农村部公告 第469号	硕腾公司美国卡拉玛祖生产厂（Zoetis LLC Kalamazoo, USA）		美国
马来酸奥拉替尼片(5.4mg)(oclacitinib maleate tablets)	（2021）外兽药证字52号	农业农村部公告 第469号	硕腾公司美国卡拉玛祖生产厂（Zoetis LLC Kalamazoo, USA）		美国
马来酸奥拉替尼片(3.6mg)(oclacitinib maleate tablets)	（2021）外兽药证字51号	农业农村部公告 第469号	硕腾公司美国卡拉玛祖生产厂（Zoetis LLC Kalamazoo, USA）		美国
米尔贝肟吡喹酮片(犬用)(137.5mg)(milbemycin oxime and praziquantel tablets for dogs)	（2021）外兽药证字40号	农业农村部公告 第440号	法国维克有限公司（VIRBAC）		法国
米尔贝肟吡喹酮片(犬用)(27.5mg)(milbemycin oxime and praziquantel tablets for dogs)	（2021）外兽药证字39号	农业农村部公告 第440号	法国维克有限公司（VIRBAC）		法国
米尔贝肟吡喹酮片(猫用)(56mg)(milbemycin oxime and praziquantel tablets for cats)	（2021）外兽药证字38号	农业农村部公告 第440号	法国维克有限公司（VIRBAC）		法国
米尔贝肟吡喹酮片(猫用)(14mg)(milbemycin oxime and praziquantel tablets for cats)	（2021）外兽药证字37号	农业农村部公告 第440号	法国维克有限公司（VIRBAC）		法国
美洛昔康内服混悬液（犬猫用）（30mL∶15mg）〔meloxicam oral suspension(for dogs and cats)〕	（2021）外兽药证字30号	农业农村部公告 第421号	德国勃林格殷格翰动物保健有限公司墨西哥生产厂（Boehringer Ingelheim Promeco, S. A. de C. V.）		墨西哥
美洛昔康内服混悬液（犬猫用）（15mL∶7.5mg）〔meloxicam oral suspension(for dogs and cats)〕	（2021）外兽药证字29号	农业农村部公告 第421号	德国勃林格殷格翰动物保健有限公司墨西哥生产厂（Boehringer Ingelheim Promeco, S. A. de C. V.）		墨西哥
美洛昔康内服混悬液（犬猫用）(3mL∶1.5mg)〔meloxicam oral suspension(for dogs and cats)〕	（2021）外兽药证字28号	农业农村部公告 第421号	德国勃林格殷格翰动物保健有限公司墨西哥生产厂（Boehringer Ingelheim Promeco, S. A. de C. V.）		墨西哥

通用名	新兽药注册证书号	公告号	研制单位	类别	国别
复方克霉唑滴耳液（compound clotrimazole ear drops）	（2021）外兽药证字 23 号	农业农村部公告 第 415 号	法国威隆制药股份有限公司（Veto-quinol S. A.）		法国
烯丙孕素内服溶液（altrenogest oral sclution）	（2021）外兽药证字 22 号	农业农村部公告 第 415 号	英特威国际有限公司法国厂（Intervet Productions）		法国
替米考星溶液（tilmi-cosin solution）	（2021）外兽药证字 20 号	农业农村部公告 第 411 号	美国礼蓝动物保健有限公司英国生产厂（Elanco UK AH Limited）		英国
赛拉菌素沙罗拉纳滴剂（猫用）（1.0mL：60mg＋10mg）［selamectin and sarolaner spot-on solutions (for cats)］	（2021）外兽药证字 19 号	农业农村部公告 第 411 号	硕腾公司美国卡拉玛祖生产厂（Zoetis LLC,Kalamazoo,USA）		美国
赛拉菌素沙罗拉纳滴剂（猫用）（0.5mL：30mg＋5mg）［selamec-tin and sarolaner spot-on solutions(for cats)］	（2021）外兽药证字 18 号	农业农村部公告 第 411 号	硕腾公司美国卡拉玛祖生产厂（Zoetis LLC,Kalamazoo,USA）		美国
赛拉菌素沙罗拉纳滴剂（猫用）（0.25mL：15mg＋2.5mg）［selamectin and sarolaner spot-on so-lutions(for cats)］	（2021）外兽药证字 17 号	农业农村部公告 第 411 号	硕腾公司美国卡拉玛祖生产厂（Zoetis LLC,Kalamazoo,USA）		美国
奥美拉唑内服糊剂 omeprazole oral paste	（2021）外兽药证字 16 号	农业农村部公告 第 411 号	勃林格殷格翰动物保健有限公司（巴西）（Boehringer Ingelheim Animal Health do Brasil Ltda.）		巴西
碱式硝酸铋乳房注入剂（干乳期）［bismuth subnitrate intramamma-ry infusion(dry cow)］	（2021）外兽药证字 15 号	农业农村部公告 第 411 号	十字动保药业集团有限公司（Cross Vetpharm Group Ltd.）		爱尔兰
泰地罗新注射液（猪用）（250mL：10g）（til-dipirosin injection solu-tion for swine）	（2021）外兽药证字 02 号	农业农村部公告 第 385 号	英特威国际有限公司德国厂（Intervet International GmbH）		德国
泰地罗新注射液（猪用）（100mL：4g）（tilcip-irosin injection solution for swine）	（2021）外兽药证字 01 号	农业农村部公告 第 385 号	英特威国际有限公司德国厂（Intervet International GmbH）		德国
头孢氨苄片（750mg）（cefalexin tablets）	（2021）外兽药证字 49 号	农业农村部公告 第 462 号	法国诗华动物保健公司（CEVA SANTE ANIMALE S. A.）		法国
头孢氨苄片（300mg）（cefalexin tablets）	（2021）外兽药证字 48 号	农业农村部公告 第 462 号	法国诗华动物保健公司（CEVA SANTE ANIMALE S. A.）		法国
盐酸贝那普利片（benazepril hydrochlo-ride tablets）	（2021）外兽药证字 07 号	农业农村部公告 第 396 号	法国礼蓝股份公司（Elanco France）		法国

通用名	新兽药注册证书号	公告号	研制单位	类别	国别
盐酸头孢噻呋注射液（250mL：12.5g）（ceftiofur hydrochloride injection）	（2021）外兽药证字06号	农业农村部公告 第396号	硕腾公司美国卡拉玛祖生产厂（Zoetis LLC,Kalamazoo,USA）		美国
盐酸头孢噻呋注射液（100mL：5g）（ceftiofur hydrochloride injection）	（2021）外兽药证字05号	农业农村部公告 第396号	硕腾公司美国卡拉玛祖生产厂（Zoetis LLC,Kalamazoo,USA）		美国
二氧化氯溶液	（2021）新兽药证字55号	农业农村部公告 第463号	中国农业科学院饲料研究所 广东温氏大华农生物科技有限公司 中牧实业股份有限公司黄冈动物药品厂 湖南喜爱迪生物科技有限责任公司	二类	
泰地罗新注射液	（2021）新兽药证字02号	农业农村部公告 第391号	湖北回盛生物科技有限公司 江苏恒丰强生物技术有限公司 山东华辰制药有限公司 武汉回盛生物科技股份有限公司 艾美科健（中国）生物医药有限公司 山东久隆恒信药业有限公司 长沙施比龙动物药业有限公司 华中农业大学 保定冀中生物科技有限公司	二类	
泰地罗新	（2021）新兽药证字01号	农业农村部公告 第391号	武汉回盛生物科技股份有限公司 瑞孚信湖北药业有限公司 山东华辰生物化学有限公司 山东久隆恒信药业有限公司 湖北回盛生物科技有限公司 艾美科健（中国）生物医药有限公司 京山瑞生制药有限公司 长沙施比龙动物药业有限公司 武汉轻工大学	二类	
孟布酮	（2020）新兽药证字9号	农业农村部公告 第284号	西南大学 天津瑞普生物技术股份有限公司 湖北龙翔药业科技股份有限公司	二类	
替米沙坦内服溶液	（2020）新兽药证字70号	农业农村部公告 第374号	中国农业大学 洛阳惠中兽药有限公司 江苏恒丰强生物技术有限公司 佛山市南海东方澳龙制药有限公司 北京市兽药监察所 洛阳惠德生物工程有限公司	五类	
复方氨基酸注射液	（2020）新兽药证字68号	农业农村部公告 第374号	河北科星药业有限公司 四川恒通动保生物科技有限公司 江苏朗博特动物药品有限公司 江西省保灵动物保健品有限公司	四类	
复方非泼罗尼滴剂	（2020）新兽药证字61号	农业农村部公告 第350号	洛阳惠中兽药有限公司 普莱柯生物工程股份有限公司 河南新正好生物工程有限公司	二类	
甲氧普烯	（2020）新兽药证字60号	农业农村部公告 第350号	洛阳惠中兽药有限公司 普莱柯生物工程股份有限公司 河南新正好生物工程有限公司	二类	
氢溴酸常山酮预混剂	（2020）新兽药证字59号	农业农村部公告 第350号	山西美西林药业有限公司 南京惠牧生物科技有限公司	二类	
氢溴酸常山酮	（2020）新兽药证字58号	农业农村部公告 第350号	山西美西林药业有限公司	二类	
沙咪珠利溶液	（2020）新兽药证字55号	农业农村部公告 第350号	中国农业科学院上海兽医研究所 天津市中升挑战生物技术有限公司 中牧全药（南京）动物药品有限公司 山东国邦药业有限公司	一类	

通用名	新兽药注册证书号	公告号	研制单位	类别	国别
沙咪珠利	（2020）新兽药证字54号	农业农村部公告 第350号	中国农业科学院上海兽医研究所 山东国邦药业有限公司 湖北中牧安达药业有限公司	一类	
卡贝缩宫素注射液	（2020）新兽药证字44号	农业农村部公告 第335号	宁波三生生物科技有限公司 中国农业大学		
卡贝缩宫素	（2020）新兽药证字43号	农业农村部公告 第335号	宁波三生生物科技有限公司 中国农业大学		
美洛昔康咀嚼片	（2020）新兽药证字42号	农业农村部公告 第327号	浙江海正动物保健品有限公司	五类	
羟氯扎胺混悬液	（2020）新兽药证字41号	农业农村部公告 第327号	中国农业科学院兰州畜牧与兽药研究所 常州齐晖药业有限公司 武威牛满加药业有限责任公司 成都中牧生物药业有限公司 重庆方通动物药业有限公司 河北远征药业有限公司 兰州牧药所生物科技研发有限责任公司 江苏优力维生物医药有限公司	二类	
羟氯扎胺	（2020）新兽药证字40号	农业农村部公告 第327号	中国农业科学院兰州畜牧与兽药研究所 常州齐晖药业有限公司 内蒙古齐晖化学有限公司	二类	
酮洛芬注射液	（2020）新兽药证字39号	农业农村部公告 第327号	佛山市南海东方澳龙制药有限公司	五类	
过氧化氢粉	（2020）新兽药证字29号	农业农村部公告 第299号	南京艾力彼兽药研究所有限公司 安徽天安生物科技股份有限公司 青岛润达生物科技有限公司 江苏南京农大动物药业有限公司盱眙分公司 南京美智德合成材料有限公司 南京农业大学	三类	
复方甘草酸苷片	（2020）新兽药证字28号	农业农村部公告 第299号	南京农业大学 吉林大学 南京金盾动物药业有限责任公司 保定冀中生物科技有限公司 河南新感觉兽药有限公司 南京朗博特动物药业有限公司 湖北中博绿亚生物技术有限公司 上海信元动物药品有限公司 河北远征药业有限公司	四类	
利福昔明乳房注入剂（泌乳期）	（2020）新兽药证字16号	农业农村部公告 第296号	南京农业大学 山东鲁抗舍里乐药业有限公司高新区分公司 佛山市南海东方澳龙制药有限公司 郑州百瑞动物药业有限公司 保定冀中生物科技有限公司 河北远征药业有限公司 河南益华动物药业有限公司	五类	
复合亚氯酸钠溶液	（2020）新兽药证字15号	农业农村部公告 第296号	广州迈亶化学有限公司	三类	
加米霉素注射液	（2020）新兽药证字13号	农业农村部公告 第296号	保定冀中生物科技有限公司 上海公谊药业有限公司 广东温氏大华农生物科技有限公司动物保健品厂 山东鲁抗舍里乐药业有限公司高新区分公司 青岛农业大学 东北农业大学 中国农业大学 保定九孚生化有限公司 中牧南京动物药业有限公司 保定冀中药业有限公司 湖北回盛生物科技有限公司	二类	

通用名	新兽药注册证书号	公告号	研制单位	类别	国别
加米霉素	（2020）新兽药证字12号	农业农村部公告 第296号	保定冀中生物科技有限公司 山东鲁抗舍里乐药业有限公司 青岛农业大学 河北天象生物药业有限公司 保定冀中药业有限公司 保定九孚生化有限公司 湖北中牧安达药业有限公司	二类	
孟布酮注射液	（2020）新兽药证字11号	农业农村部公告 第284号	西南大学 瑞普（天津）生物药业有限公司 成都新亨药业有限公司 天津市中升挑战生物科技有限公司	二类	
孟布酮粉	（2020）新兽药证字10号	农业农村部公告 第284号	西南大学 瑞普（天津）生物药业有限公司 成都新亨药业有限公司 天津市中升挑战生物科技有限公司	二类	
泰地罗新注射液（牛用）（100mL：18g）（tildipirosin injection solution for cattle）	（2020）外兽药证字61号	农业农村部公告 第365号	英特威国际有限公司德国厂（Intervet International GmbH）		德国
泰地罗新注射液（牛用）（50mL：9g）（tildipirosin injection solution for cattle）	（2020）外兽药证字60号	农业农村部公告 第365号	英特威国际有限公司德国厂（Intervet International GmbH）		德国
莫奈太尔内服溶液（monepantel oral solution）	（2020）外兽药证字54号	农业农村部公告 第355号	阿金塔-邓地有限公司（Argenta Dundee Limited）		英国
沙罗拉纳咀嚼片（120mg）[sarolaner chewable tablets(120mg)]	（2020）外兽药证字49号	农业农村部公告 第344号	硕腾公司美国林肯生产厂（Zoetis Inc.）		美国
沙罗拉纳咀嚼片（80mg）[sarolaner chewable tablets(80mg)]	（2020）外兽药证字48号	农业农村部公告 第344号	硕腾公司美国林肯生产厂（Zoetis Inc.）		美国
沙罗拉纳咀嚼片（40mg）[sarolaner chewable tablets(40mg)]	（2020）外兽药证字47号	农业农村部公告 第344号	硕腾公司美国林肯生产厂（Zoetis Inc.）		美国
沙罗拉纳咀嚼片（20mg）[sarolaner chewable tablets(20mg)]	（2020）外兽药证字46号	农业农村部公告 第344号	硕腾公司美国林肯生产厂（Zoetis Inc.）		美国
沙罗拉纳咀嚼片（10mg）[sarolaner chewable tablets(10mg)]	（2020）外兽药证字45号	农业农村部公告 第344号	硕腾公司美国林肯生产厂（Zoetis Inc.）		美国
沙罗拉纳咀嚼片（5mg）[sarolaner chewable tablets(5mg)]	（2020）外兽药证字44号	农业农村部公告 第344号	硕腾公司美国林肯生产厂（Zoetis Inc.）		美国
阿莫西林注射液（250mL：37.5g）[amoxicillin injection（250mL：37.5g）]	（2020）外兽药证字39号	农业农村部公告 第332号	百美达美国生产厂（Constant Irwindale Inc.）		美国
阿莫西林注射液（100mL：15g）[amoxicillin injection（100mL：15g）]	（2020）外兽药证字38号	农业农村部公告 第332号	百美达美国生产厂（Constant Irwindale Inc.）		美国

通用名	新兽药注册证书号	公告号	研制单位	类别	国别
复方过硫酸氢钾枸橼酸粉	（2019）新兽药证字77号	农业农村部公告 第253号	北京大北农动物保健科技有限责任公司 韶山大北农动物药业有限公司	三类	
米尔贝肟吡喹酮咀嚼片	（2019）新兽药证字71号	农业农村部公告 第239号	浙江海正动物保健品有限公司	五类	
硫糖铝片	（2019）新兽药证字68号	农业农村部公告 第239号	青岛蔚蓝生物股份有限公司 天津市保灵动物保健有限公司 江苏恒丰强生物技术有限公司 保定冀中生物科技有限公司 北京中科拜克生物技术有限公司 青岛动保国家工程技术研究中心有限公司 山东益远药业有限公司	四类	
碱式硝酸铋乳房注入剂(干乳期)	（2019）新兽药证字67号	农业农村部公告 第239号	中国农业科学院饲料研究所 浙江海正动物保健品有限公司 齐鲁动物保健品有限公司 浙江海正药业股份有限公司 齐鲁晟华制药有限公司	五类	
利福昔明子宫注入剂	（2019）新兽药证字63号	农业农村部公告 第214号	南京农业大学 山东鲁抗舍里乐药业有限公司高新区分公司 佛山市南海东方澳龙制药有限公司 湖北回盛生物科技有限公司 四川省川龙劲科药业有限公司 河南益华动物药业有限公司	五类	
博普总碱散	（2019）新兽药证字62号	农业农村部公告 第214号	湖南农业大学 湖南美可达生物资源股份有限公司 湖南菲托葳植物资源有限公司 湖南省中药提取工程研究中心有限公司	二类	
博普总碱	（2019）新兽药证字61号	农业农村部公告 第214号	湖南农业大学 湖南美可达生物资源股份有限公司 湖南菲托葳植物资源有限公司 湖南省中药提取工程研究中心有限公司	二类	
烯丙孕素内服溶液	（2019）新兽药证字50号	农业农村部公告 第186号	上海同仁药业股份有限公司 上海兽药厂 大连上岛科技发展有限公司 杭州裕美生物科技有限公司	二类	
烯丙孕素	（2019）新兽药证字49号	农业农村部公告 第186号	杭州裕美生物科技有限公司 上海同仁药业股份有限公司 上海兽药厂 大连上岛科技发展有限公司	二类	
磺胺氯吡嗪钠甲氧苄啶可溶性粉	（2019）新兽药证字47号	农业农村部公告 第186号	河南牧翔动物药业有限公司 广东腾骏动物药业股份有限公司 四川恒通动保生物科技有限公司 石家庄江山动物药业有限公司 江苏恒丰强生物技术有限公司 扬州大学 河南农业大学	四类	
双氯芬酸钠注射液	（2019）新兽药证字46号	农业农村部公告 第186号	郑州百瑞动物药业有限公司 中国农业科学院兰州畜牧与兽药研究所 河南省兽药监察所 郑州大学	五类	
注射用阿莫西林钠克拉维酸钾	（2019）新兽药证字44号	农业农村部公告 第187号	内蒙古联邦动保药品有限公司 华北制药集团动物保健品有限责任公司 瑞普(天津)生物药业有限公司	四类	
加米霉素注射液	（2019）新兽药证字43号	农业农村部公告 第187号	天津市中升挑战生物科技有限公司 新昌和宝生物科技有限公司 艾美科健(中国)生物医药有限公司	二类	

通用名	新兽药注册证书号	公告号	研制单位	类别	国别
加米霉素	（2019）新兽药证字42号	农业农村部公告 第187号	中国农业科学院饲料研究所 浙江国邦药业有限公司 天津市中升挑战生物科技有限公司 艾美科健（中国）生物医药有限公司	二类	
维生素ADE注射液	（2019）新兽药证字34号	农业农村部公告 第164号	宁夏智弘生物科技有限公司 苏州素仕生物科技有限公司 河北远征药业有限公司 宁夏回族自治区兽药饲料监察所	五类	
碘甘油混合溶液	（2019）新兽药证字24号	农业农村部公告 第158号	中国农业科学院饲料研究所 利拉伐（天津）有限公司	三类	
头孢洛宁乳房注入剂（干乳期）	（2019）新兽药证字21号	农业农村部公告 第158号	中牧实业股份有限公司 中国牧工商集团有限公司 山东鲁抗舍里乐药业有限公司高新区分公司 艾美科健（中国）生物医药有限公司 中牧全药（南京）动物药品有限公司 扬州大学	二类	
头孢洛宁	（2019）新兽药证字20号	农业农村部公告 第158号	中牧实业股份有限公司 中国牧工商集团有限公司 艾美科健（中国）生物医药有限公司 山东鲁抗舍里乐药业有限公司 湖北中牧安达药业有限公司 扬州大学	二类	
泰地罗新注射液	（2019）新兽药证字19号	农业农村部公告 第158号	齐鲁动物保健品有限公司 齐鲁晟华制药有限公司 中国农业大学	二类	
泰地罗新	（2019）新兽药证字18号	农业农村部公告 第158号	齐鲁晟华制药有限公司 齐鲁动物保健品有限公司 中国农业大学	二类	
头孢洛宁乳房注入剂（干乳期）	（2019）新兽药证字17号	农业农村部公告 第158号	中国农业科学院饲料研究所 齐鲁动物保健品有限公司 北京市畜牧总站 齐鲁晟华制药有限公司	二类	
头孢洛宁	（2019）新兽药证字16号	农业农村部公告 第158号	中国农业科学院饲料研究所 齐鲁晟华制药有限公司 齐鲁动物保健品有限公司 北京市畜牧总站	二类	
烯丙孕素	（2019）新兽药证字14号	农业农村部公告 第145号	江苏远大信谊药业有限公司	二类	
烯丙孕素内服溶液	（2019）新兽药证字13号	农业农村部公告 第145号	齐鲁动物保健品有限公司	二类	
卡洛芬注射液（犬用）（carprofen injection for dogs）	（2019）外兽药证字99号	农业农村部公告 第252号	因诺特医药有限公司（Inovat Industria Farmaceutica LTDA）		巴西
卡洛芬咀嚼片（犬用）（100mg）[carprofen chewable tablets for dogs(100mg)]	（2019）外兽药证字98号	农业农村部公告 第252号	硕腾公司美国林肯生产厂（Zoetis Inc.）		美国
卡洛芬咀嚼片（犬用）（75mg）[carprofen chewable tablets for dogs(75mg)]	（2019）外兽药证字97号	农业农村部公告 第252号	硕腾公司美国林肯生产厂（Zoetis Inc.）		美国
卡洛芬咀嚼片（犬用）（25mg）[carprofen chewable tablets for dogs(25mg)]	（2019）外兽药证字96号	农业农村部公告 第252号	硕腾公司美国林肯生产厂（Zoetis Inc.）		美国

通用名	新兽药注册证书号	公告号	研制单位	类别	国别
多杀霉素米尔贝肟咀嚼片（多杀霉素 1620mg＋米尔贝肟 27mg）[spinosad and milbemycin oxime chewable tablets (spinosad 1620mg＋milbemycin 27mg)]	（2019）外兽药证字 90 号	农业农村部公告 第 238 号	美国艾伯维公司（Abb Vie Inc.）		美国
多杀霉素米尔贝肟咀嚼片（多杀霉素 810mg＋米尔贝肟 13.5mg）[spinosad and milbemycin oxime chewable tablets (spinosad 810mg＋milbemycin 13.5mg)]	（2019）外兽药证字 89 号	农业农村部公告 第 238 号	美国艾伯维公司（Abb Vie Inc.）		美国
多杀霉素米尔贝肟咀嚼片（多杀霉素 560mg＋米尔贝肟 9.3mg）[spinosad and milbemycin oxime chewable tablets (spinosad 560mg＋milbemycin 9.3mg)]	（2019）外兽药证字 88 号	农业农村部公告 第 238 号	美国艾伯维公司（Abb Vie Inc.）		美国
多杀霉素米尔贝肟咀嚼片（多杀霉素 270mg＋米尔贝肟 4.5mg）[spinosad and milbemycin oxime chewable tablets (spinosad 270mg＋milbemycin 4.5mg)]	（2019）外兽药证字 87 号	农业农村部公告 第 238 号	美国艾伯维公司（Abb Vie Inc.）		美国
多杀霉素米尔贝肟咀嚼片（多杀霉素 140mg＋米尔贝肟 2.3mg）[spinosad and milbemycin oxime chewable tablets (spinosad 140mg＋milbemycin 2.3mg)]	（2019）外兽药证字 86 号	农业农村部公告 第 238 号	美国艾伯维公司（Abb Vie Inc.）		美国
乙酸地洛瑞林植入剂（deslorelin acetate implant）	（2019）外兽药证字 82 号	农业农村部公告 第 232 号	法国维克有限公司（VIRBAC）		法国
双羟萘酸噻嘧啶 吡喹酮片（pyrantel pamoate and praziquantel tablet）	（2019）外兽药证字 70 号	农业农村部公告 第 216 号	KVPKiel 有限责任公司（KVP Pharma＋Veterinär Produkte GmbH）		德国
复方季铵盐 戊二醛溶液（compound quaternary ammonium salts and glutaral solution）	（2019）外兽药证字 69 号	农业农村部公告 第 216 号	世德来有限公司（CID LINES N. V.）		比利时
浓碘混合溶液（strong iodine mixed solution）	（2019）外兽药证字 58 号	农业农村部公告 第 190 号	利拉伐公司美国生产厂（West Agro, Inc. d/b/a DeLaval Manufacturing）		美国

通用名	新兽药注册证书号	公告号	研制单位	类别	国别
替米沙坦内服溶液（猫用）[telmisartan oral solution（for cats）（100mL：0.4g）]	（2019）外兽药证字34号	农业农村部公告 第165号	德国勃林格殷格翰动物保健有限公司墨西哥生产厂（Boehringer Ingelheim Promeco, S. A. de C. V.）		墨西哥
替米沙坦内服溶液（猫用）[telmisartan oral solution（for cats）（30mL：0.12g）]	（2019）外兽药证字33号	农业农村部公告 第165号	德国勃林格殷格翰动物保健有限公司墨西哥生产厂（Boehringer Ingelheim Promeco, S. A. de C. V.）		墨西哥
氟雷拉纳咀嚼片[fluralaner chewable tablets（1400mg）]	（2019）外兽药证字32号	农业农村部公告 第165号	英特威国际有限公司奥地利厂（Intervet GesmbH）		奥地利
氟雷拉纳咀嚼片[fluralaner chewable tablets（1000mg）]	（2019）外兽药证字31号	农业农村部公告 第165号	英特威国际有限公司奥地利厂（Intervet GesmbH）		奥地利
氟雷拉纳咀嚼片[fluralaner chewable tablets（500mg）]	（2019）外兽药证字30号	农业农村部公告 第165号	英特威国际有限公司奥地利厂（Intervet GesmbH）		奥地利
氟雷拉纳咀嚼片[fluralaner chewable tablets（250mg）]	（2019）外兽药证字29号	农业农村部公告 第165号	英特威国际有限公司奥地利厂（Intervet GesmbH）		奥地利
氟雷拉纳咀嚼片[fluralaner chewable tablets（112.5mg）]	（2019）外兽药证字28号	农业农村部公告 第165号	英特威国际有限公司奥地利厂（Intervet GesmbH）		奥地利
马来酸奥拉替尼片[oclacitinib maleate tablet（16mg）]	（2019）外兽药证字27号	农业农村部公告 第165号	辉瑞意大利阿斯科利制药厂（Pfizer Italia S. R. L.）		意大利
马来酸奥拉替尼片[oclacitinib maleate tablet（5.4mg）]	（2019）外兽药证字26号	农业农村部公告 第165号	辉瑞意大利阿斯科利制药厂（Pfizer Italia S. R. L.）		意大利
马来酸奥拉替尼片[oclacitinib maleate tablet（3.6mg）]	（2019）外兽药证字25号	农业农村部公告 第165号	辉瑞意大利阿斯科利制药厂（Pfizer Italia S. R. L.）		意大利
氨基丁三醇前列腺素F2α（prostaglandin F2α tromethamine）	（2019）外兽药证字17号	农业农村部公告 第151号	奇诺英药物与化学制品有限公司（CHINOIN Pharmaceutical and Chemical Works Private Co. Ltd.）		匈牙利
泰拉霉素注射液（500mL：50g）[tulathromycin injection（500mL：50g）]	（2019）外兽药证字107号	农业农村部公告 第252号	因诺特医药有限公司（Inovat Indústria Farmacêutica LTDA）		巴西
泰拉霉素注射液（250mL：25g）[tulathromycin injection（250mL：25g）]	（2019）外兽药证字106号	农业农村部公告 第252号	因诺特医药有限公司（Inovat Indústria Farmacêutica LTDA）		巴西
泰拉霉素注射液（100mL：10g）[tulathromycin injection（100mL：10g）]	（2019）外兽药证字105号	农业农村部公告 第252号	因诺特医药有限公司（Inovat Indústria Farmacêutica LTDA）		巴西

通用名	新兽药注册证书号	公告号	研制单位	类别	国别
泰拉霉素注射液（50mL∶5g）［tulathromycin injection（50mL∶5g）］	（2019）外兽药证字 104 号	农业农村部公告 第 252 号	因诺特医药有限公司（Inovat Indústria Farmacêutica LTDA）		巴西
泰拉霉素注射液（20mL∶2g）［tulathromycin injection（20mL∶2g）］	（2019）外兽药证字 103 号	农业农村部公告 第 252 号	因诺特医药有限公司（Inovat Indústria Farmacêutica LTDA）		巴西
氨基丁三醇前列腺素F2α 注射液（50mL∶250mg）［prostaglandin F2α tromethamine injection（50mL∶250mg）］	（2019）外兽药证字 102 号	农业农村部公告 第 252 号	法国诗华动物保健公司（CEVA SANTE ANIMALE S. A.）		法国
氨基丁三醇前列腺素F2α 注射液（30mL∶150mg）［prostaglandin F2α tromethamine injection（30mL∶150mg）］	（2019）外兽药证字 101 号	农业农村部公告 第 252 号	法国诗华动物保健公司（CEVA SANTE ANIMALE S. A.）		法国
氨基丁三醇前列腺素F2α 注射液（10mL∶50mg）［prostaglandin F2α tromethamine injection（10mL∶50mg）］	（2019）外兽药证字 100 号	农业农村部公告 第 252 号	法国诗华动物保健公司（CEVA SANTE ANIMALE S. A.）		法国
烯丙孕素内服溶液	（2018）新兽药证字 7 号	农业部公告 第 2653 号	宁波三生生物科技有限公司 中国农业大学	二类	
烯丙孕素原料	（2018）新兽药证字 70 号	农业农村部公告 第 101 号	天津市中升挑战生物科技有限公司 浙江仙居君业药业有限公司 扬州大学	二类	
烯丙孕素	（2018）新兽药证字 6 号	农业部公告 第 2653 号	宁波三生生物科技有限公司 中国农业大学	二类	
烯丙孕素内服溶液	（2018）新兽药证字 69 号	农业农村部公告 第 101 号	天津市中升挑战生物科技有限公司	二类	
匹莫苯丹咀嚼片	（2018）新兽药证字 68 号	农业农村部公告 第 101 号	北京欧博方医药科技有限公司 青岛欧博方医药科技有限公司	二类	
匹莫苯丹原料	（2018）新兽药证字 67 号	农业农村部公告 第 101 号	海门慧聚药业有限公司	二类	
头孢洛宁乳房注入剂（干乳期）	（2018）新兽药证字 65 号	农业农村部公告 第 96 号	华南农业大学 保定阳光本草药业有限公司 广东温氏大华农生物科技有限公司动物保健品厂 福建省福抗药业股份有限公司 内蒙古金河动物药业有限公司 保定冀中生物科技有限公司 青岛农业大学	二类	
头孢洛宁原料	（2018）新兽药证字 64 号	农业农村部公告 第 96 号	华南农业大学 福建省福抗药业股份有限公司 广东温氏大华农生物科技有限公司动物保健品厂 河北天象生物药业有限公司 内蒙古金河动物药业有限公司 青岛农业大学	二类	

通用名	新兽药注册证书号	公告号	研制单位	类别	国别
盐酸贝那普利咀嚼片	（2018）新兽药证字 63 号	农业农村部公告 第 96 号	北京欧博方医药科技有限公司 青岛欧博方医药科技有限公司	五类	
盐酸贝那普利片	（2018）新兽药证字 62 号	农业农村部公告 第 96 号	来安县仕必得生物技术有限公司 来安县仕必得新兽药研发有限公司 浙江海正动物保健品有限公司 南京威特动物药品有限公司 南京仕必得生物技术有限公司 天津市保灵动物保健品有限公司 南京科灵格动物药业有限公司 南京威嘉仕宠物用品有限公司	五类	
复方布他磷注射液	（2018）新兽药证字 60 号	农业农村部公告 第 95 号	青岛蔚蓝生物股份有限公司 河北远征禾木药业有限公司 河北远征药业有限公司 青岛康地恩动物药业有限公司 四川鼎尖动物药业有限责任公司 江西博莱大药厂有限公司 上海申亚动物保健品阜阳有限公司 郑州百瑞动物药业有限公司 江西傲新生物科技有限公司 重庆西农大科信动物药业有限公司 中牧南京动物药业有限公司	二类	
布他磷原料	（2018）新兽药证字 59 号	农业农村部公告 第 95 号	青岛蔚蓝生物股份有限公司 河北远征禾木药业有限公司 河北远征药业有限公司 中牧实业股份有限公司黄冈动物药品厂 四川博发药业有限公司	二类	
加米霉素注射液	（2018）新兽药证字 58 号	农业农村部公告 第 95 号	洛阳惠中兽药有限公司 普莱柯生物工程股份有限公司 河南新正好生物工程有限公司	二类	
加米霉素原料	（2018）新兽药证字 57 号	农业农村部公告 第 95 号	洛阳惠中兽药有限公司 普莱柯生物工程股份有限公司 河南新正好生物工程有限公司	二类	
丙泊酚注射液	（2018）新兽药证字 55 号	农业农村部公告 第 94 号	广东嘉博制药有限公司 华南农业大学 沛生医药科技(广州)有限公司 青岛农业大学	五类	
硫酸头孢喹肟注射液（I）	（2018）新兽药证字 52 号	农业农村部公告 第 94 号	齐鲁动物保健品有限公司	五类	
犬血白蛋白注射液	（2018）新兽药证字 51 号	农业农村部公告 第 94 号	中国人民解放军军事科学院军事医学研究院 北京博莱得利生物技术有限责任公司 泰州博莱得利生物科技有限公司	一类	
西地碘粉	（2018）新兽药证字 40 号	农业农村部公告 第 51 号	山东省农业科学院家禽研究所 济南森康三峰生物工程有限公司	三类	
乳酸钠林格注射液	（2018）新兽药证字 3 号	农业部公告 第 2647 号	江苏恒丰强生物技术有限公司	五类	
烯丙孕素原料	（2018）新兽药证字 32 号	农业农村部公告 第 36 号	北京市科益丰生物技术发展有限公司	二类	
奥美拉唑内服糊剂	（2018）新兽药证字 29 号	农业农村部公告 第 36 号	北京欧博方医药科技有限公司	五类	
加米霉素注射液	（2018）新兽药证字 23 号	农业农村部公告 第 15 号	华北制药集团动物保健品有限责任公司 河北远征药业有限公司 佛山市南海东方澳龙制药有限公司 湖北龙翔药业科技股份有限公司 内蒙古联邦动保药品有限公司 河北科星药业有限公司 四川恒通动保生物科技有限公司 江西新世纪民星动物保健品有限公司	二类	

通用名	新兽药注册证书号	公告号	研制单位	类别	国别
加米霉素	（2018）新兽药证字22号	农业农村部公告 第15号	华北制药集团动物保健品有限责任公司 河北精中生物科技有限公司 湖北龙翔药业科技股份有限公司 河北远征药业有限公司 河北科星药业有限公司 四川恒通动保生物科技有限公司 内蒙古联邦动保药品有限公司 江西新世纪民星动物保健品有限公司	二类	
托芬那酸注射液	（2018）新兽药证字21号	农业农村部公告 第15号	青岛农业大学 中国农业大学 山东信得科技股份有限公司 河北威远动物药业有限公司 施维雅（青岛）生物制药有限公司 青岛百慧智业生物科技有限公司 新疆农业大学 齐鲁动物保健品有限公司 南京威特动物药品有限公司	三类	
托芬那酸	（2018）新兽药证字20号	农业农村部公告 第15号	青岛农业大学 中国农业大学 山东信得科技股份有限公司 青岛百慧智业生物科技有限公司 新疆农业大学 齐鲁动物保健品有限公司	三类	
伊维菌素浇泼溶液	（2018）新兽药证字1号	农业部公告 第2647号	内蒙古金河动物药业有限公司 金河生物科技股份有限公司	五类	
加米霉素注射液	（2018）新兽药证字19号	农业农村部公告 第16号	齐鲁动物保健品有限公司 齐鲁晟华制药有限公司	二类	
加米霉素	（2018）新兽药证字18号	农业农村部公告 第16号	齐鲁动物保健品有限公司 齐鲁晟华制药有限公司	二类	
烯丙孕素内服溶液	（2018）新兽药证字17号	农业农村部公告 第16号	宁波第二激素厂	二类	
烯丙孕素	（2018）新兽药证字16号	农业农村部公告 第16号	宁波第二激素厂	二类	
磺胺氯吡嗪钠二甲氧苄啶混悬液	（2018）新兽药证字15号	农业农村部公告 第16号	中牧南京动物药业有限公司 扬州大学 中牧全药动物药品有限公司（南京）江苏中牧倍康药业有限公司	四类	
盐酸贝那普利咀嚼片	（2018）新兽药证字14号	农业农村部公告 第16号	河北远征禾木药业有限公司 南京金盾动物药业有限责任公司 江苏恒丰强生物技术有限公司 河北远征药业有限公司	五类	
氯前列醇钠注射液（20mL∶5mg）（cloprostenol sodium injection）	（2018）外兽药证字5号	农业部公告 第2652号	拜耳新西兰有限公司（Bayer New Zealand Limited）		新西兰
吡虫啉氟氯苯氰菊酯项圈[45g(70cm)∶吡虫啉4.50g＋氟氯苯氰菊酯2.03g]（imidacloprid and flumethrin collar）	（2018）外兽药证字56号	农业农村部公告 第100号	KVPKiel有限责任公司（KVP Pharma＋Veterinär Produkte GmbH）		德国
吡虫啉氟氯苯氰菊酯项圈[12.5g(38cm)∶吡虫啉1.25g＋氟氯苯氰菊酯0.56g]（imidacloprid and flumethrin collar）	（2018）外兽药证字55号	农业农村部公告 第100号	KVPKiel有限责任公司（KVP Pharma＋Veterinär Produkte GmbH）		德国

通用名	新兽药注册证书号	公告号	研制单位	类别	国别
匹莫苯丹咀嚼片（5mg）pimobendan chewable tablets	（2018）外兽药证字54号	农业农村部公告 第100号	德国勃林格殷格翰动物保健有限公司墨西哥生产厂（Boehringer Ingelheim Promeco, S. A. de C. V.）		墨西哥
匹莫苯丹咀嚼片（2.5mg）pimobendan chewable tablets	（2018）外兽药证字53号	农业农村部公告 第100号	德国勃林格殷格翰动物保健有限公司墨西哥生产厂（Boehringer Ingelheim Promeco, S. A. de C. V.）		墨西哥
匹莫苯丹咀嚼片（1.25mg）（pimobendan chewable tablets）	（2018）外兽药证字52号	农业农村部公告 第100号	德国勃林格殷格翰动物保健有限公司墨西哥生产厂（Boehringer Ingelheim Promeco, S. A. de C. V.）		墨西哥
吡虫啉滴剂（猫用）（0.8mL∶80mg）（imidacloprid spot-on solution）	（2018）外兽药证字51号	农业农村部公告 第100号	KVPKiel有限责任公司（KVP Pharma＋Veterinär Produkte GmbH）		德国
吡虫啉滴剂（猫用）（0.4mL∶40mg）（imidacloprid spot-on solution）	（2018）外兽药证字50号	农业农村部公告 第100号	KVPKiel有限责任公司（KVP Pharma＋Veterinär Produkte GmbH）		德国
吡虫啉滴剂（犬用）（4.0mL∶400mg）（imidacloprid spot-on solution）	（2018）外兽药证字49号	农业农村部公告 第100号	KVPKiel有限责任公司（KVP Pharma＋Veterinär Produkte GmbH）		德国
吡虫啉滴剂（犬用）（2.5mL∶250mg）（imidacloprid spot-on solution）	（2018）外兽药证字48号	农业农村部公告 第100号	KVPKiel有限责任公司（KVP Pharma＋Veterinär Produkte GmbH）		德国
吡虫啉滴剂（犬用）（1.0mL∶100mg）（imidacloprid spot-on solution）	（2018）外兽药证字47号	农业农村部公告 第100号	KVPKiel有限责任公司（KVP Pharma＋Veterinär Produkte GmbH）		德国
吡虫啉滴剂（犬用）（0.4mL∶40mg）（imidacloprid spot-on solution）	（2018）外兽药证字46号	农业农村部公告 第100号	KVPKiel有限责任公司（KVP Pharma＋Veterinär Produkte GmbH）		德国
烯丙孕素内服溶液（altrenogest oral solution）	（2018）外兽药证字27号	农业农村部公告 第35号	法国诗华动物保健公司（CEVA SANTE ANIMALE S. A）		法国
硫酸头孢喹肟乳房注入剂（泌乳期）[cefquinome sulfate intramammary infusion(lactating cow)]	（2018）外兽药证字26号	农业农村部公告 第35号	英特威国际有限公司德国厂（Intervet International GmbH）		德国
阿福拉纳米尔贝肟咀嚼片（150.00mg＋30.00mg）[afoxolaner and milbemycin oxime chewable tablets (150.00mg＋30.00mg)]	（2018）外兽药证字23号	农业农村部公告 第27号	梅里亚有限公司法国吐鲁兹生产厂（MERIAL Toulouse）		法国
阿福拉纳米尔贝肟咀嚼片（75.00mg＋15.00mg）[afoxolaner and milbemycin oxime chewable tablets (75.00mg＋15.00mg)]	（2018）外兽药证字22号	农业农村部公告 第27号	梅里亚有限公司法国吐鲁兹生产厂（MERIAL Toulouse）		法国
阿福拉纳米尔贝肟咀嚼片（37.50mg＋7.50mg）[afoxolaner and milbemycin oxime chewable tablets (37.50mg＋7.50mg)]	（2018）外兽药证字21号	农业农村部公告 第27号	梅里亚有限公司法国吐鲁兹生产厂（MERIAL Toulouse）		法国

通用名	新兽药注册证书号	公告号	研制单位	类别	国别
阿福拉纳米尔贝肟咀嚼片（18.75mg＋3.75mg）〔afoxolaner and milbemycin oxime chewable tablets (18.75mg＋3.75mg)〕	(2018)外兽药证字 20 号	农业农村部公告 第 27 号	梅里亚有限公司法国吐鲁兹生产厂（MERIAL Toulouse）		法国
盐酸头孢噻呋乳房注入剂（干乳期）〔ceftiofur hydrochloride intramammary infusion(dry cow)〕	(2018)外兽药证字 1 号	农业部公告 第 2639 号	硕腾公司美国卡拉玛祖生产厂（Zoetis LLC,Kalamazoo,USA）		美国
阿福拉纳米尔贝肟咀嚼片（9.375mg＋1.875mg）〔afoxolaner and milbemycin oxime chewable tablets (9.375mg＋1.875mg)〕	(2018)外兽药证字 19 号	农业农村部公告 第 27 号	梅里亚有限公司法国吐鲁兹生产厂（MERIAL Toulouse）		法国
美洛昔康片	(2017)新兽药证字 55 号	农业部公告 第 2614 号	齐鲁晟华制药有限公司 佛山市南海东方澳龙制药有限公司 江苏恒丰强生物技术有限公司 齐鲁动物保健品有限公司	五类	
盐酸贝那普利咀嚼片	(2017)新兽药证字 46 号	农业部公告 第 2576 号	中国农业大学动物医学院 瑞普(天津)生物药业有限公司 齐鲁晟华制药有限公司 佛山市南海东方澳龙制药有限公司 北京中农大动物保健品集团湘潭兽药厂	五类	
美洛昔康内服混悬液（猫用）	(2017)新兽药证字 41 号	农业部公告 第 2558 号	上海汉维生物医药科技有限公司	五类	
D-氯前列醇钠注射液	(2017)新兽药证字 35 号	农业部公告 第 2556 号	宁波第二激素厂	二类	
D-氯前列醇钠	(2017)新兽药证字 34 号	农业部公告 第 2556 号	宁波第二激素厂	二类	
氨基丁三醇前列腺素 F2α 注射液	(2017)新兽药证字 33 号	农业部公告 第 2556 号	宁波第二激素厂	二类	
氨基丁三醇前列腺素 F2α	(2017)新兽药证字 32 号	农业部公告 第 2556 号	宁波第二激素厂	二类	
伊维菌素咀嚼片	(2017)新兽药证字 31 号	农业部公告 第 2548 号	中国农业大学动物医学院 佛山市南海东方澳龙制药有限公司 瑞普(天津)生物药业有限公司 齐鲁晟华制药有限公司 北京中农大动物保健品集团湘潭兽药厂	五类	
盐酸多西环素颗粒	(2017)新兽药证字 30 号	农业部公告 第 2543 号	河北远征禾木药业有限公司 河北远征药业有限公司	五类	
替米考星肠溶颗粒	(2017)新兽药证字 29 号	农业部公告 第 2543 号	瑞普(天津)生物药业有限公司 湖北龙翔药业科技股份有限公司 江西省特邦动物药业有限公司	四类	
伊曲康唑内服溶液	(2017)新兽药证字 22 号	农业部公告 第 2527 号	上海汉维生物医药科技有限公司	五类	
复方甲霜灵粉	(2017)新兽药证字 18 号	农业部公告 第 2505 号	长沙拜特生物科技研究所有限公司 上海海洋大学	四类	
美洛昔康片	(2017)新兽药证字 17 号	农业部公告 第 2495 号	南京仕必得生物技术有限公司 来安县仕必得生物技术有限公司 来安县仕必得新兽药研发有限公司 天津市宝灵动物保健品有限公司	五类	

通用名	新兽药注册证书号	公告号	研制单位	类别	国别
氨基丁三醇前列腺素F2α注射液	(2017)新兽药证字17号	农业部公告第2505号	宁波市三生药业有限公司	二类	
氨基丁三醇前列腺素F2α	(2017)新兽药证字16号	农业部公告第2505号	宁波市三生药业有限公司	二类	
注射用多潘立酮	(2017)新兽药证字09号	农业部公告第2496号	宁波市三生药业有限公司	四类	
对乙酰氨基酚双氯芬酸钠注射液	(2017)新兽药证字05号	农业部公告第2489号	烟台绿叶动物保健品有限公司 山东省农业科学院畜牧兽医研究所 天津市中升挑战生物科技有限公司 河南牧翔动物药业有限公司 山东农业大学	五类	
马波沙星	(2017)新兽药证字04号	农业部公告第2489号	海门慧聚药业有限公司	二类	
美洛昔康内服混悬液(180mL∶270mg)(meloxicam oral suspension)	(2017)外兽药证字81号	农业部公告第2597号	德国勃林格殷格翰动物保健有限公司墨西哥生产厂(Boehringer Ingelheim Promeco,S. A. de C. V.)		墨西哥
美洛昔康内服混悬液(100mL∶150mg)(meloxicam oral suspension)	(2017)外兽药证字80号	农业部公告第2597号	德国勃林格殷格翰动物保健有限公司墨西哥生产厂(Boehringer Ingelheim Promeco,S. A. de C. V.)		墨西哥
美洛昔康内服混悬液(32mL∶48mg)(meloxicam oral suspension)	(2017)外兽药证字79号	农业部公告第2597号	德国勃林格殷格翰动物保健有限公司墨西哥生产厂(Boehringer Ingelheim Promeco,S. A. de C. V.)		墨西哥
美洛昔康内服混悬液(10mL∶15mg)(meloxicam oral suspension)	(2017)外兽药证字78号	农业部公告第2597号	德国勃林格殷格翰动物保健有限公司墨西哥生产厂(Boehringer Ingelheim Promeco,S. A. de C. V.)		墨西哥
恩诺沙星注射液(100mL∶2.5g)(enrofloxacin injection)	(2017)外兽药证字36号	农业部公告第2544号	KVPKiel有限责任公司(KVP Pharma + Veterinär Produkte GmbH)		德国
恩诺沙星注射液(50mL∶1.25g)(enrofloxacin injection)	(2017)外兽药证字35号	农业部公告第2544号	KVPKiel有限责任公司(KVP Pharma + Veterinär Produkte GmbH)		德国
阿福拉纳咀嚼片(afoxolaner chewable tablets)	(2017)外兽药证字34号	农业部公告第2544号	梅里亚有限公司法国吐鲁兹生产厂(MERIAL Toulouse)		法国
右旋糖酐铁注射液(20%)(iron dextran injection)	(2017)外兽药证字25号	农业部公告第2532号	丹麦Pharmacosmos A/S公司(Pharmacosmos A/S,Denmark)		丹麦
复方非班太尔片(compound febantel tablets)	(2017)外兽药证字24号	农业部公告第2532号	夏奈尔制药有限公司(Chanelle Pharmaceuticals Manufacturing Limited)		爱尔兰
复方非泼罗尼吡喹酮滴剂(compound fipronil and praziquantel spot on solution)	(2017)外兽药证字19号	农业部公告第2511号	梅里亚有限公司法国吐鲁兹生产厂(MERIAL Toulouse)		法国
加米霉素注射液(gamithromycin injection)	(2017)外兽药证字05号	农业部公告第2497号	梅里亚有限公司法国吐鲁兹生产厂(Merial Toulouse)		法国
戊二醛癸甲氯铵溶液(glutaral and didecyl dimethyl ammonium chloride solution)	(2017)外兽药证字03号	农业部公告第2491号	英国EVANS生产厂(Evans Vanodine International PLC,UK)		英国

通用名	新兽药注册证书号	公告号	研制单位	类别	国别
美洛昔康注射液（20mL：0.1mg）（meloxicam injection）	（2017）外兽药证字02号	农业部公告 第2491号	Labiana 生命科学制药厂（Labiana Life Sciences S.A.）		西班牙
美洛昔康注射液（10mL：50mg）（meloxicam injection）	（2017）外兽药证字01号	农业部公告 第2491号	Labiana 生命科学制药厂（Labiana Life Sciences S.A.）		西班牙
乙酰氨基阿维菌素浇泼剂	（2016）新兽药证字8号	农业部公告 第2365号	浙江海正动物保健品有限公司 浙江海正药业股份有限公司 中国农业大学	五类	
磷酸替米考星可溶性粉	（2016）新兽药证字64号	农业部公告 第2455号	保定冀中药业有限公司 山东鲁抗舍里乐药业有限公司高新区分公司 内蒙古金河动物药业有限公司 河北天象生物药业有限公司 山东鲁抗舍里乐药业有限公司 山东方明邦嘉制药有限公司	三类	
磷酸替米考星	（2016）新兽药证字63号	农业部公告 第2455号	河北天象生物药业有限公司 山东鲁抗舍里乐药业有限公司 山东方明邦嘉制药有限公司 保定冀中药业有限公司 山东鲁抗舍里乐药业有限公司高新区分公司 内蒙古金河动物药业有限公司	三类	
盐酸恩诺沙星可溶性粉（蚕用）	（2016）新兽药证字61号	农业部公告 第2442号	湖北农科生物化学有限公司	五类	
利福昔明乳房注入剂（干乳期）	（2016）新兽药证字60号	农业部公告 第2442号	安徽中升药业有限公司 广东温氏大华农生物科技有限公司动物保健品厂 华秦源（北京）动物药业有限公司 天津瑞普生物技术股份有限公司 天津市中升挑战生物科技有限公司 青岛蔚蓝生物股份有限公司 青岛康地恩动物药业有限公司	五类	
磷酸替米考星可溶性粉	（2016）新兽药证字56号	农业部公告 第2440号	青岛蔚蓝生物股份有限公司 广东温氏大华农生物科技有限公司动物保健品厂 江西傲新生物科技有限公司 河北维尔利动物药业集团有限公司 青岛康地恩动物药业有限公司 菏泽普恩药业有限公司 潍坊诺达药业有限公司 山东胜利生物工程有限公司 江苏南农高科动物药业有限公司	三类	
磷酸替米考星	（2016）新兽药证字55号	农业部公告 第2440号	青岛蔚蓝生物股份有限公司 广东温氏大华农生物科技有限公司动物保健品厂 山东久隆恒信药业有限公司 山东胜利生物工程有限公司 潍坊康地恩生物制药有限公司 青岛康地恩动物药业有限公司 河北维尔利动物药业集团有限公司	三类	
双氯芬酸钠注射液	（2016）新兽药证字48号	农业部公告 第2416号	烟台绿叶动物保健品有限公司 扬州大学 山东省健牧生物药业有限公司 天津市中升挑战生物科技有限公司 山东省农业科学院畜牧兽医研究所	五类	

通用名	新兽药注册证书号	公告号	研制单位	类别	国别
马波沙星注射液	(2016)新兽药证字46号	农业部公告第2412号	保定阳光本草药业有限公司 瑞普(天津)生物药业有限公司 江西傲新生物科技有限公司 河北天象生物药业有限公司 保定冀中药业有限公司 天津万象药业有限公司 河北安然动物药业有限公司 青岛康地恩动物药业有限公司	二类	
马波沙星	(2016)新兽药证字45号	农业部公告第2412号	河北天象生物药业有限公司 湖北龙翔药业有限公司 潍坊康地恩生物制药有限公司 保定阳光本草药业有限公司 保定冀中药业有限公司 天津万象药业有限公司 河北安然动物药业有限公司	二类	
美洛昔康片	(2016)新兽药证字41号	农业部公告第2403号	瑞普(天津)生物药业有限公司 江西省特邦动物药业有限公司 浙江海正动物保健品有限公司 保定冀中药业有限公司 天津瑞普生物技术股份有限公司	五类	
赛拉菌素滴剂	(2016)新兽药证字3号	农业部公告第2355号	浙江海正药业有限公司 浙江海正动物保健品有限公司 东北农业大学 中国农业科学院兰州畜牧与兽药研究所	二类	
赛拉菌素	(2016)新兽药证字2号	农业部公告第2355号	浙江海正药业有限公司 东北农业大学 中国农业科学院兰州畜牧与兽药研究所	二类	
吡喹酮咀嚼片	(2016)新兽药证字29号	农业部公告第2388号	新疆畜牧科学院兽医研究所(新疆畜牧科学院动物临床医学研究中心)北京中农华威制药股份有限公司	五类	
恩诺沙星注射液(20%)	(2016)新兽药证字26号	农业部公告第2383号	天津市中升挑战生物科技有限公司 广东温氏大华农生物科技有限公司动物保健品厂 广州惠元生化科技有限公司	五类	
维他昔布咀嚼片	(2016)新兽药证字22号	农业部公告第2376号	北京欧博方医药科技有限公司	一类	
维他昔布	(2016)新兽药证字21号	农业部公告第2376号	北京欧博方医药科技有限公司	一类	
醋酸曲普瑞林凝胶(triptorelin acetate gel)	(2016)外兽药证字41号	农业部公告第2441号	DPT实验室有限公司(DPT Laboratories, Ltd.)		美国
复方制霉菌素软膏(compound nystatin ointment)	(2016)外兽药证字39号	农业部公告第2431号	法国威隆制药股份有限公司(Vetoquinol S. A.)		法国
西米考昔片(30mg)(cimicoxib tablets)	(2016)外兽药证字34号	农业部公告第2430号	法国威隆制药股份有限公司(Vetoquinol S. A.)		法国
西米考昔片(8mg)(cimicoxib tablets)	(2016)外兽药证字33号	农业部公告第2430号	法国威隆制药股份有限公司(Vetoquinol S. A.)		法国
马波沙星注射液(250mL:25g)(marbofloxacin injection)	(2016)外兽药证字32号	农业部公告第2430号	法国诗华动物保健公司(CEVA Sante Animale S. A.)		法国
马波沙星注射液(100mL:10g)(marbofloxacin injection)	(2016)外兽药证字31号	农业部公告第2430号	法国诗华动物保健公司(CEVA Sante Animale S. A.)		法国
马波沙星注射液(50mL:5g)(marbofloxacin injection)	(2016)外兽药证字30号	农业部公告第2430号	法国诗华动物保健公司(CEVA Sante Animale S. A.)		法国

通用名	新兽药注册证书号	公告号	研制单位	类别	国别
D-氯前列醇钠注射液（D-cloprostenol sodium injection）	（2016）外兽药证字27号	农业部公告第2417号	西班牙海博莱生物大药厂（Laboratorios HIPRA S.A.）		西班牙
地克珠利混悬液（diclazuril suspension）	（2016）外兽药证字01号	农业部公告第2357号	Lusomedicamenta药业技术有限公司（Lusomedicamenta-Technical Pharmaceutical Society.，A.S.）		
硫酸头孢喹肟乳房注入剂（干乳期）	（2015）新兽药证字65号	农业部公告第2341号	瑞普（天津）生物药业有限公司 佛山市南海东方澳龙制药有限公司 内蒙古瑞普大地生物药业有限责任公司	五类	
硫酸头孢喹肟子宫注入剂	（2015）新兽药证字63号	农业部公告第2328号	中国农业科学院饲料研究所 北京市畜牧总站 广东大华农动物保健品股份有限公司动物保健品厂 北京康牧生物科技有限公司 中牧实业股份有限公司 华秦源（北京）动物药业有限公司	五类	
硫酸头孢喹肟乳房注入剂（干乳期）	（2015）新兽药证字62号	农业部公告第2328号	中国农业科学院饲料研究所 北京市畜牧总站 广东大华农动物保健品股份有限公司动物保健品厂 北京康牧生物科技有限公司 中牧实业股份有限公司 华秦源（北京）动物药业有限公司	五类	
亚甲基水杨酸杆菌肽可溶性粉	（2015）新兽药证字61号	农业部公告第2328号	绿康生化股份有限公司	二类	
亚甲基水杨酸杆菌盐	（2015）新兽药证字60号	农业部公告第2328号	绿康生化股份有限公司	二类	
马波沙星注射液	（2015）新兽药证字56号	农业部公告第2324号	河北远征药业有限公司 浙江凯胜生物药业有限公司	二类	
马波沙星	（2015）新兽药证字55号	农业部公告第2324号	河北远征药业有限公司 浙江凯胜生物药业有限公司	二类	
癸氧喹酯干混悬剂	（2015）新兽药证字49号	农业部公告第2311号	广州华农大实验兽药有限公司 成都乾坤动物药业有限公司 广东大华农动物保健品股份有限公司动物保健品厂	四类	
盐酸头孢噻呋乳房注入剂（干乳期）	（2015）新兽药证字40号	农业部公告第2303号	中国农业科学院饲料研究所 北京市畜牧总站 中牧实业股份有限公司 华秦源（北京）动物药业有限公司 北京中农劲腾生物技术有限公司	五类	
重组溶葡萄球菌酶阴道泡腾片	（2015）新兽药证字38号	农业部公告第2304号	上海高科联合生物技术研发有限公司 昆山博青生物科技有限公司	四类	
阿莫西林克拉维酸钾片	（2015）新兽药证字34号	农业部公告第2280号	上海汉维生物医药科技有限公司	五类	
米尔贝肟吡喹酮片	（2015）新兽药证字31号	农业部公告第2272号	浙江海正动物保健品有限公司 浙江海正药业股份有限公司	五类	
磷酸替米考星可溶性粉	（2015）新兽药证字27号	农业部公告第2270号	湖北龙翔药业有限公司 瑞普（天津）生物药业有限公司 江西省特邦动物药业有限公司 北京中农华威制药有限公司	三类	
磷酸替米考星	（2015）新兽药证字26号	农业部公告第2270号	湖北龙翔药业有限公司	三类	

通用名	新兽药注册证书号	公告号	研制单位	类别	国别
美洛昔康注射液	（2015）新兽药证字25号	农业部公告第2269号	青岛蔚蓝生物股份有限公司 保定阳光本草药业有限公司 山东鲁抗舍里乐药业有限公司高新区分公司 青岛农业大学 青岛康地恩动物药业有限公司	三类	
美洛昔康	（2015）新兽药证字24号	农业部公告第2269号	青岛蔚蓝生物股份有限公司 山东鲁抗舍里乐药业有限公司 河北天象生物药业有限公司 青岛农业大学 潍坊康地恩生物制药有限公司	三类	
聚维酮碘口服液	（2015）新兽药证字21号	农业部公告第2251号	深圳市安多福动物药业有限公司 深圳市安多福消毒高科技股份有限公司	四类	
葡萄糖酸氯己定碘溶液	（2015）新兽药证字18号	农业部公告第2246号	上海利康生物高科有限公司	三类	
复合亚氯酸钠粉	（2015）新兽药证字15号	农业部公告第2236号	新乡市康大消毒剂有限公司	三类	
马波沙星片	（2015）新兽药证字13号	农业部公告第2233号	湖北泱盛生物科技有限公司 天津生机集团股份有限责任公司 广东海纳川药业股份有限公司 武汉回盛生物科技有限公司 长沙施比龙动物药业有限公司	二类	
马波沙星	（2015）新兽药证字12号	农业部公告第2233号	武汉回盛生物科技有限公司 广东海纳川药业股份有限公司 湖北启达药业有限公司 湖北泱盛生物科技有限公司 长沙施比龙动物药业有限公司	二类	
硫酸头孢喹肟子宫注入剂	（2015）新兽药证字10号	农业部公告第2225号	河北远征药业有限公司	五类	
硫酸头孢喹肟乳房注入剂(干乳期)	（2015）新兽药证字08号	农业部公告第2226号	河北远征药业有限公司	五类	
盐酸氨丙啉乙氧酰胺苯甲酯磺胺喹噁啉可溶性粉	（2015）新兽药证字05号	农业部公告第2215号	洛阳惠中兽药有限公司 普莱柯生物工程股份有限公司 河南新正好生物工程有限公司	四类	
硫酸头孢喹肟乳房注入剂(干乳期)	（2015）新兽药证字02号	农业部公告第2211号	浙江海正药业股份有限公司 浙江海正动物保健品股份有限公司	五类	
托芬那酸注射液（30mL：1.2g）(tolfenamic acid injection)	（2015）外兽药证字57号	农业部公告第2351号	法国威隆制药股份有限公司（Vetoquinol S. A.）		法国
托芬那酸注射液（10mL：0.4g）(tolfenamic acid injection)	（2015）外兽药证字56号	农业部公告第2351号	法国威隆制药股份有限公司（Vetoquinol S. A.）		法国
马波沙星片（marbofloxacin tablets）	（2015）外兽药证字51号	农业部公告第2329号	法国威隆制药股份有限公司（Vetoquinol S. A.）		法国
磷酸泰乐菌素预混剂22%（tylosin phosphate premix）	（2015）外兽药证字50号	农业部公告第2301号	美国礼来公司美国生产厂（Elanco Animal Health,a Division of Eli Lily and Company）		美国
磷酸泰乐菌素预混剂8.8%（tylosin phosphate premix）	（2015）外兽药证字49号	农业部公告第2301号	美国礼来公司美国生产厂（Elanco Animal Health,a Division of Eli Lily and Company）		美国

通用名	新兽药注册证书号	公告号	研制单位	类别	国别
注射用盐酸替来他明盐酸唑拉西泮（tiletamine hydrochloride and zolazepam hydrochloride for injection）	（2015）外兽药证字43号	农业部公告第2301号	法国维克有限公司（Virbac S. A.）		法国
多杀霉素咀嚼片（spinosad chewable tablets）	（2015）外兽药证字25号	农业部公告第2253号	美国艾伯维公司（AbbVie，Inc.）		美国
复方季铵盐戊二醛溶液（compound quaternary ammonium salts and glutaral solution）	（2015）外兽药证字11号	农业部公告第2238号	法国苏吉华股份有限公司（S. A. Sogeval）		法国
碘混合溶液（iodine mixed solution）	（2015）外兽药证字10号	农业部公告第2238号	利拉伐 N. V 公司（DeLaval N. V.）		比利时
非罗考昔咀嚼片（firocoxib chewable tablets）	（2015）外兽药证字05号	农业部公告第2232号	梅里亚有限公司法国吐鲁兹生产厂（MerialToulouse）		法国
复方咪康唑滴耳液（compound miconazole ear drops）	（2015）外兽药证字04号	农业部公告第2232号	法国维克有限公司（Virbac S. A.）		法国
氟苯尼考注射液（florfenicol injection）	（2015）外兽药证字01号	农业部公告第2219号	西班牙海博莱生物大药厂（Laboratorios HIPRA S. A.）		西班牙
硫酸头孢喹肟乳房注入剂（泌乳期）	（2014）新兽药证字53号	农业部公告第2195号	中国农业科学院饲料研究所 北京市畜牧总站 中牧实业股份有限公司 广东大华农动物保健品股份有限公司 北京立时达药业有限公司 华秦源（北京）动物药业有限公司	五类	
阿莫西林钠	（2014）新兽药证字51号	农业部公告第2194号	河北远征禾木药业有限公司	三类	
注射用马波沙星	（2014）新兽药证字49号	农业部公告第2192号	浙江国邦药业有限公司 浙江华尔成生物药业股份有限公司	二类	
马波沙星	（2014）新兽药证字48号	农业部公告第2192号	浙江国邦药业有限公司	二类	
氟苯尼考胶囊（蚕用）	（2014）新兽药证字47号	农业部公告第2192号	中国农业科学院蚕业研究所附属蚕药厂 东台市头灶蚕药厂	四类	
硫酸头孢喹肟乳房注入剂（泌乳期）	（2014）新兽药证字46号	农业部公告第2192号	河北远征药业有限公司	五类	
磷酸替米考星可溶性粉	（2014）新兽药证字43号	农业部公告第2172号	宁夏泰瑞制药股份有限公司	三类	
磷酸替米考星	（2014）新兽药证字42号	农业部公告第2172号	宁夏泰瑞制药股份有限公司	三类	
莫西克汀浇泼溶液	（2014）新兽药证字39号	农业部公告第2168号	浙江海正动物保健品有限公司 东北农业大学	二类	
莫西克汀原料	（2014）新兽药证字38号	农业部公告第2168号	浙江海正药业股份有限公司 东北农业大学	二类	
硫酸头孢喹肟乳房注入剂（泌乳期）	（2014）新兽药证字36号	农业部公告第2159号	瑞普（天津）生物药业有限公司 内蒙古瑞普大地生物药业有限责任公司	五类	
非泼罗尼滴剂	（2014）新兽药证字34号	农业部公告第2138号	湖北美天生物科技有限公司	二类	

通用名	新兽药注册证书号	公告号	研制单位	类别	国别
非泼罗尼	（2014）新兽药证字 33 号	农业部公告第 2138 号	湖北美天生物科技有限公司	二类	
猪脾转移因子注射液	（2014）新兽药证字 32 号	农业部公告第 2138 号	青岛易邦生物工程有限公司	三类	
美洛昔康内服混悬液	（2014）新兽药证字 31 号	农业部公告第 2130 号	上海汉维生物医药科技有限公司	五类	
美洛昔康注射液	（2014）新兽药证字 29 号	农业部公告第 2126 号	齐鲁动物保健品有限公司	五类	
枸橼酸碘溶液	（2014）新兽药证字 27 号	农业部公告第 2115 号	佛山市正典生物技术有限公司	三类	
过硫酸氢钾复合盐泡腾片	（2014）新兽药证字 26 号	农业部公告第 2115 号	镇江威特药业有限责任公司 镇江合合科技有限公司	三类	
盐酸头孢噻呋乳房注入剂（干乳期）	（2014）新兽药证字 19 号	农业部公告第 2102 号	齐鲁动物保健品有限公司	五类	
戊二醛苯扎溴铵溶液	（2014）新兽药证字 15 号	农业部公告第 2096 号	洛阳惠中兽药有限公司 普莱柯生物工程股份有限公司 河南新正好生物工程有限公司 洛阳惠德生物工程有限公司	三类	
利福昔明乳房注入剂（干乳期）	（2014）新兽药证字 13 号	农业部公告第 2084 号	齐鲁动物保健品有限公司	五类	
头孢氨苄片	（2014）新兽药证字 11 号	农业部公告第 2083 号	上海汉维生物医药科技有限公司	五类	
硫酸头孢喹肟乳房注入剂（泌乳期）	（2014）新兽药证字 07 号	农业部公告第 2059 号	佛山市南海东方澳龙制药有限公司 齐鲁动物保健品有限公司	五类	
复合亚氯酸钠粉	（2014）新兽药证字 04 号	农业部公告第 2059 号	张家口市绿洁环保化工技术开发有限公司	三类	
复方氟康唑乳膏	（2014）新兽药证字 02 号	农业部公告第 2049 号	青岛康地恩药业股份有限公司 南京金盾动物药业有限责任公司	四类	
吡虫啉莫昔克丁滴剂（猫用）(imidacloprid and moxidectin spot-on solutions for cats)	（2014）外兽药证字 45 号	农业部公告第 2152 号	KVPKiel 有限责任公司(KVP Pharma＋Veterinär Produkte GmbH)		德国
吡虫啉莫昔克丁滴剂（猫用）(imidacloprid and moxidectin spot-on solutions for cats)	（2014）外兽药证字 45 号	农业部公告第 2431 号	KVPKiel 有限责任公司(KVP Pharma＋Veterinär Produkte GmbH)		德国
吡虫啉莫昔克丁滴剂（犬用）(imidacloprid and moxidectin spot-on solutions for dogs)	（2014）外兽药证字 44 号	农业部公告第 2152 号	KVPKiel 有限责任公司(KVP Pharma＋Veterinär Produkte GmbH)		德国
吡虫啉莫昔克丁滴剂（犬用）(imidacloprid and moxidectin spot-on solutions for dogs)	（2014）外兽药证字 44 号	农业部公告第 2431 号	KVPKiel 有限责任公司(KVP Pharma＋Veterinär Produkte GmbH)		德国
氟尼辛葡甲胺注射液（250mL：12.5g）(flunixin meglumine injection)	（2014）外兽药证字 40 号	农业部公告第 2149 号	西班牙海博莱生物大药厂(Laboratorios HIPRA,S.A.)		西班牙

通用名	新兽药注册证书号	公告号	研制单位	类别	国别
氟尼辛葡甲胺注射液（100mL：5g）（flunixin meglumine injection）	（2014）外兽药证字39号	农业部公告第2149号	西班牙海博莱生物大药厂（Laboratorios HIPRA，S. A.）		西班牙
氟尼辛葡甲胺注射液（50mL：2.5g）（flunixin meglumine injection）	（2014）外兽药证字38号	农业部公告第2149号	西班牙海博莱生物大药厂（Laboratorios HIPRA，S. A.）		西班牙
阿莫西林注射液（500mL：75g）（amoxicillin injection）	（2014）外兽药证字31号	农业部公告第2125号	法国诗华动物保健公司（Ceva Santé Animale S. A.）		法国
阿莫西林注射液（250mL：37.5g）（amoxicillin injection）	（2014）外兽药证字30号	农业部公告第2125号	法国诗华动物保健公司（Ceva Santé Animale S. A.）		法国
阿莫西林注射液（100mL：15g）（amoxicillin injection）	（2014）外兽药证字29号	农业部公告第2125号	法国诗华动物保健公司（Ceva Santé Animale S. A.）		法国
复方酚溶液（compound phenols solution）	（2014）外兽药证字27号	农业部公告第2149号	安德国际有限公司（Antec International Limited）		英国
头孢氨苄片（cefalexin tablets）	（2014）外兽药证字14号	农业部公告第2089号	法国维克有限公司（Virbac S. A）		法国
癸氧喹酯干混悬剂	（2013）新兽药证字49号	农业部公告第2035号	瑞普（天津）生物药业有限公司 山西瑞象生物药业有限公司	四类	
非泼罗尼滴剂	（2013）新兽药证字43号	农业部公告第2026号	浙江海正药业股份有限公司 上海汉维生物医药科技有限公司	二类	
非泼罗尼	（2013）新兽药证字42号	农业部公告第2026号	浙江海正药业股份有限公司 上海汉维生物医药科技有限公司	二类	
米尔贝肟片	（2013）新兽药证字35号	农业部公告第1998号	浙江海正药业股份有限公司	二类	
米尔贝肟	（2013）新兽药证字34号	农业部公告第1998号	浙江海正药业股份有限公司	二类	
磺胺氯吡嗪钠二甲氧苄啶溶液	（2013）新兽药证字33号	农业部公告第1998号	青岛康地恩动物药业有限公司 青岛康地恩药业股份有限公司 潍坊大成生物工程有限公司 潍坊诺达药业有限公司 菏泽普恩药业有限公司 山西康地恩恒远药业有限公司	四类	
非泼罗尼滴剂	（2013）新兽药证字26号	农业部公告第1938号	金坛区凌云动物保健品有限公司	二类	
非泼罗尼	（2013）新兽药证字25号	农业部公告第1938号	金坛区凌云动物保健品有限公司	二类	
阿莫西林硫酸黏菌素可溶性粉	（2013）新兽药证字20号	农业部公告第1923号	山西恒丰强动物药业有限公司 上海恒丰强动物药业有限公司	五类	
复方阿莫西林乳房注入剂	（2013）新兽药证字16号	农业部公告第1908号	中国农业大学 中国兽医药品监察所 北京中农大动物保健品技术研究所 浙江海正药业股份有限公司 广西容大动物保健品有限公司 佛山市南海东方澳龙制药有限公司 齐鲁动物保健品有限公司 郑州福源动物药业有限公司 河南省兽药监察所 北京中农大动物保健品集团湘潭兽药厂	四类	

通用名	新兽药注册证书号	公告号	研制单位	类别	国别
盐酸多西环素注射液	（2013）新兽药证字 14 号	农业部公告第 1904 号	华南农业大学 洛阳惠中兽药有限公司 挑战动物药业有限公司（天津）上海公谊兽药厂	四类	
托芬那酸片 6mg（tolfenamic acid tablets）	（2013）外兽药证字 9 号	农业部公告第 1909 号	法国威隆制药股份有限公司（VETO-QUINOLFrance）		法国
盐酸头孢噻呋注射液（250mL：12.5g）（ceftiofur hydrochloride injection）	（2013）外兽药证字 8 号	农业部公告 第 1901 号	西班牙海博莱生物大药厂（Laboratorios HIPRA S.A.）		西班牙
盐酸头孢噻呋注射液（100mL：5g）（ceftiofur hydrochloride injection）	（2013）外兽药证字 7 号	农业部公告 第 1901 号	西班牙海博莱生物大药厂（Laboratorios HIPRA S.A.）		西班牙
盐酸头孢噻呋注射液（50mL：2.5g）（ceftiofur hydrochloride injection）	（2013）外兽药证字 6 号	农业部公告 第 1901 号	西班牙海博莱生物大药厂（Laboratorios HIPRA S.A.）		西班牙
阿莫西林克拉维酸钾片（500mg）（amoxicillin and clavulanate potassium tablets）	（2013）外兽药证字 48 号	农业部公告 第 1987 号	意大利豪普特制药厂（Haupt Pharma Latina s.r.l）		意大利
阿莫西林克拉维酸钾片（250mg）（amoxicillin and clavulanate potassium tablets）	（2013）外兽药证字 47 号	农业部公告 第 1987 号	意大利豪普特制药厂（Haupt Pharma Latina s.r.l）		意大利
阿莫西林克拉维酸钾片（50mg）（amoxicillin and clavulanate potassium tablets）	（2013）外兽药证字 46 号	农业部公告 第 1987 号	意大利豪普特制药厂（Haupt Pharma Latina s.r.l）		意大利
非泼罗尼甲氧普烯双甲脒滴剂（fipronil methoprene and amitraz spot on solutions）	（2013）外兽药证字 45 号	农业部公告 第 1987 号	梅里亚有限公司法国土鲁兹生产厂（MER-IALToulouse）		法国
阿莫西林、克拉维酸钾注射液（100mL：阿莫西林 14g＋克拉维酸 3.5g）（amoxicilin and clavulanate postassium injection）	（2013）外兽药证字 42 号	农业部公告 第 2301 号	意大利豪普特制药厂（Haupt Pharma Latina s.r.l.）		意大利
阿莫西林、克拉维酸钾注射液（50mL：阿莫西林 7g＋克拉维酸 1.75g）（amoxicilin and clavulanate postassium injection）	（2013）外兽药证字 41 号	农业部公告第 2301 号	意大利豪普特制药厂（Haupt Pharma Latina s.r.l.）		意大利
阿莫西林、克拉维酸钾注射液（10mL：阿莫西林 1.4g＋克拉维酸 0.35g）（amoxicilin and clavulanate postassium injection）	（2013）外兽药证字 40 号	农业部公告第 2301 号	意大利豪普特制药厂（Haupt Pharma Latina s.r.l.）		意大利
头孢氨苄单硫酸卡那霉素乳房注入剂（cefalexin and kanamycin monosulfate intramammary infusion）	（2013）外兽药证字 28 号	农业部公告第 1933 号	爱尔兰 Univet 生产厂（Univet Ltd.）		爱尔兰

通用名	新兽药注册证书号	公告号	研制单位	类别	国别
氢化可的松醋丙酯喷剂（hydrocortisone aceponate spray）	（2013）外兽药证字 27 号	农业部公告第 1933 号	法国维克有限公司（Virbac S. A.）		法国
烯啶虫胺片（57mg）（nitenpyram tablets）	（2013）外兽药证字 17 号	农业部公告第 1912 号	诺华动物保健公司法国生产厂（Novartis Sante Animale S. A. S.）		法国
烯啶虫胺片（11.4mg）（nitenpyram tablets）	（2013）外兽药证字 16 号	农业部公告第 1912 号	诺华动物保健公司法国生产厂（Novartis Sante Animale S. A. S.）		法国
烯啶虫胺（nitenpyram）	（2013）外兽药证字 15 号	农业部公告第 1912 号	Dottikon 合成有限公司（Dottikon Exclusive Synthesis AG）		瑞士
托芬那酸片（60mg）（tolfenamic acid tablets）	（2013）外兽药证字 10 号	农业部公告第 1909 号	法国威隆制药股份有限公司（VETOQUINOLFrance）		法国
阿莫西林钠	（2012）新兽药证字 36 号	农业部公告第 1835 号	齐鲁晟华制药有限公司	三类	
头孢噻呋注射液	（2012）新兽药证字 19 号	农业部公告第 1779 号	华南农业大学 洛阳惠中兽药有限公司 瑞普（天津）生物药业有限公司 广西天荣生物科技有限公司	四类	
盐酸头孢噻呋注射液	（2012）新兽药证字 14 号	农业部公告第 1766 号	上海市兽药饲料检测所 华南农业大学 上海公谊兽药厂 挑战（天津）动物药业有限公司 广东大华农动物保健品股份有限公司动物保健品厂	四类	
复方达克罗宁滴耳液	（2012）新兽药证字 12 号	农业部公告第 1765 号	北京康牧兽医药械中心制药厂	四类	
盐酸沃尼妙林预混剂 10%	（2012）新兽药证字 08 号	农业部公告第 1734 号	沈阳伟嘉牧业技术有限公司 北京伟嘉人生物技术有限公司	二类	
盐酸沃尼妙林	（2012）新兽药证字 07 号	农业部公告第 1734 号	沈阳伟嘉牧业技术有限公司 北京伟嘉人生物技术有限公司	二类	
注射用头孢维星钠（cefovecin sodium for injection）	（2012）外兽药证字 66 号	农业部公告第 1855 号	美国辉瑞法玛西亚-普强公司（Pharmacia & Upjohn Company, A Subsidiary of Pfizer Inc）		美国
葡萄糖甘氨酸补液盐可溶性粉（glucose, glycine and electrolyte for oral hydration powder）	（2012）外兽药证字 59 号	农业部公告第 1837 号	辉瑞动物保健品有限公司（Pfizer Animal Health, A Division of Pfizer, Inc.）		美国
维吉尼亚霉素（virginiamycin）	（2012）外兽药证字 35 号	农业部公告第 1788 号	美国辉宝有限公司巴西生产厂（Phibro Saude Animal Internacional Ltd.）		巴西
硫酸大观霉素（spectinomycin sulfate）	（2012）外兽药证字 34 号	农业部公告第 1772 号	辉瑞集团法玛西亚 & 普强公司（Pharmacia & Upjohn Company, A Division of Pfizer Inc.）		美国
泰乐菌素注射液（50mL：2.5g）（tylosin injection）	（2012）外兽药证字 13 号	农业部公告第 1725 号	保加利亚标伟特股份有限公司（Biovet Joint Stock Company PeshteraBulgaria）		保加利亚
阿莫西林硫酸黏菌素注射液	（2011）新兽药证字 50 号	农业部公告第 1679 号	中国农业大学 中国兽医药品监察所 北京中农大动物保健品技术研究院 成都中牧生物药业公司 浙江海正药业股份有限公司 山东济兴制药有限公司 广西北斗星动物保健品有限公司 北京中农大动物保健品集团湘潭兽药厂	四类	

通用名	新兽药注册证书号	公告号	研制单位	类别	国别
硝唑沙奈干混悬剂	（2011）新兽药证字41号	农业部公告第1632号	中国农业科学院上海兽医研究所	二类	
硝唑沙奈	（2011）新兽药证字40号	农业部公告第1632号	中国农业科学院上海兽医研究所	二类	
季铵盐戊二醛溶液	（2011）新兽药证字38号	农业部公告第1607号	中国农业大学 中国兽医药品监察所 北京中农大动物保健品技术研究院 成都中牧生物药业公司 浙江海正药业股份有限公司 广西容大动物保健品有限公司	二类	
盐酸沃尼妙林预混剂	（2011）新兽药证字37号	农业部公告第1607号	中国农业科学院饲料研究所 浙江升华拜克生物股份有限公司 青岛康地恩药业有限公司	二类	
盐酸沃尼妙林	（2011）新兽药证字36号	农业部公告第1607号	中国农业科学院饲料研究所 浙江升华拜克生物股份有限公司 青岛康地恩药业有限公司	二类	
盐酸头孢噻呋注射液	（2011）新兽药证字32号	农业部公告第1597号	沈阳伟嘉牧业技术有限公司 湖南农大动物药业有限公司	四类	
盐酸沙拉沙星胶囊（蚕用）	（2011）新兽药证字30号	农业部公告第1589号	中国农业科学院蚕业研究所附属蚕药厂	四类	
土霉素子宫注入剂10%	（2011）新兽药证字29号	农业部公告第1589号	佛山市南海东方澳龙制药有限公司	四类	
碘甘油乳头浸剂	（2011）新兽药证字27号	农业部公告第1584号	内蒙古瑞普大地生物药业有限责任公司 内蒙古农业大学	三类	
复方氯硝柳胺片	（2011）新兽药证字26号	农业部公告第1584号	青岛康地恩药业有限公司 青岛六合药业有限公司 潍坊诺达药业有限公司 菏泽普恩药业有限公司	五类	
盐酸沃尼妙林预混剂（10%）	（2011）新兽药证字24号	农业部公告第1584号	湖北龙翔药业有限公司 瑞普（天津）生物药业有限公司 武汉回盛生物科技有限公司 武汉华扬动物药业有限责任公司	二类	
盐酸沃尼妙林原料	（2011）新兽药证字23号	农业部公告第1584号	湖北龙翔药业有限公司	二类	
恩诺沙星混悬液（100mL∶5g）	（2011）新兽药证字22号	农业部公告第1556号	广东大华农动物保健品股份有限公司	四类	
盐酸沃尼妙林预混剂（10%）	（2011）新兽药证字20号	农业部公告第1556号	河北威远动物药业有限公司	二类	
盐酸沃尼妙林原料	（2011）新兽药证字19号	农业部公告第1556号	河北威远动物药业有限公司	二类	
注射用戈那瑞林	（2011）新兽药证字18号	农业部公告第1556号	宁波第二激素厂	四类	
吡喹酮硅胶棒	（2011）新兽药证字04号	农业部公告第1719号	丹东市绿丹和华动物药业有限公司 新疆维吾尔自治区疾病预防控制中心	四类	
亚甲基水杨酸杆菌肽预混剂	（2011）新兽药证字03号	农业部公告第1719号	浦城绿康生化有限公司	五类	
复方制霉菌素软膏（compound nystatin ointment）	（2011）外兽药证字38号	农业部公告第1680号	法国威隆制药股份有限公司（VETO-QUINOL France）		法国

通用名	新兽药注册证书号	公告号	研制单位	类别	国别
盐酸头孢噻呋乳房注入剂（泌乳期）[ceftiofur hydrochloride intramammary infusion（lactating cow）（spectramast LC）]	（2011）外兽药证字30号	农业部公告第1638号	美国辉瑞法玛西亚-普强公司（Pharmacia & Upjohn Company，A Division of Pfizer Inc.）		美国
伊维菌素双羟萘酸噻嘧啶咀嚼片（ivermectin and pyrantel pamoate chewable tablets）	（2011）外兽药证字26号	农业部公告第1613号	英国伊科动物保健有限公司法姆西大工厂（ECO Animal Health Ltd. Pharmaserve Limited）		英国
氟苯尼考溶液（2.3%）（florfenicol solution）	（2011）外兽药证字06号	农业部公告第1552号	先灵葆雅布雷兰生产厂[Schering-ploug（Bray）]		爱尔兰
注射用垂体促卵泡素[follicle stimulating hormone-pituitary for injection（folltropin-V）]	（2011）外兽药证字01号	农业部公告第1536号	贝尔尼奇动物保健有限公司贝尔默实验室（加拿大）（Bioniche Animal Health Canada Inc.，Bell-More Labs INC.）		加拿大
枸橼酸粉	（2010）新兽药证字19号	农业部公告第1401号	临洮威特药业有限公司	三类	
盐酸沃尼妙林预混剂	（2010）新兽药证字41号	农业部公告第1489号	金河生物科技股份有限公司	二类	
盐酸沃尼妙林原料	（2010）新兽药证字40号	农业部公告第1489号	金河生物科技股份有限公司	二类	
戈那瑞林注射液（2mL：100μg，2mL：200μg）	（2010）新兽药证字37号	农业部公告第1476号	宁波市三生药业有限公司	三类	
注射用戈那瑞林	（2010）新兽药证字36号	农业部公告第1476号	宁波市三生药业有限公司	三类	
戈那瑞林原料	（2010）新兽药证字35号	农业部公告第1476号	宁波市三生药业有限公司	三类	
盐酸沃尼妙林预混剂（100g：10g）	（2010）新兽药证字32号	农业部公告第1471号	齐鲁动物保健品有限公司	二类	
盐酸沃尼妙林原料	（2010）新兽药证字31号	农业部公告第1471号	齐鲁动物保健品有限公司	二类	
盐酸沃尼妙林预混剂	（2010）新兽药证字29号	农业部公告第1457号	河北远征药业有限公司	二类	
盐酸沃尼妙林原料	（2010）新兽药证字28号	农业部公告第1457号	河北远征药业有限公司	二类	
盐酸头孢噻呋注射液	（2010）新兽药证字24号	农业部公告第1433号	北京中农大动物保健品集团湘潭兽药厂 中国农业大学动物医学院 北京中农大动物保健品技术研究院 广西北斗星动物保健品有限公司	四类	
卡巴匹林钙可溶性粉	（2010）新兽药证字23号	农业部公告第1433号	齐鲁动物保健品有限公司	三类	
卡巴匹林钙原料	（2010）新兽药证字22号	农业部公告第1433号	齐鲁动物保健品有限公司	三类	
二氯异氰脲酸钠、百菌清粉（蚕用）	（2010）新兽药证字08号	农业部公告第1338号	中国农业科学院蚕业研究所附属蚕药厂	三类	
癸氧喹酯溶液	（2010）新兽药证字06号	农业部公告第1335号	齐鲁动物保健品有限公司	四类	

通用名	新兽药注册证书号	公告号	研制单位	类别	国别
戊二醛溶液（glutaral solution）	（2010）外兽药证字26号	农业部公告第1419号	泰国MC农用化学品有限公司（MC Agro-Chemical Co. Ltd）		泰国
普鲁卡因青霉素、萘夫西林钠、硫酸双氢链霉素乳房注入剂（干奶期）[procaine benzylpenicillin and nafcillin sodium and dihydrostreptomycin sulphatee intramammary ointment(dry cow)]	（2010）外兽药证字11号	农业部公告第1348号	英特威国际有限公司（Intervet International B. V）		荷兰
伊维菌素、双羟萘酸噻嘧啶咀嚼片（L片）[ivermectin and pymntel pamoate chewable tablets (heartgard plus)]	（2010）外兽药证字09号	农业部公告第1340号	默沙东公司（Merck Sharp&·Dohme De Puerto Rico Inc）		德国
伊维菌素、双羟萘酸噻嘧啶咀嚼片（M片）[ivermectin and pymntel pamoate chewable tablets(heartgard plus)]	（2010）外兽药证字08号	农业部公告第1340号	默沙东公司（Merck Sharp&·Dohme De Puerto Rico Inc）		德国
伊维菌素、双羟萘酸噻嘧啶咀嚼片（S片）[ivermectin and pyrantel pamoate chewable tablets (heartgard plus)]	（2010）外兽药证字07号	农业部公告第1340号	默沙东公司（Merck Sharp&·Dohme De Puerto Rico Inc）		德国
中性电解氧化水（neutralized electrolyzed oxidized water[vetericynTM wound spray)]	（2010）外兽药证字06号	农业部公告第1340号	欧库鲁斯创新科学公司（Oculus Innovative Sciences，Inc. ）		美国
恩诺沙星片（宠物用）（50mg）[enrofloxacin tablets(baytril flavor table)]	（2010）外兽药证字05号	农业部公告第1340号	KVPKiel有限责任公司（KVP Pharma＋Veterinar Produkte GmbH）		德国
恩诺沙星片（宠物用）（15mg）[enrofloxacin tablets（baytril flavor tablet)]	（2010）外兽药证字04号	农业部公告第1340号	KVPKiel有限责任公司（KVP Pharma＋Veterinar Produkte GmbH）		德国
托曲珠利混悬液5%[toltrazuril suspension (baycox5%)]	（2010）外兽药证字03号	农业部公告第1340号	KVPKiel有限责任公司（KVP Pharma＋Veterinar Produkte GmbH）		德国
阿莫西林可溶性粉(50%)(amoxicillin so1uble powder)	（2010）外兽药证字01号	农业部公告第1334号	法国维克有限公司（Virbac S. A）		法国
复方三氯异氰脲酸粉（蚕用）	（2009）新兽药证字34号	农业部公告第1268号	浙江省农科院生物技术公司	三类	
盐酸沃尼妙林预混剂(10%、50%)	（2009）新兽药证字33号	农业部公告第1268号	广东大华农动物保健品股份有限公司动物保健品厂 广东惠华动物保健品有限公司	二类	

通用名	新兽药注册证书号	公告号	研制单位	类别	国别
盐酸沃尼妙林	（2009）新兽药证字32号	农业部公告第1268号	广东大华农动物保健品股份有限公司动物保健品厂 广东惠华动物保健品有限公司 华南农业大学兽医学院	二类	
重组溶葡萄球菌酶粉	（2009）新兽药证字29号	农业部公告第1252号	上海高科联合生物技术研发有限公司	一类	
多潘立酮注射液（2mL：100mg）	（2009）新兽药证字26号	农业部公告第1234号	宁波第二激素厂	四类	
癸氧喹酯溶液3%	（2009）新兽药证字25号	农业部公告第1234号	青岛六和药业有限公司 青岛康地恩药业有限公司 潍坊诺达药业有限公司 菏泽普恩药业有限公司 潍坊大成生物工程有限公司 山西农大恒远药业有限公司 江苏欧克动物药业有限公司	四类	
硫酸头孢喹肟注射液	（2009）新兽药证字07号	农业部公告第1162号	中牧实业股份有限公司	二类	
硫酸头孢喹肟	（2009）新兽药证字06号	农业部公告第1162号	中牧实业股份有限公司	二类	
注射用血促性素、绒促性素（5头份）（serum gonadotrophin and chorionic gonadotrophin for injection）	（2009）外兽药证字56号	农业部公告第1296号	西班牙海博莱生物大药厂（Laboratorios HIPRA . A.）		西班牙
注射用血促性素、绒促性素（1头份）（serum gonadotrophin and chorionic gonadotrophin for injection）	（2009）外兽药证字55号	农业部公告第1296号	西班牙海博莱生物大药厂（Laboratorios HIPRA S. A.）		西班牙
美洛昔康注射液（250mL：5g）（meloxicam injection）	（2009）外兽药证字54号	农业部公告第1296号	Labiana生命科学制药厂（Labiana Life Science S. A.）		西班牙
美洛昔康注射液（100mL：2g）（meloxicam injection）	（2009）外兽药证字53号	农业部公告第1296号	Labiana生命科学制药厂（Labiana Life Science S. A.）		西班牙
美洛昔康注射液（50mL：1g）（meloxicam injection）	（2009）外兽药证字52号	农业部公告第1296号	Labiana生命科学制药厂（Labiana Life Science S. A.）		西班牙
美洛昔康注射液（20mL：400mg）（meloxicam injection）	（2009）外兽药证字51号	农业部公告第1296号	Labiana生命科学制药厂（Labiana Life Science S. A.）		西班牙
碘-甘油混合溶液0.75%（iodine and glycerol mixed solution）	（2009）外兽药证字50号	农业部公告第1296号	比利时利拉伐N. V. 公司(DeLaval N. V.)		比利时
阿莫西林可溶性粉80%（amoxicillin soluble powder）	（2009）外兽药证字49号	农业部公告第1296号	英特威国际有限公司意大利生产厂(Intervet Productions S. r. l)		意大利
替米考星溶液25%（tilmicosin solution 25%）	（2009）外兽药证字46号	农业部公告 第1269号	美国礼来公司意大利生产厂(C. O. C. Farmaceutici s. r. l.)		美国

通用名	新兽药注册证书号	公告号	研制单位	类别	国别
复方磺胺嘧啶混悬液 [compound sulfadiazinesuspension(Tribrissen™)]	(2009)外兽药证字 06 号	农业部公告 第 1155 号	德国爱适制药股份有限公司动物保健分厂(Essex Animal HealthFriesoythe, a Division for Essex Pharma GmbH)		德国
复方克霉唑软膏[compound clotrimazole ointment(otomax™)]	(2009)外兽药证字 05 号	农业部公告 第 1155 号	先灵葆雅动物保健公司加拿大生产厂(Sehering-Plough Canada)		加拿大
二氯苯醚菊酯、吡虫啉滴剂[permethrin and imidocloprid spot-On(advantix)]	(2009)外兽药证字 04 号	农业部公告 第 1155 号	德国 KVPKiel 有限责任公司(KvP Pharma＋VeterinarProdukte GmbH)		德国
头孢噻呋晶体注射液(猪用)[ceftiofur crystalline free acidinjection(Excede)]	(2009)外兽药证字 03 号	农业部公告 第 1155 号	美国辉瑞法玛西亚-普强公司(Pharmacia & UpjohnCompany, A Subsidiary of Pfizer Inc)		美国
头孢噻呋晶体注射液(牛用)[ceftiofur crystalline free acidinjection(Excede)]	(2009)外兽药证字 02 号	农业部公告 第 1155 号	美国辉瑞法玛西亚-普强公司(Pharmacia & UpjotmCompany, A Subsidiary of Pfizer Inc)		美国
头孢噻呋晶体(ceftiofur crystalline free acid)	(2009)外兽药证字 01 号	农业部公告 第 1155 号	美国辉瑞法玛西亚-普强公司(Pharmacia & UpjohnCompany, A Subsidiary of Pfizer Inc)		美国
氯前列醇钠(cloprostenol sodium)	(2009)兽药证字 01 号	农业部公告 第 1296 号	台湾永光化学工业股份有限公司第二厂		
土霉素注射液[oxytetracycline injection(CYCLOSOL 200 LA)]	(2009)外兽药证字 41 号	农业部公告 第 1254 号	荷兰优诺威动物保健公司(Eurovet Animal Health BV)		荷兰

1.2

新兽药创新类型

1.2.1　原料药物创新

1.2.1.1　结构创新

（1）通过引入结构基团　将两种药物的结构拼合在一个分子内，或将两者的药效基团兼容在一个分子内，可能使形成的药物兼具两者的性质。如抗生素与喹诺酮类两种合成抗菌药物，其中头孢菌素的作用为阻扰细菌合成细胞壁，细胞壁可保护细菌不受外来异物的侵入。喹诺酮类药物则是干扰细菌核酸的功能。将头孢噻肟和氟罗沙星以酯键连接在同一个分子内，从而合成新药物。实验证明合成后该新化合物对肠杆菌及其他革兰氏阴性菌和阳性菌都有强烈抑制作用，并且作用效果超过单独使用头孢噻肟和氟罗沙星的效果。

（2）基于特性进行修饰　① 对药物化学结构稍作修饰，可随之改变其物理特性。如水溶性过高、脂溶性过低的药物不易渗透细胞膜的脂质层，因而不易吸收。但如果分子中

增加 CH_2，可有效增加脂溶度。代表药物如诺氟沙星（氟哌酸），该药是优良的抗菌药物，研究人员将该药物结构中氮上的取代乙基变换为环丙基，新改造的化合物为丙氟哌酸，实验证明改造后其生物利用度和抗感染作用均有所提高。

② 有些药物在体内迅速代谢转化，转变为无药理活性的代谢产物，因而作用的持效很短。而增加位阻可减缓代谢转化的速率，从而延长药效。如抗心律失常药普鲁卡因胺苯环上的氨基在体内进行乙酰化，因而药物的半衰期较短。若在氨基的二邻位引进甲基取代，成为二甲普鲁卡因胺，使得抗心律失常的作用增强，副作用也有所减轻。

（3）**基于生物电子等排**　先导化合物的优化是新药研究的有效方法。而生物电子等排则是先导化合物优化的常用手段，首先是将化合物结构中的某些原子或基团，用与其外层电子总数相等或在体积、形状、构象、电子排布、脂水分配系数、pK_a、化学反应和氢键形成能力等重要参数上存在相似性的原子或基团进行替换，从而产生新的化合物的一种方法，常见的除经典的一价、二价、三价、四价原子或基团外，还存在环与非环结构、可交换的基因、基因反转等非经典生物电子等排。

通过该方法对药物化学结构进行改造，所产生的新化合物优于、近于或拮抗原来药物的作用，具有成功率高、风险低、投资小的特点，在新药研究中占有重要地位。

（4）**基于虚拟筛选**　药物虚拟筛选是基于药物设计理论，借助计算机技术和专业应用软件，从大量化合物中挑选出一些有苗头的化合物，进行实验活性评价，其阳性率一般在 5％～20％，远远高于高通量筛选的阳性率，对于虚拟筛选所采用的方法策略有非类药化合物排除、假阳性化合物排除、药效团搜索、分子对接技术以及分子相似性分析等。

① 非类药化合物排除　为排除药物发现早期一些无活性的化合物，富集有活性的化合物，根据化合物类药性的特点，通过非类药化合物排除的方法，进而排除化合物数据库中违背化合物类药性特征的化合物。这种方法简单易行，可以有效排除非特异性无活性的化合物，适用于大多数高通量药物筛选前的化合物样品准备。

② 假阳性化合物排除　在实际的药物创制过程中提供化学反应中间产物的一些化合物易与生物大分子发生化学反应，在基因受体、酶或细胞检测实验中总是表现为阳性，而实际上为假阳性。这些假阳性化合物的基团一般在水解条件下易于分解，可以与蛋白质及生物亲和试剂产生化学反应，在血清中稳定性很差，基于此，进而将假阳性化合物进行排除。

③ 药效团搜索　该方法主要用于药物未知靶点的筛选，主要是通过在已知活性化合物结构上建立药效团模型，从大量化合物数据库中搜索符合药效团模型的化合物，从而富集活性化合物，为药物筛选提供优质的待筛选化合物。

④ 分子对接技术　当药物靶点结构或同源蛋白结构已知时，可以基于药物靶点或通过同源建模获得蛋白结构，应用分子对接软件，从化合物数据库中，挑选空间上和化学性质上均与药物靶点活性位点相契合的化合物，常用分子对接软件有 Dock、Autodock、Flex X、ICM、Gold、Ligand-Fit、Glide 等。

⑤ 分子相似性分析　分子相似性分析是基于分子相似性，将一个或多个与蛋白质结合的化合物结构作为数据库搜寻的条件，利用分子整体结构特点，与对照化合物进行比较，从化合物数据库中提取符合相似性标准的化合物，用于生物活性评价。常用的分子相似性虚拟筛选软件有 Cerberu S、Flex S、GASP、MIMIC、GRID 等。

1.2.1.2　晶型创新

（1）多晶型　多晶型指具有恒定的化学成分，且能够存在于多个晶体结构中的晶体，产生的主要原因为药物分子的排列不同、分子构象不同、结晶水和晶体溶剂的介入等。一般认为药物多晶型包括构象多晶型、构型多晶型、色多晶型和假多晶型四类。这种内部结构的差异会导致不同晶型表现出不同的物理性质，如溶解度、溶出速度、密度、熔点和硬度等，以及特定的物理化学稳定性和可加工性。

在药物研究过程中，合理选择制备方法和评价手段，对保证晶型药物在临床上应用的有效性具有重要意义，目前常见的药物多晶型的制备方法有重结晶法、熔融法、升华法、粉碎研磨法。这些方法通过溶剂或其他外部能量改变晶体内部分子、原子或离子的排列方法，从而使晶体结构发生改变，最终获得新的晶型。获得方法有以下几种。

① 蒸发法　又称为溶剂挥发法，主要是在适宜的环境中静置过饱和药物溶液，随着溶剂挥发，晶体药物从溶液中析出，在实验中发现，结晶溶剂的种类影响药物晶型的种类，不同的溶剂可获得不同的晶型。另外，还发现产物晶型表现出与结晶温度的相关性，温度过高不易获得特定晶型，因此在结晶制备过程中要注意结晶的条件。

② 种晶法　在过饱和溶液长时间放置无晶核生成时，可向溶液中加入含有某种特定晶型的药物作为晶种，即可制得含有特定晶型的药物。

③ 降温法　此方法控制的变量是温度，随着温度的下降，过饱和的溶解度不断降低，从而析出不同晶型的药物。此方法适合溶解度随温度变化明显的药物，其优点就是可以通过控制温度获得药物不同晶型的产物。

④ 熔融法　一般情况下，将低熔点的晶型加热熔化后即可转化为高熔点的晶型。在加热的过程中，晶体分子获得能量，旧的氢键断裂，生成新的分子内或分子间氢键，从而形成新的晶体结构。

⑤ 升华法　升华法是通过加热将目标药物蒸发升华，在蒸发皿或玻璃漏斗上部获得大量的升华晶体。此方法适用于熔点下分解压力大的原料，缺点是晶体生长速率慢，需要严格控制晶体条件。

⑥ 粉碎研磨法　粉碎研磨法则是因机械力的作用，改变了晶型的局部能量，造成晶型的错位和边界的变形，从而产生新的晶型或引起晶型的转变。其主要影响因素包括机械力作用的大小、研磨的时间、温度的高低、有无晶种、添加剂等。目前，制备新型固相药物共晶体是克服药物本身溶解度低等缺陷的有效手段。

（2）共晶型　药物共晶型是指活性药物成分（API）和共晶形成物（CCF）在氢键或其他非共价键的作用下形成具有特定理化性质的新型共结晶物。共晶是一种多组分晶体，既包含两种中性固体之间形成的二元共晶，也包含中性固体与盐或溶剂化物形成的多元共晶。近年来，采用药物共结晶的方法可在不改变活性药物成分分子间共价键的情况下，达到改善药物物理化学性质的作用。

药物共晶的设计要先分析药物分子结构中可能的合成元，然后结合药物的晶体特征，选择合适的CCF。药物共晶的CCF必须是无毒并且最好是有药用标准的物质，分子大小适宜。目前常用的设计共晶的方法是首先对API的分子构象、排列以及各种官能团等结构信息进行全面分析，按照一定规律选择可能的CCF，然后将选中的CCF与API在一定条件下反应进行筛选。

① 药物共晶的设计

a. 依据价键力设计　多数共晶的形成依赖分子间的氢键作用，因此可以以氢键为基础来设计共晶。对于有机化合物来说，氢键形成的规则有：ⅰ．结构中所有酸性氢参与氢键；ⅱ．所有质子的良受体与良给体参与氢键；ⅲ．分子内可形成六元环的氢键优先于分子间氢键形成；ⅳ．在分子内氢键形成后，剩下的最强的质子受体与给体优先形成分子间氢键；ⅴ．必须考虑到竞争位点、分子构象、位阻效应、竞争性偶极作用或离子键对氢键的影响。

b. 依据分子理化特征设计　分子理化性质熔点、pH、溶解度等对共晶型设计具有重要作用，因此利用其多种理化特征来进行共晶设计具有重要意义。

c. 依据主体分子的性质设计　近年来，随着晶体工程学理论的不断完善，人们开始按照晶体工程学的要求设计共晶。现在一般通过剑桥结构数据库（Cambridge Structural Database，CSD）来分析药物晶体的结构。在 CSD 中检索特定的基因或分子可以使人们了解晶格中分子间作用力的各项性质以及参与作用力的基团种类。

② 药物共晶型的制备

a. 溶液结晶　溶液结晶是目前最常用的制备共晶的方法，包括蒸发溶剂法、降温析晶法、混悬液/熔融结晶法。用溶剂法制备共晶，API 和 CCF 在溶剂中的相互作用需比各物质分子间或 API 和溶剂分子间的作用力大，这样才能保证共晶的生成，并且需要了解 API 和 CCF 在溶剂中的溶解度，选择对 API 和 CCF 溶解情况类似的溶剂，以便减少其中一种物质单独析出的可能性。

b. 固态研磨　研磨法是不同固体形态之间互变的常用手段。制备共晶时，将 API 和 CCF 混合于球磨机中，共同研磨一段时间。研磨时固体与固体的反应能力取决于两种分子的结构互补性和移动性，此法无需溶剂，很少有副产物产生，并且绿色环保。

c. 超声　此法适用于 API 和 CCF 的固态混合物体系，也适用于 API、CCF 和溶剂共存的体系，并且操作简单，适合同时进行许多 CCF 筛选。对于反应物浓度很低或量很少的样品，也可以用超声制备共晶。

d. 超临界流体法　此方法应用于共晶的制备越来越受到关注，所应用的技术有超临界流体结晶、超临界反溶剂和雾化反溶剂等三种制备技术，其中超临界流体对物质的溶解能力与其密度有关，压力和温度的微小变化可以使其密度发生很大改变，其溶解能力也随之改变；超临界反溶剂法利用了超临界流体与有机溶剂相容的性质；雾化反溶剂法包含反溶剂结晶和喷雾干燥结晶两种过程，超临界流体的密度越大，液体从喷嘴中喷出受到的剪切力就越大，形成的液滴及颗粒也就越小。

（3）纳米晶体　纳米晶体是为解决难溶性药物的溶解和溶出速率等问题，将纳米技术和药学相结合，进而衍生出的一种纳米药物，其在高强度机械力作用下减小药物粒径，在这过程中药物颗粒的理化性质发生了改变，使药物具有不同于其他普通制剂的特殊理化性质，如药物的可湿润性、溶解度及溶出速率得到显著提高。

纳米晶药物制备方法有粉碎技术和自组装技术：a. 粉碎技术又称 top-down 法，指利用外力将大颗粒的药物粉碎得到纳米晶，主要包括湿法介质研磨和高压均质两种技术。湿法介质研磨主要是将药物分散于含有稳定剂的水中形成药物的大颗粒混悬液，然后将其加入研磨机中，靠研磨珠降低药物粒径，该法具有低能量的优势，但存在研磨过程漫长、研磨过程中研磨珠碎屑可能掉落污染产品等缺点。而高压均质则是通过高压使得药物大颗粒混悬液进入细的管腔，达到减小粒径的目的。该法不使用有机溶剂，快速，可大批量生产，但需要高能量，操作要求严格。b. 自组装技术是通过控制药物分子的结晶过程，得到粒径处于纳米级别的药物晶体。主要通过沉淀形式从过饱和溶液中结晶。结晶过程中首先将药物溶解于溶剂中，通常是与水互溶的有机溶剂，之后加入反溶剂，通常是水，来达到使药物结晶析出的目的。另外，此过程需要加入合适的稳定剂，利用超声或者搅拌使晶粒分散而不聚集，以控制成核粒径。

1.2.2 制剂创新

我国兽药制剂研究起步较晚，也一定程度上造成了我国兽药制剂技术的落后，在当今社会，要想促进兽药发展，离不开兽药新剂型的创制。药物剂型能够改变药物作用的性质、速度，消除或降低毒副作用，一个好的原料药还必须有一个好的剂型才能充分发挥其疗效。就目前而言，我国兽药剂型还是比较单一，仅限于常规的比较简单的片剂、粉剂、散剂、预混剂、口服剂、注射剂等，并且对其没有进行系统的研究和开发，存在不同程度稳定性差、刺激性强、生物利用度低、疗效不稳定、制剂配制不科学等问题。基于以上问题，研究人员最近开发研制了一些其他制剂，如透皮吸收制剂、长效制剂、泡腾片剂、喷雾剂等一系列新型制剂类型，但因为这些新型制剂还处于试验研究阶段，所以在制剂的稳定性上、某些技术方面、临床应用上还存在一些问题。但对于今后我国兽药制剂的发展具有重要意义。

1.2.2.1 透皮吸收制剂

透皮吸收指皮肤贴敷方式用药，药物以一定的速率通过皮肤，经毛细血管吸收进入体循环产生药效。常用离子导入法、超声法、电致孔法、加热法、微针、超速微粉注射、电极扫描系统、激光等方法促进透皮，加速药物进入皮肤。与其他制剂相比，透皮吸收制剂使用方便，可以随时给药或中断给药；避免了传统口服给药可能发生的肝脏首过效应和胃肠道的降解作用，提高了药物的疗效，并且大多数透皮给药制剂一次给药可连续释放数日，比很多缓控释剂的有效作用时间都长。

透皮给药系统的类型：

（1）复合型透皮给药系统　此类给药系统是将药物分散于聚异丁烯压敏胶中涂布而成或混悬于黏稠流体如硅油或半固体软膏基质中，外覆一层控释膜以达到控制药物释放的目的，在控释膜外还有刺激性、过敏性均低的压敏胶层。

（2）聚合物骨架型透皮给药系统　此类给药系统是将药物均匀分散或溶解于聚合物骨架中形成的透皮吸收制剂，聚合物骨架起到控释作用。

（3）微贮库型透皮给药系统　微贮库型系统兼具膜腔型和骨架型特点。药物贮库为药物分散在亲水性聚合物中，然后再分散于亲脂性硅酮弹性体中，形成无数含有液体微室的药物贮库。

（4）黏胶剂骨架型透皮给药系统　此类系统没有控释膜，由药物直接分散于压敏胶液中，然后涂布于背衬膜上制成。药物释放的速度由压敏胶层控制，较上述几种透皮吸收制剂类型具有制备简单、成本低等特点。

1.2.2.2 脂质体制剂

脂质体类似于细胞膜，是一个封闭的磷脂双分子层，内部有亲水性核心，脂溶性化合物可镶嵌在磷脂双分子层膜中，水溶性化合物被包裹于亲水部分，所以脂质体既可携载脂溶性药物又可以携载水溶性药物，主要通过与细胞膜融合或内吞运送药物。其能包埋不同极性的药物，可携带大量药物，有提高疗效、增加药物稳定性、降低药物毒性等优点。对于脂质体，其在体内可被巨噬细胞摄取，在骨髓、肝、脾等单核巨噬细胞较为丰富的部位浓集，从而发挥靶向作用。脂质体的颗粒大小、电荷、层数、脂质成分以及聚合物和配体的表面修饰情况，都会影响其在体内和体外的稳定性。

目前，脂质体制剂制备方法有薄膜分散法、逆相蒸发法、表面活性剂处理法、熔融法、复乳法等。

（1）薄膜分散法 该方法主要将磷脂与胆固醇等类脂质及脂溶性药物溶于氯仿或其他有机溶剂中，将该氯仿液于玻璃瓶中旋转蒸发，使在玻璃瓶内壁上形成一薄膜；将水溶性药物溶于磷酸盐缓冲液中，加入玻璃瓶后不断搅拌，即可获得。

（2）逆相蒸发法 该方法主要将磷脂等膜材溶于有机溶剂如氯仿、乙醚等加入待包封药物的水溶液进行短时超声，直至形成稳定的 W/O 型（油包水）乳剂。然后减压蒸馏除去有机溶剂，达到胶态后，滴加缓冲液，旋转使器壁上的凝胶脱落，然后在减压下继续蒸发，制得水性混悬液，通过凝胶色谱法或超速离心法除去未包封的药物，即得到大单层脂质体。此法适合于包裹水溶性药物及大分子生物活性物质如各种抗生素、胰岛素、免疫球蛋白、核酸、质粒等。

（3）表面活性剂处理法 该方法主要是脂质薄膜、多层脂质体或单层脂质体与胆酸盐、脱氧胆酸盐等表面活性剂混合，通过离心法或凝胶过滤法或透析法除去表面活性剂，就可获得中等大小的单层脂质体。此法适合于制备各种类脂的混合物和包封酶及其他生物高分子，但不适合于由单一酸性磷脂组成的脂质体。本法的关键技术是从预制备的混合胶团中除去表面活性剂，并使之自发形成单层脂质体。另外，该法通过控制除去表面活性剂的操作条件，可以改变粒径，并可获得高度均一粒径的脂质体。

（4）熔融法 将磷脂、表面活性剂用少量水相溶解，胆固醇熔融后与之混合然后再将其滴入 65℃ 左右的水相溶液中保温制得。该方法较其他方法，不使用有机溶剂。

（5）复乳法 将少量水相与较多量的磷脂油相进行第 1 次乳化，形成 W/O 型的反相胶团，减压除去部分溶剂再加入较大量的水相进行第 2 次乳化，形成 W/O/W 型复乳，减压蒸发除去有机溶剂，即得脂质体。

（6）超声波分散法 将水溶性药物溶于磷酸盐缓冲液中，加入磷脂与胆固醇及脂溶性药物成共溶于有机溶剂的溶液，搅拌蒸发除去有机溶剂，残留液经超声处理，根据超声时间的长短可获得 $0.25 \sim 1\mu m$ 的小单层脂质体。

（7）冷冻干燥法 将类脂高度分散在水溶液中，冷冻干燥，然后再分散到含药的水性介质中，即得载药脂质体。

1.2.2.3　纳米粒制剂

纳米粒是以高分子材料为载体制成的固状胶态粒子，主要是将药物包裹在其中制成的粒径为 $10 \sim 100nm$ 的载药微粒。该制剂具有靶向性、缓释性、稳定性好，可降解等特点。与脂质体制剂相比，纳米粒具有更强的靶向能力，一般被单核巨噬细胞摄取，主要分布于肝、脾、肺等处。

目前，有许多研究证明药物分子间可通过自组装形成纳米粒，对于自组装，该机制主要是指分子或分子聚集体通过氢键、范德瓦耳斯力、π-π 堆积、静电作用和配位键等非共价键的弱相互作用，通过加合效应和协同作用形成稳定的、具有特定结构的自组装体系。这种自组装纳米粒具有无需载体、毒副作用小、载药能力好、药代动力学好等优势。

1.2.2.4 微球制剂

微球指药物与聚合物基质组成的微粒分散系，主要依赖于载体材料在体内的降解速度来控制药物的释放速率。微球制剂具有很强的生物黏附性，能够延长药物作用的时间，该剂型目前大多数用于鼻腔给药，它能够使药物在鼻腔部位滞留时间延长至 4h；另外，微球还能够保护药物不受酶的代谢，因此可以很大程度上提高药物的生物利用度，对于肿瘤的诊断和治疗均有重要作用，可有效释放药物使其发挥作用，并阻断癌症发生转移，抑制癌症的发展。

微球制剂的制备方法有乳化溶剂挥发法、相分离法、喷雾干燥法、膜乳化法等。

（1）**乳化溶剂挥发法**　该方法主要利用机械搅拌力将互不相溶的两相乳化制备乳液，通过搅拌加速内分散相中的溶剂从外水相中穿过，外表面固化，成球材料固化成微球。制备工艺主要分为以下部分：制备初乳、溶剂挥发微球固化、洗涤和收集、微球的干燥。

（2）**相分离法**　该方法是通过在药物与高分子材料的混合物中加入反溶剂或者无机盐、改变温度等方法使聚合物的溶解度突然降低，此体系中的热力学和动力学系统重新分配直至达到平衡，包载药物的聚合物从溶液中析出，最终固化干燥后形成微球。

（3）**喷雾干燥法**　主要是利用雾化器将溶有聚合物及药物的有机溶液喷成雾状液滴，然后再通过瞬间高温，便可使有机溶剂迅速达到沸点挥发，即能得到干燥的微球。该方法可用于制备多种药物微球，并且制备过程中无外水相的药物损失，可达到很高的包封率。

（4）**膜乳化法**　该方法主要是分散相在外力作用下，从膜孔处被挤压至含有膜孔的膜表面，与膜外面的连续相接触之后进一步形成新的乳滴。这个过程分为两个步骤：一是分散相在膜孔处被挤压，二是被挤压出膜孔后成液滴。该方法具有得到的微球尺寸均一可控、反应条件温和、乳液稳定性好、操作过程简便等优点。

（5）**超临界流体法**　超临界流体法是将药物、聚合物和超临界流体溶液混合均匀后，通过调整温度和压力使整个体系处于饱和状态，再通过改变温度和压力等，降低整个体系的饱和度，从而使溶质从整个体系中析出，实现聚合物对药物的包裹，形成粒径均一的微球。

（6）**热熔挤出研磨法**　热熔挤出研磨法是将药物同聚合物或其他辅料进行熔融混合，得到均匀分布原料药的聚乳酸-羟基乙酸共聚物（PLGA）等，再对此产品进行研磨，继而得到颗粒状微球。

1.2.2.5 磁性靶向制剂

磁性靶向制剂是由磁性复合材料药物载体和高分子骨架组成，在外加磁场作用下，使药物向靶部位浓集并释药的一种靶向治疗方法。与其他相比，磁性靶向制剂具有靶向性好、载药量大、不易被网状内皮系统摄取等优势。

近年来磁性制剂的研制发展迅速，主要是用磁性物质作为靶向性载体，经过外加磁场的引导，药物即可定时、定位、定速地送达病变部位，并定量释放。对于磁性制剂的研究主要涉及磁性导向系统和免疫磁性制剂等两个方面。

（1）**磁性导向系统**　磁性导向系统包括磁性微球、磁性微囊、磁性脂质体、磁性乳剂、磁性毫微粒等制剂，临床常用于肿瘤的治疗。磁性导向系统能将带磁性的药物通过体外强有力磁场的引导带到病变部位，使其他部位的药物浓度降低，可减少药物用量，提高疗效，减少药物的毒副作用，临床常用于各种固体恶性肿瘤、某脏器的局部病变等。常用的剂型有磁性栓剂、磁性脂质体、磁性微囊、磁性乳剂、磁性微球等。

（2）**免疫磁性制剂**　免疫磁性制剂是将单克隆抗体偶联在磁性的表面，使其靶向性和专一性更强，因此称为主动靶向制剂。制备这种制剂时，先制成含磁性的制剂，然后在制剂表面引入羟基、羧基、氨基等活性基团，再通过载体表面偶联反应，将抗体、酶或免疫毒素结合到磁性制剂上制成免疫制剂。这种制剂利用了磁性载体和免疫学两方面的优点，依靠外磁场的引导将药物引至体内特定的靶部位，依靠抗体、抗原的特异性结合使药物作用于靶细胞，增强药效，降低毒副作用。

1.2.2.6　喷雾制剂

该方法以喷雾的方式给药，该方法非常适合生产肺部给药的可吸入干粉。肺部给药借由肺与血管气体交换机制，将药物运输至血液循环。肺部给药具有吸收面积大、酶活性较低、上皮屏障薄、膜通透性高、药物生物利用度高及生物毒性小的优点，因此不仅适用于化学小分子，而且适用于蛋白质、多肽、核酸等生物大分子药物的给药。喷雾干燥作为一种工艺简单、经济、方便、可工业化生产的制备技术，已经在制备吸入制剂、长效注射制剂以及无定形药物领域中得到广泛应用。

1.2.2.7　颗粒制剂

为适应现代社会快节奏的生活方式和临床应用的需要，作为传统汤剂的一种补充形式，20世纪70年代开始有人就开发并使用了中药配方颗粒，该制剂是将经过加工炮制的中药饮片，采用现代科学技术方法进行提取、浓缩、喷雾干燥等制成颗粒状。通过该方法制得的制剂具有体积小、携带方便、有效成分含量高、服用方便等特点，被进一步推广使用。

1.2.2.8　微粉制剂

微粉制剂是以先进的物理或化学手段将中药制备成微米及微米以下粒径的粉体。大部分粒径在 $1\sim75\mu m$。该制剂的特点有：①能够有效提高药物有效成分的溶出率，提高细胞破壁率；②能够有效提高药物的生物利用度，明显提高有效成分在胃肠道的溶解度，促进有效成分的吸收，从而增加药物的生物利用度，增加药物的疗效；③能够在保证生物等效性的前提下，减少药材的用量，减少成本，节约药物资源。虽有以上众多优点，但仍存在一些因素制约其在临床上的应用，如在药物有效成分溶出率提高的同时，其他成分同样也会增加，因而可能会在这过程中提取出一些传统饮片中较少或无法提取出的成分，会在一定程度上导致药物毒性的增加或产生，容易引起用药安全问题。

1.2.3　老药新用

近年来，随着药物研发的不断深入，易于开发的药物靶点已被研究得较为充分，创新药物的研发风险越来越大，困难越来越多，成功率也在逐渐降低。而研究成本低、成功率高、风险小的老药新用得到了众多研究者的关注。

1.2.3.1　基于不良反应

该创新途径主要是利用老药在临床试验及长期用药过程中产生的不良反应，基于此进行相关机理的探索，从而发现新的用途，创造出新的药物，例如红霉素。在日常生活中红霉素主要用于抗菌作用，但其对胃肠道不良反应较大，临床应用中也受到限制，但近几年研究发现红霉素A的半缩酮降解产物分子糖苷链上的二甲胺基团和14元内酯环中性糖分子电荷分布与胃动素相似，因而具有胃动素受体激动作用，进而在体内可激活胆碱受体，提高食管下端括约肌张力，影响胃肠电生理活动，促进胃和胆囊排空，并加速结肠运动。

1.2.3.2　基于结构改造

对于化学合成药物，其结构决定了药物的理化性质和疗效，如化学键的构建、基团的添加、催化氢化等作用，一定程度上会改变药物的性质。如青蒿素，我们知道其具有治疗疟疾的作用，但发现其在水中或油中的溶解度较低，从而在体内的吸收不好，为改变吸收、提高疗效，研究人员将其羟基醚化或酯化，改变其结构，发现其脂溶性提高，渗透率增加，从而提高了药物疗效。

1.2.3.3　基于基因组、药理学网络和信号通路分析

例如近年来新发现的抗癌新药舒尼替尼，该药是一种能够抑制多种受体酪氨酸激酶的小分子化合物，在生化、细胞学等多种试验中证实，其能够抑制80多种酪氨酸激酶，和多种生长因子受体，如血小板源性生长因子受体、血管内皮生长因子受体、集落刺激因子1受体、干细胞因子受体等。

1.2.3.4　扩大原有适应证

以原有老药的适应证为基础，研究其作用机理，通过机理进行分析，扩大原有适应证，例如硝苯地平，又名心痛定、利心平，最初研究证实其具有扩张冠状动脉和周围动脉的作用，对血管痉挛的抑制作用显著，临床被用于预防和治疗冠心病和心绞痛等。最近几年，研究者对其机理进行研究，发现其可以阻断钙离子的跨膜内流和细胞内钙离子的释放，从而使平滑肌细胞兴奋-收缩偶联并使平滑肌细胞的环磷酸腺苷的含量增加，进而对消化系统、泌尿系统、生殖系统等分布的平滑肌具有解痉镇痛的作用。

1.2.3.5　基于已有机制进行创制

主要是对已有机制进行深度挖掘，进而在已有机制的基础上进行新作用的开发，创造新药物，如度洛西汀、沙利度胺等药物，其中沙利度胺最初作为镇静剂治疗妊娠呕吐，后因为对胎儿有致畸作用而被禁用，而最近几年，对其机制进行了大量研究，发现其可作为抗血管生成剂和免疫调节剂，被应用于多发性骨髓瘤、恶性血液病、类风湿性关节炎、皮肤黏膜病、顽固性口腔黏膜溃疡病等的治疗。

1.3

新兽药设计原则

对于新兽药的研制，无论中药、化学药品还是生物制品，都要遵循安全性、有效性、质量可控性、稳定性、经济性等原则。其中，安全性主要为确保临床应用的安全性，通常在新药研发中要对其药理学和药效学进行安全性评价，确保实际应用中的安全；有效性则

主要对药物的有效成分的疗效进行评价，确保在一系列药物研发操作过程中，其药物疗效能够稳定存在；质量可控性能够确保产品的内在质量；稳定性主要保证药物能够在某种状态下稳定存在，并且能够稳定发挥作用；经济性原则主要是对药物成本及消费者进行一定的平衡，能够使消费者花费最少的钱，得到更好的治疗效果。总之，在药物研发过程中我们要考虑、平衡各种因素，最终设计出优质的药物。

1.3.1　安全性、有效性原则

1.3.1.1　安全性原则

① 对用药动物安全，即动物用药后不会发生急性中毒或慢性中毒或致畸、致癌、致突变等。

② 对兽药生产者及使用者安全，即生产者和使用者在劳动生产过程中不会因接触兽药而发生中毒事故或患某些职业病。

③ 对兽药生产环境及使用环境安全，即兽药生产和使用过程中不能有"三废"污染，所有的废弃物不能给周围的生态环境造成危害。

④ 对动物产品的消费者安全，即食用性动物产品中药物残留不能对人类造成危害。

1.3.1.2　有效性原则

（1）确定试验目的　只有试验目的与临床定位紧密结合，才能研制出有临床价值的好药。所以在进行有效临床试验设计时，一定要重视药品的研发背景，如果药物来源于临床，要重视药物在临床中是如何应用的、剂量多少、药物的疗效特点；若药物来源于科研，就要重视药物的药效学资料，若缺乏临床背景的信息就需要通过临床探索试验得到，并结合处方和适应证特点，尽可能反映药物的临床特点。

（2）分期试验，由未知到已知、由探索到验证　基于我们认识未知事物所必须经历的一个过程，在有效性方面，我们一定要重视Ⅱ期临床试验的关键作用。Ⅱ期研究对目标适应证的作用，为后续研究估计给药方案，为疗效确证研究的设计、终点、方法学提供依据。Ⅱ期临床的早期研究常采用剂量递增设计，以初步评价药物剂量-效应关系；后期研究采用公认的平行剂量-效应设计，确定药物对拟定适应证的剂量关系，从而为Ⅲ期临床试验的给药剂量和给药方案的设定奠定基础。

（3）遵循随机对照和盲法原则　良好的随机对照试验是评价药品有效性的基础。盲目是防止出现偏倚的重要方法。

（4）其他　除以上所要遵循的原则外，对于新药的研制应结合立题依据和临床适应证情况来进行试验设计，对试验结果的临床有效性提示意义的大小进行综合判断，从而做到具体问题具体分析。

1.3.2　质量可控性与稳定性原则

1.3.2.1　质量可控性原则

质量可控性就是要切实控制药效的稳定性一致和达到成品后内在质量的一致。对于质量可控性评价，药物上市后，由于各种主动或者被动的原因，都可能对生产工艺、设备、人员、环境等进行显著或轻微的变更；即使是一些表面未做出任何改变的药物生产过程，仔细分析其中也大多存在潜在的变化。因此，为搞清楚变更对药物质量的影响，需要定期进行相应的验证，其验证过程，通常采用 3 个批次进行，其中 1 批要在已确定好的最佳参数点上进行生产；另 2 批要在所确定的参数范围的上下限进行。

为达到质量可控的目的，需要多角度、多层次来控制产品的质量，也就是说要对药物进行多个项目测试，来全面考察产品质量。一般地，每一测试项目可选用不同的分析方法，进而对其科学准确性和可行性进行验证，以充分表明分析方法符合测试项目的目的和要求，原则上每个检测项目采用的分析方法，均需要进行方法验证。

验证的检测项目有鉴别、杂质检查（限度试验、定量试验）、定量测定（含量测定、溶出度、释放度等）、其他特定检测项目等四类。鉴别的目的在于判定被分析物是目标化合物，而非其他物质，要求用于鉴别的分析方法具有较强的专属性。杂质检查主要用于控制主成分以外的杂质，如有机杂质、无机杂质等。杂质检查可分为限度试验和定量试验两种。限度试验通常指氯化物、硫酸盐、重金属、砷盐、炽灼残渣、干燥失重、水分等检查。定量试验一般包括有关物质、有机溶剂残留量等检查。用于限度试验的分析方法验证侧重专属性和检测限。用于定量试验的分析方法验证强调专属性、定量限和准确性。定量测定包括含量测定、制剂的溶出度测定等，由于此类项目对准确性要求较高，故所采用的分析方法要求具有一定的专属性、准确性和线性。其他特定检测项目包括粒径分布、旋光度、分子量分布等，由于这些检测项目的要求与鉴别、杂质检查、定量测定等有所不同，对于这些项目的分析方法验证应有不同的要求。

而为完成上述各检测项目而建立的测试方法，一般包括分析方法原理、仪器及仪器参数、试剂、系统适用性试验、供试品溶液制备、对照品溶液制备、测定、计算及测试结果的报告等。测试方法可采用化学分析方法和仪器分析方法。这些方法各有特点，同一测试方法可用于不同的检测项目，但验证内容可不相同。验证内容包括验证分析方法的专属性、线性、范围、准确度、精密度、检测限、定量限、耐用性和系统适用性等。

1.3.2.2 稳定性原则

在药物创制过程中除要遵循以上原则外，还要确保其性质的稳定性，在创制前后要确保药物有效成分的活性稳定不变，要确保药效的强度保持稳定状态，同时最重要的是要能够在不同环境下保持其物理化学性质的稳定。

① 药物活性成分稳定：在创制新兽药过程中，其具有生物、生理、药理学和化学活性的化学物质，对正常或病理状态的动物有益。

② 药效强度稳定：药效强度可以用浓度、药效等来表示，药物的效价是药物制剂的单位质量或体积中药物的生物、生理、药理学或化学活性的可测量程度。如果活性成分能在最长的预期保质期内保持其强度在指定水平，则药物制剂被认为是稳定的；当原料药活性成分失去足够的效力，对药物的安全性和有效性产生不利影响，或在稳定性指示方法显示的标签规定之外时，药品被认为是不稳定的。

③ 物理化学性质稳定：药效稳定并不是衡量药品稳定性的唯一标准，药物物理、化学性质稳定的保持对保持药物有效性、安全性、稳定性等也十分重要，如物理外观、晶型、粒径、溶解度、崩解速度、pH 值、无菌性、黏性、适口性等也与稳定性有一定关系。

对于稳定性试验的研究，根据研究目的和条件的不同，稳定性研究内容分为影响因素试验、加速试验、长期试验等。

① 影响因素试验：在剧烈条件下进行影响因素试验，目的是了解影响稳定性的因素及可能的降解途径和降解产物，为制剂工艺筛选、包装材料和容器的选择、贮存条件的确定等提供依据。同时为加速试验和长期试验应采用的温度和湿度等条件提供依据，还可为分析方法的选择提供依据。影响因素试验包括高温、高湿、强光照射试验，最后通过检测其试验后制剂含量的变化、试验后吸湿增重情况等进行判定。同时根据兽药的性质必要时可以设计其他试验，如考察 pH 值、氧、冷冻等因素对兽药稳定性的影响。

② 加速试验：在超常条件下进行加速试验的目的是通过加快市售包装中兽药的化学或物理变化速度来考察兽药稳定性，对兽药在运输、保存过程中可能会遇到的短暂的超常条件下的稳定性进行模拟考察，并初步预测样品在规定的贮存条件下长期稳定性。

③ 长期试验：长期试验的目的是考察兽药在运输、贮存、使用过程中的稳定性，能更直接地反映兽药稳定性特征，是确定有效期和贮存条件的最终依据。

1.3.3 经济性原则

药品上市前应用的药物经济学评价方法主要有 4 种：最小成本分析、成本效果分析、成本效用分析和成本效益分析。除此之外还有效益风险分析，因为上市后药物经济学分析的关键是比较药物的效益和风险。

药物经济学在优化治疗方案，指导合理用药，提高经济效益，节约资源，减轻病人经济负担，减少药物不良反应及降低药源性疾病等方面具有重要意义。

① 成本-效价：新兽药研发创制过程中要权衡研发成本与效价之间的关系，以期寻找疗效最佳、经济效益最好的治疗方案。

② 成本-效益：主要指药物生产商在创制生产药物时要考虑的药物生产成本和预期获得效益之间的关系，尽量确保商家在最低成本下能够获得更高的效益。

③ 成本-效用：在实际生产过程中，所生产药物成本越低，而其药物效用越高，该方案实施就越有益，能够在消费市场及临床应用中得到有效的应用。

1.4

新兽药的评价

兽药创制的最终目的是应用于生产实践中，而在用于生产实践前的必要环节是进行有效的评价，它是保证药物安全性的必要条件，通过有效、科学的评价能够对新药物进行科学的评判，能够科学合理地提高药物的临床疗效，能够切实保障药物的有效性，从而为解决临床实际问题、提高药物的应用价值提供遵循的依据。

1.4.1 新兽药的药效评价

1.4.1.1 抗寄生虫药物的评价方法

评估抗寄生虫药物有效性的方法有粪便卵囊计数法、粪便评分、体重变化和死亡率等，另外还可以通过临床观察（如发病动物身体状态、粪便黏稠度、动物姿态等变化）来进行评价。

（1）粪便卵囊计数法 由于球虫寄生于动物肠道或胆管上皮细胞内，经过裂殖生殖和配子生殖后会形成未孢子化卵囊，从而随粪便排出体外，随后在体外完成其孢子生殖，最终形成具有感染性的孢子化卵囊。因此可在对寄生虫感染动物用药后，观察寄生虫在其体内的形态、数量、繁殖情况等，从而直观、有效地判断药物的疗效。

（2）粪便评分 粪便评分就是通过检查粪便的大体外观，如硬度、黏度、水样等，从而对寄生虫感染的严重程度进行临床相关的定性评估，然后通过明确的数字评分系统来表明感染的严重程度，对抗寄生虫药物药效进行一定的反馈。

（3）死亡率 死亡率是衡量药物药效的重要指标，在用药过程中，要每日对动物死亡率进行记录，对发病死亡的动物还要进行解剖观察内脏器官的变化，对肠道损伤的刮拭物进行涂片镜检，以确定球虫种类。

（4）体重变化 在抗寄生虫药物药效评价过程中，将体重变化作为接种目标寄生虫病原体后，药物对抗寄生虫的短期疗效的临床测定指标。

1.4.1.2 抗细菌药物的评价方法

抗菌药物的评价主要是对抗菌药物Ⅱ、Ⅲ期临床药效进行评价，试验过程中通过人工诱导感染和自然感染等两种方法对试验进行分组，感染后对其临床症状、发病率、死亡率、保护率、病理解剖、致病菌分离、生理生化指标、增重和饲料转化率等进行测定，进而对药物的药效进行评价。

① 观察临床症状：应详细观察和记录试验开始后、给药前和停药后各组动物的一般临床症状和特殊症状的表现以及症状的发生、发展、转归和消失情况，通常要用症状评分、体温、症状出现比例等定量指标进行评估。

② 计算发病率、死亡率、有效率、治愈率和保护率：试验开始后详细观察和记录各组动物开始发病时间、发病数、死亡数、死亡时间以及用药后症状好转动物数和症状消失动物数，并计算各组动物的发病率、死亡率、有效率、治愈率和保护率。

③ 病理解剖：对全部死亡的动物应进行病理解剖，并进行病变记分，必要时取相关组织进行病理学检查；对没有死亡动物的试验，在试验结束时各组可取部分或全部存活动物进行剖检、记分和组织病理学检查。

④ 致病菌分离培养：在人工诱发感染试验后，在自然感染病例给药前、后，各组分别抽取部分动物（一般不能低于5头），每天取其排泄物分泌物或体液进行致病菌分离鉴定，连续进行不得少于5天；必要时对死亡动物和剖检动物取其血液或组织进行致病菌分离鉴定，以确诊致病原因和死亡原因。

⑤ 生理生化指标测定：必要时各组取部分动物的血液、尿液或分泌物进行血常规、尿常规、肝功能和肾功能等生理生化指标的测定，特殊病理应进行特殊指标的检测。

⑥ 增重和饲料转化情况：在试验开始和试验结束应分别称各组动物的体重，并记录饲料消耗，计算各组的增重和饲料转化情况。

1.4.2　新兽药的安全评价

1.4.2.1　急性毒性试验

急性毒性试验结果常用 LD_{50} 表示，常用的给药途径除临床用药外还包括口服和静脉、腹腔等给药方式。试验过程中所用的试验动物一般选用小鼠，在对不同抗菌药物的急性毒性试验结果进行比较时，可用药物的抗菌效价代替质量单位进行比较，主要评价新兽药在一次染毒情况下，通过不同途径接触后对生物体的毒性作用，包括全身毒性作用和局部毒性作用。

① 经口 LD_{50} 的测定：主要是考察单剂量口服途径染毒情况下产生的全身毒性作用，一般来说，所有的原料药必须进行该试验。最后试验结果若经口 LD_{50} 小于 10mg/kg 体重的原料药，或小于靶动物可能摄入量 10 倍的药物饲料添加剂，一般放弃作兽药使用，不再继续进行其他毒理学试验。

② 注射途径 LD_{50} 的测定：主要考察新兽药通过各种注射途径（包括肌注、皮下注射、腹腔注射）单剂量染毒情况下产生的全身毒性作用，一般要结合药物的理化性质来选择将来临床给药的途径，根据决定的临床给药途径来选择相应的注射途径染毒。注射用原料药必须进行该试验，其他原料药可根据临床给药途径来决定。

③ 经皮 LD_{50} 的测定：主要是为了考察新兽药通过皮肤给药途径（涂擦、透皮等）单剂量染毒情况下产生的全身毒性作用。

④ 皮肤刺激试验：考察新兽药通过皮肤注射或透皮给药对局部皮肤产生的刺激反应，如红、肿、热、痛等，一般供注射和透皮吸收的制剂必须进行该试验。

⑤ 肌肉刺激试验：考察新兽药通过肌内注射给药对局部肌肉产生的刺激性反应，一般供肌内注射的制剂必须进行该试验。

⑥ 眼结膜刺激试验：考察新兽药通过眼结膜给药对眼结膜产生的局部刺激性反应，进而了解兽药生产者、使用者需进行的防护。一般眼科直接用药、喷雾和易挥发的制剂必须进行该试验。

⑦ 黏膜刺激试验：考察新兽药通过阴道、子宫注入给药对阴道、子宫黏膜产生的局部刺激性反应，一般只有子宫注入剂必须进行该试验。

⑧ 溶血试验：考察新兽药通过静脉注射给药后对血液组胞产生的毒性作用。一般静脉注射用制剂必须进行该试验，同时对此类制剂的溶剂有严格的选择规定。

1.4.2.2　长期毒性试验

长期毒性试验周期的选择一定要以药物临床用药的时间为依据，因此，动物给药时间以可能的最长治疗时间为基础，可选择最长治疗时间的 3～4 倍。对于给药剂量的选择应包括正常的治疗剂量及毒性剂量，给药途径通常与临床用药途径相同。

1.4.2.3　亚慢性毒性试验

该试验阶段主要考察新兽药多剂量给药情况下对实验动物的全身毒性作用，在试验过程中一般用大鼠通过灌服途径给药，对所有原料药必须进行该试验。最后试验结果中毒剂量小于推荐剂量的 2～3 倍的各种原料药，一般不能作为兽药使用。

1.4.2.4　生殖毒性试验

生殖毒性试验包括：①研究药物对雄性和雌性动物生殖能力的影响，包括孕体在孕期的发育情况。该试验过程通常以大鼠为试验动物，选择性成熟的动物，雄性动物交配前连续给药 60 天以上；雌性动物交配前连续给药 14 天，确定交配后持续给药至多数胚胎器官发生期。②确定药物胚胎毒性作用——致畸胎试验，通常在大鼠中进行，给药时期为胚胎器官形成期。③观察胎鼠在分娩前及分娩后的发育情况，生殖毒性试验常以大鼠为试验动物，在雌鼠的妊娠后期及整个泌乳期给药。

生殖毒性试验剂量分为高、中、低三个剂量，并设阴性、阳性对照组；高剂量组可产生轻度毒性反应，低剂量组的剂量也应高于治疗剂量，给药途径和临床途径一致，最后通过统计学方法进行分析及评价。最小致畸量小于推荐剂量 3 倍的药物不能用于受孕动物；有明显生殖毒性的药物一般不能用于种畜。

1.4.2.5　遗传毒性试验

遗传毒性试验包括致突变、致癌、致畸。致突变试验分为以突变基因为指标的检测法和以染色体为指标的检测法，由于药物的致突变机制不同，对其评价应采用既能测定不同的致突变机制，又包括体外、体内两种不同试验条件的一组试验来进行，不能用一种实验结果来判定。在致畸试验中，对一般兽药来说，传统致畸试验为必做试验；对饲料药物添加剂还应增加喂养致畸试验、喂养繁殖毒性试验。对于致癌试验，要根据 90 天毒性试验和致突变试验结果而定，一般不需要进行。但是致突变试验有阳性结果、可能有致癌作用、激素或类激素、作免疫调节剂使用的原料药必须进行该试验。最后致突变结果中三项试验中有一项是阳性结果的原料药，一般不能用于食品动物，如果此原料药特别重要必须补做 1~2 项其他毒理学试验，并要通过致癌试验进行确证。

1.5

新兽药的知识产权保护

对于新兽药的知识产权保护我国颁布的法律有《中华人民共和国药品管理法》《中华人民共和国专利法》《中华人民共和国疫苗管理法》《兽药管理条例》《兽药注册办法》《中华人民共和国商标法》等，其中《兽药管理条例》第十条规定：国家对依法获得注册的、含有新化合物的兽药的申请人提交的其自己所取得且未披露的试验数据和其他数据实施保护。并规定：自注册之日起 6 年内，对其他申请人未经已获得注册兽药的申请人同意，使用前款规定的数据申请兽药注册的，兽药注册机关不予注册；但是，其他申请人提交其自己所取得的数据的除外。同时还规定，兽药注册机关不得将未披露数据用于商业用途，除非用于公共利益需要或已采取措施确保该类数据不会被不正当地进行商业使用。

目前，我国兽药知识产权的保护，主要为专利及行政许可保护。

其中，专利保护是我国兽药知识产权保护的主要手段。我国从 1993 年 1 月 1 日实施第二次修订《专利法》，微生物专利才开始得到法律认可。未经人类任何技术处理而存在于自然界的微生物属于科学发现，这类微生物不能被授予专利权。而当微生物经过分离成为纯培养物，并且具有特定工业用途时，微生物即属于可给予专利保护的客体，因此经过分离、选育得到的具有一定工业用途的微生物可以获得专利保护。

对于行政许可保护，1987年国务院颁布了《兽药管理条例》，在此之前兽药产品批准未采取证书制度。2016年实施的《兽药产品批准文号管理办法》，对已获得新兽药注册证书产品进行了保护，要求生产企业在申请产品文号时，提供知识产权转让合同或授权书，而早年的无证书产品无法获得行政上的保护。

现行《兽药注册管理办法》及配套文件，加强了对知识产权保护，如研制单位需提供菌（毒）种的合法来源证明，需经过知识产权单位授权等。当前，转基因技术在兽用生物制品上得到了广泛应用，已有使用该方法研制的新疫苗被批准，但在研发过程中，存在利用他人知识产权菌（毒）种进行改造而获得的新的微生物，并进行新产品研发申报的情况，同样侵犯了他人的知识产权。建议凡使用他人知识产权菌（毒）种，经过改造获得的新的微生物，同样需要经过知识产权单位授权。

另外，在《兽药注册办法》第六条中规定：申请新兽药注册时，申请人应当提交保证书，承诺对他人的知识产权不构成侵权并对可能的侵权后果负责，保证自行取得的试验数据的真实性。

参考文献

[1] 中国兽药协会. 2020年度新兽药注册统计表.

[2] 栗栖凤，王娟，杨霁菌. 国内外新兽药研究情况的相关探讨[J].饲料博览，2019（10）：79.

[3] 中国兽药协会. 2020年进口新兽药统计表.

[4] 农业农村部关于印发《全国兽用抗菌药使用减量化行动方案（2021—2025年）》的通知.

[5] 耿玉亭，章勇，宣苏哲. 我国兽药产业概况、政策与趋势[N].中国畜牧兽医报，2016-02-21（003）.

[6] 中华人民共和国农业部公告 第2292号.

[7] 农业部. 2015年兽药行业实行诸多新政策[J].猪业观察，2015（2）：11-12.

[8] 郭筱华，梁先明，郭桂芳. 简述兽用化学药品注册资料要求[J].中国兽药杂志，2008，42（2）：45-49.

[9] 中华人民共和国农业部公告 第442号.

[10] 中国兽药信息网. 新兽药研发流程及安全性评价.

[11] 中华人民共和国农业农村部公告 第284号.

[12] 陈晓涛. 孟布酮合成工艺研究[J].化工技术与开发，2021，50（3）：22-24.

[13] 中华人民共和国农业农村部公告 第461号.

[14] 申涵露，白玉彬，张东辉，等. 复方羟氯扎胺混悬液的制备及含量测定[J].中国兽医科学，2021，51（12）：1519-1587.

[15] 孟可，李冀，黄凯，等. 泰地罗新及其磷酸盐的合成研究[J].中国抗生素杂志，2020，45（5）：437-440.

[16] 中华人民共和国农业农村部公告 第461号.

[17] 于荣，赵伯龙，郭佳，等. 通过泰乐内酯羟基的选择性氧化改进泰地罗新合成工艺[J].中国兽药杂志，2021，55（5）：37-43.

[18] 中华人民共和国农业农村部公告 第 374 号.

[19] 李兵, 刘广勇, 吴祥林. 替米沙坦的合成工艺优化[J].现代盐化工, 2020, 47（6）: 12-15.

[20] 中华人民共和国农业农村部公告 第 461 号.

[21] 赵乐凯, 郝江南, 解龙霄, 等. 匹莫苯丹的合成工艺研究进展[J].中国兽医杂志, 2020, 54（5）: 57-67.

[22] 中华人民共和国农业农村部公告 第 186 号.

[23] 李鸣, 戴慧, 端木彦涛, 等. 双氯芬酸钠的合成研究[J].精细化工中间体, 2019, 49（6）: 31-34+ 57.

[24] 中华人民共和国农业农村部公告 第 296 号.

[25] 张玲侠. 马波沙星合成工艺的改进[J].化工管理, 2021（17）: 158-159.

[26] 嵇汝运. 药物的结构改造[J].药学进展, 1991（2）: 65-72.

[27] 敬娟, 韩佳. 生物电子等排原理在药学设计中的应用[J].黑龙江科技信息, 2010（25）: 23.

[28] 王淑月, 王洪亮, 钮敏. 生物电子等排原理在新药设计中的应用[J].河北工业科技, 2003, 20（3）: 50-53.

[29] 杜冠华. 虚拟筛选辅助新药发现的研究进展[J].药学学报 2009, 44（6）: 566-570.

[30] Anwar J, Zahn D. Polymorphic phase transitions: Macroscopic theory and molecular simulation[J].Adv Drug Deliv Rev, 2017, 117: 47-70.

[31] 张文君, 李东辉. 药物晶型在药物研究中的应用进展[J].药学研究, 2021, 40（4）: 266-271.

[32] 张羽男, 殷和美, 张宇, 等. 以 4,4-联吡啶为配体的木犀草素药物共晶的合成及表征[J].东北农业大学学报, 2015, 46（12）: 72-78.

[33] 高缘, 祖卉. 药物共晶研究进展[J].化学进展, 2010, 22（5）: 829-836.

[34] 岳鹏飞, 刘阳. 药物纳米晶体制备技术 30 年发展回顾与展望[J].药学学报, 2018, 53（4）: 529-537.

[35] 王若楠, 袁鹏辉, 杨德智, 等. 纳米晶药物的应用及展望[J].医学导报, 2020, 39（8）: 1100-1106.

[36] 陈恩保, 刘文利. 当前我国兽药剂型的现状与发展对策[J].山东畜牧兽医, 2015, 36（7）: 63-65.

[37] 刘斌, 王红. 中药经皮给药及透皮吸收研究进展[J].中国中西医结合外科杂志, 2012, 18（6）: 641-643.

[38] 曾振灵, 刘义明. 兽药新制剂的研发现状与方向[J].中国家禽, 2019, 31（8）: 5-11.

[39] 郑占伟, 蔡喜田. 透皮吸收制剂的研究进展[J].河北化工, 2012, 35（8）: 18-21.

[40] 何敏, 符华林. 兽用脂质体制剂的研究进展[J].中国兽医杂志, 2004, 38（9）: 33-37.

[41] 冯星星, 谢琪, 杨丛莲, 等. 基于中药活性成分自组装的无载体纳米制剂[J].药学学报, 2021, 56（12）: 3203-3211.

[42] 王苒霖, 包郁, 张真铭. 早期食管癌和癌前病变内镜黏膜下剥离术后食管狭窄的预防研究进展[J].肿瘤预防与治疗, 2021, 34（4）: 365-372.

[43] 李想, 孔考祥. 长效微球制剂产业化研究进展[J].中国药学杂志, 2019, 54（21）: 1729-1733.

[44] 阎观琼. 缓释微球的研究现状[J].世界最新医学信息文摘, 2019, 19（93）: 39-43.

[45] 韩宁娟, 牛睿. 在药剂学中微球制剂制备方法研究[J].生物化工, 2019, 5（2）: 114-116.

[46] 石秀江. 控释缓释微球制剂在肿瘤治疗中的研究进展[J]生物化工, 2021, 7（3）: 160-163.

[47] 蒋沅岐, 董玉洁. 中药靶向制剂的研究进展[J].中草药, 2021, 52（4）: 1156-1164.

[48] 王风秀, 胡建国. 磁性制剂等药物新剂型研究的进展[J].中国药业, 2004, 13（10）: 17-18.

[49] 万锋. 喷雾干燥技术在新型制剂设计与生产中的应用[J]药学进展, 2019, 43（3）: 174-180.

[50] 陈彬, 赵爱光. 中药汤剂及主要新剂型的研究现状[J].世界中医药, 2014, 9（3）: 396-399.

[51] 任岩松, 沈舜义. 老药新用在新药研发中的意义[J].世界临床药物, 2013, 34（11）: 687-692.

[52] 嵇汝运. 改造与创新——论改造中草药成分的化学结构以开发创新药物[J].中国处方药, 2003（1）: 37-39.

[53] 郭婕, 罗鹃, 朱珠. 抗肿瘤新药-舒己替尼[J].中国药学杂志, 2007, 42（13）: 1037-1038.

[54] 于荣华. 沙利度胺的临床新用途和作用机制[J].中国医院用药评价与分析, 2008（6）: 82-84.

[55] 刘宇峰，王颖辉．中兽药的安全性、有效性及质量可控性[J].养殖技术顾问，2011（9）：191.

[56] CVM GFI# 56 临床有效性和目标动物安全试验协议制定指南| FDA.

[57] 临床一般研究指南（E8-R1）．

[58] 程龙．中药新药临床有效性研究的一般原则[J].中国中医基础医学杂志，2012，18（4）：437-440.

[59] 农业部兽药评审中心．兽药研究技术指导原则汇编（2006—2011年）[M].北京：化学工业出版社，2012.

[60] CVM GFI# 5 药物稳定性指南| FDA.

[61] 赵树东，男丽去，张邦开，等．4种方案治疗下呼吸道感染的成本-效果分析[J].西北药学杂志，2008，23（6）：395-396.

[62] 李翔程，韩利方．四种粪便检查方法在球虫病临末检测中的应用效果评价[J].中国农学通报，2019，35（17）：102-106.

[63] CVM GFI# 38 局部/异性动物药物有效性评价指南| FDA.

[64] 胡昌勤，金少鸿．抗感染新药安全性评价的基本要求及临床前毒理学研究原则[J].国外医药（抗生素分册），1994，15（3）：178-181.

[65] 中华人民共和国国务院令（第404号），兽药管理条例，2004年第17号国务院公报．

[66] 张广川，李倩，郭晔，等．我国猪瘟类制品知识产权保护现状调查研究[J].中国兽药杂志，2021，55（1）：80-85.

第 2 章
新药物靶标
的发现

2.1

靶标研究技术概述

药物靶标发现在药物研发中扮演着重要的角色，本章将对靶标研究技术概述、靶标研究方法、靶标发现实例、靶标的验证等方面进行介绍。

2.1.1 新靶标发现是新药研究的源头

迄今为止，药物发现的方法主要有两种，一种是基于表型筛选的药物发现，另一种是基于靶标的药物发现。基于表型筛选的药物发现主要由化学和药理学驱动，研究者根据动物疾病模型表型的改变，筛选和验证出具有潜在治疗活性的化合物和天然物质，例如大部分抗生素是基于化合物杀灭细菌或减缓细菌生长的能力筛选出来的。很显然，基于表型的药物筛选方法优点是通常只需确定化合物或天然物质在细胞、组织或动物中的药理作用而不需要具体了解疾病发生的分子机制和药物的作用机制。然而，由于缺乏对这些疾病机制的解析，基于表型的药物筛选，不仅费时费力、效率低，还可能会导致候选药物的特异性欠佳或副作用难以预测，从而导致许多候选药物开发的失败。与表型筛选相比，基于靶标的药物发现方法更为直观，该方法要求研究者对疾病发生机制和药物作用机制进行阐明，以发现药物的靶标，有利于开发特异性高、副作用小的药物。

自20世纪90年代以来，现代分子生物技术蓬勃发展，"基因组时代"到来，研究者对于疾病发生机制有了更深的了解，新药物发现在很大程度上已经转变为基于靶标的方法。1999年至2013年期间，美国食品药品监督管理局（FDA）共批准了113种临床一线药物，其中有70%是通过药物靶标发现的。近些年来，《自然》（*Nature*）杂志每年都对美国、欧盟及日本监管机构批准的新药物进行报道，其中具有明确作用靶标的药物也占大部分。基于靶标的方法并不局限于小分子药物的发现，还包括抗体药物和部分蛋白质生物制剂。此外，基因疗法的治疗药物本质上也是基于靶标发现的。这些事实表明，基于靶标的药物发现颇有成效。然而，尽管多年来研究者对药物靶标进行了大量的研究，但仍然有许多药物靶标待挖掘。究其原因可能为：在现实研究中，研究者认为的"靶标"虽然能与药物以高亲和力结合但不一定能发挥治疗作用，而且许多药物具有广泛作用，其真正的靶标难以挖掘。随着组学和生物信息学的快速发展，用于靶标识别和验证的技术不断完善，这将加速新药物靶标的发现。

药物靶标是药物发挥治疗作用的基础，也是新药发现的基础。新药物靶标的发现被认为是药物开发的首要步骤。

2.1.2 靶标研究技术发展史

寻找"高效低毒"的药物一直是研究者的梦想。随着蛋白质晶体学的发展，研究者对分子结构和疾病发生机制的认识不断加深，并基于受体结构开始提出"药物靶标"的概念。但是，由于缺少有效的靶标研究技术，基于药物靶标来筛选并研发新药较为困难。随着人类基因组计划的展开，人类进入了"组学时代"，基因组学、蛋白质组学等组学技术的发展不仅使得从基因角度发现药物靶标成为可能，而且成为药物靶标发现的主要来源。

基因组学技术是药物靶标研究中应用最早的组学技术，其中，基因芯片技术和基因组测序技术的应用使高通量分析人类（动物）基因-表型关系成为可能。早期的基因组学以基因组测序为重点，包括人类基因组的测序和模式生物基因组的测序。利用高通量基因测序，识别并标记人类基因组中每一个表达的基因，从而获得人类基因组每个基因的表达序列标签（EST），生成用于药物靶标发现的大规模数据库。应用基因组测序技术可以发现未知的序列。基因芯片技术将已知的 DNA 序列放于特殊的玻璃片形成成千上万个核酸探针，当探针与互补的靶基因结合后，可通过荧光等信号检测方法进行定性定量分析。在靶标识别阶段利用基因芯片技术，可以同时筛选、识别正常组织与疾病组织中多种基因表达的差异，是发现药物靶标的有力工具。

21 世纪初，人类基因组草图绘制基本完成，宣告后基因组学时代到来。面对数据库中大量功能未知的基因序列，系统分析这些基因的功能是后基因组时代的主要任务。在后基因组时代，基因组学、蛋白质组学、生物信息学、基因编辑等技术为药物靶标的研究提供了良好的平台。21 世纪以来，已有多种基因组学或蛋白质组学技术用于新药物靶标的识别。例如，基因组学或遗传学的靶标识别技术有全基因组深度测序和突变测序、Chip-seq（结合位点分析法）、RNA-seq（转录组测序技术）和消减基因组学技术等；蛋白质组学的靶标识别技术有亲和色谱技术、定量蛋白质组学技术和噬菌体展示技术等。

生物信息学的发展，进一步丰富了药物靶标识别技术，让药物靶标识别更有效。近年来，科学家建立了大量的数据库，例如 2019 年首次公布的治疗靶标数据库，包含了 2954 个人类靶标和 465 个传染性物种靶标；2006 年首次公布的 DrugBank 数据库，收集了大量蛋白质、药物和靶标序列，包含药物靶标和药物作用的相关信息等。这些数据库为科学家寻找药物靶标提供了极大的帮助。此外，研究人员利用生物分析技术寻找药物靶标，如 RNA 干扰（RNAi）技术、基因敲除技术、RNA 测序技术等。随着人工智能的发展，研究人员开发了基于机器学习的靶标识别技术。使用该技术，研究人员可以模拟靶标与分子化合物结合的条件，了解靶标的有效性。与传统的靶标识别技术相比，该技术能更准确、更高效、更低成本地发现药物靶标。目前，机器学习算法中的支持向量机（SVM）算法已被广泛用于药物靶标的研究。

近年来，基于 CRISPR-Cas9 的基因编辑技术发展迅速，极大地促进了药物靶标的研究。利用基因编辑技术，研究人员在许多重大疾病的治疗研究上有了重要突破，例如，Barbieri 等人利用 CRISPR-Cas9 基因编辑技术对急性髓系白血病（AML）细胞进行筛选，发现 *METTL3* 基因可作为 AML 的新药物靶标；Yeung 等人利用 CRISPR-Cas9 对人诱导性多能干细胞（iPS 细胞）进行基因编辑，发现 *IRF5* 和 *IL-10RA* 基因在限制衣原体感染中发挥关键作用，可作为抵抗衣原体感染的潜在药物靶标。总之，基因编辑技术功能强大，是目前以及未来药物靶标研究的有力工具。

2.2

靶标研究方法

药物靶标是药物作用于细胞中的位点，继而产生药效，达到预防、缓解以及治疗疾病的目的。根据其生物学特点，可将药物靶标分为蛋白质、核酸、多糖和脂类等不同类型。药物靶标的发现和利用是新药研发的源头。以人用药物为例，基因组研究结果显示，人类有3万～4万个基因及其编码的数以万计的蛋白质。目前已知的药物靶标仅有五百多种，大量的药物靶点仍待发现。近年来，随着人类和部分动物、微生物基因组测序的完成，基因组学、蛋白质组学、代谢组学、基因编辑技术等生物技术被广泛应用于药物研究，这些生物技术的发明或者革新，都极大地促进了药物靶标的研究。本文就新药靶标研究方法进行总结。

在药物靶标研究中，根据药物与其靶点的作用方式，可将其分为直接研究法和间接研究法。直接研究法主要包括亲和特性方法、细胞培养稳定同位素标记法、小分子探针、蛋白质芯片技术以及噬菌体展示技术等；间接研究法则是基因组学分析法、蛋白质组学分析法、代谢组学分析法等。

2.2.1　亲和特性方法

亲和特性方法被认为是寻找药物靶标最有效的方法，其原理是将药物小分子结合于色谱柱，整体作为固相吸附剂，将蛋白混合溶液，如细胞总蛋白裂解液与含有药物小分子的色谱柱相互作用，具有相互作用的蛋白会在色谱柱中滞留，从而将潜在的靶蛋白和非靶蛋白分离。再经过进一步的洗脱破坏小分子与潜在靶蛋白的结合，分离纯化鉴定后即可得到潜在的靶蛋白。

2.2.1.1　亲和色谱技术

基于生物大分子与配体之间特异性亲和作用，亲和色谱技术可从复杂的生物样品中选择性分离生物分子，是生物大分子分离纯化及功能研究中最有效的方法，也是直接筛选药物靶点最有效的技术方法之一。

（1）免疫亲和色谱技术　免疫亲和色谱技术始于20世纪50年代，Campbell等人将人血白蛋白固定到对氨基苄基纤维素上，用于抗体纯化，自此该技术打开了蛋白质分离纯化的大门。20世纪60年代末，溴化氰活化琼脂糖载体的出现使免疫亲和色谱技术成为生物大分子最简单有效的分离方法之一。单克隆抗体技术的研发极大地推进了免疫亲和色谱技术的发展。免疫亲和色谱技术是通过抗原抗体结合的专一性来实现样本中目标靶蛋白的分离与富集。分析物的特异性抗体固定到适当的固相载体上，制备成免疫亲和色谱的固相，通过被测物质的反应原性、抗原抗体结合的特异性和可逆解离特性进行色谱分离。含有待测物的样品粗提液经过免疫亲和色谱柱时，粗提液中对抗体有特殊亲和力的待测物就会结合到抗体上，再经过洗脱液洗脱，实现靶向蛋白的选择性提取和浓缩，为靶向蛋白的下一步理化性质测定、药理药效学分析等研究提供检测样本。

基于抗原抗体结合的特异性，免疫亲和色谱技术在检测尿液、血液、唾液等复杂的生物样本时，能够抵抗多种生物大分子与代谢物的干扰，特异性地将目标药物分子从样本中识别出来并吸附于色谱上，达到分类纯化的目的。该技术与高效液相色谱（HPLC）、质谱（MS）、毛细管电泳（CE）等现代技术有效结合，建立了在线的免疫亲和色谱分析模式，实现了免疫亲和色谱技术在操作过程中的自动化，提高了该技术的灵敏度。而且，免疫亲和色谱柱可以将极其微量的样本通过色谱柱偶联，极大地提高了检测效率。此外，免疫亲和色谱柱可重复使用，且色谱柱上的抗体依旧保持良好的吸附活性，很大程度上提高了色谱柱的利用率。

目前，免疫亲和色谱技术的应用已经不再局限于生物样本的富集纯化分析，而是深入到目标物质的定性及定量研究中。随着人们对蛋白质、多肽等生物大分子结构的深入研究以及单克隆技术的发展成熟，制备以单克隆抗体为亲和配体的免疫亲和色谱柱来分离纯化目标蛋白，可以实现各种天然蛋白、多肽以及重组蛋白等生物大分子的特异性分离纯化。

（2）**细胞膜色谱技术**　细胞膜色谱技术（cell membrane chromatography，CMC）是一种基于生物膜和色谱技术的分析方法。该技术是一种研究药物或者化合物与细胞膜受体相互作用的方法。此方法使用活性组织细胞膜作为色谱柱的固定相，与其他的亲和色谱原理一样，当样品与细胞膜上的蛋白发生相互作用，则产生滞留行为；反之，则直接被洗脱下来。CMC色谱固定相兼有生物活性和色谱分离的双重特性，筛选过程直接在细胞膜上实现，并在体外研究药物活性成分筛选及相互作用。随着分子生物学技术的发展，大肠杆菌、酵母和哺乳动物细胞等表达系统已被用来在体外过表达受体蛋白，从而构建高水平表达特定受体的细胞系。近年来，研究人员利用现代分子生物学手段构建了稳定高效表达受体的重组细胞系，制备细胞膜固定相，应用受体高表达细胞膜色谱法研究不同配体与受体的结合情况。高表达细胞系的构建可无限扩展细胞固定相类型，具有更强的特异性和选择性，从而大大提高了CMC技术的灵敏度和准确性。CMC技术用于选择不同的细胞膜固相，针对特定的疾病靶点进行全面、客观的筛选，快速完成中药复杂体系活性成分筛选研究。目前，胸主动脉细胞、巨噬细胞等细胞膜色谱都已建立并用于活性组分筛选工作。

CMC技术可以直接反映药物分子与其靶蛋白的结合情况，将多种待分析化合物合并为一个样本进行分析，既提高了分析效率，又避免了同位素污染。然而目前仍存在一些问题。首先，由于附着在硅胶上的膜受体容易脱落或失去活性，进而导致柱寿命相对较短，从而影响测试结果的稳定性和重复性。其次，细胞膜固相上膜受体的数量应可控，以提高CMC分析的准确性。最后，CMC技术仅仅是一种体外筛选手段，无法模拟动物机体内的复杂环境。因此，该技术仅能将与受体结合的成分筛选出来，具体药理作用还需通过药理试验进一步验证。

（3）**染料配基亲和色谱技术**　20世纪70年代初期，研究者们偶然发现许多蛋白质在葡聚糖色谱柱上的显著差异特性，这些蛋白质被推测是染料与蛋白质互作的结果。这种互作类似生物大分子与其相应的生物配基之间的亲和作用。染料配位体易与多糖基体（如琼脂糖、葡聚糖）或硅胶基体构成亲和色谱固定相，对生物分子呈现较高的键合容量，且价格低廉，不易被物理或者化学物质所降解，是一种较为理想的基团特异性配基。例如三嗪活性染料分子结构与生物酶的天然底物相似，故可以与酶或蛋白质的活性作用点结合而用于亲和色谱。以甲基丙烯酸缩水甘油酯、纤维素复合膜为基质，分别以蛋白A、人免疫球蛋白G、三嗪染料、铜离子为配基，研究人员成功制备了适用于分析的高效亲和膜色谱介质。

（4）**高效亲和色谱技术**　高效亲和色谱兼具高效液相色谱与亲和色谱两种色谱模式特点，以硅胶或有机聚合物作为基质材料，通过连接各种亲和配基对生物大分子进行分离纯化。通常药物分子与被固定到色谱柱上的蛋白发生相互作用，通过检测药物分子保留时间、洗脱轮廓或峰面积等获取药物-蛋白相互作用信息，包括结合常数、结合位点、解离速率常数等，是测定弱到中等强度药物-蛋白动态相互作用的有效方法。目前，通过高效亲和色谱技术研究了中药与人血清白蛋白间的相互作用。通过点击化学方法制备与人血清白蛋白键合的硅胶固定相，并包装成亲和色谱柱，根据色谱柱上药物与空白硅胶柱之间的保留时间差，计算葛根素和告依春两种中药成分与人血清白蛋白的相对结合率。该方法是研究药物与蛋白之间相互作用的快速简便方法。

2.2.1.2　细胞培养稳定氨基酸同位素标记法

细胞培养稳定氨基酸同位素标记（stable isotope labeling with amino acids in cell culture，SILAC）技术是一种用于定量蛋白质的新技术，具有操作简单、高效等优点。目前标记的氨基酸已扩展到亮氨酸、精氨酸、赖氨酸、甲硫氨酸以及酪氨酸等。结合亲和富集和质谱的 SILAC 技术可以直接通过与小分子作用的蛋白丰度比值确定靶点，无需考虑药物与靶蛋白结合力的强弱，并已成功应用于药物靶点发现。在对阿尔茨海默病致病机制研究过程中，利用 SILAC 技术确定了 77 种分泌蛋白，其中 28 种与细胞溶酶体相关，13 种溶酶体蛋白表达差异性显著，说明小胶质细胞释放的一些溶酶体可能参与神经元损伤过程，使脑内神经结构发生病变，引起阿尔茨海默病。

2.2.1.3　小分子探针技术

小分子探针技术是从生物化学角度发展起来的，基于报告基团、连接基团以及活性基团组成的靶点研究技术。该技术能够原位检测细胞内蛋白状态，并报告小分子活性组对目标生物分子的有效标记，通过凝胶电泳、亲和色谱、质谱等分析手段确认丰度变化来检测作用靶点。活性基团是先导化合物发挥生物活性的关键位点，通常由先导化合物本身或者根据构效关系设计活性基团与待确定的生物靶标分子结合形成靶标探针复合物，进而监测靶标分子的丰度变化。报告基团也被称作标签，包括荧光基团、生物素、放射性同位素及固相载体等，其主要作用是探测靶标探针复合物在细胞或者组织中的位置，以便快速富集纯化生物靶标，确认靶标结构。连接基团同时连接活性基团和报告基团，并给予两者足够的空间间隔，使得报告基团与活性基团互不干扰。连接基团过短会使得体积较大的报告基团与活性基团距离太近而影响活性基团与靶标蛋白的结合；连接基团过长易与杂质蛋白结合，进而干扰靶蛋白的鉴定。常用的连接基团有烷基链、聚乙二醇链、氨基己酰基戊氧基链、多肽链等。传统探针要求探针分子与靶蛋白不可逆结合，但由于报告基团体积较大，可能阻碍细胞对探针的吸收，影响探针的分布及其亲和力，故出现了不带报告基团的 bio-orthogonal 探针，先用不带报告基团的探针与靶标蛋白共价结合，再通过 bio-orthogonal 反应将被标记的蛋白与报告蛋白连接，避免因报告基团（生物素、荧光基团等）体积过大而影响探针分子在细胞内的分布以及对靶标的亲和力，方便在活细胞内的研究。

2.2.1.4　噬菌体展示技术

噬菌体展示技术始于 1985 年，美国密苏里大学 Smith 等将外源基因片段与噬菌体 fd-tet 的基因Ⅲ连接，发现该外源基因片段所编码的多肽能够与噬菌体基因编码的蛋白融合表达，并展现在噬菌体表面。噬菌体的生物功能，包括黏附、侵入和整合，不受外源基因插入的影响，且外源基因在噬菌体上的表达也保持其原有的三维空间构象，从而实现了基因型和表型的统一。鉴于该技术具有操作简单、可控性强、成功率高等特点，大量的外源片段被克隆至噬菌体外壳蛋白基因中形成了噬菌体展示文库。这种基因型、表型、分子结合活性和噬菌体的可扩增性的巧妙结合使得噬菌体展示技术成为快速筛选分子靶蛋白、探讨受体和配体间互作位点、寻求高亲和力结合配体的应用技术。

噬菌体筛选原理是基于分子间特定的亲和力，将固定的目标分子加入噬菌体文库，利用特异性结合富集靶向的噬菌体克隆，然后用缓冲液或游离分子将结合的噬菌体洗脱；收集到的噬菌体克隆感染宿主细胞进而扩增，如此反复数轮扩增、淘选之后，挑取单克隆进行测序，根据测序结果分析其共同保守片段，相应的氨基酸序列即为测试目标的靶蛋白序列。此外，噬菌体展示的多肽或者蛋白质与其包含在噬菌体内部的基因密码的连接，可以快速分析多肽或者蛋白质的序列。目前，研究者们利用噬菌体展示技术已经成功筛选到抗癌药物紫杉醇的药物作用靶点 Bcl-2 蛋白；Jin 等人通过固定化阿霉素筛选 T7 噬菌体人类肝脏的 cDNA 文库，获得阿霉素的靶蛋白 hNopp140，揭示了阿霉素通过作用 hNopp140 的抗肿瘤机制；利用不溶于水的小分子覆盖的离心管作为固定相，Yu 等人筛选得到地塞米松的靶点蛋白，经过测序后证实为细胞色素 C 氧化酶亚单位及白蛋白；He 等人通过优化的 cDNA 噬菌体展示技术，以环孢素 A 为亲和探针，依赖于结合亲和力，筛选得到了多个靶点蛋白。

随着对中药及其活性成分功能的探索，如长春新碱的抗癌作用、青蒿素的抗疟疾功效以及雷公藤内酯对癌细胞的抑制作用等，使得中药的研究逐渐获得研究学者们的青睐。然而，由于缺乏现代系统的科学理论基础研究和数据支撑，大部分中药及其活性成分的作用机制尚不明确，且缺少严格的质量指标也限制了中药的现代化主流发展。噬菌体展示技术低成本、高效率的优势，极大地推动了中药现代化研究及开发。大部分中药并不是蛋白类物质，无法直接固定在固相载体上，需要借助生物素-链霉亲和素系统，生物素中的 I 环咪唑酮环以非共价键的形式与链霉亲和素紧密连接，通过链霉亲和素将生物素结合在固相载体上，用于筛选。Takakusagi 等利用化学合成得到了抗肿瘤药物喜树碱的生物素化衍生物，结合 T7 噬菌体展示技术获得喜树碱的结合肽 NSSQSARR。类风湿性关节炎是一类以滑膜成纤维细胞大量增生并伴随大量炎症细胞浸润的自身免疫疾病。作为临床经验方，三水白虎汤主要作用于热麻痹为主的关节炎，然而，三水白虎汤调控滑膜成纤维细胞生长周期的调控机制尚不清楚；潘超等人利用噬菌体随机十二肽库淘选技术成功筛选到三水白虎汤作用于类风湿关节炎滑膜细胞的靶向短肽 SGVYKVAYDWQH，为类风湿关节炎的靶向治疗提供了新的手段。

2.2.1.5 药物亲和反应的靶点稳定性技术

药物亲和反应的靶点稳定性（drug affinity responsive target stability，DARTS）于 2009 年被首次提出，Lomenick 等根据基因启动子研究中特异性的 DNA 结合位点与其相应的转录因子结合后，具有抗 DNA 酶降解这一特性，推测药物与靶标蛋白结合后可能使靶标具有抗蛋白酶活性。通过对已知靶标和药物的研究，该方法得以验证，由此开启了药物亲和反应的靶点稳定性技术在药物筛选和靶标鉴定中的应用。与传统的亲和色谱、同位素示踪等技术相比，DARTS 不需要对小分子化合物进行化学修饰，也无需添加生物素或者荧光素等标签促使小分子能够被固定于固相载体表面。该技术是基于小分子配体与其靶标蛋白结合后对蛋白酶敏感性降低这一特性，找出受小分子药物保护而不被分解的蛋白，通过电泳检测这些蛋白质，并利用生物质谱确定靶蛋白。该方法无需对小分子药物进行任何修饰，且操作相对简单，解决了一些天然产物小分子由于结构因素无法被修饰等问题，推动了药物靶标的研究。

在利用该技术筛选药物靶标时，具体操作过程主要分为以下几个部分：①细胞内总蛋白提取及浓度测定；②药物与蛋白共孵育；③细胞蛋白混合物酶解；④采用 SDS-PAGE（SDS 聚丙烯酰胺凝胶电泳）、蛋白质印迹及 LC-MS（液质色谱-质谱法）等多种方法检测并筛选结合蛋白。由于不同蛋白质对蛋白水解酶的敏感性不同，且不同蛋白酶所识别的位点也不相同，为了能观察到明显的结合蛋白差异条带，需要使无关蛋白最大程度被降解，结合蛋白最大程度被保留，因此在实验体系中添加适宜浓度的蛋白酶是实验成功的关键因素之一。目前常应用于该技术的蛋白酶主要有三种，即枯草杆菌蛋白酶、嗜热菌蛋白酶和链霉菌蛋白酶。枯草杆菌蛋白酶是最早从枯草芽孢杆菌中获得的一系列丝氨酸蛋白酶混合体，是一种具有很强蛋白水解活性的碱性酶，需要在高碱性和螯合剂作用下发挥作用，所以，在 DARTS 中逐渐被嗜热菌蛋白酶和链霉菌蛋白酶所取代。嗜热菌蛋白酶来源于革兰氏阳性芽孢杆菌属，是一种耐高温的中性蛋白酶，最佳反应温度为 70℃，最适作用 pH8.0，其结构中有 4 个 Ca^{2+} 以维持结构稳定性，Ca^{2+} 和 Zn^{2+} 都是嗜热菌蛋白酶的辅助因子，因此，实验中需添加一定浓度的钙、锌离子缓冲液，用于维持蛋白酶的活性。嗜热菌蛋白酶可以有效切割天然的、非折叠状态的蛋白质多肽链，但在小分子与非靶标蛋白结合后其稳定性大大提高，不利于降解；相对前两者，嗜热菌蛋白酶水解活性适中，可同时水解折叠状态和非折叠状态蛋白质，更适合呈现小分子化合物对蛋白的保护作用，是在 DARTS 中优先选择的蛋白酶。

2.2.2 基因组学

传统的药物发现过程是基于化学结构驱动，主要通过筛选并验证具有潜在治疗活性的生物小分子，探究其与生物体的相互作用机制，从而发现药物靶标及解析药物作用机制。然而，因为药物靶点不清晰，所以导致筛选效率低下，这极大地限制了该筛选策略的应用。随着大数据时代的到来，基因组学、蛋白质组学、生物信息学等新一代生物学技术的出现为药物医学领域提供了新的机会，药物的研究进入"Omics（组学）"的时代。这些组学技术聚焦于疾病特定通路中的生物分子，通过数据分析和功能研究，发现在疾病发生发展过程中扮演着重要作用的潜在药物靶标。这些潜在的药物靶标可以与待筛选的小分子化合物结合，并通过大量的体内外实验，从而评估其在分子、细胞及生物体等不同层面的有效性和安全性。

自 1990 年人类基因组计划实施以来，特别是近十年二代测序技术的飞速发展，基因组测序技术在新药研制及应用领域发挥着举足轻重的作用。通过基因组测序和基因表达分析，将药物产生的效应与基因表达谱关联起来，分析药物分子对基因表达水平的影响，揭示药物作用后在细胞或者组织水平的基因的变化，获得药物作用的特征表达谱，研究药物作用通路上的基因及其调控机制，为确定药物的靶点和开发新药提供了强大的技术支撑。基因组学研究不仅对发现预防和治疗疾病的靶标很有帮助，还有助于治疗药物的分子设计。通常情况下，药物与靶标作用之后会产生四种类型的效应，分别为直接效应、间接效应、二级效应和旁路效应。直接效应是药物与靶标作用之后产生的特征信号。例如直接影响 DNA 复制的药物在作用于细胞后会引起 DNA 损伤及 SOS 修复。间接效应是指药物作用于靶标之后机体产生的代偿作用。二级效应是指靶标受到抑制后引发的下游效应。旁路效应则是指药物特异性或不相关基因的改变。目前，基于基因表达谱的研究在药物靶标发现和验证过程中发挥着重要的作用。

2.2.3　蛋白质组学

因为生命活动是通过蛋白质表达来实现的，蛋白质是所有细胞的重要组成部分，蛋白质之间的相互作用对细胞的功能至关重要。基因转录、细胞周期调控、信号转导或调控等基本过程依赖于蛋白质复合体发挥功能。通常生物体会根据环境变化来调整自身，从而导致基因表达异常，后者导致在蛋白水平上蛋白质种类和数量的变化。蛋白质组学是指在特定的条件下，对细胞、组织或生物体的全部蛋白质含量进行分析的技术。蛋白质组学已应用于临床医学和药物研发等不同领域，如生物标记物发现和药物靶点识别。生物标记物通常指可用于诊断或监测疾病风险或预后的疾病相关分子。目前通过蛋白质组学技术已发现多个新的癌症生物标记物，部分生物标记物可作为潜在的治疗性药物靶点。随着蛋白质组学技术的发展，蛋白质数据将更加丰富，在蛋白质水平上发现新型药物靶点和活性化合物的筛选工作已经成为研究的热点。

目前，蛋白质组学可以分为化学蛋白质组学、功能蛋白质组学和临床蛋白质组学。化学蛋白质组学是利用化学小分子与特异性蛋白之间的相互作用来研究细胞或者组织基因组所表达的全部蛋白质。它需要对化合物进行修饰，并引入一些亲和基质或报告基团来捕获需要的靶标蛋白。在这种组学中，探针和靶蛋白之间会形成较稳定的共价键，再借助高灵敏度的质谱等其他辅助技术进行分析。根据已有的生物学信息数据库将靶蛋白归因于药物互相作用，化学蛋白质组学在挖掘药物靶点过程中主要分为两种策略：①基于活性的化学蛋白分析（activity-based protein profiling，ABPP）侧重于研究特定蛋白质家族活性，利用具有特殊结构的活性化学探针（activity-based probe，ABP）捕获不同种类的蛋白质，ABP 中的反应基团可对蛋白质组中的某类酶蛋白质进行特异性修饰，将靶蛋白结合到相应的化学小分子上，利用 ABP 中的标记物（通常是荧光或生物素）可将这些靶酶从蛋白质组中选择分离出来。ABPP 可直接评估蛋白的活性，但引入的生物素或荧光素报告基团较大时，则会影响小分子的活性，阻碍探针分子进入细胞膜，不利于靶蛋白的鉴定，因此探针的优化是核心步骤。通过引入光亲和标记技术、点击化学（click chemistry）技术等，ABPP 可用来捕获与小分子非共价作用的靶标蛋白，获得的靶标蛋白更全面，这进一步扩大了 ABPP 技术的应用范围。②以化合物为中心的化学蛋白质组学技术（compound-centric chemical proteomics，CCCP）侧重于研究单个生物活性小分子的作用。具有生物活性的已知化合物固定到琼脂糖凝胶或其他树脂上，通过链接链引入报告基团，改造成为小分子探针，利用亲和色谱的方法分离鉴定靶蛋白。这种策略基于蛋白质与标记的或固定的化合物之间高度特异性的相互作用，筛选出相关的蛋白，特别是容易遗漏的较低丰度的蛋白质。相较 ABPP 技术，CCCP 技术可作为一种无偏向的分析方法，多用于研究具有生物活性的小分子化合物与蛋白质的相互作用。该方法可以快速富集大量靶标蛋白，但对将小分子合成到树脂上的化学合成方法有一定的要求。

细胞或者生物体的新陈代谢通常由参与多个信号通路的蛋白所调节。基因突变、环境因素或者病原体感染等极易破坏这些信号通路，从而导致蛋白质异常表达，进而导致疾病。从整体角度分析不同状态下体内蛋白质表达的动态变化，通过比较不同药物、处方药或者不同剂量下药物干预后生物体中差异表达蛋白，分析药效与差异表达蛋白的相关性，探索有效成分和靶点蛋白的作用机制，解析药理学过程；关键在于筛选、识别并验证差异表达蛋白质。随后通过生物信息学、系统生物学方法分析候选差异表达的蛋白，进而发现新的药物靶点。定量蛋白质组学则是针对不同时期、不同条件下生物体复杂组织或体液内蛋白质表达水平的变化。

蛋白质组学已被广泛应用到药物研发、药物靶点和作用机理、毒理学评估等研究中。通过分析蛋白与蛋白之间的相互作用，挖掘药物靶标分子下游信号通路，结合表型揭示药物与靶点之间的相互作用机制。但是，蛋白质组学本身也有缺陷。与基因组学相比，蛋白质组学技术鉴定的蛋白数量少且不稳定，这意味着蛋白质组学数据的重复性差。此外，完整的蛋白质组是一个动态过程，新型的分离策略和高度自动化的多维分离技术对复杂的蛋白质混合物（如血浆）对应的蛋白质组学分析非常具有挑战性。另外，不同蛋白质组学研究方法在使用时也会存在一些不足，如 ABPP 法、蛋白质芯片技术需要小分子标记物，这些标记步骤往往有一定的挑战。基于蛋白酶消化后的多肽的蛋白质组学可能会丢失一部分关键信息。因此，在应用蛋白质组学的技术方法来研究作用靶点时，需要多种方法相互结合，克服已有方法的缺陷，如蛋白质组学和代谢组学相结合，可以分别量化活性和非活性的代谢酶。

2.2.4　代谢组学

代谢是生物体所有生物化学反应的一般术语，而代谢活性是生物机体维持生命的物质基础。英国帝国理工学院 Jeremy Nicholson 教授于 20 世纪 90 年代首次提出代谢组学一词，代谢组学是研究生物系统受体内外因素影响后，其内源代谢产物种类、数量及其动态变化规律的学科。通过检测并分析生物样本代谢物在生物途径中整体变化规律，进而探索机体生命活动发生发展的本质，其注重整体性和动态性。

代谢组学的研究对象为生物样品中的低分子量（<1500Da）代谢物，包括代谢中的产物和底物，如肽、寡核苷酸、糖、核苷、有机酸等，具有产生和储存能量、信号转导等细胞功能。代谢组学作为系统生物学的终端，利用各种高通量、高精密度和高灵敏度的分析方法和生物信息学工具，对代谢物进行定量和定性的分析，来研究生物体在遗传、环境或是外界病原体感染、物理、化学刺激等情况下代谢图谱的变化，系统揭示生物机体生理病理状态。该技术流程主要分为三个部分：样本的采集与处理、数据采集、数据分析。代谢组学的结果取决于被分析的生物样品，适当的样本收集和加工是成功分析的重要先决条件。可分析的生物样本包括生物流体、细胞和组织。在动物及人类的相关研究中，血液和尿液是研究最为频繁的样本。作为整合的生物流体，尿液和血液样本整合了人体许多不同部位的功能和表型，并且容易收集，以解释人体特定部位的组微代谢变化。对于培养的细胞样本，去除培养基后，直接添加冷的有机溶剂。因为低温可以迅速减慢新陈代谢，有机溶剂可以使酶变性。对于组织样本，先冷冻后提取。通过液氮将粉碎的组织实现快速冷冻，然后将组织保存在−80℃条件下，通过研磨将其粉碎，然后用冷的有机溶剂提取。常用的样本前处理方法包括固相萃取、液液萃取、超临界流体萃取、加速溶剂萃取、蛋白质沉淀、差速离心等。对于代谢组学的数据采集，常用的分析手段包括色谱质谱联用和核磁共振。代谢物在色谱柱上进行分离，这可以提高质谱的准确性。质谱仪具有高分辨率和高灵敏度等优点。核磁共振方法可重复性高，不受仪器本身影响，但其灵敏度不如色谱。近年来超高效液相色谱-飞行时间质谱联用技术由于具有高灵敏度、高分辨率、质量范围宽、更精确的分子量信息等特点，现已在代谢组学研究中得到了广泛的应用。从数据获取到发现生物标记物，再到生物学上重要的数据的生成，分析路径涉及多个统计学方法和生物信息学方法。常用的数据分析方法包括主成分（principal component analysis，PCA）、偏最小二乘判别分析（partial least squares projection to latent structures discriminant analysis，PLS-DA）、正交偏最小二乘判别分析（orthogonal projections to latent structures discriminant analysis，OPLS-DA）等。应根据实际情况选择适宜的分析手段，从而得到可信的分析结果。

在早期研究中，代谢组学主要应用于筛选基本的生物标志物。基于分析技术和信息技术的迅猛发展，代谢组学技术已广泛应用于医学和生物学等相关领域，在新药研发、靶点挖掘、药物筛选、毒性评价及药物作用机制研究方面发挥着重要的作用。根据研究目的不同，可将代谢组学分为非靶向代谢组学和靶向代谢组学。

非靶向代谢组学是在无偏向情况下，基于有限的相关研究和知识背景，同时检测生物样本中所有代谢物，通过对大量代谢物数据进行对比分析，找出差异代谢物的一种方法。目前，其被广泛应用于疾病诊断、药物靶点挖掘及作用机制研究中。通过非靶向代谢组学分析发现，心血管疾病患者血浆中氧化三甲胺（trimethylamine N-oxide，TMAO）含量明显升高，这会引起脂质异常积累，从而增加罹患心血管疾病的风险。TMAO 的生成主要是在肠道菌群中胆碱-三甲胺裂解酶的作用下，胆碱三甲胺在肝脏经黄素单加氧酶 3（flavin-containing monooxygenase 3，FMO3）催化代谢产生。进一步的动物实验证实，FMO3 过表达转基因小鼠的血浆内 TMAO 的含量明显高于对照小鼠。由此可见，FMO3 能通过调节血浆内 TMAO 含量，进一步影响动脉粥样硬化及其他心血管疾病的发病过程，这提示 FMO3 是治疗心血管疾病的潜在靶点。肿瘤细胞对化学药物的耐药性增加了肿瘤治疗的难度，通过研究下游代谢产物变化不仅可以揭示肿瘤耐药机制，还可以将其应用到肿瘤预防或者肿瘤转移干扰研究。研究发现木兰碱对前列腺癌细胞的增殖有明显抑制作用，利用代谢组学技术筛选出 12 个细胞代谢生物标志物。这些生物标志物与肿瘤细胞的能量、氨基酸和脂肪酸代谢等多种代谢途径密切相关，其中大部分与营养和能量代谢有关，而木兰碱可以显著影响这些代谢生物标志物，干扰前列腺癌细胞的生长和增殖。这些结果有助于解析木兰碱对前列腺癌的作用靶点。

非靶向代谢组学可以提供完整的代谢物信息，这有助于筛选出有效生物标志物。但其缺点是对代谢物识别不准确，重复性较差且线性范围有限，并且可能出现假阳性的结果，因此可信度不高。靶向代谢组学则是根据代谢组学的原理和思路分析，只对有限的几个或几类与生物学事件相关的代谢物进行分析和研究的方法。利用标准品对分子代谢产物进行定量或半定量。通过对特定代谢物的全面分析，适度优化样本制备，降低了高丰度代谢物含量，从而更好地分析代谢物。该方法线性范围较宽，可显著提高重复性和灵敏度，并提高了筛选出的代谢物的准确性。通常在非靶向代谢组学发现差异代谢物之后，再利用靶向代谢组学进行进一步系统的确证。与非靶向代谢组学相比，靶向代谢组学在分析上更具有针对性，是代谢组学的重要组成部分。在妊娠糖尿病的相关研究中，利用非靶向和靶向代谢组学发现妊娠糖尿病患者血浆内源性代谢组显著改变，进一步筛选发现脂肪酸代谢物 3-羧基-4-甲基-5-丙基-2-呋喃丙酸（3-carboxy-4-methyl-5-propyl-2-furanpropanoic acid，CMPF）水平显著增加。CMPF 减少 B 细胞中 ATP 生成，影响线粒体功能，导致 B 细胞损伤，胰岛素分泌下降，患者糖耐量降低，最终诱发糖尿病。通过进一步的研究发现，抑制 OAT-3（有机阴离子转运蛋白 3，organic anion transporter 3），可阻断 CMPF 转运至 B 细胞，使其免受损伤，表明 OAT-3 可作为调控 B 细胞功能的潜在治疗靶点。

由此可见，代谢组学研究在药物靶点挖掘方面具有一定的优势。采用代谢组学发现与特定疾病表型密切相关的代谢物差异和代谢通路变化，探索代谢物功能和疾病的发生发展的机制，可为发现药物靶点提供依据。

2.2.5 生物芯片技术

生物芯片技术是随着人类基因组计划的实施应运而生的一种新型生物技术。生物芯片技术是指先将大量探针分子固定于支持物上，然后与标记的样品进行杂交，通过检测每个探针分子的杂交信号强度进而获取样品分子的数量和序列信息，以实现对基因或者蛋白准确、快速的检测。目前，生物芯片技术已快速应用于药物靶点发现与药物作用机制研究、高通量药物筛选、毒理学研究、药物基因组学研究以及药物分析等药物研发环节。基因芯片和蛋白芯片已广泛应用于药物靶点挖掘中。

2.2.5.1 基因芯片技术

基因芯片技术（gene chip technology，GCT），又称为 DNA 微阵列，是最早的生物芯片技术。它最初由斯坦福大学的 Patrick Brown 实验室开发，他们利用机械臂把经过纯化的 cDNA 克隆点制在玻璃载体上。近年来，基于核酸印迹杂交原理建立了 GCT，该技术采用光合导位合成或者显微印刷等方法固定大量的核酸片段，如 cDNA、寡核苷酸/肽核酸和 DNA 等以密集有序的方式固定在相应处理的硅片、玻片、硝酸纤维素膜、尼龙膜等载体上，与标记的样本进行多元杂交，杂交过程是高度特异的，可以根据所使用的探针进行特异性的靶序列检测。其基本原理就是应用核酸分子的变性和复性的性质，使来源不同的 DNA（或 RNA）片段，按碱基互补关系形成杂交双链分子。杂交双链可以在 DNA 与 DNA 链之间，也可在 DNA 与 RNA 链之间形成。待测样本中的标记分子会与芯片上相应的配对核酸探针分子进行特异性结合，通过检测杂交信号的强弱与分布，获得靶标分子的有无、数量和序列，从而获得受检样本的遗传信息。与其他常规方法比，GCT 能够在实验中进行高通量筛选和数据分析，是一种进行 DNA 序列分析及基因表达信息分析的强有力工具，弥补了传统核酸印迹杂交技术操作复杂、自动化程度低、检测目的分子数量少等缺点。GCT 在疾病研究中有着巨大的潜力。GCT 作为一种基因研究工具，可以鉴定潜在的药物靶点，预测单个患者的药物反应性，最终启动基因治疗和预防策略。

基因芯片技术的分类很多，根据其制造方法不同可以分为点样法和合成法；根据载体材料不同可分为玻璃芯片、硅芯片等；根据载体上所固定探针类型的不同分为寡核苷酸芯片（oligonucleotide arrays）和 cDNA 芯片（cDNA microarrays）。寡核苷酸芯片和 cDNA芯片的微阵列分别由美国 Affymetrix 公司和美国 Stanford 大学开发。寡核苷酸芯片的固定探针是设计并合成几十个碱基；cDNA 芯片是基于 PCR 产物的微阵列，其固定探针可以是扩增获得的 PCR 片段，也可以是根据每个基因的 mRNA 转录后的 cDNA 片段。寡核苷酸芯片技术具有特异性强、杂交信号检测范围广、用时短、效率高的优点，既可以用来检测基因表达，也可以用来研究基因组的结构、完成基因突变筛查。相较于前者，cD-NA 芯片技术更为成熟，成本较低，多用于检测基因的差异表达。根据功能不同，又可将基因芯片分为基因表达谱芯片和 DNA 测序芯片。基因表达谱芯片是按照预定位置固定在固相载体上千万个核酸分子所组成的微点阵阵列。在一定条件下，载体上的核酸分子可以与来自不同个体、组织、细胞周期、发育阶段、刺激下的细胞内的序列互补的核酸片段杂交。从而获取相应阶段的特异性蛋白表达基因，通过对这些基因的整体分析，解析并获得相关的基因调控网络及其中的功能基因；DNA 测序芯片的工作原理是靶核酸分子与含有8 个或者 20 个碱基的寡核苷酸微阵列杂交后，除去错配或不完全匹配的杂交效应，拼接出靶基因的序列。GCT 大规模平行、快速、高效地获得生命信息的优势促使它在几乎所有的核酸杂交（基因表达图谱分析、基因诊断、药物筛选及药物靶点）中显示出广阔的应用前景。

大规模基因组测序发现了众多的潜在药物靶标。用 GCT 大规模分析基因表达情况，可筛选出相应的药物靶序列，监测药物治疗反应中相关基因表达情况并评估药物临床应用的可行性，从而筛选出最佳的药物作用靶点。基因芯片可随时获取肿瘤细胞生长各期与肿瘤生长相关基因的表达模式，通过基因表达分析确定与肿瘤生长相关的基因，以此发现新的肿瘤相关作用靶点。GCT 能够在药物与基因之间架起一座桥梁，通过大规模筛选，不仅能够找到新药的药物靶标，还能分析药物毒性和药理作用，从基因水平上解释药物的作用机制，指导临床合理用药，为药物应用奠定坚实的理论基础。但是，目前 GCT 应用仍然存在一些挑战，包括：①芯片上原体位合成探针难免掺入错误核酸或杂质，从而增加杂交背景并降低特异性；②寡核苷酸与其自身结构配对，影响其与靶基因杂交或形成不稳定的杂交二聚体；③GCT 应用所需要的特殊设备、芯片的成本较高等。但伴随着科技的不断进步，GCT 也将会得到更好的发展和完善，推进医药领域快速发展。

2.2.5.2 蛋白芯片技术

药物作用的靶点大多数是蛋白质。蛋白质组学的生物芯片也开始受到关注。蛋白芯片技术，即蛋白微阵列技术。通过高通量的点刷方式将大量的蛋白质固定在固相载体上，如载玻片、硝酸纤维素膜或者微孔板，但由醛基、环氧基团等修饰过的载玻片大小的基片有利于固定。将蛋白标记在微阵列上后，就可以用于蛋白-蛋白、蛋白-配体相互作用的通量筛选，有助于蛋白功能、药物筛选等研究。近年来，蛋白质芯片制作和应用的各个关键步骤都取得了进展，如大规模克隆可表达的原核和真核 ORF（开放阅读框）、高通量蛋白质纯化及蛋白质递送系统等。目前根据固定物的不同，蛋白质芯片可以分为三类：分析型蛋白芯片、功能型蛋白芯片和反相蛋白芯片。在分析蛋白质微阵列的情况下，具有特定活性的特征良好分子，如抗体、肽-MHC（主要组织相容性复合体）复合物或凝集素，被用作固定探针。这些阵列已经成为复杂混合蛋白质样本检测平台之一，常用于检测不同蛋白质的表达、血清标志物的发现、细胞表面标志物和糖基化的检测、对环境压力的反应、健康和疾病组织之间差异检测等。抗体是最常用的捕获剂，在芯片上点制的抗体也被称为抗体芯片，是这类芯片中的典型代表。抗体芯片主要的反应模式是直接用待检测的蛋白质或裂解液与抗体芯片孵育，清洗后再孵育一抗、荧光二抗，通过对荧光信号的扫描，进而读取信号。尽管抗体芯片已被用于检测癌细胞中差异蛋白的表达，但仍然存在一些固有的缺点，例如交叉反应或固定后失去活性。

功能性蛋白质微阵列越来越多地应用于生物学发现的许多领域，它们可用于研究生物化学途径中发生的大多数主要类型的相互作用和酶活性，并已用于分析多种生物分子的相互作用，包括蛋白质-蛋白质、蛋白质-脂质、蛋白质-DNA 和蛋白质-小分子相互作用。功能型蛋白芯片成功的关键因素是纯化蛋白质的可用性，可以用于点制在固定载体上。目前，已知的蛋白质组芯片包括人蛋白质组芯片、大肠杆菌蛋白质组芯片、拟南芥蛋白质组芯片、结核分枝杆菌蛋白质组芯片等。这些蛋白质芯片具有对多种分子相互作用整体分析的独特能力，对样本量的要求非常小，并且具有小型化和自动化的潜力，因此非常适合于蛋白质谱分析、药物发现、药物靶标识别以及临床预后和诊断。

与正相芯片相比，反相芯片固定的样品不是纯的蛋白质，而是混合的复杂样品，比如细胞裂解液、组织裂解物或血清样品裂解物。反相芯片反应模式是将细胞、组织裂解液点制在芯片上，与待检测蛋白的抗体进行孵育，清洗后孵育荧光二抗，采用荧光扫描仪读取信号。反相芯片的信号强度取决于分析物与分析物特异性试剂之间相互作用的特异性、结合亲和力、空间可及性以及试样中分析物的浓度。第一个反相芯片是 Paweletz 及同事于2001 年构建的，用来监测前列腺癌症病人的组织学变化，他们成功地检测到了前列腺癌症三个不同阶段（正常前列腺上皮细胞、前列腺上皮内肿瘤和迁移型前列腺癌症）的转变期。与分析型芯片相比，反相型芯片的蛋白质不需要标记，但由于他们对商业化抗体的可用性和特异性的高度依赖，致使在单个阵列上可以测量的分析物较少。反相型芯片可以从患者活检标本中生成细胞信号通路的功能图，目前已成功应用于卵巢癌、乳腺癌等多种癌症中的细胞信号通路研究，并可以为不同的患者制订个性化的治疗方案，在临床医学研究中发挥着重要作用。

蛋白质微阵列技术在过去的十多年中取得了巨大的进步，已成为研究和检测蛋白质、蛋白质相互作用和许多其他生物技术应用的重要研究工具。在研究分子相互作用中，利用蛋白质微阵列技术具有传统方法不能比拟的优势。它们只需较少的样品，就具有高通量蛋白分析的潜力。但是，蛋白质组学技术自身也有不足，如：①蛋白质具有复杂的三维结构，对蛋白质功能的折叠及修饰的直接影响都难以在体外重现；②在蛋白质芯片制作上，蛋白不容易附着于芯片载体上，每个蛋白点的蛋白量难以量化；③无法保证芯片上蛋白所呈现的构象更接近于自然条件，蛋白精细结构接触到载体表面后可能会发生改变，活性位点的朝向也难以确定；④目前也没有如核酸扩增手段一样的蛋白质扩增技术，可以在保证准确性的同时放大信号；⑤许多蛋白本身不够稳定，容易降解；⑥蛋白不像 DNA 一样可以利用碱基互补配对的原则进行检测，蛋白与蛋白或配体直接的相互作用更为复杂。

2.2.5.3 细胞芯片和组织芯片

细胞芯片是近年来开发的一种新的细胞检测技术，它是对基因芯片和蛋白质芯片技术的重要补充。细胞芯片是通过芯片与细胞相结合，在芯片上完成对细胞控制和检测，实现实时、高通量、原位信号检测活细胞的技术。有研究者将不同的质粒 DNA 点在玻璃片上做成质粒 DNA 微阵列芯片。研究人员曾尝试利用芯片上的靶细胞筛选对其有作用的新药物来识别药物作用靶点；或者根据细胞表面特定抗原的表达、芯片上的抗体微阵列来筛选经过不同新药物处理的细胞，以提高药物开发的效率，并实现了药物筛选的敏感性、高通量和自动化的集成。

此外，Zellweger 等为探究激素和化疗抵抗性前列腺癌的新治疗靶点，构建了含有良性前列腺增生、前列腺上皮内瘤、局限性前列腺癌、激素抗忄前列腺癌和远处转移灶的组织芯片，发现 p53（肿瘤抑制蛋白 p53）、Bcl-2（B 细胞淋巴瘤/白血病-2 蛋白）、Syndecan-1（多配体蛋白聚糖 1）、EGFR（表皮生长因子受体）和 HER2/neu（人表皮生长因子受体-2）在激素抗性前列腺癌和远处转移灶中高表达，这一结果表明这些靶点抑制剂可能会成为治疗激素和化疗抵抗前列腺癌的新策略。组织芯片又称组织微阵列，是将多个所需的小组织按照预先设计，整齐地排列在一张载玻片上而制成的微缩组织切片。结合分子生物学和形态学原理，该技术能够在 DNA、RNA 和蛋白质水平处理样品并检测基因的表达；它具有简便快捷、成本低、信息量大的优势。由于 Kononen 等人于 1998 年首次使用组织芯片技术对肿瘤样本进行高通量分析，该技术备受关注。目前它已成为分子病理学和解剖病理学最有前途的工具之一，广泛应用于病理学及肿瘤研究等其他领域。

2.2.6　基因编辑技术

20世纪70年代，基因工程的发展为基因编辑技术奠定了基础。基因编辑技术是一种编辑生命体遗传信息的技术。转基因技术因为不是精准编辑基因，一般不认为是基因编辑技术。最早的基因编辑技术是同源重组（homologous recombination，HR），即通过将外源DNA导入受体细胞，完成原有的基因替代，促使特定基因失活或者修复缺陷基因。随着对基因编辑技术的不断探索，新型人工核酸酶对应的基因编辑工具被研发。近年来，锌指核酸酶（zinc finger nucleases，ZFNs）、转录激活因子样效应物核酸酶（transcription activator-like effectors nucleases，TALENs）和规律间隔成簇短回文重复序列（clustered regularly interspaced short palindromic repeats，CRISPR/CRISPR-associated protein 9，CRISPR/Cas9）相关人工核酸酶等的研发极大地推动了基因编辑技术用于从基础研究到临床治疗的进程。

当细胞受到外部因素，特别是紫外线等刺激时，可发生DNA双链断裂（double strand break，DSB）或者单链断裂（single strand break，SSB）；基因编辑工具ZFNs、TALENs和CRISPR/Cas9系统可使基因组在特定的位点产生DSB。为保持基因组完整性，DNA损伤途径被激活。断裂双链的DNA损伤修复途径主要有以下两种：缺少修复模板时，断裂双链通过非同源末端连接（nonhomologous end joining，NHEJ）途径容易产生插入或缺失突变使基因功能丧失，因而被应用于基因敲除；当存在同源修复模板时，断裂双链通过同源直接修复（homology-directed repair，HDR）途径将修复模板重组进断裂部位，常被用于基因重组，从而实现基因的靶向编辑。

2.2.6.1　ZFNs

1984年，科学家们在非洲爪蟾的转录因子中发现锌指蛋白，而后人为将其连接上核酸内切酶后，发展成为基因编辑工具ZFNs。ZFNs技术作为第一代基因编辑技术主要由锌指蛋白（zinc finger protein，ZFP）结构域和Fok I切割结构域组成。其中，ZFP能够识别并特异性结合靶DNA序列，Fok I则可通过二聚体化的形式产生核酸内切酶活性，切割目的DNA产生DSB。细胞通过NHEJ或HDR的方式进行修复，可发生碱基或基因片段缺失、替换或增加，从而实现基因编辑的目的。原则上，ZFNs只依赖于匹配的DNA序列，但有研究表明，锌指结构域较多的ZFNs可以提高特异性和靶向效率。锌指中各个ZFP可以相互作用，影响特定核苷酸序列的识别和结合，即锌指核酸酶存在上下文依赖效应。此外，在人类的基因组中，存在至少每隔500bp才能结合一个ZFN的靶向限制，由模块组建的ZFN不能切割染色体，ZFN的脱靶切割还会导致细胞毒性。这些弊端大大限制了该技术的应用。

2.2.6.2　TALENs

2007年德国科学家首次在植物病原体黄单胞菌（*Xanthomonas*）中发现了一种特殊的分泌蛋白，转录激活因子样效应物（transcription activator-like effector，TALE），该蛋白质可以与植物宿主基因组结合并激活转录。TALE同样具有识别并结合DNA的能力，每个TALE蛋白都由33～35个高度保守的氨基酸组成，其中第12和13个氨基酸为可变氨基酸，可以特异性地识别并结合DNA四种不同的碱基，因此这两个可变氨基酸被称为重复变异双残基。TALE以一种螺旋-转角-螺旋的方式与DNA结合，其中第12位氨基酸主要起稳定重复变异双残基环的功能，只有第 13 位氨基酸真正识别特定碱基。基于此发现，TALE 与二聚化后才能发挥功能的 Fok I 核酸酶融合在一起，构成 TALENs。TALENs 的工作原理与 ZFNs 相似，但是由于 TALE 结构域可识别单个碱基（ZFP 识别三联体碱基），意味着 TALENs 比 ZFNs 更容易设计、特异性更高，被称为第二代基因编辑技术。此外，TALEN 相较于 ZFNs 还具有细胞毒性小、脱靶率低等优点。但由于编码 TALEN 的 cDNA 长度较长（约 3kb），因此将 TALEN 转运到细胞内的难度更大。

2.2.6.3　CRISPR/Cas9 技术

CRISPR-Cas 是广泛存在于细菌和古菌中的获得性免疫系统，能够剪切外源基因以抵御病毒侵袭细菌。Ishino 等于 1987 年首次发现，直到 2010 年 CRISPR 的机制和功能才被研究清楚。目前已经发现了 3 种类型的 CRISPR 系统，均由 3 种元件组成：CRISPR 相关基因（Cas）、非编码 RNA 以及重复序列。Cas 基因可以和核酸酶、解旋酶、聚合酶结合，是 CRISPR-Cas 系统中执行剪切功能的元件。由外源基因的间隔序列（protospacer）隔开的短重复序列构成了 CRISPR RNA（crRNA）阵列。通常间隔序列与前间区序列邻近基序（protospacer adjacent motif，PAM）相连。不同物种具有不同的 PAM 识别序列，例如，spCas9 在哺乳动物细胞中广泛使用以识别 5'-NGG PAM 序列，并且可以在平均 8～12bp 的细胞基因组中找到这种序列。基因组中广泛存在的 PAM 序列，为 CRISPR-Cas9 技术应用于全基因组编辑提供了可能。基因座上游是数百 bp 的非编码基因，被命名为前导序列。CRISPR-Cas 系统中最常用于基因编辑的是 II 型 CRISPR-Cas 系统，由 Cas9 核酸酶、crRNA 和反式激活 crRNA（tracrRNA）三部分组成。执行基因剪切功能时，首先是 crRNA 转录为 pre-crRNA，同时与 crRNA 互补的 tracrRNA 也进行转录并激活 Cas9 及特异性的 RNA 核酸酶对 pre-crRNA 进行加工，成熟的 crRNA、tracrRNA 及 Cas9 核酸酶形成复合体，进而在单链向导 RNA（sgRNA）的指导下靶向特定位点进行切割。研究者们将密码子优化的 Cas9 和必要的 RNA 元件在哺乳动物细胞中进行异源重组表达，并将 crRNA 和 tracrRNA 融合表达形成一条嵌合的 sgRNA，精简了 CRISPR-Cas9 系统的结构，极大地提高了 CRISPR-Cas9 系统应用于基因编辑的可行性，使其更加便捷高效。在 CRISPR-Cas9 系统中，sgRNA 和紧接着 sgRNA 的 PAM 是决定基因编辑准确性的关键因素。sgRNA 长约 20nt，通过与靶序列互补配对引导 Cas9 准确定位于靶基因，并在 PAM 上游约 3bp 处进行 DNA 双链剪切。CRISPR-Cas9 技术除了可以进行基因敲除，还可以用于基因的上调或下调表达。CRISPR 干扰（CRISPR interference，CRISPRi）和 RNAi 功能相似，是在 CRISPR 技术的基础上改造而来，将 Cas9 突变使其丧失活性（dead Cas9，dCas9）无法对双链 DNA 进行切割，再与转录抑制因子联合作用，即可在 sgRNA 指导下抑制特定基因的表达。CRISPR 激活（CRISPR activation，CRISPRa）是利用 dCas9 和转录激活因子协作上调靶基因的表达水平，可以被应用于功能获得型筛选。相较于 ZFNs、TALENs 采用蛋白质作为靶标识别物，CRISPR/Cas 技术采用 sgRNA 靶向目标基因，对不同靶向位点的识别仅需要调整 sgRNA 的 20 个碱基，这极大地减少了构建基因编辑工具的成本和时间。此外，CRISPR/Cas9 可以在细胞内同时表达 Cas9 蛋白和多条 sgRNA，即可在同一细胞中同时进行多个位点的基因编辑，操作简单快捷，成本低廉，编辑效率和研究范围显著提高，已经成为基因功能研究领域强有力的武器。

2.2.6.4 基于 CRISPR/Cas9 技术的药物靶点挖掘

药物发现是一个漫长的过程，靶点的发现是新药研发中最关键的步骤之一。近几年来，CRISPR 技术已成为基因编辑最有效的手段之一，也为药物靶点筛选研究提供了一个崭新的平台。CRISPR/Cas9 作为一种新型的基因编辑工具，利用 sgRNA 的引导性和 Cas9 蛋白的定点识别及切割功能，从而影响基因的表达。在此基础上，CRISPR 筛选文库应运而生。对于 CRISPR/Cas9 文库筛选，设计具有高特异性的 sgRNA 库，并将其包装入可稳定转染的慢病毒载体中，选择合适的受体样本进行基因功能分析以及验证至关重要。目前，有很多用于 sgRNA 的设计网站及软件，如 CRISPR-FOCUS、CHOPCHOP、CRISPR library designer（CLD）等，可根据需求选择合适的软件设计，尽量降低脱靶效率。

CRISPR/Cas9 文库筛选通常在细胞水平上进行。在确定表型与基因筛选范围后，可以构建全基因组敲除或者激活基因的 sgRNA 文库，然后通过传统的克隆方法将 sgRNA 文库引入慢病毒载体中，包装成慢病毒全基因组文库，并以较低的感染复数（multiplicity of infection，MOI）转导至 Cas9 表达细胞系，构建稳定表达 sgRNA 的细胞文库并获得稳定表达株，从而实现不同 sgRNA 相应的基因功能筛选。在筛选细胞表型时，应根据不同的实验目的选择最优的筛选策略。CRISPR 高通量筛选分为阳性筛选和阴性筛选。阳性筛选是对转染后的细胞施加抗生素及药物等压力，经文库扰动后野生型细胞致死，有抗性的细胞存活，从而富集关键基因；阴性筛选是通过比较不同筛选时间点的 sgRNA 丰度差异，获得缺失的 sgRNA，筛选标记基因。筛选后的细胞用于提取基因组构建文库，并通过 PCR 扩增 sgRNA 的靶向区域，利用高通量测序手段获得细胞文库中的 sgRNA 序列信息，并筛选目的性状关联的基因。

识别药物的靶点和作用机制是药物研发过程中的主要挑战之一，即使一些药物已经应用于临床，其作用靶点也未完全知晓。2014 年，Wang 等利用包含 73000 个 sgRNA 序列的文库筛选了 HL60 和 KBM7 两株细胞，验证了靶基因 *MSH2*、*MSH6*、*MLH1* 和 *PMS2* 能修复 6-硫鸟嘌呤（6-TG）引起的 DNA 损伤，靶基因 *TOP2A* 能抵抗依托泊苷（etoposide）的毒性。随后，Shalem 等建立了一个全基因组 CRISPR/Cas9 敲除（GeCKO）文库，其中包含靶向 18080 个基因的 64751 个 sgRNA 序列，可以在人类细胞中进行正向和负向选择性筛选。他们利用 GeCKO 文库鉴定了对癌细胞和多能干细胞活力必不可少的基因，并在 A375 黑色素瘤模型中筛选出了与维罗非尼耐药性有关的基因，如先前发现的 *NF1* 和 *MED12*，及未被发现的 *NF2*、*CUL3*、*TADA2B* 和 *TADA1*。在癌症化疗中，BAX 可能是某些细胞毒性药物作用的主要驱动因子。有研究者使用包含 87897 个 sgRNA 靶向 19150 个小鼠基因的文库来感染稳定表达 Cas9 的 mcl1（myeloid cell leukemia-1）缺陷小鼠胚胎成纤维细胞，证实了 VDAC2（电压依赖性阴离子通道蛋白 2）与 BAX（促凋亡蛋白）相互作用促进 BAX 介导的细胞凋亡。

CRISPR/Cas9 作为一种全新的工具，已经被广泛应用于细胞基因编辑、基因表达调控、基因敲除动物模型的构建和人类疾病动物模型的治疗研究等领域。CRISPR/Cas9 文库筛选技术也逐渐取代了 RNAi 和 cDNA 文库，为生物、医学、病毒、免疫等多个领域的研究提供了高效率的筛选工具。目前，CRISPR/Cas9 技术已经在发现药物靶标方面取得了重要的研究进展，为药物开发、临床用药以及疾病治疗奠定了基础，正在推动着整个生命科学领域快速发展。

2.3
靶标发现实例

CRISPR/Cas9 技术在 2013 年初迅速崛起并引发了生物医学研究的革命，同年就被《科学》杂志评为年度十大科技进展之一，被称为"魔剪"和"上帝之手"。简而言之，CRISPR/Cas9 技术使用人工设计的 sgRNA 来识别基因组的靶基因序列，并引导 Cas9 蛋白酶到靶位点切割 DNA 双链，形成 DSB，通过基因修复途径进行基因敲除或敲入等，最终达到编辑基因组 DNA 的目的。

全基因组 CRISPR 功能丧失筛选可以更迅捷地筛选到抑制病毒复制的重要宿主因子，是目前抗病毒药物研发的热点，这为发掘潜在药物靶点提供了理论基础，并为病毒性疾病的治疗和预防开拓了新思路。利用全基因组 CRISPR 功能丧失筛选，研究人员筛选出受体酪氨酸激酶家族 AXL 蛋白是登革热病毒（DENV）和寨卡病毒（ZIKV）入侵宿主细胞的关键蛋白；寡糖转移酶（oligosaccharyltransferase，OST）复合物是 DENV 复制的关键宿主因子；α 干扰素诱导蛋白 6（interferon alpha-inducible protein 6，IFI6）可以靶向抑制黄病毒感染；宿主蛋白 CD4、CCR5、TPST2（tyrosylprotein sulfotransferase 2）、SLC35B2（solute carrier family 35 member B2）和 ALCAM（activated leukocyte cell adhesion molecule）是人类免疫缺陷病毒（HIV）感染所必需的关键蛋白；FcRn（fc receptor for IgG）是 B 族肠道病毒一种新的脱衣壳受体；Sigma-1 被鉴定为在体外有效对抗 SARS-CoV-2 的感染的受体。全基因组 CRISPR 功能丧失筛选已被广泛应用于病毒研究，推动了抗病毒治疗的发展（图 2-1）。

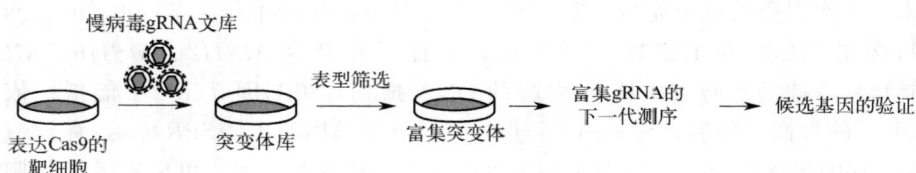

图 2-1　全基因组 CRISPR 功能丧失筛选流程

在笔者实验室进行的抗病毒药物研发相关工作中，利用了 CRISPR 文库筛选，挖掘抗疱疹病毒靶点，加速抗疱疹病毒药物研发。疱疹病毒是一类较大的包膜双链 DNA 病毒，具有相对较大的复杂基因组。其广泛感染各种宿主（各种脊椎动物，甚至一些无脊椎动物，如牡蛎），主要侵害皮肤、黏膜以及神经组织，严重影响着人及其他动物的健康。迄今为止，临床上治疗疱疹病毒感染的药物主要有两类：靶向病毒 DNA 聚合酶/胸苷激酶和螺旋酶-引物酶抑制剂。直接靶向病毒本身重要成分的抗病毒药物易产生耐药性、抗病毒谱较窄等诸多问题。因此，迫切需要探索新的疗法以规避疱疹病毒药物的耐药性问题等。宿主导向疗法已经成为抗病毒药物研究的重要策略。鉴于此，笔者实验室以伪狂犬病病毒（pseudorabies virus，PRV）为切入点，以全基因组 CRISPR 功能丧失筛选为手段，以小鼠单倍体胚胎干细胞（haploid embryonic stem cells，haESCs）为靶细胞，深入挖掘在 PRV 生命周期中发挥重要作用的宿主因子。在此基础上，挖掘宿主靶标作为治疗疱疹病毒的潜在药物靶点，并使用小分子抑制剂开发宿主导向抗疱疹病毒药物。

全基因组 CRISPR 功能丧失筛选技术基本流程可分为以下几个步骤：①针对靶物种的敲除或激活基因的 sgRNA 文库的全基因组设计，常用的 sgRNA 在线设计网站"CRISPR-ERA"和"CRISPR-offinder"等；②全基因组 sgRNA 文库库检后，包装 sgRNA 慢病毒文库；③低 MOI 的 sgRNA 慢病毒文库感染靶细胞，建立全基因组 CRISPR 功能丧失的细胞文库，细胞文库库检；④筛选表型：据病原体、抗生素或药物等对细胞文库进行筛选，以及根据筛选目的收集存活细胞（正向筛选）或死亡细胞（负向筛选）等；⑤提取筛选后细胞的基因组，并为高通量测序构建数据库；⑥利用生物信息学分析 sgRNA 序列信息，进一步筛选目的性状的关联基因及验证（图 2-2）。

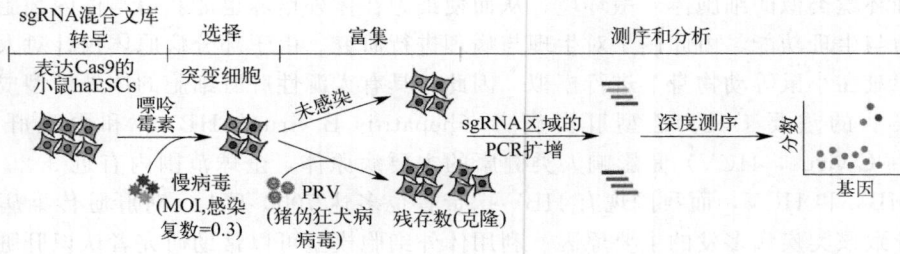

图 2-2　全基因组 CRISPR 功能丧失筛选以识别预防 PRV 感染的宿主因子

利用全基因组 CRISPR/Cas9 筛选，研究人员成功筛选出了抗甲型流感病毒（IAV）潜在的药物靶点细胞分裂素 2（CyTH2）。将表达 Cas9 的包装慢病毒载体导入 A549 细胞进行单克隆筛选后，将 CRISPR 基因敲除（GeCKO）文库中的人类慢病毒文库 A 和 B 转导细胞，用低剂量的 IAV 病毒感染靶细胞，筛选出同时表达 Cas9 和 sgRNA 的抗性细胞，并对 sgRNA 进行扩增后测序，使用基于模型的全基因组 CRISPR/Cas9 敲除（MAGeCK）分析鉴定出了 204 个与 IAV 感染和增殖有关的宿主基因。然后，对 MAGeCK 分析的前 50 个基因敲除多克隆细胞进行细胞乳酸脱氢酶释放试验，筛选出了 12 个候选基因。研究人员在 12 个候选基因中发现 CyTH2 基因对病毒的内化过程至关重要，有可能成为治疗 IAV 感染的潜在靶点。为此，研究人员用 CyTH2 的选择性抑制剂 SecinH3 进行了干预试验，发现 SecinH3 能显著抑制小鼠肺部 IAV 病毒的复制，对于感染 IAV 病毒的小鼠有很好的治疗效果。这些结果确定了 CyTH2 可作为治疗 IAV 病毒感染的潜在药物靶点。

此外，利用前文所述的分子探针技术，研究人员成功发现了抗糖尿病药物二甲双胍的药物靶点。研究人员合成了光活性二甲双胍探针 Met-P1，从细胞中"钓"出了多种可能与二甲双胍结合的蛋白，逐个敲除表达这些蛋白的基因后，发现敲除 PEN2 后会抑制 AMP 活化蛋白激酶（AMPK）的激活。进一步研究发现，PEN2 与二甲双胍结合形成复合物后，会被招募到溶酶体质子泵 v-ATP 酶（v-ATPase）复合体的 ATP6AP1（v-ATPase 的一个亚基）上，从而抑制 v-ATPase，激活 AMPK 通路。最后，研究人员利用动物体内试验，对肠道、肝脏、线虫中的 PEN2 进行敲除后，二甲双胍降低肝脂肪含量、缓解高血糖和延长寿命的作用会随之消失。因此，PEN2 被认为是抗糖尿病药物二甲双胍的药物靶点，PEN2-ATP6AP1 轴可为二甲双胍替代品的筛查提供潜在靶标。

2.4

靶标的验证

2.4.1　体外病理模型

    体外病理模型是基于细胞生物学、材料学、组织学与工程学的原理，在体外构造出与体内生理环境类似的细胞体外微环境，从而使细胞在体外培养也能获得与体内细胞相当的生存能力与生理功能，由此用于对生理与病理进行研究。由于部分病原体仅针对人类肝脏细胞，很难在小鼠等动物身上进行模拟。因此，具有人源性肝脏细胞的体外模型成为研究肝脏传染病的重要工具。乙型肝炎病毒（hepatitis B virus，HBV）和丙型肝炎病毒（hepatitis C virus，HCV）是影响人类健康的主要病原体，全球范围内有近 3.25 亿人长期感染 HBV 和 HCV，而我国现有 HBV 携带者也多达 7000 万人。对肝脏传染病的认知匮乏是导致该类疾病多发的主要原因。利用体外细胞模型可以帮助研究者认识肝脏传染病的发生过程并且实行相关的药物筛选。人原代肝细胞（PHHs）被认为是最适合感染 HBV 的细胞，但很难在体外长期维持稳定。永生化细胞系通常不易被感染，但补充二甲基亚砜（dimethyl sulfoxide，DMSO）后的 HepG2 和补充聚乙二醇（polyethylene glycol，PEG）的 HepaRG 可以用于 HBV 感染。除此之外，功能性肝细胞样细胞（iHep）也被应用于体外 HBV 的感染，为体外建立病毒感染细胞模型提供基础。

    在体外利用胶原蛋白图案化将 PHHs 和 iHep 与成纤维细胞（J2-3T3）进行共培养，HBV 受体钠牛磺胆酸盐共转运多肽（sodium taurocholate cotransporting polypeptide，NTCP）的表达能力可以维持 3 周，进而实现 HBV 感染。对于图案的精确控制有助于实现体外细胞微环境，无需进行任何灌流就可以维持肝功能长达 6 周。但是这种模型无法模拟体内免疫系统对于病毒入侵的反应，细胞种类单一，无法提供相应的免疫应答，并且二维 HBV 系统都需要较高的接种量才能建立，感染效率低。而利用三维球状结构与灌注相结合，可在体外构建具有功能性胆管的肝窦结构，获得细胞极化作用，使得模型感染能力与临床 HBV 感染相当。除了对肝脏特异性感染的病毒外，其他引起全身感染的病毒和微生物，如疟原虫等也可以靶向肝并造成严重的肝损害。疟原虫感染的高复发性，是消除疟疾在东南亚以及非洲地区传播的主要障碍。研究疟原虫对肝脏的影响需要维持模型中细胞的长期稳定性。因为疟原虫感染肝脏后会进入休眠状态，这个状态可以维持数周至数月，需要长期的细胞活力和肝细胞特性才使得疟原虫从孢子充分发育。Gural 等利用弹性柱状 DMS 在 384 孔板底部对胶原蛋白进行图案化，建立 PHHs 微球与间日疟原虫共培养物，重现了间日疟原虫感染肝脏的过程，实现长期裂殖体的建立和释放。同时利用该模型在体外进行药物筛选，为治疗疟原虫感染的药物开发提供了有效工具。除了在体外开发与体内微环境类似的易感模型外，构建病原体的易检模型也具有重要意义。HBV 的感染通常使用 PCR 对病毒 DNA，例如共价闭合环状 DNA（covalently closed circularDNA，cccDNA）和松弛环状的双链 DNA（relaxed circularDNA，rcDNA）进行分析，而 HCV 和恶性疟原虫可以通过实时观察具有荧光的报告基因来确定感染情况。结合特定的问题以及实验室条件进一步开发能够模拟真实的宿主与病原体之间相互作用的易检模型，对于肝脏传染病的治疗以及干预具有重要意义。

2.4.2 转基因动物模型

转基因动物模型是指其基因组中含有异物遗传物质的动物，它集整体、细胞和分子水平于一体，更能体现整体研究的效果。

2.4.2.1 转基因小鼠

作为模式生物，小鼠在转基因技术和基因功能研究中都非常成熟，公认的世界第一种转基因哺乳动物就是小鼠，因此小鼠往往是众多基因功能研究的第一类动物。1982 年，美国科学家 Palmiter 和同事将小鼠金属硫蛋白基因（metallothionein-I，*MT-I*）启动子和大鼠的生长激素基因融合，并利用显微注射的方法导入小鼠受精卵中，在 21 只后代中有 7 只携带有外源基因，其中 6 只体型明显大于其他同伴，因此培育出了世界上第一批超级小鼠。在此基础上，Palmiter 和同事将小鼠金属硫蛋白基因启动子和人生长激素基因融合，并利用同样的方法导入小鼠体内，获得大量携带有该融合基因的小鼠后代，其中有些个体的体积变为对照组的 2 倍，被称为巨型鼠。在这些转基因小鼠中观察到随着人生长激素水平的增加，血清中小鼠胰岛素样生长因子 1（IGF1）的浓度增加了 2.5 倍，因此 Palmiter 等推断生长激素生理作用可能是通过 IGF1 来完成的，并认为 IGF1 在小鼠体型增长的过程中起着中间介导的作用。Eisen 等也进行了相似的研究，但他用的是绵羊金属硫蛋白 La 启动子与绵羊生长激素基因（*oMtLa-oGH*）作为一个调节紧密的基因表达质粒，通过在饮用水中提供锌离子诱导反应；但他并没有得到体型明显改变的转基因小鼠。在相同的饲喂条件下，Bird 等制作的转牛生长激素基因小鼠，体重较正常小鼠增加了57％。Cecim 等发现转牛生长激素基因的小鼠更早进入青春期，而且体重也更大。

2.4.2.2 转基因猪

猪被认为是人类心血管系统的理想实验动物模型，因为猪的心脏形态、功能、血流动力学和代谢方面与人类相似。研究者采用基因修饰技术构建人心血管疾病转基因猪模型，包括内皮一氧化氮合酶（*eNOS*）转基因猪、过氧化氢酶（*hCat*）转基因猪、载脂蛋白 C Ⅲ（*ApoC* Ⅲ）转基因猪和过氧化物酶体复合物-γ（*PPAR-γ*）基因敲除猪。Hao 等采用尤卡坦小型猪生产 *eNOS* 转基因猪。其中，血管功能、血管结构和稳态部分受 eNOS 释放的一氧化氮（NO）调控，而 eNOS 释放的 NO 在调节骨骼和心肌代谢中发挥重要作用。转基因猪的 *eNOS* 基因由一个 Tie-2 启动子驱动，并标记 V5 His 标签，目的在于了解 eNOS 对心血管的调节作用。Whyte 等以内皮特异性方式过表达 hCat，培育转基因尤卡坦小型猪，目的在于研究过氧化氢（H_2O_2）在血管健康和疾病机制中发挥的作用。hCat 代谢 H_2O_2，H_2O_2 是血管张力的重要调节因子，可导致动脉粥样硬化和子痫前期等疾病。Wei 等报道 *ApoC* Ⅲ 转基因小型猪模型的产生，为研究高脂血症与动脉粥样硬化疾病的关系提供了便捷。高甘油三酯血症被认为是冠心病的独立危险因素，心血管疾病与脂蛋白代谢密切相关，*ApoC* Ⅲ 与血浆甘油三酯水平密切相关。在转基因猪中，发现血浆甘油三酯水平升高，血浆甘油三酯清除延迟，脂蛋白脂肪酶活性降低。Yang 等报道，

PPAR-γ 基因敲除猪的产生证明 PPAR-γ 在心血管疾病中起重要作用。PPAR-γ 激动剂噻唑烷二酮类（TZDs）是临床应用于治疗 2 型糖尿病的胰岛素增感剂。生产小型猪模型目的在于研究 PPAR-γ 和 TZDs 在糖尿病和心血管并发症中的功能。陈民利等建立了小型猪慢性心肌缺血模型，以评估五指山猪、巴马小型猪和西藏小型猪的运输应激和高脂诱导发生动脉粥样硬化（AS）的危险因素。小型猪慢性心肌缺血模型，在心脏疾病的研究与治疗方面具有重要意义。五指山猪被用于构建急慢性心肌缺血、致急性心肌梗死、心力衰竭和心肺复苏后心肌代谢评估等疾病模型。

2.4.2.3 转基因羊

像猪一样，羊是重要的家畜品种，养殖成本相对较低，在转基因动物研究中受到了高度重视。1985 年，Hammer 等用显微注射法将鼠的金属硫蛋白基因和人生长激素基因转入绵羊中，成功获得了世界上第一只用显微注射法制备的转基因羊，同时将金属硫蛋白基因和牛的生长激素基因转到绵羊的基因组中，获得的转基因绵羊的生长速率和成体体重明显优于对照组。

大量研究表明，小鼠 SP110 基因可有效抑制巨噬细胞内结核杆菌的增殖，并且能够控制巨噬细胞的死亡模式。吉小芳以 78 号定位重组细胞为核供体进行核移植，获得 2 只怀孕羊。在妊娠 65 天后对克隆胎儿进行手术分离以便分析。基因型检测结果显示，PRNP 基因位点发生了同源重组（定位敲入 SP110 基因）；RT PCR 检测结果表明该克隆羊瘙痒病朊粒蛋白基因转录下调，Western blot 检测结果显示该克隆羊内源性朊蛋白表达显著减少，这可能会降低羊瘙痒病的易感性；同时，定位插入的 MSR-SP110 有望激活巨噬细胞特异性 SP110 基因表达，增强巨噬细胞抗菌功能。为了更有效地获得第三代纤溶酶原激活剂类溶栓药重组人纤溶酶原激活剂（rhPA），陈思通过体细胞核移植技术制备了乳腺特异性表达 rhPA 转基因山羊，重组人纤溶酶原激活剂 cDNA 在山羊乳腺中特异性表达。表达产物能够通过 L-赖氨酸亲和色谱分离和纯化出来，纯化产物回收率高、生物学活性高。

参考文献

[1] Abi-Ghanem D, Berghman L. Immunoaffinity chromatography: A review[J].INTECH Open Access Publisher, 2012, 2: 91-106.

[2] Sheng S, Kong F. Separation of antigens and antibodies by immunoaffinity chromatography [J].Pharm Biol, 2012, 50（8）: 1038-1044.

[3] Pillion D, Carter-Su C, Pilch P, et al. Isolation of adipocyte plasma membrane antigens by immunoaffinity chromatography. Insulinomimetic antibodies do not bind directly to the insulin receptor or the glucose transport system[J].J Biol Chem, 1980, 255（19）: 9168-9176.

[4] 高丽勤, 左文坚. 免疫亲和色谱及其在生物样本分析中的应用[J].国际药学研究杂志, 2000（2）: 107-111.

[5] Pfaunmiller E, Moser A, Hage D. Biointeraction analysis of immobilized antibodies and related agents by high-performance immunoaffinity chromatography[J].Methods, 2012, 56（2）: 130-135.

[6] Rule G, Henion J. Determination of drugs from urine by on-line immunoaffinity chromatography-high-performance liquid chromatography-mass spectrometry[J].J Chromatogr, 1992, 582（1-2）: 103-112.

[7] Muscarella M, Magro S, Palermo C, et al. A confirmatcry method for aflatoxin M_1 determination in milk based on immunoaffinity cleanup and high-performance liquid chromatography with fluorometric detection[J].Methods Mol Biol, 2011, 739: 195-202.

[8] Creaser C, Feely S, Houghton E, et al. On-line immunoaffinity chromatography-high-performance liquid chromatography—mass spectrometry for the detemination of dexamethasone[J]. Analytical Communication, 1996, 33（1）: 5-8.

[9] Moser A, Hage D. Immunoaffinity chromatography: an introduction to applications and recent developments[J].Bioanalysis, 2010, 2（4）: 769-790.

[10] 许晴, 李智, 万梅绪, 等. 中药活性成分筛选新技术研究进展[J].药物评价研究, 2021, 44（07）: 1541-1547.

[11] 饶澄, 黄显. 亲和色谱法在天然药物活性成分筛选中的应用[J].药学专论, 2010, 19（12）: 19.

[12] 陈媛媛, 郭姣. 细胞膜色谱技术在中药活性成分筛选中的应用进展[J].中草药, 2012, 43（2）: 383-387.

[13] 陈芳有, 罗永明, 吴样明, 等. 亲和色谱技术在天然药物研究中的应用[J].中国实验方剂学杂志, 2014, 20（11）: 230-234.

[14] 周冬梅, 邹汉法, 倪坚毅, 等. 高效亲和膜色谱快速分析及小量制备蛋白质[J].生物工程学报, 1998, 14（4）: 389.

[15] 蔡晓明, 张岩, 于龙, 等. 高效亲和色谱法测定2种中药成分与人血清白蛋白的结合[J].色谱, 2011, 29（4）: 358.

[16] 陈杰波, 蔡军. 化学小分子靶标鉴定方法的研究进展[J].医学综述, 2020, 26（07）: 1293-1297+1303.

[17] Liu J, Hong Z, Ding J, et al. Predominant release of lysosomal enzymes by newborn rat microglia after LPS treatment revealed by proteomic studies[J].J Proteome Res, 2008, 7（5）: 2033-2049.

[18] 马皓, 庄春林, 缪震元, 等. 分子探针在靶点识别中的应用[J].宁夏医科大学学报, 2018, 40（04）: 486-491.

[19] Jiarpinitnun C, Kiessling L. Unexpected enhancement in biological activity of a GPCR ligand induced by an oligoethylene glycol substituent[J].J Am Chem Soc, 2010, 132（26）: 8844-8845.

[20] Borodovsky A, Ovaa H, Kolli N, et al. Chemistry-based functional proteomics reveals novel members of the deubiquitinating enzyme family[J].Chem Biol, 2002, 9（10）: 1149-1159.

[21] Smith G. Filamentous fusion phage: novel expression vectors that display cloned antigens on the virion surface[J].Science, 1985, 228: 1315-1317.

[22] Sidhu S, Koide S. Phage display for engineering and analyzing protein interaction interfaces [J].Curr Opin Stru Biol, 2007, 17（4）: 481.

[23] Rodi D, Janes R, Sanganee Hitesh, et al. Screening of a library of phage-displayed peptides identifies human Bcl-2 as a taxol-binding protein[J].J Mo Biol, 1999, 285: 197-203.

[24] Jin T, Yu J, Yu Y. Identification of hNopp140 as a binding partner for doxorubicin with a phage display cloning method[J].Chem Biol, 2002, 9（2）: 157.

[25] Yu X, Zhao P, Zhang W, et al. Screening of phage displayed human liver cDNA library against dexamethasone[J].J Pharm Biomed Anal, 2007, 45（5）: 701-705.

[26] He Q, Jiang H, Zhang F, et al. Simultaneous identification of multiple receptors of natural product using an optimized cDNA phage display cloning[J].Bioorg Med Chem Lett, 2008, 18（14）: 3995.

[27] Takakusagi Y, Ohta K, Kuramochi K, et al. Synthesis of a biotinylated camptothecin deriv-ative and determination of the binding sequence by T7 phage display technology[J].Bioorg Med Chem Lett, 2005, 15（21）: 4846.

[28] 潘超. 噬菌体展示技术淘选三水白虎汤干预类风湿关节炎滑膜细胞的靶点研究[D].广州: 南方医科大学, 2014.

[29] Lomenick B, Hao R, Jonai N, et al. Target identification using drug affinity responsive tar-get stability（DARTS）[J].Proc Natl Acad Sci U S A, 2009, 106（51）: 21984-21989.

[30]徐朝, 顾伟桢, 邓建平, 等. 药物亲和反应的靶点稳定性技术及其应用研究进展[J].中国药理学与毒理学杂志, 2016, 30（11）: 1225-1229.

[31] Brazas M, Hancock R. Using microarray gene signatures to elucidate mechanisms of antibi-otic action and resistance[J].Drug Discov Today, 2005, 10（18）: 1245-1252.

[32] Freiberg C, Fischer H P, Brunner N A. Discovering the mechanism of action of novel anti-bacterial agents through transcriptional profiling of conditional mutants[J].Antimicrob Agents Che-mother, 2005, 49（2）: 749-759.

[33] 杨红芹, 李学军. 化学蛋白质组学与药物靶点的发现[J].药学学报, 2011, 46（8）: 877.

[34] 袁枝花, 于潇, 段雅迪, 等. 蛋白质组学在中药作用靶点研究中的方法和应用[J].中国中药杂志, 2020, 45（05）: 1034-1038.

[35] 李礼, 樊小农, 付静静, 等. 差异蛋白质组学在中医药领域研究路线及应用现状[J].中国中医基础医学杂志, 2015, 21（12）: 1602.

[36] 卢曾奎, 马友记. 定量蛋白质组学在动物睾丸蛋白研究中的应用进展[J].生物技术通报, 2016, 32（12）: 8.

[37] Ji Q, Zhu F, Liu X, et al. Recent Advance in Applications of Proteomics Technologies on Traditional Chinese Medicine Research[J].Evid Based Complement Alternat Med, 2015, 2015: 983139.

[38] Patti G J, Yanes O, Siuzdak G. Innovation: Metabolomics: the apogee of the omics trilogy [J].Nat Rev Mol Cell Biol, 2012, 13（4）: 263-269.

[39] Nicholson J K, Lindon J C, Holmes E. Metabonomics: understanding the metabolic re-sponses of living systems to pathophysiological stimuli via multivariate statistical analysis of bio-logical NMR spectroscopic data[J].Xenobiotica, 1999, 29（11）: 1181-1189.

[40] Johnson C H, Patterson A D, Idle J R, et al. Xenobiotic metabolomics: major impact on the metabolome[J].Annu Rev Pharmacol Toxicol, 2012, 52: 37-56.

[41] Dettmer K, Aronov P A, Hammock B D. Mass spectrometry-based metabolomics [J].Mass Spectrom Rev, 2007, 26（1）: 51-78.

[42] Zhang A H, Sun H, Yan G L, et al. Metabolomics study of type 2 diabetes using ultra-per-formance LC-ESI/quadrupole-TOF high-definition MS coupled with pattern recognition methods [J].J Physiol Biochem, 2014, 70（1）: 117-128.

[43] Kaddurah-Daouk R, Kristal B S, Weinshilboum R M. Metabolomics: a global biochemical approach to drug response and disease[J].Annu Rev Pharmacol Toxicol, 2008, 48: 653-683.

[44] Wang Z, Klipfell E, Bennett B J, et al. Gut flora metabolism of phosphatidylcholine pro-motes cardiovascular disease[J].Nature, 2011, 472（7341）: 57-63.

[45] Bennett B J, de Aguiar Vallim T Q, Wang Z, et al. Trimethylamine-N-oxide, a metabolite associated with atherosclerosis, exhibits complex genetic and dietary regulation[J].Cell Metab, 2013, 17（1）: 49-60.

[46] Sun H, Zhang A H, Liu S B, et al. Cell metabolomics identify regulatory pathways and tar-gets of magnoline against prostate cancer[J].J Chromatogr B Analyt Technol Biomed Life Sci, 2018, 1102-1103: 143-151.

[47] Quehenberger O, Armando A M, Brown A H, et al. Lipidomics reveals a remarkable diver-sity of lipids in human plasma[J].J Lipid Res, 2010, 51（11）: 3299-3305.

[48] Spitsyn M, Shershov V, Kuznetsova V. Infrared fluorescent markers for microarray DNA

analysis on biological microchip[J].Mol Biol（Mosk），2015，49（5）：760-769.

[49] 晏子俊，陈彦清，蒋利华，等．基因芯片技术的概述及其应用前景[J].中国优生与遗传杂志，2016，24（08）：1-3+ 30.

[50] Schena M，Shalon D，Davis R，et al．Quantitative monitoring of gene expression patterns with a complementary DNA microarray[J].Science，1995，270（5235）：467-470.

[51] Kingsmore S F．Multiplexed protein measurement：technologies and applications of protein and antibody arrays[J].Nat Rev Drug Discov，2006（5）：310-320.

[52] Sutandy F X，Qian J，Chen C S，et al．Overview of protein microarrays[J].Curr Protoc Protein Sci，2013，72（1）：27.1.1-27.1.16.

[53] Moore C D，Ajala O Z，Zhu H．Applications in high-content functional protein microarrays[J].Curr Opin Chem Biol，2016，30：21-27.

[54] Baldelli E，Calvert V，Hodge A，et al．Reverse Phase Protein Microarrays[J].Methods Mol Biol，2017，1606：149-169.

[55] Paweletz C P，Charboneau L，Bichsel V E，et al．Reverse phase protein microarrays which capture disease progression show activation of pro-survival pathways at the cancer invasion front[J].Oncogene，2001，20（16）：1981-1989.

[56] Baldelli E，Hodge K A，Bellezza G，et al．PD-L1 quantification across tumor types using the reverse phase protein microarray：implications for precision medicine[J].J Immunother Cancer，2021，9（10）：e002179.

[57] Sonntag J，Schlüter K，Bernhardt S，et al．Subtyping of breast cancer using reverse phase protein arrays[J].Expert Rev Proteomics，2014，11（6）：757-770.

[58] Pin E，Stratton S，Belluco C，et al．A pilot study exploring the molecular architecture of the tumor microenvironment in human prostate cancer using laser capture microdissection and reverse phase protein microarray[J].Mol Oncol，2016，10（10）：1585-1594.

[59] Romanov V，Davidoff S N，Miles A R，et al．A critical comparison of protein microarray fabrication technologies[J].Analyst，2014，139（6）：1303-1326.

[60] Barderas R，Srivastava S，LaBaer J．Protein microarray-based proteomics for disease analysis[J].Methods Mol Biol，2021，2344：3-6.

[61] Ziauddin J，Sabatini D M．Microarrays of cells expressing defined cDNAs[J].Nature，2001，411（6833）：107-110.

[62] 顾军，刘作易，张春秀，等．细胞芯片的研究进展[J].细胞与分子免疫学杂志，2007（03）：288-290.

[63] Zellweger T，Ninck C，Bloch M，et al．Expression patterns of potential therapeutic targets in prostate cancer[J].Int J Cancer，2005，113（4）：619-628.

[64] Kononen J，Bubendorf L，Kallioniemi A，et al．Tissue microarrays for high-throughput molecular profiling of tumor specimens[J].Nat Med，1998，4（7）：844-847.

[65] Capecchi M．Altering the genome by homologous recombination[J].Science，1989，244（4910）：1288-1292.

[66] Cong L，Ran F，Cox D，et al．Multiplex genome engineering using CRISPR/Cas systems[J].Science，2013，339（6121）：819-823.

[67] Ramirez C，Foley J，Wright D，et al．Unexpected failure rates for modular assembly of engineered zinc fingers[J].Nat Methods，2008，5（5）：374-375.

[68] Lam K，van Bakel，Cote A，et al．Sequence specificity is obtained from the majority of modular C_2H_2 zinc-finger arrays[J].Nucleic Acids Res，2011，39（11）：4680-4690.

[69] Ul Ain，Chung J，Kim Y．Current and future delivery systems for engineered nucleases：ZFN，TALEN and RGEN[J].J Control Release，2015，205：120-127.

[70] Kay S，Hahn S，Marois E，et al．A bacterial effector acts as a plant transcription factor and induces a cell size regulator[J].Science，2007，318（5850）：648-651.

[71] Morbitzer R，Römer P，Boch J，et al．Regulation of selected genome loci using de novo-

engineered transcription activator-like effector（TALE）-type transcription factors[J].Proc Natl Acad Sci U S A, 2010, 107（50）: 21617-21622.

[72] Streubel J, Blücher C, Landgraf A, et al. TAL effector RVD specificities and efficiencies[J]. Nat Biotechnol, 2012, 30（7）: 593-595.

[73] Cong L, Zhou R, Kuo Y, et al. Comprehensive interrogation of natural TALE DNA-binding modules and transcriptional repressor domains[J].Nat Commun, 2012, 3: 968.

[74] Deng D, Yan C, Pan X, et al. Structural basis for sequence-specific recognition of DNA by TAL effectors[J].Science, 2012, 335（6069）: 720-723.

[75] Wei C, Liu J, Yu Z, et al. TALEN or Cas9 - rapid, efficient and specific choices for genome modifications[J].J Genet Genomics, 2013, 40（6）: 281-289.

[76] Ishino Y, Shinagawa H, Makino K, et al. Nucleotide sequence of the iap gene, responsible for alkaline phosphatase isozyme conversion in Escherichia coli, and identification of the gene product[J].J Bacteriol, 1987, 169（12）: 5429-5433.

[77] Horvath P, Romero D, Coûté-Monvoisin A, et al. Diversity, activity, and evolution of CRISPR loci in Streptococcus thermophilus[J].J Bacteriol, 2008, 190（4）: 1401-1412.

[78] Horvath P, Coûté-Monvoisin A, Romero D, et al. Comparative analysis of CRISPR loci in lactic acid bacteria genomes[J].Int J Food Microbiol, 2009, 131（1）: 62-70.

[79] Garneau J, Dupuis M, Villion M, et al. The CRISPR/Cas bacterial immune system cleaves bacteriophage and plasmid DNA[J].Nature, 2010, 468（7320）: 67-71.

[80] Ran F, Hsu P, Wright J, et al. Genome engineering using the CRISPR-Cas9 system[J].Nat Protoc, 2013, 8（11）: 2281-2308.

[81] Karginov F, Hannon G. The CRISPR system: small RNA-guided defense in bacteria and archaeo[J].Mol Cell, 2010, 37（1）: 7-19.

[82] Grissa I, Vergnaud G, Pourcel C. The CRISPRdb database and tools to display CRISPRs and to generate dictionaries of spacers and repeats[J].BMC Bioinformatics, 2007, 8: 172.

[83] Hsu P, Scott D, Weinstein J, et al. DNA targeting specificity of RNA-guided Cas9 nucleases[J].Nat Biotechnol, 2013, 31（9）: 827-832.

[84] Gasiunas G, Barrangou R, Horvath P, et al. Cas9-crRNA ribonucleoprotein complex mediates specific DNA cleavage for adaptive immunity in bacteria[J].Proc Natl Acad Sci U S A, 2012, 109（39）: E2579-E2586.

[85] Jinek M, Jiang F, Taylor D, et al. Structures of Cas9 endonucleases reveal RNA-mediated conformational activation[J].Science, 2014, 343（6176）: 1247997.

[86] Mali P, Yang L, Esvelt K, et al. RNA-guided human genome engineering via Cas9[J].Science, 2013, 339（6121）: 823-826.

[87] Jinek M, Chylinski K, Fonfara I, et al. A programmable dual-RNA-guided DNA endonuclease in adaptive bacterial immunity[J].Science, 2012, 337（6096）: 816-821.

[88] Gilbert L, Larson M, Morsut L, et al. CRISPR-mediated modular RNA-guided regulation of transcription in eukaryotes[J].Cell, 2013, 154（2）: 442-451.

[89] Perez-Pinera P, Kocak D, Vockley C, et al. RNA-guided gene activation by CRISPR-Cas9 -based transcription factors[J].Nat Methods, 2013, 10（10）: 973-976.

[90] Wang T, Wei J, Sabatini D, et al. Genetic screens in human cells using the CRISPR-Cas9 system[J].Science, 2014, 343（6166）: 80-84.

[91] Shalem O, Sanjana N, Hartenian E, et al. Genome-scale CRISPR-Cas9 knockout screening in human cells[J].Science, 2014, 343（6166）: 84-87.

[92] Yamauchi T, Masuda T, Canver M, et al. Genome-wide CRISPR-Cas9 screen identifies leukemia-specific dependence on a pre-mrna metabolic pathway regulated by DCPS[J].Cancer Cell, 2018, 33（3）: 386-400.

[93] Savidis G, McDougall W, Meraner P, et al. Identification of zika virus and dengue virus dependency factors using functional genomics[J].Cell Rep, 2016, 16（1）: 232-246.

[94] Marceau C, Puschnik A, Majzoub K, et al. Genetic dissection of Flaviviridae host factors through genome-scale CRISPR screens[J].Nature, 2016, 535（7610）: 159-163.

[95] Richardson R, Ohlson M, Eitson J, et al. A CRISPR screen identifies IFI6 as an ER-resident interferon effector that blocks flavivirus replication[J].Nat Microbiol, 2018, 3（11）: 1214-1223.

[96] Park R, Wang T, Koundakjian D, et al. A genome-wide CRISPR screen identifies a restricted set of HIV host dependency factors[J].Nat Genet, 2017, 49（2）: 193-203.

[97] Daniloski Z, Jordan T, Wessels H, et al. Identification of required host factors for SARS-CoV-2 infection in human cells[J].Cell, 2021, 184（1）: 92-105.

[98] Gordon D, Jang G, Bouhaddou M, et al. A SARS-CoV-2 protein interaction map reveals targets for drug repurposing[J].Nature, 2020, 583（7816）: 459-468.

[99] Koike-Yusa H, Li Y, Tan E, et al. Genome-wide recessive genetic screening in mammalian cells with a lentiviral CRISPR-guide RNA library[J].Nat Biotechnol, 2014, 32（3）: 267-273.

[100] Liu H, Wei Z, Dominguez A, et al. CRISPR-ERA: a comprehensive design tool for CRISPR-mediated gene editing, repression and activation[J].Bioinformatics, 2015, 31（22）: 3676-3678.

[101] Zhao C, Zheng X, Qu W, et al. CRISPR-offinder: a CRISPR guide RNA design and off-target searching tool for user-defined protospacer adjacent motif[J].Int J Biol Sci, 2017, 13（12）: 1470-1478.

[102] Yi C, Cai C, Cheng Z, et al. Genome-wide CRISPR-Cas9 screening identifies the CYTH2 host gene as a potential therapeutic target of influenza viral infection[J].Cell Rep, 2022, 38（13）: 110559.

[103] Ma T, Tian X, Zhang B, et al. Low-dose metformin targets the lysosomal AMPK pathway through PEN2[J].Nature, 2022, 603（7899）: 159-165.

[104] 刘婷，葛玉卿，袁敏，等 . 肝脏疾病的体外细胞模型研究进展[J].生物医学工程学杂志，2021, 38（01）: 178-184.

[105] Gural N, Mancio-Silva L, He J, et al. Engineered livers for infectious diseases[J].Cell Mol Gastroenterol Hepatol, 2018, 5（2）: 131-144.

[106] Li M, Wang Z Q, Zhang L, et al. Burden of cirrhosis and other chronic liver diseases caused by specific etiologies in China, 1990—2016: findings from the global burden of disease study 2016[J].Biomed Environ Sci: BES, 2020, 33（1）: 1-10.

[107] Paran N, Geiger B, Shaul Y. HBV infection of cell culture: evidence for multivalent and cooperative attachment[J].EMBO J, 2001, 20（16）: 4443-4453.

[108] Xia Y, Carpentier A, Cheng X, et al. Human stem cell-derived hepatocytes as a model for hepatitis B virus infection, spreading and virus-host interactions[J].J Hepatol, 2017, 66（3）: 494-503.

[109] Shlomai A, Schwartz R E, Ramanan V, et al. Modeling host interactions with hepatitis B virus using primary and induced pluripotent stem cell-derived hepatocellular systems[J].Proc Natl Acad Sci U S A, 2014, 111（33）: 12193-12198.

[110] March S, Ramanan V, Trehan K, et al. Micropatterned coculture of primary human hepatocytes and supportive cells for the study of hepatotropic pathogens[J].Nat Protoc, 2015, 10（12）: 2027-2053.

[111] Ortega-Prieto A M, Skelton J K, Wai S N, et al. 3D microfluidic liver cultures as a physiological preclinical tool for hepatitis B virus infection[J].Nat Commun, 2018, 9（1）: 682.

[112] World Health Organization. World malaria report 2016[J].Geneva Switzerland Who, 2016, 30（1）: 189-206.

[113] Gural N, Mancio-Silva L, Miller A B, et al. In vitro culture, drug sensitivity, and transcriptome of plasmodium vivax hypnozoites[J].Cell Host Microbe, 2018, 23（3）: 395-406.

[114] Talman A M, Blagborough A M, Sinden R E. A plasmodium falciparum strain expressing GFP throughout the parasite's lifecycle[J].PLoS One, 2010, 5（2）: e9156.

[115] Bao C Y, Hung H C, Chen Y W, et al. Requirement of cyclindependent kinase function for hepatitis B virus cccDNA synthesis as measured by digital PCR[J].Ann Hepatol, 2020, 19 （3）: 280-286.

[116] Gordon J W, Scangos G A, Plotkin D J, et al. Genetic transformation of mouse embryos by microinjection of purified DNA[J].Proc Natl Acad Sci U S A, 1980, 77 (12): 7380-7384.

[117] 王子荣, 赵茹茜, 陈杰. 通过生长轴调控动物生长[J].草食家畜, 1999, 1: 41-45.

[118] Lü F, Han V K, Milne W K, et al. Regulation of insulin-like growth factor-II gene expression in the ovine fetal adrenal gland by adrenocorticotropic hormone and cortisol[J].Endocrinology, 1994, 134 (6): 2628-2635.

[119] 阮楠. 猪和小鼠生长激素核心启动子的鉴定及调控差异的研究[D].长春: 吉林大学, 2012.

[120] Palmiter R D, Norstedt G, Gelinas R E, et al. Metallothionein-human GH fusion genes stimulate growth of mice[J].Science. 1983, 222 (4625): 809-814.

[121] Bird A R, Croom W J Jr, Black B L, et al. Somatotropin transgenic mice have reduced jejunal active glucose transport rates[J].J Nutr, 1994, 124 (11): 2189-2196.

[122] Liedtke A J, Hughes H C, Neely J R. An experimental model for studying myocardial ischemia. Correlation of hemodynamic performance and metabolism in the working swine heart[J]. J Thorac Cardiovasc Surg, 1975, 69 (2): 203-211.

[123] McKenzie J E, Scandling D M, Ahle N W, et al. Effects of soman (pinacolyl methylphosphonofluoridate) on coronary blood flow and cardiac function in swine[J].Fundam Appl Toxicol, 1996, 29 (1): 140-146.

[124] Hao Y H, Yong H Y, Murphy C N, et al. Production of endothelial nitric oxide synthase (eNOS) over-expressing piglets[J].Transgenic Res, 2006, 15 (6): 739-750.

[125] Whyte J J, Samuel M, Mahan E, et al. Vascular endotheliumspecific overexpression of human catalase in cloned pigs[J].Transgenic Res, 2011, 20 (5): 989-1001.

[126] Wei J, Ouyang H, Wang Y, et al. Characterization of a hypertriglyceridemic transgenic miniature pig model expressing human apolipoprotein CIII[J].FEBS J, 2012, 279 (1): 91-99.

[127] Yang D, Yang H, Li W, et al. Generation of PPARgamma monoallelic knockout pigs via zinc-finger nucleases and nuclear transfer cloning[J].Cell Res, 2011, 21 (6): 979-982.

[128] 陈民利, 潘永明, 陈亮, 等. 小型猪慢性心肌缺血模型的建立与无创遥测技术的应用[J].中国比较医学杂志, 2017, 27 (5): 16-18.

[129] 张波, 陈保富, 马德华, 等. 经胸腔镜建立巴马小型猪慢性心肌缺血模型[J].医学研究杂志, 2014 (7): 104-107.

[130] 范英兰, 胡丽萍, 朱竟赫, 等. 心肌缺血动物模型实验研究进展[J].实验动物科学, 2018, 35 （1）: 72-75.

[131] 田玉龙, 钟红珊. 五指山小型猪在心血管系统疾病建模中的应用[J].介入放射学杂志, 2016 （4）: 363-366.

[132] Adams N R, Briegel J R. Multiple effects of an additional growth hormone gene in adult sheep[J].J Anim Sci, 2005, 83 (8): 1868-1874.

[133] 吉小芳. Talen 介导的 SP110 基因定位整合于 PRNP 基因位点的抗结核、抗瘙痒病羊的研制[D].扬州: 扬州大学, 2017.

[134] 陈思. 重组型 rhPA 在山羊乳腺中特异性表达及产物分离与分析[D].扬州: 扬州大学, 2017.

第 3 章

新化学实体的发现

中国兽药
研究与应用全书

3.1

概论

3.1.1 新化学实体定义与发展

根据美国食品药品监督管理局（FDA）的规定，新化学实体（new chemical entity，NCE）是一种可以治疗、缓解或预防疾病或用作体内疾病诊断的活性成分，它不含已根据《食品药品和化妆品法案》（Federal Food，Drug and Cosmetic Act）的 505（b）条款提交申请或已在美国上市的药品的活性实体，即 NCE 是以前没有用于人体治疗并注册可用作处方药的产品，其可以治疗、缓解、预防疾病或用于体内疾病的诊断。NCE 不包括现存药物的新型盐类、前药、代谢物和酯类等，也不包括已知药物的组合物。欧盟称 NCE 为新原料药。NCE 是监管当局使用的正式术语，用于药物开发的临床评估阶段，保护新药开发者的知识产权。

药物研发是一个漫长过程，NCE 贯穿药物研发的载体与主线，从概念到实验室的临床前测试，再到临床试验测定，包括 Ⅰ～Ⅲ 期试验，最后到获得批准药物（图 3-1），整个过程通常需要 10 年以上。广义上讲，药物研发包括临床前药物研究与临床研究两个阶段。临床前药物研究往往需要经历靶点的选择、先导化合物的发现、活性化合物的筛选、候选药物的选定、制备路线的选择和药物制剂的开发等过程。NCE 是在药物发现过程中产生的化合物，对疾病中重要特定生物靶点有很好的生物作用，然而，这种 NCE 在药效学、安全性、药代动力学和人体代谢等方面的研究甚少。在临床试验之前评估所有这些参数是药物开发的前提。药物研发必须确定 NCE 的理化性质，包括化学组成、稳定性和溶解度。研发公司须优化它们生产制备工艺的过程，规模可以从毫克级制备到公斤和吨生产，进一步确定产品剂型，包括胶囊、片剂、气雾剂、肌内注射、皮下注射、静脉注射，这些过程在临床前和临床开发中统称为化学、制造和控制（CMC）。同时，NCE 须经历一连串的临床前研究，包括药效学［药物对身体的作用（pharmacodynamics，PD）］、药代动力学［身体对药物的处置（pharmacokinetics，PK）］、ADME（adsorption 吸收，distribution 分布，metabolism 代谢，excretion 排泄）和毒理学测试等。

临床前研究的主要目标是确定首次人体临床试验的起始安全剂量［first-in-man（FIH）或 first human dose（FHD）］。关于 NCE 的很多研发集中在满足新药物申请的监管要求上，通常由一系列临床前试验构成，旨在确定 NCE 首次用于人类之前的主要毒性，要求对心脏、肺、脑、肾、肝脏和消化系统等主要器官毒性进行评估，有些还需评估对身体其他部位的影响，如皮肤药。大多数临床前研究必须遵守 ICH（国际人用药品注册技术协调会）指南中的 GLP（药品非临床研究质量管理规范），才能提交给监管机构。为了合法地在人体上测试药物，研发公司须从临床前试验中以及 CMC 收集数据，作为试验性新药申请（investigational new drug，IND）提交给监管部门，获得 FDA 的 IND 认证。2007 年《食品和药物管理局修正案》规定，所有 NCE 必须首先经过咨询委员会的审查，然后，FDA 才能批准。

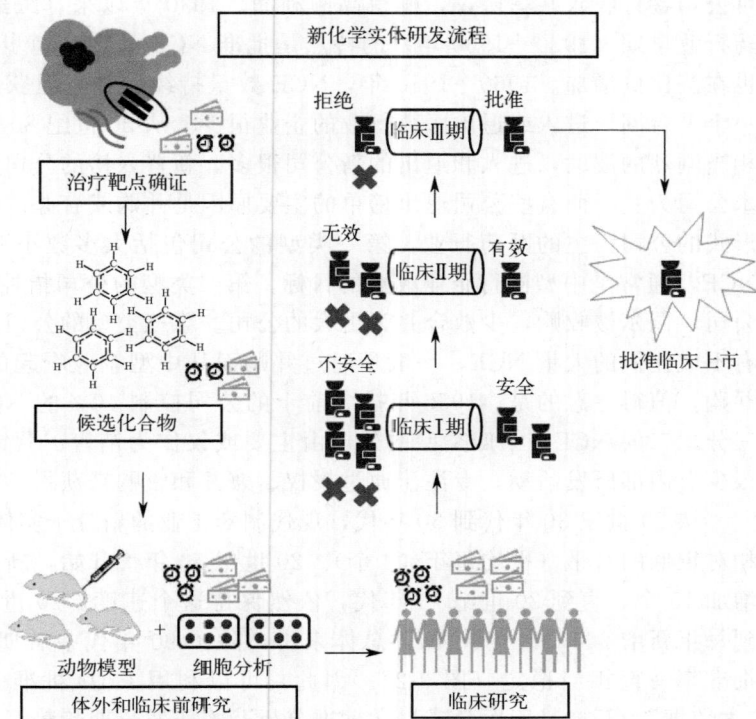

图 3-1 新化学实体研发流程示意
图 [Drug Discov, 2019, 10 (24): 2076-2085]

药物开发过程中大多数 NCE 的失败，要么是具有不可接受的毒性，要么是因无法证明对目标疾病的有效性。药物开发项目的关键性审查表明，Ⅱ～Ⅲ期临床试验失败主要是由于未知的毒副作用，其中 50% 是Ⅱ期心脏病试验失败、资金不足、试验设计缺陷或试验执行不良。美国塔夫茨（Tufts）药物研究中心的一项涵盖 1980—1990 年的临床研究发现，在第一阶段试验的候选药物 NCE 中，最终获准上市的只有 21.5%，在 2006—2015 年期间，候选药物 NCE 成功率平均下降至 9.6%。药物开发项目的特点是高磨耗率、大资本支出和长时间，磨耗率（attrition rate）衡量药物开发相关的 NCE 失败率。理论上，一种新药大概需筛选评价 5000～10000 个化合物，其中约 250 个苗头化合物显出较好的前景，经体内外试验进一步评估，大约 10 个候选化合物进入临床试验。一项 2010 年的研究评估发现，1 个 NCE 从发现到临床试验再到批准的资本化成本和自付成本，分别约为 18 亿美元和 8.7 亿美元。2016 年临床试验评估的 106 种候选药物（通过Ⅲ期试验后获批药物），每个候选药物的总费用支出约为 26 亿美元，金额以 8.5% 的年增长率增长，主要用于营销的国际地理扩张以及第四阶段持续安全监测试验成本。因此，在药物开发过程中，谨慎的决策对于避免昂贵的失败至关重要。在药物早期阶段的科学研判，尽早"终止"项目，可以避免代价高昂的失败。在许多情况下，智能规划和临床试验科学设计可以防止假阴性结果。2019 年出现了大学、政府和制药公司整合优化资源合作药物开发倡议，替代传统药物开发思路。于 2020 年 3 月启动的国际开放科学项目 COVID Moonshot，致力于开发一种治疗 SARS-CoV-2 的非专利口服抗病毒药物。

NCE 研发医药公司一般有两个选择，可以自己进行临床试验，或将 NCE 授权给另一家公司。采用授权形式，研发公司可以避免昂贵和漫长的临床试验过程，而由许可公司进行临床试验，推出药物，这种业务模式的公司获得高额的一次性 NCE 支付费用，并与许可公司签订收入共享协议，赚得高额利润。1930 年以来，医药行业发生巨大的变化。医药行业早期（1930—1960 年）的特点是批准 NCE 的数量稳步增长以及获得 NCE 的公司也在按比例增加。1960—1980 年，NCE 数量持续增加，但获得 NCE 的企业数量达到了一个平台期，进入或退出医药行业的企业很少。从 20 世纪 80 年代开始，医药行业出现了相当剧烈的波动，进入和退出的新公司很多。新晋入榜的公司主要是初创公司，以生物技术公司为主，而有些公司退出榜单的主要原因是并购或合并。这些变化催生了以四种组织形式的公司为主的医药行业。第一类型的公司包括大多数小型企业，只获得或控制 1 个 NCE，通常是中型同行企业收购的目标。第二类型的公司指控制着 2～20 个 NCE 的中型公司，偶尔被收购，少数合并为更大的公司。第三类型的公司是指大型、成熟的公司，拥有不成比例的大量 NCE，一般是通过并购而从中型企业崛起的公司，至少有一次大规模并购。值得注意的是，1950 年排名前十的公司控制 40% 的 NCE，到 2013 年底，控制了三分之二的 NCE。第四类型的公司由主要或仅作为销售、营销和制造的公司组成，它们很少有内部研发活动，专注于通过授权、兼并和收购来获得 NCE。

从 20 世纪 30 年代到 50 年代，现代制药工业的新分子实体（NME）审批率处于一个相对较低的水平（平均每年＜4 个）。20 世纪 50 年代开始，新批准的 NME 数量平均每年增加 15 个，直到 20 世纪 70 年代，依然保持这个速度。20 世纪 80 年代，平均速度增加到每年新增 25～30 个 NME，总体来讲，除了 90 年代中后期有相当大的波动外，NME 批准率一直相当稳定（图 3-2）。因此，可以利用 FAD 批准 NCE 的新数据库作为一种"大数据"，开展基于医学或科学标准分析药物研发长期趋势。所收集的信息将提供今后比较和对比不同治疗领域的依据，例如肿瘤或传染病方面、药物类型［如小分子和生物制品（biologics）］、贡献者（如学术、政府、生物技术公司或制药公司）以及作用机制。以下以 2000—2019 年 FDA 批准 NCE 为主线（图 3-3），着重分析 2017—2020 年药物研发变化与趋势。从 2000 年至 2019 年，FDA 批准新药绝大多数是 NCE。2019 年 FDA 批准了 48 个新药，包括 38 个 NCE 与 10 个生物制品。这一数字略低于 2018 年的记录，当年共批准 59 个新药，含有 42 个 NCE 和 17 个生物制品，打破了 FDA 批准的 NCE 纪录，这个趋势始于 2017 年，当年批准 34 个新药。值得注意的是，2019 年批准的主要是小分子药物、3 个 ADC（antibody drug conjugate，抗体药物偶联物）药物、3 个肽和 2 个寡核苷酸。从严格的化学结构角度分析，2019 年批准的 48 个新药，可分为小分子、天然产物、药物组合、生物制品（抗体药物偶联物、抗体和蛋白质）和 TIDES（多肽和寡核苷酸）。2020 年，FDA 批准了 53 种新药，有 40 种小分子药物和 13 个生物药物，前者包括 36 个 NCE

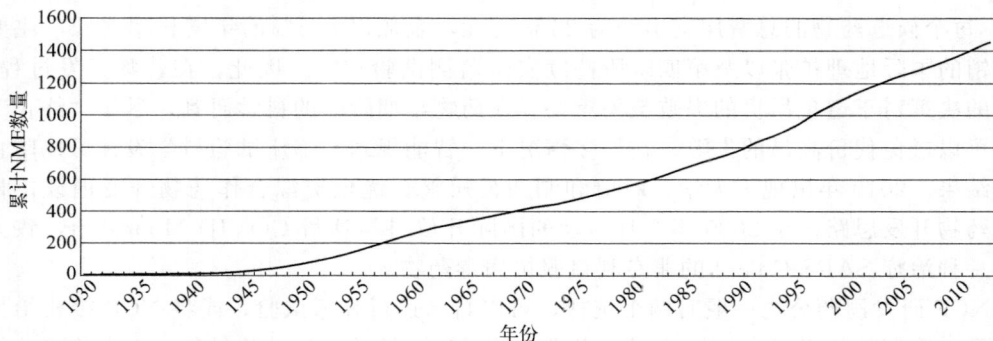

图 3-2 1930 年以来，FDA 批准 NME 的积累（*Drug Discov*, 2014, 19: 1033-1039）

和 4 个新诊断剂。在这些新批准的产品中，52 个是从未在临床实践中用过的创新产品，1 个是以前批准用于其他临床治疗的产品。23 个肿瘤治疗药物，占 2020 年新药主导地位，包括 13 个新 NCE、4 个新诊断药物。由此可见，尽管生物技术革命性地发展，生物制剂势头正猛，然而 NCE 依然是新药的主体。

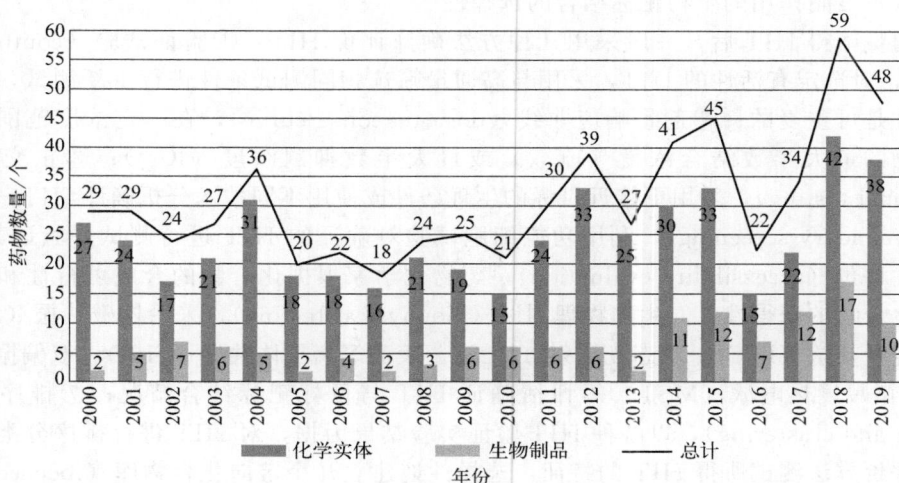

图 3-3　FDA 在过去二十年里批准的新化学实体（NCE）和生物制品（*Molecules*，2020，25：745）

生物制品，如疫苗和重组蛋白，由 FDA 通过生物制品许可申请（biologics license application，BLA），而不是新药申请（new drug application，NDA）批准。生物制品的生产与化学品的生产有根本的不同，需要一个不同的审批程序。另一个制造商提交的 NDA 批准的仿制药，需简化新药申请（abbreviated new drug application，ANDA）批准，该申请不要求进行 NDA 中新药申请的所有临床试验。根据现行美国法律，大多数生物药物，包括重组蛋白，都不符合 ANDA 标准。然而，一些生物药物不受限制，如生物合成胰岛素、生长激素、胰高血糖素、降钙素和透明质酸酶。动物药物评审由 FDA 内部的兽医中心（CVM）执行，向 CVM 提交新动物药物申请（new animal drug application，NADA），评审人员据此评估兽药在食用动物身上的使用效果，以及药物对食用动物可能产生的影响。

3.1.2　先导物发现（HTL）优化过程

药物研发的过程通常遵循：靶标发现（target discovery）→目标验证（target validation）→试验开发（assay development）→高通量筛选（high throughput screening，HTS）→先导物发现（hit-lead，HTL）→先导物优化（lead optimization）→临床前开发（preclinical development）→临床开发（clinical development），先导物发现（HTL）很关键，决定后期药物成药性与临床研发成败。在先导化合物发现之前，用于药物设计的靶点必须根据生物学上的合理性来选择。药物靶标确定后，研究人员的目标是确定分子，作用于靶标产生预期的生物效应。HTL 开始于确认和评估最初筛选苗头化合物（HIT），然后合成苗头分子类似物，即 HIT 的扩展。苗头化合物是筛选试验中展现所需活性的分子。研究人员采用传统的高通量筛选技术（high throughput screening technology)，从含数千种化合物库中找到活性化合物，评价其抑制（拮抗剂）或刺激（激动剂）目标受体活性能力，确定苗头化合物的选择性。在 10^{-6} mol/L 范围内，初筛获得对生物靶标显示结合亲和力的化合物，经有限的结构优化，得到的亲和力可提高几个数量级（10^{-9} mol/L）的苗头化合物，后者再经 HTL 优化，提高其对其他可能导致不良副作用的生物靶标结合的选择性。

高通量筛得 HIT 后，一般采用几种方法确证评价 HIT：①验证试验（confirmatory testing），对选定有活性的 HIT，采用与高通量筛选相同测试条件进行重新测试，以确保生物活性是可重复的；②剂量响应曲线（dose response curve），在一定浓度范围内，确定化合物的最大半数结合浓度（EC_{50}）或最大半数抑制浓度（IC_{50}）；③正交法试验（orthogonal testing），采用更接近目标的生理条件或使用不同技术分析确证 HIT；④二次筛查（secondary screening），利用功能细胞试验对确证的 HIT 进行测试并验证其活性；⑤获得性评价（accessibility evaluation），药物化学家根据化合物的合成可行性和其他参数评价化合物的获得性；⑥生物物理测试（biophysical testing），采用核磁共振（NMR）、等温滴定量热法（ITC）、动态光散射（DLS）、表面等离子体共振（SPR）、双偏振干涉法（DPI）、微尺度热电泳（MST）等评估确证 HIT 与目标靶标结合情况；⑦排序和聚类（ranking and clustering），以各种 HIT 验证实验结果为据，对 HIT 进行排序分类等。根据上述评价方法测试所得 HIT 的特征，选择性地建立几个定向化合物库（focused libraries）。一个理想的化合物库具有以下特征：与靶标有高亲和力（$<1\mu$mol/L）和高选择性，细胞活性显著，高类药性如中等分子量、合理亲脂性、亲和度高等，其中，分子量和亲脂性可由配体效率等简单参数进行关联。

小分子药物的理想物化特性已被广泛接受，但最近开发的临床候选药物和先导化合物的关键特性如亲脂性与历史报道的药物和先导化合物特征有显著差异。分析过去十年中大量 HIT 和相应的先导化合物的物化性质发现，显著差异归因于高通量筛选 HIT 和 HTL 优化实践的本质，需要进行概念和设计上的调整，以实现一个平稳的 HIT 演进过程，从而减少临床试验中化合物的高磨耗。

制药工业面临批准的新药数量愈来愈不足的问题，其中一个非常重要的因素是临床成功率低。临床成功率与进入临床试验的小分子候选药物的质量和数量有关，因此，增加具有理想物化性质的候选药物数量，可以提高小分子成功的可能性。小分子药物发现始于 HIT 的识别和验证，理想情况下，HIT 会产生一系列与生物靶点的相互作用。到目前为止，生物高通量筛选一直是 HIT 发现的重要技术。生物物理筛选、文献数据或计算机辅助筛选识别 HIT 是有效替代技术。HIT 对靶点展示特定的、浓度依赖性的作用，通常需验证 HIT 的结构和纯度、集群和优先级。对优先级高的集群和单例进行 HTL 优化，目的是找出可以作为先导物优化的起始点。一项对药物及其对应的先导物的合成分析表明，在先导物优化过程中，保留先导物的核心结构。临床候选药物的结构往往要比先导物的更复杂，表明 HTL 优化过程在很大程度上决定了临床候选药物的质量。在物化性质方面，比较了近期先导物和临床候选药物的差异，以及以前的先导物和已批准的药物的差异，发现这些差异对临床试验中的候选化合物磨耗有重大的影响。相对而言，HTL 优化是一个较短的、不昂贵的过程，平均一个周期为 12 个月且费用不超过一千万美元，是药物研发降低高磨耗率的关键阶段。绝大多数的研发项目都由于缺少合适的先导物而终止。

在过去的三十年间，在大中型的制药公司中，高通量筛选（HTS）成为苗头化合物和先导物的主要来源。然而，即使对 HTS 有巨大财政投入，且以先导物优化为衡量标准，但其总体成功率仅为 $45\%\sim55\%$。基于 HTS 的先导物识别新靶标失败率几乎是已知靶标的两倍。在高通量筛选的早期，期望以大量化合物弥补低精确度和低质量的筛选，接受假阴性和假阳性的高发生率，只要能得到一个确证，苗头化合物就可以用于后续工作。但是，增加筛选库的大小并不会得到更多的苗头化合物，这是由于 HTS 筛选到的类药分子的化学空间是无限的，几百万个分子对采样的影响很小，由此引发的高发生率假阳性是 HTS 的限制性因素，须努力提高筛选的保真度。近年来，HTS 发生重大的转变，包括定制设计的柔性机器人架构、新分析技术和广泛的小型化筛选范式。许多大公司基于多点筛选或分层筛选定制自己的筛选策略。

在 HTL 优化过程中，以 HTS 苗头化合物为优化起点，保持小分子实体核心结构，奠定了成药性基础。一项研究收集 2000—2007 年间发表的 335 对 HTS 苗头化合物和先导物（图 3-4），通过将 HTS 先导物与对应的苗头化合物对比发现，先导物是更复杂柔性的分子，具有更大的分子量、更多的重原子数（指小分子药物除氢原子以外原子）、更多的环，而且其亲脂性更高（$\lg P$ 较高）、水溶性较差（$\lg S$ 较低）。计算的 $\lg S$ 值表明，经过 HTL 优化过程，进一步降低了苗头化合物的有限溶解度，达到低物质的量（先导物的中位 $\lg S$ 值为 -5.6）。类似于苗头化合物成先导性，HTS 先导物更具成药性。对先导物和苗头化合物直接比较发现，HLT 的优化增加生物活性，其中位 p_{po} ［指 $-\lg po$ （po 指效价，potency），效价取对数的负值，其中效价是测定的结合常数 K_d 或生物活性 IC_{50}、EC_{50}、K_i］值从 6.14 增加到 7.52，先导物活性增加一个数量级。中位谷本距离（Tanimoto distance）为 0.72，意味着苗头化合物和先导物具有较高的配对相似性，暗示在 HTL 优化过程中苗头化合物主要是保守的。HTL 优化过程导致相应的先导物有更高的亲脂性和复杂度，这解释了 HTL 优化过程中配体效率保持不变的原因。

以非 HTS 苗头化合物为起点的 HLT 优化过程，得到的先导物更复杂、更具疏水性和柔韧性。一项研究收集了 84 个非 HTS 药物发现案例用来分析 HLT 优化过程（图 3-4），大多数案例是基于片段筛选方法，其次是虚拟筛选与基于天然产物筛选方法，最少的是生物物理技术方法。基于非 HTS 苗头化合物的 HLT 优化得到的先导物，具有显著改善的效价，增加了平均 p_{po} 和 Andrew（安德鲁）结合能，分别为 8.94 和 12.6，但比对应的 HTS 苗头化合物低。平均分子质量和 $\lg P$ 分别增加到 419Da 和 3.6。其分子量几乎与基于 HTS 苗头化合物发现的先导物相同，但非 HTS 先导物的亲脂性略差，这与早期报道结果一致，基于 HTS 方法得到的先导物比理性药物设计的先导物具有更强的亲脂性。在非 HTS 方法中，HTL 优化策略对亲脂性的影响小于分子量，可能与非 HTS 先导物的低效性有关。与具有更多的氢键受体（7 个）和相同数量的氢键供体（2 个）的 HTS 先导物一样，非 HTS 先导物平均由几乎相同数量重原子组成。非 HTS 先导物的平均配体效率为 0.32，低于 HTS 先导物。值得注意的是，虽然非 HTS 先导物仍满足 Lipinski 原则，但其违反 Ro5 规则的频率高于 HTS 先导物，非 HTS 先导物违反的平均次数为 0.66，而 HTS 先导物为 0.46。非 HTS 先导物的极性表面积和可旋转键的数目低于 Veber's 标准，但类似于 HTS 先导物。综上，非 HTS 苗头化合物的 HTL 结果类似于 HTS 苗头化合物，与相应的苗头化合物相比，先导物是更复杂、更具疏水性和柔韧性、水溶性更差的分子。

一些靶点是不适合 HTS 的，需应用替代技术。基于片段药物发现遵循一个概念上独特的工作流程，片段苗头化合物的属性不同于其他苗头化合物。片段苗头化合物有较低的分子量和复杂性，先导物结构变大变复杂，造成与苗头化合物的配对相似性较低。有趣

(a) 先导物与苗头化合物相似性　(b) 效价负对数　(c) 分子质量

相似性　HTS　Non-HTS　NP　VS　FR　MSC

效价负对数　苗头化合物　先导化合物

分子质量/Da　苗头化合物　先导化合物

(d) lg$P$　(e) lg$S$

lg$P$　苗头化合物　先导化合物

lg$S$　苗头化合物　先导化合物

(f) 配体效率　(g) 安德鲁结合能

配体效率　苗头化合物　先导化合物

安德鲁结合能　苗头化合物　先导化合物

■NP ■VS ■FR ■MSC ■HTS ■HL ■HD

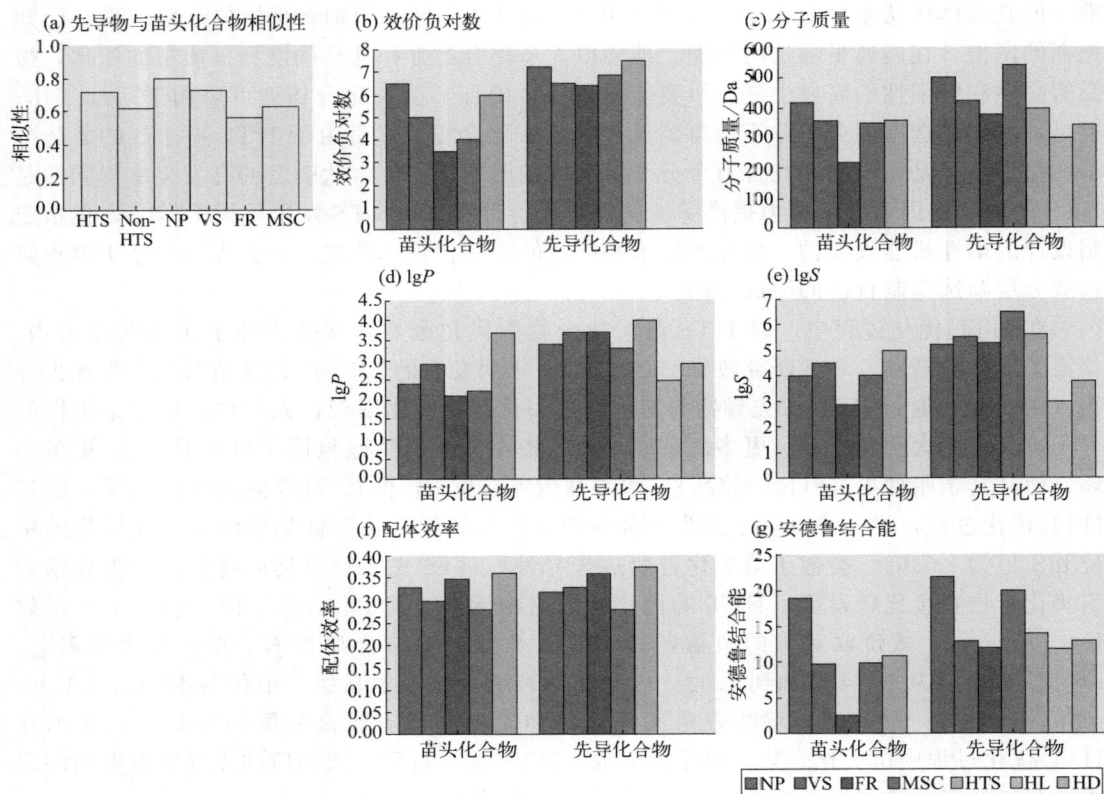

图 3-4　苗头化合物和先导物的平均性质（*Nat. Rev. Drug Discov.* 2009, 8: 202-212）
FR—片段筛选; HD—历史药物; HL—历史先导; HTS—高通量筛选; MSC—各种非高通量; NP—天然产物; VS—虚拟筛选;
Non-HTS—NP、VS、FR 和 MSC 的集合

的是，尽管存在明显的结构差异，但片段源先导物表现出与其他源的先导物相似的物化性质。天然产物一般很复杂，很难被广泛地进行结构修饰，使得天然苗头化合物与对应先导物的结构相似性高，但其仍是目前认为最有潜力起点的苗头化合物。除片段源先导物外，HTS 苗头化合物的平均分子大小与非 HTS 苗头化合物的相当，但 HTS 苗头化合物的 lg$P$ 明显高于非 HTS 苗头化合物。在保持或降低 lg$P$ 的情况下，优化 HTS 苗头化合物是非常具有挑战性的，非 HTS 苗头化合物成为亲脂性先导物，需扩展具有疏水基团的部分增加大部分的效力。一般认为，片段源苗头化合物比其他苗头化合物具有更高的配体效率，片段可以转化为更有效的先导物或药物。但有些评估发现，HTS 苗头化合物和先导物比对应的片段源先导物更有效。然而，目前 HTS 的失败主要原因可能有二，一是某些苗头化合物没有靶点，二是不能转化为先导物的高度亲脂性苗头化合物。

配体效率是苗头化合物识别以及 HTL 优化过程的关键衡量指标。亲脂配体效率（lipophilic ligand efficiency，LLE）反映活性的亲脂组成，是一种 lg$P$ 依赖型的效价度量。LLE（$p\mathrm{IC}_{50}-\lg P$）不含配体效率，但在先导物发现中配体效率指数得到广泛应用。另一方面，配体效率与 lg$P$ 无关，只简单增加亲脂性，效力会有明显增强的倾向。LELP（配体效率依赖亲脂性）是由 lg$P$ 除以配体效率所得，是描述 lg$P$ 对配体效率贡献的函数，有利于药物化学家掌握每个配体效率单位 lg$P$ 的变化，由此推导，只有 lg$P$ 为负值时，LELP 才为负值，且 LELP 绝对值越高，先导化合物的类药性越低。目前广泛接受的配体效率下限为 0.3，类先导物的亲脂性范围为 $-3 < \lg P < 3$。这些值定义可接受先导物的范围 $-10 < LELP < 10$，Lipinski 区的化合物的 LELP 必须小于 16.5。对于经典的先导物发现项目，在正向范围内，LELP 越接近零，成药性越好。但也有报道，在早期优化阶段，真正好的先导物和苗头化合物的配体效率为 0.40～0.45 且 $0 < \lg P < 3$。因此，LELP 的理想范围为 0～7.5，是 HTL 优化过程的有用函数。对于经典先导物发现项目而言，随着效价强度的提高，LELP 接近于零。

Reynolds 等研究分析大量的配体作用于不同靶点，发现配体效率取决于配体分子大小。总体而言，较小的配体比较大的配体具有更高的效率。观察到的大小效应可以由两个因素解释，配体与受体之间的适配质量降低，以及随着配体变大、变复杂，可接近的配体表面积相对减小。Binding 数据库显示，大分子的配体效率下降到 0.2 以下，平均配体效率为 0.25，其分子类药性非常低。但 M. K. György 和 M. M. Gergely 研究发现，先导物和苗头化合物的平均配体效率都保持在更可接受的 0.3～0.4 范围内，需要提出的是，绘制出的单分子显示出轻微的分子大小依赖趋势，尤其是先导物（图 3-5），但是苗头化合物依赖性不明显。显然，由于熵或表面积因素，增大分子尺寸可能会对结合能相对增加产生抑制作用，但实际情况可能更加复杂。位点属性和靶点种类的性质可能会对配体效率产生影响，如蛋白质-蛋白质相互作用抑制剂、酶抑制剂。另外，更大、更优化的分子可能有更小的配体效率，与分子理化性质有关，如药代动力学、溶解度、选择性或细胞渗透性等。配体效率对苗头化合物识别以及 HTL 优化过程是非常有价值的，但在先导物后期优化中是有限的。检测限制可能是另外一个重要因素，由于信号噪声问题，许多检测方法的 EC_{50} 检测限约为 1nmol/L。对于大分子而言，良好的配体效率需要亚纳米级的效价，但分析方法的限制无法记录亚纳米级效价。

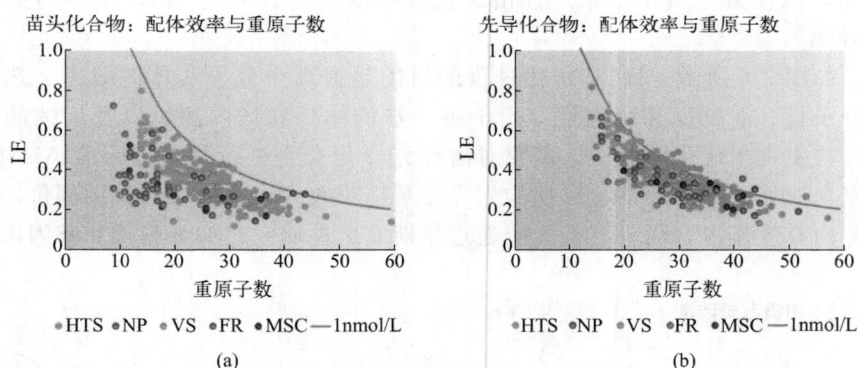

图 3-5 不同种类的苗头化合物和先导物的配体效率（LE）与重原子数（N heavy）的分布（*Nat. Rev. Drug Discov.* 2009，8：202-212）

1nmol/L 线—与其靶点结合分子的 K_d = 1nmol/L 时，LE 曲线作为重原子的函数关系；FR—片段筛选；HTS—高通量筛选；MSC—非 HTS 杂项组；NP—天然产物；VS—虚拟筛选

配体效率依赖型亲脂性显示，当 HTS 源、天然产物源、片段源苗头化合物有相似的效力时，HTS 主要通过亲脂性实现，而片段和天然产物由良好的互补性和平衡性实现。因此，基于片段的和天然产物的苗头化合物可能是比 HTS 苗头化合物更好的来源。虚拟

筛选苗头化合物的效率较低，可能是因为评估方法不适宜。在 HTL 实践过程中，源于 HTS、基于片段和虚拟筛选的先导物的效力得以提高，但天然产物先导物没有改善，暗示有限的处理高度复杂分子化学能力限制了天然产物的优化。

然而，基于片段策略筛得苗头化合物所具有的显著优势，往往在 HTL 优化过程中被消除。片段衍生的先导物的 lgP 和分子量均显著增加，与 HTS 源先导物相似。HTS 和非 HTS 的先导物具有相似的物化特征，有统计显著意义，表明 HTL 优化过程与苗头化合物发现策略无关，有趋同结果。因此，使用 HTS 替代技术可以改进先导物或获得更有效先导物，更重要的是访问未知的化学空间的新起点，在 HTL 优化过程中提高先导物多样性。HTL 阶段主要目的之一是通过增加亲脂性获得其效力。除了基于片段筛选方法，其他策略获得的苗头化合物具有很强的亲脂性。在 HTL 优化过程中，要得到性能显著改善的先导物，含有吸引力、亲水性强片段的苗头化合物需保持较低亲脂性，LELP 作为直接鉴定监控函数来实现这一目标。

一个典型的工业化 HTL 优化阶段的价值，是在先导优化的资源大幅扩张之前，用积极的时间表对先导物优化进行优先排序。根据所交付的先导物优化数量，对独立的先导物优化团队实施奖励，这需使用平行或快速化学评估多个苗头化合物系列，科学重点限于体外效能以及 ADME 特性上。在这些条件下，那些不适合快速合成，或商业或内部材料不易得到的分子，几乎没有时间和资源制备。与最近的苗头化合物和先导物相比，历史上的先导物和药物的平均分子量要小得多，亲脂性弱，更易溶解。这也可能是主要筛选范式改变造成的，从过去的体内低通量药理学转移到现代的体外高通量生化筛选。前者要求化合物具有可接受的溶解度和平衡的亲脂性，几乎只用于先导物的优化。体外筛选允许高活性但难溶的化合物进行初级和后续筛选。考虑到化学空间取样、苗头化合物性质和合成可行性，片段苗头化合物可能是先导物发现与优化的最佳起点。然而，基于片段的苗头化合物的 HTL 优化过程需要非常小心，且要有充足资源和时间，以便分子量小的亲水性苗头化合物演变为具有比 HTS 先导物更好的类药性质的先导物。

综上，如图 3-6 所示，HTL 优化过程的目的是提高小分子实体的效力、选择性和物化性质如分子量、溶解度和稳定性，用于进一步的体外和体内测试以及后续的先导物优化。在先导物发现与优化阶段中，需要对潜在先导化合物进行早期临床前 ADME 等药代动力学和安全性如选择性评估。成功的先导分子应吸收入血，分布到作用部位，有效代谢处置，从体内有效排泄，而且它首先应通过早期安全性研究，如细胞毒和基因毒测试。另

图 3-6 HTL 过程中需考虑涉及各种因素

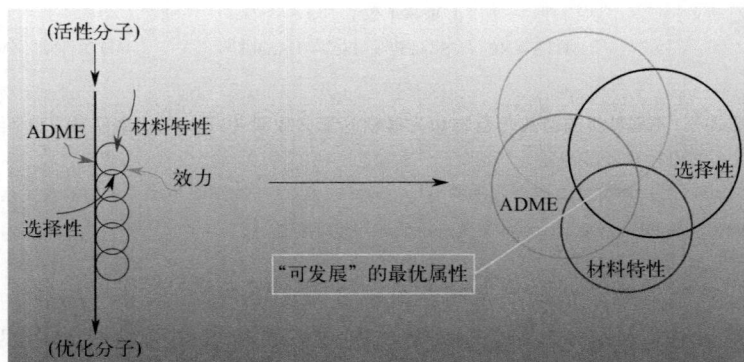

外，研究人员应考虑药物可能的配方以及如何给患者服用如口服或静脉注射，还必须考虑其大规模合成的可行性以及其 GMP 生产工艺。因此，在相对便宜的 HTL 优化阶段，不能让苗头化合物不利因素如物化性质等延伸到药物研发管线末端，后期花费大量资源优化先导物纠正它们是无意义的。可以预见的是，沿着药物发现管线更平衡地分配资源、扩展时间线或细化期望，从苗头化合物到临床的研究过程，可能有助于 HTL 优化团队实现更富有成效的苗头化合物演化过程。

3.1.3　小分子筛选库

化合物库（化学库）是储存化学分子的集合，目的是用于高通量筛选或工业生产或商业化销售。根据其范围、特性（如特定目标或多样化目标）等，化合物库可以分为定向生物活性库、天然产物库、片段库和结构多样性导向合成库等。目前报道的化合物库以及筛选方法各有优缺点。识别与确证新的、强大可靠的苗头化合物仍然是当今药物发现的最大挑战之一。在过去的十年里，为了确定化学分子的潜在调节靶标，往往在项目早期对覆盖更大化学空间的大量化合物进行高通量分析。大规模随机高通量筛选的成本取决于基于规模和速度的简化分析方法，以及更小、更高质量的筛选集合。

3.1.3.1　筛选库的历史背景

19 世纪培养微生物能力取得很大的进步，科学家 Paul Ehrlich 等以此进行第一次化合物筛选，寻找杀死培养中的各种寄生虫的药物。当时的筛选库主要是植物或微生物提取物的天然产物（nature product，NP）以及合成染料，筛选信息主要来源于这些分子库。天然产物是新小分子筛选库的重要组成部分，也是药物先导物的成功来源。传统的天然产物筛选采用粗或粗略分离的提取物，然后以活性导向分析从被分离的提取物中纯化出活性化合物。随着筛选方式、试剂生产、数据管理等方面的长足进步，以生物导向分析的天然产物分离筛选迅速发展。纯的或预分离天然物作为 HTS 筛选库一部分，继续筛选天然产物苗头化合物或先导物。

随着 HTS 平台的改进，用合成化合物取代 NP 发酵液和提取物。在制药公司里，合成化合物库首先被用于 HTS。Merrifield 报道的固相多肽合成法使高通量合成成为主流。Ellman 构建 1,4-苯二氮杂䓬类化合物库，证明以组合化学方式合成小分子的可行性，这些为大量化学样品增加奠定了基础。许多制药公司采用组合化学迅速扩大其化合物库规模。许多早期的组合化合物库侧重于生产，忽视所收集化合物库的物化性质。在筛选优化苗头化合物为先导物的过程中，合成化合物库的广泛失败使人们意识到库中化合物需具有类先导物性。更广泛认识类先导性的重要性，衍生更小的定向化合物筛选库的构建，提高发现先导物的潜力，也给工业和学术界中的高通量筛选带来更多启发。药物靶标的准确数量是有争议的，许多传统化合物库很可能不足以靶向结合大分子的相互作用，如蛋白质-蛋白质相互作用和核酸-蛋白质相互作用。受天然产物库发展的启发，人们陆续开发多样性导向合成库（diversity-oriented synthesis，DOS）、生物多样性导向合成库（biological diversity-oriented synthesis，BIOS）、基于片段设计化合物库（fragment oriented synthesis）等，增加高通量筛选库中的小分子的多种来源。在制药和学术界，纯化的天然产物、天然产物提取物、纯化的代谢物和合成/半合成天然产物或代谢物的类似物仍然是许多小分子筛选库中的大部分，同时，内部创建化合物库补充商业购买化合物库以及合同研究组织（contract research organizations，CROs）定制合成化合物库。

3.1.3.2　高质量筛选库的需求

面对各种小分子来源以及数百万种潜在可用的化合物时，很难选择出适合用于高通量筛选的化合物库。有用化合物库的选择和获取需进行预先判断，既要考虑到实际情况，也要考虑到不可避免的随机性选择。化合物库有几个共有特性，如库中化合物没有问题功能、在相关浓度下可溶于载体溶剂（一般为 DMSO）以及分析环境溶剂如水、直接获得化合物，容易快速地二次验证分析评价等。分子相似度，又称聚类密度，是化合物库特征之一，影响筛选结果。重复筛选相似靶标，最好采用具有较高聚类密度的小分子库，而筛选不同靶标，选择密度较低的小分子库，以确保其集合的多样性达到最大程度。小分子库的构成有很多理论概念，如分子复杂性、三维性和手性。筛选纯的、离散的化合物与固定在磁珠或板上的混合物和化合物的优劣，也有许多不同意见。化合物库新颖性（novelty）也是一个常议话题，众说纷纭。对于看重知识产权的组织而言，化合物库的新颖性非常重要。许多 CROs 提供了越来越多具有新颖性和排他性的分子库，与此同时，构建库的成本日益增加。随着化合物库所涉及领域的不断发展，所有库都能从类先导（lead-likeness）的经验和预测中获益。判断哪种类型的小分子库能最好地满足其特定需求，需考虑到分子的复杂性、多样性、聚类密度、化学属性等各因素。

库的大小和数据质量是另一个重要的问题。一般认为，若想发现有用的先导物，筛选的化合物越少越好。然而，如何实现目标存在分歧。大多数 HTS 筛选针对单一浓度的每个药物进行筛选，然后，采用多种化学信息学方法分析假定苗头化合物，进而重点对所得苗头小分子进行验证性剂量-响应研究。剂量-响应初级筛查研究，又称定量筛查 HTS（quantitative HTS，qHTS），旨在提高对初级数据的置信度，抵消下游成本。权衡库的大小和数据质量，需要在多种剂量下分析同一化合物，势必增加分析孔，反过来，孔多又限制了库的大小。

3.1.3.3　化学信息学构建筛选库

库的实际需求和库设计的理论方法确定后，研究人员可以借助许多化学信息学软件工具审查潜在的库质量，确保应用选定的约束条件。化学信息学工具使用的先决条件是采用一种存储和分类化合物的数据格式化系统计算各种库化合物的描述符，包括简化分子输入行条目规范格式 SMILES（simplified molecular input line entry specification format）或 SDF（structure-data file format）。库的供应商通常可以提供对应的系统。许多软件工具能够执行结构、物理化学、ADME、复杂性和多样性分析过滤，目前报道具有这些功能的软件包有 ACD Labs 软件、Openeye、Tripos、Accelrys、MOE、Pipeline Pilot 和 Schrodinger。

使用化学信息学软件工具构建目的小分子筛选库的一般策略如图 3-7 所示。过程共分为六步：

第一步，删除问题功能，消除可能混杂干扰分析输出以及与真实的分析活性相混淆的试剂，其是过滤的首要考虑，典型研究有如 PAINS（pan assay interference compounds）清单和 REOS（rapid elimination of swill）过滤。

第二步，物化性质分析，许多小有机分子不能溶解在水介质和/或不能以特异性、计量化学方式参与生物靶标作用，导致早期组合化合物库的开发失败，而且，基于此类库筛选，出现很多假阳性结果，原因是分子聚集事件或过度亲脂性，故必须采用广泛的化学信息学对溶解度和渗透性进行评估。

图 3-7 基于化学信息学构建库的一般策略

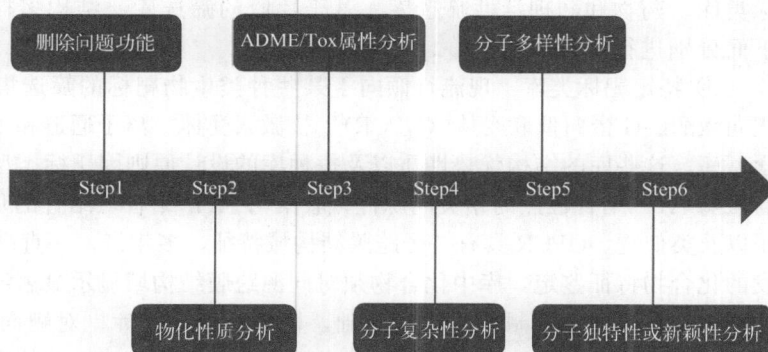

第三步，ADME/Tox 属性分析，不是所有从事 HTS 的组织或机构都以发现新药为目标，去除具有不良 ADME 特性或毒性的小分子不是普遍需要的，实际上，在第二步的理化预测分析过滤时，在一定程度上已实现对 ADME 特性的优化与正过滤。以研发药物为目的，特异性地过滤 ADME/Tox 可以提高 HTS 苗头化合物的质量。现在开发强大的 ADME/Tox 预测模型：有用于肠吸收的如口服生物利用度的预测因子、有用于选择性地抑制细胞色素（CYPs）的如肝脏毒性和药物-药物相互作用的预测因子、有用于与 hERG 钾通道结合的如与心脏相关不良事件的预测因子、有用于各种 ATP 结合盒（ABC）转运体底物的预测因子如判断药物可能容易受到不必要的细胞排除等。

第四步，分子复杂性分析，从简单的乙醇到非常复杂的放线菌素体现生物相关分子的复杂性。分子复杂性对 HTS 筛选成败的作用有很大的争议，有许多成功的药物和探针，具有不同程度的分子复杂性，可以证明成药分子或探针分子有高度复杂的，也有复杂性较低的。在主成分分析中，用二面角和距离定义三维方向，用势能、体积、形状、极性表面积考虑结构和物理性质，以及构象依赖的电荷描述符如偶极矩，表征最近似的库整体复杂性。每个组织必须在定义其筛选库的复杂性范围之前考虑他们自己的需求和倾向。

第五步，分子多样性分析，选择小分子筛选库多样性的水平本质上是与筛选类型相关联的。对激酶筛选而言，可能会选择具有较高聚集密度的优势骨架靶向库，例如靶向 ATP 结合域药物库。执行多样性分析的方法各不相同，有基于结构描述符和含 SMILES 和 SMARTs 指纹的行符号描述符，有利用化学支架分析获得小分子三维结构的相似性，有大多数依靠 Tanimoto 系数计算相似度的二维描述符等，其中常见的多样性过滤分析方法是利用聚类算法中的 Tanimoto 系数定义聚类大小，如 Jarvis-Patrick。

第六步，分子独特性或新颖性分析，在药物发现过程中，苗头化合物的独特性在各个方面中都扮演着重要的角色。筛选具有高度独特性的化合物库，能发现没有知识产权的先导物，因此，对小分子库的独特性分析是非常值得的。然而，在商业化上，不像物化性质和 ADME/Tox 性质筛选那样必需，对独特性分析筛选并不普遍。往往在专利诉讼期间，知识产权律师专利检索 CAS MARPAT 和 INPI 合并的 Markush 服务数据库以及 Derwent World 数据，评价其新颖性。需要注意的是，仅筛选新颖的、未经测试的库有可能过于冒险，同时，基于新颖性的严格筛选最终可能会令人失望。

3.1.3.4 分子筛选库类型

用于 HTS 的专业库有多种形式，基于应用目的或基于化合物的来源，可分为特定靶标类库、药物和药理活性筛选库、基于片段的筛选库、结构多样化合物库和其它筛选库。下面分别进行阐述：

① 特定靶标类库：现流行倾向于某些种类生物靶标的筛选集合。供应商可以提供富含靶向激酶、G 蛋白偶联受体（GPCR）、核激素受体、离子通道和中枢神经系统靶标的特殊化学型库，这些库的结构优势性质以及每种库的设计原则因靶标类型而异。激酶定向库是利用与激酶 ATP 结合位点的相关同源性，收集与 ATP 结合域结合的几种确证优势化学型结构分子以及类似物。GPCR 具有 7 个跨膜结构域特征，多年来，一直高度关注用于 GPCR 药物开发的化合物特征鉴定，库中化合物须对同源跨膜结构域显示显著的亲和力。类似地，以核激素受体和离子通道抑制剂为结构基础，构建其化合物库。对靶向中枢神经系统化合物库而言，是基于穿透血脑屏障的化合物的必需物理特性而构建。总的来说，正确地组装靶标类化合物库，可能提供更高的苗头化合物发现的可能性。在某些情况下，除了考虑优化 SAR 和结构特性关系（SPR），优化常见的"明星"先导还须考虑可专利性空间。

② 药物和药理活性筛选库：批准的药物库有许多应用价值，包括老药新用、确证靶标与信号途径。对药物库进行不同作用机制筛选时，可发现新的适应证。研究人员报道大量类似的发现，一种临床批准的适应证药物对另一种不相关的适应证有治疗作用，例如，抗真菌药物伊曲康唑可以作为潜在的抗肿瘤药物。美国国立卫生研究院化学基因组学中心（National Institutes of Health Chemical Genomics Center，NCGC）公布了一份完整的经批准的人类用药清单。各种供应商也可以提供其他已批准的药物库版本，还有具有明确定义的药理活性库，如 Sigma-Aldrich's LOPAC（library of pharmacologically active compounds）和 Prestwich Chemistry Library 集合等，这些已知药物/药理活性库可用于高通量筛选验证分析。

③ 基于片段的筛选库：现在许多制药公司和学术实验室进行常规的基于片段筛选，作为识别蛋白质小分子结合物的替代方法之一。基于片段的筛选库有自己的独特要求。与其他库相比，第一个主要区别是库的大小，传统的 HTS 可以筛选数万甚至数百万个化合物，而基于片段筛选通常筛选数千个分子。第二个主要区别是基于片段库的筛选浓度，传统的高通量筛选功能浓度范围为从纳摩尔浓度到微摩尔浓度不等，但基于片段的筛选浓度为毫摩尔浓度范围。选择作为库中片段小分子需具有适当水溶性，而且，碎片分子须满足成先导性 3 类则，分子质量≤300Da，氢键供体数≤3，氢键受体计数≤3，$clgP$≤3，以及可旋转键数≤3。有许多筛选碎片的方法，包括核磁共振、晶体学和质谱等方法。一个重要支持基于片段药物设计优化工作，涉及对筛选化合物中链接器功能的需求。片段筛选功能库的应用，能够提高快速优化苗头化合物的能力。许多商业机构都能提供适用于基于片段筛选的化合物库。

④ 结构多样化合物库（DOS）：现有化合物集合不能常规地为"不可成药"的靶标提供可优化的苗头物，许多合成化学家以 DOS 的形式探索新的化学空间。DOS 的目标是拓展复杂结构的化合物，探索生物空间的新领域。基于 DOS 的结构与传统的商业化库有很大的不同，聚焦于化合物的三维结构和手性中心。一般由愿意投资的公司完成 DOS 化合物库构建，或者由选定的学术实验室向美国国立卫生研究分子库小分子贮存库（the National Institute of Health Molecular Libraries Small Molecule Repository，NIH-MLSMR）提供 DOS 化合物库。目前，在 MLSMR 集合中大约有 17000 个化合物，标注为"非商业"。此外，Broad 研究所合成了大约 100000 个复杂结构的 DOS 化合物，对外可以合作

项目研发。

⑤ 其它筛选库：除了上述类型的专业文库外，多肽和多肽拟似物仍然广泛应用于高通量筛选。在此基础上，发展模拟的生物活性相关分子结构的新型小分子，如类肽、肽核酸和锁核酸。人们利用类肽类库发现和优化的具有高亲和力的小分子抗原，可作为于阿尔茨海默病的生物标志物。许多科学团队扩大了小分子库的使用方式，开发固相分子库。基于微珠和平板的固相筛选是很常见的，Blackwell 实验室开发基于纤维素的固体筛选。Ellman 及其同事发明了一种新型化合物库用于筛选，称为底物活性筛选，将荧光团报告直接集成到库化合物上，便于可视化筛查，对筛选与酶活性位点亲核作用的抑制剂，有着巨大的相关性，据此发现了几种新的蛋白酶抑制剂。

目前有一些在线商业化数据库，其构成各有特点。Chemspider 数据库小分子数量超过 11400 万个，可采用结构、各种命名结构和描述符（如引用、物理属性和供应商）进行搜索。Shoicchet 实验室提供 ZINC 数据库，收集 230000 万种可购买化合物的清单，主要优点是支持多种虚拟筛选格式。eMolecules 数据库由 800 万个独特的结构组成，研究人员可以下载化合物库，数据库按照服务收费的原则购买和格式化化合物库。Discovery Gate 提供一个 2500 多万结构可搜索的数据库，并包括化合物的合成分析以及特性评估和来源信息。ChemExper 为一个免费的搜索引擎，用分子式、IUPAC 名称、通用名称、CAS 号，甚至货号进行检索。Pubchem 是 NIH 的数据库，可用于分子库项目（MLI）和库中每个化合物相关活性筛选。DrugBank 是一个在线化合物存储库，有 6000 多种临床药物和相关数据，包括结构、活性和靶标。ChemNavigator 和 emolules 作为好的聚合器，可以从多个供应商平台采购或检索化合物。

综上所述，选择、获取和使用高质量的化合物库进行筛选是药物发现和化学生物学领域的重要方面。筛选化合物集合的中心任务为发现扰乱目标生物过程的配体，并为药物/探针开发确定新的、可靠的起点。一个化合物库的最佳构成和组装是至关重要的；然而，没有一个单一理想正确化合物库的组装方法。随着研究人员对小分子对特定生物目标、过程和环境的适应性深入认识，类先导性更高的小分子筛选库继续发展。任何给定的小分子库构建是由许多变量决定的。任何小分子筛选库的适合度都依赖于预先过滤与评估，以避免有问题的化合物，评估其适当的物化性质，设置特异性结构理想水平，并确定所需的分子复杂性程度。随着学术和工业组织从筛选组合中寻找那些不断改善结果的集合，小分子筛选库的标准正在不断地评价和修订。

3.1.4 分子复杂性

分子复杂性（molecule complexity）是有机化学中一个重要而又有争议的概念。复杂性一般描述天然产物和合成化合物的化学结构，涉及从药物研发到对生命的基本理解。在计算机药物设计和药物研发中，包括 QSPR 和 QSAR 方法，分子复杂性的影响尤为显著。往往由有经验的化学家对化合物的复杂性进行排序，判断不同化合物的合成复杂性、可及性和类药性。但是，单个化学家对给定化学结构的复杂性的感知差异很大，这种基于直觉方法对评估分子外部复杂性有用，但不适合测量化合物的内在结构复杂性。外在的复杂性取决于外部条件，如合成的难易程度，而内在的复杂性则取决于化学结构本身。化合物的合成复杂性可随着有机化学合成水平提高而变化。相对于这些外在的复杂性，分子复杂性是内在的度量，它不会随着时间或知识的进步而改变。目前的方法和评价分子复杂性的指标，没有一个单独的指标是完全令人满意的，而且每个指标都有其自身的局限性。

Randić 和 Bonchev 最早采用数学方法研究分子拓扑结构。Bertz 开创性地提出了评价分子复杂性的第一个综合指标，基于图论的索引，将图论和信息论相结合确定分子的拓扑结构。Bertz 的复杂性指数 $C(\eta,\varepsilon)$ 仍然是最流行的测量分子复杂性的方法，有许多有趣的应用，如 $C(\eta,\varepsilon)$ 列出了化学物质和结构数据库 PubChem 中每个化学结构。目前报道了大量不同的方法致力于数学概念和指标的发展，以量化分子的复杂性。这些指标主要基于化学结构转化为骨架分子图的图论，应用不同的技术计算其子图。由 Bonchev 开发的基于子图的指标，以及后来由 Bertz 提出的基于子图的总数以及不同子图种类的指标，是最重要的描述分子复杂性的指标。Bonchev 引入整体连接 TC 和 TC1 的概念，作为基于连通子图拓扑复杂度的指标。基于图论的指标主要用于解决骨骼的复杂性问题，但缺乏对手性的定位，以及对骨骼结构、分支和其他指标的对称性的敏感性。

与图论方法不同的第二种方法是基于子结构的方法，计算特定的化学特征，组合成单一的得分，作为特征丰富的度量，进而评估分子的复杂性。whitlock 指标或 barone-chanon 指标属于结构的索引，发展于完全经验的基础上，通过计算选择的分子特征，如杂原子、环、手性中心和双键的数量，并将它们与任意的经验优化的权重因子相乘，评估分子的复杂性。类似的评估是选择分子特征如原子电负性、环数和手性中心，Hann 开发了一个结合连通性和子结构描述符的模型，评价配体识别的复杂性。另外，基于数学的严谨性和化学上一致的内在逻辑，提出一个以分子中每个原子微环境的位点为特异性描述符的分子复杂性框架。根据信息论原理，分子复杂性是一种可加性的度量。这种完全可加的指标，避免了因图论方法产生的偏差，并考虑到对称性和立体化学，而且特异性描述分子复杂性的指标结合拓扑指数的优点及其固有的化学逻辑，弥补了其他指标的主要缺点，包括立体化学、不饱和键、分支和对称性，并且可以简单地手工计算，为分子复杂性问题提供了一个通用的解决方案。

分子的复杂性与药物发现和开发的一些特性有关。近年来发现，许多分子复杂性指标与类药性或临床成功率相关。随着不同阶段临床试验的进展，以 sp^3 和手性中心的数量为标准，待测化合物会变得更加复杂，这可能是因为部分含更高 Fsp^3 碳的化合物具有更合适的物化性质，如更高的溶解度或改进的 $\lg P$，也可能与增加的化合物效力有关，因为更复杂和更不平坦的结构可能与药物靶点更好互补。Selzer 等团队和 Schuffenhauer 等团队分别对可能与增加化合物效力有关的假设进行了独立评估，分析诺华制药的大型历史数据集的活性和分子复杂性之间的关系，高度活跃的化合物（$IC_{50} < 1nmol/L$）比中等活性（$1mmol/L > IC_{50} > 1nmol/L$）或非活性化合物结构更复杂。分析经典药物管线发现，弱苗头化合物或先导物通常具有低分子复杂性，在先导化合物优化过程中，改善 ADME 性能或增加药效的部分努力是增加分子复杂性。因此，两个逻辑问题提出：先导物的最小分子复杂下限，药物的最大复杂上限。Hann 等引用爱因斯坦的名言回答为"尽可能简单，但不要更简单"，认为，在保持活性的关键分子特征前提下，先导物应该尽可能简单。然而，药物则可以在不影响 ADME/Tox 特性的情况下尽可能复杂。

分子的复杂性在药物发现中的直接应用，体现在利用其复杂特性开发尽可能少脱靶的药物。除了分子复杂性与活性关联外，也与化合物选择性或混杂有联系。在原则上，一个更复杂的配体会对特定的靶点表现出更好的互补性，不易脱靶。研究发现，当较高的分子复杂性降低时，会提供配体和蛋白质靶标之间随机相互作用的机会。Lovering 等表明，采用 Fsp^3 和手性中心数量作为描述符，混杂是分子复杂性的函数。Clemons 等测试了 >15000 个小分子和 100 种不同的蛋白质靶标互作，实验数据支持了 Lovering 的观察结果。Clemons 等人发现，来源于商业、学术或天然产物的化合物表现出不同的选择性模式。更重要的是，这些结合模式与 Lovering 使用的相同复杂性指标高度相关。Clemons 等的研究结果表明，分子的复杂性-选择性关系不受先导优化的影响。Fsp^3 用于指导强效和选择性抑制剂的设计。必须指出，手性中心和 Fsp^3 的比例不是唯一可能与混杂有关的复杂性指标，但它们可能是迄今为止使用最多的，因为它们易于计算，易于解释。其他测定可作选择性的指标，例如分子框架大小。值得注意的是，相对于整个分子，分子框架大小（f_{MF}）也与混杂和/或选择性有关，f_{MF} 值大的分子，骨架大、侧链少、更混杂。

由于分子复杂性和类药性之间的关系，在设计化学库和选择化合物时，需考虑到分子复杂性，因此，药物筛选需要纳入更复杂的分子的化合物库，以获得更高的成功率。2010 年发表的一项研究表明，与学术收藏小分子或天然产品相比，商业供应化合物库中的分子复杂性最低。但是，这种情况一直在改变，越来越多的化学品供应商提供设计分子复杂性的专业筛选库。

3.1.5　分子相似性

分子相似性（molecule similarity）是化学中一个普遍存在的概念，在化学推理和分析的许多方面都是必不可少的，也是化学信息学和药物化学研究的中心主题。相似度是主观的，依赖于比较判断，没有绝对的标准，就像美一样，存在观察者的眼中。由于主观性原因，很难开发出明确计算大型分子库中分子相似度的方法。正因没有绝对的标准来比较，评估任何基于相似性的方法的有效性仍然是主观的。如同分子复杂性一样，基本上依靠有经验科学家的判断，一个分子特征的选择取决于做选择的科学家背景，例如，有机化学家可能关注分子支架及其取代基的性质，而物理化学家可能对三维形状和静电性质更感兴趣。分子相似性是一种两两的关系，引入结构分子集合中，从而产生众多化学空间。在任何给定的情况下，分子的信息如何表示是分子相似度分析（molecule similarity analysis，MSA）的重要前提。确定一个"分子物体"与另一个"分子物体"的相似性的匹配训练模式，称为匹配问题。模式匹配训练结果以相似度度量值衡量，表征分子的匹配、关联、接近、相似、对齐等程度，或者以分子对的相似性呈现的"分子模式"，模式由一系列特征组成。一般认为，分子相似性是一种对称性质，即"A"与"B"的相似性正如"B"与"A"的相似性一样，大多数的虚拟筛选研究都是基于这一性质。

相似度度量（similarity measurement），也称为相似系数（similarity coefficients）或指标（indices），通常是描绘相容分子对表示的函数，这些分子对具有转化实数的相同数学形式，但未必总是在单位区间上。所有形式的相似性度量都有三个基本要素：①结构表述，其组成能编码与相似性评估相关的分子和/或化学特征；②加权方案，为结构表示法的各部分指定重要分配权重；③相似系数，为在两个适当加权表示之间的相似水平上数值，结合三要素表示的信息能产生适当的相似度。衡量任何两个物体之间相似性的过程涉及比较它们的特征。分子特征从物理化学性质到结构特征，以不同的方式存储，这些特征通常被称为分子描述符。分子描述符是逻辑和算术过程的最终结果，将分子符号描述中加密的数据转换成功能数字。在子结构和相似度搜索期间，二维指纹描述符的性能经常用于加速化合物虚拟筛选，可能涉及应用于分子的二维结构图或哈希方法（hashed methods）。二维指纹识别过程将化学结构转换成二进制形式，由"0"s和"1"s字符串组成，这种化学速记法，可以检测化学分子中某种结构特征的存在或缺失。

　　化学空间与分子相似性密切相关，提供了一种概念化和可视化分子相似性方法。化学空间包括分子以及给定结构的分子关联如相似、不相似、距离等。在大多数基于坐标的化学空间中，分子通常描述为点，然而，情况并非总是如此，有时只知道群体中分子之间的相似性或"距离"。这种类型的两两信息比较，可以采用多维尺度（multi-dimensional scaling，MDS）、主成分分析（principal-component analysis，PCA）或最优保持信息非线性映射（non-linear mapping，NLM）等方法构建适当的坐标系统。值得注意，表征每种特定类型化学空间的方法都有其优缺点，可能需要使用多种类型的表征才能很好地处理特定问题。

　　鉴定合适的分子特征是 MSA 至关重要的前提，潜在特征的数量相当大，包含许多冗余信息。典型的分子特征包括分子大小、形状、电荷分布、构象状态和构象灵活性等。一般来说，只考虑那些与手头的匹配任务相关或必需的特征。任意数量的描述符都可以模仿特征，但理想情况下，指能代表必需特征的描述符：分子形状的描述符，如 Jurs 形状指数或 Sterimol 参数；电荷分布的描述符如 Mulliken 种群分析；部分带电表面的描述符，含有电荷和形状信息；构象柔韧性的描述符，如 Kier 分子柔韧性指数 Φ。有时，术语"特征"可以与"描述符"互换使用，但是特征比描述符更普遍，代表性特征通常是不同类型的分子描述符，这一区别在大多数研究论文中通常都没有严格遵守。

　　在大多数经典的相似方法中，假定生物和非生物相关活性的分子特征具有相同的权重。然而，根据化学结构发现一些可区分的特征比其他的更重要。对这些特征的贡献排不同的优先级以进行相似性评估，需要一种加权方案。每个重要片段上增加更多的权重来考虑这种差异，利用多描述符提高相似度搜索的性能。重新加权分子特征的深度信念网络（DBN），是一种深度学习方法，使用了几个描述符表征所采用的 MDDR（MDL drug date report）数据集，每个描述符代表不同的重要特征。DBN 方法的每个描述符单独使用，以新的权值选择重要特征，具有较低的错误率，并将所有描述符中的新特征合并在一起，生成新描述符进行相似性搜索。大量实验结果表明，DBN 方法优于现有的几种基准相似度搜索方法，包括 bayesian 推理网络（BIN）、tanimoto 相似沄（TAN）、文本处理自适应相似度测定（adapted similarity measure of text processing，ASMTP）和基于量子的相似度方法（quantum-based similarity，QBS），显示更高精确度。

　　分子相似性的定量读数具有实际价值。在已知活性的基础上，通过虚拟筛选识别新候选化合物，其中相似性搜索是最流行的方法之一，目的是从化学数据库中探索发现与用户定义参考结构最相似的分子。共享子结构的两个化合物可以明确地检测到，或者共享子结构的所有化合物可以从一个复合数据库中检索。但是，两种化合物彼此相似，不能肯定地说，它们的相似程度是多少，以及如何评估相似。采用一致的方式描述相似性之前，首先区分不同的相似性标准和概念是至关重要的。以下阐述三种类型相似性搜索区别与特征。

　　（1）化学相似性搜索和分子相似性搜索　　如图 3-8 所示，虽然化学相似性和分子相似性这两个术语经常被当作同义词使用，但这可能并不完全准确。化学相似性主要基于化合物的物理化学特性，如溶解度、沸点、lgP、分子量、电子密度、偶极矩。然而，分子相似性主要集中在化合物的结构特征，如共享的子结构、环系、拓扑等及其表征。化学性质和结构特征是由不同类型的描述符进行描述。描述符定义为化学性质或分子结构的数学函数或模型。对于化学相似性评价，还需考虑反应信息和不同的官能团。

		配体	摩尔质量	lg*P*	可旋转键	芳香环	重原子
化学相似性		A	341.4	5.23	4	4	26
		B	463.5	4.43	4	5	35
分子相似性 2D 相似性							
3D 相似性							

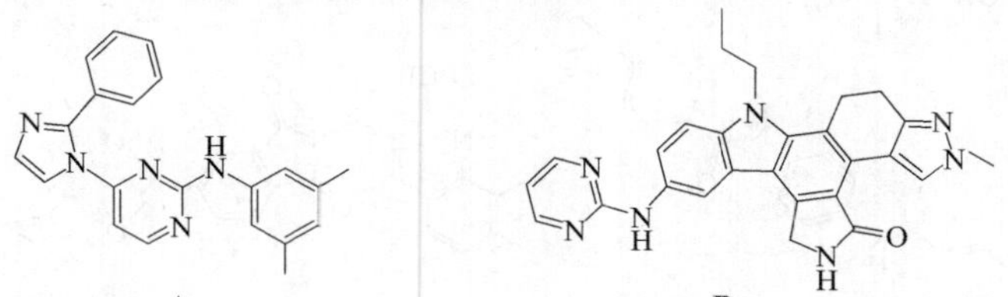

图 3-8　不同方法显示两个典型的血管内皮生长因子受体 2 配体 A 与 B 的相似性（*J. Med. Chem.* 2014, 57: 3186-3204）

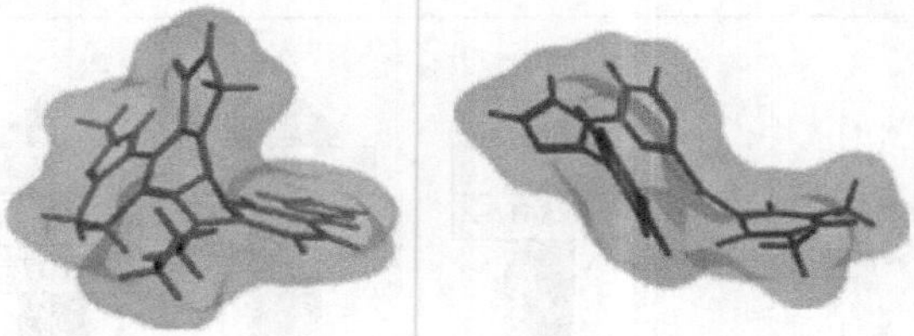

（2）二维（2D）搜索和三维（3D）搜索　在分子维度上定义分子相似度搜索，分为 2D 相似度搜索和 3D 相似度搜索。2D 相似度方法依赖于从分子图中推导出的信息。直接图比较和图相似度计算是目前分子相似度分析中计算量较低的方法。相比之下，捕获诸如碎片或拓扑原子环境指纹等图形信息的分子描述符则非常流行。指纹定义为分子结构和属性的位串或特征集合。这样分子表示可以有效地进行计算比较，从而实现大规模的相似计算。化合物本质上是三维的，它们的分子构象一般比相应的分子图信息含量更高，3D 相似度搜索，包括分子构象和相关性质的比较，原理上比 2D 相似度搜索更好，更合理。然而，事实并非如此，主要有两个原因：一是化学家是在分子图的二维结构表示的基础上进行训练的，一般来说，更喜欢基于图而不是基于化合物的三维结构，分子图也包含构象和立体化学信息；二是考虑到在大量测试化合物的构象集合中识别生物活性构象的不确定性，2D 搜索方法通常更可靠，尽管它们相对简单，但是在 SAR 分析和活性预测中能产生更好的结果。目前许多相似方法优先利用二维分子结构表示，然而，大多数都不包含任何立体化学信息，这限制了它们正确处理对映体化合物的能力。而且，基于 2D 分子表示的相似度计算还有其他一些固有的局限性。

（3）全局相似性搜索和局部相似性搜索　相似度分析的一个重要标准是区分全局相似度和局部相似度。在药物设计中，药效团模型的比较只侧重于选定的已知或假设的与活性有关的原子、基团或功能。这代表了一种局部的相似性观点，与化学信息学中发现的更全面的整体化合物考虑的观点相反。用于计算分子相似性的计算性质或结构描述符，往往是整个化合物相关的结构信息。化合物的结构信息转化为片段指纹，得到一个整体的分子

化合物 **3-1**

化合物 **3-2**

苗头化合物:

Secin 16 **(3-3)**

Secin 87 **(3-4)**

Secin 144 **(3-5)**

排名位置
(约3.7mol/L 化合物)

354	35	7
3561		
		2637
98269		253613
	443905	
		1368919
	1692301	
2555919		
	3458328	

SVM,FP 1
SVM,FP 2
FP1,化合物 **3-1**
FP3,化合物 **3-2**

Secin 16
(3-3)

Secin 87
(3-4)

Secin 144
(3-5)

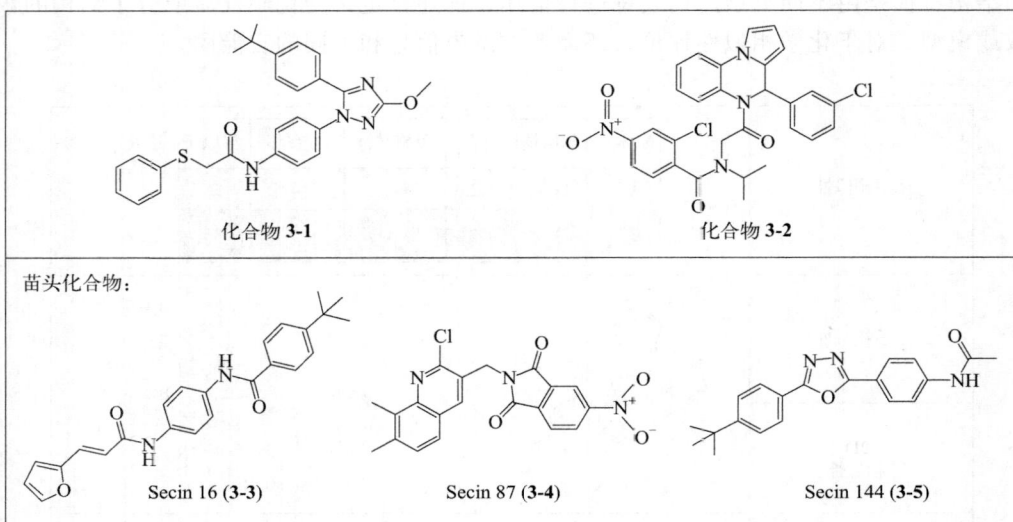

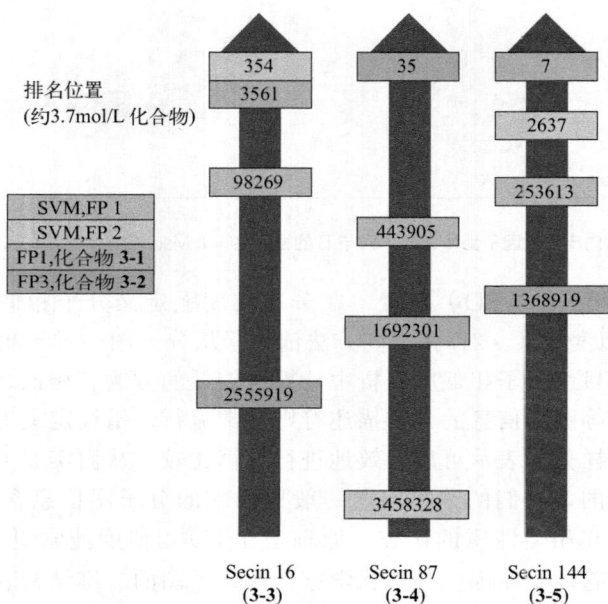

图 3-9　虚拟筛选中化合物排名（*J. Med. Chem.* 2014, 57: 3186-3204）

上图显示虚拟筛选鉴定靶向 Cytohesins 结构域 sec-7 新抑制剂 [Secin 16（**3-3**）, Secin 87（**3-4**）和 Secin 144（**3-5**）] 以及两个对照化合物；下图对三个苗头化合物中的每一个, 采用四个搜索策略评价排名位置, 包括支持向量机（support vector machine, SVM）、两个指纹描述符的计算（FP 1 和 FP 2）以及两个单个化合物作为参考的指纹相似性搜索, FP 1 以化合物 **3-1** 为参考, FP 2 以化合物 **3-2** 为参考

表示, 这种整体化合物的相似性属于化学信息学家认可的特点。

　　基于配体的虚拟筛选是相似度分析的主要应用之一, 其中一个或多个活性化合物用于搜索数据库, 以识别其他具有相似结构的化合物（图 3-9）。搜索可以基于局部或全局采用相似方法进行。药效团搜索是基于局部相似性的, 并试图识别与预定义药效团查询匹配的所有数据库化合物, 而不考虑其余的子结构。药效团搜索过程形成"通过-失败"的读数，鉴定出一组匹配的查询化合物。药效团搜索原理是相似药效团元素化合物应该具有相同或相似生物活性，以此从数据库中搜索得到相似化合物的概率很高。

综上所述，分子相似性概念为评估化合物相似性提供了一个框架，尽管这是一个不完美的框架，但是药物化学的中心任务之一。相似度相关分析的主要困难在于相似度本身是一个固有的主观概念，不存在绝对标准。尽管如此，各种各样的计算方法的开发，试图以形式上一致和无偏的方式解释分子相似性。计算方法在现代药物化学中确实是必不可少的，然而，个体判断相似关系的能力仅限于数量相当少的相对简单的化合物，发展计算相似度在药物开发中仍有一席之地。由于不可能从相似性评估中消除主观因素，相似性评估强调对计算结果的仔细解释，如果应用得当，可以补充和扩展药物化学家对分子相似度的深入认识。发展减少化合物依赖的计算相似度方法可能是未来研究的一个重要课题。

3.1.6 基于活性的小分子库

筛选小分子库可以鉴定出具有生物活性的分子。药物发现成功率的持续下降证明了当前化合物库的缺陷。人们普遍认为，分子文库大小并不代表一切，在分子结构和功能方面，文库的多样性与复杂性是至关重要的。传统上，当一个特定的生物分子或分子家族确定时，用于筛选过程的化合物，通常是根据目标蛋白结构或天然配体结构来选择或设计的。在生物目标的确切性质未知的情况下，筛选是随机的，选择标准会非常复杂。在这种情况下，小分子所需的结构特征不能预先定义，因此可以认为，筛选一个化合物库，设计成与一个特定的生物靶标或相关靶标家族相互作用是不合逻辑的，随机筛选许多定向集合可能非常耗时和提高成本。一般来说，通过筛选功能多样的化合物库，即显示广泛的生物活性的化合物库，可以增强识别具有生物活性的小分子能力。然而，要显示所有生物活性的分子库，势必有更大样品的具有生物活性的化学空间，进而增加识别具有所需性质的化合物的机会。库的功能多样性和在任何生物目标筛选中识别小分子调节剂的可能性之间存在相关性。由于任何特定分子的生物活性本质上取决于其结构，小分子文库的整体功能多样性与其整体结构多样性直接相关，而整体结构多样性又与文库所占的化学空间大小成正比。需要强调的是，任何小分子库的最终成功与否取决于其所含化合物的生物相关性。如果分子库在选定的生物筛选实验中没有获得活性小分子，则该库将被视为不成功，无论它在结构上多么多样化，或这种多样性被利用得多么有效。

从结构和功能上来说，不同的小分子文库应该跨越生物相关的化学空间的大区域，可以研发为生物学上有价值的小分子。广义地说，用于生物筛查的小分子有三种不同的来源：天然产物集合、市面上可买到的化合物集合、化学合成化合物集合。许多天然产品公认为药物或先导物，是创新治疗药物的主要来源。天然产物表现出巨大的结构多样性，如骨架多样性，为生物活性的多样性提供了优势结构基础。商业上可用化合物集合如组合化学库和药物专利化合物集合是重要的分子替代来源，这类集合由大量结构简单的和类似的化合物组成，其"多样性"仅限于附着在少数共同骨骼上的附件的变化，所实现的功能多样性以及化学空间覆盖范围相对较小。但大型制药公司将许多类似的库组合在一起，可以获得一定程度的化学多样性，组装含数百万化合物的集合，很多时候，这类库通常倾向于满足基于传统药物化学的优化预定义活性化合物标准。在识别新的生物活性化合物方面，库组合有许多潜在的缺点。一是本质上偏向于已知的生物活性化学空间，从定义上讲，已知生物活性化学空间区域是发现有用活性分子的区域，但确实存在遗漏未开发的化学空间区域的生物活性小分子的风险；二是很可能获得别人已发现的生物活性化学空间化合物，从商业角度来看，知识产权空间严重拥挤，不利于后续药物研发。从知识产权和治疗角度，都需新的生物活性分子，这些分子具有不同寻常的作用模式，可以作用于尚未开发的药物靶点。

天然产物和"传统的"商业可获得的组合库相关的问题，刺激各种合成方法的发展，以从头创造小分子集合。大多数的现代方法放弃支持大规模的早期组合化学合成和筛选标准，转而寻求两个新的途径：①识别和高效地访问包含增强生物活性的化学空间区域；②高效地审问广泛的化学空间区域。第一个途径是通过生物定向合成、生物启发合成、优势结构合成和多样化全合成等实现基于活性导向的多样性，对应的库基于已知的生物活性分子的核心结构衍生而得，一般以天然产物模板为主。这种方法背后的原理是，进化压力已经"预先验证"自然产物、化合物的结构相似，能够调节生物系统，因此，所得化合物库具有较高的生物学相关性，即含有较高比例的生物活性化合物，同样，整个化学空间只覆盖了一个相对较小的区域，重点是已知的生物活性区域。

未开发的化学空间区域可能含有激动人心的、新颖的生物学特性的分子，它们通过新颖的作用方式与新的生物目标分子相互作用。特别是，对具有非典型分子骨架的化合物有需求。在有机化学的已知空间中，一般是由为数不多的分子骨架所主导的，最近的一项已知环状分子的研究发现，在50%的已知化合物中只有0.25%的分子框架，进而表明，探索和开发化学空间的未知区域，迫切需要新的分子骨架。合成一个分子库，以实现广泛覆盖的生物活性化学空间，给合成化学家提出了一个艰巨的挑战。一个结构多样化的库的理想合成是以最有效的方式实现这种多样性。多样性导向合成（DOS）实现这一目标，主要是通过在库中有效地整合多个分子支架。

DOS定义为在多样性驱动的方法中，有针对地、同时地、有效地合成一个以上的目标化合物。DOS的总体目标是生成具有高度结构、功能和多样性的小分子集合，并访问化学空间的大片区域，包括已知的生物活性化学空间和未探索到化学空间区域，后者可能包含激动人心的和不寻常的生物活性分子，但迄今为止没有引起人类和自然的注意。原则上，多样性库的筛选应该高频率低成本地提供针对一系列生物靶标的苗头化合物，包括那些临床未满足或成药性挑战高的靶标，最后为生物研究和治疗干预分别贡献新的化学探针与药物先导。

DOS的总体规划策略与"传统"组合合成中的总体规划策略有很大的不同（图3-10）。DOS路径是正向分析策略。由简单的原料转化为一系列结构多样的小分子，为了最大限度地提高合成效率，合成步骤通常不超过5个。DOS库通常比商业上可用的组合库更小，然而，分子的结构通常更复杂，有更多种核心骨架，具有更丰富的立体化学变化。DOS最具挑战性的方面，也是对其成功至关重要的方面，是有效地将骨架多样性合并到化合物集合的能力。高效生成多分子骨架是增加分子集合整体结构多样性的最有效方法之一，相对于单骨架的旧文库，增加了对广泛生物靶标的定位概率。优势骨架周围的功能群、附属物和立体化学多样性的变化过程有时被称为优势骨架周围的DOS。然而，DOS的真正理念是基于多样化的、非定向的化学空间覆盖，包括骨架在内多样性的各个方面的变化是最有效的实现。DOS是一种完全有效途径构建的具有新的生物活性小分子库，在更有针对性的生物筛选中特别有用。

在自然界中，蛋白质折叠骨架和天然产物（NP）骨架显示高度保守。在高度相似的

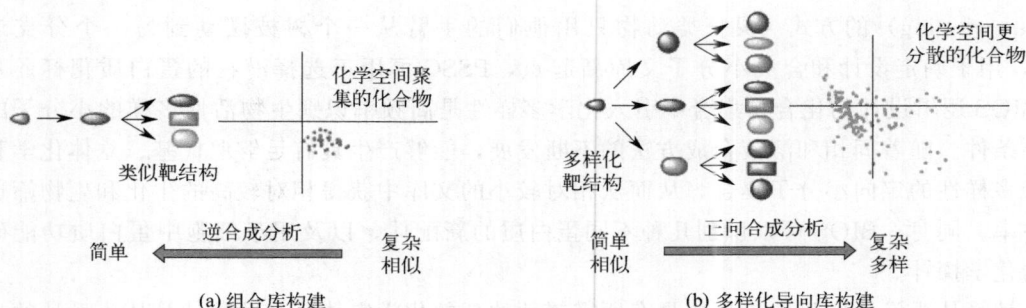

图 3-10　组合库与多样化导向库的异同 (*Nat. Comm.* 2010, 80: 1-13)

折叠类型的蛋白质中,不同的氨基酸序列可以构成配体结合位点,在不同的骨架中,不同取代的 NP 往往表现出不同的生物活性。嵌入蛋白折叠中的配体结合位点,具有相似配体传感核心,可能与具有相似支架的 NP 结合。分子选择性活性可能受控于蛋白氨基酸侧链和 NP 取代基的变化。据此,提出了生物导向合成 (biology-oriented synthesis, BIOS),旨在连接化学和生物空间,以确定合适的起点,指导合成具有生物学相关性的化合物集合。BIOS 策略采用化学和生物信息学方法,绘制生物相关的化学空间和蛋白质空间,为化合物库设计和合成生成提供指导,还为库的成员的潜在生物活性提供指南 (图 3-11)。一方面,蛋白质结构相似度聚类 (protein structure similarity clustering, PSSC) 用于识别具有亚折叠高相似性的配体结合位点,即配体感知核心的高相似性结构。另一方面,结合 Scaffold Hunter 等软件工具,以支架树的结构分类,如天然产物结构分类 (structural classification of natural products, SCONP),对树状排列的小分子集合进行层次结构分类,对他们生物活性数据注释,且是化学空间的直观导航。在原始的 SCONP 树中,对

图 3-11　生物导向合成 (BIOS)
发现新活性分子 [*Acc. Chem. Res.* 2010, 43 (8): 1103-1114]

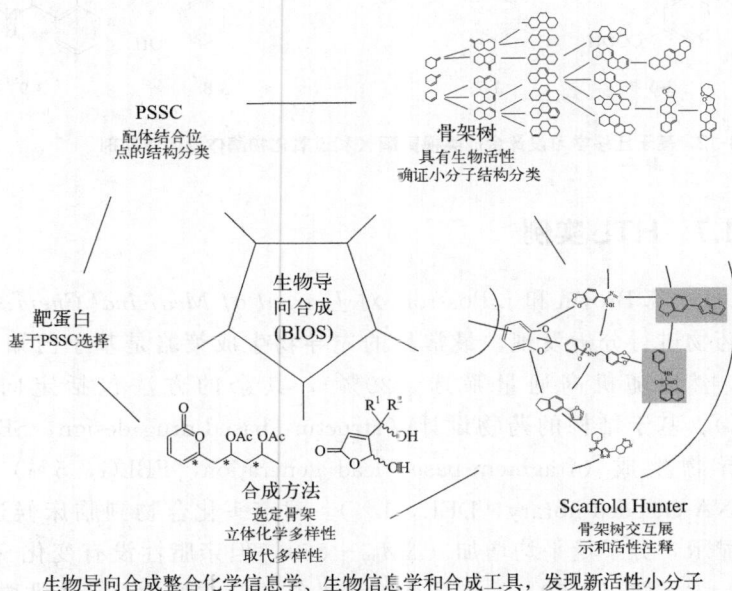

生物导向合成整合化学信息学、生物信息学和合成工具,发现新活性小分子

NP 结构分类依据自然发生。支架树内的臂力摇摆（brachiation），类似于灵长类树栖摆动（tree-swinging）的方式（灵长类动物只用他们的手臂从一个树枝摆动到另一个分支运动），用于确定设计和合成小分子文库新起点，PSSC 可用于选择潜在的蛋白质靶标。基于 BIOS 逻辑设计的化合物集合中引入化学多样性是高频率识别生物活性多样的小分子的必要条件。随着固相和溶液合成方法的不断发展，能够产生具有足够取代基、立体化学和支架多样性的定向小分子集合，从而从相对较小的文库中获得相对较高的生化和生物筛选命中率。同时，BIOS 可以识别几种不同蛋白质的新配体，以及用于细胞中蛋白质功能研究的化学探针。

计算从头设计的目的是生成具有所需属性的新的化学实体，有几种计算从头设计的方法，主要区别在于化学结构生成的过程和所采用的评分方法。最近，提出一种基于生成式人工智能（AI）的全新分子设计概念。该方法能够从已知的生物活性化合物中进行深度学习，进而自主设计具有固有生物活性和可合成的新化合物。首次展示深度学习模型前瞻性应用，设计具有预期活性的类药化合物。研究训练一个循环神经网络，以捕捉以 SMILES 串表示的大量已知生物活性化合物的构成。通过迁移学习（transfer learning），微调通用模型得到识别类视黄酮 X 和过氧化物酶体受体激动剂。合成了由生成模型设计的 5 个最高打分激动剂（图 3-12），经细胞检测评价，其中 4 个化合物显示了纳摩尔到低微摩尔的受体调节活性。显然，AI 赋能的计算模型捕获了化学结构和生物活性内在相关性，且不需要明确的规则。研究结果倡导基于人工智能生成用于前瞻性的从头分子设计优势，并展示在未来基于活性小分子库构建潜力。

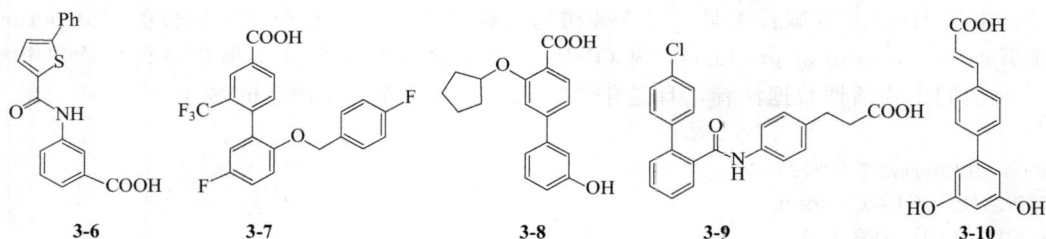

图 3-12　基于迁移学习设计合成类视黄酮 X 和过氧化物酶体受体激动剂

3.1.7　HTL 实例

D. G. Brown 和 J. Bostrom 对 *Journal of Medicinal Chemistry* 上发表的 66 个临床候选药物进行分析发现，最常见的先导物生成策略是基于已知化合物（43%）派生的起点，然后随机高通量筛选（29%），其余的方法包括定向筛选（focused screening，8%）、基于结构的药物设计（structure-based drug design，SBDD，14%）、基于片段的先导物生成（fragment-based lead generation，FBLG，5%）和 DNA 编码文库筛选（DNA-encoded library，DEL，1%）。对苗头化合物到临床候选药物的物理化学性质分析显示，分子量平均增加（$\Delta M_W + 85$），但亲脂性没有变化（$\Delta c\lg P - 0.2$），尽管有例外。大多数（>50%）临床候选者的结构与它们的起始点非常不同，更复杂些。

高通量随机筛选策略一直是成功药物发现的基石，让人回想起"药物发现的黄金时代"天然产物筛选的成功故事，发现许多重要的抗生素和其他重要药物。随着整个行业对越来越多化合物的筛选能力不断提高，高内涵/高通量筛选现在已经成为药物发现过程的常规部分，也纳入学术筛选中心任务。筛选技术可以使用大量的化合物，从几百或几千个片段筛选，到几百万的典型 HTS 筛选，再到数十亿个分子的 DEL。有些研究报告表明，成功的筛选可以在相对较少的化合物库中完成，说明大型筛选库并不是寻找高质量苗头化合物起点的必要条件。Gilead 从 800 个非碱性杂环化合物小库中筛选出苗头化合物（图 3-13 中的 3-11），在浓度 $10\mu mol/L$ 下，抑制晚期钠电流 86%，经结构优化，去除苯氧基苯基和对苯胺基，产生先导物结构 3-12［抑制晚期钠电流（Late $I_{Na}i$）＝$0.33\mu mol/L$］，并最终产生了临床候选物 GS6615（Late $I_{Na}i$＝$0.88\mu mol/L$，3-13）。值得注意的是，临床候选物 GS6615 与最初苗头化合物 3-11 结构相差甚远。先导物 3-12 结构说明，在某些情况下，定向筛选策略结合药物化学优化，可能与大型的 HTS 同等或更有效，大型筛选成本和分类时间可能抵消了额外的能力。也许正是这个原因，实践中定向筛选几千种化合物库很受欢迎，其中包括许多可以商业购买的小库。

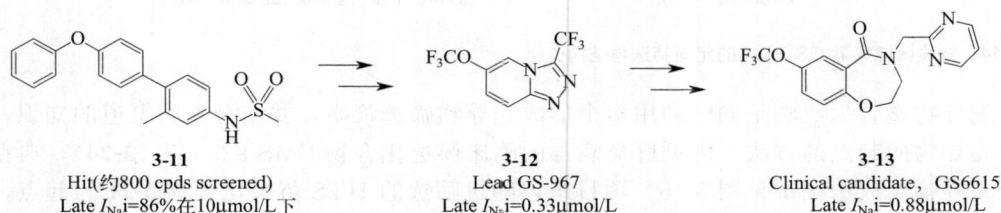

图 3-13　定向筛选与结构优化产生先导物（J. Med. Chem. 2016, 59: 9005-9017）

另外，一项定向筛选和先导物结构优化工作，确定了抗病毒候选化合物瑞德西韦 3-16（图 3-14，GS-5734）。研究团队定向筛选含有约 1000 种不同的核苷和核苷膦酸类似物的小分子库，有许多分子应用于超过 20 年的抗病毒研究项目，其中大部分化合物为含有环状修饰核糖或"类核糖"核的核苷，主要是 N-核苷。他们与美国疾病控制和预防中心（CDC）和美国陆军传染病医学研究所（USAMRIID）合作，在文库化合物中对埃博拉病毒（EBOV）进行筛选，鉴定出 HIT 核苷类似物 3-14，经大量结构改造优化，结构活性关系表明，$1'$-CN 基团和 C-核苷碱是具有最佳抗埃博拉病毒效力和对宿主聚合酶具有选择性的关键药效团。核苷类似物需由细胞内核苷/肽激酶激活生成各自的核苷三磷酸（NTP）代谢产物，与内源性天然核苷酸库竞争，插入复制的病毒 RNA，抑制病毒。核苷第一个磷酸化是限制步骤，核苷类似物单磷酸前药，特别是磷酸胺前药，能绕过初始磷酸化步骤，而且磷酸核苷类似物可以前药形式，掩盖带电荷的磷酸，从而允许其更有效地进入细胞。临床上治疗丙肝病毒的膦酸甲酯前药索非布韦（3-18，sofosbuvir），以及治疗艾滋病毒的膦酸酯前药替诺福韦（3-19）给予很好证明。苗头化合物 3-14 的单磷酸前药混合物 3-15，含有 1:1 的单一 Sp 异构体 3-16（GS-5734）和单一 Rp 异构体 3-17，对 EBOV 攻毒的 HeLa 和 HMVEC 细胞非常有效，对抗 EBOV 感染巨噬细胞（EC_{50}＝86nmol/L），进一步研究发现，Sp 异构体 3-16 对 EBOV 的抗病毒选择性高达 17～32 倍，一度进入针对抗 EBOV 的临床 II 期试验。2019 年，瑞德西韦已被日本与美国批准可以有条件地治疗新冠感染。

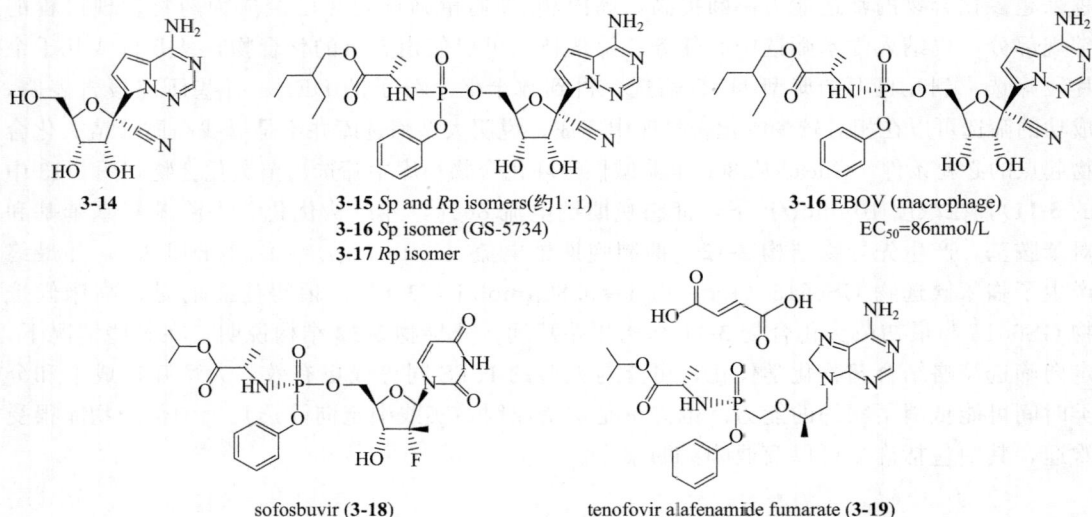

图 3-14　抗埃博拉病毒 GS-5734 的定向筛选与结构优化

　　先导物整合生成法是同时利用多个形成先导物筛选策略，并结合不同渠道的知识，以确定先导物的起点的方法。丙型肝炎病毒的临床候选化合物 BMS-929075（**3-24**），典型的整合先导物生成法例子见图 3-15。项目组以随机筛选的 HTS 苗头化合物 **3-21** 为起点，结合基于结构药物设计得到配体 **3-20** 和 **3-22**，形成新先导物支架起点结构 **3-23**，再经一系列结构改造与优化，发现治疗丙肝临床候选化合物 **3-24**，设计优化过程中，凸显了获取 HTS 和 X 射线结构的价值，整合各种先导物发现设计信息与之前已知的化合物/支架，并加以利用是 HTL 优化发展趋势与方向。

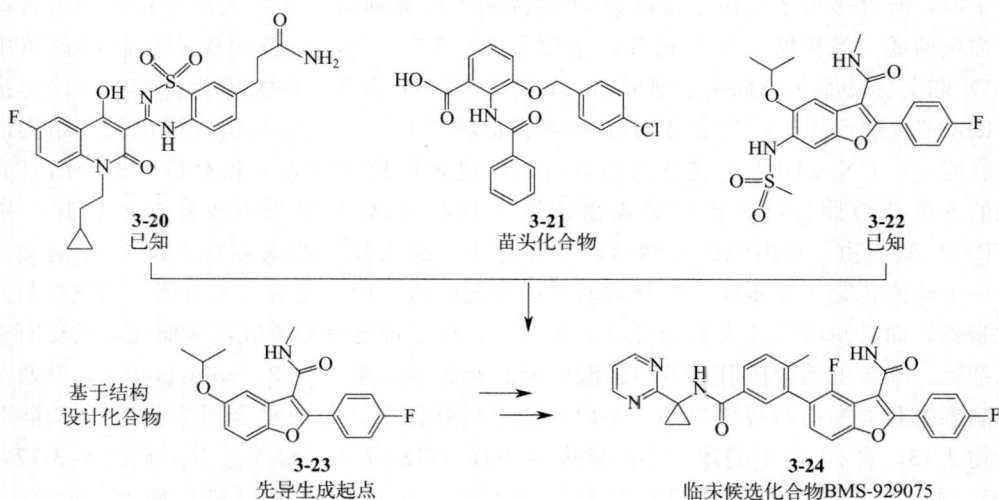

图 3-15　整合先导物生成方法治疗丙肝临床候选物 BMS-929075（*J. Med. Chem.* 2018, 61, 21: 9442-9468）

3.2

新化学实体类药性特性与研究方法

直观上讲，类药性就是指和已知药物的相似性，但是考虑到药物作用机制和性质的多样性，还有各种各样控制这些药物的方法，很难简单地定义"类药性"。药物化学家依靠测定先导化合物的物化性质和自己的经验来得到想要的药物性质，据此，新化学实体类药性主要指物化性质和结构特征对药物动力和药效的影响，主要体现在溶解性（solubility）、渗透性（permeability）、代谢稳定性（metabolic stability）和运输效率（transport efficiency）。除了分子类药性，类先导物性和子结构潜力性也是研究重点。先导化合物能够与靶点有较好亲和力，具有一些利于后续发展的分子性质。先导物的物化性质较为简单，有较好的构效关系和 ADME/Tox ［吸收（absorption）、分布（distribution）、代谢（metabolism）、排泄（excretion）和毒性（toxicity）］性质。与药物及候选物药物相比，先导化合物的分子复杂性更低，包括更小的分子量、更少的分子环、分子中更少的旋转键个数和比例以及更低的脂溶性（脂水分配系数值更低）。子结构潜力性是主要分析分子官能团、分子核心结构以及分子骨架。子结构主要应用于基于片段的药物设计中，是现今药物研发的重要手段之一。对过去药物分子总结发现，大约有 32 个不同分子骨架，表明药物分子具有一定结构相似性。相比于类药性和类先导化合物性，子结构潜力性规则有着更多的应用限制。现有的类药性规则主要基于药物的物化性质规则筛选，而后者既需深刻理解不同物化性质对药物活性的影响，又需选用合适表征药物性质的特征，例如分子量、脂水分配系数等。随着时间变化，药物的物化性质特征也发生巨大的变化。以口服药物为例，平均分子质量从 1950 年的 300Da 增长至 2010 年的 420Da，平均脂水分配系数从 1950 年的 2.5 小幅增长为 2010 年的 3.3。

3.2.1 物化性质

3.2.1.1 分子量

分子量是主要物化性质特征之一，其大小对药物的 ADME/Tox 性质有着直接影响。有文献报道称，当分子质量持续增加超过 400Da 后，化合物的生物利用度会显著降低。子结构规则的上限约为 350Da，类药性和先导化合物规则的上限约为 500Da。然而，这些类药性规则仅适用于简单口服小分子药物，对于其他给药方式的化合物或者大分子类化合物并不适用。天然药物及传统中药是当代药物研发的重要方向，其与一般小分子不同，具有分子量大、多环、结构特殊等特点。据报道，有 65％的癌症、感染性疾病及免疫系统相关疾病药物源自天然药物或天然产物相关药物。在 2016 年，Doak 等首次对分子量>500 大分子进行类药规则研究，结果表明，在进入临床Ⅰ期、临床Ⅱ期、临床Ⅲ期和已上市批准的 280 个大分子中，天然产物占总分子数的 30％左右，肠道给药是其主要的给药途径。

3.2.1.2 溶解度

溶解度是化合物在溶剂中与固体化合物达到平衡时的最大浓度，任何化合物没有单一的溶解值，由结构、溶剂的组成和物理条件以及测量方法等多因素决定。例如，在 pH 7.4 缓冲液、模拟肠液、血液和含有 1% DMSO 的生物测定培养基中，化合物的溶解度可以有很大的不同。溶解度在药物研制的所有阶段都扮演着重要的角色。在筛选过程中不能溶解的化合物会出现一些问题。溶解性是一种复杂的现象，很难被预测。它和化合物的亲脂性、和溶液形成氢键数、分子类氢键数、官能团的离子化状态以及晶体特性，特别是结晶形态和能量有关。特别引人注意的是那些不需要任何测定参数如熔点的方法，这类方法的一个例子是标准的回归统计方法。相对于那些基于片段的描述，对于分子的描述是基于整个分子的一些直接物理描述。Lennard-Jones 作用能、溶剂可及表面积、氢键给体和受体数，还有氨基和硝基数目。QikProp 是一种商业应用的算浧，可以计算溶解性和其它物化性质。为了对溶解度的预测有更详细的了解，建议参阅更容易理解的论文。在药物发现方面，药学家采用制剂解决药物传递问题，结构修饰提高溶解性。制剂增加溶解性策略包括共溶或乳化、药物-环糊精等药物络合、脂质体和纳米粒载体调控等。结构修饰策略包括添加可电离基团、降低 lgP、添加氢键、添加极性基团、降低分子量、构建前药等。

3.2.1.3 脂水分配系数

脂水分配系数直接反映了一个分子的脂溶性高低，是判断分子渗透性的重要依据。普遍认为脂溶性和药物潜力、选择性及毒性密切相关。脂溶性较高的分子易与许多靶点结合，从而导致选择性较低，然而，脂溶性较低的分子，在代谢和清除方面会存在障碍。子结构规则的 $clgP$ 上限约为 2，类药性和先导化合物规则的 $clgP$ 上限约为 5。氢键供体和受体对于药物膜渗透和肠道吸收有着重要作用，同时，氢键也是药物与靶点相互作用的重要组成。一般认为，对于子结构筛选，氢键供体和受体上限都为 4 个；对于先导化合物筛选，氢键供体和受体上限分别为 5 个和 8 个；对于成药性规则，氢键供体和受体上限分别为 5 和 10 个。旋转键数目是对分子灵活性的一个重要评价指标。分子中旋转键数目的多少甚至会影响氢键键能。大部分规则旋转键数上限为 20，少部分针对大分子筛选规则上限为 40。

3.2.1.4 基于 Lipinski（Ro5）规则预判新分子实体类药性

20 世纪 90 年代末，药物研发失败的主要原因是药代动力学不理想和生物利用度低，但已很大程度上得到缓解与控制。最近研究一致认为，类药性、杂乱性、毒性等因素成为药物高磨耗率的主要问题。类药性、杂乱性和毒性规则来源于对实验数据的总结分析，药物研发整体物化性质的改变影响其规则的适用性。1997 年辉瑞公司 Lipinski 等提出口服药"类药性"的概念，由化合物的物理化学性质来预判其渗透性或吸收率。在 2001 年，Lipinski 与同事分析药物和晚期候选药物的广泛数据库，确定负责高磨耗的物化特性，总结提出了筛选类药性五准则（Rules of 5，Ro5），规则中包括：分子量小于 500，氢键供体的数量不超过 5 个，氢键受体的数量不超过 10 个，脂水分配系数的对数值（$clgP$）不超过 5，可旋转键的数量不超过 10 个。符合 Ro5 的化合物，适合高被动扩散和口服吸收。在美国药物通用名（USAN）药物中，发现同时高 M_W 和高 $clgP$ 的仅为 1%。Lipinski 认为若一个分子违反两条以上的规则，则其口服吸收较差，不适用后续药物研发。在口服活性药物库中，少有批准的口服药物违反两个或更多的参数。Ro5 原则对药物化学，特别是组合化学和高通量筛选（HTS）产生了巨大影响。Ro5 模型为化合物类药性评估和靶点"可成药性"预测提供了有用工具，非口服给药途径如眼科、鼻腔和透皮途径也遵循类似标准。

HTS 筛得苗头化合物或先导化合物的理化性质，具有分子亲脂性强和/或芳香度高的特性缺陷。基于目标分子的实测物化性质评估溶解度和渗透性，判断其成药性，是 Ro5 的基本原理。物化性质是多参数优化和评分算法的关键组成部分，正在取代基于其它规则的简单方法。理想的药物理化性质应包括：保持活性、减少代谢、降低毒性，实现渗透并达到溶解度最大化。良好的理化特性是类药性分子的非常重要参数，Ro5 原则为良好理化性质的预测和评判标准。Ro5 筛选原则与基于电脑模型相比，其概念的简单性及对计算的低要求性使得其在药物研发中广泛应用。相关研究表明，Ro5 原则的应用提高了 20% 以上的药物研发效率。但是，Ro5 可能无法预测体内候选药物的代谢命运，例如，口服药四环素和利福平不符合 Ro5 原则，但可以通过肠道屏障被吸收。

3.2.1.5　基于 bRo5 规则预判新分子实体类药性

Lipinski 发现天然产物代谢物环孢素 A（图 3-16 中 **3-25**）依据周围环境显著改变形状、极性和分子内氢键模式，起"化学变色龙"作用，其吸收不遵循 Ro5，属于 bRo5（beyond Ro5）空间药物。符合 bRo5 规则的大分子化合物，其构型及与结合靶点形状都与普通小分子不同，奇异的构型使得它们对呈现大平面、沟渠状的新型靶点，例如蛋白激酶、转运蛋白和异构酶等，更具吸引力。bRo5 药物提供的好处不仅包括增加对难成药靶点的亲和性，还增加了相关靶蛋白家族如激酶的选择性。大多数 bRo5 药物是天然产物或衍生物，以抗生素为主。自从 1990 年批准了第一个口服 bRo5 药物之后，上市的 bRo5 药物越来越多，而且，从头设计和拟肽药物逐渐取代了天然产物或衍生物。最近报道的 bRo5 药物 HCV NS3/4A 蛋白酶抑制剂西咪匹韦（simeprevir，**3-26**）和 navitoclax（**3-27**），它们是基于结构设计发现的抗凋亡蛋白 Bcl-2 和 Bcl-xL 抑制剂。最近大多数批准的 bRo5 药物具有复杂的结构，包括多个立体中心，全合成制备路线有时涉及 >25 个步骤。三项独立的研究发现，口服 bRo5 药物的化学空间延伸具有规律：分子质量（M_W）的上限在 1000~1100Da，亲脂性（$clgP$）为 10~13，氢键供体（HBD）为 6 个，氢键

图 3-16　符合 bRo5 的药物分子

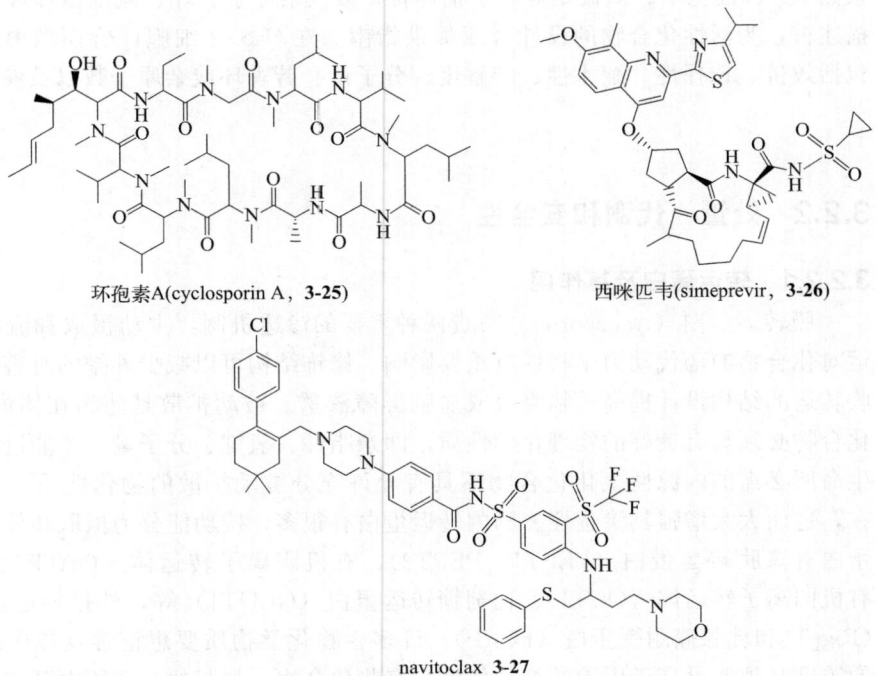

环孢素A(cyclosporin A，**3-25**)

西咪匹韦(simeprevir，**3-26**)

navitoclax **3-27**

受体（HBA）为 14～15、拓扑极性表面积（TPSA）在 230～250Å^2（1Å＝1×10^{-10}m），以及可旋转键（NRotB）多达 20 个。美国 Abbvie 科学家报道 M_W＞1100Da 的 bRo5 临床前化合物的大鼠口服生物利用度数据，随着分子量的增加，亲脂性保持在越来越窄的窗口内，以便满足细胞通透性和水溶解度，也可以通过保持 TPSA 与 M_W 成比例来实现。即使口服药物可能有多达 6 个 HBD，也希望将 HBD 的数量限制在 2 或 3 个，特别是如果 HBD 来源于尿素或酰胺。此外，目前在 bRo5 空间的口服药物有 5～20 个可旋转键，复合评分（AB-MPS）有针对性地提出用于指导口服 bRo5 药物的设计。

口服吸收大环和非大环 bRo5 空间药物的晶体结构和核磁共振（nucleus magnetic resonance，NMR）研究，为大多数 bRo5 药物的分子变色龙行为提供了实验支持。NMR 研究表明，bRo5 药物具有明显但有限的灵活性，在极性膜环境中形成的构象比在极性水环境中更紧凑，具有更低的极性表面积。X 衍射晶体与 NMR 研究均表明，构象变化涉及环境依赖的分子内氢键和/或范德瓦耳斯力相互作用的动态形成，进而减少化合物在极性环境中的极性表面积。有趣的是，分析晶体结构建立的细胞通透性和极性表面积之间的相关性表明，与采用极性构象相比，变色龙性可以使药物的细胞通透性增加近 2 个数量级。

EPSA 是基于 bRo5 物化属性的药物设计软件，由辉瑞公司的科学家团队开发的极性读出分析实验工具。EPSA 背后的主要灵感是获得能够识别化合物形成分子内氢键（IMHB）的潜力方法，发现包埋或隐藏可能妨碍其被动渗透性的极性。考虑到分子内氢键与膜通透性增加的相关性，确定 IMHB 的形成潜力是 bRo5 空间药物设计的重要考虑因素。

3.2.1.6 基于物化性质描述符的其它类药性预测模型

另外，物化性质特征是许多类药性分子设计或预测或评价模型的重要描述符。基于计算机的各种模型开始预测评估与物理化学和生物制药特性相关的结构特征信息，并广泛开展药物的亲脂性、靶点亲和力以及渗透性之间的相关性研究。在化学计量学模型中，集成了分配系数 lgP、极化率、偶极矩等分子描述符，以及杂原子、环、氢键给体和受体的数量等结构描述符，为活性化合物的设计合成提供指南。在 Caco-2 细胞评价模型中，常用的筛选标准包括效价、选择性、疏水性、溶解度、分子量、芳香环或杂原子数以及渗透性参数。

3.2.2 处置、代谢和安全性

3.2.2.1 转运蛋白及其作用

膜转运蛋白（transporter）负责两种重要的渗透机制：主动摄取和流出。载体介导的转运对化合物的药代动力学特性有重要影响。修饰结构可以减少外排的有害影响。基于增强吸收转运的结构设计提高药物吸收或血脑屏障渗透。被动扩散是药物在体内渗透的主要机制。化合物必须具有良好的物理化学性质，即亲脂性、氢键、分子量，才能进行被动扩散。许多生命所必需的内源性生化化合物不具有允许充分被动扩散的物化性质，需有跨膜转运体存在，进而大大增强其渗透性。肠内转运蛋白有很多，按功能分为摄取和外排两种，摄取转运蛋白有寡肽转运蛋白（PEPT1、PEPT2）、有机阴离子转运体（OATP1、OAT1、OAT3）、有机阳离子转运体（OCT1）、葡萄糖转运蛋白（GLUT1）等，外排转运蛋白包括 P-糖蛋白（P-gp）和乳腺癌耐受蛋白（BCRP）。许多生物化学物质要想正常发挥作用，它们在细胞内的浓度必须明显高于周围的细胞外液。有些化合物，如胆盐，必须由肝细胞输出到胆汁。特定的转运体移动其底物对抗浓度梯度，以增强其积累。摄取转运蛋白为组织提供必要的营养物质和其他具有生理功能的化合物，否则这些物质就没有足够的浓度来发挥其生理作用，该过程称为主动运输。其他的转运体则增强化合物的细胞外运动。外排转运体协助剩余化合物的运输。例如，具有潜在毒性的外源生物制剂如药物在到达敏感的脑细胞之前，通过P-糖蛋白（P-gp）从血脑屏障的内皮细胞流出。转运蛋白利用ATP能量输入完成它们的功能。一种特定的转运蛋白只表达于细胞的一个表面（顶端或基底外侧），导致底物定向运动，例如从血进入胆汁。转运体的底物特异性存在重叠，可能会产生协同效应。转运蛋白影响药物的药代动力学。新的转运体通常是通过克隆技术确定的。它们的自然功能、底物特异性、动力学、表达和对药物开发的影响是一个热门研究领域。

转运蛋白影响化合物的ADME/Tox特性。当药物与转运体的天然底物有相似结构部分，或者含有有助于与底物特异性变宽的转运体如P-gp结合的结构元件时，发生转运。摄取转运蛋白增强肠内某些药物分子的吸收，也增强某些药物进入某些器官的分布。胃肠道上皮细胞管腔（顶端）表面的外排转运蛋白阻止某些分子的吸收。转运蛋白协助一些分子进入肝细胞，以增强代谢和胆汁清除。外排转运体阻止一些药物从血液中进入器官，比如大脑。肾脏肾元的活跃分泌加快许多药物和代谢物的消除。由于细胞表面的转运蛋白分子数量有限，如果底物浓度足够高，转运蛋白分子就可以饱和。随着底物浓度的增加，分子通量增加，然后在到达转运体的最大容量时趋于稳定。在这个浓度以上，通量是一样的。当口服给药后肠腔内浓度超过转运蛋白的饱和浓度时，可观察到肠道内药物摄取和排出转运蛋白的饱和。相反，被动扩散渗透不饱和。许多商业药物是转运体的底物。转运蛋白的作用取决于组织和底物浓度。例如，血脑屏障中的外排转运蛋白可以阻止一些药物进入大脑，而在肠道中，外排转运蛋白似乎对吸收的影响较小。这是因为口服给药后肠道中的药物浓度很高（mmol/L），并饱和了外排转运体，而血液中的药物浓度则低得多（μmol/L），因此血脑屏障的药物浓度没有饱和外排转运体。在ADME/Tox过程中，转运蛋白可以限制速率。虽然被动扩散是许多化合物的主要渗透机制，但转运体可以大大提高或降低某些化合物在某些膜上的总渗透能力。

P-糖蛋白（P-gp）是科学家最熟悉的外排转运蛋白，对一些药物发现项目的成功有很大的影响。P-gp存在于人体的许多组织中，尤其大量存在于具有保护功能的细胞屏障中，如血脑屏障（BBB）、大肠、小肠、肝、肾、妊娠子宫等。在敲除P-gp动物中，P-gp底物通常具有增加吸收、减少排泄、增加毒性和增加受保护组织中分布的作用。在一些药物发现项目中，主要挑战是P-gp的外排作用，P-gp会影响ADME过程，减少化合物对治疗靶点的暴露。一种药物分子附着在P-gp位于双层膜内的结合域上，然后，结合在ATP结合区域的两个ATP发生水解，并引起构象变化，打开药物分子进入细胞外液的通道。P-gp是癌细胞对不同结构药物如紫杉醇、依托泊苷产生耐药的主要原因。在最初的化疗治疗中，许多肿瘤细胞死亡，但一些细胞存活并继续生长，研究发现这些细胞表达P-gp，或别的外排转运蛋白，把化疗药物从细胞中外排，自己存活。一个主要的肿瘤发现策略是测试先导化合物抵抗高水平的P-gp和其他外排转运蛋白表达，进而克服高耐药细胞的多药耐药能力。

基于化合物结构的物化性质总结评价P-gp规则，称为Ro4，其主要内容是，N+O≥8；M_W>400；pK_a>4。氢键受体（N+O）数目的增加似乎增加了P-gp外排的可能性。这可能是因为与P-gp的结合发生在亲脂膜区域。此外，氢键提供了高能的结合作用。另一个促进P-gp结合的因素可能是一个结构区域，包括两个相距4.6Å（1Å=

10^{-10} m）的氢键受体或三个相距 2.5Å 的氢键受体。结构修饰策略已证明成功地减少 P-gp 外排。首先，鉴定并总结结构-外排关系研究或提出合理猜想，进而理解 P-gp 中涉及结合的氢键受体原子，然后，向底物中提供氢键的原子上引入空间位阻比如大基团、氮甲基化等，或加上一个相邻的吸电子基团以替换或移除氢键基团降低氢键受体电位，或修改其他结构特征干扰 P-gp 的结合，例如添加强酸，或修改整体结构的 $\lg P$，减少渗透入脂质双分子层与 P-gp 结合。

有机阴离子转运多肽（organic anion transporting polypeptides，OATPs）属于摄取转运蛋白，促进化合物进入细胞。人 OATP1A2（又称 OATP1，OATP-A）在血脑屏障和肝细胞中负责摄取，在肾上皮细胞中负责重吸收。众所周知，它可以运输有机阴离子如胆汁酸、类固醇葡萄糖醛酸缀合物、阴离子染料、甲状腺激素，以及 G 毒毛旋花苷（ouabain octahydrate）、皮质醇和大型有机阳离子，也能运输药物盐酸非索非那定、卡托普利、N-甲基奎尼丁、脑啡肽等。OATP1B1［又名 OATP2，OATP-C，LST1（肝脏特异性转运蛋白1）］表达于肝脏和肠道中，类似于底物特异性 OATP1A2，还可运输类益二醇类、苄青霉素、甲氨蝶呤、利福平、普伐他汀、瑞舒伐他汀和头孢伐他汀。摄取转运蛋白可以提高体外活性化合物的渗透性，但其被动扩散较差。摄取转运体能增强许多药物的摄取，然而，这通常是在发现的设计阶段之后发现的，增强摄取转运能力可能代表着未来药物设计的机遇。利用传统的 SAR 方法，对结构进行针对性的修饰，并用体外分析测定特定转运体能力。结构修饰与增强载体介导的转运的关系将指导进一步的修饰或决定，以测试体内的药代动力学或组织吸收。

3.2.2.2　药物代谢

药物代谢又称生物转化，代谢反应分为两个阶段。第一阶段反应是分子结构本身的修饰，例如氧化反应、脱烷基反应，属于Ⅰ相代谢。第二阶段反应指分子结构中极性基团的共轭添加，属于Ⅱ代谢。它们反应有时是有顺序的，首先添加一个附着点如羟基，然后添加一个大的极性部分如葡萄糖醛酸。但是，当化合物本身具有能偶联的官能团时，发生Ⅱ相反应之前，不需要进行Ⅰ相反应。两种类型的反应产生更多的极性产物，具有更高的水溶性，更容易以胆汁和尿液为载体排出体外。新陈代谢增加清除，减少暴露，是低生物利用度的主要原因，也使得在治疗靶点的药物浓度低于给药时药物浓度。因此，在药物发现过程中，药物化学家需对先导化合物进行结构修饰，以降低代谢。

药物进入体循环之前将其清除，称之为首过代谢，发生在肠道和肝脏中。首过代谢清除外源性药物，阻断其入血，然后每次经肝脏代谢循环药物的一部分，持续降低药物浓度，故代谢稳定性是影响药物暴露和生物利用度的根本特性。不同物种间的新陈代谢存在差异。不同物种的代谢特征在代谢产物结构和产生速率方面存在差异。代谢清除对体内药代动力学（pharmacokinetics，PK）中清除和生物利用度的应用影响，如图 3-17 所示。

代谢稳定性影响药代动力学（图 3-18），代谢稳定性在药物清除中起着重要作用。代谢稳定性与清除率呈负相关。代谢稳定性的降低导致清除率（clearance rate，Cl）的增加。Cl 和体积分布（V_d）直接影响 PK 的半衰期（$t_{1/2} = 0.693 \times V_d / Cl$），决定其给药频率。Cl 和吸收直接影响口服生物利用度（bioavailability，F），吸收是由肠道通透性和溶解性决定的。F 决定药物剂量。因此，在药物研发过程中，合成新化学实体应进行体内外代谢稳定性测定，给项目团队提供代谢局限性数据等相关反馈，指导结构修饰与改造，提高代谢稳定性。

图 3-17　基于代谢清除诊断体内药代动力学性能图（*Nat. Rev. Drug Discov.* 2003, 2: 192-204）

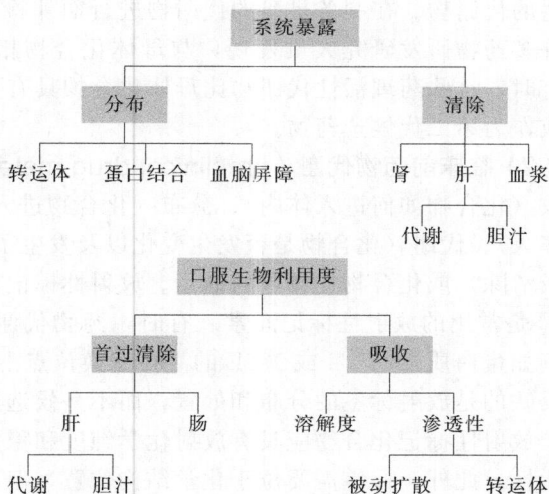

图 3-18　代谢稳定性对药代动力学的影响（*Nat. Rev. Drug Discov.* 2003, 2: 192-204）

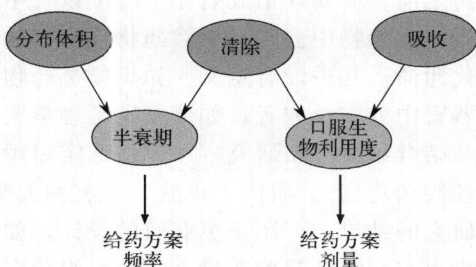

（1）早期药物代谢（preliminary drug metabolism）　用于表征候选药物在体内命运的药物代谢研究的数量和设计取决于初步动物药代动力学和毒理学研究的结果。通常，这些初步体内试验的结果用来确定代谢稳定性和先导代谢程度，以及比较包括人类在内的不同物种的新陈代谢程度，但不能用于早期可开发性药物评估。初步药物代谢实验可以在多种系统中进行，包括 CYP450 同工酶、微粒体、肝细胞或肝切片。肝细胞包含药物Ⅰ相代谢的氧化、水解和还原等反应体系，以及Ⅱ相代谢的偶联体系，而且相对容易地从用于药理学和毒理学研究动物物种和人中获得，因此，许多研究人员选择肝细胞进行代谢首次评估。如果肝细胞的筛选结果显示有广泛代谢，通常先在微粒体中进行额外的体外试验，以确定氧化代谢是否存在，然后用分离 CYP450 同工酶确定是哪一种酶起作用。广泛的代谢并不一定是先导物的"丧钟"。如果从体内迅速清除是有效治疗疾病指征的理想属性，那么代谢到非活性代谢物可能是有利的。然而，对于大多数疾病的适应证，广泛的代谢可能会阻止药物活性物质以足够的浓度传递到包括病灶在内的作用部分，从而产生所需的响应。因此，广泛代谢的先导物可能不是成功的候选药物。

确定是否存在物种差异是早期体外代谢研究的另一原因。在药理学和拟议的毒理学动物物种和人类中，评估代谢有助于选择至少在代谢方面与人相似的物种，以便进行明确的毒理学研究。如果所采用动物物种模型的代谢有限，而人的代谢可能更加广泛，那么药理学和/或毒理学代谢物可能负责人的部分或全部生物活性或副反应，然而，这些反应将不会在动物模型中观察到。相反，与人相比，如果动物物种有广泛或不同的代谢，该物种的安全评价不能预测人的安全。如果需要，有时在代谢广泛的情况下，可以分离鉴定体外系统产生的代谢物。在制备足量的代谢物进行额外检测后，可以评估其潜在的药理和/或毒理。许多药物研发研究人员发现，与母体化合物相比，代谢物具有相同或更高的生物活性。有时，这些药理活性代谢物比母体化合物具有更多的类药性，可以开发为替代母体化合物或作为第二代候选药物。

（2）临床前药物代谢（preclinical drug metabolism） 药物代谢或 ADME 评估决定吸收（化合物如何进入体内）、分布（化合物进入体内的位置）和处置（化合物在体内停留多久）、代谢（化合物是否发生变化以及发生了什么变化）、消除（化合物如何从体内移除或清除）或化合物在体内的命运。放射性标记待测化合物探讨其在动物体内的药物代谢，^{14}C 是常用的放射性标记元素。有时，药物代谢研究是用不太理想的放射性标签进行的，例如蛋白质上的^{125}I 或 NCE 的潜在交换位点上的^{3}H。然而，研究结果可能具有误导性，反映的是放射标签的分布和处置，而不是候选药物或其代谢物的。为了获得更可靠的结果，放射性标记化合物应具有放射化学纯度和稳定性，并且在给药后应具有足够高的特异性活性。此外，标签需要位于化学结构位置，但不会影响候选药物的物理、化学或药理特性，也不会在Ⅰ相代谢如氧化、还原、裂解反应或Ⅱ相偶联代谢过程中丢失。在动物给药之前，需要评估放射化学纯度以及生理基质中的稳定性。如果放射性标签以非代谢的方式从化合物中去除，那么药物代谢实验或标记化合物的其他研究结果对于确定候选药物的代谢命运几乎没有意义。如果候选药物具有缓慢的处置阶段，表明它在一些血管外组织或器官中分布，或者，如果早期毒理学实验确定了潜在的毒性器官，可以设计初步的质量平衡结合组织分布研究，以评估选定组织放射性水平与时间的关系，如肝、肾、脂肪（亲脂性候选药物）、肌肉、皮肤、心脏和大脑，并确定主要的消除途径和速率。这项初步代谢研究的结果，可用于更有效的设计，如用于评价的时间点和生理基质的选择，支持监管机构提交所需的明确质量平衡和组织分布研究。

血浆、血清、尿液、胆汁等标本中总放射性减去母体化合物浓度，可估计出存在的代谢物量。如果差异很小且不随时间变化，则代谢程度较低。对于血浆或血清标本，微小的差异表明在体循环中不存在代谢物。对于胆汁或尿液标本，高水平的放射性表明，母体及其代谢物的主要清除途径。对于主要代谢清除的候选药物，尿液和胆汁中的代谢物初步分析可以测定每种潜在代谢物的量。当一个基质中的代谢物水平很高，即在同一时间同一基质中占比超过 5％的母体化合物，应该尝试分离和确定代谢物。与对应的体外药物代谢研究相比，获得足够数量的代谢物后，可以其潜在的药理和毒理学活性，为候选药物的药理和毒理学作用机制提供可能的额外信息。可以合成那些可能引起药理学或毒理学反应的代谢物，并在适当的动物模型中进行测试评价。在表征候选药物的代谢物过程中发现了许多新化学实体，它们可能具有更好的递送范围、更长的或更短的处置动力学、更少的蓄积潜力、更好的清除性能或更低的毒性等特性，具有比母体化合物更好的成药性。

首先代谢研究之一应该是动物生理液体的蛋白质结合。一种候选药物的药理和毒理学活性通常归因于体循环中的游离或非结合部分，而不是药物的总量，体循环中包括药物游离和结合药物。非结合药物是指透过血管细胞壁并分布到各种器官的药物，包括产生药理和毒理位点。候选药物的游离部分和结合部分处于平衡状态，当游离药物分布到组织中或排泄而从体循环中移除，结合药物解离以保持自由结合的比例。与血液蛋白高度紧密结合的候选药物，例如，与血液蛋白结合程度超过 95％的候选药物，可能不足以在作用位点达到所需药效浓度。如果这样，可能需要用 BCA（二辛可酸）方法定量非结合药物，评估游离部分的药代动力学特征。对于蛋白结合率小于95%的药物，在体循环药物总浓度与药理学或毒理学响应之间，游离药物量和平衡过程通常提供良好的相关性。

（3）非临床药物代谢（non-clinical drug metabolism）　　在非临床药物开发过程中，最常见的药物代谢研究是单剂量和/或多剂量的组织分布，代谢物的附加表征和评价，以及胎儿胎盘转移和乳分泌等研究，旨在支持生殖和发育毒理学评估。尽管大多数监管机构同意，需要在啮齿动物中进行单剂量组织分布研究，以支持候选药物的开发，而且该研究通常提供了有关化合物分布的充分数据，但多剂量组织分布研究可能会获得额外的信息。多剂量组织分布研究设计通常是复合的，结果是特定的，因此基于具体情况而定。非临床药物代谢研究目前没有一致的要求，在以下情况下可能是合适的：

① 候选药物或代谢物在器官或组织中的表观半衰期明显超过血浆中的表观末端处置半衰期，是毒性研究中的给药间隔的两倍以上。

② 候选药物或代谢物在体循环中的稳态浓度大大高于单剂量药代动力学研究的预测。稳态浓度在多剂量毒理学研究的毒性动力学结果中首次获得。

③ 候选药物开发为用于特异性部位的靶向给药。

④ 观察到短期毒理学研究、单剂量组织分布研究或药理学研究无法预测的组织病理学变化。

3.2.2.3　药物安全性

安全是制药公司的最高目标之一。药物是提高患者生活质量和延长其生命的手段，但同时必须尽量减少可能的有害作用和伤害。毒理学研究评估候选药物的潜在毒性，并确定如何进行药物治疗以降低患者风险。与药物的药理作用一样，毒性作用也遵循剂量-反应关系。在过去，毒性研究只在临床开发阶段进行。然而，在临床前和临床开发过程中，毒性仍然是导致候选药物损耗的主要原因之一。Kola-Landis 的研究显示，毒性和临床安全性导致20%至30%的药物研发磨损。一项KMR研究报道44%为毒性所致磨损。此外，由于观察到更广的人群临床毒性，许多药物已退出市场。所有公司在临床研究之前都要进行美国食品药品监督管理局（FDA）规定的体内毒性研究。大多数公司在药物发现期间进行了体外筛选，解决了关键的安全性问题，如细胞色素 CYP 450 抑制和 hERG 阻断。然而，这只是药物面临的两个潜在毒性挑战，与其他吸收、分布、代谢、排泄和毒性（ADME/Tox 特性）一样，早期筛选和纠正毒性问题可以减少临床前和临床损耗。在药物发现期间，计算机和体外分析可以表明潜在的毒性。减少花费在后期因毒性而终止先导系列上的时间和精力提高药物发现的效率。早期验证每个基于发现靶点毒性是提高药物研发效率另一个机会。药物发现过程中，与其他 ADME/Tox 属性一样，毒性研究和安全性优化遵循相同的过程。计算机工具和体外更高通量筛选表明潜在的毒性机制。早期毒性数据可筛选一部分先导物。在药物发现过程中，筛检显示毒性特征与提供明确数据研究用于优先化合物和先导系列，并指导结构优化，以减少毒性。最后，毒性数据通常包含在用于选择临床候选药物的数据包中。

毒性可以由许多不同的机制引起，主要由于治疗靶标、脱靶以及反应性代谢物。调节治疗靶点的意外效应可能是有毒的，称为基于靶标或机制的毒性。候选化合物可以影响体内的其他酶、受体或离子通道，称为脱靶。靶或非靶调控的作用可从药理（功能效应）、病理（致命的影响）、致癌（产生癌症）等方面观察。反应性代谢物与内源性大分子发生共价反应，产生不良影响，导致细胞死亡、致癌性或免疫毒性。在试验性新药（investigational new drug，IND）申报之前，临床候选药物必须获得标准动物毒性研究的数据。最大耐受剂量（maximum tolerated dose，MTD），即未观察到毒性作用的最大剂量，剂量增加到可产生毒性作用的水平。动物研究为临床研究人员提供了估计安全窗口，即治疗指数的基础，例如，LD_{50}定义为50%的个体动物表现出特定毒性反应，如死亡、肿瘤形成、副作用，ED_{50}定义为50%个体动物表现出有效反应的剂量。治疗指数指测定LD_{50}/ED_{50}。一个大的安全窗口提高了药物在临床中的安全性。研究者必须评估新化学实体对靶生物的益处和风险。毒性作用可能是身体可逆的，如肝损伤，也可能是永久性的，如癌症、脑损伤、致畸性。

毒理学研究是为了确定候选药物的安全性，包括对最大无毒性反应剂量（NOAEL）、最大耐受剂量（MTD）、潜在毒性器官和潜在生化标志物的定义，以检测和跟踪毒性事件。大多数未成为治疗产品的可开发化合物在动物和/或人类中具有不可接受的毒性。在启动支持IND提交所需的最终毒理学研究之前，可以采用一些体外和动物实验表征先导物的潜在毒性。早期毒理学评估通常与药理学评估使用同一物种。比较无明显毒性或最大无毒性反应剂量与在同一动物物种中产生所需药理反应的剂量，以获得该物种的治疗窗口或指数。与进行其他候选化合物可开发实验的科学家密切合作，完成获得先导物毒理学特性的毒理学计划。在进行药物安全研究之前，应该有足够数量的先导物，并确定其特征，以便用已知化合物进行测试。如果先导物在给药前需要配方，则每个研究的配方应该相同。如果需要改变合成、纯化或配方，以改善先导的生物制药特性或药物递送特性，那么应该对新配方重复一些早期毒理学研究，以确定安全性特性是否发生了改变。这些早期的安全性研究在许多情况下是根据良好实验室规范（good laboratory practice，GLP）要求进行的。然而，这些实验的设计和实施应尽可能接近用于明确的、符合GLP的毒理学研究的过程。这些结果既科学，又有助于预测符合GLP的研究预期的毒性。早期毒理学研究需要对先导或基于药理学活性选择的候选药物进行特征描述，但不需要开发性评估研究。

分子毒性会导致研究费用的上升、研究后续的失败以及药物撤市等不良后果，毒性是药物研发早期需要考虑的一个非常重要的性质。在临床前研究阶段，与毒性或者安全性相关的失败占54%以上。对于1975—2009年批准上市的748个新药，其中15.2%收到超过一次黑箱警告，4.3%因安全性问题撤市。因此，在药物研发前期，对于潜在的含有毒性药物进行筛选淘汰是降低药物研发成本、提高药物研发成率的重要途径之一。考虑到筛选规则的易解释性和高效性，基于子结构的毒性筛选规则广泛用于药物筛选中。①药物分子的致癌性毒性，James发现含有亲电基团，或者在反应后容易成为亲电基团的化合物，更容易产生致癌毒性，在此基础上，Bailey小组基于含有致癌性分子结构提出33个子结构，用于指导可能含有致癌毒性分子的筛选；②皮肤毒性，药物分子可能有侵蚀、灼伤或腐蚀皮肤等毒副作用。以前确认药物皮肤毒性，采用动物模型筛选评价，但基于实验成本和实验伦理的考量，药物化学家开发了皮肤毒性筛选规则与方法。Barratt组基于294个分子的皮肤毒性实验数据，总结出40个结构毒性规则并建立预测平台DEREK。Payne研究发现，低分子皮肤毒性化合物包含皮肤蛋白烷基化剂、皮肤蛋白芳基化剂、皮肤蛋白酰化/磺化剂、Michael加成电泳物和前体、硫醇交换化合物、自由基反应物和代谢反应分子等，它们更容易具有皮肤毒性；③代谢毒性是常见的毒性，由于本不具有毒性药物分子在体内代谢后，一般经CYP450催化代谢，产生毒副作用的性质，与现今的特异性药物反应毒性相关联。特异性药物反应毒性指的是一些预料之外的、能发生在不同剂量下的、难以用常用药理知识解释的分子毒性，对此类毒性建立筛选规则具有非常重要的意义。

Park 等总结了以前的毒性结构筛选规则，发现一些结构片段频频与严重分子毒性作用联系，包括苯胺类、芳基乙酸和芳基脯氨酸、肼类、噻吩类、硝基芳烃类和包含或形成 α 的结构、β-不饱和烯醛和/或烯酮样的结构、醌和醌甲酰胺等子结构，这些发现对预测和避免特异性药物反应毒性提供结构指导。

基质金属蛋白酶（MMP）抑制剂已被临床研究用于治疗关节炎、血管生成和肿瘤生长中的胶原降解。不幸的是，候选 MMP 抑制剂也会导致肌肉骨骼综合征（MSS），一种肌腱炎样纤维肌痛征。研究表明，副作用不是由目标特异性引起的 MMP-1 抑制，但更可能是由于一种或多种其他金属蛋白酶的非选择性抑制。螯合锌的 MMP 抑制剂化合物似乎是原因。新型 MMP 抑制剂的研究主要集中在锌的非螯合剂上，以减少这种脱靶毒性。一项临床研究表明，患者接受 25 毫克剂量的抗关节炎药物罗非昔布（rofecoxib，vioxx）治疗，19 个月后，发生血栓栓塞不良事件，导致心脏病发作概率增加了 3.9 倍，直接使罗非昔布撤出市场。其机制尚不清楚，但可能与治疗靶点环氧合酶-2（COX-2）有关。2000 年，曲格列酮（troglitazone）导致人类肝功能衰竭而退出市场，体外研究表明，其是 CYP3A4 氧化色酮环或噻唑烷二酮环产生亲电中间体，共价结合蛋白质所致。大剂量的扑热息痛会导致肝脏损伤，CYP 氧化对乙酰氨基酚产生 N-乙酰-对苯醌亚胺（NAPQI），与亲核试剂反应，如蛋白质的巯基。

在药物发现与先导物优化阶段，药物化学家采取多种方法避免或减少毒性。通过在最佳时间获得毒性数据，指导化合物结构再设计，进而降低毒性。提高药物安全性的结构修饰策略包括：①避免已知会引起毒性反应的子结构（表 3-1），在先导的选择过程中，含有潜在毒性的亚结构的化合物受到较低优先级关注。②应进行早期的合成修饰，以去除先导系列中任何潜在的有毒子结构。③在先导优化过程中，不应在先导物结构中添加潜在有毒的子结构。④进行反应性代谢物测定以筛选潜在毒性化合物。体外分析谷胱甘肽偶联物的捕获和筛选 S9 代谢激活后的 DNA 致突变性。这些试验的潜在毒性数据不能保证在体内观察到毒性，但它们提供了早期预警，以便提高药物发现效率。⑤代谢结构或捕获中间体阐明确证探讨体外检测的潜在毒性的数据，很难明确地将毒性分配给特定的代谢物，然而，数据可能指向一个可能遵守的假设方向，反应性代谢物结构的知识提示结构修改策略，降低代谢。⑥利用代谢物结构修饰策略，试图降低代谢生物活性。

表 3-1 可能引起毒性反应的子结构及其建议的反应活性代谢物的部分实例

结构	建议的反应活性代谢物
芳香胺(aromatic amine)	羟胺(hydroxyl amine)，亚硝基(nitroso)，醌亚胺(quinone-imine)，氧化应激(oxidative stress)
羟胺(hydroxyl amine)	亚硝基(nitroso)，氧化应激(oxidative stress)
芳香硝基(aromatic nitro)	亚硝基(nitroso)，氧化应激(oxidative stress)
亚硝基(nitroso)	亚硝基(nitroso)，重氮离子(diazonium ions)，氧化应激(oxidative stress)
卤代烃(halohydrocarbon)	酰基氯(acyl chloride)
多环芳香(polycyclic aromatic)	环氧化物(epoxide)
α,β-不饱和醛(α,β-unsaturated aldehyde)	迈克尔受体(Michael acceptor)
羧酸(carboxylic acid)	酰基葡萄糖醛酸苷(acyl glucuronide)
含氮芳基(nitrogen-containing aromatic)	氮镓离子(nitrenium)
溴芳(bromo aromatic)	环氧化物(epoxide)
噻吩(thiophene)	S-氧化物(S-oxide)，环氧化物(epoxide)

结构	建议的反应活性代谢物
肼(hydrazine)	二氮烯(diazene),重氮基(diazonium),碳正离子(carbenium ion)
氢醌(hydroquinones)	对-苯醌(p-benzoquinone)
邻-或对-烷基酚(o- or p-alkylphenols)	邻-或对-亚甲醌中间体(o- or p-quinone methide)
醌(quinone)	醌(quinone),氧化应激(oxidative stress)
偶氮基(azo group)	氮锇离子(nitrenium)
呋喃(oxole)	α,β-不饱和二羰基(α,β-unsaturated dicarbonyl)
吡咯(pyrrole)	氧化吡咯(pyrrole oxide)
乙酰胺(acetamide)	自由基(radical),氧化应激(oxidative stress)
氮芥(nitrogen mustard)	氮丙啶离子(aziridium ions)
乙炔基(ethinyl)	乙烯酮(ketene)
亚硝胺(nitrosamine)	碳正离子(carbenium ion)
多卤化的(polyhalogenated)	自由基(radical),卡宾(carbene)
硫代酰胺(thioamide)	硫脲(thiourea)
乙烯基(vinyl)	环氧化物(epoxide)
脂肪胺(aliphatic amine)	亚胺离子(iminium ion)
苯酚(phenol)	喹啉(quinine)
芳基乙酸(aryl acetic acid),芳基丙酸(arylpropionic acid)	
咪唑(imidazole)	
中链脂肪酸(medium-chain fatty acids)	

3.2.3 研究方法

3.2.3.1 亲脂性研究方法

亲脂性是研究最多的理化性质之一,有一系列完善的方法可对它进行预测与测定。亲脂性数据经常作为新药开发过程的一部分,$\lg P$ 和 $\lg D$ 值是研究工作的一部分。分配溶解、pH、离子强度、温度、缓冲盐组成、共存溶质、共存溶剂和平衡时间对亲脂性数据影响很大,报道时,上述条件需仔细控制与列出,在不同的条件下获得的亲脂性数据可能区别很大。

计算机预测亲脂性方法,数据库为已知化合物提供了来源丰富的亲脂性数据。来自 BioByte 公司的 MedChem 数据库可以通过 Daylight 化学信息系统检索,它包括 61000 个化合物的 $\lg P$ 值。用于预测化合物性质的软件工具通常使用性质已经被测定的化合物集来建立。这些"训练"数据集的质量随着结构多样性和测得性质数据的可靠性而提高。在运算法则建立后,应当使用另一组"确证"化合物集来检验软件。人们普遍并长期使用辛醇/水分配法,已经发表了大量化合物的数据。因此,$\lg P$ 和 $\lg D$ 预测软件可能属于最可靠的计算机工具之列。

有许多计算亲脂性的商业软件包可以购买,MILES 的登录口,可以进入一些免费计算 $\lg P$ 值的网站。甚至一些结构绘制程序(例如 ChemDraw)也包括 $\lg P$ 计算软件。使用者不应该认为所有的软件都会算出相同的 $\lg P$ 和 $\lg D$ 值,或者认为计算值和实验室测定值能完全相符。通过 PrologD 软件包获得的数据与文献报道数据的比较,测定值与预测值的差值平均约为 1.05lg 单位。对一系列有相同核心骨架或模板的类似物，软件在比较系列内化合物的结构-亲脂性关系上是一般可靠的，因为系列内化合物仅亚结构有微小差别，所以对于指明亚结构修饰导致的亲脂性增大或减小趋势，软件的预测性会更好。总之，通过软件预测 $\lg P$ 和 $\lg D$ 数据可靠，软件易得，计算快速，无实验干扰，成本相对廉价。

亲脂性实验方法测定亲脂性有三种方法，比例缩小的药瓶法、HPLC 法、毛细管电泳法（CE）。各方法需要采用内标或校正模拟分配环境得到 $\lg P$ 或 $\lg D$ 的误差。

3.2.3.2 转运蛋白研究方法

基于计算机转运体研究方法：有研究开发基于计算机的 P-gp 转运底物预测方法，采用 VolSurf 描述符和偏最小二乘判别式（partial least squares discriminant，PLSD）分析开发的模型，具有 72% 的划分 P-gp 底物和抑制剂预测性，但不能定量预测外排比例。使用 GRIND 软件测定底物的药效团结构描述符。目前，转运体的表征基于多学科方法，并结合化学、功能、定量构效关系（QSAR）、同源建模、比咬建模和结构研究；使用大肠杆菌脂质 A 转运蛋白（MsbA）的低分辨率 X 衍射晶体结构进行比较建模，为 P-gp 提供了一个模型，但一直受到质疑。如果有高质量的 P-gp 结构数据，比较建模是非常有用的，然而，目前多学科方法在短期内可以改善对转运体底物虚拟预测。当需要转运体蛋白增强吸收、改善分布或减少消除时，这些模型可以指导结构修饰，减少外排，目的是减少药物对靶点暴露，并增强转运。

（1）体外转运体蛋白研究方法　有几种体外方法可用于评估化合物的转运敏感性。方法中不可或缺的组成部分是活细胞或膜系统中转运蛋白的存在。转运蛋白以多种形式表达：用特定转运蛋白基因转染的细胞系、分离的原代细胞培养、永生细胞培养、微注射卵母细胞、分离的膜和倒置的囊泡。每种形式都有其特定的特征和应用。

细胞层渗透性方法，一般同时测定比较顶部（apical，A）＞基底（basolateral，B）转运体渗透性研究实验和 B＞A 转运体渗透性研究实验。实验先把含有待测化合物的缓冲液放置在 transwell 装置的基底外侧室（B），同时不含待测化合物的缓冲液放置在顶端室（A）。待测化合物透过多孔膜到达基底外侧细胞膜，再穿过细胞到达顶端室。从基底外侧到顶端实验（B＞A）提供了"分泌"方向的渗透值。待测化合物仅由被动扩散或细胞旁渗透而渗透，$P_{A>B}$ 和 $P_{B>A}$ 渗透率值基本一致。然而，当化合物主动转运时，渗透值会不同。当 $P_{A>B}$ 大于 $P_{B>A}$，且摄取比（$P_{A>B}/P_{B>A}$）≥2 时，化合物可能会主动转运供摄取。如果 $P_{B>A}$ 大于 $P_{A>B}$，且流出比（$P_{B>A}/P_{A>B}$）≥2，则化合物可能会主动转运以流出。细胞层渗透性实验所得的实际渗透性值因实验室而不同。Caco-2 渗透性法是经典的细胞层转运体实验，Caco-2 最常见的应用是估计肠道吸收。在肠道吸收应用中，A＞B 渗透率的贡献主要是被动扩散、细胞旁渗透和主动转运。Caco-2 也用于研究一些目标药物的转运体蛋白，有重要的两点需要理解与控制。一是转运蛋白的表达水平不同。Caco-2 细胞在基因上是不相同的，随着时间的推移，不同细胞株的相对种群可能会有所不同。因此，不同转运蛋白的表达水平可能不同。大多数公司通常使用质控化合物与 Caco-2 测定法监测 P-gp 活性，外排作用以地高辛为质控化合物、细胞旁渗透以阿替洛尔为质控化合物、被动细胞间渗透以普萘洛尔为质控化合物。二是使用 Caco-2 中，待测化合物可能是多个转运体的底物。除非有特定抑制剂作为良好的控制，否则，Caco-2 的多重转运体表达可能会混淆结果。

摄取方法，摄取试验是细胞层渗透实验的替代方法。摄取分析法测量在标准固体底培养板中的细胞内待测化合物浓度增加的速率，而不是由于层渗透在基底外侧室中待测化合物浓度增加的速率。在实验时间点，从培养孔中完全去除培养基，轻轻地清洗细胞，然后使用洗涤剂如 TX-100、十二烷基硫酸钠（SDS）或有机溶剂，结合振动或超声波，裂解细胞。测量释放到裂解液中的待测化合物的浓度，根据总细胞体积确定细胞中的浓度。摄取实验是一种方便的高通量分析格式，没有 transwell 系统复杂和高成本。当细胞没有形成紧密连接的融合细胞层时，摄取实验是必要的，但 transwell 装置中的测试化合物分子则会通过细胞旁渗透而渗漏。摄取测定在 P-gp 外排、PepT1 和 BBB 转运蛋白中有应用。

卵母细胞摄取方法，在非洲爪蟾卵母细胞（*Xenopus* oocytes）中表达多种转运蛋白，微注射转运蛋白的 mRNA 转录载体到每个卵母细胞中。卵母细胞体积大，易于处理，且在卵细胞膜上大量表达转运体蛋白。在注射后，卵母细胞可存活 1 周。卵母细胞悬浮在平板的孔中，并加入含有测试化合物的培养基进行实验，孵育 30 至 120 分钟，在特定的时间点，用冰冷转运缓冲液洗涤卵母细胞，用 10% SDS 裂解。测定细胞内容物计算测试化合物的浓度，水注射或不注射作为阴性对照，一般用 LC/MS 或闪烁计数技术。在多种物种中，转运卵母细胞均可用于分析有机阴离子转运蛋白（OAT1、OAT2、OAT3）、肠道肽转运蛋白（PEPT1、PEPT2），有机阴离子转运多肽（OATP1、OATP2、OATP4、OATP8、OATP1B3），有机阳离子转运蛋白（OCT1），钠离子-牛磺胆酸共转运蛋白（NTCP）。卵母细胞转运体的研究不属于高通量，但有助于选定化合物的转运体蛋白研究。

反向囊泡分析法，转运基因克隆到草地贪夜蛾（*Spodoptera frugiperda*）细胞中，产生囊泡，其囊泡膜中含有转运蛋白。经过特殊处理，囊泡倒置，正常转运蛋白胞外面在囊泡内。当转运体是 P-gp，倒置的囊泡放置在含有 P-gp 外排底物的溶液中，囊泡吸收化合物。在特定的时间点，从溶液中过滤囊泡、洗涤和裂解，释放出化合物。用闪烁计数或 LC/MS 技术对其定量测定。

（2）体内转运体蛋白研究方法　进一步体内研究以确证重要化合物的体外研究结果是具有价值的。体内研究确证体外观察，并使人们更了解动态生命系统中转运体的作用。通常有两种体内转运体实验：基因敲除和化学敲除。野生型动物和敲除型动物中的化合物行为的比较，为转运体蛋白的作用及其程度提供了强有力的证据。

基因敲除动物实验：开发许多基因小鼠品种，其中有单独或组合敲除 *mdr1a*、*mdr1b* 和 *mrp1* 基因，市场上已有销售。

化学敲除动物实验，共同给予或预先给予转运蛋白的特异抑制剂，化学上敲除转运体蛋白功能。抑制剂特异地降低转运蛋白活性。在药代动力学或药理学上，与无抑制剂共给药相比，化合物性能的差异证明了转运体蛋白对化合物的体内 ADME/Tox 特性有影响。另外，这种实验可用待测化合物饱和转运体蛋白。如果观察到渗透率或吸收随剂量增加而增加，则外排转运体蛋白很可能处于饱和状态。化学敲除实验也可应用于动物药效/药理评价，其评价结果与常规体内生物学实验的观察结果有更好的关联。

3.2.3.3　药物代谢研究方法

质量平衡（mass balance）和组织分布（tissue distribution）是两种常见的药物代谢研究方法。质量平衡研究通常用于啮齿动物和非啮齿动物物种中的毒理学评估，而组织分布只适用于啮齿动物。对于质量平衡分析方法，放射性标记化合物给药于待测物种后，每隔一段时间收集尿液、粪便以及呼出的空气（必要时），并计算放射性总量。

常用间隔时间为 0~4h、4~8h、8~12h、12~24h，然后逐日递增，最长可达 168 小时，或者，直至给药剂量的 95％以上经肾、肝或肺排出。根据候选药物的药代动力学特征，可以选择其他收集间隔，以更好地了解排泄特征。对于组织分布分析方法，放射性标记化合物给药后，在预定的时间，通常为 2h、4h、8h、24h 和 48h，处死测试物种，收集组织，进行处理，并计算总放射性。通常评估的组织，与毒理学研究中尸检时收集的组织相似，另加尸体。定量全身放射自显影（quantitative whole body autoradiography，QWBA），一种许多制药公司正在使用的替代组织分布研究的技术，现已成为大多数组织分布研究的常规技术。最新的 QWBA 可以量化组织中的低水平放射性，甚至可以测定组织的亚结构中的放射性水平。一些研究人员认为，QWBA 将会完全取代经典的组织分布研究，分析器官和系统中暴露的候选药物及其代谢物，以及可能积累候选药物及其代谢产物的含量。

临床前药物代谢研究可能包括分析血浆、选定组织、尿液和胆汁中的代谢物，以评估潜在重要代谢物的分布和处置，例如占比母体化合物 5％或更高的代谢物。代谢物分析需要母体化合物与其代谢物以及其他内源性化合物分离的技术。对于小分子有机分子，常选用高效液相色谱法（HPLC）。对于大分子，选用凝胶或毛细管电泳技术，能够有足够的分辨能力分离目标化合物，但占比母体化合物 5％以上的代谢物，常用质谱和核磁光谱等技术进行鉴定。

3.2.3.4　毒理学研究方法

（1）体外毒理学研究方法　当已确定了若干发现先导物，或需要进一步评估以选择最优先导物时，可使用体外如细胞系统或微阵列等确定其潜在毒性作用。不同浓度的先导物与细胞进行孵育，如药理学靶细胞、肝细胞、神经元、肾细胞，并测量其不良影响如细胞死亡（细胞毒性），或者细胞功能的改变，或者生物标记物如谷胱甘肽-S-转移酶（GST）或乳酸脱氢酶（LDH）等的释放，其中 GST 和 LDH 被认为是毒性效应的预测因素，指导这些先导物根据毒性潜能进行分层。类似地，具有预测毒性事件系统的微阵列，可以确定哪些先导物能"开启"这些系统。大多数毒理学家认为，这些体外系统不能用于预测动物毒理学，但这些结果可能有助于评估一系列化合物，发现先导物。与其他先导物相比，以确定哪一种先导物可能具有更可接受的特征。

（2）急性或单剂量耐受性研究　为了评估先导物的定性和定量单剂量毒性，按照所提议的临床途径给予多个剂量水平的单剂量，并在给药后观察动物 14 天。急性研究不是 LD_{50} 研究，根据国际协调会议（International Conference on Harmonization，ICH）指南，不需要进行全面的风险评估。ICH 指南建议药物候选剂量水平包括至少一种产生药理活性的剂量水平、一种引起明显的重大或危及生命毒性的剂量水平，以及药物对照组。急性毒性研究应评估静脉给药途径（如果可行）和预期的临床给药途径，除非临床给药途径是静脉给药。研究应在两种相关的哺乳动物中进行，其中一种不是啮齿动物，除非科学上不合理，否则应对每个物种使用相同数量的雄性和雌性动物进行评估。试验物种在给药后，观察 14 天，与所有毒理学研究一样，记录所有毒性迹象，包括发病时间、症状持续时间和可逆性。此外，记录第一次观察到致死性的时间。

对所有死亡、发现死亡或观察 14 天后终止的动物均进行大体的尸检，结果以给药剂量组表示。对结果的评估应包括所有观察和毒理学研究结果及其对人类的影响的讨论，同时应考虑先导的药理学以及使用相关药物的经验。注意最高的无毒效应剂量和最高的非致死剂量。

（3）剂量-范围-发现研究 剂量-范围-发现研究（dose-range-finding studies）用于确定毒理学研究的剂量是在寻找剂量范围研究中确定的，通常包括 4 个剂量水平以及药物对照组，其中最高剂量水平为不会造成实质性急性毒性作用的剂量。这些实验需在提议用于确定毒理学研究的每个物种中进行。对于啮齿动物，剂量组通常有 6 至 10 只动物，每组雌雄各半。对于非啮齿动物物种，通常是比格犬，每个剂量组的动物数量通常是 4 或 6，每组公母各半。剂量范围发现研究的重点可能包括但不限于体重减轻、活动变化、临床化学变化以及尸检时的组织学和病理学评估。剂量-范围-发现研究的主要目标是确定 MTD。给药途径、给药频率和给药时间取决于该化合物的预期临床使用情况。

（4）14 天中试研究 14 天中试研究（pilot scale，14-day studies），在 14 天中试研究中，确定引起如发病率或流涎等毒性变化的剂量水平和产生 NOAEL 剂量的剂量水平。对于用于非危及生命的临床适应证的先导或候选药物，至少要测试两种动物，一种是啮齿动物，通常是大鼠，另一种是非啮齿动物。获取这些研究信息用于建立符合 GLP 规范的毒理学研究的模型，使对应的实验以一种经济高效的设计方法进行，并产生数据。早期毒理学研究还可以评估抗体产生的潜力，如先导物可能具有抗原性，以及引起生理参数的临床化学变化，如电解质或生化失衡、肝药酶的变化。14 天中试研究获得数据可以识别潜在的生物标志物，以评估可能预测不良反应。

在上述毒理学研究中，通过对每个剂量组的动物进行完整的组织学检查，以及从临床化学样本分析中获得的结果，可以确定毒性靶器官。药物代谢组学可以确定毒性靶器官中先导物的水平，以便观察到的毒性与化合物的高浓度或累积浓度联系关联，从而总结潜在的毒性动力学相关性。如有可能，应开始对已确定毒性的生化机制进行分析探讨。这些实验结果可以在明确的毒理学研究中提供对潜在毒性的洞察，识别预测毒性事件的生物标志物，并建议在人类患者中使用先导物或候选药物的禁忌证。若早期毒理学研究的结果表明先导物具有不可接受的毒性水平，则应仔细考虑此类化合物作为药物候选可开发的可行性。

3.3

化学在新化学实体发现中的作用

3.3.1 高通量化学

高通量实验（high throughput experimentation，HTE）是一种以更大数量和更小规模进行实验的技术，与传统的实验方法相比，每个实验所需的工作量更少。HTE 的工具和技术起源于 20 世纪 50 年代的生物学领域，现在发展成熟到在 3456 孔微量滴定板上进行高通量筛选实验，成为了全世界生物实验室的标准。相反，高通量化学（high through-put chemistry，HTC）发展远远落后，技术很少使用。虽然以 96 孔板进行化学实验的程序已很完善，但在继续减少化学实验规模和增加化学实验密度方面，鲜有成功。此外，只有少数工业实验室常用 HTC，在学术中极为罕见。生物和化学中 HTE 的利用程度和复杂性之间如此迥异，主要归因于工程挑战，生物学和生物化学实验所需反应通常在室温或接近室温的水介质中进行，然而化学实验可能需在许多溶剂中和更宽的温度范围内进行，而且，经常涉及在孔板中难以分散和搅拌的异质混合物。挥发性有机溶剂的使用也带来材料兼容性和蒸发溶剂损失的额外麻烦。

高通量化学（HTC）是应用平行操作过程，以大通量进行合成/制备、分析和活性筛选的化学，是 HTE 的化学部分。当 HTE 应用于化学研究时，一般用于筛选测定反应条件的阵列，以快速确定用于给定转化的首选催化剂、试剂和溶剂，对于优化整体高通量合成（high throughput synthesis，HTS）中的单个步骤或作为发现新 HTS 方法具有同样强大的驱动力，HTC 也可将反应物库在相同特定条件下合成大量多样化的药物或材料。现在许多公司不仅将 HTC 用于加速优化包括反应条件、后处理和分离在内的合成路线，而且运用 HTC 极大地拓展获得具有更广泛的化学空间覆盖范围分子库，直接应用于药物发现过程，如加速苗头化合物和先导物发现、优化，以及发现各种新材料的适用性，包括新型燃料电池催化剂和新型液晶基材料。

3.3.1.1　HTC 的影响因素与优势

在 HTC 工作流程中，有几个关键方面需要予以考虑。第一是新化学反应，为了实现突破性的新发现，需开发以前所未有的方式形成化学键的新反应或合成方法，并需要大量的实验，以满足 HTC 设置系统运行比传统方法高出数量级的化学研究。第二是规模微型化，起始材料的局限经常限制既定步骤的化学合成条件的评估宽度，那些数量有限的珍贵骨架分子，传统上只能做一到两次实验反应，利用 HTE 固有的微量滴定板进行微小阵列实验，可以完全实现反应条件优化和化学空间拓展的需求。第三是高速并行执行，许多化学转化需要对常规试剂、溶剂和参数等进行筛选优化，以发现足够好的条件促进有利的反应转化。HTC 利用 96 孔板反应器能够快速并行执行一组精心选择的反应条件，减少合成的时间，获得复杂多样的目标产物。第四是反应试剂称量与分配，分组常规操作可以节省时间，无论是手动移液器的移液管改变还是液体处理机器人的取样针头清洗，通过分组操作最小化地执行操作。高效提高试剂原液的分配速度，需构建加速实验设置系统。当操作少量的传统实验时，试剂可以直接称重，而在大量的实验阵列上的固体处理是具有挑战性的。液体处理既快速又准确，但固体试剂的手动或自动操作较难。使用预先分配的催化剂库和试剂库的加速实验设置体系，可以实现最大尺寸的实验矩阵组装所需反应物的快速精确分配，克服 HTC 中的固体称量与分配"痛点"。

3.3.1.2　HTC 的实验阵列合理设计

传统的化学实验通常始于对相关文献的调查，筛选潜在的反应条件，形成少量可以付诸实验室中测试的想法，然后，测试这些反应，分离、鉴定所得反应产物。当初始假设结论正确，则设计合理有效。然而，很多时候，在发现合适的条件或得出合适结论之前，需反复多次循环实验。相反，HTE 是基于理性的、假设驱动的，是传统化学实验的逻辑延伸。HTC 可以构建一个由许多或所有相关文献条件组成的实验数组。除了直接检测文献条件外，还可以检测文献条件的不同组合排列，混合和匹配金属前体、配体、试剂和溶剂。最后，可以凭借科学直觉扩充数组，包括尚未知道的所需转换条件。HTC 的整个实验序列可以在微尺度上快速执行，每个实验所消耗的材料量很小。快速定量分析技术检测如 HPLC-MS 和 UPLC-MS，生成结果。由于建立大型实验阵列的成本是最小的，HTE 提供了能够明确地检查每个实验组合参数的额外严谨性。此外，在一系列实验合理设计中存在着内在的重复性，并且有可能在没有如此丰富的数据的情况下发现结果中的模式。

在传统的化学实验中，当自文献中选定特定反应条件尝试时，实际上已假设所选反应条件能很好地满足反应目的。然而，HTC 质询了一系列实验条件验证提出假设，并指明问题答案就在所选择的配体、金属前驱体、溶剂和其他试剂的化学空间内。HTC 也会提出关于反应成分的性质如何影响化学结果的问题，从每个实验周期中，获得更详细的化学相关理解。在 HTC 工具加速化学实验阵列的执行中，不同组成元素都可能影响 HTC 合理设计。以反应溶剂为例，一般化学家把溶剂分为许多大类，如极性非质子溶剂、醇类溶剂等，而未必考虑大类溶剂之间的细微差别。介电常数和偶极矩等数值参数描述了溶剂的性质，可以帮助选择溶剂，以最大限度地拓宽 HTC 所得化学空间。介电常数描述溶剂分离电荷的好坏，与离子试剂的溶解度或离子中间体的稳定性有关。偶极矩描述了溶剂分子内部电荷分离，与溶剂的亲核性或配位性有关。偶极矩等性质对金属介导反应是相当有意义的。例如，使用阳离子铑催化剂进行均相加氢时，高介电常数的溶剂可以溶解或稳定离子催化剂，然而，高偶极矩的溶剂可能与亲电金属中心配位，进而抑制反应活性。因为醇类具有较高的介电常数和中等的偶极矩，在上述反应中通常表现良好。针对一系列此类反应选择溶剂，可能是有用地偏向阵列，阵列含有更多具有这些所需特性的成员，以及更少的具有高偶极矩或低介电常数的成员。HTC 能够提供更多的反应。考虑能清晰地检测其因子的所有组合的合理构建阵列时，数组的大小可以迅速增加。当时间或材料限制了实验阵列的大小时，考虑实验因素对结果的相对影响是有用的。在最初的研究中发现，最重要的因子与阵列的最大维数相匹配，而次要因子则以较小的分数分配。

3.3.1.3　HTC 的实验阵列执行和分析

对于大多数微尺度 HTE 实验，$100\mu L$ 反应在 $8mm \times 30mm$ 玻璃小瓶插入金属 96 孔金属微量滴定板提供了一个理想的小尺度平衡和易于使用的手动和自动反应设置。在此规模下，$0.1mol/L$ 浓度下每孔仅需 $10\mu mol/L$ 底物。当材料局限限制可进行的化学反应数量时，可以使用 $4mm \times 21mm$ 玻璃小瓶内的 $20\mu L$ 反应，使材料要求降低了 5 倍。孔板、相关消耗品和用于高通量光化学的光源可商业获得。在小规模上，充分排除大气中的氧气和/或水可能是至关重要的，惰性气氛手套箱是保证反应气氛良好惰性的最方便的方法。对由氢气或一氧化碳等反应气体参与的反应，平板可以密封在手套箱中的压力容器中，然后供应适当的气体。液体处理系统分配是材料引入微尺度阵列的最有效方法。整齐的液体、溶液和均匀的悬浮液或泥浆可以快速准确地添加。然而，不能很好地转移不混相的液-液混合物。许多早期的化学 HTE 方法专注于自动液体处理，但液体处理机器人需要大量的资本投资和使用培训。自动化液体处理是重复筛选库的首选方法。与自动液体处理机器人相比，手动单通道和多通道移液器价格低廉，易于使用，并为实验设置提供了灵活性。与液体处理相比，固体处理缓慢又不准确。值得提醒是，自动化固体搬运机器人是可用的，但最适合执行重复性的、准备性的任务，比如准备筛选库。此外，对于固体分派技术偏好的固体类型，目前并没有通用的自动化固体处理解决方案。

除了有快速和准确地将材料注入实验阵列的工具外，它还有助于快速和定量地从孔板中除去化学物质。采用真空离心机或氮气针去除挥发性溶剂。去除溶剂能力允许在最适合金属-配体络合物形成的溶剂中形成催化剂，而与要评估所需反应的溶剂无关。不满足需要的固体可以在真空或离心机下用孔板式过滤板去除，也可以将板离心后，小心地用移液器除去上清液。对非均相反应而言，确保反应阵列的充分、均匀混合是很重要的。小型的24孔反应阵列可以在标准的旋转搅拌器上搅拌，但96孔板阵列因磁场不足而受损。作为另外一种选择，磁滚筒式搅拌对搅拌微量滴定板是有效的，并可以与各种板加热器和冷却器结合，涡旋混合也可以很好地搅拌 HTE 阵列，但大多数商业涡旋混合器提供的温控选项有限。

最后，HTE 阵列的高效分析需要快速分析技术。具有现代固定相和快速梯度的反相 HPLC 或 UPLC，能够为普通药物中间体常规分析转化率或产率的测定提供通用用途，每个样品的分析时间大约为几分钟。由于大多数化合物含有发色团，一般采用紫外检测，质谱分析有助于识别新的化合物和未知副产物。对无发色团的化合物，采用快速 GC 或 HPLC/CAD（电雾式检测器）分析。可用具有手性柱的超临界萃取（supercritical fluid chromatography，SFC）分析快速测定过剩的对映体。当需要更快的分析时，样本池和迭代体积排阻重组实现的轻量化（MISER）等技术可以进一步缩短时间周期。在所有情况下，配备孔板自动进样器的仪器是至关重要的，可以通过多通道移液管有效地转移反应混合物，并稀释到子板中进行分析。

3.3.1.4 基于 C-N 耦合反应的 HTC 应用

C-N 耦合反应已成为发现与制备苗头化合物或先导物的起点分子的主要反应之一，产生了一些潜在类药分子。但由于对优化的更高要求，Suzuki 反应类 C-N 耦合反应可能没有得到充分利用。默克公司的研究人员报道了一种纳摩尔级别 HTC 筛选平台，平台以基质辅助激光解吸/电离-时间飞行质谱（matrix-assisted laser desorption/ionization-time-of-flight mass spectrometry，MALDI-TOF MS）作为 HTC 的分析工具。HTC 合成基于光氧化还原 C-N 交叉偶联反应，以铱或钌衍生物为光催化剂以及以镍为助催化剂，光照催化并行反应。如图 3-19 所示，添加简单和复杂的添加剂到反应中，添加剂具有类药物分子中的常见官能团。借助机器人液体处理系统 Mosquito HTS 在 1536 微孔板中建立反应条件，然后利用 MALDI-TOF 直接对孔板中反应监控分析，在 10 分钟内快速获得整个 1536 孔板的读数。

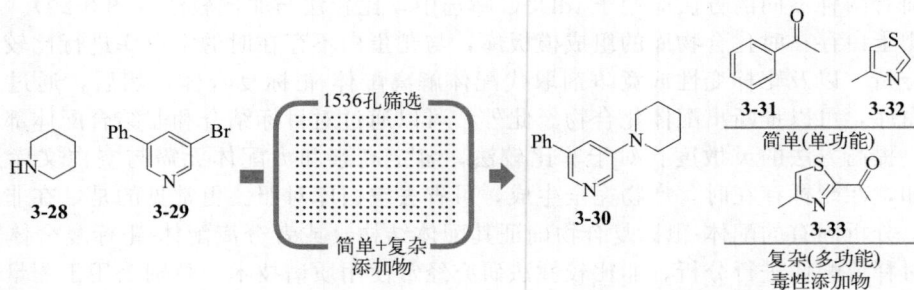

图 3-19 默克公司基于 C-N 交叉偶联反应的 HTC 纳摩尔级的筛选（*Science* 2018）

3.3.2　组合化学

　　组合化学（combinatorial chemistry，CC）可以产生大量结构多样的化合物，称为化学库，主要系统地、重复地和共价地组装各种"积木"（building blocks）。组合化学加速组合库设计、高效合成方法、库合成试剂（包括固体支撑试剂）、连接片段、双层珠、库编码和解码策略、高通量筛选方法和设备等组合体系的发展。组合化学概念始于20世纪80年代中期，在固体载体上，利用Geysen的多针技术和Houghten的茶袋技术平行合成数十万个肽。1991年先后报道单珠单化合物（one bear one compound，OBOC）组合肽库及其液相混合物。1992年，组合化学制备第一个小分子组合库。除微珠固相载体外，多肽和其他合成化合物还可以展示于其他平面或能形成平面微阵列固体载体上，比如玻璃。与OBOC库相似，噬菌体展示肽库中每个M13噬菌体显示一个独特的肽实体，分离阳性噬菌体进行扩增，重新平移，DNA测序进行解码。与合成组合库方法不同，早期的生物库，如噬菌体展示库、酵母展示库、多肽体展示库，仅限于使用20个天然L-氨基酸和二硫键简单的环化。20世纪90年代中期，报道利用非天然D-氨基酸作为构建模块制备mRNA展示大环肽库。2009年引入了翻译后化学修饰的噬菌体展示库，产生限制构象、结构多样性、耐受蛋白水解抵抗的肽。最近，DNA编码化合物库（DNA-encoded chemical library，DECL）飞快发展，高通量地创建和解码巨大多样性的有机小分子、肽或大环库。

　　组合化学在药物发现和优化中大量使用，主要用于构建组合分子库，噬菌体展示、酵母展示、细菌展示、mRNA展示、OBOC、DECL和溶液相混合库等方法构建组合库均能生成巨大的结构多样性化合物库（＞100万），还允许同时快速筛选特定的药物靶标。但是，相比而言，平行合成法和平面微阵列合成方法所建的化合物库，库中分子结构更定向且筛选量更低。平面微阵列技术主要用于多肽研究。当与计算化学联用，高度聚焦的平行合成小分子库，库大小为成百至成千化合物，对药物先导物优化特别有用。

　　与组合化学不同，动态组合化学（dynamic combinatorial chemistry，DCC）是超分子化学的分支，由亚基的非共价组装产生高度复杂的化学体系。DCC利用可逆化学反应，在热力学控制下形成库，最终达到平衡状态。在动态库中，构建砌块和产品不断地相互转换，系统能够通过改变其平衡组成应对外部刺激。在靶标导向DCC（target-directed DCC，tdDCC）中，大分子宿主与选定化合物库组分进行非共价相互作用，靶标在热力学上稳定库组分，最终以弱结合剂为代价放大高亲和组分的浓度，含良好结合剂的DCC非常适合于药物发现。大分子宿主加入后，能够结合并稳定化合物库中的某些成分，发生平衡组成变化，并诱导高亲和力配体的进化选择和富集。

　　目前有两种不同的方法应用于tdDCC筛选中，比较法与非比较法（图3-20）。在比较法中，靶蛋白存在时化合物库的组成模板库，与靶蛋白不存在时的空白库进行比较，结合HPLC分析，以及靶标变性或竞争剂取代配体解离配体-靶标复合体，然后，通过比较模板和空白库，可以推断出配体化合物。此外，可以通过对目标结合和非结合配体部分的初步分离，提高方法的灵敏度。对于非比较法，鉴定高亲和力配体无需与空白文库进行比较，比如，在靶标存在时，产物完全生成，可省去空白库对照。更常见的是，在非比较法设置中，分析固有的配体-靶标复合物确证其配体结构，或者分离配体-靶标复合体及其破坏后，对释放配体进行分析。非比较性法研究经常使用质谱技术，特别是用于测量天然配体-目标配合物的非变性质谱以及测量配体的核磁共振技术，HPLC很少使用。值得注意的是，在平衡过程中，靶蛋白的稳定性可能会强化非比较法研究。与比较法相比，非比较法tdDCC不评估靶标存在时库组分的扩增率。由于缺乏与空白库的比较，可能很难证明已经达到热力学平衡状态。

图 3-20 tdDCC 在早期药物发现中的示意图（*Chem. Eur. J.* 2019, 25: 60-73）

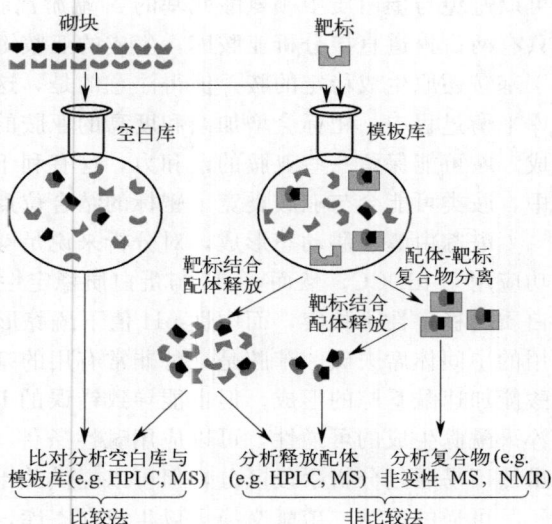

构建动态库的可逆反应，须在不影响目标蛋白活性的条件下进行，即在大多数情况下，它们须与生理条件兼容，如水介质、中性 pH 值，避免与蛋白质官能团反应。此外，产物须具有足够的稳定性，以便后期的光谱分析，比如 HPLC、MS 或 NMR。为了做到这一点，库生成反应的可逆性应该可以关闭，生成伪静态库，不再对宿主或其他外部刺激产生响应，这样有助于分析库组成。如表 3-2，只有有限数量的反应满足这些要求。

表 3-2 制备 tdDCC 的反应

反应	结构
亚胺形成（±随后还原反应）	
酰腙形成	
硫醇-硫物交换	$R^1SH + HS—R^2 \rightleftharpoons R^1 \underset{S}{\overset{S}{S}} R^2$
硼酸盐酯基转移作用	
烯酮迈克尔加成反应	$X = O,S$
半硫缩醛形成	
金属-配体配位	吡啶与 Fe^{2+} 配位反应
酶反应	*N*-乙酰神经氨酸醛缩酶

1997 年 Huc 和 Lehn 首次提出 tdDCC，由胺和醛砌块生成可逆亚胺。使用过量的胺，可以避免与蛋白质中赖氨酸残基的 N 端游离胺发生副反应。生成的亚胺不稳定，事实上，只有两份报道直接分析亚胺库，生成的亚胺键，通常原位由氰化硼氢化钠或氰化硼氢化四丁基铵还原生成稳定的胺。值得注意的是，这些还原剂可能会潜在地阻碍靶标的活性。在库平衡过程中，靶标会增加亲和度高的亚胺的浓度，还原成相应的胺后，维持亚胺库的组成。胺可能保留一些亚胺的亲和力，这有利于它们的后续测试和优化。但是，在平衡过程中，胺类可能会与亚胺类竞争靶标的结合位点，从而阻碍结合放大。

酰腙由醛和肼动态形成，对分析来说足够稳定。在酸性条件下，其反应效率高，已成功应用于 tdDCC。然而，pH 与蛋白质稳定性、酰腙形成相互不兼容，低 pH 值通常与蛋白质的稳定性不相容，而中性 pH 值下酰腙形成很缓慢。亲核催化剂激活醛，生成广泛应用的中间体席夫碱，苯胺是一种非常有用的亲核催化剂。有趣的是，5-甲氧基邻氨基苯甲酸能加速酰基腙的形成，但也能导致错误的 DCC 结果，所以必须谨慎选择催化剂。为了淬灭酰腙生成的可逆性，可以应用碱性条件。在基于酰腙的 DCC 中形成 E 和 Z 异构体，虽然不易通过分析手段区分，但可以提供关于结合模式的关键信息。

可逆的巯基二硫醚交换可以生成动态库，反应在中性到弱碱性的条件下容易进行，并且可以用含二硫苏糖醇（DTT）或谷胱甘肽（GSH/GS-SG）的氧化还原缓冲液控制，加入苄硫醇，监测氧水平。为了便于对库的分析，降低 pH 值可以产生一个伪静态库。为进一步开发和优化高亲和力配体，往往会合成稳定的硫醚或酰胺类似物。

由硼酸和二醇生成的硼酸酯是制备 tdDCC 又一方法。在分析表征方面，成功地应用^{11}B NMR 谱，并合成稳定的碳类似物。Michael 加成和半硫代缩醛生成也都已应用于 tdDCC。半硫代缩醛生成一个真正的虚拟系统，只有在目标存在的情况下观察到产物。tdDCC 也采用金属配体和酶催化反应。产生动态库的酶可以作为宿主和靶蛋白，但只有在 tdDCC 比较方法中才能产生可靠的结果，即生成库的酶须同时存在于空白和模板样品中。原则上很有用，但到目前为止，因酶的底物特异性阻碍其更广泛的应用。动态库在室温下达到平衡，一般需要几个小时到几天，也可以持续长达两周，因此，蛋白质稳定性明显成为 tdDCC 的限制因素。此外，选择构建砌块及其相应的产物须谨慎，特别是需要考虑其溶解度。

3.3.3　流动化学

流动化学，又称为连续流技术（continuous flow technology）、连续流动合成（continuous flow synthesis）、管式反应（tubular reaction）、微反应器技术（microreactor technology）、微流控（microfluidics）等，指通过泵提供动力，将物料输送至具有固定尺寸的微反应器（microreactor）中，以连续流动的方式进行化学反应的技术，如图 3-21 所示。一般而言，连续流反应装置主要由动力装置（泵）、反应管道、连接装置和接收装置等四个部分构成，必要时可以添加混合装置、压力控制装置及在线检测装置等。根据文献报道，连续流反应器的类型可以分为线圈式反应器（coil reactor）、芯片反应器（chip reactor）、固定床反应器（packed-bed reactor）以及管中管反应器（tube in tube reactor），适用于不同的反应类型。

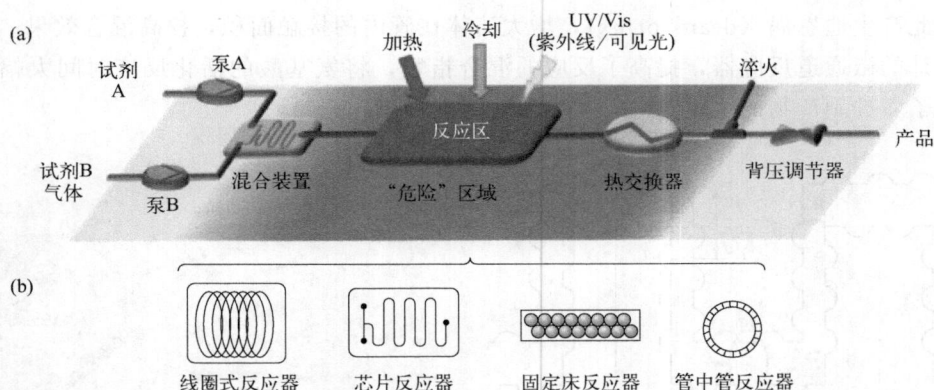

图 3-21　流动化学装置示意图［*Angew. Chem. , Int. Ed.* 2015, 54（23）：6688-6728］

3.3.3.1　流动化学的优势

究其核心，流动化学是通过连续流动的方式向反应器输送化学试剂并完成反应。流动化学由于其独特的反应器构造和反应方式，主要表现出的优点为加强反应的混合效果、传质和传热效率高、对反应参数精确的控制、自动化程度高、易与其他技术手段联用、本质安全等。

（1）加强反应的混合效果、传质和传热效率　相比于传统的间歇式反应器，连续流反应器具有更大的比表面积，能够加强反应物料的接触，减少副产物的生成和反应物料的消耗。表 3-3 显示了不同反应器的比表面积，相对于传统的圆底烧瓶，无论在均相还是异相的条件下，微反应器的比表面积都超过了烧瓶至少两个数量级。这意味着反应的混合效果、传热和传质效率都将得到很大程度地提升。反应的混合效果将较大程度地影响着反应结果。对于快反应，由于反应速率大于混合速率，反应的混合效果极大地影响着反应的转化率与选择性。在慢反应中，混合的不均匀性和反应条件的时空变化也会导致收率的降低。

表 3-3　微反应器与圆底烧瓶的比表面积的对比［*Angew. Chem. , Int. Ed.* 2011, 50（33），7502-7519］

① 内体积为 140 μL，内径为 400 μm。
② 假设气液体的摩尔体积相等。
③ 液体占据一半体积。

反应器类型	比表面积/（m²/m³）
微反应器①	10^4
微反应器(气-液)②	5000
250mL 圆底烧瓶	80
顶空圆底烧瓶③	20

2019 年，Liu 等在研究多肽的合成时，利用微反应器改善了反应的混合效率，提高了反应速率和反应选择性。在这项研究中，发现以赖氨酸为例，羧基的活化反应至少需要 5~8min，随着反应时间的延长，虽然反应的混合效果也不断提高，但反应也产生了副产物。鉴于此，作者产生了借助微反应器改善混合效果，缩短反应时间，以抑制副产物的想法。在微通道中，方波型微混合器由于其构造上"急转弯"的存在，可以造成流体流动方向的快速改变和无序的对流，因而对提高混合效率非常有效。为了进一步加强这种效果，作者先优化了方波型微通道尺寸的比例（图 3-22），当垂直通道（W_1）和水平通道（W_2）

的宽度分别为 $200\mu m$ 和 $100\mu m$ 时，混合效果最佳。并在微通道的两边设计了椭圆形的凹槽，以此产生迪恩涡（dean vortex），增大流体在管内的接触面积，提高混合效果。最终，利用设计的微通道反应器，提高了反应的混合指数，将氨基酸的活化反应时间大幅缩短，并抑制了多种副产物的生成。

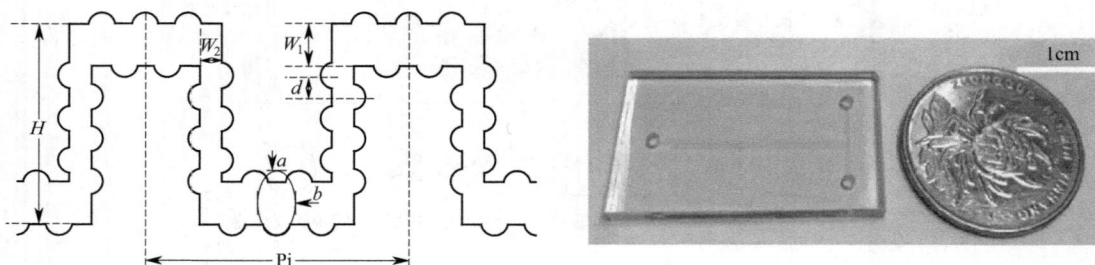

图 3-22　微反应器的凹槽设计及实物图（*Chem. Eng. J.* 2020, 392: 123642-123653.）

（2）对反应参数的精确控制　在连续流反应器中，由于所有的反应介质都被固定在具有已知固定尺寸的微反应器中，因此反应的停留时间、反应物的摩尔流量比、反应温度等参数都能够得到精确的控制。这一优势不仅能够使得实验结果的可重复性大幅度提高，更重要的是可以完成传统间歇操作下无法完成的分子转换。2016 年，Yoshida 课题组在《科学》上报道了利用微反应器将反应时间控制在毫秒至亚毫秒的级别，从而超越分子内的 Fries 重排副反应，用于在邻位选择性官能团化碘苯基氨基甲酸酯。如图 3-23、表 3-4 所示，作者发现，化合物 **3-32** 在苯基锂的作用下，生成活性中间体 **3-33a′**，当反应段 R1 的停留时间大于 $665ms$ 时，**3-33a′** 可经历快速的分子内 Fries 重排而生成 **3-34a′**，完全无法获得产物。而在微反应器中，当 R1 段的停留时间小于 $665ms$ 时，选择性随着停留时间的减少而不断上升。当停留时间控制在 $0.33ms$（理论计算数值，非实际测量值）的条件下，加入试剂，完成活性中间体与试剂的反应，可以完全实现超越分子内 Fries 重排的目标，目标产物收率达 91%，选择性达 99%。最后，作者利用该套装置合成了驱虫药物 Afesal，产率为 $5.3g/h$。《科学》的这项报道显现了对反应参数控制的重要性，几乎颠覆了化学家们对于反应时间这一概念的认知，宣告了微反应器可以完成传统烧瓶式反应器无法实现的分子转换。

图 3-23　微反应器中亚毫秒级的合成以超越 Fries 重排[*Science*, 2016, 352（6286），691-694.]

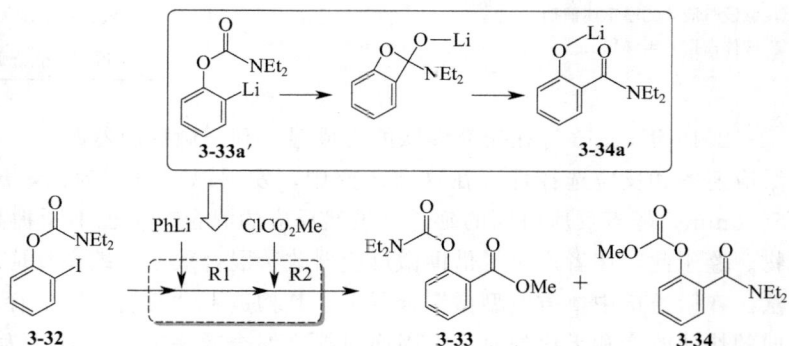

序号	R1 的内体积 /μL	R1 的停留时间 /ms	3-33 的收率 /%	3-34 的收率 /%
表 3-4　微反应器中各项参数				
1	79	628	0	91
2	39	377	20	74
3	27	220	45	51
4	7	55	73	21
5	0	14	79	15
6	0.49	4	87	4
7[①]	0.025	0.33	74	0
8[②]	0.025	0.33	91	0

①约 25%的原料 **3-32** 未转化。
②1.2 倍摩尔的 PhLi。

　　对于这项工作，究其根本原因便是利用流动化学优异的混合效率以及对反应时间精确而细微的控制。流动化学不仅仅体现在对反应时间这一个参数的精确控制，还包括了反应温度、反应摩尔流量比等多个参数。由于连续流反应器具有很大的长径比，即换热面积大，且传热系数高，因此无论对于高温反应还是低温反应，都具有更小的温度分布区间。而往往狭小的温度分布将意味着更好的反应选择性。如图 3-24 所示，P_1 为主产物，P_2 为副产物，中间体 I_1 向产物 P_1 比中间体 I_2 向副产物 P_2 的转化所需要的能垒低。因此，最后反应的选择性将由过渡态的能量差异（$\Delta\Delta G^{\ddagger}$）所决定。而在传统的间歇式反应器中，较大的温度分布区间将导致大量的 I_2 向 P_2 转化，因此选择性偏低。在连续流反应器中，由于其温度的分布差异很小，因此反应的温度可以被精确地控制在同一水平，实现 I_1 向 P_1 的转化，选择性将可以得到保障。

图 3-24　微反应器因温度分布较小而选择性较高
[*Chem. Rev.* 2017, 117（18），11796-11893]

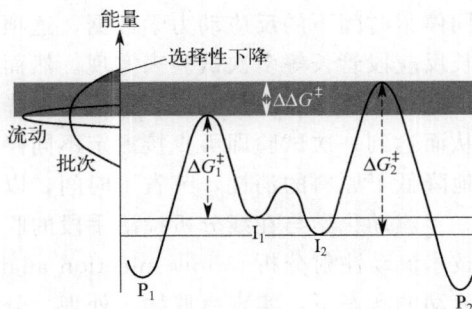

　　（3）自动化程度高　自 2010 年以来，随着"工业 4.0 战略"、"制造业创新 3.0"和"中国制造 2025"等概念的不断提出，可以看出如今的制造业已经步入一个更信息化、更自动化的时代。而在化学合成领域，在过去的几十年中，化学家们将大量的时间花费在重复性的实验操作中，如反应监控和过程优化，从而在一定程度上限制了化学家们的创造性。随着连续流技术的引进，化学反应的自动化程度不断提高，所需的人工干预也越来越少。

　　2019 年，在自动化流动合成领域的最新进展被报道，利用人工智能完成脑力劳动，机器人手臂执行实际操作的全自动化流动合成平台（图 3-25）。该平台主要分为三个部分，首先，已经训练的人工智能算法对目标化合物进行逆向合成分析，给出建议的逆向合成路线及其预测的反应情况（收率、副产物等）和反应条件。然后，化学家审查合成路线后，将反应路线的细节（停留时间、摩尔流量比、反应物浓度等）命名为"配方"发送到机器人平台。最后，由机器人手臂组装泵、输送试剂的管路、特定的反应器和分离器等硬件，完成整套流动反应器的搭建后，系统自动开始合成并分离。整个系统集合成路线分析设计、自动化合成、产物分离于一体，研究人员利用该系统完成了 15 种药物分子的自动化合成，其中包括阿司匹林（aspirin）、利多卡因（lidocaine）、地西泮（diazepam）、华法林（warfarin）等。

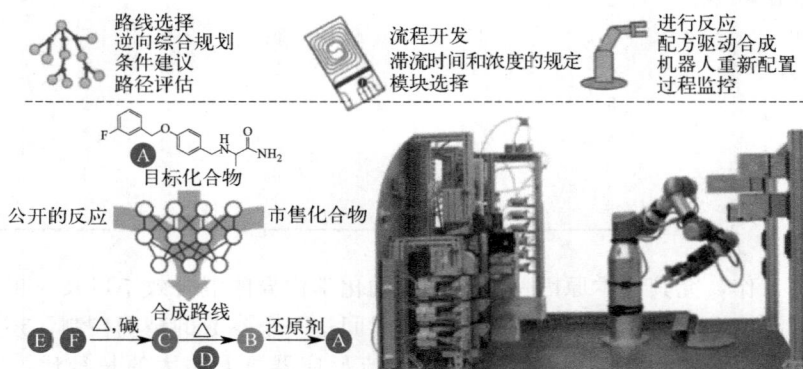

图 3-25　可执行 AI 计划的多步化学合成的机器人流动化学平台［Science 2019，365（6453），557-565］

（4）易与其他技术手段联用　连续流技术由于其反应液在线量小和连续流动的反应方式，可以轻易地与很多技术手段联用。目前，研究较多的主要可分为：与检测技术（如红外光谱 IR、荧光信号、核磁共振 NMR 等）串联、与辅助化学合成手段（如微波、光化学、电化学等）联用和与其他技术手段（如 3D 打印技术、高通量筛选等）联用。2014年，Jensen 课题组在连续流反应器中研究 Paal-Knorr 反应的本征动力学时，引入了在线红外技术（online IR），用于快速地产生反应动力学数据。本征动力学研究，需要测定不同停留时间下的反应动力学数据，这项操作往往在连续流反应中需要通过改变流速或者延长反应段管长等多次试验来实现。然而，在这项研究中，研究人员利用在连续流反应器上串联在线红外检测技术，通过均匀地降低泵的流速，计算出口时反应液的实际停留时间，从而达到一次试验即可直接测定不同停留时间下的反应动力学数据的目的。这套方法极大地降低了原料的消耗，节省了时间，以便于快速地产生动力学数据。

流动化学与在线分析检测手段的联用，其从原理上，与分析化学领域新兴的一项分析技术流动注射分析（flow injection analysis，FIA）有着异曲同工之妙。两者都是在连续流动的状态下，实现由取样、处理、分析的全自动化，减少人工耗时耗力的操作，提高分析效率。相对而言，前者集流动状态下的合成和分析于一体，实现了从化学反应到实验结果分析整个操作过程的全连续流，自动化程度更高，应用领域更广。

2018 年，制药巨头辉瑞（Pfizer）在《科学》上报道了流动化学与高通量技术的结合，开发了一种可在不同溶剂、温度、压力等条件下进行自动化高通量化学反应条件筛选的平台。在该平台中，反应物、催化剂和配体（反应体积共计 $5\mu L$）以及反应溶剂（共计 $500\mu L$），泵入连续流反应器中，在反应器中，研究人员可以精确控制流速、停留时间、反应温度、压力等各个参数。并以每 24 小时＞1500 次的速率，对反应条件涉及的 4 种溶剂、11 种配体、7 种碱以及两种带有不同取代基的反应物总计 5670 个反应进行了评估。完成反应后，反应液经过分馏进入 UPLC-MS 在线检测，将反应情况反馈给系统，生成实时分析的数据点。在药物开发项目中，快速合成具有潜在成药性的化合物，最大程度地减少花在非最佳候选药物分子上的时间和精力都是至关重要的。而辉瑞的这项工作利用了流动化学的优势，并与高通量实验相结合，每天完成超过 1500 个纳摩尔级别的反应筛选，对于快速筛选候选药物分子具有重要意义。

3.3.3.2　流体化学在制药领域的应用

到目前为止，绝大多数原料药的生产仍然是依赖间歇式操作和半间歇操作。这种传统的操作模式，每一步合成工艺都是相对独立的过程，基本都需要将上一步的产物经过分离后，再进行下一步的反应，导致其整个工艺操作严重消耗人力和物力，自动化程度低。在线处理量较大，有毒有害试剂的直接暴露，且间歇操作下其传热效率低，导致其生产的隐患较大、安全系数低。而目前所报道的全连续流案例，可以集所有的合成反应于一体，中间体不经过复杂的纯化和分离程序，省时省力。且连续流技术将所有的原料、中间体和化学反应固定在微反应器中，在线处理量小，减少了有毒有害试剂与操作者之间的接触，安全系数高。

2017 年，礼来（Eli Lilly）在《科学》上报道了一套整合的流动生产装置用于制备抗肿瘤的临床在研药物 prexasertib（普瑞色替）单醋酸一水合物。相对于已上市药物而言，临床在研药物其所需的量有限，而传统间歇式的规模化生产严重依赖大型设备且产量较大，实验室规模下的合成又无法满足临床试验的需求量，因此对于临床在研药物的连续化生产有着格外重要的意义。Prexasertib 是一款新研发的检查点激酶（checkpoint kinase 1，CHK1）抑制剂，不仅能够破坏 DNA 的双链结构，同时可以清除 DNA 损坏检查点的保护。但是在其合成过程中，由于最终产品具有一定的细胞毒性，且合成过程需要用到易燃易爆的原料肼，因此其间歇式生产过程中存在较大的安全隐患。在该项报道中，研究人员为每一步连续流合成工艺配备相应的在线检测、监控手段，使每一步的连续生产都在现行良好生产规范（Current Good Manufacturing Practices，CGMP）的监控下进行，以确保药品的生产质量。研究人员整合了化合物合成和产品分离全连续一体化，实现从化学原料到最终产品的一步连续化，无需人工干预，这不仅提高了生产效率且降低了工艺本身的安全隐患。礼来的该套设备在实验室的条件下即可完成 3kg/d 的产量，并且已经生产了24kg 原料药供人体临床试验使用。对于临床药物，连续流的生产模式基本达到了"随时需要，随时生产"的状态，既能满足临床试验的需求量，又不会导致批次生产过多而造成的浪费。

流动化学在制药行业中的发展不仅体现在化学小分子合成领域，在蛋白质的合成中同样有着异曲同工之妙。2020 年，Hartrampf 等利用自动化的流动化学平台完成了蛋白质的合成。研究人员利用全自动快速流动合成平台（automated fast-flow peptide synthesis，AFPS）合成了超过 5000 种肽，并且自动收集了每一个肽的合成数据。在优化的 AFPS 方案下，在数小时内以 327 个连续反应直接合成长达 164 个氨基酸的肽链。他们使用这种 AFPS 仪器，合成了九种不同的蛋白质，包括酶、结构单元和调节因子等。为了证明 AFPS 方案的普适性，作者合成了长度 70 至 170 个氨基酸的多种蛋白链，其中包括药物研发相关靶标（如HIV-1 蛋白酶和 MDM2）和可作为药物的蛋白质（如成纤维细胞生长因子 1 FGF1 和胰岛素原）。化学合成的长链多肽或蛋白质，是否能正确折叠并具有生物学活性是关键问题。研究人员对选定的合成蛋白经过纯化和折叠后，测定和表征了其三级结构。基于 AFPS 方案的合成蛋白的三级结构与功能和生物表达的重组蛋白标准品相当。这说明 AFPS 方法的保真度高，可合成共价结构明确和手性保留的合成蛋白。总的来说，利用了流动化学的优势，这项研究大大提高了化学方法在蛋白质合成中的应用潜能。这不仅有益于蛋白质研究，特别是那些难以通过生物学方法制备的蛋白质，还可用于快速按需生产个性化的多肽和蛋白质药物。

随着科学家们对连续流技术不断地深入研究，其在制药行业的应用已经不再局限于合成领域。2020 年，MIT（美国麻省理工学院）科学家更将连续流技术进一步拓展至药物制剂，开发了化学反应、产品纯化和药物制剂三个模块化的连续流体系。在药物制剂模块，可以对原料药进行进料、混合、分配和直接压片以制造口服固体剂型。目前，已经实现了符合《美国药典》的盐酸苯海拉明片剂和盐酸环丙沙星片剂的生产。虽然该套设备目前能够连续制造的剂型还比较局限，但是这项研究的应用成果真正意义上实现了从原料分子到口服片剂的连续化、自动化生产，也预示着未来的制药行业必定向着连续化、智能化的方向不断发展。

3.3.4 案例分析

3.3.4.1 高通量化学案例

上海有机化学研究所董佳家课题组发现了一种安全高效、从大量可得的一级胺化合物出发直接合成叠氮化合物库的方法（图 3-26）。以大量一级胺官能团分子为砌块，在 96 孔板内直接合成对应的叠氮砌块库（1224 个），无需分离纯化，和任意给定端炔化合物进一步在 96 孔板内进行点击环加成反应，随后，直接进行功能筛选。这种高通量化学既实现砌块的极大多样性和链接的高度可预测性，又建立高度可预测的高通量合成模式。高通量化学中采用氟磺酰基叠氮与一级胺类化合物的重氮转移反应，称为第三个点击化学反应，研究人员将此过程命名为模块化的点击化合物库方法。目前所采用的一级胺砌块数量推进至 5000 个以上。该过程对不同结构的底物反应条件归一化，所建的化合物库中分子无需纯化，可以直接应用于生物功能的表型筛选，而且由于点击反应的正交性和反应条件的生物相容性，可改造的前体分子范围极大。这种高通量化学流程简单，确证后的目标分子可以在极短时间内进行克级规模以上的放大，迅速推进，可进行低成本的复制。

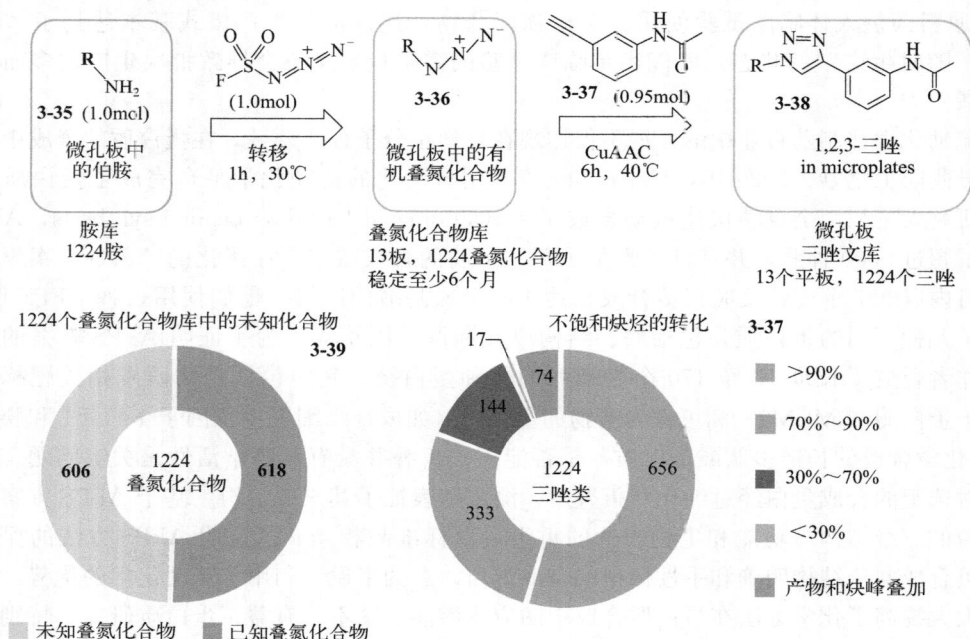

图 3-26 基于微板与胺库的高通量化学连续制备 1224-叠氮库和 1224-三唑库（*Nature* 2019，574：87-90）

3.3.4.2 组合化学案例

甘露糖结合Ⅰ型菌毛是大肠杆菌尿路感染（urinary tract infections，UTI）形成的重要毒力因子。尿路致病性大肠杆菌（*E. coli*）通过Ⅰ型菌毛尖端的 FimH 粘连蛋白黏附到尿路上皮内的尿溶蛋白（uroplakin）受体，造成 UTI 的发生。靶向阻断细菌 FimH 与 uroplakin 受体的黏附互作，可以防止 UTI。2017 年，报道了一种以酰腙为基础的 tdDCC，靶向抑制细菌黏附素 FimH。结合 HPLC 分析以及 tdDCC 筛选比较研究发现，小分子库与 FimH 互作过程中，化合物（图 3-27，**3-40**）的亲和力最高，解离常数（K_d）为 330nmol/L。endothiapepsin（壳室囊菌蛋白酶）是一种天冬氨酸蛋白酶，对疟疾、高血压、艾滋病等多种疾病起致病作用，采用可逆的酰腙反应策略，成功地以异苯二醛为起始分子，连接两类肼碎片构建对应 tdDCC 库，然后，以 tdDCC 比较方法与 HPLC 分析发现双酰腙（**3-41**），测得 K_d 为 25nmol/L。另外，在过去的十几年里，高通量组合库构建方法应用于药物发现，见表 3-5。

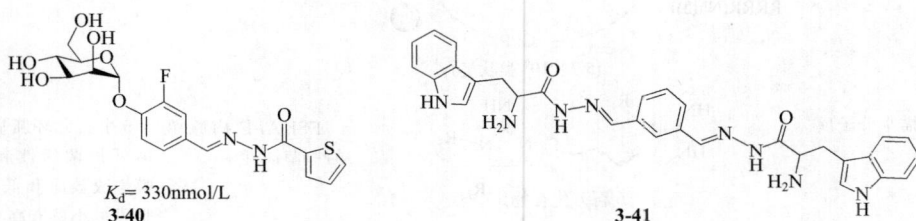

K_d= 330nmol/L
3-40

3-41

图 3-27　基于组合化学库筛选活性合成小分子

表 3-5　组合化学建库及其在药物发现中的应用（*Curr. Opin. Chem. Biol.* 2017, 38：117-126）

库类型	库结构	筛选	注释
DECL	DNA编码标签 (**76 230**化合物)	亲和筛选	潜在 tankyrase 1 抑制剂 X066/Y469(IC_{50} 250nmol/L)
PNA-编码小分子库 （62500 小分子 $A_{125} \times B_{500}$）[①]	DNA	亲和筛选	K_d=1.58nmol/L
空间上可访问的液相库	(21个化合物)	质粒松弛分析	Ld Top1 抑制剂,具有抗利什曼虫活性(EC_{50}= 4.2μmol/L),也有对利什曼原虫的抗原虫活性,但对正常哺乳细胞 COS7 没有毒性
OBOB COPA 库	Linker (160000化合物)	蛋白结合分析	是第一个野生型 p53DBD 非共价键小分子配体(K_d= 10μmol/L)

库类型	库结构	筛选	注释
OBOC 拟肽库	 (1064 化合物)	ζβ₁ 整合素配体（LLP2A）细胞结合分析	治疗骨质疏松症的 LLP2A-阿仑膦酸钠，正在临床 I 期
OBOC 类肽库	 (39 300 类肽类)	新型隐球菌的原位释放分析	类肽 AEC5 具有与临床存在药物相当抗菌效力，优秀稳定性和对哺乳细胞最小毒性
OBOC 双环肽类库	 (5.7×10⁶ 类肽类)	抗癌蛋白 K-Ras G12V 珠上酶联试验	确定中等潜力能渗透细胞的 K-Ras 抑制剂
位置扫描小分子库	 (>6 百万化合物)	ESKAPE 病原菌的抑菌活性	5 个二元环胍显示广泛体外抗菌活性和抗生物膜生成效应和低毒，也对腹膜炎小鼠有高疗效

① A 指 PNA-编码库中来自 FDA 批准的药物、活性天然产物和片段；B 指杂环。

注：COPA—戊烯酰胺的手性寡聚体（chiral oligomers of pentenoic amides）；Ld Top 1—利什曼原虫拓扑异构酶 1（leishmania donovani topoisomerase 1）；DBD—DNA 结合域（DNA-binding domain）。

3.3.4.3　流动化学案例

作为一种新兴的技术，流动化学在制药行业主要优势体现为更快、更安全的反应，这可以使环境更友好，占地面积更小，产品质量更高，并且能够执行难以或不能以批处理方式进行的化学反应，目前正在制药领域蓬勃发展。在制药领域，连续流的应用主要可分为：原料药合成中关键步骤的连续化、原料药的多步连续流全合成、集原料药合成与药物制剂全连续化等多个领域。

2017 年，Jensen 课题组将连续流技术应用于氟喹诺酮类抗生素环丙沙星（ciprofloxacin）的全连续流合成中（图 3-28）。研究人员先经过对环丙沙星分子结构进行逆向合成分析，再对每一步的反应进行工艺参数的优化，最终开发了一套环丙沙星的连续流全合成系统。在该套装置下，前六步可以直接合成环丙沙星的钠盐，总停留时间仅需要 9min，再经过离线的酸化及过滤处理即可得到环丙沙星，总分离收率为 60%。在整套系统中，研究人员通过引入乙酰氯除去上一步取代反应遗留下的副产物二甲胺。此外所有的中间体无需经过任何的分离和纯化，即可直接参与下一步的反应。相比已报道的间歇条件下的工艺，该套多步连续流动的合成系统不仅提高了反应的分离收率，将反应的总时间从大于 24h 缩短至 9min，且极大地减少了废物的排放。

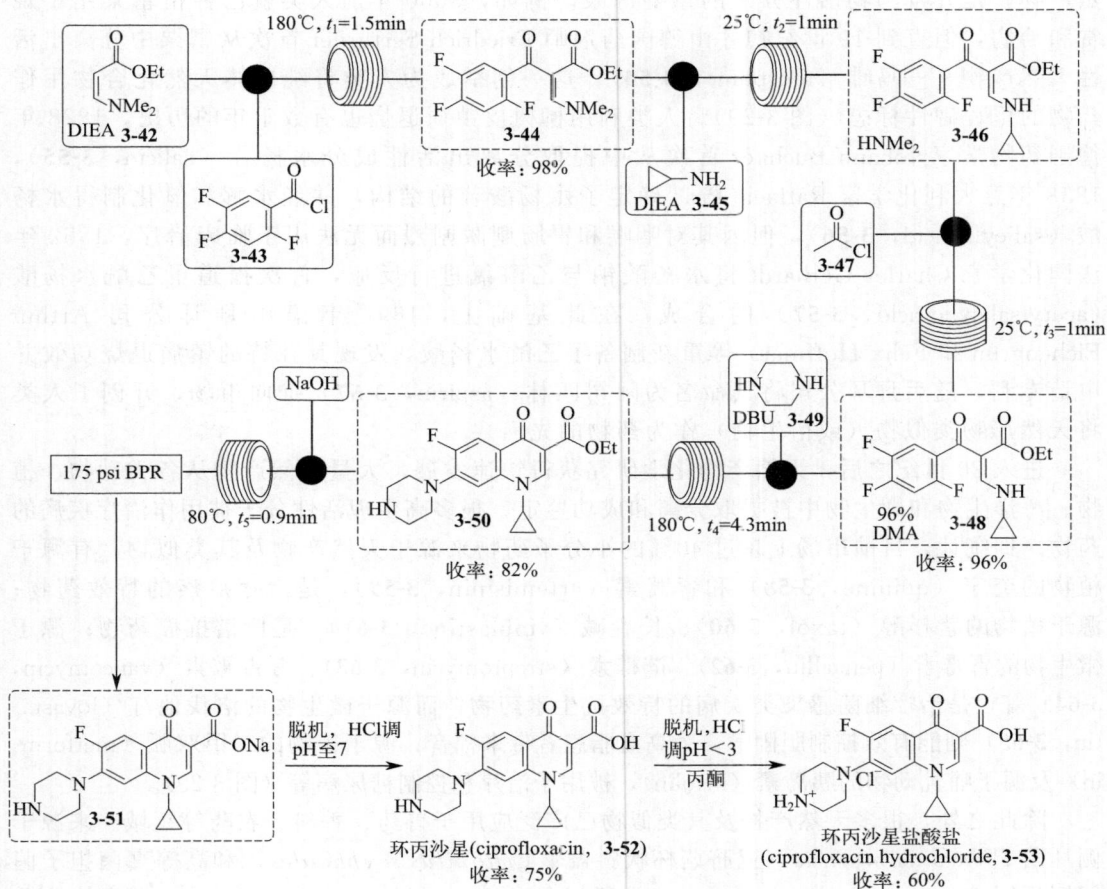

图 3-28　环丙沙星的全连续流合成

3.4

新化学实体发现策略

3.4.1　天然产物来源

　　天然产物是从自然界存在的动物、植物、微生物中分离提取的有机化合物，是生物通过演变进行结构优化产生特定的生物功能，包括内源性防御机制的调节和与其他有机体的相互作用，为了生存而产生的内源生理活性分子。传统医学包括中医中的应用提供关于药物疗效与安全的解释与证据。广泛而多样性的生物，制造出千变万化的天然产物，是开发药物活性分子的重要源泉。例如，8000 年前人类就已种植罂粟用于观赏和治病，但直到 19 世纪初才由德国药剂师 Friedrich Sertürner 首次从罂粟中分离出活性天然产物——吗啡（morphine，**3-54**），这一创举成为人类将纯单体天然化合物用作药物的里程碑性标志（图 3-29）。人类利用柳树皮镇痛退烧也有数千年的历史，1828 年德国药物学家 Johann Buchner 首次从中提取分离出活性成分水杨苷（salicin，**3-55**），1838 年意大利化学家 Raffaele Piria 确定了水杨酸苷的结构，并经水解和氧化制得水杨酸（salicylic acid，**3-56**），但因其对咽喉和胃肠刺激剧烈而无法用于临床治疗，1852 年法国化学家 Charles Gerhardt 将水杨酸钠与乙酰氯进行反应，首次报道了乙酰水杨酸（acetylsalicylic acid，**3-57**）的合成，在此基础上，1897 年德国拜耳公司 Arthur Eichengrün 和 Felix Hoffmann 等重新制备了乙酰水杨酸，发现其独特的镇痛退烧功效并申请专利，随后拜耳公司将其命名为阿司匹林（aspirin，**3-57**）推向市场，开创了人类将天然产物类似物（或衍生物）作为药物的先河。

进入 20 世纪之后，天然产物化学研究获得快速发展，大量天然产物从各类动物、植物、海洋生物和微生物中被提取分离和成功鉴定，很多高生理活性分子被用作治疗疾病的药物。据统计，目前市场上超过 40％的小分子药物来源于天然产物及其类似物，有源于植物的奎宁（quinine，**3-58**）和青蒿素（artemisinin，**3-59**），是治疗疟疾的特效药物；源于植物的紫杉醇（taxol，**3-60**）、长春碱（vinblastine，**3-61**），是广谱抗癌药物；源于微生物的青霉素（penicillin，**3-62**）、链霉素（streptomycin，**3-63**）、万古霉素（vancomycin，**3-64**）等，是治疗细菌感染类疾病的特效抗生素药物；而源于微生物的洛伐他汀（lovastatin，**3-65**）则能有效控制胆固醇，为高血脂患者带来福音；源于植物的二甲双胍（metformin）及源于哺乳动物的胰岛素（insulin），被用于治疗和控制糖尿病等（图 3-29）。

除此之外，很多天然产物及其类似物已广泛应用于兽药、香料、农药等领域。来源于侧耳菌 *Pleurotus mutilus*（亚脐菇杯状斜盖伞 *Clitopilus scyphoides*）和高等真菌担子菌纲侧耳属 *Pleurotus passeckerianus*（猫耳斜盖伞 *Clitopilus passeckerianus*）产生的抗菌物质截短侧耳素（pleuromutilin，**3-66**），对多数革兰氏阳性菌、部分革兰氏阴性菌以及支原体都有较强的抑菌活性。至今已批准上市的截短侧耳素类抗菌药共有四种（图 3-29），其中两种动物专用药为泰妙菌素（tiamulin，**3-67**）和沃尼妙林（valnemulin，**3-68**），而瑞他莫林（retapamulin，**3-69**）和来法莫林（lefamulin，**3-70**）是截短侧耳素类中的人用抗菌药。现还有几种具有优异抗菌活性的截短侧耳素类衍生物正在进入临床试验。因此天然产物无处不在，与人类生活密切相关。

与传统合成分子相比，天然产物特征对药物发现过程既有优势又存在挑战。天然产物分子数量巨大，结构复杂多样，碳原子 sp³ 数量比较多，氮和卤素原子较少，具有大量的氢键受体和供体，辛醇-水分配系数较低。而且，一般情况下，天然产物的分子量较大，具有更大刚性，有利于解决蛋白质相互作用，发挥药物研发中的价值。实际上，天然产物是口服药物的主要来源，但在过去的 20 年中，批准的口服药物的分子量增加，不符合 Lipinski 五倍率法则的药物与日俱增。尽管有许多优点和成功药物发现的案例，尤其是在癌症、传染病以及心血管疾病（例如他汀类药物）和多发性硬化疾病（例如芬戈莫德）方面，但是天然产物在筛查、分离、表征与优化等方面的固有缺点，导致制药公司减少以天然产物为基础的药物研发项目。主要缺点有：①天然产物筛选库一般源自天然资源提取物，可能与传统基于靶标分析不兼容，较难辨识目标生物活性化合物，为了避免重复发现已知化合物，须做重复的验证检测；②需用于分离与表征有生物活性的天然产物的生物材料；③天然产物简单衍生物可以作

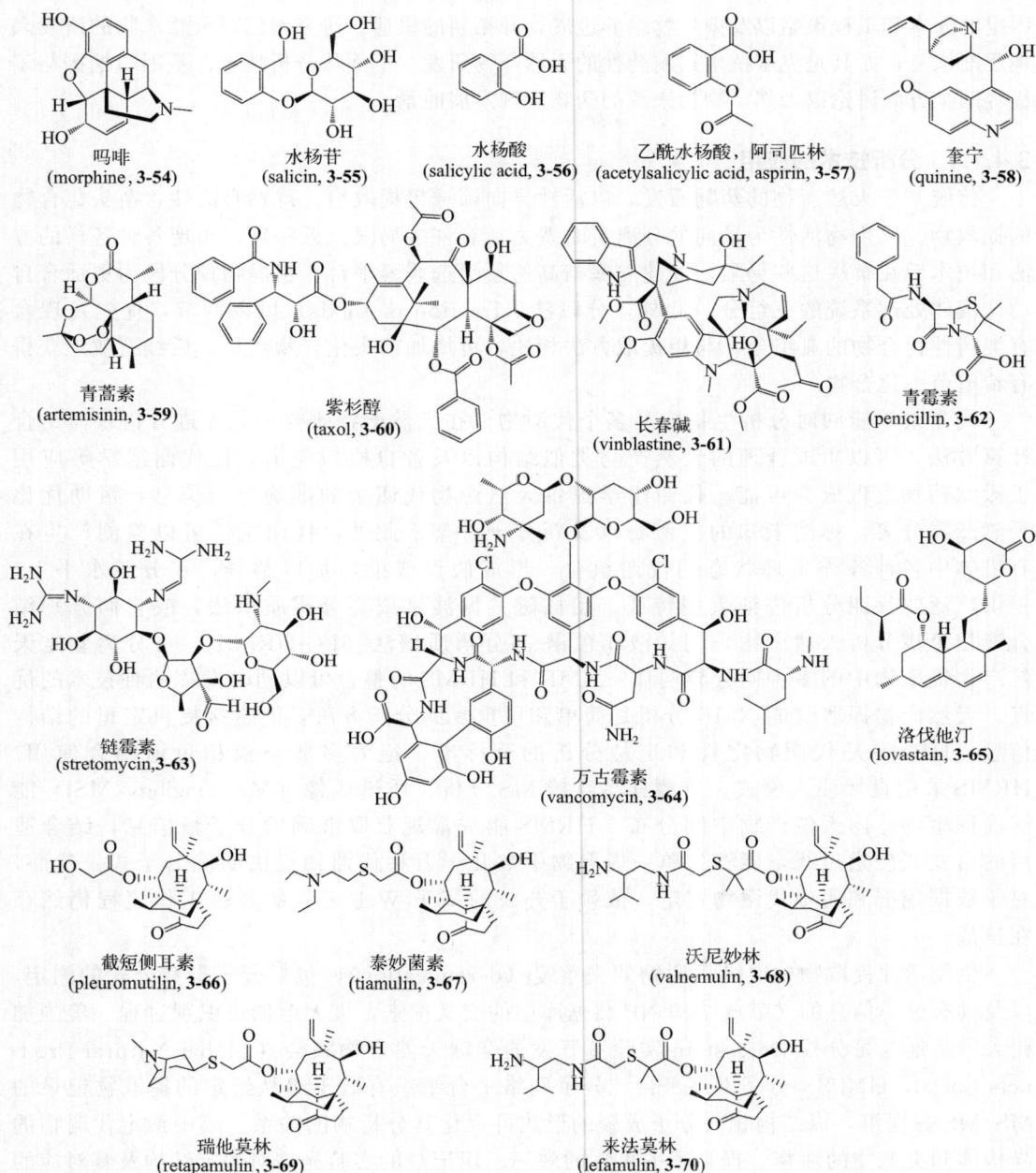

图 3-29 基于天然产物途径活性物质及其衍生物以及药物

为专利保护，但未修饰的天然产物获得知识产权存在障碍，天然化合物的原始形态不能总是获得专利，不同国家的法律框架不同，并不断演变；④天然产物结构复杂性是优点，但合成其结构衍生物以探索结构与活性之间的关系以及优化先导物具有挑战性，尤其当其很难合成时；⑤以天然产物为基础的先导药物发现，一般采用表型分析鉴别，挖掘其分子作用机制是很耗时的。尽管成千上万天然产物受到可及性、可持续供应和知识产权限制等问题影响，但药物研发一直被高损耗率困扰，需要具有高度结构多样性和各种生物活性的分子骨架天然产物作为直接发展或优化为新型药物的起点。近年来，几项科技发展包括分析仪器的改进、基因组的探索和工程策略以及微生物培养进展，开拓新的机遇。研究者们对天然产物的研发兴趣逐渐恢复，尤其是克服抗生素耐药性的天然产物研发。下面从分析技术、基因组挖掘与工程等两个方面讨论以天然产物为来源的药物发现发展前景。

3.4.1.1　分析技术的应用

传统基于天然产物的药物研发，以活性导向筛选粗提取物，辨别有活性含苗头化合物的提取物。以生物活性为导向的分离费时费力，有许多局限。近些年，出现各种各样的方法和技术旨在解决这些局限，如建立库与高通量筛选兼容平台、粗提物预分段为更适合自动化液体处理系统的亚组分。此外，分段法（fraction methcds）可以调节，优先发现含有类药性化合物的亚组分，与粗提取方法相比，可增加苗头化合物数量，后续有效地获得有希望苗头化合物。

代谢组学能同时分析生物样品多个代谢物。在天然产物研究中，先进分析仪器结合计算方法，可以生成合理的天然产物类似结构以及各自模拟光谱，使代谢组学等应用于天然药物发现成为可能。代谢组学提供天然产物代谢物的准确分子信息，帮助优化天然产物分离，标注未知的类似物以及新分子骨架。此外，代谢组学可以检测产生在有机体中各种各样生理状态的代谢组分，形成假设或推断加以解释，在分子水平上，提供广泛的代谢分析佐证表型特征。用核磁共振波谱或高分辨质谱法，或它们分别结合液相色谱分析天然产物，例如液相色谱-高分辨质谱法（LC-HRMS），可分离鉴定天然产物提取物中的多种同分异构体。NMR 和 HRMS 的整合可以同时发挥两种技术的优点。天然产物提取物的 NMR 分析是简单和可重复的分析方法，能直接提供定量的结构信息。HRMS 是代谢物定性和定量分析的金标准，绝大多数与液相色谱结合使用。HRMS 采用直接注入模式，待测样品直接 MS 分析。质谱成像（MS imaging，MSI）能够确证生物体内天然产物空间分布。HRMS 能按常规获取准确的分子量信息，结合适当的启发式搜索过滤，能够为单一提取物中数几十万种代谢物提供明确分子式。然而，对于数据挖掘和明确代谢物鉴定，依赖于开放的基于 Web 工具的各种工作流程仍然存在挑战。

生物活性提取物中次级代谢物的去重复（dereplication），包括分子量和公式的测定，以及具有分类信息的文献或结构 NP 数据库中的交叉搜索，极大地加快识别过程。美国加州大学圣地亚哥分校 Dorrestein 实验室开发的全球天然产物联会（Global Natural Products Social，GNPS）分子网络平台。分子网络平台组织有数千组从给定的提取物记录的 MS/MS 数据组，以结构相关分子成簇的形式可视化其分析物的关系。簇中给定代谢物的异构体和类似物的注释，提高了去重复的效率。用记录的实验光谱对假定结构及其对应的由竞争碎裂模型（competitive fragmentation modelling，CFM-ID）等工具生成的预测 MS/MS 搜索。基于 GNPS 建立大量的理论天然产物谱图数据库，并应用于去重复。GNPS 分子网络方法有局限性，然而，相对于别的预测候选物的结构分配不确定性，GNPS 分子网络法对于某些类别的天然产物更具有适用性。总之，分子网络主要允许更好地优先分离未知化合物，关键点是加强去重复过程、阐明天然产物类似物之间的关系以及鉴定目标天然产物的准确结构。

METLIN 也是常用代谢物平台，包括高分辨 MS/MS 数据库以及片段相似搜索功能，有利于鉴定未知化合物。其他的数据库和计算机工具，例如，化合物结构识别（compound structure identification，CSI）包括手指 ID 和输入输出核回归（input output kernel regression，IOKR）搜索可用的碎片离子光谱，以及生成当前数据库不存在的预测离子碎片光谱。最近报道的一种新的计算平台，用于预测任何鉴定化合物衍生代谢物的结构特征，可以增加天然产物可搜索化学空间。为了加快提取物中活性天然产物的识别与鉴定，代谢组数据可以与这些提取物的生物活性相匹配。多元变量数据分析等化学计量学方法可关联检定的活性与 NMR 和 MS 谱的信号，无需进一步测定在复杂混合物中的追踪活性化合物的生物活性。此外，报道有几个分析方法整合涉及不同生物活性测定和检测技术，可同时对分析量的复杂化合物混合体中的化合物进行生物活性评估及其结构鉴别。代谢组学数据可以与其他技术获得数据整合，这些技术包括转录组学、蛋白质组学、基于图像筛选。Kuritae 等开发化合物活性检测平台，由细胞学分析与提取物库中的非靶向代谢组学数据构成，用于预测复杂提取物库的组成结构以及作用机制，基于此平台确定喹诺酮霉素为引起内质网应激的新的天然产物家族（图 3-30）。

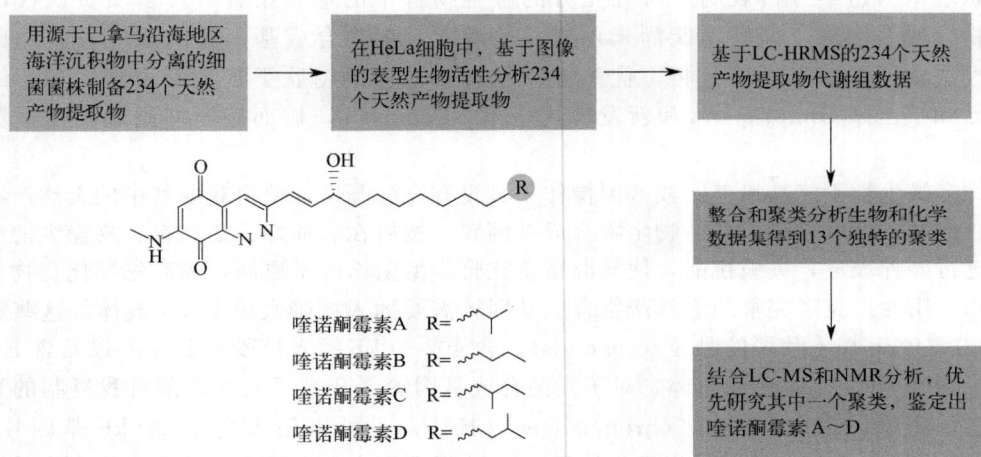

图 3-30　引起内质网应激的天然产物家族喹诺酮霉素筛选发现（*Nat. Rev. Drug Discov.* 2021, 20, 200-216）

　　分析技术发展持续支持目标天然产物的结构鉴定。随着高场 NMR 和探针技术的进步，天然产物结构鉴定所需量非常小（$<10\mu g$），解决了天然产物可用量的瓶颈。微晶电子衍射（microcrystal electron diffraction，MicroED），一种最新的基于低温电子显微镜的精确测定小分子结构技术，在天然药物发现中已有重要应用。分析仪器的分辨率和灵敏度的提高，有助于解决分离天然产物"剩余复杂性"相关问题，也就是说，当分离天然产物样品具有生物活性但含有未识别的杂质时，这种杂质可能包括结构相关的代谢物或构象，会导致结构和/或活性的错误分配。为了避免无用的下游开发工作，在早期的天然先导物发现阶段，应该采用定量 NMR 和 LC-MS 进行严格纯度分析。

3.4.1.2　基因组挖掘与工程

　　随着天然产物的生物合成途径认知以及分析与操纵基因组工具的不断发展，对以现代天然产物为基础的药物发现提供关键动力。两个关键特征使微生物基因组中负责生物合成基因得以识别，一是在细菌和丝状真菌的基因组中，生物合成基因呈聚集态；二是许多天然产物以聚酮或肽核为基本结构，它们生物合成途径分别涉及具有高保守模块大基因编码的聚酮合成酶（polyketide synthases，PKSs）和非核糖体肽合成酶（nonribosomal petide synthetases，NRPSs）。

　　基因挖掘是对控制骨架结构的生物合成基因进行探索，也用于确定天然产物生物合成基团簇。生物合成知识和预测生物信息工具的发展提供基因簇的代谢产物是否含有新的或已知的化学骨架，进一步促进基因簇优化工作。基因聚类分析的预测工具与光谱技术联合应用，加快天然产物的鉴定，确定代谢产物的立体化学。而且，为扩大基因组的挖掘，开发了涉及从单基因到全基因、微生物组或菌株集合的计算工具，如 BiG-SCAPE 软件是对生物合成基因簇的序列相似分析，CORASON 用系统基因组学方法阐明基因簇之间的进化关系。

　　次生代谢产物微生物的系统基因组研究能够强化新天然产物发现。最近，一项对黏细菌的次生代谢分析和系统基因组数据研究表明，分类距离与不同的次生代谢家族相关。在丝状真菌中，次级代谢产物分析谱与其系统发生（phylogeny）密切有关，经 LC-MS 分析证明，这些实验条件分离所得微生物提取物中富含二次代谢产物。并行基因组学和系统基因组学分析表明，研究充分的微生物群中的基因组含有许多负责次代谢产物生物合成基因簇，但其功能尚未可知。最近，对生物合成基因簇的系统发生和已知耐药性决定因素缺失进行分析，优先排序具有新活性的糖肽类抗生素家族成员，结果鉴定已知抗生素 complestatin 和新发现抗生素 corbomycin，进而阐明抑制肽聚糖重塑作用机制。

　　许多微生物不能被培养，或基因操作工具没有充分开发，使得获取其中的天然产物更困难，但是，可以克隆天然产物生物合成基因簇，然后在表征好、易培育、易操纵的微生物中进行异种表达，突破挑战，使异源宿主比野生型菌株产量更高，提高先导化合物的可及性和可用性。克隆完整的天然产物合成基因簇需要插入携带大量 DNA 载体。这些载体有含 30～40kb 插入片段的黏粒（cosmids），含 40～50kb 插入片段的 F 黏粒以及含 BACs（100～300kb）人工细菌染色体。对于真菌合成基因簇，开发了人工真菌自我复制的真菌人工染色体（fungal artificial chromosomes，FACs），可以插入大于 100kb 基因片段。FACs 与代谢组学结合发展了规模化的 FAC-MS 筛选平台，允许表征真菌生物合成基因簇及其各自空前规模的天然产物。FAC-MS 应用于筛选 56 种不同真菌属生物合成基因簇，产生 15 种新代谢物，包括一种新大环内酯——valactamide A。

　　在传统培养环境中，培养微生物的许多生物合成基因簇不会表达，这些沉默基因簇可能代表开发的类药性天然产物资源。目前有几种方法挖掘这些化合物。一种方法是测序、沉默生物合成基因簇的生物信息分析及其异源表达，从可培养菌株中发现几种新的天然产物骨架。采用直接克隆和异源表达方法发现新抗生素 taromycin A，它是当转移糖单孢菌属（Saccharomonospora spp.）CNQ-490 的 67kb NRFS 沉默生物合成基因簇到天蓝色链霉菌（S. coelicolor）时，鉴定获得的。第二种方法是基于 CRISPR-Cas9 基因编辑技术的调控元素交换。CRISPR-Cas9 调控靶启动子能有效地激活几种链霉菌中的多种生物合成基因簇，产生独特的代谢物。如绿色产色链霉菌（Streptomyces viridochromogenes）中的新型聚酮化合物。CRISPR-Cas9 技术应用到几种放线菌菌株中，敲除编码两种众所周知且经常被重新发现的抗生素的基因，发现罕见和以前未知抗生素变种，包括别霉素（amicetin）、硫乳霉素（thiolactomycin）、菲韦利定（phenanthroviridin）和 5-氯-3 甲酰吲哚。

　　测序、生物信息和异源表达同样可以鉴定未培养的细菌菌株中的新型天然产物。在2000 份土壤样本的宏基因组中，以寻找含有钙结合基元的脂肽生物合成基因簇。对沙漠土壤样本的白色链霉菌（Streptomyces albus）宿主菌株中的 72kb 生物合成基因簇进行异源表达，发现钙依赖抗生素家族成员——马拉西啶（malacidins）。然而，与其他以上讨论的策略相比，这种基于宏基因组方法更适合于发现已知天然产物的新成员，而不是适合发现全新化合物。在另一项研究中，基于人体微生物组的方法，并识别非核糖体线性七肽humiycins，开发了一种对耐甲氧西林金黄色葡萄球菌（Methicillin-resistant *Staphylococcus aureus*，MRSA）有效的新型抗生素。研究通过对人类共生细菌中发现的基因簇进行生物信息学分析，预测天然产物 humiycins 的结构，然后进行了化学合成，这类创新方法的主要优势是完全独立于微生物的培养与异源基因的表达。

另外，植物、动物、海洋生物的基因组可以为新的天然化合物提供原料。对 116 种植物的基因组进行挖掘，发现了枸杞素生物合成的前体基因，枸杞素是具有降压作用的分支环状核糖体肽，同时，在大豆、甜菜、藜麦、茄等其他七种植物中识别到多种新枸杞素化学结构。在动物基因组挖掘方面，结合转录组学与蛋白质组学方法优势，从南美锥形蜗牛中发现数以千计的新毒液肽。蛋白质组学分析表明，绝大多数锥形肽的多样性是经一组可变多肽加工，得到的约含 100 个基因的表达产物。最初从海洋生物中获取的一些生物活性化合物可能是共生体的产物，基因挖掘有助于表征这些天然产物结构。例如，从隋氏蒂壳海绵 *Theonella swinhoei* 中提取的活性化合物是由细菌共生体产生，以及用单细胞基因组学表征共生菌聚集蒂壳内菌 *Entotheonella serta*，发现了肌动蛋白的岬内酯 misakinolide 和蒂壳酰胺 theonellamide 的生物合成基因簇。植物微生物组是一个巨大的可用于基因组挖掘新的活性天然产物确证的资源库，抗癌药物紫杉醇、喜树碱等，起初从植物中分离得到，后来由微生物内生菌产生。最近从拟南芥叶（*Arabidopsis thaliana* leaves）中分离 224 种菌株，通过基因组挖掘鉴定数以百计的新生物合成基因簇。选择单一种类，采用生物活性筛选与成像质谱对其基因组分析，分离出具有前所未有结构的天然化合物，一种反式酰胺转移酶 PKS 衍生的抗生素 macrobrevin。

当生产天然产物的微生物难培养，或因产量很低无法全面表征天然产物时，生物合成基因簇的目标基因工程有很高的价值。Vioprolides 是黏杆菌 *Cystobacter violaceus* Cbvi35 中的抗癌和抗真菌的天然缩肽类，合理的基因工程和异源表达有助于提高 Vioprolides 几个数量级的产量，此外，途径中产生非天然 Vioprolides。除了增加天然产物的产量，目标基因操作也用来改变生物合成途径，以可预测的方式生成具有改进的药理特性的新型天然产物类似物，如高特异性、低毒、好药代动力学。生物合成基因的革新加速高效制备天然产物类似物，这些革新包括基于多酮化合物合酶（PKS）、非核糖体肽合酶（NRPS）的基因簇模块和 NRPS-PKS 组装线的速成工程和重组方法的开发，以及阐明有助于天然产物多样化的聚酮链释放机制。生物合成工程应用于几个重要的天然化合物生产，如免疫抑制剂西罗莫司、抗肿瘤药博来霉素（bleomycin）以及抗真菌药制霉菌素（nystatin）。

天然产物在很长一段时间是新药研发关键来源，尤其是抗生素。先进技术可能重振以天然产物为基础的药物研发。随着对新型抗菌活性天然产物的探索，研究者们充分利用生物合成工程、全合成或半合成方法继续开发和优化已知天然产物。此外，抗毒力策略可能代表新的抗感染方向，靶向细菌群体感染天然产物开发可能会引起人们更大的兴趣。在癌症治疗中，天然产物可以启动潜在宿主免疫反应，进而选择地抑制癌细胞生长增殖，主要通过将冷肿瘤变热提升对免疫检查抑制剂的响应速度。天然产物强心苷可以通过触发免疫原性细胞死亡，增加应激和将要死亡癌细胞的免疫原性，释放损伤相关分子模式（DAMPs），开辟新的药物发现和再利用途径。尽管新技术发展加速新的天然化合物发现，但未经修饰的天然产物可能具有较优的功效或吸收、分布、代谢、排泄和毒性（ADME/Tox）。因此，天然产物从苗头化合物到先导物的发展，最终药物上市，进行化学修饰很有必要。化合物到临床开发，需要可持续和经济上可行的、供应足够数量的化合物。化学全合成、化学半合成以天然产物作为类似物的制备起始原料，以及基于生产微生物的生物合成途径的生物合成工程修饰也需利用天然产物为原料起点。最近，化学合成和生物合成工程技术进步，获得了以前无法得到的属性优秀的复杂天然亿合物骨架，促进了天然产物药物发现和发展。

3.4.2 高通量筛选法

高通量筛选（high throughput screening，HTS）是利用自动化设备在模式生物、细胞、通路或分子水平上快速检测数千至数百万个甚至更多样品的生物活性。HTS 始于 20 世纪 90 年代初，采用 96 微孔板筛选数百到数千种化合物。微孔板的使用是一个革命性的突破，允许许多实验以统一格式同时进行。在最常见的 HTS 实验过程中，对 $10^3 \sim 10^6$ 个已知结构的小分子化合物进行平行筛选，也适用化学混合物、天然产物提取物、寡核苷酸和抗体等。要完成 HTS 每天筛查 10 万或更多样品的目标，相对简单和兼容自动化分析设计、机器人辅助样品处理和自动化数据处理是关键。HTS 通常用于制药和生物技术公司发现具有药理或生物活性的化合物。在药物探针或药物发现和开发过程中，HTS 往往是寻找药物化学优化的起点主要手段。通常，HTS 测定在 96 孔、384 孔或 1536 孔的微滴度板上进行，而传统 HTS 以单一浓度测定在化合物库中检测每个化合物，一般最为常见的浓度是 $10 \mu mol/L$。随着高通量化学、组合化学、流动化学以及分离的进展，产生更大的小分子化合物库。借助自动化的实现、分析的小型化以及 3456 孔板使用，筛选含有 100 万个或更多化合物库成为可能。超-HTS 指每天筛选超过 10^5 次化合物的 HTS 平台。在未来，加速发展更新、更高密度的平台，包括芯片或基于微流体的无板微滴度系统在内，筛选通量可能会急剧增加。定量高通量筛选（quantitive HTS，qHTS）是一种在多个浓度下测试化合物的 HTS 平台的方法，经筛选后，每个待测化合物立即生成浓度响应曲线。qHTS 在毒理学中越来越流行，能更充分地表征化学物质的生物学效应，降低 HTS 的假阳性和假阴性概率。

在 HTS 发展史上，HTS 实验室筛选的主要靶标是酶和受体，最常见的研究靶标是激酶、离子通道、蛋白酶、核受体以及 G-蛋白耦合受体。随着仪器和分析发展技术的进步，HTS 以更复杂的多组分生化以及互作过程为筛选靶标，筛选分子库中化合物对蛋白质-蛋白质、蛋白质-DNA 和蛋白质-RNA 相互作用影响，评估其特定的生物功能。HTS 以基于细胞的更复杂的生物现象分析为筛选靶标，包括信号转导途径、转录调控、蛋白表达、稳定性、mRNA 预剪接事件以及表观遗传学，采取报告读数方式，开发萤光素酶和 β-内酰胺酶对应 HTS 平台。最近，"高内涵"细胞成像分析变得普遍，广泛应用于细胞死亡、蛋白质分布、神经突生长以及直接与疾病相关的细胞表型研究，它能够直接鉴定对各种细胞表型有效的化合物，备受青睐。另外，最常见秀丽隐杆线虫和斑马鱼等模式生物也被用于基于 HTS 药物研发，筛选通常在密度较低的 96 孔板上进行。

HTS 最常用的检测读数是荧光和生物发光，荧光信号特别适用于 HTS，其信号一般较强，光谱覆盖较广。用于 HTS 分析的荧光检测方法很多，直接荧光测量，允许直接检测探针转动性质变化的荧光极化；荧光共振能量转移（fluorescence resonance energy transfer，FRET）或定量荧光共振能量转移（QFRET），测量两个荧光团之间的能量转移；时间分辨荧光，通过消除库中化合物和其他检测成分的干扰，提高灵敏度。β-内酰胺酶的报告基因检测是基于 FRET 的检测，采用 β-内酰胺偶联香豆素-荧光素底物（CCF4/AM）和双重释放（460nm 和 530nm）的比例度量，最小化孔与孔之间、板与板之间的差异。与荧光检测相比，生物发光检测的信号和背景都较低，因此，发光测定法的动态范围大于荧光测定法。在 HTS 中，最常见的发光技术指萤光素酶的报告基因，特定的荧光素底物可以产生能在平板阅读器中被检测到的激发荧光。其他 HTS 检测方法有吸收、高通量电生理、原子吸收光谱、闪烁接近性分析等。由于受测化合物在溶液中的固有物理性质所产生的伪影，所有这些技术都容易受到假阳性和假阴性的影响，这些影响包括我们经常提到的化合物自身荧光、吸收、萤光素酶抑制或活化以及化合物聚集等。

HTS 的显著优势是能够识别并确证调节生物活性的化合物，这些生物活性包括细胞活力、蛋白质易位或监测第二信使途径等，而且，不需要预先了解作用机制或介导生物效应的靶标性质。在无大量的先验知识的情况下，不能使用生化或基于结构的方法有效地进行，但可以基于表型细胞筛选，发掘活性分子识别的关键靶点。用于发现抑制丙型肝炎病毒复制的 NS5A 抑制剂，经过优化后，产生了具有广泛基因型覆盖的有效临床候选药物 BMS-858（**3-71**）与药物达卡他韦（daclatasvir，BMS-790052，**3-72**）、维帕他韦（velpatasvir，**3-73**）（图 3-31）。近几十年来，基于 HTS 平台发现的治疗不同疾病药物，如表 3-6 所示，列举了一些代表药物，主要涉及肿瘤、病毒、糖尿病、肺动脉高血压、血小板减少症等。在人类基因组计划完成后，成熟的高通量筛选已成为药物研究组成部分和生物医学知识扩大的基石。HTS 提供了工具化合物，以加强基础科学研究和先导化合物发现，推动药物发现项目，产生更多的上市药物。

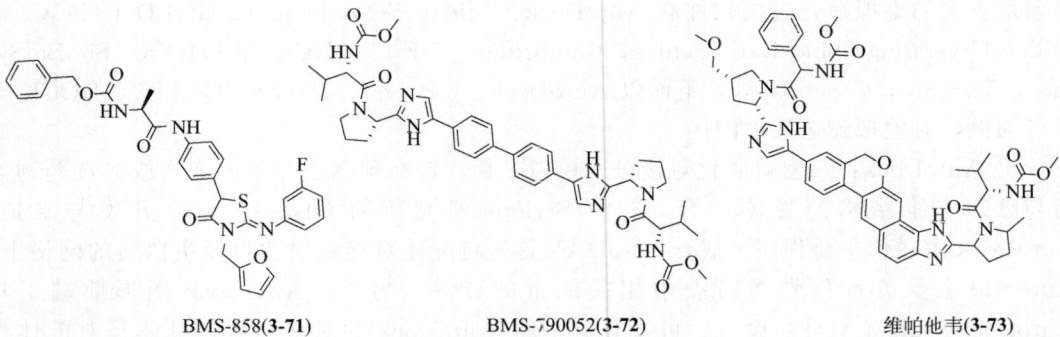

BMS-858(**3-71**)　　　　BMS-790052(**3-72**)　　　　维帕他韦(**3-73**)

图 3-31　基于 HTS 途径发现抗丙肝候选药物

表 3-6　基于 HTS 途径发现的 FDA 批准药物

US 商品名(公司)	适应证	靶标类型	HTS[①] 筛选年份	FDA[②] 批准年份
吉非替尼(iressa;astra zeneca)	癌症	酪氨酸激酶	1993	2003
埃罗替尼(tarceva;roche)	癌症	酪氨酸激酶	1993	2004
索拉非尼(nexavar;bayer/onyx pharmaceuticals)	癌症	酪氨酸激酶	1994	2005
替拉那韦(aptivus;boehringer ingelheim)	人类免疫缺陷病毒，HIV	蛋白酶	1993	2005

US 商品名(公司)	适应证	靶标类型	HTS[①] 筛选年份	FDA[②] 批准年份
西格列汀(januvia；merck & co)	糖尿病	蛋白酶	2000	2006
达沙替尼(sprycet；bristol-myers squibb)	癌症	酪氨酸激酶	1997	2006
马拉韦罗(selzentry；pfizer)	人类免疫缺陷病毒,HIV	GFCR[③]	1997	2007
拉帕替尼(tykerb；glaxoSmithkline)	癌症	酪氨酸激酶	1993	2007
安贝生坦(letairis；gilead)	肺动脉高血压	GPCR	1995	2007
依曲韦林(intelence；tibotec pharmaceuticals)	人类免疫缺陷病毒,HIV	逆转酶	1992	2008
托伐普坦(samsca；otsuka pharmaceuticals)	低钠血症	GPCR	1990	2009
艾曲波帕(promacta；glaxosmithkline)	血小板减少症	细胞因子受体	1997	2008

① HTS（high-throughput screening，高通量筛选）。

② FDA（Food and Drug Administration，美国食品药品监督管理局）。

③ GPCR（G protein-coupled receptor，G 蛋白偶联受体）。

3.4.3 虚拟筛选法

分子对接技术由来已久，随着硬件和软件算法的高速进展，非常大的小分子集合可以快速对接到选定靶标。当使用并行处理时，有些程序的速度可以达到每天对接 10 万个分子结构。与所有的对接算法一样，评估特定对接姿态有效性的评分功能是至关重要的，每个程序都有自己独特的评分功能。评分功能必然会对与配体结合有关的各种因素施加不同的权重。共识评分使用多个评分函数预测结合亲和力，是识别潜在先导分子的最佳方法。几种对接算法预测待测化合物与选定蛋白质均能紧密结合，这可提供更高的预测可信度。目前最著名的虚拟筛查对接软件有 AutoDock、Glide（Schrödinger）、GOLD（The Cambridge Crystallographic Data Centre，Cambridge，UK）、DOCK 和 eHiTS（SimBioSys Inc.，Toronto，Canada）等，下面以 AutoDock、Catalyst、eHiTS、UNITY、DOCK 等软件为例，对虚拟筛选加以阐述。

① AutoDock：一套自动化对接分子模拟工具，旨在预测小分子如底物或候选药物如何与已知三维结构的受体结合。它由 Scripps 研究所的 Olson 实验室开发与维护。AutoDock 由两个主要程序组成，AutoDock 首先将配体对接到描述目标蛋白质的网格上，Autogrid 主要负责预先网格点中相关能量的计算。另外，AutoDock 图形前端工具 AutoDockTools（ADT）设置、可视化和分析 AutoDock 的对接结果。具体是对配体在 Box 范围内进行构象搜索（conformational search），最后根据配体的不同构象、方向、位置及能量进行评分，进而对结果进行排序。最新版本 AutoDock 4.2 是基于 AMBER 力场、线性回归分析的自由能评分函数以及系列已知抑制常数的蛋白质配体复合物。AutoDock 采用通常算法生成系列对接姿势，以能量相似性进行聚类。对接计算研究表明，对接配体构象中最密集的簇比能量最低的簇更能预测原态。

英国国家癌症研究所利用 AutoDock 软件基于结构虚拟筛选 NCI 的 2000 个多样性化合物，以大肠杆菌的肽聚糖生物合成的关键酶 D-丙氨酸-D-丙氨酸连接酶（DdlB）晶体结构为靶蛋白模板，对化合物与蛋白质的平均预估结合亲和力进行排序，得到一些活性化合物。研究结果表明，对接结果取决于最密集的对接姿势集群的平均自由束缚能。体外测试打分前 130 个化合物对大肠杆菌 DdlB 抑制，确定了几个苗头化合物，其中 3 个新的支架，2 个是 APT 竞争性抑制剂，具有低微摩尔抑制常数，另外 1 个为非竞争性方式抑制剂。化合物 3-74（$K_i = 218 \mu mol/L$）具有一定的抗菌活性（图 3-32），是进一步优化的目标化合物。

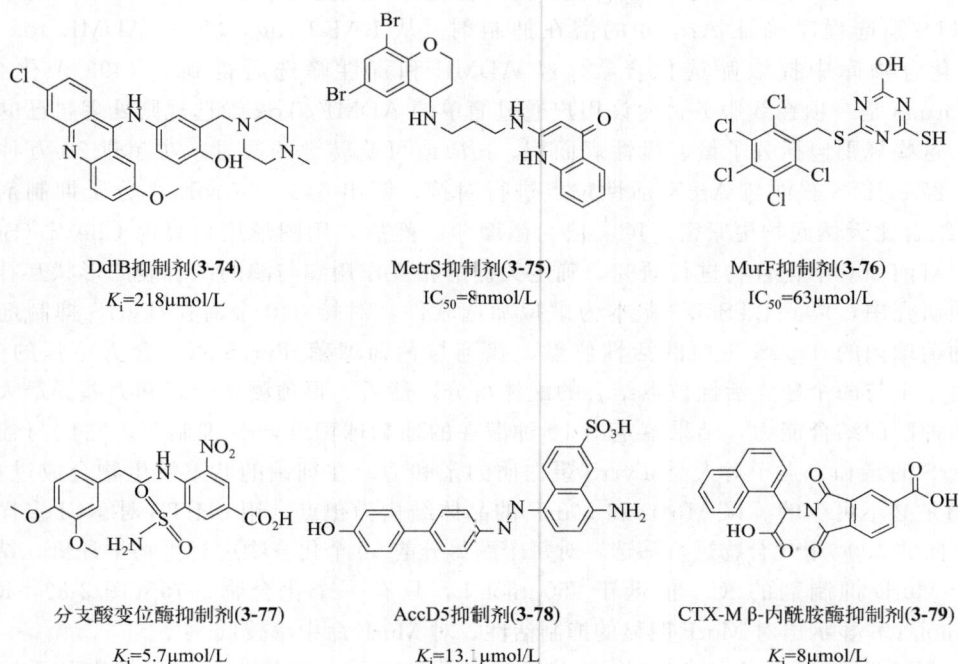

图 3-32　基于虚拟筛选途径发现活性化合物

② Catalyst：美国 Accelrys 公司开发面向药物研究领域的综合性药物开发软件，是一套含有许多应用工具的软件，包括基于结构的药物设计（SBDD）、毒性预测、蛋白质建模和虚拟筛选等功能。Catalyst 作为一种内置的虚拟筛选工具，成功地用于新型抗菌剂的开发。金黄色葡萄球菌甲硫酰基 TRNA 合成酶（MetrS）是一种催化甲硫氨酸高度特异性附着于同源甲硫氨酸的特异性 TRNA 酶。基于 MetrS 晶体的高通量筛选方法确定了几个小分子抑制剂，这些小分子与 MetrS 的重要氨基酸 Asp51 以及两个特定的疏水口袋发生相互作用。以此，利用 Catalyst 构建了一个四点药效团模型，对含有大约 25 万的 ChemDiv 化合物库进行筛选匹配，共确定 461 个分子为潜在苗头化合物，进而与金黄色葡萄球菌的 MetrS 对接，用 LigandFit 评分功能进行重新评分，选中 31 个化合物继续进行生物评价，在 $100 \mu mol/L$ 浓度下，有 22 个酶抑制率大于 50%，命中率为 71%，进而发现了 MetrS 最强抑制剂化合物 3-75（图 3-32，$IC_{50} = 8.0 nmol/L$），Catalyst 提供一种从已知的活性化合物中寻找新先导物的有效方法，平均命中率为 0.1%~0.5%。

③ eHiTS：一个最近开发的虚拟筛选软件包。该软件从一个大的化合物库中提取单个化合物，并计算每个配体在目标蛋白活性腔中的最佳构象，基于配体的几何形状以及受体和配体表面点的互补性，计算出每个结构的得分。互补表面得分为正，而排斥表面得分为负。在最终的评分函数中，考虑其它因素，以进一步反映与结合有关的所有因素，如空间碰撞、空腔深度、溶剂化、配体的构象限制能、配体中的分子内相互作用以及固定可旋

转键导致的熵损失。eHiTS 采用独特的方法解决对接问题，包括创新的对接算法和新颖的评分功能系统。软件可以将配体分解成刚性碎片和连接的柔性链，然后每个刚性碎片再对接到腔体中的可能位置。

eHiTS 已成功地筛选到结核分枝杆菌莽草酸激酶（AroK）抑制剂、TyrrS 抑制剂、MurD 和 MurF 抑制剂。结核分枝杆菌 AroK 催化莽草酸盐磷酸化为莽草酸盐-3-磷酸。一项 eHiTS 筛选程序确证 AroK6 的潜在抑制剂。从 FAF-Drugs（Free ADME/tox filtering）化合物库中提取筛选化合物，经 ADME 和毒性筛选后得到 214492 个化合物。FAF-Drugs 是一项在线服务，允许用户通过简单的 ADME/Tox 筛选规则处理自己的化合物集，这些规则包括分子量、极性表面积、$\lg P$ 或可旋转键的数量。对超过 20 万种化合物库，经 eHiTS 软件与 AroK 活性位点进行对接，筛出 644 个 AroK 小分子抑制剂，与 AroK 结合比天然底物更紧密，IC_{50} 值为微摩尔。然后，用图形用户界面 CheVi（SimBioSys）对前 200 个化合物进行研究，确定关键的相互作用和与酶的结合袋的形状互补。在另一项研究中，以 eHiTS 5.3 版本为虚拟筛选软件，对接 340 个潜在 TyrrS 抑制剂与人类和葡萄球菌的 TyrrS 蛋白的活性位点，找到与葡萄球菌 TyrrS 酶结合力更强的分子。比较每一个与两个独立活性位点结合的配体得分，然后，再预测结合亲和力差异最大的配体对两种酶的结合能力，结果鉴定出 10 种潜在的葡萄球菌 TyrrS 抑制剂，它们与葡萄球菌 TyrrS 的亲和力强于对人类 TyrrS 蛋白质的亲和力。在细菌的肽聚糖生物合成过程中，Mur 酶是必不可少的。以 MurD 和 MurF 的晶体结构为靶点，用 eHiTS 对 NCI 多样性化合物定向的 1990 个化合物进行筛选，对每个酶得分前 50 个化合物进行生物学评价，结果显示 4 个 MurD 抑制剂的 IC_{50} 值低于 $250\mu mol/L$，只有一个化合物 **3-76**（图 3-32，$IC_{50}=63.0\mu mol/L$）显示出对 MurF 明显的抑制活性，对 MurF 命中率较低。

④ UNITY：是 SyByl（Tripos）分子建模软件中的一个模块，用于搜索和系统分析化学和生物数据库，进而定位与药效团匹配或与受体位置匹配的化合物。UNITY 的二维搜索功能提供精确的子结构和相似度搜索。构象柔软的三维搜索，不考虑存储数据库中的构象，可以快速地找到满足查询的分子。结构查询可以基于完整的分子结构、分子片段、药效团模型或受体部位。在酪氨酸和苯丙氨酸的生物合成途径中，分支酸变位酶（chorismate mutase）催化分支酸盐转化为预苯酸酯，利用 UNITY 对结核分枝杆菌分支酸变位酶抑制剂进行虚拟筛选，以已知的同源酶抑制剂为参考，对 15000 个化合物的数据库进行了三维药效团搜索，得 15 个最高得分化合物，4 个显示有抑制活性，化合物 **3-77** 抑制分支酸变位酶能力最强（图 3-32），其 $K_i=5.7\mu mol/L$。

⑤ DOCK：SBDD 软件中经常使用的开源分子对接软件包。以前，DOCK 采用配体叠加到结合口袋的几何匹配算法，实现刚体对接。近来，算法增加基于力场的评分、动态优化、改进的刚体对接匹配和柔性配体对接等考量，进而提高算法最低能量绑定模式的能力。采用 DOCK 虚拟筛选 400 万个化合物，以预测其与结核分枝杆菌酰基辅酶 A 羧化酶基转移酶亚基（AccD5）的生物素或丙酰辅酶 A 结合袋的结合，得到 AccD5 抑制剂 **3-78**（图 3-32，$K_i=13.1\mu mol/L$）。采用 DOCK 片段筛选功能，评价 67489 个片段与 β-内酰胺酶 CTX-M-9 的活性位点对接效果，从打分最靠前选择 69 个化合物结构片段，10 个化合物显示微摩尔抑制活性，如抑制剂 **3-79**（图 3-32）的 $K_i=8\mu mol/L$，命中率 14.5%。针对 β-内酰胺酶 AmpC，经 DOCK 对 ZINC 库中 137639 片段进行筛选，得到 48 个打分高的片段，经体外活性验证，23 个化合物的 K_i 值为 $0.7\sim9.2mmol/L$，命中率 48%。

3.4.4 片段筛选法

基于片段药物设计（fragment-based drug design，FBDD）是学术界和制药公司广泛使用的手段，主要用于小分子蛋白质抑制剂、先导物和候选药物设计发现。FBDD 程序的第一步，确定识别与靶蛋白弱结合的碎片片段，片段为低分子量（<300）和高可溶性有机分子，一般亲和力范围为微摩尔至毫摩尔。Jhoti 及其同事提出了三规则（Ro3）描述碎片的物理化学性质，与 Lipinski 的五规则（Ro5）类似。由于碎片与靶蛋白的亲和力较弱，需要对微摩尔到毫摩尔亲和力敏感的生物物理技术测定与靶蛋白亲和作用，通常采用核磁共振（NMR）、X 射线晶体学和表面等离子体共振（SPR）等技术手段。过程的第二步属于重复、耗时的步骤，采用片段生长、片段合并或片段连接策略，进而优化为高质量相互作用的片段，形成具有更高亲和力和选择性的先导化合物。根据第二步片段连接策略，FBDD 有生长、连接和合并三种片段组装模式，但三种策略之间的区别可能不明确。片段连接方法通常指将在不同的蛋白口袋结合的两个片段连接在一起，获得一个新化学实体，在理论上，片段连接法提供了快速获得结合亲和力的机会，但大多数临床试验的 FBDD 化合物都是通过片段生长方法获得的，片段生长方法将化学基团逐渐添加到第一步所得先导片段上，以最大限度地与结合位点残基进行有利的互作。在某些情况下，片段合并也可以应用，如报道的诱导骨髓白血病细胞分化蛋白（MCL1）抑制剂发现。目前有 50 多个正在临床试验Ⅰ、Ⅱ和Ⅲ期的基于 FBDD 小分子以及 3 个 FDA 批准的化合物。首个基于片段筛选的药物维莫非尼（vemurafenib），采用片段连接方法设计形成，于 2011 年获 FDA 批准。另外，采用片段增长方法发现药物维奈托克（venetoclax）和厄达替尼（erdafitinib），FDA 分别于 2016 年和 2019 年批准上市。

片段连接方法可以迅速从最初的片段中获得结合亲和力，但它面临两个主要挑战。首先，两个片段同时结合在两个不同的蛋白质结合袋的观察是不系统的，与结合袋中对应热点的不等价性有关，可能有必要进行第二次筛选，以鉴定能够结合在第二个口袋中的片段，而且，碎片不一定是在合适的位置与蛋白质结合。在 39 例片段连接方法中，有 22 例直接鉴定结合在两个截然不同的蛋白结合袋中的两个片段，而 17 例需要连续两次筛选。第二个挑战是设计具有连接并维持蛋白质-片段的相互作用结构。Fesik 及同事成功地利用 NMR 方法的结构-活性关系应用片段连接方法，生成了 FK506 结合脯氨酸异构酶 FKBP 的化合物，作用浓度达纳摩尔级（图 3-33）。片段连接方法的超加性（superadditivity）很重要，又称为正协同性，是由 Jencks 定义的，规定连接化合物的亲和力应大于两个片段结合能相加所产生的亲和力。超加性的能量项，包括平动熵和转动熵的变化。结合化合物结合引起的结合能损失，以及两个碎片结合方向的变化。当碎片方向没有受到干扰时，平动熵和转动熵的变化占主导地位。实现超加性的一个关键标准是保持初始片段的结合模式。成功连接，需要一个片段与蛋白质通过极性相互作用，另一个片段通过范德瓦耳斯力与蛋白质相互作用，其中范德瓦耳斯力对结合模式的变化更具耐受性。以下着重介绍 FBDD 识别及连接两个片段的方法，包括连续识别与同时识别两个先导片段，同时，分析不同类型的先导连接器对生成新化学实体影响。

3.4.4.1 连续识别先导片段

识别第二位点的片段可能有必要进行第二次筛选。为识别与另一个结合位点结合的碎片片段，可能得先占领第一个位点，阻止其进入，在一定程度上是因为这些片段会首先结

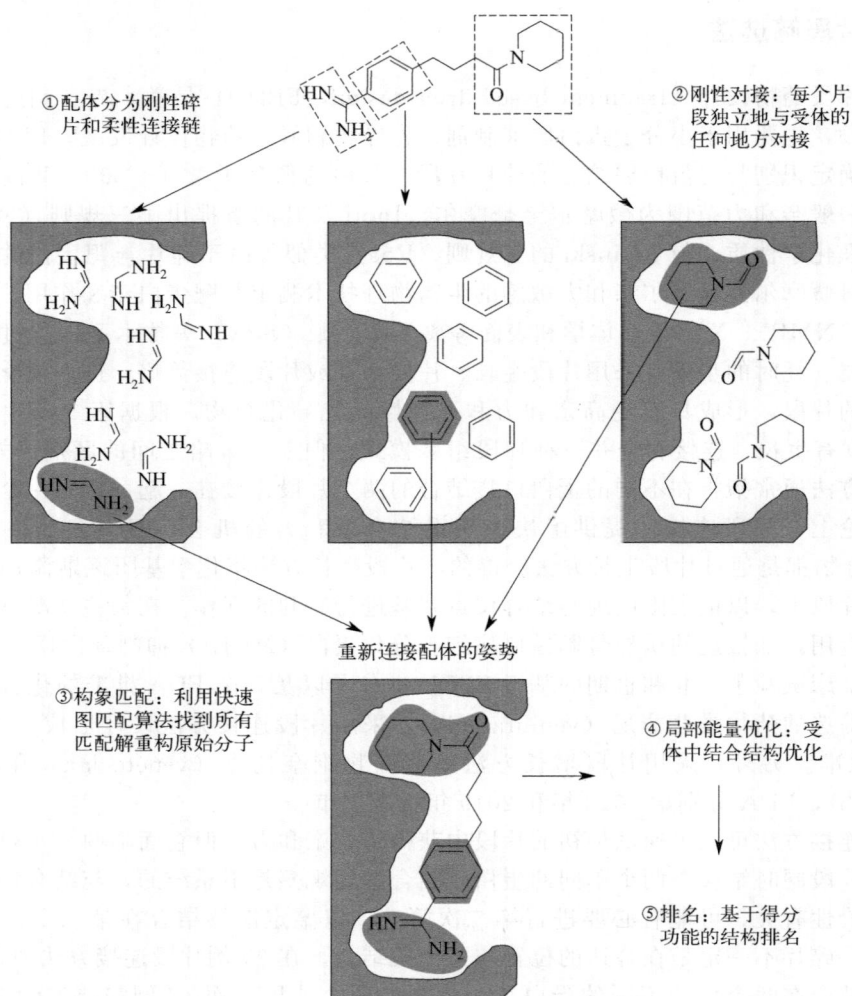

图 3-33　基于片段连接方法的 FBDD 流程示意图

合到蛋白质表面第一结合位点，同时，第二位点片段的检测更困难些，由于这些片段往往比第一个位点配体与靶蛋白的亲和力更弱。现在报道的识别第二位点碎片主要有六种不同的策略。

（1）基于蛋白质观察核磁共振或核磁共振合成孔径的筛选　核磁共振是一种成熟的片段筛选技术，尤其适用于片段连接策略。在蛋白质检测实验中，蛋白质通常是[15]N或[13]C标记的，二维异核核磁共振实验观察配体添加后的蛋白质核磁共振峰变化。该方法大多数针对小到中等大小的蛋白质，如蛋白质结构域，因为这些蛋白质的核磁共振数据归属分配相对简单些。Fesik 和雅培建立"核磁共振合成孔径"方法来设计 FKBP 结合域的有效抑制剂。从 NMR 实验中识别出两个与蛋白结合口袋结合的片段，利用[15]N-[13]C 过滤蛋白-配体核 overhauser 效应（NOE）的结构数据确定连接器。在另一项研究中，Hadjuk团队设计了一种高效的 B 细胞淋巴瘤 2（BCL-2）抑制剂，先筛选一个含有 17000 个化合物的库，选取所得含有 70 个化合物的小库进行第二次筛选，然后，采用片段连接方法成功对热休克蛋白90（HSP90）和蛋白质酪氨酸磷酸酶（PTP1B）等蛋白进行筛选。

（2）**基于配体观察[1]H NMR的筛选**　为确定在第一个配体附近结合的第二位点配体，配体观察核磁共振提供了不同的机会。与"核磁共振合成孔径"方法相比，配体观察实验适合更大的分子量靶蛋白，甚至非常大的蛋白质。策略一是利用二维核 overhauser 效应（NOESY）实验，观察配体间的 NOEs（ILOEs），识别结合在第一配体附近的化合物，距离大约为 5Å，可以甲基化修饰第一位点配体作为合适的 NOESY 探针，观测光谱区域中很少重叠的强 NOESY 交叉峰，这类实验称为 ILOE 实验，已用于设计 BCL-XL 和 MCL1 靶点的蛋白-蛋白相互作用抑制剂。除了识别第二位点配体外，ILOE 实验还评估第二位点配体相对于第一位点配体的定位，如结核分枝杆菌泛酸合成酶（PS）的 Abell 组，证实了之前 X 射线结晶学的测定结果。策略二是利用顺磁弛豫增强（PRE）标记第一位点配体如 2,2,6,6-四甲基哌啶-1-氧基（TEMPO）。在第一个配体的约 10Å 半径范围内，质子的横向弛豫速率大大提高，这大大降低了核磁共振信号强度，此策略开发 E-选择素拮抗剂，其作用浓度为纳摩尔级。

（3）**基于配体观察[19]F NMR的筛选**　利用[19]F 核的化学位移分散特性，^{19}F NMR 用于寻找第二位点配体。基于[19]F NMR 发现阿尔茨海默病靶标 β 分泌酶 1（BACE1）抑制剂。另一个研究中，采用 FAXS-NMR（氟的化学位移各向异性和交换筛选与核磁共振联合筛选）筛选法，如氟化学位移各向异性和交换筛选法，识别新型 HSP90 抑制剂，该方法的原理是利用氟化分子作为探针分子识别与其发生竞争性结合的碎片，从 1200 个片段库中选中一个片段，用 X 射线晶体学对其进行进一步的表征，与已知的 HSP90 配体间苯二酚相连接，形成低纳摩尔的 HSP90 抑制剂。

（4）**由第一位点配体生长衍生的第二位点配体**　片段生长也可能生成一个新的配体，在同一口袋中结合，但不同于最初的结合片段位点。Dalgarno 小组采用饱和转移差异（saturation transfer difference，STD）NMR 筛选了乳酸脱氢酶 A（LDHA）的 735 个片段，用 X 射线晶体学方法确定了 LDHA 结合口袋底中的一个碎片与部分辅助因子有结合位点，然而，采用片段生长得到一个新化合物，不结合在辅助因子结合位点，连接最初片段和优化后的片段生成最终 LDHA 结构。

（5）**基于固定的第一个配体后的第二个配体**　Wells 及同事开发了一种识别与蛋白质结合的片段替代策略，利用半胱氨酸残基与含有二硫键的片段形成二硫键特性，对蛋白质显示亲和力的片段所含二硫键是熵稳定的，而其他二硫键可以很容易地被还原，由质谱对二硫键固定化合物进行检测识别。应用这种方法开发了新型细胞凋亡蛋白酶 3 非肽抑制剂和白细胞介素 2 小分子抑制剂。

（6）**利用定向化合物库（focused library）进行第二位点配体筛选**　为了确定第二位点配体，筛选一个化学定向的片段库，以结合蛋白质中特定的结合口袋。Hudson 小组以 LDHA 蛋白质的负电荷区域结合为靶蛋白，对一个由 450 个含酸片段小分子的定向化合物库进行配体筛选，然后，将筛选所得片段连接到另一个结合在辅助因子烟酰胺腺嘌呤二核苷酸（NADH）腺嘌呤区的片段上。

3.4.4.2　同时识别先导片段

除了上述的 6 种连续识别鉴定不同蛋白口袋结合位点策略外，同时识别结合到两个不同结合位点的先导片段也很重要。这种策略一般使用 X 衍射结晶学、核磁共振或虚拟筛选等技术，识别结合在两个不同位点的两个片段，这往往是筛选过程的直接结果，目前用来识别同时结合蛋白质的两个片段的策略有六种。

（1）**基于 X 衍射晶体学的筛选**　X 衍射晶体学是 FBDD 中一个特别有吸引力的技术，它可以直接给出蛋白质碎片的复杂三维结构。Chou G. 课题组利用计算机针对亲环素 D（CYPD）筛选 34409 个片段，进而识别 CYPD 活性位点的结合片段以及门控口袋结合片段，其中 14 个 X 衍射晶体结构显示，有 4 个片段与蛋白质的催化位点结合，而门控口袋中观察到 5 个片段。最近，Spring 等人采用 X 衍射晶体学在蛋白酪蛋白激酶 2（CK2）上发现了一个能结合多个位点的片段，包括与三磷酸腺苷（ATP）位点相邻的位点，该位点以前未报道过，对该片段进行修饰，可特异性结合新识别的口袋，并与 ATP 位点配体连接，得到全新的 CK2 抑制剂。

（2）**基于蛋白质观察核磁共振的筛选**　蛋白质核磁共振实验也可以识别鉴定两个不同的片段，同时结合两个不同的蛋白质口袋。Fesik 课题组通过核磁共振技术筛选复制蛋白 A（replication protein A，RPA）的 14976 个片段，发现化合物结合在 RPA 70N 的两个不同蛋白位点，X 衍射晶体结构揭示了片段的结合模式，提出了片段优化和连接的策略。

（3）**基于质谱的筛选**　与核磁共振合成孔径相似，科学家提出了质谱合成孔径方法。采用质谱（MS）筛选细菌 23S 核糖体核糖核酸（ribosomal RNA，rRNA）1061 区片段，通过化学修饰和质谱实验获得化合物对 rRNA 的筛选结果，在 MS 筛选实验中，观察竞争或不竞争的结构修改所获得的数据差别。

（4）**基于生化分析筛选**　生化测定是一种简单的筛选方法，需要了解生化蛋白的功能。Green 课题组报道了结合亲和素的生物素类似物的连接策略概念，佐证了片段连接方法可以实现的超加性。Ellman 课题组在高浓度下筛选肟化合物库和针对酪氨酸激酶 c-SRC 的二羟胺连接物化合物库，识别鉴定一种有效的亚类型选择性抑制剂。

（5）**片段的自组装**　片段自组装是在目标蛋白存在下，组装而成的无连接器连接化合物，称为动态组合化学（dynamic combinatorial chemistry，DCC）。Huc 和 Lehn 报道了碳酸酐酶（carbonic anhydrase，CA）抑制剂，由醛和胺基原位结合生成亚胺。类似还有神经氨酸酶（neuraminidase，NA）抑制剂、天冬氨酸蛋白酶（Aspartic proteinase）抑制剂。Rademann 及其同事报道了动态连接筛选（dynamic link screening，DLS）的方法识别蛋白酶 caspase 3 抑制剂，用荧光探针标记一个片段，通过荧光偏振试验检测到与荧光探针协同结合的竞争物或片段，扩展了形成酰胺键的方法。Sharpless 团队也报道了蛋白质模板点击化学（PTCC），依赖于叠氮和炔烃的 1，3 偶极环化，生成乙酰胆碱酯酶（acetylcholinesterase，AChE）的抑制剂。

（6）**抑制剂解构与重建**　解构已知配体可以为新化合物的重构提供一个有用的策略。通过高温热分析鉴定出两个化合物与人 N-肉豆蔻酰基转移酶（nmyristoyltransferase 1，NMT1）蛋白结合，X 射线结晶学进一步表明，分子结合在两个不同的蛋白口袋中。为了避免化合物连接产生空间冲突，对其中一个配体进行解构，去除喹啉部分，这方法对替换化合物中不合适的部分特别有用。例如，为寻找片段替代易产生活性代谢物的糜蛋白酶（chymotrypsin）抑制剂苯并噻吩部分，科学家筛选了 1000 个碎片，识别鉴定出一个与苯并噻吩部分结合相同口袋的碎片，经初始抑制剂的解构和重构，发现一个具有改善代谢特性的化合物。

3.4.4.3　连接器

一旦确定了两个片段，主要的挑战是连接器的设计，特别是两个片段之间距离很大的

（>3Å）。一种可能是缩短两个碎片之间的距离。为了做到这一点，选择两个片段中的一个进行生长，称为连接前生长，直到距离接近 3Å。另一种由已知配体启发的连接器，从化学角度分析，主要有两种类型的连接器，烷基衍生的连接器和功能化的连接器。经常广泛采用不同长度的烷基等简单链，但更复杂的连接器包括功能团，适配特定的几何形状，比如，保存碎片的位置和方向所需的 90° 弯曲，功能化的复杂连接器也使所设计化合物与蛋白质之间的相互作用得以增加。

（1）烷基及其衍生物连接器　大量研究报道可变长度的烷基连接器，可将两个蛋白口袋中的两个片段连接组装，这些连接器包含更刚性结构如苯基、炔烃和环己烷。采用核磁共振实验、晶体结构的碎片、质谱竞争实验、晶体学和分子组合建模等手段，验证并表征烷基及其衍生物连接器的可能结合模式和结构约束长度。在没有结构信息的情况下，通过生化数据分析烷基链连接策略。在大多数情况下，合成一组具有不同连接长度和连接点的化合物来探索可能连接器，连接从醚或胺基团开始，其合成更直接些。

（2）携带功能团的连接器　当两个片段的连接需要非线性几何时，烷基的作用就比较困难。针对这个难点，Barral 团队采用计算机预测提出的脲胺，Hadjuk 课题组选择磺胺连接，是因为它可以弯曲 180°。为了正确定位片段中包含呋喃酮部分，以 90° 扭转，采用乙炔连接器。在泛酸合成酶（pantothenate synthetase）抑制剂设计筛选中，用磺酰胺和酰基磺酰胺替代酯和酰胺部分。在某些情况下，为了增加连接器的原子与蛋白质残基之间的分子相互作用，连接器需仔细优化。例如，Fesik 课题组选择增加刚性，在 BCL-2 抑制剂中引入硫酰胺连接器增强蛋白质之间的相互作用。Dalgarno 课题组基于最初的含醚连接器进行修饰，引入包括酯、酰胺、胺和羟基功能的官能团，形成含有四个与蛋白质原子相互作用的羟基的八原子连接器，得到最活跃的目标化合物。

（3）基于结构数据的连接器设计　在大多数情况下，将结构资料用来设计连接器。结构数据往往来自 X 衍生晶体学，很少使用核磁共振，当然也可以来自合并策略，由已知的配体提供了设计连接器的机会。此外，生长策略可能需要在连接之前先缩小片段之间的距离，这需要蛋白质-片段复合物的晶体结构表征。

（4）基于已知配体的连接器　一种连接器设计策略是利用天然底物或其他已知抑制剂的知识。Guichou 等选择使用脲部分作为连接器，在片段与两个亲环素抑制剂 sanglifehrin A 和环孢素 A（ciclosporin A）的已知结构重叠后，分别得到了两个具有不同连接器的分子，其中一个分子具有微摩尔级抑制活性。Abell 课题组类似地将先前已知的抑制剂与一个片段的二聚物合并，形成一个成功的连接器。

另外，当两个片段之间的距离特别大时，连接之前，先增加其中一个片段，以用于烷基和功能化的连接器构建。阿斯利康（AstraZeneca）报道 LDHA 蛋白的 FBDD，对其中一个片段进行生长，直到两个片段之间的距离减少到 3Å，然后，选择合适的连接器。以蛋白激酶 CK2 为例，由于初始片段之间的距离较长，Spring 课题组选择通过添加不同长度的化学基团对其中一个片段进行修饰，然后合成设计分子进行评估，X 衍生晶体数据进行表征验证，在连接之前测量两个片段之间的结构距离。

总之，FBDD 是一种生成新药候选药物的强大方法，基于片段开发活性分子的策略通常采用生长、连接和合并的方法，这些方法可以一个接一个地使用，以增加成功的机会，其中，片段生长策略是迄今为止使用最广泛的。理论上，片段连接方法有很大的期望，但目前成功率偏低，可能存在一些实验性的、技术上的困难。FBDD 的第一步是识别结合在靶蛋白两个不同的亚位点两个片段，一般采用基于结构筛选片段库。理论上，NMR、X

衍射晶体学等技术提供了直接识别两种同时在两个不同位置结合靶蛋白的化合物机会，但X衍射晶体学更为成功与常用。第二位点筛选也提供了识别新的结合口袋机会，这可能为设计高选择性化合物如变构分子另辟蹊径。第二位点配体的优化可能是必要的，以增加这些配体的亲和力，因为相比第一位点配体，其结合力更弱。筛选完成后，指导连接过程的最适当方法取决于两个确定的结合化合物之间的距离。NMR倾向适用短距离的两个结合片段，不需要蛋白质标记的ILOE 2D实验验证，其特别适月于酶的催化位点。对于距离较大的蛋白质-蛋白质相互作用抑制剂或针对两个结合位点例如活性位点和变构位点的化合物，X衍射晶体学比NMR更有效，因为连接器的设计需要复杂的3D结构的分辨率，而NMR需要有标记的蛋白质样品。

大多数报道的连接器，没有观察到超加性，这或许可以解释为什么生长方式仍然是首选策略。实现超加性具有挑战性，特别是对于非催化位点，如蛋白质-蛋白质相互作用位点，结合时蛋白质构象重排可能会引起片段结合模式的改变。连接器引起平动熵和旋转熵的变化也需要被抵消，因此，了解片段或连接器的超加性需要什么标准并不容易。FBDD中的连接策略本质上取决于两个初始片段的优化、连接片段所需的几何形状以及连接器的长度。对于达到超加性的化合物，观察到的连接器是相当短和灵活的，主要是烷基衍生的连接剂。生长和连接联合方法可能是实现超加性的一种很有前途的方法，增加一个片段有助于减少所需连接器的长度。此外，在蛋白质构象改变的情况下，在连接之前优化片段可能有助于适应连接。

3.4.5 DNA 编码化合物库筛选法

1992年Brenner和Lerner首次引入了DNA编码化学库的概念，在相同的固体载体上用DNA编码合成肽，提出了一种基于磁珠DNA编码策略，属于里程碑式研究。用可放大识别条码的DNA片段显示对应有机小分子合成，揭示了有机化学界中小分子合成与显示的机制。随后，DNA编码化学研究领域基本没有新的研究成果。直到21世纪，几个学术和工业团体独立地开发了不同的DNA编码化合物库构建方法，以及无磁珠存在下的体外筛选，尤其近几年，随着高通量化学、自动化、分析技术等迅速发展，DNA编码库筛选平台得到空前发展，在药物早期发现地位愈发重要，产生高质量的苗头化合物和先导物。DNA编码化学（DNA-encoded chemistry，DEC）方法发展到定期合成和筛选超过1亿个化合物文库。以高度创新方式发展不同DNA编码方法，研究发现与未满足的医疗需要有关生物靶标的高亲和苗头化合物。与传统的高通量筛选方法相比，DNA编码化学使化学空间的探索规模增加了4至5个数量级。拥有巨大化学空间的DNA编码分子库筛选平台涉及一系列操作技术，包括分离-合并合成（split-pool synthesis）等水相合成化学、构建砌块获取、寡核苷酸偶联、大规模分子生物转化、亲和介导的选择、结合物上DNA标签PCR扩增、扩增子DNA测序、序列数据分析、大化学空间分析识别富集分子、无DNA标签再合成等（图3-34）。DNA测序往往采用Illumina或Roche 454高通量测序技术。另外，PCR新技术可以在溶液中进行选择，而不需要将目标蛋白固定在固体载体上。本节主要阐述DNA编码化合物库（DNA encoded library，DEL）构建策略与筛选方法以及在抗菌苗头化合物与先导物发现中的应用。

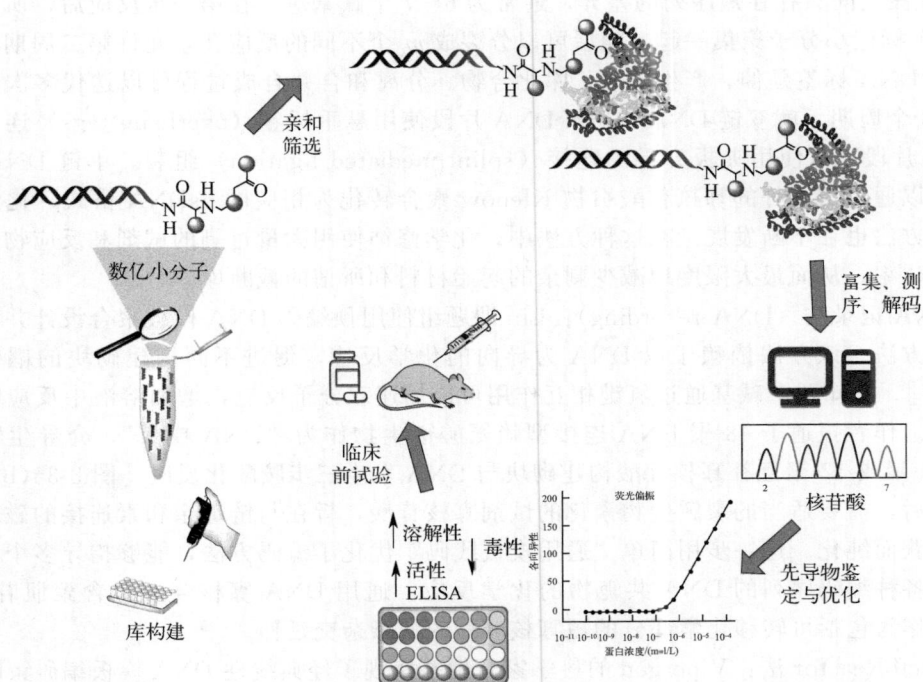

图 3-34 基于 DEL 策略发现活性分子流程［*ACS pharmacol. Transl Sci.* 2021，4（4），1265-1279］

3.4.5.1 DEL 库构建策略

按照双链单个末端 DNA 编码片段情况，DEL 库分组为单药效团 DEL 库和双药效团 DEL 库。单药效团 DEL 库定义为单个的化学部分，无论多么复杂，与独特的 DNA 单链或双链片段耦合。发展许多用于构建和编码单药效团 DEL 库策略，常见是 DNA 记录法或 DNA 模板法，替代方法是 YoctoReactor 系统和集成微流通路法。在双药效团文库中，两个不同的化学部分连接在互补 DNA 链的末端，协同作用于特定的蛋白质识别。双药效团 DEL 的特点是两个化学构建砌块，分别附着在寡核苷酸的相邻位点上，如互补 DNA 链的末端，或杂交到一个共同模板的两个寡核苷酸的接合点。编码自组装化学库（encoding self-assembled chemical library，ESAC）是双药效团 DEL 的重要一种，由两个分别连在寡核苷酸单链的片段通过互补作用自行组装形成。此外，DEL 库中 DNA 编码可按 DNA 模板化学（DNA-templated chemistry）和 DNA 记录化学（DNA-recorded chemistry）加以区分。前者是驱动文库构建的预定义 DNA 序列编码，而后者是合成过程中，用小 DNA 片段迭代连接编码组成终产物分子的单个构建砌块的身份。Glaxo-SmithKline、X-Chem、Nuevolution 和 Philochem 等公司发明基于多组构建砌块和相应的 DNA 编码片段逐步分离-合并组合化学组装策略。Ensemble Therapeutics、Vipergen 等发明一种基于 DNA 模板合成分离-合并化学和逐步 DNA 标记相结合的构建 DEL 的有效和稳健的方法。

（1）**单药效团 DEL 库**　通常使用 DNA 记录化学合成构建，依赖于分裂合成（split-pool synthesis）组装策略。通过一系列的化学转化多步骤建立的化合物文库，每步都是添加独特识别的双链（dsDNA）或单链（ssDNA）DNA 编码片段。在一个典型的构建过程中，使用相同数量的 DNA 片段编码 n 个不同的化学构建砌块。一般而言，作为条形码

DNA 片段之间只存在短序列的差异，通常为 6~7 个碱基对。在第一步反应后，所有单独的 DNA 标记小分子聚集一起，随后可以分裂成 m 个不同的反应孔，允许第二周期的化学转化和 DNA 标签延伸，产生 $m \times n$ 库化合物。分离和合并合成过程可以迭代多次，一般为 2~3 个周期。就双链 DNA 而言，DNA 片段使用悬垂标签（overhang tags）连接，而 ssDNA 片段可以使用夹板介导的连接（splint-mediated ligation）组装。单链 DNA DEL 编码可以通过与互补的寡核苷酸引物 Klenow 聚合转化为相应的 dsDNA 格式，化学连接等替代方法也在不断发展。在这种方法中，化学修饰使用大量过剩的试剂和反应物，以确保高转化率，从而最大限度地减少剩余的起始材料和所谓的截断库。

DNA 记录法（DNA recording）：Liu 课题组使用预编码 DNA 模板聚合设计并实现了库构建方法。该方法依赖于以 DNA 为导向的化学反应，促进不同构建砌块的耦合 [图 3-35(a)]。已知两个碱基通过氢键相互作用可以加速双分子反应，增加溶液中反应物的局部浓度。作者报道了 48-聚 DNA 连接型赖氨酸衍生物作为 "DNA 模板"，介导生物素标记的 10-聚或 12-聚互补寡核苷酸构建砌块与 DNA 发生三步胺酰化反应 [图 3-35(b)]。每次偶联后，需要适当的裂解生物素化的试剂寡核苷酸，旨在与链霉亲和素连接的磁珠发生亲和捕获而纯化。进一步用简单 "通用模板代码" 优化了编码方法，能够指导多个小分子与显示各种编码序列的 DNA 共轭物的化学反应。通用 DNA 寡核苷酸包含聚肌苷片段，后者可作为包括可转移化学部分的短寡核苷酸的混杂杂交延伸。

YoctoReactor 法：Vipergen 的科学家开发并实现了经典线性 DNA 模板编码策略的三维扩展，这种方法命名为 YoctoReactor [图 3-35(c)]，它依赖于携带化学部分的三向 DNA-发夹环连接的退火和随后的酶连接。两个单链 DEL 与第三种寡核苷酸一起混合，这有助于库的自我组装。在形成三向连接结构后，两组构建砌块通过 DNA 模板反应偶联。得到的文库用聚丙烯酰胺凝胶电泳纯化，使过程具有高保真度，并从组合库删除所有不完整的中间体和截断部分。在连接器裂解和 DNA 连接后，PCR 引物延伸生成互补链，杂交后，将构建砌块转移到核心受体位点，最终获得双链格式组合库。

（2）双药效团 DEL 库　2004 年，Neri 团队开发了一种基于部分互补 DNA 链的自组装的编码策略，从而产生了所谓的编码自组装化学库 ESAC [图 3-35(d)]。退火两个相互补充的子库，本质上目的是创造巨大的组合多样性。在这个双药效团库的设置中，第一个子库显示标记的寡核苷酸的 5′ 端化学物质，然而第二个子库包含附着在 DNA 3′ 端的化学部分，并具有促进互补链杂交的基本部分。ESAC 库构建策略是利用 Klenow 聚合将代码信息从一个子库传递到另一个子库。两条不同单链的同一侧的 5′ 端和 3′ 端分别带有一个化学药效团部分，每条 DNA 链末端与化合物偶联后可分别构建两个亚库，如果这两组寡核苷酸部分具有互补特征，则这两个亚库可重新组装，产生双药团化学库。ESAC 库的特点是同时显示成对的构建砌块，可以与目标蛋白协同作用。化学部分和 DNA 之间的柔性连接可能促进蛋白质识别过程，但当 ESAC 结合剂转化为不含 DNA 的小分子时，也会创建一个复杂的元素。ESAC 亚库的每个化合物需 HPLC 纯化，有助于得到极高的质量的组合库。相比之下，采用分离-合并法构建的化合物库，纯化步骤在第一个构建砌块偶联后，可能导致因反应产率低形成的库纯度不足。ESAC 的实际应用允许鉴定和识别相邻的结合片段，螯合结合效应（chelate-binding effect）。基于片段的药物发现（fragment-based drug discovery，FBDD）程序开发利用螯合结合效应，每个单独的部分可以参与两个不同的非重叠的结合事件。与 FBDD 类似，ESAC 的两个化学部分必须连接生成一个单个有机分子。Bigatti 等人使用一组预定义的双功能小分子，报道了一种加快 ssDNA 片段

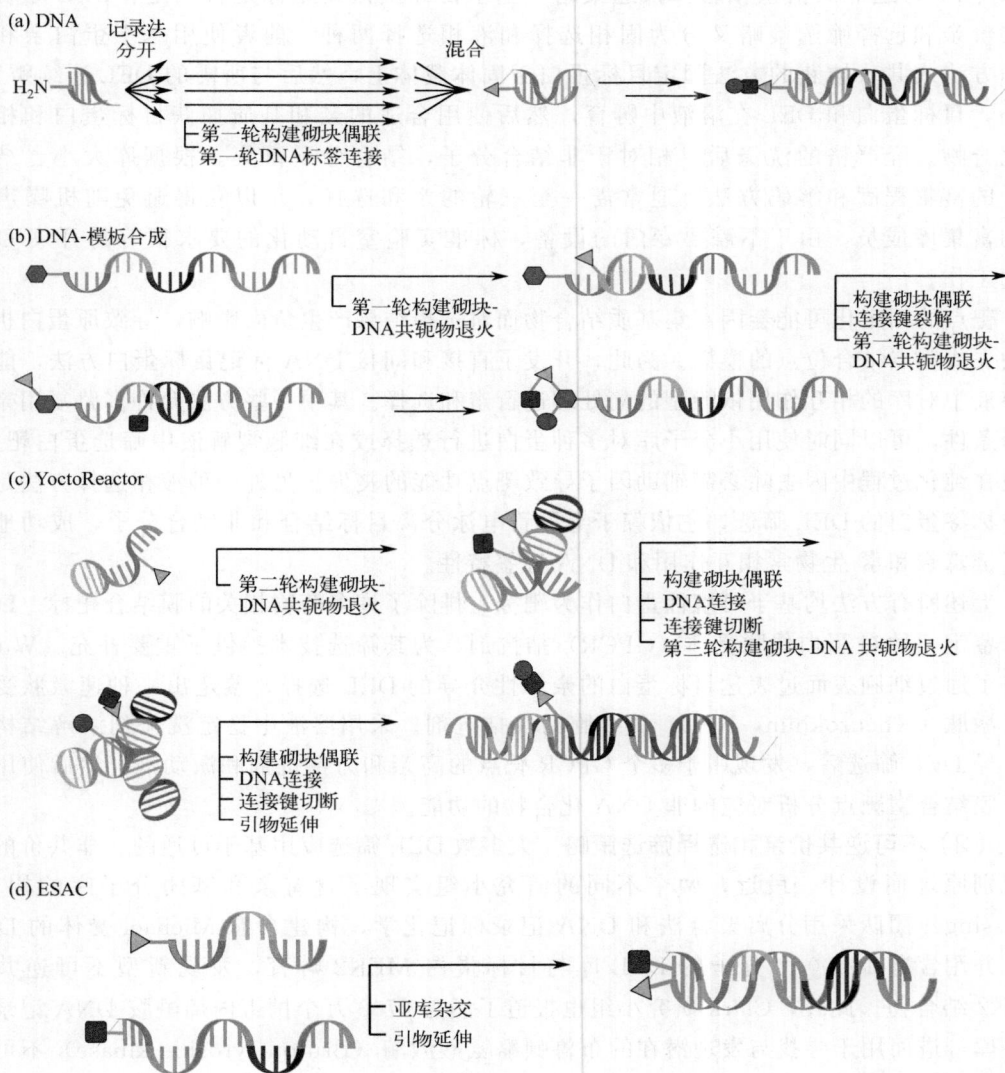

(a) DNA 记录法
分开   混合
H₂N
第一轮构建砌块偶联
第一轮DNA标签连接

(b) DNA-模板合成
第一轮构建砌块-
DNA共轭物退火
构建砌块偶联
连接键裂解
第一轮构建砌块-
DNA共轭物退火

(c) YoctoReactor
第二轮构建砌块-
DNA共轭物退火
构建砌块偶联
DNA连接
连接键切断
第三轮构建砌块-DNA 共轭物退火
构建砌块偶联
DNA连接
连接键切断
引物延伸

(d) ESAC
亚库杂交
引物延伸

图 3-35　四种经典的 DNA 编码技术（*Nat. Rev. Drug. Discov.* 2017，16，131-147）

连接策略的优化过程。DNA 偶联物与带有荧光分子的互补锁核酸（locked nucleic acid，LNA）杂交，用于荧光偏振（fluorescence polarization，FP）测定其与目的蛋白的解离常数。在筛选过程中，通过常规的非 DNA 有机合成方法重新合成最佳候选物，并通过正交实验验证其结合亲和力。

3.4.5.2　DEL 库筛选策略

与传统的 HTS 相比，DEL 技术提供了单次实验筛选数亿、数十亿，甚至万亿分子的可能性。近年来，各种先进的筛选方法的实施，能够大量快速地选择和识别与固体载体或溶液的特定目标蛋白结合的小分子。利用亲和介导的体外 DEL 筛选过程是简单高效测定其与目标蛋白结合相互作用的方法。根据目标靶标与 DEL 的亲和性结合可逆性程度，DEL 筛选可分为可逆非共价亲和选择筛选策略和不可逆共价亲和选择筛选策略两种。

（1）可逆非共价亲和选择筛选策略　基于目标蛋白或靶标是否固定，DEL 库可逆非共价亲和选择筛选策略又分为固相选择和液相选择两种。前者使用基于蛋白亲和标签的方法或共价捕获的方法固定目标蛋白于固体载体上，然后与所需的 DEL 连续孵育。另外，目标蛋白和 DEL 在溶液中孵育，然后使用合适的亲和基质捕获目标蛋白和相关库化合物。经严格的洗涤后，相对于非结合分子，结合分子富集。根据库大小、结合分子的富集程度和解码方法，通常需一至三轮的亲和选择，足以获得避免随机噪声干扰的富集库成员。由于不需要专门的设备，标准实验室自动化的要求很容易开展 DEL 筛选工作。

靶点的固定化可能会因富集基质结合物而对选择结果产生负面影响，导致原蛋白折叠的丢失或靶点结合位点的模糊。为此，开发了直接和间接 DNA 标记目标蛋白方法，能够在溶液中对库的相互作用依赖型的酶处理进行亲和选择。其中一些方法允许多路复用亲和选择条件，可以同时使用小分子库对多种蛋白进行选择或在细胞裂解液中筛选蛋白靶点，避免在纯化过程中因去除必需辅助因子导致靶点功能的丧失。另外一种液相选择方法是基于非标签蛋白的 DEL 筛选，它依赖于毛细管电泳分离目标结合和非结合分子，成功地证明了链霉亲和素-生物素相互作用和 DNA 标签特性。

上述所有方法均基于可溶性蛋白作为靶标，排除了许多药物相关的膜结合靶标。DEL 筛选鉴定一种 G 蛋白偶联受体（GPCR）拮抗剂，为其筛选技术提供了重要补充。Wu 等报道了通过细胞表面过表达目标蛋白的亲和性介导的 DEL 选择，鉴定出一种速激肽受体神经激肽 3（neurokinin，NK3）的细胞活性拮抗剂。采用溶液中稳定洗涤剂溶解结构技术，经 DEL 筛选后，发现用于多个 GPCR 靶点的高亲和力拮抗剂和激动剂，然后使用野生型膜结合型靶点分析对应的非 DNA 化合物的功能。

（2）不可逆共价亲和选择筛选策略　大多数 DEL 筛选应用基于可逆的、非共价的配体识别原理而设计。最近，两个不同的研究小组实现了含有亲和基团分子库的构建。Winssinger 团队采用分离聚合法和 DNA 记录标记化学，构建含有 Michael 受体的 DEL 库，并用含有 10000 个分子的 DEL 库与目标蛋白 MEK2 孵育，发现新型不可逆共价 MEK2 结合物。此外，Clark 研究小组也报道了涵盖 2700 万个携带丙烯酰胺-DNA 记录化合物库，进而用于寻找与发现潜在的布鲁顿酪氨酸激酶（Bruton tyrosine kinase）不可逆共价抑制剂。

3.4.5.3　DEL 库筛选活性抗菌分子

Machutta 等研究表明，DEL 通过对多种蛋白的平行筛选，寻找新的配体靶点，这种筛选方法可能同时发现新的苗头分子和配体蛋白靶点。化学可及性或可配体性取决于蛋白质与化学空间分子的结合能力，然而，成药性是指发现分子用于可调节疾病状态的靶点的可能性。葛兰素史克（GSK）利用含有约 10^{12} 分子的 DEL 平行筛选 161 个部分验证的抗菌靶点，这些靶点包括 39 个鲍曼不动杆菌（A. baumannii）靶点，80 个金黄色葡萄球菌（S. aureus）靶点，42 个结核分枝杆菌（Mycobacterium tuberculosis）靶点。对 N 端和 C 端双标记的蛋白进行 ELT 选择筛选，一个用于快速蛋白纯化，另一个用于 ELT 选择固定化。含有 39 个必需靶酶的金黄色葡萄球菌 ELT 靶点板，经 DELT 筛选，得到 14 个具有显著 ELT 信号的靶区。按照每个靶点约 3 个化合物系列，每个系列约 5 个化合物进行无 DNA 标签合成，随后体外活性评价，最后剩下 7 个具有确定的活性化学系列靶点，磨耗率约为 50%。从甲硫氨酸 tRNA 合成酶（methionyl-tRNA synthetase，MRS）、异亮氨酸 tRNA 合成酶（isoleucyl-tRNA synthetase，IRS）、甲硫氨酸氨基肽酶（methionine aminopeptidase，MetAP）、十一异戊烯醇焦磷酸合成酶（undecaprenyl pyrophosphate synthase，UppS）和乙酰辅酶 A 羧化酶（acetyl-CoA carboxylase，ACC）5 个酶靶点中鉴定出几个化合物系列，对金黄色葡萄球菌具有抗菌活性。同样地，从 *A. baumannii* 的 80 个靶标中，鉴定出 17 个靶标至少有一个化合物系列具有抗鲍曼不动杆菌活性，其中，UDP-*N*-乙酰氨基葡萄糖酰基转移酶（LpxA）、泛素蛋白酶水解系统（Upps）和空肠弯曲菌膜蛋白（LoIA）三个化学序列具有靶向活性，并确定了作用机理（MoA）。最后，对 42 个结核分枝杆菌靶点的筛选发现，DHFR 的三个化学系列对结核分枝杆菌具有活性。这项工作通过使用 DEL 并行筛选多个靶点，同时识别可配体的靶点和相应的化学苗头系列。图 3-36 显示基于 DEL 筛出的系列代表性小分子及其相应的靶酶和细菌的活性。

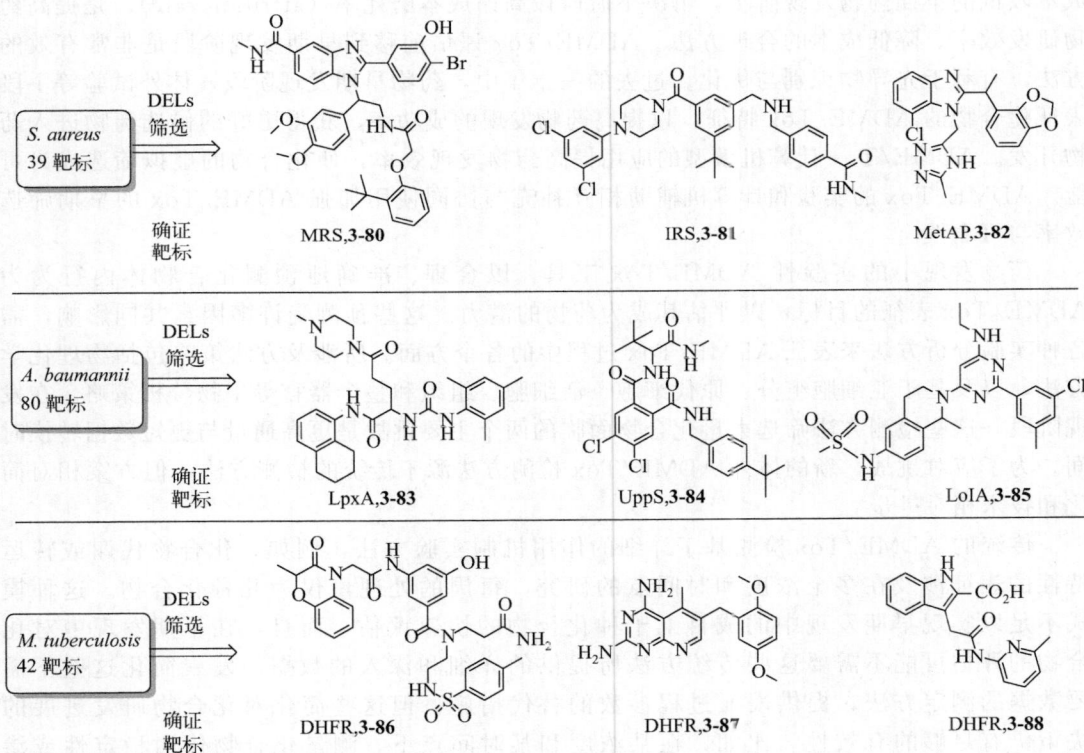

图 3-36　基于 DEL 策略筛出代表性活性抗菌分子

　　"大数据"和机器学习的出现，为合理化 DEL 方法提供了一个巨大的机会，促进高效的药物发现项目朝着创新治疗应用的方向发展。化学信息工具的发展帮助药物化学家拓宽了化学空间覆盖，改善了 DEL 的物理性质。礼来公司（Eli Lilly）的 Martin 等人发布了 eDESIGNER 的新应用。该软件的算法基于重原子分布和总体分子量的预先限制基础，有效地解决了分子的属性，在合理选择构砌块和随后的 DNA 兼容转换的基础上，允许生成所有潜在的库设计。研究人员评估所有可能的库设计的化合物子集，并根据其多样性属性对库进行分类。如今，DEL 选择数据集提供了大量的、高度结构化的信息，这是机器学习实现的必要条件。因此，人工智能利用神经网络算法在分子性质预测方面表现出了强健性能。X-Chem 和谷歌最近将机器学习的概念应用于 DEL 选择数据，从大型商业和容易合成的分子库中识别高亲和力化合物。但由于有关其应用和评估的公开数据较少，使评估生成分子的可靠性仍然面临巨大的挑战。选择合适的算法将是人工智能成功发现新药的关键参数。总之，DEL 技术正在成为一个成熟的平台，目前大多数制药公司通过内部项目或战略伙伴关系和学术界已完全融入 DEL 技术。机器学习和 DEL 技术的快速发展为解决制药瓶颈提供了良好的势头。

3.4.6　ADME/Tox 早期筛选法

制药行业广泛接受的"Fail early，Fail cheap"（"早失败，代价小"）的策略，增加成本较低的早期药物发现阶段，解决下游阶段高昂成本磨耗率（attrition rate），是提高药物研发效率、降低成本的合理方法。ADME/Tox 评估前移到早期发现阶段是非常有效的方法，有利于先导物识别与优化。过去的三十年中，药物早期发现阶段，体外试验等手段表征化合物的 ADME/Tox 特征，以提高药物发现的成功率，获得更好的候选药物进入药物开发。ADME/Tox 计算机模型的应用提高药物发现效率，使化合物的虚拟筛选成为可能。ADME/Tox 的实验和计算机辅助相互补充与协同使用加强 ADME/Tox 的早期筛选效率与可靠性。

药物发现中的实验性 ADME/Tox 工具，以合理、准确地预测化合物体内行为为 ADME/Tox 表征的目标，以评估其成为药物的潜力。这些预测受许多因素共同影响，需各种实验分析方法来表征 ADME/Tox 过程中的各个方面。所涉及方法策略包括物理化学方法，以及基于亚细胞组分、原代细胞、活细胞、组织和整个器官等生物分析策略。在发现阶段，这些检测方法筛选大量化合物面临的两个主要挑战是更高通量与更短数据转换时间。为了应对挑战，新的体外 ADME/Tox 检测方法源于传统的检测方法，但方案相对简化和技术相对进步。

传统的 ADME/Tox 检测基于详细的作用机制实验方法，例如，化合物代谢或转运特性的表征涉及在多个浓度和时间点的研究，每周的处理量仅为几种化合物。这种模式不足以实现早期发现中的成百上千种化合物的快速评估，而且，在早期发现中对化合物的评估可能不需要这些传统方法所提供的详细和深入的数据。发展简化这些不需要数据的测定方法，提供表征过程参数的替代措施，但这些简化对化合物研发进展的决策仍有足够的有效性。比如，在某浓度和某时间点下，测量化合物代谢稳定性或渗透性，或评估单一浓度下化合物对 CYP450 抑制潜力，代替测定半数抑制浓度（IC_{50}）或抑制常数（K_i）。程序简化和微量滴定板的广泛使用，使得许多检测可以通过机器人系统实现自动化，大大增加样品筛选量，体外 ADME/Tox 检测由样品生成变成样品分析。分析方法的新技术进步，如 LC-MS-MS 具有更短的运行时间、更高容量的注射器，以及多个注入头与一个 MS-MS 检测器的组合，加速突破 ADME/Tox 早期发现的筛选瓶颈。另外，CYP450 抑制筛选试验的荧光读数和溶解度测定中的比浊法，能够同时快速读取整个微量滴定板，可以显著提高筛选量和缩短周转时间。图 3-37 是体外 ADME/Tox 评价优化流程。

简化的体外 ADME/Tox 测定提供了更高的通量，但与 HTS 测定或组合化学相比，

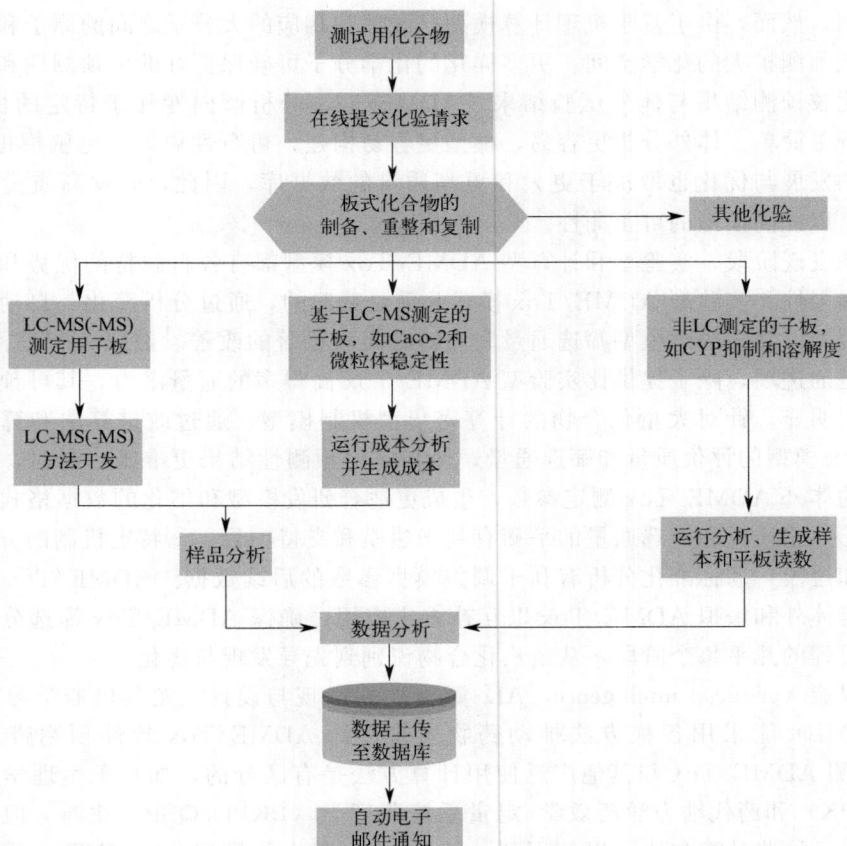

图 3-37 体外 ADME/Tox 评价优化流程［*Drug Discov. Today* 2003, 8（18），852-861］

通量仍然较低，只能发现评估少部分化合物。可用各种电脑模拟 ADME/Tox 模型，具有不同程度的复杂性和筛选通量。模型所必需的化合物描述符以及模型预测数据与观测到的真实相符，是预测模型高通量的主要限制因素。ADME/Tox 的计算依赖于模型的复杂性，这取决于建模的特定过程。相对于溶解度和溶解速率，通过亲脂膜以及肠道内壁和/或肝脏内转运体或代谢的相关外排等潜在模型，生物利用度的模型更复杂。如果需要，可以将较简单模型集成到较复杂模型中，以提供整个流程的完整图像。目前可用的 ADME/Tox 计算模型分为两大类：基于经验计算模型和基于机理计算模型。前者使用统计工具探索某些结构描述符与特定 ADME/Tox 属性的观测参数之间的线性或非线性关系，这些相对简单关系应用到几乎所有的 ADME/Tox 的特性，占目前可用模型的大多数，当达到最小算力，能达到高达每小时数千或数百万分子的筛选量，满足 ADME/Tox 模型药物发现的最严格需求。基于机理模型使用量子力学计算小分子和大分子之间原子相互作用的方法，如参与某种 ADME/Tox 过程的酶或转运蛋白，这种方法需要配体和大分子的三维结构，与经验模型相比，需要更多的算力，导致相对较低的通量，大约每小时几十到几百个化合物不等，但筛选量高于传统体外 ADME/Tox 检测的最高容量，改进算法和算力可促进电脑模拟模型的使用。

计算机模拟 ADME/Tox 方法的主要限制因素是其可预测性，目前为 60%～90%。基于经验计算模型的可预测性通常局限于训练定向化合物，或与之相当接近的化合物所覆盖的化学空间，然而，由于基于机理计算模型是配体和相应的大分子之间的原子和分子相互作用，更能预测扩大的化学空间。更多样化的化学分子可确保更好的可预测性和更广泛的适用性。比较预测结果与体外试验结果，ADME/Tox分析倾向专注于特定的机制过程，比体内分析更简单。体外分析更容易，模型更容易构建，可行性更好。电脑模拟ADME/Tox模型的发展与优化也取决于更大和更高质量的数据库，因此，研发高质量与多样性的数据库，以提高模型的可预测性。

在药物发现阶段，实验型和计算型ADME/Tox模型都有各自独特的优势和用途，也有不同的局限性。实验型ADME/Tox模式几乎是普遍的，通过分析简化、自动化和先进新技术的应用，对实验型模型筛选通量和周转时间有显著的改善。虚拟ADME/Tox模型显示出稳定的进展，除了提供比实验型ADME/Tox高得多的通量潜力，其可预测性方面的改进也很明显。针对大量化合物的计算密集型机制模型，通过改进算法和算力，提高ADME/Tox模型的评价质量和筛选通量，使其应用预测性结果更准确。同时，重新配置简化版本的体外ADME/Tox测定参数，生成更适合研发模型和细化的数据格式，具有以下优势：①数据质量和筛选通量的平衡有利于建模和支持项目；②特定机制的分析有助于数据解释和建模；③标准化分析有利于调整模型参数的后续数据。ADME/Tox早期筛选最优方法是体外和虚拟ADME/Tox以互补方式应用，确保ADME/Tox筛选分析应用于药物发现过程的几乎每个阶段，从苗头化合物识别到先导发现与优化。

人工智能（artificial intelligence，AI）赋能药物发现与设计，尤其机器学习（machine learning，ML）能采用各种方法推动药物发现，给ADME/Tox特性预测带来许多机遇。AI预测ADME/Tox与其他广泛使用计算方法是有区分的，如基于生理学的药代动力学（PBPK）和药代动力学药效学/定量系统药理学（PKPD/QSP）建模。但决策过程是自动化的，这些计算方法可以应用到AI框架中，使电脑模拟ADME/Tox模型取得了长足的进步。我们现在正处于ML时代，许多模型服务于行业的预期目的，并补充实验方法。最新计算工具深度神经网络学习（deep neural networks，DNN），能进一步提高模型和领先优化决策的质量。有几家处于早期阶段的公司，正在将人工智能用于药物发现或药物开发的某些方面（表3-7）。制药公司和其中一些人工智能公司之间的应用和联盟越来越多，其中一些可能涉及ADME/Tox。从他们的投资和合作可以推断制药行业已经开始接受人工智能。总之，AI在ADME/Tox属性优化方面的共识基本形成，需要在正确的时间和正确的数据集以正确的方式应用正确的ML技术，并最终回答正确的ADME/Tox问题。

表3-7　公司利用人工智能在药物发现或药物研发的应用（*Nat. Mater.* 2019, 5, 410-427）

公司名	概述
Healx	罕见病的老药新用
Atomwise	深度学习和基于结构药物设计
Recursion Pharmaceuticals	深度学习与高内涵筛选组合
Whole Biome	人工智能和微生物组联合
Benevolent AI	知识谱图和老药新用
Berg Health	人工智能和患者数据
Insilico Medicine	用于药物发现和生物标志物的人工智能

公司名	概述
Numerate	各种深度学习技术，如用于药物发现的深度学习
Exscientia	用于药物发现的人工智能
PathAI	用于病理学的人工智能
Flatiron Health	人工智能和临床数据
Innoplexus	深度学习和文本分析
twoXAR	基于人工智能的药物发现平台
Data2Discovery	用于药物发现的人工智能和知识图谱
Insitro	药物发现的深度学习模型
Collaborations Pharmaceuticals	利用深度学习开发忽视和罕见疾病的治疗药物

3.4.7 多靶标配体设计法

多靶标配体设计（multitarget directed ligand drug design，MTDL）是设计与多靶点相互作用治疗多因素疾病的药物，一片仅有一种有效成分，可同时选择性地作用于两个或多个分子靶点的单一组分药物。它不是单一疗法的混合，或多个有效成分的药物组合和复方药物，或一个配方包含多种有效成分等。MTDL 考虑的靶点组合、配体选择、预期活性平衡等方面更合理、更全面，以最大限度地发挥药物的可发展性、有效性和安全性。目前基于表型筛选发现的一些先导化合物，缺乏明确的靶标，具有高混杂性和严重的不良反应，可能是许多 MTDL 失败的原因。在美国，一些出色的 MTDL 已进入临床试验阶段，或得到监管机构的批准，其中许多是偶然发现的，如多靶点激酶抑制剂伊马替尼。

MTDL 发现的关键是靶点组合设计和验证。理想的靶标组合可通过协同作用提供较好的治疗效果。一般而言，为同一超家族中高度相关的靶点设计多靶点配体比较容易。如果靶标属于不同的超家族成员，它们的内源性配体最好是相似的，甚至是相同的，这样多个靶点的结合位点更有可能容纳一个共享的配体框架。也有一些罕见的例子，靶点来自不同的超家族，内源性配体也不相关，但通过开发各组分的耐受位置从而实现药效团组合。对于高度相似的靶点，相对容易实现多种活性，但在密切相关但不希望的靶标上制定优化的选择是一个挑战。从理论上讲，密切相关但不希望的靶点越少越好，一些例子表明，这并非不可能。目前为止，按照靶标组合来源，可以分为基于临床观察多靶标配体设计、基于表型筛选多靶标配体设计、基于计算技术多靶标配体设计等三个方面。

（1）基于临床观察多靶标配体设计　鸡尾酒等联合疗法是临床研究的常见主题，但复杂的 PK、药物-药物相互作用等问题限制它们的临床应用。然而，药物鸡尾酒疗法研究表明，疗效增强强调所针对靶标组合是有效的。抗精神病药卡利拉嗪（cariprazine）和阿立哌唑（aripiprazole）发现是基于临床观察的靶标组合的典型例子。最初，靶向多巴胺 D2 样受体的抗精神病药物，往往会引起相当大的不良反应，如锥体外系运动症状。接下来的临床研究发现，抗羟色胺 5-HT$_{2A}$ 能改善治疗效果，减少不良反应。随后，对多个靶点的效力进行调整，包括对一个受体的激动作用和对另一个受体的部分激动作用，得到抗精神病药卡利拉嗪和阿立哌唑，故临床观察驱动的多靶点设计显著提高了疗效，减少了不良反应。

（2）**基于表型筛选多靶标配体设计**　表型筛选是另一种靶标组合的方法。细胞、组织和动物模型都可以用于筛选大量的化合物组合协同作用。但是，假定化合物或靶标组合的高通量需要大量的动物实验，即使只测试几个化合物，不同的剂量组合也需要大量的动物样本。由于没有剂量组合，基因敲除或敲除一个靶点是减少动物用量的可行方法。例如，一项研究采用环氧化酶（cyclooxygenase，COX）抑制剂双氯芬酸和 FAAH（-/-）（脂肪酸酰胺水解酶，fatty acid amide hydrolase）小鼠炎症模型验证的 COX 和 FAAH 两个靶点的协同作用。高内涵筛选是 MTDLs 发现的有价值方法，能产生多维读出的生物分析。表型筛选系统很复杂，有时可能会需要整个动物作为模型，实现复杂系统的读取，甚至包括行为变化。果蝇或斑马鱼可用于复杂的筛选系统。

（3）**基于计算技术多靶标配体设计**　计算技术是筛选合适靶标组合的一种可行的方法。现有许多计算机辅助设计方法，用机器学习分析生物靶标网络。以信号网络为分析对象的网络药理学方法尤为有价值。计算方法预测的靶标组合需要验证，以确认其生物学基础和可行性。例如，计算机模型预测胰岛素样生长因子 1 受体（insulin-like growth factor 1 receptor，IGF1R）和周期素依赖性激酶 4（cyclin-dependent kinase 4，CDK4）的靶点组合，并验证其是去分化脂肪肉瘤（dedifferentiated liposarcoma，DDL）细胞中的协同药物靶点。

筛选方法是常见的 MTDL 先导物产生策略，定向筛选（focused screening）是主流的筛选方法，而不是"非合理的"高通量筛选。在定向筛选中，对一个靶标蛋白确定有效的化合物，随后对另一个靶标进行筛选，激酶类靶标适合定向筛选法，对激酶家族交叉筛选确证化合物为激酶类 MTDL。如图 3-38 所示，经筛选方法所得 MTDL 可能对靶标 A 和 B 均有活性，但同时不太可能对多个靶标具有平衡的亲和力，需要对所有靶标进行亲和性优化。此外，先导物也可能对不希望的靶标有活性，这必须在优化过程中进行设计排除。

图 3-38　基于筛选法设计多靶标配体的先
导化合物示意图 [*J. Med. Chem.* 2019,
62（20）：8881-8914]

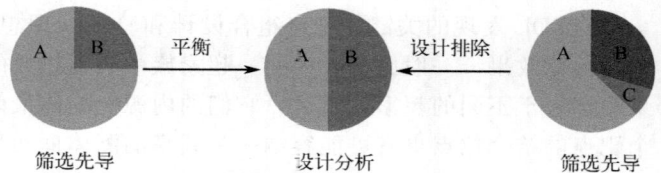

筛选先导　　　　　设计分析　　　　　筛选先导

基于知识的设计方法（knowledge-based approach）又称为基于药效团的方法（pharmacophore-based approach），是目前主要的设计 MTDL 的方法，其设计策略是将多个靶标的选择性配体的药效团融合于一个化合物中，整合各配体的活性。根据药效团重叠度递增的顺序，如图 3-39 所述，MTDL 可分为连接型、融合型和合并型。实际上，药效团的

图 3-39　基于药效团的多靶点药物设计
策略 [*J. Med. Chem.* 2019, 62（20）：
8881-8914]

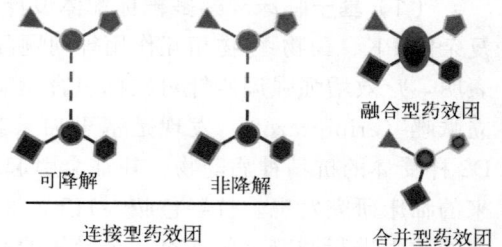

可降解　　　　非降解

连接型药效团　　　　　合并型药效团

融合型药效团

重叠水平形成连续统一体：一个极端是连接型的 MTDL，具有高分子量和长链连接器，另一极端是合并型 MTDL，具有高度重叠的药效团、更小的分子量和更简单的结构。

连接型 MTDL 是直接策略，由一个连接器分开的潜在药效团，连接器不存在于所连接的原始配体中，但是连接片段的位置、长度和组成会影响 MTDL 的活性。根据连接器的性质，将连接型 MTDL 进一步分为可降解和非降解两类（图 3-39）。然而，连接型 MTDL 分子量太大，不利于生物利用度与进入细胞内，连接器本身可能会阻碍靶标和配体之间的相互作用。大多数降解类 MTDL 含有酯键，血浆酯酶可以将其降解。化合物 **3-91** 是一种新的多靶点治疗候选药物，由具有抗氧化、抗炎作用的肉桂酸类脂氧合酶抑制剂 **3-89** 和非甾体抗炎药扑热息痛 **3-90** 的药效团经酯键连接而成，体内酯降解后，释放的配体在不同的途径中引起治疗作用，化合物 **3-91** 表现出较高的镇痛活性，约为 90%，提示其对周围神经损伤有治疗作用（图 3-40）。大多数报道的连接型 MTDL 是不降解的，连接器在体内是稳定耐受的，作为单一的活性成分 MTDL，能够与多个靶点相互作用，发挥相应的各种活性。化合物 **3-94** 是结合 H_1 受体（H_1R）和 H_2R 拮抗活性的药理杂合体，由罗沙替丁（roxatidine，**3-93**）型 H_2R 拮抗剂药效团和美吡拉敏（mepyramine，**3-92**）型 H_1R 拮抗剂的药效团组成，N-去甲基甲吡林由聚亚甲基连接器连接，形成的氰胍部分相当于 H_2R 拮抗剂的"脲"部分（图 3-40）。

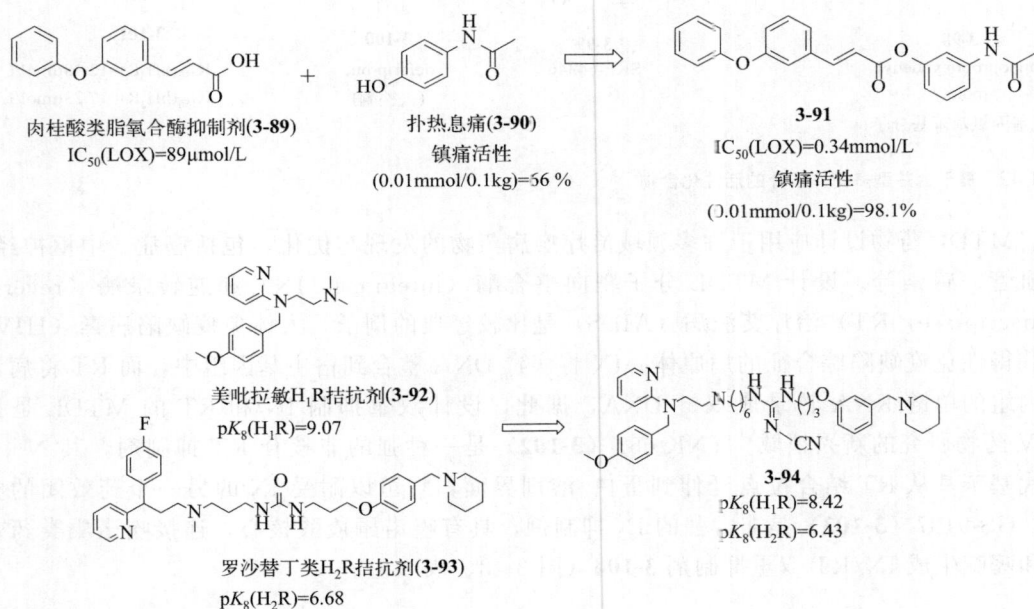

肉桂酸类脂氧合酶抑制剂(**3-89**)
IC_{50}(LOX)=89μmol/L

扑热息痛(**3-90**)
镇痛活性
(0.01mmol/0.1kg)=56 %

3-91
IC_{50}(LOX)=0.34mmol/L
镇痛活性
(0.01mmol/0.1kg)=98.1%

美吡拉敏H_1R拮抗剂(**3-92**)
$pK_8(H_1R)=9.07$

罗沙替丁类H_2R拮抗剂(**3-93**)
$pK_8(H_2R)=6.68$

3-94
$pK_8(H_1R)=8.42$
$pK_8(H_2R)=6.43$

图 3-40　基于连接型多配体设计的活性化合物

融合型 MTDL 是部分重叠的药效团组成小分子。如图 3-41 所示，化合物 **3-97** 是由利斯的明（rivastigmine，**3-95**）的苯基和雷沙吉兰（rasagiline，**3-96**）的二氢茚环融合而成，同时可以抑制乙酰胆碱酯酶（AChE）和单胺氧化酶（monoamine oxidase，MAO）活性。相对连接型和融合型 MTDL，合并型 MTDL 具有最大程度的药效团重叠。合并型 MTDL 采用识别每个受体的"耐受性区域"的各配体框架的共性，进行高度叠加整合药效团，从而获得分子量更小、结构更简单、理化特性更优的 MTDL 结构。例如，将金属螯合剂去铁酮（deferiprone，**3-100**）的 3-羟基-4-吡啶酮和 H_3R 拮抗剂（**3-98**）的氨基丙氧苯基骨架合并于一个分子中，设计合成目标化合物 **3-101**，经对其进行生物学表征发现，化合物 **3-101** 具有与化合物 **3-98** 一样的良好 H_3R 选择性拮抗作用、与化合物 **3-99** 一样的淀粉样蛋白-β（Aβ）聚集抑制以及与化合物 **3-100** 一样的金属离子螯合和自由基清除能力（图 3-42）。

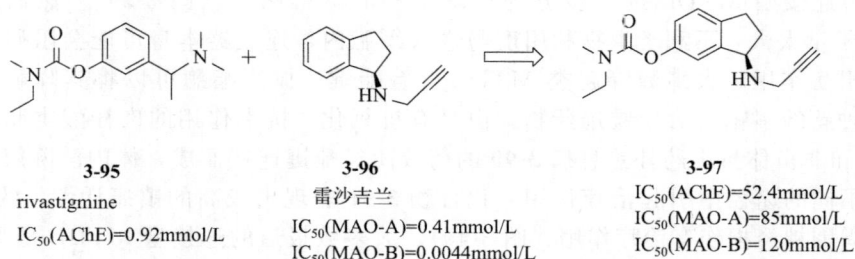

3-95
rivastigmine
$IC_{50}(AChE)=0.92mmol/L$

3-96
雷沙吉兰
$IC_{50}(MAO\text{-}A)=0.41mmol/L$
$IC_{50}(MAO\text{-}B)=0.0044mmol/L$

3-97
$IC_{50}(AChE)=52.4mmol/L$
$IC_{50}(MAO\text{-}A)=85mmol/L$
$IC_{50}(MAO\text{-}B)=120mmol/L$

图 3-41 基于融合型多配体设计的活性化合物

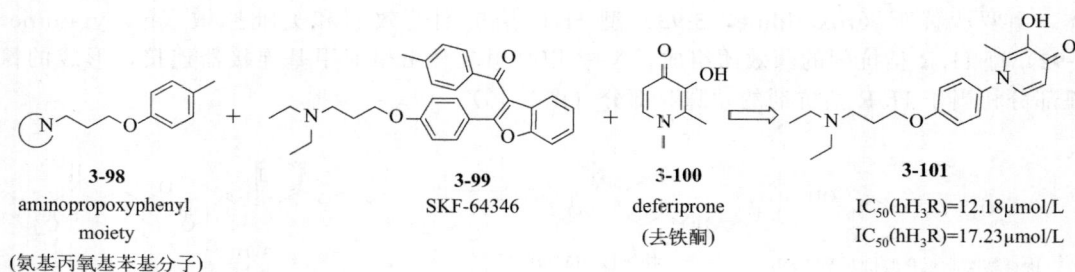

3-98
aminopropoxyphenyl
moiety
（氨基丙氧基苯基分子）

3-99
SKF-64346

3-100
deferiprone
（去铁酮）

3-101
$IC_{50}(hH_3R)=12.18\mu mol/L$
$IC_{50}(hH_3R)=17.23\mu mol/L$

图 3-42 基于合并型多配体设计的活性化合物

　　MTDL 药物设计应用于许多领域治疗疾病药物的发现与优化，包括癌症、中枢神经、心血管、感染等。设计 MTDL 分子靶向整合酶（integrase，IN）和逆转录酶（reverse transcriptase，RT）治疗艾滋病（AIDS）是比较经典的例子。人体免疫缺陷病毒（HIV）是获得性免疫缺陷综合征的病原体。IN 将病毒 DNA 整合到宿主基因组中，而 RT 将病毒基因组的单链 RNA 转录成双链 DNA，据此，设计双重抑制 IN 和 RT 的 MTDL 是抗 HIV 药物研究的新兴领域。TNK-651（**3-102**）是一种强的非核苷 RT 抑制剂，其 $N-1$ 取代基苄基从 RT 结合位点延伸到蛋白/溶剂界面，它可以耐受 IN 的另一个药效团的整合。GS-9137（**3-103**）是非常强的 IN 抑制剂，具有喹诺酮羧酸核心，连接喹诺酮类药效团和嘧啶生成 IN/RT 双重抑制剂 **3-104**（图 3-43、表 3-8）。

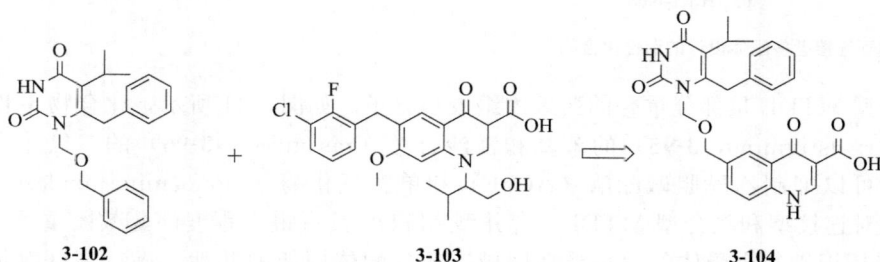

3-102　　　　　　　　　　**3-103**　　　　　　　　　　**3-104**

图 3-43 基于多靶标配体药物设计的抗 HIV 药物发现

表 3-8 靶向 IN 和 RT 的 MTDL 的生物活性比较

化合物	IN $IC_{50}/(\mu mol/L)$	RT $IC_{50}/(\mu mol/L)$	HIV $EC_{50}/(\mu mol/L)$
3-102，TNK-651	2.4	0.057	0.033
3-103，GS-9137	0.0072	—	0.0009
3-104	35	0.19	0.22

3.4.8 全新药物设计法

从头药物设计是一种计算方法，从没有先验关系的原子，用计算生长算法设计符合一组约束条件的新化学实体。De novo 的是拉丁文，意思为"从开始"，表明可以在没有起始模板的情况下生成新分子实体。全新药物设计的目标是从头开始创造具有所需特性如药理活性的以前未知的化学实体，设计概念包括分子生成、分子评分、分子优化等三个方面任务，每一任务可以由人或机器单独或集体执行。新创药物设计的优势包括探索更广阔的化学空间、设计构成新知识产权的化合物、创新和改进现有疗法的潜力以及以成本效应和时间高效的方式开发候选药物。新药设计面临的主要挑战是生成分子结构的合成可及性。传统设计方法包括基于蛋白结构设计和基于配体分子设计，分别取决于生物靶标活性位点与活性分子的性质。基于进化算法的传统设计的约束包括但不限于期望性质或化学特点，如预定义溶解范围、低于阈值的毒性以及结构中包含的特定化学基团。

3.4.8.1 基于结构设计

传统新药设计是一种根据生物靶标如受体或其已知活性结合物的信息形成新化学实体的方法，发现对受体具有良好结合或抑制的配体，设计主要的内容有受体活性位点描述或配体药效团建模、分子构建和生成分子评价。如图 3-44 所示，基于结构设计的受体三维结构（three dimension，3D）由 X 衍生晶体学、核磁共振或者电子显微镜测量所得，当受体结构未知时，可以同源性建模获得合适结构用于新药设计。然而，同源模型的质量取决于模板结构的质量和序列同源性。基于受体的新药设计始于受体的活性部位，由于受体的分子形状、物理化学性质对配体的紧密和特异性结合很重要，因此，分析活性位点以确定配体的约束形状和非共价相互模式。受体-配体的非共价相互作用包括氢键、静电和疏水相互作用，是生成配体的作用位点。这些位点有利于减少大量生成结构并增加选择性。有几种方法用以确定受体互作的活性位点。HSITE 软件是一种基于规则的方法，生成的氢键区域图，只考虑氢键的供体和受体。LUDI 和 PRO-LIGAND 软件则考虑基于疏水相互作用位点规则的方法。HIPPO 是基于共价键和金属离子键的相互作用位点规则的方法。基于网格的方法，首先在受体的活性部位生成网格点，利用每个网格点上的探针原子或碎片计算氢键或疏水相互作用的能量。多副本同步搜索（multiple-copy simultaneous search，MCSS）是一种将功能群随机与活性部位对接，以测量能量高低确定有利对接位置和方向的方法，然后，利用力场将官能团最小化，基于阈值标准，不利于官能团与活性位点之间的相互作用能，则抛弃官能团。在新药设计中，候选结构的评估很重要，采用评分函数计算候选分子与受体结合位点的自由结合能。主要评分函数包括力场、经验评分函数和基于知识的评分函数。

图 3-44　全新药物设计示意图（*Int. J. Mol. Sci.* 2021, 22：1676）

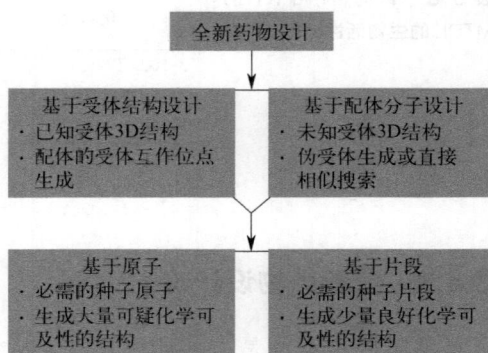

3.4.8.2　基于配体分子设计

　　没有生物靶标结构数据，已知一个或多个活性结合物的结构为新药设计提供替代策略，即基于配体分子设计方法（图 3-44）。活性配体数据可从文献筛选或构效关系研究中获得，也可以在诸如 CHEMBL 等数据库中找到有类药物特怔的生物活性分子。基于配体设计方法常用于 X 衍生晶体结构难获得的新生物靶标候选结构设计，从一个或多个已知的活性结合物，建立配体药效团模型，设计新颖的结构。特别强调的是，配体药效团模型既可以创建伪受体，也可以直接进行相似设计。高质量药效团模型对基于配体的新药设计是很重要的，直接取决于已知结合化合物的结构多样性。结合模式可能存在不同，需要假设一种共同的结合模式来构建药效团模型。定量构效关系模型可并行评价药效团模型的质量，基于配体的新药设计软件有 TOPAS、SYNOPSIS、DOGS。利用 DOGS 软件以幽门螺杆菌 HtrA 抑制剂绕丹宁衍生物为结构起点进行设计，共生成 1707 个设计，通过预测这些设计化合物的溶解度，并比对其与基于 8 个与衍生物 **3-105** 结构相关化合物的 HtrA 抑制三维药效团模型的拟合度，进而合成其中 65 个化合物并进行活性评价，得到结构全新成药性优良化合物 **3-106** 和 **3-107**（图 3-45）。

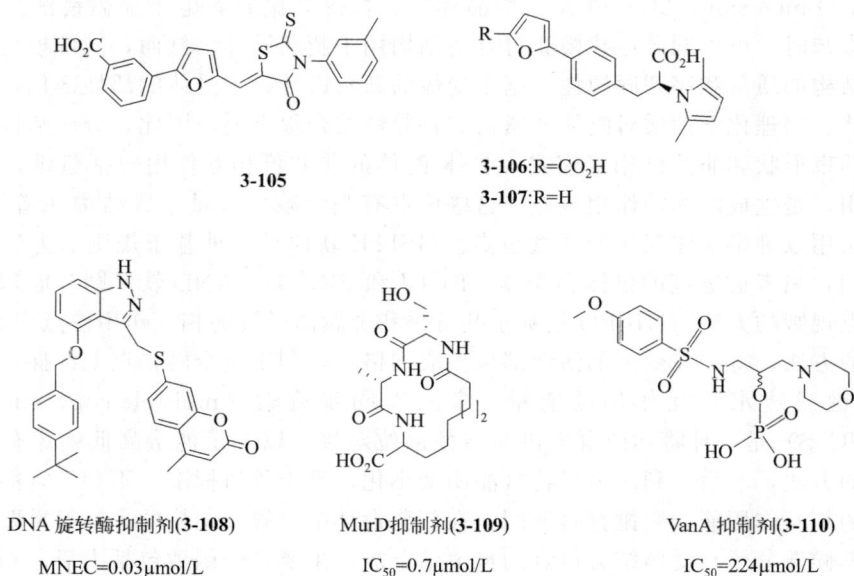

3-105

3-106:R=CO$_2$H
3-107:R=H

DNA 旋转酶抑制剂(**3-108**)

MNEC=0.03μmol/L

MurD抑制剂(**3-109**)

IC$_{50}$=0.7μmol/L

VanA 抑制剂(**3-110**)

IC$_{50}$=224μmol/L

图 3-45　基于配体分子设计策略发现活性化合物

3.4.8.3　基于原子或片段采样设计

候选结构的采样（sampling）有两种方法，基于原子策略和基于片段策略（图 3-44）。前者基于一个初始原子随机放置在大分子活性部位，以此为种子构建分子的其余部分，研究每个阶段各原子及其杂化态。基于原子所覆盖的化学空间是巨大的，生成结构需要进一步限制聚焦缩小。基于原子的采样，具有对化学空间探索更深的优势，可以产生更多数量和种类的结构。然而，大量生成结构给鉴定适合用于化合物合成和实验测试的结构增加了困难。LEGEND 是基于原子的全新药物设计计算软件。基于片段的抽样是首选全新药物设计方法，其结构生成源于片段组装，这不仅缩小化学搜索空间，保持良好的多样性，而且生成候选化合物具有最佳 ADME/Tox 特性。基于片段的药物设计需要一个包含片段和连接器的数据库，后者可以通过虚拟或实验方式获得。一个片段停靠于活性位点，以此为种子构建分子的其余部分。自 20 世纪 90 年代初发明以来，从头配体设计一直不断改进，反映了算力的巨大发展和算法的不断改进。大多数从头开始的设计工具在操作方面遵循类似的流程。最广泛使用的从头设计软件是 LUDI、SPROUT（Keymodule Ltd，Leeds）、SkelGen（De novo Pharmaceuticals Ltd）、Flux、GANDI、BOMB（Cemcomco，Madison，Connecticut，USA）等。目前常用的基于片段的药物设计的算法软件有 LUDI、PRO-LIGAND、SPROUT 等。下面以 LUDI 和 SPROUT 为例详细阐述其在全新药物设计的应用。

LUDI 是 Discovery Studio 的另一个模块，为已知三维结构的特定蛋白质构建可能的新配体。该软件策略是基于蛋白质和配体的官能团之间能量有利的非键接触几何结构算法，由有机分子晶体排列的统计分析推导而来的。小的结构片段与蛋白质的结合位点对接，往往由氢键、离子键以及疏水口袋与配体的亲脂基团互作完成，软件可以将更多的片段附加到先前定位的分子核心骨架，也可以通过桥接片段把几个片段连接在一起，形成一个完整的分子。LUDI 检索或构建的假定配体都使用简单的评分函数进行评分，结果与实验确定的蛋白质配体复合物的结合常数比对。在虚拟筛选潜在的 DNA 旋转酶（DNA gyrase）抑制剂中，采用 LUDI 筛选化学数据库（ACD）和部分罗氏化合物库（共 35 万种化合物）。LUDI 以小的"针"分子对接到旋转酶的结合位点，针筛是可以鉴别低分子量抑制剂的技术，分子质量＜300Da，能够渗透到又深又窄的通道和口袋中。LUDI 研究发现了大约 150 个弱 DNA 旋转酶抑制剂，X 衍生晶体学证实了分子"针"与 ATP 结合位点的结合。经构效关系（structure activity relationship，SAR）研究发现，验证总结分子"针"对结构要求，确定并获得一系列吲唑类抑制剂，最有效的化合物 **3-108**（图 3-45）的活性是新生霉素（novobiocin）的 10 倍，最大无效浓度（MNEC）为 $0.03\mu mol/L$。

SPROUT 软件是利用片段连接技术生成符合特定受体位点或药效团假设的空间和电子约束的结构。在结构生成过程中，原子或分子碎片放置在每个目标位置，然后连接在一起产生分子骨架。分子碎片用模板表示，其中原子用纯杂化态以及顶点标记，键则用单键、双键、三键或芳香键标记。通过把每个模板的顶点替换为适当杂化状态的任意元素，每个模板生成多个实际的分子片段。在结构生成阶段中，把模板连接一起生成骨架。每个骨架代表几个分子，因为每个组成模板代表几个分子片段。骨架生成首先选择模板，并将其定位在目标位置，满足与该特定部位相关的空间要求。用户选择新分子的模板添加到进一步的目标位置，然后拟对接的分子模板用"间隔"模板连接，完成骨架生成，最后，用指定的参数对生成结构进行聚类和排序。指定的参数包括整体分子特性，比如分子复杂性、预估的结合亲和力以及更详细的过滤选项如某些存在或不存在的分子特征。参数引入目的是确定和丢弃不需要的结构，只留下所需结构。利用 SPROUT 设计一系列新型细菌细胞壁生物合成酶 MurD 的大环抑制剂。MurD 结合腔中含有一个不被自然底物占用的疏水口袋，忽略自然底物的糖部分，因此简化 MurD 底物，生成可能的大环抑制剂。基于 SPROUT 设计合成一系列大环类骨架分子，并评价其对大肠杆菌 MurD 的抑制，得到活性最好的 MurD 抑制剂 **3-109**（图 3-45）。D-丙氨酸-D-乳酸连接酶（Van A）是金黄色葡萄球菌和肠球菌耐万古霉素的原因，结合 SPROUT 与屎肠球菌 Van A 的 X 衍生晶体结构，以模拟四面体反应中间体羟乙胺为模板，设计系列新的 VanA 抑制剂，其中活性最好的化合物 VanA 抑制剂 **3-110**（图 3-45）的 IC_{50} 为 $224\mu mol/L$。

3.4.8.4　基于人工智能设计

人工智能（AI）是一个利用机器模仿人类认知功能如学习和解决问题的科学领域。机器学习（ML）是人工智能的分支，促使机器使用统计方法从数据中学习并做出预测。ML 方法用于预测与药物发现相关的结果。深度学习（deep learning，DL）又是 ML 的分支，使得多层神经网络的计算成为可能。包括机器学习在内的人工智能对药物研发过程有积极影响，深度强化学习（deep reinforcement learning，DRL）是机器学习的分支，是人工神经网络与强化学习结构的结合，现已应用于开发新型的新药设计方法，所用各种人工神经网络包括循环神经网络（recurrent neural network，RNN）、卷积神经网络（convolutional neural network，CNN）、生成对抗网络（generative adversarial network，GAN）和自动编码器（autoencoder，AE）。DRL 方法往往包括一个生成模型和一个使用强化学习的新生药物设计模型。DRL 在语音识别、正式语言、视频再现、音乐等领域都取得了显著的成功，有望给药物发现领域带来革命性的变化。以下以卷积神经网络作为强化学习的新药设计模型介绍 DRL 方法应用。

卷积神经网络（CNN）是一种由改变层、卷积层和池化层组成的人工网络，能够自动提取。在训练和测试阶段作为特征检测器，CNN 在输入特征向量上运行一个小窗口，广泛应用于图像处理中，并取得了巨大的成功。过程中允许 CNN 学习输入的各种特征，不考虑在输入特征向量中的绝对位置。DeepScaffold 是一个基于支架的全新药物设计的综合解决方案，过程中利用了 CNN 和分子二维结构图。CNN 方法基于许多骨架结构生成目标分子，骨架结构包括 Bemis-Murcko 骨架、环形骨架和侧链特定规格的骨架。这种方法的优点是能够总结在既定骨架上添加原子和化学键的化学规则。采用分子对接相关生物靶标对 DeepScaffold 生成化合物进行评估，结果表明，DeepScaffold 可以有效地应用于药物发现。DeepGraphMolGen 是一种多目标计算策略，使用图形 CNN 和强化学习生成具有预想属性的分子，策略包括性质预测和分子生成，其中分子表示为 2D 图，具有比 SMILES 字符串更自然的分子表示，进而提出一种基于图生成模型的新药设计框架。这种图生成器采用简单的译码方案和计算成本较低的图卷积结构，适合分子生成任务。

3.4.9　PROTAC 设计法

泛素介导的蛋白质降解是细胞内蛋白质最主要的负向调节方式。泛素化降解途径可以降解细胞内 80%～90%泛素化的蛋白质，参与调节细胞周期、增殖、凋亡、转移、基因表达、信号传递等几乎一切生命活动。该过程是在泛素激活酶 E1、泛素结合酶 E2 和泛素连接酶 E3 的协同作用下进行，底物蛋白被泛素化后，蛋白酶体将其降解，依靠泛素连接酶 E3 对底物蛋白特异的识别能力，决定了泛素介导的蛋白降解具有靶向性和特异性。蛋白水解靶向嵌合分子（protein proteolysis-targeting chimera，PROTAC）本质上是一种杂合双功能小分子化合物，其结构中含有两种不同配体：一个是泛素连接酶 E3 配体，另一个是与细胞中目标靶蛋白结合配体，两个配体之间由连接器相连。PROTAC 通过将目标靶蛋白和细胞内的 E3 连接酶拉近，形成目标蛋白-PROTAC-E3 三元聚合体，通过泛素 E3 连接酶给目标靶蛋白加泛素化蛋白标签，启动细胞内强大的泛素化水解过程，利用泛素-蛋白酶体途径特异性地降解靶蛋白。Ciulli A. 研究小组利用靶蛋白-PROTAC-E3 连接酶三元聚合体的共晶结构和等温滴定量热法实验，证实 PROTAC 可以通过自身折叠将靶蛋白与 E3 连接酶拉近，三者之间通过相互协同作用埋藏在蛋白质表面，形成特异性的蛋白-蛋白相互作用，让靶蛋白-PROTAC-E3 连接酶三元聚合物比靶蛋白-PROTAC 和 PROTAC-E3 连接酶二元复合物具有更好的稳定性（图 3-46）。

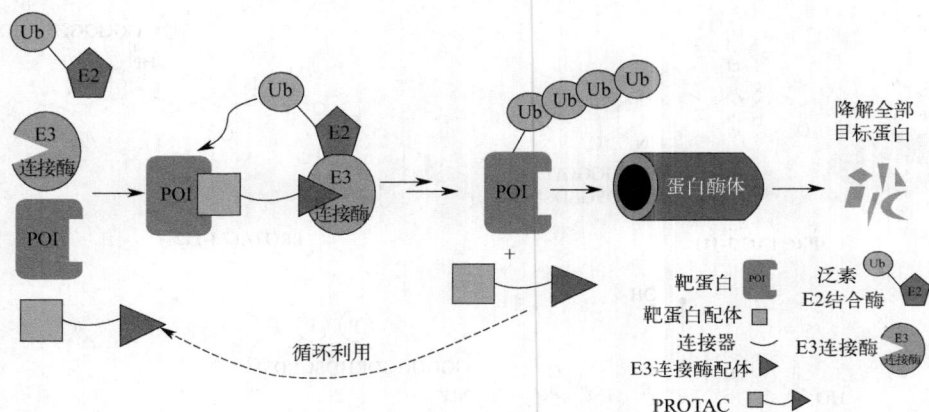

图 3-46　PROTAC 的靶向降解作用机制［STTT, 2019, 4（64）］

3.4.9.1　多肽类 PROTAC

Deshaies 课题组首次报道了一种利用泛素-蛋白酶体降解蛋白质的方法，清晰地展示了 PROTAC 的概念。如图 3-47 所示，PROTAC **3-111** 由连接器将血管生成抑制剂卵假散囊菌素（ovalicin，OVA）与核因子 κB 抑制蛋白 α（NF-κB inhibitor α，IκBα）结构中的由 10 个氨基酸残基构成的磷酸肽相连。OVA 可以与甲硫氨酸氨肽酶 2（methionine pepti-dase-2，MetAP-2）活性位点中第 231 位组氨酸共价结合并抑制其活性，IκBα 可以与 SCF$^{\beta\text{-TRCP}}$E3 泛素连接酶蛋白复合体中的 β-TRCP 结合。PROTAC 通过将 MetAP-2 与 SCF$^{\beta\text{-TRCP}}$E3 泛素连接酶拉近，利用泛素-蛋白酶体系统泛素化降解 MetAP-2。随后又利用该策略设计合成了降解雄激素受体（androgen receptor，AR）的 PROTAC **3-112** 与降解雌激素受体 α（estrogen receptor α，ERα）的 PROTAC **3-113**。AR 与 ERα 均属于核受体超家族成员，参与机体多种生理病理过程的调控，与肿瘤的发生、发展密切相关。PROTAC **3-112** 由连接器将 AR 小分子配体二氢睾酮与 IκBα 磷酸肽相连，PROTAC **3-113** 则由 ERα 小分子配体雌二醇、连接器和 IκBα 磷酸肽组成。实验结果证明 PROTAC **3-111**、**3-112** 和 **3-113** 确实可以泛素-蛋白酶体依赖性地降解目标靶蛋白，但是由于结构中存在磷酸肽结构，PROTAC **3-111**、**3-112** 和 **3-113** 的细胞通透性较差，且易被磷酸酶水解，导致降解细胞内目标靶蛋白的能力很弱。希佩尔-林道蛋白（von Hippel-Lindau protein，VHL）是 CRL2VHL E3 泛素连接酶的底物受体。在细胞处于正常氧分压条件下时，缺氧诱导因子 1α（hypoxia-inducible factor 1α，HIF-1α）的 Pro402 和 Pro564 残基被脯氨酰羟化酶羟基化后与 VHL 蛋白结合，进而被 CRL2VHL E3 泛素化降解。Crews 课题组设计了一个活性受磷酸化调节的 PROTAC 分子 ErbB2PPPI3K。ErbB2PPPI3K 由一段源自受体酪氨酸激酶 ErbB2 的氨基酸序列、VHL 结合氨基酸序列与连接器组成。在神经生长素的作用下，ErbB2PPPI3K 结构中的 ErbB2 氨基酸序列发生磷酸化，与 ErbB2 底物蛋白 PI3K 结合，进而招募 CRL2VHL E3 泛素化降解 PI3K，抑制激酶信号通路。在 OVCAR8 卵巢癌细胞裸鼠移植瘤模型中，腹腔注射 10mg·kg^{-1}ErbB2PPPI3K 47 天可以有效抑制肿瘤的生长，抑瘤率达到 40%。

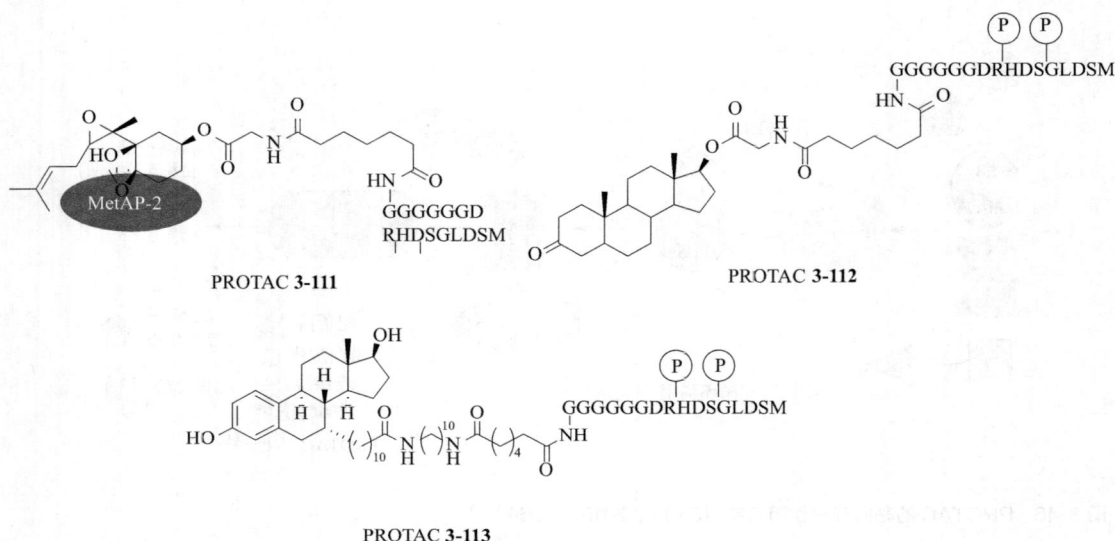

图 3-47　基于磷酸肽分子招募 SCF$^{β-TRCP}$ E3 泛素连接酶的 PROTAC 小分子

3.4.9.2　小分子 PROTAC

设计合成的 PROTAC 分子都是多肽类化合物，很难穿透细胞膜，降解靶蛋白的效果不佳，限制了 PROTAC 技术的应用。近几年，CRL4CRBN、CRL2VHL、cIAP 等 E3 泛素连接酶特异性小分子配体的发现，让 PROTAC 技术取得了巨大的突破。多个研究小组利用 PROTAC 实现了对溴结构域蛋白 4（BRD4）、BCR-ABL、ERα、雌激素相关受体 α（ERRα）、丝氨酸苏氨酸激酶 2（RIPK2）和转录相关酸性卷曲蛋白 3（TACC3）等多种癌症相关蛋白的降解，有望在肿瘤靶向药物研究方面实现新的突破。2008 年，Crew 课题组报道了第一个小分子 PROTAC，PROTAC **3-114**（图 3-48），通过聚乙二醇连接器将 MDM2 E3 泛素连接酶小分子抑制剂 Nutlin 与非甾体雄激素受体小分子配体相连。用 10μmol·L^{-1}PROTAC **3-114** 处理人宫颈癌 HeLa 细胞 7h，可以降低细胞内雄激素受体（AR）水平。而如果用蛋白酶体抑制剂环氧霉素预处理 HeLa 细胞，则 PROTAC **3-114** 不能降解 HeLa 细胞内 AR，说明 PROTAC **3-114** 是通过蛋白酶体泛素化降解 AR。虽然 PROTAC **3-114** 降解 AR 的效率很低，但是 PROTAC **3-114** 的报道为小分子 PROTAC 化合物的研究提供了思路。

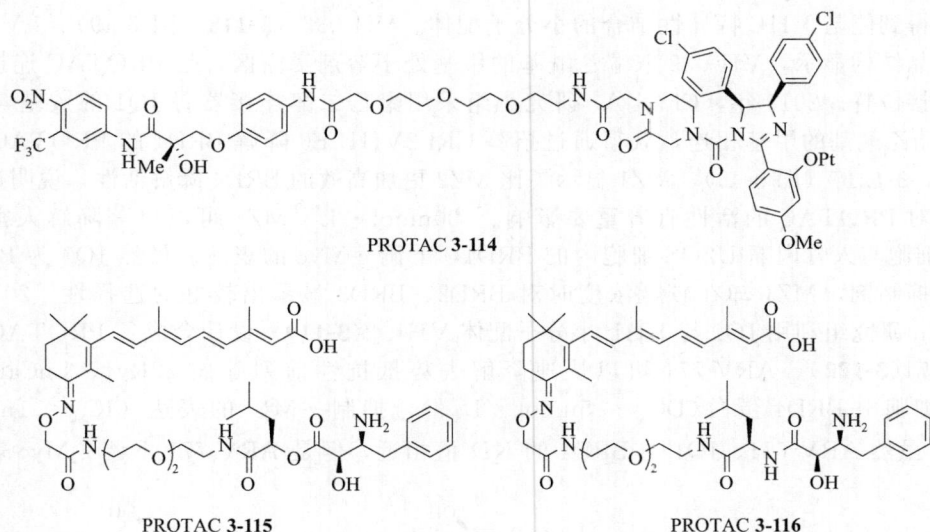

PROTAC **3-114**

PROTAC **3-115**　　　　　　　　　PROTAC **3-116**

图 3-48　第一小分子 PROTAC 和基于 cIAP1 E3 泛素连接酶的代表性 PROTAC 分子

（1）基于 cIAP1 E3 泛素连接酶的 PROTAC　　细胞凋亡抑制蛋白 1（cellular inhibitor of apoptosis protein 1，cIAP1）是高度保守的内源性抗细胞凋亡因子，主要包含 BIR、CARD 和 RING 3 个结构域，其中位于碳端的 RING 结构域具有 E3 泛素连接酶活性。乌苯美司（bestatin，BS）是一个氨肽酶抑制剂，研究发现其甲酯化合物（MeBS）可以通过乌苯美司结构端与 cIAP1 的 BIR3 结构域结合，激活 cIAP1 的 E3 泛素连接酶活性，诱导 cIAP1 发生自泛素化，然后被蛋白酶体降解。2010 年，Hashimoto 研究组报道了第一个基于 cIAP1E3 降解 CRABP-Ⅱ 的 PROTAC 分子 PROTAC **3-115**。PROTAC **3-115** 通过连接器将全反式视黄酸与乌苯美司甲酯相连。由于乌苯美司甲酯可以诱导 cIAP1 自身发生泛素化降解，因此，PROTAC **3-115** 在泛素化降解 CRABP-Ⅱ 的同时会泛素化降解 cIAP1，在很大程度上限制了其降解 CRABP-Ⅱ 的效率。通过对乌苯美司进一步的结构改造发现，乌苯美司的酰胺衍生物保留了与 cIAP1 的结合活性，并且不会引起 cIAP1 的自身泛素化降解。在此基础上设计合成了 PROTAC **3-116**。10μmol·L^{-1}PROTAC **3-116** 可以明显降低人神经母细胞瘤 IMR-32 细胞内 CRABP-Ⅱ 蛋白水平，而对 cIAP1 的蛋白水平没有影响。PROTAC **3-116** 通过降解 CRABP-Ⅱ 下调 MycN 蛋白水平，激活 caspase-3/7，抑制细胞的增殖。对不表达 MycN 蛋白的人成纤维肉瘤 HT1080 细胞和人乳腺癌 MCF-7 细胞，PROTAC **3-116** 虽然可以降低细胞内 CRABP-Ⅱ 蛋白水平，但是对细胞的增殖几乎没有抑制作用。2013 年，Mikihiko 研究小组将 ERα 调节剂 4-羟基他莫昔芬通过连接基与乌苯美司酰胺衍生物相连，合成得到 SNIPER（ERα）。10μmol·L^{-1}SNIPER（ERα）可以显著降低人乳腺癌 MCF-7 细胞内 ERα 表达量，抑制雌激素依赖的 pS2 基因的表达。用 30μmol·L^{-1}SNIPER（ERα）处理 MCF-7 细胞 6h 后，细胞内 ROS 水平显著升高，细胞发生明显坏死。

（2）基于 VHL E3 泛素连接酶的 PROTAC　　HIF-1α 的 Pro402 和 Pro564 残基被脯

氨酰羟化酶羟基化后可以与 VHL 蛋白结合，其中羟基化的 Pro564 残基在 HIF-1α 与 VHL 的结合中起着关键的作用，Ciulli A. 等在 4-羟基脯氨酸（**3-117**）的基础上经过结构改造，得到能与 VHL 特异性结合的小分子配体。VH-032（**3-118**，图 3-49）与 VHL 蛋白的共晶结构显示，VH-032 末端乙酰基的甲基处于溶剂暴露区，是 PROTAC 连接基的合适连接位置。2015 年，Ciulli A. 研究小组采用聚乙二醇连接器将 JQ1 的羧基与 VH-032 末端乙酰基的甲基相连，获得通过招募 CRL2VHL E3 降解 BRD4 的 PROTAC MZ1（**3-120**，**3-121**）（图 3-49）。MZ1 显示了比 MZ2 更加高效的 BRD4 降解活性，说明连接器的长短对 PROTAC 的活性有着重要影响。100nmol·L^{-1} MZ1 可以显著降解人宫颈癌 HeLa 细胞与人骨肉瘤 U2OS 细胞内的 BRD4，下调 c-Myc 的表达。虽然 JQ1 为 BET 非选择性抑制剂，MZ1 却在较低浓度时对 BRD2、BRD3 显示出较好的选择性。2016 年，Coleman 研究组利用 JQ1 与 VHL 小分子配体 VHL-2（**3-119**）设计合成了 PROTAC 分子 ARV-771（**3-122**）。ARV-771 可以快速降解去势抵抗性前列腺癌 22Rv1、LnCaP95 和 VCaP 细胞中 BRD4 蛋白（DC_{50}＜5nmol·L^{-1}），抑制 c-Myc 的表达（IC_{50}＜1nmol·L^{-1}）。虽然 ARV-771、JQ1 与 BRD4 的 KD 值相近，但是 ARV-771 下调 c-Myc 表达水

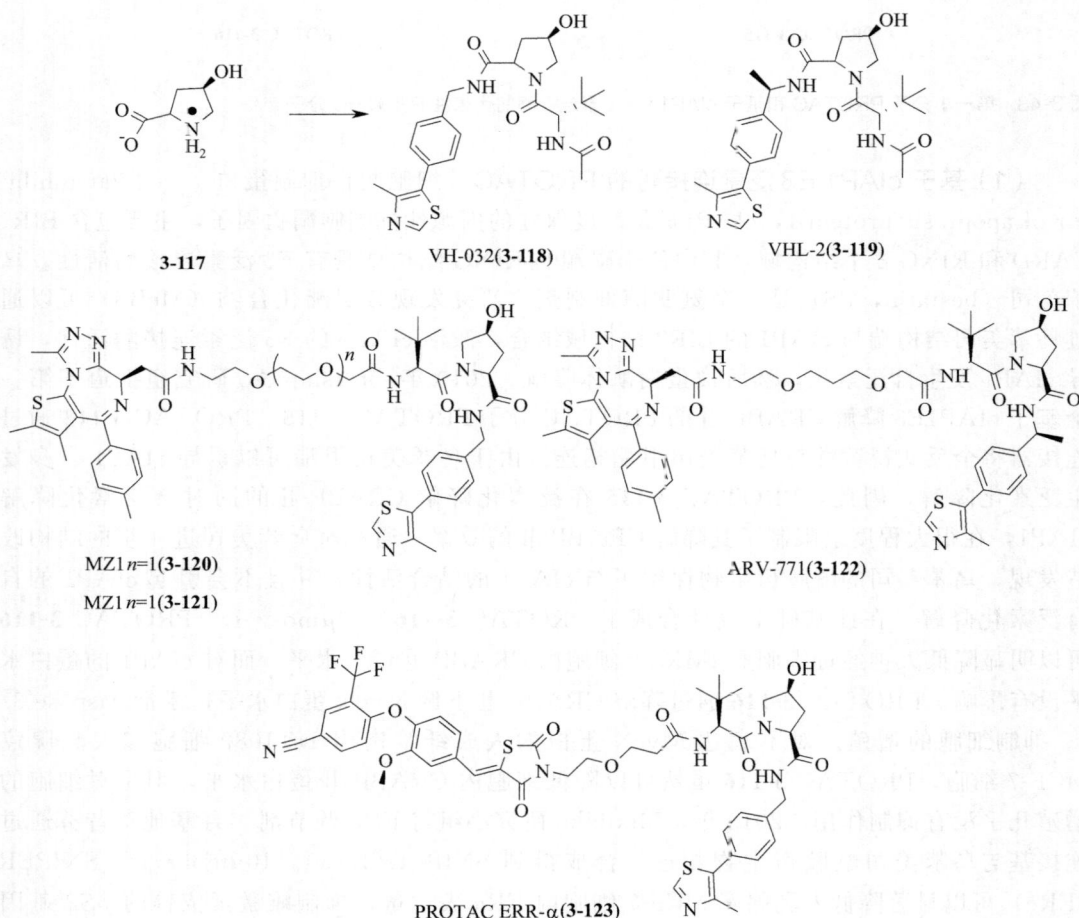

图 3-49　基于 VHL E3 泛素连接酶的代表性 PROTAC 分子

平的活性是 JQ1 的 10 余倍，显示出催化降解蛋白的能力。300nmol·L⁻¹ARV-771 可以显著诱导 22Rv1 细胞内 PARP 蛋白裂解，激活 capase-3/7，诱导细胞凋亡，其抗细胞增殖活性是 JQ1 的 10 余倍。在人前列腺癌 AR-V7 阳性 22Rv1 细胞 Nu/Nu 裸鼠皮下移植瘤模型中，ARV-771 可以下调 BRD4 和 AR-V7 蛋白水平，相比 OTX015 80% 的抑瘤率，ARV-771 可以使肿瘤消退，部分小鼠的肿瘤完全消失。ERRα 在雌激素依赖性肿瘤如乳腺癌及非雌激素依赖性肿瘤如结直肠癌中均高表达，ERRα 是乳腺癌预后较差的一个分子标记物。PROTAC ERRα（**3-123**）通过连接器将 ERRα 噻唑烷二酮类小分子配体与 CRL2VHL E3 小分子配体相连。PROTAC ERRα 可以显著降低人乳腺癌 MCF-7 细胞内 ERRα 蛋白水平，DC_{50} 为 100nmol·L⁻¹。在人乳腺癌 MDA-MB-231 细胞裸鼠移植瘤模型中，PROTAC ERRα 可以降低肿瘤组织中 50% 的 ERRα 表达。

（3）**基于 CRBN E3 泛素连接酶的 PROTAC**　沙利度胺及其类似物泊马度胺、来那度胺是目前常用的免疫调节药物，并且对多发性骨髓瘤具有较好疗效。研究发现，沙利度胺类药物可以通过其戊二酰亚胺结构与 CUL4-RBX1-DDB1-Cereblon（CRL4CRBN）E3 泛素连接酶复合物的底物受体 Cereblon 蛋白结合，促进转录因子 IKZF1/3 与 Cereblon 的结合，诱导 IKZF1/3 发生泛素化降解。近几年，利用沙利度胺及其类似物可以与 CRL4CRBN E3 特异性结合的特点，将不同的靶蛋白小分子抑制剂通过连接基与沙利度胺或其类似物连接，设计合成了多个基于 CRL4CRBNE3 的 PROTAC。BRD4 是含溴结构域和超末端结构（bromodomain and extraterminal domain，BET）蛋白家族成员，通过溴结构域结合组蛋白乙酰化赖氨酸残基，在调节细胞基因转录、细胞周期等生物过程中发挥重要作用。BRD4 的过度表达与急性髓性白血病、乳腺癌和黑色素瘤等多种恶性肿瘤的发生发展密切相关，目前已经有多个小分子抑制剂进入临床试验，如 JQ1（**3-124**）、OTX015（**3-125**）、HJB97（**3-126**）（图 3-50）。BRD4 小分子抑制剂通过和 BRD4 溴结构域结合，阻断其与组蛋白乙酰化赖氨酸残基的相互作用，调节下游基因表达。但是用小分子抑制剂抑制 BRD4 活性后会反馈性上调 *BRD4* 基因的表达，使对下游信号通路抑制不够充分，限制了其疗效。构效关系研究发现 BRD4 小分子抑制剂的羧基结构和沙利度胺的苯环结构为可修饰结构。多个研究小组利用不同的连接器将 BRD4 小分子抑制剂羧基端与沙利度胺的苯环端相连，得到了多个靶向降解 BRD4 的 PROTAC。2017 年，王少萌课题组设计合成由 BDR4 抑制剂 HJB97 与 CRL4CRBNE3 小分子配体泊马度胺组成的 PROTAC 分子 BETd-260（**3-127**）。BETd-260 在低至 30pmol·L⁻¹ 的浓度，3h 内可以有效降解 RS4；11 人急性淋巴白血病细胞内的 BRD4 蛋白。0.1nmol·L⁻¹BETd-260 可以显著下调 RS4；11 细胞内 *c-Myc* 基因表达，是 BRD4 抑制剂 HJB97 的 1000 多倍。BETd-260 在纳摩尔浓度可以诱导 RS4；11 和 MOLM-13 白血病细胞发生凋亡，抑制细胞的增殖，IC_{50} 分别是 51pmol·L⁻¹ 和 2.3nmol·L⁻¹。在 RS4，11 白血病细胞裸鼠移植瘤模型中，5mg·kg⁻¹BETd-260 可以有效降解肿瘤组织内 BDR4，90% 以上的小鼠体内的肿瘤发生消退。在三阴性人乳腺癌细胞裸鼠移植瘤模型中，BETd-260 也可以显著地降解 BDR4，抑制肿瘤生长。

（4）**目标蛋白配体、E3 配体和连接器等因素对 PROTAC 蛋白降解活性影响**　PROTAC 分子由蛋白抑制剂、E3 配体和连接器三部分构成，其不同组合，对 PROTAC 的降解活性有着十分关键的作用。Crews 研究小组将 BCR-ABL 抑制剂伊马替尼、博舒替尼、达沙替尼与 VHLE3 配体、CRBNE3 配体两两组合，设计合成 6 个类型的 PROTAC，活性评价结果显示，不同组合产生的 PROTAC 分子之间，降解活性有着很大的差别。PROTAC 博舒替

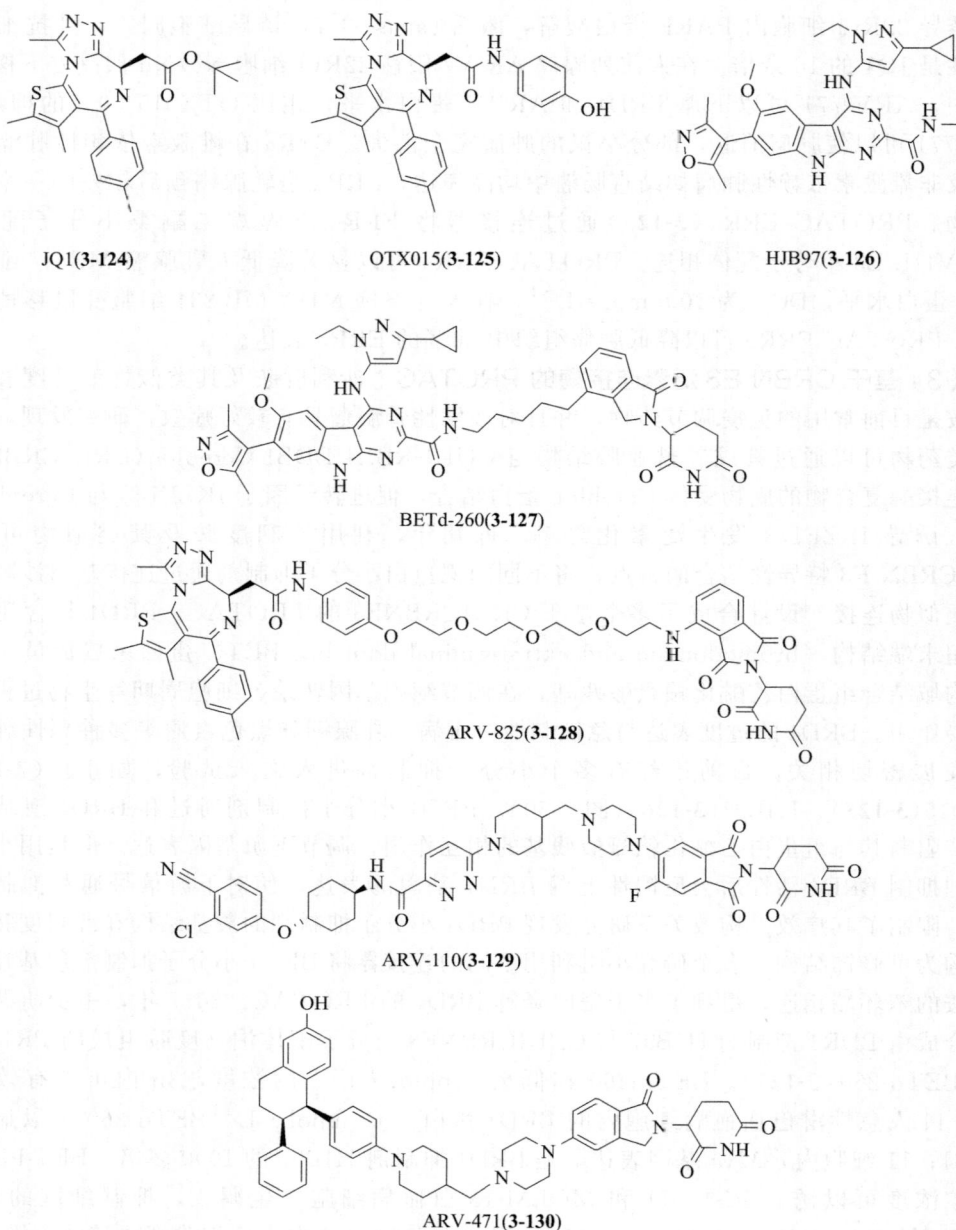

图 3-50 BRD4 小分子抑制剂以及基于 CRBN E3 泛素连接酶 PROTAC 分子

尼-VHL 对 c-ABL 和 BCR-ABL 没有降解活性，而 1μmol·L⁻¹PROTAC 达沙替尼-VHL 在 24h 内可以降解 65％的 c-ABL，但是对 BCR-ABL 蛋白没有影响，1μmol·L⁻¹PROTAC 达沙替尼-CRBN 24h 内则可以同时降解细胞内 85％的 c-ABL 和 60％的 BCR-ABL。连接器的结构类型、长度以及连接器与连接分子之间的结合位点对 PROTAC 分子的活性也有着重要影响，合适的连接器及结合位点使其两端连接的 E3 与靶蛋白之间的相互作用更加有效。Kim 研究小组设计合成了连接基长度分别为 9、12、16、19 和 21 个碳原子的 PROTAC，降解活性评价结果显示，当连接基长度为 16 个碳原子时，PROTAC 降解 AR 的活性最高。ARV-825（**3-128**）与 dBET1 的区别仅仅在于连接基的结构不同，但是 ARV-825 降解 BRD4 的活性是 dBET1 的十多倍。同时，连接器分别与雌二醇的 17 位 O 原子、16 位 C 原子及 7α 位 C 原子结合的 PROTAC 活性评价结果显示，当连接基结合位点在 7α 位 C 原子时，PROTAC 的蛋白降解活性最好。

PROTAC 利用泛素-蛋白酶体系统对靶蛋白进行翻译后降解，与小分子抑制剂类抗肿瘤药物相比，PROTAC 展现出了独特的优势：PROTAC 不需要与目标靶蛋白长时间和高强度的结合，可以降解转录因子等"不可药靶蛋白"发挥抗肿瘤作用，致癌蛋白被降解后需要重新合成才能恢复功能，因此降解致癌蛋白比抑制其活性显示出更加高效、持久的抗肿瘤作用。PROTAC 降解靶蛋白过程类似于催化反应，可循环结合、降解靶蛋白不需要等摩尔量的药物，实现亚化学计量用药（图 3-47）。从 2001 年，PROTAC 首次被设计合成用于 MetAP-2 的降解，迄今已尝试过多种 E3 连接酶，列举了从首个 E3 连接酶 SCFβ-TRCP 开始，逐步丰富、发展及其在 PROTAC 中的作用（图 3-51）。2019 年，2 种口服活性 PROTAC ARV-110（**3-129**）降解 AR 和 ARV-471（**3-130**）（图 3-50）降解 ER 已进入临床试验，以评估接受标准治疗的转移性去势抵抗前列腺癌患者和局部晚期或晚期前列腺癌患者的安全性和耐受性转移性 ER 阳性／HER2 阴性乳腺癌。虽然 PROTAC 技术取得了巨大的进步，但是仍面临着诸多的问题：PROTAC 往往具有较大的分子量，导致部分 PROTAC 药代动力学性质不佳，口服生物利用度较差，可利用的 E3 泛素连接酶及其小分子配体种类有限；E3 小分子配体的体内稳定性不够，导致 PROTAC 分子半衰期较短，限制了其亚化学计量用药特性；目前报道的 PROTAC 大都没有进行系统的构效关系研究，如连接器的长短、位置、类型以及不同的 E3 泛素连接酶配体等对 PROTAC 活性的影响。随着越来越多的 E3 特异性小分子配体的发现和对 PROTAC 系统的构效关系研究，未来可以通过优化 PROTAC 的设计和合成、拓展 E3 连接酶配体化学空间和安全性评价等措施来应对上述挑战，以期在未来将新技术转化为药物，成为小分子抑制剂、单克隆抗体之后另一重要的肿瘤治疗手段。

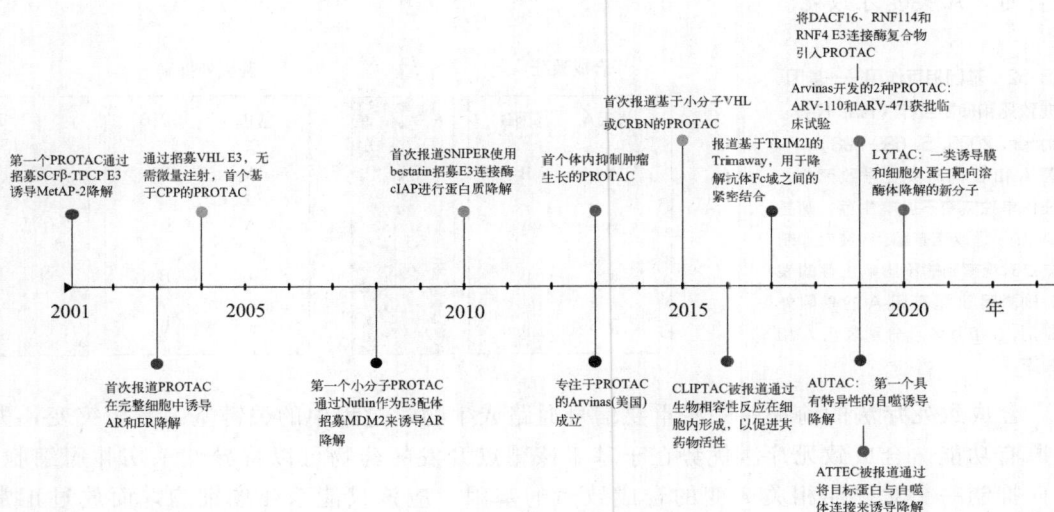

图 3-51 基于 E3 泛素连接酶 PROTAC 分子的发展事件时间轴

3.4.10 合成致死法

在 1922 年，哥伦比亚大学遗传学家 Calvin Bridges 在摩尔根实验室工作时，发现在黑腹果蝇身上的一种有趣现象：当某两个特定的基因同时突变失活时，会导致果蝇的死亡，而这两个基因单独任何一个突变失活，都不会给果蝇带来致命的伤害。1946 年，同在哥伦比亚大学工作的 Theodosius Dobzhansky 在拟暗植种蝇发现类似现象，并给这种现象取名为合成致死（synthetic lethality）效应。意想不到的是，这个概念随后沉寂了 51 年。直到 1997 年，福瑞德·哈金森癌症研究中心 Stephen Friend 考虑到癌细胞携带有大量基因突变之后，敏锐地察觉到，将"合成致死"的理念引入到癌症的治疗中以及抗肿瘤药物研发。癌症本质上是一种基因病。当细胞内的基因突变积累到一定程度之后，细胞走向衰老死亡，或者走向癌变。合成致死是指对于细胞中的两个基因，其中任何一个单独突变或者不发挥作用时，都不会导致细胞死亡，而两者同时突变或者不能表达时，就会导致细胞死亡。如图 3-52 所示，两个基因 A 和 B，称为合成致死基因，任何一个基因的突变都影响生存能力，但是两个基因同时突变会致死。推而广之，相对于单独突变，两个基因同时突变更损害细胞适应性。在两种情况中，单独突变，A 缓冲 B 变化的影响，反之亦然，但当 A 和 B 同时发生突变时，缓冲丧失。合成致死相互作用最常描述的是功能缺失等位基因，但也可能涉及功能获得等位基因。例如，当一个特定基因 A 过表达时，基因 B 可能成为生存所必需的，称为合成剂量致死性。在芽殖酿酒酵母（Budding yeast *Saccharomyces cerevisiae*）中，大约 20%的基因是单独必需的，但在芽殖酿酒酵母生物体中的遗传筛选表明，在其余的 80%中，合成致死相互作用是常见的。具有合成致死或合成致病关系的功能缺失等位基因，往往可以很容易地根据其蛋白质功能进行合理化。对一个必需功能而言，它们可能是唯一冗余的，它们可能是一个重要的多蛋白复合体中的两个亚基，也可能是一个必需线性通路中的两个相互关联的组成，每个突变都会降低通路中的通量，它们还可能是对生存至关重要的平行途径，比如一个关键代谢途径和一个替代或拯救途径。合成致死概念可以进一步扩展，只有在与影响几个非必需基因 B、C、D 等的突变结合时，A 突变才致死。

合成致死

基因A	基因B	
A	B	存活
A	b	存活
a	B	存活
a	b	致死

基因外抑制

基因A	基因B	
A	B	存活
A	b	存活
a	B	致死
a	b	存活

图 3-52 基因相互作用——基因合成致死和抑制互作（*Nat. Rev. Cancer*，2005，5，689-698）
基因 A 和 B 同时突变导致死亡，但任何单独突变不影响生存，则基因 A 和 B 是致死基因；B 突变抑制 A 突变时观察到的不影响生存的表型，则基因 B 是基因 A 的基因外抑制剂，a 和 b 表示分别表示 A 和 B 突变

合成致死疗法的前提是一些重要信号通路或生物学过程中的关键基因发生突变，失去原有功能。合成致死疗法优势在于基于该靶点开发的药物可以特异性杀伤肿瘤细胞。靶向抑制一个对癌症相关突变的合成致命的基因，应该只能杀死癌细胞，而放过正常细胞。由于一个通路发生突变导致的缺陷，使得肿瘤细胞比正常细胞更依赖另一个互补的通路，因此抑制互补通路就会对肿瘤细胞造成"合成致死"。而正常细胞由于还有

一个通路是正常的，不会在药物抑制下死亡。合成致死为癌症特异性细胞毒性药物的发展提供新概念框架。在过去，没有可靠的方法可以系统地识别合成致死基因，合成致死模式没有被利用，随着化学和遗传工具增加扰乱体细胞的基因功能以及基因测序技术的进步，目前利用 RNA 干扰（RNAi）、CRISPR 等方法可以更大规模地进行合成致死基因的筛选，以此寻找新的肿瘤治疗方法，因此近年来合成致死疗法成为抗肿瘤研究领域的热点。

实际上，大部分细胞从正常走向癌变，其基因不是天生就不好，而是在生长过程中，细胞的 DNA 会不断遭受内在和周遭各种不利因素的压力，例如辐射、化学毒物、自身有害代谢产物、DNA 复制错误等，导致癌相关基因发生突变，最终导致癌症（图 3-53）。与 DNA 遭受的损伤相比，癌症的发生风险是微不足道的，人体精密、复杂而高效的 DNA 修复系统对其进行调控。在 DNA 损伤中，最严重的损伤是单链断裂和双链断裂，其中更常见是单链断裂。DNA 断裂不能得到及时、准确的修复，会使基因组变得不稳定，进而引起癌变，甚至直接导致细胞死亡。对于单链断裂而言，它的修复主要依赖于聚腺苷二磷酸-核糖聚合酶（poly-ADP-ribose polymerase，PARP），在人体内中有 17 种酶，结构类似，但功能却不尽相同。目前的研究认为，DNA 损伤修复依赖的 PARP 主要包括 PARP-1 和 PARP-2，它俩都能精准地识别 DNA 的伤口，并与 DNA 紧密结合。双链断裂虽然少，但是情况更严重，修复不及时，细胞的 DNA 会不稳定，同样导致细胞死亡（图 3-53）。

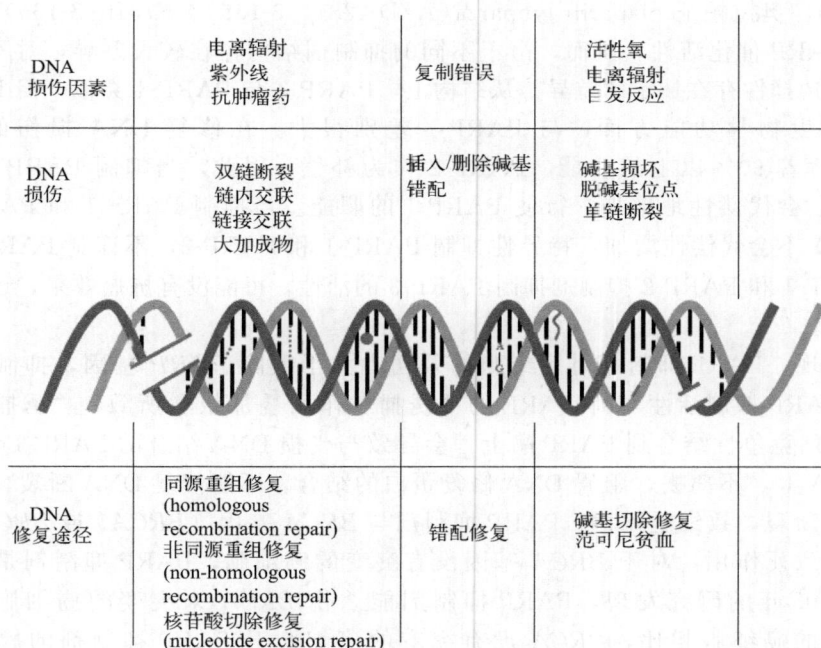

DNA 损伤因素	电离辐射 紫外线 抗肿瘤药	复制错误	活性氧 电离辐射 自发反应	
DNA 损伤	双链断裂 链内交联 链接交联 大加成物	插入/删除碱基 错配	碱基损坏 脱碱基位点 单链断裂	
DNA 修复途径	同源重组修复 (homologous recombination repair) 非同源重组修复 (non-homologous recombination repair) 核苷酸切除修复 (nucleotide excision repair)	错配修复	碱基切除修复 范可尼贫血	

图 3-53 DNA 损伤因素及其修复途径

双链 DNA 断裂有两种主要的修复方式，一种是非同源重组修复，先把断裂 DNA 连接好，最主要的优点是快，但是非常容易出错，一旦出错，细胞死亡。另外一种是同源重组修复途径，参与 HRR 方式的蛋白非常多，例如乳腺癌相关蛋白 BRCA、共济失调毛细血管扩张突变相关蛋白 ATM、重组蛋白 ARAD51 等，其中 BRCA 是最为人所熟知的蛋白，是一种高保真、无错误的修复方式（图 3-53）。基因突变导致癌细胞生成，主要是上述二种修复过程对 DNA 的损伤调控没起作用。而且，癌细胞要维持自身基因组的稳定性，不会让所有的 DNA 损伤修复机制全部瘫痪，为保持进化的活力，部分修复方式失去功能是可能的，因此，以 DNA 修复为靶点，充分利用癌细胞 DNA 已经出现大量突变，进而阻断癌细胞增殖并诱导其凋亡。

在 DNA 修复过程中，聚 ADP 核糖聚合酶基因 PARP 与 BRCA 是一对合成致死基因，癌细胞 DNA 再混乱，还是需要维持自身基因组的稳定。负责双链断裂修复的 BRCA 突变失活，进而抑制负责单链断裂的 PARP，结果造成癌细胞中出现大量单链与双链断裂，最后导致癌细胞死亡。在细胞内，PARP 发现 DNA 上存在单链断裂的缺口，立即结合激活 PARP 的催化活性，诱导游荡在 PARP 周围的烟酰胺腺嘌呤二核苷酸（NAD^+）与活性位点结合形成复合体，招募参与 DNA 修复效应子修复 DNA 上缺口，同时，染色质重回松弛状态，PARP 复合体脱离损伤缺口，回归失活状态待命。在修复过程中，NAD^+ 与 PARP 结合是关键点，小分子烟酰胺类似物可以竞争性抑制其结合，增强 DNA 损伤。目前在临床中的所有 PARP 抑制剂，都有一个与 NAD^+ 竞争结合 PARP 的烟酰胺部分（图 3-54）如维利帕尼 veliparib（ABT-888，**3-131**）、鲁卡帕尼 rucaparib（AG-014699，**3-132**）、尼拉帕尼 niraparib（MK-4827，**3-133**）、他拉唑帕尼 talazoparib（BMN-673，**3-134**）、奥拉帕尼 olaparib lynparza（AZD-2281，**3-135**）、E7016（**3-136**）等，竞争性地抑制 PARP 催化活性。然而，由于不同的抑制剂结构存在较大差异，对不同 PARP 家族成员的选择性存在一定的差异。从结构上，PARP-3 与 PARP-1 类似，但 PARP-3 在组织分布、生物学功能方面，与 PARP-1 差别很大。在修复 DNA 损伤的过程中，PARP-1 发挥着 90％ 以上的功能，PARP-2 作为补偿，因此，当抑制 PARP-1 表达后，PARP-2 表达会代偿性地增加，行使 PARP-1 的职能。当抑制 PARP-1 和 PARP-2 表达时，PARP-3 不会代偿性增加，特异性抑制 PARP-1 和 PARP-2，不抑制 PARP-3，肿瘤消退。PARP-1 和 PARP-2 抑制剂抑制 PARP-3 的活性，可能没有抗癌效果，还可能出现其他副作用。

研究发现，PARP 抑制剂对癌细胞的杀伤力大于敲除 PARP 基因，抑制剂的抗癌效果是有 PARP 抑制活性与对 PARP 的"诱捕"作用叠加级联所致。"诱捕"作用指 PARP 抑制剂竞争性结合到 PARP 酶上，会导致与受损 DNA 结合的 PARP-1 和 PARP-2 受困于 DNA 上，不离去，阻碍 DNA 修复蛋白的结合，不能修复 DNA 断裂，由单链断裂变成双链断裂，致细胞死亡。PARP 抑制剂与 BRCA 基因（BRCA1 或 BRCA2）突变之间的协同致死作用，对于 BRCA 基因没有突变的癌细胞，PARP 抑制剂是不是也有效果呢？2005 年的研究发现，PARP 抑制剂能杀伤 BRCA 未突变的癌细胞，与携带 BRCA 突变的癌细胞相比，BRCA 没有突变的癌细胞对 PARP 抑制剂的敏感性差近 1000 倍。对于那些 BRCA 基因未突变的肿瘤，需要更高浓度 PARP 抑制剂药物治疗，才能达到与 BRCA 突变的肿瘤同样的效果。PARP 抑制剂合成致死作用机制如图 3-55 所示，详见其图注。2014 年，全世界第一个基于"合成致死"理念设计的抗癌药物 PARP 抑制剂 olaparib（**3-135**），获得 FDA 批准用于治疗卵巢癌。随后，在 2016 年和 2017 年，PARP 抑制剂 rucaparib（**3-132**）和 niraparib（**3-133**）先后上市。

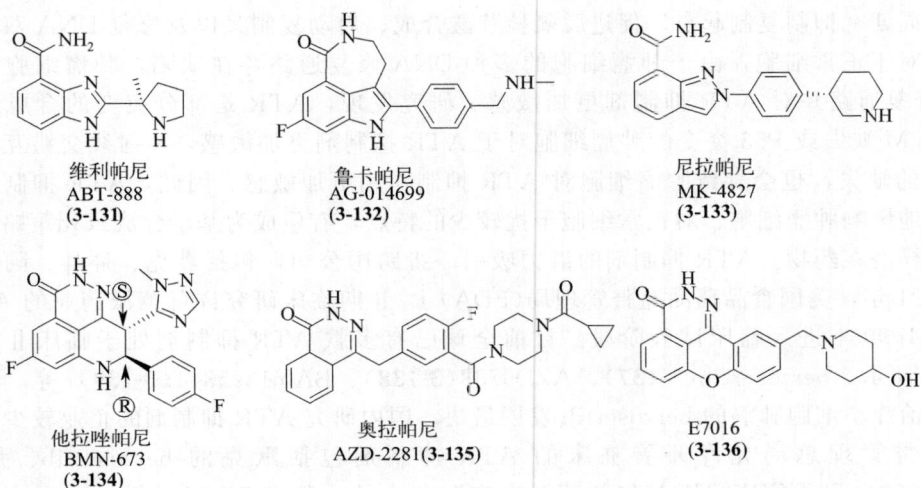

维利帕尼
ABT-888
(3-131)

鲁卡帕尼
AG-014699
(3-132)

尼拉帕尼
MK-4827
(3-133)

他拉唑帕尼
BMN-673
(3-134)

奥拉帕尼
AZD-2281(3-135)

E7016
(3-136)

图 3-54　基于烟酰胺结构的 PARP 抑制剂

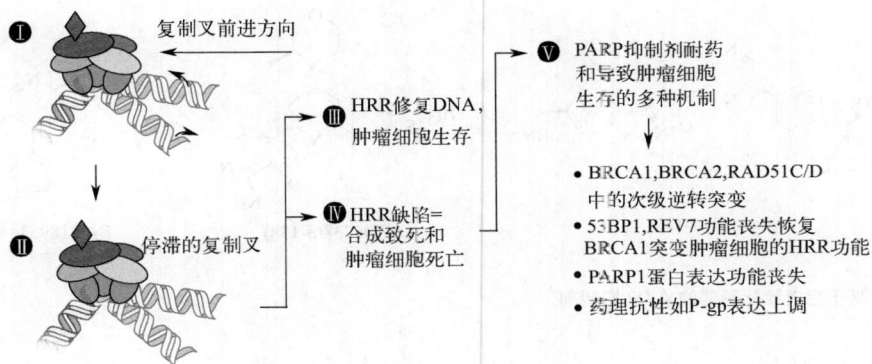

图 3-55　PARP 抑制剂合成致死作用机制　[LScience，2017, 355（6330）：1152-1158]
通过受困 PARP/DNA 核蛋白复合物损伤复制叉进程，（Ⅰ）复制叉前 DNA 上捕获 PARP1 的示意图；（Ⅱ）受困的 PARP1 阻碍复制分叉，这通常会引起 DNA 损伤反应；（Ⅲ）HRR 主要涉及 BRCA1 和 BRCA2 抑瘤蛋白，是修复和重新启动 PARP 抑制剂停止的复制叉的最优 DNA 修复过程，也涉及另外"BRCAness"蛋白使用；（Ⅳ）在缺乏有效的 HRR 的情况下，细胞使用 DNA 修复过程，可能会产生大规模的基因组重排，往往导致肿瘤细胞死亡和合成致死；（Ⅴ）甚至 HRR 有缺陷，也会出现 PARP 抑制剂抗性，引起 PARP 抑制剂耐药的机制多种多样

　　继 PARP 抑制剂后，共济失调毛细血管扩张突变基因 *Rad3* 相关激酶（ataxia telangiectasia and Rad3-related，ATR）抑制剂是最有希望的合成致死靶点之一，为共济失调毛细血管扩张突变（ataxia telangiectasia mutation，ATM）患者新的治疗药物。ATR 是 ATM 突变的合成致死靶点，它由 2644 个氨基酸组成，是一种在 DNA 损伤后能够激活细胞应答，进而阻滞细胞周期进程并稳定复制叉及修复 DNA，从而避免细胞凋亡的重要激酶。当细胞内 DNA 复制压力、DNA 损伤产生时，募集 ATR 至 DNA 损伤部位，多种蛋

白参与调控 ATR 的激活。当 ATR 激活后，可通过多种信号调控细胞生物过程，包括阻滞细胞周期、抑制复制起点、促进脱氧核苷酸合成、启动复制叉以及修复 DNA 双链断裂等。相对于正常细胞，由于肿瘤细胞的多种 DNA 修复通路存在缺陷，肿瘤细胞更依赖 ATR 修复通路并对 ATR 抑制剂更加敏感。研究发现，ATR 是部分突变的合成致死靶点，ATM 缺失或 P53 突变的肿瘤细胞对于 ATR 抑制剂更加敏感，X 射线交错互补修复基因Ⅰ的缺失，也会导致肿瘤细胞对 ATR 抑制作用更加敏感。因此，ATR 抑制剂具有选择性地影响肿瘤细胞、对正常细胞干扰较少的特点，有望成为基于合成致死策略治疗肿瘤的优异潜在药物。ATR 抑制剂的潜力吸引一批跨国公司，包括默克、拜耳、阿斯利康等。2021 年，美国食品药品监督管理局(FDA)Ⅰ/Ⅱ期临床研究许可英派药业的 ATR 抑制剂 IMP9064 进入临床试验阶段。目前全球已有多款 ATR 抑制剂处于临床Ⅱ期，如图 3-56 所示，berzosertib（**3-137**）、AZD6738（**3-138**）、BAY1895344（**3-139**）等，其中默克公司治疗小细胞肺癌的 berzosertib 发展最快。国内研究 ATR 抑制剂的企业较少，国家市场监督管理总局允许开展临床的 ATR 抑制剂包括默克的 berzosertib、拜耳的 BAY1895344 和石家庄智康弘仁新药开发有限公司的一款 ATR 抑制剂，均处于临床Ⅰ期。根据目前披露的临床数据，ATR 抑制剂安全性可控，且对实体瘤展示出良好的抗肿瘤活性，未来前景十分广阔。

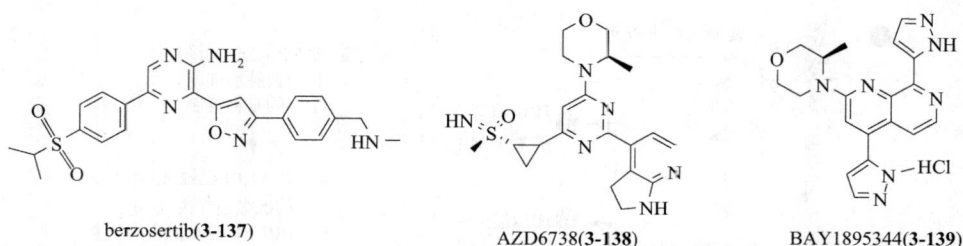

图 3-56　基于合成致死策略的 ATR 抑制剂

与其他靶向疗法一样，在晚期疾病治疗中，长期使用合成致死 PARP 抑制剂产生耐药性。而且，在联合用药中 PARP 抑制剂的最佳使用条件的确定也具有挑战性。但是，PARP 抑制剂合成致死的临床前发现和临床批准的途径为其他靶点疗法的发展提供了重要经验。ATR 发现为合成致死治疗癌症提供了另一个有吸引力的靶点，ATR 抑制剂领域正在迅速扩大，可作为单药治疗以及与化疗、放疗和新的靶向药物如 PARP 抑制剂联合治疗，目前 ATR 抑制剂应用于临床和识别生物标志物的临床试验数据是安全可控的，癌症患者有希望受益于 ATR 抑制剂治疗。

3.4.11　老药新用

老药新用，也称药物重定位（drug repurposing），指的是将已上市或正在进行临床试验的药物用于新的适应证，即开发已有药物的新用途。全新药物研发需经历作用靶点的寻找和确证、先导化合物合成、体外药效试验、化合物结构优化、体内试验、新药注册及药物生产与上市等环节，步骤多、周期长、成本高。通常，全新药物从开发到上市需 10～17 年时间，研发成本超过 10 亿美元，而成功率却不足 10%。与之相比，老药具有体内外研究及临床应用资料丰富、安全风险明确等优势，研发费用缩减，研发周期缩短，可提高产出、减少风险。在 FDA 药物审批时，可以绕过临床 I 期的安全评价。目前老药新用策略层出不穷，归纳分为六类：基于 DNA 策略、基于表型策略、基于知识策略、基于靶标策略、虚拟策略、基于药物策略（图 3-57）。本节侧重阐述抗感染领域中老药新用发展与趋势。

图 3-57 老药新用药物研发流程
[*Drug Discov. Today* 2019, 10（24）:2076-2085]

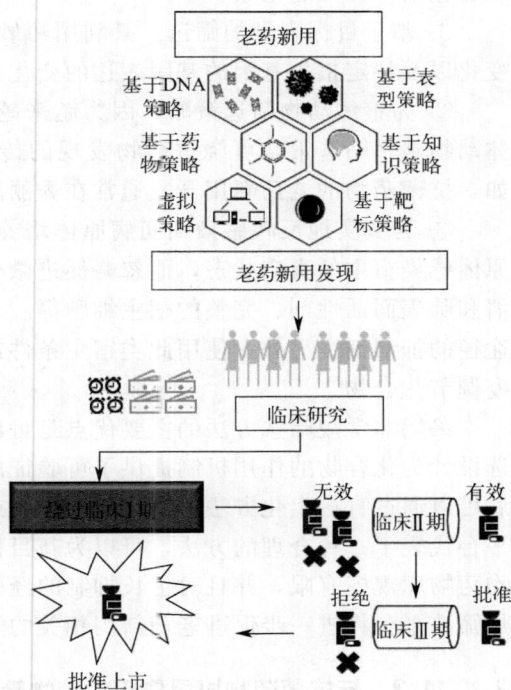

抗微生物类药物指能杀灭或抑制细菌、病毒、衣原体、支原体、立克次体、螺旋体、真菌、原虫，而不损伤宿主，从而达到治疗感染性疾病的目的的药物。随着抗微生物药物的广泛应用，一些细菌或其他微生物的耐药性也随之不断增加。然而，新型抗微生物类药物开发成本高，周期长且效益低，导致传统抗微生物治疗面临严峻挑战。下面将对老药新用开发策略，以及在抗微生物感染领域的老药新用研究进展进行综述，以便为抗微生物耐药提供新思路。

3.4.11.1 传统经验筛选

传统经验筛选指利用细胞模型，从已获政府药监机构批准生产的非抗菌药物中，筛选具有抗菌活性的药物。它有别于常规药物开发策略，通常需要先了解疾病或结合特征，以及药物的作用机制。在用于抗菌药物发现方面，这种微生物生长受到抑制的表型筛选模式，由于能够从已获批的非抗菌药物中快速筛选到具有抗菌活性的药物，并加快进入临床试验阶段，所以占主动地位。

目前已有数项基于细胞高通量筛选用于从非抗菌药物中筛选抗菌活性化合物的研究报道。多个学术团体已经在各种全细胞试验中筛选了 1000～2000 种已上市的非抗菌药物的抗菌活性，用以评估对抗由寄生虫、病毒、真菌和细菌引起的感染性疾病的潜力。不过，基于表型的筛选方法很少或根本无法了解抑菌作用机制，即不清楚微生物生长抑制的生化和遗传基础以及微生物如何抵抗这种扰动，这是它的一个重大缺陷。

3.4.11.2 非常规筛选

虽然经验筛选在抗生素发现的黄金时代取得了最大的成功，但研究人员正越来越多地将筛选策略转变为更非传统的策略，以开辟新的机会来识别新的抗菌先导物。非常规药物筛选包括三种筛选策略。

① 基于目标表型的筛选。其利用巧妙地筛选探索由阻断特定途径引起的表型的特定变化以及特定报告基因的基因表达的变化，来识别感兴趣途径中的直接或间接抑制剂。

② 为整体动物筛选策略。因为越来越多的体内高通量筛选方法被开发出来，所以整体动物水平筛选策略可绕过药物发现的传统体外方法并直接进入体内全生物体模型。例如，抗菌药物的老药新用开发通常在秀丽隐杆线虫中进行。

③ 为真实地反映感染期间病原体培养条件下的筛选策略。这种筛选策略充分利用病原体感染宿主的真实状态，而忽略促进微生物快速生长的人工培养条件。比如使用人体血清和肺表面活性剂、完整的宿主细胞等。总体而言，可以利用这种综合方法优先发现某些途径的抑制剂。另外，使用此类宿主条件或模型不仅可以发现抗菌剂，还可以发现宿主免疫调节化合物。

采用非常规筛选方法的主要优点是可以扩展研究目标和简化作用机制研究。巧妙的筛选设计为化合物的作用机制提供了可验证的假设，并使目标识别的重要步骤更加可行。然后可以通过直接生化方法、遗传相互作用或计算推理来进行目标识别。总之，非常规筛选平台代表了一种合理的方法，可以为新目标和更容易的目标识别提供途径。鉴于已上市药物药物库规模有限，并且对生长抑制的经验筛选最终将仅限于新化合物的发现，因此非常规筛选平台将进一步促进老药新用相关的开发工作。

3.4.11.3 与抗菌药物协同作用的药物筛选

第三种越来越流行的老药新用开发策略是发现具有调节已知抗菌药物抗菌活性的药物。抗菌药物与非抗菌药物作为协同增效组合对于新药开发、延长抗菌药物的生命周期和克服抗菌药物耐药性是一个有吸引力的选择。这种方法的一个经典例子是 β-内酰胺酶抑制克拉维酸和 β-内酰胺类抗生素阿莫西林的联合使用。因此，许多研究团队最近筛选了非专利药物库，以寻找增强抗菌作用的药物。常主要采用三种策略：①寻找协同化合物，其中老药新用药物具有相关的作用机制，可增强抗菌药物的作用；②寻找通过靶向耐药机制（如逆转外排和抑制耐药酶）使耐药微生物重新敏感的药物；③寻找能够增加抗菌活性的药物，其中两种药物单独无效，但一种药物增加另一种药物抗菌活性。

第一种策略是寻找能够增强抗菌药物作用的老药。通常，研究人员会选择一种候选抗菌药物，并将其与先前批准的药物库结合起来进行筛选，以寻求提高对抗目标菌株的功效。在这些研究中，组合中的单个药物浓度降低到临床相关水平。协同组合优点是剂量节省。协同组合已被证明非常有效并且在治疗上更具特异性。

第二种筛选策略是寻找可重新用作抗菌药物佐剂的药物，以抑制耐药机制，以使其他耐药微生物敏感。目前许多研究团队已经筛选了 FDA 批准的药物库，以寻找那些调节耐药机制的药物，用以克服传统抗生素缺陷。例如，最近对传统佐剂的开发包括研究评估

FDA 批准的药物抑制外排泵以增强氟喹诺酮类药物抗金黄色葡萄球菌的能力，根除金黄色葡萄球菌生物膜以增强万古霉素抗菌活性，以及根除白色念珠菌生物膜以增加抗真菌药两性霉素 B 和卡泊芬净活性。抗菌药物-佐剂组合的临床成功使这种筛选策略成为极具吸引力的一种老药新用开发策略。

第三种组合策略涉及对先前批准的药物进行细胞高通量筛选，以识别具有意外佐剂活性的化合物。这种类型的筛选揭示了两个单独无效的药物之间的协同相互作用。通常，已识别的老药新用药物靶向一个非必要途径，该途径现在暴露了抗菌药物的靶点。一个例子是寻找佐剂，通过增加革兰氏阴性菌外膜的通透性来促进其他抗菌药物进入靶细胞，这是因为革兰氏阴性菌由于外膜通透性低而对许多抗菌药物不敏感。这种策略可增强传统上不被视为抗革兰氏阴性菌药物的抗菌能力。

总体而言，基于协同作用可增加已出现耐药性的抗微生物药物的效用。此外，对于那些在感染部位没有达到治疗浓度但具有抗菌活性的已批准药物，协同组合可使其达到疗效。另外，对于那些可能表现出毒性的药物，协同组合可使抗菌药物临床剂量降低。

3. 4. 11. 4 计算机筛选策略

除了化学文库的全细胞和基于靶点的筛选外，化合物库的计算机分析或预筛选也可能是发现治疗感染性疾病的新药先导化合物的有用方法。这些方法利用了现代高性能计算以及大量可公开获得的药理学、生物和化学数据。通过将后者整合到大型数据库中并开发分析工具来筛选数据，研究人员可以执行虚拟筛选，从而发现以前无法识别的药物和靶点之间的联系。计算机筛选具有可充分使用已批准药物的大量药理学和临床信息的优势。通常，计算机筛选可以基于配体或网络开展。

用于药物发现的通用计算平台依赖于分子对接，基于相似结合位点结合相似分子的断言，预测分子在蛋白质靶标结合位点内的方向。这种基于配体的方法已被用于老药新用抗菌药物的发现。例如，基于人儿茶酚-O-甲基转移酶和细菌烯醇酰基载体蛋白还原酶之间的高度结合位点相似性，用于治疗帕金森病的恩他卡朋被揭示为一种潜在的抗菌化合物，可对抗多种耐药结核分枝杆菌。

参考文献

[1] Adrian G M, Etienne J D, Florent S, et al. DNA-encoded chemical libraries: A comprehensive review with successful stories and future challenges[J]. ACS pharmacol. Transl Sci, 2021, 4(4): 1265-1279.
[2] Alic B, Sally H, Nicola C, et al. Targeting ATR as cancer therapy: a new era for synthetic lethality and synergistic combinations[J]. Pharmcol. Therapeut, 2020, 207: 107450.
[3] Atanas G A, Sergey B Z, Verena M Di. The international natural product sciences taskforce, Claudiu T. S. Natural products in drug discovery: advances and opportunities [J]. Nat. Rev. Drug Discov, 2021, 20: 200-216.

[4] Barauskas O, Feng J Y, Xu Y, et al. Discovery and synthesis of a phosphoramidate pro-drug of a pyrrolo[2, 1-f] [triazin-4-amino] adenine C-nucleoside (GS-5734)for the treatment of Ebola and emerging viruses[J]. J. Med. Chem, 2017, 60: 1648-1661.

[5] Beatriz G, de la T, Fernando A. The pharmaceutical industry in 2019. An analysis of FDA drug approvals from the perspective of molecules[J]. Molecules, 2020, 25: 745.

[6] Bon R S, Waldmann H. Bioactivity-guided navigation of chemical space[J]. Acc. Chem. Res, 2010, 43(8): 1103-1114.

[7] Bhatarai B, Walters W P, Hop C E C A, et al. Opportunities and challenges using artificial intelligence in ADME/Tox [J]. Nature Mater, 2019, 18: 410-427.

[8] Bigatt M, Dal Corso A, Vanetti S, et al. Impact of a central scaffold on the binding affinity of fragment pairs isolated from DNA-encoded self-assembling chemical libraries[J]. ChemMedChem, 2017, 12: 1748-1752.

[9] Brenner S, Lerner R A. Encoded combinatorial chemistry [J]. Proc. Natl Acad. Sci. USA, 1992, 89: 5381-5383.

[10] Caron G, Kihlberg J, Goetz G, et al. Steering new drug discovery campaigns: permeability, solu-bility and physicochemical properties in the bRo5 chemical space[J]. ACS Med. Chem. Lett, 2021, 12: 13-23.

[11] Cole K P, Groh J M, Johnson M D, et al. Kilogram-scale prexasertib monolactate mono-hydrate synthesis under continuous-flow CGMP conditions [J]. Science, 2017, 356 (6343): 1144-1150.

[12] Coley C W, Thomas D A, Lummiss J A M, et al. A robotic platform for flow synthesis of or-ganic compounds informed by AI planning [J]. Science, 2019, 365(6453): 557-565.

[13] Damith Perera J W T, Shalini B, Christopher J. H, et al. A platform for automated nano-molescale reaction screening and micromole-scale synthesis in flow [J]. Science, 2018, 359: 429-434.

[14] Dean G B, Jonas B. Where do recent small molecule clinical development candidates come from[J]. J. Med. Chem, 2018, 61 (21): 9442-9449.

[15] Dogne J M, Supuran C T, Pratico D. Adverse cardiovascular effects of the coxibs [J]. J. Med. Chem, 2005, 48: 2251-2257.

[16] 段迎超, 翟晓雨, 秦文平, 等. 基于PROTACs策略的抗肿瘤药物研究进展[J]. 药学学报, 2017, 52 (12): 1801-1810.

[17] Frei P, Hevey R, Ernst B. Dynamic combinatorial chemistry: a new methodology comes of age[J]. Chem. Eur. J, 2019, 25: 60-73.

[18] Edward H K, Li D. Drug-like properties: concepts, structure design and methods: from ADME to toxicity optimization[M]. Amsterdam: Elsevier Academic Press, 2008.

[19] Gadd M S, Testa A, Lucas X, et al. Structural basis of PROTAC cooperative recognition for selective protein degradation [J]. Nat Chem Biol, 2017, 13: 514-521.

[20] Gartner Z J, Tse B N, Grubina R, et al. DNA-templated organic synthesis and selection of a library of macrocycles[J]. Science, 2004, 305: 1601-1605.

[21] Gerald M, Martin V, Dagmar S, et al. Molecular similarity in medicinal chemistry [J]. J. Med. Chem, 2014, 57: 3186-3204.

[22] Gutmann B, Cantillo D, Kappe C. O. Continuous-flow technology-a tool for the safe manu-facturing of active pharmaceutical ingredients [J]. Angew. Chem, Int. Ed, 2015, 54 (23): 6688-6728.

[23] György M K, Gergely M M. The influence of lead discovery strategies on the properties of drug candidates[J]. Nat. Rev. Drug Discov, 2009, 8: 202-212.

[24] Hartrampf N, Saebi A, Poskus M, et al. Synthesis of proteins by automated flow chemistry [J]. Science, 2020, 368(6494): 980-987.

[25] Hartman R L, McMullen J P, Jensen K F. Deciding whether to go with the flow: evaluating

新兽药创制

the merits of flow reactors for synthesis [J]. Angew. Chem. Int. Ed, 2011, 50(33): 7502-7519.

[26] Hines J, Gough J D, Corson T W, et al. Posttranslational protein knockdown coupled to receptor tyrosine kinase activation with phosphor PROTACs [J]. Proc Natl Acad Sci USA, 2013, 110: 8942-8947.

[27] Huc I, Lehn J M. Virtual combinatorial libraries: dynamic generation of molecular and su-pramolecular diversity by self-assembly[J]. Proc Natl Acad Sci USA, 1997, 94(6): 2106-2110.

[28] Itoh Y, Ishikawa M, Naito M, et al. Protein knockdown using methyl bestatin-ligand hybrid molecules: design and synthesis of inducers of ubiquitination-mediated degradation of cellular retinoic acid-binding proteins [J]. J Am Chem Soc, 2010, 132: 5820-5826.

[29] Jiang X Y, He S Y, Jiang H J, et al. Rational design of multitarget-directed ligands: strate-gies and emerging paradigms[J]. J. Mec. Chem, 2019, 62(20): 8881-8914.

[30] Okuhira K, Ohoka N, Sai K, et al. Specific degradation of CRABP-Ⅱ via cIAP1-mediated ubiquitylation induced by hybrid molecules that crosslink cIAP1 and the target protein [J]. FEBS Lett, 2011, 585: 1147-1152.

[31] Oscar' ndez-Lucio, Jose' L. Medina-Franco. The many roles of molecular complexity in drug discovery[J]. Drug Discov. Today, 2017, 22: 120-126.

[32] Kalgutkar A S, Gardner I, Obach R S, et al. A comprehensive listing of bioactivation path-ways of organic functional groups [J]. Curr. Drug Metab, 2005, 6: 161-225.

[33] Kim H, Min K I, Inoue K, et al. Submillisecond organic synthesis: Outpacing Fries rear-rangement through microfluidic rapid mixing [J]. Science, 2016, 352(6286): 691-694.

[34] Lai AC, Toure M, Hellerschmied D, et al. Modular PROTAC design for the degradation of oncogenic BCR-ABL [J]. Angew Chem Int Ed Engl , 2016, 55: 807-810.

[35] Lord J C, Ashworth A. PARP inhibitors: synthetic lethality in the clinic[J]. Science, 2017, 355 (6330): 1152-1158.

[36] Lin H, Dai C, Jamison T F, et al. A rapid total synthesis of ciprofloxacin hydrochloride in continuous flow [J]. Angew. Chem, Int. Ed, 2017, 56(30): 8870-8873.

[37] Liu R W, Li X C, Lam K S. Combinatorial chemistry in drug discovery[J]. Curr. Opin. Chem. Biol, 2017, 38: 117-126.

[38] Lin S, Dikler, S, Blincoe W D, et al. Mapping the dark space of chemical reactions with ex-tended nanomole synthesis and MALDI-TOF MS [J]. Science, 2018, 361: eaar6236.

[39] Nalawansha D A, Crews C W. PROTACs: an emerging therapeutic modality in precision medicine[J]. Cell Chem. Bol, 2020, 27: 998-1014.

[40] Neri D, Melkko S. Encoded self-assembling chemical libraries[J]. Patent no, 2002: WO03/076943.

[41] Macarron R, Banks M N, Bojanic D, et al. Impact of high-throughput screening in biomed-ical research[J]. Nature Rev. Drug Discov, 2011, 3(10): 188-195.

[42] Macherey A C, Dansette P. Chemical mechanisms of toxicity: basic knowledge for desig-ning safer drugs. In C. G. Wermuth (Ed.). The practice of medicinal chemistry[M]. Amsterdam: Elsevier Academic Press, 2003.

[43] Machutta C A, Kollmann C S, Lindq K E, et al. Prioritizing multiple therapeutic targets in parallel using automated DNA-encoded library screening[J]. Nat. Commun, 2017, 8: 16081.

[44] Meng G Y, Guo T J, Ma T C, et al. Modular click chemistry libraries for functional screens using a diazotizing reagent [J]. Nature, 2019(574): 87-90.

[45] Merk D, Friedrich L, Grisoni F, et al. De Nevo design of bioactive small molecules by artifi-cial intelligence[J]. Mol. Inf, 2018, 37: 1-4.

[46] Messer J A, Pope A J, Israel D I. Cell-based selection expands the utility of DNA-encoded small-molecule library technology to cell surface drug targets: identification of novel antagonists of the NK3 tachykinin receptor[J]. ACS Comb. Sci, 2015, 17: 722-731.

[47] Michael S K, Austin H, Sarah L K D H. An overview of FDA-approved new molecular enti-

ties： 1827-2013[J]. Drug Discov. Today, 2014, 19(8): 1033-1039.

[48] Moore J S, Jensen K F. "Batch" kinetics in flow: online IR analysis and continuous control [J]. Angew. Chem, Int. Ed, 2014, 53(2): 470-473.

[49] Parvathaneni V, Kulkarni N S, Muth A, et al. Drug repurposing: a promising tool to accelerate the drug discovery process[J]. Drug Discov. Today, 2019, 10 (24): 2076-2085.

[50] Plutschack M B, Pieber B, Gilmore K, et al. The hitchhiker's guide to flow chemistry [J]. Chem. Rev, 2017, 117(18): 11796-11893.

[51] Raina K, Lu J, Qian Y M, et al. PROTAC-induced BET protein degradation as a therapy for castration-resistant prostate cancer [J]. Proc Natl Acad Sci USA, 2016, 113: 7124-7129.

[52] Robert A G Jr, Christoph E D, Anthony D K. DNA-encoded chemistry: enabling the deeper sampling of chemical space[J]. Nat. Rev. Drug. Discov, 2017, 16: 131-147.

[53] Rogers L, Briggs N, Achermann R, et al. Continuous production of five active pharmaceutical ingredients in flexible plug-and-play modules: A demonstration campaign [J]. Org. Process Res. Dev. , 2020, 24(10): 2183-2196.

[54] Sakamoto K M, Kim K B, Kumagai A, et al. Deshaies R. J. Protacs: chimeric molecules that target proteins to the Skp1-Cullin-F box complex for ubiquitination and degradation [J]. Proc Natl Acad Sci USA, 2001, 98: 8554-8559.

[55] Shi H, Nie K, Dong B, et al. Mixing enhancement via a serpentine micromixer for real-time activation of carboxyl [J]. Chem. Eng. J. , 2020, 392: 123642-123653.

[56] Siegel Reynolds C H, Tounge B A, Bembenek S D. Ligand binding efficiency: trends, physical basis, and implications[J]. J. Med. Chem. , 2008, 51: 2432-2438.

[57] Smith A R, Pucheault M, Tae H S, et al. Targeted intracellular protein degradation induced by a small molecule: En route to chemical proteomics [J]. Bioorg Med Chem Lett, 2008, 18: 5904-5908.

[58] Song M, Hwang G T. DNA-encoded library screening as a core platform technology in drug discovery: Its synthetic method development and applications in DEL synthesis [J]. J. Med. Chem. , 2020, 63(13): 6578-6599.

[59] Sun X Y, Gao H Y, Yang Y Q, et al. PROTACs: great opportunities for academia and industry[J]. STTT, 2019, 4(64): 1-33.

[60] Nassar A E F, Kamel A M, Clarimont C. Improving the decision-making process in structural modification of drug candidates: reducing toxicity[J]. Drug Discov. Today, 2004, 9: 1055-1064.

[61] Taskinen J. Prediction of aqueous solubility in drug design [J]. Curr. Opin. Drug. Discov. , 2000, 3: 102-107.

[62] van de Waterbeemd H, Gifford E. ADMET in silico modelling: towards prediction paradise [J] Nat. Rev. Drug Discov. , 2003, 2: 192-204.

[63] Warren R J D G, Alber I, David R S. Diversity-oriented synthesis as a tool for the discovery of novel biologically active small molecules[J]. Nat. Comm. , 2010, 80: 1-13.

[64] Yang Z Y, He J H, Lu A P, et al. Application of negative design to design a more desirable virtual screening library[J]. J. Med. Chem. , 2020, 63 (9): 4411-4429.

[65] Wu Z N, Graybill T L, Zeng X, et al. 2015 First Boston Symposium of Encoded Library Platforms[J]. MedChemComm, 2016, 7: 1268-1270.

[66] Zablocki J A, Elzein E, Li X, et al. Discovery of dihydrobenzoxazepinone (GS-6615)late sodium current inhibitor (Late INai), a phase II agent with demonstrated preclinical antiischemic and antiarrhythmic properties[J]. J. Med. Chem. , 2016, 59: 9005-9017.

[67] Zambaldo C, Daguer J P, Saarbach J, et al. Screening for covalent inhibitors using DNA-display of small molecule libraries functionalized with cysteine reactive moieties[J]. MedChemComm, 2016, 7: 1340-1351.

[68] Zengerle M, Chan K H, Ciulli A. Selective small molecule induced degradation of the bet bromodomain protein BRD4 [J]. ACS Chem Biol, 2015, 10: 1770-1777.

[69] Winter G E, Buckley D L, Paulk J, et al. Drug Development. Phthalimide conjugation as a strategy for in vivo target protein degradation [J]. Science, 2015, 348: 1376-1381.

[70] Zhou B, Hu J T, Xu F M, et al. Discovery of a small-molecule degrader of bromodomain and extra-terminal（BET）proteins with picomolar cellular potencies and capable of achieving tumor regression [J]. J Med Chem, 2018, 61(2): 462-481.

第 4 章
药物合成
新策略

1828 年，Wohler 偶然使氰酸铵转化成尿素，从而打破了世界上一切有机物都是上帝创造的生命力学说，开创了有机合成化学的新纪元。1859 年，Kekule 建立了化学结构理论，奠定了有机合成的理论基础。1902 年，Willstatter 成功合成天然产物托品醇（图 4-1）开创了天然产物人工合成的第一个里程碑，标志着化学合成由盲目的合成阶段进入有目标的合成阶段。受限于当时的合成理论和合成技术，合成的目标化合物结构比较简单，合成路线繁杂，但这在当时已是了不起的成就。

图 4-1 托品醇

随着新反应的不断发现，合成技术不断积累，合成理论也不断有新的突破。有机化学家不再满足于合成一个化合物，而是更加注重合成的技术。1917 年，Robinson 发明了托品醇的三步合成法（图 4-2），这在当时属于有机合成方面的重大突破，标志着有机合成艺术时期的开始。

图 4-2 托品醇的合成三步法

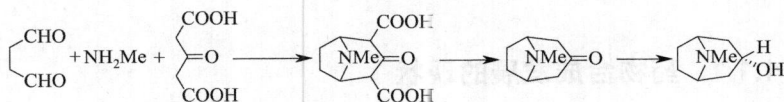

1951 年，Robinson 成功设计合成了甾体分子，推动了有机合成从简单化合物向复杂结构化合物的发展。在这一时期，相继合成了许多结构复杂的化合物，尤其是甾体激素类药物的合成研究取得了令人瞩目的成就。随后到 1962 年，著名的有机合成大师 Woodward 领导的团队历时 11 年，到 1973 年成功合成出维生素 B_{12}，把有机合成艺术完美展现在世人面前，极大地提高了药物合成的技术水平。

随着合成技术的不断积累和新反应、新理论的不断发现，化学反应进入了新的发展时期。20 世纪 70 年代，Corey 通过对多种类型化合物的合成研究，综合运用各类化学合成反应、合成设计原则和合成设计策略，总结出化合物合成设计的共性规律，提出逆向合成分析法，开创了药物合成设计的新时代。他本人也因在有机合成领域的杰出贡献，在 1990 年获得了诺贝尔化学奖。

进入 21 世纪以来，随着各种新的有机化学反应的发现和计算机技术的进步，药物合成进入了新的发展阶段。结构复杂的天然产物和药物通过一系列精妙的反应，一一被合成出来。通过计算机辅助和人工智能技术，基于靶点的抑制剂被有针对性地设计出来，提高了药物研发的成功率和速度。

兽药作为给动物使用的药物，本质上与人类使用的药物没有区别，尤其是通过药物合成制备的小分子化学药物。因此，兽药的设计合成的方法策略与人药基本一致，都遵循相同的原则。本章就药物合成策略的现状和未来发展趋势进行系统的阐述。

4.1

药物合成新策略概述

药物合成是指利用各种方法、手段和技术，合成目标化合物的过程，涵盖合成线路的设计、手性控制、反应过程中的选择性问题，需要考虑合成的经济性、环保问题等。

合成线路的设计包括反向设计策略和正向设计策略，前者针对特定结构的目标药物，目的是将其高效、经济的制备出来；后者是在药物发现过程中增加化合物的多样性，为活性筛选和先导化合物的发现提供更多的分子结构。除此之外，在合成线路的设计过程中，还要考虑原料的来源、反应的经济性以及反应过程中的绿色环保问题。

在药物的合成过程中，目标化合物结构中常含有一个至多个手性碳，因此在具体的合成过程中需要考虑手性控制的问题。此外，药物的化学结构中常含有多个相同和不同官能团，在进行具体反应的过程中，需要在特定位置上的特定官能团进行反应，这就涉及选择性的问题。

总之，药物合成是按照一定的方案来进行的，因此能否高效经济地完成目标化合物的合成，需要考虑方方面面的问题，尤其是在合成线路的设计过程中，就要将上述涉及的问题考虑进去，或者通过后期的特定反应优化，最终实现我们的目标。

4.1.1　药物合成发展的现状

药物合成经历了 100 多年的积累和发展，与有机合成化学、药物化学、天然产物化学和物理有机化学相互促进，取得了长足的进步。尽管如此，药物合成的中心问题却从未改变，那就是通过合理设计，经过一系列涉及选择性和手性控制的化学反应，高效经济地制备出目标药物。在此，我们将药物合成过程中的合成路线设计、选择性控制、手性控制及其它方面作一简要介绍。

4.1.1.1　药物合成路线设计

药物合成设计中最常用的方法是 Corey 提出的逆向合成分析法（retrosynthetic analysis，target-oriented organic synthesis）。该方法是以目标化合物为出发点，根据化学反应原理，一步一步地逆向分析、推导出合成目标化合物所需的起始原料和相关反应，是药物合成设计的基本手段。

逆向合成分析的基本过程是将目标分子通过一定的策略转换为合成元（片段）。以下面这个分子（图 4-3）为例，切断后得到正离子和负离子两个离子型合成元，他们的等价物分别是苯甲酸和乙醇。苯甲酸和乙醇通过酯化反应，就可以得到目标分子。

图 4-3　合成元与逆向合成元

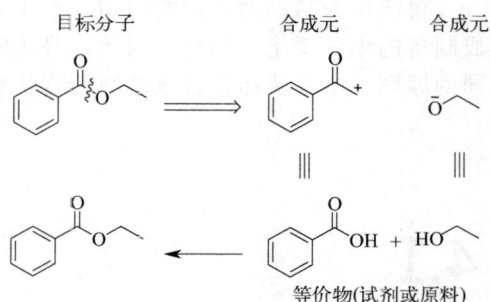

逆向合成分析涉及多个常用术语：目标分子（target molecule）是指所合成的目标物；合成元（synthons）是指逆向合成分析时目标分子切割成的片段（piece），是逆向合

成分析中最常用的术语；与合成元相对应的化合物称为等价物，是指一般可直接购买得到的试剂或需要自行合成原料。逆向合成元是逆向合成分析时目标分子中宜转化的结构单元，最常用的是以经典反应为依据的逆向合成元。经典反应有 500 多个，以图 4-4 所示 Diels-Alder 反应为例。Diels-Alder 反应是丁二烯与烯的周环反应，其逆向合成元的结构特征是环己烯结构或可转换为环己烯的结构，R 为吸电子基。

图 4-4　丁二烯与烯的周环反应

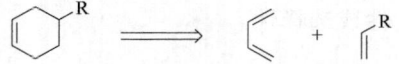

　　逆向合成分析有切割、连接、重排和官能团转换四种主要手段，其中切割和官能团转换使用最多。切割（disconnection，dis）常常遵循一定的规律，首先是找出逆向合成元，按相应化学反应规律进行切割。切割的关键技术是找逆向合成元，这就要求我们对有机化学的单元反应要十分熟悉。例如下面这个目标化合物经过对目标分子的考察，可以找到酮的烷基化反应逆向合成元，因此可以将其切断为 2 个等价物：溴代苯乙酮和丙二酸二甲酯。其次是以特定骨架片段为合成元指导切割。特定的骨架片段主要包括与目标化合物的某个骨架片段结构相似的天然产品或易得试剂。例如他拉达非的结构中一部分骨架片段与 L-色氨酸天然产品结构相似，因而可通过适当的切割后推演出 L-色氨酸甲酯盐酸盐这个等价原料，进而设计出一条他拉达非的合成路线。最后是以"策略键"为目标进行切割。策略键是逆向合成分析中的优选化学键，一般是指化学稳定性较低的化学键。如图 4-5 所示的几个化学键就是策略键。C—X 键邻近的 C—C 键；C—Z 键，包括酰胺键、酯键、醚键等；C≡C 双键；稠环的共同原子连接键等。综合来讲，逆向合成分析中的切割有以下几个原则：对称部分先切割，简化合成路线；不稳定结构先切割，或者先转化官能团；影响反应活性或选择性的基团先转化；切割点优先选择中部，提高合成汇聚性；C—C 键优先切割多分叉点；策略键优先切割。

图 4-5　策略键切割

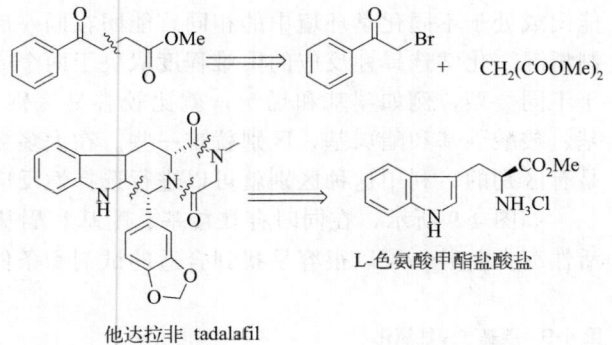

他达拉非 tadalafil

　　如图 4-6 所示，连接（connection）是逆向合成分析中常见的手段。连接的必需条件是连接而成的键能够反应断裂为原基团，如果连接可能得到多个替代目标分子，应优先选择能形成一种理想的逆向合成元的连接方式。

图 4-6　逆向合成分析
方法——连接

　　如图 4-7 所示，重排（rearrangement）是逆向合成分析中另外一种常见的方法。通过重排反应，可以将结构复杂片段的合成难度大大降低。

图 4-7 逆向合成分析方
法——重排

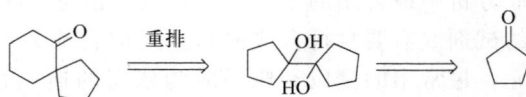

官能团转换（FGI）是逆向合成分析中最常见的一种策略。如图 4-8 所示通过官能团转换可将目标分子转换成更易制备的前体化合物，或者添加可去除的官能团以增加反应活性或选择性。

图 4-8 逆向合成分析策
略——官能团转换

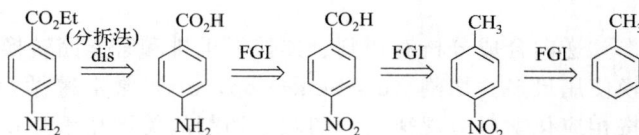

4.1.1.2 选择性控制

在药物合成中，采用某一反应合成目标分子时，尤其是合成复杂分子时，通常会涉及反应选择性的问题。反应的选择性（selectivity）是指一个反应可能在不同的底物或同一底物的不同部位进行，从而形成几种产物时的选择程度。

不同底物之间的反应性差异称为底物选择性，即在同一反应中，两个或多个反应底物产生竞争反应时的选择性。同一底物不同位置上的反应性差异称为产物选择性，即在同一反应中，同一底物中两个或多个位置、基团或反应面产生竞争反应时的选择性。实际上在绝大多数情况下，涉及的都是同一分子中不同位置间的反应选择性差异，我们将在此详细描述。

反应的选择性通常可分为化学选择性、区域选择性和立体选择性 3 类。化学选择性（chemoselectivity）是指反应物中官能团化学反应活性大小差异产生的选择性，即不同官能团或处于不同化学环境中的相同官能团在同一反应体系中可能生成不同官能团产物的控制情况。化学选择性反应的困难程度取决于两个或两个以上基团的相似性，如果官能团属于不同类型，例如羰基和烯键，就比较容易区别。如果官能团属于同一类型，例如酮羰基、羧酸羰基和酯羰基，区别就难一些。在大多数反应中，同一分子内的官能团之间通常是有区别的，利用这种区别就可以进行选择性反应。

如图 4-9 所示，在同时存在羧基、酯基和酮基的多官能团化合物中，由于羰基的反应活性存在差异，可以很容易找到合适的试剂和条件对酮羰基进行高度选择性的反应。

图 4-9 羰基选择性氧化

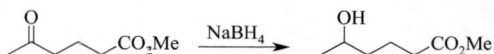

如图 4-10，处于不同化学环境中的相同官能团，也可利用其化学环境不同导致的反应活性差异，实现高选择性的合成。

区域选择性（regioselectivity）是指分子中同一官能团周围不同反应位点活性差异产生的反应选择性。如图 4-11 所示，通常涉及的是羰基两侧 α-位、双键或环氧物两侧位置上的选择性反应、环加成、α,β-不饱和体系的 1,2-加成与 1,4-加成和烯丙基正离子或游离基的 1,3-选择反应等。

图 4-10　羟基选择性还原

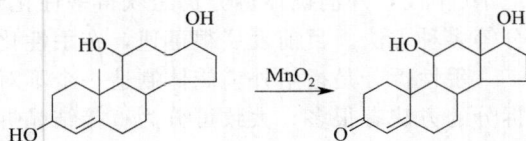

图 4-11　区域选择性取代反应

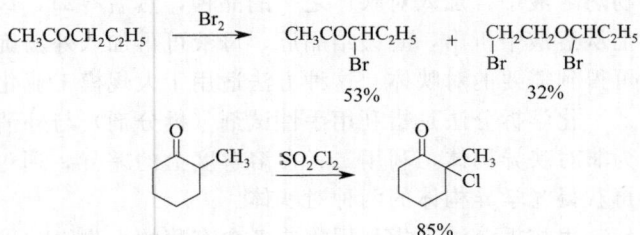

$$CH_3COCH_2C_2H_5 \xrightarrow{Br_2} \underset{53\%}{CH_3COCHC_2H_5} + \underset{32\%}{CH_2CH_2OCHC_2H_5}$$

　　立体选择性（stereoselectivity）是指同一反应位点产生不同立体异构体的选择情况，即反应优选生成一个或多个仅仅是构型差异的不同产物。这种立体选择性可分为非对映选择性和对映选择性。

　　非对映选择性：当反应可能生成的异构体产物为非对映异构体且实际只选择性地生成一个或主要是一个非对映异构体，即非对映异构体过量时，则该反应为非对映选择性反应。当反应存在一个手性底物和一个非手性试剂时，若反应原料是非外消旋的，那么产物也将是非外消旋的，如图 4-12 所示。

图 4-12　非对映选择性反应

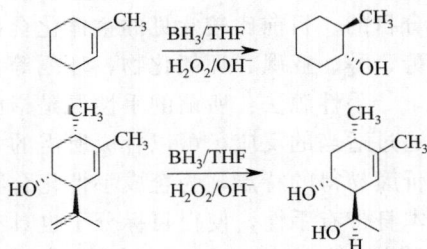

　　对映选择性：当反应可能生成的两种异构体产物为对映异构体且实际只选择性地生成一个或主要是一个对映异构体，则该反应为对映选择性反应。如图 4-13 所示，烯丙醇的 sharpless 环氧化反应就属于对映选择性反应。

图 4-13　烯丙醇的 sharpless 环氧化反应

4.1.1.3　手性控制

　　手性是自然界的普遍特征。很多药物分子具有手性，但受限于科学技术条件，手性药物在过去并未被重视。直至 20 世纪 60 年代，著名的"反应停"事件震惊了世界。在手性药物的研究中，最基本的问题是如何获得手性分子以及如何规模化生产手性药物。

　　手性化合物的制备主要有拆分法、"手性源"法和不对称合成法三种途径。直到 20 世纪 70 年代，外消旋体拆分仍是获得手性化合物的基本方法。拆分包括化学拆分和生物拆分等多种方法。目前发展很迅速，在手性化合物工业化生产中起着重要作用。

手性拆分是指给外消旋体制造一个不对称的环境，从而使两个对映体能够分离开来。拆分的方法有很多，大致可分为直接结晶拆分、化学拆分、生物拆分、色谱拆分和包络拆分等。

直接结晶拆分法针对的是外消旋体混合物，其原理是在饱和或过饱和的外消旋体混合物热溶液中，加入对映体之一的晶种，然后冷却，这样与该晶种相同的异构体会附在晶种上从溶液中析出，滤去结晶后，母液可再加入外消旋体混合物使达到饱和。重复上述步骤可得到需要的对映体。这种方法适用于大规模工业化生产，应用广泛。

化学拆分法是指利用手性试剂（拆分剂）与外消旋体反应，将原来的对映异构体转化为非对映异构体，利用二者在溶解度上的差异，通过结晶法将其分开，最后脱去拆分剂，再获得光学异构体的两种对映体。

生物拆分法是指利用酶或者含有酶的生物组织进行拆分，具有高效、高选择性、拆分条件温和、环境友好等优点。生物拆分的原理是生物酶是具有立体选择性的，可与对映异构体中的一种发生反应，将其水解、酯化、酰化等，进而将两种对映体分开。常用的生物酶有脂肪酶、脱卤酶、氨肽酶等。

色谱拆分法是指利用对映异构体在特殊色谱柱上保留时间的差异，将其分开。近年来，随着手性固定相的快速发展，使得利用色谱方法大规模拆分外消旋体成为可能。色谱拆分虽然具有一次分离和光学纯度高的优点，但是其价格昂贵，应用受限。

包络拆分法是指利用手性的主体化合物通过氢键、π-π 相互作用等弱分子间作用力，选择性的与被拆分的外消旋化合物中某一对映体形成稳定的包络配合物析出，从而实现拆分目的。目前比较常见的主体化合物是甾体类化合物胆酸及其衍生物，广泛应用于拆分内酯、醇、亚砜、环氧化物、环酮等化合物。

手性源法：所谓的手性源是指已知的手性化合物，以手性源化合物为手性引入试剂，通过适当的反应，可以合成所需的手性分子。许多天然产物具有手性，部分天然产物具有价廉易得的特点，为合成手性化合物提供了丰富多样的起始原料。因为"手性源"化合物本身带有手性，使得目标分子也具有手性，无需拆分，在手性药物的合成中应用广泛。比较常见的具有"手性源"的化合物包括碳水化合物、有机酸、氨基酸、萜类化合物、氨基醇等。如图 4-14 所示以左氧氟沙星为例，介绍氨基醇作为"手性源"的合成设计。

图 4-14　左氧氟沙星

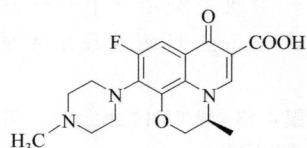

如图 4-15 所示，左氧氟沙星具有喹诺酮的母核，首先将喹诺酮的烯胺切断，把环打开，然后把苯环上的两个 C—N 键和一个 C—O 键切断，得到 (S)-(＋)-2-2 氨基丙醇、甲基哌嗪和氟代芳香酮三个片段。其中 (S)-(＋)-2-2 氨基丙醇是易得的"手性源"，氟代芳香酮可进一步切断得到 2,3,4,5-四氟代苯甲酰氯。

图 4-15　左氧氟沙星的逆向合成
分析

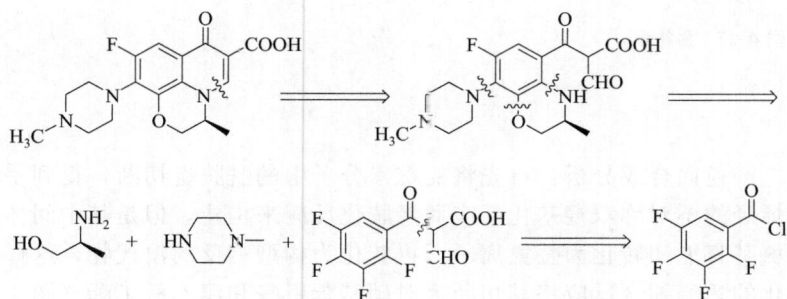

经过上面的逆向合成分析，针对相应的反应选择适宜的试剂和条件，如图 4-16 所示形成了下面的左氧氟沙星合成路线。

图 4-16　左氧氟沙星合成路线

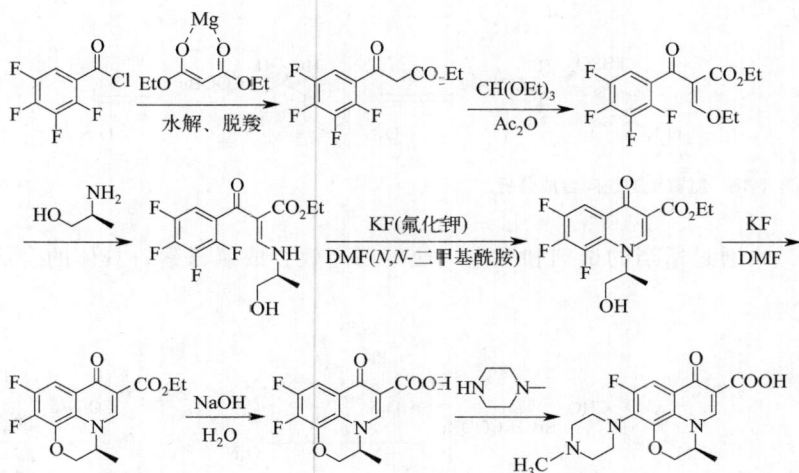

不对称合成法：不对称合成是近年来药物合成中热点课题，有大量文献报道了手性药物的不对称合成，部分研究已成功应用到工业化生产中，显示出巨大的发展潜力。不对称合成是指"一个反应，其中底物分子整体中的非手性单元由反应剂以不等量地生成立体异构产物的途径转化为手性单元"。也就是说，不对称合成是将潜手性单元转化为手性单元，产生不等量的立体异构产物。2001 年，Knowles 博士、Noyori 教授和 Sharpless 教授因在不对称合成领域取得的卓越贡献，共同获得了当年的诺贝尔化学奖。他们不仅发现了高选择性的不对称合成反应，也发明了许多应用于不对称合成的催化剂，最后还将其成功应用于手性药物的工业化生产。随着科技的不断进步，相信在未来，不对称合成将成为手性药物生产中的主流方向。

由于大多数手性药物分子中的手性中心不会太多（通常 1～3 个），因此构建手性单元是合成的关键。手性单元的构建通常涉及的反应有环氧化反应、双键的双羟基化反应、双键的不对称羟胺化反应、不对称氢化反应和还原反应以及不对称 C—C 键合成反应。这些不对称反应通常都需要结构复杂的催化剂（常具有手性、多含有金属元素）为非手性单元提供手性环境，以促使反应朝着不对称反应的方向进行。如图 4-17 所示，我们以已经被禁止使用的兽用药物氯霉素为例，了解不对称合成的思路。

图 4-17　氯霉素

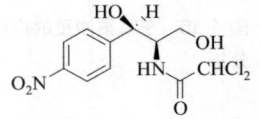

逆向合成分析：首先将氯霉素分子中的酰胺键切断，得到手性的氨基醇，它可以使用烯烃的不对称双羟基化反应和羟胺化反应来构建，但是其中间体不易制备。因此，可以将氨基官能团转化为叠氮离子，再转化为构型相反的溴代物，这样就可以利用 Corey 试剂催化的醇醛缩合反应将其切断为对硝基苯甲醛和溴乙酸丁酯（图 4-18）。

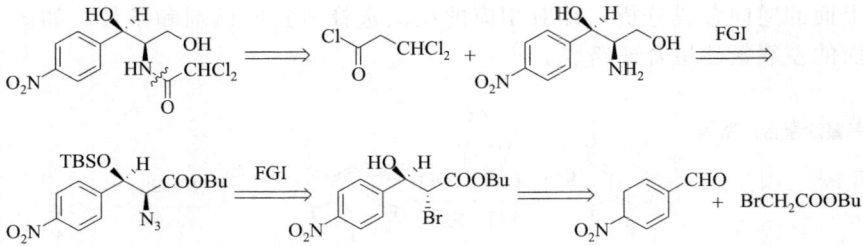

图 4-18　氯霉素的逆向合成分析

通过适当的试剂和反应，便可以高效合成氯霉素，具体的合成路线如图 4-19 所示。

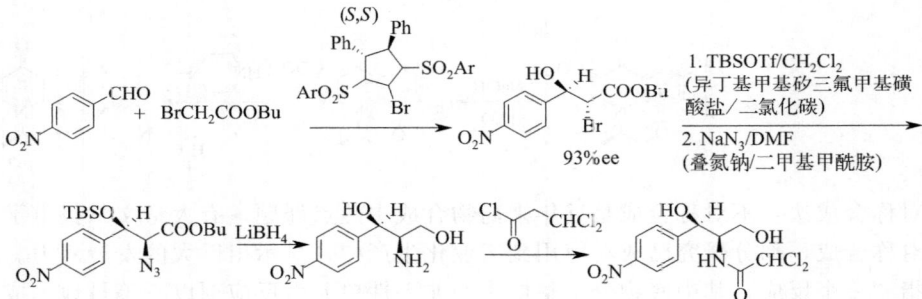

图 4-19　氯霉素合成路线

4.1.1.4　兽用药物合成举例

通过上面的描述，我们通过逆向合成分析设计药物合成路线、利用化学反应的选择性控制和手性控制技术，便可以合成绝大多数药物。其中，反应的选择性和手性控制往往在合成线路建立的时候就必须考虑到，这就需要我们对常见的化学反应非常熟悉，这样才能设计出合理、高效、经济的合成路线。下面，我们以部分兽药的合成为例，将逆向合成分析、选择性控制和手性控制在兽药合成中的应用作一个展示。

静松灵

如图 4-20 所示，静松灵的化学名为 2,4-二甲苯胺噻唑，是我国自主研发的兽用麻醉药，由中国农业科学院兰州畜牧与兽药研究所于 20 世纪 80 年代研制成功，广泛应用于牛、马等动物的保定和术前麻醉。

图 4-20　静松灵

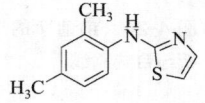

如图 4-21 所示，静松灵的化学结构是一个取代苯胺与噻唑环通过氨基相连，通过逆向合成分析，我们可以将噻唑环打开，利用 2-氨基乙醇与异硫氰酸酯的成环反应得到噻唑环。异硫氰酸酯通过官能团转换可推导出取代苯胺。静松灵的化学结构中不涉及手性分子，因此反应无需考虑手性控制。同时它的化学结构简单，官能团少，反应选择性的问题也没有对合成产生影响。

图 4-21　静松灵的逆向合成分析

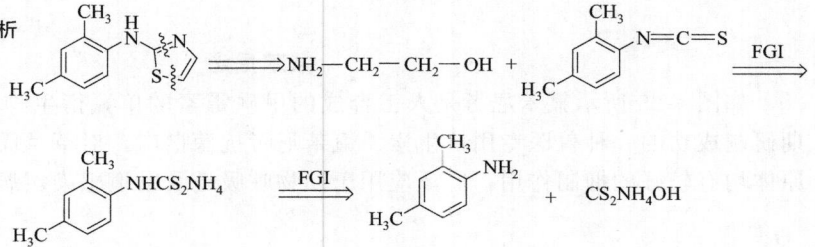

通过上面的逆向合成分析，利用成环反应等 3 步反应，设计了如图 4-22 所示静松灵的合成路线图。

图 4-22　静松灵合成路线

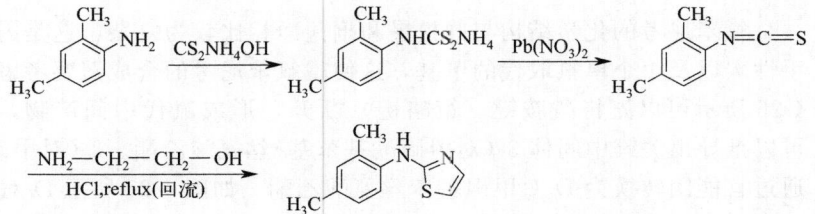

痢菌净

如图 4-23 所示，痢菌净又名乙酰甲喹，它的化学名称为 3-甲基-2-乙酰基-1,4-二氧喹啉，属于喹喔啉类化合物。痢菌净是一种合成抗菌药，由中国农业科学院兰州畜牧与兽药研究所于 20 世纪 90 年代研制成功。痢菌净抗菌谱广，对革兰氏阴性菌和阳性菌均有杀菌效果，对密螺旋体也有作用，对仔猪、犊牛、鸡腹泻、痢疾均有较好的治疗作用。

图 4-23　痢菌净

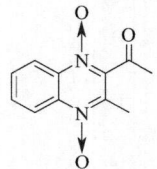

如图 4-24 所示，痢菌净属于喹喔啉类化合物，可以在双键位置将其打开，利用苯并呋喃化合物与乙酰丙酮的成环反应制得。苯并呋喃可从易得化学原料 2-硝基苯胺与次氯酸钠简便制得。可以看出，痢菌净由于其独特的化学结构，也不涉及选择性控制和手性控制。

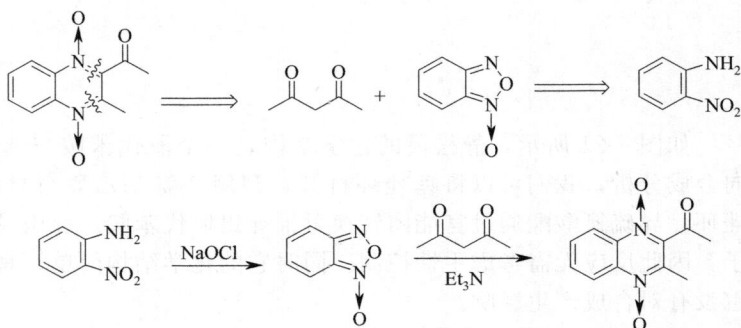

图 4-24 痢菌净的逆向合成分析与合成路线

氟苯尼考

如图 4-25 所示氟苯尼考是人工合成的甲砜霉素的单氟衍生物，是 20 世纪 80 年代后期研制成功的一种兽医专用抗生素。氟苯尼考抗菌谱广，对革兰氏阴性菌、阳性菌以及支原体均有较好的抑制作用，广泛应用于动物呼吸道及肠道感染疾病的治疗。

图 4-25 氟苯尼考

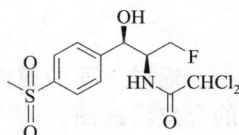

氟苯尼考的化学结构与静松灵和痢菌净相比较为复杂，这是因为其化学结构中有 2 个手性碳以及 1 个单氟取代的甲基，这使得氟苯尼考的合成需要考虑手性控制的问题。如图 4-26 所示可以先将酰胺键（策略键）断开，形成氟代中间产物，通过 2 次官能团转化，可以推导出关键中间体 3-(对甲磺酰基苯基)丝氨酸乙酯。3-(对甲磺酰基苯基)丝氨酸乙酯通过官能团转换为 D-对甲砜基苯丝氨酸乙酯。如图 4-27 所示 D-对甲砜基苯丝氨酸乙酯作为商品化的中间体，可以通过丝氨酸引入手性中心，方便、经济制得。同时其中间体结构中含有 2 个羟基，在对羟基进行氟化时，需要将另外一个羟基通过保护基的引入和除去，控制反应的选择性。因此氟苯尼考的合成，涉及了上述所提到的官能团选择性、手性控制、保护基的引入等药物合成策略。实际上，通过不同的策略，文献报道的氟苯尼考合成路线多达 10 余条。

图 4-26 氟苯尼考的逆向合成分析

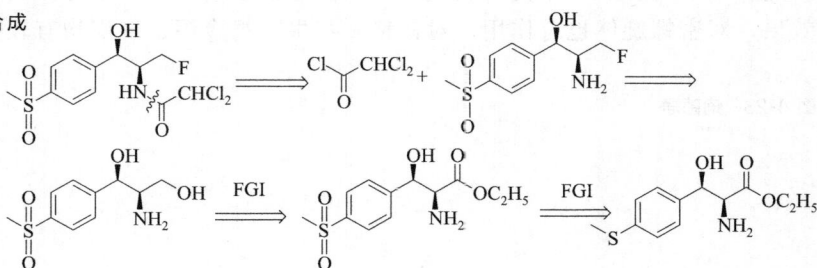

根据商品化的中间体 D-对砜基苯丝氨酸乙酯，设计了如下的氟苯尼考合成线路。

图 4-27 通过中间体 D-对甲砜
基苯丝氨酸乙酯合成氟苯尼考

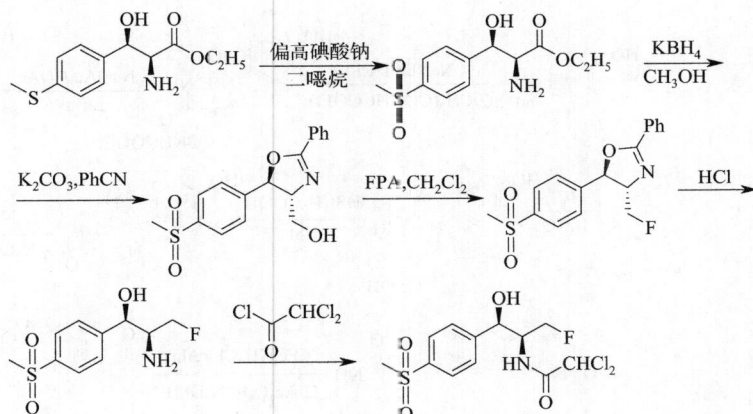

沙咪珠利

如图 4-28 所示沙咪珠利是针对畜禽球虫病，由中国农业科学院上海兽医研究所研制的具有自主知识产权的一类新兽药。沙咪珠利属于三嗪类抗球虫药物，具有活性高、广谱、低毒、无交叉耐药性等优点，对常见的大多数临床虫株具有很好的效果。

图 4-28 沙咪珠利

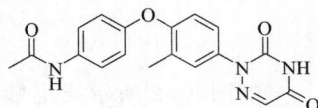

如图 4-29 所示沙咪珠利的结构主要有三部分，包括 2 个苯环和 1 个三嗪环。据此，运用逆向合成分析法，首先从酰胺策略键处断开，利用官能团转换、醚化反应得到对羟基三嗪中间体。三嗪环可以利用对羟基苯胺与丙二酰二氨基甲酸乙酯的成环反应得到。

图 4-29 沙咪珠利的逆向合成分析

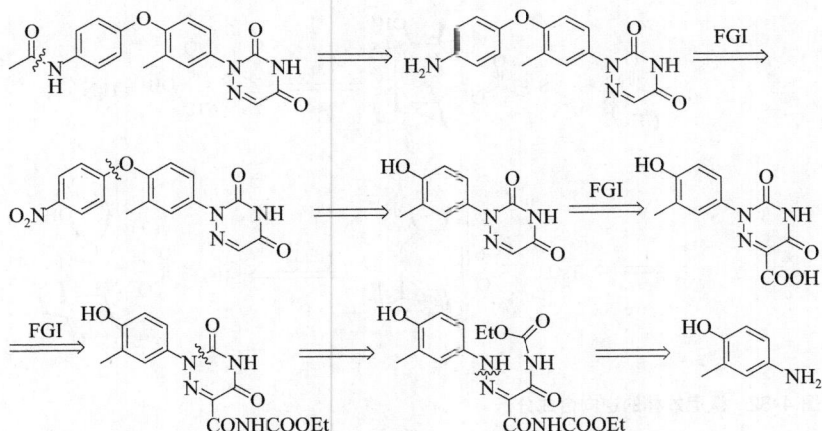

根据上述合成路线，通过 6 步反应，如图 4-30 所示制得了目标产物沙咪珠利。

沃尼妙林

如图 4-31 所示沃尼妙林是新一代截短侧耳素类半合成亢生素，属于二烯萜类，与泰妙菌素属于同一类动物专用抗生素。主要用于防治猪、牛、羊及家禽的支原体病和革兰氏阳性菌感染。

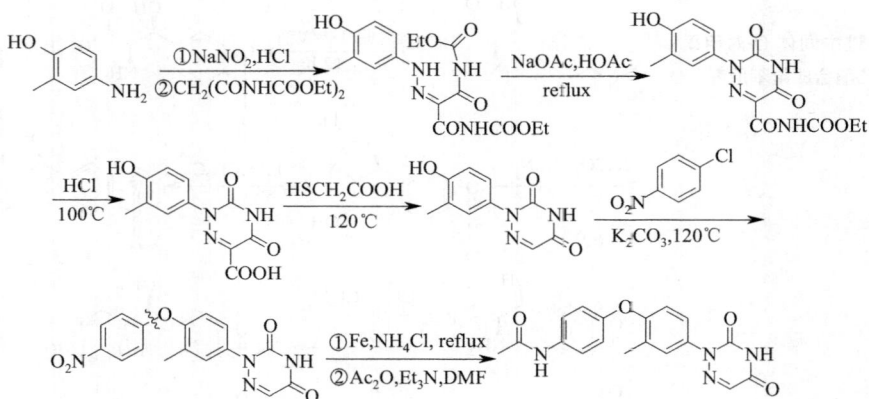

图 4-30　沙咪珠利合成路线

图 4-31　沃尼妙林

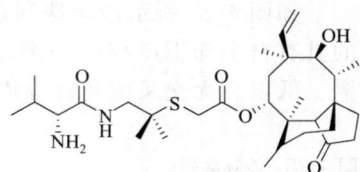

　　如图 4-32 所示沃尼妙林的化学结构比较复杂，结构中有多个官能团和多个手性碳。其结构复杂的二烯萜部分，可利用天然产物截短侧耳素引入，这也是复杂化合物合成中的常见做法。如此一来，则仅需考虑其左边结构部分的合成。利用逆向合成分析法，先后分别从酰胺策略键和硫醚策略键处断开，通过官能团转化，推导出起始原料截短侧耳素。

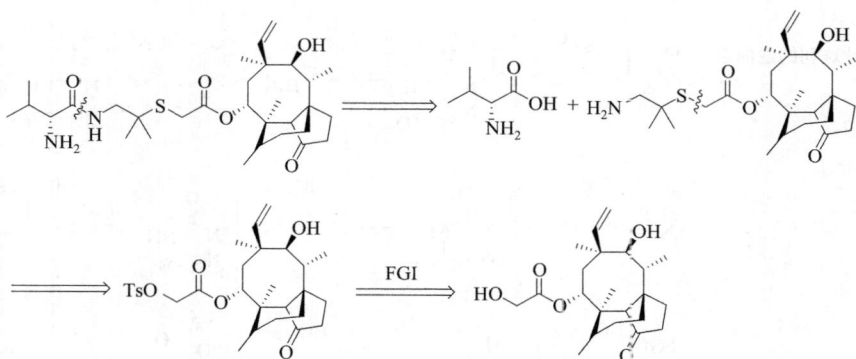

图 4-32　沃尼妙林的逆向合成分析

　　按照上述逆向合成分析，利用经典的化学反应，如图 4-33 所示以截短侧耳素为原料，经过磺酰化、醚化、酰胺化三步反应，制得了目标产物沃尼妙林。

马波沙星

　　如图 4-34 所示马波沙星是一种动物专用的第三代喹诺酮类抗菌药物，具有抗菌谱广、活性强的特点，对革兰氏阳性菌、革兰氏阴性菌、厌氧菌及支原体都具有很高的抗菌活

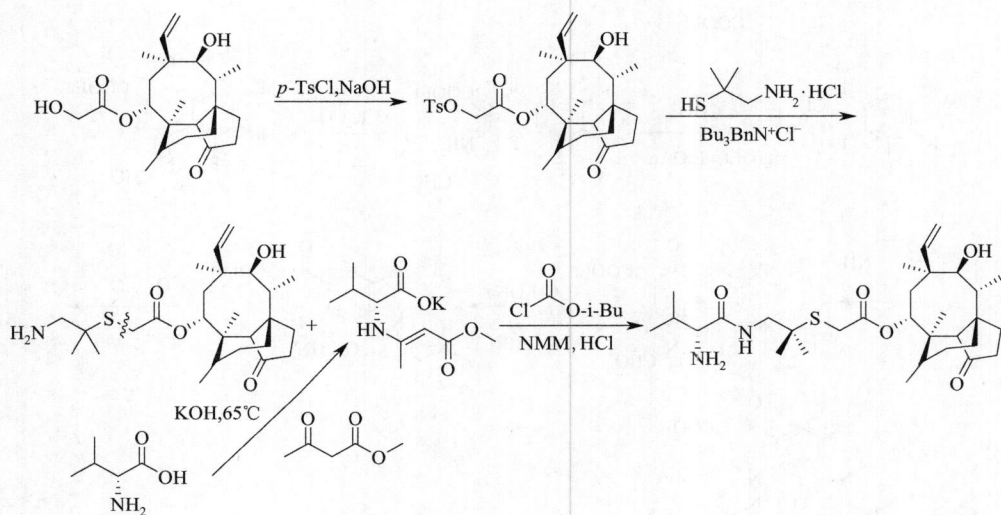

图 4-33　沃尼妙林合成路线

性。马波沙星主要用于牛、猪、犬、猫的呼吸道、消化道、泌尿道及皮肤感染，对动物乳腺炎及子宫炎疗效也很显著。马波沙星最早由罗氏公司开发，于 1995 年首次在美国上市。

图 4-34　马波沙星

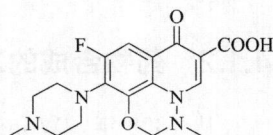

　　如图 4-35 所示逆向合成分析。

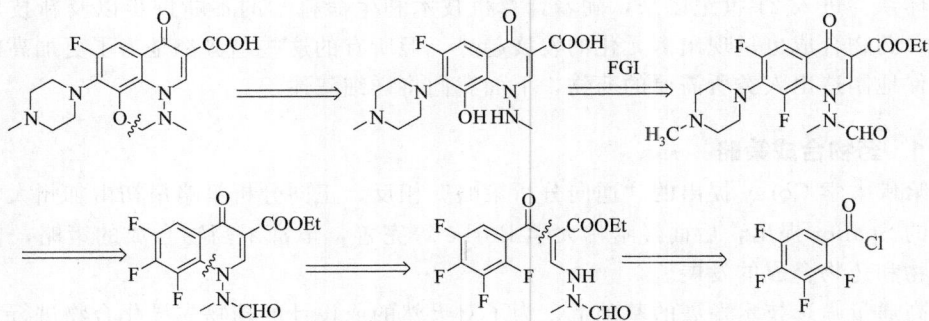

图 4-35　马波沙星的逆向合成分析

　　通过以上逆向合成分析，设计如图 4-36 所示马波沙星的合成路线。
　　通过以上不同结构的兽用化学药物的合成路线设计，结合药物合成中的逆向合成分析、选择性控制、手性控制，我们详细解析了静松灵、痢菌净、氟苯尼考、沙咪珠利、沃尼妙林、马波沙星的合成。这些兽用化学药物的高效、经济合成，为养殖业的健康发展提

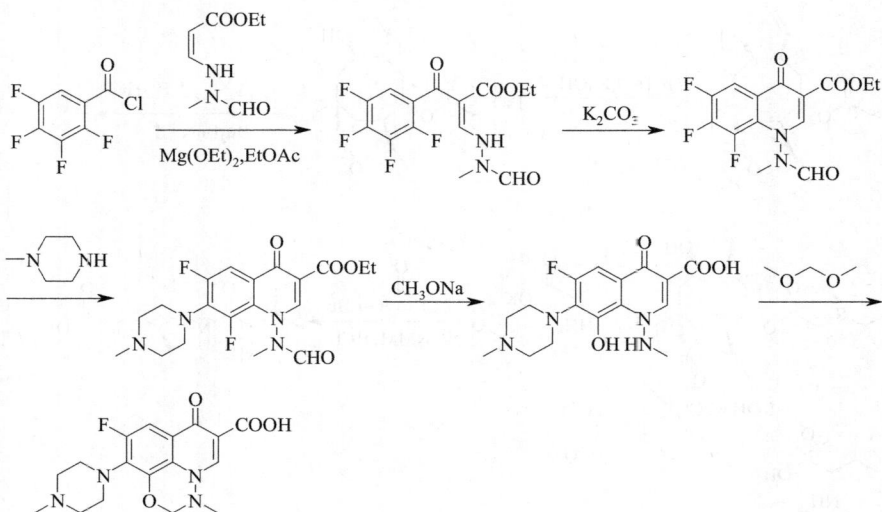

图 4-36 马波沙星的合成路线

供了物质保障，为我国居民提供了安全、优质的动物性食品。

4.1.2 药物合成的发展趋势

从 1828 年，Wohler 合成尿酸算起，有机合成已经经历接近 200 年的发展。从 1902
年 Willstatter 成功合成出天然产物托品醇算起，药物合成经过 120 多年的发展。从 20 世
纪 50 年代后期开始，有机合成和药物合成的理论不断快速发展，形成了比较系统和完善
的理论体系。进入 21 世纪以来，随着计算机技术和生命科学的不断进步以及新技术的不
断应用，药物合成也呈现出多元化的发展趋势，但所有的这些趋势都是为了更加高效、经
济、环保地制造出人类所需要的药物，下面我们将详细叙述。

4.1.2.1 药物合成策略

与哈佛大学 Corey 提出的"逆向分析策略"相反，正向分析策略最初由加州大学伯克
利分校的 Spaller 提出，后面经哈佛大学 Burke 等完善，丰富了药物合成的策略，促进了
天然产物和药物合成的发展。

在高通量筛选技术发展的基础上，为了对天然的或设计的药物先导化合物进行充分的
衍生化，更高效率地合成大量目标分子以供活性筛选，这种针对一种先导化合物进行结构
多样性合成、构建系列目标分子库的手段被称为"目标分子寻向合成"，由此而构建的组
合库被称为聚焦库或靶标库或定向库用以发现可调控某一生物学过程的候选药物。这类库
中分子的合成设计可采用 Corey 教授的"逆向合成分析"策略，其建立过程属于常见的先
导化合物的结构修饰和优化理念。

在近 10 年药物研发过程中，基于上述策略与观点开展的研究与探索已取得了成功，
但由于都是针对某一个先导化合物，因此仅能得到一种结构类型分子对生命过程影响的信

息，显然效率不高，合成所用起始原料的利用率也不高。因此 Schreiber 等提出了"多样性导向合成"的概念。这一理念是从起始原料出发，通过选择合适的反应来扩展合成小分子结构的多样性和提高小分子的复杂性。由多样性导向合成形成的分子库被称为预期库或随机库。预期库补充了聚焦库的不足，建库目的是"发现"各种新的潜在先导化合物。由此可见，在多样性导向合成中，由于没有锁定目标分子结构，无法采用逆向合成分析来指导合成路线设计。于是 Schreiber 等又提出用"正向合成分析"策略指导合成设计。该策略要求：①用最少的反应来构建复杂分子，即在短的合成步骤（3～5 步）内用成环、产生手性中心、形成 C═C 键等手段来实现分子复杂性；②用附件多样性（即在骨架上引入不同基团或小分子片段）、立体化学多样性和骨架多样性等方法增加产物多样性。同时，他们以大量的实验研究印证了这些构思和策略的可行性与价值。

现在，这一研究方法已经被越来越多的药物化学研究者所接受，并取得瞩目的成就。例如，剑桥大学的 Thomas 等利用固载的磷酸酯作为起始单元，采用 [2+3] 和 [4+2] 环加成、羟基化、氧化裂解、级联还原胺化等手段，通过 2～4 步反应得到了 242 个化合物，从中筛选出具有良好抗菌活性的 gemmacin。美国犹他州立大学的 Zhang 等以环杷明为起始物，经过亲核取代、1,3-偶极环加成和脱乙酰基这三步反应，合成出了一个含 11 个化合物的小组合库，并由此筛选出比环杷明的抗肺癌活性更好的化合物 5。虽然该库的构建过程看似属于传统的先导物衍生化模式，但确有正向合成分析的思想融入其中。中国药科大学姚其正团队应用正向合成分析策略，以氮杂环化合物、糖类化合物、有机酸与已知一氧化氮供体等分子为原料，通过酰化、糖苷化和亲核取代等反应组合合成出一个非天然核苷组合库，经活性筛选，从中获得了多个有较好的抗肿瘤活性的化合物。

4.1.2.2　动态组合化学策略

动态组合化学的思想雏形最早于 1996 年由 Brady 等提出，其基本原理是选择合适的合成砌块，这些砌块之间能发生可逆的相互作用，而产物分子处于一种动态的平衡状态，化合物之间可通过平衡相互转化。当向这个动态体系中加入靶标时，库中的某个或某些分子与靶标结合，使原有平衡被打破，平衡向生产这种分子的方向移动。

目前动态组合化学策略得到了广泛的应用。例如 Poulsen 等以牛碳酸酐酶Ⅱ为靶标，利用烯烃复分解可逆反应，获得并发现对牛碳酸酐酶Ⅱ具有较好抑制作用的化合物如图 4-37 所示。

图 4-37　牛碳酸酐酶Ⅱ抑制剂

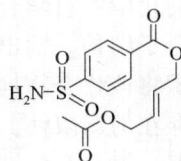

动态组合化学具有强大的识别、检测、筛选和信号放大功能，使药物分子设计与药物活性筛选能有机、有效的结合，使两者关系更为密切。另外，充分地利用生物大分子来识别和纯化药物分子，大大减少了合成的后处理步骤。但是，动态组合化学也存在一些问题，如可利用的可逆过程有限，导致了动态组合库化合物的单一性，需要开发更多的可逆过程。

4.1.2.3 药物绿色合成策略

传统的药物合成化学方法以及由此建立的医药工业对疾病治疗和人类健康做出了巨大贡献，但是也对我们赖以生存的环境造成了严重污染和破坏。早在 1991 年，捷克学者 Drasar 和 Pavel 就已经提出了绿色化学的概念，呼吁研究和采用对环境友好的化学。后来，美国化学会正式提出了绿色化学的概念，其核心内涵是从源头上尽量减少，甚至消除在化学反应过程和化工生产中产生的污染。

据此，美国环境保护署专家 Anastas 和 Warner 提出了著名的绿色化学十二原则。①防止废物产生比待废物产生后再处理或清理更重要；②设计的合成方法应尽可能多地将反应过程中使用的材料转化到最终产物中；③设计的合成方法应尽量保证所使用的和产生的物质对人类健康和环境无毒性或毒性很低；④应设计有效、低毒的化工产品；⑤应尽可能避免使用辅助物质（如溶剂、分离剂等），若必须使用，则应是无毒的；⑥应考虑到能源消耗对环境的影响，并尽量减少能源的使用，合成反应应在常温和常压下进行；⑦只要技术和经济可行，应使用可再生的，而不是将耗竭的原料；⑧应尽可能避免不必要的衍生化，如阻断基团、保护/脱保护、物理和化学过程的暂时修饰等；⑨应尽量选择使用有良好选择性的催化试剂而不是化学计量助剂；⑩所设计的化工产品应能在完成使命后分解，并且降解物无毒；⑪须进一步改进分析方法，以便能对有害物质的生成进行即时的和在线的跟踪及控制；⑫在化学转换过程中，应尽可能地避免所用的物质或物质的形态存在发生化学事故，如泄漏、爆炸和火灾的可能性。

目前，这 12 条原则已为国际化学界所公认，指明了绿色化学发展的方向。"绿色化学"的目标是要求任何有关化学的活动，包括使用的化学原料、化学和化工过程以及最终的产品，都不会对人类的健康和环境造成不良影响，这与药物研发的宗旨一致。因此，药物合成更应贯彻"绿色化学"的思想与策略。近年来，有许多科研工作者已把绿色化学的策略贯彻到药物合成中，并取得了一些可喜的成绩。

近 20 年来，某些发达国家药企将污染严重的药物中间体和原料药以"外包"形式转移到发展中国家制造，给发展中国家环境造成了极大的污染。因此尽快在制药工业中倡导和实行绿色化学的策略是非常有必要的。

4.1.2.4 计算机辅助合成路线设计与人工智能

计算机辅助合成路线设计（computer-aided synthesis planning，CASP）的核心是帮助化学家科学合理地设计目标分子的合成路线。理想的 CASP 程序通常是输入化合物的分子结构，输出详细的合成路线分类列表，每一条合成路线通过一系列切实可行的反应步骤将该化合物推演到可购买的起始材料。CASP 的第一个关键问题是逆向合成路线设计所存在的局限性。逆向合成设计需要计算机系统从目标分子出发，提出可行的合成切断策略。第二个关键问题是预测化学反应的产物。这可以进一步验证计算机所设计的合成路线是否可行，提高实验的成功率。逆向合成分析从目标化合物出发，选择合理的化学切断方式，推导出合成路线，这为 CASP 建立了理论基础。CASP 同样从特定的目标分子出发搜索大量可能的合成中间体。因此，CASP 的最初原型可以追溯到 Corey 开发的 LHASA 软件，其设计目的是向化学家们提供目标化合物的合成路线。

CASP 主要由五部分组成：①包含切断规则的模板库，用于提出反应切断的位置；②递归模板应用引擎，为目标分子生成候选的中间体；③包含不需要进一步逆向合成分析的化合物数据库（例如可商业购买的起始原料）；④搜索策略，用于搜索生成的中间体是否存在于化合物数据库；⑤评分方法，可以基于单步或总体水平对合成路线打分排序（例如优选短的合成路线）。CASP 的工作原理如图 4-38 所示，该工作原理的主题框架数十年前就已提出，近年来随着大型反应数据库及计算机技术的不断进步，该原理得到了不断发展和完善。

图 4-38　CASP 的工作原理

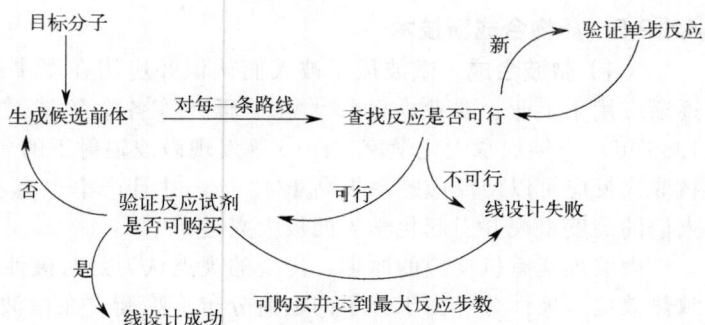

计算机学习技术能够运用复杂的函数，去描述输入和输出之间的内在关系，近年来，随着计算机硬件和数据可用性的共同进步，之前基于专家系统的 CASP 所面临的诸多问题都得到了彻底变革。目前 CASP 按照设计策略可分为三类：基于化学反应模板库、不基于化学反应模板库和针对性模板应用。

人工智能（AI）与药物合成。目前，计算机学习与人工智能领域已取得了长足的进步，但能否像人类一样独立思考一直存在争议。英国格拉斯哥大学 Cronin 教授团队发现人工智能不仅能探索新的化学反应，还能进行化学反应收率预测，而这是人类化学家所不能的。该研究团队开发了新的神经网络算法，采用"数字化"数据编码 5760 个 Suzuki-Miyaura 偶联反应，选取其中 3456 个试验数据进行训练学习，剩余的 2304 个偶联反应用于反应收率的预测。结果显示，这套系统能够准确地预测反应收率，标准误差仅为 11%。尽管如此，Cronin 教授认为人工智能只是在帮助化学家节省脑力和体力，它是一种回归算法，训练离不开化学家，没有化学家就没有人工智能。

让计算机进行化学合成路线设计一直是现代有机化学的挑战。基于对化学网络十多年的研究，Grzybowski 团队在 Chematica 软件中设计了一种从头合成模板，将网络理论、现代高效计算、人工智能和专业的化学知识整合在一起，设计目标分子的合成路线。研究人员运用 Chematica 软件对 8 个结构多样性的分子进行了自动化合成路线设计，并在实验室对合成路线进行了验证。结果表明，Chematica 设计的合成路线都可以顺利得到目标产物，且具有合成效率高、成本低、耗时更短等优势。

模块化机器人系统：目前，多肽、寡核苷酸的化学合成以及大规模的化学工业过程基本实现了合成的自动化，然而实验室规模和微量合成仍然需要依靠人类。随着流动化学、寡糖合成迭代交叉等领域的不断发展，越来越多的化合物将实现合成的自动化。格拉斯哥大学 Cronin 团队开发了一种化学变成语言驱动的模块化机器人合成平台。该平台被命名为 Chemputer，包含了化学合成的四个关键部分：反应、后处理、分离、纯化。为了使 Chemputer 实现自动化合成目标分子，研究人员开发了化学编程语言 Chempiler，用于给 Chemputer 发送指令。通过这一程序化操作平台，研究人员实现了 3 种药物的自动化合成（盐酸苯海拉明、卢非酰胺和西地那非），并且纯度和收率堪比人工合成。由于平台使用了开源的化学编程语言，其他人员可以方便地进行编码。这项研究工作通过模块化机器人平台和化学编程语言驱动，实现了实验室规模的自动化化学合成。

尽管 CASP 已经取得了巨大进步，但仍存在一些制约其发展的因素，如反应数据信息不规范、评价指标不统一等问题。随着这些问题的有效解决，CASP 将得到更为迅速的发展。

4.1.2.5　药物合成新技术

（1）微波合成　微波最早被人们认识并应用在军事通信领域，20 世纪 40 年代后期逐渐应用于工业、农业、医疗、科学研究等各个领域。在有机合成应用中的研究始于 1986 年，当年加拿大化学家 Gedye 等发现微波辐射下的 4-氰基苯氧离子与氯苄的 SN₂ 亲核取代反应可以使反应速率提高 1240 倍，并且产率也有不同程度的提高。这一发现得到人们的高度重视并引起化学界的极大兴趣。

微波加速有机反应的原理，传统的观点认为是对极性有机物的选择性加热，是微波的致热效应。极性分子由于分子内电荷分布不平衡，在微波场中能迅速吸收电磁波的能量，通过分子偶极作用以每秒 4.9×10^9 次的超高速振动，提高了分子的平均能量，使反应温度与速度急剧提高。但其在非极性溶剂（如甲苯、正己烷、乙醚、四氯化碳等）中吸收能量后，通过分子碰撞而转移到非极性分子上，使加热速率大为降低，所以微波不能使这类反应的温度得以显著提高。实际上微波对化学反应的作用是复杂的，除了具有热效应以外，还具有因对反应分子间行为的作用而引起的所谓"非热效应"。微波反应具有显著的优势，包括：a. 密闭管中的微波加热提供了更高的反应温度，进而缩短了反应时间，提高了产率，并简化了反应；b. 密闭管中还可以应用低沸点溶剂以及强烈吸收微波热能的特异金属催化剂；c. 微波合成通过精确控制反应温度和压力可以达到更高的重现率。

从早期微波辅助 Suzuki 偶联反应开始，到一系列反应都可以通过微波合成技术完成，微波合成一直在被广泛的探索。微波合成可以在无溶剂系统中有效进行，这大大简化了反应过程及废料处理，产物提取可以仅通过萃取、蒸馏等途径来完成。任绮男等报道了利用微波辅助合成祛痰药物福多司坦，优化了反应条件。实验结果显示，如图 4-39 所示微波辅助合成福多司坦的最佳反应温度为 38℃，反应时间为 3min，蒸馏水用量为 10mL，反应收率最高可达 92.74%，产物纯度达 99% 以上。

图 4-39　微波辅助合成福多司坦

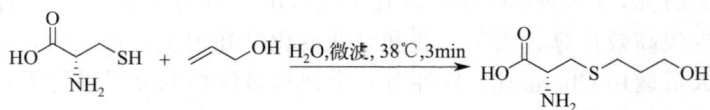

何敬宇等报道了微波辅助无溶剂合成硝苯地平的研究。通过对微波功率、底物配比、反应时间的优化，确定了微波辅助合成硝苯地平的最优条件。如图 4-40 所示其中微波功率为 300W，底物配比为 1∶1.3∶1.3，反应时间为 10min，产物硝苯地平的收率可达 81.2%。

（2）流动化学　流动化学又称连续流动化学，是将反应物溶液泵入微反应器中，在管中混合，然后以连续流动模式发生化学反应的技术。尽管连续流动过程在工业和大规模化工产品生产上的应用已经有近百年的历史，但在药物合成领域依然依赖于间歇式或半间歇式反应器。近年来，由流动化学制备精细化工品和原料药已成为新的发展趋势。与传统的在圆底烧瓶、试管或者其他密闭容器中进行的反应不同，流动化学是在模块化的允许随意组装装置中进行的。该装置一般由微反应器与提供动力的泵连接组成，并可与各种分析设备进行串联以实现在线监测。

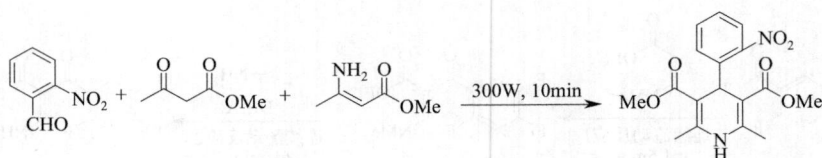

图 4-40　微波辅助无溶剂合成硝苯地平

与传统的批次反应工艺相比，连续流动系统具有诸多优点，主要包括：a. 反应速率更快，高效的传质传热和高压性能都能提高反应速率；b. 安全性更高，流动化学仅生成少量有害中间体，高表面积/体积可以很好地控制放热；c. 增强对实验变量的控制并提高重现性，相对于间歇过程，流动化学更容易建立和监测诸如温度、压力和流速等反应参数，从而产生更可靠和可再现的过程；d. 易于分离目标产品和副产物，可以同时将传统的独立多步反应整合为更加自动化和系统化的单一步骤反应；e. 易于工艺放大，几乎没有放大效应；f. 自动化控制更简单，可进行无人值守的在线监测分析；g. 可调节反应量，实现灵活的按需制造。

Baumann 等在连续流动光化学条件下成功合成了布洛芬。该路线将市售可得的 Vaportec E 系列流动系统与 UV-150 光电反应器结合使用，对 α-氯苯丙酮进行 Photo-Favorskii 重排得到布洛芬。并通过与小型光谱仪联用实现实时监测，快速分析优化不同的反应条件，例如不同的过滤器、停留时间和浓度，确定了最佳路线，最终布洛芬产率可达 76%，具体路线见图 4-41。该合成路线为两步反应，优于先前 Bogdan 和 Snead 报道的路线（均为三步反应，产率分别为 51% 和 86%）。

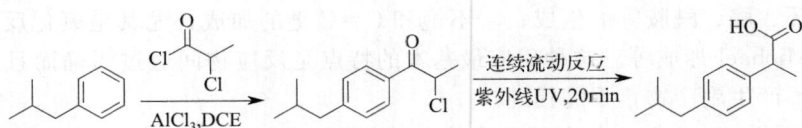

图 4-41　布洛芬合成路线

Lin 等报道了一种合成环丙沙星的连续流动方法。该程序共涉及 6 次化学反应，全部过程的总停留时间仅有 9min。反应器组件由 5 个 PFA 线圈组成，并用管路将这些线圈串联成整体。研究者应用在线酰化反应除去了主要副产物二甲胺，使整个合成过程中不需要分离中间体。通过精心选择反应条件，6 步反应序列只需要一个在线后处理步骤作为模块化流动合成的补充，即可得到环丙沙星纯品，总收率为 60%，具体路线见图 4-42。

（3）**点击化学**　2001 年，Sharpless 等提出了"点击化学"的概念，它是指一种快速合成新化合物和组合库的高效、可靠与高选择性的反应。其特点包括：①许多反应的组件衍生于烯烃和炔烃，都是石油裂化的产物，从能量与机理的角度碳-碳多重键都可以成为点击化学反应的活性组件；②绝大部分反应涉及碳-杂原子（主要是氮、氧、硫）键的形成，这与近年来重视碳-碳键形成的有机化学方向不同；③点击反应是很强的放热反应，通过高能的反应物或稳定的产物都可以实现；④点击反应一般是融合（fusion）过程（没有副产物）或缩合过程（产生的副产物为水）；⑤很多点击反应不受水的负面影响，水的

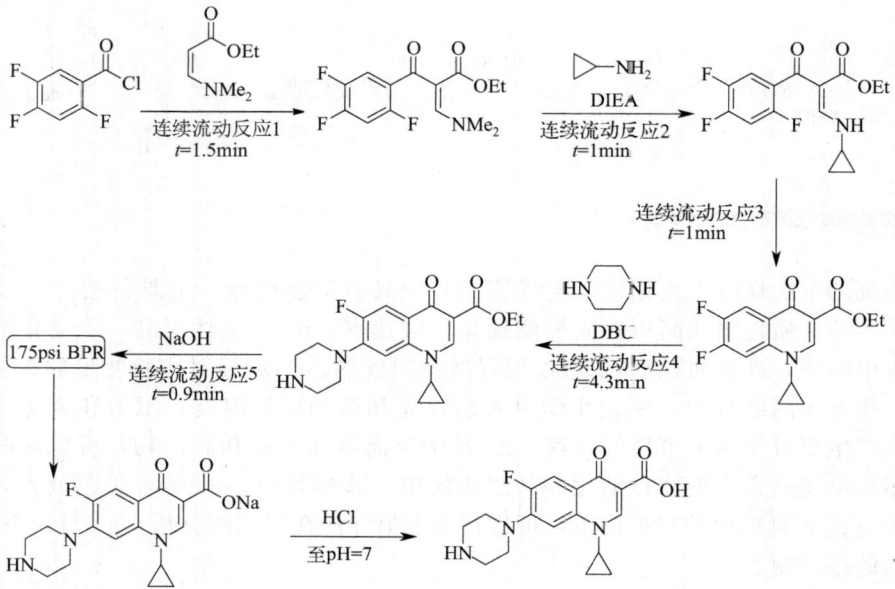

图 4-42　环丙沙星合成路线

DBU—1, 8-二氮杂双环　[5. 4. 0]　十一碳-7-烯；175psi= 1. 206625MPa

存在反而常常起到加速反应的作用。

点击化学不是一种具体的反应，而是一种理念，代表性的反应如：①不饱和化合物的环加成，尤其是 1,3-偶极环加成及 Diels-Alder 反应；②亲核取代反应，尤其是具有张力环结构的亲电试剂的开环反应，如环氧化合物、环硫鎓离子等；③非醛类羰基化学，如脲、芳基杂环、腙、酰胺等的生成；④不饱和 C=C 键的加成，尤其是氧化反应，如环氧化物形成、Michael 加成等。这种反应最基本的特点是反应物间通过明确而且完全的反应得到产物，不产生副产物，不需提纯。

如图 4-43 所示，Cohen 等利用点击化学的理念，以吡喃酮作为 Zn 的结合团，合成了系列能够抑制金属蛋白酶的小分子抑制剂。

图 4-43　抑制金属蛋白酶的小分子抑制剂合成路线

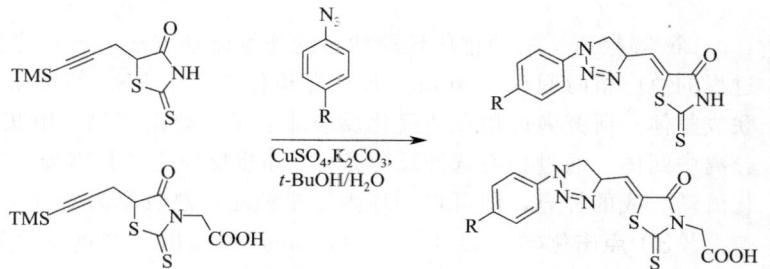

（4）**生物催化**　生物催化是指利用生物酶或含有酶的生物体系，催化非天然反应的过程。可以看出，生物催化反应的关键是各种各样的生物酶催化剂。例如工程酶可以进行碳-碳键、碳-氮键、碳-硅键等化学键的生成反应。基于生物酶催化剂的特性，生物催化的合成反应具有选择性高、反应条件温和、环境友好、产率高、成本低等特点。由于上述优点，生物催化被用于解决传统化学合成方法难以解决的问题，并且广泛应用于药物合成领

域见图 4-44。

图 4-44　生物催化的合成反应

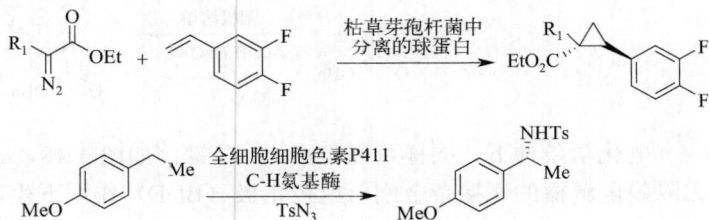

Wolberg 等将来源于短乳杆菌（*Lactobacillus brevis*）中的乙醇脱氢酶在大肠杆菌中过量表达，然后将细菌提取物用于生物催化合成羟基羰基酯，该羰基酯是合成阿托伐他汀的前体。如图 4-45 所示，通过依赖于 NADP（H）的乙醇脱氢酶反应，可对化合物进行高度区域选择性和对映体选择性还原，以 99.5% 对映体过量和高于 72% 的分离收率，高收率地获得羟基羰基酯，该步反应时间少于 24h。同时，乙醇脱氢酶也可通过将 2-丙醇氧化成丙酮实现自身的循环，因此不需要在反应体系中加入其他酶的辅因子使系统再生。恰好 2-丙醇的氧化也正是推进反应正向进行的驱动力。通过进行顺式选择性还原，羟基羰基酯很容易被还原成双羟基酯，双羟基酯再通过特殊的保护步骤获得中间体。中间体正是阿托伐他汀合成过程中的手性模块。采用批量给料反应器进行催化反应，这一过程的规模可达到 100g，24h 内的转化率高于 90%。

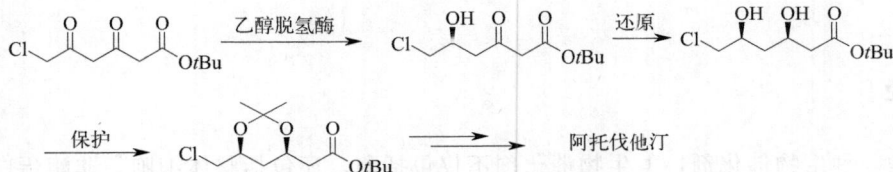

图 4-45　阿托伐他汀合成路线

（5）**电化学**　电化学广义来讲是研究电和化学反应相互关系的科学。得益于电化学合成方法适用性的发展，电化学在合成药物分子骨架中得到了广泛应用。而在这之前，通常需要在一个反应配体上"安装"上"电子辅助"官能团，控制与另一个反应配体的电子转移。然而，这些类型的官能团并不都是常用试剂，并且在配对体上构建这些官能团还需要对每种目标化合物进行大范围考察和优化，有时反而成了一种限制因素。相比之下，如图 4-46 最近报道的 C—N 键的生产采用了常见的结构单元，该方法不需要将特殊的"电子辅助"官能团"安装"在试剂上就可合成药物分子中常见的 N-双取代化合物，有助于化合物的结构修饰。

图 4-46　电化学合成反应
glyme—乙二醇二甲醚；di'Bupy—
N-丁基吡啶；DMA—乙二酸双甲酯

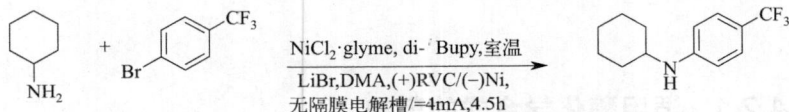

在电化学反应条件下，也可以生产 C—O 键，并已应用于药物化学，如图 4-47 合成新型 γ-氨基丁酸吸收抑制剂。

图 4-47 电化学合成新型
γ-氨基丁酸吸收抑制剂

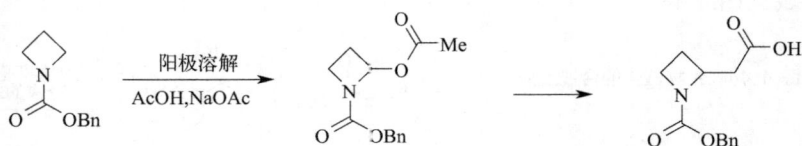

电化学条件下，同样可以生产 C—C 键。如图 4-48，α-萘酚与 2-甲氧基-4-甲基苯酚在无隔膜电解槽的硼掺杂金刚石电极正极（BDD）作用下生产偶联化合物。

图 4-48 电化学合成偶联化
合物

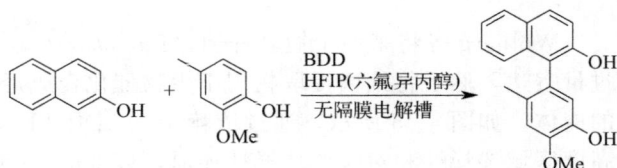

电化学方法适用于流动化学，具有自动合成的应用前景，但也可以按比例放大用于化学工艺。电化学反应器可及性和易用性的进步有望使其成为常规方法。

4.2

酶化学

酶是一种生物催化剂，但生物催化剂不仅包括酶，还包括整体细胞、非酶蛋白质和催化抗体。酶的主要成分是蛋白质，酶的催化作用不仅取决于蛋白质的构型，也受氨基酸侧链基团的影响。酶催化反应在活性中心上进行，在很多情况下还需要金属离子和辅酶的参与。和化学催化剂相比，酶的独特催化性质是反应速率快、选择性高、可以在温和条件下进行。生命过程中所有化学反应都是在酶催化作用下完成的。也就是说，生物酶可以催化任何一种化学反应。从某种意义上讲，酶化学在生物化学中处于中心地位，生物化学也可以看作是"集成酶学"。

酶化学作为生物化学的一个分支，在过去的 20 年间得到了快速发展。分子生物学的介入，使酶结构与功能关系的研究，不仅仅停留在酶与底物的相互作用、酶的活性中心表征、酶蛋白构型及氨基酸侧链基团对酶催化功能的影响，而是可以通过测定基因序列，使基因发生定点突变和重组，改变 DNA 和氨基酸序列，从而大幅度提高酶的活性和对环境及反应条件的耐受力。

4.2.1 适用酶化学合成的药物

利用酶的催化作用将前体物质转变为药物的技术过程称为药物的酶法生产。酶在药物制造方面的应用日益增多。现已有不少药物包括一些贵重药物都是由酶法生产的。适用酶法合成的一些药物如下。

青霉素酰化酶，它的主要来源是微生物，可以用来制造半合成青霉素和头孢菌素；

11β-羟化酶，它的主要来源是霉菌，可以用来制造氢化可的松、皮质酮、醛固酮；

L-酪氨酸转氨酶，它的主要来源是细菌，可以用来制造多巴（L-二羟苯丙氨酸）；

N-去乙酰化酶／N-磺基转移酶，它们的主要来源是动物，可以用来制造肝素和硫酸肝素；

透明质酸合成酶，它的主要来源是细菌，可以用来合成透明质酸；

软骨素合酶，它的主要来源是细菌，可以用来合成软骨素；

β-酪氨酸酶，它的主要来源是植物，可以用来制造多巴；

α-甘露糖苷酶，它的主要来源是链霉菌，可以用来制造高效链霉素；

核苷磷酸化酶，它的主要来源是微生物，可以用来制造阿拉伯糖腺嘌呤核苷（阿糖腺苷）；

酰基氨基酸水解酶，它的主要来源是微生物，可以用来制造 L-氨基酸；

$5'$-磷酸二酯酶，它的主要来源是橘青霉等微生物，可以用来制造各种核苷酸；

多核苷酸磷酸化酶，它的主要来源是微生物，可以用来制造聚肌胞和聚肌苷酸；

无色杆菌蛋白酶，它的主要来源是细菌，可以将猪胰岛素（Ala-30）转变为人胰岛素（Thr-30）；

核糖核酸酶，它的主要来源是微生物，可以用来制造核苷酸；

蛋白酶，它的主要来源是动物、植物和微生物，可以用来制造 L-氨基酸；

β-葡萄糖苷酶，它的主要来源是黑曲霉等微生物，可以用来制造人参皂苷-Rh_2。

以下举例说明一些酶在药物生产方面的应用。

4.2.1.1 青霉素酰化酶制造半合成抗生素

半合成抗生素是指用化学法或酶法改造已知抗生素的化学结构，所产生的抗生素衍生物。青霉素和头孢菌素均属于 β-内酰胺抗生素，被认为是最有发展前途的抗生素。该类抗生素可通过青霉素酰化酶改变其侧链基团而获得具有新的抗菌特性及有抗 β-内酰胺酶能力的新型抗生素。青霉素酰化酶（penicillin acylase）在半合成抗生素的生产上具有重要作用。如图 4-49 和图 4-50 所示，它能催化青霉素或者头孢菌素水解生成 6-氨基青霉烷酸（6-APA）或 7-氨基头孢霉烷酸（7-ACA），又可催化酰基化反应，由 6-APA 为中间体合成新型青霉素或由 7-ACA 合成新型头孢菌素。化学反应式如下所示。

通过发酵生成的青霉素有两种：一种为青霉素 G，其侧链基团 R 为苯甲叉（C_6H_5—CH_2-），另一种为青霉素 V，其侧链基团 R 为苯氧甲叉（C_6H_5—O—CH_2-）。

图 4-49 青霉素酰化酶催化反应

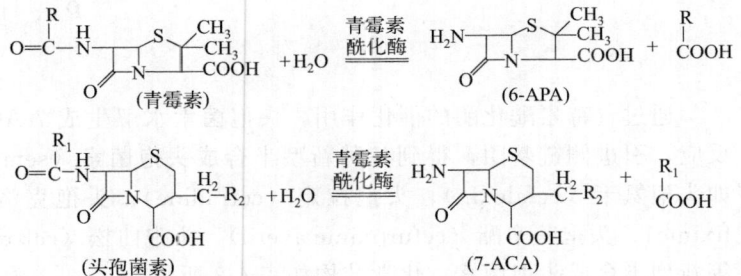

图 4 -50　天然发酵生成的青
霉素

(青霉素G)

(青霉素V)

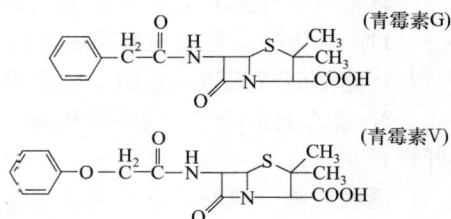

通过青霉素酰化酶的催化作用，可以半合成得到氨苄青霉素、羟氨苄青霉素、羧苄青
霉素、磺苄青霉素、氨基环烷青霉素、邻氯青霉素、双氯青霉素、氟氯青霉素等新型半合
成青霉素。其具有杀菌力强，抗菌谱扩大，毒副作用降低，能耐受某些细菌产生的 β-内
酰胺酶的破坏作用。见表 4-1。

表 4-1　利用青霉素酰化酶作用得到的半合成青霉素

半合成青霉素	R	半合成青霉素	R
氨苄青霉素		氨基环烷青霉素	
羟氨苄青霉素		邻氯青霉素	
羧苄青霉素		双氯青霉素	
磺苄青霉素		氟氯青霉素	

通过发酵生产得到的天然头孢菌素是头孢菌素 C，其结构如图 4-51 所示。

图 4-51　头孢菌素 C

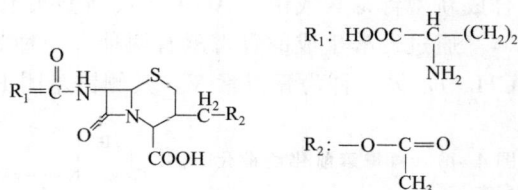

通过青霉素酰化酶的催化作用，头孢菌素水解生成 7-ACA 后，再与侧链羧酸衍生物
反应，引进侧链基团，得到各种新型半合成头孢菌素（semisynthetic cephalosporin），例
如头孢氨苄（cefalexin）、头孢拉定（cefradine）、头孢克洛（cefaclor）、头孢克肟（ce-
fixime）、头孢呋辛酯（cefuroxime axetil）、头孢曲松（ceftriaxone）、头孢地尼（cefdinir）
等新型半合成头孢菌素。化学结构如表 4-2 所示。

半合成头孢菌素	化学结构
头孢氨苄	
头孢拉定	
头孢克洛	
头孢克肟	
头孢呋辛酯	
头孢曲松	
头孢地尼	

表 4-2 利用青霉素酰化酶得到的半合成头孢菌素

不同来源的青霉素酰化酶对温度和 pH 的要求不同。同一来源的青霉素酰化酶在催化水解反应和合成反应时所要求的条件各不相同，尤其是 pH 的控制。一般来说，催化水解反应的 pH 为 7.0～8.0，催化合成反应的 pH 为 5.0～7.0。在催化合成反应时，除了要控制好 pH、温度和酶浓度外，还要注意反应液中 6-APA（或 7-ACA）与侧链羧酸衍生物（R-COOH）比例。理论上比例是 1∶1，但实际生产中为了提高产量和转化率，反应液中6-APA（或 7-ACA）∶R-COOH 为(1∶4)～(1∶2)。在反应液中适当加入一些表面活性剂或异丁醇，有利于提高转化率。

4.2.1.2 β-酪氨酸酶制造多巴

β-酪氨酸酶（β-tyrosinase）通过催化 L-酪氨酸氧化，生成二羟基苯丙氨酸（DOPA，多巴）。化学反应式见图 4-52。

图 4-52 β-酪氨酸酶催化 L-酪氨酸氧化生成多巴

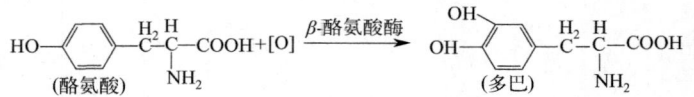

β-酪氨酸酶也可以催化邻苯二酚与丙酮酸和氨反应，生成多巴。反应式见图 4-53。

图 4-53 β-酪氨酸酶催化邻苯二酚与丙酮酸和氨反应生成多巴

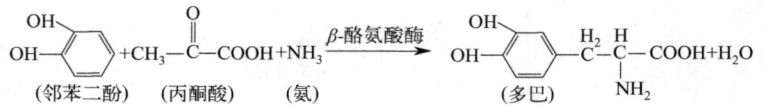

研究表明，多巴是治疗帕金森（Parkinson）综合征的一种重要药物。所谓帕金森综合征是 1817 年英国医师 Parkinson 所描述的一种大脑中枢神经系统发生病变的老年性疾病。它的主要症状为手指颤抖、肌肉僵直、行动不便。它主要是遗传原因或人体代谢失调所致。

当 pH 为 3.5～6.0、温度在 30～55℃时，β-酪氨酸酶可催化酪氨酸氧化生成多巴。其中黄曲霉 β-酪氨酸酶 pH3.5 最适，而其他来源的 β-酪氨酸酶 pH6.0 最适。不同来源的 β-酪氨酸酶所要求的 pH 值不同。转化温度随所使用的抗氧化剂的不同而有差异。当使用维生素 C 时，50～55℃为宜，使用硫酸肼时，30～35℃最适。加抗氧化剂的目的是控制氧化进程，使酪氨酸氧化生成多巴后不再继续氧化。

4.2.1.3 核苷磷酸化酶制造阿糖腺苷

核苷中的核糖被阿拉伯糖所取代形成阿糖苷。其具有抗癌和抗病毒作用，其中阿糖腺苷具有显著的治疗作用。

核苷磷酸化酶通过催化阿糖尿苷（尿嘧啶阿拉伯糖苷）生成阿糖腺苷（腺嘌呤阿拉伯糖苷），其中阿糖尿苷通过化学方法转化而成。核苷磷酸化酶催化阿糖尿苷分为两步。首先，尿苷磷酸化酶催化阿糖尿苷生成阿拉伯糖-1-磷酸；接着，嘌呤核苷酸磷酸化酶催化阿拉伯糖-1-磷酸生成阿糖腺苷。反应如图 4-54 所示。

图 4-54 阿糖腺苷的合成

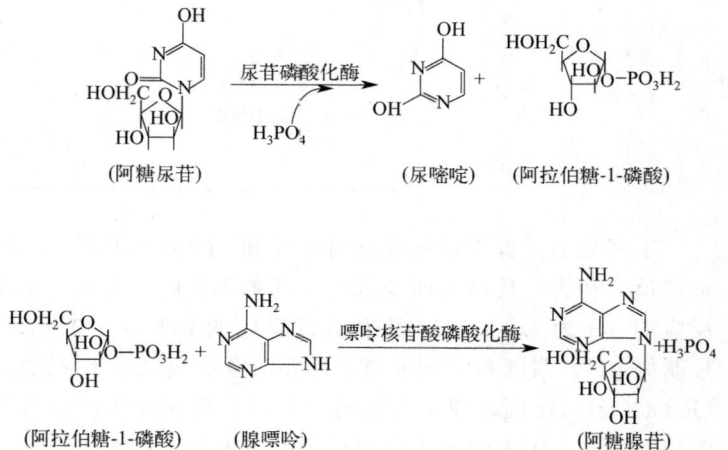

4.2.1.4 无色杆菌蛋白酶制造人胰岛素

无色杆菌蛋白酶通过特异性地催化胰岛素 B 链羧基末端（第 30 位）上的氨基酸置换反应，由猪胰岛素（Ala-30）转变为人胰岛素（Thr-30），增强效果。无色杆菌蛋白酶首先将猪胰岛素第 30 位的丙氨酸（Ala-30）水解除去，生成去丙氨酸-B30 的猪胰岛素，接着使其与苏氨酸丁酯偶联，最后用三氟乙酸（TFA）和苯甲醚除去丁醇，得到人胰岛素。

4.2.1.5 多核苷酸磷酸化酶生产聚肌胞

多核苷酸磷酸化酶（polynucleotide phosphorylase，PNP）又称为多核苷酸核苷酰转移酶（polynucleotide nucleotidyltransferase，EC 2.7.7.8），它催化多核苷酸与核苷二磷酸反应，释放出磷酸，同时生成多一个核苷酸残基的多核苷酸。反应如下。

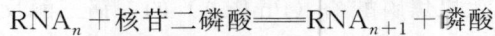

$$RNA_n + 核苷二磷酸 \Longrightarrow RNA_{n+1} + 磷酸$$

该酶能催化肌苷酸聚合生成聚肌苷酸（polyI），也可以催化胞苷酸聚合生成聚胞苷酸（poly C），还可以催化肌苷酸和胞苷酸混合聚合生成混聚物聚肌胞（polyIC）。聚肌胞在体内能高效诱导干扰素（INF），具有广谱的抗病毒、抑制肿瘤细胞生长、增强机体免疫力等功效。

4.2.1.6 β-D-葡萄糖苷酶制造抗肿瘤人参皂苷

β-D-葡萄糖苷酶（β-D-glucosidase，EC 3.2.1.21）是一种水解非还原端 β-D-葡萄糖残基，释放出 β-D-葡萄糖的水解酶。人参皂苷是人参的主要有效成分，含量约 4%。它属于三萜类皂苷，根据其皂苷苷元和侧链基团及所含糖基不同，可以分为多种。不同类型的人参皂苷结构和功效有所不同。其中 Rh$_1$ 和 Rh$_2$ 能够抑制癌细胞生长，具有抗肿瘤作用，Rh$_2$ 的作用更加显著。然而 Rh$_2$ 在天然人参中的含量很低，仅占人参中总皂苷含量的十万分之一左右。

人参皂苷 Rh$_2$ 属于人参二醇皂苷，与其他人参二醇皂苷的差别在于糖基不同，如果将糖基改变，就可能从其他人参二醇皂苷制造得到所需的人参皂苷 Rh$_2$。将人参二醇皂苷经过酸水解，去除它们在 C20 位置上的糖链，就能获得人参皂苷 Rh$_3$。Rh$_3$ 在 β-葡萄糖苷酶的催化作用下，水解去除 C3 位置上糖链的末端葡萄糖残基，就可以获得人参皂苷 Rh$_2$。其反应如图 4-55 所示。

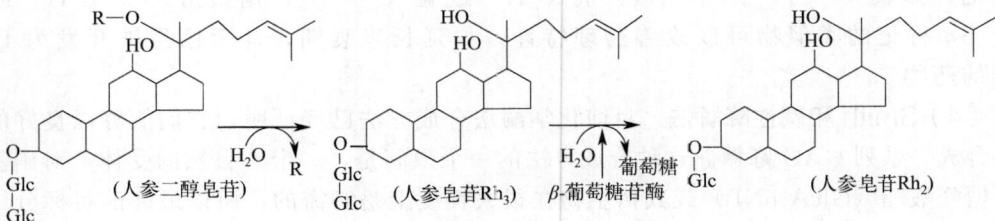

图 4-55 人参皂苷 Rh$_2$ 的合成

4.2.2 酶化学合成的方法

（1）一锅多酶法 在某些情况下，将复杂的多酶催化反应序列转化为一锅反应可能更有效，在这种反应中，无需分离或纯化中间体就可以制备寡糖或多糖。Chen 等开发了一种高效的一锅多酶（one-pot multienzyme，OPME）系统，利用一系列非天然的尿苷二磷酸（UDP）-糖来合成类肝素寡聚糖。这种策略依赖于从一个简单的单糖或其衍生物原位生产糖核苷酸，在同一锅中作为糖基转移酶的供体来合成所需的碳水化合物，而不需要分离中间体。这种方法有助于大量降低目标碳水化合物的合成成本。更重要的是，它允许引入修饰单糖作为糖核苷酸的潜在前体，用于合成具有特定位点修饰的碳水化合物。例如，糖基供体尿苷二磷酸-三氟乙酰基葡萄糖胺（UDP-GlcNTFA）首先以三氟乙酰基葡萄糖胺（GlcNTFA）为供体前体，通过含有 N-乙酰己糖胺激酶（NAHK-ATCC55813）、多杀性巴氏杆菌 N-乙酰葡糖胺 1-磷酸尿苷基转移酶（PmGlmU）和多杀性巴氏杆菌无机焦磷酸酶（PmPpA）的一锅三酶反应合成。用多杀性巴氏杆菌肝素聚糖合成酶 2(PmHS2) 将葡萄糖醛酸（GlcA）衍生物受体与供体糖基化生成二糖。

（2）非天然 UDP-糖供体法 在糖胺聚糖（glycosaminoglycan，GAG）生物合成途径中，UDP-糖可以通过与糖基转移酶糖基化反应转移到碳水化合物链的非还原端。We 等人已经通过依赖 GlmU（尿苷转移酶）的化学和化学酶合成方法合成了 UDP-4-FGlcNAc（尿苷二磷酸-N-乙酰基葡萄糖胺）。由此产生的非自然供体可以被 PmHS1 所接受，并随后作为链终止子，为合成特定序列长度的 HS（硫酸乙酰肝素）/肝素寡糖提供了一种方法。非自然供体尿苷二磷酸-4-叠氮修饰乙酰基葡萄糖胺（UDP-4-N_3GlcNAc），4-叠氮修饰乙酰基葡萄糖胺（4-N_3GlcNAc）也被用于添加到糖链的非还原性末端，在透明质酸和肝素合成中作为链末端的底物。所得的以 4-N_3GlcNAc 为端基的多糖被成功与荧光基团 488 二苯并环辛炔（DIBO）炔基结合，表明该方法普遍适用于 GAG 的标记和检测。与在多糖中引入叠氮基的化学方法相比，该酶法可以选择性获得叠氮基功能化的多糖，从而更好地控制这些大分子的最终结构和组成。这些非自然的 GAG 寡糖类似物可能通过阻断肝素酶和溶酶体降解酶的作用而抵抗分解代谢，增加寡糖的生物半衰期。

（3）重肝素法 稳定的同位素标记（SIL）是研究生物大分子在代谢途径中作用最有前途的方法之一，因为在质谱分析中，这些富含稳定同位素的生物大分子类似物很容易从其内源性生物合成的类似物中区分出来。这些生物大分子用稳定的同位素标记，如碳（^{13}C）、氮（^{15}N）、氘（^2H）或硫（$^{33/34}S$），据报道，氘（^2H）或硫（$^{33/34}S$）标记的类似物可以改善药理特性，如延长半衰期，甚至已经被开发为 FDA 批准的药物。

（4）Smith 和碱性降解法 目前化学酶法合成方法已经证明，它们能够以良好的总产率合成一系列 GAG 寡糖。这种合成方法的一个限制是，一个非自然的受体，对硝基苯葡萄糖醛酸酯（GlcA-pNP）或其衍生物在很大程度上是必需的，所以最终的目标分子在碳水化合物链的还原端含有非自然的结构特征。为选择性去除高硫酸盐低聚糖的 GlcA-pNP 部分包含一个均匀的 ^{13}C 标记的内部 2-磺基糖醛基单元，可以使用 Smith 或碱性消除。利用高碘酸钠选择性从碳水化合物两端氧化去除葡萄糖醛酸残基的邻二醇，然后进行酸和碱处理，得到天然的肝素寡糖。这是首次将这两种降解方法应用于寡糖的制备合成。

更重要的是，在合成过程中没有发现脱硫现象。这是对目前化学酶法的一个很好的补充，它不仅可以获得天然的肝素，还可以获得其他的 GAG。

（5）固相合成法　寡糖合成被认为比多肽合成复杂得多，这主要是因为在合成的每个阶段都需要进行多步转化，涉及反复的保护-糖基化-去保护反应序列和中间体的色谱纯化。聚合物支撑和化学酶促寡糖合成技术的发展，将大大简化寡糖的纯化过程，并提供良好的立体选择性和区域选择性。寡聚糖的酶固相合成包括两种基本策略，即糖或酶结合在固相上。

4.3

代谢工程

　　细胞是生命活动的基本功能单位。生命活动是通过活细胞和细胞群的代谢网络进行的，是通过一系列酶催化的级联化学反应及特异性的膜转移系统所构成。在自然环境中进化而来的代谢网络，微生物细胞在代谢繁殖过程中，经济、合理地利用和合成自身所需的各种物质和能量，使细胞处于平衡生长状态。然而，在遗传上对于重要的实际应用目标来说并不是最佳的。因此，为了大量积累某种代谢产物，就必须打破微生物原有的平衡，生物过程的性能可以通过细胞的遗传修饰得到增强。代谢工程基本理论及其应用就是在这一背景下形成的。代谢工程（metabolic engineering）也被人们称为"途径工程"，是由著名的生化工程专家、美国加州理工学院化学工程系教授 Bailey J E 在 1991 年首次提出的，他在《科学》杂志上首次阐述了代谢工程的应用、潜力和设计。同年，Stephanopoulos 等在《科学》杂志上阐述有关"过量生产代谢产物时的代谢工程""代谢网络的刚性、代谢流的分配、关键分叉点及速率限制步骤"等内容。它属于基因工程的一个重要分支。Bailey 在其论文中给出代谢工程的定义：利用重组 DNA 技术对细胞的酶催化、运输和调控功能来进行遗传操作，进而使细胞活性得到改进。1998 年，Stephanopoulos 等在编著的《代谢工程》教材中定义为，代谢工程是指利用重组 DNA 技术对特定的生化反应进行修饰，或引入新的反应以定向改进产物的生成或细胞的性质。这些定义的基本特征为：定位需要修饰的目标，或打算引入具有专一性的特定生化反应。一旦这样的反应目标被确定，那么就要应用已建立的分子生物学技术对相应的基因或酶进行扩增、抑制或缺失、转移或解除调控。为了达到上述目的，广义的重组 DNA 技术已被广泛应用到各个步骤中。值得注意的是，代谢工程与传统的基因工程不同，其涉及整个代谢系统，而不是简单的几个基因的过量表达。综上所述，代谢工程就是利用重组 DNA 技术和应用分析生物学相关的遗传手段，进行有精确目标的遗传操作，改变微生物原有的酶的功能和输送体系的功能及产能系统的功能，通过有目的地对细胞代谢进行功能性修饰以改变细胞某些方面的代谢活性的整套操作（包括代谢分析、代谢设计、遗传操作、目的代谢活性的实现），从而达到提高目的代谢活性这一预期目标。

4.3.1　代谢工程的组成

代谢工程是一种有目的、有理性的改造，涉及生理学、分子生物学、生物化学及生物途径工程学等多种学科。代谢工程主要包括：①生物合成相关代谢调控和代谢网络理论；②代谢流的定量分析；③代谢网络的重新设计；④基因操作。

4.3.1.1　生物合成相关代谢调控和代谢网络理论

（1）生物合成反应　生物合成反应属于合成代谢。细胞合成所需的结构单元，辅酶以及辅基的数量75~100个，这些都是由生物合成途径中产生的12种前体代谢物合成的。下面主要列举生物合成途径在细胞生长中所起的作用及操作这些途径所需的策略，例如氨基酸、糖类、氨基糖和脂类的生物合成途径。更多的细节可参见一些生物化学书籍和有关文献，如Umbarger关于真菌中氨基酸的生物合成；Jone和Fink关于真菌中氨基酸和核苷酸的生物合成及Neidhardt等关于细菌中结构单元的生物合成的广泛处理。

① 氨基酸的生物合成　众所周知，氨基酸是合成蛋白质的结构单元，而且这确实是细胞中常见的20种氨基酸的主要功能，然而，氨基酸也可作为其它结构单元和重要次级代谢产物如青霉素生物合成的前体物。氨基酸生物合成第一步是氮的同化吸收，由此氮以氨的形式被固定和结合在有机分子中。这主要通过利用 α-酮戊二酸生物合成L-谷氨酸来实现。

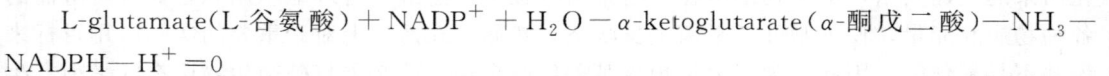

$$\text{L-glutamate（L-谷氨酸）} + NADP^+ + H_2O - \alpha\text{-ketoglutarate（}\alpha\text{-酮戊二酸）} - NH_3 - NADPH - H^+ = 0$$

这个反应由连接NADP（烟酰胺腺嘌呤二核苷酸磷酸）的谷氨酸脱氢酶（GDH）来催化完成。这个酶是细胞代谢中的关键酶，而且不同于NAD（烟酰胺腺嘌呤二核苷酸）-GDH，后者催化相反的反应，这两种酶代表不同类型的调节机制。NADP-GDH受L-谷氨酸阻遏，而且当利用葡萄糖生长时活性很高，而NAD-GDH受葡萄糖阻遏。

L-谷氨酸生物合成的另一路线是经过所谓的GS-GOGAT途径，由两步组成：第一步，L-谷氨酰胺作为氨基的供体，把氨基给 α-酮戊二酸，结果生成两个L-谷氨酸：

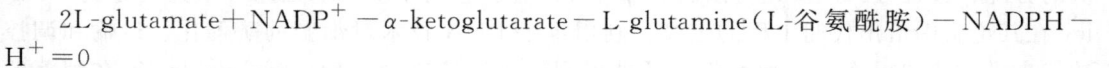

$$2\text{L-glutamate} + NADP^+ - \alpha\text{-ketoglutarate} - \text{L-glutamine（L-谷氨酰胺）} - NADPH - H^+ = 0$$

催化这个反应的是谷氨酸合成酶（GOGAT，来自先前的俗名谷氨酰胺-2-酮戊二酸氨基转移酶）。第二步是谷氨酰胺的再生：

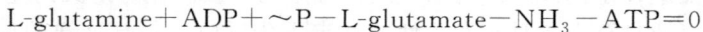

$$\text{L-glutamine} + ADP + \sim P - \text{L-glutamate} - NH_3 - ATP = 0$$

这个反应由谷氨酰胺合成酶（GS）催化完成。以上后两步反应的总和是从 α-酮戊二酸到L-谷氨酸的净合成，这与第一步反应相似，但重要差别在于这里需要能量，即每生成一个谷氨酰胺需要水解一个ATP。GS-GOGAT途径对于氨的同化吸收是一个高亲和力的系统，其主要在低氨浓度时才活跃，因为谷氨酸合成酶受氨的阻遏。L-谷氨酰胺在好几种含氮化合物的生物合成中都可作为氨（氮）的供体，这在整个细胞代谢中是一个重要的分支点。谷氨酰胺合成酶受严格调控：它受L-谷氨酰胺的阻遏，同时也受代谢途径的许多末端产物（例如AMP、GTP、L-甘氨酸和L-组氨酸）的抑制。许多生物体也可利用硝酸盐或亚硝酸盐作为唯一的氮源，这些化合物在同化吸收前都要转化成氨，因此，氨是整个氮代谢中的一个中心化合物。将亚硝酸盐还原为氨要经过硝酸盐、低硝酸（hyponitrate，N_2O_2）、一氧化二氮（N_2O）和羟氨（NH_2OH）。在这些还原反应中氢的供体为

NADPH。硝酸盐和亚硝酸盐的吸收可能与胞液中这些物质的还原相耦合。

真核生物和原核生物中所有 20 种常见氨基酸的生物合成途径，见图 4-56。这些生物合成路线有一些差别，其中赖氨酸生物合成最重要。在细菌和高等植物中，丙酮酸和天门冬氨酸-β-半醛反应合成二氨基庚二酸（DAP，细菌细胞壁合成的重要结构），再进一步合成赖氨酸。在真菌中，α-氨基己二酸合成赖氨酸。

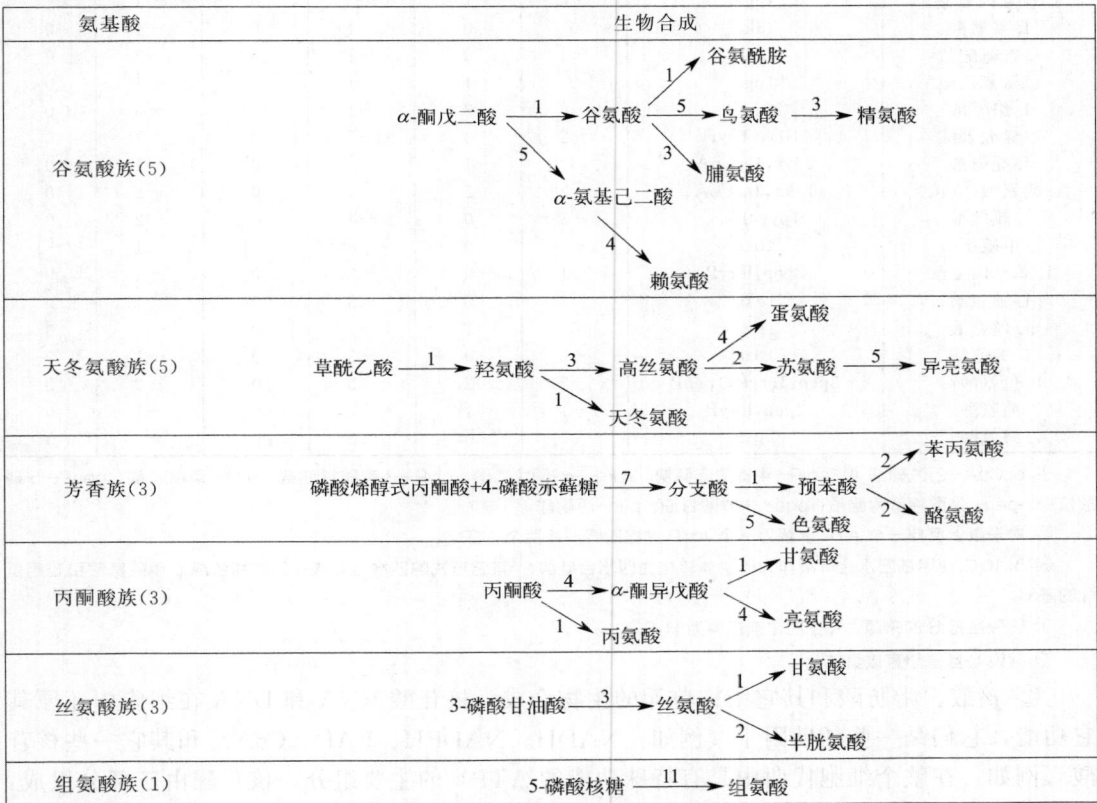

氨基酸	生物合成

图 4-56 真核体内氨基酸的生物合成

根据合成起点的特定前体代谢物和氨基酸，这些氨基酸可以分为五组。L-组氨酸因为具有复杂的生物合成途径，与其它的氨基酸均不同组。图 4-56 中数字表示代谢途径中所需的反应步骤。除了 L-赖氨酸，这些数字对于细菌的代谢也是适用的。在细菌中，L-赖氨酸通过二氨基庚二酸途径又称天冬氨酸途径经过 9 步合成。

表 4-3 总结了细菌和真菌中氨基酸生物合成的代谢消耗。L-甲硫氨酸和 L-组氨酸的生物合成需要转移一个一碳基团，分别由 N^5-甲基四氢叶酸和 10-甲酰四氢叶酸提供（都转化为四氢叶酸）。这两种不同形式的四氢叶酸可相互转化，为了分析代谢消耗，可以使用一个共同的基础。在表 4-3 中，5,10-次甲基四氢叶酸（5,10-MTHF）转化为四氢叶酸（THF）用作共同的基础，这个转化与从 L-丝氨酸合成 L-甘氨酸有关。然而在 L-甘氨酸生物合成中生成的 5,10-MTHF 的数量一般不能满足对一碳转移基团的需求。另外所需要的一碳转移基团最可能的来源是甘氨酸中的 α-碳，甘氨酸在甘氨酸氧化酶的作用下按照以下方式降解：

$$CO_2 + NH_3 + 5,10\text{-}MTHF + NADH + H^+ - L\text{-glycine（L-甘氨酸）} - THF - NAD^+ = 0$$

表 4-3 细菌和真菌中 20 种氨基酸生物合成的代谢消耗

氨基酸	前体代谢物[1]	ATP[2]	NADH	NADPH	1-C[3]	NH_3	S[4]
L-丙氨酸	1pyr	0	0	−1	0	−1	0
L-精氨酸	1αkg	−7	1	−4	0	−4	0
L-天冬酰胺	1oaa	−3	0	−1	0	−2	0
L-天冬氨酸	1oaa	0	0	−1	0	−1	0
L-巯基丙氨酸[5]	1pga	−4	1	−5	0	−1	−1
L-谷氨酸	1αkg	0	0	−1	0	−1	0
L-谷氨酸盐	1αkg	−1	0	−1	0	−2	0
L-氨基乙酸	1pga	0	1	−1	1	−1	0
L-组氨酸	1penP	−6	3	−1	−1	−3	0
L-异亮氨酸	1oaa,1pyr	−2	0	−5	0	−1	0
L-亮氨酸	2pyr,1acCoA	0	1	−2	0	−1	0
L-赖氨酸(真菌)	1αkg,1acCoA	−2	2	−4	0	−2	0
L-赖氨酸	1pyr,1oaa	−3	0	−4	0	−2	0
L-甲硫氨酸	1oaa	−7	0	−8	−1	−1	−1
L-苯基丙氨酸	2pep,1eryP	−1	0	−2	0	−1	0
L-脯氨酸	1αkg	−1	0	−3	0	−1	0
L-丝氨酸	1pga	0	1	−1	0	−1	0
L-苏氨酸	1oaa	−2	0	−3	0	−1	0
色氨酸	2pep,1eryP,1penP	−5	2	−3	0	−2	0
酪氨酸	2pep,1eryP	−1	1	−2	0	−1	0
缬氨酸	2pyr	0	0	−2	0	−1	0

① acCoA—乙酰辅酶 A; eryP—4-磷酸赤藓糖; αkg—α-酮戊二酸; glyP—3-磷酸甘油醛; oaa—草酰乙酸; penP—5-磷酸核糖; pep—磷酸烯醇丙酮酸; pga—3-磷酸甘油; pyr—丙酮酸。

② 对于以上反应一个 ATP 水解为一个 AMP 过程需要消耗两个 ATP。

③ 5,10-二亚甲基四水合叶酸作为碳供体转化为四水合叶酸。其它形式的四水合叶酸作为生物合成 L-甲硫氨酸和 L-组氨酸的基质。

④ 硫酸盐是 S 的来源，并在同化前还原为 H_2S。

⑤ 假设 L-丝氨酸直接氢硫化。

② 核酸、脂肪酸和其它结构单元的生物合成 核苷酸 RNA 和 DNA 在细胞中还原其它功能，它们是一些辅助因子（例如：NADH、NADPH、FAD、CoA）和其它一些核苷酸（例如：在整个细胞代谢中具有特殊功能的 ATP）的主要组分。核苷酸由三部分组成：一个含氮碱基，嘌呤或嘧啶的杂环；一个含 RNA 中的核糖和 DNA 中的 2-脱氧核糖的糖；一个磷酸基团。脱氧核糖核苷酸（dAMP、dGMP、dTMP 和 dCMP）是通过相应的核糖核酸（AMP、GMP、UMP 和 CMP）由氢取代 2′-OH 基团得到，dTMP 是 dUMP 通过甲基化得到的。核苷酸是由 5-磷酸核糖和 3-磷酸甘油酸或草酰乙酸合成的。表 4-4 列出了核苷酸生物合成的代谢消耗。

表 4-4 核苷酸生物合成的代谢消耗

核苷酸	代谢前体物	ATP	NADH	NADPH	1-C	NH_3
AMP	1pga,1penP	−9	3	−1	−1	−5
GMP	1pga,1penP	−11	3	0	−1	−5
UMP	1oaa,1penP	−5	0	−1	0	−2
CMP	1oaa,1penP	−7	0	−1	0	−3
dAMP	1pga,1penP	−9	3	−2	−1	−5
dGMP	1pga,1penP	−11	3	−2	−1	−5
dTMP	1oaa,1penP	−5	0	−3	−1	−2
dCMP	1oaa,1penP	−7	0	−2	0	−3

注：dTMP 生物合成的消耗等同于从 dUMP 的合成；dTMP 也可由 dCMP 合成，但需要消耗 9 个 ATP; Inhraham et al. 指出 E. coli 的 dTMP75% 来自 dCMP, 25% 来自 dUMP。

脂类是一种异源化合物，包括：酰基甘油、磷脂、固醇。构成脂类组分的主要结构单元为脂肪酸。主要脂肪酸有：棕榈酸（C16：0），棕榈油酸（C16：1），硬脂酸（C18：0），油酸（C18：1），亚油酸（C18：2）和亚麻酸（C18：3）。真菌中，棕榈酸、油酸和亚油酸占 75% 以上，而细菌中最常见的为棕榈酸、棕榈油酸和油酸。饱和脂肪酸的生物合成通过在活化了的乙酰辅酶 A 上连续添加两个碳单位完成。这些碳单位是由丙二酸单酰辅酶 A 提供的，而丙二酸单酰辅酶 A 是由乙酰辅酶 A 羧化完成的。酵母中（也可能在其它真菌），末端产物为脂肪酰辅酶 A 酯，而不是脂肪酸。生物合成 n 个链的脂酰辅酶 A 的总化学计量式为：

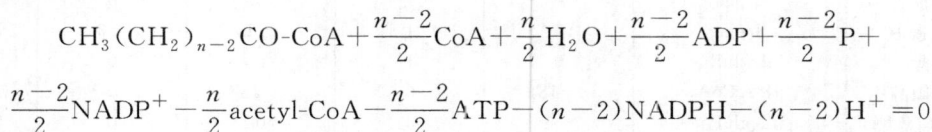

$$CH_3(CH_2)_{n-2}CO\text{-}CoA + \frac{n-2}{2}CoA + \frac{n}{2}H_2O + \frac{n-2}{2}ADP + \frac{n-2}{2}P +$$

$$\frac{n-2}{2}NADP^+ - \frac{n}{2}acetyl\text{-}CoA - \frac{n-2}{2}ATP - (n-2)NADPH - (n-2)H^+ = 0$$

细菌中，单不饱和脂肪酸合成是通过厌氧途径进行的，只有当 4 个丙二酸单酰辅酶 A 已经加到增长着的碳链上后，这个途径才开始。生成的化合物 β-羟癸酰基-ACP 成为生物合成饱和脂肪酸和单不饱和脂肪酸间一个分支点。在 β-羟癸酰基硫酯脱水酶的作用下，插入一个 β,γ-顺式双键，接着 β,γ-不饱和酰基延长生成棕榈油酸。真核生物中，第九个碳原子上的双键是在 C_{16} 或 C_{18} 饱和脂肪酰辅酶 A 已经合成后引入的。这个转化是由结合在内质网上特定酶系催化完成，反应式如下：

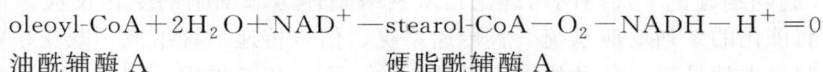

$$oleoyl\text{-}CoA + 2H_2O + NAD^+ - stearol\text{-}CoA - O_2 - NADH - H^+ = 0$$
油酰辅酶 A　　　　　　　　　　　硬脂酰辅酶 A

组成脂类的其它重要结构单元有：3-磷酸甘油、磷脂的醇部分、固醇。3-磷酸甘油由 EMP 途径中的磷酸二羟丙酮转化而来。真菌中最常见的磷脂醇有：胆碱、胆胺和肌醇。所以在酿酒酵母中，磷脂酰胆碱（PC）、胆胺磷脂（PE）和磷脂酰肌醇（PI）占整个脂类 90% 以上。PE 是由磷脂酰丝氨酸（一种含量很低的以 L-丝氨酸为醇部分的磷脂）直接脱羧生成的，PC 是 PE 连续甲基化生成的。PI 是由游离的肌醇相互结合生成，而肌醇是 6-磷酸葡萄糖经过两步生成，即 NAD^+ 为磷酸肌醇合成酶电子受体，将 6-磷酸葡萄糖转化为 1-磷酸肌醇，然后肌醇-1-磷酸酯酶将 1-磷酸肌醇转化为肌醇。

UDP-葡萄糖是合成糖原的结构单元，同时它也是合成大肠杆菌和其它革兰氏阴性菌脂多糖层及真菌细胞壁的组分。1-磷酸葡萄糖在焦磷酸化酶的催化下生成 UDP-葡萄糖。构成细菌细胞壁的肽聚糖生物合成需要 5 个单体：UDP-N-乙酰葡萄糖胺（UDP-NAG），UDP-N-乙酰胞壁酸（UDP-NAM），丙氨酸（L-型和 D-型），二氨基庚二酸和谷氨酸。UDP-NAG（它也是真菌中合成几丁质的结构单元）是由 6-磷酸果糖和乙酰辅酶 A 合成的，L-谷氨酰胺为氨基供体，总化学计量式如下：

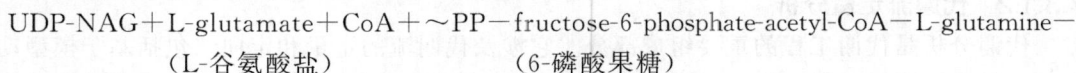

UDP-NAG＋L-glutamate＋CoA＋～PP－fructose-6-phosphate-acetyl-CoA－L-glutamine－
（L-谷氨酸盐）　　　　　　　　　　（6-磷酸果糖）

UTP=0

当 UDP-Glc-NAc 结合成肽聚糖或几丁质时，释放出 UDP，所以合成一个几丁质单体的总能耗为 UTP。糖类结构单元和脂类的生物合成代谢消耗见表 4-5。

表 4-5　生物合成脂类和糖类结构单元的代谢消耗

结构单元	代谢前体物[①]	ATP	NADH	NADPH	1-C	NH_3
3-磷酸甘油	1 glyP	0	−1	0	0	0
棕榈酰辅酶 A	8 acCoA	−7	0	−14	0	0
棕榈油酰辅酶 A[②]	8 acCoA	−7	0	−14	0	0
硬脂酰辅酶 A	9 acCoA	−8	1	−16	0	0
油酰辅酶 A	9 acCoA	−8	2	−16	0	0
亚油酰辅酶 A	9 acCoA	−8	3	−16	0	0
亚麻酰辅酶 A	9acCoA	−8	1	−16	0	0
乙醇胺[③]	1 pga	0	1	−1	0	−1
维生素 B	1 pga	0	1	−1	−3	−1
肌醇	1 gluP	0	1	0	0	0
麦角固醇	18 acCoA	−18	0	−13	0	0
UDP-葡萄糖	1 gluP	−1	0	0	0	0
UDP-半乳糖	1 gluP	−1	0	0	0	0
UDP-NAG	1 fruP,1 acCoA	−2	0	0	0	−1
UDP-NAM	1 fruP,1 pep,1 acCoA	−2	0	−1	0	−1
二氨基庚二酸盐	1 oaa,1 pyr	−2	0	−3	0	−2

① 相关术语查阅表 4-3。

② 棕榈油酰辅酶 A 的生物合成消耗通过厌氧途径。

③ 从鲨烯到麦角固醇的途径尚未完全了解，因此我们认为麦角固醇在生物合成的代谢消耗等同于鲨烯的值。

（2）代谢网络理论　代谢网络理论指从网络整体考虑细胞的生化反应。细胞代谢网络由上万种酶催化的系列反应系统、膜传递系统、信号传递系统组成，既受精密调节，又彼此互相协调。也就是说，各种代谢不是独立的，而是相互作用、相互转化、相互制约的一整套系统。将代谢网络分流处的代谢产物称为节点，其中对终产物起决定作用的节点称为主节点。基于其分支点刚性，节点分为柔性、强刚性和弱刚性节点三类。柔性节点指流向各分支的代谢流量分割率随代谢要求发生相应的变化，去除产物的反馈抑制后，该分支的代谢流量分割率增加。刚性节点指流向某一分支或某些分支的代谢流量分割率是难以改变的，这是由产物的反馈抑制及对另一分支酶的反式激活的相互作用所致。弱刚性节点指介于两者之间，该节点流向各分支的代谢流中有一个是占主导地位的，其酶活性较高或对节点代谢的亲和力较大。通常柔性和弱刚性节点是代谢的主要对象，节点的刚性程度必须在代谢改造策略制订前分析判断。如果代谢网络中各节点集中于产物，为了避免中间产物的过量积累，各分支的代谢流都必须保持平衡。如果各分支的分流相等，各节点同等重要，这类网络为依赖型网络。依赖型网络中存在刚性节点，这给代谢工程实施带来不便，如果代谢网络中的主节点不集中，则可以通过对代谢的修饰影响目的产物的产量。这类网络为独立型网络，其对代谢改变的应答取决于各节点的刚柔性及位置。总之，了解微生物代谢网络是代谢工程研究的基础。

4.3.1.2　代谢流定量分析

代谢分析是代谢工程的重要组成部分。它涉及代谢流的定量和定向（包括基于模型动力学、控制理论、示踪实验、磁化转移、代谢平衡的流量评价理论及通过环境、改变细胞组成等控制的代谢流定向）、细胞内代谢物浓度的反应工程方法（例如用于细胞内核磁共振研究的反应工程及用于细胞内代谢物分析快速反应的反应工程）及细胞内稳态流分析（例如稳态流分析、稳态胞内数据测定、代谢物 C 标记系统模型、数据分析与拟合、稳态标记系统的综合分析）等。代谢流分析是代谢分析的重要手段。它假定细胞内的物质、能量处于拟稳态，通过测定胞外物质浓度，根据物料平衡计算细胞内的代谢流。高红亮等应用代谢流平衡模型定量分析杂交瘤细胞的代谢流分布。在连续培养的杂交瘤细胞中，当葡萄糖和谷氨酰胺流加浓度分别为 13.8mmol/L 和 2.6mmoL/L 时，86.2% 的葡萄糖通过糖酵解途径生成乳酸，7.5% 生成脂类，进入 TCA 循环的仅占 0.83%；谷氨酰胺中 3% 的氮用于核酸合成，54.5% 生成氨，另有 38.2% 生成非必需氨基酸；碳骨架 61.6% 生成非必需氨基酸，34.1% 进入 TCA 循环。应用放射性标记、同位素示踪技术使代谢流分析更简单、方便。通过对细胞在不同情况（例如改变培养环境、去除抑制、增加或减少酶活性等）的代谢流分析，便可确定节点类型、最优途径，估算基因改造结果，计算最大理论产率等。对于简单的反应系统，通过对代谢网络精准分析及平衡计算就可以得到有效结果。但是，对于复杂的代谢系统，代谢流分析就比较困难。Seressiotis 和 Bailey 曾利用人工智能技术进行代谢流分析检查。Majewski、Domach 及 Varma 等把优化方法用于最适途径和产物分配的鉴定。由于代谢工程通常从产生目的代谢产物的最后一步反应分析解除产生终产物的瓶颈效应，因此，代谢中间产物作为生物合成的前体及能量供应者，转向终产物的碳流大小将最终决定终产物的产率。由于代谢工程往往从产生目的代谢产物的最后一步反应分析开始解除产生终产物的瓶颈效应，因此，代谢中间产物作为生物合成的前体及能力供应者，转向终产物的碳流大小将最终决定终产物的产率。中间代谢产物的代谢流改变会引起胞内功能严重受损。由于对传统的代谢工程中间产物的生理功能研究较少，从而使产率达不到所计算的理论最大产率。James C. Liao 等研究表明，在研究 DAHP(2,4-二氨基-6-羟基嘧啶) 生物合成中，中间代谢产物与大肠杆菌的特定调节子有关，磷酸烯醇式丙酮酸合成酶的过量表达能刺激葡萄糖的消耗和抑制热休克反应，并反向调节氮源调节子。以上研究表明，一些中间代谢产物在细胞信号转导和系统调节中可能起着重要的作用。

上述代谢流分析揭示了代谢的静态分布，而代谢控制分析则针对胞内外环境不稳定性，揭示细胞代谢的动态变化规律。代谢控制分析研究的主要指标为弹性系数和流量控制系数。弹性系数表示代谢物浓度变化对反应速率的影响程度；流量控制系数表示单位酶变化量引起的某分支稳态代谢流量的变化，是衡量某一步酶反应对整个反应体系的控制程度。这两个系数相互关联，可以直接或间接测定。Moreno、Sanchez 等应用两种方法研究了鼠肝脏亚线粒体微粒中呼吸水平和 ATP 水解的动态控制。一种是直接控制分析方法，应用丙二酸盐、抗霉素或氰化物在 20℃、30℃ 及 37℃ 测定呼吸水平，以决定碳流由琥珀酸脱氢酶、细胞色素 bc1 和细胞色素 c 氧化酶控制的程度。另一种是间接测定弹性系数和流量控制系数，分析研究 ATP 水解的控制，发现随着 ATP 酶活性的增加，ATP 水解由 ATP 酶控制的程度反而下降，由 H^+ 分支流控制的程度却随之增加。Mulquiney 等应用计算机模拟和代谢控制方法分析人血红蛋白中 2,3-二磷酸甘油酸（2,3-BPG）的调节和控制时，发现 2,3-BPG 对己糖激酶和磷酸果糖激酶的反馈抑制在 2,3-BPG 的正常浓度控制中与 2,3-BPG 合成酶一样重要；H^+ 和氧也是 2,3-BPG 的有效调节因子；2,3-BPG 对细胞能量需求变化非常敏感，而流向 2,3-BPG 的支路并不受非糖酵解途径 NADH 变化的影响。综上所述，代谢控制分析是用定量理论来解释细胞代谢调控的最具代表性理论之一。此外，有关细胞对基质的吸收与产物的释放模型及分析也是代谢工程的重要组成部分。它包括物质转运过程的生化基础（例如转运蛋白基质、转运动力学、载体介导转运中的能量偶联以及细胞转运活性的调节等）、研究方法、过程控制（例如生物工艺过程中营养和吸收的关系、生物工艺过程中产物的分泌控制、干扰代谢流的结合以及转运过程的建模）等。

4.3.1.3 代谢网络设计

研究代谢工程，首先要对微生物代谢（生长和产物合成）进行分析、比较和研究，包括目的产物的载流途径，与载流途径有关的亚网络及评估其中的主要节点。在此基础上进行代谢设计（菌种改造、育种及发挥菌种潜力），利用基因工程和分子生物学技术对代谢途径进行改造。代谢设计主要包括以下几个方面。

（1）在现存途径改变目的产物的代谢流　对处于正常生理状态的细胞来讲，某一特定代谢产物的生物合成途径中，代谢流变化规律是恒定的。要增加目的产物的积累，可改变以下几个方面。

① 增加代谢途径中编码限速酶基因的拷贝数　通过基因扩增来增加编码限速酶基因拷贝数，在宿主中大量表达以提高目的产物产量。首先，要明确代谢途径中限速反应及其限速酶。接着，将限速酶基因重组到载体上，导入到宿主中过量表达。这一过程是通过增加细胞内酶的浓度，从而促进限速反应，增加最终产物的产量。但是，提高限速酶的表达并不总是有效。通过控制整个调节途径中酶活性来增加所需的代谢流量，而保持其他代谢流量不变，往往更加有效。代谢网络是一个整体，限速反应流量的改变也许会对整个代谢途径造成严重影响，使得目的代谢产物产量可能更低。

② 强化以启动子为主的关键基因的表达系统　强化以启动子为主的关键基因的表达系统并未增多重组质粒在受体细胞中的拷贝数，强启动子只是高效促进结构基因的转录，以合成更多的 mRNA，并翻译更多的关键酶。例如，在混旋肉碱的生物转化过程中，将来自大肠杆菌的 caiDE 基因克隆到 pSP72 质粒的 T7 启动子的下游，构建出的工程菌株可合成超过野生型菌株数百倍的转化酶，从而加快了 D-肉碱转化为 L-肉碱的速度。

③ 提高目标途径激活因子的合成速率　激活因子是生物体内基因表达的开关，它的存在往往能触发相关基因的正常转录。因此，通过代谢工程方法提高目标途径激活因子的合成速率，从而促进目标途径关键酶基因的表达。例如，在多诺红霉素的波赛链霉菌中，作为抗生素生物合成激活因子 dnr1 基因产物，其过量表达有利于多诺红霉素的生产。

④ 灭活目标途径抑制因子的编码基因　灭活就是去除代谢途径中具有反馈抑制或反馈阻遏作用的某些因子，或这些因子作用的 DNA 靶点，从而解除其对代谢途径的反馈抑制或反馈阻遏作用，提高目标代谢流。

⑤ 阻断与目标途径相竞争的代谢途径　代谢网络中各相关途径偶联，任何目标途径必定会与多个相关途径共享同一种底物分子和能量形式。因此，在不影响细胞基本状态下，通过阻断或降低竞争途径的代谢流，使更多的底物和能量进入目标途径，对提高目标产物非常有效。但是这种方法容易导致代谢网络平衡的破坏。

⑥ 改变分支代谢途径流向　提高代谢分支点某一分支代谢途径的酶活力，使其在与另外的分支代谢途径的竞争中占优势，可以提高目的代谢产物产量。例如，由于高丝氨酸脱氢酶缺陷（Hom⁻）突变株缺乏催化天冬氨酸半醛为高丝氨酸的高丝氨酸脱氢酶，从而不能合成高丝氨酸，使分支代谢流流向赖氨酸分支，通过克隆这一支路上相关酶基因（如二氢吡啶-2,6-二羧酸合成酶基因），所得工程菌可以积累赖氨酸。相反，如果将编码高丝氨酸脱氢酶（HD）的基因重组在质粒上并扩增，则代谢流会明显转到合成甲硫氨酸和苏氨酸的支路上。

⑦ 构建代谢旁路　为实现大肠杆菌工程菌株的高密度培养，必须阻断或降低对细胞

生长有抑制作用的有毒物质产生。当大肠杆菌糖代谢末端产物乙酸达到一定浓度后，便会明显抑制细胞生长。利用代谢工程方法，将枯草杆菌的乙酰乳酸合成酶基因克隆到大肠杆菌中，构建新的代谢支路，明显改变细胞糖代谢流，使乙酸处于低水平，从而达到高密度培养目的。

⑧ 改变能量代谢途径　通过改变能量代谢途径或电子传递系统也可以有效改变代谢流。例如，将血红蛋白基因导入大肠杆菌或链霉菌中，不仅在限氧条件下可以提高宿主细胞生长速率，而且也可以促进蛋白质和抗生素合成。在这一过程，限氧条件提高了 ATP 的产生效率。

（2）在现存途径中改变物流的性质　这一过程主要是指使用原有途径更换初始底物或中间产物，以达到获得新产物的目的。通过以下两种方法可以改变途径物流性质。

① 利用酶对前体库分子结构的宽容性　参与次级代谢的酶编码基因大多是从初级代谢基因池中演化而来的。这种在自然条件下发生的演化作用，使得酶分子对底物的结构表现出一定程度的宽容性。在此过程中，虽然细胞固有的代谢途径并未发生基因水平改变，但其物质运输功能也许被修饰。

② 通过基因修饰酶分子以扩展底物识别范围　在基因水平上通过修饰酶的分子结构拓展其对底物的专一性，甚至改变酶的催化部位。例如，利用该操作可以使放线菌分泌出更复杂的聚乙酰化合物及其衍生物，这在新型抗生素的开发利用领域具有十分重要的意义。

（3）在现存途径基础上扩展代谢途径　在宿主菌中克隆、表达特定外源基因可以延伸代谢途径，从而获得新的代谢产物，增加产率。例如，利用代谢工程技术合成维生素 C 的前体 2-酮基古龙酸（2-KLG）是扩展代谢途径的一个实例。已知草生欧文氏菌可以将葡萄糖转化为 2,5-二酮基-D-葡萄糖（2,5-DKG），但缺少进一步将 2,5-DKG 转化为 2-KLG 的 2,5-DKG 还原酶。Andson 等将棒状杆菌的 2,5-DKG 还原酶基因转入草生欧文氏菌中，使它能从葡萄糖直接转化为 2-KLG。外源基因导入，通过扩展代谢途径还可使宿主菌能够利用自身的酶或酶系消耗原来不能消耗的底物。

（4）利用已有途径转移或构建新的代谢途径

① 转移多步途径以构建杂合代谢网络　克隆不同于自身次级代谢产物的基因可生产具有新的结构的代谢产物。将编码某一完整生物合成途径的基因转移到受体细胞，可以提供具有很大经济价值的生产菌种。利用这种方法不仅能实现相似途径间代谢流的融合，而且还可利用已有的途径设计出全新的代谢旁路。

② 修补完善细胞内部分支途径以合成新的产物　自然界中存在的遗传和代谢多样性提供了一个具有广泛底物吸收谱和产物合成谱的生物群集合，然而许多天然的生物物种对实际应用并不是最佳，它们的性能有时可以通过天然代谢途径的扩展而提高。借助几个异源基因的拼接，可以将天然的代谢物转化为更为优良的最新产物。

4.3.1.4　基因操作

基因工程又称重组 DNA 技术，是指将体外不同来源的 DNA 分子进行重新组合，并使它们在宿主细胞中大量表达的遗传操作。基因工程技术是在分子水平上进行，在细胞中实现表达，因此，也称为基因操作。基因工程主要包括获得目的基因片段，连入合适载体，转入受体系统，筛选重组子和表达外源基因 5 个过程。其特点是：①不受亲缘关系限制，把不同物种的遗传物质组合在一起，大大提高了生物变异频率；②可以定向改变生物遗传特性，即有目的地获取目的基因，并将该基因转入原本没有该基因的生物中，从而改变该生物的遗传特性；③增加目的基因的表达量。在生物学中，克隆某个体指由该个体得到在遗传学意义上与之完全相同的一群个体。而在基因操作中，克隆 DNA 指得到与目的 DNA 完全相同的许多 DNA 分子。1972 年，美国斯坦福大学 P. Berg 小组首次将 SV40 的 DNA 和 λDNA 在体外利用 EcoRI 进行消化，再用 T4 DNA 连接酶组合成新的 DNA 分子，因此获得诺贝尔奖。1973 年，斯坦福大学 Cohen 等人把 *E. coli* 两种质粒 pSC101 和 R-6-5 DNA 片段在体外进行重组，引进 *E. coli* 筛选转化子，第一次完成了基因操作，这标志着基因工程的诞生。随后，一些关键技术（如 DNA 序列分析技术、电泳技术、杂交技术、PCR 技术及酵母人工染色体库和细菌人工染色体库的构建技术等）的改进，基因工程在基础理论研究和生产实际中都取得很大的成绩。基因二程技术在操作过程中包括工具酶、宿主-载体系统、DNA 克隆、原核生物基因克隆和鉴定、体外定点诱变、聚合酶链反应和真核生物基因工程等步骤。总之，基因工程在科学研究、医药、工农业生产等许多方面都有重要的应用，为基础研究和实际生产提供了强力的技术支持。

4.3.2　代谢的改变与重建

代谢工程的研究对象是代谢网络，它以构建新的代谢途径、能生产特定目的代谢产物或具备过量生产能力的工程菌应用于工业生产为目的。根据微生物不同代谢特性，常采用改变代谢流、扩展代谢途径和转移或构建新的代谢途径三种方法。

4.3.2.1　改变代谢流

获得目的产物的途径需要通过几个分支点。在代谢流的分支点上，它们具有共同的供应源（如物质吸收、酶系统、转移系统或核糖体），随后分成两个或两个以上平行过程。要想获得最多的目的产物，必须使分支点上的中间产物或前体物最大量地流向下一个分支途径。一般包括以下几种措施。

（1）加速限制反应　体外构建生物合成的限速步骤的合成酶基因并导入到受体细胞，可提高目的产物的产率。首先，明确代谢途径中限速反应及其关键酶。接着，体外重组编码限速酶的基因和载体，导入到宿主中表达。代谢网络是一个整体，限速反应流量的改变也许会对整个代谢途径造成严重影响，使得目的代谢产物产量更低。Skatrud 等研究头孢菌素 C 工业生产菌株的发酵液时发现有生物合成的中间体青霉素 N 的积累，表明下一步酶反应是头孢菌素 C 合成的限速步骤，于是克隆编码脱乙酰氧基头孢菌素 C 合成酶基因 *cefEF*，再将其导入到头孢菌素 C 生产菌株，结果转化子的头孢菌素 C 产量提高了 25%，而青霉素 N 的量却减少了 15 倍。

强化以启动子为主的关键基因的表达系统，也能提高目的产物产量。在这种情况下，重组 DNA 在宿主中的拷贝数并未增多，强启动子只是高效促进目的基因转录，翻译更多的目的蛋白。激活因子的存在能触发相关基因的正常转录，因此，提高目标代谢途径激活因子的合成速率，可以促进目标代谢途径相关基因的表达。通过沉默目标代谢途径抑制因子的编码基因可以解除代谢途径中具有反馈抑制或反馈阻遏作用的某些因子或其作用的 DNA 靶点，从而消除其对代谢途径的反馈抑制或反馈阻遏作用。

（2）改变分叉代谢途径流向　通过提高代谢分叉点的某一个代谢途径酶系的活力，

可以得到高产的末端代谢产物。Sano 等将去除反馈抑制基质的高丝氨酸脱氢酶基因转到产赖氨酸的谷氨酸棒状杆菌中，结果使赖氨酸产量由 65g/L 下降到 4g/L，而苏氨酸产量增加到 52g/L。吴汝平等克隆了苏氨酸合成操纵子，经体外诱导得到去除反馈抑制变位调节的天门冬氨酸激酶基因，同时也得到提高丝氨酸产量的大肠杆菌。

（3）**构建代谢旁路**　利用代谢工程的方法可以阻断副产物的合成，尤其是有毒物质的产生。乙酸是大肠杆菌糖代谢的一个末端产物，对大肠杆菌有毒，一般采用控制糖流加速度、超滤等方法控制发酵液中乙酸浓度。Imgram 将运动发酵单胞菌的丙酮酸脱羧酶基因和乙醇脱氢酶基因克隆到大肠杆菌中，结果使转化子不积累乙酸而产生乙醇。

（4）**改变能量代谢途径**　改变代谢流除可通过相关代谢途径基因操作来完成外，还可用间接方法增大或改变代谢流，如通过改变能量代谢途径或电子传递系统可以有效改变代谢流。Chen 等通过导入血红蛋白基因，提高酿酒酵母的乙醇产量。血红蛋白是通过影响电子传递链从而间接影响线粒体的乙醛歧化途径起作用的。在这条途径中，产生的乙醇含量占总产量的三分之一。

4.3.2.2　扩展代谢途径

在代谢工程中还可引入外源基因扩展、延伸原来的代谢途径，产生新的末端代谢产物，提高产率。在宿主菌中进行异源基因的克隆和表达可以扩展某一生物的分解代谢途径。例如 Okumagai 等从巴斯德毕赤酵母中分离了一个不受乙醇阻遏的醇氧化酶基因启动子表达淀粉酶基因，使 α-淀粉酶分泌量大大提高，达到 25mg/L。这个基因工程菌可有效地由淀粉直接发酵乙醇，以 3% 淀粉至少产生 2% 乙醇。除此之外，以纤维素、木质素为发酵原料的代谢工程研究也已取得一定进展。

4.3.2.3　转移或构建新的代谢途径

（1）**转移代谢途径**　在真氧产碱菌等一些细菌中，限制其生长和碳源过量条件下，在细胞内可以大量积累聚羟基丁酸或聚羟基烷酸，这些聚合物都具有生物降解功能。为了利用大肠杆菌生产聚羟基丁酸，将真氧产碱菌的聚羟基丁酸操纵子克隆到大肠杆菌中，所构建的工程菌和真氧产碱菌一样，当氮源耗尽时能积累大量聚羟基丁酸，产量占细胞总量 50%。

（2）**构建新的代谢途径**　克隆不同于自身次级代谢产物的基因可生产具有新结构的代谢产物。Hopwood 等将放线菌红素的生物合成基因导入榴菌素（granaticin）和曼得尔霉素（medermycin）产生菌中，所构建的工程菌可积累具有新结构的杂合抗生素二氢榴菌素（dihydeogranaticin）和生技霉素（mederrhodins A）。EPP 等利用同样的方法将碳霉素生物合成基因导入螺旋霉素生产菌中，可以生成杂合抗生素 4′-异戊酰螺旋霉素。构建降解异型生物质的新代谢途径是目前代谢工程研究的热点。许多工业有机化合物容易被土壤或水中微生物降解。具有新结构成分或罕见的化合物（如药物、杀虫剂、致癌物等）称为异型物质，它们难于降解，会在环境中积累。在含有能降解含氯和不含氯芳香化合物的各种质粒基因的存在下，以杀虫剂 2,4,5-三氯苯氧乙酸驯化假单胞菌，并通过恒定培养分离出能利用 2,4,5-三氯苯氧乙酸的纯培养物 *Pseudomonas cepacia*（洋葱假单胞菌），借顺序突变也能对其分解代谢进行推理重建。

4.3.3　代谢工程的应用

4.3.3.1　代谢工程在酿酒酵母中的应用

酿酒酵母是目前最常用的细胞工厂之一，被广泛设计用于从各种原料中高水平地生产各种各样的产品，而代谢工程旨在通过重新规划细胞的代谢途径来开发高效的细胞工厂。由于微生物在各种环境条件下能自我调节以维持代谢稳态，所以它们的代谢必须重新规划调控以达到用于商业生产的高滴度、速率和收率。代谢工程是重新连接细胞代谢的科学，并且在细胞工厂开发中被广泛应用，包括扩展的底物范围，使酵母细胞能利用更多种类的底物；增加目的产物的产量；能够在酵母中生产新化合物，例如紫杉醇和阿片类药物；改善细胞特性，如耐受苛刻的工业条件。

酿酒酵母已广泛用于生物合成行业，因为它通常被认为是安全的（GRAS）状态适合于大规模操作。作为模式真核系统，目前已有充足的基因工程工具深入地研究了酿酒酵母的分子和细胞生物学。与原核生物不同，酿酒酵母具有多种细胞器，能够为生物合成提供不同的环境和隔室。此外，酿酒酵母对严苛的工业条件表现出高度的耐受性。

工程微生物的生物合成通常涉及通过代谢途径将一些前体代谢产物转化为感兴趣的产物，其中部分或全部步骤由异源酶催化。因此，代谢工程的主要目标包括通过基因工程增强前体供应和通过通路工程优化代谢途径，所以下面从几个方面简单说明如何应用这些代谢工程方法来开发高效的酵母细胞工厂。

在酿酒酵母中，基于 CEN/ARS 的低拷贝和基于 2μ 的高拷贝质粒已经被广泛用于代谢工程。值得注意的是，当包含抗生素标记时，基于 2μ 的质粒的拷贝数可以与基于 CEN/ARS 的质粒一样低。因此，相对较低的质粒拷贝数（PCN）常常成为代谢工程的瓶颈，在许多情况下需要高水平表达异源基因。有趣的是，发现 PCN 可以通过使用删减或部分缺陷的启动子来驱动选择标记基因。增强 PCN 的类似策略是通过与降解标签融合来使标志蛋白变得不稳定。具有增加和可调节拷贝数的质粒将是鉴定和解决代谢途径瓶颈的宝贵工具，预计那些具有抗生素标记的质粒可用于工业酵母菌株工程。作为基因表达的第一步，使用合适的启动子进行成功转录对代谢工程至关重要。通过使用不同强度的启动子，可以精确控制限速酶或分支点酶的表达水平。酵母启动子比它们的原核生物复杂得多，因为启动子元件是不保守的或特征不清晰。因此，酵母启动子工程研究主要基于已知的具有不同强度的组成型或诱导型启动子，如 CYC1p、ADH1p 和 TEF1p。转录控制在同时微调多个基因的表达以使产物在 TRY（高滴度、速率和收率）最大化方面起着重要作用。为了实现这一点，使用启动子文库来驱动每个途径基因的表达，并进一步评估所得的组合途径文库。启动子文库可以包含具有不同强度的不同内源启动子或启动子突变体（由易错 PCR 产生）。通过选择不同的启动子来实现代谢途径在转录水平上的调控。除了基于启动子的组合途径工程方法外，还可以通过探索具有不同性质的酶类似物的各种组合来平衡和优化多基因途径。考虑到酶的多样性，基于蛋白质的组合路径工程方法可以很容易地应用于多基因通路的快速优化，为代谢工程提供一种高度定制化的方法。生物合成途径的表现也可以通过蛋白质共定位来平衡和优化，其可以大大增加酶和代谢物的局部浓度。另外，促进底物利用的途径和减少有毒中间体的释放是提高通路效率的其他可能的原因。最简单的方法是将代谢酶融合在一起。例如，当与单独表达的基因相比时，内源法尼基焦磷酸（FPP）合酶（FPPS、ERG20）与红没药烯合酶（AgBIS）的融合使得红没药烯的产量增加。Albertsen 等人将 ERG20 与植物广藿香醇合酶融合使得广藿香醇的产生增加。一种更灵活的蛋白质共定位方法是利用蛋白质支架，将靠近彼此的酶对接起来。Tippmann 等人报道了使用 affibody 作为酶共定位的蛋白质支架，它能在胞内特异性识别与其结合的特异性配体。通过在酿酒酵母中共定位法尼基焦磷酸合酶（FPPS）和法尼烯合酶（AFS），在分批补料培养中，利用葡萄糖合成法尼烯的产量提高。目前还有很多对蛋白调控的方法，通过对蛋白的调控来有效地优化酿酒酵母的代谢水平。尽管上述代谢途径优化策略已广泛用于代谢工程，但静态本质使得它们在某些情况下不是最佳的。理想的通量控制应能够实时响应内部和（或者）外部条件。在动态通量控制系统中，途径基因（特别是通量控制基因）的表达水平取决于细胞内代谢物浓度。换句话说，通路酶只在需要时表达。因此，动态通量控制不仅可以减少代谢负担，还可以减少副产物形成。例如，HXT1 启动子的强度依赖于葡萄糖浓度，在代谢工程的情况下，在发酵开始时，由于丰富的葡萄糖，细胞密度低但基因表达高；当细胞密度变高时，葡萄糖被耗尽以抑制基因表达。因此，HXT1p 可用于动态调节竞争途径基因，其表达对细胞存活至关重要，ERG9（角鲨烯合成酶）是最具代表性的例子，ERG9 的表达水平是通过内源性麦角甾醇的代谢通量的分布形成或异源萜类生物合成来调控的。Scalcinati 等人使用 HXT1 启动子控制 ERG9 的表达，将甾醇合成的碳通量转移到 α-檀香萜，并提高生产力。

除了糖响应启动子外，基于转录因子的生物传感器也被用于动态通量控制。David 等人开发了基于 FapR 的丙二酰辅酶 A 生物传感器来动态调节丙二酰辅酶 A 还原酶的表达，其显著促进了 3-HP（3-羟基丙酸）的产生。目前在酵母中开发了一种综合的群体感应系统，并结合 RNA 干扰（RNAi）进行动态代谢途径控制。该系统在高细胞密度下自主触发基因表达，并与 RNAi 模块连接以抑制靶基因的表达。

我们简单介绍了如何从这四个方面优化酿酒酵母细胞内的代谢途径。通过各种优化方式重新规划细胞的代谢途径来开发高效的细胞工厂，微生物利用各种各样的底物生产我们想要的产物变得更加便捷、经济以及高效。

4.3.3.2　代谢工程在生物燃料研究中的应用

全球气候变化、石油供应紧张以及能源安全问题加大了对运输燃料替代品的需求。微生物可以合成类似于汽油等运输燃料，这类微生物的培养技术与目前的引擎装置和石油储运设施相匹配，同时不需重建非石油类生物燃料的储运设施，可以节省大量资金。然而，微生物合成运输燃料的工艺发展一直存在着严重阻碍，如合成生物（非模式生物）基因工程改造，优化代谢途径和维持工程菌氧化还原状态，酶的低活性，以及上游生物质加工过程中微生物合成副产物和燃料的抑制效应都使生产的潜在可能性受到限制。合成生物学和代谢工程的研究进展为解决这些难题提供了方法。

目前，广泛使用的生物燃料，通常为淀粉类（玉米）或甘蔗生成的乙醇或从植物油以及动物脂肪中提炼出的生物柴油。但是，乙醇具有高吸水性和腐蚀性，不利于现有的燃料基建设施运输和储存，不是最理想的燃料分子，同时，它只具有汽油 70% 的能值。生物柴油也有同样的问题：浊点和倾点（pour point）比其他石化柴油高，因此不能在管道中运输，能值比其他石化柴油低 11%。

可再生木质纤维素运输燃料的微生物合成有以下优点：首先，合成原料不是如玉米、甘蔗、大豆和棕榈油这类粮食作物。其次，木质纤维素是地球上产量最大的生物高聚物。再次，新的生物合成途径可用于生产化石燃料替代品，包括短链、支链、环状醇类、烷烃、烯烃、酯和芳香类化合物。木质纤维素转化为燃料的经济高效型工艺的发展一直存在着严重阻碍，如合成生物（非模式生物）基因工程改造工具的缺乏，以及优化代谢途径和维持工程菌氧化还原状态的困难。

重组微生物生产有效的替代性生物燃料，重要的是理解最佳燃料的组成。近期最佳的燃料目标是能够适用于现有引擎的燃料分子结构，这些结构或者已经在化石燃料中发现或者类似于化石燃料的组成（点火式引擎所用的汽油，压燃式引擎所用的柴油，燃气式引擎所用的喷气式燃料）。筛选替代生物燃料时需考虑一些相关因素：内能、以辛烷值或十六烷值表征的燃烧质量、气味、毒性都是重要的评价参数。

友好型寄主大肠杆菌（*Escherichia coli*）和酿酒酵母（*Saccharomyces cerevisiae*）有良好的基因，而操控这些基因的工具对于合成途径的发展是个良好开端。由于这些寄主微生物也是生长速率较快的兼性厌氧菌，大型生产工艺相对简单，并且经济可行。大肠杆菌和酿酒酵母在制造可再生生物燃料的成功应用，需要对非稳态条件下生理特征及适应性变化进行研究。组学、计算系统生物学和合成生物学的不断进步将有利于对理想燃料生产主体的研究和工程化，使其成为可能。

最近，一些生物燃料的合成途径在模式生物中进行了表达。例如，合成异丙醇和丁醇的梭菌（*Clostridium*）基因在大肠杆菌中进行了表达。除了在发酵期间产生乙醇，酿酒酵母也可利用氨基酸生成高级醇和酯。其他的合成途径包括合成脂肪酸以合成生物柴油及生成烷烃。微生物合成生物柴油，主要为大肠杆菌和酿酒酵母的脂肪酸生物合成途径。除了天然途径，生物合成和化学合成的综合途径也可生成新化学物质作为生物燃料。

构建生物合成途径仅仅是生物燃料经济可行的第一个障碍。产量的期望以及成本的控制对合成生物燃料提出更大挑战。高产量是代谢网络互相依赖作用的结果，受以下代谢总体水平的强烈影响：ATP/ADP，NAD^+/NADH，$NADP^+$/NADPH 和酰基羧酸。细胞中这些核心代谢物在调节多种途径时起着关键作用，因为细胞通过调节这些代谢的相对速率，改变途径活性以最终影响细胞生理活动。一个细胞的还原状态基本取决于 NAD^+ 转化为 NADH 相对速率。生物燃料合成的新途径可以影响这些重要代谢的平衡，会生成非目标副产物，引起目标产物产量下降。此外，新的代谢途径需要氨基酸、氧化还原辅因子和能量来合成酶并将其功能化，增加了细胞代谢负担，需抑制新代谢途径反应来增大终产物产量。

"代谢模型"可用来预测新代谢途径对生长和产物形成的影响。"基因组分模型"（genome-scale models）以其较合理和系统的方法指导代谢工程。"电子模型"（in silico models）多数为可计量模型，描述这些模型的方程通常为待定方程，拥有较多参数。"计量模型"（stoichiometic models）也可使用代谢通量分析（metabolic flux analysis，MFA）由一系列确定的方程来描述，通量变化可由实验获得。代谢通量分析已用于研究不同生长条件下大肠杆菌的代谢和生产重组蛋白。利用"代谢模型"可深入研究许多重要的微生物代谢过程，如预测不同碳源生长期间大肠杆菌适应进化的表型空间（phenotypic space）和大肠杆菌代谢网络高通量反应的拓扑组织（topological organization）。通过重组高通量反应速率，大肠杆菌可适应多种生长条件。"基因组分模型"研究有益于生物燃料的合成，它可以通过理想途径提供一系列框架来优化通量，同时可以调节重要辅因子和能量代谢之间的平衡。"电子模型"在工程微生物利用新物质高效合成生物燃料过程中起重要作用，广泛应用生物质原料，减少上游处理步骤，提高生物质到生物燃料的转化率，有助于降低生物燃料成本。例如，酿酒酵母将树干毕赤酵母（*Pichia stipitis*）中木糖还原酶（Xyl1p）和木糖醇脱氢酶（Xyl2p）整合到自身基因中，使其能够利用木糖（自然系统中含量丰富）作为碳源进行醇类生产。但是，简易过表达基因造成氧化还原反应的不平衡，导致增长率和发酵率降低。相对于 NADH，树干毕赤酵母中木糖还原酶更易于与 NADPH 发生作用，同时木糖醇脱氢酶仅和 NAD^+ 发生作用。两个基因同时过表达会导致 NADH 的积累和 NADPH 的缺乏。"代谢模型"显示，通过去掉 $NADP^+$ 依赖的谷氨酸脱氢酶（GDH1），过表达 NAD^+ 依赖的 GDH2，可以增强 NADH Xyl1p 的特定活性，调节辅因子平衡。这种方法可以提高乙醇产量，降低副产物的合成量。

EM(elementary mode) 分析也被用于大肠杆菌工程改造，使其能够同时利用葡萄糖和木糖作为碳源生产乙醇。EM 分析用来识别少数代谢途径，这些途径促进以己糖和戊糖为碳源的增长和乙醇生产，同时去除能够促进乙醇最大化和高生物质产量的反应，使得 EM 降到最低水平。通过这个方法，减轻了突变体敲除过程中不相关的途径所引起的负担。代谢工程的另外一个例子是，发酵阶段通过破坏三羧酸循环，降低 NADPH 氧化量以及消除 NADH 氧化途径而不是整个电子转移系统，抑制大肠杆菌副产物发酵。调节辅因子平衡的其他方法包括通过过表达以增加 NADH 或 NADPH 的有效性，互换 NADH 和 NADPH，改变特定蛋白质的辅酶特异性。"电子基因组分模型"（in silico genome-scale models）除了用于基因缺失或过表达策略中，还可以用于氧化还原反应基因插入策略。硅片基因插入方法用于改进乙醇生产，降低丙三醇和木糖醇副产物的产率。甘油-3-磷酸脱氢酶被引入酿酒酵母，丙三醇和木糖醇产量降低，乙醇产量提高。这些技术表明控制和平衡各种重要代谢过程的重要性，以实现优化产物浓度。因此，代谢工程在工程化高效微生物途径，合成经济可持续生物燃料中发挥着重要作用。

合成生物学在于减少基因构建的时间和增强它们的可预测性和可行性。许多变异途径和序列的构建能够通过优化组合技术有效处理而不是合成每个所需序列。自由黏结组合（ligation-free assembly）和生物积木法（bio bricks）能够利用已有的 DNA 片段和基因快速构建操纵子和反应途径。特别是生物积木法，在组合末端和起始位置都具有相同的酶切位点——组合的每个阶段所使用的酶和工序都和前一阶段相同。此技术循环重复的特性有利于自动操作，快速生成大量序列。常规表达系统反向序列的发展，可用来微调表达，在工程代谢途径中非常有用。同样，感应环境变化并能反馈的开关序列，这种序列同时能够进行下游管理，是生物燃料生产的契机。例如，通过感应周围环境，细菌可由纤维消化模式转变为燃料生产模式。这样的高级信号处理和决策能力已有应用证明，例如，肿瘤感应细菌能够感应并选择性侵入肿瘤厌氧环境中——代谢工程采用这些技术可促进学科研究发展。此外，微生物细胞内和细胞间信号处理能力的发展以及途径表达的精密控制，为基因联合表达和优化生产控制提供了可能。

代谢工程最具挑战的一点是将几个部分或者酶途径片段组合为功能区（合成生物学中称为"功能组合"）。例如，能够提取已优化的甲羟戊酸途径并用来合成青蒿酸。随着生物合成的分子数增加，再利用和混合酶途径或副途径也会增加。易于组装的分子途径的合成是一个充满潜力的活跃研究领域。为实现这个目标，必须寻找表征和标准化的构架。目前标准化测量的工作一直在推行，但必须进一步改进这些方法，如测定和表征以及工业化协定，特别是推行合成基因管理的初步发展和数学分析方法。展望未来，合成生物学的系统组织性发展是一项艰难需不断推进的工程。对于代谢工程，以提高产量为目的，一个工作途径需由一个生物转移到其他生物，这项工作非常困难但有时是必须的。合成生物学通过修饰已有的生物或者控制染色体以及一系列代谢途径重新创造生物。当外来基因或途径引入时，由于这些途径是可控的，类似生物能够产生预期行为。同样，有机体的突变行为和筛选技术在整个基因工程中占据重要位置。

通过把分途径简单组合形成组成明确的基底成为新代谢途径是目前所关注的研究课题。近年来合成生物学技术的迅猛发展为组装和控制技术引入新工具，推动整个领域发展实现此设想。合成生物学中许多技术可应用于微生物代谢工程生产燃料，并且代谢工程和合成生物学之间已相互渗透，形成不可分割的关系。合成生物学中日益发展的一系列工具的快速应用，有利于解决棘手的代谢工程问题，如生物燃料的生产。

近来能源和燃料成本的增长引起人们的关注，化石燃料的替代品成为我们的研究重点。但是，与 20 世纪 70 年代和 80 年代早期生物燃料发展不同的是，我们具有更先进的工具来操控细胞代谢合成燃料。更重要的是，合成生物学的先进工具使得研究非天然生物燃料菌成为可能，能够利用现有的运输设施，不需修建新设施利用如乙醇等"自然"生物燃料。无论何种情况，代谢工程和合成生物学在生物燃料改进中都是研究重心，本文中提到的合成分子和生物技术在生物燃料改进中都发挥了重要作用。

4.3.3.3 代谢工程在药物合成中的应用

萜类药物是最重要的一类天然产物药物，在自然界中目前已经发现了四万多种萜类药物，其中包括青蒿素、紫杉醇、人参皂苷等大量为人们所熟知的抗癌、抗疟疾、抗心血管疾病和阿尔茨海默病的药物。萜类是一种重要的植物次生代谢产物，是植物抵抗病虫害和环境胁迫的一些免疫因子和毒素因子，因此并不能在自然界中大量获得。因此，通过代谢工程来进行生产就成了显而易见的策略，诸如在微生物底盘中进行的青蒿酸的生物合成。然而，并不是每一种植物次生代谢产物的合成途径都是明确的，我们通常难以完整地获知整条代谢途径上每一个反应具体的催化酶，此外微生物底盘也经常受许多因素限制而无法准确产生我们想要的代谢产物。因此，通过植物代谢工程的手段去生产萜类药物是一个重要的课题，目前正在建立的包括地钱、小立碗藓、莱茵衣藻、蓝藻在内的多种植物和藻类底盘也为植物本身生物量的弱势提供了一个突破口。

通常有以下策略被应用在植物代谢工程当中，包括胁迫诱导因子、模拟自然胁迫、"欺骗"植物产生次生代谢产物，由于要扩大生产规模，因此，通常采用植物内生病原体、易于工业生产的植物激素和重金属盐来作为诱导因子。基因工程（代谢工程），针对代谢过程中的酶进行基因工程操作，对关键限速酶进行过表达、对竞争性途径进行敲除，或将部分途径整体转移到另一植物底盘，都是常见的手段。全局代谢调节，该策略是诱导因子策略的延伸，当我们了解病原体和植物激素、重金属盐究竟是如何影响植物（实际上是如何影响了一些植物的转录因子）之后，我们可以特异性地通过基因工程手段模仿甚至强化这种影响（即过表达一些转录因子或激素合成）。此外，我们还可以整体提高上游代谢的输入量来提高下游的输出量，在萜类合成中其实就是提高上游的糖酵解水平（或 MEP 的合成水平）来提高输入萜类异戊二烯合成途径的乙酰辅酶 A 或 DXP（三磷酸甘油醛和丙酮酸）水平。萜类合成主要是前体异戊二烯的生成，产生了大量的异戊烯基焦磷酸（IPP）和烯丙基异构体二甲基烯丙基焦磷酸（DMAPP），且两者之间可以通过 IDI 酶相互转化，后形成主要包括 C_{10}、C_{15}、C_{20}、C_{30}、C_{40} 萜烯类的碳骨架，接下来产生一系列线性萜烯类化合物的变构和修饰。

生物诱导因子是十分有效的，紫杉醇的含量甚至在加入内共生的镰刀菌后提高；非生物诱导因子包括以无机化合物为主，如硫酸铜、硝酸银等。如用氯化镉、硝酸银、氯化铜、氯化汞等可提高穿心莲悬浮培养液中穿心莲内酯的含量，其中氯化镉处理的效果最好。利用偏钒酸钠、偏钒酸铵、硫酸镍、硫酸矾、硫酸铜、硫酸锰等重金属盐可诱导人参皂苷合成，其中钒酸盐处理效果最好。究其原理是因为钒酸盐处理可诱导内源 JA（茉莉酸）生物合成，上调鲨烯合酶（SQS）、角鲨烯环氧化酶（SE）和丹马烯二醇-Ⅱ合成酶（DS）基因的转录水平。

奎尼酸（QA）是一种具有极高价值的精细化工产品和医药中间体，在医药、食品、化工等行业均有广泛的用途，市场需求很大。大肠杆菌中存在着芳香族代谢途径（莽草酸途径），该途径中间代谢产物 3-脱氢奎尼酸（3-DHQ）是奎尼酸前体化合物，进一步氧化便可生成奎尼酸。将代谢工程技术应用于产奎尼酸基因工程菌的构建，利用大肠杆菌莽草酸途径合成新的代谢物奎尼酸。依据代谢工程原理，通过增加途径关键酶基因的拷贝数来提高酶含量以及解除关键酶所受到的反馈抑制保持酶活性，调整微生物的代谢流分布，将碳代谢流最大程度地引向奎尼酸生成的方向。

4.3.3.4 代谢工程在食品方面的应用

食品中的脂类，尤其是多不饱和脂肪酸，可发生氧化或水解降解，形成多种不饱和醛，这些不饱和醛具有强烈的风味，产生称为氧化酸败的风味缺陷。但是，干酪中的脂类不会发生广泛的氧化作用，这可能是干酪中的氧化还原电位较低（-250mV）和天然抗氧剂（如维生素 E）存在的缘故。因此，在正常情况下，脂类的氧化对干酪风味的影响较小。脂类影响干酪风味的主要原因是脂类的酶促水解和脂肪酸的代谢。

天然干酪中脂类对干酪的典型风味和质地发展起着重要的作用，是一些干酪品种特征风味物质的主要来源。脂解作用产生的脂肪酸，尤其是中短链游离脂肪酸的释放，直接有助于干酪的特征风味。不同品种干酪中的脂解作用有很大的差异。霉菌成熟干酪脂解作用较高，卡门培尔干酪（camembert cheese）的甘油三酯有 5%～10% 发生了脂肪水解作用，丹麦蓝纹干酪（danablu cheese）中的脂解作用更高，多达 18%～25% 的甘油三酯被水解为游离脂肪酸。而意大利帕梅森干酪（parmigiano reg-giano cheese）和波河干奶酪（grana padano cheese）制作过程中因凝乳热烫温度比较高，减少了脂蛋白脂酶在干酪成熟期间的作用，其脂肪水解作用较弱一些。此外，对于高达干酪（gouda cheese）和切达干酪（cheddar cheese）等来说，甘油三酯的水解率更低，不超过 2%。干酪脂解作用是由酯酶或脂肪酶作用的结果。这两种酶的差别主要在于作用的底物脂肪酸碳链的长度、底物的物理化学特性和酶反应动力学方面，酯酶水解 2～8 个碳原子长度的酯酰基链，脂肪酶水解 10 个或更多碳原子的酯酰基链；酯酶作用于水相可溶性底物，而脂肪酶作用于乳化的底物；酯酶催化作用属于典型的米凯利斯-门坦反应动力学（Michaelis Menten-typekinetics），脂肪酶的催化作用发生在两相的界面处，遵循界面间的米凯利斯-门坦反应动力学。但是在实际应用中，两种酶经常出现相互混用的情况。干酪中的脂解作用的酶来自牛乳、凝乳酶制剂、发酵剂、附属发酵剂、非发酵剂乳酸菌和外源性酶制剂。

牛乳本身的脂肪酶是脂蛋白脂酶（lipoprotein lipase，LPL），其来自血浆中代谢血浆甘油三酯的 LPL，牛乳中有 10～20nmol/L 的脂酶。大部分 LPL 因高温短时的巴氏杀菌（72℃，15s）而失活，因此 LPL 在干酪成熟期间作用并不大。即使在生乳中，大部分 LPL 的活性为乳脂肪球膜或酪蛋白胶束所阻碍，一旦乳脂肪球膜被破坏便会使得 LPL

对乳脂肪产生过多水解，导致干酪等乳制品产生不良风味。LPL 的脂解作用对生牛乳制作的干酪的风味发展起着重要的作用，而在巴氏杀菌牛乳制作的干酪中残留 LPL 的脂解作用对干酪风味的作用较小。LPL 水解作用对脂肪酸的类型没有特定的要求，但偏好水解中等长度碳链脂肪酸的甘油酯。LPL 对脂肪酸在甘油酯的位置有特定要求，只水解甘油一酸酯、甘油二酸酯和甘油三酸酯 sn-1 和 sn-3 位置的脂肪酸。商业化的凝乳酶正常情况下没有脂解能力。但是，含有脂肪分解酶前胃酯酶（pregastric esterase，PGE）的凝乳酶浆常被用来制作波罗伏洛干酪（provolone cheese）和罗马诺干酪（romanocheese）等硬质意大利干酪。

"清洁标签"在商业烘焙领域中已产生深远影响。在发酵粉的使用上，如今的原料供应商正在努力从产品中去除磷酸铝钠，一些曾经常用的经典发酵剂（例如酵母）作为替代，再次回归人们视线。就酵母而言，是一种回归自然、原始发酵的方法，本质上就是所谓的酸面团。这与烘焙业取代溴酸盐和偶氮二甲酰胺（ADA）作为氧化剂的趋势相吻合，连锁巨头赛百味（Subway）早在 2016 年就宣布从面包中去除 ADA。

为了避免使用溴酸盐和 ADA，同时也为了加快生产速度，一些烘焙食品制造商已转向使用陈年面粉以实现更自然、更长时间的发酵过程。此外，更多的原料供应商正在探索有机酵母产品。全球有机烘焙产品高级市场分析公司 Advance Market Analytics 最新的一项研究预测，在未来一段时间内，该市场将继续保持两位数的增长。关于酸化剂方面还没有看到很多创新，但有关苹果酸（在苹果和其他水果中天然存在的酸）对面团孔隙率和抗霉性影响的研究，可以使面包产生多孔的外观。其他有机酸，例如富马酸（反丁烯二酸），似乎为那些希望提高手工面包的保质期的面包师们提供了有实践意义的解决方案，这些解决方案还采用了新设计方案，通过影响混合时间和吸水率，以减少丙酸钙的使用量，同时增加面包的体积和成品的柔软度。

4.4
定向合成

4.4.1　定向合成的发展

小分子没有严格的定义，通常指分子质量<1500 Da 的潜在口服生物可利用性化合物。绝大多数合成药物和天然次生代谢产物属于小分子。小分子可以与生物大分子，特别是蛋白质相互作用，以选择性和剂量依赖的方式发挥特定的作用，进而成为研究和操纵生物系统的有力工具。小分子选择性地调控生物功能是构成药物化学和化学遗传学领域的基础。发现能够调节这些特定相互作用的新分子实体是一个重大的挑战。在很好地定义和理解生物靶标的情况下，有时可以设计配体，特别是当已知天然配体或其单一蛋白靶标的结构时。然而，对于其他了解较少的疾病状态，或者如果寻求一种新的结合模式或生物靶

标，挑战变得更大。在这些情况下，小分子文库的高通量筛选（high throughput screening，HTS）提供有效的解决方案。过去三十多年，高通量筛选细胞靶标发现苗头化合物时，小分子文库质量与容量决定药物发现与开发的成功率。以前库中往往含有高比例的简单小分子，只在分子类似二维拓扑的外围功能上存在不同，导致库中小分子结构多样性有限以及分子复杂性程度较低，降低高通量筛选发现活性分子的概率。显然，小分子库的化学结构组成是一个极其重要的考虑因素。由于给定分子的生物活性与其化学结构内在相关，文库中化合物之间的结构变化程度越大，实现广泛而独特的生物活性的可能性就越大。在针对单个目标进行测试的库中，多结构类型的存在能增加发现以新的方式与靶标结合的分子可能性。

小分子文库可以来源于天然（天然产品）或非天然（化学合成）。自然界产生了大量与生物相关的次生代谢物，进化为具有特定而精确的生物活性的化合物。这些化合物在医学上使用了数千年，今天仍然是提供许多先导化合物和药物的主要途径，而且几乎可以肯定的是，在未来的很长一段时间里，还会持续。毋庸置疑，天然产物不能代表真正结构多样化的化合物集合，对天然产物的生物活性进行筛选显然是极有价值的。然而，仅基于天然产物产生大型化合物库是不现实的，这主要是因为难以获取、分离和鉴定生物活性成分，以及难以对具有极其复杂结构的天然产物进行纯化和化学修饰。化学合成是产生大量化合物用于筛选最有效的方法之一。随着 20 世纪 90 年代组合化学的出现，化学家以一种有效的方式制备大量化合物成为可能。由于分裂-聚合（split-pool）技术的使用以及自动化技术的进步，在很短的时间内可以合成数以百万计的化合物。然而，这些化合物库通常有大致相似的组成结构，导致整个库中的生物活性相当有限。组合化学可以通过采用相同的合成方法，以不同的方式组合构建砌块，生成不同的化学结构，由此增加构建砌块的数量实现合成化合物的数量倍增。这种方法通常会导致共同支架周围取代基（R-基团）的变化，但文库内部相对缺乏核心结构多样性，在发现新的生物活性化合物方面，取得成功是有限的，因此，小分子库的结构复杂性和多样性构成筛选集合的质量基础，与小分子库中分子总数同样重要。

有许多商业上可用的或专有的化合物集合，可作为小分子的来源，而不需要从头合成，但这些文库中的化合物通常以组合化学方式合成，限制了化合物结构和功能多样性。这些化合物集合受到限制有二，一是快速制备的大量化合物空间呈"扁平化"，结构简单且相似，如基于芳香核心结构含很少的立体中心；二是化合物集合过于偏向传统上药物类分子所需要的特征，例如口服生物利用度的利平斯基（Lipinski）规则。制备这些化合物文库一般基于已知药物分子和生物活性天然产物为起始分子，采用目标导向合成（target-oriented synthesis）和组合化学进行组装，导致所得化合物严重倾向于已知的生物活性化学空间。然而，针对这类小分子库的所有的筛选活动，限制在性质范围相对狭窄的分子上，有可能遗漏许多潜在的生物活性分子，这些分子存在于代表不足和探索不足的化学空间区域。通过筛选集合扩大化学空间的探索区域，可能有助于发现非传统药物靶标的小分子调控剂，从而扩大药物研发范围至化学生物学的关键痛点"可药用"基因组。

组合库可以分为重点库（focused libraries）和探索库（prospecting libraries）。重点库被认为是"经典"组合化学方法的结果，一般采用目标导向合成与组合化学合成，指根据已知目标合成一些基于优势结构（privileged structure）的密切相关的化合物。探索库可以看作早期结构多样性合成的雏形，制备目标是类似于当代的多样性导向合成（diversity oriented synthesis，DOS）库，要实现高水平的结构多样性和生物活性的化学空间覆盖率，通过筛选大量结构不同的化合物，找到一种具有新颖作用模式的先导物。2000年创造DOS术语，开启现代的多样性导向合成思想和策略。许多基于DOS库筛选发现了能够调节非传统药物靶点的小分子，如蛋白质-DNA相互作用和蛋白质-蛋白质相互作用，强调合成具有结构复杂性和多样性的高质量小分子文库代表新的选择，在某些应用中更具优越性。

要高效地合成大量结构多样的化合物，用于有效地探索化学空间的有用领域，是不容易实现的。化学合成是其中的主要挑战之一，制备一个生物相关的DOS库必须从相反的方向接近更传统的化学合成。在TOS和组合库合成中，合成开始考虑到目标分子结构，然后通过成熟而强大的逆向合成分析过程（retrosynthetic analysis）合理地将其分解成更简单的起始材料或构建砌块。在复杂分子的TOS途径中，逆向合成分析把目标分子拆解成简单的前体或砌块，然后以"汇聚"方式组装。在DOS途径中，理想的合成策略是发散式地合成，采用少量化合物转化成许多不同的结构，不可能直接对DOS进行逆向合成分析，而是在选择起始原料和中间体时，必须考虑到在合成序列后期的不同反应性。通常，DOS途径利用复杂生成反应快速构建分子支架和产物-底物关系，其中一个反应的产物为下一个反应的底物。由此可见，随着对高通量筛选发展，对小分子库质量要求越来越高，需同时考虑库复杂性与多样性以及库的容量，进而提出对库制备策略的相应要求。如图4-57所示，按方法导向合成可分为基于试剂、催化剂、合成策略、合成技术等四种定向合成类别，然而，按照库的质量发展要求，定向合成可分为目标分子导向合成、多样性导向合成、生物多样性导向合成（功能导向合成）三类，下面以此分类详细阐述各种定向合成特征，其实，在实际制备高质量和高容量的分子库时，这些定向合成策略往往组合使用。

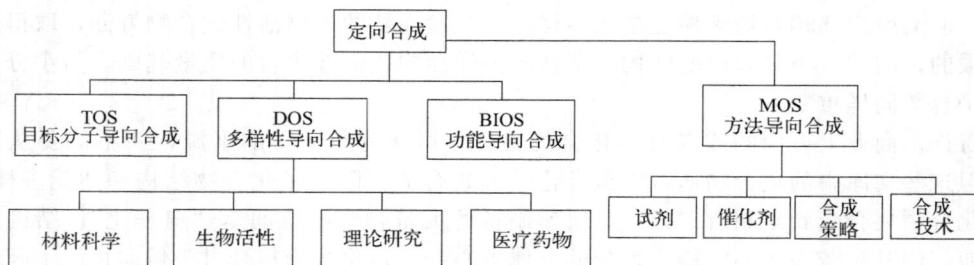

图4-57 有机化学中的定向合成分类

目标分子导向合成（target oriented synthesis，TOS）主要发现自然中干扰大分子活性的小分子。通常从天然提取物中筛选、识别、分离、纯化得到天然化合物，由多种光谱技术表征其结构，以确定天然化合物为目标导向合成。TOS目的是获得精确的化学空间区域，已知功能的复杂天然产物往往定义这些化学空间区域。组合化学或药物化学修饰化合物所得密集的化学空间区域，旨在接近已知有用属性的精确化学区域。组合化学的起始结构或药物化学的先导化合物有不同来源，可能是天然产物、已知药物、基于作用机制假设和/或基于目标大分子的晶体结构的合理设计结构。基于天然产物或已知药物所定义的化学空间，目标分子导向合成、组合化学、药物化学获取更精确或密集空间区域，极大地促进化学、生命科学、药物的发展。

目标分子导向合成天然化合物以及组合化学与药物化学合成靶化合物的合成路线是线性的、聚合的，经常采用逆向合成分析策略规划合成路线。该策略的核心是拆解复杂的目标化合物为一系列更简单结构，然后，用简单分子从反方向进行化学反应制备目标分子。逆向合成分析的特点是化繁就简。转换元是逆向合成分析策略的基本结构亚单元。在逆向合成分析中，结构转换必须首先确定相应的转换元，后者是目标化合物合成的关键元素。当进行复杂靶标化合物的逆向合成分析时，结构简化转换是至关重要的，转换的迭代应用可以形成有效 TOS 方案。在此之前，合成不同目标结构的解决方案视情况而定，个案差异较大，规律不强。逆向合成的概念和思维的前提是合成化合物有确定的目标结构，这完全符合目标分子导向合成、组合化学和药物化学合成目标，所以逆向合成策略对 TOS 等发展有极大推动作用。

然而，天然产物和已知药物能定义化学空间的精确区域吗？这些定义的化学空间区域是发现调控大分子功能小分子的最好区域吗？解决这些问题，需要拓展小分子库的多样性，但 TOS 不能共享访问化合物多样性，药物化学和组合化学在一定程度上获得化合物多样性，一般能合成特定目标结构的类似物。需要指出是，在使用固相合成时，在一个共同的分子骨架上添加不同的构建砌块，有效地进行 TOS 策略。在这种情况下，逆向合成分析策略用于设计目标结构的合成路径，前提是允许在实际合成过程中添加不同的构建砌块集。当共同骨架上携带多个具有正交功能化潜力的反应位点，强大的分裂-聚合（split-pool）技术有效地将所有可能的构建砌块组合，又称完整矩阵。

多样性导向合成（diversity oriented synthesis，DOS）起源于组合化学，应用于复杂的有机转化。DOS 提供了复杂多样的小分子，在调节许多目标的活性方面表现出巨大的潜力，这些小分子在很大程度上超出了传统化合物收集的范围。DOS 的合成目标是创造化合物涉及广泛的分布化学空间，包括目前数量稀少，甚至是没有探索的化学空间，以及未来可根据经验发现与所期望的性质最相关的化学空间。在理解与实现 DOS 目标之前，首先须认识到访问化学空间的广阔区域与访问精确或密集区域是两个本质不同的问题。问题不同，对小分子化学空间的要求也不同，不同分子空间衍生出不同合成的挑战，需要不同的分析解决方案。但 DOS 没有单一的目标结构，逆向合成分析不能使用。

与 TOS 相反，在 DOS 合成中，需单个化合物的结构复杂性和整体集合的结构多样性最大化，其合成路径往往是分支、发散型的，一般采用正向合成分析（forward-synthetic analysis），然后按照正向合成方向分析多样性化合物合成。正向合成规划的目标是由简单和相似朝着复杂和多样化方向合成化合物。过程是正向合成规划的基本亚单元，由许多化学反应正向组装反应模板库或底物库生成目标产物库，整个过程沿着正向合成的方向。实现 DOS 过程的关键元素是反应共性，化合物组固有的化学反应共性指所有潜在的底物发生同一反应。为了设计基于迭代过程的有效 DOS 路径，至关重要是确定"产物-等同-底物关系（products-equal substrates relationship）"，指一个反应过程的产物的固有化学反应共性，可以成为另一个过程的潜在底物。当正向规划 DOS 时，复杂性生成反应是获取复杂性的最有价值最有效方式，一个复杂生成反应的产物是另一个反应的底物，整个过程中产生高度复杂的产物，只需几个合成步骤。在 DOS 库中，不存在单一的靶结构，实现分子结构多样性的目标需考虑三个不同的多样性元素：附属物如构建砌块、立体化学和分子骨架。因此，在理想的 DOS 中，一个多样性生成过程得到所有产物，能成为另一个过程的反应底物，利用分裂聚合（split-pool）合成技术制备基于构建模板、立体化学以及分子骨架等元素的分子结构多样性的小分子组合矩阵。

最近研究运用DOS策略发现治疗慢性疾病Chagas病的先导物。Chagas病急性期治疗主要有两种药物，苯硝唑[图4-58(1)和(2)]和硝呋莫司，但两者均显示明显的副作用。为了解决这一问题，以DOS策略制备10万个不同的小分子库，按照传统药物化学的标准工作流程进行筛选评价。经过表型高通量筛选和苗头化合物SAR(structure activity relationship)研究，化合物的活性和选择性得到明显改善，最终发现先导化合物ML341 (IC$_{50}$=40.0nmol/L)，与苯硝唑（IC$_{50}$=6.6μmol/L）相比，其杀灭锥虫的活性更强，表明DOS可以作为HTS的有用工具，为任何细胞靶点的药物发现初始苗头化合物提供一个新的小分子库。

图4-58 一线治疗Chagas病苯硝唑（1）和源自DOS库的先导ML341（2）

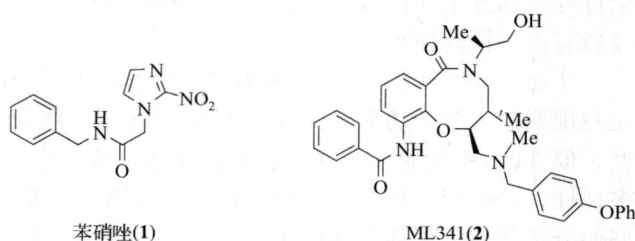

苯硝唑(1)　　　　ML341(2)

DOS关注化学分子的结构多样性，构建具有丰富支架、立体化学和附属物等多样性的小分子集合，随着固相合成、流动化学和条形码等技术的进步，DOS可以合成成千上万个分子，实现化学空间的最佳覆盖，包括目前还没有覆盖的化合物集合或天然产品库和类天然产品库。但许多分子可能没有显著的生物活性，或者由于结构或物理特性可能产生类似的作用，导致分子结构的冗余，如图4-59所示，液泡酶的天然产物抑制剂具有不同的化学结构，但具有相同的生物活性。天然产物分子微管结合剂具有多样化的化学结构，但显示出冗余的生物活性。一个基于生物活性的主成分分析（PCA）的理论例子表明，对于具有冗余生物性能多样性的分子库，只有几个簇，每个簇包含许多分子，暗示只含有少量分子的簇分子文库显示出很多冗余小分子。近年来，定向合成研究重点开始转向具有多种生物活性导向的小分子文库的合成，即生物活性导向合成（biology oriented synthesis，BIOS）。生物性能多样性的概念作为化学文库的注释以及预测实现目标多样性和化学探针选择性所必需的结构特征的方法。目前尚不清楚分子的哪些性质和结构特征可以预测生物分析中的不同性能，更好地理解这种关系有助于生物性能多样化的小分子文库的开发。在小分子文库设计和创建过程中，要考虑什么结构特征和化学性质对生物反应多样性的贡献最大。有了这些知识，可以设计更小的库，结合关键特性的结构多样性，可以增强筛选效率，降低构建与评价成本，提高HTS发现活性分子的成功率。

Waldmann课题组以环氧己烷库为例（图4-60），展示了BIOS的成功应用。之所以选择核心环氧己烷，归因于它普遍存在于许多有生物活性的天然产物中，如具有化感作用和植物毒性的向日葵素B（3）和C、避孕药佐帕诺尔（zoapatanol，4）和抗肿瘤药 sodwanone S（5）。设计环氧己烷衍生物"一锅法"合成方法，涉及4～8步反应。以关键的共同核心环氧己烷为结构片段进行衍生，合成91个衍生物，确保其优势结构的生物活性。由于含环氧己烷天然产物具有广泛的生物活性，研究小组经各种细胞活性分析，发现其最有希望的生物活性是作用于Wnt信号通路，如环氧己烷衍生物6[EC$_{50}$=（1.8±0.9）μmol/L]。化学蛋白质组学研究显示，生物活性可能是与Vangl1相互作用的结果，Vangl1是一个之前没有被报道的小分子调控的靶点。进一步认识到天然产物中的优势核心框架的力量，可以完成基于片段设计的拟天然产物库。这些库是由基于天然产物的片段耦合而成，允许合成新的天然产物类实体，进而实现生物相关的化学空间。DOS 不加区分地合成许多结构上不同的分子，在表型筛选或生物化学筛选特定细胞蛋白靶点时，允许从 DOS 库中发现靶向结合多个已知蛋白的初始苗头化合物。BIOS 库受到天然产物启发，基于优势核心结构的衍生物显示出相对有限的结构多样性，但可以用于识别已知或未知蛋白质的苗头化合物的筛选。

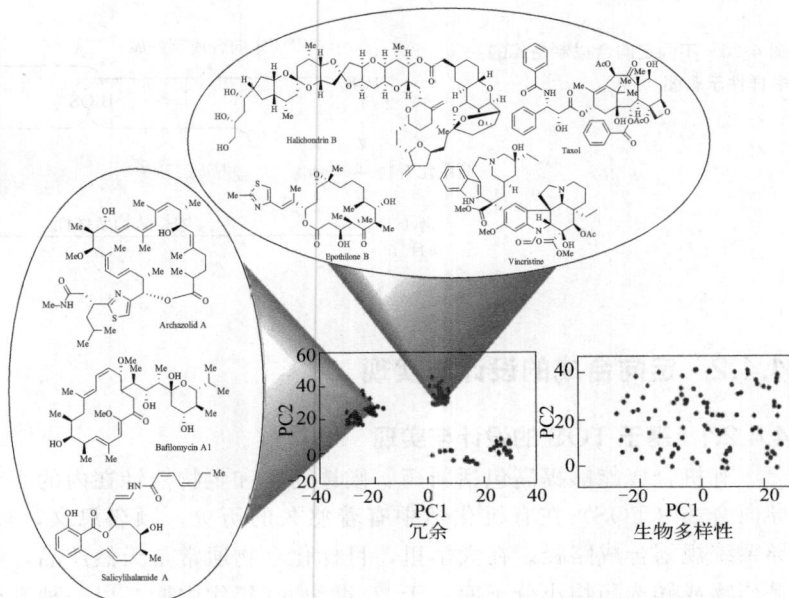

图 4-59 DOS 产生结构多样性分子可能冗余的生物活性
如液泡酶的天然产物抑制剂、天然产物分子微管结合剂以及基于生物活性的主成分分析（PCA）的理论分析

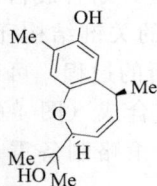 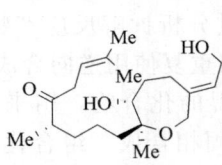 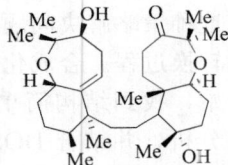 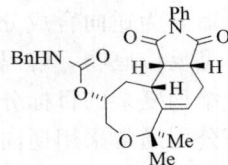

向日葵素B(**3**)　　　　(+)佐帕诺尔(**4**)　　　　sodwanone S(**5**)　　　　**6**

图 4-60　含环氧己烷片段的天然产物向日葵素 B（3）、佐帕诺尔（4）、 sodwanone S（5）以及基于 DOS 策略发现的 Wnt 信号抑制剂 6

　　综上所示，定向合成顺应分子库复杂性与多样性的要求而发展，最早的 TOS 库以及组合重点库的分子简单且相似，尽管发现许多成功的先导物与药物，但也遗漏很多未探索的化学空间领域；DOS 库大大改善化学空间领域，为医疗领域以及难成药性靶点提供可能小分子化合物，但过于强调分子多样性，忽视生物多样性与结构多样性内在关联，造成许多假阳性化合物，命中率低；BIOS 库基于天然产物启发，考虑了库中结构多样性与生物多样性的平衡重要性，不仅融合天然产物多样化的、复杂的、sp3 丰富特征，而且结合 DOS 的优势，结果增加了苗头化合物的命中率，进而提高开发为先导化合物概率。如图 4-61 所示，不同的定向合成构建库的结构多样性不同，TOS 库的结构多样性最少，DOS 库的结构多样性最丰富。化合物集合中结构多样性是化学基因组学挖掘与发展的关键，对人类健康有深远的影响。在过去的两年中，DNA 测序的成本不断下降，全基因组关联研究的质量和数量均发生了巨大的增长，进而对一系列人类疾病的几个新靶点进行了验证。不幸的是，这些靶标中有许多目前都属于"不可成药性的"或"难成药性的"。正像 TOS

一样，DOS 和 BIOS 也正在成为有机方法研发的舞台。在学术和工业领域，开发 DOS 以及 BIOS 途径的势头正盛，正在产生广泛的高质量多样性小分子文库。以各种生化和细胞为基础表现型是 DOS 以及 BIOS 发展的重要目标。随着多样化小分子化学空间扩展，接触到越来越多与生命健康有关的多样化生物靶标区域，DOS 和 BIOS 在药物研发的真正价值愈来愈受重视。值得指出的是，由于小分子对抗菌靶标、蛋白-蛋白相互作用和中枢神经系统靶标的理化要求差异很大，设计构建重点的 DOS 和 BIOS 库是定向发展方向。

图 4-61 不同定向合成制备库的多样性示意图

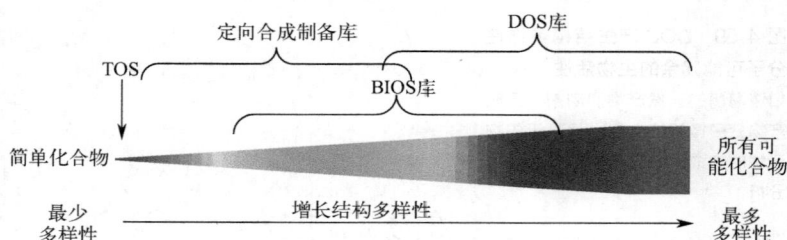

4.4.2 定向合成的设计与实现

4.4.2.1 基于 TOS 的设计与实现

有机合成能够提高包括新药、候选药物和生物探针在内的小分子合成效率。目标分子导向合成（TOS）在有机化学中有着悠久的历史，顾名思义，以目标分子结构特征为指导系统规划合成路径。在大学里，目标化合物通常是天然产品，而在制药公司里，目标则是药物或候选药物小分子库。于 20 世纪 60 年代中期，以一种系统的方法计划合成目标分子，命名为逆向合成分析。这种策略解决问题通过分析拆解反应产物中的关键结构元素，而不是反应底物，解码合成转换过程。合成化学家重复使用逆向合成分析的过程，可以从一个结构复杂的目标分子开始，找到结构简单易得的化合物，用来开始合成（图 4-62）。制药公司通常采用逆向合成分析，并结合 DOS、固相合成、组合化学等策略制备重点化合物库（focused libraries）。

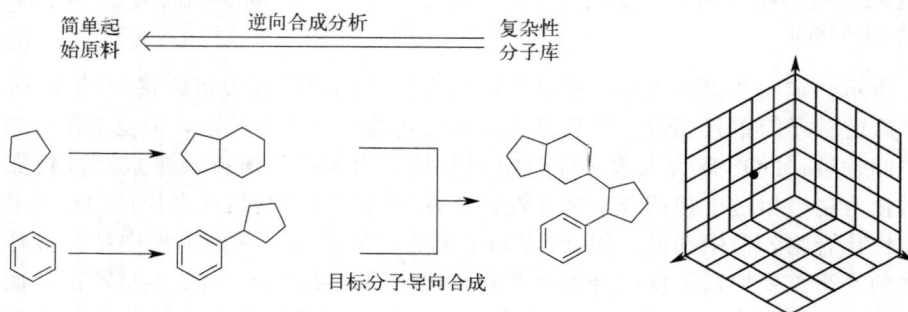

图 4-62 TOS 策略设计与实现图

逆向合成分析是目标导向合成的必要条件，已应用于许多有价值的医药和生物学目标化合物的合成规划，如非天然合成潜在抗癌分子 spirocyclic oxindole（螺环氧吲哚，**11**）

以及天然产物 fused tricyclic pyrollidine（稠合三环吡咯烷，**12**）和 12，13-desoxyEpoB（**13**）等。经典的逆向合成分析例子如图 4-63 所示，目标分子是含有烯烃和酮基官能团的顺式稠合双环 **7**，三个 sp3 杂化碳原子分开两个官能团，化合物 **7** 可以用 oxy-cope 重排反应转换合成。基于目标分子 **7** 中原子的连通性和 oxy-cope 反应机理，确定 oxy-cope 反应底物 **8** 为一个环碳携带乙烯基和羟基的含烯烃桥接双环。对底物 **8** 分析表明，前体底物 **9** 是一个含酮基桥联双环。用亲核的乙烯基构建砌块处理酮 **9**，例如乙烯基格氏试剂，生成目标化合物 **8**。继续逆向合成分析，桥联双环酮 **9** 可以看作由简单的起始原料或砌块环己二烯 **10** 和烯酮的 diels-alder（DA）反应的产物。烯酮本身不会发生 DA 反应，但其等价物能有效地发生该反应。这个示例说明了的 DOS 的几个关键特性：①连接两个不同的组成部分的反应，称为片段耦合反应，是非常重要的；②立体选择性地产生结构复杂性的反应也有相当大的价值；③oxy-cope 和 DA 反应是一类很好的 TOS 反应，在合成中有广泛的应用。

目标分子 ⟹ 起始原料

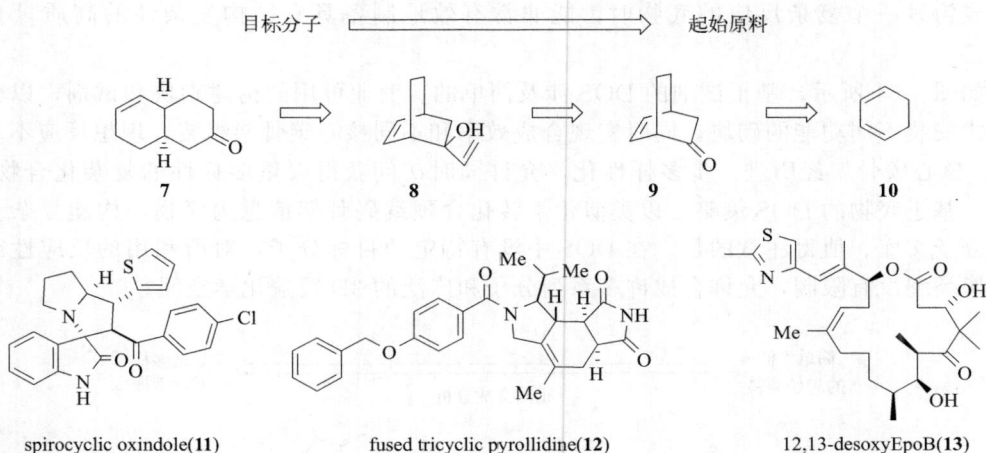

图 4-63　顺式稠合双环 7 的逆向合成分析以及基于 TOS 设计与实现化合物 11~ 13

　　TOS 用于药物发现中的固相合成，特别是构建重点文库，该文库具有共同结构特征的化合物集合，以促进与预先选定的蛋白质靶点的结合。众所周知，多肽合成很少需要合成规划，因为多肽由容易合成的酰胺键连接重复氨基酸构建砌块组装而成。最初，多肽固相合成是为了克服许多偶联形成长链的技术挑战。新生多肽链固定于球形聚苯乙烯珠，允许过量偶联试剂和未反应试剂等副产物存在，简单地清洗不溶性珠，将杂质去除。固相多肽合成技术很快转化到非多肽小分子合成，在有机合成方面得到长足发展与广泛应用。固相法简化合成中间体的纯化，提高合成效率。固相平行合成的出现，为类似反应提供可行性反应模板。在关键的片段耦合反应步骤中，与结构不同的构建砌块进行平行反应，生成各种结构类似性产物。固相平行合成是通常所说的组合合成的例子，是制药公司和大学的药物化学家最常使用合成相关化合物集中库的方法，库中小分子具有与预先选定的蛋白质靶标结合所必需的结构特征。固相平行合成很容易地应用逆向合成分析的一般原则。现在平行合成法在合成通量上有适中的提高，但是固相合成的第二种变化，除了纯化技术优势之外，在有机合成小分子集合的能力上有惊人的提高，最初只有多肽合成中的分裂-聚合（split-pool）合成策略具有这种潜力。最近，采用固相组合化学产生了结构复杂和多样化的合成小分子文库。

4.4.2.2　基于 DOS 的设计与实现

按目标分子的特征，DOS 的设计与实现分为分子复杂性与多样性两个方面。天然产物的结构和功能研究表明，结构复杂性可能对大分子的干扰功能和作用的特异性呈正相关，特别对破坏蛋白质-蛋白质相互作用。获取复杂分子骨架的小分子是 DOS 的目标之一，这与正向合成规划策略的目标由简单朝着复杂方向是一致的。与药物化学和组合化学中得到的相对平坦的分子骨架相比，DOS 分子骨架往往会沿着圆周向外伸出附体，获得更多的球状或球形分子骨架，取代基可以在筛选后的优化阶段沿着球体表面附着。

研究人员为了最大限度地提高 DOS 与单珠/单库（one bead/one stock）解决方案技术平台的兼容效率，DOS 途径一般为三至五步，但不超过五步，过多反应影响 DOS 中保护基团的操作空间。要实现 DOS 分子骨骼的复杂性，复杂生成反应的选择与确定至关重要，生成反应能够快速组装复杂分子骨骼。在 DOS 的正向合成反应中，一个复杂反应的产物成为另一个复杂反应的底物时，能非常有效地制备具有结构复杂性的高质量化合物库。

如图 4-64 所示，基于试剂的 DOS 涉及简单的、商业可用的构建砌块和试剂，以分散型方式安装不同功能的砌块，同时实现合成效率和不同核心碳骨架组装，理想反应不超过 5 步。核心碳骨架经历进一步多样性化，允许同时访问获得大量多样性的复杂化合物库。另外，基于底物的 DOS 策略，以类似化学转化含预编码骨架信息为底物，构建复杂多样化的分子文库。值得注意的是，在 DOS 中没有特定的目标分子，对所利用的反应性或合成支架类型没有限制，允许合成许多系列分子和广泛的 3D 覆盖化学空间。

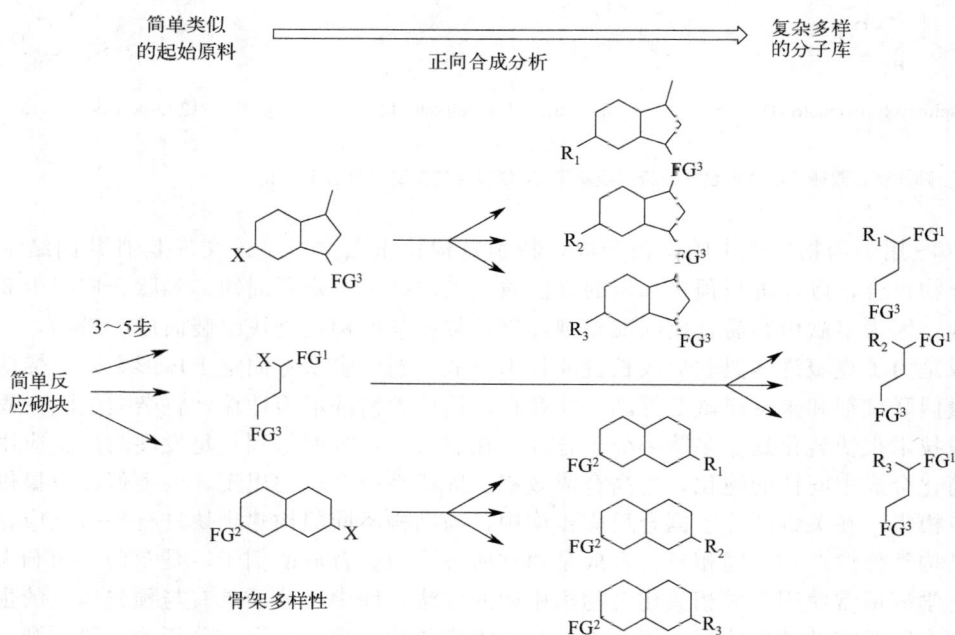

图 4-64　DOS 策略设计与实现图

多组分反应（multicomponent reaction，MCR）适用于理想的 DOS，很容易地使参与反应的每个组分实现其多样性。Ugi 利用四组分耦合反应一步组装简单的起始原料为复杂产品（图 4-65），起始原料同时携带二烯基和亲二烯基，第一个复杂生成反应的产物 **14** 是另一个分子内 diels-alder 反应的底物，实现从简单的起始原料一步反应生成复杂分子骨架的可能。产物 **15** 几乎是一个另外复杂生成开环/闭环置换反应的底物，进一步 KHMDS 和烯丙基溴发生双烯丙基化反应转化为底物 **16**。在 Grubbs 催化剂的作用下，化合物 **16** 发生络合开环/合环的置换反应，生成有高度复杂的 7-5-5-7 多环分子骨架的 **17**。

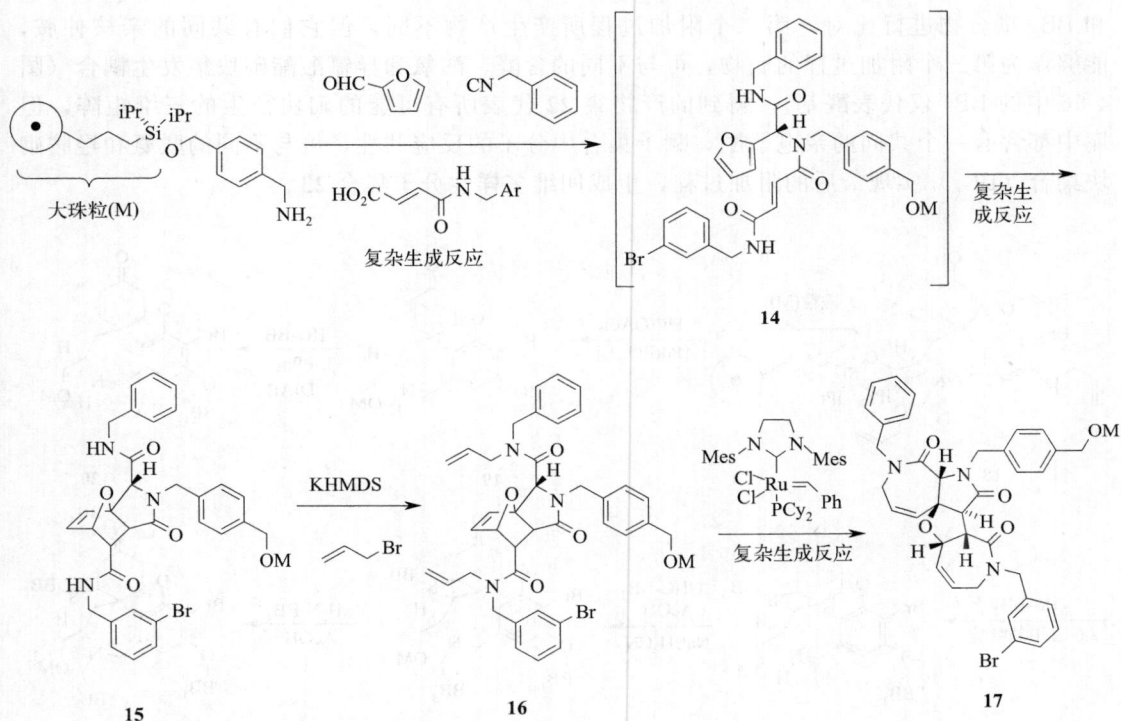

图 4-65　多组分制备复杂 7-5-5-7 多环体系
KHMDS—六甲基二硅氮烷钾盐；　Mes—2,4,6-三甲基苯基；　Cy—环己基

DOS 的多样性生成过程，往往是由起始的相似性至产物的多样性过程。在正向合成分析过程中发现，按组装所需多样化元素来源与目的，多样性生成过程分为三个种类：附件多样性（appendage diversity）、立体化学多样性（stereochemistry diversity）、骨架多样性（skeleton diversity），下面从这三个方面阐述 DOS 多样性设计与实现过程。

附件多样性生成过程是最简单的多样性生成过程，最简单的多样性也是组合化学的中心特征。在正向合成分析中，附加过程（appending processes）策略涉及利用偶联反应将不同构建砌块等附属物结合到共同分子骨架上。当分子骨架有多个具有正交功能化的反应位点时，分裂聚合（split-pool）合成技术能增强组合效应，随着反应条件的增加，产物的数量成倍增加，进而构建所有可能的附件组合。复杂生成反应首先生产单个复杂分子骨架，骨架上携带几个附着点，再经过一系列附加过程，所有可能的构建砌块共价结合到共同分子骨架上。大量化学合成研究发现，一个合成/一个骨架（one synthesis/one skeleton）的方法非常普遍，过程只需三到五个反应步骤，可以产生成百上千甚至上百万个不同的小分子。如图 4-66 所示，连续运用四个"产物等同底物"关系反应，先后将四组构建砌块有效地附加到共同分子骨架上，得到一个四维组合的复杂多样性分子集合 **23**，很生动地说明基于附加过程的复杂生成反应的优势。首先采用仿生的复杂氧化环化反应作用于起始原料 **18**，转化为无环前体 **19**，刚性骨架 **19** 含四个潜在的反应活性位点，两个亲核位点和两个亲电位点，每个位点都可以发生一系列正交功能化反应，附加过程驱动这些功能化反应生成骨架的多样性。在第一附加过程中，利用 Mitsunobu（光延）反应偶联各种以伯醇衍生的砌块集到化合物 **19** 的酚醇上。产物 **20** 携带一个共同的环烯酮官能团，与巯基化合物（BB$_2$）发生共轭加成，选择性地功能化得到化合物 **21**。以确证的 BB$_1$ 耦合物和 BB$_2$ 耦合物进行比对，第二个附加过程所产生产物不同，但它们有共同的亲核仲胺，能够作为第三个附加过程的底物，可与不同的含醛、酸氯和异氰酸酯砌块集发生耦合（图 4-66 中的 BB$_3$ 仅代表醛基）。得到的产物集 **22** 代表所有可能的砌块衍生的三维矩阵，但库中都含有一个共同的亲电子酮，赋予集合中分子的反应共性，可与不同的联氨和羟胺砌块集（BB$_4$）实现最后的附加过程，生成四维多样性分子集合 **23**。

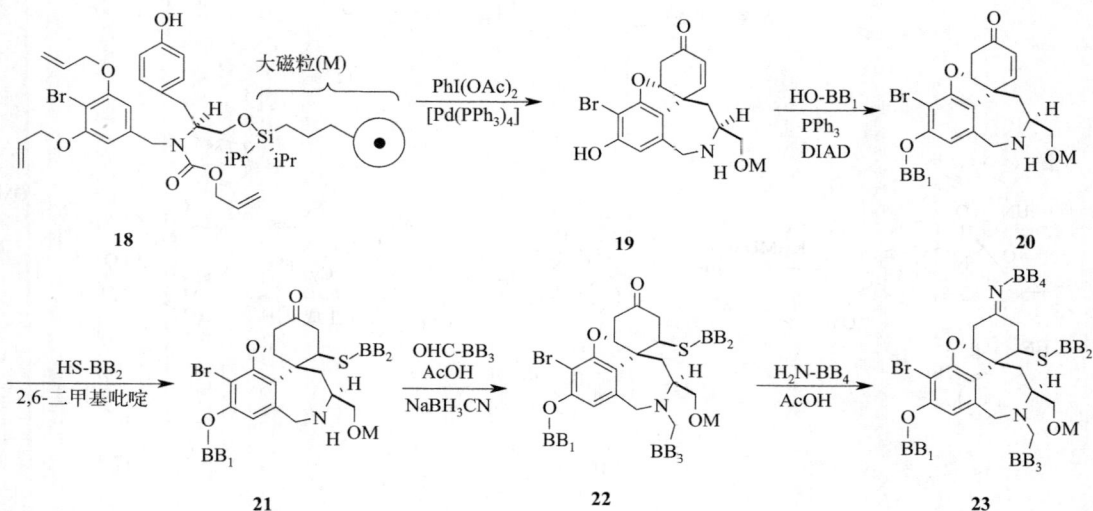

图 4-66　加兰他胺类化合物的多样性导向合成（DOS）

立体化学多样性增加了小分子中潜在的与大分子相互作用的相对取向数。对映或非对映选择性进行的立体定向反应是增加立体化学多样性最好的方法。由于多样性生成过程涉及底物组转化为产物组的过程，用于新的立体中心的生成过程的反应需兼顾选择性与普遍性。手性底物共同转化为具有增加立体化学多样性的产物过程，需要手性试剂参与，试剂能够克服底物偏置，并非常高选择性地递送非对映体产物。立体定向和立体选择决定立体化学多样性的生成，立体选择严重依赖于强大的手性试剂开发，而立体定向一般采用基于底物控制立体异构体策略。如图 4-67 所示，手性二烯基硼酸 **24** 进行非对映选择性的分子间 DA 反应，转化为环加合化合物 **25**，选择性地生成三个新的手性中心，这种 DA 反应及其相关反应为 DOS 的发展提供一个很有前景的发展方向。然而，这种非对映选择性地转化是在强有力的底物控制下进行的，图 4-67 中 N-苄基丁二酰亚胺与三异丙基硅烷（TIPS）保护羟甲基的空间相互作用，直接导致环加成到二烯的空间阻碍较小的面，所以，高度立体选择性反应是一把双刃剑，生成相反的非对映体产物 **26** 可能具有挑战性。

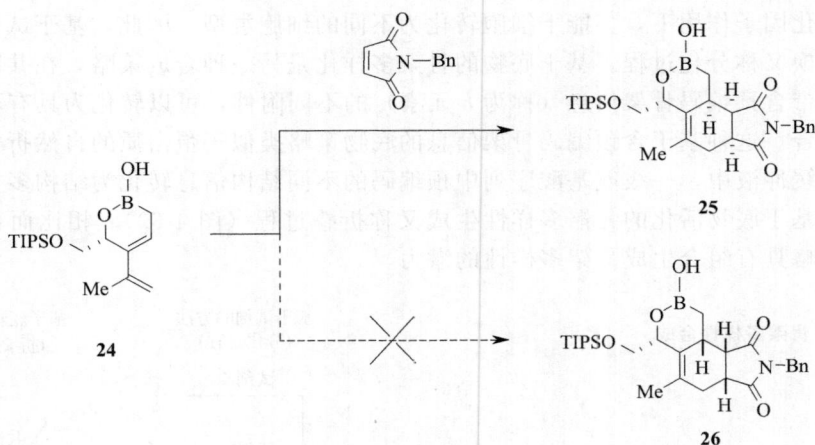

图 4-67　基于底物试剂的立体定位构建 DOS 的立体多样性
TIPSO—三异丙基硅烷；Bn—苄基

　　基于手性催化试剂控制的立体化学，可能可以解决基于底物控制的立体空间的偏置。如图 4-68 所示，以手性催化剂 **30** 为例，阐述克服手性底物的立体化学偏置，生成具有高选择性的非对映体产物，整个转化过程是由催化试剂控制的。在非对映选择性立体化学多样性生成过程中，使用化合物 **30** 的两种对映体，选择性控制普通的手性底物转化为具有增加立体化学多样性的产物集。经（1*S*，2*R*）-30 催化剂控制，手性烯醛 **27** 进行逆电子需求的非对映选择性 DA 反应，转化为二氢吡喃 **28**。用催化剂的对映体（1*R*，2*S*）-30 克服手性底物的立体化学偏置，生成非对映体二氢吡喃 **29**，显示类似的强效试剂的发现是立体选择性地实现 DOS 立体化学多样性的关键途径。此外，在正向合成规划过程中，以组合方式提高生成立体化学多样性能力，即整合多个立体化学多样性生成过程到单一路径中，类似于上述附加过程以组合方式生成砌块多样性策略。

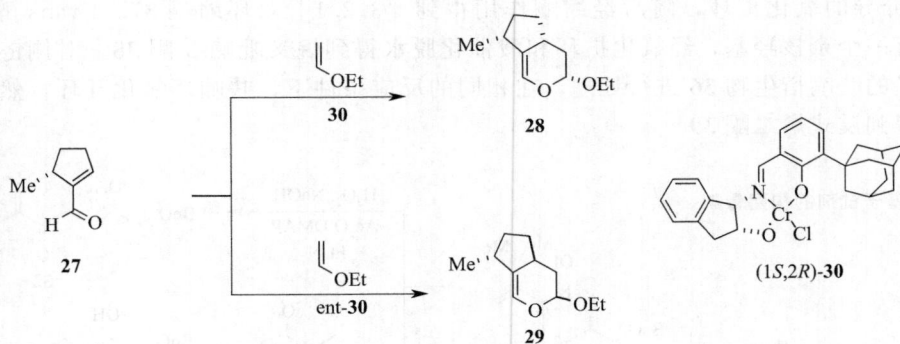

图 4-68　基于手性试剂控制的立体选择性构建 DOS 的立体多样性

　　DOS 途径产生的化合物集合涵盖许多不同的分子骨架，尤其能有效地实现化学功能在三维空间的多样化显示。目前，产生 DOS 骨架多样性的路径有两种策略，一种是基于试剂的分化策略，另一种是基于底物的折叠策略。前者指在不同的试剂作用下，不同反应活性的共同底物转化为具有不同分子骨架的产物集合，这类似于干细胞分化的自然过程，在不同的分化因子作用下，多能干细胞转化为不同的细胞类型，因此，基于试剂的骨架多样性生成转换又称分化过程。基于底物的骨架多样化是另一种合成策略，在共同的反应条件，底物携带含预编码骨架信息（称为σ元素）的不同附件，可以转化为具有不同分子骨架的产物集合。这种基于含预编码骨架信息的底物策略类似于蛋白质的自然折叠过程，在共同折叠的缓冲液中，一级氨基酸序列中预编码的不同结构信息转化为结构多样化的大分子，因此，基于底物活化的骨骼多样性生成又称折叠过程（图4-69）。相比而言，基于底物活化的策略具有组合生成骨架多样性的潜力。

图4-69　DOS骨架多样性合成
途径示意图

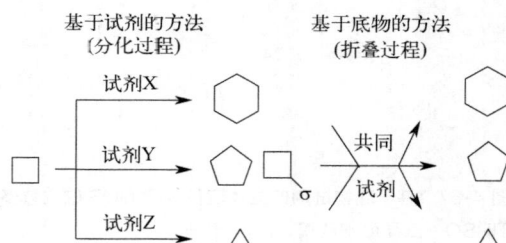

基于试剂的骨架多样性定向合成已有很多报道。在不同的试剂存在下，常见的多能底物可以转化为不同的产物，具有不同的分子骨架。如图4-70所示，不饱和环二烯基硼酸酯**31**具有多样化的反应活性，用过氧化氢和氢氧化钠处理**31**，发生氧化反应生成烯酮**32**。或者，用1,3,5-三氧烷处理同一底物**31**，转化为三取代的丙二烯**33**。另外，基于底物活化策略的骨架多样性应用更广泛，可以采取组合方式实现小分子骨架多样性。芳香呋喃环是一种相对不活泼的核心结构，经温和氧化剂处理后，可以转化为更活泼、亲电的顺烯二酮中间体。如图4-71所示，三个含有呋喃结构相似的底物**34**、**35**、**36**，其特征是呋喃核心结构上分别携带O或一个或两个亲核羟基的双碳侧链，在共同氧化剂溴代丁二酰亚胺（NBS）和酸性对甲苯磺酸吡啶鎓盐（PPTS）反应条件作用下，三个类似底物可能转化为对应的具有不同分子骨架的产物。呋喃衍生物**34**，侧链上含有两个亲核羟基，经过NBS介导的氧化扩环，随后经缩酮作用得到［3.2.1］双环缩酮**37**。Evans醇醛**35**，侧链上有一个亲核羟基，经氧化扩环和酸催化脱水得到烷叉吡喃-3-酮**38**。对侧链上没有亲核羟基的呋喃衍生物**36**进行处理，在相同的反应条件下，呋喃环氧化开环，然后烯烃异构化得到反式烯二酮**39**。

图4-70　基于试剂的构建骨架
多样性

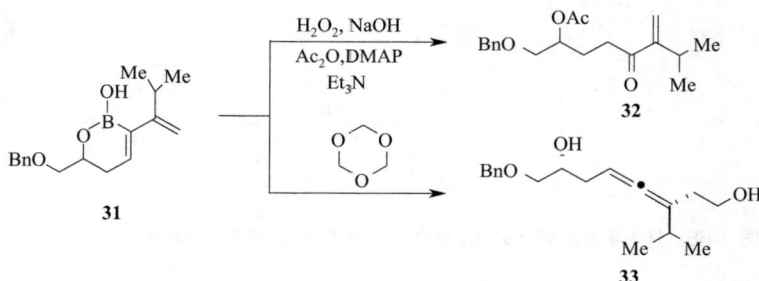

在正向合成规划过程中，需考虑以有效方式整合DOS的复杂性和多样性，对复杂性

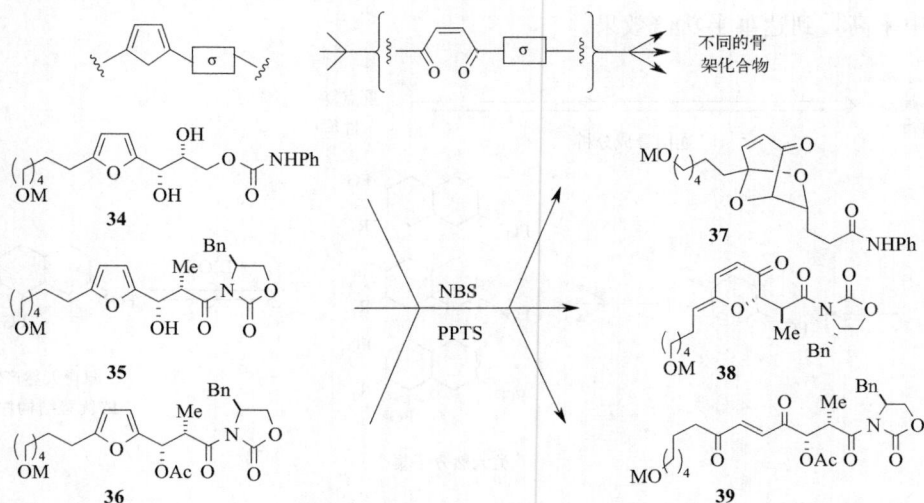

图 4-71　基于 σ 元素呋喃环底物的构建骨架多样性

生成反应与立体化学、附件多样性、骨骼多样性生成过程进行有机统一。从 DOS 研发过程可知，化学空间中广阔的、以前未被探索的区域可能包含具有非凡特性的小分子，这些小分子可以以前所未有的方式为改善人类健康做出贡献。

4.4.2.3　基于 BIOS 的设计与实现

虽然目前还不清楚哪些化学性质或结构特征能够成功地增加生物性能多样性，有可能某些特性将提供具有更大性能多样性的小分子集合，纳入这些可预测的特性是 BIOS 库规划阶段的关键因素。目前有几种方法尝试把生物性能纳入 BIOS 设计参数，如生物学导向合成、天然产物启发合成和药效团导向合成等。与 DOS 一样，BIOS 一直专注于使用强大的化学转化，提供高产量的产物，可预测产物的立体化学构型或定向，进入大量未开发的化学空间。但 BIOS 一开始把生物性能作为主要的考量，合成分子通常以类天然产物为主，相比传统组合化学或商业可用库，具有更多的 sp3 原子和立体中心。针对目标命中率较低的特定蛋白，含有较多 sp3 杂化原子（fsp3）的天然产物具有更好选择性。与具有较低 fsp3 的商业化合物库相比，含较高 fsp3 的立体化学复杂类天然产物分子的 BIOS 库，显示出更高的命中率和对特定目标的选择性，这些突出了类天然产物特征优势，立体元素和更多的 fsp3 加强分子多样性库的质量，可以获得具有多种生物靶点和高选择性靶点的新型生物活性支架分子。

Waldmann 以及同事提出库合成的替代方法生物学导向合成（biology-oriented synthesis，BIOS），假设已知生物活性的分子支架很可能对结构相关蛋白具有活性，并且其附属物衍生化的类似物可能具有额外的、不同的活性。与 DOS 正向合成方法不同，BIOS 利用目标分子导向合成（TOS）分析设计基于天然产物库中优势结构。BIOS 库的核心结构具有预先确定的功能，从而显示具有更高的生物活性的可能性。天然产物用作启发 BI-OS 文库合成的目标分子，逆向合成分析设计含有与天然产物骨架相似的类似物重点分子文库（图 4-72）。由于 BIOS 类似于目标导向合成，库中所有分子可能都集中于天然产物骨架上，造成 BIOS 库中缺乏广泛的多样性。然而，值得注意的是，与 TOS 和 DOS 比较，BIOS 的目标导向特性要求在一个库中合成更少的分子来实现初始苗头分子发现，其筛选命中率高，到达事半功倍效果。

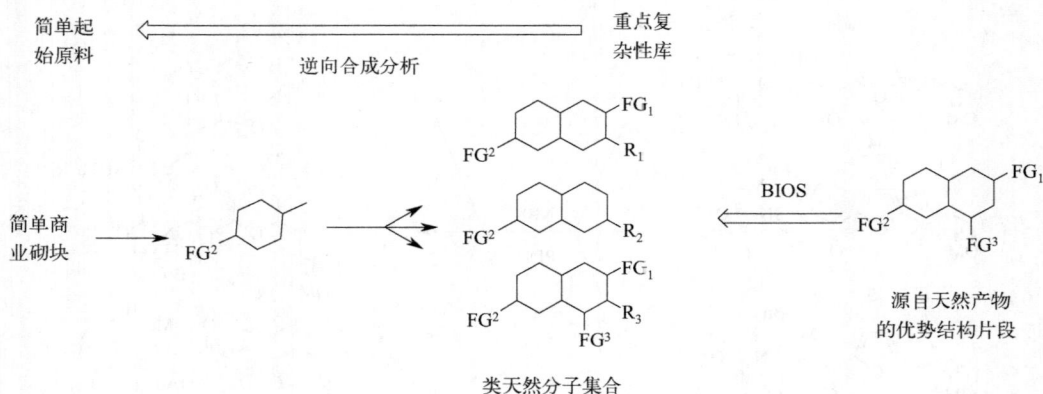

图 4-72　BIOS 策略设计与实现图

基于 BIOS 开发类天然产物文库的简单方法是获得已知的生物活性支架。Waldmann 以及同事开发的 BIOS 库主要来源于天然产物衍生的化合物或天然产物启发的化合物，后者含有与天然产物相似的支架，携带各种各样非天然的附属物，这些库中类天然产物表现出不同的生物活性。在此基础上，成功开发了几种针对多种生物过程的小分子先导物，如 Hedgehog 信号抑制剂、自噬抑制剂和 Wnt 信号抑制剂。

图 4-73　基于 BIOS 和扩环反应的复杂多样化类固醇天然产物集合构建

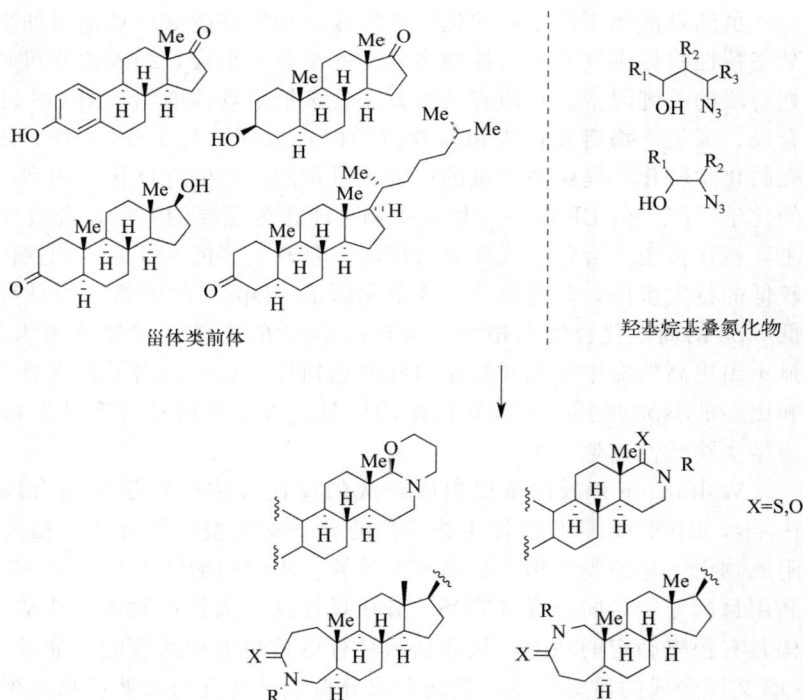

另一方法是将已知的生物活性片段整合到类天然产物库中分子上，通过各种转换修饰

类天然产物中的骨架分子，衍生出不同的类天然产物小分子集合。Aubé 及其同事探索了类固醇前体和羟基烷基叠氮化物的扩环反应，生成含氮类固醇衍生物。手性羟基烷基叠氮化物控制了这类反应的区域选择性，提供多种天然类固醇产物集合（图 4-73）。以天然产物启发小分子库的生物性能多样性还有待探索。BIOS 策略的发展趋势是研究天然产物不同的合成方法如何影响合成文库的生物性能多样性，以及比较这些文库与类天然产物文库、商业可用的组合文库、FDA 批准的药物库和天然产物的优劣。

4.5

生物合成

生物合成（biosynthesis）是生物体内进行的同化反应的总称，最初是指生物利用二氧化碳、氨基酸等简单原料，合成葡萄糖、蛋白质、核酸等生命大分子的过程，包括植物、动物、微生物等体内进行的多种多样的化学反应。对于药物或兽药来讲，生物合成专指利用通过筛选、编辑的生物，尤其是微生物，合成药物或者药物前体的过程。生物合成具有高选择性、绿色环保、产物结构复杂等优点，是药物合成的发展方向之一。在本书中，我们把利用微生物进行发酵、基因工程菌制备药物或药物前体归纳至发酵工程中，这与目前的研究热点合成生物学（synthetic biology）有非常大的区别。下面，我们对合成生物学的发展和应用，尤其是与兽药相关的生物合成进行详细的论述。

4.5.1　合成生物学的发展

4.5.1.1　合成生物学的起源与发展

合成生物学一词最早出现于法国物理化学家 Stephane Leduc 于 1911 年所著的《生命的机理》一书中。但是，受限于当时的生物学认识水平，这个"合成生物学"几乎就是生物"自生说"概念的"物理化学原理"翻版。其最致命的弱点，就是当时的化学虽然已经发展到了合成有机化学的阶段，但是，人们从根本上还不理解生物大分子的化学本质，因此，对"生命""合成"的理解，基本就是一种形态的模拟，也就丧失了最基本的科学依据。因此，从本质上说，20 世纪中期以来，分子生物学、信息技术、纳米技术的不断进步，才真正为生物学与工程学的交叉综合奠定了基础。

合成生物学的发展深深地根植于分子生物学。1953 年，沃森和克里克发现了 DNA 双螺旋结构，开启了分子生物学时代，使遗传学研究深入到分子水平，人们清楚地了解遗传信息的构成和传递的途径。此后，研究者从分子角度清晰地阐明了一个又一个的生命奥秘，并在此基础上发展了 DNA 重组技术。重组技术是生物学与工程学交叉融合的初次尝试，开辟了生命科学和生物技术的新领域。1972 年，斯坦福大学的生物化学家 Paul Berg 博士通过将细菌病毒的 DNA 拼接到猴子病毒 SV40.1 中，创建了首例重组 DNA 分子；

1973 年，Cohen 首次将 DNA 片段与质粒连接，并转化入大肠杆菌（*Escherichia coli*）；1974 年，科学家们又将外源 DNA 引入小鼠胚胎，创建了首例转基因哺乳动物。

1974 年，波兰遗传学家 Waclaw Szybalski 指出，一直以来，人们都在做分子生物学描述性的那一面，但当我们进入合成生物学的阶段，真正的挑战才开始。我们会设计新的调控元素，并将新的分子加入已存在的基因组内，甚至建构一个全新的基因组。Szybalski 认为，这将是一个拥有无限潜力的领域，几乎没有任何事能限制我们去做一个更好的控制回路。最终，将会有合成的有机生命体出现。

1978 年，Szybalski 在《基因》*Gene* 期刊上就诺贝尔生理学或医学奖颁给发现 DNA 限制酶的 Daniel Nathans、Werner Arber 与 Hamilton Smith 发表评论道：限制酶技术将带领我们进入合成生物学的新时代。利用限制剪接 DNA 的方式，分子生物学家得以分析各个基因的功能，并将观察的结果记录下来，成为各个基因的功能性描述。全世界数以万计的科学家正在进行这样的工作，为人类累积了理解生命与基因组的知识。然而，可预见的未来是，新的合成或复合生命体可能由此诞生。1980 年，Hobom B 开始用合成生物学的概念来表述基因重组技术。

此后，聚合酶链反应（PCR）技术快速发展，成为生物学研究中极为重要的工程技术，而基因测序技术也由此得以进步。20 世纪 90 年代初，测序技术的发展和信息技术的引入，使 DNA 自动测序仪在人类基因组计划（HGP）中得到应用。随着大规模基因组测序技术和序列分析方法的成熟，生命科学研究进入基因组时代，大量的研究结果为合成生物学的产生奠定了基础。

在基因组学研究获得巨大成功（特别是国际人类基因组计划的完成）的基础上，结合开放系统论、数学模型与计算机方法，以"整体或系统"概念研究生物学的分子系统生物学快速发展。同时，纳米技术越来越多地融入生命科学研究中，不仅进一步推动了生物学研究的进步，也促进了工程学思想在生命科学研究中的应用。2000 年，E. Kool 重新定义"合成生物学"为基于系统生物学的遗传工程，从基因片段、人工碱基 DNA 分子、基因调控网络与信号转导路径到细胞的人工设计与合成，类似于现代集成型建筑工程；将工程学原理与方法应用于遗传工程与细胞工程等生物技术领域；合成生物学、计算生物学与化学生物学一同构成系统生物技术的方法基础。由于合成生物学既带来了生物学研究的新思想、新策略，又能为人类克服自身社会和经济发展中的重大挑战提供新技术、新工具，合成生物学很快步入蓬勃发展时期。近年来，世界各国发表的合成生物学相关论文快速增长。其中，美国和英国处于领先地位，中国的研究发展得也十分迅速。

2006 年，加利福尼亚大学伯克利分校的 Jay Keasling 实验室将改造的多个青蒿素生物合成基因导入酵母菌中，使其产生青蒿酸，并通过对代谢途径（网络）改造和优化，将产量提高了若干数量级，具有了工业生产的潜力。这一研究成果是合成生物学在工业应用领域的标志性突破。此后，Keasling 实验室通过对来自巨大芽孢杆菌（*Bacillus megaterium*）的具有底物混杂性的 P450 酶进行突变，得到了青蒿素新的半生物合成路线。与此同时，Keasling 实验室还利用合成的蛋白脚手架（synthetic protein scaffold）将代谢途径的相关酶类集中在一起，提高酶的效率，使酶在相同转化效率的情况下，产物产率提高77 倍。Liao 实验室在长链醇代谢途径研究过程中，引入不同的丙酮酸脱羧酶（KDC）和醇还原酶（ADH），可将不同氨基酸合成途径来源的丙酮酸中间产物高效地转化为丙醇、正丁醇、2-甲基丁醇和 3-甲基丁醇等长链醇。该实验室还利用进化的谷氨酸脱氢酶（GDH）的转氨基反应，创造了大肠杆菌利用 2-酮丁酸合成 L-高苯丙氨酸的新途径，工程化菌株发酵得到 5.4g/L 的高苯丙氨酸，可以作为抗癫痫药物的前体。此外，由美国哈佛大学遗传学教授 George Church 发起成立的 LS9 可再生石油公司在大肠杆菌中构建了烷烃/烯烃合成的代谢途径，日本北海道大学的 Taguchi 实验室在大肠杆菌中构建了基于乳酸脱氢酶（LDH）、丙酰辅酶 A 转移酶（PCT）、PHA 聚合酶（PhaCPs）的聚乳酸合成途径。

4.5.1.2　合成生物学的研究路径和方法

合成生物学研究基础是工程化的策略，采用标准化的生物元件，构建通用型的生物学模块，在有目的设计的思想指导下，组装具有特定新功能的人工生命系统。但是，相比其他工程领域（如电子工程）的研究对象，生命体是高度动态、灵活、非线性、不可预测的。因此，在如此复杂的生命体系中如何以工程化的设计，获得特定的生物器件或人工生命系统，是合成生物学的核心科学问题。

目前，合成生物学的主流研究方向是发展工程化的"人造生命"构建体系，主要包括两条路线：一是新的生物元件、组件和系统的设计与建造；二是对现有的、天然的生物系统的重新设计。合成生物学的研究途径主要包括生物工程、合成基因组学、原细胞（protocell）合成生物学、非天然的分子生物学、计算机模拟的合成生物学等。

（1）DNA 和基因组的合成　DNA 合成技术是支撑合成生物学发展的重要技术之一，在基因及调控组件的合成、基因回路和生物合成途径的重新设计组装以及基因组的人工合成等方面都具有重要的应用。21 世纪以来，基因组测序和 DNA 从头合成技术取得了里程碑性的突破。

2010 年 10 月，Venter 实验室发明了迄今最简单有效的基因合成技术，并以此合成了实验小鼠的线粒体基因组。他们使用的是一种合成基因组的新方法，使用的基本合成单元是只含 60 个核苷酸的 DNA 片段，将它们置于实验所需的环境中，就可以连接成整个基因组。

（2）生物元件的设计、改造与标准化　生物功能元件是合成生物学研究的基石，是指遗传系统中最简单、最基本的生物积块，是具有特定功能的氨基酸或者核苷酸序列，可以在更大规模的设计中与其他元件进一步组合成具有特定生物学功能的生物学装置（device）。

生物的代谢多样性决定了它们能够合成几乎所有的有机化学品，但自然界中任何一种生物细胞的酶系种类和催化效率都有限，一般不能满足生产的需要。将不同来源的、与各类化学品合成相关的代谢途径模块化，并在一定的底盘细胞上进行组装，能够大大提高构建复杂代谢途径的效率，为人造生物功能组合合成的工程化奠定基础。根据目标代谢产物的结构特征，设计生物合成途径，确定相应的生化反应类型，并根据自然代谢的多样性，从基因组数据库中寻找相关的元件，解耦、抽提相应的功能模块。基于对元件的功能表征，利用数学模型模拟计算不同元件组合后的功能输出，在此基础上可实现对元件的优化设计。

目前，用于合成生物学研究的结构元件、调控元件的库容还很有限，对它们的理解和功能表征还很不够。许多自然界的天然元件往往不能直接使用，需要在改造后才能用于合成生物学研究。同时，高通量、低成本、高保真的 DNA 合成技术尚未建立起来，还不能大规模地人工合成新功能元件。发掘自然代谢的多样性，分析基因与蛋白质等生物元件的结构、功能、调控以及分子进化特征，在现有生物学和基因组知识的指导下人工设计合成各种新功能元件，对各类元件进行定量的工程性的功能表征，建立代谢功能和调控功能明确的元件库和模块库，最终目标是实现生物元件组装的自动化，实现这一目标的前提之一是将生物元件标准化，建立标准化的元件组装技术。同时，也为合成生物学的发展提供实用的生物元件库，建立基于标准生物元件的从头合成代谢途径的技术体系，实现人造生物功能的组装合成。

（3）**生物功能元件的适配机制**　元件与元件之间、元件与模块之间、功能模块之间，以及功能模块和底盘细胞之间的适配程度，决定了生物合成途径的整体效率。建立高通量的检测与调试平台，对器件之间的组合在底盘细胞上进行高通量的测试，在此基础上可认识并且优化器件之间的适配性。从基因、蛋白质、网络、细胞的层面上理解各种模块组合对底盘细胞的影响，可以指导人工生物系统的组装优化。在基因组规模上分析人工细胞生物合成能力对遗传和环境扰动的响应，有利于揭示人工细胞功能进化的遗传机理，深入理解化学品生物合成的调控机制，实现在底盘细胞上模块之间的优化磨合对接，极大地提升合成人工细胞的能动性和精确度。

（4）**基因回路的组装**　合成生物学特点就是可以利用已有的生物元件或组件，继续进行基因回路的组装，从而将前人组装出的生物组件合并，设计出更加复杂的基因调控网络，并可用强大的工程工具（例如计算机辅助设计）来处理由此而来的复杂性。Gardner等在大肠杆菌中构建了基因开关（genetic toggle switch），一个合成的双稳态基因调控网络。Elowitz等构建了第一个合成的生物振荡器——压缩振荡子（repressilator）。这些基因回路虽然只是仿真工程中的简单线路，却已经受到科学界的高度重视。目前，基因回路已成为合成生物学的重要组成部分，这些研究不仅可更深入了解生命的构成方式和调控原理，还可设计具有所需功能的基因元件，进而构建合成生物系统。

（5）**工程生物系统的计算机模拟**　合成生物学主要关注通过合成周期的各个步骤设计工程生物系统的过程。因此，模拟设计过程，在构建之前预测系统的表现是合成生物学一个重要的组成部分。在这一方面，合成生物学与系统生物学一样，都非常依赖于计算机对生物过程进行模拟。不同的是，在系统生物学中，对整个生物系统进行模拟是为了了解生物的复杂程度，从而进行分析；而在合成生物学中，对工程生物系统进行模拟的目的是测试、优化和改进生物功能元件、组件或基因回路，而这同样依赖于系统生物学的分析方法。例如，在基因组范围的代谢网络重建，可通过整合各种组学数据，计算机模拟分析，最终得到一个接近真实生物系统的理论模型，对生物体的功能特性做出精确的预测、控制甚至重新设计。因此，可以在某种程度上将合成生物学理解为利用系统生物学的某些方法，来建造新的组件、设备和系统。

4.5.2　合成生物学的应用

天然产物是药物和药物先导化合物的一个重要来源。据统计，从 1981 年到 2019 年间获批上市的药物中，有四分之一就来源于天然产物及其衍生物。目前，天然产物的市场需求日益旺盛，原有的从生物体内直接提取的生产模式的局限性也逐渐凸显，而合成生物学凭借其在生产效率方面的优势，成为解决上述问题的有效途径之一。下面我们以人参皂苷、紫杉醇、青蒿素等为例，介绍合成生物学在药物合成中的应用。

（1）**人参皂苷**　植物次级代谢产物生物合成的起始部分通常是莽草酸途径、糖酵解途径、甲羟戊酸（mevalonic acid，MVA）途径等，随后经过各自特定的步骤产生独特的产物。如图 4-74 所示，萜类化合物的生物合成通常经历 3 个阶段：①异戊烯基焦磷酸（isopentenyl pyrophosphate，IPP）及其异构体二甲基烯丙基焦磷酸（dimethylallyl pyrophosphate，DMAPP）的生成；②萜类化合物前体牻牛儿基焦磷酸（geranyl pyrophosphate，GPP）、法尼基焦磷酸（farnesyl pyrophosphate，FPP）和牻牛儿基牻牛儿基焦磷酸（Geranylgeranyl pyrophosphate，GGPP）等的生成；③萜类合酶环化及 CYP450 酶等的修饰。

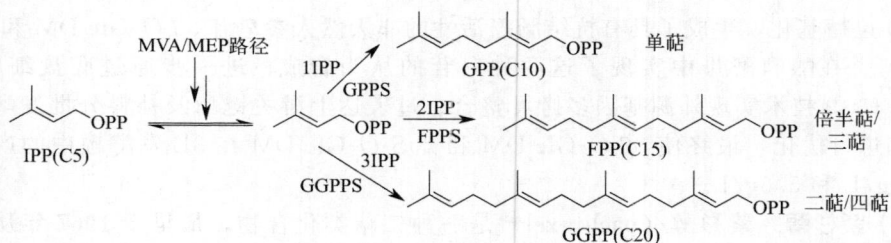

图 4-74　萜类化合物的生物合成

人参皂苷作为人参的主要活性成分，具有抗疲劳、抗炎、抗氧化等多种药理活性。人参皂苷属于萜类化合物，如图 4-75 所示，其生物合成途径已被解析。

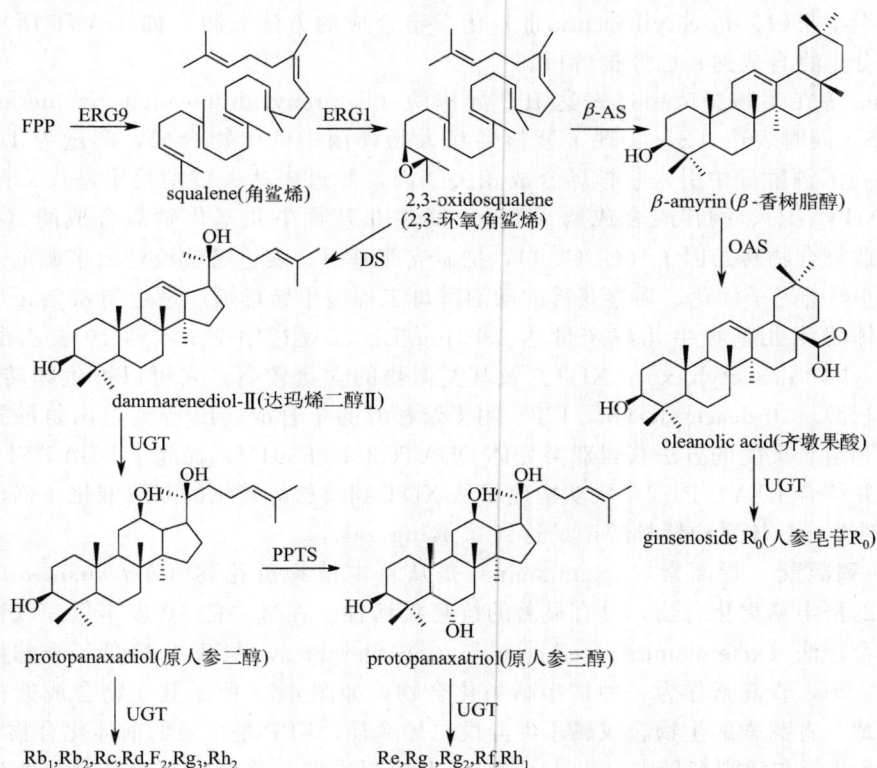

图 4-75　人参皂苷的生物合成途径

酵母细胞能够产生人参皂苷的关键前体 2,3-氧化鲨烯，这为利用酵母细胞异源生产人参皂苷提供了便利。Wang 等通过模块化工程，将 PPD（原人参二醇）生物合成基因分为两个模块，包括上游途径模块（*ERG10*、*ERG13*、*ERG12*、*ERG8*、*ERG19*、*IDI* 和 *tHMGR*）和下游模块（*ERG1*、*ERG20*、*ERG9*、*DS*、*PPDS* 和 *PgCPR1*），将这 13 个基因进行过表达，构建了高产 PPD 的酿酒酵母工程菌，使 10L 发酵罐中 PPD 产量达到 11.02g/L。利用上述底盘细胞，构建了产 Rh_2 的工程菌，通过优化启动子、提高基因拷贝数以及对 C3 位糖基转移酶进行蛋白质工程改造等策略，使工程菌中 Rh_2 的产量达到 2.25g/L。Hu 等利用人参来源的糖基转移酶 PgUGT74AE2 和 UGTPg1 催化 DM 的 C3 位和 C20 位糖基化，生成了具有抗结肠癌活性的非天然人参皂苷 3β-*O*-Glc-DM 和 20S-*O*-Glc-DM，并在酿酒酵母中实现了这两种皂苷的从头合成；进一步通过底盘细胞优化、CRISPR/Cas9 技术实现外源基因多拷贝整合、过表达上游关键酶及补料分批发酵等方法对工程菌进行优化，最终使 3β-*O*-Glc-DM 和 20S-*O*-Glc-DM 在 3L 发酵罐中的产量分别达到 2.4g/L 和 5.6g/L。

（2）紫杉醇　紫杉醇（paclitaxel）是一种二萜类化合物，最早于 1967 年从短叶红豆杉（*Taxus brevifolia*）树干中分离得到，具有抗肿瘤、抗瘢痕形成、抗血管生成等多种药理活性，目前临床主要用于治疗卵巢癌和乳腺癌。紫杉醇临床需求极大，但红豆杉中紫杉醇的含量极低，供应严重不足。1994 年，两个实验室采用不同的方法几乎同时报道完成了紫杉醇的化学全合成，但是由于其合成过程复杂且产率极低，无法扩大生产。当前临床使用的紫杉醇主要通过植物提取和利用前体化合物——巴卡亭Ⅲ（baccatinⅢ）或 10-去乙酰巴卡亭Ⅲ（10-deacetylbaccatinⅢ）化学半合成的方法获得。如图 4-76 所示目前紫杉醇的部分生物合成途径已经被解析。

Huang 等在大肠杆菌中过表达 IPP 异构酶（isoprenyl diphosphate isomerase，IDI）和 GGPPS，同时表达 TS，实现了紫杉烯在大肠杆菌中的生物合成，产量为 1.3mg/L。Engels 等在酿酒酵母中引入紫杉烯合成相关基因，并过表达关键酶羟甲基戊二酰辅酶 A 还原酶（tHMGR）、胸苷酸合成酶（TS）、牻牛儿基牻牛儿基焦磷酸合成酶（GGPPS）及上游开放复合物转录因子（UPC2-1），抑制支路基因，表达嗜酸硫杆菌来源的 GGPPS，并对 TS 进行密码子优化，最终获得的酿酒酵母工程菌中紫杉烯产量达到 8.7mg/L。同时紫杉烯前体牻牛儿基牻牛儿醇产量达 33.1mg/L。红豆杉中 7-β-木糖-10-去乙酰紫杉醇（7-β-xylosyl-10-deacetyltaxol，XDT）及其类似物的含量较高，它可以被生物转化为 10-去乙酰紫杉醇（10-deacetyltaxol，DT）用于紫杉醇的半合成。Li 等通过丙氨酸扫描、半饱和突变和组合突变的方法获得双突变体 DBATG38R/F301V，提高了 DBAT 对 DT 的催化效率，并结合 LXYL-P1-2，成功构建了从 XDT 到紫杉醇转化的双酶催化一锅法反应体系，15h 时 50mL 体系中紫杉醇产量达到 0.64mg/mL。

（3）青蒿素　青蒿素（artemisinin）是从草本植物黄花蒿（*Artemisia annua L.*）中提取到的倍半萜类化合物，具有显著的抗疟疾活性。在过去的 10 多年里，以青蒿素为基础的综合疗法（artemisinin-based combination therapies，ACTs）降低了全球疟疾的发病率和死亡率。青蒿素作为一种倍半萜类化合物，如图 4-77 所示其生物合成途径已经基本解析清楚。青蒿素的生物合成属于类异戊二烯途径，FPP 是主要的前体化合物。

Westfall 等在酿酒酵母中过表达了 MVA（甲羟戊酸）途径的每个基因。通过对酿酒酵母发酵过程进行优化，包括降低磷酸盐浓度、使用葡萄糖/乙醇混合碳源饲喂等方法，最终使工程菌中青蒿素前体紫穗槐二烯的产量达到 40g/L。同时，该研究探索了紫穗槐

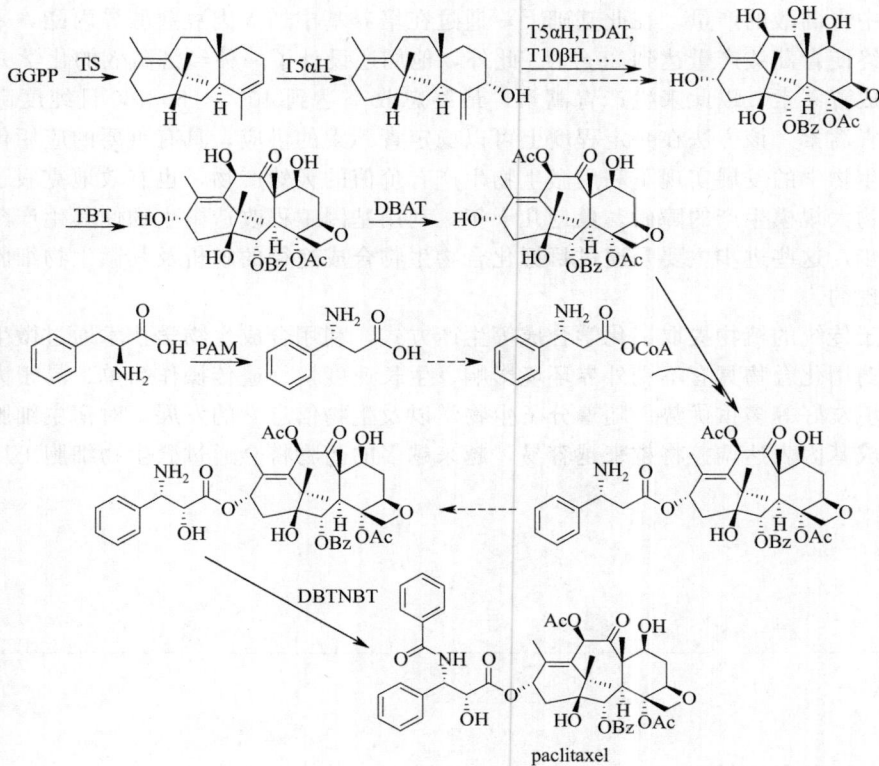

图 4-76　紫杉醇的部分生物合成途径

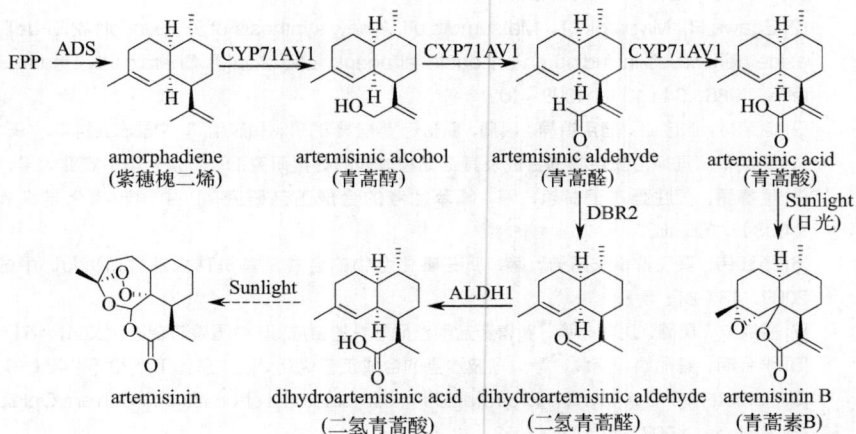

图 4-77　青蒿素的生物合成途径

二烯化学转化为双氢青蒿酸的方法，双氢青蒿酸可以进一步转化为青蒿素。Paddon 等鉴定了两种参与青蒿酸生物合成的酶——植物脱氢酶和细胞色素 CYB5，将它们引入产青蒿酸的酿酒酵母中，并且过表达 MVA 途径相关基因，下调支路途径中 *ERG9* 的表达，提高了工程菌中青蒿酸的产量。在此基础上，通过在培养基中加入肉豆蔻酸异丙酯，采用两相发酵，最终使青蒿酸产量达到 25g/L。此外，他们还设计了一种经济高效的化学方法将青蒿酸转化成青蒿素，以此来生产青蒿素，最终总收率达到 40%～50%，且纯度高于植物中提取的青蒿素。该方法在一定程度上可以稳定青蒿素的供应，具有重要的应用价值。

合成生物学的发展实现了利用微生物生产有价值的天然产物，也有效地克服了植物次级代谢产物大规模生产的障碍。最近几十年，利用基因工程改造微生物使其生产药物取得了巨大进步，这些进步主要是通过目标化合物生物合成途径的解析及其微生物细胞工厂的建立而实现的。

相比于传统的植物提取、化学合成等生产方式，利用合成生物学技术通过微生物细胞工厂生产药用化合物具有不受外界环境影响、生长速度快、遗传操作简单、易于大规模培养以及环境友好等多重优势。随着分子生物学以及生物信息学的发展，对宿主细胞的改造及生物合成基因表达调控将越来越容易，越来越多的药物将会通过微生物细胞工厂实现大量生产。

参考文献

[1] Eschenmoser A E, Wintner C E. Natural product synthesis and vitamin B_{12} [J]. Science, 1977, 196 (4297): 1410-1420.

[2] Egawa H, Miyamoto T, Matsumoto J I. A new synthesis of 7H-pyrido[1, 2, 3-de][1, 4]benzoxazine derivatives including an antibacterial agent, ofloxacin[J]. Chemical & Pharmaceutical Bulletin, 1986, 34 (10): 4098-4102.

[3] 赵荣材, 张隆山. 兽用镇静、镇痛、肌松药"静松灵"的研制和应用[J]. 中国农业科学, 1981 (4): 9-16.

[4] 尹伏军. 氯标乙酰甲喹的合成及其在动物体内的处置研究[D]. 武汉: 华中农业大学, 2010.

[5] 吴春丽, 王胜强, 丁书超, 等. 氟苯尼考的合成工艺研究[J]. 中国药物化学杂志, 2007, 17 (C03): 160-162.

[6] 杨红伟, 薛飞群, 张丽芳, 等. 新三嗪化合物的合成及其抗球虫活性研究[J]. 中国兽药杂志, 2009, 43 (2): 5-8.

[7] 薛克友, 葛健, 沈华, 等. 新兽药盐酸沃尼妙林的合成[J]. 中国兽药杂志, 2014, 48 (10): 22-25.

[8] 李金明, 魏丽娟, 李冀, 等. 马波沙星的合成工艺优化[J]. 广东化工, 2015, 42 (19): 65-66.

[9] Bartlett M R S A. Synthetic strategies in combinatorial chemistry[J]. Current Opinion in Chemical Biology, 1997, 1 (1): 47-53.

[10] Burke M D, Schreiber S L. A planning strategy for diversity-oriented synthesis [J]. Angewandte Chemie International Edition, 2004, 43 (1): 46-58.

[11] Schreiber, Stuart L. Target-oriented and diversity-oriented organic synthesis in drug discovery[J]. Science, 2000, 287 (5460): 1964-1969.

[12] Burke M D, Berger E M, Schreiber S L. Generating diverse skeletons of small molecules combinatorially[J]. Science, 2003, 302 (5645): 613-618.

[13] Thomas，G I，Spandl R J，Glansdorp F G，et al. Anti-MRSA agent discovery using diversity-oriented synthesis[J]. Angew Chem Int Ed，2008，47（15）：2808-2812.

[14] Zhang J，Garrossian M，Gardner D，et al. Synthesis and anticancer activity studies of cyclopamine derivatives[J]. Bioorganic & Medicinal Chemistry Letters，2008，18（4）：1359-1363.

[15] 邓艳君，石静波，姜力勋，等．嘧啶并呋喃核苷衍生物的制备及其活性初探[J]. 化学学报，2006，64（18）：1911-1915.

[16] Poulsen S A，Bornaghi L F. Fragment-based drug discovery of carbonic anhydrase II inhibitors by dynamic combinatorial chemistry utilizing alkene cross metathesis[J]. Bioorganic & Medicinal Chemistry，2006，14（10）：3275-3284.

[17] 王静，姜凤超．微波有机合成反应的新进展[J]. 有机化学，2002（03）：212-219.

[18] 任绮男，刘冬青，张宇峰，等．微波促进合成药物福多司坦的研究[J]. 河南工程学院学报（自然科学版），2012，24（03）：53-55.

[19] 何敬宇，贾鹏飞，刘斯婕，等．硝苯地平的微波合成研究[J]. 精细与专用化学品，2013，21（03）：21-23.

[20] 王春超，李政，王兰欣，等．流动化学在药物合成中的应用进展[J]. 中南药学，2019，17（08）：1179-1187.

[21] Baumann M，Baxendale I R. Continuous photochemistry：the flow synthesis of ibuprofen via a photo-Favorskii rearrangement[J]. Reaction Chemistry & Engineering，2016，1.

[22] Lin H，Dai C，Jamison T F，et al. A Rapid Total Synthesis of Ciprofloxacin Hydrochloride in Continuous Flow[J]. Angewandte Chemie，2017，129（30）：8996-8999.

[23] Finn M G，Kolb Hartmuth C，Fokin Valery V，等．点击化学——释义与目标[J]. 化学进展，2008（01）：1-4.

[24] 邱素艳，高森，林振宇，等．点击化学最新进展[J]. 化学进展，2011，23（04）：637-648.

[25] Faithe.，Jacobsen，Janaa.，et al. The design of inhibitors for medicinally relevant metalloproteins[J]. ChemMedChem，2007，2（2）：152-171.

[26] Chen，Arnold，Frances H，et al. Genetically programmed chiral organoborane synthesis [J]. Nature，2017，552（7683）：132-136.

[27] Christopher K，Prier，Ruijie K，et al. Enantioselective，intermolecular benzylic C-H amination catalysed by an engineered iron-haem enzyme [J]. Nature chemistry，2017，9（7）：629-634.

[28] Wolberg M，Hummel W，Wandrey C，et al. Highly regio and enantioselective reduction of 3，5-dioxocarboxylates[J]. Angewandte Chemie，2000，112（23）：4476-4478.

[29] Michael，Wolberg，Chem D，et al. Biocatalytic reduction of β，δ-diketo esters：A highly stereoselective approach to all four stereoisomers of a chlorinated β，δ-dihydroxy hexanoate [J]. Chemistry A European Journal，2001，7（21）：4562-4571.

[30] Yoshida J I，Kataoka K，Horcajada R，et al. Modern strategies in electroorganic synthesis [J]. Chemical Reviews，2008，108（7）：2265-2299.

[31] Ming，Kawamata，Baran，et al. Synthetic organic electrochemical methods since 2000：On the verge of a renaissance[J]. Chemical Reviews，2017，117：13230-13319.

[32] Faust M R，Hfner G，Pabel J，et al. Azetidine derivatives as novel γ-aminobutyric acid uptake inhibitors：Synthesis，biological evaluation，and structure-activity relationship[J]. Cheminform，2010，45（6）：2453-2466.

[33] Bernd，Elsler，Dieter，et al. Metal- and reagent-free highly selective anodic cross-coupling reaction of phenols[J]. Angewandte Chemie，2014，53（20）：5210-5213.

[34] 李树本．酶化学[M]. 北京：化学工业出版社，2008.

[35] CJ 萨克林．酶化学-影响与应用[M]. 金道森，童林荟，姚钟麒，等译．北京：科学出版社，1991.

[36] 郭勇．酶工程[M]. 3 版．北京：科学出版社，2009.

[37] 郭勇．酶工程[M]. 4 版．北京：科学出版社，2015.

[38] Chen Y, Li Y, Yu H, et al. Tailored design and synthesis of heparan sulfate oligosaccharide analoguesusing sequential one-pot multienzyme systems[J]. Angew Chem Int Engl, 2013, 52（45）: 11852-11856.

[39] Schultz V L, Zhang X, Linkens K, et al. Chemoenzymatic synthesis of 4-fluoro-N-acetyl-hexosamine uridine diphosphate donors: Chain terminators in glycosaminoglycan synthesis [J]. J Org Chem, 2017, 82: 2243-2248.

[40] Brown C D, Rusek M S, Kiessling L L. Fluorosugar chain termination agents as probes of the sequence specificity of a carbohydrate polymerase [J]. J Am Chem Soc, 2012, 134: 6552-6555.

[41] Zhang X, Green D E, Schultz V L, et al. Synthesis of 4-azido-N-acetylhexosamine uridine diphosphate donors: Clickable glycosaminoglycans[J]. J Org Chem, 2017, 82: 9910-9915.

[42] Cress B F, Bhaskar U, Vaidyanathan D, et al. Heavy heparin: A stable isotopeenriched, chemoenzymatically-synthesized, poly-component drug [J]. Angew Chem Int Ed, 2019, 58: 5962-5966.

[43] Zhang X, Han X, Xia K, et al. Circulating heparin oligosaccharides rapidly targetthe hippocampus insepsis, potentially impacting cognitive functions [J]. Proc Natl AcadSci USA, 2019, 116（19）: 9208-9213.

[44] Zhang X, Xu Y, Hsieh P H, et al. Chemoenzymatic synthesis of unmodifiedheparin oligosaccharides: cleavage of p-nitrophenyl glucuronide by alkaline and Smith degradation[J]. Org Biomol Chem, 2017, 15（5）: 1222-1227.

[45] Bailey J E. Toward a science of metabolic engineering [J]. Science, 1991, 252（5013）: 1668-1675.

[46] Stephanopoulos G N, Vallino J J. Network rigidity and metabolicengineering in metabolte overproduction[J]. Science, 1991, 252（5013）: 1675-1681.

[47] Stephanopoulos G N, Aristidou A A, Nielsen J. Metabolic engineering: Principles and methodologies[M]. San Diego: Acad. Press, 1998.

[48] Umbarger H E. Amino acid biosynthesis and its regulation[J]. AnnualReviews in Biochemistry, 1978, 214: 31-37.

[49] Jone E W, Fink G R. Regulation of amino acid and nucleotidebiosynthesis in yeast. In the molecular biology of the yeast saccharomyces[J]. Metabolism and Gene Expression, 1982: 181-299.

[50] Neidhardt F C, Ingraham J L, Low K B, et al. Escherichia coli and Salmonella typhimurium. In cellular and molecular biology[M]. Washington, D. C. : ASM, 1987.

[51] Ratledge C, Evans C T. Lipids and their metabolism[J]. In the yeasts, 1989, 3: 367-455.

[52] Ingraham J L, Maaloe O, Neidhardt F C. Growth of the bacterial cell[M]. Sunderland: Sinnauer associated, 1983.

[53] Walker P, Woodbine M. The biosynthesis of fatty acids [J]. In the filamentousfungi, 1976, 2: 137-158.

[54] Rose A H. Chemical nature of membrane components[J]. In thefilamentous fungi, 1976, 2: 308-327.

[55] Umezawa C, Kishi T. Vitamin metabolism[J]. In the yeasts, 1989, 3: 457-488.

[56] 张蓓. 代谢工程[M]. 天津: 天津大学出版社, 2003.

[57] Seressiotis A, Bailey J E. An algorism and date base for metabolicpathway synthesis [J]. Biotechnol lett, 1986, 8: 837-842.

[58] Majewskey R A, Domach M M. Simple constrained-optimization view of acetate overflow in Escherichia coli[J]. Biotechnol Bioeng, 1990, 35: 732-738.

[59] James C. Path analysis, engineering and physiological considerrations for redirecting central metabolism[J]. Biotechnol and bioeng,1996, 52: 129-140.

[60] Moreno-Sanchez, R, Bravo, C, Westerhoff H V. Determining and understanding the con-

新兽药创制

trol of flux: an illustration in submitochondrial particles of how to validate schemes of metabolic control[J]. Eur J Biochem, 1999, 264（2）: 427-433.

[61] Mulquiney, Peter J, Kuchel Philip W. Model of 2,3-bisphosphogly-cerate metabolism in the human erythrocyte based in detailed enzyme kinetic equations: computer simulation and metabolic control analysis[J]. Biochem J, 1999, 342: 597-604.

[62] Anderson S, Mark C B, Lazarus R. Production of 2-keto-L-gulonate anintermediate in L-ascorbate synthesis by a genetically modified erwinia herbicola[J]. Science, 1985, 230: 144-149.

[63] Skatrud P L, Tietz A J, Ingolia T D. Use of recombinant DNA to improve production of cephalosporin-C by cephalosporium acremonium transformation with plasmid pPS56 encoding deacetylcephalosporin-C synthetase[J]. Biotechnology, 1989, 7: 477-485.

[64] Chen R, Bailey J E. Energetic effect of vitreoscilla hemoglobin（VHb）expressionin escherichia coli: an on-line 31P NMR and saturation transfer study[J]. Biotechnol Prog, 1994, 10: 360-364.

[65] Hopwood D A, Malpartida F, Kieser H M. Production of "hybrid" antibiotics by genetic engineering[J]. Nature, 1985, 314: 642-644.

[66] 沈方琳, 黄双成, 侯朋晨, 等. 酿酒酵母高效自主复制区的筛选与鉴定[J]. 食品与发酵工业, 2017, 43: 20-25.

[67] 刘国强, 孙文浩, 张晴业, 等. 包含 ars/cen 元件的游离质粒在巴斯德毕赤酵母中的稳定性研究[J]. 生物学杂志, 2020, 37: 10-13.

[68] 张爱利. 利用基因工程技术限制酿酒酵母甘油生物合成提高乙醇发酵效率[D]. 天津: 天津大学, 2005.

[69] 孔建强, 程克棣, 王丽娜, 等. Hmg-coa 还原酶和 fpp 合酶基因拷贝数对紫穗槐-4,11-二烯酵母工程菌产量的影响[J]. 药学学报, 2007, 42: 1314-1319.

[70] Albertsen L, Chen Y, Bach Lars S, et al. Diversion of flux toward sesquiterpene production in Saccharomyces cerevisiae by fusion of host and heterologous enzymes[J]. Appl Environ Microbiol, 2011, 77（3）: 1033-1040.

[71] Tippmann S, Anfelt J, David F, et al. Affibody Scaffolds Improve SesquiterpeneProduction in Saccharomyces cerevisiae[J]. ACS Synth Biol, 2017, 6（1）: 19-28.

[72] Brown S, Clastre M, Courdavault V, et al. De novoproduction of the plant-derived alkaloid strictosidine in yeast[J]. Proc Natl Acad Sci USA, 2015, 112（11）: 3205-10.

[73] Buziol S, Warth L, Magario I, et al. Dynamic response of the expression of hxt1, hxt5 and hxt7 transport proteins in Saccharomyces cerevisiae to perturbations in the extracellular glucose concentration[J]. J Biotechnol, 2008, 134: 203-210.

[74] Scalcinati G, Partow S, Siewers V, et al. Combined metabolic engineering ofprecursor and co-factor supply to increase α-santalene production by Saccharomyces cerevisiae[J]. Microb Cell Fact, 2012, 11: 117.

[75] David F, Nielsen J, Siewers V. Flux control at the malonyl-CoA node through Hierarchical dynamic pathway regulation in saccharomyces cerevisiae[J]. ACS Synth Biol, 2016, 5（3）: 224-33.

[76] 张艳, 周鹏鹏, 王丕祥, 等. 丁醇合成途径关键酶基因在大肠杆菌中的克隆和表达[J]. 微生物学报, 2012, 52: 588-593.

[77] 黄世永. 适量低产高级醇葡萄酒酵母菌株的构建[D]. 天津: 天津科技大学, 2017.

[78] Caspeta L, Shoaie S, Agren R, et al. Genome-scalemetabolic reconstructions of Pichia stipitis and Pichia pastoris and in silico evaluation of their potentials[J]. BMC Syst Biol, 2012, 6: 24.

[79] Parmar J H, Bhartiya S, Venkatesh K V. Quantification ofmetabolism in Saccharomyces cerevisiae under hyperosmotic conditions using elementary mode analysis[J]. J Ind Microbiol Biotechnol, 2012, 39（6）: 927-41.

[80] 杨柯. 利用辅酶工程技术提高酿酒酵母木糖发酵生产乙醇能力[D]. 天津: 天津大学, 2013.

[81] Brown Geoffrey D. The biosynthesis of artemisinin（Qinghaosu）and the phytochemistry of Artemisia annua L.（Qinghao）[J]. Molecules, 2010, 15（11）: 7603-98.

[82] 周玉洁. 东北红豆杉与美丽镰刀菌的固定化法共生培养[D]. 无锡: 江南大学, 2008.

[83] 许天荣. 不同提取工艺对复方穿心莲片中穿心莲内酯含量的影响[J]. 中成药, 1988: 8-9.

[84] 樊铁. Canola 油氢化时甘油三酸酯中不同位置脂肪酸的反应速度[J]. 中国油脂, 1987: 2-7.

[85] Burke M D, Schreiber S L. A planning strategy for diversity-oriented synthesis, Angew [J]. Chem Int Ed, 2004, 43: 46-58.

[86] Charaschanya M, Aube J. Reagent-controllec regiodivergent ring expansions of steroids [J]. Nature Communications, 2018, 9（1）: 934.

[87] Pavlinov I, Gerlach E M, Aldrich L N. Next generation diversity-oriented synthesis: a paradigm shift from chemical diversity to biological diversity [J]. Org Biomol Chem, 2019, 17: 1608-1623.

[88] Schreiber S L. Target-oriented and diversity-oriented organic synthesis in drug discovery [J]. Science, 2000, 287: 1964-1968.

[89] Sivaraman D, Lisa A M. Current strategies for diversity-oriented synthesis [J]. Curr Opin Chem Biol, 2010, 14: 362-370.

[90] Truax N J, Romo D. Bridging the gap between natural product synthesis and drug discovery[J]. Nat Prod Rep, 2020, 37: 1436-1453.

[91] Rivkin A, Yoshimura F, Gabarda A E, et al. Complex target-oriented total synthesis in the drug discovery process: the discovery of a highly promising family of second generation epothilones[J]. J Am Chem Soc, 2003, 125: 2899-2901.

[92] Wetzel S, Bon R S, Kumar K X, et al. Biology-oriented synthesis[J]. Angew Chem Int Ed, 2011, 50: 10800-10826.

[93] Hobom B. Gene surgery: on the threshold of synthetic biology [J]. Medizinische Klinik, 1980, 75（24）: 834.

[94] Dueber J E, Wu G C, Malmirchegini G R, et al. Synthetic protein scaffolds provide modular control over metabolic flux[J]. Nature biotechnology, 2009, 8（8）: 753-759.

[95] Atsumi S, Hanai T, Liao J C. Non-fermentative pathways for synthesis of branched-chain higher alcohols as biofuels[J]. Nature, 2008, 451（7174）: 86-89.

[96] Zhang K, Han L, Cho K M, et al. Expanding metabolism for total biosynthesis of the nonnatural amino acid L-homoalanine[J]. Proceedings of the National Academy of Sciences of the United States of America, 2010, 107（14）: 6234-6239.

[97] Taguchi S, Yamada M, Matsumoto K, et al. A microbial factory for lactate-based polyesters using a lactate-polymerizing enzyme[J]. Proceedings of the National Academy of Sciences, 2008, 105（45）: 17323-17327.

[98] Gibson D G, Smith H O, Hutchison C A, et al. Chemical synthesis of the mouse mitochondrial genome[J]. Nature Methods, 2010, 7（11）: 901-903.

[99] Elowitz M B, Leibler S, Elowitz M B, et al. A synthetic oscillatory network of transcriptional regulators[J]. Nature, 2000, 403（6767）: 335-338.

[100] Liao P, Hemmerlin A, Bach T J, et al. The potential of the mevalonate pathway for enhanced isoprenoid production[J]. Biotechnology Advances, 2016, 34（5）: 697-713.

[101] Kim Y J, Zhang D, Yang D C. Biosynthesis and biotechnological production of ginsenosides[J]. Biotechnology Advances, 2015, 6（33）: 717-735.

[102] Wang P, Wei W, Ye W, et al. Synthesizing ginsenoside Rh2 in Saccharomyces cerevisiae cell factory at high-efficiency[J]. Cell Discovery, 2019, 5（1）: 5.

[103] Hu Z F, Gu A D, Liang L, et al. Construction and optimization of microbial cell factories for sustainable production of bioactive dammarenediol-II glucosides[J]. Green Chemistry, 2019, 21（12）: 3286-3299.

[104] Nazhand A, Durazzo A, Lucarini M, et al. Rewiring cellular metabolism for heterologous

biosynthesis of Taxol[J]. Natural Product Research, 2019（5）: 1-12.

[105] Huang Q L, Roessner C A, Croteau R, et al. Engineering Escherichia coli for the synthesis of taxadiene, a key intermediate in the biosynthesis of taxol [J]. Bioorganic & Medicinal Chemistry, 2001, 9（9）: 2237-2242.

[106] Engels B, Dahm P, Jennewein S. Metabolic engineering of taxadiene biosynthesis in yeast as a first step towards Taxol（Paclitaxel）production[J]. Metabolic Engineering, 2008, 10（3-4）: 201-206.

[107] Li B J, Wang H, Gong T, et al. Improving 10-deacetylbaccatin III-10 - β -O-acetyltransferase catalytic fitness for Taxol production[J]. Nature Communications, 2017, 8: 15544.

[108] Tang, Kexuan, Yan, et al. Transgenic approach to increase artemisinin content in Artemisia annua L.（Special issue: Plant science and biotechnology in China（Volume I ）[J]. Plant Cell Reports, 2014, 33（4）: 605-616.

[109] Westfall P J, Pitera D J, Lenihan J R, et al. Production of amorphadiene in yeast, and its conversion to dihydroartemisinic acid, precursor to the antimalarial agent artemisinin [J]. Proceedings of the National Academy of Sciences of the United States of America, 2012, 109（3）: 655-656.

[110] Paddon C J, Westfall P J, Pitera D J, et al. High-level semi-synthetic production of the potent antimalarial artemisinin[J]. Nature, 2013, 496（7446）: 528.

第5章
药用新材料
（辅料）

5.1

药用辅料概述

5.1.1 药用辅料的发展

（1）药用辅料的概念 《中华人民共和国药典》（以下简称《中国药典》）规定，药用辅料作为非活性物质，是生产药品和调配处方时使用的赋形剂和附加剂，是除了主要药物活性成分以外一切物料的总称。药用辅料是生产制剂的必备材料，是药物发挥治疗作用的载体，是药物制剂形成的物质基础，是药物制剂的重要组成成分。药用辅料除了赋形、充当载体、提高稳定性外，还具有增溶、助溶、调节释放、调味、着色、润滑等重要功能。还与药物的临床疗效、生物利用度、毒副作用等密切相关，也是实现药品安全、高效的基础。

《美国药典》《欧洲药典》以及国际药用辅料协会（IPEC）则将除活性成分以外的所有成分均纳入药用辅料范畴。这样将药用辅料从概念上涵盖了除活性成分以外的所有成分，在一定程度上，相对弱化了药用辅料的界限，扩大了辅料的范畴，但同时意味着无论在制剂过程中使用，还是生产加工阶段使用的制剂或其他物质成分，制剂生产企业都应根据其风险程度，遵循相应的管理制度和技术规范。

（2）药用辅料的分类 药用辅料整体可以分为化学合成药物用辅料、天然药物用辅料和生物药品用辅料。目前常常从以下不同的角度进行更加详细的分类。

按来源分类可分为天然物、半合成物和全合成物。来源于天然的药用辅料有其自身的特点，不同于化学合成药用辅料。天然药用辅料主要来源包括动物、植物和矿物质，因而来源多样，不同地域、不同种属，甚至不同种群的同一物种，制备材料的来源存在一定差异；成分复杂，稳定性差，组分分离，加工生产控制难度较大。

按用于制备的剂型分类主要包括片剂、注射剂、胶囊剂、颗粒剂、眼用制剂、鼻用制剂、栓剂、丸剂、软膏剂、乳膏剂、吸入制剂、喷雾剂、气雾剂、凝胶剂、散剂、糖浆剂、搽剂、涂剂、涂膜剂、酊剂、贴剂、贴膏剂、口服溶液剂、口服混悬剂、口服乳剂、植入剂、膜剂、耳用制剂、冲洗剂、灌肠剂、合剂等药用辅料。

按用途分类可分为溶剂、抛射剂、增溶剂、助溶剂、乳化剂、着色剂、黏合剂、崩解剂、填充剂、润滑剂、润湿剂、等渗调节剂、稳定剂、助流剂、抗结剂、矫味剂、抑菌剂、助悬剂、包衣剂、成膜剂、芳香剂、增黏剂、抗黏着剂、抗氧剂、抗氧增效剂、螯合剂、皮肤渗透促进剂、空气置换剂、pH调节剂、吸附剂、增塑剂、表面活性剂、发泡剂、消泡剂、增稠剂、包合剂、保护剂、保湿剂、柔软剂、吸收剂、稀释剂、絮凝剂与反絮凝剂、助滤剂、冷凝剂、络合剂、释放调节剂、压敏胶黏剂、硬化剂、速释剂、靶向制剂、大分子靶向制剂、干细胞靶向制剂、空心胶囊、基质、载体材料等药用辅料。

按给药途径分类可分为口服、注射、黏膜、经皮或局部给药、经鼻或吸入给药和眼部给药等药用辅料。相同的药用辅料，可以通过不同的方式给机体用药，不同的用药方式常常会出现不同的作用和效果。

（3）药用辅料的发展

① 药用辅料品种与数量变化 从 1953 年颁布的第一版《中国药典》收载蒸馏水、盐酸、醋酸、硝酸、硫酸、浓氨溶液、蔗糖、淀粉、硬脂酸等为数不多药用辅料及其相应的标准开始，到 2005 年时，共收载了 73 个药用辅料及其标准。在 2010 年，又新增 62 个药用辅料及其标准，2015 年总数扩增到 270 个，2020 年，继续新增药用辅料品种 65 个，药用辅料收载总数达到 335 种，《2019—2025 年中国药用辅料市场深度调研与发展趋势预测报告》显示，目前我国药用辅料有 540 余种。而西方发达国家符合欧洲/美国药典标准药用辅料现已超过 1200 种。

在药用辅料关联评审制度实行后，药品审评部门建立了"原料药、药用辅料和药包材登记信息公示"平台，该平台能从一定程度上反映我国药用辅料发展的现状。截至 2021 年，在平台登记的药用辅料信息有 4600 余条，与制剂共同评审的有 2457 条。合并同一单位重复登记品种后，登记平台上国产药用辅料有 2290 条登记信息，共涉及 574 个品种（规格），而相应的进口辅料登记信息有 688 条，涉及 455 个品种（规格）。国产辅料中同品种登记数量大于等于 30 个的有 17 个品种，共计 984 条品规信息，其中明胶空心胶囊、普通聚乙二醇类、普通淀粉类、微晶纤维素、乙醇等五类产品登记信息数量约占总登记数量的 16%，国产普通辅料呈现高度同质化现象。同时，在国产辅料涉及的 574 个品种中，登记数量小于等于 3 个的有 352 个品种，仅独家登记的有 242 个品种。

从辅料数量看，随着药物研发、制药科技的发展，药用辅料也在不断发展，其速度更甚于新原料药的发展。药用辅料在其定义、分类、适用范围、生产工艺和过程控制、性状、鉴别、检查、功能性指标、含量及功能有效性指标、微生物限度、稳定性研究等方面更加细化，对辅料的质量标准与要求更加严格。

② 药用辅料生产与市场的现状 我国医药事业作为一个新兴市场，受到各个大型跨国企业的青睐，国际辅料巨头纷纷进入中国市场，抢占国内医用辅料市场。目前，我国药用辅料生产企业，包括国际辅料生产企业约 500 家，多分布在环渤海、长三角和珠三角地区，山东、江苏、广东和河北是药用辅料生产企业的聚集省份，而其他省份的规模普遍较小、规范化程度较差。国际辅料生产企业通过多种方式登陆我国药用辅料市场后，复杂、新型的药用辅料大多由生产技术较成熟的国际大型化工企业生产，其部分品牌产品处于垄断地位，使得国内企业面临着较大的竞争压力。

③ 中药药用辅料的发展 我国传统中医药很早以前，在药材炮制过程中从某种意义上讲就已经出现和应用了各种辅料，如蜜制过程中用的蜂蜜，醋制用到的自酿食用醋，酒制过程中的米酒，炒制时用到的姜、青盐、麦麸皮等，这些辅料一般来说起协调作用，可不同程度地改变药性，或增强疗效，或降低毒性，或减轻副作用，或影响主药的理化性质。随着中医药现代化研究的不断深入和中西医临床结合推广范围不断扩大，以及制药技术的高科技发展，中药用辅料也得到了很大的发展，它不仅用于中药提取、分离、纯化、浓缩和干燥等各个环节，还在中药不同剂型制备过程中广泛使用。例如提取过程中用到的乙醇、丙酮、醋酸乙酯、石油醚、酸碱等溶媒，分离纯化过程中使用的大孔吸附树脂、聚酰胺、壳聚糖、活性炭等吸附性材料，丸剂制备用到的炼蜜、淀粉糊精、血液、动物组织等黏合新物质，分散片中的多种分散剂，中药注射剂中的增溶剂，颗粒剂中的稀释剂、崩解剂、甜味剂、包衣剂等。中药制剂由过去仅包含原药材的汤剂、粉剂、丸剂、丹剂等，在利用现代研发的药用辅料后，制成了品种更加丰富的中药剂型。我们相信，传统中药与新型辅料相结合，将推进新剂型的发展，要在中医理论的指导下，利用现代药物化学、生

物化学、分子生物学、材料科学等学科的最新成果，推动我国中药制剂的现代化，使中药尽快走向国际市场。

④ 生物制剂药用辅料的发展　生物制剂生产工艺复杂而且容易受各种因素的影响，所用的各种材料来源比较复杂，容易引入外源性生物因子，同时由于产品的组成成分特殊性可能不能彻底消毒和灭菌，因而对生物制剂药用辅料质量要求更加严格，结果给其辅料研发带来了一定挑战和困难。在药用辅料行业的发展过程中，生物药用辅料相对其他药物用辅料，呈现出品种数量偏少现象。但随着全球生物科技快速发展和生物制品需求量的迅速增加，其用量却超过其他辅料。21 世纪将是生物科技高速发展的时代，相关科研单位、生物制品生产企业紧抓历史机遇，迎接挑战，加大了研发和投资力度，势必将推动市场发展。截至 2021 年，全球生物药辅料市场规模达 21 亿美元。预计到 2025 年，这一市场规模将达到 27 亿美元。

在生物药用辅料中，一般使用糖类、蛋白质、氨基酸及高分子聚合物等作为生物活性物质的药用辅料。根据生物制剂的实际应用，糖类（尤其是蔗糖、葡萄糖、淀粉、海藻糖等）将一直引领生物药用辅料的市场，占全球收入的最大份额。例如蔗糖，其不仅自身具有特殊性质，同时价格合理，易于获取，在约 80％ 的单克隆抗体冻干制剂中作为一种填充剂和蛋白质稳定剂被广泛使用；淀粉因具有明确的安全性用于许多生物制剂与产品。白蛋白作为药用辅料主要用作生物制剂以及酶类制剂的稳定剂、药物传输系统中的载体，近年来随着生物医药和生物学分子技术的快速发展，白蛋白作辅料的需求量越来越大，但是血液的隐藏风险较大，将由血液、动物来源转向人工重组白蛋白，替代血清来源的白蛋白具有广泛的社会意义，也是生物技术发展的必然趋势。同样，动物来源的明胶作为大分子类辅料存在着一定安全性风险，基本上不再提倡用于动物饲料或兽药等方面，另外，由于明胶的亲水性，使得内容物中亲水性物质向明胶胶壳中迁移，同时明胶会与含醛基化合物发生化学反应等，所以，为了解决传统提取方法存在的缺点，改善亲水性、免疫排异性等不足。利用化学合成法合成类胶原蛋白，以及运用基因工程技术，通过不同表达系统生产重组胶原蛋白和重组明胶，是未来明胶研发的发展方向和趋势。

总体而言，我国专门从事药用辅料生产的企业较少，行业门槛较低，许多辅料生产企业是由食品添加剂企业或化工企业转型而来的，对药用辅料的质量控制一直遵循着化学原料药的管理思路和模式，这类企业通常缺乏对药用辅料生产的严格管理和产品质量控制，有待于技术加强和管理制度完善。

（4）新辅料研发技术发展现状　随着新的药用辅料市场需求不断增加，药用辅料不仅数量有大幅的提高，同时质量也得到了很大的提高。为了降低生产成本，提高品种数量和产量，新药用辅料研发、生产技术以及相关质量检测技术也需要随之进步，并应用于实际生产中。

① 超低浓度无机酸水解技术　该技术通过极低浓度的无机酸水解特殊高纯的植物纤维，控制一定聚合度，部分解聚植物纤维，再采用隔膜板框压滤漂洗技术，通过脉冲式反复压滤、漂洗，最后采用专用高剪切造粒干燥装置对产品进行干燥和造粒，通过控制运行参数，得到所需形态和性能指标的多种型号新型药用辅料微晶纤维素。具有自动化程度高、节能环保、生产效率高等特点，能够满足客户的不同要求。

② 组合化学-酶催化合成新技术　采用热传导物流方法催化水解工艺，制备高纯度、高效率的产品，以取代碱水解工艺，大大减少环境污染，创建新型微乳凝胶固化单宁酶催化酯化工艺，合成系列药用辅料，提高产品收率和纯度，大大降低生产成本，同时降低了

后续废水处理难度。

③ 高效毛细管电泳技术　与传统药用辅料相比具有增加药物溶解性、提高稳定性、控制药物释放速度和区域等特性，对药物的包合作用更好。研制出的产品达到药用辅料的相关质量规定，性能超过传统药用辅料，包合物溶解度远高于60%的有机溶剂或10%的任何一种表面活性剂。

④ 电感耦合等离子体质谱法　能够快速测定药用辅料中铅和镍等金属微量元素含量，该法操作简便，灵敏度高，准确可靠，分析速度快，对药物中铅和镍等金属元素的测定具有良好的适用性，并在日常检测中已推广使用。该技术的使用能有效防控工业生产药用辅料制备过程各个环节中有毒金属的污染。

⑤ 拉曼光谱法　在拉曼光谱法原有功能的基础上，对常用药用辅料的拉曼光谱法进一步扩展，包括拉曼光谱的采集、谱库的建立以及针对不同类型药用辅料的拉曼光谱定性鉴别模型的研究。随着空间位移拉曼新技术的出现，开展了对药品原辅料在各类包材内的真正无损鉴别研究，实现了对塑料瓶、塑料袋、玻璃容器、多层纸袋内40余种粉末、半固体、固体、液体辅料的快速鉴别，基本满足了模型的稳健性和粗放性快检快筛要求。

（5）药用辅料未来发展前景　对化学合成药品、生物制剂以及中药的需求日益增加，药品生产过程中对新型辅料的需求不断增长，成为推动全球药用辅料市场发展的主要驱动力，新一代给药系统的技术进步和用来治疗慢性病的创新药物的涌现，也将成为推动药用辅料市场增长的一大动力，对于国内药用辅料而言，由于一些重量级药物将陆续失去专利保护，所以仿制药市场不断增长也加大了对药用辅料的需求。

目前，全球辅料行业主要分布在欧洲地区，占全球收入的比例达到32%，而这与该地区拥有大量的医药生产企业，以及国家老年人口不断上升对医药产品的需求居高不下有着密切的关系。同样，在北美地区由于对药品和生物制药产品的需求在增长，该地区在药用辅料市场上也占有一定的主导地位，当然辅料生产工艺的技术创新也在推动北美辅料市场的发展。美国是北美最大的药用辅料市场，其次是加拿大。在欧洲，德国、法国和英国占据着药用辅料市场的主要份额。在亚洲，众多药用辅料生产厂家正在加大投资力度，生产和劳动力成本较低等地区的特殊性，推动了亚洲药用辅料市场的发展，药用辅料市场预计也将呈现较高的增长速度，印度、中国和日本预计将成为亚洲增长速度最快的主要药用辅料市场。

基于对现有药用辅料登记注册名录以及实际生产中不同性质和类别药用辅料的使用量分析，未来药用新辅料将在以下两个主要方面具有强势的市场需求和研发前景。

以糖类为基础材料源的药用辅料仍将是未来辅料发展的方向。糖类是自然界来源最丰富的天然聚合物，它是人类食物中的重要成分，且其作为药用辅料的历史距今也有100多年，是用途最为广泛的药用辅料之一，以淀粉、糊精、蔗糖、壳聚糖等为代表的传统药用辅料仍占据较大市场份额。糖类作为药用辅料，具有天然、低毒、环保、易加工、易改进、稳定、价格低、来源广泛等优势，近年来糖类药用辅料得到了深度开发，一系列新产品相继推出。随着糖类辅料性能的不断改进，特别是新型多糖类辅料的出现，其应用前景会越来越广阔，具有巨大的发展潜力，同时有望提高现有药剂的质量，推进制剂技术的发展。

药用复合辅料也是未来新型药用辅料发展的主要方向。复合辅料是指将两种或两种以上的单一辅料按一定比例混合，以一定的共加工工艺，如喷雾干燥、共同结晶等方法制备成一种具有特定功能，且表观均一的新型辅料。复合辅料在共加工过程中，化学结构未发生改变，而是以特殊的方式使得物理性质有所改变。实现了一种辅料与另一种辅料在亚微粒子级紧密联系且均匀分布，与其组分的简单物理混合物相比，复合辅料经共加工后具备更加优越的性能，如改善了稀释潜力、流动性、压缩性、润滑敏感性等物理化学性质。在直接压片中，可提高物料的流动性、可压性、促进崩解，提高药物溶出度以及改善口感等。由于复合辅料集多种功能于一体，具有特定的配方，研发周期短，在实际生产中既节约时间又大大降低成本，具有巨大的开发价值。近年来，药用复合辅料在控释制剂材料、空白乳剂、乳膏、直压工艺制备片剂等方面体现出了巨大的优势，为粉末直接压片技术在更多药物的推广应用提供了重要支撑，对提高新制剂的国际竞争力和药剂学领域的地位具有重要的意义。今后制剂辅料研究与开发的重点将是优良的缓释与控释材料、优良的肠溶与胃溶材料、靶向制剂材料、无毒高效药物载体、无毒高效透皮促进剂等多种功能相互组合的同时适合各种药物剂型的复合辅料。

纵观药用辅料发展，随着对辅料功能作用的认识不断深入，以及在国内医药市场需求等因素的推动下，我国药用辅料行业开始进入快速发展期，产销量不断增加，药用辅料的品种日趋丰富，产品质量明显提升，药用辅料产品不断向专业化、精细化、新型方向发展，同时在多元化、功能化、定制化等方面尚有较大的提升空间，以待我们进一步完善。在新时期背景下，新辅料的研究和应用已经成为顺应医药发展的必然选择。在寻找新型化合物、改善辅料形态学参数和利用不同辅料整合新型新辅料，有效实现预混辅料于特定配方多元化组成的基础上，实现多功能集合等，发展创新新型辅料，是今后药用辅料研发和开拓市场的方向。

5.1.2　药用辅料在新兽药创制中的作用

（1）辅料对新兽药的促进作用　药用辅料作为药物制剂的一部分，主要通过吸附作用、改变药物表面性质、影响溶出介质的 pH 值、改变溶出介质的性质等在一定程度上影响口服固体制剂的溶出，决定着药物的剂型和新剂型的质量，影响着药物在动物体内的吸收和生物利用度。

① 药用辅料有利于形成制剂　药物中活性成分通常在制剂的含量很低，如果不加入一些赋形剂很难使药物制成制剂。例如乳化剂能帮助乳剂形成；片剂需要加入适量辅料来增加片剂本身的质量、改善粉体的流动性和压缩成形性；滴丸剂的制备过程中需要加各种基质如聚乙二醇类水溶性基质和硬脂酸、氢化植物油、虫蜡；胶囊剂也需要加入各种辅料。助悬剂、乳化剂和防腐剂等这些不同功能的药用辅料的加入能够提高药物的物理稳定性、化学稳定性和生物稳定性；色素、矫味剂、等渗剂和止痛剂的加入可改善药物的生理学要求。不同剂型的药物制备过程需要加入相匹配的不同类型的辅料。

② 药用辅料能够提高药物稳定性　药物稳定性是影响药品质量的重要因素，也是药物剂型开发中的一个重要方面。一般情况下原料药特别容易受温度、湿度、光照等因素的影响，使药物发生氧化、还原、水解等降解反应。而药用辅料中特定官能团有时可以与药物的不稳定活性成分相互作用，从而保护活性成分不被降解。然而欲使用辅料以增强药物的稳定性，要根据药物的理化性质，有选择性地在药品中添加抗氧剂、络合剂、pH 值调节剂、空气置换剂等具有不同作用的辅料，或者选择辅料事先把药物制成前体药物制剂、包合物、固体分散体、微粒、纳米粒、脂质体等新制剂，以增强药物稳定性，延长药品的

有效期。在实际使用过程中，为提高药物稳定性，如胶囊剂中也可以将药物填装于胶囊中，使得药物借胶囊壳与外界隔开，提高药物的稳定性；片剂通常选择包衣来阻止药物直接与外界接触；还有液体制剂中需要加入一些防腐剂和抗氧剂等。

③ 药用辅料能够改变药物性质　药物的溶解性在新兽药研发和临床使用中一直是一个制约的因素。许多原料药为水不溶性或者难溶性化合物，药物的活性成分很难在动物机体内发挥疗效。药用辅料可在一定限度内改变药物的吸湿性、分散性、溶解性等物理性状，影响药物的扩散速率，对于一些难溶性的药物可以通过加一些药用辅料表面活性剂使药物溶解性在一定限度内增强，提高药物的生物利用度，对药物发挥临床疗效具有促进作用。例如某些难溶性、不溶性药物，可选用适宜的药物辅料制成盐、复盐、酯、络合物等前体药物制剂或固体分散剂，以提高药物的溶解度，这不但使药物易于吸收，有时还可以改变一些药物的给药途径。所以，药用辅料在某种程度上可以重新赋予药物剂型必要的物理化学、生物学性质，以适应临床应用，同时又确保治疗效果。

④ 药用辅料可增加动物的感官顺应性　不同的药物合成工艺不同，所使用的合成原料物质也各不相同，生产出的产品颜色、气味和味道亦千差万别。在临床应用过程中不同动物对于不同颜色、气味和味道的适口性不同。针对不同动物和不同药物，常常通过使用特殊的辅料来改变或遮蔽药物在临床使用中某种缺陷，调节和增强其感官适应性。在新兽药制剂生产过程中务必考虑加入各种矫味剂、甜味剂、着色剂、调味剂等其他的添加剂来改善制剂的口感；片剂中为了掩盖药物的不良气味，需要我们选择一些包衣材料对药物进行包衣；胶囊剂中选择胶囊壳等材料来提高动物对药物的感官顺应性。

⑤ 药用辅料改变药物的释放速率　许多大分子聚合物类的药用辅料可以通过共价键和非共价键两种方式作用于消化系统黏膜，与黏膜之间形成氢键、离子键和范德瓦耳斯力相互作用，延长了药物驻留在吸收部位的时间，确保活性成分释放的浓度梯度，防止酶促降解，控制药物的释放速度和释药量，使制剂产生最佳治疗效果。有些药用辅料大分子聚合物，对环境因素比较敏感，如周围环境的温度、pH、离子强度、电场、磁场等微小的变化，当遇到上述的不同环境条件时，能够快速刺激其表现出物理化学性质的变化，从而通过辅料自身构象变化、表面性质和溶解度的改变来影响对药物的释放。

⑥ 药用辅料能够改变药物的给药途径和作用方式　同一种药物，使用不同的辅料可以制成不同剂型的药品，同时可以改变药物的给药途径和作用方式，达到多种不同的治疗目的。如硫酸镁，制成外用溶液剂后，通过热敷对皮肤的刺激作用，可促进血液循环；制成口服液时可作为溶剂型泻药；当作为注射液制剂时，可用于治疗惊厥、癫痫、尿毒症等。又如胰岛蛋白酶，制成肠溶胶囊或片剂，可用于促进消化。制成注射液则可用于治疗脓胸、肺结核、肺脓肿、支气管扩张和血栓性静脉炎等疾病。一种优良新辅料的诞生，可开发出一大类剂型，进而生产出一大批制剂产品，不仅增加了新产品的数量，同时也促进其质量提高，带来显著的经济效益和社会效应，从某种意义上说其影响不亚于一种新药的成功研发。因此，药用辅料的更新换代越来越成为药剂工作者关注的焦点。

（2）药用辅料的不良影响

① 药用辅料对药物的不良作用　药用辅料与药物活性成分相互作用是双向性的，在不同的环境条件下，既可以朝有益的方向发展，也能够向有害的方向发展。虽然药物与辅料发生的相互作用通常是物理作用，只是通过改变药物的生物利用度、溶出度等从而改变药物的有效性和安全性，这种相互作用尽管没有新的物质变化，但也并非完全不涉及化学

反应。比如络合、包埋、吸附和多组分晶体这些常见的物理相互作用形式中，络合可以通过形成络合物从而提高药物的生物利用度，但在表面活性剂和胆盐等条件的存在下，就会形成胶束效应和不溶性复合物，反而使得药物的渗透性降低；包埋和吸附在一定条件下会使其中包埋的小分子药物释放率降低，甚至辅料与药物间通过氢键或非极性共价键的作用，出现沉淀反应、水解反应、质子转移和美拉德（Maillard）反应，影响有效成分的释放、吸收、分布而改变药物的疗效，产生不良反应。另外，辅料中存在的未知结构杂质，在多种辅料混合在一起时，也可能与药物发生物理作用、化学作用和生物作用，因此药用辅料也能对药物制剂的稳定性、安全性、有效性和质量造成影响。

② 药用辅料本身的不良影响　理论上，药用辅料在整个使用过程中属于没有活性的物质，但是药用辅料并不能没有限制地使用，因为虽然药用辅料本身没有活性，但却存在着一定的毒素，如果过量使用，会使药品本身附带毒副作用。通常情况下，药用辅料在与主药进行配比使用过程中，本身的活性成分物质会与其他物质发生反应。如果辅料和活性成分配伍比例不当，将会严重地影响药品的安全性，不但会降低药效，还会对患者身体健康带来很严重的影响。根据辅料的大体分类，其不良作用情况如下。

a. 助溶剂和增溶剂　可引起如接触性皮炎、乳酸中毒、渗透压升高、局部静脉炎、中枢神经系统抑制、溶血、心脏毒性、肾毒性反应等多种不良反应。

b. 防腐剂　常见的不良反应有过敏反应、接触性皮炎，对呼吸道、眼、皮肤有刺激作用，同时引起恶心、呕吐、昏迷、惊厥等症状。

c. 甜味剂　服用后可出现腹痛、腹胀、肠鸣腹泻等消化系统症状。还可引起抽搐、幻觉、躁狂综合征等过敏症状发生。对血液系统也可造成损害，如致血小板减少而出现大出血、多种脏器器官损害等。

d. 抗氧化剂　可造成胃肠障碍引起消化系统症状，导致急性腹泻、慢性中毒，还可引起贫血、肾脏损害等症状。

e. 着色剂　虽然改善了药品外观，方便辨识和动物的感官顺应性，但会发生急性支气管痉挛，以及接触性皮炎、光敏反应、局部红肿、皮肤脱落等皮肤不良反应。引起恶心、腹痛等胃肠道反应。

f. 纳米载体　纳米载体是近年来研究较多的一种新型辅料，如脂质体、胶束、脂质纳米粒等，具有缓释、靶向及定位释药、促进难溶性药物的口服吸收等优势。虽然纳米材料本身不存在明显毒性，但其粒径大小可影响其生物安全性，当粒径减小至一定程度时，无毒材料会出现毒性，毒性较小的则毒性增强。研究发现其毒性与剂量具有相关性，大剂量时，纳米材料可以穿过血-脑脊液屏障、胎盘屏障等难透过的屏障，引起靶器官产生特殊的毒性。

5.2

新的药用辅料

近年来，新型药用辅料的开发及大量应用，大大推动了剂型改进与新剂型、新品种的创新研究，进而促进了药剂学的飞速发展。缓释技术、固体分散技术、包合技术、微囊化技术等新技术，脂质体、微乳、聚合物胶束等新型纳米载体，均以新辅料的发展为支撑。然而一个新辅料的推出需要一定时间完成其他程序，还需要将新辅料专著纳入药典，并获得相关市场的药物批准。制药公司开发和注册具有新辅料的新药需要 3～4 年的时间，长时间的开发大大降低了新辅料的盈利能力，使这些开发变得不那么有吸引力，所以为了进一步加快推进医药事业药用辅料的快速发展，不仅要增加研发投入力度，还要在管理程序上进行完善，制定出简便快捷、科学合理、符合市场要求的法律法规。为新辅料产品的推出创造更加宽松的环境。

5.2.1　新的口服辅料

无水乳糖
anhydrous lactose

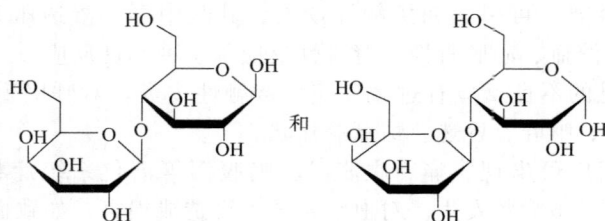

乳糖结构

乳糖是存在于大多数哺乳动物乳中的天然二糖，由半乳糖和蔗糖组成。分子式：$C_{12}H_{22}O_{11}$，分子量：342.2965，为 4-O-β-D-吡喃半乳糖基和 D-葡萄糖，或 4-O-β-D-吡喃半乳糖基 α-D-葡萄糖和 4-O-β-D-吡喃半乳糖基和 D-葡萄糖的混合物。α-乳糖是由过饱和溶液在 93.5℃以下结晶制得，而 β-乳糖则是在高于这个温度时制备。所以，乳糖以两种端基差向异构体形式存在，即 α 型和 β 型，分别为一水合物和无水物。

乳糖是由牛乳清生产，乳清是牛奶经提炼出奶酪和酪蛋白后的残留液体。β-乳糖经滚筒干燥器制得，其他更高 β 型含量级别的乳糖市场也有供应。α-乳糖主要是一水合物，也有另外两种无水 α-乳糖，无水 α-乳糖有吸湿性，不稳定。具有吸湿性的 α-乳糖可由特殊干燥技术制得。α-乳糖一水合物也可用特殊的工业化结晶法制备，这种产品比一般制备的产品在压制性方面有所改进，其结晶型有菱形、锥形及斧形等，取决于不同的沉淀及结晶方法。

乳糖广泛用作片剂和胶囊剂的填充剂、稀释剂或矫味剂，以及用在冻干产品配方中。乳糖也用于粉末吸入剂的稀释剂，可作为载体/稀释剂应用于吸入剂和冻干制剂。乳糖加至冻干溶液中可增加体积并有助于冻干块状物形成。乳糖和蔗糖以近 1∶3 的比例混合，用作包糖衣溶液。通常情况下，在片剂湿法制粒以及伴有研磨混合的过程时，宜选择细小粒度级别的乳糖，这样更易于与其他成分混合，也可更有效发挥黏合剂的作用，具体选择何种级别的乳糖要根据开发的药物剂型来定。直接压片用乳糖常常用于含药量较小的片剂，这样可以省去制粒的过程。直接压片所用乳糖的流动性和可压性要更好，它含有经过特殊处理的、纯的 α-乳糖一水合物和少量无定形乳糖，比起结晶形乳糖和粉末形乳糖，无定形乳糖的作用是改善乳糖的压力/硬度比。另外一些特别生产的直接压片用乳糖不含无定形原料，但可能含玻璃态组成，故对改善可压性造成（不良）影响。直接压片用乳糖也可与微晶纤维素和淀粉混合使用，通常需要片剂润滑剂如0.5%（质量分数）硬脂酸镁。在这些制剂中，乳糖的浓度达到65%～85%。如果替换其他直接压片辅料如预胶化淀粉，喷雾干燥时乳糖的用量相对少些。

对于肠道乳糖酶缺乏的机体，乳糖的不良反应是耐受性差，这种情况导致乳糖不能被消化，可能出现腹腔痉挛、腹泻、腹胀和肠胃气胀等临床症状。在对乳糖可耐受的个体中，小肠乳糖酶将乳糖水解成葡萄糖和半乳糖，随之被小肠吸收。静脉注射给药的乳糖以原形排出体外。因此，不常用于注射。

大多数成年人每天食用约25g乳糖，不会出现不良反应症状。即使有症状，通常也比较轻微，而且与服用剂量有关。大多数药物制剂中乳糖很少超过每天2g摄入量，因此，不太可能发生由口服一般固体制剂中的乳糖引起的严重胃肠道症状的情况，尤其对于从未被诊断为严重乳糖非耐受性的成年人，更是如此。临床上很少遇见由于对乳糖的非耐受性而在服用含乳糖的制剂后出现腹泻的情况。试验动物大鼠在不同给药途径下其毒性试验结果，灌胃时，$LD_{50}>10g/kg$，皮下注射时，$LD_{50}>5g/kg$。

无水乳糖作为药用辅料，用于填充剂和矫味剂等（供非注射剂、非吸入制剂用）。乳糖在密闭容器，阴凉干燥处贮藏。

丁基羟基苯甲醚
butylated hydroxyanisole（BHA）

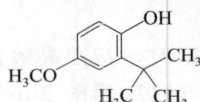

丁基羟基苯甲醚结构

丁基羟基苯甲醚又称丁基羟基茴香醚，白色至微黄色或粉红色的结晶性粉末或蜡状固体，具有特异性气味。分子式：$C_{11}H_{16}O_2$，分子量：180.25，熔点48～63℃，沸点264～270℃，不溶于水。易溶于乙醇（25g/100mL，25℃）、甘油（1g/100mL，25℃）、猪油（50g/100mL，50℃）、玉米油（30g/100mL，25℃）、花生油（40g/100mL，25℃）和丙二醇（50g/100mL，25℃）。

丁基羟基苯甲醚是2-叔丁基-4-羟基苯甲醚（2-BHA）与3-叔丁基-4-羟基苯甲醚（3-BHA）的混合物，其中含2-叔丁基-4-羟基苯甲醚一般不得超过10.0%。3-BHA的抗氧化效果比2-BHA强1.5～2倍，两者合用有增效作用。用量0.02%比0.01%的抗氧化效果增加10%，但用量超过0.02%时效果反而下降，长期贮存则带黄棕色。

丁基羟基苯甲醚合成有多种工艺路线。

① 对苯二酚路线。用对苯二酚和叔丁醇，以磷酸为催化剂，在101℃下反应，制得中间体叔丁基对苯二酚，然后再将叔丁基对苯二酚与硫酸二甲酯在氮气中，加热回流反应18h，冷却后用苯提取，苯提取液用热水洗涤，蒸发除去苯后，得粗品，减压蒸馏，得丁基羟基苯甲醚。

② 对甲氧基苯酚路线。对甲氧基苯酚的合成关键在于叔丁基与苯环的结合，因此缩合催化剂的选择最重要，比较早前的工艺中使用质子酸类物质作为催化剂，如浓硫酸、磷酸、氢氟酸等，但反应条件较为苛刻，而且需要较高的温度。也有报道以离子交换树脂为催化剂，反应温度65～75℃，总产率可达到68.5%，其中3-BHA的含量为51.8%，所得产品中3-BHA为90%。

③ 对氨基苯甲醚路线。先合成对羟基苯甲醚即对甲氧基苯酚，然后再通过烷基化反

应，制备 BHA。具体工艺如下：在冰浴中连续搅拌，加入对氨基苯甲醚和亚硝酸钠（物质的量比 1：1.15），在硫酸存在下进行重氮化反应，反应完成后保温过滤，将滤液滴加于热的水解反应液中水解，生成对羟基苯甲醚，然后即可用蒸汽提馏，冷凝对羟基苯甲醚溶液，用有机溶剂进行萃取，经浓缩蒸馏除去溶剂，可得对羟基苯甲醚，平均收率为 84.7%。

④ 对羟基苯甲醚、叔丁醇和溶剂加热溶解，再将此混合试剂加入事先预热好的催化剂中，在混合良好的反应器中反应，15min 后反应完毕。取样用高效液相色谱测定未反应的叔丁醇，当取样化验结果合格，反应即可停止。静置分层，收集有机物，然后采用蒸馏的方法除去有机溶剂，再经高真空减压蒸馏，得 BHA 产品，收率为 77.8%。

丁基羟基苯甲醚作为脂溶性抗氧化剂，由于其热稳定性好，在弱碱性条件下不容易被破坏，是一种良好的抗氧化剂，可以抑制酯类化合物的氧化。

丁基羟基苯甲醚与其他抗氧化剂结合使用其效果更好，如丁基羟基苯甲醚和二丁基羟基甲苯、三聚磷酸钠、抗坏血酸、没食子酸丙酯和柠檬酸混合使用。丁基羟基苯甲醚因有与碱土金属离子作用而变色的特性，所以在使用时应避免接触铁、铜容器，但与有螯合作用的柠檬酸或酒石酸等混合使用时，不仅起增效作用，而且可以防止由金属离子引起的变色反应。丁基羟基苯甲醚具有一定的挥发性，能被水蒸气蒸馏，故在高温制品中，尤其是在煮炸制品中容易损失，所以在实际使用时要注意。除抗氧化作用外，丁基羟基苯甲醚还具有相当强的抗菌力和抗霉效果。

作为药用辅料、抗氧剂。含量测定时，按照高效液相色谱法进行，用十八烷基硅烷键合硅胶为填充剂，以 5% 冰醋酸溶液（取冰醋酸 50mL 加水 1000mL，混匀）-乙腈（40：60）为流动相；检测波长为 290nm。

毒理学研究结果显示，小鼠口服时 LD_{50} 1100～1300mg/kg；大鼠口服时 LD_{50} 2000mg/kg，大鼠腹腔注射时 LD_{50} 200mg/kg；兔口服时 LD_{50} 2100mg/kg。

丁基羟基苯甲醚作为药用辅料，用于抗氧剂。遮光，密封，置阴凉处保存。

山梨醇山梨坦溶液
sorbitol sorbitan solution

山梨醇山梨坦溶液为酸催化的部分内部脱水的山梨醇溶液，为无色的澄清糖浆状液体。其中无水物不少于 68.0%（质量比），且不大于 85.0%（质量比），无水物主要包括 D-山梨醇和 1,4-山梨坦以及甘露醇、氢化低聚糖和二糖、脱水山梨糖醇。无水物计算，含 D-山梨醇（$C_6H_{14}O_6$）不得少于 25.0%（质量比），1,4-山梨坦（$C_6H_{12}O_5$）不得少于 15.0%（质量比）；含 D-山梨醇（$C_6H_{14}O_6$）和 1,4-山梨坦（$C_6H_{12}O_5$）应为标示值的 95%～105%。山梨醇山梨坦溶液溶于水。

鉴别时，取山梨醇山梨坦溶液 1.4g，加水 75mL 使其溶解，作为供试品溶液；取上述溶液 3mL 至试管中，加入新制的 10% 邻苯二酚溶液 3mL，摇匀，加硫酸 6mL，摇匀，加热 30 秒，即显深粉色或酒红色。在含量测定项下记录的色谱图中，其主峰的保留时间应与对照品溶液主峰的保留时间一致。

含量测定时按照高效液相色谱法进行。采用磺化交联的苯乙烯-二乙烯基苯共聚物为填充剂的强阳离子钙型交换柱（或效能相当的色谱柱）；以水为流动相；流速为每分钟 0.5mL，柱温为 72～85℃；示差折光检测器，检测器温度为 35℃。取山梨醇和甘露醇适量，加水溶解并稀释制成每 1mL 中各约含 10mg 的溶液，作为系统适用性溶液，取 40μL 注入液相色谱仪，甘露醇峰与山梨醇峰的分离度应大于 2。

山梨醇山梨坦溶液作为药用辅料，主要用于保湿剂、增塑剂等，密封，保存。

山梨醇溶液
sorbitol solution

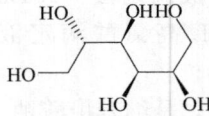
山梨醇结构

山梨醇溶液为澄清、无色糖浆状液体，是山梨醇、少量单糖、多糖及其他麦芽糖醇、甘露醇等的混合物，分子式：$C_6H_{14}O_6$，分子量：182.17。

山梨醇由部分水解淀粉经氢化制得。非结晶山梨醇溶液含 D-山梨醇（$C_6H_{14}O_6$）不得少于 45.0%（质量比）；结晶山梨醇溶液含 D-山梨醇（$C_6H_{14}O_6$）不得少于 64.0%（质量比）。山梨醇易溶于水、甘油、丙二醇、丙酮、乙酸和热的甲醇，25℃时的溶解度为 2.56g/100g 水。微溶于乙醇、乙酸和苯酚等，几乎不溶于醚、高级醇、酮类和烃类等有机溶剂。非结晶山梨醇溶液的旋光度应为 +1.5°至 +3.5°；结晶山梨醇溶液的旋光度应为 0°至 +1.5°。

含量测定时按照高效液相色谱法进行。用磺化交联的苯乙烯-二乙烯基苯共聚物为填充剂的强阳离子钙型交换柱（或效能相当的色谱柱）；以水为流动相；流速为每分钟 0.5mL；柱温为 72～85℃，示差折光检测器，检测器温度为 35℃。取甘露醇和山梨醇各约 55mg，置同一 5mL 量瓶中，加水溶解并稀释至刻度，摇匀，作为系统适用性溶液（适用于非结晶山梨醇溶液）；或取甘露醇和山梨醇各约 65mg，置同一 5mL 量瓶中，加水溶解并稀释至刻度，摇匀，作为系统适用性溶液（适用于结晶山梨醇溶液）。取系统适用性溶液注入液相色谱仪，甘露醇峰与山梨醇峰的分离度应不小于 2。

山梨醇被机体摄入后在血液中不转化为葡萄糖，其代谢过程不受胰岛素控制。少量长期食用无异常，大量时因在肠内滞留时间过长可导致腹泻。可用于药用辅料的甜味剂，过去常用于食品添加剂、化妆品原料、有机合成原料、保湿剂、溶剂、螯合剂、稳定剂和组织改良剂等。还可作消泡剂，用于制糖工艺、酿造工艺和豆制品工艺。

急性毒性试验表明，大鼠经口服时 LD_{50} 16.5g/kg，大鼠皮下注射 LD_{50} 29.6g/kg，大鼠静脉给药 LD_{50} 7.1g/kg；小鼠口服 LD_{50} 24.4g/kg。

山梨醇作为药用辅料，用于甜味剂。常温密封，保存。

无水脱氢醋酸钠
anhydrous sodium dehydroacetate

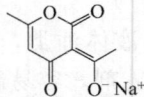
脱氢醋酸钠结构

无水脱氢醋酸钠为 3-(1-羟基亚乙基)-6-甲基-$2H$-吡喃-2,4($3H$)-二酮单钠盐，白色或类白色粉末，脱氢醋酸钠是用脱氢醋酸与氢氧化钠固相反应制得。脱氢醋酸为针状或片状晶体，通过乙酰乙酸乙酯在光照或加热下发生自缩合反应制得。分子式：$C_8H_7NaO_4$，分子量：190.13，熔点：约 295℃。易溶于水、甘油、丙二醇，微溶于乙醇和丙酮，性质稳定，无毒副作用，安全性高。在食品中使用也不产生不正常的异味，近年来脱氢醋酸钠在食品行业普遍受到欢迎。

含量测定时取无水脱氢醋酸钠约 0.15g，精密称定，置于 150mL 锥形瓶中，加冰醋酸 25mL 溶解后，加 α-萘酚苯甲醇指示液（精密称取 α-萘酚苯甲醇 0.25g，加冰醋酸 100mL 使溶解，即得）5 滴，用高氯酸滴定液（0.1mol/L）滴定至溶液显绿色，并将滴定的结果用空白试验校正。每 1mL 高氯酸滴定液（0.1mol/L）相当于 19.01mg 的 $C_8H_7NaO_4$。

脱氢乙酸钠具有广谱的抗菌能力，是继苯甲酸钠、尼泊金、山梨酸钾之后又一代新的防腐保鲜剂，对霉菌、酵母菌、细菌具有很好的抑制作用，广泛应用于饮料、食品、饲料加工业。其作用机理是有效渗透到细胞体内，抑制微生物的呼吸作用，从而达到防腐防霉保鲜保湿等作用。抑制有效浓度为 0.05%～0.1%，一般用量为 0.03%～0.05%。

无水脱氢醋酸钠作为药用辅料，用于抑菌剂、增塑剂。常温密封，保存。

卡波姆间聚物
carbomer interpolymer

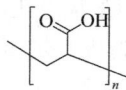

卡波姆单元结构

卡波姆间聚物是指以非苯溶剂为聚合溶剂的含有聚乙二醇和长链烷基酸酯嵌段共聚物的卡波姆均聚物或共聚物。为白色疏松粉末，有特征性微臭，微酸性，单体分子式：$C_3H_4O_2$，分子量：72.06270，密度：$1.063g/cm^3$，熔点：12.5℃，沸点：141℃，闪点：61.6℃，折射率：$n20/D1.442$，pH 值 2.5～3.0。不同的卡波姆，性能有异，但通性相同。

卡波姆间聚物是以季戊四醇与丙烯酸交联得到的丙烯酸交联树脂，是一类非常重要的流变调节剂，中和后的卡波姆是优秀的凝胶基质，有增稠、悬浮等重要用途，使用方便简单，稳定性好，应用广泛。卡波姆在很低的用量下（常规用量 0.25%～0.5%）就能产生高效的增稠作用，从而制备出黏度范围很宽和不同流变性的各种制剂。卡波姆间聚物主要作为助悬剂或增黏剂应用于液体或半固体的药物剂型。剂型包括乳膏、凝胶、眼用软膏、直肠和局部制剂等。含低残留的乙酸乙酯的卡波姆，如卡波姆 971p 或 974p，可以用于口服制剂、混悬剂、片剂或缓释片剂。在片剂中卡波姆用作干或湿的黏合剂以及作为释放速度控制辅料。在湿法制粒工艺中，水或乙醇-水的混合物可用作润湿剂。加入聚合物黏合剂的无水有机溶剂也可以应用。湿物料的黏性随着在制粒液体中加入某些阳离子物质而降低。有水时，在处方中加入滑石粉也可降低黏性。卡波姆树脂用于制备缓释骨架微丸，在含有多肽的制剂中用作肠蛋白酶的酶抑制剂，作为子宫颈片的黏附剂和鼻腔给药的微球，以及定位药物传递到食管的磁性颗粒。

卡波姆间聚物在室温下能乳化任何液体油类，乳化蜡类，充分发挥表面活性剂的润湿、分散、黏附等作用，可制得稳定的乳剂，容易制备不含成膜剂的防水乳剂，可使高油相溶入水中形成水包油型（O/W）乳剂，卡波姆间聚物作为增黏剂也用于复乳微球的制备。目前常见的卡波姆系列产品及其相关性能如下：

Carbopol 940：短流变性、高黏度、高清澈度，低耐离子性及耐剪切性，适用于凝胶及膏霜。

Carbopol 941：长流变性、低黏度、高清澈度，中等耐离子性及耐剪切，适用于凝胶及乳液。

Carbopol 934：交联聚丙烯酸树脂，局部给药系统，在高黏度时稳定，用于浓凝胶剂、乳剂、混悬剂。

Carbopol 1342：交联聚丙烯酸树脂，局部给药系统，在电解质存在下是极好的流变学改进剂，具有聚合乳化作用。

Carbopol 980：交联聚丙烯酸树脂，局部给药系统，结晶澄明凝胶剂，水或酒精溶剂。

Carbopol ETD 2020：丙烯酸酯/C10-30 烷基丙烯酸酯交链共聚物，长流变性、低黏度、高清澈度、高耐离子性及耐剪切性，适用清澈凝胶。

Carbopol AQUA SF-1：液体，长流变性、可配制清澈配方，与多种成分具优良的相容性，回酸增稠，可用于表面活性剂体系。

Carbopol Ultrez 21：丙烯酸酯/C10-30 烷基丙烯酸酯交链共聚物，短流变性，用于凝胶、洗涤清洁用品、高电解质产品、膏霜、乳液。

Carbopol Ultrez 20：丙烯酸酯/C10-30 烷基丙烯酸酯交链共聚物，长流变性，用于香波、沐浴凝胶、膏霜/乳液、含电解质的护肤护发凝胶。

Pemulen TR-1：丙烯酸酯/C10-30 烷基丙烯酸酯交链共聚物，增稠型乳化剂、短流变性，用于膏霜、乳液。

Pemulen TR-2：丙烯酸酯/C10-30 烷基丙烯酸酯交链共聚物，增稠型乳化剂、长流变性，用于乳液。

在使用过程中应了解卡波姆的某些敏感性质，注意配伍要求：卡波姆间聚物遇间二苯酚变色，与苯酚、阳离子聚合物、强酸及高浓度的电解质不相容。某些抑菌剂也应避免使用，或者以低浓度使用。微量金属元素铁或其他过渡金属能够催化降解卡波姆间聚物分散液，卡波姆间聚物与强碱物质能够产生大量的热。某些含氨基官能团药物，与卡波姆间聚物能形成水溶性的络合物，通常这种情况可用适当的醇或多元醇调节液体的溶解度参数来防止络合物的形成。

急性毒性试验结果表明：急性小鼠口服时 $LD_{50} > 2.5g/kg$，慢性口服时，对鼠和狗 LD_{50} 均大于 $2.5g/kg$。

卡波姆间聚物作为药用辅料，用于软膏基质和释放阻滞剂等。密闭、干燥处保存。应标示本品所属黏度类型（A 型或 B 型）、黏度值。

瓜尔胶
guargum

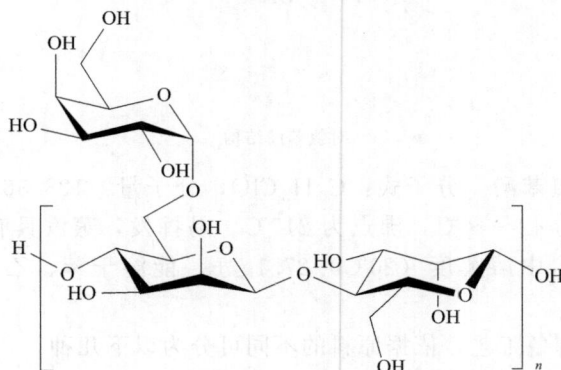

瓜尔胶结构

瓜尔胶为大分子天然亲水胶体，是一种天然的增稠剂，常用品质改良剂之一。是以豆科植物瓜儿豆［*Cyamopsis tetragonoloba*（L.）Taub.］的种子为原料，去除表皮及胚芽后，将胚乳精制加工得到的粉末，其主要成分为半乳甘露聚糖。含半乳甘露聚糖不得少于66.0%，甘露糖与半乳糖的比例应为1.4～2.2。

瓜尔胶就分子结构来说是一种非离子多糖，它以聚甘露糖为分子主链，D-吡喃甘露糖单元之间以 β-1,4-糖苷键连接，而 D-吡喃半乳糖则以 α-1,6-糖苷键连接在聚甘露糖主链上。瓜尔胶中甘露糖与半乳糖单元之物质的量比为 2：1，即每隔一个甘露糖单元就连接着一个半乳糖分支。瓜尔胶的分子质量在 220000Da 左右。瓜尔胶分子的最大特点也即最大优点便是与纤维素结构非常相似，这种相似性使它对纤维素有很强的亲和性，瓜尔胶直链上没有非极性基团，并且大部分伯羟基和仲羟基都在外侧，活性醇羟基暴露在外，因而瓜尔胶具有最大的氢键结合面积，这为瓜尔胶原粉进行化学改性提供天然机会。瓜尔胶有两个方面的改性：一方面是在分子链上引入阳离子基团，从而获得一定的正电性，如用季铵、3-氯-2-羟丙基氯化铵与瓜尔胶原粉在有机溶剂中发生醚化反应生成阳离子瓜尔胶。这种带正电的改性瓜尔胶便可以与带负电的纤维、填料粒子相互作用从而提高原有的助留、助滤和增强效果。另一方面的改性是增加了瓜尔胶分子链的长度，增大其分子量，从而增强其架桥连接能力。阳离子瓜尔胶在冷水中可溶，这与阳离子淀粉相比是一个很大优势。

瓜尔胶在乙醇中不溶，能溶于冷水或热水，遇水后形成胶状物质，以达到迅速增稠的功效。在冷水和热水中有出众的分散能力，不会产生结团现象，大大提高了制造和生产操作的方便性，同时在高盐和高 pH 值的环境中有很好的相溶性。由于氮含量均匀分布，比同类产品更具亲和力，与阴离子、两性离子和表面活性剂有良好的相溶性。

市场上销售的瓜尔胶外观是从白色到微黄色的自由流动粉末，主要分为食品级和工业级两种。瓜尔胶是目前已知的最有效和水溶性最好的天然聚合物，在低浓度下，可形成高黏度溶液；表现出非牛顿流变特性，与硼砂形成酸可逆凝胶，由于它的独特性能，广泛应用于食品、医药化妆品、石油、粘蚊剂、造纸、纺织印染等行业。

瓜尔胶作为药用辅料，用于增稠剂和助悬剂等。阴凉、密封保存，应标明本品粒度和黏度的标示值。

对氯苯酚
parachlorophenol

对氯苯酚结构

对氯苯酚又称 4-氯苯酚。分子式：C_6H_5ClO，分子量：128.56，本品为无色至淡粉色结晶。本品的凝点为 42～44℃，沸点为 217℃。易挥发，蒸汽具有不愉快的刺激气味。易燃，微溶于水，在水中溶解度（20℃）27.1g/L，能溶于苯、乙醇、乙醚、甘油、氯仿、固定油和挥发油。

对氯苯酚有多种制备工艺，依据原料的不同可分为以下几种。

① 苯酚直接氯化法：苯酚直接氯化生成对（邻、间）氯（苯）酚三种异构体，经分离得对氯苯酚。按所用的氯化剂和溶剂的不同，分为下面三种方法：a. 氯化硫酰法：将

苯酚加热熔化后，降温至 40℃，慢慢加入氯化硫酰，需 40~45min 加完，再搅拌 4h，升温至 30~40℃保温 4h，40~45℃保温 4h，反应尾气用碱液吸收，反应完毕冷至室温，用水、10%碳酸钠溶液、水依次洗涤，减压蒸馏，收集 110~115℃（2.67kPa）馏分得对氯酚。该法同时有 25%~30%的副产物邻氯酚生成。b. 苯溶剂法：以苯为溶剂，氯气为氯化剂，由苯酚直接氯化可制得本品。c. 无溶剂氯化法：采用铁、溴等为催化剂，将氯气通入熔融苯酚，直接氯化而制得一氯苯酚。反应液经洗涤后，进行减压蒸馏，收集对氯苯酚含量≥95%馏分。

② 对二氯苯水解法：以对二氯苯为原料，以苯为溶剂用水或醇水解制得。

③ 由苯酚钠氯化而得邻氯酚、对氯酚和 2,4-二氯苯酚混合的氯化液。减压分馏，收集 85~132℃（2.0kPa）高沸点馏分，将其冷至 10℃以下，则析出对氯苯酚，分离即得。

④ 由对氨基苯酚经重氮化、氯化亚铜置换而得。

对氯苯酚遇明火、高热可燃，高温热分解产生有毒腐蚀性烟气。对眼睛、黏膜、呼吸道及皮肤有强烈刺激作用。吸入后可能因喉、支气管的炎症、水肿、痉挛，化学性肺炎、肺水肿而致死。中毒表现有烧灼感、咳嗽、喘息、喉炎、头痛和恶心。

主要用于合成染料、医药及农药等，也可用作精制矿物油的溶剂。作为药用辅料的抑菌剂。

含量测定时，用硫代硫酸钠滴定液（0.1mol/L）滴定，至近终点时加淀粉指示液 3mL，继续滴定至蓝色消失，并将滴定的结果用空白试验校正。每 1mL 溴滴定液（0.05mol/L）相当于 3.214mg 的 C_6H_5ClO。

共聚维酮
copovidone

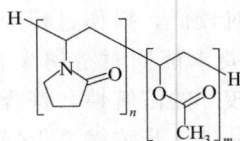

共聚维酮结构

共聚维酮是一种水溶性高分子树脂，分子式：$(C_6H_9NO)_n + (C_4H_6O_2)_m (111.1)_n + (86.1)_m$，白色或黄白色粉末或片状固体，无臭无味，可溶于水、乙醇及无水醇类，具有良好的黏结性、吸湿性、成膜性和表面活性。按无水物计算，含氮（N）量应为 7.0%~8.0%；含共聚物乙酸乙烯酯（$C_4H_6O_2$）量应为 35.3%~41.4%。沸点：217.6℃。

共聚维酮分子结构是 N-乙烯基吡咯烷酮与醋酸乙烯酯的共聚结构，因此它兼具了二者各自原有的性质。共聚维酮保留了 N-乙烯基吡咯烷酮良好的水溶性、黏结性和成膜性，又比 N-乙烯基吡咯烷酮具有低得多的吸水性和更为宽广的溶解性能、更好的塑性和更强的表面活性。其中乙酸乙烯酯基团降低了吡咯烷酮分子的吸湿性，可以增加片剂在暴露或高湿环境中的稳定性。因此共聚维酮是一种优良的片剂黏合剂，除可提高分散片的可压性、改善片面光洁度外，还能在显著减少崩解剂交联聚维酮用量的情况下仍维持分散片良好的分散均匀性，应用其制得的片剂具有高硬度和低脆碎度的特性，在潮湿条件下制片可以出现较少的黏结，尤其适用于高剂量、水溶性差和对水敏感药物的制片和造粒。在采用湿法、干法制粒压片法时，共聚维酮具有良好的流动性，且由于玻璃化转变温度（T_g）值低而有良好的成型性，使其在干法制粒中有明显的优势。在大多数情况下其用量为制剂总量的 2%~5%，一般为 3%左右，黏合剂的浓度一般为 5%~10%，另外可与水或己醇、异丙醇等溶剂配伍。在采用直接压片法时，由于粉末直接压片工艺对于原辅料的流动性和可压性有较高的要求，作为新型功能辅料，共聚维酮能在一定程度上改善物料的性质，从而帮助进行直接压片，在用量较低的情况下，即能较大程度地改善物料的压片性能。共聚维酮由于成型性好，因此常用于可压性差的片剂，以提高硬度和降低脆碎度，其用量一般为5%左右，可以乳糖、山梨糖、甘露醇、微晶纤维素等为另外配伍辅料一起混合使用，但要注意控制配料中的水分含量以保持适当的黏结性。同时，共聚维酮也是一种优良的成膜剂，用于片剂、颗粒、微丸和糖包衣片心的包衣溶液及局部用药的喷雾剂中。作为薄膜包衣，常和纤维素衍生物、虫胶、聚乙二醇合用以提高薄膜的强度，调节薄膜的柔韧性和溶解性；一般情况下不必再加酯类增塑剂。在应用于水敏感药物片心隔离层包衣时，可先将片心加热至30～40℃，然后用本品10%的非水溶液（乙醇、异丙醇、醋酸乙酯或丙酮）进行喷涂，一般喷涂量为0.4mg/cm^{2}即可。用共聚维酮制得的薄膜包衣及喷雾膜柔韧性好，具有低吸水性、高塑性和低黏性。共聚维酮也可通过外加的方式将易脱落的颗粒黏附在片心上，防止颗粒在薄膜包衣过程中脱落，从而有效地改善薄膜包衣片的片面外观质量。共聚维酮溶液有一定的黏度，其增溶的机制可能与减慢分子运动、减慢药物形成晶核的速度从而达到抑制重结晶的作用有关。共聚维酮兼有亲水和疏水性，因此可作为固体分散体的载体和稳定剂，其具有的羰基与药物形成的氢键被认为是共聚维酮实现难溶性药物增溶甚至抑制重结晶很重要的原因。

共聚维酮有合适的T_g值（109～112℃），比同等分子量的PVP K30（165℃）低，由于热熔挤出工艺法制备的固体分散体热熔挤出技术具备不需要使用溶剂、可连续化生产的独特优势，该技术是目前最常用的制备固体分散体提高难溶性药物溶解度的方法之一，因此在热熔挤出工艺中共聚维酮有良好的可操作性。除此之外，在用喷雾干燥法制备固体分散体的过程中，由于需要的温度相对较低，操作过程中无剪切力，因而更适于对温度敏感和剪切敏感的药物，所使用的溶剂要求能同时溶解聚合物和药物，而共聚维酮在水、甲醇、乙醇、二氯甲烷、丙酮中都有较好的溶解性，符合喷雾干燥法制备的固体分散体的要求。同时，喷雾干燥技术需要对产品进一步浓缩、干燥，而多数中药提取物含有糖类、蛋白质和淀粉等物质，黏性较大，在喷雾干燥过程中易产生黏壁现象，从而导致粉体结块、流动性差、收率低。而共聚维酮结构中的乙酸乙烯酯基团具有疏水性，从而减少了药物粉体的吸湿性，共聚维酮能够改善喷雾干燥的黏壁现象，提高产品得率。

目前使用共聚维酮成功上市的产品还相对较少。但共聚维酮作为一种多功能的高分子材料，在未来的制剂开发和生产中将会被越来越广泛的研究和越来越成熟的应用。

共聚维酮作为药用辅料，主要用于成膜剂和黏合剂等。密封，干燥处保存。

西曲溴铵
cetrimonium bromide

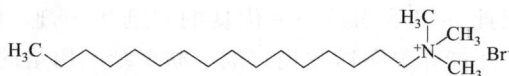

西曲溴铵结构

西曲溴铵别称十六烷基三甲基溴化铵，为白色或浅黄色结晶体或粉末状，分子式为$C_{19}H_{42}BrN$，分子量：364.45，熔点：239℃，易溶于异丙醇，可溶于水，振荡时产生大量泡沫，能与阳离子、非离子、两性表面活性剂有良好的配伍性。具有优良的渗透、柔化、乳化、抗静电、生物降解性及杀菌等性能。本品化学稳定性好，耐热、耐光、耐压、耐强酸强碱。按干燥品计算，含 $C_{19}H_{42}BrN$ 应为 96.0%～101.0%。

含量测定时采用碘酸钾滴定液（0.05mol/L）滴定至深棕色几乎消失，加三氯甲烷 2mL，继续滴定并剧烈振摇至三氯甲烷层颜色不再改变，空白溶液为新制的 5% 碘化钾溶液 10mL、水 20mL 和盐酸 40mL 的混合溶液，将滴定的结果用空白试验校正。每 1mL 碘酸钾滴定液（0.05mol/L）相当于 36.45mg 的 $C_{19}H_{42}BrN$。

西曲溴铵为天然、合成橡胶、硅油和沥青的乳化剂，合成纤维、天然纤维和玻璃纤维的抗静电剂、柔软剂，护发素的调理剂，相转移催化剂，乳液起泡剂，表面活性剂，分析试剂。它还用于助焊剂、焊锡膏起表面活性剂作用，活性强，对亮点、虚焊、焊电都有一定作用。

西曲溴铵主要成分是卡波姆，是由充满水分的聚合物组成的一个呈链状连接、粘连的骨架。此聚合物具有独特的触变性：其结构在外力作用下被破坏，导致黏度降低；经过休整，其黏结的凝胶剂骨架又会重建，凝胶体恢复至原来的黏度。因此，西曲溴铵滴入眼内后，由于眨眼产生的碰撞作用，使凝胶剂表现出触变性，其次是眼内电解质的水解作用以及温度的影响，使凝胶剂中的水分会大量均衡地释放，快速弥散在眼表，能同时替代二层泪膜（水液层和黏蛋白层），延长在眼表的附着时间，较其他同类产品更接近天然泪液。所以用于各种原因引起的干眼症，辅助治疗各种原因引起的角膜上皮损伤，还用于眼科检查的润滑剂。

忌与阴离子表面活性剂混合使用，不宜在 120℃ 以上长时间加热。

西曲溴铵作为药用辅料，主要用于抑菌剂。密闭保存。

麦芽糖醇
maltitol

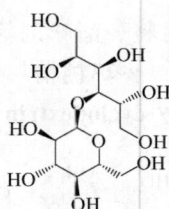

麦芽糖醇结构

麦芽糖醇又名氢化麦芽糖，学名 4-O-α-D-吡喃葡萄糖基-D-葡萄糖醇，是由 1 分子葡萄糖通过 α-1,4-糖苷键连接一个葡萄糖醇所组成的二糖。为白色或类白色的结晶性粉末。分子式为 $C_{12}H_{24}O_{11}$，分子量为 344.32，熔点为 148～151℃。易溶于水，在无水乙醇中几乎不溶。

耐热性较好，在 pH 值 3～7 时 100℃ 加热 1h 无变化。稳定性高，与蛋白质或氨基酸共存也不发生褐变反应。当加热到 200℃ 以上时，发生降解（依赖于时间、温度和其他主要条件），麦芽糖醇与氨基酸才反应变成褐色，在 20℃ 下只有相对湿度等于或高于 89% 时才吸湿。

麦芽糖醇的制备。①以淀粉为原料，采用 α-淀粉酶、β-淀粉酶、脱支酶协同水解淀粉，将大分子淀粉降解为以麦芽糖为主要成分的麦芽糖浆，再经氢化还原后，将麦芽糖浆转化为麦芽糖醇浆。②在镍催化剂存在下，由含高麦芽糖的葡萄糖浆氢化而成。在 30%

的麦芽糖水溶液中加入 10% 的骨架镍催化剂，在一定压强和温度条件下搅拌加氢，加氢结束后用活性炭脱色，再经阳离子树脂交换除去镍离子。把糖醇液浓缩至 80%，加入 1% 的无水结晶麦芽糖醇，在连续搅拌下 3d 内将温度从 50℃ 逐步冷却至 20℃，离心分离结晶，用少量水洗涤，得到高纯度麦芽糖醇。

含量测定时按照高效液相色谱法测定，色谱条件与系统适用性试验用钙型强酸性阳离子交换树脂为填充剂；以水为流动相；柱温 75℃，流速为 0.5mL/min；示差折光检测器；分别取麦芽糖醇对照品与山梨醇对照品各适量，加水溶解并稀释制成每 1mL 各含 5mg 的溶液，作为系统适用性溶液，精密量取 2μL，注入液相色谱仪，记录色谱图，麦芽糖醇和山梨醇色谱峰的分离度应大于测定法。取本品适量，精密称定，加水溶解并稀释制成每 1mL 中约含麦芽糖醇 10mg 的溶液，精密量取 20μL，注入液相色谱仪，记录色谱图；取麦芽糖醇对照品适量，同法测定，按外标法以峰面积计算，即得。

麦芽糖醇甜度高、热量低、安全性好，原料也比较充足，制造工艺简单，具有其他甜味料所不具备的独特性能。麦芽糖醇用于口服制剂、食品，无毒性、无过敏性及无刺激性。尽管麦芽糖醇非常安全，但是也不能无限制地食用，因为麦芽糖醇和其他糖醇一样，大量食用将会导致腹泻，一般规定每日摄入以不超过 100g 为佳。

由于麦芽糖醇在体内的水解速度很慢，人体摄入麦芽糖醇后血糖水平和血液胰岛素水平增加幅度很小，此外还能促进钙的吸收，因此可做成药用饮料等产品，专供糖尿病、肝病、心血管病、动脉硬化、高血压、肥胖病以及骨质疏松症患者。

目前，麦芽糖醇已被列入《美国药典》，其在医药上的用途正不断被开发。因国内麦芽糖醇的应用刚刚起步，麦芽糖醇只作为食品添加剂，制药行业的应用尚为空白，也未列入药典。麦芽糖醇的发展潜力巨大，随着我国经济的发展和人民生活水平的提高，对含麦芽糖醇的食品、化妆品和卫生用品的消费将逐步扩大，麦芽糖醇的销售量将会增加，我国麦芽糖醇市场将呈增长趋势。

作为药用辅料时，主要用于包衣材料、甜味剂等。密闭保存。

γ-环糊精

γ-cyclodextrin

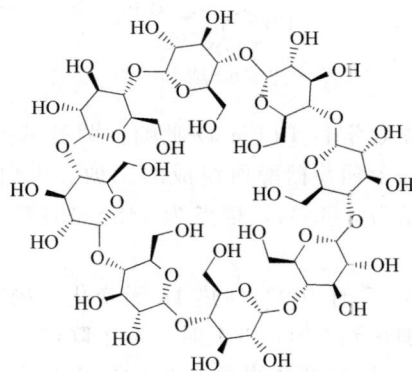

γ-环糊精结构

γ-环糊精是一种非还原性环状糖类，分子式为 $(C_6H_{10}O_5)_8$，分子量 1297.12。白色或类白色结晶性粉末。在水中易溶，在乙醇中几乎不溶。

γ-环糊精是环状糊精葡萄糖基转移酶作用于淀粉、糖原、麦芽糖、寡聚糖等葡萄糖聚合物后形成的由 8 个 D-吡喃葡萄糖首尾连接成的环形低聚糖。

制备时由环状麦芽糊精葡萄糖转移酶作用于已水解的淀粉，然后用一大环化合物的络合物进行沉淀，用正癸烷萃取，对溶剂进行汽提；从含有环糊精的纯化母液，用离子交换或凝胶过滤的色谱分离法获得结晶；通过超滤和反渗透的膜分离法获得。

γ-环糊精含量测定时按照高效液相色谱法测定。色谱条件与系统适用性试验用十八烷基硅烷键合硅胶为填充剂；以水-甲醇（93：7）为流动相；以示差折光检测器测定，检测器温度 40℃。分别取 α-环糊精对照品、β-环糊精对照品、γ-环糊精对照品各约 25mg，精密称定，置 50mL 量瓶中，加水溶解并稀释至刻度，摇匀，作为系统适用性溶液，取 5μL 注入液相色谱仪，记录色谱图，理论板数按 γ-环糊精峰计算应不低于 1500，γ-环糊精和 α-环糊精的分离度应不低于 1.5。

γ-环糊精能有效地提高一些水溶性不良的药物在水中的溶解度和溶解速度，提高油性药物有效成分溶解度，增强靶向给药和保护药物成分有效性。γ-环糊精在环状结构的中心具有空穴，内部有与葡萄糖苷结合的氧原子，呈疏水性，而外部有羟基呈亲水性，可通过微弱的范德瓦耳斯力将其他分子络合成包接物。作为新型药用辅料主要利用 γ-环糊精能与药物生成包接物的特点，可以使不稳定的药物稳定化，使具有潮解性、黏着性或液体的药物粉末化，防止药物氧化与分解，可以提高药物的溶解和生物利用度，用于降低药物的毒副作用，掩盖药物的异味和臭气，改善药物对动物的适口性。

在食品制造方面，主要用来消除异味，改善食品的口感，提高香料香精以及色素的稳定性，增强乳化能力和防潮能力，是药品食品制造业良好的稳定剂和矫味剂。γ-环糊精是一种有价值的化学试剂，当它存在的时候，荧光色素的荧光强度会显著增大，故可用于蛋白质、氨基酸的分析与鉴别，还可用它来分离长链有机化合物、外消旋体等。此外由环糊精制成的吸附剂能用作色谱分析的吸附剂。

γ-环糊精对酸及一般淀粉酶的耐受性比直链淀粉强；在水溶液及醇水溶液中，能很好地结晶；无固定熔点，加热到约 200℃开始分解，有较好的热稳定性；γ-环糊精无吸湿性，但容易形成各种稳定的水合物。

γ-环糊精在制药业上受到高度的重视，广泛地被用作药物的填料及黏结剂，具有淀粉的通用性质，其圆筒腔穴，能够包络各种客体分子，被人们用来作为药物的缓释剂，使药物的有效成分包络在腔穴中，让药物慢慢地释放出来，提高药效。这种包络作用还可以对一些药物起到稳定作用，延长药物有效期，用其制成的包合剂易于粉末化，也可以做成粉剂、片剂，便于贮存，形成较好的剂型，其在医药业上的应用，具有广阔的前景。

作为药用辅料，用于包合剂、螯合剂、乳化剂和增溶剂等。应密闭，在干燥处保存。

间甲酚
metacresol

间甲酚结构

间甲酚又称 3-甲基苯酚，分子式：C_7H_8O，分子量：108.14，熔点：11.5℃，沸点：202.2℃，密度：1.0336g/cm^3。无色或微黄色液体；有刺激性臭味，在乙醇或二氯甲烷中易溶，在水中微溶。

间甲酚制备。①甲苯与丙烯在三氯化铝的作用下生成异丙基甲苯，再经空气氧化生成氢过氧化异丙基甲苯，后者经酸解成丙酮与间、对位混合甲酚。混合甲酚和异丁烯反应后，利用反应产物间-甲酚烷基化物与对-甲酚烷基化物沸点差的特性进行精馏加以分离，然后脱除叔丁基而得纯间甲酚。由甲苯与丙烯生成的异丙基甲苯经氧化、分解得到。②邻二甲苯在环烷酸钴催化下，由空气氧化得邻甲基苯甲酸，再以氧化铜和氧化镁为催化剂，将邻甲基苯甲酸氧化脱羧转化而得间甲酚。③甲苯氯化水解。

间甲酚含量测定时可用气相色谱法测定，测定方法如下：色谱条件与系统适用性试验用以环糊精键合二甲聚硅氧烷为固定液的毛细管柱，起始温度为60℃，进样口温度为250℃，检测器温度为250℃。取间甲酚、邻甲酚与对甲酚对照品适量，用甲醇定量稀释制成混合溶液，作为系统适用性溶液。内标溶液的制备取苯酚适量，加甲醇溶解并定量稀释制成每1mL中约含1mg的溶液。取间甲酚精密称定，置100mL量瓶中，用内标溶液定量稀释至刻度，摇匀，作为供试品溶液。另取间甲酚对照品约50mg，精密称定，置50mL量瓶中，用内标溶液溶解并定量稀释至刻度，摇匀，作为对照品溶液。取对照品溶液与供试品溶液各1μL，分别注入气相色谱仪，记录色谱图，按内标法以峰面积计算。

间甲酚对中枢神经有毒害作用，严重时可致死。毒性试验结果表明，大鼠口服，LD_{50}：242mg/kg，小鼠口服，LD_{50}：828mg/kg，兔子经皮给药 LD_{50}：2050mg/kg。主要侵入途径是吸入、食入、经皮吸收，对皮肤、黏膜有强烈刺激和腐蚀作用，可引起多脏器损害。动物急性中毒时可引起肌肉无力、胃肠道症状、中枢神经抑制、虚脱、体温下降和昏迷，并可引起肺水肿和肝、肾、胰等脏器损害，最终发生呼吸衰竭。慢性中毒时可引起消化道功能障碍，肝、肾损害和皮疹。

作为药用辅料主要用于抑菌剂、抗氧剂等。间甲酚上的苯环容易发生卤化、硝化、磺化、烷基化等取代反应。在通风、低温、干燥、遮光处密封保存。与氧化剂分开存放。

没食子酸丙酯
propyl gallate

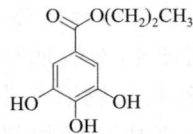
没食子酸丙酯结构

没食子酸丙酯为3,4,5-三羟基苯甲酸丙酯。白色或类白色结晶性粉末，或乳白色针状结晶，无臭，微有苦味，水溶液无味。在乙醇或乙醚中易溶，在热水中溶解，在水中微溶。分子式：$C_{10}H_{12}O_5$，分子量：212.20，熔点：146～150℃。

没食子酸丙酯对热比较稳定，但在熔点时即分解，因此应用于食品中时其稳定性相对较差，不耐高温，不宜用于焙烤。抗氧化效果好，易与铜、铁离子发生呈色反应，变为紫色或暗绿色，具有吸湿性，对光不稳定，见光易分解。

没食子酸酯的制备，由于五倍子中含有50%～70%的单宁，单宁经酶发酵或水解可得没食子酸，所以以五倍子为原料。①发酵法，将风干的五倍子破碎，筛去含虫粉，用4倍的水于40～60℃下浸提；再采用逆循环法共浸提4次，使最终浸提液达相对密度1.058；浸提液用5%的活性炭保温搅拌脱色4h；趁热过滤，滤渣用水洗涤4次，合并滤液，减压浓缩，得到单宁溶液；再将其冷至室温后接入总液量 2% 的黑曲霉种子，30℃发酵 8～9d，以清水洗涤沉淀物得粗没食子酸酯，再重结晶即得成品。②水解法，将 95% 的硫酸加入 20% 的单宁溶液，在 105℃下搅拌水解 6h，或在 133～135℃和 0.18～0.20MPa 下搅拌反应 2h。反应物冷却至 10℃；析出结晶，分离得粗品；再将其溶解于热水中，加入总液量 5% 的活性炭，保温搅拌，趁热过滤；滤液冷却至室温，静置 12h，结晶、分离得第一次脱色精品；将其用同样的方法重结晶一次得第二次脱色精品，经干燥可得没食子酸丙酯成品。③将正丙醇与没食子酸在硫酸催化下，加热到 120℃进行酯化，然后用碳酸钠中和，去除溶剂，用活性炭脱色，最后用蒸馏水或乙醇水溶液进行重结晶，可制得成品。

没食子酸丙酯含量测定时使用高效液相色谱法。色谱条件与系统适用性试验用十八烷基硅烷键合硅胶为填充剂；以甲醇-水（45∶55）（用磷酸调节 pH 值至 3.0）为流动相；检测波长为 272nm。取没食子酸丙酯与没食子酸对照品各适量，加流动相溶解并稀释制成每 1mL 中约含没食子酸丙酯 0.25mg 与没食子酸 1.25μg 的混合溶液，作为系统适用性溶液，取 20μL 注入液相色谱仪，记录色谱图，没食子酸丙酯峰与没食子酸峰的分离度应大于 10。

它们能够提供氢原子与油脂自动氧化所产生的游离基相结合，形成相对稳定的结构，阻断油脂的链式自动氧化过程，从而达到抗氧化的目的。因此，为了防止油脂或油基食品在空气中因自动氧化而引起酸败和回味，除采用隔氧或除氧贮存方法外，常添加没食子酸丙酯作为食品抗氧剂。没食子酸丙酯用量约为 0.05g/kg 即能达到良好的抗氧化效果。

我国《食品安全国家标准　食品添加剂使用标准》（GB 2760—2014）规定，没食子酸丙酯可用于脂肪、油炸面制品、腌腊肉制品类、饼干、胶基糖果、坚果与籽类罐头等最大使用量为 0.1g/kg（以油脂中的含量计）。没食子酸丙酯使用量达 0.01% 时即能着色，故一般不单独使用。没食子酸丙酯使用时，应先取少部分油脂，将 PG 加入，使其加热充分溶解后，再与全部油脂混合。没食子酸丙酯与具有螯合作用的柠檬酸、酒石酸复配使用，不仅起增效作用，而且可以防止金属离子的呈色作用。

没食子酸丙酯高温下不稳定，在熔点时即分解，在食品中其稳定性较差，不耐高温，不宜焙烤。没食子酸丙酯应置于密封的非金属容器中，阴凉、干燥处，避光，密闭保存。没食子酸丙酯与一些金属，如钠、钾和铁等不相容，形成深色复合物。加入一些螯合剂，如柠檬酸，可防止复合物形成。

毒性试验表明，大鼠经口 LD_{50}：2600mg/kg，没食子酸丙酯在体内可被水解，大部分聚成 4-O-甲基没食子酸或内聚葡萄糖醛酸，由尿液排出。

没食子酸丙酯作为药用辅料，主要用于抗氧剂。在阴凉、避光、干燥处密闭保存。

α-环糊精
α-cyclodextrin

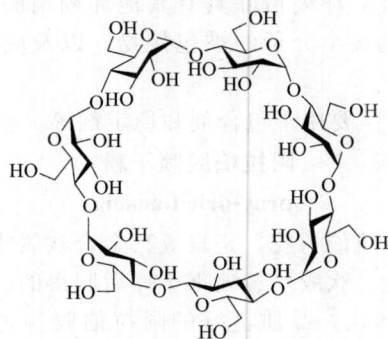

α-环糊精结构

α-环糊精也称环状麦芽六糖，是由环状糊精葡萄糖基转移酶作用于淀粉而生成的 6 个葡萄糖以 α-1,4-糖苷键结合的一种环状低聚糖。白色或类白色无定型或结晶性粉末。熔点：278℃，沸点：784.04℃，密度：1.2580g/cm³，在水或丙二醇中易溶，在无水乙醇或二氯甲烷中几乎不溶，但在水中的溶解度随温度的升高而增加。虽不具有吸湿性，但是容易形成各种稳定的水合物。它的水合程度，最多能吸收 6.6 个水分子（含水量11.9%），在相对湿度 20%～95% 的范围内，吸湿等温曲线平缓。不溶于一般有机溶剂，但是能溶于二甲基甲酰胺（54%）。

α-环糊精的制备分以下步骤。①按照一定浓度将木薯淀粉和蒸馏水调和成浆，在85℃的条件下搅拌，使淀粉颗粒充分溶胀。②调整 pH 值为 5.0，按照每克淀粉 200U 的比例加入环糊精葡萄糖基转移酶（CGT 酶），然后加入体积占淀粉质量 8% 的正癸醇，反应 6～7h。③用水蒸气蒸馏法分离出反应液中的正癸醇，同时将温度调至 50℃，再加入CGT 酶，使比例达到每克淀粉 400U，加入占淀粉体积 20% 的乙醇，然后反应 10～12h，将反应液直接过滤，收集滤饼。④将滤饼重新复溶，采用减压蒸馏法除去乙醇，过滤蒸馏液除去没有反应的淀粉，可得到 α-环糊精的水溶液。⑤将水溶液蒸发浓缩，在 2℃ 的低温环境中静置得到 α-环糊精的结晶。

α-环糊精含量按照高效液相色谱法测定。色谱条件与系统适用性试验用十八烷基硅烷键合硅胶为填充剂；以水-甲醇（93∶7）为流动相；以示差折光检测器测定，检测器温度40℃。取 α-环糊精对照品、β-环糊精对照品与 γ-环糊精对照品适量，精密称定，用水溶解并定量稀释制成每 1mL 各含 0.5mg 的混合溶液，作为系统适用性溶液。精密量取50μL 注入液相色谱仪，记录色谱图，γ-环糊精和 α-环糊精的分离度应不低于 1.5；理论板数按 α-环糊精、β-环糊精、γ-环糊精计算均不低于 1500。

环糊精是迄今所发现的类似于酶的理想宿主分子，并且其本身就有酶模型的特性。因此，在催化、分离、食品以及药物等领域中，环糊精受到了极大的重视和广泛应用。

α-环糊精能够调整肠胃功能，改善便秘，α-环糊精在肠道中会被正常寄生的某些细菌所分解，并转化为醋酸、丙酸、酪酸等一系列的短链脂肪酸。这些短链脂肪酸在肠道中可抑制有害杂菌的生长，并有助于诸如双歧杆菌之类的益生菌的生长，益生菌数量增加反过来能提高机体免疫力及预防肠炎、肠癌、痢疾和便秘等。能够预防和改善糖尿病，α-环糊精能阻止糖类在肠内吸收，促进被包接后的糖类排泄，降低摄入高淀粉膳食后的血糖峰值，达到抑制餐后血糖上升的效果。α-环糊精与维生素 E、天然色素（β-胡萝卜素、叶绿素等）、食用香精（如玫瑰油、茴香脑等）等添加剂复配使用，可提高添加剂的稳定性，便于长期贮存或在食品中保持稳定。与 β-环糊精或 γ-环糊精类似，α-环糊精也用作药用辅料中的包合剂和稳定剂，但 α-环糊精除具有其他环糊精的特性及用途外，因其内腔尺寸小于 β-环糊精，更适合于包接小分子的被包接物，以及应用于要求环糊精溶解度较高的场合。

α-环糊精作为药用辅料，主要用于包合剂和稳定剂等。密闭，干燥，2～8℃保存。

阿拉伯胶喷干粉
spray-dried acacia

阿拉伯胶喷干粉为又称阿拉伯树胶，是自豆科金合欢属或同属近似树种的枝干得到的干燥胶状渗出物（因此也称金合欢胶）经喷雾干燥后制得的白色至类白色粉末。

天然阿拉伯胶块多为水滴状，品质良好的阿拉伯胶颜色呈琥珀色，且颗粒大而圆，无味可食。阿拉伯胶约由 98% 的多糖和 2% 蛋白质组成。研究表明阿拉伯胶结构的中央

是以 β-1,3-糖苷键相连的半乳聚糖，L-鼠李糖主要分布在结构的外表，此外在结构上还连有 2% 左右的蛋白质。这种多糖高聚物，一般都具有以阿拉伯半乳聚糖为主的、多支链的复杂分子结构，主要包括有树胶醛糖、半乳糖、葡萄糖醛酸等。阿拉伯胶是一种含有钙、镁、钾等多种阳离子的弱酸性多糖大分子，不同金合欢树获得的阿拉伯胶，单糖比例各有差异。

阿拉伯胶喷干粉具有高度的可溶解性，平常的胶类在溶解于水的过程中最多加进 5%～8% 的胶体即达饱和，而阿拉伯胶与水的混合比则可高达 60%，在高含量时能有非常高的黏度表现。溶液呈无色或黄色，黏稠而有黏性，半透明。水溶液易被细菌或酶降解，但在贮存前可通过短时间煮沸使酶失活，也可加入防腐剂防腐。粉状阿拉伯胶应贮藏于密闭容器中，于阴凉干燥处存放。因其为水性胶，故不会溶解于油与酒精，但若酒精含量低于 15% 时，则可以溶解。20% 阿拉伯胶喷干粉水溶液在蓝色石蕊试纸显弱酸性反应。

阿拉伯胶喷干粉结构上带有酸性基团，溶液的 pH 值也呈弱酸性，一般 25% 浓度溶液的最大黏度在 pH5～5.5 附近，但 pH 值在 4～8 范围内变化对其阿拉伯胶性状影响不大，其在酸环境较稳定。当 pH 值低于 3 时，其结构上酸基的离子状态趋于减少，从而使得溶解度下降，进而黏度下降。

阿拉伯胶喷干粉结构上带有部分蛋白物质且结构外表具有鼠李糖，使得阿拉伯胶有非常好的亲水亲油性，是非常好的天然水包油型乳化稳定剂。常用作助悬剂、增稠剂和乳化剂等，主要作为一种悬浮剂和乳化剂用于口服和外用药物配方，通常与黄芪胶结合使用。一般性加热阿拉伯胶溶液不会引起胶的性质改变，但长时间高温加热会使得胶体分子降解，导致乳化性能下降。阿拉伯胶能与大部分天然胶和淀粉相互兼容，在较低 pH 条件下，阿拉伯胶与明胶能形成聚凝软胶用来包裹油溶物质。

阿拉伯胶与氨基比林、阿扑吗啡、甲酚、乙醇（95%）、三价铁盐、吗啡、苯酚、毒扁豆碱、鞣酸、麝香草酚和香草醛有配伍禁忌。同时，许多盐能降低阿拉伯胶水溶液的黏度，而三价盐会引起凝聚，能与明胶及其他物质形成共聚物，在乳剂制备中，要注意阿拉伯胶与皂类的配伍。

正常状态下阿拉伯胶喷干粉稳定，可以长久储存。在国际市场上，阿拉伯树胶的用途较广，同时用量也较大，从目前国内的阿拉伯胶使用情况来看，在食品、医药、化妆品、印刷、陶瓷制造等工业领域已有应用。

阿拉伯胶在食品加工中用作天然乳化稳定剂、增稠剂、悬浮剂、黏合剂、成膜剂、上光剂、水溶性膳食纤维等。阿拉伯胶在各类植物胶、树胶类中乳化性显著，比较适合于水包油型乳化体系，可用于乳化香精中作乳化稳定剂；可用来作为微胶囊成膜剂，可以延长风味品质并防止氧化，也用作烘焙制品的香精载体。阿拉伯胶具有降低溶液表面张力的功能，用于稳定啤酒泡等。

阿拉伯胶在医药领域的应用，依据乳化性和成膜特性可以用作片剂、丸剂、乳剂以及微囊的生产原料。多用于可压性差的松散药物或者作为硬度要求较大的口含片的黏合剂。但在使用时应该注意浓度和用量，若浓度过高、用量过大会影响片剂的崩解和药物的溶出。

阿拉伯胶作为药用辅料，主要用作助悬剂、增稠剂和乳化剂等。应密封，置干燥处保存。

苯甲酸

benzoic acid

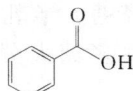

苯甲酸结构

苯甲酸为一种芳香酸类有机化合物，也称安息香酸，是最简单的芳香酸，白色有丝光的鳞片或针状结晶或结晶性粉末。分子式：$C_7H_6O_2$，分子量：122.12，熔点：122.13℃，沸点：249.2℃，相对密度（15℃/4℃）：1.2659。微溶于冷水、己烷，溶于热水、乙醇、乙醚、氯仿、苯、二硫化碳和松节油等。

苯甲酸是苯环上的一个氢被羧基（—COOH）取代形成的化合物。苯甲酸的羰基与苯环平面分别成15°时，原子（基团）的空间作用能最低，因而成优势构象，间位具有较高电荷密度，在亲电取代反应中羰基（—COR）为间位定位基。苯甲酸的苯环上可发生亲电取代反应，主要得到间位取代产物。苯甲酸是结构最简单的芳香族羧酸，具有芳香性，也具有羧酸的性质，因此可发生两大类化学反应，一是苯环上的取代反应，二是羧基的反应。苯甲酸是弱酸，比脂肪酸酸性强，它们的化学性质相似，当 pH 值在 2.5～4.5 之间时，它的活性最强，都能形成盐、酯、酰卤、酰胺、酸酐等，都不易被氧化，100℃以上时会升华。

最初苯甲酸是由安息香胶干馏或碱水水解制得，也可由马尿酸水解制得。工业上常以甲苯、邻二甲苯或萘为原料制备苯甲酸。

苯甲酸的工业生产方法主要有甲苯液相空气氧化法、三氯甲苯水解法、邻苯二甲酸酐脱羧法，此外还有苄卤氧化法。目前仍以甲苯液相空气氧化法为主，而甲苯氯化水解制得的产品不宜用于食品工业；邻苯二甲酸酐脱羧法制得的苯甲酸不易精制，成本高，只是在用量不大的药物产品制造过程中采用。

苯甲酸的鉴别方法比较简单，取约 0.2g，加 0.4％氢氧化钠溶液 15mL，振摇，过滤，滤液中加三氯化铁试液 2 滴，生成赭色沉淀，则证明是苯甲酸。

苯甲酸的含量测定时精密称定，加中性稀乙醇（对酚酞指示液显中性）25mL 溶解后，加酚酞指示液 3 滴，用氢氧化钠滴定液（0.1mol/L）滴定。每 1mL 氢氧化钠滴定液（0.1mol/L）相当于 12.21mg 的 $C_7H_6O_2$。

苯甲酸的毒性较小，兔口服 LD_{50}：2g/kg，鼠口服 LD_{50}：1.7g/kg，每日口服 0.5g 以下对人体并无毒害，甚至用量在 4g 以下对健康也无损害。在动物组织中存在的苯甲酸可与构成蛋白质成分的甘氨酸结合而解毒，并形成马尿酸随尿排出体外。

苯甲酸以游离酸、酯或其衍生物的形式广泛存在于自然界中。主要用于制备苯甲酸钠防腐剂，并用于合成药物、染料；还用于制增塑剂、媒染剂、杀菌剂和香料等。苯甲酸作为一种抗菌防腐剂，也广泛用于化妆品、食品。苯甲酸用于制造各种药物，分别治疗关节炎、脓肿、支气管炎、皮肤病等，还可用作局部麻醉剂。苯甲酸可以制作苯甲酸水杨酸软膏，苯甲酸水杨酸软膏是以苯甲酸、水杨酸为主要原料，加入羊毛脂、黄凡士林制成的药剂。其中，苯甲酸与水杨酸联合，可以治疗成人皮肤真菌病，浅部真菌感染如体癣、手癣及足癣等。

苯甲酸作为药用辅料时常作抑菌剂。密封保存。

苯氧乙醇

phenoxyethanol

苯氧乙醇结构

苯氧乙醇化学名为 2-苯氧基乙醇，也称乙二醇苯醚。分子式：$C_8H_{10}O_2$，分子量：138.16，为无色微黏稠的液体，有芳香气味。与丙酮、乙醇或甘油能任意混溶，在水中微溶。相对密度为 1.105～1.110，折光率为 1.537～1.539，熔点 11～13℃，沸点245.199℃，闪点105.275℃。

苯氧乙醇的制备，在醋酸钠或过氧化钠存在下，苯酚和环氧乙烷进行加成反应，反应产物再经减压蒸馏而制得。反应温度为 200℃，反应压力为 0.2～0.25MPa。苯氧乙醇还可由乙二醇与苯酚通过醚化反应合成。

苯氧乙醇是一种典型的高沸点有机溶剂，俗称万能溶剂。其可作丙烯酸树脂、硝基纤维素、醋酸纤维素、乙基纤维素、环氧树脂、苯氧基树脂等的溶剂；常用作油漆、油墨、圆珠笔油的溶剂和改良剂，印台油墨的渗透剂，丝印油墨的防堵网剂，洗涤剂中的渗透剂和杀菌剂，水性涂料的成膜助剂。作为染料溶剂，可增加 PVC 塑化剂的溶解能力。

苯氧乙醇含量测定时，采用气相色谱法，色谱条件与系统适用性试验以聚乙二醇20M（或极性相近）为固定液的石英毛细管柱为色谱柱，起始柱温为 90℃，以每分钟10℃的速率升温至 220℃，维持 10 分钟，进样口温度为 250℃，检测器温度为 270℃，分流比为 1：100。取本品与苯酚适量，加无水乙醇溶解并稀释制成每 1mL 中各约含0.25mg 的溶液，取 1μL 注入气相色谱仪，记录色谱图，苯酚峰和苯氧乙醇峰的分离度应不小于 15.0。取苯氧乙醇适量，精密称定，加无水乙醇溶解并定量稀释制成每 1mL 中含5mg 的溶液，作为供试品溶液，精密量取 1μL 注入气相色谱仪，记录色谱图；另取苯氧乙醇对照品，精密称定，同法测定。按外标法以峰面积计算。

苯氧乙醇对铜绿假单胞菌、革兰氏阳性菌和阴性菌都有抑菌作用，尤其对铜绿假单胞菌有特效，所以常作为抑菌剂在药物中添加。由于在水以及白矿油、棕榈酸异丙酯等化妆品组分中都有相当的溶解性和它的高效广谱、低毒和无过敏刺激性，被广泛地用于化妆品的膏霜和洗发香波中。

苯氧乙醇有抗菌功效（一般与季铵盐一起使用），因为苯氧乙醇的毒性较低，经常在生物性缓冲溶液里被用作有剧毒的叠氮化钠的替代品，在化妆品、疫苗及药品中通常发挥着防腐剂的功用，也被美国疾病预防控制中心列为多种美国疫苗的成分之一。在香水里也可作固定剂用，可作驱虫剂、外用消毒剂、醋酸纤维素的溶剂、染料、油墨、树脂、防腐剂以及其他医药用途。此外，亦在水产养殖业里作为鱼类的麻醉剂。

苯氧乙醇一般不会释放甲醛，其是会释放甲醛化合物的优秀替代品。毒理学数据，大鼠经口 LD_{50}：3000mg/kg，小鼠经口 LD_{50}：4000mg/kg，兔经皮 LD_{50}：5000mg/kg。动物实验研究表明：10%（体积比）的苯氧乙醇溶液对兔皮肤无刺激；2%（体积比）的苯氧乙醇溶液对兔眼无刺激，与其它有机溶剂类似，长期接触苯氧乙醇会导致中枢神经系统毒性反应。苯氧乙醇对唇、舌及其它黏膜有局部麻醉作用，纯品对皮肤及眼睛有轻微刺激。

苯氧乙醇作为药用辅料，主要用作抑菌剂。

苯氧乙醇水溶液稳定，可用高压蒸汽灭菌。苯氧乙醇与非离子表面活性剂、甲基纤维素、羧甲基纤维素钠和羟丙甲纤维素不宜联合使用。散装物料也很稳定，但应密闭贮藏于阴凉、避光、干燥处。

单双硬脂酸甘油酯
glyceryl mono and distearate

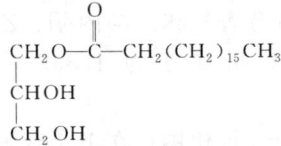

$$CH_2O-\overset{\overset{\displaystyle O}{\|}}{C}-CH_2(CH_2)_{15}CH_3$$
$$CHOH$$
$$CH_2OH$$

单硬脂酸甘油酯结构

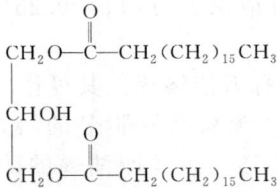

$$CH_2O-\overset{\overset{\displaystyle O}{\|}}{C}-CH_2(CH_2)_{15}CH_3$$
$$CHOH$$
$$CH_2O-\overset{\overset{\displaystyle O}{\|}}{C}-CH_2(CH_2)_{15}CH_3$$

双硬脂酸甘油酯结构

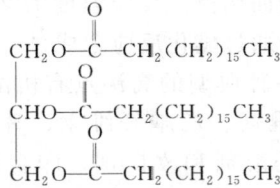

$$CH_2O-\overset{\overset{\displaystyle O}{\|}}{C}-CH_2(CH_2)_{15}CH_3$$
$$CHO-\overset{\overset{\displaystyle O}{\|}}{C}-CH_2(CH_2)_{15}CH_3$$
$$CH_2O-\overset{\overset{\displaystyle O}{\|}}{C}-CH_2(CH_2)_{15}CH_3$$

三硬脂酸甘油酯结构

单双硬脂酸甘油酯为单、二、三硬脂酸和棕榈酸混合甘油酯。由硬脂酸与过量甘油通过酯化反应制得，或由氢化植物油与甘油在催化剂的作用下，经过醇解反应制得。含单甘油酯应为 40.0%～55.0%，二甘油酯应为 30.0%～45.0%，三甘油酯应为 5.0%～15.0%，白色或类白色的蜡状颗粒或薄片。在 60℃乙醇中极易溶，在水中几乎不溶，熔点为 54～66℃。酸值应不大于 3.0，碘值应不大于 3.0，皂化值应为 158～177。

鉴别该物质时，用单双硬脂酸甘油酯对照品作对照，待检物质与对照品分别加三氯甲烷制成每 1μL 中约含 50mg 的溶液，分别作为供试品溶液和对照品溶液。按照薄层色谱法试验，吸取上述两种溶液各 10μL，分别点于同一硅胶 G 薄层板上，以正己烷-乙醚（30：70）为展开剂，展开，晾干，喷以罗丹明 B 的乙醇溶液（1：10000），置紫外灯（365nm）下检视。供试品溶液所显的斑点的位置和颜色应与对照品溶液的四个斑点一致。

测定单双硬脂酸甘油酯的含量时，采用分子排阻色谱法。色谱条件与系统适用性试验用苯乙烯-二乙烯基苯共聚物为填充剂（7.8mm×300mm，5μm 的两根色谱柱串联或效能相当的色谱柱），以四氢呋喃为流动相，示差折光检测器。三甘油酯、二甘油酯、单甘油酯与甘油依次出峰。二甘油酯峰与单甘油酯峰的分离度符合要求，二甘油酯峰与三甘油酯峰的分离度不小于 1.0。

对单双硬脂酸甘油酯进行检查时主要检查以下项。①游离甘油：取含量测定项下的供试品溶液作为供试品溶液；另取甘油对照品适量，精密称定，加四氢呋喃并分别定量稀释制成每 1mL 中约含 0.5mg、1.0mg、2.0mg、4.0mg 的溶液，作为系列标准曲线用溶液。精密量取供试品溶液 40μL，注入液相色谱仪，用直线回归方程计算供试品溶液中的甘油含量，含游离甘油不得超过 6.0%。②水分：取本品，研细，以三氯甲烷-无水甲醇（1：1）为溶剂，按照水分测定法测定，含水分不得超过 1.0%。③脂肪酸组成测定：取样品 0.1g；再分别取棕榈酸甲酯、硬脂酸甲酯和油酸甲酯适量，加正庚烷溶解并稀释制成每 1mL 中各含 0.1mg 的溶液，作为对照品溶液。按面积归一化法计算，含硬脂酸不得少于

40.0%，棕榈酸和硬脂酸总量不得少于90.0%。

在塑料工业中其主要用作脱膜剂、增塑剂、抗静电剂，还特别适用于塑料发泡制品，如"珍珠棉"的生产工艺过程中作抗缩剂。在聚氯乙烯透明粒料、复合铅盐稳定剂中是不可或缺的润滑剂，在农用大棚膜的生产中，单双硬脂酸甘油酯是流滴剂的主要原料，还可作为硝酸纤维素的增塑剂、醇酸树脂的改性剂、胶乳分散剂及合成石蜡的配合剂等。

单双硬脂酸甘油酯作为药用辅料，用作乳化剂和增稠剂等。应在遮光、阴凉、干燥处密封保存。

<h1 style="text-align:center">桉油精
cineole</h1>

桉油精结构

桉油精又称1,8-桉树脑，为1,3,3-三甲基-2-氧杂二环[2.2.2]辛烷，无色澄清液体，分子式：$C_{10}H_{18}O$，分子量：154.24，熔点1.5℃，沸点176～178℃，密度（25℃）0.921～0.930g/cm³，折射率1.454～1.461，有特异的芳香气，味似樟脑。几乎不溶于水，溶于乙醇、乙醚、氯仿、冰醋酸、动植物油。

桉油精，属单萜类化合物，是极其稳定的化合物，常压蒸馏不发生分解，与还原剂也不作用。能与溴化氢反应生成加成物$C_8H_{18}O \cdot HBr$，用高锰酸钾氧化时，生成桉油精酸，与酚类和磷酸也可生成加成产物。

桉油精来源于姜科植物姜花（*Hedychium coronarium*）的油，樟科植物樟（*Camphora officinarum*）的嫩枝等。可生物合成制得，也可由富含桉叶素的精油如桉叶油分馏提取。例如将桉叶油分馏，收集175～180℃馏分，稍加精制即可，如需制造纯度较高的产品，可将芳香油中分馏得到的桉油精加以冷却，通入HCl干燥，分离出盐酸及桉树脑结晶，用热水分解结晶，再经精馏即得纯粹的桉油精。也可将桉树脑与间苯二酚、邻苯二酚等生成的加成物用石油醚重结晶后，用水蒸气蒸馏法精制。

桉油精含量测定时，精密量取样品200μL，加正庚烷溶解并稀释至10mL，作为供试品溶液。取柠檬烯10μL和样品50μL，加正庚烷溶解并稀释至10mL，摇匀，作为系统适用性试验溶液。精密量取柠檬烯5μL，加正庚烷溶解并稀释至50mL，再精密量取稀释液0.5mL，加正庚烷稀释至5mL，作为对照品溶液。按照气相色谱法试验，分别取供试品溶液和对照品溶液各1μL，注入气相色谱仪，按峰面积归一化法计算含量。

毒性试验结果表明，大鼠经口LD_{50} 2480mg/kg，嗜睡或昏迷，小鼠经皮下LD_{50} 1070mg/kg，周围神经和感觉痉挛性瘫痪或无感觉，行为改变——惊厥或癫痫，小鼠经肌肉LD_{50} 1g/kg。对毒物敏感的人少量即可引起皮肤斑疹，3～30mL就有致命危险，症状为窒息感、头昏、呕吐、精神错乱、抽搐。过量使用能侵害中枢神经。

桉油精作为药草型香精，配制精油及牙膏、牙粉、口腔清凉剂、药皂等香精，也较多用于医药。具有解热、消炎、抗菌、防腐、平喘及镇痛作用，桉油精与樟脑组成的复方临床上用于治疗头痛，还常用作香料和防腐剂。

桉油精作为药用辅料，用于矫味剂等。2～8℃，避光，密闭保存，放置于通风、干燥地方，避免与其他氧化物接触。

<h1 style="text-align:center">L（＋）-酒石酸</h1>
L（＋）-tartaricacid

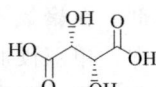

$$\text{HO} \underset{O}{\overset{OH}{\longleftarrow}} \underset{OH}{\overset{O}{\longrightarrow}} \text{OH}$$

L(+)-酒石酸结构

L（＋）-酒石酸又称左旋酒石酸，化学名为（2R，3R）-2,3-二羟基丁二酸，分子式：$C_4H_6O_6$，分子量：150.09，无色半透明晶体或白色类白色结晶性粉末，有酸味。熔点：170～172℃，沸点：191.59℃，密度：1.76g/cm^3，闪点：210℃，易溶于水、甲醇、丙醇、甘油和乙醇，不溶于氯仿。

作为食品中添加的抗氧化剂，L（＋）-酒石酸广泛用作饮料和其他食品的酸味剂及啤酒发泡剂，用于葡萄酒、软饮料、糖果、面包、某些胶状甜食。利用其光学活性，作为化学拆分剂，用于抗结核病药物中间体 DL-氨基丁醇的拆分，还可以作为手性原料用于酒石酸衍生物的合成；利用其酸性，作为涤纶织物树脂整理的催化剂、谷维素生产的 pH 调节剂；利用其络合性，用作电镀、脱硫、酸洗以及化学分析、医药检验中的络合剂、掩蔽剂、螯合剂、印染的防染剂；还能与多种金属离子络合，可作金属表面的清洗剂和抛光剂。在制镜工业中，酒石酸是一个重要的助剂和还原剂，可以控制银镜的形成速度，获得非常均一的镀层。

L（＋）-酒石酸的制备。①以制造葡萄酒时生成的酒石为原料，将其转化为钙盐，再用稍过量的稀酸使其分解而得。或以顺丁烯二酸和过氧化氢为原料，在一定温度下转化为环氧丁二酸，再水解得 DL-酒石酸。也可由化学合成法制得的环氧琥珀酸，经琥珀酸诺卡氏菌所含的开环酶的作用而得 L（＋）-酒石酸。②将蒸馏水加到工业品酒石酸中，通蒸汽加热并搅拌使之溶解，加入适量活性炭，充分搅拌后静置，过滤，滤液加热浓缩至表面结膜时，趁热抽滤，滤液冷却结晶，待完全后，结晶用少量蒸馏水淋洗后于 30～40℃下平铺，干燥至不粘勺即可。若控制活性炭脱色温度为 80℃，过滤后于 80℃减压浓缩，冷却结晶，将得到的结晶在非铁质容器中重结晶精制低温下烘干，可得 L（＋）-酒石酸。

鉴别 L（＋）-酒石酸方法：①石蕊试纸法，取 L（＋）-酒石酸，配制成 10％的溶液，该溶液应使蓝色石蕊试纸显红色。②取 L（＋）-酒石酸约 0.1g，加少量水使其溶解，用氢氧化钠溶液调至中性，加水稀释至 2mL，作为供试品溶液。取预先加有 2％间苯二酚溶液 2～3 滴与 10％溴化钾溶液 2～3 滴的硫酸 5mL，加供试品溶液 2～3 滴，置水浴上加热 5～10min，溶液应显深蓝色；放冷，将溶液倒入 3mL 的水中，溶液应显红色。

L（＋）-酒石酸含量测定，取样品约 0.65g，精密称量，加水 25mL 溶解后，加酚酞指示液数滴，用氢氧化钠滴定液（0.5mol/L）滴定。每 1mL 氢氧化钠滴定液（0.5mol/L）相当于 37.52mg 的 $C_4H_6O_6$。

毒性试验表明，小鼠，经口 LD_{50}：4.36g/kg。

L（＋）-酒石酸作为药用辅料，用于 pH 调节剂和泡腾剂等。应在避光、干燥、阴凉处，密闭贮存。

<h1 style="text-align:center">硅酸钙</h1>
calcium silicate

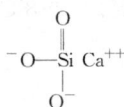

$$\overset{O}{\underset{O^-}{\overset{\|}{-O-Si}}}Ca^{++}$$

硅酸钙结构

硅酸钙是一种无机物，化学式为 $CaSiO_3$，多为白色至灰白色结晶或无定形粉末。含氧化钙不得少于 4.0%，含二氧化硅不得少于 35.0%。无味、无毒，溶于强酸，不溶于水、醇及碱。

硅酸钙是由不同比例的 CaO 和 SiO_2 组成，包括硅酸三钙（$3CaO \cdot SiO_2$）和硅酸二钙（$2CaO \cdot SiO_2$），分为无水和有水 2 种。在加热至 680～700℃ 时脱除结晶水，结晶外形无变化。

硅酸钙的制备。①由氧化钙和二氧化硅在高温下煅烧熔融而成。②将纯石英与碳酸钙按 CaO：SiO_2 为 1：1（物质的量比）混合，放入铂坩埚中于 1500℃ 以上充分熔融后，将铂坩埚在水中急冷。将制得的偏硅酸钙玻璃体放入铂坩埚中，加热至 800～1000℃，即开始结晶生成。③在氢氧化钙与硅胶物质的量比 1：1 的混合物 150～200mg 中，加入 5mL 的电导水，用银内衬高压釜，在 200℃ 下处理 10d 或在 180℃ 下处理 14d 后，过滤，用丙酮洗涤，风干，就可制得石硅钙石（$CaO \cdot SiO_2 \cdot 16H_2O$），再将此化合物加热至 800℃ 以上，脱水而得硅酸钙。

生成条件不同，其结晶形态不同，用途也不同。硅酸钙主要用作建筑材料、保温材料、耐火材料、涂料的体质颜料及载体、助滤剂、糖果抛光剂、酵母糖撒粉剂、大米涂层剂、悬浮剂、分析试剂。

硅酸钙鉴别试验。①取样品适量，加稀盐酸试液适量，混合并过滤。用氨试液中和滤液至石蕊试纸呈中性，然后进行钙试验应呈阳性。②取少量磷酸钠氨结晶，放入白金丝环中后于火焰上融化成珠状，趁热将熔珠于试样中触蘸少量，再熔化，在冷却过程中，会有不透明的网状结构的小珠状二氧化硅浮于磷酸氨钠熔珠上。

硅酸钙系白色至灰白色易流动粉末，但在吸收较多水分后仍然较好地保持流动性。一般不溶于水，但可与无机酸形成凝胶，相对密度为 2.9，其 5% 的悬浊液的 pH 为 8.4～10.2。常用作抗结剂、助滤剂、悬浮剂等。按照《食品安全国家标准 食品添加剂使用标准》（GB 2760—2014）规定，硅酸钙作为抗结剂可用于乳粉（包括加糖乳粉）和奶油粉及其调制产品，最大使用量为按照生产需要适量使用。FDA 规定用于餐桌用盐及各种食品的抗结剂时，最大添加量不超过食品质量的 2%，用于发酵粉最大添加量不超过食品质量的 5%。

在药用辅料中作为抗结剂使用。应密闭保存，同时标明氧化钙和二氧化硅含量或含量范围，并标明 pH 值。

脱氢醋酸
dehydroacetic acid

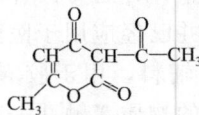
脱氢醋酸结构

脱氢醋酸化学名为 3-乙酰基-6-甲基-$2H$-吡喃-2,4($3H$)-二酮，又称脱氢乙酸，简称DHA，分子式：$C_8H_8O_4$，分子量：168.15，白色或类白色结晶性粉末。熔点：109～111℃，沸点：270℃。难溶于水，溶于苯、乙醚、丙酮及热乙醇中。

其是一种低毒、高效、广谱抗菌剂。

用于涂料、油料、皮革制品、食品、饲料、包装材料和化妆品的防霉防腐。最大允许用量（质量分数）为 0.6%（酸），一般使用量（质量分数）为 0.02%～0.2%。

脱氢醋酸广泛存在于许多深海鱼油中，也存在于海洋藻类和某些陆地植物中。其是 ω-3 型不饱和脂肪酸，是机体营养必需的脂肪酸。对光、氧、热很不稳定，易氧化、裂解，通常应加抗氧剂，还可添加卵磷脂、右旋糖、环糊精或充惰性气体等，提高制剂的稳定性。

毒理学结果表明，大鼠经口 LD_{50}：500mg/kg。

脱氢醋酸含量测定时取样品约 0.5g，精密称定，置 250mL 锥形瓶中，加中性乙醇 75mL 溶解后，加酚酞指示液 2～3 滴，用氢氧化钠滴定液（0.1mol/L）滴定至溶液显粉红色，30 秒内不褪色。每 1mL 氢氧化钠滴定液（0.1mol/L）相当于 16.82mg 的 $C_8H_8O_4$。

脱氢醋酸作为药用辅料，用于抑菌剂、增塑剂。脱氢醋酸应密封，储存于阴凉、干燥、通风良好的库房，同时远离火种、热源，防止阳光直射，应与酸类、食品级化学品分开存放，切忌混储。

羟丙甲纤维素空心胶囊
vacant hypromellose capsules

羟丙甲纤维素空心胶囊是由羟丙甲纤维素加辅料制成的空心硬胶囊。呈圆筒状，是由可套合和锁合的帽和体两节组成的质硬且有弹性的空囊。囊体应光洁、色泽均匀、切口平整、无变形、无异臭。有透明（两节均不含遮光剂）、半透明（仅一节含遮光剂）、不透明（两节均含遮光剂）三种。

羟丙甲纤维素空心胶囊的质量要求：①松紧度。用拇指与食指轻捏胶囊两端，旋转拔开，不得有黏结、变形或破裂，然后装满滑石粉，将帽、体套合并锁合，逐粒于 1m 的高度处直坠于厚度为 2cm 的木板上，应不漏粉；10 粒样品中，少量漏粉者不得超过 1 粒。②脆碎度。样品 50 粒，置表面皿中，移入盛有硝酸镁饱和溶液的干燥器内，置 25℃ ±1℃恒温 24 小时，取出，立即分别逐粒放入直立在木板（厚度 2cm）上的玻璃管（内径为 24mm，长为 200mm）内，将圆柱形砝码（材质为聚四氟乙烯，直径为 22mm，重 20g±0.1g）从玻璃管口处自由落下，视胶囊是否破裂，破裂者不得超过 2 粒。③崩解时限。样品 6 粒，装满滑石粉，按照《中华人民共和国药典》崩解时限检查法（通则 0921）胶囊剂项下的方法进行检测，各粒均应在 15 分钟内崩解，除破碎的胶囊壳外，应全部通过筛网。

全球的空心胶囊市场中羟丙甲纤维素空心胶囊的年增长率超过 25% 且植物胶囊的利润高出明胶许多，经济效益和社会效益十分可观。目前，大部分胶囊厂仍然只有传统明胶胶囊的生产线，面对市场的需求，少数建立在良好的植物胶囊生产设备上的羟丙甲纤维素空心胶囊的配方应用及工艺得到了调整，并且专门针对传统的明胶胶囊生产线的配方和工艺条件的摸索已经取得了可喜成果，并已经应用于医药制备行业。

羟丙甲纤维素空心胶囊作为药用辅料，用于胶囊剂的制备。在运输过程中，应该防压、防晒、防潮，避免与有毒、腐败的物质接触并一起运输。应在密闭、通风、清洁、常温条件下保存。

氢氧化镁
magnesium hydroxide

氢氧化镁是白色无定形粉末或无色六方柱晶体，分子式：$Mg(OH)_2$，分子量：58.3197，熔点：350℃（分解），加热到 350℃失去水生成氧化镁，密度：2.36g/cm^3，溶于稀酸和铵盐溶液，几乎不溶于水，溶于水的部分完全电离，水溶液呈弱碱性。

氢氧化镁制备。①工业上常以海水与廉价的氢氧化钙溶液（石灰乳）反应，可得氢氧化镁沉淀。如卤水-石灰法：将预先经过净化精制处理的卤水和经消化除渣处理的石灰制成的石灰乳在沉淀槽内进行沉淀反应，在得到的料浆中加入絮凝剂，充分混合后，进入沉降槽进行分离，再经过滤、洗涤、烘干、粉碎，制得氢氧化镁成品。②用卤水-氨水法：以经净化处理除去硫酸盐、二氧化碳、少量硼等杂质的卤水为原料，以氨水作为沉淀剂在反应釜中进行沉淀反应，在反应前投入一定量的晶种，进行充分搅拌。反应终了后添加絮凝剂，沉淀物经过滤后，洗涤、烘干、粉碎，制得氢氧化镁成品。③白云石制备氢氧化镁，将白云石煅烧，消化后；第一次酸浸时盐酸用量与钙离子的物质的量比为 2：1，二次酸浸时的硫酸用量与镁离子的物质的量比为 1：1；在 pH 值为 11 条件下沉淀，可得氢氧化镁。

含量测定时，精密称量氢氧化镁，加稀盐酸，振摇使溶解，加水后，用 1mol/L 的氢氧化钠溶液调节 pH 值至 7.0，加氨-氯化铵缓冲液，加铬黑 T 指示剂少许，用乙二胺四醋酸二钠滴定液（0.05mol/L）滴定至纯蓝色。每 1mL 乙二胺四醋酸二钠滴定液（0.05mol/L）相当于 2.916mg $Mg(OH)_2$。

氢氧化镁在大自然含量比较丰富，而其化学性质和铝较相近，因此可用氢氧化镁取代氯化铝用于香体产品。氢氧化镁是塑料、橡胶制品如聚乙烯、聚丙烯、聚氯乙烯、三元乙丙橡胶、不饱和聚酯等优良的阻燃剂。用作食品添加剂，起到防腐和脱硫作用。

另外，在医药上用作控制胃酸剂及缓泻剂，氢氧化镁是一种非吸收性抗酸药，这类药物完全不被消化道吸收，或者只吸收极微量，故无全身作用。氢氧化镁具有同氧化镁类似的作用。与盐酸反应缓慢，作用持久。未与盐酸反应而停留在胃中的氢氧化镁，可与新分泌的盐酸反应。有与氧化镁同样的轻泻作用。

毒理学研究结果显示，大鼠经口 LD_{50} 8500mg/kg；大鼠引入腹膜 LD_{50} 2780mg/kg；小鼠经口 LD_{50} 8500mg/kg；小鼠引入腹膜 LD_{50} 815mg/kg。

氢氧化镁作为药用辅料，用于填充剂、pH 调节剂。

保持容器密封，储存于阴凉、通风的库房。应与氧化剂、食用化学品分开存放，切忌混储。

葡甲胺
N-methylglucamine

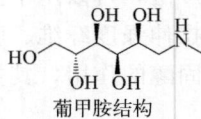

葡甲胺结构

葡甲胺（N-methylglucamine）化学名为 1-脱氧-1-(甲氨基)-D-山梨醇，白色结晶性粉末。熔点 128～129℃。易溶于水，微溶于乙醇，几乎不溶于氯仿。味微甜而带咸涩。分子式：$C_7H_{17}NO_5$，分子量：195.21，密度为 1.375g/cm³，熔点为 128～132℃，沸点为 490.4℃。

由葡萄糖与一甲胺缩合后再进行催化加氢而得。将无水乙醇及干燥的葡萄糖加入反应锅，于 50℃下通入干燥的一甲胺气体，反应 1.5～2h 后，溶液逐渐澄清，继续在 50℃保持 2h，得葡萄糖缩甲胺溶液。再将其加入高压釜中，在雷氏镍存在下，通氢加压至 2.5MPa，在 80～85℃搅拌 1～2h。然后经冷却泄压后出料，将上层葡甲胺乙醇溶液冷却结晶，过滤，得葡甲胺粗品，再经精制而得成品。

葡甲胺在药剂中用作助溶剂，其能与一些药物生成盐而增加药物的溶解性，也可作为造影剂的助溶剂及表面活性剂。

葡甲胺本身可作为药物使用。葡甲胺（N-甲基-D-葡糖胺）是一个被广泛应用于提高药物溶解度的平衡离子。它是山梨醇来源的氨基糖，其 pK_a 值为 9.6。葡甲胺的适用范围广泛，尤其适用于所有 pK_a 值在 2～7 之间的弱酸性药物。葡甲胺通过增强 cAMP（环磷酸腺苷）脂溶性，提高 cAMP 纯度，使得 cAMP 最大程度地发挥药理作用。

含量测定时取本品约 0.4g，精密称定，加水 20mL 溶解后，加甲基红指示液 2 滴，用盐酸滴定液（0.1mol/L）滴定。每 1mL 盐酸滴定液（0.1mol/L）相当于 19.52mg 的 $C_7H_{17}NO_5$。

葡甲胺在药物制备过程中作为一种药用辅料，发挥 pH 调节剂和增溶剂等作用。避光，密闭，阴凉处保存。

葡萄糖二酸钙
calcium saccharate

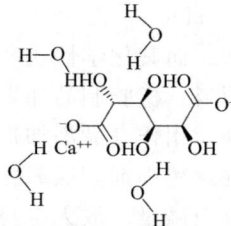

葡萄糖二酸钙结构

葡萄糖二酸钙为葡萄糖二酸钙盐四水合物。白色结晶性或颗粒性粉末；无臭，无味，在稀盐酸或稀硝酸中易溶；在沸水中易溶，在冷水中极微溶；在乙醇、乙醚或三氯甲烷中不溶。水溶液显中性。分子式：$C_6H_8CaO_8 \cdot 4H_2O$，分子量：320.2，沸点：766.4℃，熔点：大于 250℃。

含量测定时采用乙二胺四乙酸二钠滴定液（0.05mol/L）30mL，加入 1mol/L 氢氧化钠溶液 15mL 和羟基萘酚蓝指示液 5 滴，继续滴定至溶液由紫红色转变为纯蓝色，并将滴定的结果用空白试验校正。每 1mL 乙二胺四乙酸二钠滴定液（0.05mol/L）相当于 16.01mg 的 $C_6H_8CaO_8 \cdot 4H_2O$。

葡萄糖二酸钙的作用及应用非常广泛，可以用于制备可生物降解的清洁剂、金属络合剂，还可以用于制备生物可降解的高拉伸强度纤维、膜、黏合剂等。最新研究发现，葡萄糖二酸也被证明具有抗肿瘤和降低胆固醇的作用，其主要作用机制可能是增强机体对毒素和致癌物的解毒能力。

作为药用辅料，葡萄糖二酸钙目前在国内外广泛用于葡萄糖酸钙注射液中，主要作为稳定剂使用，另外用作解酸剂等。密闭，干燥处保存。

棕榈酸
palmitic acid

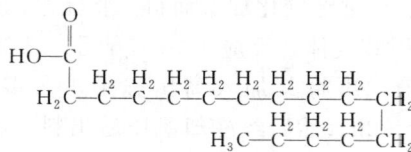

棕榈酸结构

棕榈酸别称十六烷酸、软脂酸，为天然动植物油脂中得到的固体脂肪酸，白色或类白色坚硬、有光泽的结晶性固体，或为白色或黄白色粉末；微有特征臭。分子式：$C_{16}H_{32}O_2$，分子量：256.42，沸点：340.6℃，凝点：60～66℃，酸值：216～220。在乙醚、三氯甲烷中易溶，在乙醇中溶解，在水几乎不溶。

棕榈酸的制备工艺，主要有以下几种方法：①直接从棕榈树果中提取。②以牛油（含50%棕榈酸）、木蜡（含77%）为原料，在高温（250℃）、高压（$50.67×10^5Pa$）下水解，可制得多种脂肪酸的混合物，再进行水解及碱性处理，即可制得本品。③以油酸为原料，在350℃下碱熔，双键发生异构，与羧基处于共轭位置，进一步催化氧化，可分解为棕榈酸。

主要用作表面活性剂，非离子型可用于聚氧乙烯山梨糖醇酐单棕榈酸酯和山梨糖醇酐单棕榈酸酯，前者制成亲油性乳化剂而用于所有化妆品和医药，后者可用作化妆品、医药、食品的乳化剂，颜料墨水的分散剂，也用作消泡剂。阴离子型制成棕榈酸钠而作为脂肪酸肥皂的原料、塑料乳化剂等；除用作表面活性剂外，还用作棕榈酸异丙酯、甲酯、丁酯、胺化合物、氯化物等的原料；蜡烛、肥皂、润滑脂、合成洗涤剂、软化剂等的原料；用作香料、食品消泡剂、药用辅料的润滑剂和软膏基质等。

棕榈酸含量测定，按照气相色谱法测定。色谱条件与系统适用性试验用聚乙二醇（或极性相近）为固定液的毛细管柱；起始温度为170℃，以每分钟3℃的速率升温至230℃，维持5分钟；进样口温度为230℃；检测器温度为250℃。取肉豆蔻酸、棕榈酸和硬脂酸各约50mg，按照测定法下，自"置回流瓶中"起，同法操作，作为系统适用性试验溶液。棕榈酸甲酯峰与硬脂酸甲酯峰的分离度应大于5.0。

毒性试验表明：人皮肤接触的 Draize test 试验，75mg/3D，为轻度反应；急性毒性试验，大鼠经口 $LD_{50}>10mg/kg$；致癌性试验，小鼠移植 TCL0（吸入最低毒性浓度）：1000mg/kg。

棕榈酸作为药用辅料，用于润滑剂和软膏基质等。密闭保存。

普鲁兰多糖空心胶囊
vacant pullulan capsules

普鲁兰多糖空心胶囊是由普鲁兰多糖加其他辅料制成的空心硬胶囊。呈圆筒状，是由可套合和锁合的帽和体两节组成的质硬且有弹性的空囊。囊体光洁、色泽均匀、切口平整、无变形、无异臭。根据材质的透光度可分为透明（两节均不含遮光剂）、半透明（仅一节含遮光剂）、不透明（两节均含遮光剂）三种。

普鲁兰多糖空心胶囊主要考察的质量指标有以下几个方面：①松紧度。取本品10粒，用拇指与食指轻捏胶囊两端，旋转拔开，不得有黏结、变形或破裂，然后装满滑石粉，将胶囊帽、体套合并锁合，逐粒于1m的高度处直坠于厚度为2cm的木板上，应不漏粉；10粒被检样品中应无少量漏粉现象者。②脆碎度。取本品，置表面皿中，放入盛有硝酸镁饱和溶液的干燥器内，置25℃±1℃恒温24小时，取出，立即逐粒放入直立在木板（厚度2cm）上的玻璃管（内径为24mm，长为200mm）内，将圆柱形砝码（材质为聚四氟乙烯，直径为22mm，重20g±0.1g）从玻璃管口处自由落下，视胶囊是否破裂，50粒被检样品中破裂的不得超过5粒。③崩解时限。取本品6粒，装满滑石粉，照崩解时限检查法（通则0921）胶囊剂项下的方法，加挡板进行检查，各粒均应在15分钟内崩解，除破碎的胶囊壳外，应全部通过筛网。如有胶囊壳碎片不能通过筛网，但已软化、黏附在筛网及挡板上，可作符合规定论。被检6粒样品均应符合规定。

普鲁兰多糖空心胶囊作为一种药用辅料，用于胶囊剂的制备。在运输过程中，应该防压、防晒、防潮，避免与有毒、腐败的物质接触和一起运输。在密闭，通风，清洁，10～25℃，相对湿度35％～65％等条件下保存。

聚氧乙烯(40) 氢化蓖麻油
polyoxyl(40)hydrogenated castor oil

聚氧乙烯（40）氢化蓖麻油为蓖麻油与环氧乙烷聚合而成，其主要脂肪酸应为蓖麻油中的蓖麻油酸[(R)-12-羟基-顺-9-十八烯酸]，亦即聚氧乙烯甘油三羟基硬脂酸酯，还含有少量聚乙二醇三羟基硬脂酸、游离的聚乙二醇。白色或淡黄色膏状半固体，有轻微气味。在热水中溶解，易溶于乙醇、丙酮，不溶于石油醚。酸值应不大于2.0为合格。皂化值57～67，HLB值13～14，羟值为57～80，碘值应不大于5.0，凝点为16～26℃。

聚氧乙烯蓖麻油系列衍生物均属于非离子型表面活性剂，其乳化性能优越，作为药用辅料常用于难溶性药物的非离子型乳化剂和增溶剂。聚氧乙烯（40）氢化蓖麻油也可以用于增稠剂、增硬剂、缓释剂。常在软膏、乳膏、栓剂中使用，因为氢化蓖麻油是蜡状固体，在产品制作中可以减少油脂的用量，可以使膏体更光洁、细腻。

在使用时，固体粉末或黏稠液体应先用少量溶媒溶解稀释后，再加入聚氧乙烯（40）氢化蓖麻油增溶，与需增溶物质按(1∶4)～(1∶10)的比例（不同的物质所需增溶剂的量不同），30～50℃混合并搅拌均匀直至澄清透明，再边搅拌边向其中加入大量的水、醇溶液或乳液进一步稀释混合均匀即可。必须是向增溶系统中加入大量的水、醇溶液或乳液逐渐稀释，切记添加顺序，并按顺序依次进行，否则很可能造成增溶失败。

聚氧乙烯（40）氢化蓖麻油对大鼠肝、肾脏器系数无明显影响。对皮肤没有刺激性和过敏等不良影响。

聚氧乙烯（40）氢化蓖麻油作为药用辅料（供非注射用），用于乳化剂、增溶剂。避光，密闭，阴凉处保存。

油酸
oleic acid

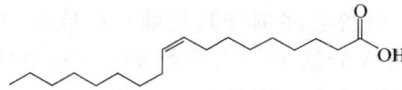
油酸结构

油酸是一种分子结构中含有一个碳碳双键的不饱和脂肪酸，是组成三油酸甘油酯的脂肪酸。分子式为 $C_{18}H_{34}O_2$，分子量：282.47，不溶于水，溶于苯、氯仿，与甲醇、乙醇、乙醚和四氯化碳混溶。有动物油或植物油气味，久置空气中颜色逐渐变深，工业品为黄色到红色油状液体，有猪油气味。油酸熔点13～14℃，沸点360℃，折射率1.4585～1.4605，闪点270.1℃，密度0.89g/cm³。易燃，遇碱易皂化，凝固后生成白色柔软固体。在高热下极易氧化、聚合或分解。无毒。

油酸主要来源于自然界，以甘油酯的形式存在于动植物油脂中。将油酸含量高的油脂经过皂化、酸化分离，即可得到油酸。油酸有顺反异构体，天然油酸都是顺式结构，油酸与硝酸作用，则异构化为反式异构体，反油酸的熔点为44～45℃；反式结构机体不能吸收。

油酸的铅盐、锰盐、钴盐是油漆的催干剂，铝盐可作织物防水剂及某些润滑油的增稠剂，油酸经环氧化可制造环氧油酸酯（增塑剂）。

在毛纺工业中，油酸用于制备抗静电剂和润滑柔软剂。木材工业用于制备抗水剂石蜡乳化液。也可用作农药乳化剂、润滑剂、脱模剂、油脂水解剂，作为化学试剂、用作色谱对比样品及用于生化研究，在肝细胞中能激活蛋白激酶，油酸的75％酒精溶液可以用作除锈剂。

急性毒性研究结果：大鼠腹腔 LD_{50} 为 50mg/kg。

作为药用辅料，常用于乳化剂、透皮促进剂、吸入剂、鼻腔气雾剂、片剂和局部用制剂。用不锈钢或铝桶等密闭容器盛装并盛装充盈，贮存时应加入一定的抗氧化剂维生素 E（或叔丁基对羟基茴香醚），于阴凉通风处，避免日光直接照射，远离热源和氧化剂，温度 2～8℃，避光存放于阴凉、干燥处。

半胱氨酸盐酸盐
cysteine hydrochloride

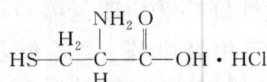

$$HS-\overset{\underset{|}{H}}{\underset{|}{\overset{H_2}{C}}}-\overset{\overset{NH_2}{|}}{C}-\overset{\overset{O}{\parallel}}{C}-OH \cdot HCl$$

半胱氨酸盐酸盐结构

半胱氨酸盐酸盐别称 L-半胱氨酸盐酸盐，是无色至白色结晶或结晶性粉末，有轻微特殊气味和酸味。分子式：$C_3H_7NO_2S \cdot HCl \cdot H_2O$，分子量：175.64，熔点175℃。溶于水，水溶液呈酸性，1％溶液的 pH 值约为1.7，0.1％溶液 pH 值约为2.4。亦可溶于醇、氨水和乙酸，不溶于乙醚、丙酮、苯等。具有还原性，有防止非酶褐变的作用。

化学合成半胱氨酸盐酸盐时，先将胱氨酸溶于稀盐酸中，过滤加入锡粒升温回流。然后将还原液用水稀释，除去剩余锡粒，通过硫化氢使其饱和，过滤，滤渣用少量水洗，最后将洗液、滤液合并，减压浓缩，冷却结晶，干燥得 L-半胱氨酸盐酸盐。

另外用毛发为原料提取加工半胱氨酸盐酸盐时，将毛发用盐酸加热6～8h进行水解，经减压蒸馏出盐酸，加活性炭脱色，过滤，滤液用氨中和后，得 L-胱氨酸粗结晶。再用氨水溶液溶解中和后，经重结晶，用盐酸溶解并进行电解还原，然后浓缩、冷却、结晶、干燥而得。

半胱氨酸盐酸盐是羧甲基半胱氨酸和乙酰基半胱氨酸生产的主要原料，半胱氨酸盐酸盐可溶于水，制成针剂或片剂可迅速被人体所吸收。在临床上能治疗白细胞减少症，可作为重金属中毒解毒剂，对丙烯腈和芳香族中毒有解毒作用，有预防放射线损伤的作用，还用于治疗中毒性肝炎、血小板减少、皮肤溃疡。具有促进发酵、防止氧化的作用。在食品中作为面包速成促进剂，能改变面包的风味，同时可作为营养增补剂、抗氧化剂，作为护色剂用于天然果汁，防止维生素 C 氧化及色变。

急性毒性试验结果：小鼠腹腔 LD_{50} 1250mg/kg；小鼠静脉 LD_{50} 771mg/kg。

作为药用辅料，用于片剂、局部用制剂等。贮存时应置于密封、避光容器中，于阴凉、干燥处。

牛肉香精
beef essence

牛肉香精以牛肉抽提物为主要原料，经现代生物技术精制，结合多种食用香料调配而成。既有牛肉特征香气又赋予肉类特有的鲜美口感。耐高温，在冷冻冷藏食品中留香持久、饱满协调。具有纯牛肉风味，属浓香型产品。

研究发现，牛肉中发现的香味化合物比其他肉类要多，迄今为止，从牛肉中发现的挥发性物质已超过1000种，它们构成了牛肉香味的主体。其中绝大多数没有肉香味，真正有肉香味的只有25种。食物的香味是由食物中微量存在的数百种香味成分共同作用产生的；每一种食物中，微量香味成分的种类和含量都不相同，这就构成了不同食物各自特有的风味。香精就是含有这些对肉香味具有较大贡献的香味成分及其它原料和辅料制的一类香味混合物，添加到加工食品中可以弥补和改善加工食品的肉香味。一般而言，肉味的基本物质是2-甲基-3-巯基呋喃，牛肉香精大多以天然牛肉原料为主，再辅以部分人造香料使香气更加浓郁，以适合不同的口味。

牛肉香精有多种配方，不同的配方具有各自特点。例如：①由2,3,5-三甲基吡嗪、噻唑、2-乙酰基噻唑、2,4二甲基噻唑、5-甲基糠醛、3-甲硫基丙醛、2,3-丁二硫醇、3-巯基-二戊酮、三硫代丙酮、2-甲基-3-呋喃硫醇、二(2-甲基-3-呋喃基)二硫醚、糠硫醇、二糠基二硫醚、4-羟基-5-甲基-3-二氢呋喃酮等加工而成牛肉香精肉感强，头香刺激，有浓烈的葱爆牛肉味，油脂感强，透发性好。②由四氢噻吩-3-酮、4-甲基-5-羟乙基噻唑、2-甲基吡嗪、2,5-二甲基吡嗪、2,3,5-三甲基吡嗪、2-乙酰基噻唑、3-甲硫基丙酸乙酯、3-巯基-2-丁酮、2-甲基-3-呋喃硫醇、甲基(2-甲基-3-呋喃基)二硫醚等加工而成的牛肉香精，具有轻微的肉感，无牛肉特征风味，干涩感强，油脂感弱，清透。③由2-甲基-3-呋喃硫醇、3-巯基-2-丁酮、12-甲基十三碳醛、2-巯基噻吩、4-甲基-5羟乙基噻唑乙酸酯、2,4-壬二烯醛、四氢噻吩-3-丙酮、二糠基二硫醚、茴香油、姜油、花椒油、呋喃酮等加工而成的牛肉香精，仿真度较高，香气过渡自然，留香较长，一致性较好，但肉感仍单薄，产品的颜色稳定性差，该配方的成本太高。④由2-甲基-3-呋喃硫醇、2-甲基-3-四氢呋喃硫醇、3-巯基-2-丁酮、4-甲基-5-羟乙基噻唑乙酸酯、12-甲基十三碳醛、2-巯基噻吩、2,4-壬二烯醛、茴香油、姜油、花椒油、呋喃酮、四氢噻吩-3-丙酮、二糠基二硫醚、糠硫醇、2,3-二丁酮、2-十一酮、2-十三酮、丁酸、3-甲硫基丙醇等加工而成的牛肉香精，仿真度较高，香气更丰富圆润，肉感较饱满，香气强度大，留香长，一致性较好，产品的颜色稳定性较好，成本控制较好，性价比高。生产企业根据实际用途和对产品的要求，以及自身企业的设备等条件可以选择合适的配方进行加工生产。

牛肉香精是21世纪以来发展最为迅速的食用香精。近年来，随着相关行业的发展，牛肉香精的品种的多样性也在不断增加。肉味香精主要用于增强和赋予肉制品、非肉、类肉制品、方便休闲食品和烘焙食品以肉香，使之味香可口，满足人们对食品更高的色、香、味需求。

牛肉香精作为药用辅料的助味剂，主要用于改善制剂的风味，尤其在动物用药产品中使用应更加注意。阴凉，避光，密闭保存。

香草香精

methyl vanilla/vanilla extract

香草香精是一种从香草提炼的食用香精。分纯天然香精（pure）与人工香精（artificial）两种。

香草香精一般为浓缩香精，还有粉末状的香草粉及药片状的香草片，香草片需压碎成粉状之后使用，用量和香草粉相当，但香草粉用量应比香草香精略多一点。

在香草香精提炼加工时，先把香草荚剖开取出香草籽，再和剪成小段的香草荚枝干一起浸泡在40°以上的酒中，浸泡3个月左右后再进行提纯，精制。

香草香精在食品方面的应用非常广泛，常用于去除糕点类蛋腥味或是制作香草口味点心，如冰淇淋、乳制甜点、糖果、焙烤食品、可乐饮料和烈酒等。随着医药行业的发展，香草香精不仅用于食品生产，而且开始用于药品生产中。

作为药用辅料的助味剂，可以改变药品的味道，以满足不同用药者的口味。阴凉，避光，密闭保存。

阿斯巴甜
aspartame

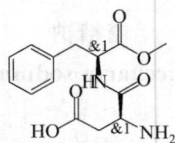

阿斯巴甜结构

阿斯巴甜化学名称为天门冬酰苯丙氨酸甲酯，化学式：$C_{14}H_{18}N_2O_5$，分子量：294.31，熔点：242～248℃，沸点：436.08℃，在室温下以白色粉末的状态存在，不易潮解。阿斯巴甜在其等电点（pH 为 5.2）的水中溶解度最小，其溶解度随温度升高而增大，呈直线关系。在低于阿斯巴甜等电点情况下有形成盐溶液的趋势，有助于改善溶解速率与溶解程度。

阿斯巴甜是一种人造甜味剂，属于氨基酸二肽衍生物，由化学家在 1965 年研制溃疡药物时发现。具有用量低、甜度高（甜度为蔗糖的 150～200 倍）、降低热量等优点，不产生龋齿，糖尿病患者可食用。阿斯巴甜具有清爽、类似蔗糖一样的甜感，但它没有人工甜味剂通常具有的苦涩味或金属后味，毒性较糖精等人工合成甜味剂低等。

阿斯巴甜的制备方法通常有化学合成和酶法合成两种。传统化学合成法以天冬氨酸和苯丙氨酸为原料，通过氨基保护、内酐、缩合、水解、中和等步骤合成，是将天冬氨酸转变为酸酐，然后与苯丙氨酸甲酯缩合成阿斯巴甜。化学法的区域选择性较差，产生两种异构体：α-阿斯巴甜和 β-阿斯巴甜，α-阿斯巴甜为主产物，β-阿斯巴甜有苦味，必须分离除去，其工艺比较复杂。

嗜热菌蛋白酶（thermolysin）已成功用于有机相中阿斯巴甜前体的合成，它使苯丙氨酸甲酯与氨基保护的天冬氨酸缩合形成阿斯巴甜前体，再经还原、脱保护基，即可得到阿斯巴甜。酶法催化的反应具有对映体选择性，只合成 α-阿斯巴甜，反应中可以采用外消旋体苯丙氨酸甲酯作为底物，酶催化反应时只利用 L-苯丙氨酸甲酯，未反应的 D-苯丙氨酸甲酯可形成盐，酸化后可使之外消旋化而循环利用。因此，酶促反应不受抑制，可连续进行，产率超过 95％。

阿斯巴甜可与强力甜味剂或碳水化合物型甜味剂混合使用，这就进一步扩大了它的应用范围。当阿斯巴甜与碳水化合物型甜味剂（如蔗糖、果糖或葡萄糖）混合时，能够降低产品能量而甜味却没有变化。当阿斯巴甜与强力甜味剂（如糖精、甜蜜素、安赛蜜或甜菊糖）混合使用时，产品有时略带有苦涩味，这可通过加大混合物中阿斯巴甜的比例来改善，改善程度随阿斯巴甜的比例增大而增大。混合甜味剂协同增效作用与各组成甜味剂所占的比例及食品配料系统有关。

在固体粉末饮料和什锦点心之类的干燥产品中，阿斯巴甜的稳定性很好，整体稳定性与纯阿斯巴甜基本一致。但在高温环境中阿斯巴甜会发生水解和环化作用，当应用于液体食品时，阿斯巴甜的溶解度是个重要参数，其溶解度是 pH 与温度的函数，在与其他物质相互配伍时，必须充分考虑多个因素的综合影响。

研究发现，阿斯巴甜具有一定的神经毒性作用。阿斯巴甜的代谢产物之一苯丙氨酸，在通过血-脑屏障时可能与其他大分子的中性氨基酸竞争，改变脑部原有氨基酸比值，进而干扰神经递质的传递。孕期和哺乳期老鼠食用阿斯巴甜对幼鼠学习、记忆能力均有影响，阿斯巴甜及其代谢产物可能通过血胎屏障，影响脑功能。

阿巴斯甜作为药用辅料，主要用于甜味剂等。散装物质应贮藏在密封的容器中，置于阴凉干燥处。

糖精钠
saccharin sodium

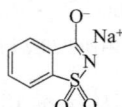

糖精钠结构

糖精钠为 1,2-苯并异噻唑-3(2H)-酮-1,1-二氧化物钠盐二水合物，也称邻苯甲酰磺酰亚胺钠。分子式：$C_7H_4NO_3SNa$，分子量：205.17，无色结晶或白色结晶性粉末，无臭或微有香气。在空气中缓慢风化，失去约一半结晶水而成为白色粉末；在水中易溶，在乙醇中略溶。其在水溶液中的热稳定性优于糖精，于 100℃ 加热 2h 无变化。水溶液长时间放置，甜味慢慢降低，在体内不分解，随尿排出。

味极甜稍带苦，即使在 10000 倍的水溶液中仍有极强甜味，甜味阈值约 0.00048%。在稀溶液中的甜度约为蔗糖的 500 倍。浓度稀时呈甜味，浓时（大于 0.026%）有苦味，故单独使用时的浓度应低于 0.02%。

糖精钠的合成有两种途径。一是由甲苯与氯磺酸进行氯磺化作用，得油状的邻甲苯磺酰氯和副产品结晶状对甲苯磺酰氯，分离后与氨作用并氧化后得糖精，再经氢氧化钠碱化而成。二是由苯酐经胺化、降解、酯化、重氮化、置换、氯化、环合、酸析、中和等步骤而得。具体过程如下：①邻氨基苯甲酸甲酯的制备。将苯酐和 0℃ 的氨水依次加入反应釜，升温至 50℃ 后缓慢滴加氢氧化钠溶液，保持在温度≤70℃ 和 pH 值 8.5～8.9 条件下胺化。然后调 pH＝12～13，在 65～70℃ 保温，降解，除氯。冷却，在 0℃ 下酯化。然后加入适量 20% 的亚硫酸氢钠溶液，搅拌溶解，静置后过滤，分取油层得邻氨基苯甲酸甲酯。②邻磺酰氯苯甲酸甲酯的制备。先将由水、硫酸与盐酸配制好的混酸置于重氮锅内，在 10℃ 左右开始滴加邻氨基苯甲酸甲酯和亚硝酸钠溶液的混合液，重氮化完毕后，加入硫酸铜，溶解后通入 SO_2 进行置换，此时析出邻亚磺酸苯甲酸甲酯。然后加入甲苯，通氯气氯化，以 2% 联苯胺乙醇溶液测试显深墨绿色为终点。静置分层，得到邻磺酰氯苯甲酸甲酯甲苯溶液。③不溶性糖精的制备。依次将水和邻磺酰氯苯甲酸甲酯甲苯溶液加入反应锅，加氨水，搅拌反应，静置后取下层铵盐液，加入甲苯和30% 的盐酸，酸析后降温至 20℃，取甲苯层水洗去氯化铵得糖精甲苯溶液。④可溶性糖精的制备。将不溶性糖精甲苯溶液加热至 40℃，加入碳酸氢钠和水调 pH 值至 3.8～4。静置后取水层，加活性炭脱色、过滤，调整 pH 值至 7，再加活性炭脱色一次。滤液在 70～75℃ 减压浓缩，pH 值为 7，趁热过滤。滤液经冷却、结晶、甩滤、干燥得糖精钠。

糖精在通常条件下稳定，散装时不会出现可察觉的分解。只有在低 pH 值（pH 2）和高温（125℃）下放置 1 小时以上才会发生明显的分解。分解产物为邻氨基磺酰苯甲酸。密封干燥阴凉保存。

糖精钠是有机化工合成产品，是食品添加剂而不是食品，除了在味觉上引起甜的感觉外，对人体无任何营养价值。相反，当食用较多的糖精时，会影响肠胃消化酶的正常分泌，降低小肠的吸收能力，使食欲减退。饮用含有糖精甜味剂的饮料可能会引起有瘙痒症状的风疹和光敏反应。WHO 暂定糖精包括其钙盐、钾盐和钠盐的日摄取量可高达每千克体重 2.5mg。英国食品、消费品及环境中化学品毒性委员会（COT）规定糖精及其钙盐、钾盐和钠盐（按钠盐计算）的最大日摄取量为每千克体重 5mg。

毒性试验表明，小鼠，口服 LD_{50}：17.5g/kg；大鼠，口服 LD_{50}：14.2g/kg。据国外资料记载，1997 年加拿大进行的一项雄性大鼠喂养试验发现，摄入大量的糖精钠可以导致雄性大鼠膀胱癌。从 1999 年下半年开始，国家对糖精钠生产经营秩序进行了治理整顿，关闭了一批糖精钠厂，仅保留了为数不多的几家生产企业为国家定点生产企业。我国糖精钠产量约占世界糖精钠产量的 80% 以上，除我国以外，目前只有美国、韩国等国家还有少量生产。

糖精钠在医药制备中，主要用于诊断用药、矫味剂。密闭保存。

硫柳汞
ethylmercurithiosalicylic acid

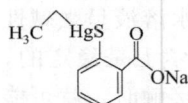

硫柳汞结构

硫柳汞，为 2-(乙基汞硫基)苯甲酸钠，别名硫汞柳酸钠，是一种含汞的有机化合物，分子式为 $C_9H_9HgNaO_2S$，分子量为 404.8113，熔点为 232～233℃，无色结晶或乳白色结晶性粉末，稍有特殊臭，微有引湿性。在空气中稳定，但在日光下则不稳定。1% 水溶液 pH 6～8。易溶于水、乙醇，不溶于乙醚和苯。

硫柳汞是通过乙基汞氯化物或氢氧化物与硫代水杨酸和氢氧化钠在 95% 乙醇中反应制得。

硫柳汞，长期以来一直被广泛用作生物制品及药物制剂包括许多疫苗的防腐剂，以预防有害微生物污染所致的潜在危害，具有抑菌与抑霉菌作用，在生物制品的历史中，硫柳汞这样的防腐剂的应用已具有近 70 年的历史，其效力比红汞强，而比氯化汞弱，由于毒性和刺激性小，外用作皮肤黏膜消毒剂，如用于皮肤伤口消毒、眼鼻黏膜炎症、尿道灌洗、皮肤真菌感染。0.1% 酊剂用于手术前皮肤消毒；0.1% 溶液用于创面消毒；0.01%～0.02% 溶液用于眼、鼻及尿道冲洗；0.1% 乳膏用于治疗霉菌性皮肤感染；0.01%～0.02% 用于生物制品作抑菌剂，1% 硫柳汞溶液用作疫苗防腐剂。

毒性试验表明，LD_{50}（小鼠，口服）：81mg/kg，LD_{50}（大鼠，口服）：75mg/kg，LD_{50}（大鼠，皮下注射 SC）：98mg/kg。

与铝等金属、强氧化剂、强酸、强碱、氯化钠溶液、软磷脂、苯汞基化合物、季铵化合物、巯基乙酸盐和蛋白质有配伍禁忌。溶液中焦亚硫酸钠、依地酸和依地酸盐的存在会降低本品的防腐效果。

作为药用辅料主要用于防腐剂、抗菌剂、杀真菌剂。密封避光保存，固态硫柳汞应置于遮光、密闭的容器中，贮于阴凉干燥处。

5.2.2 新的注射辅料

乙二胺

ethylenediamine

$$H_2N \diagdown \diagup NH_2$$

乙二胺结构

乙二胺，简称 EDA，学名 1,2-乙二胺。化学式为 $C_2H_8N_2$，是一种典型的脂肪二胺，为无色或微黄色油状或水样透明液体，在空气中产生烟雾，有氨的刺激性臭味，有吸湿性。分子式 $C_2H_8N_2$，分子量 60.10，熔点 8.5℃，自燃点 385℃，与水、乙醇或乙醚能任意混溶。除非绝对干燥，否则不溶于苯，可与水、正丁醇、甲苯形成共沸混合物，本品的相对密度为 0.895~0.905。遇热、明火、氧化剂易燃，燃烧危险性中等。可采用高压或过滤灭菌。

由于其化学结构特殊，化学性质与官能团（NH_2）上面的氢原子被取代多少有关，导致其化学性质活泼，溶于水放热，水溶液呈强碱性，碱性比脂肪胺要弱一些，但比氨要强。在通常的条件下，乙二胺在热力学上是稳定的，但是当乙二胺与外界的水、二氧化碳、氮氧化合物、氧气等物质长时间接触时，就可能产生微量的副产物，并导致产品颜色加深。

乙二胺可作为燃料、橡胶硫化促进剂、药物等的原料，也是纤维蛋白溶剂、乳化剂、环氧树脂固化剂以及绝缘漆涂料等非常重要的中间体。在农药生产中主要用于制造二硫代氨基甲酸盐类杀菌剂，是一类预防性广谱接触式杀菌剂，主要品种有代森锰、代森锰锌、代森锌等。实际生产中用于防治水果、蔬菜、谷物的霉变、结疤、锈斑及枯萎病等。除此之外，乙二胺可作为生产螯合剂的原料，乙二胺类螯合剂是最重要的螯合剂，包括乙二胺四乙酸及盐（EDTA）、羟乙基乙二胺三乙酸（HEDTA）和乙二胺四甲基次膦酸及盐（EDTPA）等，广泛用于影像业、橡胶加工业、食品、医药、卫生用品、水处理、造纸和纺织业等。

乙二胺和高碳乙撑胺均可以用于医药生产，可以生产医药品种 20 余种，主要有氨茶碱、甲硝羟基唑等，多为传统药物。比如在剧烈搅拌下将茶碱加入含有等摩尔的乙二胺的无水乙醇中，数小时后，滤取沉淀。用冷乙醇洗涤，在低温下干燥即得氨茶碱。

乙二胺的生产主要集中在西方发达国家和地区，中国生产起步较晚，20 世纪 80 年代末由于国内下游市场，尤其是医药、农药等行业的需求，国内建设多套中小型乙二胺生产装置（年产量多为数百吨的小装置），最多时候达到 30 余家。由于生产规模小、生产技术水平低、原材料及能耗比较高，导致生产成本高，难以与国外产品竞争，目前，多数企业处于停产或半停产状态。

乙二胺可经消化道、呼吸道和皮肤吸收，蒸气对皮肤黏膜、鼻黏膜有强刺激作用，接触蒸气能引起结膜炎、支气管炎、肺炎或肺水肿，并可发生接触性皮炎。也可引起肝、肾损害。液体有腐蚀作用，并有致敏作用，皮肤和眼直接接触其液体可致灼伤。长时间接触，乙二胺可引起职业性哮喘。

操作注意事项：密闭操作，注意通风。操作人员必须经过专门培训，严格遵守操作规程。建议操作人员佩戴自吸过滤式防毒面具（全面罩），穿防腐工作服，戴橡胶耐油手套。远离火种、热源，工作场所严禁吸烟。使用防爆型的通风系统和设备。防止蒸气泄漏到工作场所空气中。避免与氧化剂、酸类接触。搬运时要轻装轻卸，防止包装及容器损坏，配备相应品种和数量的消防器材及泄漏应急处理设备。

毒性安全性试验表明，大鼠经口 LD_{50}：1298mg/kg；兔经皮 LD_{50}：730mg/kg；在乙二胺 1188mg/m^3 下，大鼠反复接触，见脱毛及肺、肾、肝有损害；但在 307mg/m^3 下连续暴露 37h 未见损伤。家兔经皮：450mg 可引起中度刺激（开放性刺激试验），家兔经眼：675μg 致重度刺激。

乙二胺作为药用辅料，用于 pH 调节剂和助溶剂等。

乙二胺可用玻璃瓶、聚氯乙烯塑料桶包装，或用铁桶包装，却不可使用含有金属铜的包装物，包装要求密封，不可与空气接触。储存于阴凉、通风的库房，库温不宜超过 30℃。远离火种、热源。应与氧化剂、酸类等分开存放，切忌混储。同时采用防爆型照明、通风设施。

己二酸
adipic acid

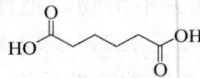
己二酸结构

己二酸又称肥酸，是一种重要的有机二元酸，白色结晶或结晶性粉末。分子式 $C_6H_{10}O_4$，分子量 146.14，熔点 151~154℃，沸点 332.7℃，闪点 209.85℃。易溶于酒精、乙醚、丙酮等大多数有机溶剂，微溶于水，己二酸在水中的溶解度随温度变化较大，当溶液温度由 28℃升至 78℃时，其溶解度可增大 20 倍。

工业上主要以苯酚或环己烷为原料合成己二酸。苯酚经催化氢化反应生成环己醇，再经硝酸氧化成己二酸。环己烷在环烷酸钴催化下氧化，生成环己醇和环己酮，此混合物不经分离即可用硝酸氧化成己二酸。丁二酸单酯单钾盐的电解偶联，也能生成己二酸酯。

己二酸是工业上具有重要意义的二元羧酸，在化工生产、有机合成工业、医药、润滑剂制造等方面都有重要作用。

己二酸具有的官能团是羧基，因此会具有羧基的性质，如成盐反应、酯化反应、酰胺化反应等。同时作为二元羧酸，它还能与二元胺或二元醇缩聚成高分子聚合物等。己二酸主要用作尼龙和工程塑料的原料，也用于生产各种酯类产品，还用作聚氨基甲酸酯弹性体的原料，各种食品和饮料的酸化剂，其作用有时胜过柠檬酸和酒石酸。己二酸也是医药、酵母提纯、杀虫剂、黏合剂、合成革、合成染料和香料的原料。

己二酸酸味柔和且持久，在较大的浓度范围内 pH 值变化较小，作为药用辅料是较好的 pH 值调节剂。其最大使用量是 0.01g/kg；也可用于果冻和果冻粉，用于果冻的最大使用量为 0.01g/kg，用于果冻粉时，可按冲调倍数增加使用量。

己二酸作为药用辅料，用于 pH 调节剂。保存时包装应密闭，储存于干燥、阴凉、通风、防雨水的库房。远离火种、热源。应与氧化剂、还原剂、碱类分开存放，切忌混储。

配备相应品种和数量的消防器材及泄漏应急处理设备。储区应备有合适的材料收容泄漏物。

无水磷酸二氢钠
anhydrous sodium dihydrogen phosphate

磷酸二氢钠结构

无水磷酸二氢钠又称酸性磷酸钠，是一种无机酸式盐，白色结晶性粉末或颗粒。分子式 NaH_2PO_4，分子量 119.98，熔点 60℃，沸点 100℃。易溶于水，水溶液呈酸性，在湿空气中能结块，几乎不溶于乙醇。加热至 100℃ 时则脱水，在 190～210℃ 时生成焦磷酸钠，在 280～300℃ 分解为偏磷酸钠。

无水磷酸二氢钠是制造六偏磷酸钠和焦磷酸钠的原料，主要用于制革、处理锅炉水，在食品加工中用作品质改良剂、乳化剂、营养增补剂、焙烤粉的缓冲剂、腌制用混合盐、粉末酸味剂。还用作饲料添加剂、洗涤剂及助染剂、磷酸盐变性淀粉，配制专用复合食品磷酸盐等。

无水磷酸二氢钠制备一般有两种方法。一种是磷酸氢二钠中和法。将十二水磷酸氢二钠按 3∶2 的配比加水溶解，经过滤除去不溶物，把滤液加入中和器，在搅拌下缓慢加入磷酸进行中和反应，控制 pH 值在 4.2～4.6，反应溶液经蒸发浓缩至形成结晶膜为止，经冷却结晶，离心分离，得二水磷酸二氢钠。然后在 100℃ 干燥，制得无水磷酸二氢钠成品。另一种是纯碱中和法。将萃取磷酸加入中和反应器中，在搅拌下缓慢加入纯碱溶液进行中和反应，生成磷酸二氢钠，经过滤、蒸发浓缩，冷却至 60～70℃ 析出结晶，离心分离，得二水磷酸二氢钠。再经气流干燥，制得无水磷酸二氢钠成品。

毒性试验表明，大鼠经口 LD_{50}：8290mg/kg。属微毒类，对眼睛和皮肤有刺激作用，受热分解释出氧化磷和氧化钠烟雾。

作为药用辅料，用于 pH 调节剂和缓冲剂等。

应贮存在阴凉、通风、干燥的库房内。不得堆放于露天货场。不可与潮湿物品或有毒物品共贮混运，运输过程中防雨淋和烈日暴晒，防潮和风化。用内衬聚乙烯塑料袋的塑料编织袋包装，失火时，可用水、干砂土、各种灭火器扑救。

中链甘油三酯
medium-chaintriglycerides

中链甘油三酯是由椰子胚乳的坚硬干燥部分或油棕胚乳的干燥部分提取的脂肪油分离出的辛酸（$C_8H_{16}O_2$）、癸酸（$C_{10}H_{20}O_2$）等饱和脂肪酸，与甘油酯化而得的甘油三酯混合物。含辛酸（$C_8H_{16}O_2$）与癸酸（$C_{10}H_{20}O_2$）的总量不得少于 95.0%。无色至微黄色的澄清油状液体。

中链甘油三酯可与二氯甲烷、石油醚或大豆油混溶，在甲醇中易溶，在水中几乎不溶。主要的考察指标有：酸值 2 应不大于 0.2，羟值应不大于 10，碘值应不大于 1.0，过氧化值应不大于 1.0，皂化值应为 310～360。

中链甘油三酯的提取与精炼，椰子仁油/棕榈仁泊经过水解成脂肪酸，加入甘油后用分馏法得到脂肪酸（C_8/C_{10}），再加甘油通过酯化作用得到粗中链甘油三酯，再经过精炼和除臭过程，最后得到精炼的中链甘油三酯。

中链甘油三酯具有极好的氧化稳定性，在230℃的温度下加热24小时，中链甘油三酯的黏度只达到室温下植物油的黏度。中链甘油三酯具有极好的冷却稳定性，可以在很低的温度下储存，既不用担心它们结晶，也不用加热。这会给食品加工业带来很大的方便，特别是当这些油料要以液态的形式喷洒出去的时候，稍有结晶势必会堵塞喷嘴。中链甘油三酯有较好的溶解性，中链甘油三酯的脂肪酸链长比较短，而其亲水性特别高，所以很容易溶解到任何浓度的酒精中，这种特性常常应用在生产香料的行业。中链甘油三酯具有独特的代谢途径，甘油三酯在十二指肠内被胆汁和胰液分解成甘油和脂肪酸，长链脂肪酸进入肠黏膜经过再酯化作用后与蛋白质形成乳糜微粒，由淋巴循环进入血液循环，摄入过量会储存在脂肪组织中；中链脂肪酸则由门静脉直接进入肝脏，在肝脏内氧化供能，不储存在脂肪组织中。当胆囊或者胰脏无法正常分泌胆汁和胰液时，长链甘油三酯就无法代谢吸收，而中链甘油三酯即使不分解，也会通过肠黏膜进入门静脉，参与正常的代谢。

中链甘油三酯是半合成的天然功能性油脂，国内外多年应用证实其安全可靠，因而具有很广阔的应用领域和使用价值，该产品可广泛应用于药品、食品、保健品及化妆品等方面。药用原料及辅料领域，欧美等国于20世纪开始将中链油（注射级、口服级）用于药品作为促消化吸收剂和一些脂溶性药物的助溶剂。中链油可广泛用于化妆品，具有乳化稳定作用，可取代白油、羊毛脂，替代角鲨烷，且更易被皮肤吸收。在食品行业中，中链油已被国家认可作为食品的乳化剂，并被列入国家标准。可用于巧克力、糕点，特别适合儿童消化，迅速提供热量、代谢快、不累积，可用作减肥食品。

中链甘油三酯作为药用辅料，用于溶剂等。常温下密闭保存。

肉豆蔻酸异丙酯
isopropyl myristate

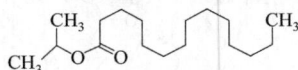

肉豆蔻酸异丙酯结构

肉豆蔻酸异丙酯，又称豆蔻酸异丙酯或十四酸异丙酯，化学式 $C_{17}H_{34}O_2$，分子量270.4，闪点144.1℃，沸点319.92℃。无色透明油状液体。不溶于水，能与醇、醚、亚甲基氯、油脂等有机溶剂混溶。肉豆蔻酸异丙酯不易氧化和水解，不易酸败。

工业上合成肉豆蔻酸异丙酯主要采用浓硫酸、超强酸 SO_4^{2-}/ZrO_2、对甲苯磺酸等腐蚀性强的物质作催化剂，高温下由肉豆蔻酸和异丙醇直接酯化制得，常使用苯、甲苯、环己烷等作带水剂提高酯化率。

肉豆蔻酸异丙酯广泛应用于化妆品中，可以起到保湿和滋润皮肤的作用，皮肤对本品的吸收性较好，能在皮层内与毛囊有效接触，渗入皮层深处，并将化妆品中的活性组分带入，充分发挥有效成分的作用。作为化妆品的溶剂及皮肤保湿剂、渗透剂。

主要考察指标要求，酸值应不大于1.0，碘值应不大于1.0，皂化值应为202～212。

肉豆蔻酸异丙酯是非脂性润肤剂，极易被皮肤吸收。是半固体基质的组分之一，也可作为局部给药制剂中许多物质的溶剂。肉豆蔻酸异丙酯可作为透皮吸收制剂中的穿透促进剂，可与治疗用超声波和离子导入结合一起使用。肉豆蔻酸异丙酯在水-油凝胶缓释乳中可作为油相的主要成分。

肉豆蔻酸异丙酯和橡胶接触时，橡胶溶胀，部分溶解，黏度降低；和塑料类（例如尼龙和聚乙烯）相接触时，会使这些材料溶胀。肉豆蔻酸异丙酯和固体石蜡有配伍禁忌并形成颗粒状混合物，也不宜与强氧化剂配伍。

一般认为肉豆蔻酸异丙酯是无毒、无刺激性的材料。毒性试验表明，小鼠，口服，LD_{50}：49.7g/kg，家兔，皮肤，LD_{50}：5g/kg。

肉豆蔻酸异丙酯作为药用辅料，用于溶剂和润滑剂等。储存时应置于密闭容器中，避光、阴凉、干燥处保存。

花生油
peanut oil

花生油是由豆科植物落花生 *Arachis hypogaea* L.，或其变种植物的成熟种子中提炼精制而成的脂肪油。无色或淡黄色的澄清油状液体。可与乙醚、三氯甲烷、二硫化碳或石油醚混溶，在乙醇中极微溶解。凝点为 26~32℃。

花生油的脂肪酸主要有棕榈酸（palmitic acid），硬脂酸（stearic acid），亚油酸（linoleic acid），花生酸（arachidic acid），山萮酸（behenic acid），油酸（oleic acid），二十碳烯酸（eicosenoic acid），二十四烷酸（lignoceric acid）等。花生油中还含特殊嗅味成分：己醛（hexanal），γ-丁内酯（γ-butyrolactone）。

花生油主要考察指标要求，酸值应不大于 0.5 或 0.2（供注射用），碘值应为 84~103，过氧化值应不大于 5.0，皂化值应为 188~196。酸败度检查时，酸液层应不出现红色或粉红色。

作为药用辅料，用于溶剂和分散剂等。

应遮光，密封，在凉暗处保存。如加抗氧剂，要标明抗氧剂名称与用量。

依地酸钙钠
calcium disodium edetate

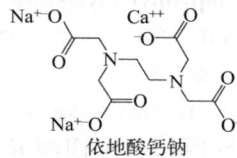
依地酸钙钠

依地酸钙钠为乙二胺四醋酸钙二钠水合物。分子式：$C_{10}H_{12}CaN_2Na_2O_8$，分子量：374.27（无水物），白色结晶性或颗粒性粉末。在水中易溶，在乙醇或乙醚中不溶。无臭，易潮解。

鉴别时可取依地酸钙钠约 1g，加水 5mL 使溶解，加硝酸铅溶液（3∶100）3mL，振摇，加碘化钾试液 1mL，不产生黄色沉淀。用氨试液调节至碱性，再加草酸铵试液 1mL，即生成白色沉淀。40% 的依地酸钙钠溶液 pH 值应为 6.5~8.0。固态依地酸稳定，依地酸盐较游离酸更稳定，当游离酸加热到 150℃ 以上时脱羧，加热至 120℃ 时依地酸钠盐失结晶水。

含量测定时取依地酸钙钠约 50mg，精密称定，置锥形瓶中，加水 100mL 使溶解，加二甲酚橙指示液 3 滴，用硝酸铋滴定液（0.01mol/L）滴定至溶液由黄色变为红色。每 1mL 硝酸铋滴定液（0.01mol/L）相当于 3.743mg 的 $C_{10}H_{12}CaN_2Na_2O_8$。

依地酸钙钠能与多种二价和三价重金属离子络合形成可溶性复合物，由组织释放到细胞外液，通过肾小球滤过，由尿排出；但各种金属离子的络合能力不同，其中以铅最为有效，其他金属效果较差，而对汞和砷则无效，这可能是因为汞和砷在体内与酶（-SH）牢固结合。所以，依地酸钙钠本身作为一种药物能与多种金属结合成为稳定而可溶的络合物，使血中钙浓度降低，与其他金属结合而起解毒作用，在临床上常作为解毒剂使用。

依地酸钙钠的制备，是将碳酸钙加入依地酸二钠溶液反应制得。依地酸或依地酸盐可经热压灭菌。

依地酸钙钠与药物有相互作用。能络合锌，干扰精蛋白锌胰岛素的作用。与乙二胺有交叉过敏反应。可络合体内锌、铁、铜等微量金属。不可与 EDTA-2Na 混同。

毒性试验表明，小鼠，腹腔注射 LD_{50} 4.5g/kg，家兔，静脉注射 LD_{50} 6g/kg，家兔，口服 LD_{50} 7g/kg，大鼠，腹腔注射 LD_{50} 3.85g/kg，大鼠，静脉注射 LD_{50} 3.0g/kg，大鼠，口服 LD_{50} 10g/kg。另外，动物实验证明依地酸钙钠能增加小鼠胚胎畸变率，但可通过增加饮食中的锌含量而预防，在组织培养中可影响早期鸡胚上皮细胞的发育。少数病人有短暂的头晕、恶心、关节酸痛、乏力等。大剂量时可能产生肾小管水肿等损害，还可使血中游离钙离子突然降低导致手足搐搦，应用期间应监测尿常规、血钙浓度等。

作为药用辅料，主要用于螯合剂。

依地酸和依地酸盐应在非碱性密闭容器、阴凉、干燥处贮存。

单亚油酸甘油酯
glyceryl monolinoleate

单亚油酸甘油酯为单甘油酯（主要为单油酸甘油酯和单亚油酸甘油酯），以及多种二甘油酯和三甘油酯的混合物。由主要含三亚油酸甘油酯的植物油部分甘油醇解制得。其中含单甘油酯应为 32.0%～52.0%，二甘油酯应为 40.0%～55.0%，三甘油酯应为 5.0%～20.0%。黄色或淡黄色油状液体，在室温下可部分固化，在二氯甲烷中易溶，在四氢呋喃中溶解，在水中几乎不溶。

主要考察指标要求，酸值应不大于 6.0，碘值应为 100～140，过氧化值应不大于 12.0，皂化值应为 160～180。

鉴别时按照薄层色谱法试验，吸取上述两种溶液各10mL，分别点于同一硅胶 G 薄层板上，以乙醚-正己烷（70∶30）为展开剂，展开，取出，晾干，喷以罗丹明 B 的乙醇溶液（1∶10000），置紫外光灯（波长 365nm）下检视，供试品溶液所显的主斑点的位置与颜色应与对照品溶液的主斑点相同。

含量测定时按照分子排阻色谱法测定。色谱条件与系统适用性试验以苯乙烯-二乙烯基苯共聚物为填充剂；以四氢呋喃为流动相，三甘油酯峰、二甘油酯峰、单甘油酯峰相对于甘油峰的保留时间分别约为 0.76、0.80 和 0.86，二甘油酯峰与单甘油酯峰的分离度不得小于 1.0，供试品溶液连续进样的单甘油酯峰面积的相对标准偏差不得超过 2.0%。

作为药用辅料，用于油脂性载体等。置阴凉、干燥处，密封保存。如加抗氧剂，应标明抗氧剂名称与用量。

单油酸甘油酯
glyceryl monooleate

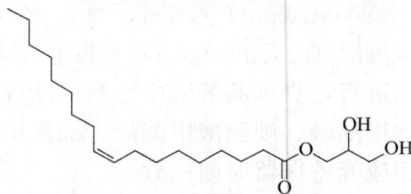

单油酸甘油酯

单油酸甘油酯，即1,2,3-丙三醇-9-十八烯酸单酯，为单甘油酯（主要为单油酸甘油酯），以及多种二甘油酯和三甘油酯的混合物。分子式：$C_{21}H_{40}O_4$，分子量：356.64，熔点：35～37℃，沸点：449.35℃，闪点：155.4℃。黄色或淡黄色油状液体，在室温下可部分固化。在二氯甲烷中易溶，在四氢呋喃中溶解，在水中几乎不溶，属于不饱和甘油酯，可在酸碱性条件下水解，也可以和氢气加成，与硝酸发生硝化反应。

由主要含三油酸甘油酯的植物油部分甘油醇解制得，或由植物或动物来源的油酸与甘油酯化反应制得。

主要考察指标要求，酸值应不大于6.0，碘值应为65～95，过氧化值应不大于12.0，皂化值应为150～175。

鉴别时取单油酸甘油酯和相同规格的单油酸甘油酯对照品，分别加二氯甲烷制成每1mL中含约50mg的溶液。按照薄层色谱法试验，以乙醚-正己烷（70∶30）为展开剂，展开，取出，晾干，喷以罗丹明B的乙醇溶液（1∶10000），置紫外光灯（波长365nm）下检视，供试品溶液所显的主斑点的位置与颜色应与对照品溶液的主斑点相同。

含量测定时按照分子排阻色谱法测定。色谱条件与系统适用性试验以苯乙烯-二乙烯基苯共聚物为填充剂（7.8mm×300mm，5μm的两根色谱柱串联或效能相当的色谱柱）；以四氢呋喃为流动相，流速为每分钟1.0mL；示差折光检测器，检测器温度为40℃。三甘油酯峰、二甘油酯峰、单甘油酯峰相对于甘油峰的保留时间分别约为0.76、0.79和0.85，二甘油酯峰与单甘油酯峰的分离度不得小于1.0，供试品溶液连续进样的单甘油酯峰面积的相对标准偏差不得超过2.0%。

作为非离子表面活性剂，具有乳化、增稠和消泡性能。在日化工业中，用作生产膏霜类化妆品、液体洗涤香波的乳化剂、增溶剂、遮光剂、消泡剂，纺织工业中用作织物整理剂，亦用作颜料研磨添加剂。可作消泡剂，有降黏、抑泡作用，亦用作PE、PP、PVC的内部抗静电剂，一般用量在0.5%～2.0%。

作为药用辅料，主要用于油脂性载体、表面活性剂等。置干燥，密封，−20℃环境保存。单油酸甘油酯与强氧化剂、阳离子表面活性剂不能配伍使用。如加抗氧化剂，应标明抗氧化剂名称与用量。

椰子油
coconut oil

椰子油别名椰油，是棕榈科植物椰子树的种子精炼制成的脂肪油。分子量626～689，在二氯甲烷和石油醚（沸程65～70℃）中易溶，在乙醇中微溶，在水中几乎不溶。白色至淡黄色的块状物，或无色或淡黄色澄清的油状液体。熔点为23～26℃。相对密度在40℃时（相对于水在20℃时）为0.908～0.921，折光率在40℃时为1.448～1.450。

主要指标要求，酸值应不大于0.2，碘值应为7～11，过氧化值应不大于5.0，皂化值应为250～264。椰子油中含游离脂肪酸20%，羊油酸（己酸）2%，棕榈酸7%，羊脂酸（正辛酸）9%，硬脂酸5%，羊蜡酸（癸酸）10%，油酸2%，月桂酸45%。椰子油的甾醇中含豆甾三烯醇（stigmastatrienol）4.5%，豆甾醇（stigmasterol）及岩藻甾醇（fucos terol）31.5%，α-菠菜甾醇（α-spinasterol）及甾醇6%，β-谷甾醇58%。

鉴别时按照脂肪酸组成项进行，供试品溶液中辛酸甲酯峰、癸酸甲酯峰、月桂酸甲酯峰、肉豆蔻酸甲酯峰、棕榈酸甲酯峰、硬脂酸甲酯峰、油酸甲酯峰、亚油酸甲酯峰的保留时间应分别与对照品溶液中相应峰的保留时间一致。

传统的提油办法相对简单，只要把椰肉制成碎屑，放在水里煮，油就会分离出来浮在水面上，然后把油撇出来。另一种传统办法是从椰肉碎屑中挤出椰乳（也称椰浆），然后使它自然发酵 24～36h，这样油就与水分离，再取出油，短时间升温以除去水分。这种中等温度加热的方法对椰子油没有损害。除此之外，还有多种提取椰子油的方法，不同方法取得的椰子油其外观、质量、口味和香味互有差异。目前民间提取的椰子油通常有两大类，一类是经提纯、漂白、脱臭的净化椰子油，另一类是常温下不经化学处理的冷榨椰子油。净化椰子油多由椰肉干制成，脂肪酸未被破坏，无色、无味，普遍用于食品工业。冷榨椰子油多由新鲜椰子制成。这种油的液态清澈如水，固化后是白色。由于未经高温和化学物质处理，这种油保留着原有的成分并有椰子的特殊风味。

椰子油是食物中唯一由中链脂肪酸组成的油脂，油脂浓度高，中链脂肪分子比其他食物的长链脂肪分子小，不必经由胆汁的乳化、分解及小肠的进一步消化，就直接透过肝门静脉到肝脏，无需动用人体胰消化酶系统，易被人体消化吸收。与其他的脂肪相比较，不易存留在人体而压迫或干扰到周边器官或腺体，对身体的酶和荷尔蒙系统施加很小的压力。

椰子油中中链脂肪酸具有天然的综合抗菌能力，当我们摄取中链甘油三酯时，它在我们体内转化为单酸甘油酯和中链脂肪酸，这两种物质拥有强力抗菌能力，能杀死引起疾病的细菌、真菌、病毒和寄生虫。

椰子油为饱和脂肪酸同样也起抗氧化剂的作用，它可用于治疗儿童的佝偻病、成人的骨质疏松，保护骨骼不受自由基损伤。新鲜椰子和冷榨食疗椰子油含有一种称为甾醇的类脂肪物质，甾醇与孕酮结构相近，在人体内用甾醇转化为孕酮，再转化成脱氢表雄甾酮（DHEA）和黄体酮等激素。

作为药用辅料，用于包衣材料、乳化剂和增溶剂等。避光，密封保存。椰子油性能稳定，不需冷藏保存，在常温中至少可放置 2～3 年。

棕榈酸异丙酯
isopropyl palmitate

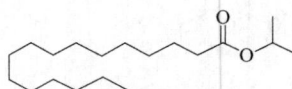

棕榈酸异丙酯结构

棕榈酸异丙酯又名十六烷酸异丙酯、十六酸-1-甲基乙酯。无色至淡黄色油状易流动液体，不易挥发，可燃，有微油脂味。分子式 $C_{19}H_{38}O_2$，分子量 298.50，沸点 340.7℃，熔点 11～13℃，闪点 162.2℃。与乙醇、丙酮、二氯甲烷、三氯甲烷、乙酸乙酯或液体石蜡混溶，在水或甘油中不溶。

棕榈酸异丙酯有四种制备方法：①棕榈酸与异丙酯直接酯化法，在诸如氧化锆等强固体酸催化剂的存在下，棕榈酸和异丙醇进行酯化反应，在全回流下分出酯化反应生成的水及过量的异丙醇，产物滤去固体催化剂，减压蒸馏，截取棕榈酸异丙酯馏分得到。②在沸石负载锌催化剂的存在下，于 2.75kPa 压力下，棕榈酸与丙烯能快速反应生成棕榈酸异丙酯。③丙烯和棕榈酸混合物通过磺酸型离子交换树脂，也生成棕榈酸异丙酯。④酯交换法，以含有棕榈酸油脂的油脂为原料，首先通过与甲醇进行酯交换反应制造棕榈酸等脂肪酸的甲酯混合物；然后将含棕榈酸油脂的油品在氢氧化钠或乙醇钠的存在下，在 50～70℃与甲醇进行酯交换反应，生成棕榈酸等脂肪酸的甲酯混合物，将反应产物进行蒸馏分出其他脂肪酸的甲酯，得到棕榈酸甲酯。再将棕榈酸甲酯与异丙醇在 $85\sim95℃$ 下进行酯交换，蒸出甲醇及其他杂质，得到产品棕榈酸异丙酯。

主要指标要求，酸值应不大于 1.0，碘值应不大于 1.0，皂化值应为 $183\sim193$。鉴别时在含量测定项下记录的色谱图中，供试品溶液主峰的保留时间应与系统适用性溶液中棕榈酸异丙酯峰的保留时间一致。

含量测定按照气相色谱法测定。色谱条件与系统适用性试验用 5% 苯基-95% 甲基聚硅氧烷（或极性相近）为固定液的毛细管柱或效能相当的色谱柱，起始温度为 $150℃$，进样口温度为 $240℃$，检测器温度为 $280℃$。取棕榈酸异丙酯和肉豆蔻酸异丙酯对照品各适量，加正己烷溶解并稀释制成每 1mL 中约含棕榈酸异丙酯 5.0mg 和肉豆蔻酸异丙酯 0.5mg 的混合溶液，作为系统适用性溶液，取 $2\mu L$ 注入气相色谱仪，记录色谱图，肉豆蔻酸异丙酯峰和棕榈酸异丙酯峰的分离度应不小于 6，棕榈酸异丙酯峰的拖尾因子应不大于 2，连续进样的棕榈酸异丙酯峰面积的相对标准偏差应不大于 2.0%。

棕榈酸异丙酯是一种小分子的油剂，分子量小，可以渗入表皮层，防止水分蒸发，滋润皮肤，改善干燥、缺水等。但同时也会渗透角质细胞，过度使用会使皮肤角化、变得粗糙蜡黄，棕榈酸异丙酯主要作为添加剂和增溶剂，广泛应用于制药及化妆品工业中，在护肤品及化妆品中是优良的皮肤柔润剂，可使肌肤柔软嫩滑，无油腻感。其对皮肤渗透性好，无毒，对人体皮肤无害。棕榈酸异丙酯性能稳定，不易氧化产生异味。

作为药用辅料，用于油脂性载体、润滑剂和溶剂等。

采用清洁塑料桶包装，遮光，密闭，存放于干燥、通风、阴凉场所，16℃ 以上。按非危险品运输。远离高温及明火。

硬脂富马酸钠
sodium stearyl fumarate

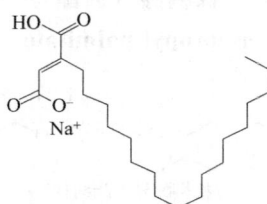

硬脂富马酸钠结构

硬脂富马酸钠也称富马酸硬脂酸钠，是一种化学物质，即 (E)-丁烯二酸十八醇酯钠盐，分子式 $C_{22}H_{39}O_4Na$，分子量 390.54，白色或类白色粉末，可夹杂扁平的球形颗粒聚结物。在甲醇中微溶，在水、乙醇或丙酮中几乎不溶。

硬脂富马酸钠的制备。将马来酸酐、十八醇与反应溶剂混合，在 80℃ 以下，进行开环反应；向反应体系中加入转化剂，进行转化反应；降温至 $40\sim50℃$，向反应体系中滴加含钠的碱溶液，搅拌反应结束后降温析晶，得到硬脂富马酸钠粗品；对硬脂富马酸钠粗品进行精制处理，得到硬脂富马酸钠产品。

硬脂富马酸钠是一种应用广泛且重要的药品食品辅料。硬脂富马酸钠在动物体内的代谢过程中，大部分能够被吸收，且水解产生硬脂醇和硬脂酸，硬脂醇进一步氧化成硬脂酸，小部分可被直接快速代谢出去。在药品领域中，硬脂富马酸钠被添加至药物制剂中，其可作为片剂和胶囊剂的润滑剂，它能克服与硬脂酸镁有关的许多问题，如主药受到影响、过分润滑等问题，其疏水性比硬脂酸镁或硬脂酸弱，且对片剂溶解的滞后效应比硬脂酸镁小。还可在泡腾片中形成保护膜，能解决硬脂酸盐类润滑剂所存在的问题，并可起到改善药物崩解、促进药物溶出的作用，从而提高生物利用度，常用量为 0.5%～2.0%。在食品领域，FDA 准许硬脂富马酸钠作为调节剂和稳定剂直接加入供人食用的食品中，例如各种烘烤食品、面粉稠化食品、烘干马铃薯及处理过的谷物等，其添加量可占食品质量 0.2%～1.0%。

硬脂富马酸钠被用于口服制剂中，通常被认为无毒无刺激性。硬脂醇和硬脂酸是很多食品中的天然成分，而富马酸是机体组织正常成分。WHO 已经审定过硬脂酸酯，因而不必确定和限制硬脂酸酯和富马酸日摄入量。

硬脂富马酸钠含量测定，取本品约 0.25g，精密称定，加二氯甲烷 10mL 与冰醋酸 30mL 使溶解后，照电位滴定法，用高氯酸滴定液（0.1mol/L）滴定，并将滴定结果用空白试验校正。每 1mL 高氯酸滴定液（0.1mol/L）相当于 39.05mg 的 $C_{22}H_{39}O_4Na$。

硬脂富马酸钠不能与醋酸氯己定配伍。大容量包装的硬脂富马酸钠应存放于密闭容器中，置阴凉干燥处。室温下，在带有聚乙烯螺旋盖的琥珀色玻璃瓶中硬脂富马酸钠可以保存 3 年。硬脂富马酸钠存放，应标明粒度分布、比表面积的标示值。

硫酸钠
sodium sulfate

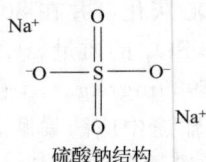

$$Na^+ \quad O^- S^- O^- \quad Na^+$$

硫酸钠结构

硫酸钠是硫酸根与钠离子化合生成的盐，无色或白色结晶颗粒或粉末，化学式：Na_2SO_4，分子量：142.04，熔点为 884℃，沸点为 1404℃。硫酸钠溶于水，其溶液大多为中性，溶于甘油而不溶于乙醇。

高纯度、颗粒细的无水硫酸钠称为元明粉，无臭、透明，有吸湿性。硫酸钠暴露于空气中易吸水，生成十水合硫酸钠，又名芒硝，偏碱性。

硫酸钠的制备，①利用自然界不同季节温度变化使原料液中的水分蒸发，将粗芒硝结晶出来。此法是从天然资源中提取芒硝的主要方法，工艺简单，能耗低，但作业条件差，产品中易混入泥沙等杂质。②利用机械设备将原料液加热蒸发后冷冻至 $-10\sim-5℃$ 时析出芒硝。与上法比较，不受季节和自然条件的影响，产品质量好，但能耗高。③主要用于含有多种组分的硫酸盐-碳酸盐型咸水，在提取各种有用组分的同时，将其他盐提出后母液冷冻至 0～5℃，粗芒硝就分离出来。④化学合成法，硫酸和氢氧化钠反应，碳酸氢钠和硫酸反应，氯化钠固体和浓硫酸在加热条件下反应均可制取硫酸钠。

硫酸钠的结晶水合物有两种：一种是七水合硫酸钠 $Na_2SO_4 \cdot 7H_2O$，白色正六或四方晶体，24.4℃时失水。另一种是十水合硫酸钠 $Na_2SO_4 \cdot 10H_2O$，俗名芒硝，100℃时失去结晶水变成无水硫酸钠，易溶于水，在干燥空气中易风化变成无水白色粉末。

化学工业用作硫化钠、硅酸钠、玻璃及其它化工产品的制造，硫酸钠可用作化学分析试剂，如脱水剂、定氮时消化催化剂、原子吸收光谱分析中干扰抑制剂，用于印染工业染料的稀释剂和染色印染的助剂，调配维尼纶纺丝凝固剂；造纸工业用于制造硫酸盐纸浆时的蒸煮剂；在有机合成实验室是一种最为常用的后处理干燥剂，还可用于有色金属冶金、皮革等方面，硫酸钠是合成洗涤剂和肥皂的组分。硫酸钠是中性盐，加入它可减小表面张力，增加洗涤剂的溶解度，医疗上用作利尿剂、缓泻剂和钡盐中毒的解毒剂。天然存在的硫酸钠矿分布很广，多半是硫酸镁（钙）的复盐及芒硝。内蒙古、青海、西藏以及新疆的某些地区盐湖较多，盐湖中存在大量的硫酸钠。

小量内服，以其离子和渗透压作用，能轻度刺激消化道黏膜，使胃肠的分泌和运动稍有增加，故有健胃作用。大量内服，进入体内的硫酸钠大部分滞留在胃肠中，保持一定渗透，因其离子不易被吸收，可保持大量水在肠内，能机械地刺激肠黏膜，可软化粪块，有利于加速排粪，临床上主要用于大肠便秘、排除肠内毒物、驱除虫体等，可增加肠内容积引起肠的蠕动，有泻下效用。硫酸钠是钡、铅中毒的解毒剂，当铅中毒时用10％芒硝洗胃或内服1％～2％硫酸钠溶液即可。

在建筑业中硫酸钠使水化产物硫铝酸钙更快地生成，从而加快了水泥的水化硬化速度。硫酸钠的掺量一般为水泥质量的0.5％～2％，能提高混凝土早期强度50％～100％。还用作合成洗涤剂的填充料，也用于造纸工业、玻璃工业、化学工业、纺织工业及医药工业等。用作分析试剂，如脱水剂、定氮时消化催化剂、原子吸收光谱分析中干扰抑制剂。

含量测定时，取本品0.4g，精密称定，加水200mL使其溶解，加盐酸1mL，加热至沸腾，不断搅拌并缓缓滴加热的12％氯化钡溶液约8mL。将混合物置沸水浴上加热1h，放冷，用无灰滤纸过滤，用水洗涤硫酸钡沉淀至无氯化物（用硝酸银试液检查滤液）。将沉淀连同滤纸置已恒重的坩埚中，小心灰化，并在800℃炽灼至恒重，精密称定，残渣质量与0.6086相乘，即得供试品中Na_2SO_4的质量。

毒性研究表明，小鼠经口LD_{50} 5989mg/kg。运输时包装要完整，装载应稳妥。严禁与酸类、食用化学品等混装混运。运输途中应防暴晒、雨淋，防高温。

硫酸钠作为药用辅料，主要用于渗透压调节剂。储存于阴凉、通风的库房。远离火种、热源。应与酸类等分开存放，切忌混储。

硫酸钠十水合物
sodium sulfate decahydrate

硫酸钠十水合物结构

硫酸钠十水合物是硫酸钠的水合物，俗称芒硝，分子式：$Na_2SO_4 \cdot 10H_2O$，分子量：322.19，熔点：32.38℃，无色透明或白色半透明粒状晶体，于100℃失$10H_2O$，变成无水硫酸钠。无气味，有苦咸味，在水中易溶，在乙醇中几乎不溶。

硫酸钠十水合物属单斜晶系，晶体呈短柱状、针状、板状，集合体呈致密块状、粒状、皮壳状、纤维状等。有无色、灰白、浅黄、黄棕等色。透明或半透明，玻璃光泽，贝壳状断口，硬度1.5～2.0kg/cm³，密度1.49g/cm³。

硫酸钠十水合物是化学工业制取硫酸钠（俗称元明粉）、硫酸铵、硫化钠（俗称硫化碱）等的重要矿物原料。芒硝的化工产品广泛用于有机合成、橡胶、人造丝、医药、染料、造纸、纺织、皮革、玻璃、陶瓷、冶金、选矿等行业。

含量测定时取硫酸钠十水合物0.9g，精密称定，加水200mL使其溶解，加盐酸1mL，加热至沸腾，不断搅拌并缓缓滴加热的12％氯化钡溶液约8mL。将混合物置沸水浴上加热1h，放冷，用无灰滤纸过滤，用水洗涤硫酸钡沉淀至无氯化物（用硝酸银试液检查滤液）。将沉淀连同滤纸置已恒重的坩埚中，小心灰化，并在 800℃ 炽灼至恒重，精密称定，残渣质量与 0.6086 相乘，即得供试品中 Na_2SO_4 的质量。

作为药用辅料，用于渗透压调节剂。

贮存于通风、干燥的库房中。在夏天或温度较高的地区易熔化而结成大块，贮运时应防潮、防雨。注意不要被铁钉或有锋利尖端、棱角的硬物刺破包装袋而造成产品泄漏。不能与食品、煤、水泥等混装以防污染。

磷酸二氢钠一水合物
sodium dihydrogen phosphate monohydrate

磷酸二氢钠一水合物结构

磷酸二氢钠一水合物是磷酸二氢钠的水合物，分子式为 $NaH_2PO_4 \cdot H_2O$，分子量为 137.99，熔点为 100℃，无色结晶或白色结晶性粉末或颗粒，在水中易溶，在乙醇中几乎不溶。

磷酸二氢钠一水合物的制备，在浓磷酸中加入浓度大致相同的氢氧化钠（或碳酸钠）溶液。并调整溶液的 pH 值，使其为 4.4～4.6，过滤。浓缩滤液，抽滤，将晶体夹在滤纸中风干。从 0～41℃ 水溶液中析出的为二水化物，41～58℃ 为一水化物。另外，也可将十二水合磷酸氢二钠溶于水中，加入磷酸（密度为 1.7g/cm³），使溶液 pH 值为 4.4～4.6，静置 2～3h，加入活性炭，过滤。在不超过 50℃ 时将溶液蒸发至开始形成结晶膜，搅拌下冷却析出结晶，吸滤，室温下干燥，可得磷酸二氢钠一水合物。

含量测定时取硫酸钠十水合物约 2.5g，精密称定，加水 10mL 溶解后，加氯化钠饱和溶液 20mL 与酚酞指示液 2～3 滴，用氢氧化钠滴定液（1mol/L）滴定。每 1mL 氢氧化钠滴定液（1mol/L）相当于 120.0mg 的 NaH_2PO_4。

作为药用辅料，用于 pH 调节剂和缓冲剂等。

因具有潮解性，贮存在阴凉处。使容器保持密闭，储存在干燥通风处。

磷酸二氢钠二水合物
sodium dihydrogen phosphate dihydrate

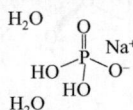

磷酸二氢钠二水合物结构

磷酸二氢钠二水合物为磷酸二氢钠的水合物，别称二水磷酸二氢钠，分子式为 $NaH_2PO_4 \cdot 2H_2O$，分子量为 156.01，无色结晶或白色结晶性粉末或颗粒。在水中易溶，在乙醇中几乎不溶。

磷酸二氢钠二水合物的制备有多种方法。①将十二水磷酸氢二钠加水溶解，过滤后，在滤液中缓慢加入磷酸，控制 pH 值 4.2～4.6，反应液经蒸发浓缩至出现结晶膜为止。再经冷却结晶、离心分离得到二水磷酸二氢钠。②将氢氧化钠或碳酸钠溶液缓缓加入浓磷酸溶液中，搅拌过滤。控制 pH 值在 4.4～4.6，加热浓缩，冷却至室温，析出结晶后抽滤，结晶于室温下干燥，得纯品。③采用重结晶法，将工业级磷酸二氢钠溶于 80～85℃ 的蒸馏水中配成饱和溶液，加入脱色剂、除重金属剂、除砷剂进行提纯。再加入食用磷酸调节 pH 值。后经过滤、冷却结晶、离心分离，稍加风干，制得食用二水磷酸二氢钠成品。④将工业品磷酸，用蒸馏水稀释，加入饱和硫化氢水溶液，静置，滤去黄色沉淀，备用。然后将碳酸钠用热蒸馏水溶解，加双氧水搅匀，过滤，备用。最后将该碳酸钠溶液在搅拌下缓慢加入上述备用磷酸溶液中，控制 pH 值在 3.5～4.4 范围，进行反应，待反应结束后，用蒸汽加热至沸，蒸出 CO_2，过滤，将溶液浓缩至表面出现结晶膜为止。不断搅拌，冷却结晶，吸滤，在 30℃下干燥，即得成品。

含量测定时，取磷酸二氢钠二水合物约 2.5g，精密称定，加水 10mL 溶解后，加氯化钠饱和溶液 20mL 与酚酞指示液 2～3 滴，用氢氧化钠滴定液（1mol/L）滴定。每 1mL 氢氧化钠滴定液（1mol/L）相当于 120.0mg 的 NaH_2PO_4。

常温常压下磷酸二氢钠二水合物性质比较稳定。加热至 95℃脱水成无水物，在 190～204℃时转化成酸式焦磷酸钠，在 204～244℃时形成偏磷酸钠。

磷酸二氢钠二水合物常作为饲料补磷添加剂、品质改良剂，具有增加食品的络合金属离子、提高 pH 值、增加离子强度等的作用，改善食品的结着力和保水性。我国规定可用于炼乳，最大使用量 0.5g/kg。用作分析试剂、缓冲剂、软水剂和细菌培养等，制造六偏磷酸钠和焦磷酸钠，分子生物学级是胶电泳-胶缓冲液组分，也可用于含甲醛的变性胶。

大白鼠腹腔注射 LD_{50} 250mg/kg，大白鼠经口 LD_{50} 大于 8290mg/kg。

作为药用辅料，用于 pH 调节剂和缓冲剂。

应贮存在阴凉、通风、干燥、清洁、无毒的库房内，不宜露天放置。运输时要防雨淋、日晒，防潮，防风化。不得与潮湿物品或有毒物品，释放酸雾、氧化性物质和氨气的物品共贮混运。

磷酸钠十二水合物
tribasic sodium phosphate dodecahydrate

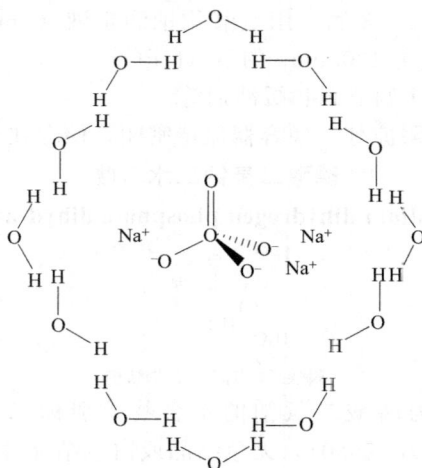

磷酸钠十二水合物结构

磷酸钠十二水合物，又称磷酸三钠十二水合物，无色或白色结晶或块状物，化学式：$Na_3PO_4 \cdot 12H_2O$，分子量：380.13，熔点：75℃，相对密度：1.62（20℃），在水中易溶，其水溶液呈强碱性；不溶于乙醇、二硫化碳。

磷酸钠十二水合物，加热到 100℃时失去 11 个结晶水而成一水物（$Na_3PO_4 \cdot H_2O$），再加热到 212℃以上时即变成无水磷酸三钠，在干燥空气中易风化，其水溶液对皮肤有一定的侵蚀作用。

磷酸钠十二水合物的制备，①萃取磷酸法，将磷矿粉与硫酸反应得到萃取磷酸加入适量洗涤水,稀释至溶液中五氧化二磷含量为 18%~20%,加热至 85℃,在搅拌下缓慢加入相对密度为 1.26~1.32 的碳酸钠溶液进行中和反应,使 pH 8~8.4。再添加磷酸三钠母液,使溶液中的五氧化二磷含量小于 12%。保温,经过滤、蒸发浓缩。加入液体烧碱。再经冷却结晶、离心分离、气流干燥,制得十二水磷酸三钠成品。②中和法,将食品级磷酸用去离子水稀释至一定浓度后加入带搅拌装置的反应器中,在搅拌下缓慢加入食品级烧碱溶液进行中和反应,调节 Na/P 为 3.24~3.26,然后加入脱色剂、除重金属剂、除砷剂进行溶液净化,再过滤除去杂质,滤液经冷却结晶、离心分离、干燥,制得食用十二水磷酸三钠成品。③热磷酸法,将热磷酸加入反应器中,在搅拌下缓慢加入液体烧碱进行中和反应,生成磷酸三钠,经冷却结晶、离心分离、干燥,制得十二水磷酸三钠成品。

磷酸钠十二水合物用作软水剂、洗涤剂、锅炉除垢剂、金属防锈剂、印染固色剂、织物的丝光增强剂、制线的防脆剂、搪瓷生产业助熔剂和脱色剂、制革去脂剂和脱胶剂等。也用作医药化学的分析试剂。

在食品加工中磷酸钠十二水合物发挥着品质改良的作用,例如在肉制品中有保持肉的持水性、增进结着力等作用,以减少肉中营养成分的损失并保持肉的柔嫩性,也用作乳化剂、营养增补剂、品质改良剂,也是配制面食用碱水的原料,亦用于砂糖精制和 α-淀粉的制造,还用作食品用瓶、罐等的洗涤剂。

磷酸钠十二水合物具有钝化病毒使其失活的作用,可用于种子及器物的处理。食品级磷酸钠十二水合物可广泛应用于食品、生物复合材料、抗菌材料、高档工艺品、合成塑料、牙膏、药品等领域。

毒性试验结果表明,半数致死量大鼠经口 LD_{50} 为 3920mg/kg。

作为药用辅料,主要用于 pH 调节剂和缓冲剂等。储存于阴凉、干燥、通风的库房,不可露天堆放,远离火种、热源,应与酸类分开存放,切忌混储。包装必须密封,运输时防暴晒和雨淋,避免受潮,不可与有毒有害物品混运。

无水磷酸氢二钠
anhydrous disodium hydrogen phosphate

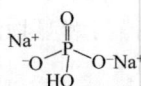

无水磷酸氢二钠结构

无水磷酸氢二钠化学式:Na_2HPO_4,分子量为 142.0,白色或类白色粉末,在水中易溶,在乙醇中几乎不溶,熔点为 243~245℃。无水磷酸氢二钠具有吸湿性,当加热至 40℃,磷酸氢二钠十二水合物熔化;在 100℃,失去结晶水。加热至暗红色(大约 240℃),它能转变成焦磷酸钠($Na_4P_2O_7$)。磷酸氢二钠的水溶液很稳定,可以热压灭菌。

无水磷酸氢二钠制备,①喷雾干燥法,将十二水磷酸氢二钠加入溶解槽中加热溶解,添加少量工业磷酸,调节 pH8.8~9.0,80~85℃,经喷雾器雾化,气液比(0.4~5):1。热炉气进口温度 650~750℃。可并流干燥,也可逆流干燥。如逆流干燥,进口温度 620~650℃,出口温度 140~150℃。成品粒度 90μm 左右占 60%,水分含量<1%。制得无水磷酸氢二钠成品。②在 20%磷酸溶液中按化学计量加入浓度大致相同的碳酸钠或氢氧化钠溶液。使 pH 值达到 8.9~9.0。过滤,在蒸汽浴上将滤液蒸发浓缩。此溶液在 0~30℃

结晶得 $Na_2HPO_4 \cdot 12H_2O$，在 $35\sim48℃$ 下可得 $Na_2HPO_4 \cdot 2H_2O$。将水合晶体放在烘箱中先在 $35\sim40℃$ 下保持 3h，然后在 $95℃$ 下烘至恒重。则得到无水化物 Na_2HPO_4。③将试剂十二水合磷酸氢二钠摊成薄层，于 $100℃$ 下干燥，即得无水磷酸氢二钠。④热法磷酸中和法，将热法磷酸加入耐腐蚀的中和反应器中，在搅拌下缓慢加入纯碱溶液进行中和反应，使反应液的 pH 值为 $8.4\sim8.6$。然后过滤，调节 pH 值在 $8.4\sim8.6$。将滤液送至冷却结晶器，冷却至 $25\sim27℃$ 时便析出结晶，经分离、干燥后制得十二水合磷酸氢二钠，再经热气流喷雾干燥而成。⑤湿法磷酸中和法，将湿法（萃取）磷酸加入耐腐蚀的中和反应器中，在搅拌下缓慢加入纯碱溶液进行中和反应，直到中和液呈微碱性（pH8.4～8.6），中和温度维持在 $90\sim100℃$。然后趁热过滤，滤液蒸发浓缩，送去冷却结晶，然后离心分离，室温下干燥，制得十二水合磷酸氢二钠成品，再将之加热熔化后，在热气流中喷雾干燥而成。

含量测定时取无水磷酸氢二钠约 2.5g，精密称定，加新沸放冷的水 25mL 溶解后，精密加入盐酸滴定液（1mol/L）25mL，照电位滴定法，用氢氧化钠滴定液（1mol/L）滴定，记录第一突跃点消耗氢氧化钠滴定液体积 $N1$ 与第二突跃点消耗氢氧化钠滴定液总体积 $N2$，以第一个突跃点消耗的氢氧化钠滴定液体积计算含量，并将滴定的结果用空白试验校正 $N3$。每 1mL 盐酸滴定液（1mol/L）相当于 142.0mg 的 Na_2HPO_4。

无水磷酸氢二钠常用作工业水质处理剂，印染洗涤剂，织物、纸张的阻燃剂，丝的增重剂，品质改良剂，抗生素培养剂，生化处理剂。也用作食品品质改良剂、分析试剂、缓冲剂、pH 基准试剂、生化研究材料。国外用于乳制品、鲜肉制品、肉制品 pH 调整。对酸性强的奶粉为了使其中和及稳定，加 1％ 以下磷酸氢二钠（酸性强，则加热时凝固，或奶粉溶解不良）。干酪，使用 3％ 以下的磷酸氢二钠作为缓冲剂；鱼糕、灌肠等肉糜类制品类与偏磷酸、焦磷酸及聚磷酸盐同时使用。

毒性研究结果表明，大鼠经腹腔注射给药，最小致死剂量为 1000mg/kg。

磷酸氢二钠不能与生物碱、安替比林、水合氯醛、醋酸铅、苯三酚、间苯二酚、葡萄糖酸钙和环丙沙星配伍应用。钙离子与磷酸盐混合注射使用时，会形成不溶性磷酸钙沉淀。

无水磷酸氢二钠作为药用辅料，用于 pH 调节剂和缓冲剂等。贮存在阴凉、通风、干燥的库房内。不宜堆放在露天货场，不得与潮湿物品或有毒物品共贮混运。运输时要避免雨淋和烈日暴晒。

5.2.3 新的外用辅料

二甲醚
dimethyl ether

二甲醚结构

二甲醚又称甲醚，简称 DME，化学式为 C_2H_6O，分子量为 46.07。甲醚在常压下是一种无色气体或压缩液体，具有轻微醚香味，易液化，熔点为 $-141℃$，沸点为 $-29.5℃$。

溶于水及醇、乙醚、丙酮、氯仿、汽油、四氯化碳、苯、氯苯、乙酸甲酯等多种有机溶剂。易燃，在燃烧时火焰略带光亮。

二甲醚常温下具有一定的惰性，不易自动氧化，无腐蚀、无致癌性，但在辐射或加热条件下可分解成甲烷、乙烷、甲醛等。二甲醚与空气混合能形成爆炸性混合物，在空气中允许浓度为 400mg/kg，在接触热、火星、火焰或氧化剂时易燃烧爆炸。另外在接触空气或在光照条件下可生成具有潜在爆炸危险性的过氧化物，密度比空气大，能在较低处扩散到相当远的地方，遇火源会着火回燃。若遇高热，容器内压增大，有开裂和爆炸的危险。

二甲醚在小规模制备时，可采用甲醇催化脱水法，该方法包括液相法和气相法两种。液相法是将甲醇和硫酸的混合物加热得到二甲醚。气相法是将甲醇蒸气通过氧化铝或结晶硅酸铝（也可用 ZSM-5 型分子筛）固体催化剂催化，气相脱水生成二甲醚。

二甲醚大量制备时有一步法和二步法。①一步法，该法是由天然气转化或煤气化生成合成气后，合成气进入合成反应器内，在双功能催化剂的作用下，同时完成甲醇合成与甲醇脱水两个反应过程和变换反应，产物为甲醇与二甲醚的混合物，混合物经蒸馏装置分离得二甲醚，未反应的甲醇返回合成反应器。双功能催化剂，其中一类为合成甲醇催化剂，如 Cu-Zn-Al(O) 基催化剂、BASFS3-85 和 ICI-512 等；另一类为甲醇脱水催化剂，如氧化铝、ZSM-5 分子筛、丝光沸石等。②二步法，先由合成气合成甲醇，甲醇在固体催化剂如 ZSM-5 分子筛作用下脱水制成二甲醚。一步法其工艺流程简单、设备少、投资小、操作费用低。二步法是 21 世纪国内外二甲醚生产的主要工艺，脱水反应副产物少，二甲醚纯度达 99.9%，但流程较长，因而设备投资较大，虽然如此，21 世纪国外公布的大型二甲醚建设项目绝大多数采用二步法工艺技术。

二甲醚作为一种新兴的基本有机化工原料，由于其具有良好的易压缩、冷凝、气化特性，使得二甲醚在制药、燃料、农药等化学工业中有许多独特的用途。如高纯度的二甲醚可代替氟利昂用作气溶胶喷射剂和制冷剂，减少对大气环境的污染和臭氧层的破坏。由于其良好的水溶性、油溶性，使得其应用范围大大优于丙烷、丁烷等石油化学品，可代替甲醇用作甲醛生产的新原料，能明显降低甲醛生产成本，在大型甲醛装置中更显示出其优越性。作为民用燃料气，其储运、燃烧安全性、预混气热值和理论燃烧温度等性能指标均优于石油液化气，可作为城市管道煤气的调峰气、液化气掺混气。也是柴油发动机的理想燃料，与甲醇燃料汽车相比，不存在汽车冷启动问题。二甲醚还是未来制取低碳烯烃的主要原料之一。

毒性试验结果表明：大鼠吸入二甲醚时，LD_{50} 308mg/m^2；对中枢神经系统有抑制作用，吸入后可引起麻醉、窒息作用，麻醉作用比乙醚弱。对皮肤有刺激性。亚急性与慢性毒性：大鼠，吸入 2%甲醚，每天 6h，每周 5d，30 周，体重增加，血、尿及组织病理学检查均未见明显异常，但血清丙氨酸、天门冬氨酸和天门冬氨酸转氨酶增高。

二甲醚含量测定时按照气相色谱法测定。色谱条件与系统适用性试验用聚苯乙烯-二乙烯基苯为固定相（PLOTQ 型或极性相近）的毛细管柱，氢气为载气，取含有甲醇（0.01%）和二甲醚的混合标准气，由气体进样阀注入气相色谱仪，记录色谱图。理论板数按二甲醚峰计算应不低于 1500，二甲醚峰与甲醇峰的分离度应符合要求。

作为药用辅料，用于抛射剂。

储存于阴凉、通风的库房。远离火种、热源。库温不宜超过 30℃。应与氧化剂、酸类、卤素分开存放，切忌混储。采用防爆型照明、通风设施，禁止使用易产生火花的机械设备和工具。储区应备有泄漏应急处理设备。

丁烷

butane

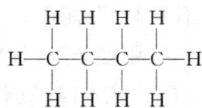

丁烷结构

丁烷为无色气体，分子式：C_4H_{10}，分子量：58.122，是一种常见的烷烃。丁烷有两种异构体，即正丁烷、异丁烷。正丁烷又称丁烷，异丁烷又称 2-甲基丙烷。熔点 -138℃，沸点 -0.5℃，临界温度 153.2℃，常温常压下易液化、易燃，密度 $2.48kg/m^3$，比空气重，与空气混合能形成爆炸性混合物，爆炸上限（体积比）：8.5%，爆炸下限（体积比）：1.6%，不溶于水，易溶于乙醇、乙醚、氯仿及其他烃类。

含量测定采用气相色谱法。色谱条件与系统适用性试验用氧化铝为固定相（PLOT-Al203S 型或极性相近）的毛细管柱；初始温度为 80℃，维持 2 分钟，以每分钟 5℃ 的速率升温至 140℃，维持 5 分钟；进样口温度为 250℃；检测器温度为 250℃。取本品由气体进样阀注入气相色谱仪，记录色谱图，3 次测定结果的相对标准偏差应不大于 1%。

丁烷的制备。①从油田气和湿天然气中分离，将其加压冷凝分离以后，可得含丙烷、丁烷的液化石油气，再用蒸馏法分离可得丙烷和丁烷。②从石油裂化的碳四馏分分离，有的炼厂催化装置改用分子筛催化剂以及加氢裂化工艺，来自催化裂化装置的尾气，经分馏、分离碳三、异丁烯和碳五馏分以后，从塔底进入乙腈萃取蒸馏塔，自萃取蒸馏塔顶得到 90% 以上的丁烷。

丁烷是石化工业的重要原料之一，正丁烷异构化具有广泛的用途。丁烷除直接用作燃料外，还用作亚临界生物技术提取溶剂、制冷剂和有机合成原料。丁烷经催化氧化可制顺丁烯二酸酐、乙酸、乙醛等；经卤化可制卤代丁烷；经硝化可得硝基丁烷；在高温下催化可制取二硫化碳；经水蒸气转化可制取氢气。可作重油精制的脱沥青剂、油井中蜡沉淀剂，用于二次石油回收的流溢剂、树脂发泡剂、海水转化为新鲜水的制冷剂以及烯烃剂格勒聚合溶剂等。

急性毒性试验表明，大鼠吸入 LC_{50} 658000mg/kg（4h）。高浓度有窒息和麻醉作用；急性中毒时，有头晕、头痛、嗜睡和酒醉状态，严重者可昏迷。

丁烷作为药用辅料，用于抛射剂。

遇热源和明火有燃烧爆炸的危险，与氧化剂接触反应猛烈。置耐压钢瓶中储存于阴凉、通风的库房。远离火种、热源。库温不超过 30℃，相对湿度不超过 80%。应与氧化剂、卤素分开存放，切忌混储，应具备防爆型照明、通风设施。禁止使用易产生火花的机械设备和工具。夏季应早晚运输，防止日光暴晒。

七氟丙烷

heptafluoropropane

七氟丙烷结构

七氟丙烷又名海龙气体，是一无色无气味气体状态的卤素碳，分子式 C_3HF_7，分子量 170.03，熔点 -131.1℃，沸点 -16.4℃，有轻微的醚样气味，在加压下呈液态，微溶于水。

系由六氟丙烯和氟化氢在催化剂的作用下加成制得。

七氟丙烷虽然在室温下比较稳定，不易反应，是一种稳定的合成材料。但在高温下仍然会分解，分解产生氟化氢，会有刺鼻的味道。其他燃烧产物还包括一氧化碳和二氧化碳。

含量测定时，严格操作取样方法，按照《中华人民共和国药典》（后文简称《中国药典》）（2020 年版）有关物质项下测定杂质总量，并以 100.0% 减去杂质总量，即得。置耐压容器中，通风、避光保存。

由于七氟丙烷不含有氯或溴，不会对大气臭氧层发生破坏作用，所以被作为灭火剂的原料，作为灭火器材料广泛应用。七氟丙烷在大气中的生命周期为 31～42 年，释出后不会留下残余物，所以适合作为数据中心或服务器存放中心的灭火剂。其灭火效能高，毒性低，对大气臭氧层无破坏性。七氟丙烷还被用作制冷剂和医用喷射剂，亦可作为发射火箭的湿剂。作为药用辅料，用于外用气雾剂型抛射剂，液化气体作为抛射剂时性质稳定。

接触液态七氟丙烷可以导致冻伤，其必须贮藏于金属罐中，并置于阴凉、干燥、通风处。

四氟乙烷
$C_2H_2F_4$

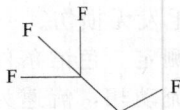

四氟乙烷结构

四氟乙烷属于 HFC（氢氟烃）类物质，分子式 $C_2H_2F_4$，分子量 102.03，沸点 -26.2℃，熔点一般认为为 -101℃，为无色气体；在加压下呈液态。

四氟乙烷的制备：①由 1,1,2-三氯-1,2,2-三氟代乙烷（CFC-113）通过异构化/氢氟化作用成为 1,1-二氯-1,2,2,2-四氟乙烷（CFC-114a），然后氢化脱氯可得；②由三氯乙烯经 1-氯-1,1,1-三氟乙烷（HCFC-133a）氢氟化制得。

四氟乙烷是氢氟烷类气雾剂抛射剂，与氟利昂相对比，分子中没有氯而存在氢，减少了对臭氧层的损耗。是当前绝大多数国家认可并推荐使用的环保制冷剂，也是主流的环保制冷剂，广泛用于新制冷空调设备上的初装和维修过程中的再添加。同时还可应用于气雾推进剂、医用气雾剂、杀虫药抛射剂、聚合物（塑料）物理发泡剂以及镁合金保护气体等。

含量测定时取四氟乙烷，按照《中国药典》（2020 年版）有关物质项下测定杂质总量，并以 100.0% 减去杂质总量，即得。

四氟乙烷应远离火种、热源，避免阳光直接暴晒，通常储放于阴凉、干燥和通风的仓库内；搬运时应轻装、轻卸，防止钢瓶以及阀门等附件破损。

作为药用辅料，用于外用气雾剂型抛射剂。四氟乙烷性质稳定，液化气用作抛射剂时也很稳定。四氟乙烷常存储于带压容器的钢瓶，置干燥、阴凉处保存。

单硬脂酸乙二醇酯
ethylene glycol stearate

单硬脂酸乙二醇酯学名为十八酸-2-羟基乙基酯，也称乙二醇一硬脂酸酯、硬脂酸乙二醇单酯、乙二醇硬脂酸酯等。为硬脂酸和棕榈酸的乙二醇单酯或二酯混合物。含由植物或动物来源的硬脂酸和乙二醇反应所得的单酯不得少于50.0%。为白色或类白色蜡状固体。分子式 $C_{20}H_{40}O_3$，分子量 328.53，熔点 54～60℃，沸点 149℃。在热乙醇中溶解，在水中几乎不溶。

单硬脂酸乙二醇酯合成工艺。将0.95mol硬脂酸、1mol乙二醇和催化剂量的硫酸投入反应釜中；加热回流，通过分水器不断把生成的水分出，反应3～4h后，取样测酸值，当酸值降低到6以下时酯化反应完毕，再将料液打入中和釜，中和至酸值为4；弃掉碱液，再用双氧水脱色，冷却结晶，离心过滤后干燥，即得成品。

单硬脂酸乙二醇酯主要指标要求，酸值应不大于3.0，碘值应不大于3.0，皂化值应为170～195。

鉴别时，取单硬脂酸乙二醇酯和单硬脂酸乙二醇酯对照品适量，分别加四氢呋喃溶解并定量稀释制成每1mL中约含40mg的溶液，作为供试品溶液和对照品溶液。按照含量测定项下的色谱条件试验，供试品溶液各主峰的保留时间应与对照品溶液各主峰的保留时间一致。

单硬脂酸乙二醇酯在表面活性剂复合物中加热后溶解或乳化，降温过程中会析出镜片状结晶，因而产生珠光光泽。在液体洗涤产品中使用能增加产品的黏度，具有滋润皮肤、养发护发和抗静电作用。与其它类型的表面活性剂相溶性好，且能体现其稳定的珠光效果及增稠调理功能。对皮肤无刺激，对毛发无损伤。

含量测定时按照分子排阻色谱法测定。色谱条件与系统适用性试验用苯乙烯-二乙烯基苯共聚物为填充剂；以四氢呋喃为流动相，流速为每分钟1.0mL；柱温为40℃；示差折光检测器，检测器温度为40℃。二酯峰和单酯峰相对于乙二醇峰的保留时间分别约为0.76、0.83，二酯峰、单酯峰与乙二醇峰的分离度应符合要求，供试品溶液连续进样的单酯峰面积的相对标准偏差不得超过2.0%。

单硬脂酸乙二醇酯用于香波、浴液、润肤膏及高档液体洗涤剂等。也可作为药品生产中的珠光分散剂、增溶剂、润滑剂及金属加工洗涤剂，还可用于纤维加工领域。产品采用冷配时需将珠光片提前配制成珠光浆。

作为药用辅料，用于油脂性载体等。遮光，阴凉，干燥处密封保存。

聚卡波菲
polycarbophil

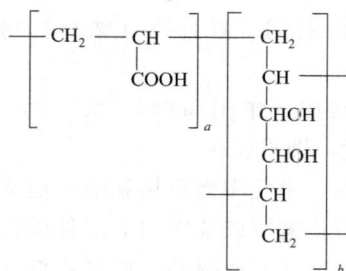

聚卡波菲结构

聚卡波菲为丙烯酸键合二乙烯乙二醇的聚合物，化学式为$(C_{20}H_{18}Ca_4O_{18})_n$，白色疏松粉末；有特征性微臭。

这类聚合物因含有大量的羧基，其水分散液一般呈酸性，分散于水后卷曲的分子链慢慢松开，形成的分散液黏度低。当环境pH值小于4.0时，羧基几乎不解离；当使用碱性物质中和时，羧基离子化，随着pH值的升高，由于电荷间的排斥作用，卷曲的聚合物逐渐伸展，吸水导致体积膨胀。中和后的水凝胶在pH 6~12时最黏稠，在配方体系pH值不变的情况下，凝胶的黏度会较为稳定。

聚卡波菲能够显著提高凝胶制剂的动态黏度，含量越高，凝胶的动态黏度越大，凝胶的动态黏度与聚卡波菲的加入量呈正相关，而氯化钠的加入显著降低了含有聚卡波菲凝胶制剂的黏度；聚卡波菲的含量越高，药物释放越慢；含有聚卡波菲的药物传递系统具有刺激性小、角膜表面滞留时间长、提高药物的生物利用度等优势，能够为混悬液提供稳定、足够的悬浮力，可消除混悬液剂量不准确对临床疗效产生的潜在影响。

因具有优异的生物黏附性而广泛应用于如鼻腔、眼部等黏膜给药系统及牙科等局部给药系统。聚卡波菲用于鼻黏膜给药系统，能提高药物在鼻黏膜上的稳定性。聚卡波菲分子中水合的聚丙烯酸骨架具有较大的缓冲容量，使得高分子环境的pH维持在5.5左右，这种能力可以使其在人工胃液中维持60分钟。含有聚卡波菲的半固体制剂直接牙周袋内给药，其生物黏附性和缓释作用能够避免全身给药的不良反应和漱口液无法穿过牙周袋的缺点。用3%聚卡波菲制成的含5%氟比洛芬的半固体制剂具有较好的生物黏附性、可压性、可注射性以及较低的硬度，可以治疗牙龈炎。用聚卡波菲制备的四环素半固体制剂牙周给药一周后牙龈内病原微生物的数量明显减少。

聚卡波菲是新型的高分子辅料，其优良性质可作为凝胶基质、生物黏附材料、缓控释骨架材料，已成为药剂学领域的一个热点。基于丙烯酸聚合物的凝胶递送系统已广泛应用于眼部给药，它既可与其他增稠剂组合制备pH敏感型原位凝胶，又能单独使用制备普通水凝胶，还可作为囊泡的载体基质起到增稠稳定作用。此外，丙烯酸聚合物还被应用于黏膜促渗剂、各种纳米制剂的载体、病毒传递载体等多方面的研究，作为病毒载体的新颖递送载体，实现病毒载体向靶器官的有效递送。

聚卡波菲最早由美国Goodrich公司生产，并被载入《美国药典》，其商品名为Noveon Polycarbophil，并且被广泛应用于药剂学领域。聚卡波菲作为主成分近几年广泛应用于多种眼科药品，其中AzaSite^{TM}和Besivance已上市10余年，到目前为止未见关于聚卡波菲引起不良反应的报道。毒性研究表明，聚卡波菲大鼠口服LD_{50}大于2500mg/kg；家兔或狗每日给予含5%聚卡波菲的食物6.5个月没有显著反应。

聚卡波菲作为药用辅料，用于软膏基质和释放阻滞剂等。密闭，干燥处保存。

松香

rosin

松香是由松科松属植物的树干中取得的油树脂，淡黄色至淡棕色不规则块状，断面呈壳状，有玻璃样光泽，质脆，易碎，燃烧时产生浅黄色到棕色烟雾。松香的主要成分为树脂酸，占90%左右，其分子式：$C_{19}H_{29}COOH$，分子量302.46，密度1.060~1.085g/cm³，软化点（环球法）72~76℃，沸点约300℃，玻璃化温度T_g 30~38℃，折射率1.5453，闪点216℃，燃点480~500℃。

能溶于乙醇、乙醚、丙酮、甲苯、二硫化碳、二氯乙烷、松节油、石油醚、汽油、油类、冰醋酸和碱溶液。不溶于冷水，微溶于热水。酸值为150~177mg/g。

松香按其来源分为脂松香、木松香、浮油松香3种。脂松香也称放松香，颜色浅，酸值大，软化点高，我国松脂资源丰富，是脂松香产量最大的国家。木松香又称浸提松香，质量不如脂松香，颜色深，酸值小，且易从某些溶剂中结晶；主要产于美国，原料依赖于该国东南部的原始松林。浮油松香又称妥尔油松香，来自木材制浆造纸工业，从硫酸盐制浆中的黑液加工而得，原来在性能上不如脂松香，后来由于质量不断提高，如今性能已与脂松香相近。

松香根据其类别不同，制备提炼的方法也不尽相同。脂松香直接用活松树所含油的生松脂作原料，进行水蒸气蒸馏脱去松节油而得，这是我国目前生产松香的主要方法。浮油松香以亚硫酸盐法制造木浆过程中所产生废液表面上的粗浮油作原料，经洗涤、酸解、油水分离、干燥脱水、预热、真空分馏等工序而得。木松香以松树桩、松明子、松木碎片等为原料，经破碎、筛选，再用汽油等溶剂萃取、浸提、沉淀、脱色、蒸发回收溶剂，分馏而得产品。

松香为一种透明、脆性的固体天然树脂，是成分比较复杂的混合物，由树脂酸（包括枞酸、海松酸）、少量脂肪酸、松脂酸酐和中性物等组成。树脂酸是最有代表性的松香酸，属不饱和酸，含有共轭双键，强烈吸收紫外线，在空气中能自动氧化或诱导后发生氧化。在空气中易氧化，色泽变深。松香的品质，根据颜色、酸值、软化点、透明度等而定。一般颜色愈浅，品质愈好；松香酸含量愈多，酸值愈大，软化点愈高。

松香具有增黏、乳化、软化、防潮、防腐、绝缘等优良性能，不足之处是在溶剂中结晶倾向大。松香的结晶性，是由于松香中的异构体在某些溶剂中溶解度和松香中的水分不同所致。松香水分含量小于0.15%时不结晶，大于0.15%时容易结晶，大于0.16%出现严重结晶。松香结晶是影响松香质量的重要问题之一，会使胶黏剂出现絮状物或小颗粒沉淀，也使胶液变得不透明。所以松香的结晶性是影响其质量的主要指标，检测时取10g松香碎块和10mL丙酮置于试管中，塞紧、溶解、静置，若在15min内结晶析出，则此松香容易结晶；如在2h后才析出，表明此松香不易结晶，可以放心使用。

松香本身对人体毒性不大，但其常常含有铅等重金属和有毒化合物，加上某些生产行业为贪图低成本反复使用，松香氧化后产生的过氧化物会严重影响人体健康。

松香的黏性极佳，尤其是压敏性、快黏性、低温黏性很好，但内聚力较差。松香含有双键和羧基，具有较强的反应性，故对光、热、氧较不稳定，表现出耐老化性不好、耐候性不佳，容易产生粉化和变色现象，松香极细粉尘与空气的混合物有爆炸危险性。

松香作为药用辅料，主要用于黏合剂等。储存时应密封保存，库房通风、低温、干燥，与氧化剂分开存放。

香草醛
vanillin

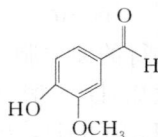

香草醛结构

香草醛又名香兰素，化学名称为3-甲氧基-4-羟基苯甲醛，化学式为$C_8H_5O_3$，分子量152.15，为白色至微黄色结晶或结晶状粉末，微甜，具有香草香气。熔点81~84℃，沸点285℃。密度1.056g/cm³，闪点117.6℃。在甲醇或乙醇中易溶，在乙醚或热水中溶解，在水中微溶。

香草醛是从香荚兰中提取的一种有机化合物，浓香味，香气稳定，在较高温度下不易挥发，但在空气中易氧化，遇碱性物质易变色。

香草醛按照制备方法不同，有天然香草醛和合成香草醛两种。①天然香草醛主要来自香荚兰与利用天然原料通过生物技术提炼两种途径。与合成香草醛相比，天然香草醛的价格是合成香草醛的 50～200 倍，因此，天然香草醛只在少量有特殊需要的场合使用，实际使用的香草醛主要是合成香草醛。②以天然提取物为原料的合成工艺。香草醛早期生产以从天然原料提取松柏苷、丁香酚和黄樟素采用半合成法制取为主，后来以造纸废液中木质素氧化法生产为主。丁香酚法就是在碱性条件下，将丁香酚异构化生成异丁香酚钠，然后用氧化剂将异丁香酚钠盐氧化成香草醛钠盐，再经酸化处理得到香草醛。以木质素磺酸盐为原料生产香草醛工艺包括浓缩、中和、氧化、酸化、萃取、精制等步骤，此项技术应用已有大半个世纪之久，工艺过程也在不断得到改进，木质素法生产过程污染严重，产品一般不能用于食品和制药工业。

香草醛含量测定时应避光操作。取样品约 0.25g，精密称量，加中性乙醇 80mL 溶解后，加酚酞指示液 3 滴，用氢氧化钠滴定液（0.1mol/L）滴定。每 1mL 氢氧化钠滴定液（0.1mol/L）相当于 15.21mg 的 $C_8H_5O_3$。

香草醛通过阻碍微生物延滞期中遗传物质的合成、表达，使细胞膜破坏，抑制参与遗传物质的合成和表达的酶等多方面的作用，达到抑菌目的。作为一种天然的抑菌剂，在食品领域常结合其他抑菌方法共同作用，且香草醛对不同菌种的抑菌效果不同，对比其他菌种，香草醛对大肠杆菌的抑菌效果更好。同时香草醛的抑菌效果与其浓度、pH 值有关，较高的香草醛浓度和较低的 pH 值均有利于提高香草醛的抑菌作用。

毒性试验结果表明，大鼠经口 LD_{50}：1590mg/kg，小鼠经腹膜腔 LD_{50}：750mg/kg，兔子皮肤 LD_{50}：>7940mg/kg，豚鼠经腹膜腔 LD_{50}：1140mg/kg。

香草醛作为药用辅料，用于矫味剂和芳香剂。应密闭包装，在阴凉、干燥处保存。

硅藻土

purified siliceous earth

以硅藻土为原料，经高温焙烧而制成的硅藻土焙烧品、硅藻土助熔焙烧品，主要由无定形的 SiO_2 组成，白色或浅粉色粉末。硅藻土的密度 1.9～2.3g/cm³，熔点 1650～1750℃，硅藻土为硅藻的遗骸，因此，硅藻土与硅藻在微观形貌上保持一致，是一种生物成因的硅质沉积岩，在电子显微镜下可以观察到特殊多孔的构造。

硅藻土制备提纯方法主要有物理、化学或物理化学综合法。①擦洗法，通过擦洗将原料颗粒打细，尽量使固结在硅藻壳上的黏土等矿物杂质脱离，然后根据各矿物性质和颗粒范围的不同，先将其中石英泥、含铁矿物、砂的大颗粒物质，因沉降快速分出，然后在剩余的料浆中加入氢氧化钠等分散剂，分离蒙脱石就可获得以硅藻土为主的硅藻精土。②酸浸法，将原料用酸浸洗后，可除去矿浆中大部分铁和铝等杂质，然后经一次沉降、分级可得到硅藻土精矿物。

硅藻土 pH 值中性、无毒，悬浮性能好，吸附性能强，容重轻，混合均匀性好，有优良的延伸性，有较高的冲击强度、拉伸强度、撕裂强度，质轻软内磨性好、抗压强度好。添加于饲料中能均匀分散，并与饲料颗粒黏结混合，不易分离析出，畜禽食后促进消化，并能把畜禽肠胃道的细菌吸附后排出体外，具有增强体质、强筋健骨的作用。

硅藻土有消光及吸附异味的作用，用硅藻土生产的室内外涂料、装修材料、硅藻泥，除了不会散发出对人体有害的化学物质外，还有改善居住环境的作用。应用于涂料、油漆中，能够均衡控制涂膜表面光泽，增加涂膜的耐磨性和抗划痕性，有去湿、隔音、防水和隔热、通透性好的特点。

含量测定时取炽灼失重后硅藻土约0.2g，精密称定，置已恒重的钼坩埚中，加入氢氟酸5mL，硫酸1～2滴，缓慢蒸干，冷却至室温；再加5mL氢氟酸，继续加热蒸干，在800℃炽灼至恒重。减失质量比即为二氧化硅含量。

作为药用辅料，用于过滤介质、吸附剂。存放在密封容器内，并放在阴凉、干燥处。储存的地方必须远离氧化剂。

<h1 style="text-align:center">聚葡萄糖</h1>
<h2 style="text-align:center">polydextrose</h2>

聚葡萄糖是由约89%（质量比）D-葡萄糖、10%（质量比）山梨醇和1%（质量比）柠檬酸或0.1%（质量比）磷酸经高温熔融缩聚而成的随机交联的聚合物，以1,6-糖苷键为主，也存在其他的键合方式。化学式：$(C_6H_{10}O_5)_n$，平均分子量约3200，极限分子量小于22000，平均聚合度20。为米色至浅茶色粉末或类白色固体颗粒，在水中极易溶解，在甘油或丙二醇中微溶，在乙醇中不溶。具有特有的气味，无异味，滋味酸、甜适口，是一种具有保健功能性的食品组分，可以补充人体所需的水溶性膳食纤维。

聚葡萄糖进入人体消化系统后，产生特殊的生理代谢功能，从而防治便秘、脂肪沉积。减少人体对有毒及致癌物质的吸收，又可调节胆固醇水平，降低肠内β-葡萄糖苷酸酶活性，排除血管硬化诱因等。在食品添加剂中可作为增稠剂、填充剂、配方剂，是用来制造低热量、低脂肪、低胆固醇、低钠健康食品的重要原料。聚葡萄糖能有效调节肠道pH值，改善有益细菌的繁殖环境，使双歧杆菌等有益菌群迅速扩大，从而抑制腐生菌生长，防止肠道黏膜萎缩，并及时将体内毒素和代谢废物排泄，避免毒素从皮肤排出，达到美肤养颜的效果和预防痔疮、胃肠炎、结肠癌等疾病的发生。

含量测定时，按照高效液相色谱法测定。色谱条件与系统适用性试验用磺酸基阳离子交换键合硅胶为填充剂的强阳离子交换柱（4.6mm×25cm，5μm）；以含0.0025%乙腈的0.0005mol/L硫酸溶液为流动相，流速为每分钟0.5mL；柱温为10℃；示差折光检测器，检测器温度为35℃。取聚葡萄糖适量，精密称定，加0.0005mol/L硫酸溶液溶解并稀释制成每1mL中约含4.0mg的溶液，摇匀，蔗糖精密量取10μL，注入液相色谱仪，记录色谱图；另取聚葡萄糖对照品，同法测定。按外标法以峰面积计算，即得。

小白鼠经口$LD_{50}>30g/kg$，大白鼠经口$LD_{50}>19g/kg$，狗经口$LD_{50}>20g/kg$。

作为药用辅料，用于填充剂和润湿剂等。

密封，在阴凉、避光、干燥处保存。

<h1 style="text-align:center">磷酸氢钙二水合物</h1>
<h2 style="text-align:center">calcium hydrogen phosphate dihydrate</h2>

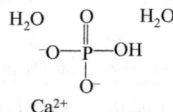

磷酸氢钙二水合物结构

磷酸氢钙二水合物为白色粉末，分子式：$Ca_2HPO_4 \cdot 2H_2O$，分子量：172.09，在水或乙醇中不溶，在稀盐酸或稀硝酸中易溶。

磷酸氢钙通常由高纯度磷酸与氢氧化钙（由石灰石制得）按计量比在水混悬液中反应，随后在特定温度下干燥达到特定水合状态，干燥后经分级操作得到粗粒制品，通过研磨可得细粒径产品。磷酸氢钙二水合物不吸湿，室温下稳定。但在一定的温度和湿度条件下，能在低于100℃的温度下失去结晶水，似乎由高湿度引发，和磷酸氢钙二水合物颗粒附近的高浓度水蒸气也有关系。

磷酸氢钙二水合物在片剂处方中广泛应用，既可以作为辅料，又可以作为补钙营养品，是营养保健食品中应用较广泛的原料之一。磷酸氢钙二水合物在口服药物制剂、食品、牙膏中广泛应用，通常认为其无毒、无刺激性，但口服大量本品可能导致腹部不适，口服最大用量525.56mg，局部给药最大用量54.80%。

由于磷酸氢钙二水合物粗颗粒可压性好，流动性好，因而也用于药物制剂中。粗颗粒状的磷酸氢钙二水合物最主要形变机制为脆性断裂，从而降低了其应变的敏感性，使之更容易由实验室向工业生产应用转变。磷酸氢钙二水合物摩擦性强，压片时须使用润滑剂。制药工业中应用的磷酸氢钙二水合物有两种粒径规格。磨细的产品主要用于湿法制粒或干法制粒，未研磨品或粗颗粒制品主要用于直接压片。

含量测定时精密称取磷酸氢钙二水合物，加稀盐酸后加热使溶解，放冷，定量，摇匀；精密量取10mL，加水50mL，用氨试液调节至中性后，精密加乙二胺四醋酸二钠滴定液（0.05mol/L）25mL，加热数分钟，放冷，加氨-氯化铵缓冲液（pH＝10.0）10mL与铬黑T指示剂少许，用锌滴定液（0.05mol/L）滴定至溶液显紫红色，并将滴定的结果用空白试验校正。每1mL乙二胺四醋酸二钠滴定液（0.05mol/L）相当于8.605mg的$CaHPO_4 \cdot 2H_2O$。

磷酸氢钙二水合物不应与吲哚美辛、阿司匹林、头孢氨苄、氨苄西林、红霉素等配伍。不宜与对碱敏感的药物合用。

作为药用辅料，用于稀释剂、吸附剂、填充剂、崩解剂等。

密封保存。虽然磷酸氢钙二水合物常温下稳定，但在一定湿度下，也能失去结晶水，例如大包装原料的贮藏以及含有磷酸氢钙二水合物片剂的包衣与包装情况有关，因此，大包装原料必须密闭保存于阴凉、干燥处。

N,N'-亚甲基双丙烯酰胺
N,N'-methylene bis acrylamide

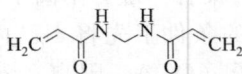
N,N'-亚甲基双丙烯酰胺结构

N,N'-亚甲基双丙烯酰胺（MBA）别名甲叉双丙烯酰胺，为白色或浅黄色结晶粉末，分子量154.17，熔点大于300℃，沸点277.52℃，密度1.235g/cm³，溶于水、乙醇、丙酮等。

N,N'-亚甲基双丙烯酰胺的制备：①以丙烯酰胺为原料，经由N-羟甲基丙烯酰胺在酸性条件下合成N,N'-亚甲基双丙烯酰胺；②丙烯腈与甲醛首先在酸性催化剂下反应，反应物经氨水中和生成硫酸铵，析出N,N'-亚甲基双丙烯酰胺晶体，再经水洗、干燥即可得纯品N,N'-亚甲基双丙烯酰胺；③N-羟甲基丙烯酰胺和丙烯腈在酸性催化剂作用下，直接生成N,N'-亚甲基双丙烯酰胺。

在医药行业中，作为交联剂与药物形成交联淀粉微球，可以用于药物缓释剂、靶向给药的载体。与磷酸酯反应制得的含磷聚合物，可用作消炎药。与琼脂、丙烯酰胺形成的共聚物，可用作外用药棉、绷带、膏布、药膏和外科手术中的各种衬垫及药物吸收基质材料。N,N'-亚甲基双丙烯酰胺的制备与丙烯酰胺合成的共聚物，由于其具有无毒、透光性、弹性、热稳定性好等优点，可作隐形眼镜镜片、尼龙感光板、造纸及各种胶片、磁带制造材料、新型高级耐高温防火玻璃等。作为原料合成的树脂可作为黏结剂、黏合剂、免疫吸附材料等。

N,N'-亚甲基双丙烯酰胺检测可采用高灵敏度气质联用法、核磁共振分析法和高效液相色谱分析法等多种方法进行检测和结构分析。

毒性试验表明，大鼠经口，其半数致死量为 390mg/kg。

作为药用辅料，主要用于黏结剂、吸附剂。由于 N,N'-亚甲基双丙烯酰胺对光敏感，遇高温或强光则发生自交联。应在阴凉（2～8℃）、避光处保存。

5.2.4　其他新辅料

聚己内酯

polycaprolactone

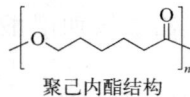

聚己内酯结构

聚己内酯又称聚 ε-己内酯，$(C_6H_{10}O_2)_n$，单体分子量 114.14，熔点 60℃，密度 1.146g/mL，闪点 84.8℃。白色颗粒，不溶于水，易溶于多种极性有机溶剂，尤其在芳香化合物、酮类和极性溶剂中具有很好的溶解性。n 大约在 100 和 1000 之间，结晶熔点低，故用作模制材料时受到限制，但有良好的热稳定性、水解稳定性和低温性能，熔融时坚韧、半透明。

聚己内酯是由 ε-己内酯在金属有机化合物（如四苯基锡）作催化剂、二羟基或三羟基作引发剂条件下由己内酯为单体开环聚合而成，属于聚合型聚酯，其分子量与歧化度随起始物料的种类和用量不同而异。开环聚合一般分阳离子和阴离子两类。阴离子的聚合机理是在碱金属 Na 或 NaOH 作催化剂的条件下先将 ε-己内酯单体羰基上的碳（C＝O）打开，然后打开环单体形成氧负离子（O⁻）。阳离子聚合机理，一般是内酯羰基上的氧（C＝O）经路易斯酸分子的亲核反应，形成碳正离子（C⁺）的过程。阴离子的聚合反应存在的缺点就是在反应的过程中存在分子内的成环反应，即分子内回咬反应。特别是在聚合反应的后期，内成环反应非常严重。而阳离子聚合反应的缺点是在反应过程中伴随有链转移的副反应。但无论是哪种聚合反应机理，在聚合反应的后期都可能发生酯交换反应或分子交换反应尤其是温度比较高的时候更容易发生，其结果是聚合物的分子量分布变宽，可控性变差。

由于聚己内酯是一种生物可完全降解的材料，具有良好的生物降解性和生物相容性，良好的形状记忆温控性质，较低的玻璃化温度和熔点，使其比其他聚酯具有更好的药物通透性，可用作缓释胶囊。聚己内酯的分子链比较规整、易结晶，具有良好的生物相容性及机械性能，是理想的植入材料之一，可在生物医学工程、医药卫生与环保材料等方面广泛应用。可用于生物医药材料与 3D 打印、药物载体、增塑剂、可降解塑料、纳米纤维纺丝、塑形材料的生产与加工领域。其多元醇可用于聚氨酯弹性体、涂料、胶黏剂、弹性光纤、泡沫和管形材等领域。

聚己内酯无毒，自然环境下 6～12 个月即可完全降解。研究发现它在体内的降解分两个阶段进行：第一阶段表现为分子量不断下降，但不发生形变和失重；第二阶段是指分子量降低到一定数值后，材料开始失重，并逐渐被机体吸收排泄。能在生物体内彻底降解并被吸收代谢，对药物的透过性好，用作药物缓释载体，细胞、组织培养基架，完全可降解塑料手术缝合线及修复术等。聚己内酯与其他材料（如纳米氧化锆粉末）形成的复合材料具有良好的生物活性、生物可吸收性和一定的力学强度，可用于骨组织工程支架，聚己内酯有较好的加工性且降解率可控，易于物理修饰和化学修饰，因其具有良好的生物相容性、加工温度较低等优点，可将其用作药物传递载体，以减少高温引起药物失活的可能。

聚己内酯是生物降解材料，在储存过程中应避免接触水、酸性物质、碱性物质和醇类试剂以免引起降解。应密封、干燥、低温（冰箱冷冻－20℃）保存，使用时，从冰箱取出室温放置，待温度至室温擦去包装袋表面冷凝的水分后方可打开，使用环境的空气湿度应小于 35%，避免剩余产品受潮。

柠檬黄
tartrazine

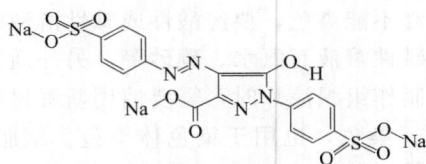

柠檬黄结构

柠檬黄别称酒石黄，为 1-(4-磺酸苯基)-4-(4-磺酸苯基偶氮)-5-吡唑啉酮-3-羧酸三钠盐，分子式 $C_{16}H_9N_4Na_3O_9S_2$，分子量 534.36，熔点 300℃，黄色粉末或颗粒。易溶于水，溶于甘油、乙二醇，微溶于乙醇、油脂。

柠檬黄为水溶性偶氮类色素，无臭，耐光、耐热性强（105℃）。在柠檬酸、酒石酸中稳定，遇碱稍变红，还原时褪色。中性和酸性时水溶液呈金黄色，溶于浓硫酸呈橙黄色，用水稀释时转为金黄色。

柠檬黄的制备。①制备的传统生产工艺，以双羟基酒石酸与 4-磺酸基苯肼缩合制备柠檬黄。②自 20 世纪 90 年代以来，柠檬黄的合成几乎都逐渐转成采用乙酰基丁二酸二甲酯（简称 DMAS）工艺，采用对氨基苯磺酸重氮盐与 DMAS 在水相缩合生成 1-(4′-磺酸基苯基)-3-羧酸甲酯基-5-吡唑啉酮，再与对氨基苯磺酸重氮盐耦合、水解、冷冻结晶、低温盐水精制、干燥而制得。③乙酰基丁二酸二乙酯和对氨基苯磺酸重氮盐在乙醇-水介质中缩合，最后仍在乙醇-水介质中结晶得到柠檬黄。

柠檬黄是世界上最常用、用量最大的一种合成食用色素，广泛用于糕点、饮料等食品，具有安全度高、无毒的特点。也用作医药和日用化妆品的着色剂，羊毛、蚕丝的染色及制造色淀。随着我国食品工业迅速发展，柠檬黄的需求量大幅度增长。通过工艺优化，减少产品中未反应的中间体和副染料等杂质含量，开发高纯度、高安全性的柠檬黄色素将是未来的必然趋势。

毒理学试验表明，小鼠经口服用柠檬黄时，LD_{50} 为 12.76g/kg 体重。

柠檬黄作为药用辅料，主要用于着色剂。

储存于阴凉、通风的库房。远离火种、热源。应与氧化剂、碱类分开存放，切忌混储。配备相应品种和数量的消防器材。同时应备有合适的材料收容泄漏物。

胭脂红
carmine

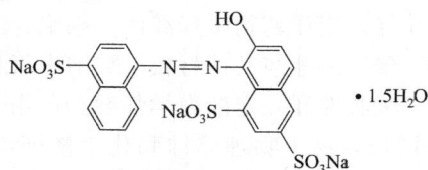

胭脂红结构

胭脂红又叫洋红或卡红（CAS：1390-65-4）。红色柱状晶体。分子式：$C_{20}H_{11}O_{10}N_2S_3$ $Na_3 \cdot 1.5H_2O$，分子量：631.51，溶于水、乙醇、甘油、浓硫酸，微溶于乙醚，几乎不溶于石油醚、苯、氯仿、油脂。加热至 120℃ 时变黑。水溶液呈深红色。pH 4.8 时溶液呈黄色，pH 6.2 时溶液呈紫色。

胭脂红是一种红色化合物，鲜艳的黄光红色，单色品种。胭脂红来源于一种热带产的雌性胭脂虫，将胭脂虫干燥后，磨成粉末，提取出胭脂红，再用明矾处理，除去其中杂质，最终制成胭脂红。原产地主要在南美洲中部、墨西哥等地。

作为染料，单纯的胭脂红不能染色，要经酸性或碱性溶液溶解后才能染色，常用的酸性溶液有冰醋酸或苦味酸，碱性溶液有氨水、硼砂等。另外通常与铝、铁和其他金属盐一起使用，以增强其活性。在制作组织涂片时，需要使用新鲜材料进行染色，在氯化铝存在下，可使用胭脂红对糖原进行染色，也用于染色体染色。胭脂红是细胞核染色的良好染料，经胭脂红染色的标本不易褪色，适宜用于切片或组织块染色，尤其适宜于小型材料的整体染色。用胭脂红配成的溶液染色后能保持几年，胭脂红溶液出现浑浊时要过滤后再用。

胭脂红作为食品色素可用于果汁饮料、配制酒、碳酸饮料、糖果、糕点、冰淇淋、酸奶、药品、化妆品、饲料、烟草、玩具、食品包装材料等的着色，而不能用于肉干、肉脯制品、水产品等食品中，主要是为了防止不法分子通过使用色素将不良的原料肉如变质肉的外观掩盖起来，欺骗消费者，也可作水性涂料、墨水、美术绘图色料。在分析检测行业，用于滴定氨溶液指示剂、显微分析、荧光分析，也可用于食品中合成色素检测方法的校准和标准化，作为工作标准，用于日常分析和检测。

根据我国《食品安全国家标准　食品添加剂使用标准》（GB 2760—2014）规定：胭脂红最大使用量为 0.5g/kg。

胭脂红的检测方法。①高效液相色谱法：用聚酰胺吸附法或液-液分配法提取，制成水溶液，注入高效液相色谱仪，经反相色谱分离，根据保留时间定性和与峰面积比较进行胭脂红的定量。②薄层色谱法：水溶性酸性合成着色剂在酸性条件下被聚酰胺吸附，而在碱性条件下解吸附，再用纸色谱法或薄层色谱法进行分离后，与标准比较定性、定量。③示波极谱法，食品中的合成着色剂，在特定的缓冲溶液中，在滴汞电极上可产生敏感的极谱波，波高与着色剂的浓度成正比，当食品中存在一种或两种以上互不影响测定的着色剂时，可用此方法进行定性定量分析。

毒理学试验表明，动物实验无中毒现象，胭脂红的毒性为小鼠经口 $LD_{50} > 19.3g/kg$。

胭脂红作为药用辅料，主要用于着色剂。胭脂红一般情况下对热、光非常稳定，常温储存，不能与金属材料器具接触。

诱惑红
allura red

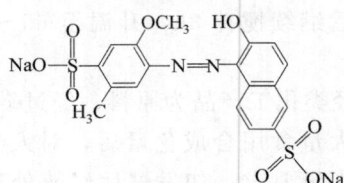

诱惑红结构

诱惑红别名艳红、阿落拉红，化学名称为 6-羟基-5-(2-甲氧基-4-磺酸-5-甲苯基)偶氮萘-2-磺酸二钠盐。分子式：$C_{18}H_{14}N_2Na_2O_8S_2$，分子量：496.43，熔点：300℃，深红色均匀粉末，无臭，着色度强，溶于水、甘油和丙二醇，微溶于乙醇，不溶于油脂。

诱惑红在中性和酸性水溶液呈红色，碱性溶液中呈暗红色。耐光、耐热性强，对含二氧化硫或氢离子（pH≥3）的水溶液耐受性强，但耐碱及耐氧化还原性差。

诱惑红鉴别方法。首先称取约 0.1g 试剂，溶于 10000mL 水中，呈红色澄清溶液。然后取上述红色澄清溶液 40mL，加入 1% 硫酸溶液 10mL 后该溶液呈暗紫红色，取此液 2～3 滴加入 5mL 水中，呈红色溶液。最后，称取 0.1g 试剂，溶于 1000mL 乙酸铵溶液（1.5g/L），取此溶液 1mL，加 1.5g/L 乙酸铵溶液配至 100mL，该溶液的最大吸收波长为（499±2）nm。

诱惑红由 2-甲基-4-氨基-5-甲氧基苯磺酸钠经重氮化反应后，与 α-萘酚-6-磺酸钠耦合而制得。

诱惑红其色素的稳定性很强，可安全地用于食品、饮料、药品、化妆品、饲料、烟草、玩具、食品包装材料等的着色。作为食品添加剂，诱惑红在食品工业中有非常广泛的应用。但按我国标准规定，诱惑红用于糖果时，最大使用量为 0.3g/kg；在固体复合调味料中最大使用量为 0.04g/kg。诱惑红不得用于眼部化妆品，不推荐用于指甲油。

毒性试验表明，小鼠经口 LD_{50}＞10g/kg 体重。

诱惑红作为药用辅料，主要用于着色剂。密闭，阴凉，通风干燥处保存。

偶氮玉红
azorubine（carmoisine）

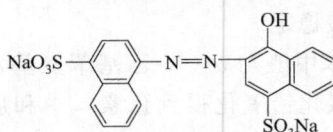

偶氮玉红结构

偶氮玉红也称酸性红 14、酸性枣红等，化学名称为 4-羟基-3-(4-磺酸-1-萘偶氮)-1-萘磺酸二钠盐。分子式 $C_{20}H_{12}N_2Na_{20}S_2$，分子量 502.44，暗红色粉末，易溶于水，溶于乙醇，微溶于丙酮，溶于乙醇后溶液呈红色，具有酸性染料的特性，而且具有耐热性、耐碱性、耐氧化还原性和良好的染色性。

偶氮玉红检测时采用高效液相色谱（HPLC）结合二极管阵列检测器（DAD）的方法，可以对食品中偶氮玉红含量进行定性、定量的测定，其检出限为 0.1mg/kg。

偶氮玉红，是以氨基萘磺酸和羟基萘磺酸为原料，通过重氮化、耦合反应，利用现代的生物技术，再经盐析、过滤、干燥制成的食用合成色素。主要步骤：首先，于重氮锅中加入一定量的水和氨基萘磺酸，搅拌溶解，然后加入适量盐酸（15%），降温至0℃，加入30%亚硝酸钠溶液，温度控制在25℃以下，保持1.5h得重氮液。再于耦合锅中加入一定量的水、纯碱和羟基萘磺酸，搅拌溶解，降温至15℃，在2h内缓慢加入上述重氮液，加毕，搅拌至重氮盐消失。最后继续搅拌3h，升温至65～70℃，加入食盐盐析，过滤、干燥、粉碎得成品。

由于偶氮玉红是以萘等芳烃类化工产品为原料，经过磺化、偶氮化等一系列有机反应化合而成，属于苯胺类色素，大量食用合成色素后，对人身体健康会造成潜在危害，因此，偶氮玉红在部分食品中有限量要求，如发酵后经热处理的增香牛奶为57mg/kg（由香料物质带入），冷饮为100mg/kg，甚至挪威、美国、日本、瑞典等不准用于儿童食品。

偶氮玉红具有合成着色剂的共性，比如色泽鲜艳、着色力强、性质稳定、价格低廉等特点，主要用于羊毛织物的染色，也可用于制造色淀和墨水以及用于皮革、纸张、木材、电化铝、医药、生物及化妆品的着色。其重金属盐可作有机颜料。

偶氮玉红作为药用辅料，主要用于着色剂。

亮蓝
brilliant blue

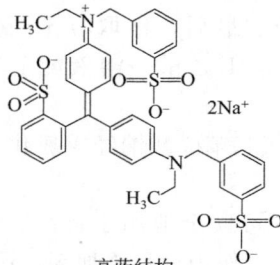

亮蓝结构

亮蓝又名食用青色1号、食用蓝色2号，化学名为双[4-(N-乙基-N-3-磺酸苯甲基)氨基苯基]-2-磺酸甲苯基二钠盐，属水溶性非偶氮类着色剂。分子式 $C_{37}H_{34}N_2Na_2O_9S_3$，分子量792.85，熔点283℃，无臭，外观为带金属光泽的紫蓝色粉末。易溶于水，水溶液呈亮蓝色，弱酸性时呈青色，强酸性时呈黄色，在沸腾碱液中呈紫色，水溶液加金属盐后会缓慢地发生沉淀。溶于乙醇、甘油和丙二醇。溶于浓硫酸中呈浅黄色，稀释后由黄色变绿色和绿光蓝色，其水溶液加氢氧化钠并沸腾呈紫色，具有很好的耐光性、耐热性、耐酸性、耐碱性，对柠檬酸、酒石酸稳定。

亮蓝的制备。①由邻磺酸苯甲醛与α-(N-乙基苯氨基)间甲苯磺酸在酸性介质中缩合成隐色体。再经重铬酸钠或二氧化铅氧化得到色素，中和后用硫酸钠盐析，再精制而得。②由邻磺基苯甲醛与N-乙基-N-(3-磺基苄基)-苯胺缩合，再经重铬酸钠或二氧化铅氧化，反应结束后用纯碱碱化，再用氯化钠进行盐析得粗品。将粗品溶于水，再用氯化钠盐析即得成品。③由氯化铝、硫酸铝等的铝盐与碳酸钠等碱类制取氢氧化铝，然后添加于亮蓝水溶液，沉淀而得产品。

亮蓝的测定方法。①采用单波长法对饮料中胭脂红和亮蓝含量进行测定，准确称量亮蓝，溶解转移至容量瓶中，加水定容至刻度，摇匀，作为标准储备液，使用前稀释至所需浓度。配制柠檬酸缓冲溶液备用。按照要求用柠檬酸缓冲溶液稀释配制亮蓝标准溶液。以柠檬酸缓冲溶液作空白，测定亮蓝系列标准溶液在460nm处的吸光度，绘制系列标准溶液的工作曲线，求出回归方程。然后按照系统方法，配制样品，并进行检测，通过回归方程计算样品中亮蓝的含量。②在波长595nm下，采取等度流动相高效液相色谱法也可以检测亮蓝，方法简便、灵敏、准确，便于实验室开展工作，避免了梯度洗脱造成的基线漂移等不足。

亮蓝的色度极强，通常都是与其他食用色素配合使用，在食品中的使用量一般在0.0005％～0.01％（质量分数）。可用于饮料、糖果、加工坚果与籽类、熟制豆类等，最大用量为0.5g/kg。人体每日允许最大摄入量为12.5mg/kg。亮蓝用于药品及化妆品的着色，化妆品中用于浴液、洗发水及口腔用品，但不可用于眼部化妆品。

毒性试验表明，大鼠口服时 LD_{50}：2g/kg；用含0.5％、1％、2％、5％亮蓝的饲料饲喂大鼠24个月，未见异常变化。

亮蓝作为药用辅料，主要用于着色剂。于常温、避光、通风干燥处，密封保存。

参考文献

[1] 国家药典委员会．中国药典：第4部[M]．北京：中国医药科技出版社，2020．

[2] R. C. 罗，P. J. 舍斯基，P. J. 韦勒．药用辅料手册[M]．北京：化学工业出版社，2005．

[3] 周家华，崔英德，曾颢，等．食品添加剂：第2版[M]．北京：化学工业出版社，2008．

[4] 曲径．食品卫生与安全控制学[M]．北京：化学工业出版社，2007．

[5] 国家药典委员会．各国药用辅料标准对比手册：第3册[M]．北京：中国医药科技出版社，2016．

[6] 詹益兴．精细化工新产品：第4集[M]．北京：科学技术文献出版社，2009．

[7] 罗明生，高天惠．药剂辅料大全：第2版[M]．成都：四川科学技术出版社，2006．

[8] 郑建仙．高效甜味剂[M]．北京：中国轻工业出版社，2009．

[9] 李斌，于国萍．食品酶学与酶工程[M]．北京：中国农业大学出版社，2017．

[10] 萧三贯．最新国家药用辅料标准手册[M]．北京：中国医药科技出版社，2006．

[11] 郝利平．食品添加剂[M]．北京：中国农业大学出版社，2016．

[12] 温辉梁．化工助剂[M]．南昌：江西科学技术出版社，2009．

[13] 胡爱军，郑捷．食品原料手册[M]．北京：化学工业出版社，2012．

[14] 姜锡瑞，霍兴云，黄继红，等．生物发酵产业技术[M]．北京：中国轻工业出版社，2016．

[15] 王迪．仿制药新技术刺激辅料需求飙升[N]．医药经济报，2016-01-08（005）．

[16] 王华锋．淀粉类药用辅料发展潜力巨大[N]．中国医药报，2015-02-03（007）．

[17] 张莉，袁卫涛，薛雅莺，等．聚葡萄糖的应用研究进展[J]．精细与专用化学品，2012，20（09）：38-40．

[18] 万茵，黄绍华，傅桂明．聚葡萄糖的制取、性质及在食品中的功能[J]．食品研究与开发，2000（05）：30-34．

专业网站

物竞数据库：http://www.basechem.org/

安全管理网：http://www.safehoo.com/

Chemical Book：https://www.chemicalbook.com/

化工制造网：http://www.chemmade.com/

第 6 章
新剂型的
创制

6.1

新制剂发展概述

药物制剂在临床应用中治疗功效的发挥与储存制备期间采用的技术有着直接性关系，现今新型药物制剂技术已经开始发生一定程度的改革，其新型药物的实际疗效已经远远超过传统药物本身，甚至对产生的病毒等起到更好的治疗作用，在一定程度上避免造成非常重大的生命财产损失。由此，对于药物制剂新技术以及新产品的研发与应用，成了现今医学界备受关注的热点。国内外药学工作者在靶向制剂的研究方面已做了大量工作，尤其在抗癌药物靶向制剂研究开发方面取得了重大进展，有些制剂已用于临床，并显示了令人鼓舞的前景。相信在药学、医学、化学等多学科的共同协作努力下，靶向制剂必将有美好的明天。

6.2

药物制剂技术

6.2.1　包合技术

包合物系指一种分子被全部或部分包合于另一种分子的空穴结构内形成的特殊复合物。这种包合物是由主分子和客分子组成，主分子是包合材料，具空穴结构，足以将客分子（药物）容纳在内，亦称分子包衣或分子胶囊。本节中主要是指环糊精及其衍生物等包合材料。客体分子通过不同的方法进入到主分子中，主客分子通过范德瓦耳斯力及其所谓的 Allinger 构型能量缔合而成，在此过程中并没有发生化学键的形成和断裂，是物理过程。

环糊精与药物分子形成包合物以后可以增加药物的溶出度和溶解度，提高药物的生物利用度，提高药物的稳定性，可以使液体药物粉末化，防止药物挥发，掩盖一些药物的不良气味，降低药物的刺激性，调节药物的释药速率，促进药物经皮和黏膜吸收等。

近年来，环糊精包合物制剂的发展已有许多报道和上市产品。例如：

① 美国强生公司的伊曲康唑环糊精包合物口服液和静脉注射液获得 FDA 的批准上市，很好地解决了其药物难溶性问题。

② 沙丁胺醇-乙基化-β-CD 包合物释放速度 5min 时约为 40%，而其原料药 5min 时释放 95%，可以明显地降低药物的释放速度。

③ 甲苯咪唑-β-CD 包合物与市售片剂进行生物利用度比较，其结果为相对生物利用度约为 530%，这一结果说明部分药物制备成包合物可以提高药物的吸收度和生物利

用度。

④ 卡维地洛制备成 HP-β-CD 包合物的透过猪口腔黏膜试验发现，含有环糊精的片剂几乎完全释药。

⑤ 维生素 D_3-β-CD 包合物在稳定性试验中表现出了一定的抗热性和抗湿性，并且光稳定性明显提高。

⑥ 大蒜油-β-CD 可以很好地解决其不良气味和刺激性，并且使其粉末化。目前国内上市的产品有碘含片、吡罗昔康片、螺内酯片以及可减小舌部麻木副作用的磷酸苯丙哌林片等。

6.2.1.1 分类及常用载体

目前在药物制剂中常用的包合材料为环糊精及其衍生物。

（1）**环糊精** 环糊精系指淀粉在没有水分子的参与下，用嗜碱性芽孢杆菌经培养得到的环糊精葡萄糖转位酶作用后得到的 6～12 个 D-葡萄糖分子以 α-1,4-糖苷键连接的环状低聚糖化合物。环糊精家族中常见的有 α、β、γ 三型，分别由 6、7、8 个葡萄糖分子构成。图 6-1 为三种环糊精的环状结构。这三种环糊精均呈白色结晶状，不具有吸湿性。其中以 β-CD 最为常用，它为 7 个葡萄糖分子以 α-1,4-糖苷键连接而成。其呈筒状结构，

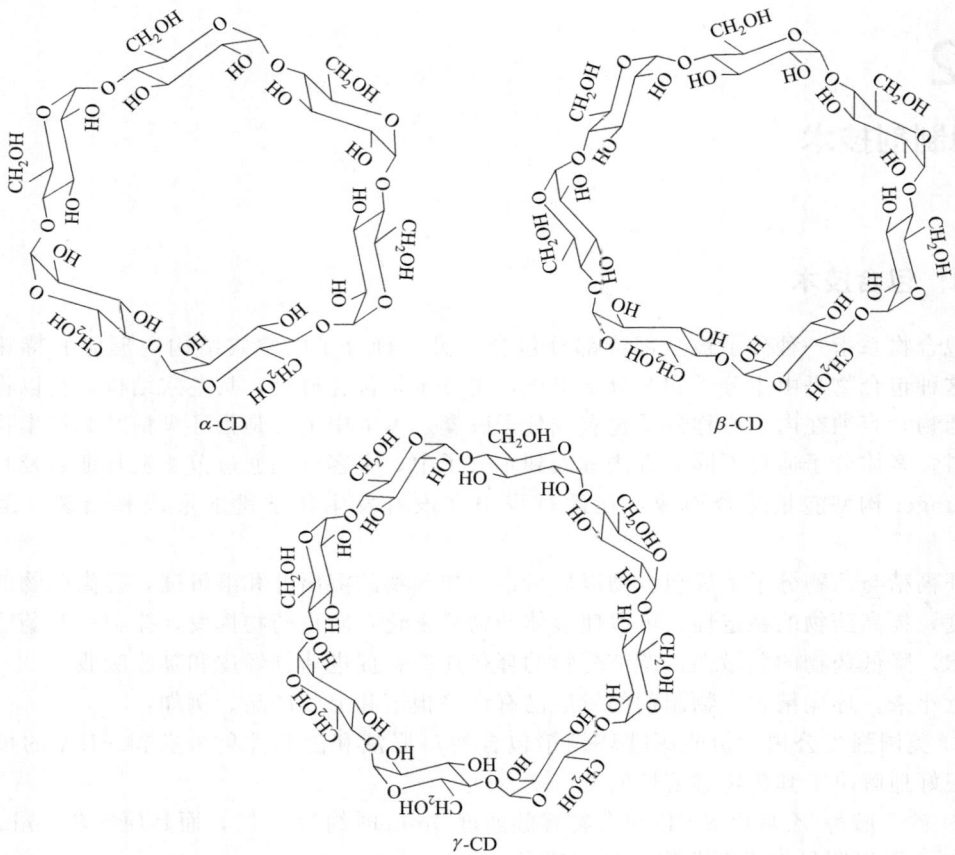

图 6-1 三种环糊精的环状结构

内壁空腔直径约为 0.78nm。其分子结构呈上窄下宽的中空环筒状，由于葡萄糖的羟基分布在筒的两端并在外部，糖苷键氧原子位于筒的中部并在筒内，β-环糊精的外表面具有亲水性，而内部为一个具有一定尺寸的手性疏水管腔，可将一些大小和形状合适的药物分子包合于环状结构中，形成包合物。其筒状结构见图 6-2。α、β、γ 三种构型的环糊精溶解性不同，在室温下，α-CD 和 γ-CD 的溶解度分别为 0.121mol·L^{-1} 和 0.168mol·L^{-1}，而 β-CD 在水中的溶解度最小，仅有 0.0163mol·L^{-1}，最易从水中析出结晶，其溶解性随水温的升高而增大。温度对溶解度的影响见表 6-1。

图 6-2 环糊精的筒状结构

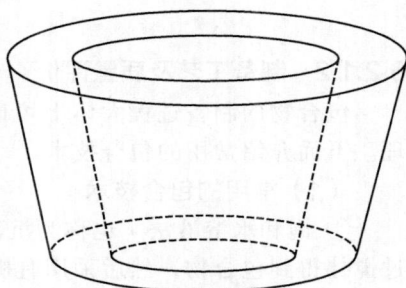

表 6-1 环糊精在水中的溶解度与温度关系

温度/℃	β-CD 溶解度/(mg·g^{-1})	温度/℃	β-CD 溶解度/(mg·g^{-1})
20	16.4	60	74.9
30	22.8	70	120.3
40	34.9	80	196.6
50	52.7		

（2）环糊精衍生物　为了改善环糊精的性质，特别是对 β-CD 的结构进行改造，制备出了许多环糊精衍生物。例如对环糊精上的羟基进行烷基化可以增大水溶性。由于 β-CD 在圆筒两端有 7 个伯羟基和 14 个仲羟基，分子间和分子内的氢键阻碍水分子的水化，降低其溶解度，如将甲基、乙基、羟丙基等基团引入环糊精分子中，可破坏分子内氢键，可以很好地改善其水溶性。

代表性环糊精衍生物：

① 甲基环糊精的衍生物　随着甲基化程度的提高，β-CD 的溶解度增大，但是当全甲基化后，其衍生物溶解度减小。既溶于水又溶于有机溶剂，形成的包合物水溶性较强，可提高药物的溶出速度。甲基-β-CD（M-β-CD）主要有 2,6-M-β-CD 和 2,3,6-M-β-CD，溶解度均大于 β-CD。

② 羟丙基环糊精衍生物　是 β-CD 与环氧丙烷反应，在 β-CD 上接上 2-羟丙基，所得到的环糊精衍生物。HP-β-CD 是无定形粉末，易溶于水和乙醇。

③ 水溶性环糊精聚合物　是两个或者多个环糊精分子通过共价键连接在一起的环糊精分子（图 6-3）。一般认为水溶性的环糊精聚合物分子质量为 3000 到 15000Da。

④ 不溶性的环糊精聚合物　分子量在 20000 以上且具有三维网状结构的，不溶于任何溶剂的环糊精聚合物。其在水中溶胀，可以与多种客分子形成包合物，且其包合物稳定性要高于单一环糊精包合物。

（3）环糊精的安全性　CD 分子可被 α-淀粉酶降解，形成直链低聚糖，亦可被大多数结肠细菌生物降解。CD 作为碳水化合物容易被人体吸收，无蓄积作用。安全实验证明，CD 毒性很低，日本和美国已批准用于医药和食品工业。

图 6-3　CD 聚合物

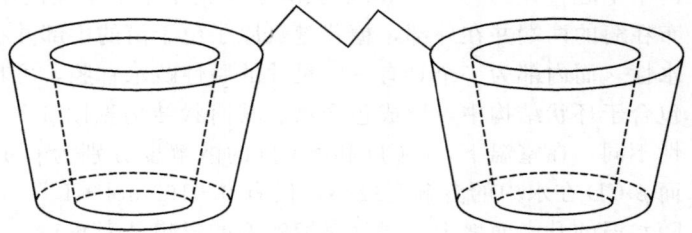

6.2.1.2　制备工艺及质量评价

包合物的制备过程大体上可以分为三个部分，分别为包合前处理、包合和包合后处理。下面介绍常用的包合技术。

（1）常用的包合技术

① 饱和水溶液法　也称为沉淀法或共沉淀法，即主客分子以一定的比例在溶液中通过搅拌得到包合物，然后采用有机溶剂洗去沉淀中尚未包合的药物。

② 研磨法　将环糊精加入 2～5 倍的水混合均匀后，再加入药物，充分研磨成糊状物，低温干燥、溶剂洗涤，干燥得到包合物。此法可分为手工研磨和胶体磨两种。虽然研磨程度难控制，但是较饱和水溶液法简单，更适于工业生产。

③ 冷冻干燥法　主客分子溶解后，再采用冷冻干燥法除去溶剂而得包合物。一般为易溶于水的药物，加热干燥容易分解、变色的药物常用此法。得到的产物成品疏松，溶解性好，可制成注射用粉针。

④ 喷雾干燥法　将主客体分子在适当溶剂中包合，再采用喷雾干燥法除去溶剂。该法制备的包合物易溶于水，适合于难溶性或疏水性药物的制备包合物。制得的包合物溶解度增加，生物利用度提高。干燥热空气的温度高，受热时间短，较为适合大批量生产。

⑤ 液-液法或气-液法　此法为将挥发油或芳香化合物的蒸气或冷凝液直接通入 CD 溶液中，进行包合、过滤、干燥即得包合物。

⑥ 固相包合法　是指药物和环糊精以一定的比例通过振荡器进行固相包合而得到的包合物。

⑦ 超声波法　是在 CD 饱和水溶液中加入客分子药物溶解，混合后采用超声波包合，析出的沉淀洗涤干燥得到包合物。

（2）包合物的验证方法

① 热分析法　是鉴定药物和环糊精是否形成包合物的常用检测方法。常用的热分析法包括：差热分析法（DTA）和差示扫描量热法（DSC）。通过热分析可以区分环糊精、药物、包合物和物理混合物，也可以表征分子包合所引起的特定热效应。如图 6-4 所示。

② X 射线衍射法　是一种鉴定晶体化合物的常用技术，是利用各晶体物质相同的角度处具有不同的晶面间距，从而显示衍射峰。可以进行定性分析，也可以进行定量分析。因此是鉴别药物与环糊精包合物的主要方法之一。一般来说，结晶程度高的药物有比较强的特征衍射峰，在形成环糊精包合后，结晶程度下降或消失，在 X 射线衍射图谱上原来药物的特征衍射峰会消失或减弱。如图 6-5 所示。

③ 红外光谱法（IR）　是根据红外区吸收的特征峰差异（吸收峰的降低、位移或消失）来证明主客分子是否产生包合作用。

图 6-4　包合物及其各组分的差热分析图
1—吲哚美辛；2—β-CD；3—物理混合物；4—包合物

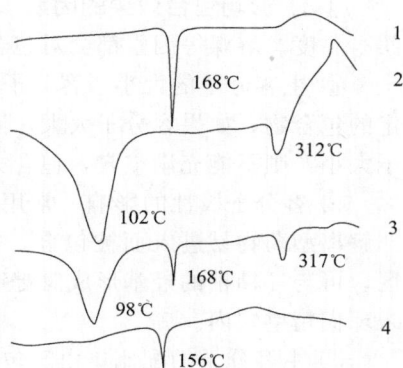

图 6-5　包合物及其各组分的 X 射线衍射图
1—吲哚美辛；2—β-CD；3—物理混合物；4—包合物

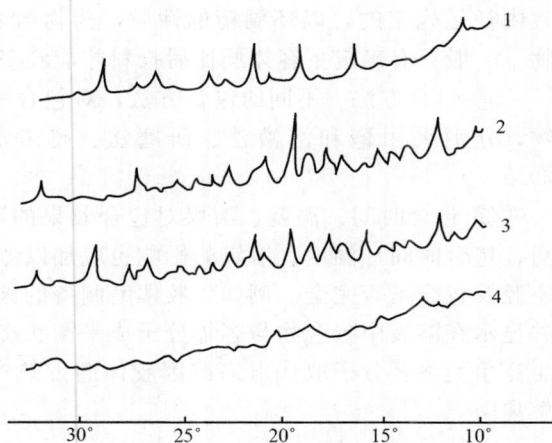

④ 核磁共振法（NMR）　是目前研究环糊精包合物最有力的工具之一。核磁共振法可从核磁共振谱上碳原子的化学位移大小，推断包合物的形成。根据药物的化学结构选择采用碳谱或氢谱，一般对含有芳香环的药物，可采用 ^{1}HNMR 技术，而对于不含有芳香环的药物可采用 ^{13}CNMR 技术。

⑤ 荧光光谱法　由于环糊精分子能减少客分子与本体溶液及淬灭剂的相互作用，所以比较药物与包合物的荧光光谱，从曲线与吸收峰的位置和高度来判断是否形成包合物。

⑥ 圆二色谱法　对有光学活性的药物，可分别作药物与包合物的 Cotton 效应曲线，即圆二色谱，从曲线形状可判断包合物是否形成以及药物与环糊精的包合方式。

⑦ 紫外分光光度法　可以从两个方面证实包合物是否形成。其一是从紫外可见吸收曲线的轮廓与吸收峰的位置和高度来判断；其二是最大吸收波长的位置和吸收强度。

⑧ 相溶解度法　不仅用于确证包合物的生成，也可用于包合物平衡常数和包合比的测定。其方法是通过测定药物在不同浓度的环糊精溶液的溶解度，绘制溶解度曲线。以药物浓度为纵坐标，环糊精浓度为横坐标作相溶解度图。从曲线上判断是否生成包合物。

⑨ 显微镜法和扫描电镜法　客分子进入环糊精内部后，由于包合过程中晶体发生变化，故可通过分析包合物晶格变化及相态变化来判断包合是否成功。

⑩ 波层色谱法　是最常用简便的包合验证方法，即将药物及其包合物分别用适当的同种溶剂溶解制成供试液，通过选择适当的溶剂系统，对药物、环糊精、其物理混合物以及包合物，在同样的条件下进行薄层色谱展开，观察所得色谱图中药物对应的斑点位置。

（3）影响包合效果的因素　环糊精包合时，主客分子的配比、包合方法、设备、时间、温度、溶媒等因素都会对包合效果产生影响。

① 主客分子的大小　客分子的大小和形状应与主分子的空穴相适应才能获得性质稳定的包合物，如果客分子太大，嵌入主分子空穴困难，只有侧链包合，性质不稳定；客分子太小，则不能充满空穴，包合力弱，容易自由出入而脱落，包合不稳定。

② 客分子极性的影响　常用的主分子材料环糊精空穴内为疏水区，因此，疏水性或非解离型药物易进入而被包合，容易形成稳定的包合物；极性药物可嵌在空穴口的亲水区，可与环糊精的羟基形成氢键结合，自身可缔合的药物，往往先发生解缔合，然后再进入环糊精空穴内。

③ 主客分子的配比　由于包合物形成过程中主分子提供的空穴数，实际并非为客分子完全占有，即包合物中主客体比例一般为非化学计量关系，而环糊精提供的空穴数及空穴内径是确定的，以环糊精的性质，药物与之一般形成物质的量比 1∶1 或 1∶2 的包合物。一般只有确定主客体配比后投料才能经济有效地制备包合物。

④ 包合方法　不同的包合方法，对包合率有较大的影响。如制备胆酸-HP-β-CD 包合物，分别采用饱和溶液法、研磨法、超声法，得到的包合率分别为 39.3%、61.4%、69.9%。

⑤ 包合时间、温度、溶媒对包合效果的影响　包合主客配比、包合方法、设备确定后，包合时间、温度、溶媒的影响也应加以考虑。包合时间的长短决定客体能否进入主体空腔及包合是否完全。例如以胶体磨制备的肉桂油包合物的研究显示，研磨 15min 为宜，并显示在溶液中包合物与客体分子成平衡状态时，再研磨，会由于加入的溶媒与包合物发生竞争而将客分子取代出来或因胶体磨发热产生热量而使挥发油分子热运动而致包合物解离。

6.2.1.3　制备举例

以饱和水溶液法制备环糊精包合物为例，介绍环糊精包合的制备。

（1）工艺流程

$$\left.\begin{array}{c}\text{药物}\\ \text{环糊精饱和溶液}\end{array}\right\} \xrightarrow[\text{合}]{\text{包}} \xrightarrow[\text{却}]{\text{冷}} \xrightarrow[\text{滤}]{\text{过}} \xrightarrow[\text{燥}]{\text{干}} \text{包合物}$$

（2）冰片-β-环糊精包合物

处方：冰片 0.33g，β-环糊精 2.5g。

制法：取 β-CD 2.5g，加 135mL 水加热使其溶解，于 40℃ 保温。另取冰片 0.33g，用 10mL 乙醇溶解。边搅拌边缓慢地将冰片乙醇溶液加入 β-CD 水溶液中，滴加完后继续搅拌 4h，4℃ 冷却 24h，抽滤，并用少量无水乙醇洗涤，低温干燥 24h，即得。

备注：

① 冰片具有挥发性　制备其 β-CD 包合物主要是防止其挥发散失。

② 包合工艺的优化　常选用药物利用率式（6-2）（药物利用率）、包合物收得率式（6-1）、包合物含药率式（6-3）为评价指标，以确定最佳包合工艺。

$$包合物收得率 = \frac{包合物实际质量}{环糊精 + 投药量} \times 100\% \tag{6-1}$$

$$药物利用率 = \frac{包合物中实际含药量}{空白回收率 + 投药量} \times 100\% \tag{6-2}$$

$$包合物含药率＝\frac{包合物中实际含药量}{包合物实际质量}\times100\%\qquad(6\text{-}3)$$

6.2.2 固体分散体技术

固体分散体（solid dispersion，SD）是指将药物以分子、胶态、微晶或无定形高度分散在适宜的载体材料中形成的一种固态物质，又称固体分散物。将制备固体分散体的技术称为固体分散体技术。制备出的固体分散体是一种药物制剂的中间体，根据需要添加适宜的辅料并采用适宜的制备工艺，可进一步制成片剂、胶囊剂、颗粒剂、微丸剂、滴丸、软膏剂、栓剂以及注射剂等多种剂型，以满足临床用药的需要。

固体分散技术利用载体材料把药物高度分散，从而达到以下目的：①增加难溶性药物的溶解度和溶出速率，从而提高药物的生物利用度；②延缓或控制药物释放，如控制药物在结肠中释放；③延缓药物水解和氧化，提高药物的稳定性；④掩盖药物的不良气味或减少药物的刺激性，增加患者的依从性；⑤使液体药物固体化，减少挥发性药物的挥发。但由于固体分散体属于热力学不稳定体系，药物在固体分散体中的分散状态不稳定，长时间贮存后易出现硬度变大、析出结晶或结晶粗化、药物溶出度降低等老化现象，因此在实际生产中需根据药物的性质选择合适的载体、处方及制备工艺，并选择合适的储存条件才能达到预期目标。

6.2.2.1 分类及常用载体

（1）分类

① 按分散状态分类

a. 简单低共熔混合物：药物与载体材料按适当的比例，在较低的温度下熔融后，骤冷固化，药物以微晶状态存在，为物理混合物。例如，尿素可与氯霉素形成低共熔混合物。

b. 固态溶液：药物以分子状态在载体材料中均匀分散，如果将药物分子看成溶质，载体材料看成溶剂，则此类分散体具有类似于溶液的分散性质，称为固态溶液。按药物与载体材料的互溶情况，分完全互溶或部分互溶；按晶体结构，可分为置换型与填充型固体溶液。固体溶液中药物以分子状态存在，分散程度高，表面积大，因此药物的溶出速率较低共熔混合物快。

c. 共沉淀物：又称共蒸发物，是由药物与载体材料按适当比例溶于溶剂中，蒸发干后形成的非结晶性无定形物（非晶态）；药物与载体形成共沉淀物，常用的载体材料为柠檬酸、蔗糖、PVP（聚乙烯吡咯烷酮）等多羟基化合物。固体分散体的类型可因载体材料的不同而不同，如联苯双酯与尿素形成简单低共熔混合物，以微晶形式存在；联苯双酯与（聚乙二醇6000）PEG 6000形成固体溶液，以分子状态和微晶状态并存；联苯双酯与PVP形成无定形粉末状共沉淀物。固体分散体的类型不但与药物和载体材料有关，而且也与载体材料比例、制备工艺等有关。

② 按药物溶出行为分类

a. 速释固体分散体：是指利用亲水性较强的载体材料制备的固体分散体。这类固体分散体润湿性良好，药物溶出速率快，吸收好，生物利用度高。

b. 缓释、控释型固体分散体：是指以水不溶性或脂溶性载体制成的固体分散体，该分散体可作为溶蚀或骨架扩散体系，药物释放机理与缓释/控释原理相同。

c. 肠溶型固体分散体：是指利用肠溶性材料制备的固体分散体。该分散体中药物主要在肠内 pH 环境中溶出，具有定位释放特性。

（2）**常用载体**　固体分散体是将药物高度分散在载体之中，因此，载体的性质对所制备固体分散体的性质影响很大。载体材料应具有无毒性、无致癌性、不与药物发生化学变化、不影响主药的稳定性、不影响药物疗效与含量检测、能使药物保持最佳分散状态或缓放效果、价廉易得等特点。常用的载体材料分为水溶性、水不溶性和肠溶性三大类。常将几种载体材料配合使用，以达到所要求的效果。

① 水溶性载体　常用的有高分子聚合物、表面活性剂、有机酸、糖类以及纤维素衍生物等。

a. 聚乙二醇类（polyethylene glycol，PEG）：具有良好的水溶性，亦能溶于多种有机溶剂，熔点低（50～63℃）、毒性小、化学性质稳定（但 180℃以上分解），能与多种药物配伍，具有阻止药物聚集作用，为最常用的水溶性固体分散载体材料。最适宜用于固体分散体的 PEG 分子量为 1000～20000，而使用最多的是分子量 4000 和 6000 的。多采用熔融法制备。如美洛昔康与 PEG-4000（1∶10）以热熔挤出技术制成固体分散体，其水中溶出速率显著提高。

b. 聚维酮类（polyvinyl pyrrolidone，PVP）：无定形高分子聚合物，熔点较高、对热稳定（150℃变色），易溶于水和多种有机溶剂，有较强的抑晶作用，但储存过程中成品易吸湿而析出药物结晶。常用的 PVP 规格有：PVP K15（平均分子量 M_{av} 约 1000）、PVP K30（M_{av} 约 4000）和 PVP K90（M_{av} 约 360000）等。

c. 表面活性剂类：作为固体分散体载体材料的表面活性剂大多含聚氧乙烯基，可溶于水或有机溶剂，载药量大，在制备固体分散体过程中可阻滞药物结晶，是较理想的速效载体材料。常用的有泊洛沙姆 188（poloxamer 188，即 pluronic F-68）、聚氧乙烯（PEO）、聚羧乙烯（CP）等。

d. 有机酸类：分子量较小，如柠檬酸、酒石酸、琥珀酸、胆酸及脱氧胆酸等，这类载体易溶于水，不溶于有机溶剂。但这些有机酸不宜用于对酸敏感药物。

e. 糖类与醇类：水溶性强、毒性小，因分子中含多个羟基，可与药物以氢键结合的方式制成固体分散体，适用于剂量小、熔点高的药物。常用的载体材料有壳聚糖、右旋糖、半乳糖和蔗糖等，醇类有甘露醇、山梨醇、木糖醇等，尤以甘露醇为最佳。

f. 纤维素衍生物：常用羟丙基纤维素（HPC）、羟丙基甲基纤维素（HPMC）等，在使用研磨法制备固体分散体时，常加入适量乳糖、微晶纤维素等加以改善研磨性能。

② 水不溶性载体　常用的有纤维素类、聚丙烯酸树脂类等。

a. 纤维素类：常用的有乙基纤维素（EC），EC 无毒，无药理活性，溶于有机溶剂，含有羟基能与药物形成氢键，有较大的黏性；作为载体材料其载药量大、稳定性好、不易老化，广泛应用于制备缓释固体分散体。在 EC 中加入羟丙基纤维素（HPC）、PEG、PVP 等水溶性载体材料可调节释药速率，获得理想的释药效果。

b. 聚丙烯酸树脂类：含季铵基的聚丙烯酸树脂 Eudragit（包括 E、RL 和 RS 等几种）。Eudragit E100 在近中性（pH 5.0～7.0）环境中不溶解，在 pH 5.0 以下介质中很快溶解，常用作防护型包衣，相当于国产Ⅳ号聚丙烯酸树脂。Eudragit RL 和 RS 型在胃液中溶胀，肠液中不溶，对人体无害，广泛用于制备缓释性固体分散体，加入水溶性载体材料，如 PEG 或 PVP 等，可调节释药速率。

c. 其他类：常用的有胆固醇、胆固醇硬脂酸酯、β-谷甾醇、棕榈酸甘油酯、蜂蜡、巴西棕榈蜡及氢化蓖麻油、蓖麻油蜡等脂质。它们均可制成缓释固体分散体，加入表面活性剂、PVP、糖类等水溶性载体材料，可调节释药速率，达到满意的缓释效果。

③ 肠溶性载体　常用的有纤维素类、聚丙烯酸树脂类等。

a. 纤维素类：常用的有羟丙基纤维素邻苯二甲酸酯（商品规格 HP-50、HP-55、HP-55 S）、醋酸羟丙基甲基纤维素琥珀酸酯（HPMCAS）等，均可溶于肠液，可用于制备胃中不稳定药物或对胃刺激性较大药物在肠道释放和吸收的固体分散体。纤维素类可与其他载体材料配合制成固体分散体，控制药物释放速率。

b. 聚丙烯酸树脂类：常用的为 Eudragit L100 和 Eudragit S100，分别相当于国产 Ⅱ 号及 Ⅲ 号聚丙烯酸树脂，乙醇是常用溶剂。前者在 pH 6.0 以上的介质中溶解，后者在 pH 7.0 以上的介质中溶解，将两者按不同比例混合使用，可获得不同释药行为的肠溶固体分散体。

6.2.2.2　制备工艺及质量评价

（1）制备工艺　固体分散体常用的制备方法有溶剂法、熔融法、溶剂-熔融法、溶剂-喷雾（冷冻）干燥法、研磨法和双螺旋挤压法等。采用何种固体分散技术，取决于药物的性质和载体材料的结构、性质、熔点及溶解性能等。

① 溶剂法　也称共沉淀法或共蒸发法。是将药物与载体材料共同溶解于一有机溶剂中，或分别溶解于不同的有机溶剂后混合均匀，蒸去有机溶剂后使药物与载体材料同时析出，干燥后即得共沉淀分散体。常用的有机溶剂有氯仿、无水乙醇、丙酮等。本法可避免药物受热，适用于对热不稳定或挥发性药物；可选用溶于水或有机溶剂、熔点高、对热不稳定的载体材料，如 PVP 类、甘露醇、半乳糖、胆酸类等。本法需要选择适宜的有机溶剂来制备固体分散体，但使用有机溶剂的用量较大、成本较高，且有时候有机溶剂难以完全除尽，存在安全和环保问题，因此，在采用溶剂法制备固体分散体时，应注意以上可能出现的问题。

② 熔融法　是将药物与载体材料混匀，加热至熔融，也可将载体加热熔融后，再加入药物搅熔，然后骤冷成固体，再于一定温度下放置一段时间，使其变脆成易碎物，放置温度和时间主要取决于载体材料与制备工艺。本法简便、经济，适用于对热稳定的药物，多采用熔点低、不溶于有机溶剂的载体材料，如 PEG 类、有机酸、糖类等；制备成功的关键是药物载体高温迅速冷却，迅速形成多个胶态晶核，而获得高度分散的微晶药物。

将熔融物滴入冷凝液中使之迅速收缩并凝固成丸制成的固体分散体称为滴丸。制备滴丸常用的冷凝液有液状石蜡、植物油、甲基硅油、水等。

③ 溶剂-熔融法　是将药物先溶解于少量有机溶剂，然后将药液直接加入已熔融的载体材料中，迅速搅拌均匀，蒸去有机溶剂，按熔融法冷却处理即得。药物溶液在固体分散体中质量比一般不超过 10%，否则难以形成脆而易碎的固体。本法适用于液态药物，如鱼肝油、维生素 A、维生素 D、维生素 E 等，但要求药物的剂量较小，一般在 50mg 以下。制备过程中应注意选用毒性小、易与载体材料混合的溶剂。药物溶液与熔融载体材料混合时，必须注意搅拌均匀，以防止固相析出。

④ 溶剂-喷雾（冷冻）干燥法　是将药物与载体材料共溶于溶剂中，然后喷雾或冷冻干燥，除尽溶剂，即得。溶剂-喷雾干燥法可连续生产，溶剂常用 C1～C4 的低级醇或其

混合物。溶剂冷冻干燥法适用于易分解或氧化、对热不稳定的药物，如布洛芬、红霉素、双香豆素等。常用的载体材料为 PVP 类、PEG 类、环糊精、甘露醇、乳糖、水解明胶、纤维素类、聚丙烯酸树脂类等。例如，氟苯尼考与 PVP-K30 的甲醇溶液通过溶剂-喷雾干燥法，可制得稳定的无定形固体分散体。

⑤ 研磨法 是将药物与较大比例的载体材料混合，强力持久研磨，借助机械力降低药物的粒度，或使药物与载体材料以氢键结合，形成低共熔混合物固体分散体。常用的载体材料有微晶纤维素、PVP 类、PEG 类、乳糖等。研磨时间的长短因药物而异。

⑥ 双螺旋挤压法 是将药物与载体材料置于双螺旋挤压机内，经熔融、混合、剪切、输送而制成固体分散体。所采用的技术称为热熔挤出技术。与传统制备固体分散体的技术相比，热熔挤出技术的优点是无需溶剂参与、操作步骤少且可持续操作、适于工业化大规模生产。

该法制备时可选用多种载体材料，制备温度可低于药物熔点和载体材料的软化点，故药物不易受破坏，制得的固体分散体也稳定。例如，氟尼辛葡甲胺与 Eudragit EPO 制得黄色透明以无定形存在的固体分散体。

制备固体分散体时，应注意如下问题：a. 固体分散体中药物含量不应太高，应为 5%～30%，液态药物一般超过 10%。b. 固体分散体在储存过程中常会逐渐老化，表现为硬度增大、析出晶体或结晶变粗。因此，在制备时应注意选择合适的药物浓度、载体材料和制备工艺，储存时避免较高的温度和湿度。

（2）质量评价 固体分散体中药物在载体材料中的分散状态是质量评价的主要指标。常用于固体分散体药物相鉴别的方法有溶解度及溶出速率测定、热分析法（差热分析法、差示扫描量热法）、X 射线衍射法、红外光谱法、扫描电镜法、核磁共振谱法等。可选用上述方法进行物相鉴定，必要时可同时采用几种方法。

① 溶解度及溶出速率 药物制成固体分散体将改变其溶解度和溶出速率。例如，氟苯尼考与 PVP K12 （1：3）固体分散体、物理混合物和纯原药的药物溶解度分别为 (5705.53 ± 173.51) mg·L^{-1}、(2173.67 ± 183.76) mg·L^{-1} 和 $(1165.33+164.22)$ mg·L^{-1}；三者 20min 内水中的溶出度分别为 88.1%、57.4% 和 38.9%，说明固体分散体可显著提高氟苯尼考的溶解度和溶出度。

② 热分析法 氟苯尼考（FF）-醋酸羟甲基丙基纤维素琥珀酸酯（HPMCAS)(1：3)的 DSC 曲线见图 6-6，由图可知，氟苯尼考原料和物理混合物在 156℃ 均显示出较强的吸热峰，而经过融熔挤出后得到的肠溶固体分散体在 156℃ 的特征融熔峰全部消失，热重图谱主要保留肠溶载体材料 HPMCAS 的特征性图谱。由此可见，氟苯尼考已经完全分散在 HPMCAS 中，并且掩盖了氟苯尼考的特征峰。

③ X 射线衍射法 适用于晶型药物制备的固体分散体的物相鉴定。依法韦仑-Soluplus 固体分散体、依法韦仑-Soluplus 物理混合物以及 Soluplus 三者的 X 射线衍射图有明显差别，依法韦仑及其与 Soluplus 的混合物在 15.6°、12.7°、22.6°、25.7° 等出现特征衍射峰，而用两者制成的固体分散体（1：5），上述衍射峰消失（图 6-7），说明药物以无定形存在于固体分散体中。

④ 红外光谱法 替米考星、替米考星-聚乙二醇固体分散体及其物理混合物的红外光谱图表明，替米考星、替米考星-聚乙二醇物理混合物在 1168cm^{-1}、1741cm^{-1}、2966cm^{-1}、3401cm^{-1} 波数均有强吸收峰，而固体分散体中吸收峰向高波数位移，强度也显著降低。这是因为通过固体分散技术制备替米考星与聚乙二醇发生了物理作用，并且完全分散于载体中。

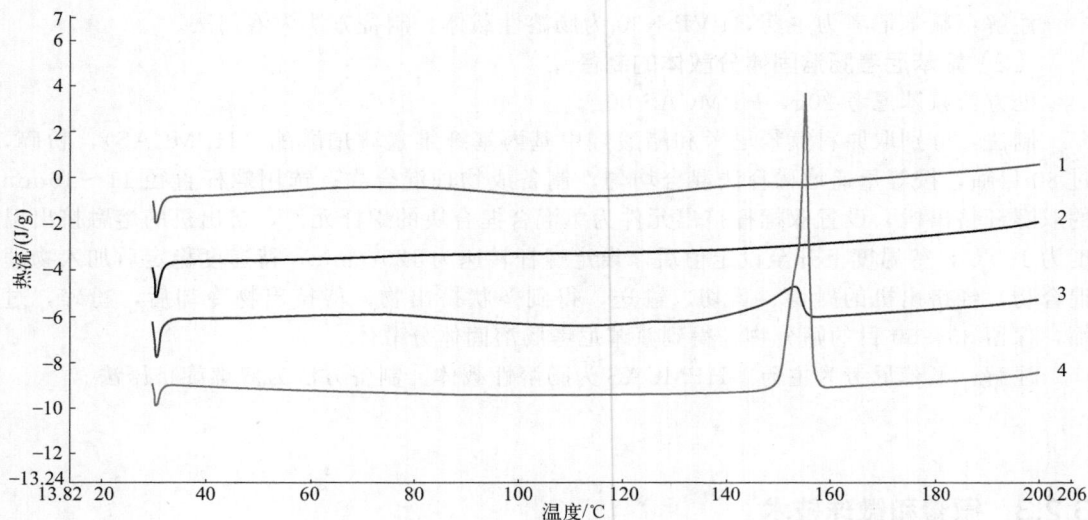

图6-6 固体分散体差示扫描量热（DSC）曲线图
1—HPMCAS；2—肠溶固体分散体；3—物理混合物（1:3）；4—氟苯尼考药粉原料

图6-7 依法韦仑-Soluplus固体分散体的X射线衍射图
sample1—物理混合物；sample2—依法韦仑；sample3—so-luplus；sample4~8—依法韦仑-soluplus固体分散体[比例（1:3）~（1:1）]

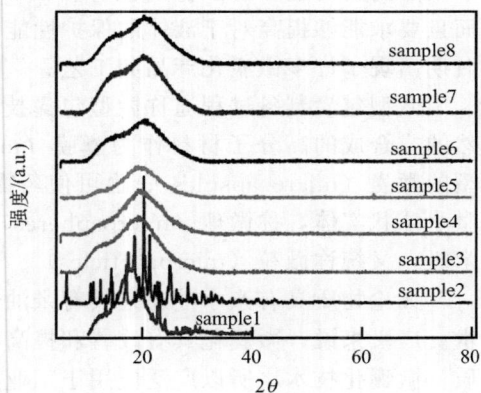

⑤ 核磁共振谱法　药物与载体形成固体分散体后，在核磁共振氢谱上可观察到峰的位移或消失。例如，乙酸棉酚核磁共振谱在 $\delta=15.2$ 有药物共振峰，由分子内氢键产生，与PVP形成固体分散体后，此峰不再存在。但在 $\delta=14.2$ 和 $\delta=16.2$ 出现两个纯型化学位移峰，重水交换后，两峰消失。表明PVP破坏乙酸棉酚分子内氢键，形成了乙酸棉酚与PVP分子间氢键，固体分散体已形成。

6.2.2.3　制备举例

（1）氟苯尼考固体分散体的制备

处方：氟苯尼考20g，PVP K30 80g。

制法：将PVP K30先溶于适量的甲醇中，再缓慢滴加氟苯尼考的甲醇溶液，搅匀，使药物与载体充分结合，用旋转蒸发仪蒸去有机溶剂，冷却至室温，置干燥器中干燥，粉碎过50目筛，得到药物在载体中混合而成的固体分散体。

注解：氟苯尼考为主药，PVP K30 为肠溶性载体。制备方法为溶剂法。

（2）氟苯尼考肠溶固体分散体的制备

处方：氟苯尼考 20g，HPMCAS 80g。

制法：分别取原料氟苯尼考和醋酸羟甲基丙基纤维素琥珀酸酯（HPMCAS），粉碎，过 80 目筛，按等量递增稀释法混合均匀，制备成物理混合物；选用螺杆直径 11～16mm 的双螺杆挤出机，设置双螺杆挤出元件为单混合捏合块的螺杆元件，挤出机的熔融挤出温度为 160℃，待温度上升至设定值后，设定螺杆转速为 120r/min，待速度稳定后加入物理混合物，经挤出机的融熔、剪切、输送，得到条状挤出物；待挤出物冷却后，粉碎，过筛，保留 35～50 目的筛分物，得到氟苯尼考肠溶固体分散体。

注解：氟苯尼考为主药，HPMCAS 为肠溶性载体。制备方法为双螺旋挤压法。

6.2.3 微囊和微球技术

包囊（encapsulation）工艺在许多工业领域已广泛应用。机械包囊技术的历史可以追溯到 19 世纪。制药工业是这个领域的先驱，最早开发了大的明胶胶囊，以作为药物的一种特殊剂型。随后发展了机械涂层技术，很多制剂如药丸或固体颗粒都应用了涂层技术，以改变药物的适口性、稳定性等。在 20 世纪 40 至 50 年代越来越需要粒度更小的胶囊，而且要求能够提高对于液体的保护性能及胶囊含量，在 70 年代中期得到迅猛发展，在此时期出现了许多微囊化产品和工艺。

微型包囊制备过程通称微型包囊技术（microencapsulation），简称微囊化，系利用天然的或合成的高分子材料作为囊膜（membrane wall），将固态或液态药物包裹而成药壳型的微囊（microcapsules）；也可使药物溶解和（或）分散在高分子材料中，形成骨架型微小球状实体，称微球（microspheres）。微囊和微球的粒径范围在 1～250μm 之间，属微米级，又统称微粒（microparticles）。

无论物质具有亲水性还是具有亲油性，大多数气体、液体、固体均可以实施微囊化技术。广义来说，微囊化具有改善和提高物质的外观及其性质的能力，并在需要时释放该物质。微囊化技术之所以广泛应用于工业产品，特别是制药工业产品，是因为药物微囊化可以实现许多目的：①掩盖药物的不良气味及口味；②提高药物的稳定性；③防止药物在胃内失活或减少对胃的刺激性；④使液态药物固态化便于应用与贮存；⑤减少复方药物的配伍变化；⑥可制备缓释或控释制剂；⑦使药物浓集于靶区，提高疗效，降低毒副作用；⑧可将活细胞或生物活性物质包囊。

在现阶段，食品动物的规模化发展，混饲给药方式越来越重要。微囊化作为粉剂、颗粒剂、预混剂等群体给药制剂的制备技术在兽药生产上得到广泛应用。微囊化在兽药领域的应用主要有以下 5 点。

① 掩盖药物的不良气味及口味　动物的采食量是影响动物生产性能的重要指标。药物通过混饲给药不能影响动物的采食量。然而很多化学药物比如大环内酯类、氟喹诺酮类等，以及一些中药提取物如穿心莲、板蓝根、黄连等都具有一定的苦味或刺激性，通过混饲给药均影响动物（猪）的适口性。将替米考星采用机械涂层技术设计开发成一种肠溶微丸，粒径 50～200μm，可以掩盖替米考星的苦味，混饲给药不影响动物采食量，更好地满足生产的需要。

② 提高药物的稳定性　药物制成微囊化制剂后，由于囊膜或骨架的存在，将药物与外界环境隔离，可防止药物受光线、湿度、氧等影响而发生化学变化，从而增加了药物的稳定性。维生素 A 棕榈酸酯广泛用于动物饲料配方中，经过明胶微囊化可以提高维生素 A 抗湿度和环境氧化能力，提高其稳定性。另外，高蛋白脂肪饲料微胶囊化后可降低贮存过程中的氧化，延缓向水环境的释放速度，微胶囊化保护后的饲料消耗大大减少，提高鱼的生长效率。

③ 防止药物在胃内被破坏或减少对胃的刺激性　胃内环境都是水性和酸性的，一些含有酰胺键、酯键的药物在胃内均易发生水解反应。药物制成微囊化制剂后，囊膜或骨架采用疏水性脂质材料或肠溶性材料的，微囊颗粒在胃内形成食糜时不宜被崩解，从而减少了药物在胃内溶出。这样一方面减少了药物在胃内酸环境的失活，另一方面，减少了具有刺激性的药物对胃黏膜的损伤。阿莫西林、金霉素等药物缓释性脂质微囊化颗粒可以显著提高药物的生物利用度。半胱氨酸、阿司匹林、硫酸亚铁等药物做成肠溶型微囊化颗粒后，与传统的制剂相比，可以显著降低胃出血量或疼痛。

④ 使液态药物固态化便于应用与贮存　当液态药物微囊化后，可以得到细粉状产物，称之为拟固体（pseudo-solid）。虽然在使用上它具有固体特征，但其内部仍然是液体，可以保持药物的固有特征。一方面固体药物制剂方便混饲添加，另一方面，药物在贮存和加工成饲料产品时不宜挥发。百里香酚、香芹酚等植物精油类药物，具有良好的抗菌促生长、抗氧化等功效，通过微囊化后，可以制备成方便使用的药物饲料添加剂。液态药物处理可以制备成拟固体的颗粒制剂，也可以制备成脂质骨架型的固体分散颗粒。

⑤ 可制备缓释或控释制剂　药物微囊化后，药物被半透性囊膜包封或骨架包裹，类似于贮药的"小库"，起到延长或控制药物释放时间的作用。氟苯尼考、替米考星等时间依赖性抗菌药物微囊化以后，通过混饲给药，在胃肠道缓慢释放，减少药物在猪体内峰谷浓度差，消除间歇采食导致的谷浓度低于有效浓度的时间，消除多剂量给药抗菌空档期，避免诱导耐药性，降低峰浓度值，避免过高导致药物在体内的浪费。将喹乙醇制备成缓释颗粒，减少在小肠段的释放，减少了吸收，增加回肠段释放，提高了肠道的抗菌能力。

6.2.3.1　分类及常用微囊载体材料

（1）微囊的分类　根据微囊化制备技术的不同将药物微囊分为两类。利用天然的或合成的高分子材料作为囊膜，将固态或液态药物包裹形成的微囊，称为包被型微囊（图6-8）；将药物溶解和（或）分散在高分子材料中，形成骨架型微小球状实体，称骨架型微囊，又称镶嵌型微囊（图6-9）。药物和载体以分子态融合在一起，且一般药物的质量小于载体的质量，故最终的外观形状是由载体的性质和生产工艺所决定的。

图 6-8　包被型微囊示意图

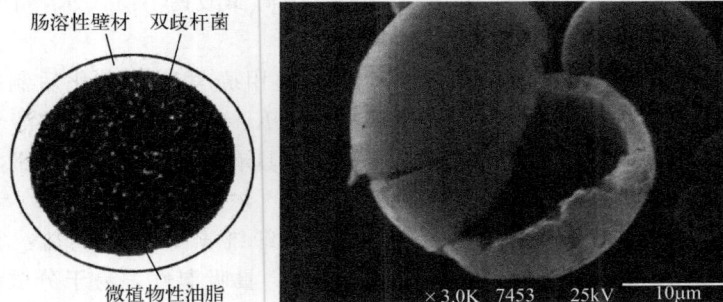

肠溶性壁材　双歧杆菌

微植物性油脂

×3.0K　7453　25kV　10μm

图 6-9 骨架型微囊示意图

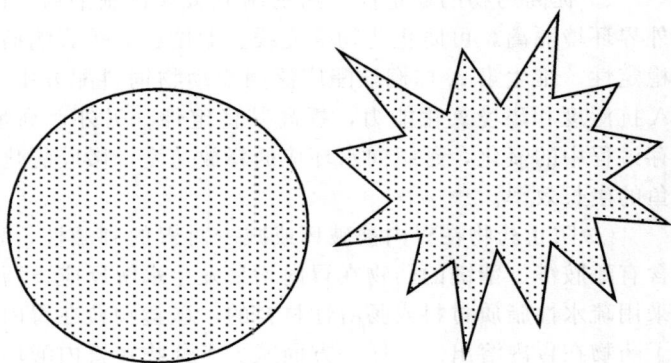

（2）**常用载体材料**　微囊、微球中除主药和载体材料外，还应用包括为提高微囊化质量而加入的附加剂，如稳定剂、稀释剂以及控制释放速率的阻滞剂、促进剂、改善囊膜可塑性的增塑剂等。

根据微囊化制备技术不同，选择的载体材料不同。骨架型微囊由于需要药物溶解和（或）分散在高分子材料中，当前主流生产工艺是类似于熔融型固体分散体的制备方法，因而常用的载体材料和熔融型固体分散体相似，主要包括聚乙二醇类（polyethylene glycol，PEG）等亲水性的载体材料和胆固醇、胆固醇硬脂酸酯、β-谷甾醇、棕榈酸甘油酯、蜂蜡、巴西棕榈蜡、氢化蓖麻油、蓖麻油蜡、硬脂酸、硬脂酸甘油酯等疏水性脂质载体材料。

包被型微囊的常用载体材料主要是指囊膜的材料，因而又称囊材。囊材的最主要决定因素是无毒或毒性小、成膜性好、稳定以及是否可生物降解，主要包括下述三大类。

① 天然高分子材料　明胶（gelatin）：是氨基酸与肽交联形成的直链聚合物，根据聚合度不同，明胶平均分子量在 15000～25000 之间。因制备明胶时水解方法的不同，分为酸法明胶（A 型）和碱法明胶（B 型）。A 型明胶的等电点为 7～9，$10g \cdot L^{-1}$ 溶液 25℃的 pH 为 3.8～6.0；B 型明胶稳定而不易长菌，等电点为 4.7～5，$10g \cdot L^{-1}$ 溶液 25℃的 pH 为 5～7.4。两者的成囊成球性无明显差别，溶液的黏度均在 0.2～0.75cPa・s（$1cPa \cdot s = 10^{-2}Pa \cdot s$）之间，可生物降解，几乎无抗原性，通常可根据药物对酸碱性的要求选用 A 型或 B 型，明胶也可同阿拉伯胶等量配合使用，应用时配制成 20～100g・L^{-1} 溶液。

海藻酸盐（alginate）：系多糖类化合物，常用稀碱从褐藻中提取而得。海藻酸钠可溶于不同温度的水中，不溶于乙醇、乙醚及其他有机溶剂；不同分子量产品的黏度有差异。也可与聚赖氨酸合用作复合材料。因海藻酸钙不溶于水，故海藻酸钠可用 $CaCl_2$ 固化成微囊或微球。

壳聚糖（chitosan）：壳聚糖是由甲壳素脱乙酰化后制得的一种天然聚阳离子多糖，其中的-NH$_2$ 可结合水溶液的 H^+，$pK_a = 6.3～6.8$，可溶于酸或酸性水溶液，无毒、无抗原性，在体内能被溶菌酶等酶解，具有优良的生物降解性、生物相容性和成膜性，在体内可溶胀成水凝胶。

② 半合成高分子材料　羧甲基纤维素（CMC）盐：常用羧甲基纤维素钠（CMC-Na），是一种阴离子型高分子化合物，具吸湿性。易于分散在水中成透明胶状溶液，在乙醇等有机溶媒中不溶。1%水溶液 pH 为 6.5～8.5，当 pH＞10 或＜5 时，胶浆黏度显著

降低，在 pH=7 时性能最佳。对热稳定，在 20℃ 以下黏度迅速上升，45℃ 时变化较慢，80℃ 以上长时间加热可使其胶体变性而黏度和性能明显下降。易溶于水，溶液透明；在碱性溶液中很稳定，遇酸则易水解，pH 为 2～3 时会出现沉淀，遇多价金属盐也会反应出现沉淀。与明胶及果胶可以形成共凝聚物，也可以与胶原形成复合物。常与明胶配合作复合材料，一般分别配 1～5g·L^{-1} CMC-Na 及 30g·L^{-1} 明胶，再按体积比 2∶1 混合。

纤维醋法酯（cellacefate，俗称 CAP）：部分乙酰化的醋酸纤维与苯二甲酸酐缩合制得，为白色或灰白色的无定形纤维状或细条状或粉末，略有醋酸味。在二氧六环、丙酮中溶解，在水、乙醇中不溶。在 pH＞6 的水溶液中溶解。本品熔点为 192℃，玻璃化温度为 170℃，稀释度不大。主要用作肠溶性囊材，用量是囊心质量的 0.5%～0.9%，可采用常法包衣工艺或喷雾工艺。

乙基纤维素（ethyl cellulose，EC）：为白色或浅灰色的流动性粉末，无臭。不溶于水、甘油和丙二醇，而溶于其他有机溶剂，热稳定性好，遇强酸易水解。适用于多种药物的微囊化，也可以用作释放阻滞剂。

甲基纤维素（methyl cellulose，MC）：白色或类白色纤维状或颗粒状粉末；无臭，无味。本品在水中溶胀成澄清或微浑浊的胶体溶液；在无水乙醇、氯仿或乙醚中不溶。为安全无毒的可供内服的药用辅料。高取代浓度、低黏度级的 MC 可用其水性或有机溶剂溶液喷雾包衣或包隔离层，低或中等黏度的 MC 用作包衣的浓度为 0.5%～5%，高黏度的 MC 可用作缓释颗粒骨架，一般用量为 5%～75%。本品亦可与明胶、CMC-Na、聚维酮等配合作复合材料。

羟丙基甲基纤维素（hydroxypropyl methyl cellulose，HPMC）：溶于水及大多数极性溶剂和适当比例的乙醇/水、丙醇/水、二氯乙烷等，在乙醚、丙酮、无水乙醇中不溶，在冷水中溶胀成澄清或微浊的胶体溶液。水溶液具有表面活性，透明度高、性能稳定。HPMC 具有热凝胶性质，产品水溶液加热后形成凝胶析出，冷却后又溶解，不同规格的产品凝胶温度不同。溶解度随黏度而变化，黏度越低，溶解度越大，不同规格的 HPMC 其性质有一定差异，HPMC 在水中溶解不受 pH 值影响。常用作包衣材料、膜材和缓释制剂的控速聚合物材料。

③ 合成高分子材料　有生物不降解的和生物降解的两类。生物不降解且不受 pH 影响的材料有聚酰胺、硅橡胶等。生物不降解但可在一定 pH 条件下溶解的材料有聚丙烯酸树脂和聚乙烯醇等。近年来，快速发展的生物降解的合成材料，可以通过水解或酶解使大分子降解，在体内释药后可以无残留物。常用的有聚碳酯、聚氨基酸、聚乳酸（PLA）、丙交酯乙交酯共聚物（PLGA）、聚乳酸-聚乙二醇嵌段共聚物（PLA-PEG）、ε-己内酯与丙交酯嵌段共聚物等，其特点是无毒、成膜性好、化学稳定性高。

6.2.3.2　制备工艺及质量评价

（1）微囊的制备工艺　微囊的制备常根据药物和囊材的性质以及对微囊粒度大小和释放速度的要求来选择不同的方法。目前常用的工艺方法有化学法、物理化学法、物理机械法三种。见表 6-2。

在微胶囊化工艺中，其基本步骤为：首先是将心材料乳化或分散在溶有壁材的连续相中，然后再用微胶囊的壳材料包敷。在细分被包封的心材时，若心材为液态，而微胶囊化所用介质也为液态，则可应用乳化方法，即可采用机械搅拌、超声振动或其他手段，总之最终要使心材分散成小球体。如果微胶囊化所用的介质为气体，则可应用喷雾法、离心力法、重力法或流化床法等方法细分心材料。如若心材为固态，可将其研磨成粉末并过筛，亦可将其先制备成溶液，然后按照纯液态心材的情况，以同样的方式形成小液滴。

表 6-2　微囊的制备工艺原理

	方法	制备工艺原理	适用范围	粒径范围/μm
化学法	界面聚合法	利用囊心物与囊材溶液在界面上发生缩合反应,再使生成的高分子囊膜包在囊心物周围而制得微囊	囊心物为水溶性药物	2～2000
	辐射交联法	以聚乙烯醇或明胶为包材,用 γ 射线照射后使囊材在乳浊液状态下发生交联,经处理得聚乙烯醇或明胶实体微囊;然后将微囊浸泡在药物的水溶液中,使其吸收药物,待水分干燥后即制得微囊	囊心物为水溶性药物	
物理化学法	相分离-凝聚法	将囊心物乳化或混悬在囊材水溶液中,加入另一种物质或采用其它手段,降低囊材的溶解度,使囊材从溶液中凝聚出来而沉积于囊心物的表面,形成囊膜,并使囊膜固化,即得微囊	囊心物为非水溶性的固体或液体药物	2～1200
	溶剂-非溶剂法	将囊心物混悬于囊材的有机溶液中,然后加入另一种该囊材不能溶解的液体(非溶剂),引起相分离而将囊心物包成微囊	囊心物为水溶性或非水溶性的固体或液体,但对体系中溶剂和非溶剂均不溶解,也不起反应	2～1200
	液中干燥法	将囊心物溶解、乳化或混悬在囊材溶液中,在搅拌下,将其加入另一溶剂中,通过加热、减压或抽出溶剂等方法除去溶剂,制得微囊	囊心物为水溶性或非水溶性的固体或液体	2～1200
物理机械法	喷雾干燥法	将囊心物分散于囊材溶液中,在惰性热气流中喷雾,溶解囊材的溶剂被迅速蒸发,囊材收缩成壳,并将囊心物包裹起来即得	囊心物对热稳定	6～600
	喷雾冻结法	将囊心物分散于熔融的囊材中,在冷气流中喷雾,囊材凝固即得	囊材有蜡类、脂肪酸、脂肪醇等	10～300
	包衣锅法	将固体的囊心物放入旋转的包衣锅中,囊材配成溶液,喷在囊心物上,同时吹入热气流,除去溶剂,囊材即包裹在囊心物上形成微囊	囊心物为固体药物	600～5000

本节仅介绍常用的物理化学法和物理机械法。

① 物理化学法　此法中目前最常用的是相分离凝聚法。本法是在液相中进行，药物与材料在一定条件下，形成新相析出，故又称相分离法（phase separation）。

基本原理：a. 将囊心物乳化或混悬在囊材的溶液中；b. 使囊材凝聚并沉积在囊心物微粒的周围而形成囊膜；c. 膜固化。微胶囊化的步骤可通过图 6-10 说明。

图 6-10　相分离微胶囊化的基本步骤
（a）药物在介质中分散；（b）加入壳材料；（c）含水壳材料的沉积；（d）微胶囊壳的固化

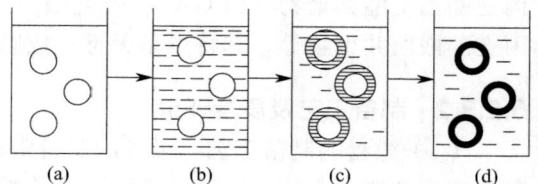

（a）　　（b）　　（c）　　（d）

由于囊心物（药物）与囊材的理化性质不同，且制备过程不同，常采用如下两种方法。

a. 单凝聚法　单凝聚法是将囊心物分散在囊材的水溶液中，然后加入凝聚剂，由于大量的水与凝聚剂结合，使体系中囊材的溶解度降低而凝聚出来，造成相分离，形成微囊。其中常用的囊材为高分子化合物，如明胶、邻二苯甲酸醋酸纤维素、乙基纤维素等。

常用的凝聚剂有强亲水性电解质，如硫酸钠、硫酸铵等溶液；也有强亲水性非电解质，如乙醇、丙酮等。

高分子物质的凝聚是可逆的，受外界某些条件的影响可出现凝聚，一旦条件改变，就可发生解凝聚，使已凝聚的囊膜很快消失。在制备过程中，可利用这种可逆凝聚性使凝聚过程反复多次，直到对包制的囊形满意为止；再利用囊材的某些物理或化学性质使凝聚的囊膜固化，制成不可逆的微囊，并可避免形成的微囊变形、聚结或粘连等。

以明胶为囊材，单凝聚法工艺流程见图 6-11。

图 6-11 单凝聚法工艺流程
稀释液—囊体系中硫酸钠% × 101.5%，浓度过低，囊会溶解；浓度过高，囊会粘连成团

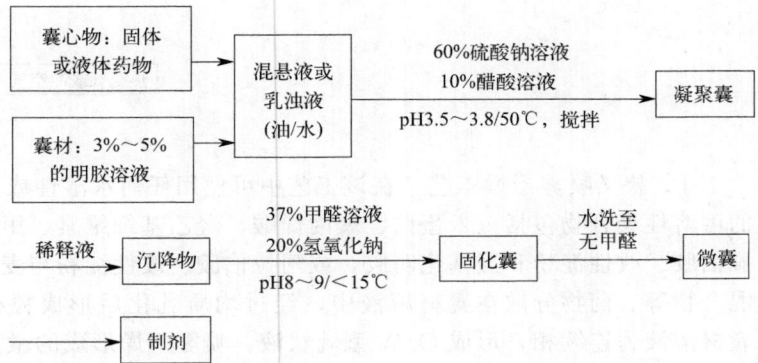

b. 复凝聚法　复凝聚法系指将囊心物分散在两种带有相反电荷的囊材的水溶液中，在不同 pH 时，因电荷的变化引起相分离凝聚而形成微囊的方法。

例如，以明胶-阿拉伯胶作为囊材，其复凝聚制成微囊的机理如下：明胶是由氨基酸组成的蛋白质，其分子中具有—NH_2、—NH_3^+、—COOH、—COO—，但所含正负离子的多少受介质酸碱度的直接影响，即 pH 低时，—NH_3^+ 的数目多于—COO—；而 pH 高时则相反，故明胶在等电点以下带正电荷。而阿拉伯胶水溶液中分子具有—COOH 和—COO—，仅具有负电荷。将明胶和阿拉伯胶水溶液混合后，调 pH 为 4～4.5，明胶正电荷达到最高数量，与带负电荷的阿拉伯胶结合成不溶性复合物，因其溶解度降低而凝聚在药物微粒周围形成囊膜，经固化处理后制成微囊，其工艺流程见图 6-12。

图 6-12 复凝聚法工艺流程
稀释液—30～40℃的水，用量为囊材系统的 1～3 倍

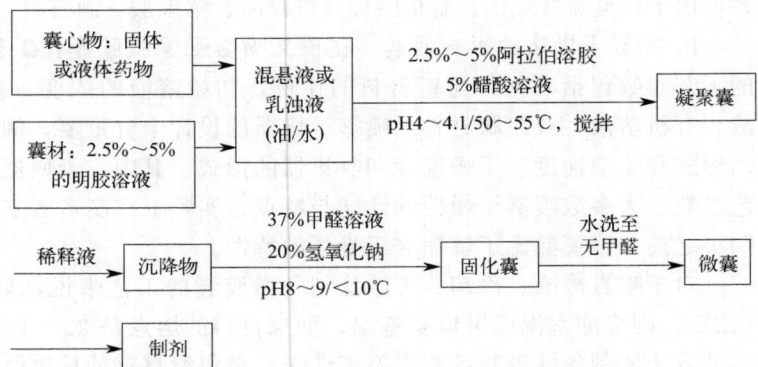

② 物理机械法　物理机械法主要是通过微胶囊壳材料的物理变化，采用一定的机械加工手段进行微胶囊化，是工业化发展趋势。常见的工艺有喷雾干燥法、喷雾冻结法、溶剂蒸发或溶剂萃取法、熔化分散冷凝法、流化床法、包衣锅法等。本节主要介绍喷雾干燥法。

a. 喷雾干燥法工艺流程　喷雾干燥法工艺是将药物与囊材的溶液（乳液、混悬液）合并在一起后，通过喷雾干燥或喷雾冷却技术进行微胶囊化，雾化后的液滴在气流中干燥。在喷雾干燥技术中，水和其他溶剂被热气流加热、蒸发并脱除，这种被称为狭义的喷雾干燥工艺。如果囊材是熔融的脂质或蜡质材料，则可以采用冷气流将雾滴固化，这种工艺称为喷雾冷冻工艺。喷雾干燥法制备微胶囊的工艺流程见图 6-13。

图 6-13　喷雾干燥法制备微胶囊的工艺流程

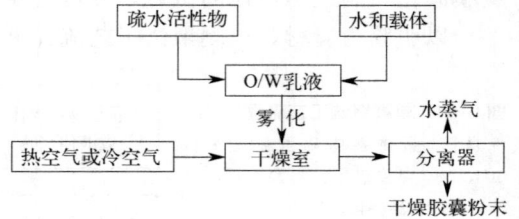

i. 狭义喷雾干燥工艺　在该工艺中可使用任何水溶性或溶剂可溶的囊材，经常使用的可溶性聚合物包括玉米蛋白、聚丙烯酸、羟乙基纤维素、甲基纤维素、醋酸纤维素、阿拉伯胶、改性淀粉和羟基化明胶，或阿拉伯胶、改性淀粉与麦芽糖糊精、蔗糖或山梨醇的混合物等。药物分散在囊材溶液中，经过均质乳化后形成粒径为 $0.1 \sim 10 \mu m$ 的分散相，囊材溶液为连续相，形成 O/W 型乳状液。喷雾干燥形成的微胶囊为平均直径几十个微米的球形颗粒，而球形颗粒内部包藏着若干更小的药物颗粒。由于药物粒径小而且是分散相，囊材是连续相且具有一定的黏度和表面张力，所以雾化后雾滴表面均是囊材溶液，药物微粒则处于雾滴内部。雾化后，每克液滴的表面积可达几个平方米。在喷雾干燥塔进口处，热气流会迅速蒸发掉液滴中的水分，此时囊材往往形成一种既可以屏蔽药物粒子又可以让水分子从中蒸发掉的网状结构。液滴中水分蒸发后，囊材形成更为致密的玻璃体结构，不但药物粒子难以通过，甚至连氧气分子的进入已受到阻碍，从而使药物受到保护。正常情况下，微胶囊颗粒为球状，没有裂纹或破损，也没有裸露的药物。

ii. 喷雾冷冻工艺　在采用喷雾冷冻造粒技术制备微囊的工艺中，可使用的囊材有氢化脂肪油、脂肪酸酯、脂肪醇、脂肪酸、甘油单酯、甘油二酯以及固体蜡。喷雾冷冻法的心材多为固体粉末物质，若为液体，可以先冻结成粉末，再混入囊材中，然后进行微囊化。该体系可用于包裹硫酸亚铁、有机酸类（柠檬酸、苹果酸、酒石酸）、维生素类等添加剂。

b. 喷雾干燥法的影响因素　在狭义喷雾干燥微胶囊化工艺中，可以改善心材料性质的工艺参数包括心材料与壁材料的比例，初始溶液的浓度、黏度和温度。可以使用水溶液、有机溶液，或浆状材料。喷雾干燥器的设计十分重要，例如干燥室的结构、气流的流动形式和流动速度、干燥温度和收集器的形式。其中，干燥器进出口温度是非常重要的工艺参数。大多数喷雾干燥器的性能与特点，实际上在制造者安装后就已确定了。因此，在购买之前，就要熟悉了解喷雾干燥器的特性。

对于喷雾冷冻、冷却、冻结法制备微胶囊的工艺来说，如果涂层材料的熔点在 45~122℃，则冷冻室温度可以是室温。如果材料的熔点是 32~43℃，则冷冻室要冷却。采用这种方法所制备的颗粒具有水不溶性壳，被包囊材料的释放温度取决于涂层材料的熔点。

c. 喷雾干燥装置　喷雾干燥装置的主要组成部分包括喷雾器、干燥室以及进料、收集等辅助设备（图 6-14）。

喷雾器是喷雾干燥器的关键部件。液体通过喷雾器分散成为微小的液滴，提供了很大的蒸发表面积，以利于达到快速干燥的目的。对于喷雾器的一般要求是雾滴应该均匀、喷雾器结构简单、生产能力大、能量消耗低及操作容易等。常用的喷雾器有三种类型，即离心式喷雾器（旋转雾化器）、压力式喷雾器和气流式喷雾器（双液喷嘴雾化器）。

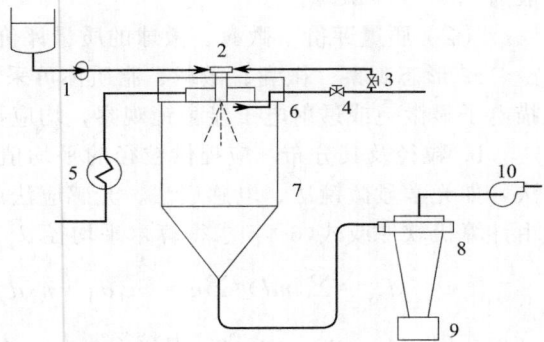

离心式喷雾器的操作原理是当物料被送到旋转的转盘上（图 6-15）时，由于转盘离心力的作用，料液在盘面上形成薄膜，并且以不断增长的速度向盘的边缘运动。离开盘的边缘时液膜会碎裂并雾化。离心式喷雾器的液滴大小和喷雾均匀性主要取决于转盘的圆周速度和液膜厚度，而液膜厚度又与溶液的处理量有关。当盘的圆周速度较小（小于 $50 \mathrm{m \cdot s^{-1}}$）时，得到的雾滴很不均匀，主要由一群粗雾滴和靠近盘处的一群细雾滴组成。喷雾的不均匀性随盘速加快而降低。圆周速度为 $60 \mathrm{m \cdot s^{-1}}$ 时，不会出现不均匀现象，所以这一圆周速度可以作为设计盘速的最低参考值。通常转盘操作的圆周速度为 $90 \sim 140 \mathrm{m \cdot s^{-1}}$。

压力式喷雾器主要由液体切向入口、液体旋转室和喷嘴孔等组成（图 6-16）。利用高压泵使获得很高压力（$1960 \sim 19600 \mathrm{kPa}$）的料液，从切向入口进入喷嘴的旋转室。液体在旋转室进行高速旋转运动。根据旋转动量守恒定律，旋转速度与漩涡半径成反比。因此，愈靠近轴心，旋转速度愈大，因而其静压强愈低，于是在喷嘴中央形成一股压强等于大气压的空气旋流，而液体则变为绕空气心旋转的环形薄膜。液体静压能在喷嘴处转变为液膜向前运动的动能，于是液膜会从喷嘴喷出，然后液膜伸长变薄并逐渐分裂为小雾滴。

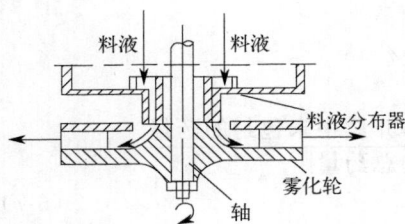

图 6-15 离心式喷雾器   图 6-16 压力式喷嘴   图 6-17 二流式喷嘴

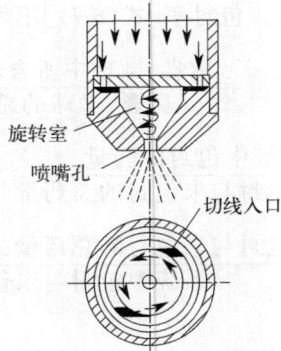

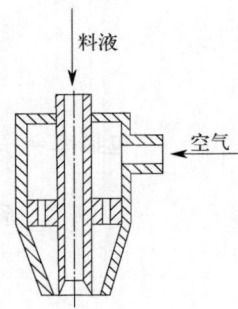

气流式喷雾器是利用高速气流对于液膜的摩擦分离作用来实现雾化的。气流式喷雾器的具体结构有：二流式喷嘴、三流式喷嘴、四流式喷嘴和旋转气流杯型雾化器。以二流式喷嘴（图 6-17）为例，说明气流式喷嘴的操作机理：图中中心管为料液通道，环隙为气体通道。当气、液两相在端面处接触时，由于气体从环隙喷出的速度很高（一般为 $200 \sim$

$340 \mathrm{m} \cdot \mathrm{s}^{-1}$），而液体流出的速度并不高（一般小于 $2 \mathrm{m} \cdot \mathrm{s}^{-1}$），因此在两个流体之间存在很大的相对速度，从而产生很大的摩擦力，使得料液雾化。喷雾所用的压缩空气的压强一般为 $0.3 \sim 0.7 \mathrm{MPa}$。

（2）质量评价　微囊、微球的质量评价应符合《中国兽药典》（2020 年版）的规定。

a. 形态观察　微囊、微球、脂质体可采用光学显微镜观察，粒径小于 2nm 的需用扫描电子显微镜或透射电子显微镜观察，均应提供照片。

b. 粒径及其分布　应提供粒径的平均值及其分布的数据或图形。测定粒径有多种方法，如光学显微镜法、电感应法、光感应法或激光衍射法等。测定不少于 500 个的粒径，由计算机软件或式(6-4)求得算术平均径 d_{av}。

$$d_{\mathrm{av}} = \sum(nd)/\sum n = (n_1 d_1 + n_2 d_2 + \cdots + n_n d_n)/(n_1 + n_2 + \cdots + n_n) \qquad (6\text{-}4)$$

式中，n_1、n_2，$\cdots$，n_n 为粒径；d_1、d_2，$\cdots$，d_n 为粒子数。

应提供微囊、微球粒径平均值及其分布数据或图形。微囊、微球的粒径分布数据，常用各粒径范围内的粒子数或百分数表示；有时也可用跨距表示，跨距[式(6-5)]愈小分布愈窄，即粒子大小愈均匀。

$$跨距 = (D_{90} - D_{10})/D_{50} \qquad (6\text{-}5)$$

式中，D_{10}、D_{50}、D_{90} 分别为粒径累积分布图中 10%、50%、90% 处所对应的粒径。

如需作图，将所测得的粒径分布数据，以粒径为横坐标，以频率（每一粒径范围的粒子个数除以粒子总数所得的百分数）为纵坐标，即得粒径分布直方图；以各粒径范围的频率对各粒径范围的平均值可作粒径分布曲线。

c. 载药量或包封率的检查　微囊、微球中药物的含量（%）称为载药量（drug-loading rate），其测定一般采用溶剂提取法溶剂的选择原则，主要应使药物最大限度溶出而最少溶解载体材料，溶剂本身也不应干扰测定。对于粉末状微囊、微球，可以仅测定载药量；对混悬于液态介质中的微囊、微球应通过适当方法（如凝胶柱色谱法、离心法或透析法）进行分离后，分别测定液体介质和微囊（球）的含药量后，计算其载药量[式(6-6)]和包封率（entrapment rate）。包封率[式(6-7)]不得低于 80%。

$$载药量 = \frac{微囊、微球中所含药物量}{微囊、微球的总量} \times 100\% \qquad (6\text{-}6)$$

$$包封率 = \frac{系统中包封的药量}{系统中包封与未包封的总药量} \times 100\%$$

$$= \frac{系统中包封与未包封的总药量 - 液体介质中未包封的药量}{系统中包封与未包封的总药量} \times 100\%$$

$$(6\text{-}7)$$

此外，亦可计算包封产率（drug yield）见式(6-8)：

$$包封产率 = \frac{微囊、微球中含药量}{投药总量} \times 100\% \qquad (6\text{-}8)$$

包封产率（即药物的收率）取决于采用的工艺。用喷雾干燥法和流化床法制得的微囊、微球的包封产率可达 95% 以上，但用相分离法制的微囊、微球的包封产率常为 20%~80%。包封产率通常可用于评价工艺，但不作为质量评价指标。

d. 突释效应或渗漏率的检查　药物在微囊、微球中的情况一般有三种，即吸附、包入和嵌入。在体外释放试验时，表面吸附的药物会快速释放，称为突释效应。开始0.5小时内的释放量要求低于40%。

若微囊、微球产品分散在液体介质中贮藏，应检查渗漏率，可由式(6-9)计算：

$$渗漏率 = \frac{产品在贮藏一定时间后渗漏到介质中的药量}{产品在贮藏前包封的药量} \times 100\% \tag{6-9}$$

e. 有机溶剂残留量　凡工艺中采用有机溶剂者，按《中华人民共和国兽药典》（2020年版）一部附录残留溶剂测定法测残留量，应符合规定的限度。凡未规定者，应根据生产工艺的特点制定相应的限度。

f. 质量要求　微囊、微球制成制剂后，应符合该制剂的质量要求。

微囊、微球制成相关制剂后，还应分别符合有关制剂通则（如片剂、胶囊剂、粉剂、颗粒剂、预混剂、注射剂、眼用制剂等）的规定。

若微囊、微球制成缓释、控释、迟释制剂，则应符合缓释、控释、迟释制剂指导原则的要求。

6.2.3.3　制备举例

生产上药物处方除了主药、载体材料外，还会有一些附加剂。在微囊生产时通常将主药与附加剂混匀后微囊化；亦可先将主药单独微囊化，再加入附加剂。若有多种主药，可将其混匀再微囊化，亦可分别微囊化后再混合，这取决于设计要求、药物、载体材料和附加剂的性质及工艺条件等。下面针对兽用药物的性质分别进行举例。

（1）喷雾干燥法制备茴香油微胶囊　茴香油是一种容易挥发和氧化的香辛料，微胶囊化可以在很大程度上防止茴香油的损失和变质。喷雾干燥法的工艺操作如下：将水溶性壁材溶于水，搅匀，加入茴香油，搅拌1min，用高速剪切分散器分散（12500r·min^{-1}，1min），再用高压均质机均质（25MPa），然后在气流式喷雾干燥器中进行喷雾干燥。测定所得微胶囊产品的表面茴香油和总茴香油含量，计算其微胶囊化的产率和效率，然后以微胶囊化产率和效率为指标，从而对进料浓度、进风温度、出风温度及壁材进行优化。采用大豆分离蛋白与多糖复合作为壁材并采用气流式喷雾干燥设备时，喷雾干燥最优条件为：进料浓度30%，进风温度195℃，出风温度（100±5）℃。

（2）流化床包衣法制备替米考星肠溶微囊　替米考星是我国兽用临床最常用抗生素之一，以口服为主，但因其味苦和对光敏感的特性，给临床用药及市场推广带来了困难。流化床包衣法制备替米考星肠溶微囊工艺操作如下。①囊心制备　取替米考星（30%）、微晶纤维素（40%）、羧甲基淀粉钠（30%）适量，加纯化水（固液比例为3：1）混合，投入槽型混合机中混合30min，制得软材，加到球面挤出机及滚圆机中进行挤出、滚圆，45～55℃干燥；筛分，取30目和60目之间的物料作为囊心。

② 制备包衣液　将处方量的滑石粉（40%）投入纯化水中，剪切后再加入处方量柠檬酸三乙酯（10%）、丙烯酸树脂乳胶液（50%）混合，制得包衣液。

③ 流化包衣　将30目和60目之间的囊心投入多功能流化床中，进风温度60～80℃，出风温度40～60℃，风机频率35～50Hz，喷液速度200～320r·min^{-1}，启动后，物料温度达到45～55℃后喷包衣液，物料温度维持在40～45℃之间进行包衣，待处方量的包衣液喷完后，继续干燥30～60min出料。即得替米考星肠溶微囊。

（3）喷雾干燥法制备维生素 D$_3$ 微囊　维生素 D$_3$ 作为饲料添加剂，是家畜家禽生长、繁育、维持生命和保持健康必不可少的脂溶性维生素。但维生素 D$_3$ 本身易光解、氧化、对热不稳定，且不溶于水，因此大大限制了其用途。采用喷雾干燥法制备维生素 D$_3$ 微囊，制备工艺如下：称取饲料级维生素 D$_3$ 油（400 万 IU·g^{-1}）12.5kg（注：其中含维生素 D$_3$1.25kg，植物油 11.25kg），占总质量 12.5%，置于溶油釜中，加入抗氧化剂 BHT（2,6-二叔丁基对甲酯）0.5kg，占总质量的比例为 0.5%，将其温度升至 60℃左右，再加入油溶性乳化剂单硬脂酸甘油酯、大豆卵磷脂各 0.5kg，上述材料作为油相，将其溶解均匀。在水相釜中加入酪蛋白 5kg、卡拉胶 4kg、麦芽糊精 76.5kg、去离子水 150kg，水相温度升至 80～90℃，将壁材溶解均匀，再将溶油釜中油相加入水相釜中，混合搅拌 30min，再打到均质机进行均质，均质压力为一级压力为 30MPa，二级压力为 15MPa，将其乳化成直径为 1～100μm 的微胶囊。再进行喷雾干燥，其进风温度控制在 170℃左右，出口温度控制在 80℃左右，喷雾形成维生素 D$_3$ 微胶囊，并加入流动剂二氧化硅 0.5kg，以增强微胶囊粉末的流动性，然后进行过筛、混合、检验、包装制得成品，维生素 D$_3$ 含量约为 50 万 IU·g^{-1}，其作为饲料添加剂添加于饲料中。

（4）复凝聚法制备维生素 D$_3$ 微囊　取阿拉伯胶、维生素 D$_3$ 液体石蜡溶液（含维生素 D$_3$0.85mg）和蒸馏水制成初乳后，加蒸馏水稀释后与明胶溶液混合，在 50℃水浴中以 300r·min^{-1} 的转速搅拌，用稀醋酸调 pH 为 4.0，微囊成形后，用约 35℃的蒸馏水稀释 3 倍，用冰水浴降温至 10℃以下，加 37% 甲醛溶液约 2mL 固化，待微囊沉淀后倾去上清液，蒸馏水洗涤后即得微囊混悬液。向微囊混悬液加入微晶纤维素（PH302）1.6g，抽滤后加无水亚硫酸钠粉末 0.8g 脱水，再加微晶纤维素（PH801）4.8g 混合分散，过筛制成颗粒后在烘箱中烘干，得到干微囊颗粒。

6.2.4　脂质体技术

6.2.4.1　概述

脂质体（liposomes）是一种由类脂质双分子层组成，内部为水相的闭合囊泡，是一种类似生物膜结构的双分子层小囊泡。脂质体是由磷脂、胆固醇等为膜材包合而成，这两种成分不但是形成脂质体双分子层的基础物质，而且本身也具有极为重要的生理功能。脂质体作为靶向给药系统的载体具有制备简单、无毒、无免疫原性等突出的优点，具有靶向性，还可增加药物稳定性或起缓释作用，将其作为药物载体，可以减少给药剂量和降低毒副作用，可作为抗癌药物、抗寄生虫等药物载体，在兽药上主要包载一些抗寄生虫药物。

脂质体作为药物载体有诸多优越性：①在体内可生物降解，毒副作用小；②与生物膜有相似性及组织相容性，细胞能摄取更多脂溶性药物，提高药物利用率；③既能包封脂溶性药物，又能包封水溶性药物；④包裹药物为物理过程，不破坏药物成分；⑤降低药物对机体特定部位的毒性，减少剂量，使药物缓释和控释。

（1）脂质体的分类

① 按照结构分类　脂质体可分为单室脂质体、多室脂质体、多囊脂质体。小单室脂质体（SUV）：粒径在 0.02～0.08μm；大单室脂质体（LUV）：为单层大泡囊，粒径在 0.1～1μm；多层双分子层的泡囊称为多室脂质体（MIV）：粒径在 1～5μm。

② 按照电荷分类　脂质体可分为中性脂质体、负电荷脂质体、正电荷脂质体。

③ 按照性能分类　脂质体可分为一般脂质体、特殊性能脂质体。一般脂质体：包括上述的单室脂质体、多室脂质体和多囊脂质体；特殊性能脂质体：环境敏感脂质体（热敏脂质体、光敏脂质体、pH 敏感脂质体、磁性脂质体和超声波敏感脂质体），主动靶向脂质体，前体脂质体，免疫脂质体等。

（2）脂质体的组成和结构

① 脂质体的组成。脂质体的主要组成成分是类脂质（磷脂）和胆固醇。

a. 磷脂：是一种具有两亲结构的天然表面活性剂，在水中为保持亲水亲油平衡，它处于稳定状态，形成一个定向排列的磷脂双分子链结构，其亲油基向内，而亲水基向外或在微囊内部。磷脂的结构特点为磷脂分子中含有一个磷酸基和一个季铵盐基组成的亲水性基团，以及由两个较长的烃基组成的亲脂性基团。磷脂包括天然磷脂和合成磷脂二类。天然磷脂以卵磷脂（磷脂酰胆碱，PC）为主，来源于蛋黄和大豆，显中性。合成磷脂主要有二棕榈酰磷脂酰胆碱（DPPC）、二棕榈酰磷脂酰乙醇胺（DPPE）、二硬脂酰磷脂酰胆碱（DSPC）等，其均属氢化磷脂类，具有性质稳定、抗氧化性强、成品稳定等特点，是国外首选的辅料。

b. 胆固醇：胆固醇与磷脂是共同构成细胞膜和脂质体的基础物质。胆固醇亦属于两亲物质，其结构中也具有疏水基团和亲水基团，但其疏水性较亲水性强。胆固醇在脂质体膜中的作用主要是改变纯磷脂层性质，由于胆固醇本身相聚合的能量较大，所以不与蛋白质结合，可以阻止磷脂凝聚成晶体结构。这样胆固醇在脂质体膜中减弱了膜中类脂与蛋白质复合体之间的连接作用，从而调节膜的流动性，故可称为脂质体流动性缓冲剂。胆固醇加入脂质体双层，可以改变脂质体的性质，利用这一点，人们可以通过调节胆固醇的结构和加入量来设计脂质体性质。胆固醇不具有双疏水链，因此，其自身不能形成脂质双层结构。在脂质体结构中，胆固醇以高浓度方式渗入磷脂膜。在天然膜中，胆固醇与磷脂的分子数之比为 $0.1 \sim 1.0$，其配比大小取决于细胞定位。胆固醇作为表面活性剂，能镶嵌入磷脂膜，羟基面向亲水面，当浓度达到一定值时，酰基链和胆固醇结合在膜中所占有的部位大于或等于磷脂酰胆碱头部基团所占有的部位，并且高浓度胆固醇的膜不出现膜的倾斜，因此，脂质体的相变温度变化不大。胆固醇含量增加时，减小了酰基链的自由度，使膜双层流动性降低。所以，如何控制胆固醇在脂质体中的加入量，将影响脂质体的相变温度、释药性等。

② 脂质体的结构。磷脂分子形成脂质体时，两条疏水链指向内部，亲水基在膜的内外两个表面上，磷脂双层构成一个封闭小室，内部包含水溶液，小室中水溶液被磷脂双层包围而独立，磷脂双层形成泡囊，又被水相介质分开。脂质体可以是单层的封闭双层结构，也可以是多层的封闭双层结构。在电镜下，脂质体的外形常见的有球形、椭圆形等，直径在几十纳米到几微米之间。

用磷脂和胆固醇作为脂质体的膜材时，必须将二者溶于有机溶剂，然后蒸发除去有机溶剂，在器壁上形成均匀的类脂质薄膜，此薄膜是由磷脂和胆固醇混合分子相互间隔定向排列的双分子层组成。磷脂分子的极性端与胆固醇分子的极性基团相结合，故亲水基团上接有两个疏水链，其中之一是磷脂分子中的两个烃基，另一个是胆固醇结构中的疏水链。

（3）脂质体的理化性质

① 相变温度。脂质体的物理性质与介质温度有密切关系，当升高温度时脂质体双分子层中疏水链可从有序排列变为无序排列，从而引起一系列变化，如膜的厚度减小，流动

性增加等，这种转变时的温度称为相变温度（phase transition temperature，T_c）。T_c 的大小取决于磷脂的种类，一般地，增加疏水链的长度和饱和度将使 T_c 增高。在 T_c 以下时，脂质分子的脂肪酰链为全反式构象，排列紧密，膜的刚性和厚度都增加，膜结构处于晶态；在 T_c 之上时，脂肪链可以伸缩、弯曲、扭曲以及向侧向位移，膜结构处于流动态和液晶态，在磷脂发生相变时，体系中为液态、液晶和晶态共存，出现相分离，此时，膜的通透性增加，如果脂质微囊中包有药物时，药物容易泄漏。

② 脂质体的荷电性。酸性脂质如磷脂酸和磷脂酰丝氨酸等的脂质体带负电，含碱基（氨基）脂质如十八胺等的脂质体带正电，不含离子的脂质体呈电中性。脂质体表面电性与其包封率、稳定性、靶器官分布及对靶细胞作用等都有关。

③ 脂质体膜的通透性。脂质体是半通透性膜，不同分子扩散和离子穿膜的速率有极大不同。正电荷脂质体和负电荷脂质体对阳离子不通透，在水溶液和有机相中溶解度都非常高的分子，通过磷脂膜非常快。而极性溶液，例如葡萄糖和高分子化合物等通过膜却非常慢，中性电荷的小分子如水和尿素能很快扩散。但带电荷的离子与它们的行为有极大不同，质子和氢基离子穿过膜非常快，可能是由于水分子间氢键结合的结果，钠离子和钾离子跨膜均非常慢。

④ 脂质体的粒径。粒径大小和分布的均匀程度与脂质体的稳定性和包封率有关，其直接影响脂质体在机体组成的配置和行为，一般情况下以粒径分布均匀为好。凡影响脂质体稳定性的因素，都与脂质体的粒径及其分布有关。

（4）脂质体的特点

① 靶向性和淋巴定向性：载药脂质体进入机体后，将被巨噬细胞作为外界异物吞噬，具有肝、脾网状内皮系统的被动靶向性，用于肝寄生虫病、利什曼病等单核-巨噬细胞系统疾病的防治。如抗寄生虫药苯硫咪唑脂质体和阿苯达唑脂质体，利用脂质体的靶向性，提高药物的生物利用度，减少用量。

② 缓释作用：缓慢释放，延缓肾排泄和代谢，从而延长作用时间。许多药物在体内由于迅速代谢或排泄，作用时间短，不能充分被利用。如果将药物包封成脂质体后，可减少肾排泄和代谢，从而延长药物在血液中的滞留时间，使药物在体内缓慢释放，以延长药物在人体内的作用时间。例如，如按 $6mg \cdot kg^{-1}$ 剂量静注阿霉素和阿霉素脂质体，两者的消除半衰期分别为 7.3h 和 69.3h。

③ 降低药物毒性：药物被脂质体包封后，主要被单核-巨噬细胞系统的巨噬细胞所吞噬而摄取，并在肝、脾和骨髓等单核-巨噬细胞较丰富的器官中浓集，使药物在心、肾中累积量比游离药物低得多，因此如果将对心、肾有毒性的药物或对正常细胞有毒性的抗癌药包封成脂质体，可明显降低药物的毒性。如两性霉素 B，它对多数哺乳动物的毒性较大，制成两性霉素 B 脂质体，可使其毒性大大降低而不影响抗真菌活性。

④ 提高药物稳定性：有些药物在体内受到体液等因素的影响会很快分解，难以有效利用，但一些不稳定的药物被脂质体包封后可受到脂质体双层膜的保护，不会被分解。如胰岛素脂质体、疫苗等可提高主药的稳定性。

⑤ 具有细胞亲和性和组织相容性：脂质体所采用的表面活性剂原料为类天然材料，所制成的脂质体是类似生物膜结构的泡囊，对正常细胞和组织无损害和抑制作用，并有细胞亲和性与组织相容性，可长时间吸附于靶细胞周围，使药物能充分向靶细胞靶组织渗透，脂质体也可通过融合进入细胞内，经溶酶体消化释放药物。如果将抗结核药物包封于脂质体中，将药物载入细胞内杀死结核菌，可提高疗效。

6.2.4.2 制备工艺及质量评价

（1）脂质体的制备工艺

① 被动载药法 脂质体常用制备方法主要有薄膜分散法、反相蒸发法、注入法、超声分散等。在制备含药脂质体时，首先将药物溶于水相或有机相中，然后按适宜的方法制备含药脂质体，该法适于脂溶性强的药物，所得脂质体具有较高包封率。

a. 薄膜分散法（thin-film dispersion method）：薄膜分散法又称干膜（分散）法，是将磷脂和胆固醇等类脂及脂溶性药物溶于有机溶剂，然后将此溶液置于一大的圆底烧瓶中，再旋转减压蒸干，磷脂在烧瓶内壁上会形成一层很薄的膜，然后加入一定量的缓冲溶液，充分振荡烧瓶使脂质膜水化脱落，即可得到脂质体。这种方法对水溶性药物可获得较高的包封率，但是脂质体粒径在 $0.2 \sim 5 \mu m$ 之间，可通过超声波仪处理或者通过挤压使脂质体通过固定粒径的聚碳酸酯膜，在一定程度上降低脂质体的粒径。

b. 超声分散法：超声分散法是将磷脂、胆固醇和待包封药物一起溶解于有机溶剂中，混合均匀后旋转蒸发去除有机溶剂，将剩下的溶液再经超声波处理，分离即得脂质体。超声波法可分为两种"水浴超声波法和探针超声波法"，本法是制备小脂质体的常用方法，但是超声波易引起药物的降解问题。

c. 复乳法（multiple emulsion method）：复乳法又称二次乳化法（double emulsion method），第 1 步将磷脂溶于有机溶剂，加入待包封药物的溶液，乳化得到 W/O 初乳，第 2 步将初乳加入 10 倍体积的水中混合，乳化得到 W/O/W 乳液，然后在一定温度下去除有机溶剂即可得到脂质体。

d. 注入法（injection method）：注入法是将类脂质和脂溶性药物溶于有机溶剂中（油相），然后把油相匀速注射到水相（含水溶性药物）中，搅拌挥发完有机溶剂，再乳匀或超声得到脂质体。根据溶剂的不同可分为乙醇注入法和乙醚注入法。乙醇注入法避免了使用有机溶剂。乙醚注入法制备的脂质体大多为单室脂质体，粒径绝大多数在 $2 \mu m$ 以下，操作过程中温度比较低（40℃），因此，该方法适用于在乙醚中有较好溶解度和对热不稳定药物，同时通过调节乙醚中不同磷脂的浓度，可以得到不同粒径且粒径分布均匀的脂质体混悬液。

e. 逆相蒸发法（reverse-phase evaporation method，REV）：逆向蒸发法是将磷脂等膜材溶于有机溶剂中，短时超声振荡，直至形成稳定的 W/O 乳液，然后减压蒸发除掉有机溶剂，达到胶态后，滴加缓冲液，旋转蒸发使器壁上的凝胶脱落，然后在减压下继续蒸发，制得水性混悬液，除去未包入的药物，即得大单室脂质体。此法可包裹较大的水容积，一般适用于包封水溶性药物、大分子生物活性物质等。

f. 冷冻干燥法（freeze-drying method）：由于脂质体混悬液在贮存期间易发生聚集、融合及药物渗漏，且磷脂易氧化、水解，难以满足药物制剂稳定性的要求。冷冻干燥法是将类脂质高度分散在磷酸盐缓冲液中，加入冻干保护剂冷冻干燥后，再分散到含药的水性介质中，形成脂质体。该法已成为较有前途的改善脂质体制剂长期稳定性的方法之一。脂质体冷冻干燥包括预冻、初步干燥及二次干燥 3 个过程。冻干脂质体可直接作为固体剂型，如喷雾剂使用，也可用水或其它溶剂重建成脂质体混悬液使用，但预冻、干燥和复水等过程均不利于脂质体结构和功能的稳定。如在冻干前加入适宜的冻干保护剂，采用适当的工艺，则可大大减轻甚至消除冻干过程对脂质体的破坏，复水后脂质体的形态、粒径及包封率等均无显著变化。单糖、二糖、寡聚糖、多糖、多元醇及其他水溶性高分子物质都可以用作脂质体冻干保护剂，其中二糖是研究最多也是最有效的，常用的有海藻糖、麦芽糖、蔗糖及乳糖。本法适于热敏型药物前体脂质体的制备，但成本较高。

g. 冻融法：首先制备包封有药物的脂质体，然后冷冻。在快速冷冻过程中，由于冰晶的形成，使形成的脂质体膜破裂，冰晶的片层与破碎的膜同时存在，此状态不稳定，在缓慢融化过程中，暴露出的脂膜互相融合重新形成脂质体。该制备方法适于较大量的生产，尤其对不稳定的药物最适合。

h. 超临界法：传统的脂质体制备方法，必须使用氯仿、乙醚、甲醇等有机溶剂，这对环境和人体都是有害的。超临界二氧化碳是一种无毒、惰性且对环境无害的反应介质。超临界法是将一定量的卵磷脂溶解于乙醇中配得卵磷脂乙醇溶液，与药物溶液一起加入高压釜中，将高压釜放入恒温水浴中，通入 CO_2，在超临界态下孵化一定时间，制备脂质体。采用超临界 CO_2 法制备的包封率高、粒径小，稳定性增强。

② 主动载药法　对于两亲性药物，如某些弱酸弱碱，其油水分配系数介质 pH 和离子强度的影响较大，用被动载药法制得的脂质体包封率低。主动载药是利用两亲性的药物，能以电中性的形式跨越脂质双层，但其电离形式却不能跨越的原理来实现的。通过形成脂质体膜内、外水相的 pH 梯度差异，使脂质体外水相的药物自发地向脂质体内部聚集。主动载药法通常用脂质体包封酸性缓冲盐，然后用碱把外水相调成中性，建立脂质体内外的 pH 梯度。药物在外水相的 pH 环境下以亲脂性的中性形式存在，能够透过脂质体双层膜。而在脂质体内水相中药物被质子化转为离子形式，不能再通过脂质体双层回到外水相，因而被包封在脂质体中。主动载药法广义上就是指 pH 梯度法。人们把其细分为：pH 梯度法、硫酸铵梯度法、醋酸钙梯度法。其中硫酸铵梯度法和醋酸钙梯度法只是 pH 梯度法的两种特殊形式。

a. pH 梯度法：pH 梯度法通过调节脂质体内外水相的 pH 值，形成一定的 pH 梯度差，弱酸或弱碱药物则顺着 pH 梯度，以分子形式跨越磷脂膜而使以离子形式被包封在内水相中。

b. 硫酸铵梯度法：硫酸铵梯度法通过游离氨扩散到脂质体外，间接形成 pH 梯度，使药物积聚到脂质体内。其方法为先将硫酸铵包于脂质体内水相，然后通过透析、凝胶色谱或超滤的方法除去脂质体外水相的硫酸铵。由于离子对双分子层渗透系数的不同，氨分子渗透系数（0.13 cm·s^{-1}）较高，能很快扩散到外水相中；H^+ 的渗透系数远小于氨分子，因此会使脂质体内水相呈酸性，形成 pH 梯度，梯度大小由〔NH_4^+〕外水相/〔NH_4^+〕内水相比较决定，这样使药物逆硫酸铵梯度载入脂质体。药物与 SO_4^{2-} 形成的硫酸盐，对双分子层有很低渗透系数，因而使药物具有很高的包封率。相较于 pH 梯度法，硫酸铵梯度法不需要改变外水相的 pH 值，控制梯度也易实现，整个过程无需缓冲液或 pH 滴定，适合装载弱碱性药物。

c. 醋酸钙梯度法：醋酸钙梯度法通过醋酸钙的跨膜运动产生的醋酸钙浓度梯度（内部的浓度高于外部），使得大量质子从脂质体内部转运到外部产生 pH 梯度。醋酸的渗透参数（6.6×10^{-4} cm·s^{-1}）比 Ca^{2+}（2.5×10^{-11} cm·s^{-1}）大 7 个数量级，所以很少穿越双分子膜留在脂质体内部，醋酸分子则参与了质子转运。醋酸钙跨膜运动产生的浓度梯度（内部的浓度高于外部）导致大量质子从脂质体的内部转运到外部产生 pH 梯度，而 pH 的不平衡为包载和聚集弱碱药物提供了高效驱动力。

（2）质量评价

① 形态、粒径及其分布　采用扫描电镜、激光散射法或激光扫描法测定。给药途径不同其粒径要求不同。如注射给药脂质体的粒径应小于 200nm，且分布均匀，呈正态性，

跨距宜小。

② 包封率　一般采用葡聚糖凝胶、超速离心法、透析法等分离方法将溶液中游离药物和脂质体分离，分别测定脂质体和介质中的药量，按照式(6-10)计算包封率。通常要求脂质体的药物包封率达 80％以上。

$$包封率＝（微球中包封的药物/微球中药物总量）×100\% \tag{6-10}$$

③ 载药量　载药量的大小直接影响药物的临床应用剂量，故载药量愈大，愈易满足临床需要。载药量与药物的性质有关，通常亲脂性药物或亲水性药物较易制成脂质体。脂质体的载药量按照式(6-11)计算：

$$载药量＝[微球中药物量/（微球中药物＋载体总量）]×100\% \tag{6-11}$$

④ 脂质体的稳定性　脂质体的稳定性分为物理稳定性和化学稳定性两个方面。

a. 物理稳定性：脂质体的物理稳定性主要用渗漏率表示，渗漏率表示脂质体在贮存期间包封率的变化情况，是脂质体稳定性的主要指标。胆固醇可以加固脂质双分子层膜，降低膜流动，可减小渗漏率［式(6-12)］。

$$渗漏率＝\frac{产品在贮藏一定时间后渗漏到介质中的药量}{产品在贮藏前包封的药量}×100\% \tag{6-12}$$

b. 化学稳定性：脂质体的化学稳定性主要用磷脂的氧化程度表示。磷脂容易被氧化，这是脂质体的突出缺点。在含有不饱和脂肪酸的脂质混合物中，磷脂的氧化分 3 个阶段：单个双键的耦合，氧化产物的形成，乙醛的形成及键断裂。因为各阶段产物不同，氧化程度很难用一种试验方法评价。

ⅰ. 磷脂氧化指数：氧化指数是检测双键耦合的指标。因为氧化耦合后的磷脂在波长 230nm 左右有紫外吸收峰而有别于未氧化的磷脂，一般规定磷脂氧化指数应小于 0.2。氧化指数的测定方法是：将磷脂溶于无水乙醇中配制成一定浓度的澄明溶液，分别测定在波长 233nm 及 215nm 的吸光度，由式(6-13)计算氧化指数：

$$氧化指数＝A_{233nm}/A_{215nm} \tag{6-13}$$

ⅱ. 磷脂量的测定：基于每个磷脂分子中仅含 1 个磷原素，采用化学法将样品中磷脂转变为无机磷后测定磷物质的量（或质量），即可推出磷脂量。

⑤ 脂质体的释放度　体外释放度是脂质体制剂的一项重要质量指标。脂质体作为一种新的给药体系，对其进行释放度的研究，对于评估过程控制是否合理、产品的质量是否符合要求以及制备过程中的微小变化对产品质量的影响具有一定意义。通过测定其体外释药速率可初步了解其通透性的大小，以便调整释药速率，达到预期要求。

⑥ 体内组织分布和药代动力学研究　因具有被动靶向作用（易被网状内皮系统 RES 吞噬），产品的组织分布和药代行为同普通制剂相比，通常会发生改变。故有必要进行普通制剂和脂质体制剂的组织分布以及药代动力学的对比研究，为下一步的安全性研究和临床研究提供信息和设计依据。将脂质体静注给药，测定动物不同时间的血药浓度，并定时将动物处死，取脏器组织，捣碎分离取样，以同剂量的药物溶液作为对照，比较各组织的药物含量。对于测定结果，应进行统计分析，明确脂质体和普通制剂的组织分布及药代参数是否存在差异，差异是否具有统计学意义。

6.2.4.3　制备举例

（1）姜黄素脂质体的制备（被动载药法-乙醇注入法）　精密称取姜黄素、卵磷脂和胆固醇溶于适量乙醇中，将所得类脂溶液缓慢匀速注入恒温 45℃的 PBS 缓冲溶液中，恒温搅拌除去乙醇，得到黄色混悬液，过 $0.45\mu m$ 微孔滤膜即得。

（2）紫杉醇脂质体的制备（被动载药法-薄膜分散法）　将紫杉醇、卵磷脂和胆固醇用适量氯仿溶解，得到无色透明液体。将混合液体置于茄型瓶中，在旋转蒸发仪上减压蒸馏，得均匀膜层。缓缓加入 PBS 缓冲液溶解膜层，再加入适量稳定剂，经超声波处理和离心分离后，得到乳白色悬浊液，即为紫杉醇脂质体。

（3）阿霉素脂质体的制备（主动载药法-硫酸铵梯度法）　称取大豆磷脂（SPC）和胆固醇适量，置于烧杯中，量取一定量二氯甲烷加入烧杯中，溶解磷脂与胆固醇。将溶解液置于圆底烧瓶中，固定于旋转蒸发仪上，真空成膜后连通大气。随后加入一定量的硫酸铵水溶液，水化，形成空白脂质体。将圆底烧瓶中的脂质体转移至超声管中，冰浴下超声，装入透析袋中，以水为介质透析过夜。将透析过的脂质体取出得空白脂质体。精密称取一定量的盐酸阿霉素，置于烧杯中，去离子水溶解后，搅拌下逐滴加入空白脂质体混悬液，载药后取出，过 $0.45\mu m$ 微孔滤膜即得。

6.3

药物新剂型

6.3.1　缓控释制剂

6.3.1.1　概述

缓控释制剂是在药物传递系统中比较早的新剂型，使药物在体内缓慢释放以控制药物的吸收速度，不仅使血药浓度在较长时间内维持有效浓度范围，而且避免药物浓度过高而引起的毒副作用。由于缓释、控释给药系统有许多相似之处，为方便起见，本节将缓释与控释制剂一起讨论。

缓控释制剂的研制起始于 20 世纪 50 年代末，20 世纪 70 年代有品种开始上市，我国 20 世纪 70 年代末开始研制口服缓控释制剂。2021 年，我国医院渠道缓控释制剂销售规模达到 320 亿元，呈现高速增长态势。国内常见的缓控释制剂有非洛地平缓释片、硝苯地平控释片、尼莫地平缓释片、阿司匹林缓释片、双氯灭痛控释片、可乐定控释贴、东莨菪碱控释贴片等。缓控释制剂有各种形式，例如：口服缓控释制剂、注射缓控释制剂、植入缓控释制剂、皮肤用缓控释制剂等。

（1）缓控释制剂概念　缓释制剂（sustained release preparation）：系指口服药物在规定释放介质中，按要求缓慢地非恒速释放药物，其与相应的普通制剂比较，给药频率至少减少一半，用药的间隔时间有所延长，且能显著增加患者依从性。

控释制剂（controlled release preparation）：系指口服药物在规定释放介质中，按要求缓慢地恒速或接近恒速释放药物，其与相应的普通制剂比较，给药频率至少减少一半，用药的间隔时间有所延长，且能显著增加患者依从性。

（2）缓释、控释制剂的特点

① 对半衰期短或需频繁给药的药物，可以减少服药次数，提高了病人的顺应性。

② 释药平缓，使血药浓度平稳，避免峰谷现象，有利于降低药物的不良反应，减少耐药性的发生，见图 6-18。

图 6-18　缓释、控释制剂与常规制剂比较

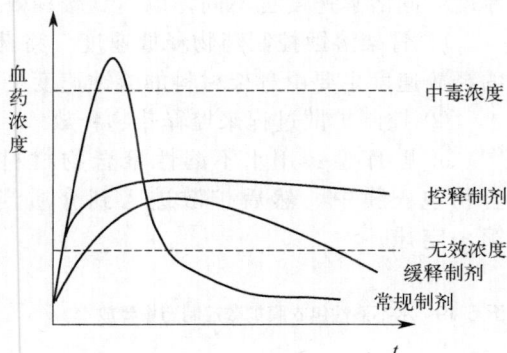

③ 缓控释制剂可发挥药物的最佳治疗效果。

④ 某些缓控释制剂可以按要求定时、定位释放，更加适合疾病的治疗。

⑤ 可以减少用药的总剂量，因此可以用最小剂量达到最大药效。

⑥ 在临床应用中对剂量调节的灵活性降低，如果遇到某种特殊情况，往往不能立刻停止治疗。

⑦ 制备缓释、控释制剂所涉及的设备和工艺费用较常规制剂昂贵。

（3）缓释控制剂分类

① 按给药途径分类：a. 口服缓控释制剂；b. 透皮缓控释制剂；c. 眼用缓控释制剂；d. 直肠缓控释制剂；e. 子宫内和皮下植入缓控释制剂。

② 按剂型分类：片剂、丸剂、胶囊剂、注射剂、栓剂、膜剂、植入剂等。

③ 按制备工艺分类：

a. 骨架型缓控释制剂：

ⅰ. 亲水凝胶骨架型系以亲水性胶体物质为主要材料，制成的制剂；

ⅱ. 溶蚀性骨架型系以脂肪、蜡类物质为骨架材料制成的制剂；

ⅲ. 不溶性骨架型系用不溶性无毒材料制成的制剂。

b. 薄膜包衣缓释片或小丸：制剂的表面包一层适宜的衣层，使其在一定条件下溶解或通过包衣膜上的孔道释出药物，达到缓控释目的。

c. 缓释乳剂：水溶性药物可将其制成 W/O 型乳剂。由于油相对药物分子的扩散具有一定的屏障作用，所以制成 W/O 型乳剂可达到缓释目的。

d. 缓释微囊：药物经微囊化后具有缓释作用的制剂等。

e. 注射用缓释制剂：系指油溶液型和混悬液型注射剂，其原理基于降低药物的溶出速度或扩散速度而达到缓释目的。

f. 缓释膜剂：指将药物包裹在多聚物薄膜隔室内或溶解分散在多聚物膜片中而制成的缓释膜状制剂。

（4）缓控释制剂的释药原理

① 控制溶解速度来控制药物释放　溶解缓慢的药物自身即是长效和缓释的，可以通

过适当增大难溶性药物的粒径，溶解变慢；或将一些水溶性药物制成难溶性盐或难溶性衍生物，混悬于植物油中成油溶液型注射剂起缓释作用；或将药物与高分子化合物骨架材料混合达到缓释。

    a. 可溶性包衣厚度控制药物释放速度　用溶解缓慢的材料将颗粒包衣，由于包衣层厚度不同溶解速度也不同，以达到缓释效果。

    b. 骨架溶蚀控制药物释放速度　将药物与脂肪及蜡质类难溶性材料制成制剂，药物的释放速度主要由骨架材料的溶蚀速度决定。

    ② 控制扩散过程来控释药物释放

    a. 贮库型：用水不溶性聚合物材料包裹在含药核心周围，释放时药物先进入聚合物包衣膜中，然后扩散进入到介质当中。见图 6-19、式（6-14）。其释放符合 Fick 第一定律。

图 6-19　水不溶性包衣膜扩散控制药物释放

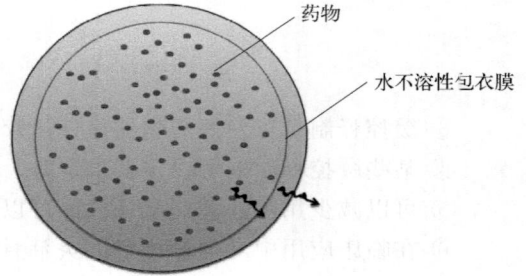
药物
水不溶性包衣膜

$$J = \frac{\mathrm{d}m}{A\,\mathrm{d}t} = -D\left(\frac{\partial c}{\partial x}\right) \tag{6-14}$$

    式中，D 为扩散系数，m^2/s；c 为扩散物质（组元）的体积浓度，$\mathrm{kg/m}^3$；$\partial c/\partial x$ 为浓度梯度；J 为扩散通量，$\mathrm{kg/(m^2 \cdot s)}$；"—"表示扩散方向为浓度梯度的反方向，即扩散组元由高浓度区向低浓度区扩散。

    b. 骨架型：固体药物分散在不溶性骨架材料中，药物的释放速度取决于药物在骨架材料中的扩散速度而不是固体药物的溶解速度。骨架型缓控释制剂中药物的释放符合 Higuchi 方程。

$$Q/A = 2c_0(Dt/\pi) \times \frac{1}{2} \tag{6-15}$$

    式中，Q/A 为单位扩散面积药物扩散进入吸收池的量，$\mathrm{mg/cm}^2$；c_0 为凝胶中的药物初始浓度，$\mathrm{mg/mL}$；D 为药物表观扩散系数，$\mathrm{cm}^2/\mathrm{min}$；$t$ 为药物扩散时间，min。

    为了简化数据处理，进行如下假设：药物释放期内药物释放保持稳态；总有剩余溶质；充分的漏槽条件；药物颗粒远小于该骨架制剂的体积；扩散系数保持恒定；药物和骨架材料无相互作用。则上式可简化为：

$$Q = k_{\mathrm{H}} t^{\frac{1}{2}} \tag{6-16}$$

    式中，k_{H} 为常数，即药物的释放量与 $t^{\frac{1}{2}}$ 成正比。

    骨架型结构中药物的释放特点是非零级释放。这主要是因为扩散路径的延长所致。药物首先接触介质、溶解，然后从骨架中扩散出来，骨架中药物的溶出速度必须大于药物的扩散速度。这一类制剂的优点是制备容易，可用于释放大分子量的药物。

如果想要制备一种扩散控制型的骨架缓释系统，应该控制好下列参数：ⅰ. 骨架中药物的初始浓度；ⅱ. 空隙率；ⅲ. 曲折因子；ⅳ. 形成骨架的高分子材料系统；ⅴ. 药物的溶解度。

　　③ 扩散过程和溶解过程同时控制药物释放　这一类型的缓控释系统的典型特征为药物内核被含有部分可溶性致孔材料的不溶性薄膜所包裹，可溶性材料的溶解为药物的扩散提供通道，见图 6-20。

图 6-20　部分膜控药物释放示意图

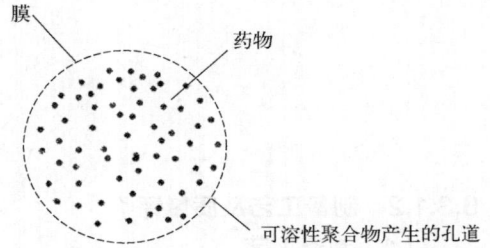

膜
药物
可溶性聚合物产生的孔道

　　④ 离子交换机制　离子交换系统是由水不溶性交联聚合物组成的树脂，其聚合物链的重复单元上含有成盐基团，带电荷的药物可结合于树脂上。当载药树脂和含有适当电荷离子的溶液接触时，药物分子即被交换，并扩散到溶液中，其交换及扩散过程可用式（6-17）表示：

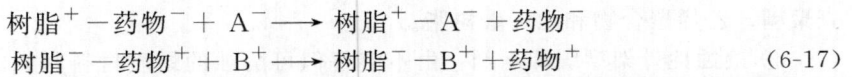

$$树脂^+ - 药物^- + A^- \longrightarrow 树脂^+ - A^- + 药物^-$$
$$树脂^- - 药物^+ + B^+ \longrightarrow 树脂^- - B^+ + 药物^+ \qquad (6\text{-}17)$$

　　式中，A^- 和 B^+ 都是消化道中的离子；交换后，药物从药树脂中游离出来释放。扩散路径的长度和扩散面积对药物释放速率至关重要。另外树脂的刚性部分的结构，如交联度等也影响着药物的释放。因此树脂的孔隙率、树脂小球的粒径等必须加以控制。

　　在离子交换中，药物的释放可以通过含药树脂的包衣来控制，可以填充到胶囊中或做成混悬剂，这种方式可以得到理想的释放曲线。如图 6-21 所示。

图 6-21　包衣含药树脂示意图

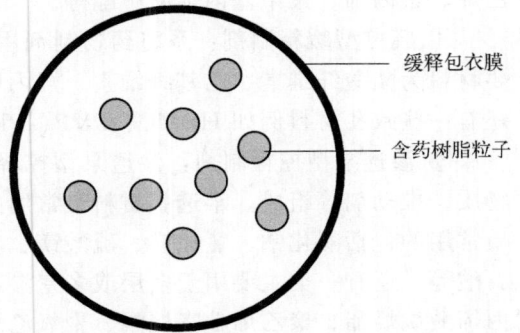

缓释包衣膜
含药树脂粒子

　　⑤ 渗透压机制　以渗透压作为驱动力，可恒速地释放药物，实现零级释放，而且其处方可适用于不同的药物，但具有更加严格的质控指标。基于该机制的给药系统主要为渗透泵型控释制剂。片心为水溶性药物和水溶性聚合物或其他辅料，外面用水不溶性的聚合物，例如醋酸纤维素、乙基纤维素或乙烯-醋酸乙烯共聚物等包衣，在半透膜壳顶部用激光打一细孔，形成渗透系片。当渗透泵系统置于水中或胃肠介质中时，水则由于半透膜内外压力差通过半透膜而进入内部，使药物溶解成饱和溶液，加之高渗透压辅料的溶解，膜内外渗透压的差别，药物饱和溶液由细孔持续流出，直到片心内的药物溶解完全为止。见图 6-22。

此类系统的优点是可传递体积较大，理论上药物的释放与药物的性质无关，缺点是造价贵。

图 6-22　原始的单元渗透泵示意图

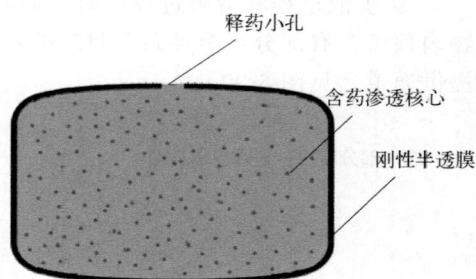

释药小孔
含药渗透核心
刚性半透膜

6.3.1.2　制备工艺及质量评价

（1）制备工艺

① 亲水凝胶骨架型制剂：亲水凝胶骨架型给药系统中药物的释放与药物的性质有关。亲水凝胶骨架材料遇水后形成凝胶，水溶性药物的释放速率取决于通过凝胶层的扩散速度，而水中溶解度小的药物，释放速度由凝胶层的逐步溶蚀速度决定。二者最终的机制都是凝胶材料完全溶解，药物全部释放。这类制剂的主要材料为羟丙甲纤维素、海藻酸钠、壳聚糖、乙烯聚合物和丙烯酸树脂。

② 溶蚀性骨架型缓释制剂：由不溶解但可溶蚀的蜡质材料制成的溶蚀性骨架缓释给药系统是通过孔道扩散与蚀解来控制药物释放的。这类制剂主要材料为硬脂酸、硬脂醇、单硬脂酸甘油酯等。

③ 不溶性骨架型缓释制剂：主要由溶于水或水溶性很小的高分子聚合物或无毒塑料与药物混合制成的。不溶性骨架缓释给药系统的药物释放是液体穿透骨架，将药物溶解，然后从骨架的沟槽中扩散出来，因此孔道扩散为限速步骤。常用的材料有乙基纤维素、聚乙烯、聚丙烯、聚甲基丙烯酸甲酯等。

④ 膜控型缓释制剂：系将药物制剂用包衣材料包衣所得的缓控释剂型。这类制剂主要材料为醋酸纤维素、乙基纤维素、羟丙甲纤维素邻苯二甲酸酯和甲基丙烯酸共聚物等。还有一些致孔材料例如 HPMC、PVP、PEG 等。

⑤ 渗透泵型控释制剂：渗透泵型控释给药系统是由药物、半透膜材料、渗透压活性物质、推动剂等组成。半透膜材料最常用的是醋酸纤维素、乙基纤维素等；渗透压活性物质常用的包括氯化钠、氯化镁、硫酸镁、硫酸钠、硫酸钾、甘露醇、尿素、琥珀酸镁、酒石酸等。还有一类主要用于多层或多室渗透泵控释制剂渗透活性物质：主要有聚羟基甲基丙烯酸烷烃酯、聚乙烯吡咯烷酮、聚氧乙烯等，可以将药物层的药物推出释药小孔。除上述物质外，尚可加助悬剂、黏合剂、润滑剂等。半渗透膜的厚度、孔径、孔率、片心的处方以及释药小孔的直径，是制备渗透泵型片剂的关键。

⑥ 微囊化型缓释制剂：是通过囊材在药物周围形成一层衣壳而将固体、液体甚至气体药物包裹成微米级粒子的过程。微囊膜为半渗透膜，在胃肠道中，水分可渗入囊内溶解其中的药物，形成饱和溶液，再扩散到囊外的消化液中而被机体吸收。囊膜的厚度、微孔的孔径、微孔的弯曲度等决定药物的释放速度。主要为微囊化的材料有明胶、聚乙烯醇、乙基纤维素、聚氯乙烯等。

⑦ 离子交换树脂型缓释制剂：阳离子药物溶液通过离子交换树脂时，可以取代其上

的氢原子而与树脂形成复合物，这种树脂-药物复合物被洗脱后可以制备成相应的缓释制剂。药物的释放速率主要由胃肠道 pH 值及其中的电解质浓度决定。

（2）质量评价

① 体外释放度试验　缓控释制剂的最重要的体外评价指标是释放度的评价，释放度系指在规定溶剂中，药物从缓控释制剂中释放的速度和程度，是筛选缓控释制剂处方和控制其质量的重要指标。

a. 释放度试验方法：根据《中华人民共和国药典》（后文简称《中国药典》）（2020 年版）缓控释制剂指导原则的规定，缓控释制剂的药物释放度试验可采用溶出度仪测定。溶出度仪有多种，目前药典中记载了桨法、转篮法、小杯法等。释放介质以除去空气的新鲜水最佳，或根据药物的溶解特性、处方要求、吸收部位，使用稀盐酸（$0.001 \sim 0.1 \mathrm{mol} \cdot \mathrm{L}^{-1}$）或 pH 为 $3 \sim 8$ 的磷酸盐缓冲液，对难溶性药物不宜采用有机溶剂，可加少量表面活性剂（如十二烷基硫酸钠等）。释放介质的体积应符合漏槽条件，一般要求不少于形成药物饱和溶液量的 3 倍，并脱气。

b. 取样点设计：一般口服给药制剂至少要有三个取样点。第一个时间点通常是 $1 \sim 2h$，释放量控制在 $15\% \sim 40\%$，这个时间点主要考察制剂有无突释现象；第二个时间点为 $4 \sim 6h$，释放量控制在 50% 左右；第三个时间点为 $7 \sim 10h$，释放量要求在 75% 以上，说明释药基本完全。释药全过程的时间应不低于给药的时间间隔，且累积释放率要求达到 90% 以上。

c. 实验结果分析：释药数据可用 4 种常用数学模型拟合，即零级方程、一级方程、Higuchi 方程和 Peppas 方程，通过方程拟合来判断释药机制。

② 体内评价　口服缓控释制剂进行的释放度试验一般用于缓控释制剂处方筛选、质量控制，还不能完全替代体内试验对缓控释制剂剂型评价。因此，缓控释制剂还必须进行体内评价——生物利用度。《中国药典》规定缓、控释制剂的生物利用度与生物等效性应在单次给药与多次给药两种条件下进行。参比制剂一般应选用国内外上市的同类缓、控释制剂的主导产品。若系创新的缓、控释制剂，则应选择与国内外上市的同类普通制剂的主导产品进行比较，以确认缓控释制剂的优越性。其他要求可参考《中国药典》（2020 年版）。

③ 体内外相关性（IVIVC）　建立和确证体外释放试验和体内生物利用度试验之间的相关性主要目的是通过体外释放曲线预测体内情况。

《中国药典》（2020 年版）和 FDA 将体内外相关性可归纳为三种情况：a. A 水平相关，又称点对点相关，是指整个体外释放体内吸收两条曲线上对应的各个时间点应分别相关，这是最高水平的相关关系。体内吸收曲线可通过 Wagner-Nelson 法或 Loo-Reegelman 法求得。b. B 水平相关，又称统计距参数相关，是指应用统计矩分析原理建立体外释放的平均时间与体内平均滞留时间之间的相关，由于能产生相似的平均滞留时间，可有很多不同的体内曲线，因此体内平均滞留时间不能代表体内完整的血药浓度-时间曲线。c. C 水平相关，又称单点相关，将一个释放时间点（$t_{50\%}$、$t_{90\%}$ 等）与一个药代动力学参数如 AUC、$C_{\max}$ 或 $t_{\max}$ 之间单点相关，但它只说明部分相关。

《中国药典》（2020 年版）指导原则中缓控释制剂的体内外相关性，系指体内吸收相的吸收曲线与体外释放曲线之间对应的各个时间点回归，得到直线回归方程的相关系数符合要求，即可认为具有相关性。

6.3.1.3　制备举例

（1）亲水性凝胶骨架片　目前最常用的亲水性凝胶骨架材料主要有羟丙甲纤维素

（HPMC），常用的型号为 K4M 和 K15M 等。另外还有 CMC-Na 和海藻酸钠等，这些材料遇水后水化形成凝胶层，能控制药物释放。亲水凝胶骨架片的制备方法可以采用粉末直接压片法，也可以采用湿法制粒压片法。

例 1：卡托普利亲水凝胶骨架片（25mg/片）

处方：卡托普利 60g，HPMC 60g，乳糖适量，硬脂酸镁适量。

制备：将卡托普利、HPMC、适量乳糖和硬脂酸镁（均过 100 目筛）按等量递加法充分混匀后，直接压片而成。

通过释放度实验研究发现，卡托普利骨架片的释放行为很好地符合 Higuchi 方程，但更符合一级释药方程，说明药物的释放不仅是浓度梯度下的药物的单纯扩散，还可能与渗透压驱动下药物的扩散有关。

（2）**溶蚀型骨架片**　这类骨架片是由溶蚀性材料主要有蜂蜡、巴西棕榈蜡、硬脂酸、硬脂醇、单硬脂酸甘油酯等制成。这类制剂的释药机制以溶蚀占主要地位，疏水性骨架材料可被胃肠液溶蚀，并逐渐分散为小颗粒，从而释放出其所含的药物。

影响溶蚀骨架片释放速率的因素有很多，如骨架材料的性质、用量、药物的性质及含量、药物粒子大小、片剂表面积、工艺因素等。

例 2：对乙酰氨基酚缓释骨架片（25mg/片）

处方：对乙酰氨基酚 80g，硬脂酸 12.4g，乙基纤维素 2.5g，硬脂酸镁 3g。

制备：将对乙酰氨基酚、硬脂酸、乙基纤维素的乙醇溶液混合制粒，再加入硬脂酸镁混合均匀，压片。

（3）**不溶性骨架片**　不溶性骨架片由水不溶性材料，如聚乙烯、聚氯乙烯、甲基丙烯酸甲酯共聚物、EC、PVC、聚丙烯、聚硅氧烷等制成。此类骨架在药物整个释放过程中几乎不发生变化，骨架片释放药物后，骨架随粪便排出。它的释药过程主要分为三步：①消化液渗入骨架孔内；②药物溶解；③药物自骨架孔道扩散释放，其中孔道扩散为限速步骤。

例 3：双氯芬酸钠缓释片

处方：双氯芬酸钠 150g，尤特奇 30D 30g，硬脂酸镁适量。

制备：将双氯芬酸钠、尤特奇 30D 混合制软材过 1mm 筛制粒，干燥 24h，再加入硬脂酸镁混合均匀，压片。

（4）**膜控释小丸**　控释膜通常为一种半透膜式微孔膜，释药机制是膜腔内的渗透压或药物分子在膜层中的扩散行为。常用的成膜材料有醋酸纤维素、乙基纤维素、聚丙烯酸树脂、醋酸纤维素酞酸酯、羟丙甲纤维素酞酸酯等。有时还需加入增塑剂，如丙二醇、甘油、PEG 柠檬酸三乙酯、邻苯二甲酸二乙酯等。致孔材料常用 PEG、PVP、盐类、HPMC 等。

例 4：双氯芬酸钠缓释微丸

处方：双氯芬酸钠 10g，微晶纤维素 10g，乳糖 14g，5％ PVP 水溶液适量，5％ EC 适量。

制备：将处方中原辅料混合均匀，用 5％ PVP 水溶液制软材，挤出制备圆整的微丸，烘干 24 h。后用 5％ EC 乙醇溶液包衣，微丸增重约 5％，即得。

（5）**肠溶膜控释片**　肠溶膜控释片剂是药物片心外包肠溶衣的片剂。肠溶衣片心胃液中不溶，而进入肠道后，衣膜溶解，片心中的药物释放。肠溶材料目前常用的是醋酸纤维酞酸酯（CAP）、羟丙基纤维素酞酸酯（HPMCP）、醋酸羟丙甲纤维素琥珀酸酯

（HPMCAS）、PVAP、Eudragit L 和 Eudragit S 等多种型号，适合于不同 pH 肠段的释药。

（6）**渗透泵型控释制剂** 渗透泵型控释制剂是利用渗透压原理制成，主要由药物、半透膜材料、渗透压活性物质和助推剂组成。由于渗透泵控释制剂具有零级释药的特征，释药行为不受环境 pH 值、胃肠蠕动和食物等因素的影响，且体内外释药相关性好。

例 5：硝苯地平渗透泵控释片

处方：药物层为硝苯地平 100g，聚环氧乙烷 355g，HPMC 25g，氯化钾 10g，硬脂酸镁 10g。

助推层为聚环氧乙烷 170g，氯化钠 72.5g，硬脂酸镁适量。

包衣液为醋酸纤维素 95g，PEG4000 5g，三氯甲烷 1960mL，甲醇 820mL。

制备：①含药片心的制备，将处方中 4 种固体物料混合均匀，制软材，过 16 目筛制粒，在室温下干燥 24 h，加入硬脂酸镁混匀，压片；②片心助推层的制备，制备方法同含药层，将含药层压好后，在上面压助推层；③压好双层片，用高效包衣锅包衣，包衣完成后，置 50 ℃处理 65 h，然后用 0.26 mm 孔径激光打孔。

6.3.2 植入型给药系统

6.3.2.1 概述

口服和注射是目前最为普遍和流行的给药途径，但对某些药物而言存在生物利用度低、半衰期短、需要反复多次用药等问题，因此需要研究开发其他途径的给药系统以提高药物的疗效，并使其更加安全和可靠。1937 年，Deansley 提出可以将药丸（片）植于皮下组织，缓慢释药而起长效作用，这是首次提出植入剂的概念。植入型给药系统是一类经手术植入或经特殊装置导入皮下或靶部位的控制释药系统，可以实现局部或全身给药，降低剂量并减小副作用，还能避免首过效应和胃肠道降解，提高生物利用度，另外其载药量高，体积较小，可延长药物作用时间，特别适合慢性及老年性疾病的长期治疗，提高患者顺应性。

植入制剂是一种特殊的缓控释制剂，由于生产工艺复杂、技术要求高，至今上市产品不多，但近年来随着新技术的开发和应用，植入制剂得到广泛关注和深入研究，其药物应用范围也由当初的生殖健康扩展到肿瘤治疗、眼部疾病、胰岛素给药、心血管疾病等多种治疗领域。

6.3.2.2 植入型给药系统的分类

根据药物在植入剂中存在的方式和植入剂使用方式的差异，可分为固体载药植入剂、注射给药植入剂、植入泵制剂。

（1）**固体载药植入剂** 指药物分散于载体材料中，以柱、棒、丸、片等形式经手术植入给药。根据载体材料不同，又分为非生物降解型和可生物降解型。

① 非生物降解型 非生物降解型植入剂是早期研究及应用的植入体系之一，由在体内不可生物降解的载体材料通过一定制备方法制成，常用材料为硅橡胶、聚氨酯、聚丙烯酸酯、聚乙烯酸乙烯酯共聚物等。临床上最为熟知、用于长效避孕的埋植皮下胶囊 Norplant，该产品包含 6 个硅橡胶小胶囊，各包裹 36mg 左炔诺孕酮，将其埋植于女性上臂内

侧皮下，避孕周期长达 5 年，自 1990 年被 FDA 批准上市后现在多个国家广泛使用。然而非生物降解型植入剂也有一定缺点，这类植入剂刚开始释药略快（但不会产生突释效应），部分释药以后，在不降解材料内形成空区，余下的药物需经更长的途径才能扩散释放，释药速率不断缓慢降低，而且，非生物降解型植入给药系统在释药周期结束后，需通过手术进行收集并将其取出，这一过程亦常常造成患者身体不适和二次伤害。

② 可生物降解型 可生物降解型植入剂用生物降解聚合物做成不同形状的剂型，经外科手术植入体内，药物在体内可以缓慢释放，药物释完后，所用载体材料在体内可自发降解为单体小分子，降解机制包括水解、酶解、氧化、物理降解等过程，释药结束后不需要再通过手术将其取出，大大提高了患者的依从性，而且随着药物释放，植入剂材料也逐渐降解、溶蚀，使整个释药过程更接近零级释放。这类材料已部分替代非生物降解材料用于避孕药、抗肿瘤药植入剂的生产，如植入片 Gliadel Wafers® 于 2000 年开始用于术后脑瘤的化疗，亦可将其他不能透过血脑屏障的抗肿瘤药（如卡铂、环磷酰胺）直接植入颅内进行治疗。

自 20 世纪 70 年代出现了植入控释剂型以来，缓控释注射剂一直被广泛研究，近些年更是成了国际药学领域研究的热点。缓控释注射剂又称为可注射的埋植剂，这类制剂既可以注射给药，也可以植入给药。药物在体内可以控制释放，最后载体可被机体吸收，避免了采用手术取出的麻烦与不便。近年来，控释制剂已经由固体控释制剂向凝胶或液体控释制剂发展，由口服控释制剂、透皮控释制剂向注射型长效控释制剂发展。

注射控释制剂具有长效（天、数月甚至更长）、避免受食物和同服药物及肝首过效应影响等特点，从而使一些在胃肠道内不稳定的药物，需长期服用的避孕药、抗肿瘤药、激素类药等开发成非胃肠道给药制剂，同时，也可为半衰期较短的易酶解或水解的生物技术药物提供合适的载体和给药途径。

日本武田公司成功上市采用新型可生物降解材料聚乳酸-聚羟基乙酸（PL-GA）制备的长效注射微球 LHRH 后，人们对 PLGA 及其他可生物降解材料在 IDDS（植入给药系统）上的应用进行了广泛研究。武田公司对 PLGA 材料和制备工艺进行了专利保护，由于材料研究的困难及生产工艺的复杂，导致该技术在其他项目上的应用进展十分缓慢。直到近年才陆续上市了若干同类制剂。已经上市的以生物降解材料为载体的注射型植入剂有左炔诺孕酮（WA. 公司和 Population 公司分别上市）、卡莫司汀（Guilford 公司）、醋酸戈舍瑞林（Zeneca 公司）、盐酸强力霉素（Atrix 公司）等。第一个用生物降解聚合物制成的微球注射剂是麻醉药拮抗剂，随后一些药物，如抗精神病、抗肿瘤、抗生素、抗炎药物的微球注射剂也有不少研究报道。

（2）注射给药植入剂 注射给药植入剂是将高分子材料注射于人体，使聚合物在生理条件下产生分散状态或构象的可逆变化，使注射剂由液态向凝胶转化，形成半固态的药库，并通过其降解过程长期稳定控制药物释放。与传统的预成型植入剂相比，该剂型具有生产相对简便、对机体损伤小、患者依从性好等优点，可用于全身性及局部药物递送、组织工程、整形外科等。

根据体内成形的机制，注射给药植入剂可大致分为在体交联体系、在体固化有机凝胶、在体相分离体系等类型。

① 在体交联体系 在体交联体系是通过加热、光照、离子介导等方法，使植入剂在体内相互交联而形成聚合物网络固体或凝胶。该体系对体内反应条件要求严格，且化学交联反应发生时通常会释放出一定的热量，对机体组织造成损伤，物理交联体系则对聚合物

自身的构象具有较高的要求。

②　在体固化有机凝胶　在体固化有机凝胶由不溶于水的两性脂质分子组成，大部分此类脂质为油酸甘油酯，溶液状态注射入体内水环境中，脂质溶胀形成含有一个三维脂质双分子层的立方液晶相，双分子层由水通道隔开。液晶相黏度很高，具有类似凝胶的结构，可应用于药物控释。如胡启飞等用12%聚乳酸以DMF（N,N-二甲基甲酰胺）作为溶剂制备的3%注射型伊维菌素原位凝胶植入剂具有较好的缓释效果和良好的生物相容性。目前，此类系统主要用于控释亲脂类药物，有机凝胶制备工艺相对复杂且影响因素较多，限制了该体系的深入研究。

③　在体相分离体系

a. pH诱导的凝胶系统　该体系所用聚合物分子中含有大量可解离基团，当以液态注入给药部位后，由于pH环境的改变，电荷间相互排斥导致分子链的伸展与相互缠结，从而发生溶胶-凝胶的相转变。Srividya等使用Carbopol® 940作为胶凝剂，Methocel E50LV为增黏剂，成功制备了氧氟沙星原位凝胶眼部给药系统。

b. 热塑胶浆体系　热塑胶浆体系应用时，将聚合物以熔化物形式注入体内，冷却至体温时可形成半固体贮库，聚合物凝固后的结晶度影响药物的释放。特别适用于难溶性药物，避免了使用有机溶剂，但使用前需加热软化，造成使用不便，且较高的软化温度会对注射部位造成损伤。Schwach-Abdellaoui等将甲氧氯普胺（MTC）溶于低分子量聚原酸酯（POE）胶浆中，用于治疗胃肠道疾病。但由于MTC具有高度水溶性和酸性，从基质中释放过快，因此向POE中加入少量Mg(OH)$_2$降低释药速率。体内试验将POE/MTC胶浆通过皮下注入狗的颈部后，可持续释药30h以上。

c. 溶剂移除沉淀体系　溶剂移除沉淀体系利用相分离原理，将水不溶性聚合物溶于与水互溶的有机溶剂后注入体内，有机溶剂向周围的体液环境扩散，同时周围的水分子扩散进入聚合物，使其固化从而在注射部位沉淀形成药物贮库。因此该体系的主要不足是植入初期的突释较大，另外有机溶剂具有一定的毒性。目前该体系已有产品经FDA批准上市，具代表性的是2002年Atrix Laboratories推出的Eligard系列产品，该系列为醋酸亮丙瑞林皮下注射用混悬剂，可缓释1个、3个、4个、6个月不等，用于姑息治疗晚期前列腺癌。

d. 热致溶胶-凝胶转变体系　将聚合物和药物溶于适宜溶剂中，热致溶胶-凝胶转变体系在低温或室温条件下为溶胶态，且黏度较低，因此可通过无创伤或微创方式注入作用部位；进入体内后温度上升，聚合物的溶解性发生突变而形成凝胶。发生溶胶-凝胶转变的温度通常称为低临界溶解温度（LCST）。常用的材料为聚氧乙烯-聚氧丙烯嵌段共聚物、聚乙二醇-聚乳酸嵌段共聚物、纤维素类衍生物等。这些聚合物均包含一定比例的亲水嵌段，低温时可形成足量的氢键使聚合物保持溶解状态；随着温度的升高，氢键数目减少至某一临界点，导致体系发生相分离而形成凝胶。不足之处在于该体系往往因过于亲水而造成亲水性药物突释现象严重。新型温敏水凝胶ReGel®（PLGA-PEG-PLGA）负载紫杉醇后的产品OncoGelTM与市售产品Taxol®相比，可有效降低给药剂量（6 g·L^{-1}紫杉醇），对人类乳腺癌的疗效更高且降低了紫杉醇的全身毒副作用，药效可持续6周左右，用于治疗食管癌、脑癌和乳腺癌。

（3）植入泵制剂　植入泵制剂是具有微型泵的植入剂，通过将泵或者导管植入到作用部位，依靠自身或外部环境的推动力缓慢注入药物。与非降解型/降解型植入系统相比，释药速率更稳定（一般可达零级释放），并可以根据临床需求更准确地调节给药速率；动力源可长期使用并可通过皮下注射等方式向泵中补充药液，避免了多次注射；但普遍成本较高，部分装置外挂，影响患者依从性。

根据释放的动力不同，可分为：输注泵、蠕动泵、渗透泵等。

① 输注泵　输注泵以氟碳化合物作为推动力，广泛用于胰岛素给药的糖尿病治疗，最早应用此原理的产品为美国 Metal Bellows 公司的 Infusaid 植入泵。

② 蠕动泵　蠕动泵是由螺旋型电导制成，通过外部电场的力量来运行蠕动泵，其优点是可通过改变外部电场的强度来调节药物释放。由 Medtronic 公司开发的 Synchromed 是一个完全植入式蠕动泵。

③ 渗透泵　渗透泵由高分子材料形成一外壳，内部被一可自由移动的隔膜分为两室，分别装药物制剂和渗透剂。组织中的水分子进入渗透剂室，溶解渗透剂，使渗透压升高，推动中间的隔膜将另一室的药液从导药孔中压出。Viadur 为应用此原理的典型产品，用于释放醋酸亮丙瑞林治疗前列腺。

6.3.2.3　植入型给药系统的临床应用

（1）生殖健康　Norplant 为美国人口理事会研制的第一个用于避孕的皮下埋植剂，效果可维持 5 年。Norplant 使用方便为其最突出优点，放置后不必经常求医，局部无需特殊护理且避孕高度有效，具有较高的可接受性。截至目前，经 FDA 批准上市的植入产品包括 Vantas®、Retisert®、Nexplanon®、SupprelinLA®、Iluvien®、Probuphine®、NuvaRing® 等。醋酸甲地孕酮是一种强效抗排卵孕激素，无任何雌激素或雄激素活性，在硅橡胶管中皮下植入给药，其延缓着床、抑制生育作用及抗排卵作用为其常规皮下注射混悬液的 7～13 倍。此外，孕酮、19-去甲孕酮和睾酮的相对生物效价，均比皮下注射高 11 倍以上。这种给药方式的缺点是植入时需要在局部做一小切口，或用特殊注射器将植入剂推入，如材料是生物不降解的易引起炎症反应，还需要手术取出，病人顺应性受到影响。因此，目前的趋势是使用生物相容性且具有生物降解性材料，可以采用注射方式植入而无需手术，明显提高病人顺应性。

（2）肿瘤治疗　口服化疗药物是治疗肿瘤最常用的给药途径，但药物剂量大，常导致严重的全身性副作用。通过将药物递送装置直接植入到作用部位可大大减少药物剂量，从而降低对其他健康组织造成的损害。Guilford 公司开发的卡莫司汀抗肿瘤植入剂 Gliadel 已于 2000 年用于恶性脑胶质瘤的化疗，使不能透过血脑屏障的抗肿瘤药（卡铂、环磷酰胺）直接植入颅内进行化疗。Lebugle 报道了使用含甲氨蝶呤（MTX）的磷酸钙埋植系统治疗骨肿瘤。目前，国内已经研制了抗癌化疗药物顺铂、氟尿嘧啶、甲氨蝶呤的植入缓释剂型。以硅橡胶囊为骨架，制成 5-氟尿嘧啶（5-Fu）控释植入剂。初步临床应用结果表明，5-Fu 控释植入剂对继发性肝痛治疗效果较好。

（3）眼部疾病　对于眼后段疾病的治疗，常规制剂难以有效地穿透角膜进入病变部位而达到治疗效果，眼部植入剂靶向眼后段，可提高局部药物浓度，并能缓慢释放药物，提高患者依从性。

1996 年率先获得 FDA 批准上市的眼部植入剂为含更昔洛韦的非生物降解型植入剂（商品名 Vitrasert），用于治疗艾滋病患者的巨细胞病毒性视网膜炎，药物持续释放时间长达 8 个月。目前唯一获 FDA 批准上市的生物降解型眼部植入剂是美国艾尔建公司开发的地塞米松玻璃体内植入剂（商品名 Ozurdex），外观呈棒状，大小为 $6.5mm \times 0.45mm$，用 22-G 针头经睫状体平坦部注入玻璃体腔，持续释放地塞米松时间约为 6 个月，用于治疗视网膜静脉阻塞和糖尿病视网膜病变继发的黄斑水肿。2005年FDA批准北京华润紫竹药业有限公司研发的地塞米松植入剂（思诺迪清）上市，为白色或类白色的柱形颗粒，用于白内障摘除并植入人工晶体后引发的眼内膜炎，可持续释药7天。

（4）糖尿病治疗　胰岛素是一种多肽激素，极易被胃肠道酶破坏并有强烈的肝脏首过效应，口服很难有良好的疗效。其他给药途径（如鼻腔、舌下、直肠、皮肤等）的研究虽有报道，但不是吸收不完全就是效果不确定，至今尚无突破。目前，临床上的常规方法仍是注射，但作用维持时间太短，仅46h，而胰岛素的血浆半衰期小于9min，重症病人需要每天注射4次。胰岛素植入泵是一种具有微型泵的植入剂，能按设计好的速率自动缓慢输注药物，得到可控的药物释放速率。根据胰岛素泵的自动控制程度将其分为开环式泵和闭环式泵。开环式泵不能自动监测血糖浓度，患者根据血糖水平将一定量胰岛素连续输入人体，并在餐前调节增加输入剂量以模仿餐后分泌增多、血浆胰岛素升高情况。目前市售的胰岛素泵都是开环式泵。植入体内的闭环式胰岛素泵主要由能连续监测血糖的血糖传感器、微电脑和胰岛素注射泵3部分组成，能根据血糖浓度变化自动调整胰岛素的注射量。Renard等将闭环式胰岛素泵置于患者腹部皮下脂肪处，将血糖生化感应器经导管插入术置于靠近右心房处的静脉内，由无线电远程控制胰岛素的输注。该系统可模拟胰腺分泌，临床疗效良好。

6.3.2.4　展望

尽管植入制剂与传统的给药方式如口服、静脉注射等相比有一系列优势，但仍存在一些问题。首先，植入体内的给药方式本身会对患者造成一定问题，如植入制剂植入和取出时给使用病人带来的痛苦；植入剂可能移动以致不可能取出；植入剂可能产生的多聚物毒性反应。因此需不断改进植入设备使其变得更加小巧温和，降低对人体的伤害，提高患者的依从性。其次，植入剂需要在较长的一段时间内，实现在特定位置以特定速度缓慢释放药物，这通常需要十分复杂精密的系统设计，增加了研究难度及开发成本，因此如何以最低的成本获得最有效的给药系统是植入剂发展道路的一道难题。但是植入给药系统的优点和重要意义已被公认，而且，随着微电子技术、微/纳米制造技术、3D打印技术等前沿领域不断发展成熟，未来植入给药系统将具有更加广阔的发展前景。

6.3.3　腔体及黏膜给药体系

6.3.3.1　乳房注入剂

乳房注入剂是药物与适宜的溶剂或分散介质制成的通过乳头管注入乳池的无菌制剂。按照性状来分，包括溶液、乳状液、混悬液、乳膏以及供临用前配制的溶液或混悬液的无菌粉末等。

奶牛乳腺包括4个不同的乳区，每个乳区都有一个乳头。在一个乳区中形成的牛奶不能转移到另外一个乳区。乳房的左右两侧也被中间韧带隔开，而前部和后部被分隔得更加明显。奶牛乳房是个非常大的器官，含奶和血液时其质量约为50千克。然而重达100千克的乳房也曾被报道过。所以乳房必须很好地跟骨骼和肌肉连在一起。中间韧带由弹性纤维组织组成，而侧面韧带则由弹性稍弱一些的结缔组织组成。要是这些韧带弹性减弱的话，就不适合用机器挤奶，因为他们的乳头往往向外突出，见图6-23。

按照给药的方式可分为两类，一类用于动物泌乳期疾病的治疗与预防，另一类是用于泌乳后期和干乳期动物乳腺疾病的治疗与预防。因此除另有规定外，乳房注入剂应在标签上标明用于泌乳期或非泌乳期。

图 6-23　牛乳房解剖图

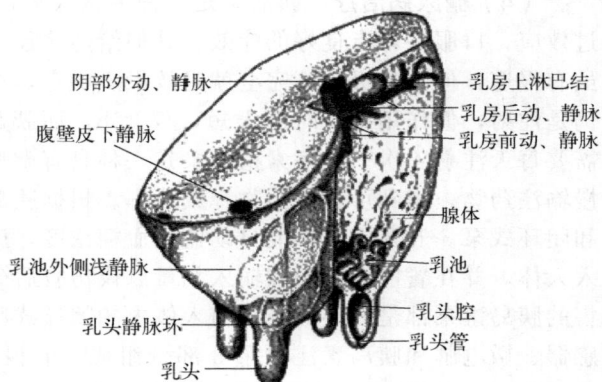

① 一般采用两种溶剂进行配制：水性溶剂，最常用的为注射用水，也可用 0.9% 氯化钠或其他适宜的水溶液；非水性溶剂，常用的为植物油，主要为供注射用大豆油，其质量应符合"大豆油（供注射用）"标准，其他还有乙醇、丙二醇、聚乙二醇、液体石蜡等。

② 配制乳房注入剂时，可按药物的性质和剂型加入适宜的附加剂。如稳定剂、增溶剂、增稠剂、助溶剂、抗氧剂、抑菌剂、乳化剂、助悬剂等。所用的附加剂应不影响药物疗效，避免对检验产生干扰，使用浓度不得引起毒性或明显的刺激。常用抗氧化剂有亚硫酸钠、亚硫酸氢钠和焦亚硫酸钠，一般浓度为 0.1%～0.2%；常用的抑菌剂为 0.5% 苯酚、0.3% 甲酚、0.5% 三氯叔丁醇等。多剂量包装的注入剂本身无足够的抑菌活性，可加入一定浓度的适宜抑菌剂，抑菌剂的用量应能够抑制注入剂中微生物的生长，加有抑菌剂的乳房注入剂，仍应采用适宜的灭菌方法。

③ 常用容器：乳房注入剂一般可灌装于单剂量容器或多剂量容器内，一次仅用于动物的一个乳管注入给药。一般容器配有注入器的玻璃瓶、塑料瓶及一次性注入器等。容器用胶塞要有足够稳定性，质量符合有关国家标准。乳房注入剂要求灭菌或按无菌操作配制，所用的各种器具及容器均需要用适宜的方法清洁、灭菌。多剂量包装的注入剂每个容器的装量不得超过 10 次注入量。

④ 制备：由于乳房注入剂为无菌制剂或灭菌制剂，因此生产应在洁净车间进行，溶液的配制参照注射剂生产工艺要求。

质量控制方法如下。

① 粒度：对于含有分散药物粒子的乳房注入剂要参考《中国兽药典》附录中粒度和粒度分布测定法显微镜法进行测定，全视野下无凝聚现象，不得检出规定 $50\mu m$ 以上的粒子。

② 沉降比：混悬型乳房注入剂沉降比应不低于 0.9。

③ 其他：按照国家标准要求对装量、无菌等项目进行检测。

6.3.3.2　子宫灌注剂

子宫灌注剂是为了治疗子宫疾病配制成的无菌溶液、乳浊液或混悬液以及可配成液体的无菌粉末，需要用输精器或其他器械输入子宫腔或宫颈内，药物在局部起作用或经黏膜吸收后起全身作用。按照使用的范围可以分为两种，子宫冲洗剂和子宫灌注剂。子宫冲洗是将选定的药物或溶液先注入子宫，然后再尽可能地全部倒出体外，对子宫起"净化"作用，所以药物或溶液用量比较大，一般为每次 500～1000mL。子宫灌注是将选定药物注入子宫，无需导出，对子宫起治疗作用，一般用量在 20～40mL。治疗时用洗宫器输入子宫腔内，其具有以下特点：

① 药物不经消化道，不受消化液和食物的影响，直接作用于用药部位，在局部形成较高的药物浓度，起效较快，用药量较少。

② 配制简单方便，现用现配。

③ 质量要求较注射剂低。

制备方法：根据药物和剂型特点进行配制，溶液剂按处方量加入原料药及添加剂，溶解后过滤，并进行灌封和灭菌。

质量检查：灌注剂是直接注入子宫腔，质量要求较一般制剂高，要求物理化学性质稳定，不含任何活的微生物，安全性好，不刺激子宫组织，不产生毒性，灌注液必须能顺利地通过给药器械，不堵塞或黏滞在灌注器内。

① 装量检查：按照药品标准规定进行检测。

② 无菌检查：无论是溶液剂、混悬剂或软膏剂都需要进行无菌检查，应符合相关规定。

③ 其他必要检查：按照《中国兽药典》规定根据灌注剂的不同要求，制定必要的检测项。

6.3.4　靶向制剂技术

6.3.4.1　概述

靶向制剂亦称靶向给药系统，是通过适当的载体使药物选择性地浓集于需要发挥作用的靶组织、靶器官、靶细胞或细胞内某靶点的给药系统。

靶向制剂可提高药效，降低不良反应，提高药品的安全性、有效性、可靠性和患者的顺应性。成功的靶向制剂应具备定位浓集、控制释药以及无毒可生物降解三个要素。

6.3.4.2　靶向制剂的分类

药物的靶向从到达的部位讲可以分为三级，第一级指到达特定的靶组织或靶器官，第二级指到达特定的细胞，第三级指到达细胞内的某些特定靶点的靶向制剂。按作用方式分类，靶向制剂大体可分为以下三类。

（1）被动靶向制剂　即自然靶向制剂，这是载药微粒进入体内即被巨噬细胞作为外界异物吞噬的自然倾向而产生的体内分布特征。被动靶向微粒进入血液循环，在体内分布由微粒的粒径大小和表面性质决定。大于 $7\mu m$ 的微粒在肺最小毛细血管床以机械滤过方式截留，不进入血液循环，毫微粒进入血液循环系统，分布由它与网状内皮系统的相互作用所决定，进入肝、脾、骨髓。这类靶向制剂以脂质、类脂质、蛋白质、生物降解型高分子物质作为载体，将药物包裹或嵌入其中制成各种类型的微粒给药系统。注射给药后，载药微粒被单核-巨噬细胞系统的巨噬细胞（尤其是肝的 Kupffer 细胞）摄取，通过正常生理过程运送至肝、脾、肺及淋巴等巨噬细胞丰富的器官，而很难达到其他的靶部位。

（2）**主动靶向制剂** 是用修饰的药物载体作为"导弹"，将药物定向地运送到靶区浓集发挥药效的靶向制剂。例如疏水性载药微粒的表面经亲水性高分子材料修饰后，不易被巨噬细胞吞噬，或因连接有特定的配体可与靶细胞的受体结合，或因连接单克隆抗体成为免疫微粒等原因，能够避免巨噬细胞的摄取，防止在肝内浓集，从而改变了微粒在体内的自然分布而到达特定的靶部位；另一类主动靶向制剂，系将药物修饰成前体药物，输送到特定靶区后药物被激活发挥作用。

（3）**物理化学靶向制剂** 是用某些物理和化学方法使靶向制剂在特定部位发挥药效。如应用磁性材料与药物制成磁导向制剂，在足够强的体外磁场引导下，在体内定向移动并定位浓集于特定靶区；或应用对温度敏感的载体制成热敏感制剂，在热疗机的作用下，使其在靶区释药；也可应用对 pH 敏感的载体制备 pH 敏感制剂，使其在特定 pH 的靶区释药。用栓塞制剂阻断靶区的血液供应与营养，起到栓塞和靶向化疗的双重作用，也属于物理化学靶向。

近年来发展起来的结肠靶向药物制剂也在本章中一并介绍。

6.3.4.3 靶向性评价

药物制剂的靶向性可由以下三个参数衡量。

（1）**相对摄取率 r_e**

$$r_e = (AUCi)_p / (AUCi)_s \tag{6-18}$$

式中，$AUCi$ 为由浓度-时间曲线求得的第 i 个器官或组织的药物浓度-时间曲线下面积，下标 p 和 s 分别表示试验药物制剂和药物溶液。r_e 大于 1 表示药物制剂在该器官或组织有靶向性，等于或小于 1 表示无靶向性。

（2）**靶向效率 t_e**

$$t_e = (AUC)_{靶} / (AUC)_{非靶} \tag{6-19}$$

式中，t_e 值表示药物制剂或药物溶液对靶器官的选择性。t_e 值大于 1 表示药物制剂对靶器官比非靶器官有选择性，t_e 值愈大，选择性愈强。

（3）**峰浓度比 c_e**

$$c_e = (c_{max})_p / (c_{max})_s \tag{6-20}$$

式中，c_{max} 为峰浓度。每个组织或器官中的 c_e 值表示药物制剂改变药物分布的效果，c_e 值愈大，表明改变分布的效果愈明显。

6.3.4.4 被动靶向制剂

被动靶向制剂系利用药物载体被生理过程自然吞噬而实现靶向的制剂，包括脂质体、乳剂、微球、纳米囊和纳米球等。

（1）**脂质体** 脂质体系指药物被类脂双分子层包封成的微小泡囊，也有人称脂质体为类脂小球或液晶微囊。类脂双分子层厚度约 4nm。

脂质体根据其结构所包含的类脂质双分子层的层数，分为单室脂质体和多室脂质体。含有单一类脂质双分子层的泡囊称为单室脂质体，其中粒径 20～80nm 的称为小单室脂质体；粒径在 0.1～1μm 之间的单室脂质体称为大单室脂质体；含有多层类脂质双分子层的泡囊称为多室脂质体，粒径在 1～5μm。脂质体结构示意图见图 6-24。

① 脂质体的组成、结构与特点 脂质体是以磷脂为主要膜材并加入胆固醇等附加剂制成的。类脂分子在水中浓度达到一定值时，其极性基团面向外侧的水相，非极性的烃基

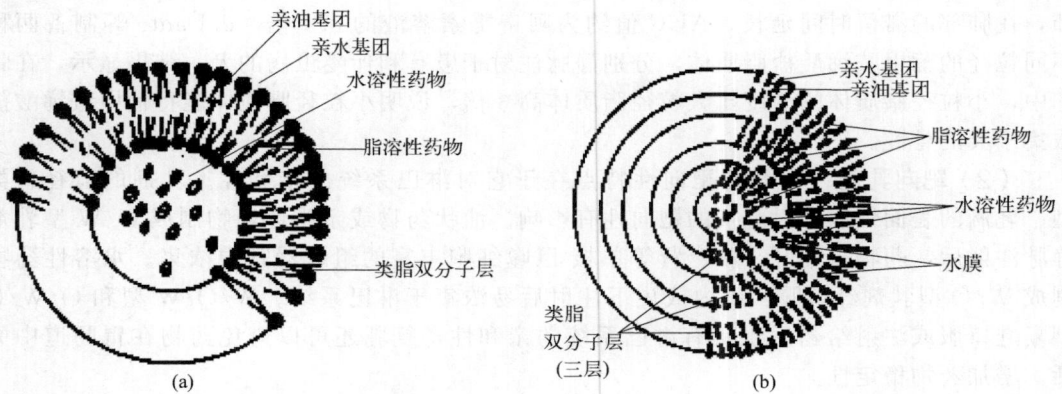

图 6-24 单室和多室脂质体结构示意图
(a) 单室脂质体;
(b) 多室脂质体

彼此面对面形成板状双分子层或球状双分子层。

磷脂分子的亲水端呈弯曲的弧形,形似"手杖",与胆固醇分子的亲水基团相结合,形成"U"形结构,两个"U"形结构相对排列,则形成双分子层结构(图 6-25)。

图 6-25 卵磷脂与胆固醇在脂质体中的排列形式
1—强亲油基团;2—亲水基团;
3—季铵盐型阳离子部分;
4—磷酸酯型阴离子部分;5—亲油基团

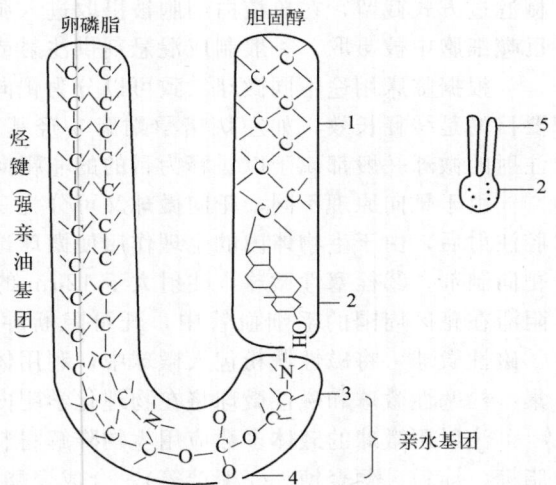

② 靶向制剂评价 脂质体应提供靶向性的数据,如药物体内分布数据及体内分布动力学数据等。通常以小鼠为受试对象,静脉注射脂质体后,测定不同时间血药浓度,并定时处死动物剖取脏器组织,匀浆分离取样,以同剂量药物作对照,比较各组织的滞留量,进行药代动力学处理,评价脂质体在动物体内的分布。

③ 脂质体靶向制剂应用 a. Ribeiro 等给 12 只自然感染利什曼虫犬分别静脉注射葡甲胺锑酸盐脂质体、空白脂质体、生理盐水,150d 之后,葡甲胺锑酸盐脂质体的动物组白蛉的再次感染率显著降低。b. 何宏轩等给绵羊以 0.3mg/kg 单剂量皮下注射碘醚柳胺脂质体定向剂,与普通注射液相比,肝脏等富含巨噬细胞的脏器中药物含量明显增高,且消除半衰期延长 16.2d。c. 王建松等用薄膜蒸发法结合冻融法制备阿奇霉素脂质体,平均

粒径 6.582μm，表面电荷为＋19.5mV，小鼠尾静脉绐药后阳离子脂质体大部分集中在肺，在肺部的滞留时间延长，AUC 值约为阿奇霉素溶液的 8.4 倍。d.Dante 等制备两种不同粒径的葡甲胺锑酸盐脂质体，分别静脉注射于患有利什曼虫病的犬，结果显示，在骨髓中，小粒径脂质体的浓度比大粒径脂质体高 3 倍，说明小粒径脂质体能将葡甲胺锑酸盐浓集于犬的骨髓。

（2）靶向乳剂　乳剂的靶向性特点在于它对淋巴系统的亲和性。乳剂的粒径、类型、乳滴的表面性质都对乳剂的靶向性有影响。油状药物或亲脂性药物制成 O/W 型乳剂静脉注射后，药物可在肝、脾、肾等单核-巨噬细胞丰富的组织器官中浓集。水溶性药物制成 W/O 型乳剂经口服、肌内或皮下注射后易浓集于淋巴系统。W/O/W 型和 O/W/O 型复乳口服或注射给药后也具有淋巴系统的亲和性，复乳还可以避免药物在胃肠道中失活，增加药物稳定性。

全东琴等将醋酸地塞米松制备成乳剂，能增加在脾、肺、炎症组织中的分布，可提高抗炎活性。研究表明，0.05mg/kg 剂量的醋酸地塞米松静注乳剂和 0.3mg/kg 剂量水针剂的炎症抑制率相当。两性霉素 B 为抗真菌药物在兽医临床上常用，但肾毒性较大，Schmid 等将两性霉素 B 制成静脉注射乳剂，提高药物靶向性，使其在肝、脾内聚集，以此降低肾毒性。

（3）微球　微球系药物与适宜高分子材料制成的球形或类球形骨架实体。药物溶解或分散于实体中，粒径通常在 1～250μm 之间，大于 7μm 的在肺的最小毛细血管床以机械滤过方式截留，在单核白细胞被摄取进入肺组织或肺泡，小于 7μm 时一般在肝、脾的巨噬细胞中被摄取。一般制成混悬剂供注射或口服。

根据临床用途不同微球大致可以分为靶向微球和非靶向微球两类。非靶向性微球的主要目的是缓释长效，如左炔诺孕酮聚 3-羟基丁酸酯微球等。口服、皮下植入或关节腔内注射的微球一般都属于以缓释为目的的非靶向性微球。

由于靶向原理不同，靶向微球又可分为三类：①普通注射微球，这类微球经静脉或腹腔注射后，由于生物体内的生理作用使微球选择性地聚集于肝、脾、肺等部位，属于波动靶向制剂；②栓塞性微球，注射大于 12μm 的微球于癌变部位的动脉血管内，微球随血流阻滞在靶区周围的毛细血管中，既可阻断肿瘤的营养供应，又可发挥靶向性化疗作用；③磁性微球，将磁性铁粉包入微球中，利用体外磁场效应，引导药物在体内移动和定位浓集。栓塞性微球和磁性微球将在物理化学靶向制剂中介绍，本节主要讨论普通注射微球。

注射用微球的载体多数应用生物降解材料，如蛋白类（明胶、白蛋白等）、糖类（琼脂糖、淀粉、葡聚糖、壳聚糖等）、合成聚酯类（如聚乳酸、丙交酯乙交酯共聚物等）。

微球的应用：杨云霞等制备了肺靶向硫酸链霉素明胶微球，小鼠经静脉注射后体内分布结果显示，硫酸链霉素明胶微球给药量为硫酸链霉素一半时，小鼠肺部的药物浓度仍可达到甚至超过非微球剂。Tang 等制备恩诺沙星明胶肺靶向微球，犬静脉注射后，恩诺沙星明胶肺靶向微球组在肺中的峰浓度是普通注射液的 4.27 倍，普通注射液的半衰期为 5.15h，微球组为 33.86h。

（4）纳米粒　纳米粒包括纳米囊和纳米球，纳米囊属药库膜壳型，纳米球属基质骨架型。它们均是高分子物质组成的固态胶体粒子，粒径多在 10～1000nm 范围内，药物可以溶解或包裹于纳米粒中。纳米粒分散在水中形成近似胶体溶液。注射纳米粒不易阻塞血管，在静脉注射后，纳米粒大部分在单核巨噬细胞系统中被巨噬细胞吞噬，药物被富集于肝（60％～90％）、脾（2％～10％）、肺（3％～10％）等器官，粒径小于 50nm 的纳米粒容易在骨髓中富集。通常药物制成纳米粒后，具有缓释、靶向、保护药物、提高疗效和降低不良反应的特点。

Ye 等制备阿克他利固体脂质纳米粒（Actarit-SLN）平均粒径（241 ± 23）nm，并带负电荷（17.4 ± 1.6）mV，给新西兰兔子静脉注射后，与溶液组相比，Actarit-SLN 具有显著脾靶向性，靶向率由 6.31% 增至 16.29%。结果显示，Actarit-SLN 可将药物成功富集于肝和脾等网状内皮系统器官，降低其他器官的浓度，减小毒性。徐巍等制备大蒜素聚氰基丙烯酸正丁酯纳米粒，于家兔进行体内试验，与普通注射液相比，纳米粒制剂半衰期从 1.66h 延长至 5.32h，靶向性显著提高，肝脏中的相对摄取率 r_e 为 7.361，肝脏内峰浓度提高 3.38 倍，肝脏总靶向效率 t_e 从 5.17% 提高至 40.33%。

6.3.4.5　主动靶向制剂

主动靶向制剂包括经过修饰的药物载体及前体药物两大类制剂。药物载体被修饰后，或者可以避免单核-巨噬细胞系统的吞噬作用，改变载药微粒在体内的自然分布，或者可与靶细胞的受体或抗原结合，从而能将药物定向地运送到靶区浓集发挥药效。目前研究的修饰药物载体包括修饰脂质体、长循环脂质体、免疫脂质体、修饰微乳、修饰微球、修饰纳米球、免疫纳米球等；前体药物包括抗癌药及其他前体药物，脑组织靶向、结肠靶向的前体药物等。

主动靶向的机制：载药微粒经表面修饰后，不被巨噬细胞识别；连接有特定的配体可与靶细胞的受体结合；连接单克隆抗体成为免疫微粒；将药物修饰成前体药物，使其变为能在活性部位被激活的药理惰性物，在特定靶区被激活发挥作用，从而避免巨噬细胞的摄取，防止在肝内浓集，改变微粒在体内的自然分布而到达特定的靶部位发挥作用。

（1）修饰的药物微粒载体

① 修饰的脂质体　普通脂质体具有自然靶向作用，将药物被动转运到靶组织，但由于易被网状内皮系统的巨噬细胞吞噬而被迅速清除，其与靶细胞结合亲和力弱，生物利用度较低。脂质体的主动靶向是在脂质体双层装上抗体、糖残基、激素、受体配体等特异性归巢装置，使其靶向到特异性组织，或通过改变脂质双层的磷脂组成，使脂质体在某些物理化学条件下不稳定，从而在特定的靶器官释放出包被物而产生作用。

a. 长循环脂质体：如脂质体用聚乙二醇（PEG）修饰，其表面被柔顺而亲水的 PEG链部分覆盖，极性的 PEG 增强了脂质体的亲水性，也增加了脂质体表面的空间位阻，从而减少了血浆蛋白与脂质体膜的相互作用，降低了脂质体被巨噬细胞吞噬的可能性，延长了在循环系统的滞留时间，有利于肝脾以外组织或器官的靶向性。

b. 免疫脂质体：即单克隆抗体修饰的脂质体，通过抗原-抗体反应将脂质体结合至特定的靶细胞或器官而实现靶向给药。如阿昔洛韦脂质体上连接抗细胞表面病毒糖蛋白抗体，得到阿昔洛韦免疫脂质体，可以识别并靶向于眼部疱疹病毒结膜炎的病变部位，病毒感染 2 小时后给药能特异地与被感染细胞结合，并抑制病毒生长，游离药物或未免疫的脂质体无此效果。

c. 配体修饰的脂质体：利用受体与配体特异性相互作用将配体标记的脂质体靶向引导至具有配体特异性受体的细胞、组织、器官。常用的配体包括糖蛋白、脂蛋白、转铁蛋白、多肽类、激素和叶酸等。很多肿瘤细胞表面叶酸受体（FR）都有高度的表达。如90% 的卵巢癌细胞株均有叶酸受体的高度表达。利用这一特性，可以将叶酸作为导向分子，将药物靶向输送到肿瘤部位。

② 应用　Goren 等将叶酸通过酰胺键连接在阿霉素长循环脂质体中 PEG 链的末端制备了主动靶向脂质体，静脉注射到患有 M109 HiFR 肿瘤的小鼠体内。结果表明，叶酸阿霉素长循环脂质体靶向性较阿霉素明显，治疗组的复发率为 10%，对照组复发率为 65%。

（2）修饰的微乳　微乳作为一种药物剂型和载体，可提高水难溶性药物和脂溶性药物的溶解度，促进大分子药物在体内的吸收，提高生物利用度，并具有缓释和靶向性。分别以磷脂和 poloxamer 338 作为乳化剂，豆油为油相，甘油作助乳化剂制备布洛芬辛酯微乳，二种微乳粒径几乎无差异，静注相同剂量时，以磷脂为乳化剂的微乳在循环系统很快消失，且主要分布于肝、脾、肺。而后者由于 poloxamer 338 的亲水性使微乳表面性质改变，在循环系统中存在的时间较长，到达炎症部位的药物浓度较前者高 7 倍。

应用：Valduga CJ 等用连有低密度脂蛋白的富含胆固醇的微乳（LDE）作为抗肿瘤药物依托泊苷的载体，可使载药微乳主动靶向肿瘤。

（3）修饰的微球　用聚合物将抗原（或抗体）吸附或交联形成的微球，称为免疫微球，除可用于抗癌药物的靶向治疗外，还可用于标记和分离细胞作诊断和治疗。

应用：梁晓飞等通过 O-羧甲基壳聚糖接枝二甲基十八烷基环氧丙基氯化铵，制备一种新型双亲性高分子材料 O-羧甲基壳聚糖十八烷基季铵盐（OQCMC），经叶酸修饰制得 OQCMC 靶向缓释微球。

（4）修饰的纳米粒

① 聚乙二醇修饰的纳米粒：用两嵌段 PLA/PGA 共聚物与 PEG（分子量 350～20000）以液中干燥法制备纳米球，所得纳米球表面被 PEG 覆盖，注射 5 分钟后，在肝中的量仅为未修饰纳米球的 37.5%，而在血中的量为未修饰者的 400%；2 小时后未修饰者在血中完全消失，而修饰者尚有其总量的 30% 在血液中维持循环。

② 免疫纳米粒：单克隆抗体与载药纳米球结合后通过静脉注射，可实现主动靶向。与药物直接同单克隆抗体结合相比，单克隆抗体较少失活且载药量大。

③ 配体修饰的纳米粒：将纳米粒与配体结合，也可起到主动靶向的作用。

应用：张晓伟等以具有肝脏靶向性的半乳糖化壳寡糖作为载体材料，制备适合包裹水溶性阴离子药物的肝靶向半乳糖化壳寡糖纳米粒，可被去唾液酸糖蛋白受体识别而被肝细胞主动摄取。黄羽等通过体外细胞结合实验研究甘草酸表面修饰壳聚糖纳米粒对肝实质细胞的靶向结合作用，证实甘草酸表面修饰壳聚糖纳米粒兼具有主动和被动寻靶能力。

6.3.4.6　前体药物

前体药物是由活性药物衍生而成的体外药理惰性物质，在体内经化学反应和酶反应，使活性的母体药物再生而发挥其治疗作用。前体靶向的源动力为不同器官或组织的特异化学反应或酶反应的选择作用。

使前体药物在特定的靶部位再生为母体药物的基本条件是：①使前体药物转化的反应物或酶应仅在靶部位存在或表现出活性；②前体药物能同药物受体充分接近；③有足够量的酶以产生足够量的活性药物；④产生的活性药物应能在靶部位滞留，而不漏入循环系统产生不良反应。有些前体药物或者由于不够稳定，或者由于在体内转运受到阻碍，可再制备其衍生物，称为双重前体药物。

前体药物的应用：周四元等以琥珀酸酐为交联剂，合成地塞米松前体药物地塞米松-葡聚糖，将其与大鼠胃肠道不同部位内容物一起培养，检测地塞米松的释放情况，

160min 的培养时间内，前体药物在大鼠结肠及盲肠内容物中释放出地塞米松的量是其在小肠近端及小肠远端内容物中释放量的 2.7 倍，在胃内容物中无地塞米松释放。结果显示，地塞米松-葡聚糖作为地塞米松前体药物具有结肠定位的作用。卓如意等将硫酸庆大霉素与抗大肠杆菌抗体用化学修饰进行偶联，经化学方法处理，按制剂学原理制成兽用靶向硫酸庆大霉素，由抗大肠杆菌抗体寻找和捕捉大肠杆菌。在体外抗菌实验显示，靶向硫酸庆大霉素的 MIC 为 $0.02\mu g/mL$，硫酸庆大霉素的 MIC 为 $0.4\mu g/mL$，靶向硫酸庆大霉素的抑菌效果明显优于硫酸庆大霉素。

6.3.4.7 物理化学靶向制剂

利用温度、pH 或磁场等外力将微粒导向特定部位。

（1）**磁性靶向制剂** 将载体材料、磁性材料与药物同时包封，待药物进入体内后，采用体外磁场的效应引导药物在体内定向移动和定位集中的制剂称为磁性靶向制剂。这类制剂主要有磁性微球和磁性纳米囊，通常作为抗肿瘤药物的靶向载体。常用的磁性材料：Fe_3O_4 磁粉、纯铁粉、铁磁流体或磁赤铁矿（如 $\gamma\text{-}Fe_2O_3$）、磁性合金材料、铁氧体磁性材料、羧基铁等。载体材料有：白蛋白、乳胶、聚乙二醇（PEG）、中性葡聚糖、淀粉、磷脂酰胆碱、乙基纤维素等。

理想的磁性靶向制剂应满足下列几个条件：磁性粒子具有超顺磁性，药物粒子能自由通过最小的毛细血管壁，粒径为 $10\sim200nm$ 且表面附有亲水基团的离子能逃避巨噬细胞的识别，不被网状内皮系统和其他正常细胞摄取，药物的各成分在体内可降解且降解物无毒。

应用：霍宗利等对小鼠尾静脉分别进行注射甲氨蝶呤溶液和自制的甲氨蝶呤脂质体，并对全血和肌肉进行药物浓度的测定。结果显示，注射甲氨蝶呤脂质体后外加磁场并置于 43℃ 环境，脂质体靶向效率 t_e 提高 6.8 倍，相对摄取量 r_e 提高 6.5 倍。表明甲氨蝶呤脂质体具有靶向作用。AnaToly 等将肌肉松弛药 Diadony 和 Diperony 分别制成磁性脂质体，经颈静脉注射于猫，并将一侧后肢（靶部位）置于 2500 Oe 的磁场中，另一侧后肢为对照，结果表明，Diadony 和 Diperony 组置于磁场中的后肢肌肉神经电位分别下降 75%和 45%，而对照组只下降 15%和 5%，表示磁性脂质体具有显著靶向作用。

（2）**栓塞靶向制剂** 动脉栓塞是通过插入动脉的导管将栓塞物质输送到靶组织或靶器官的医疗技术。栓塞的目的是阻断对靶区的供血和营养，使靶区的肿瘤细胞缺血性坏死；如栓塞制剂含有抗肿瘤药物，则具有栓塞和靶向化疗的双重作用，还具有延长药物在作用部位作用时间的效果。这类靶向制剂主要有栓塞微球和复乳。

应用：黎维勇等制备顺铂白芨胶微球，经过肝动脉给犬用药之后，顺铂白芨胶微球在体内进行栓塞治疗，同时在肝组织缓慢释放药物，降低其在外周血液和组织的药物浓度，长时间将提高其在病灶部位的有效浓度。Goodwin 等建立猪的肝癌模型，对阿霉素磁微球肝动脉栓塞和药物抗肿瘤疗法的毒性做对比研究，结果表明，肝癌细胞的坏死程度与栓塞程度成正比，阿霉素被成功地控制在靶区而不能在全身自由循环。

（3）**热敏感靶向制剂** ①热敏感脂质体 利用相变温度不同的磷脂可制成热敏感脂质体。按一定比例混合含不同长链脂肪酸结构的磷脂酰胆碱，可产生预期的相变温度。如将不同比例的二棕榈酸磷脂（DPPC）和二硬脂酸磷脂（DSPC）混合，可制得不同相变温度的脂质体，在相变温度时，脂质体的类脂质双分子层从胶态过渡到液晶态，增加了脂质体膜的通透性，此时被包封的药物释放速率亦增大。应用热敏感脂质体，可使甲氨蝶呤在局部用微波加热的肿瘤部位摄取量增大 10 倍以上，并抑制肿瘤的生长。

② 热敏免疫脂质体　在热敏感脂质体膜上交联抗体，可得热敏免疫脂质体。这种脂质体同时具有物理化学靶向与主动靶向的双重作用，如阿糖胞苷热敏免疫脂质体等。

应用：Iga 等用顺铂的热敏脂质体给荷瘤小鼠静脉注射，发现升温时脂质体选择性集中于荷瘤小鼠的肿瘤细胞，顺铂富集于肿瘤细胞中。

（4）pH 敏感靶向制剂　利用肿瘤间质液的 pH 值比周围正常组织显著低的特点，设计了一种 pH 敏感脂质体。这种脂质体可用对 pH 敏感的类脂（如 N-十六酰-L-高半胱氨酸，简称 PHC）与其他脂质混合制成，在低 pH 值范围内可释放药物。对 pH 敏感的类脂因 pH 不同，存在两种平衡结构，一种是开链式，一种是环式，pH 低时，闭合的 PHC 是一种中性类脂，能够破坏脂质双层的稳定性，使脂质体内的药物不断释放出去。

应用：李扬等制备左氧氟沙星羧甲基壳聚糖微球结肠靶向制剂，微球制剂在人工胃液（pH1.2）中缓慢释药，在小肠中（pH6.8）溶解速度加快。大鼠灌胃后，微球组盲肠和结肠中左氧氟沙星含药量显著高于水溶液组。

6.3.4.8　结肠靶向药物制剂

具有结肠靶向性的药物制剂是目前研究的另一趋势。口服结肠定位给药系统（简称 OCDDS）可避免药物在消化道上段破坏或释放，而到人体结肠释药发挥局部或全身治疗作用。结肠释药对治疗结肠局部病变特别有用，而在胃肠道上段易降解的肽类和蛋白质类药物，制成 OCDDS 能够提高吸收率。

人体结肠疾病部位与其他部位的环境差异是设计结肠靶向递送的主要理论依据。结肠疾病环境由结肠本身的宏观环境和病灶部位微观环境两方面组成，结肠本身的宏观环境特性包括结肠段 pH 值、结肠停留时间、肠道内部压力及肠道微生物等；由结肠疾病产生的微环境包括免疫细胞类型及分布、局部氧化应激及肠上皮黏膜屏障的变化等。根据上述环境特点结肠靶向递送策略主要包括：pH 响应、微生物酶响应、活性氧响应、肠黏膜吸附富集及特定细胞受体分子靶向等。

应用：Alkhader 等引入能在胃部环境保持稳定但会被特定结肠菌群降解的果胶多糖，以三聚磷酸钠（TPP）交联制备出装载有姜黄素的果胶-壳聚糖复合型纳米粒。借助 pH 响应性和酶响应性，有效提高姜黄素在小鼠结肠部位的释放比例。

6.3.5　经皮给药制剂

6.3.5.1　概述

经皮给药制剂是将药物应用于皮肤上，穿过角质层，进入真皮和皮下脂肪达到局部治疗作用，或经由毛细血管和淋巴管吸收进入体循环，并达到有效血药浓度产生预防疾病或疾病治疗作用的过程称为经皮给药系统（transdermal drug delivery system，TDDS），也称经皮治疗系统（transdermal therapeutic system，TTS）。

与常用普通口服制剂相比，TDDS 具有以下优点：①可避免肝脏的首过效应和胃肠道对药物的降解，减少了胃肠道给药的个体差异，提高治疗作用；②可以延长药物的作用时间，减少给药次数；③可以维持恒定的血药浓度，避免口服给药引起的峰谷现象，减少副作用；④使用方便，可随时中断给药，适用于婴儿、老人和不宜口服的病人；⑤患者可以自主给药，相对减少了患者个体间差异。TDDS 虽然有上述优点，但也存在以下几方面不足，如：①由于皮肤的屏障作用，仅限于剂量小药理作用强的药物；②大面积给药，可能对皮肤产生刺激性和过敏性；③存在皮肤的代谢与储库作用；④一些对皮肤有刺激性和过敏性的药物不适宜设计成 TDDS。

经皮给药制剂一般包括散剂、油剂、擦剂、软膏剂、硬膏剂、贴剂、涂剂、气雾剂等。随着高分子材料的研发和应用，又发展出新的 TDDS 剂型，如巴布剂、脂质体、微乳等。自 1979 年美国上市的第一个 Transderm-Scop 镇晕剂东莨菪碱和 1981 年硝酸甘油透皮制剂用于临床以来，相继有雌二醇、芬太尼、烟碱、可乐定、睾酮、硝酸异山梨酯、左炔诺孕酮等透皮制剂出现。TDDS 应用广泛，中枢神经类药物、非甾体类解热镇痛药物、心血管类药物、激素类药物等药物都有相关制剂应用。

黄一帆等将恩诺沙星与氮酮配制成透皮吸收搽剂，治疗哺乳仔猪肠型大肠杆菌病，得到了与恩诺沙星注射剂、口服剂同样的效果。陈兰生等将阿维菌素注射剂与透皮剂对山羊疥螨病的治疗效果进行对比试验，结果表明阿维菌素透皮剂与注射剂相比，透皮喷抹与针剂注射相结合的效果好，是规模化山羊养殖场防治疥螨病的一种行之有效的方法。

6.3.5.2　TDDS 的基本组成

TDDS 的基本组成可分为 5 层：背衬层、药物贮库层、控释膜、黏附层和保护膜，见图 6-26。

图 6-26　TDDS 的基本组成

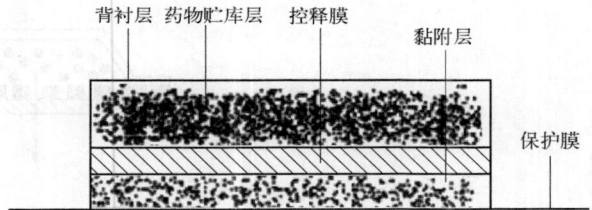

① 背衬层，一般是一层柔软的复合铝箔膜，厚度约为 9 μm，可防止药物流失和潮解。

② 药物贮库层，药物贮库既能提供释放的药物，又能供给释药的能量。一般由药物、高分子基质材料、透皮促进剂等组成。

③ 控释膜，借高分子多聚物的材料来控制药物以受控形式恒速（零级或近零级速度）从制剂释放到作用部位而发挥疗效。控释膜材料有醋酸纤维素、二醋酸纤维素、乙基醋酸纤维素、乙烯-醋酸乙烯共聚物（EVA）、甲基纤维素（MC）、乙基纤维素（EC）、聚酯、乙烯丙烯酸共聚物、聚乙烯醇（PVA）等，常在孔膜材料中加入 PEG-1500 等致孔剂使膜孔径和孔隙率符合要求。

④ 黏附层，用以增加控释膜与皮肤的黏附作用，由无刺激性和过敏性的黏合剂组成，如天然树胶、树脂和合成树脂等。

⑤ 保护膜，为附加的塑料薄膜，用时撕去。

6.3.5.3　TDDS 的类型

TDDS 基本可分为膜控释型（membrance-moderatedtype）和骨架型（matrix-diffusiontype）两种。

（1）**膜控释型 TDDS**　膜控释型经皮给药制剂是指药物被控释膜或其他控释材料包裹成储库，由控释膜或控释材料的性质控制药物的释放速率。

背衬层常为铝塑膜；药库层将药物分散在压敏胶或聚合物膜中，并加入液体石蜡作增稠剂；控释膜，多为聚丙烯微孔膜，可以调节释药速率；胶黏层，多用压敏胶加入少量药物作为负荷剂量，使药物能较快达到治疗的血药水平；保护膜，保护膜常用复合膜，如聚氯乙烯/聚丙烯复合膜等。一些不挥发比较稳定的药物常做成复合膜经皮贴剂。1988 年陶纪植研制出膜控释型东莨菪碱贴片，东莨菪碱的副作用如疲劳、口干、视力模糊，剂量大时甚至会产生精神错乱、幻觉，且有效作用时间较短（半衰期为 1.12h），经东莨菪碱贴片离体皮肤实验研究，测得恒速释药速率为每小时 4.94 μg/片，持续 72h，并显著防治运动病。1990 年，陶纪植等人又研制出治疗高血压病的新药——膜控释型可乐定贴片，每 2.5cm^2 贴片含有游离可乐定 2mg，可产生良好的降压效果，明显减少了片剂的不良反应，有效时间可维持 3～7d。

① 充填封闭型 TDDS　充填封闭型 TDDS 由苯乙烯等背衬层；液体或半固体的药物储库层；EVA 等材料制成的控释膜和丙烯酸树脂等组成的黏胶层构成（如图 6-27 所示）。其释药速率与以下因素有关：a. 药物储库中的材料；b. 控释膜的结构、膜孔大小、组成；c. 药物在控释膜的渗透系数、膜的厚度；d. 黏胶层的组成和厚度。如硝酸甘油经皮给药制剂 nitro、雌二醇经皮给药制剂 estraderm、芬太尼经皮给药制剂 durogesic 等均为膜控释型 TDDS。

图 6-27　充填封闭型 TDDS

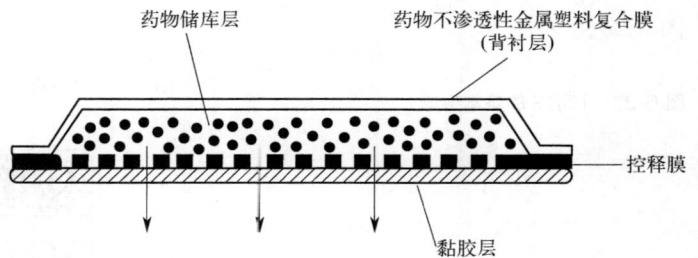

药物储库层　　药物不渗透性金属塑料复合膜（背衬层）　　控释膜　　黏胶层

② 复合膜型 TDDS　复合膜型 TDDS 将药物分散在聚异丁烯等压敏胶中，一般添加液体石蜡为增黏剂；控释膜一般为聚丙烯微孔膜（如图 6-28 所示）。释药速率影响因素一般是聚丙烯微孔膜厚度、微孔大小、孔率及填充微孔介质。东莨菪碱经皮给药制剂 Transderm-V 和可乐定经皮给药制剂（Catapres TDDS）都是这种类型。

图 6-28　复合膜型 TDDS

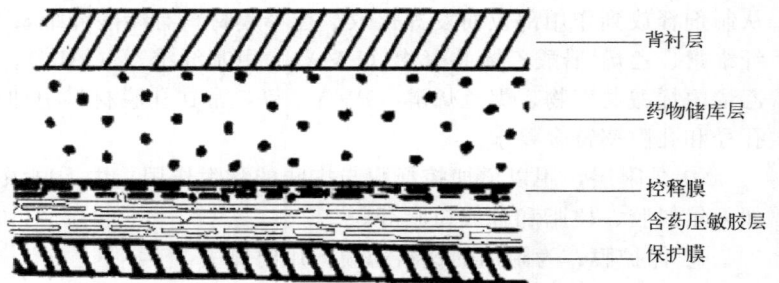

背衬层　　药物储库层　　控释膜　　含药压敏胶层　　保护膜

③ 黏胶分散型 TDDS　黏胶分散型 TDDS 由涂于被衬层的药物储库层和控释黏胶层组成，药物被直接分散在压敏胶中（如图 6-29 所示）。为了保证恒定的释药速率，可以将黏胶分散型系统的药物储库，按照适宜浓度梯度，制备成多层含不同药量及致孔剂的压敏胶层。硝酸甘油经皮给药制剂 Deponit 属此种类型。

图 6-29　黏胶分散型 TDDS

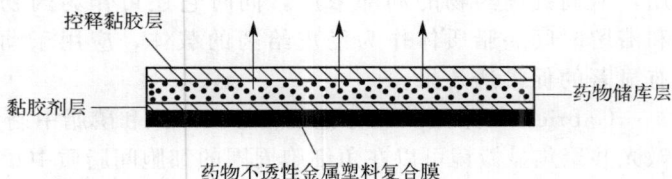

控释黏胶层

黏胶剂层

药物储库层

药物不透性金属塑料复合膜

（2）骨架型 TDDS　骨架型经皮给药制剂是药物均匀分散或溶解在疏水性或亲水性的聚合物骨架中，然后分剂量成固定面积及一定厚度的药膜，与压敏胶层、背衬层及防黏层复合即成为骨架扩散型 TDDS 或者在复合后再行分割。

① 聚合物骨架型 TDDS　聚合物骨架型 TDDS 是先将药物分散在骨架材料中，然后再将含药的骨架粘贴在背衬材料上，在骨架周围涂上压敏胶，再加保护膜即成（如图 6-30 所示）。骨架材料常用亲水性聚合物如 PVA、PVP、聚丙烯酸酯和聚丙烯酰胺等。由于亲水性聚合物具有较好的润湿性，能够与皮肤紧密贴合，从而促进了药物的吸收。聚合物骨架型经皮给药制剂的释药速率受聚合物骨架组成与药物浓度影响。硝酸甘油经皮给药制剂 Nitro-Dur 即是该类 TDDS。

图 6-30　聚合物骨架型 TDDS

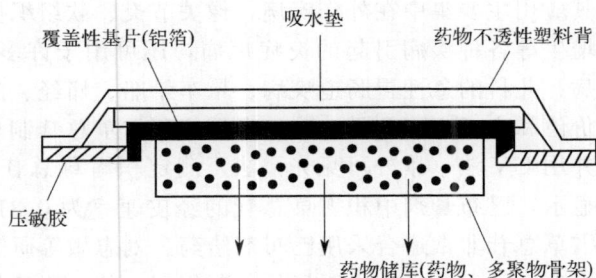

吸水垫

覆盖性基片(铝箔)

药物不透性塑料背

压敏胶

药物储库(药物、多聚物骨架)

② 微储库型 TDDS　微储库型 TDDS 将药物均匀分散于疏水的聚合物中，形成微小的球状储库，再把微型药库的骨架制成具有一定厚度的药膜，把药膜贴在背衬层上，加保护膜（如图 6-31 所示）。微储库型 TDDS 的释药速率受药物在亲水与疏水两相中的分配过程和药物在骨架中的扩散过程控制。硝酸甘油经皮给药制剂 Nitrodic 属于此类型 TDDS。

图 6-31　微储库型 TDDS

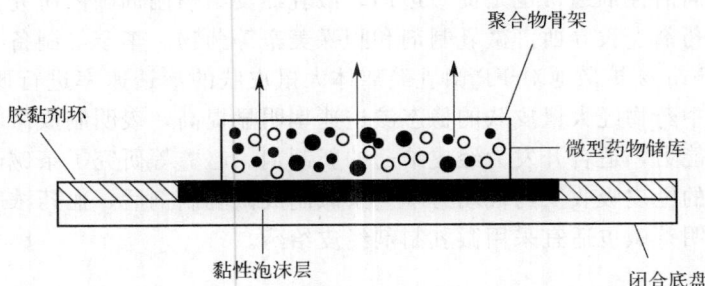

聚合物骨架

胶黏剂环

微型药物储库

黏性泡沫层

闭合底盘

6.3.5.4　TDDS 的新剂型

（1）脂质体　脂质体具有类脂双分子层的特性，与皮肤有较好的亲和性，具有低毒性、相对易制备、可避免药物的降解、可实现靶向性给药等优点，而被广泛作为药物载体使用，是目前经皮给药制剂常用的载体之一。脂质体能较好地包裹亲水或亲油性药物，与皮肤角质层的脂质层发生相互作用而解体，因此对难溶性药物具有增溶作用，从而提高药物的局部浓度，同时它还可作为药物储库，增加药物在皮肤的滞留量和滞留时间。脂质体作为经皮给药的载体，应用于动物实验和临床观察，结果显示具有显著的促渗透效果。

Gabriele 等采用荧光标记磷脂掺入不饱和磷脂中制备脂质体，与表皮相互作用后通过激光共聚焦显微镜可以在角细胞周围的细胞间脂质中观察到荧光的均匀分布，说明磷脂可以与角质层脂质发生相互作用。脂质体具有较好的毛囊递送效果。Kumar 等将抗痤疮药阿达帕林（adapalene）采用高纯氢化大豆磷脂（HSPC）制成平均粒径 86.66nm 的脂质体，体外猪耳皮渗透试验结果表明，毛囊中的药物含量 $(6.72\pm0.83)mg/cm^2$ 显著高于凝胶 $(3.33\pm0.26)mg/cm^2$ 和溶液组 $(1.62\pm0.05)mg/cm^2$，皮内的药物含量也有明显提高。刘伟等研究了伊维菌素脂质体对猪疥螨病的临床疗效，结果显示，高、低剂量的伊维菌素脂质体对猪疥螨病治愈率显著高于伊维菌素。吴小宁等研制成功氟苯尼考脂质体，体外释药试验结果表明，氟苯尼考脂质体 55h 累积释药 98.5%，氟苯尼考原料药 5h 累积释药 99.66%，从而说明氟苯尼考制成脂质体具有长效缓释作用。

（2）巴布剂　与传统的贴膏相比，巴布剂具有独特的水溶性大分子生物基质，具有载药量大、粘贴性和保湿性强、耐老化、无刺激性、过敏性小、无有机溶媒污染等优点。其应用主要集中在外伤疾病，像关节炎、软组织损伤、腱鞘炎、腰椎突出、神经痛、骨质增生等各种疾病引起的炎症疼痛，还可用于许多内科疾病，如肝病外治、急性心血管疾病、儿科的急性胃肠道疾病、晕车晕船、痛经、急性前列腺炎、乳腺炎等，有良好的开发价值和市场应用前景。鲍玉琳等将积雪草总苷制成巴布膏剂用于消炎、止痛和抗风湿等，并用 UV 法（紫外可见光谱法）测定积雪草总苷量，以研究其体外经皮吸收情况。结果显示，巴布膏剂中积雪草总苷的经皮速率为 $0.3175mg/(cm^2 \cdot h)$，渗透性良好，表明积雪草总苷非常适合采用巴布剂给药。刘志敏等研究发现巴布剂对弗氏完全佐剂所致的急性炎症和继发性炎症有明显的抑制作用，并有明显的镇痛作用，具有给药方便、避免肝脏的首过效应、降低药物副作用等优点。

（3）微乳　微乳是由油相、水相和表面活性剂及助表面活性剂组成的光学上均一、热力学及动力学稳定的体系。微乳作为经皮给药载体，可显著增加难溶性药物的溶解度，在皮肤表面快速形成较高的浓度梯度，使药物的经皮速率明显增加。制备微乳的油相和表面活性剂通常也是促渗透剂。微乳经皮给药制剂国内研究主要有依托泊苷、布洛芬透皮给药剂、长春西汀微乳制剂和吲哚美辛等药物。李宁等制备了含氟比洛芬的微乳，用改进的 Franz 扩散池对 FP 微乳经离体大鼠皮肤的渗透速率进行研究，通过优化微乳处方，微乳中药物经大鼠皮肤的稳态渗透速率明显提高，表明制成微乳后氟比洛芬有很强的经皮渗透能力，适合开发为经皮给药的新制剂。赵鑫等研究了茶碱微乳在家兔不同皮肤部位给药后的经皮吸收及药代动力学。茶碱制成微乳制剂后，血药浓度平稳，可以维持 24h 以上。表明茶碱也适宜采用微乳制剂经皮给药。

6.3.5.5　药物的经皮吸收

（1）皮肤的结构　皮肤由表皮、真皮和皮下脂肪组织、皮肤附属器（毛发、皮脂腺、汗腺、指甲）和血管、淋巴管、神经、肌肉构成。

表皮具有类脂膜特性，是限制化学物质内外移动的主要屏障。表皮由外向内依次为角质层、透明层、颗粒层、棘层和基底层。角质层细胞中充满了由胶原蛋白组成的纤维蛋白，是防止水分蒸发及抵御外部物质入侵的第一道屏障，在评价药物吸收因素时，它是一个重要部分。表皮内无血管等，故药物进入表皮不会产生吸收作用。

真皮主要是结缔组织，其中 75% 为胶原蛋白，内有毛细血管、淋巴管、毛囊及皮脂腺等。皮下组织，也称皮下脂肪组织，它与真皮的结缔组织紧密相连。皮下组织较厚，一般为几毫米，其中有较大的血管、淋巴管、神经通过。该部分的血液、淋巴液可将药物运走，故通过表皮的药物在真皮中会被很快吸收，产生全身作用。

皮肤附属器包括汗腺、毛囊和皮脂腺。它们从皮肤表面一直到达真皮层底部，其总表面积占皮肤总表面积的 1% 左右。大分子药物以及离子型药物可能从这些途径转运。

皮肤组织中有丰富的血管系统，主要由大量的毛细血管组成。正常情况下，皮肤中的血量占全身总血量的 8.5%，能够高效地吸收从外界扩散进入皮肤的药物分子，保证药物经皮吸收时，真皮中药物浓度很低，形成吸收漏槽。淋巴系统一直延伸至表皮与真皮的结合处，它对调节组织间质压力、促进免疫应答起重要作用。有研究表明，淋巴系统对大分子药物经皮吸收的清除有重要影响。

（2）药物的经皮吸收过程　药物的经皮吸收过程主要包括释放、穿透及吸收入血液循环三个阶段。

释放指药物从基质中释放出来而扩散到皮肤上。①单层经皮给药制剂中药物的释放。其是由浓度差推动的被动扩散，是经皮给药最基本的方式。一般认为这一过程可用 Fick 定律来描述。Kalia 等总结了各种描述被动扩散给药的规律，指出不同体系经皮给药过程原则上都可用分子透过膜的传质模型来描述，从而通过求解由 Fick 第二定律给出的扩散方程来模拟和预测实际经皮渗透过程，不同的是边界条件，所以，建立模型关键在于提出合适的简化，从而获得适当边界条件。②双层经皮给药制剂中药物的释放。复合体系的体外释药可看成分层释放过程，复合基质释药体系的释药量随贮库层药物含量的增加而增大，但初始阶段释药量只取决于释放层的药物含量，与贮库层药物含量无关。药物平均释放速率随着药物含量增加而提高。释放速率曲线在下降过程中有局部上升现象，释放速率最终趋于恒定。

穿透指药物透入表皮内起局部作用。在药物的经皮渗透过程中，最大的阻力来自皮肤的角质层。药物穿过角质层进入血液循环可能有三条途径：①通过皮肤的附属器吸收；②穿过角质细胞扩散；③经由角质细胞间扩散。每一条途径的重要性取决于药物的溶解度、分配系数、解离常数、分子大小、稳定性以及与皮肤结合情况等诸多因素。透过皮肤的厚度、组成及来源（包括毛囊及汗腺的密度）和水合程度也很重要。此外，药物在皮肤局部的扩散（包括侧向扩散）以及与皮肤细胞结合也会影响药物向皮肤渗透。

吸收指药物透过表皮后，到达真皮和皮下脂肪，通过血管或淋巴管进入体循环而产生全身作用。

（3）药物经皮吸收的途径　药物经皮吸收的途径有两条：一是表皮途径，药物透过完整表皮进入真皮和皮下脂肪组织，被毛细血管和淋巴管吸收进入体循环，这是药物经皮吸收的主要途径，药物需要依次通过排列紧密的角质层、透明层、颗粒层、棘层和基底层，才能到达真皮，最后进入血液循环；二是皮肤附属器途径，药物通过皮肤附属器吸收要比表皮途径快，但由于其表面积小，因此它不是药物经皮吸收的主要途径。只有电解质和某些金属离子能少量地经此途径吸收。在药物与皮肤接触的最初 10min 之内，皮肤附属器官的吸收占优势，但随时间延长，扩散系数变小，药物通过角质层后，经表皮吸收才显示优势。

6.3.5.6　影响药物经皮吸收过程的因素

（1）**药物的性质**　① 药物的溶解性与油/水分配系数（K）：药物的溶解性能对渗透生物膜能力有很大影响，溶于类脂物的物质由于细胞膜含有类脂物故能通过，而水溶性物质需要在细胞壁蛋白质离子水合后才能通过。所以，一般油溶性药物穿透皮肤的能力比水溶性药物大，而既能油溶又能水溶的药物穿透能力最强，如果药物在油、水中都难溶则很难透皮吸收，油溶性很大的药物可能聚集在角质层而难被吸收。

② 药物的分子量：药物吸收速率与分子量成反比，低分子量的小分子药物容易经皮吸收，一般分子量 3000 以上的药物不能经皮透入，因此经皮给药应当选用分子量小、药理作用强的小剂量药物。

③ 药物的熔点：与通过一般生物膜相似，药物经皮给药主要是被动扩散过程，因此，低熔点的药物容易透过皮肤。

④ 药物在基质中的状态影响其吸收量：分子型的药物较易经皮吸收，离子型的药物不易经皮吸收。溶液态药物比混悬态药物更易吸收，微粉状药物比细粒状药物更易吸收，一般完全溶解呈饱和状态的药液，易于透过皮肤。

⑤ 药物浓度的影响：皮肤吸收药物的量，一般受药物在赋形剂中浓度变化的影响，浓度越高，单位体积药物分子密度越大，相对渗透压越大，吸收通透性越好。

⑥ 药物的剂型：剂型在很大程度上影响药物的释放性能，药物从给药系统中越容易释放，越有利于药物吸收。一般凝胶剂、乳剂型软膏中药物释放较快，骨架型经皮贴片中药物释放较慢。各种经皮制剂系统都设计有一定释药速率。

（2）**基质的性质**　基质对药物的释放性能影响很大，药物从基质中越容易释放，则越有利于药物的经皮渗透。对于同一剂型的不同处方组成，药物的透皮速率可能有很大的不同。

① 基质的特性与亲和力：乳剂型中药物的吸收速度最快，其次是动物油脂、羊毛脂、植物油和烃类。水溶性基质需视其与药物的亲和力而定，亲和力越大，越难释放，因而吸收也差。

② 基质的 pH：能使药物分子型增多的 pH，有利于药物的经皮吸收。当基质的 pH 小于酸性药物的 pK_a 或基质的 pH 大于碱性药物的 pK_a 时，则药物的分子形式明显增加，因而药物易于穿透和吸收。

（3）**经皮促进剂的影响**　经皮促进剂是指那些能单项或可逆地降低皮肤屏障作用，促进药物从系统中释放，加速药物渗透穿过皮肤的物质。理想的经皮促进剂应安全性高、无全身毒性、无刺激性、无致敏性、无光毒性和无致痤疮作用；化学性质稳定，与制剂中其他原料配伍等。吸收促进剂的作用机制主要有：①改变角质层微结构；②增加脂质流动性；③作用于一种或数种脂质成分如磷脂、胆甾醇等；④作用于蛋白质改变其构象等。按照促进剂的结构可以分为亚砜类、脂肪酸类、萜烯类、烃类、酰胺类、醇类、胺类等。

（4）**皮肤因素的影响**　皮肤的渗透性是影响药物透皮吸收的重要因素。存在着个体差异、年龄、性别、用药部位和皮肤的状态等方面的不同。特别是对于有损伤的皮肤，由于其角质层被破坏，皮肤对药物的渗透性大大加强，会引起过敏与中毒等副作用。

6.3.5.7　促进药物经皮吸收的方法

促进药物经皮吸收的方法有药剂学方法、化学方法与物理学方法，研究得最多的药剂学方法是使用经皮吸收促进剂。对药物进行化学结构改造，合成具有较大透皮速率的前体药物是可行的化学方法。近来离子导入、超声波和电致孔等物理学方法亦用来促进水溶性大分子药物的经皮吸收。

（1）物理促透方法

① 离子导入法　离子导入是在电场作用下，主要通过电斥、电渗析作用和电流诱导引起角质层结构紊乱使皮肤通透性增加，从而增加药物分子透过皮肤进入机体的能力。能更好地使一些难以透过皮肤的药物透过皮肤，主要适用于携带电荷的小分子和一些高达几千道尔顿的大分子药物，有效地扩大了可经皮给药的药物范围。离子导入最大的优点是药物的传输速度可以随着电流的变化而变化，而电流可以很容易地由微处理器控制，在某些情况下，还可以由患者控制。通过这种方式，药物传递可以打开和关闭，甚至随着时间的推移进行调整，以实现复杂的治疗方案。影响药物经皮离子导入转运的因素是多样的，主要有电流、应用时间、药物性质、剂型因素、生理因素和渗透促进剂等的影响。一般来说，电流强度越大，药物透过量越多（皮肤的最大可耐受的电流密度不超过 0.5mA/cm^2）；电流应用时间越长，离子导入效果越好；药物分子量越小、浓度越高、表面电荷越多，离子导入量越大。张达夫等运用离子导入法和中药辅助关节镜治疗髌骨外侧高压综合征，治疗结果较为理想，有效改善 Lysholm 评分。史秀丽等研究中药离子导入法治疗急性缺血性脑卒中患者的疗效，结果表明该方法对急性缺血性脑卒中患者神经系统功能恢复有促进作用。周晨霞等研究血栓通电离子导入法对下肢动脉粥样硬化患者的临床疗效及其对凝血功能的影响，研究表明使用该方法治疗下肢动脉粥样硬化患者的临床疗效较好，有效改善患者症状。戴居云等观察激光透穴离子导入法对大鼠大脑中动脉缺血再灌注模型损伤的影响。结果表明，该方法具有避免脑缺血再灌注损伤的作用，其作用机制可能与提高 SOD 活性、减轻氧化物对机体的损伤有关。

② 电穿孔法　电穿孔法又称电致孔，是施加瞬时高压电脉冲电场于细胞膜等脂质双分子层，使其形成暂时、可逆的亲水性孔道而增加细胞及组织膜通透性的过程。其透过效能受到电脉冲参数的影响，电压增加能提高击穿人体复杂皮肤屏障的能力，从而显著增加人表皮渗透性，使药物能更大量地透过皮肤。另外，增强施加的脉冲数量与延长脉冲持续时间也能达到增加药物透过量的作用。Eriksson 等通过电穿孔法对前列腺癌 DNA 疫苗进行经皮给药，跟踪观察患者发现复发率较低。电穿孔特别适用于生物大分子的经皮给药，它在蛋白质、寡核苷酸、小分子、肝素、胰岛素、右旋糖酐和维生素 C 的传递方面有积极的应用。史丽璞等电致孔透皮给药治疗纤维肌痛综合征，结果说明阿米替林联合电致孔法透皮给药比单纯口服阿米替林疗效明显。可明显减轻患者的疼痛，改善睡眠，提高生活质量。王芳研究正清风痛宁注射液电致孔透皮给药治疗类风湿关节炎膝关节病变，研究表明在中西医结合治疗基础上应用正清风痛宁注射液膝关节电致孔透皮给药在缓解类风湿关节炎患者膝关节症状及改善患者生活质量方面效果理想，安全性好，操作方便，易被患者接受，值得临床推广应用。

③ 超声导入法　超声导入法是在超声波的作用下，通过空化效应、对流转运、机械作用和热效应等机制将药物分子透过皮肤或进入软组织的过程。其特点是短时间内即可促进药物渗透皮肤组织，对水溶性药物促渗作用比较明显，对脂溶性药物几乎无促渗作用。研究发现超声波离皮肤越近，促渗效果越好；超声频率增加，药物渗透率增加至一定水平后渗透率反而下降，在 20 kHz、14 W/cm^2 和 40 kHz、17 W/cm^2 时透皮效果最好。

Yu 等比较了已上市的卡巴拉汀透皮贴剂和使用频率为 20 kHz 的超声给药的卡巴拉汀透皮贴剂的治疗效果。在猪皮肤上进行了体内和体外渗透试验。与体外对照样品相比，体外超声组的卡巴拉汀渗透系数显著提高 3.1 倍。从猪体内采集的血液样本也得出了类似的结果，超声组的卡巴拉汀生物利用度提高了 298%。

④ 微针　微针是经微电子机械技术加工而成的一种呈针状的微米级精细结构，长度一般在 $25 \sim 1000 \mu m$，制作材料多为硅、金属、聚合物等。根据其递送药物的方式分类，微针可被分为实心微针、中空微针、镀层微针、可溶微针和相转化微针。其机制是药物通过微针穿透皮肤角质层进入皮肤后形成的微小孔道进入皮肤，达到促进经皮渗透和到达皮肤特定深度的效果。Gowers 等研究发现，用微针阵列（microneedle array，MNA）能监测治疗药物 β-内酰胺类抗生素的浓度。MNA 也被用于局部麻醉。Baek 等开发了一种涂有利多卡因的 MNA，这种 MNA 可以在很短的时间内（2min）渗透进皮肤并增强药物的传递，用于无痛快速局部麻醉。MNA 也被应用于癌症的治疗、糖尿病的治疗、抗炎以及止痛等。有研究发现由于皮肤中存在大量专业抗原呈递细胞（antigen-presenting cell，APC），因此将疫苗通过 MNA 输送到皮肤，这与注射疫苗相比具有剂量节省效应，允许以较低的抗原水平诱导强烈的免疫应答。Pattarabhiran 等研究破伤风盐类毒素抗原可溶性微针对小鼠的免疫应答作用，发现疫苗接种后，IgG、IgG1 和 IgG2a 抗体滴度显著增加。

（2）化学促透法　化学促透法是采用各种促渗透剂改变皮肤的超微结构，达到增加药物通透性的目的，与物理促渗透方法比较更简便、经济、适用性更强。理想的促渗剂应对皮肤及机体无毒、无刺激、无药理作用，与药物和其他附加剂不发生反应。

① 亚砜类：主要机理是改变角蛋白构象；提取脂质，促进脂质流动，扰乱角质层脂质上的酰基链。二甲基亚砜（DMSO）能促进甾体激素、灰黄霉素、水杨酸和一些镇痛药的透皮吸收。高浓度的二甲基亚砜能产生较强的透皮促进作用，但可引起较严重的皮肤刺激性。

② 酰胺类化合物：酰胺类化合物中的氮酮是公认的一种优良促渗剂，具有用量少、对皮肤毒性及刺激性低的特点，我国于 1987 年批准其作为辅料。氮酮（azone）是 20 世纪 80 年代研制的新型经皮吸收促进剂，能增加皮肤对许多不同类型药物的通透性，其对亲水性和亲油性化合物均有明显促透作用。作用机制是：a. 氮酮分子形成了弯曲的类似于"汤-匙"的构象，扰乱了脂质双层中脂质的排列；b. 氮酮通过其羟基上的氧基团与神经酰胺头部的氢键相结合，破坏了神经酰胺之间的氢键结合，从而创建了一个渗透通道。其与丙二醇、油酸等都可以配伍使用。

③ 醇类化合物：醇类化合物包括各种短链醇、脂肪醇及多元醇等。丙二醇、甘油及聚乙二醇等多元醇单独应用时，促渗效果不佳。与其他经皮促进剂合用，在起到增大药物及经皮促进剂溶解度的同时发挥协同作用。机理为：a. 提高药物在载体中的溶解度；b. 提取角质层脂质；c. 增加角质层水分，促进皮肤水化。

④ 胺类化合物：如二乙胺、三乙胺等，其作用机理是与酸性药物形成脂溶性离子对。

⑤ 萜烯类化合物：薄荷醇属于单萜类化合物，常用于皮肤外用制剂，近年来发现其具有显著的促透作用，其促透作用和氮酮比相似或更强、作用更快。薄荷醇一般在 1%～5% 浓度范围内具有量效关系，但对药物促透作用的强弱并非与其浓度成正比关系。其作用机理为：a. 增加药物在皮肤脂质中的溶解度；b. 扰乱脂质结构，促进脂质流动，提取脂质，创造新的渗透通路。吡咯烷酮能够扰乱或溶解角质层细胞间的脂质层，促进药物在脂质层中的分配。萜烯亲脂性和药物亲脂性与促渗效果有关。盐酸尼卡地平、氢化可的松、卡马西平、他莫昔芬（三苯氧胺）的羟甲基纤维素四种不同亲脂性的药物水凝胶在四种脂溶性不同的萜烯促渗剂作用下渗透，结果表明促渗剂脂溶性和其促渗效果间具有线性

关系，高度亲脂的促渗剂具有更好的促渗效果；同时，药物亲脂性和促渗效果也具有线性关系，萜烯对亲水性药物具有更好的促渗效果。

⑥ 脂肪酸类：如油酸、月桂酸等，其作用机理为：a. 降低脂质的相转变温度，促进相分离；b. 提取脂质，在脂质层形成新的渗透区域与碱性药物形成脂溶性离子对。

⑦ 烃类：如壬烷壬醇，其作用机理为：a. 促进药物分配进入角质层；b. 扰乱有序的脂质双层结构。

⑧ 表面活性剂：表面活性剂（用量 $1\%\sim2\%$）可增溶药物，增加皮肤的润湿性，可改变皮肤的屏障性质，故也可增加皮肤的渗透性，通常阳离子型表面活性剂的作用大于阴离子表面活性剂。

（3）前体药物　由于亲脂性高的药物易于透过皮肤角质层，因而应用前体药物的方法改善药物的极性，提高其渗透率。目前研究主要集中在药物的溶解度与渗透量的关系方面。通过对药物的结构进行化学修饰制备前体药物，往往可以改变其某些理化性质。

6.3.5.8　TDDS 的常用材料

经皮给药制剂中除了主药、透皮吸收促进剂和溶剂外，还需要控制药物释放速率的高分子材料（控释膜或骨架材料）及压敏胶、背衬材料和保护膜材料。经皮给药制剂的药物选定后，高分子材料的选择是经皮给药制剂设计的主要工作。经皮给药制剂需要不同性能的高分子材料来满足不同性能的药物与各种设计要求。

（1）控释膜材料　经皮给药制剂的控释膜分为均质膜与微孔膜。用作均质膜的高分子材料有乙烯-醋酸乙烯共聚物，其无毒、无刺激性、柔软性好，与人体组织有良好的相容性，性质稳定，但耐油性较差。

控释膜中的微孔膜常通过聚丙烯拉伸而得，也可用醋酸纤维膜、核孔膜。核孔膜是生物薄膜经高能荷电粒子照射，得到的形状规则、大小分布均匀的微孔膜，微孔大小精确可调，但成本较高，也可用 α 粒子照射塑料膜后经特殊化学蚀刻而成。

（2）骨架材料　骨架型经皮给药制剂都是用高分子材料作骨架负载药物，这些高分子材料应具有以下特性：①形成骨架的高分子材料不应与药物作用；②骨架对药物的扩散阻力不能太大，以使药物有适当的释放速率；③骨架稳定，能稳定地吸收药物；④对皮肤无刺激性，最好能黏附在皮肤上；⑤高温高湿条件下，能够保持结构与形态的完整。

① 聚合物骨架材料　大量的天然与合成的高分子材料都可作聚合物骨架材料，如亲水性聚乙烯醇和疏水性聚硅氧烷。

② 微孔材料　几乎所有的合成高分子材料均可作微孔骨架材料，应用较多的是醋酸纤维素。

（3）压敏胶　压敏胶在经皮给药制剂中的作用是使制剂与皮肤紧密贴合，有时又作为药物的贮库或载体材料，可调节药物释放速度。它们应该具有以下特性：①良好的生物相容性；②对皮肤无刺激性，不引起过敏反应；③具有足够强的黏附力和内聚强度；④化学性质稳定，对温度与湿度稳定；⑤有能黏接不同类型皮肤的适应性；⑥能容纳一定量的药物和吸收促进剂而不影响其化学稳定性与黏附力；⑦在具限速膜的经皮给药制剂中，应不影响药物的释放速率；⑧在胶黏剂骨架型经皮给药制剂中，应能控制药物的释放速度。

压敏胶有四个黏合性能，即初始力 T、黏合力 A、内聚力 C 和黏基力 K，它们之间必须满足：$T<A<C<K$。T 是指涂有压敏胶的制品和被黏物以很轻的压力接触后立即快速分离所表现出来的抗分离能力；A 是指用适当的压力和时间进行粘贴后，压敏胶制

品和被黏表面之间所表现出来的抵抗界面分离的能力；C 是指黏胶剂层本身的内聚力；K 是指黏胶剂与背衬材料之间的黏合力。

经皮给药制剂常用的压敏胶有聚异丁烯、聚丙烯酸酯和聚硅氧烷三类。这三类压敏胶与药物配合性能亦不一样，如聚丙烯酸酯类压敏胶能容纳其质量 50% 的硝酸甘油，聚异丁烯类压敏胶能负载可产生治疗作用剂量的硝酸甘油，而聚硅氧烷类压敏胶能负载硝酸甘油的量小。

（4）其他材料

① 背衬材料　是指用于支持药库或压敏胶等的薄膜，应对药物、胶液、溶剂、湿气和光线等有较好的阻隔性能，同时应柔软舒适，并有一定强度。常用由铝箔、聚乙烯或聚丙烯等材料复合而成的多层复合铝箔，厚度 $20 \sim 50 \mu m$。背衬膜最好有一定的透气性，可在背衬膜上打微孔。

② 保护膜材料　用于对 TDDS 黏胶层的保护，常用的有聚乙烯、聚苯乙烯、聚丙烯、聚碳酸酯、聚四氟乙烯等塑料薄膜。有时也使用表面经石蜡或甲基硅油处理过的光滑厚纸。

③ 药库材料　可以使用的药库材料很多，可以用单一材料，也可用多种材料配制的软膏、凝胶或溶液，如卡波姆、HPMC、PVA 等，各种压敏胶和骨架材料也同时可以是药库材料。

6.3.5.9　TDDS 的制备方法、实例和质量评价

（1）TDDS 的制备方法　经皮给药制剂根据其类型与组成有不同的制备方法，主要有三种：涂膜复合工艺、充填热合工艺、骨架黏合工艺。

① 涂膜复合工艺　将药物分散在高分子材料如压敏胶溶液中，涂布于背衬膜上，加热烘干使溶解高分子材料的有机溶剂蒸发，可以进行第二层或多层膜的涂布，最后覆盖上保护膜，亦可以制成含药物的高分子材料膜，再与各层膜叠合或黏合。

② 充填热合工艺　在定型机械中，于背衬膜与控释膜之间定量充填药物储库材料，热合封闭，覆盖上涂有黏胶层的保护膜。

③ 骨架黏合工艺　在骨架材料溶液中加入药物，浇铸冷却成型，切割成小圆片，粘贴于背衬上，加保护膜而成。

（2）TDDS 实例

① 硝酸甘油经皮给药制剂　硝酸甘油是一种有效的心绞痛治疗与预防剂，口服给药首过效应达 60%；常用片剂舌下黏膜给药，但由于半衰期小，作用时间短，需频繁给药；当血药浓度高时，会出现头痛、头胀等副作用。所以研究和开发硝酸甘油经皮给药制剂是符合临床医疗需要的。

硝酸甘油 TDDS 制剂有许多种产品，包括：Deponit（Schwarz）、Minitan（3M Pharamaceuticals）、Nitro-Dur（Key）和 Transderm-Nitro（Novartis），每种产品应用后均可维持 24h。各种市售 TDDS 制剂通过控释膜、药物骨架或药物贮库控制药物释放。如 Transderm-Nitro TDDS 是四层组成的贴剂，而 Deponit TDDS 为骨架系统。当皮肤上应用 TDDS 时，硝酸甘油不断被吸收，活性成分被肝脏灭活前到达靶器官（心脏）。通常 24h 中只有一小部分的药物被释放进人体内，剩余的药物作为释药的动力源仍保留在系统内。例如，在 Deponit TDDS 中，用药 12h 后，仅 15% 的硝酸甘油进入体内。

② 双氯芬酸钠经皮给药制剂　双氯芬酸钠（DCF）是一种新型的非甾体强效消炎镇痛药，临床上用于消炎、镇痛、解热和抗风湿等。双氯芬酸钠口服吸收迅速，血浆半衰期

短（1.25h），达峰时间快，但口服易引起胃肠紊乱、头晕、头痛及皮疹等不良反应。以聚丙烯酸酯压敏胶为主要基质，制得了双氯芬酸钠经皮给药制剂（DCF-TDDS）。该制剂能避免首过效应，降低不良反应，且有长效作用。

（3）**质量评价**　2020 版《中国药典》制剂通则中对乳膏剂、软膏剂、糊剂、涂剂、擦剂、贴剂、贴膏剂等众多经皮给药制剂做出了质量规定，应保证质量、检查粒度、微生物限度、黏附力、含量均匀度、释放度等符合要求。

① 含量均匀度　按照含量均匀度检查法（通则 0941）测定，限度为 ±25%。取供试品 10 个，照各品种项下规定的方法，分别测定每一个单剂以标示量为 100 的相对含量 x_i，求其均值和标准差 S 以及标示量与均值之差的绝对值 A，若 $A+2.2S \leqslant L$，则供试品的含量均匀度符合规定；若 $A+S>L$，则不符合规定；若 $A+2.2S>L$，且 $A+S \leqslant L$，则应另取供试品 20 个复试。上述公式中 L 为规定值。除另有规定外，透皮贴剂、栓剂 L 规定为 25.0。

② 释放度　透皮贴剂的释放度是指药物从该制剂在规定的溶剂中释放的速度和程度。按照释放度测定法，通则 0931 第四法（桨碟法）、第五法（转筒法）测定，按照以下方法判定：a. 6 片（粒）中，每片（粒）在每个时间点测得的溶出量按标示量计算，均未超出规定范围；b. 6 片（粒）中，在每个时间点测得的溶出量，如有 1～2 片（粒）超出规定范围，但未超出规定范围的 10%，且在每个时间点测得的平均溶出量未超出规定范围；c. 6 片（粒）中，在每个时间点测得的溶出量，如有 1～2 片（粒）超出规定范围，其中仅有 1 片（粒）超出规定范围的 10%，但未超出规定范围的 20%，且其平均溶出量未超出规定范围，应另取 6 片（粒）复试。

③ 微生物限度　除另有规定外，按照非无菌产品微生物限度检查；微生物计数法（通则 1105）和非无菌产品微生物限度检查；控制菌检查法（通则 1106）及非无菌药品微生物限度标准（通则 1107）检查。皮肤给药制剂的需氧菌总数为 10^2（cfu/10cm^2、cfu/g），霉菌和酵母菌总数 10^1（cfu/10cm^2、cfu/g），不得检出金黄色葡萄球菌、铜绿假单胞菌（1g、1mL 或 10cm^2）。

细菌数每 10cm^2 不得超过 100 个，霉菌和酵母菌数每 10cm^2 不得超过 100 个，金黄色葡萄球菌、铜绿假单胞菌每 10cm^2 不得检出。

参考文献

[1] Mazurek A H，Szeleszczuk L，Gubica T. Application of molecular dynamics simulations in the analysis of cyclodextrin complexes[J]. Int J Mol Sci，2021，22（17）:9422.

[2] Gonzalez Pereira A，Carpena M，García Oliveira P，et al，Main applications of cyclodextrins in the food industry as the compounds of choice to form host-guest complexes[J]. Int J Mol Sci，2021，22（3）:1339.

[3] Banchero M. Supercritical carbon dioxide as a green alternative to achieve drug complexation

with cyclodextrins[J]. Pharmaceuticals （Basel）, 2021, 14（6）:562.

[4] Rusznyák Á, Palicskó M, Malanga M, et al. Cellular effects of cyclodextrins: Studies on he-La cells[J]. Molecules, 2022, 27（5）:1589.

[5] ALee J U, Lee S S, Lee S, et al. Noncovalent complexes of cyclodextrin with small organic molecules: Applications and insights into host-guest interactions in the gas phase and condensed phase[J]. Molecules, 2020, 25（18）:4048.

[6] Gidwani B, Vyas A. A comprehensive review on cyclodextrin-based carriers for delivery of chemotherapeutic cytotoxic anticancer drugs[J]. Biomed Res Int, 2015, 2015:198268.

[7] Braga S S. Cyclodextrins: Emerging medicines of the new millennium[J]. Biomolecules, 2019, 9（12）:801.

[8] Wüpper S, Lüersen K, Rimbach G. Cyclodextrins, natural compounds, and plant bioactives-a nutritional perspective[J]. Biomolecules, 2021, 11（3）:401.

[9] Fliszár-Nyúl E, Lemli B, Kunsági-Máté S, et al. Interactions of mycotoxin alternariol with cyclodextrins and its removal from aqueous solution by beta-cyclodextrin bead polymer [J]. Biomolecules, 2019, 9（9）:428.

[10] Melone L, Petroselli M, Pastori N, et al. Functionalization of cyclodextrins with N-hydroxyphthalimide moiety: A new class of supramolecular pro-oxidant organocatalysts[J]. Molecules, 2015, 20 （9）:15881-15892.

[11] Feng T, Liu F, Sun L, et al. Associated-extraction efficiency of six cyclodextrins on various flavonoids in puerariae lobatae radix[J]. Molecules, 2018, 24（1）:93.

[12] Bucur P, Fülöp I, Sipos E. Insulin complexation with cyclodextrins-a molecular modeling approach[J]. Molecules, 2022, 27（2）:465.

[13] Saokham P, Muankaew C, Jansook P, et al. Solubility of cyclodextrins and drug/cyclodextrin complexes[J]. Molecules, 2018, 23（5）:1161.

[14] Banchero M. Supercritical carbon dioxide as a green alternative to achieve drug complexation with cyclodextrins[J]. Pharmaceuticals （Basel）, 2021, 14（6）:562.

[15] Miranda G M, Santos V O R E, Bessa J R, et al. Inclusion complexes of non-steroidal anti-inflammatory drugs with cyclodextrins: A systematic review[J]. Biomolecules, 2021, 11（3）:361.

[16] Salústio P J, Pontes P, Conduto C, et al. Advanced technologies for oral controlled release: cyclodextrins for oral controlled release[J]. AAPS PharmSciTech, 2011, 12（4）:1276-1292.

[17] Prajapati M, Christensen G, Paquet-Durand F, et al. Cytotoxicity of β-cyclodextrins in retinal explants for intravitreal drug formulations[J]. Molecules, 2021, 26（5）:1492.

[18] Gonzalez Pereira A, Carpena M, García Oliveira P, et al. Main applications of cyclodextrins in the food industry as the compounds of choice to form host-guest complexes[J]. Int J Mol Sci, 2021, 22（3）:1339.

[19] Braga S S. Cyclodextrins: Emerging medicines of the new millennium[J]. Biomolecules, 2019, 9（12）:801.

[20] Szente L, Fenyvesi É. Cyclodextrin-enabled polymer composites for packaging[J]. Molecules, 2018, 23（7）:1556.

[21] Bucur P, Fülöp I, Sipos E. Insulin complexation with cyclodextrins-a molecular modeling approach[J]. molecules, 2022, 27（2）:465.

[22] Zhang J, Ma P X. Cyclodextrin-based supramolecular systems for drug delivery: recent progress and future perspective[J]. Adv Drug Deliv Rev, 2013, 65（9）:1215-1233.

[23] Szente L, Fenyvesi É. Cyclodextrin-enabled polymer composites for packaging[J]. Molecules, 2018, 23（7）:1556.

[24] Kost B, Brzeziński M, Socka M, et al. Biocompatible polymers combined with cyclodextrins: Fascinating materials for drug delivery applications[J]. Molecules, 2020, 25（15）:3404.

[25] Kfoury M, Landy D, Fourmentin S. Characterization of cyclodextrin/volatile inclusion complexes: A review[J]. Molecules, 2018, 23（5）:1204.

[26] Rodríguez I, Gautam R, Tinoco A D. Using X-ray diffraction techniques for biomimetic drug development, formulation, and polymorphic characterization[J]. Biomimetics（Basel）, 2020, 6（1）:1.

[27] Goh B. The application of spectroscopy techniques for diagnosis of malaria parasites and arboviruses and surveillance of mosquito vectors: A systematic review and critical appraisal of evidence[J]. PLoS neglected tropical diseases vol, 2021, 15（4）:e0009218.

[28] Hogenbom J, Jones A, Wang H V, et al. Synthesis and characterization of β-cyclodextrin-essential oil inclusion complexes for tick repellent development[J]. Polymers（Basel）, 2021, 13（11）:1892.

[29] Kfoury M, Landy D, Fourmentin S. Characterization of cyclodextrin/volatile inclusion complexes: A review[J]. Molecules, 2018, 23（5）:1204.

[30] Kost B, Brzeziński M, Socka M, et al. Biocompatible polymers combined with cyclodextrins: Fascinating materials for drug delivery applications[J]. Molecules, 2020, 25（15）:3404.

[31] 陈卫军, 申雪丽, 马铁叶. β-环糊精包合细辛、薄荷挥发油的研究[J]. 农垦医学, 2013, 35（06）:488-490.

[32] Szafraniec J A, Gata A, Justyna K K, et al. The self-assembly phenomenon of poloxamers and its effect on the dissolution of a poorly soluble drug from solid dispersions obtained by solvent methods[J]. Pharmaceutics vol, 2019, 11（3）:130.

[33] Nair AR, Lakshman Y D, Anand V S K, et al. Overview of extensively employed polymeric carriers in solid dispersion technology[J]. AAPS PharmSciTech, 2020, 21（8）:309.

[34] 冷斌, 刘洪臣. 植入型给药系统的分类与应用[J]. 中国医学装备, 2007, 4（5）:5-8.

[35] Stewart S, Domínguez-Robles J, Donnelly R, et al. Implantable polymeric drug delivery devices: Classification, manufacture, materials, and clinical applications[J]. Polymers, 2018, 10（12）:1379-1402.

[36] Kleiner L W, Wright J C, Wang Y. Evolution of implantable and insertable drug delivery systems[J]. Journal of Controlled Release, 2014, 181（1）:1-10.

[37] 陶凤英. 植入剂的研究概述[J]. 世界最新医学信息文摘, 2017（13）:99-104.

[38] Kempe S, MäDer K. In situ forming implants — an attractive formulation principle for parenteral depot formulations[J]. Journal of Controlled Release, 2012, 161（2）:668-679.

[39] 刘青锋, 鲁莹, 钟延强. 注射型在体植入剂的研究进展[J]. 中国药学杂志, 2009（6）:401-405.

[40] 胡启飞. 伊维菌素原位凝胶植入剂的制备和家兔体内过程初步研究[D]. 重庆:西南大学, 2009.

[41] 唐昆. 植入剂的研究概况[J]. 四川医学, 2010, 31（8）:1190-1192.

[42] Srividya B, Cardoza R M, Amin P D. Sustained ophthalmic delivery of ofloxacin from a pH triggered in situ gelling system[J]. Journal of Controlled Release, 2001, 73（2-3）:205-211.

[43] Alonso P E, Perula L A, Rioja L F. Pain-temperature relation in the application of local anaesthesia[J]. British Journal of Plastic Surgery, 1993, 46（1）:76-78.

[44] Schwach-Abdellaoui K, Moreau M, Schneider M, et al. Controlled delivery of metoclopramide using an injectable semi-solid poly（ortho ester）for veterinary application[J]. International Journal of Pharmaceutics, 2002, 248（1-2）:31-37.

[45] Lambert W J, Peck K D. Development of an in situ forming biodegradable poly-lactide-co-glycolide system for the controlled release of proteins[J]. J Control Release, 1995, 33（1）: 189-195.

[46] Elstad N L, Fowers K D. OncoGel（ReGel/paclitaxel）-Clinical applications for a novel paclitaxel delivery system[J]. Advanced drug delivery reviews, 2009, 61（10）:785-794.

[47] Krames E. Intraspinal opioid therapy for chronic nonmalignant pain: current practice and clinical guidelines. [J]. Journal of Pain & Symptom Management, 1996, 11（6）:333-352.

[48] Rohloff C M, Alessi T R, Yang B, et al. DUROS technology delivers peptides and proteins at consistent rate continuously for 3 to 12 months. [J]. J Diabetes Sci Technol, 2008, 2（3）:461-467.

[49] Lebugle A，Rodrigues．Study of implantable calcium phosphate systems for the slow release of methotrexate[J]. Biomaterials Guildford，2002，23（16）:3517-3522.

[50] 林军．国内 5-氟尿嘧啶新剂型的研究进展[J]．中国药业，2003，12（004）:72-73.

[51] Dunn J P，Natta M V，Foster G，et al. Complications of ganciclovir implant surgery in patients with cytomegalovirus retinitis: the Ganciclovir Cidofovir Cytomegalovirus Retinitis Trial [J]. Retina，2004，24（1）:41-50.

[52] Renard E，Costalat G，Chevassus H，et al. Cosed loop insulin delivery using implanted insulin pumps and sensors in type 1 diabetic patients[J]. Diabetes Research & Clinical Practice，2006，74（06）:S173-S177.

[53] 亢继俊，曾振灵，徐士新，等．兽药靶向制剂研究进展[J]．中国兽药杂志，2010，44（01）:19-22.

[54] 李培军．脂质体的特性及临床治疗进展[J]．中国现代药物应用，2014，8（05）:243-245.

[55] 陈静，王佳，刘显军，等．中药被动靶向制剂的研究进展[J]．黑龙江畜牧兽医，2013（03）:19-22.

[56] Ribeiro，RaulR，Eliane P，et al. Reduced tissue parasitic load and infectivity to sand fles in dogs naturally infected by leishmania chagasi following treatment with a liposome formulation of meglumine antimonate [J]. Antimicrob Agents Chemother，2008，52:2564-2572.

[57] 何宏轩，张西臣，程远国，等．碘醚柳胺脂质体定向剂在绵羊体内的药代动力学及组织残留量[J]．中国兽医学报，2000（01）:62-65.

[58] 王健松，朱家壁，吕瑞勤，等．肺靶向阿奇霉素脂质体的制备及其在小鼠体内的分布[J]．药学学报，2005（03）:274-278.

[59] Dante A S，Raul R R，Cynthia D，et al. Improved targeting of antimony to the bone marrow of dogs using liposomes of reduced size[J]. Int JParm，2006，315:140-147.

[60] 全东琴，崔光华，董华进，等．醋酸地塞米松静注乳剂的抗炎活性及动物组织分布研究[J]．中国药学杂志，2002（08）:33-36.

[61] Schmidt S，Mueller R H. Plasma protein adsorption patterns on surfaces of amphotericin B C on taining fat emulsions[J]. Int J Pharm，2003，254（1）:325.

[62] 杨云霞，包定元，曾昭贤，等．肺靶向制剂——硫酸链霉素明胶微球的药理学研究[J]．中国抗生素杂志，1998（03）:47-50.

[63] Tang S，Zhou Y，LI R，et al. Pharmacokinetics and lung targeting characterization of a newly formulated enrofloxac in preparation [J]. JVet Pharmacol Ther，2007，30（5）:443-450.

[64] 王婧，胡宏伟，刘根新，等．纳米药物靶向作用的研究现状[J]．安徽农业科学，2008，36（34）:15019-15021.

[65] Ye J S，Wang Q，Zhou X，et al. Injectable actarit loaded solid lipid nanoparticles as passive targeting therapeutic agents for rheumatoid arthritis[J]. Int J Pharm，2008，352（122）:273-279.

[66] 徐巍，苏乐群，李宏建．大蒜素纳米粒的制备及其家兔体内药动学和小鼠体内分布[J]．中国医院药学杂志，2009，29（08）:626-630.

[67] 李东芬，尹蓉莉．主动靶向给药系统的研究概况[J]．中药与临床，2011，2（01）:61-63.

[68] 詹晓勇，朱庆义．靶向给药系统的研究进展[J]．中国实用医药，2008（31）:174-177.

[69] Ling Geng，Osuskya K，Konjeti S，et al. Radiation guided drug delivery to tumor blood vessels results in improved tumor growth delay[J]. Control Release，2004，99（3）:369-381.

[70] Valduga C J，Femandes D C，loprete A C，et al. Use of a cholesterol rich microemulsion that binds to low density lipoprotein receptors as vehicle for etoposide [J]. Pharm Pharmacol，2003，55（12）:1615.

[71] 梁晓飞．壳聚糖季铵盐多功能靶向纳米微球的制备及在药物载体方面的应用[D]．天津:天津大学，2009.

[72] 张晓伟．肝靶向半乳糖化壳寡糖纳米粒的制备与初步评价[D]．沈阳:沈阳药科大学，2009.

[73] 黄羽，林爱华，张娴，等．甘草酸表面修饰壳聚糖纳米粒体外对肝实质细胞的靶向结合作用[J]．中药新药与临床药理，2008（06）:495-498.

[74] 周四元，梅其炳，赵德化．地塞米松·葡聚糖的合成及其肠内容物中的转释特性[J]．第四军医大学学报，2000（04）:499-501.

[75] 卓如意，董伟，张旭，等．靶向硫酸庆大霉素的制备及体外抗菌试验[J]．动物医学进展，2008（01）:36-38+ 52.

[76] 黄海燕．物理化学靶向制剂中磁性靶向研究进展[J]．广州化工，2015，43（01）:26-28.

[77] 霍宗利，朱林，肖莹，等．甲氨蝶呤热敏磁靶向脂质体的制备和靶向性研究[J]．海峡药学，2008（07）:14-17.

[78] Anatoly A Kuznetsov, Victor I Filippov, Renat N Alyautdin, et al. Appliation of magetic liposomes for magnetically guided transport of muscle relaxants and anti-cancer photodynamic drugs[J]. Magnetism and Magnetic Materials, 2001, 225:95-100.

[79] 黎维勇，谌辉，方凯，等．顺铂白芨胶微球在犬体内的药动学[J]．中国医院药学杂志，2008（06）:425-428.

[80] Goodwin S C, Bittner C A, Peterson C L, et al. Single dose toxicity study of hepatic intra2 arterial infusion of doxorubicin coupled to a novel magnetically targeted drug carrier[J]. Toxicol Sci, 2001, 60（1）:177.

[81] Iga K, Hamaguchi N, Iga ri Y, et al. Enhanced antitumor activity in mice after administration of thermosensitive liposome encapsulating cisplatin with hyperthermia[J]. Int J Pharm, 1991, 257（3）:1203-1207.

[82] 李扬，王强，陈涵，等．左氧氟沙星羧甲基壳聚糖微球结肠靶向释药的实验研究[J]．中国新药杂志，2007（24）:2062-2065.

[83] Swierczewska M, Han H S, Kim K, et al. Polysaccharide-based nanoparticles for theranostic nanomedicine[J]. Adv Drug Deliv Rev, 2016, 99:70-84.

[84] Naeem M, Awan U A, Subhan F, et al. Advances in colon-targeted nano-drug delivery systems:challenges and solutions[J]. Arch Pharm Res, 2020, 43:153-169.

[85] Zhang S, Langer R, Traverso G. Nanoparticulate drug delivery systems targeting inflammation for treatment of inflammatory bowel disease[J]. Nano Today, 2017, 16:82-96.

[86] 黄龙，曾文，徐冰，等．口服多糖靶向药物递送体系在结肠疾病治疗中的应用研究进展[J]．药学学报，2022，57（04）．

[87] Alkhader E, Roberts CJ, Rosli R, et al. Pharmacokinetic and anti-colon cancer properties of curcumin-containing chitosan-pectinate composite nanoparticles [J]. J Biomater Sci Polym Ed, 2018, 29:2281-2298.

[88] 黄一帆，俞道进，尤锦生，等．恩诺沙星透皮吸收搽剂防治仔猪大肠杆菌性腹泻[J]．福建农业大学学报，2000，29（4）:498.

[89] 陈兰生，吴晓宏，王存华，等．阿维菌素注射剂与透皮剂治疗山羊疥螨病的试验[J]．养殖与饲料，2007（01）:8-9.

[90] 陶纪植．空军南京医院研制成防治运动病新药——膜控释型东莨菪碱贴片[J]．人民军医，1988（11）:33.

[91] 陶纪值，梁秉文，常越萍，等．膜控释型东莨菪碱贴片结构特点和临床[J]．中国药学杂志，1990（09）:545-546.

[92] 陶纪植．治疗高血压病的新药——膜控释型可乐定贴片[J]．实用内科杂志，1990（02）:108.

[93] Jes D, Jens A S, Jonathan R B. Superresolution and fluorescence dynamics evidence reveal that intact liposomes do not cross the human skin barrier. [J]. PLoS ONE, 2016, 11（1）:e0146514.

[94] 许东航，徐翔，梁文权．脂质体经皮给药的研究进展[J]．中国现代应用药学，2005（06）:465-468.

[95] Gabriele B, Roger I, Georgios I. Interaction of liposome formulations with human skin in vitro[J]. International Journal of Pharmaceutics, 2001, 229（1）:117-129.

[96] Kumar V, Banga A K. Intradermal and follicular delivery of adapalene liposomes[J]. Drug development and industrial pharmacy, 2016, 42（6）:871-879.

[97] 刘伟，徐霞．伊维菌素脂质体对猪疥螨病的疗效研究[J]．中国兽医寄生虫病，2008（03）:11-14.

[98] 吴小宁．氟苯尼考脂质体的制备及药效评价[D]．杨凌:西北农林科技大学，2005.

[99] 刘少明，陆松伟，杨建刚．抗骨质增生巴布剂镇痛抗炎作用研究[J]．药学服务与研究，2007（03）:206-208.

[100] 鲍玉琳．积雪草总苷巴布膏剂透皮吸收试验[J]．中国医药导报，2007（15）:19-20.

[101] Liu Z，Niu X，Niu S. Anti inflammatory and analgetic effects of Naru3 Cataplasm[J]. Journal of Beijing University of Traditional Chinese Medicine，2005，28（3）:41-44.

[102] 李宁，张敬一，李川，等．氟比洛芬微乳的制备及其透皮吸收的研究[J]．中国医院药学杂志，2008（10）:819-822.

[103] Zhao X，Liu J，Zhu J. Transdermal absorption and pharmacokinetics of theophylline microemulsion[J]. Journal of China Pharmaceutical University，2006，37（1）:28-32.

[104] Kalia Y N，Guy R H. Modeling transdermal drug release[J]. Advanced Drug Delivery Reviews，2001，48（2-3）:159-172.

[105] 张达夫，张霞，邹学通，等．中药离子导入法辅助关节镜治疗髌股外侧高压综合征[J]．吉林中医药，2021，41（03）:373-375.

[106] 史秀丽，濮菊芳，张强．中药离子导入法治疗急性缺血性脑卒中患者的疗效[J]．实用临床医药杂志，2020，24（17）:76-78.

[107] 周晨霞，沈玄霖，江艳，等．血栓通电离子导入法对下肢动脉粥样硬化患者的临床疗效评价[J]．抗感染药学，2018，15（05）:835-837.

[108] 戴居云，葛林宝，周艳丽，等．激光透穴离子导入法对大鼠局灶性脑缺血再灌注损伤的保护作用[J]．中西医结合学报，2005（02）:128-131.

[109] Fredrik E，Thomas T，Anna-Karin M，et al. DNA vaccine coding for the rhesus prostate specific antigen delivered by intradermal electroporation in patients with relapsed prostate cancer[J]. Vaccine，2013，31（37）:3843-3848.

[110] 史丽璞，刘志队，魏艳林．电致孔透皮给药治疗纤维肌痛综合征 20 例[J]．中国老年学杂志，2013，33（03）:689-690.

[111] 王芳．正清风痛宁注射液电致孔透皮给药治疗类风湿关节炎膝关节病变的研究[D]．济南:山东中医药大学，2015.

[112] Yu Z，Liang Y，Liang W. Low-frequency sonophoresis enhances rivastigmine permeation in vitro and in vivo[J]. Pharmazie，2015，70（6）:379-380.

[113] Donnelly R F，Singh T R R，Woolfson A D. Microneedle-based drug delivery systems: Microfabrication，drug delivery，and safety[J]. Drug Delivery，2010，17（4）:187-207.

[114] Gowers S A N，Freeman D M E，Rawson T M，et al. Development of a minimally invasive microneedle-based sensor for continuous monitoring of beta-Lactam antibiotic concentrations in vivo[J]. Acs Sensors，2019，4（4）:1072.

[115] Baek S，Shin J，Kim Y. Drug-coated microneedles for rapid and painless local anesthesia [J]. Biomedical Microdevoices，2017，19（1）:2.

[116] Moreira A F，Rodrigues C F，Jacinto T A，et al. Microneedle-based delivery devices for cancer therapy: A review[J]. Pharmacological Research，2019，148:104438.

[117] Hou G，Men L，Wang L，et al. Quantitative analysis of urinary endogenous markers for the treatment effect of Radix Scutellariae on type 2 diabetes rats[J]. Chinese Chemical Letters，2017，28（6）:1214-1219.

[118] Park S，Lee Y，Kwon Y，et al. Vaccination by microneedle patch with inactivated respiratory syncytial virus and monophosphoryl lipid A enhances the protective efficacy and diminishes inflammatory disease after challenge[J]. Plos One，2018，13（10）:e0205071.

[119] Yadav N，Mittal A，Ali J，et al. Current updates in transdermal therapeutic systems and their role in neurological disorders [J]. Current Protein & Peptide Science，2021，22（6）:458-469.

[120] Garg N，Aggarwal A. Advances towards painless vaccination and newer modes of vaccine delivery[J]. Indian Journal of Pediatrics，2018，85（2）:132-138.

[121] Pattarabhiran S P, Saju A, Sonawane K R, et al. Dissolvable microneedle-mediated transcutaneous delivery of tetanus toxoid elicits effective immune response[J]. Aaps Pharmscitech, 2019, 20 (7).

[122] Kwak S, Lafleur M. Effect of dimethyl sulfoxide on the phase behavior of model stratum corneum lipid mixtures[J]. Chemistry And Physics of Lipids, 2009, 161 (1):11-21.

[123] Williams A C, Barry B W. Penetration enhancers[J]. Advanced Drug Delivery Reviews, 2004, 56 (5):603-618.

[124] Zhang J, Fang L, Tan Z, et al. Influence of ion-pairing and chemical enhancers on the transdermal delivery of meloxicam[J]. Drug Development and Industrial Pharmacy, 2009, 35 (6):663-670.

[125] Sapra B, Jain S, Tiwary A K. Percutaneous permeation enhancement by terpenes: Mechanistic view[J]. Aaps Journal, 2008, 10 (1):120-132.

[126] Lee P J, Langer R, Shastri V P. Role of n-methyl pyrrolidone in the enhancement Of aqueous phase transdermal transport[J]. Journal of Pharmaceutical Sciences, 2005, 94 (4): 912-917.

[127] El-Kattan A F, Asbill C S, Kim N, et al. The effects of terpene enhancers on the percutaneous permeation of drugs with different lipophilicities[J]. International Journal of Pharmaceutics, 2001, 215 (1-2):229-240.

[128] Rowat A C, Kitson N, Thewalt J L. Interactions of oleic acid and model stratum corneum membranes as seen by H-2 NMR[J]. International Journal of Pharmaceutics, 2006, 307 (2): 225-231.

[129] Ren C, Fang L, Li T, et al. Effect of permeation enhancers And organic acids on the skin permeation of indapamide[J]. International Journal of Pharmaceutics, 2008, 350 (1-2):43-47.

第 7 章
纳米药物
创制

7.1

纳米药物的进展

纳米药物系指利用纳米制备技术将原料药等制成的具有纳米尺度的颗粒，或以适当载体材料与原料药结合形成的具有纳米尺度的颗粒等，以及其最终制成的药物制剂。纳米药物的最终产品或载体材料的外部尺寸、内部结构或表面结构具有纳米尺度（约 100nm 以下），或最终产品或载体材料的粒径在 1000nm 以下，且具有明显的尺度效应。纳米药物一般具有明确的物理界面。

纳米药物基本分为三类：药物纳米粒、载体类纳米药物和其它类纳米药物。①药物纳米粒通常采用特定制备方法直接将原料药等加工成纳米尺度的颗粒，然后再制成适用于不同给药途径的不同剂型。其中，常以药物活性物质为原料，通过自上而下、自下而上或其它方法制备相应的药物纳米粒。自上而下法常通过研磨或均质等方法，将难溶性药物的大颗粒分散成小颗粒，无需有机溶剂；自下而上法常将难溶性药物溶解于良溶剂后与其不良溶剂混合，并通过适当方法控制析出颗粒的大小和分布。②载体类纳米药物是指以天然或合成的高分子聚合物（以下简称聚合物）、脂质材料、蛋白类大分子、无机材料等作为药物递送的载体材料，基于特定的制备工艺，将原料药包载、分散、非共价或共价结合于纳米载体形成的具有纳米尺度的颗粒。按载体材料的种类和结构等，载体类纳米药物包括但不限于脂质体（liposomes）、聚合物纳米粒（polymeric nanoparticles）、聚合物胶束（polymeric micelles）、白蛋白结合纳米粒（protein-bound nanoparticles）、无机纳米粒（inorganic nanoparticles）等。载体类纳米药物可通过高压均质法、薄膜分散法、溶剂注入法、乳化溶剂扩散法、乳化溶剂蒸发法等工艺制备。③其它类纳米药物还包括抗体药物偶联物、大分子修饰的蛋白质药物、融合蛋白、病毒样颗粒或其它技术路径制备的创新纳米制剂。

与普通药物制剂相比，纳米药物具有基于纳米结构的尺度效应，有可能具有以下潜力：①增加药物的表观溶解度，提高难溶性药物的口服吸收，或显著降低食物效应和个体间差异；②通过包载或复合药物，提高药物的体内外稳定性，或控制及修饰药物的溶出或释放行为；③适应组织器官或细胞的选择性，提高药物疗效，降低药物的毒副作用；④制成特殊制剂后实现新的给药通路，优化药物联合治疗策略，或提高候选药物的成药性；⑤改变药物的最终制剂形态、贮存条件或给药方式等，降低贮存和运输成本，提高药品生产和使用的便利性，或改善患者顺应性等。

药品的安全、有效、质量可控性是药品研发和药品评价所遵循的基本原则。纳米药物特殊的纳米尺寸、纳米结构和表面性质等可能导致药物体内外行为的明显变化，从而实现临床获益。同时，纳米尺度效应带来的安全性风险可能也会相应增加。因此，对纳米药物质量的深入研究和有效控制，对保证纳米药物的有效性和安全性非常重要。纳米药物的质量控制研究在遵循一般性的相关技术指导原则的基础上，由于纳米药物的组成、结构、理化性质、制备工艺、临床配制和使用方法等与传统药物可能具有较大差异，可能需要重新设计、优化和验证纳米药物适用的分析和表征方法，对纳米药物相关的特定质量性能进行研究。

纳米药物由于其特殊的纳米尺度效应和纳米结构效应等理化特性，具有较为特殊的生物学特性。在体内可能通过被动靶向、主动靶向、物理靶向、化学靶向等方式高选择性分布于特定的器官、组织、细胞、细胞内结构，改变原型药物的药代动力学特征如体内组织分布，进而影响其安全性和有效性。同样由于纳米药物的特殊性，适用于普通药物非临床前安全性评价策略并不一定完全适合于纳米药物，除了常规毒理学评价外，还有许多特别关注之处。通过获得较为全面的非临床安全性研究数据，充分考虑和全面评估纳米药物的潜在风险，从而为其临床试验设计和临床合理用药提供信息。

7.2

纳米药物创制技术

在过去几十年里，药物研究和开发领域出现了许多新技术，筛选出很多候选药物，但其溶解性较差，而溶解度问题通常导致其口服生物利用度低，影响药物疗效。根据药物的溶解性、渗透性，BCS（生物药剂学分类系统）将药物分为四类，其中很多候选药物都属于 BCS Ⅱ 或Ⅳ类药物，Ⅳ类药物同时具有低溶解性和低通透性，采用增加溶解度的方法不能解决Ⅳ类药物生物利用度低的问题，属于Ⅱ类的备选药物可以通过增溶技术改善其生物利用度，这就意味着这类药物的生物利用度仅受限于其低的水溶性，因此创建新的制剂方法和药物输送系统来克服这个问题成为药物研发面临的巨大挑战。

溶出速率和肠通透性是生物利用度的决定性因素，这一点在口服给药中表现得尤为明显，根据 Noyes-Whitney 方程，药物的溶出速率主要受粒子表面积大小的影响，纳米药物通过降低药物颗粒的大小来增加药物颗粒的表面积，从而提高药物体外溶出度，增加药物的溶解度。根据药物以及载体的理化性质，选择不同的载体系统，如脂质体载药系统、微乳和纳米乳载药系统、固体脂质纳米载药系统、聚合物胶束载药系统、聚合物纳米粒载药系统、无机纳米粒载药系统和磁性纳米载药系统，将目标药物制备成载体类纳米药物，也可以直接将目标药物制成药物纳米粒进行使用。各种纳米药物制剂策略均有其优缺点，也各有其适用的剂型，根据临床使用要求选择合适的载药系统至关重要，也丰富了临床使用的剂型，增加药物给药途径，提高生物利用度。

7.2.1 纳米混悬液

纳米混悬液（纳米结晶）由采用纳米结晶技术得到的药物纳米颗粒和稳定剂（表面活性剂）组成，药物纳米晶体是平均直径在 1000nm 以下的纯固体药物颗粒，不包含任何基质材料。药物纳米晶体在胶体分散体系中的稳定性是依靠表面活性剂的电荷和（或）立体效应来实现的。根据 Noyes-Whitney 方程，药物的溶出速率主要受粒子表面积大小的影响，纳米悬浮液通过减少药物颗粒的大小来增加药物颗粒的表面积，从而提高难溶性药物体外溶出度。

依据 Ostwald-freundlich 方程，当温度与溶剂不变时，药物颗粒的粒径尺寸与药物饱和溶解度存在很大的关系，减小粒径会提高药物的饱和溶解度，进而提高生物利用度，减少个体差异和饮食状态对生物利用度的影响。纳米混悬液已经成为一种水不溶性药物的给药剂型。纳米混悬液是纯药物体系，不适用任何载体，载药量为 100%，该特征确保在达到相同疗效时，能够有效减少给药量，使得不良反应发生概率降低，继而提高了用药安全性和机体的耐受性。纳米结晶具有生物黏附性，不易被鼻内纤毛清除，确保了药物在鼻腔内的滞留时间，提高生物利用度，以获得更好的治疗效果，与传统药物相比，纳米结晶药物通过所在部位的黏膜能够有效避免肝脏的首过效应。纳米混悬液技术几乎可以改善所有水溶性差的难溶性药物，不仅实现了口服给药，而且在肺部给药、注射给药、鼻腔给药、眼部给药等也有巨大的潜力，通过不同方法制备的纳米结晶具有表面积大、粒径小和物理化学性高等特点，工艺简单，方法多样，满足理论化研究、实验室研究和大规模化的生产。

7.2.1.1 材料

尽管纳米混悬液具有许多优点，但同时也存在制备复杂、纳米毒性和稳定性差等诸多弊端，稳定性是保证药品安全性和有效性的关键因素之一。稳定剂的使用是获得稳定的纳米颗粒制剂的最常用技术，为保证纳米混悬液的稳定性和提高难溶性药物溶出速率，挑选合适的稳定剂是必须的，一般制备纳米混悬液的药物为疏水性强的药物，需要两亲性的表面活性剂进行润湿以利于分散；另外，加入稳定剂，可以增加分散介质的黏度、降低微粒的沉降速度，同时能通过静电效应或空间位阻阻止药物粒子聚集或产生晶型转变，因此可以最大限度地保持混悬液的稳定性。

（1）润湿剂　脂肪酸山梨坦是失水山梨醇脂肪酸酯，商品名为司盘（span）。根据反应的脂肪酸不同可分为司盘 20（月桂山梨坦）、司盘 40（棕榈酸山梨坦）、司盘 60（硬脂酸山梨坦）、司盘 65（三硬脂酸山梨坦）、司盘 80（油酸山梨坦）和司盘 85（三油酸山梨坦）等。脂肪酸山梨坦为黏稠的白色至黄色油状液体或蜡状固体。其亲水亲油平衡值（HLB 值）为 1.8～3.8，常在 W/O 型乳剂中与吐温配合使用作为乳化剂。本品不溶于水，易溶于乙醇，在酸、碱和酶的作用下容易水解。

聚山梨酯（polysorbate）是聚氧乙烯脱水山梨醇脂肪酸酯类，商品名为吐温（tween）。与司盘的命名相对应，有吐温 20（聚山梨酯 20）、吐温 40（聚山梨酯 40）、吐温 60（聚山梨酯 60）、吐温 65（聚山梨酯 65）、吐温 80（聚山梨酯 80）和吐温 85（聚山梨酯 85）等多种型号。聚山梨酯为黏稠的黄色液体，对热稳定；在水和乙醇及多种有机溶剂中易溶，低浓度时在水中形成胶束，其增溶作用不受溶液 pH 影响。由于其分子结构中增加了亲水性的聚氧乙烯基，使其亲水性增加，故为水溶性的表面活性剂，常用作 O/W 型乳化剂、增溶剂、分散剂和润湿剂。

聚氧乙烯-聚氧丙烯共聚物又称为泊洛沙姆（poloxamer），商品名为普郎尼克（pluronic），通式为 $HO(C_2H_4O)_\alpha—(C_3H_6O)_\alpha—(C_2H_4O)_\alpha H$。该类产品随着分子量的增加从液体逐渐变为固体，且随着聚氧丙烯比例增加，亲油性增强；随着聚氧乙烯比例增加，亲水性增强，HLB 值为 0.5～30。本品具有乳化、润湿、分散、起泡和消泡等多种优良性能，但增溶能力较弱。该类表面活性剂对皮肤无刺激性和过敏性，对黏膜刺激性小，毒性也比其他非离子型表面活性剂小。poloxamer188（pluronic F68）可作为 O/W 型乳化剂，用本品制备的乳剂能够耐受热压灭菌和低温冰冻，是目前用于制备静脉乳剂的极少数合成乳化剂之一。

（2）**稳定剂** 聚乙烯吡咯烷酮（polyvinyl pyrrolicone），简称PVP，是一种非离子型高分子化合物。PVP有优良的生理惰性，不参与人体新陈代谢，又具有优良的生物相容性，对皮肤、黏膜、眼等不形成任何刺激，可用作片剂、颗粒剂的黏结剂、注射剂的助溶剂、胶囊的助流剂；眼药的去毒剂、延效剂、润滑剂和包衣成膜剂，液体制剂的分散剂和酶及热敏药物的稳定剂，还可用作低温保存剂，还可作为活性剂稳定胶粒，用于核壳催化剂的制备过程。

羟丙甲基纤维素（hydroxypropyl methylcellulose，HPMC），本品为纤维素的羟丙甲基醚化物，易溶于冷水，不溶于热水，常用浓度为2%～10%，也是一种较为常用的薄膜包衣材料。制备HPMC水溶液时，最好先将HPMC加入总体积1/5～1/3的热水（80～90℃）中，充分分散与水化，然后在冷却条件下，不断搅拌，加冷水至总体积。

羧甲基纤维素钠（carboxymethylcellulose sodium，CMC-Na），本品为纤维素的羧甲基醚化物的钠盐，溶于水，不溶于乙醇。其黏性较强，常用于可压性较差的药物，常用浓度一般为1%～2%，此时需注意是否会造成片剂硬度过大或崩解超限。本品可用于全粉末直接压片，如维生素C等片剂的制备等。

十二烷基硫酸钠（sodium dodecyl sulfate，SDS），本品为白色或淡黄色粉末，易溶于水，对碱和硬水不敏感。具有去污、乳化和优异的发泡力，是一种对人体微毒的阴离子表面活性剂，十二烷基硫酸钠具有良好的乳化性、起泡性、水溶性，可生物降解、耐碱、耐硬水，并且在较宽pH值的水溶液中稳定，易于合成、价格低廉等。

7.2.1.2　制备方法

纳米悬浮液的制备有两种基本方法：沉淀法和分散法。其中，沉淀法又包括反溶剂沉淀法和化学反应沉淀法，分散法又包括介质碾磨法和高压均质法。

（1）**沉淀法** 反溶剂沉淀法，一般是先将药物溶解在良溶剂中，将稳定剂（如表面活性剂十二烷基硫酸钠、聚合物羟丙甲纤维素等）溶解在不良溶剂中，同时还要满足良溶剂和不良溶剂有很好的相容性。在搅拌的条件下，将含有药物的良溶剂逐渐加入含有稳定剂的不良溶剂中，药物溶解度的骤然降低引起药物的过饱和并形成纳米颗粒，稳定剂的存在抑制了药物纳米颗粒的进一步增大和过分团聚，使药物颗粒的尺寸在200～500nm的范围内，通过减压蒸馏等方式除去有机溶剂，即可得到纳米悬浮液体系，这个体系还可以进一步喷雾干燥或者冷冻干燥，从而制成胶囊或者片剂等制剂形式。

化学反应沉淀法，有些药物的溶解性具有酸碱依赖性，将具有酸碱依赖性的药物溶解在酸溶液或碱溶液中，将稳定剂溶解在碱溶液或酸溶液中，在搅拌的条件下将含有药物的酸溶液或碱溶液加入含有稳定剂的碱溶液或酸溶液中，酸碱中和反应引起药物的骤然过饱和进而引起药物结晶析出，稳定剂的存在可抑制结晶颗粒的增长，使药物颗粒的大小处在纳米级的范围内，从而得到药物的纳米悬浮液。Chen等采用反应沉淀法制备了伊曲康唑纳米悬浮液，提高了生物利用度，并减少了饮食状态对生物利用度的影响。

（2）**分散法** 介质碾磨法，应用介质碾磨法来获得超细颗粒是十分常见的，介质碾磨法是先将药物粉末分散在表面活性剂溶液中，再将碾磨介质和药物粉末的分散液放入专门的介质碾磨机中，碾磨杆的高速剪切运动使药物颗粒之间以及药物颗粒与碾磨介质、碾磨室内壁发生猛烈碰撞，得到的混合物经过滤网分离，使碾磨介质和大颗粒药物截留在碾磨室内，小颗粒药物进入再循环室。再循环室中药物粒径达到纳米级则可直接取出，其余的进行新一轮碾磨，从而粉碎得到纳米级悬浮液。

高压均质法，根据均质化的原理，可将高压均质法分为三类：微射流技术（IDD-PTM技术）、水中活塞-裂隙均质技术（dissocubes 技术）、非水相-水相均质法（nanopure 技术）。

微射流技术（IDD-PTM 技术）：粒子可以通过喷射流均质器的高剪切作用制备得到，如微射流均质机，将含有大颗粒药物的混悬液用气流加速后以高速通过特别设计的管道，药物颗粒剧烈碰撞并形成巨大的剪切力和空化作用，使得药物颗粒减小达到纳米级。为了保持粒径，需要磷脂或其他表面活性剂以及稳定剂的稳定作用，这个过程的主要缺点就是需要较长的制备时间。

水中活塞-裂隙均质技术（dissocubes 技术）：通过高压均质作用制备药物纳米晶体也可以利用活塞孔隙均质机来完成，当液体离开均质裂隙时，这些气泡很快破裂，从而产生了空穴效应引起的冲击波，这些冲击波的巨大能量、涡流和剪切力破碎了药物颗粒，在一开始，药物被击碎成有裂隙的晶体，随着均质的进程，裂隙数量将会减少，而且留下的是几乎完美的小晶体。所需的循环次数主要取决于药物的硬度、起始物料的精细度以及给药途径的需求或最终剂型等。一般来讲，10~20 个均质循环已经足够使粒径均匀分布在纳米尺寸范围。采用水作为分散介质通常有许多缺点，水敏感药物可发生水解，干燥过程中也可能出现问题。对于不耐热的药物或低熔点的药物，通常需要相对昂贵的技术将水分完全除去，如冻干技术。基于这些因素的考虑，dissocubes 技术特别适用于生产直接使用而不需要修饰（如干燥步骤）的纳米混悬液。

nanopure 技术：通过利用低蒸气压的分散介质和在低温（如 0℃）下进行均质过程，均质裂隙中产生的空化作用可以明显减小或完全消失。研究表明，即使没有空化作用，也可以获得足够小的粒径。均质过程中的强紊流和剪切力可以击碎药物粒子并形成药物纳米晶体。非水介质或含水量低的介质中的高压均质过程对于最终需要转化为传统剂型的纳米混悬液来说显得尤为有利。通过降低分散介质中水的含量，干燥过程中所需的能量也可以降到最小，如喷雾干燥、流化床干燥或将混液铺展在糖球上等。

（3）组合技术　Nanoedge 技术，Nanoedge 过程依靠的是微沉淀技术与随后进行的利用高剪切力和（或）热能的退火步骤的组合。通过将难溶性药物的有机溶液加入不良溶剂中，如水溶性表面活性剂的溶液，可以得到很细的混悬液。根据沉淀条件，可以形成小的纳米级无定形态或结晶态药物颗粒，或微米级的易碎针形晶体。因此，接下来的高能量输入对于形成的粒子具有两种效果。小的无定形态或结晶态药物颗粒将会通过不改变其平均粒径的退火过程来维持其粒径。可以看到的是晶体生长趋势会被沉淀步骤后的能量输入所抑制。如果得到长的易碎针形晶体，它们将会通过高压均质的高能输入来降低粒径。使用的有机溶剂应该在不改变药物纳米晶体粒径的前提下从最后得到的纳米混悬液中除去。否则，药物溶解度的增加会促进晶体的生长。水相中溶解的任意含量的有机溶剂都会起到"潜溶剂"的作用，从而增加了奥斯特瓦尔德熟化的趋势。同时，潜在的溶剂残留会导致毒性反应，特别是在该纳米混悬液作为终产品时尤需注意。基于上述原因，Nanoedged 过程特别适用于可以溶解于低毒性非水介质中的药物，如 N-甲基-2-吡咯烷酮。

（4）固化方法　为了防止纳米混悬液的沉降并改善纳米药物在长期储存期间的稳定性，干燥对于将液体药物制剂转化成粉末是至关重要的。

真空冷冻干燥法是纳米结晶传统固化方法，又叫升华干燥，把药物的液态剂型冷冻到低于冰点，水由液态变为固态，然后在较高真空度下冰转化为蒸汽而被除掉的一种干燥方法。真空冷冻干燥在低温低压的条件下直接升华，与其他干燥方法相比较，物料的理化结构变化很小，样品易恢复到干燥前的状态，对于注射用纳米结晶而言，冻干工艺的难点是筛选最佳冻干保护剂，以保证制剂冻干前后粒径一致。

喷雾干燥法是纳米结晶固化另一常见方法，是简单、快速、可重复和可扩展的干燥技术。基本原理是使用喷雾器将一定浓度的液体喷雾成液滴雾，然后将其滴入一定流速的热气流中，以快速获得干燥颗粒。喷雾干燥时间短，因此喷雾干燥可以有效地抑制糖的美拉德反应。本途径优点是效率高，但喷雾干燥后纳米结晶粒径的增大和复悬后的不稳定性问题，限制了其在注射用纳米结晶中的应用。

7.2.1.3 应用

目前，已有六种药物的纳米混悬制剂成功上市，由惠氏公司生产上市的 Rapamune® 是第一个包含西罗莫司纳米晶体的产品，与 Rapamune® 溶液相比，Rapamune® 包衣片更加方便，并且其生物利用度增加了 27%。Emend® 是第二个应用纳米晶体技术的产品，由默克公司上市。Emend® 是一种含有纳米晶体制成的小丸的胶囊，而纳米晶体的成分有阿瑞吡坦、蔗糖、微晶纤维素、羟丙纤维素和十二烷基硫酸钠。第三个产品是由雅培公司上市的 TriCor，它是由非诺贝特的纳米晶体制成的片剂。Megace ES 是含有醋酸甲地孕酮的口服混悬剂，用于治疗 HIV 相关的食欲缺乏和恶病质。还有强生公司的帕潘立酮棕榈酸酯（Invega®，Sustenna）。此外，紫杉醇白蛋白纳米混悬液（Abraxane®）也经 FDA 批准用于治疗复发性乳腺癌，Abraxane 是一个已经上市的注射用纳米混悬液，通过透射电子显微镜可以观察到，它有一个紫杉醇核，被白蛋白壳包裹，平均粒径约 130nm，粒径范围介于 100～200nm。将紫杉醇二氯甲烷溶液加入人血清白蛋白水溶液中，通过低速均质制得。乳液形成后，白蛋白迁移至乳剂的水溶剂界面。高压均质法可以减小粒径，并且使白蛋白通过二硫键交联而提高微粒的稳定性。二氯甲烷挥发后，就留下纳米粒的水混悬液。纳米粒包含无定形的紫杉醇核及厚度为 25nm 的白蛋白壳，纳米粒（NP）的粒径很小，可以过滤除菌。重要的是，Abraxane 中由于不含聚氧乙烯蓖麻油，因此可以避免如过敏反应、需要长时间输注以及在输液器中加装塑料滤器等一系列问题。

将药物制成纳米混悬液口服，除了可以更快地发挥作用之外，还可以降低胃部刺激性，如果因为吸收窗或者食物效应限制了药物的吸收，那么与普通混悬液相比，药物纳米结晶体具有优势。与其他注射给药系统相比，纳米混悬液不需要载体，从而使得它具有潜在的大载药能力，与溶液剂相比，纳米混悬液的注射体积可以明显降低。通过喷雾作用能使纳米混悬液形成粒径合适且含有大量药物纳米晶体的悬浮液滴，与传统的二苯基甲烷二异氰酸酯（MDI）相比，使用这种喷雾化的纳米混悬液，可吸入部分明显增加。药物纳米晶体的粒径越小，气雾剂液滴的载药量越大，所需的喷雾时间显著减少。除了以上几种给药方法，经皮给药、眼部给药也正在研究，使药物应用途径更加广泛。

7.2.2 脂质体载药系统

脂质体是磷脂在水中自发形成具有单层或多层结构的分闭的微型囊泡，具有同心脂质双层膜和亲水性内核，已在药剂学、生物物理学、化学等领域广泛应用。由于脂质体中的脂质具有两亲性质，因此可作为递送药物的载体。

脂质体按其结构分为小单室脂质体、大单室脂质体和多室脂质体 3 种，还可以通过表面修饰或是连接稳定性支链获得特殊脂质体，如长循环脂质体、pH 敏感性脂质体和温度调节脂质体等。纳米脂质体（nano liposome）就是粒径小于 100nm 的小单室脂质体，相较于微米级载体，具有许多优点，如能够避免吞噬细胞的识别，从而延长在血液中的循环时间，能够通过毛细血管和生物膜深入组织。此外，它们还容易被细胞吸收，从而增强靶点的治疗效果，延长靶点所在区域的治疗作用时间。

7.2.2.1 材料

（1）磷脂　磷脂是具有疏水尾部基团和亲水性头部基团的两亲性分子。磷脂的头部是亲水的，而脂肪酸尾部通常是酰基链并且是疏水的。通常磷脂的化学结构中具有甘油骨架，甘油分子的 3 位羟基被酯化成磷酸，而甘油的 1 位和 2 位的羟基通常用长链脂肪酸酯化。目前，磷脂是构成脂质体的主要膜材。常用的有天然磷脂（蛋黄磷脂、大豆磷脂）和合成磷脂等，其中合成磷脂性质稳定，但价格昂贵；天然磷脂虽然比合成磷脂要便宜，但是性质不稳定。二月桂酰磷脂酰胆碱（DLPC）、二硬脂酰磷脂酰胆碱（DSPC）、二油酰磷脂酰胆碱（DOPC）、二肉豆蔻酰磷脂酰胆碱（DMPC）、二肉豆蔻酰磷脂酰乙醇胺（DMPE）、二月桂磷脂酰乙醇胺（DLPE）、二棕榈酰磷脂酰胆碱（DPPC）等都是脂质体制备中使用最广泛的磷脂。用于制备脂质体的磷脂类型和化学性质极大地影响着脂质体的特征，脂质体制剂的生物分布、清除率、药物释放及透过性和表面电荷取决于构成它们的磷脂的化学性质。

（2）甾醇　甾醇是使细胞膜产生双层流动性、透过性和稳定性的组成部分，许多甾醇附加剂被添加到脂质体结构中以增加囊泡的稳定性。这些附加剂还能通过阻碍效应来改善脂质体的稳定性。同样地，还能添加带电分子来产生静电排斥以实现更高的制剂稳定性。胆固醇由于其可调节双层膜流动性，是改善脂质体稳定性最广泛使用的分子之一，它还能通过空间排斥性和静电效应防止聚集从而稳定制剂。胆固醇也可以使膜稳定，避免膜随温度变化，导致升高温度时透过性降低。脂质体制剂预期的应用决定了制剂中使用的胆固醇的量。

7.2.2.2 制备方法

（1）物理分散法　其基本原理是将各种类脂材料溶于一定量的有机溶剂中，然后通入氮气或减压除去有机溶剂，使脂质材料在圆底烧瓶的内壁上形成一层薄膜，再将溶有药物的水相溶液倒入圆底烧瓶，采用诸如振荡、超声的方式溶解、破碎类脂薄膜，使其吸水膨胀后弯曲封闭形成脂质体。这类制备方法工艺简单，但是制得的脂质体包封率均比较低。机械搅拌法、薄膜分散法、冻融法、高压均质法等属于这种制备方法。

① 机械搅拌法　通过较强的机械搅拌作用将磷脂直接在水中溶解，能避免使用有机溶剂。但其缺点在于，机械搅拌使用的超声探头会使较小粒径的脂质体不稳定，且与探头接触会导致脂质降解或是被探头中的肽污染。制剂的不稳定限制了该方法制备的脂质体在药物递送中的应用。

② 薄膜分散法　薄膜分散法是制备纳米脂质体的经典方法，它是将磷脂、胆固醇（或胆酸钠）等类脂质及脂溶性药物溶于有机溶媒中，旋转减压蒸发除去溶剂，使磷脂等在瓶壁形成均匀的薄膜。用缓冲液洗膜，得到脂质体粗混悬液，用均质机（或其它）高速搅匀，得到纳米脂质体溶液。该方法广泛且易于操作，但形成的薄膜磷脂会在水性缓冲溶液中形成形状和尺寸较大的多层脂质体，因此需要采用额外的方式降低脂质体的尺寸，如进行超声处理。脂溶性化合物能够在足够磷脂量的条件下达到 100％ 的包封率，但水溶性

化合物在溶胀过程中会被洗除而降低包封率。此外，旋蒸除去有机溶剂也是较为耗时的过程。

③ 超声分散法　将水溶性药物溶于水相溶液后，加入溶有磷脂、胆固醇、脂溶性药物的油相溶液中，通过各种方式如搅拌、蒸发、充氮气等除去有机溶剂，剩余溶液用超声波处理后即得脂质体悬浮液。该法制备的脂质体主要是单室脂质体。

④ 挤出法　它是通过加压的方式对单层脂质体进行的一种过膜处理，可以有效解决脂质体发生凝聚而导致平均粒度大、分布不均匀的问题。挤出法用于生产具有明确大小的单层脂质体。当多层脂质体在压力下被迫通过狭窄孔隙的过滤器时，会发生膜破裂和释放，并且造成被包封物质的泄漏。因此，挤出过程应在含有最终负载浓度的介质下进行。

⑤ 高压均质法　高压均质机由于具有破坏囊泡的能力，所以适用于制备脂质分散体和脂质体。其基本操作是将油相溶液（溶有脂材和脂溶性药物）和水相溶液（溶有水溶性药物）混合、振荡直至形成初乳，然后加压使其通过精确规限的微细通道，利用高压流产生的巨大剪切力、冲击力及空穴作用使流体被快速加速，最后得到粒度小、分布均匀的脂质体悬液。该法可避免使用大量的有机溶剂，所制得的脂质体平均粒度小、分布均匀、稳定性好，可应用于工业中进行大规模生产。

⑥ 冻融法　该制备方法的基本操作是先制备空白脂质体即未包封药物的脂质体，然后加入待包封的药物，快速冻干后缓慢融化即得脂质体。其基本原理是，在快速冷冻过程中，大量冰晶的形成破坏了空白脂质体的脂质膜，整个体系处于冰晶的片层与破裂的薄膜同时存在的不稳定状态，最后在缓慢融化的过程中，破裂的脂质双分子层薄膜再次融合形成脂质体。此法的优点是制备的脂质体包封率高、稳定性好且操作设备简单方便，不用大量使用有机溶剂。

（2）两相分散法

① 逆相蒸发法　将溶有脂质材料和脂溶性药物的有机溶剂溶液（即油相）与水相（含有表面活性剂或水溶性药物）充分混合形成稳定的初乳溶液，然后减压蒸发除去有机溶剂，即制得脂质体混悬液。该法适用于制备水溶性药物脂质体，包封率高，平均粒度小且分布均匀，稳定性好，操作简单。缺点是制备条件不温和，其中的有机溶剂容易使包封药物变性。异丙醚和二乙醚是此方法制备脂质体的首选溶剂。通常使用该方法制备单层和低聚脂质体囊泡。通过该方法制备的脂质体可增加药物的包封率，但粒径较大，达不到纳米脂质体的要求。

② 溶剂注入法　在溶剂注入法中，首先将磷脂溶解在有机溶剂中，并将溶剂与含有待包封在脂质体中的药物的水性介质充分混合。脂质在有机相和水相之间的界面处排列成单层，这是形成脂质体双层的重要步骤。溶剂注入方法因选择有机相而不同，分为乙醇注入法与醚注入法。在乙醇注入法中，首先将类脂材料和脂溶性药物溶于无水乙醇中形成油相，然后用注射器将其迅速注入水相溶液中，然后利用搅拌、通氮气等方式除去无水乙醇，最后得到体积小单层球脂质体悬液，平均粒度大约为25nm。通过该方法能制备小单层脂质体囊泡，方法简单易行，可防止脂质降解。其缺点在于磷脂在乙醇中的溶解度优先，需要增加乙醇体积，而体积增加又会使最终制剂稀释，降低包封率。醚注入法使用与水不混溶的有机溶剂如醚，在该方法中，将类脂材料和脂溶性药物溶于乙醚中形成油相溶液，然后用注射器将其慢慢地注入50℃的水相溶液中，磁力搅拌除去乙醚，最后即得单层脂质体，其平均粒度为50～200nm。醚注入法相比醇注入法，能产生更大的脂质体囊泡，同时避免敏感磷脂被氧化降解，而且当溶剂与其引入物质以相同速度蒸发，则避免脂质的最终浓度被稀释，将更多的水性介质包封在脂质体中。但该方法的缺点在于制备脂质

体所需时间较长，且需要小心控制脂质溶液的加入。醚注入法优于乙醇注入法。它产生浓缩的脂质体产物，其中包封的药物浓度相应增加。另一方面，乙醇注入方法简单、快速，并且在生产即用型脂质体混悬剂方面结果具有可重现性。总的来说，脂质体囊泡的平均直径与磷脂的性质、脂质与药物的比例以及水相和有机溶剂组成有关。

③ 表面活性剂处理法　脂质薄膜、多层脂质体或单层脂质体与胆酸盐、脱氧胆酸盐等表面活性剂混合，通过离心法、凝胶过滤法或透析法除去表面活性剂，则可获得脂质体。此方法利用了表面活性剂——脂质胶束体形成的原理，当表面活性剂从表面活性剂——脂质胶束体中除去时，形成脂质体。此方法用于制备各种类型的脂质体，而且能够通过控制除去表面活性剂的操作条件，改变粒径，并获得高度均一粒径的脂质体。但也有分散液中脂质体最终浓度降低，药物包封率降低，表面活性剂无法完全去除，耗时长等缺点。

④ pH 梯度法　pH 梯度法是通过调节脂质体内外水相的 pH 值，使内外水相之间形成一定的梯度差，根据弱酸或弱碱药物在不同值中存在的状态不同，产生分子型与离子型药物浓度之差，从而使药物以离子型包封在内水相中。根据 Henderson-Hasselbalch 理论，每个 pH 单位的变化，会产生分子型与离子型药物浓度 10 倍之差。由于分子型药物易与脂质体双分子膜结合，加上 50～60℃时，脂质体处于液晶态，双分子膜的通透性大大增加，从而加快了药物分子的跨膜内转过程，也因此被称为"主动载药法"。

（3）新制备工艺

① 超临界流体法　传统的脂质体制备方法，必须使用氯仿、乙醚、甲醇等有机溶剂，这对环境和人体都是有害的。超临界二氧化碳是一种无毒、惰性且对环境无害的反应介质，这些气体性质独特，表现得像液体和溶剂，可以像气体一样输送物质，这些特性使它们成为有毒有机溶剂的最佳替代品。现在被广泛用于提升制备技术、降低粒径，并且还用于纯化。二氧化碳是最广泛使用的超临界流体之一，它无毒、不易燃、廉价、无腐蚀性、环保。用超临界法制备脂质体是将一定量的卵磷脂溶解于乙醇中配得卵磷脂乙醇溶液，与药物溶液一起放入高压釜中，将高压釜放入恒温水浴中，通入 CO_2。在超临界态下孵化 30min 制备脂质体。采用超临界法制备的脂质体包封率高、粒径小、稳定性增强。

② 微射流法　微射流法的方法基于微乳化，并且可用于实现大规模生产脂质体。此方法是将粗分散体在微射流器中加高压（压力范围通常在 30～150 MPa）形成超音速流，并在孔径仅 $50\mu m$ 的十字形通孔中央发生高速冲击对撞，产生强的撞击力、超声波作用以及高度湍流分散作用而导致颗粒瞬间超微破碎、乳化、分散。通常采用这种方法可获得粒度小、分布窄且分散稳定性高的微纳颗粒分散体系，同时通过调节工艺参数，还可在一定粒度范围内控制体系粒度的大小。

7.2.2.3　应用

（1）抗癌与抗肿瘤药物载体　脂质体具有缓释性、低剂量、高疗效、对机体伤害小等特点，大量的临床试验表明，作为第四代先进的靶向给药制剂，脂质体在临床医药中发挥了重要的作用，它具有的独一无二的优势将使其在医药领域拥有广阔的前景。近年来，有关将抗癌药物制成相应脂质体的研究报道屡见不鲜，主要集中在研究其药物靶向性。几乎所有的抗癌药物在体外都表现出对癌细胞较强的细胞毒作用，但体内药效降低，无法以治疗浓度到达特定靶点，若增大用药剂量也会对正常细胞有细胞毒性作用。由于脂质体主要被 RES 中的肝、脾脏等组织器官细胞所吞噬。因此，与其他抗癌药物相比，脂质体作为化疗药物载体，具有能增加与癌细胞的亲和力、克服耐药性、增加药物被癌细胞的摄取量、提高疗效、降低毒副作用的特点。在动物实验中，与游离抗癌药物组相比，脂质体递药组动物存活率更高，也有类似研究发现载药脂质体能增加肿瘤组织中的药物量。如1995年获得FDA批准的阿霉素脂质体，是世界上第一个抗癌药物脂质体，它明显增加了在固体癌增长部位、感染及炎症等病变部位的药物聚集量，降低了心脏等敏感部位对阿霉素的摄取，从而增加了药物的抗癌效果，降低了药物对心脏的毒性。随后，人红细胞膜脂三尖楫酯碱脂质体、β-榄香烯脂质体、人参皂苷脂质体、多柔比星脂质体、依托泊苷脂质体等也相继问世。长循环免疫脂质体作为脂质体发展的新趋势，表现出更好的治疗效果。PEG修饰脂质体在PEG的远端附着抗体，具备更好的靶向性和选择性。

（2）**解毒剂载体**　重金属中毒现象是由人体内摄入过量的重金属如Pb、Hg、Cd等引起的，一般的处理办法是利用某些螯合剂如乙二胺四乙酸、二乙烯三胺五乙酸等能溶解重金属的特性，将这些物质输入至人体内进行解毒。然而，由于细胞膜的选择通透性，这些分子量较大的螯合剂不能跨过细胞膜这道屏障，从而使它们的应用受到了限制。有研究发现，脂质体包裹螯合剂后，能发挥脂质体独有的特点，螯合剂脂质体能有效通过细胞膜，从而提高其清除细胞中过量重金属的效果。

（3）**抗菌与抗病毒药物载体**　抗菌药物脂质体的基本原理主要是利用脂质体与细胞间独特的相似相溶性，被包封的抗菌药物能跨越细胞膜这道天然屏障，在细胞内充分发挥其抗菌作用。例如用于治疗全身真菌性疾病的两性霉素，对肾毒性较大，且游离的两性霉素会作用于红细胞膜，产生溶血现象。但有研究发现，若采用脂质体技术将两性霉素制备成脂质体后，两性霉素靶向作用于霉菌细胞，抗霉菌活性没有降低，对小鼠肾脏的毒副作用却显著降低了。另外，基于酶促作用的抗生素降解也是阻碍抗生素发挥疗效的重要因素之一。头孢霉素和青霉素对β-内酰胺酶的降解作用高度敏感，能使其完全失活。而脂质体包封抗生素后可避免这种酶促降解作用，提高抗生素疗效。

（4）**肽类和蛋白质类药物载体**　多肽、酶类药物都是生物大分子，其共同特点是在生物体内不稳定，易于被蛋白水解酶降解，在生物体内的半衰期较短，且绝大部分不利于口服给药。脂质体的特性使它可以作为改善生物大分子药物的口服吸收及其他给药途径吸收的载体。如胰岛素口服易被消化酶破坏，所以通常采用注射胰岛素。但糖尿病是一种慢性代谢障碍性疾病，患者需要长期注射胰岛素，通常一天3～4次，带来诸多不便和痛苦。口服途径传统方便，更利于患者服药，但需要克服肠黏膜上皮存在的多肽蛋白质类药物的吸收屏障，还需要避免胰岛素被上消化道的各种蛋白酶分解、消化。鉴于脂质体的生物膜特性和药物传输能力，将胰岛素以脂质体作为载体给药将有利于提高口服生物利用度和顺应性，在胃肠道环境中保护其包封药物，并促进多种物质的胃肠转运。

（5）**激素类药物载体**　脂质体作为激素类药物的载体得到了一定的应用并具有很大的优越性，如抗炎甾醇类激素脂质体：浓集于炎症部位便于被吞噬细胞吞噬；避免游离药物与血浆蛋白作用，一旦到达炎症部位，就可以内吞、融合后释药，在较低剂量下便能发挥疗效，从而减少甾醇类激素因剂量过高引起的并发症和副作用。

（6）**疫苗载体**　脂质体可以作为疫苗递送载体，包封在脂质体中的药物在口服给药时可引起体液免疫和细胞介导的免疫。同时，脂质体本身还能作为免疫佐剂和免疫增强剂，增强疫苗效果。早在1974年，Allison等就首次报道脂质体具有免疫佐剂效应。吞噬细胞的活性主要依靠吞噬细胞活化因子和胞壁酰二肽，如果将这两种物质制成脂质体，利用脂质体的载体功能和靶向性，就能使它们作为免疫增强剂活化吞噬细胞，发挥增强机体免疫力的作用。

（7）**基因载体**　基因治疗是将人的正常基因或有治疗作用的基因通过一定的方式导

入人体靶细胞以纠正基因的缺陷或者发挥治疗作用，从而达到治疗疾病目的的生物医学新技术。然而，如何将各种基因片段导入机体内对应的位置却一直是科学界的难题。随着脂质体技术的发展，开始考虑将各种基因片段制成脂质体。在基因治疗过程中，用于基因输送的脂质体包括阳离子和阴离子型脂质体两种，阳离子型脂质体可以通过电荷的作用吸附并携带基因，因而基因治疗用脂质体多为阳离子型脂质体。1987 年 Felgner 等首次用人工合成的阳离子脂质体 N-[1-(2,3-二油酰氧)丙基]-N_1N_1N-氧化三甲胺（DOTMA）构建小单层脂质体，与 DNA 自发作用形成脂质体-DNA 复合物，促进 DNA 的细胞摄入和胞内的稳定表达。

（8）在皮肤病治疗中的应用　目前，临床上主要利用全身给药和局部用药来治疗各种皮肤病。但是，由于全身给药后，真正到达"病灶"的药物量少，要想起到治疗效果，必须加大药物治疗剂量，这样的做法往往会引起机体的毒副反应，如全身性过敏反应。因此，局部用药成了治疗皮肤病的首选方式。目前，临床局部用药的形式主要为喷剂、乳剂、软膏等，由于它们不能突破皮肤这道天然的"屏障"，因此疗效慢且不理想。若在制剂内添加皮肤促渗剂，则会缩短药物在皮肤中发挥作用的时间，降低药物疗效，有时甚至会引起一些过敏性反应。可见，目前皮肤病治疗的瓶颈是药物不能透过皮肤，且作用时间不长，疗效低，而这些问题都可以因为脂质体的长效性、缓释性、无毒性得到圆满的解决。脂质体可促进药物经皮渗透，且作为局部制剂使用时所需剂量较小。此外，脂质体还能增加皮肤对负载药物的渗透性。在皮肤护理和化妆品应用中脂质体常发挥重要作用，但对皮肤作用的具体机理存在两种假设，仍有争议。一是穿透机制，脂质体双分子层膜中的磷脂具有保湿嫩肤作用，同时，适当大小的脂质体颗粒可以通过扩散作用穿过表皮障碍，使内部的美容护肤因子在皮肤的真皮层作用。二是融合机制，脂质体类似于细胞膜结构的脂质双分子层膜使它能跟表皮细胞充分融合，美容护肤因子可以穿过细胞膜进入皮肤内层。虽然脂质体具有很多有利于皮肤吸收的优点，但由于发展时间较短，仍有暂时未能解决的瓶颈问题，如脂质体粒度太大，无法穿透皮肤表层进入皮肤内层；脂质体制备技术尚未成熟，容易出现团聚、药物泄漏等问题；生产还限于实验室规模的研究阶段，离工业化大规模生产仍有距离。

7.2.3　纳米乳载药系统

纳米乳（nanoemulsion）曾称微乳（microemulsion），是粒径为 $10\sim100nm$ 的乳滴分散在另一种液体中形成的胶体分散系统，是由水相、油相、乳化剂和助乳化剂形成的透明的液体。其乳滴多为球形，间或有圆柱形，大小比较均匀，始终保持均匀透明。纳米乳液的粒径在纳米级别，但纳米乳并不是热力学稳定体系。纳米乳也不易受血清蛋白的影响，在循环系统中的寿命很长，在注射 24h 后油相 25% 以上仍然在血中。纳米乳可分为油包水型和水包油型。在油包水型乳液中，水以液滴的形式分散在连续的油相里，而在水包油型乳液中则是油分散在连续的水相里。纳米乳由于具有较好的相容性、可溶解大量亲脂药物及保护药物避免酶解和水解，已经成为理想的给药载体。纳米乳需要的表面活性剂浓度更低，在水包油型纳米乳处方中，5%～10%浓度的表面活性剂足以形成稳定的制剂，其处方组成具有更高的生物相容性，适用于多种给药途径，可实现药物的速释或延长治疗效果。

7.2.3.1 材料

纳米乳的制备需要药物、油相和水相、表面活性剂、助表面活性剂和附加剂。这些成分的理化性质对制剂的体内外稳定性及其性能发挥着十分重要的作用。接下来,将对这些成分进行详细论述。

(1)表面活性剂 油和水的混合物会形成临时的乳液,静置一段时间后又分离成界线分明的两相,这种现象的产生是由于分散的球形液滴的合并。表面活性剂通过降低两种互不相溶液体之间的界面张力使它们混溶,它们可通过降低拉普拉斯压力来降低破坏液滴所需的外力,还可以防止新形成液滴的合并,使体系保持稳定性,促使纳米乳的形成。因为纳米乳的乳滴小、界面大,通常表面活性剂的用量为油相的20%~30%,而普通的乳剂中表面活性剂的用量多低于油量的10%。

表面活性剂的选择首先考虑它的 HLB 值(hydrophile-lipophile balance number,亲水亲油平衡值,用来表示表面活性剂亲水或亲油能力大小的值),HLB 值在 4~7 的表面活性剂可形成 W/O 型纳米乳,在 8~18 间易形成 O/W 型纳米乳。除 HLB 值外还得考虑它们的离子性,阴离子表面活性剂大多数是胺或季铵盐,它们在 pH 3~7 范围内起作用。阳离子表面活性剂,如脂肪酸盐、脂肪醇磺酸盐,要求介质 pH 在 8 以上;非离子型表面活性剂在 pH 3~10 范围内均可适用,受离子强度、无机盐、酸、碱的影响较小,本身毒性和刺激性小,能与大多数药物配伍。最常用的有吐温类,如吐温-80 常作高 HLB 值的表面活性剂。目前一些针对难溶性药物的纳米乳,则主要采用的是 AOT 类/Brij 和 Emlphor、Labrasol。此外,还有一些天然的两性表面活性剂,如卵磷脂,无毒无刺激,生物相容性好,有一定的营养作用,是制备口服及注射用纳米乳的主要辅料。

(2)助表面活性剂 助表面活性剂的作用主要有以下 3 点:它可增大表面活性剂的溶解度,协助表面活性剂进一步降低油水间界面张力,有利于纳米乳的稳定性;助表面活性剂可增加界面膜的流动性,设计纳米乳处方时一般选择链长比为 2 的表面活性剂和助表面活性剂,以增加界面膜的流动性;它可调节表面活性剂的 HLB 值,在设计纳米乳处方时需要选择合适 HLB 值的表面活性剂,如果其 HLB 值不合适,就可以用助表面活性剂进行调节。助表面活性剂的效果直链的优于支链的,长链的优于短链的,并且当助表面活性剂和油相中的碳原子数达到表面活性剂中的碳原子数时,其效果最佳。较好的助表面活性剂是短链分子接一个大的亲水基。常用的助表面活性剂有短链醇、有机氨、单双烷基酸、甘油酯以及聚氧乙烯脂肪酸酯等。在这些助表面活性剂当中,醇类的应用最多。醇类能提高载药量,增大药物溶解度,所形成的纳米乳区域范围大。除此之外,近年也有的采用生物相容性好的非离子表面活性剂如甘油酯类/脱水山梨醇酯类和 PEG400 作为助表面活性剂,可得到具有生物相容性的纳米乳。

(3)油相 纳米乳的形成要求油相分子与界面膜分子应保持适当联系,因此油相分子的大小对纳米乳形成较为重要。油相分子体积越小,溶解力越强。油相分子链过长不易形成纳米乳,而表面活性剂链较长时,受油分子体积的影响较小。为了增加药物的溶解度,增大纳米乳形成的区域,通常选用短链油相。但在一种油相不足以增加药物的溶解度时,也可选择多种油相同时使用。常用的油相有花生油、豆油、肉豆蔻酸异丙酯、中等脂肪链长度(C_8~C_{18})的甘油三酯类(Captex 355,Miglyol)等。这些油相一般对人体无毒无刺激性。

(4)水相 水相中含有缓冲液、抗菌剂、等渗剂等添加剂时以及盐的浓度和 pH 值都有可能会影响相图中纳米乳区的大小。盐会降低非离子表面活性剂的相变温度(PIT),

当操作温度接近 PIT 时，纳米乳的形成对温度相当敏感。为减少磷脂和脂肪酸甘油酯水解，水相的 pH 值应当调至 7～8。

7.2.3.2 制备方法

（1）**高能乳化法**　高能乳化法一般是指通过高压均质法、超声乳化法和微射流法等方法提供大量的能量，将普通乳液的大液滴拉伸破碎，使大液滴分散为数个小液滴，从而制得粒径在纳米级别的纳米乳液。因此，只有当施加的剪切应力大于液滴变形需要的力时，才能使大液滴破裂，分散成小液滴。液滴的粒径越小，所需要的压力就越大，需要的能量就越多；同时，体系的界面张力越小，所需的压力越小，所需的能量越小。因此高能乳化法制备纳米乳液的液滴粒径主要由体系的组成（表面活性剂的类型、油水比、表面活性剂的含量）及乳化的方法（能量大小、时间、温度）决定。高能乳化法制备纳米乳液需要大量的能量，但也有其独特的优势。用高能乳化法制备纳米乳液时，所需要的表面活性剂浓度更低，能够有效地减少配方的成本，除此之外，对高碳数、黏度大的油相，低能乳化法很难将其乳化成纳米乳液，特别是高浓度的纳米乳液，但对于高能乳化法来说，乳化这类油相对简单。但是高能乳化法也有劣势，即乳化能量利用效率通常较低，而且，利用适合于大规模生产的高压均质法制备纳米乳液时，选择的压力范围通常在 50～100MPa，甚至有时需要高达 350MPa 的压力。这对仪器设备的承压能力要求非常高，因此高能乳化法制备纳米乳液会耗费大量的能量，且采用更昂贵的设备，实际成本更高。

① 高压均质法　此方法是先增加分散相的体积制备纳米乳，然后逐渐稀释至所需体积。然而分散相体积的增加会导致乳化过程中发生合并，因此需要添加表面活性剂降低表面张力从而减少合并的发生，一般多种表面活性剂的联合使用更有效。初期制备的纳米乳再利用高压均质机，经过后续连续的高压均质循环，可以制备出液滴粒径小于 1nm 的纳米乳。此方法在工业生产中使用最为广泛。

② 超声乳化法　由超声探头提供，当探头与液体表面接触时，会产生机械振动和空穴作用导致空泡破裂和局部释放大量能量，当超声功率增加到一定限度即可形成较小内相液滴，形成小尺寸的液滴粒径。表面活性剂的吸附速度会影响液滴的最终尺寸，如果吸附速度低于液滴的合并速度，即使已经形成纳米尺寸的液滴也会重新融合变大。该方法适用于小批量的纳米乳制备，其优势在于消耗表面活性剂浓度较小，与其他方法相比，所需要的能量更少，且能生成性质均一的纳米乳。但使用时探头发热会产生铁屑并进入药液，应该注意探头质量对乳液的影响。

③ 高速剪切搅拌法　高能搅拌器和转子-定子系统可用于制备纳米乳，在高转子转速下，粉碎头内部高度稀释，乳液成分被吸入转子-定子装置，在离心力作用下，乳化液被甩到外围区域，在转子和定子内壁的间隙中产生强烈的分散作用，接着，乳液高速通过定子外孔，并离开装置，利用这些装置，增加搅拌强度，就可以显著减小内相的液滴粒径，但制备平均液滴粒径小于 200～300nm 的乳液相当困难。为实现连续剪切并增加分散时的剪应力，需要用到胶体磨，若乳液黏度介质大，高剪切搅拌效率显著降低，无法形成纳米乳，剪切搅拌法可以很好控制粒径，且处方组成可有多种选择。

④ 微射流法　微射流机内装有高压变容真空泵（500～20000psi），它们通过专门设计的由极小"微通道"组成的反应腔以强力泵送流体。液体随后通过微通道进入撞击区域，形成纳米范围内的微细粒子。在该方法中，向微射流机中加入已经制备好的乳液，通过微射流机的进一步加工将获得良好性能的纳米乳，若需要降低乳滴尺寸，则需要重复多次该

过程。为进一步确保去除大液滴并获得均匀液滴粒径的纳米乳，后续还需要过滤处理。此方法效能高，但生产成本较大且产品和设备易被污染，限制了此方法在实际生产中的运用。

（2）低能乳化法　鉴于高能乳化法的劣势，低能乳化法制备纳米乳液因需要的外加能量少、设备简单受到关注。一般来说，常见的低能乳化法主要有相转变组分法（PIC）、相转变温度法（PIT）和微乳液稀释法三种方法。

① 相转变组分法　相转变组分法是通过逐渐增加体系分散相的含量，诱导体系发生相转变形成纳米乳液的方法，也可以理解为由于体系内液滴聚结速率增加，破坏了液滴聚结和各相间的平衡引起相转变而形成纳米乳液。此方法是连续地把水相加到油相中，开始时由于油相过剩，形成 W/O 型乳剂，随着水相比例的增大，改变了其中表面活性剂曲率，水滴逐渐聚结在一起；在乳剂相转化点，表面活性剂形成层状结构，此时表面张力最小，有助于形成非常小的分散乳滴；在乳剂相转化点过后，随着水相的进一步增加，O/W 型乳剂形成。相变法中液滴的形成过程需要短链表面活性剂，它在油水界面形成可弯曲的单分子层，导致在相变点纳米乳的形成，在这个转变过程中，表面活性剂产生最小表面张力，这有助于形成微细的乳滴。

② 相转变温度法　乳液的相变分为两种类型：过渡转相和突变转相。过渡转相是由温度、电解质浓度等因素变化引起的，这些变化影响体系的 HLB 值，继而导致乳液的过渡转相；在恒温使用混合表面活性剂的情况下，改变表面活性剂的 HLB 值也会导致乳液的突变转相。

非离子表面活性剂的 HLB 值对温度很敏感，即在低温下亲水性较强，高温下亲油性较强，因而随着温度的改变，纳米乳液就会由 O/W 型转化为 W/O 型，转变时的临界温度称为 PIT 温度。将水相和油相一次性混合在一起，当温度升高时，表面活性剂分子上的氢键脱落，分子疏水性增强，自发曲率变成负值，形成水性反胶束（W/O 型乳剂）；当温度降低到相变温度时，表面活性剂自发地使曲率接近于零，并且形成层状结构；温度进一步降低时，表面活性剂的单分子层产生很大的正向曲率，形成细微的油性胶束（O/W 型乳剂），这就是 PIT 法液滴的形成过程。PIT 乳化法是充分利用表面活性剂分子在相变温度时非常低的界面张力来促进乳化，对于非离子表面活性剂而言，通过改变系统的温度，促使高温时的 W/O 型乳剂变成低温时的 O/W 型乳剂，且在冷却过程中，系统从零曲率变为最小表面张力，促进了细微分散油滴的形成。

③ 微乳液稀释法　微乳液稀释法是先制备热力学稳定的微乳液，之后往微乳液中加入大量水或者往水中滴入微乳液来制备纳米乳液的方法。微乳液稀释法一般有以下 4 种方式：将微乳液直接加入水中；将微乳液缓慢加入水中；将水直接加入微乳液中；将水逐滴加入微乳液。研究发现，只要稀释 O/W 微乳液就可制得稳定的纳米乳液，但是稀释 W/O 微乳液时，只有在乳化过程中能够形成 O/W 微乳液才能够形成纳米乳液。微乳液稀释法的制备过程非常简单，非常适合大规模生产。同时，由于微乳液是一种热力学稳定的体系，因此可利用微乳液的热力学稳定性来保持体系的稳定，有效克服纳米乳液长期放置不稳定的弱点，在实际应用中有很大的应用前景。但是，微乳液稀释法也有其缺点，一是无法制备分散相含量高的纳米乳液，一般分散相的量不会超过 10%（质量比）；二是微乳液的制备一般需要加入助表面活性剂，同时表面活性剂的用量相对较大，对配方的选择不够灵活。

（3）自动乳化法　油相的成分会对纳米乳的自动乳化和乳剂的物理化学性质产生极

为重要的影响。当有机相和水相的混溶性较好时，自动乳化的速率即达到最大。油的黏度、表面活性剂的 HLB 值和油相与水相的混溶性等是决定自动乳化法制备纳米乳的重要因素。乳化过程的自发性主要由界面张力、油水界面黏度和体积黏度、乳剂相变区域、表面活性剂的浓度和结构等因素来决定。用自发乳化法制备纳米乳有三步：制备油相，将油和油溶性表面活性剂溶解在可与水混溶的溶剂中（如丙酮）；在磁力搅拌下，把油相加入水相；与水混溶的溶剂通过减压蒸馏挥干。但自发乳化法也有一定局限性，如它要求油的含量低（一般是 1%）、溶解油相的溶剂以任何比例与水混溶等。

7.2.3.3 应用

纳米乳作为一种新型药物载体，主要具有以下几个优点：①纳米乳是具有各向同性的透明液体，热力学稳定且可以过滤，易于制备和保存；②黏度低，注射时不会引起疼痛；③纳米乳的粒径小且均匀，可提高包封于其中的药物分散度，还可促进药物的透皮吸收；④可同时增溶不同脂溶性药物；⑤纳米乳可促进大分子水溶性药物在体内的吸收，从而提高药物的生物利用度；⑥纳米乳可以作为水溶性药物的载体，也可以作为难溶于水的药物的载体；⑦纳米乳具有缓释和靶向作用。

（1）口服给药　口服给药是所有给药途径中最简单方便的一种，纳米乳作为口服给药系统能够增加疏水性药物的溶解度，减少蛋白质类大分子药物口服制剂在体内的酶解。将抗癌药物喜树碱制备成纳米乳后，溶解量至少是水溶液中的 23 倍。此外，纳米乳口服后可经淋巴吸收，避免了首过效应及大分子通过胃肠道上皮细胞膜时的障碍，同时由于表面张力较低易通过胃肠道的水化层，药物能直接和胃肠上皮细胞接触，促进药物吸收，提高生物利用度。有研究发现，纳米乳给药后较肠溶衣片达峰快，血药浓度曲线较平稳，体内药物波动较小，在人体内血药浓度出现双峰现象，提示纳米乳有特殊的吸收机制，即纳米乳在体内可能由淋巴系统转运。

（2）注射给药　纳米乳的热力学稳定，可热压灭菌，滤膜过滤，粒径小于红细胞，还可以躲过网状内皮系统捕获，不会造成毛细血管阻塞或肺栓塞；黏度低，注射时不易引起疼痛；药物从纳米乳中缓慢释放，可延长药物体内作用时间并具有淋巴靶向性等特点，有些纳米乳可以使药物透过屏障，达到治疗目的；在肿瘤病变部位，毛细血管的通透性增加，纳米乳较易通过病变部位的毛细血管壁，渗透至肿瘤组织中，增强被动靶向的能力，具有一定的靶向性，是一种有良好应用前景的注射用药物载体。紫杉醇纳米乳静脉注射后，药物可高度分布于所需部位如肾、肺和肝，表现出良好的靶向作用，且能延长药物在体内的滞留时间。但由于纳米乳注射入体内后会被血液稀释，因此要注意纳米乳的组分和用量，避免在血液中发生相转变和乳滴融合，且纳米乳粒径必须小于毛细血管直径，避免造成毛细血管阻塞或肺栓塞，还要注意毒性与刺激性。

（3）经皮给药　经皮给药在临床治疗中发挥巨大作用，可实现自我给药，还可根据实际情况和需求随时移除所给药物。纳米乳是外观透明的流体物质，有较低的表面张力和良好的透皮吸收特性，易于润湿皮肤，使角质层的结构发生变化，因而能促进药物经皮渗透进入体循环。同时相比于口服给药和注射给药，可以避免对胃肠道刺激，降低毒性。目前已有研究发现，透皮纳米乳递送的药物在生物利用度和血药浓度分布方面重现性较好，可将药物送到真皮表面并具备深层皮肤渗透作用。

（4）经黏膜给药　黏膜给药是用适合的载体使药物通过口腔、鼻、眼、直肠等黏膜进入体循环而起到全身作用的给药方式。常规滴眼液有给药次数多、药物脉冲释放、滞留时间短、损失量大、生物利用度低等不足，纳米乳滴眼液相比常规滴眼液，更易稀释，可显著提高药物的浓度，延长滞留时间及与角膜的接触时间，减少给药次数和药物的损失，还可以使药物渗透到更深层的部位和房水中，眼用纳米乳通常使用无刺激性或刺激性极低的表面活性剂，如泊洛沙姆和卵磷脂。口腔黏膜覆盖着多层鳞状上皮细胞，药物的渗透系数低，但黏膜下血管丰富，药物透过后可直接进入血循环，且口腔黏膜的耐受力强，无类似于鼻黏膜的排斥反应，药物易附着，受刺激或破坏后能较好地恢复，有研究将具有抗炎、杀菌、抑制痛觉过敏的香精油制成口腔黏膜纳米乳，相比水凝胶具有更强的黏膜穿透力。

7.2.4　固体纳米脂质载药系统

纳米脂质载药系统是基于纳米系统的新型给药方式，是根据传统脂质体的制备存在大量表面活性剂，从而加以改进包埋药物或功能性食品成分的脂质纳米技术，固体脂质纳米载药系统主要包括固体脂质纳米粒（solid lipid nanoparticles，SLN）、纳米结构脂质载体（nanostructured lipid carriers，NLC）两种载体形式。纳米脂质载药系统在食品功能成分的贮藏及利用方面具有诸多优势：在纳米级条件下，增强了被包裹的药物及食品功能成分吸收作用，能够有效地降低药物自身的毒副作用，提高口感较差的食品功能成分的味觉可接受性，提高食品功能成分的利用效率，因此纳米载药系统的深入研究开发尤为重要。

固体脂质纳米粒（SLN）突出的特点是采用天然和人体内存在脂质，没有毒性，同时SLN易制备、生产工艺易放大、可以不用有机溶剂。SLN常用于小分子药物的递送，在SLN组成中加入阳离子脂质成分，如DOTAP（2,3-二油基丙基-三甲基氯化铵）、DDAB（十二烷基二甲基溴化铵）、CPC（十二烷基氯化吡啶）、CTAB（十六烷基三甲基溴化铵）、苯扎氯胺鱼精蛋白、硬脂胺、DOPE（二油酰磷脂酰乙醇胺），得到阳离子SLN，可用于DNA等核酸物质的压缩和递送。用DDAB制备阳离子固体脂质纳米粒（SLN），然后对RNA进行压缩，形成复合物，可进行有效转染。SLN选用的高熔点脂质（如长碳链的饱和脂肪酸甘油三酯），在室温下通常呈固体，既具有聚合物纳米粒物理稳定性高、药物泄漏慢、可以控制药物的释放以及良好的靶向性等优点，又具有脂质体、乳剂毒性低、能大规模生产的优点。SLN主要适合于载负亲油性药物，也可将亲水性药物通过酯化等方法制成脂溶性强的前体药物后再制备SLN。SLN由于其极小的粒径范围（100～200nm）优势，可有效逃避RES和/或跨过血脑屏障，延长在体内循环时间或用于靶向脑部疾病。所采用的脂类具有生物相容性和可降解性，这使它们的细胞毒性降至最低。SLN可提高药物的稳定性和承载力，并防止药物渗漏。并且能有效地将药物传递给特定的靶点，控制药物的释放。

纳米脂质体是在20世纪60年代发现的，Alec D Bangham首次在1961年制备出纳米脂质体，它主要是由磷脂构成的双分子层与水形成的微球形结构。20世纪90年代，固体纳米脂质粒逐渐发展起来，由常温下是固体的脂质包埋活性物质于水相中，形成纳米级颗粒，也称第一代脂质纳米颗粒（SLN）。SLN生物相容性好且具有可扩展性，制备过程中不需要有机溶剂。第二代脂质纳米颗粒也叫纳米结构脂质载体（NLC），是在第一代的基础上发展起来的，主要是用固体和液体脂质来包埋活性物质，达到更好包埋物质的目的。由于固体脂质和液体脂质在结构上有一定差别，加热冷却形成固体颗粒时，会形成不规格的形状和叠层，产生不完美晶格。相比 SLN，NLC 的脂质材料有更大空间，液体脂质和固体脂质的掺杂降低了储存过程中由于脂质晶格的重排造成的药物泄漏，提高了载药能力以及载药的稳定性。因为很多活性物质在固体脂质和液体脂质的溶解性不同，增加液体脂质可以增大活性物质的溶解度能更好地包裹活性物质，大大提高了脂质载体的包封率，也延长活性物质的储存时间，延缓活性物质的释放。

7.2.4.1 材料

制备 SLN 和 NLC 的载体材料一般为天然的（如磷脂）或人工合成的（如甘油三癸酸酯、三丁酸甘油酯）脂质，具有良好的生理兼容性和生物可降解性。天然的脂质材料一般与生物体亲和性好、无毒副作用，是一种良好的载体材料。但其结构和成分不均一，活性物质在体内释放缺乏规律性，并且稳定性也较差。人工合成的脂质材料成分和结构较明确，可根据活性物质的特性来合成，具有包封率高和稳定性好等优点。

制备 SLN 和 NLC 的材料主要包括基质材料（固体脂质物质和液体脂质物质）和表面活性剂/助表面活性剂两类。固体脂质物质为生物相容性好、可生物降解的天然或合成类脂，包括以下几类：①饱和脂肪酸类，如硬脂酸、棕榈酸、肉豆蔻酸、月桂酸、癸酸、山嵛酸（二十二酸）等；②饱和脂肪酸甘油酯类，为上述饱和脂肪酸的甘油三酯、甘油双酯、甘油单酯及其混合酯，如硬脂酸甘油单酯，棕榈酸甘油三酯，山嵛酸甘油单酯、双酯、三酯的混合物等；③蜡质类，如微晶石蜡、鲸蜡、棕榈酸十六酯等；④类固醇类，如胆固醇等；⑤混合类脂。NLC 除了采用 SLN 常用的固体脂质外，通常采用的液体脂质有中碳链（$C_8 \sim C_{10}$）脂肪酸甘油三酯（辛酸/癸酸甘油酯）、肉豆蔻酸异丙酯（IPM）、棕榈酸异丙酯（IPP）、月桂酸己酯、油酸、亚油酸、维生素 E、液体石蜡以及各种天然植物油，如大豆油、花生油、橄榄油、葵花籽油等。

药物在脂质中的溶解度、药物在熔融脂质中的分散能力、脂质材料的结构以及脂质的多晶型等是影响 SLN 和 NLC 载药量的主要因素，在制备 SLN 和 NLC 时要根据药物的理化性质合理选择脂质材料。结晶度高的固体脂质在放置过程中会形成完美的晶格，造成药物的析出，因此，可选择结构差异较大的脂质混合作为 SLN 的基质材料，如将甘油单、双、三酯及不同碳链长度的脂肪酸混合制备 SLN，会产生更多的晶格缺陷，来容纳药物并增加载药的稳定性。常用的表面活性剂/助表面活性剂有：①磷脂类，包括大豆磷脂、蛋黄卵磷脂及磷脂酰胆碱等；②非离子表面活性剂类，包括 tween 系列、span 系列、myrij 系列、brij 系列以及 poloxamer（pluronic）系列非离子表面活性剂；③胆酸盐类，如胆酸钠、甘胆酸钠、脱氧牛胆酸钠等；④短链醇类，如丁醇、异戊醇等；⑤其他，如四丁酚醛等。表面活性剂/助表面活性剂的性质和用量对 SLN 和 NLC 的粒径、稳定性等有显著的影响。

7.2.4.2 制备方法

SLN 和 NLC 的制备方法较多，下面仅对常用和重要的制备方法进行介绍。

（1）高压均质法 高压均质法是制备 SLN 和 NLC 最成熟、应用最广泛的方法，其工作原理是在密封狭窄的金属腔体内利用高压（10~2000MPa）推动液体通过布满微孔（直径仅为几微米）的筛板，液体通过很短的距离而获得了很大的速度（超过 10000km/h），产生的高剪切力和空穴作用力使固体粒子（或液滴）分裂成纳米级的微小粒子（或液滴）。高压均质法的优点是所制得的纳米粒粒径小且分布范围窄，还可避免使用对人体有害的附加剂和有机溶剂，也适用于对热不稳定的药物。目前，高压均质法已成功用于 SLN 和 NLC 的大规模生产。

热乳匀法和冷乳匀法，两种方法乳匀之前都需将药物溶解或分散在熔融脂质中，并初步乳化。对于热乳匀法，在高速搅拌条件下将含有药物的熔融脂质加入相同温度的含表面活性剂的水溶液中，得到初乳。然后将制得的初乳在高于脂质熔点的温度下高压处理，一般来讲，温度越高，所获得的粒径越小，但要考虑高温对药物的破坏作用，同时压力也不能过高，防止粒子动能过高而碰撞集结，造成粒径增大。通常情况下，在 50～150MPa 下循环 3～5 次已经足够。得到的纳米乳滴在室温或更低的温度下冷却，脂质固化即得到 SLN 或 NLC。对于冷乳匀法，将含药物的熔融脂质迅速冷却固化，使药物均匀分布于脂质中，低温增加了脂质的脆性，固化的脂质在低温通过研磨得到微米级（50～100μm）的颗粒。接着把这些脂质微球分散到冷的含表面活性剂的水溶液中得到初乳，在室温或低于室温的条件下对初乳进行高压乳匀，空化作用将产生足够大的力量将微球粉碎成纳米粒。乳匀过程要控制好温度，防止升温造成脂质融化（每次循环会升温 10～20 ℃）。冷乳匀法适合对温度敏感的药物，对于水溶性药物，热乳匀过程中药物会向水相分散，冷乳匀则避免了这一损失。同时，由于结晶的复杂性，热乳匀法通常会产生多晶型和过冷态，而冷乳匀法则避免了在纳米尺度上进行结晶。一般而言，冷乳匀法比热乳匀法制备的 SLN 粒径更大，粒径分布更宽。

（2）高剪切乳化超声法　高剪切乳化超声法（high shear homogenization and ultrasound technique）是把药物、脂质、磷脂等加热至脂质熔点温度以上形成熔融体，作为油相。再取适量表面活性剂等物质溶于同温热水，作为水相。在高剪切作用下，将水相与油相混合形成初乳，再超声分散即得 SLN 或 NLC。该方法优点是避免采用对人体有害的有机溶剂，操作简便，缺点是得到的粒径较大，不适于热敏性药物，同时也存在金属离子污染的问题。但是通过优选配方和工艺，可以制得较理想的 SLN。

（3）薄膜-超声分散法　薄膜-超声分散法（thin-layer ultrasonication technique）是将脂质和药物等溶于适宜的有机溶剂中，减压旋转蒸发去除有机溶剂，形成一层脂质薄膜，加入含有乳化剂的水溶液，超声分散，即可得到 SLN 或 NLC。薄膜超声分散法优点是操作简单，易于控制，缺点是粒径分布不均，易出现微米级粒子，如果超声时间过长（＞15 min），则可能导致金属离子污染。

（4）乳化-溶剂挥发和乳化-溶剂扩散法　乳化-溶剂挥发法（emulsification solvent-evaporation technique）通过把脂质溶于与水不相溶的有机溶剂（如氯仿）中，再分散于水中制成乳剂，然后减压蒸发除掉有机溶剂，脂质便在水中固化沉淀，形成 SLN。这种方法的优点是无需加热，适合热敏性药物；缺点是由于脂质在有机溶剂中溶解度不高，制得的 SLN 分散液浓度很低，同时还有有机溶剂残留的问题。乳化溶剂扩散法是制备聚合物纳米粒常用的手段，也可用于制备 SLN 和 NLC。与乳化溶剂挥发法不同的是，乳化溶剂扩散法采用与水能互溶的有机溶剂来溶解脂质，通常采用毒性较低的溶剂，如乙醇、苯甲醇、乳酸丁酯等。在高于脂质熔点的温度下，将含有药物的有机溶剂与脂质混匀，然后加入含有乳化剂的水中，制成 O/W 型乳剂。然后加入过量的水，乳滴中的有机溶剂迅速由分散相扩散到连续相中，继续高速搅拌得到初乳，最后冷却固化得到 SLN 或 NLC。

（5）微乳法　微乳法（microemulsion technique）由 Gasco 等首先提出，其原理是将 O/W 型微乳在冷水中稀释，脂质固化而形成 SLN。基本过程如下：在脂质的熔点以上将熔融的脂质、表面活性剂/助表面活性剂以适当的比例与水相混合，得到澄清透明的微乳。然后在快速搅拌下将微乳注入 2~3℃的大量冷水中，热微乳与冷水的比例为 (1:25)~(1:50)。在冷却固化的过程中，温度梯度和分散速率十分重要，较高的温度梯度和分散速率才能使脂质微粒快速固化且不易聚集，以得到纳米级的 SLN 或 NLC。微乳法优点是操作简便，容易实现大规模生产，且得到的纳米粒粒径小（一般小于 100nm）；缺点是由于在制备过程中用了大批量冷却水，得到的 SLN 或 NLC 含量很低，还需要采用冷冻干燥或超滤的方法进行浓缩，而且使用了大量的表面活性剂和助表面活性剂，带来给药的生物安全性问题。

（6）膜乳化-固化法　膜乳化-固化法（membrane emulsification-solidification technique）是近年来在膜技术基础上新发展的一种制备 SLN 和 NLC 的新方法。其基本过程为：将脂质加热至其熔点以上，在压力作用下通过均匀的多孔膜（如微孔玻璃膜、微孔陶瓷膜）形成微小的液滴。水相在薄膜舱中循环，将纳米级的脂质液滴从出孔带出，室温下冷却固化得到 SLN。Charcosset 等采用孔径为 $0.2\mu m$ 的涂有活化 ZrO_2 层 Al_2O_3-TiO_2 载体的陶瓷膜制备了维生素 E-SLN，并对水相与油相的温度、水相的错流速度、油相所受压力、模孔孔径等制备的影响因素进行了研究。Doria 等以 gelucire44/14（氢化棕榈油橄榄油甘油酯与 PEG1500 酯的混合物）和 compritol 888（山嵛酸甘油三酯、甘油双酯、甘油单酯及其混合酯）为固体脂质，tween20、pluronic F68 和 montanox 20 为表面活性剂，采用管状多孔玻璃膜制备了平均粒径为 50~750nm 的不同 SLN，并对脂质相流速、温度等工艺参数进行了优化。膜乳化-固化法制得的 SLN 粒径高度均一，可以对 SLN 的粒径进行精确调控，药物包封率接近 100%，而且装置简单，具有很好的工业化前景。存在的主要问题是工艺参数复杂，影响制备的因素较多。

（7）乳化蒸发-低温固化法　该方法是将药物与脂质材料溶于有机溶剂中构成油相，将表面活性剂溶于水中构成水相，加热至相同温度，在机械搅拌下将油相倾入水相中，继续搅拌将有机溶剂蒸发，然后将所得脂质混悬液快速分散于大量的低温水相中，快速搅拌，即得 SLN 或 NLC。其优点是制备装置简单，操作简便，缺点是有机溶剂难以除尽，使 SLN 或 NLC 存在潜在的毒性，而且放置过程中药物晶体容易析出。

7.2.4.3　应用

SLN 和 NLC 作为药物载体具有聚合物纳米粒的优点，如可以控制药物的释放、避免药物的降解或泄漏以及良好的靶向性等。近年来，固体脂质纳米载药系统在药剂学领域受到广泛关注，已用于口服、注射、肺部、眼、经皮、经黏膜等多种给药途径的研究，被认为是最具有产业化前景的一类纳米载药系统。主要的研究和开发领域有以下几方面。

（1）作为经皮给药系统的载体　固体脂质纳米载药系统首先成功应用于化妆品和经皮给药制剂，据报道，2005 年以来，在欧美国家上市的以 SLN 或 NLC 为载体的化妆品已有近 20 种，包括二氧化钛、二羟基四甲氧基苯甲酮等遮光剂和辅酶 Q10、维生素 E、维生素 A 等活性药物。经皮给药载体涉及的药物包括糖皮质激素类药物、非甾体抗炎药物、维生素 A 衍生物、抗雄激素药物、抗真菌以及皮肤光化学治疗药物等。最近还有将 SLN 凝胶作为离子导入经皮给药载体的研究报道。

（2）作为口服给药系统的载体　固体脂质纳米载药系统可采用冷冻干燥或喷雾干燥技术制成固体粉末，制备难溶性药物、多肽和蛋白质等生物大分子药物、抗生素药物以及抗肿瘤药物的口服制剂。利用 SLN 或 NLC 对胃肠黏膜的黏附性，增加在药效部位或药物吸收部位的停留时间和接触面积，提高生物利用度，还可以保护多肽和蛋白质等不稳定药物免受胃肠道酶的降解。

（3）作为注射给药系统的载体　固体脂质纳米载药系统制成胶体溶液或冻干粉针后即可用于静脉注射，还可通过 PEG、Poloxamer 等两亲性物质修饰制备具有体内长循环功能的纳米载药系统，达到缓释、延长药物在系统或靶部位的停留时间等目的，用于抗肿瘤药物的注射给药。最近研究表明，SLN 亲油性好，与血浆蛋白有很好的亲和性，可通过结合转运蛋白靶向于血脑屏障（BBB）；与生物膜有很好的黏附性，可以滞留于 BBB，提高局部药物浓度；纳米尺度的 SLN 还利于其打开胞间连接跨越 BBB，因此，SLN 在脑靶向方面具有很好的应用前景。

（4）作为基因药物载体　Tabatt 等采用硬脂酰胺等阳离子脂质制备了阳离子 SLN，通过静电结合得到 SLN-DNA 复合物。研究结果表明，以 SLN 为载体进行体外转染具有良好的细胞耐受性与较高的转染效率。

（5）其他给药系统的研究　还有将 SLN 或 NLC 用于眼、鼻腔等黏膜给药和肺部给药的研究报道以及制备药物脂质偶联物的报道。Liu 等制备了载 CdSe/ZnS 核壳型量子点（quantum dot，QD）的 SLN（QD-SLN）和 NLC（QD-NLC）。研究结果表明，QD-SLN 和 QD-NLC 的荧光光谱仍然保持了 CdSe/ZnS 量子点对称分布的窄谱特征，具有荧光稳定性好、抗光漂白能力强等特性；大鼠体内的荧光标记研究表明，大鼠体内具有良好的荧光稳定性，是一类有应用前景的新型纳米荧光探针。

7.2.5　聚合物胶束载药系统

聚合物胶束是近年来在众多疾病的诊断和药物治疗中研究最多的纳米载体之一。制备聚合物胶束的"经典"方法是两亲嵌段共聚物在选择性溶剂中其中一种嵌段不溶形成胶束的核，另一种嵌段可溶形成胶束的壳，这种热力学驱动过程发生在临界胶束浓度（critical micelle concentration，CMC）以上。除此之外还可以通过氢键络合作用、静电相互作用、金属配位作用、化学反应诱导等原理制备。

作为一种新的载体，聚合物胶束具有载药范围广、结构稳定、组织渗透性好、体内滞留时间长、能使药物有效到达靶点等特点，其中刺激响应性纳米胶束可根据外界环境的微小变化，如温度、pH、氧化还原性、离子强度、磁、光、电、生物酶等做出响应，产生相应的结构形态、物理性质、化学性质等变化甚至突变聚合物胶束增加了疏水性和脂溶性药物的溶解性和稳定性，并且聚合物胶束的体积小不易被网状内皮系统（reticulo-endo-thelial system，RES）吸收及肾排泄，又可以通过 EPR 效应选择性分布在肿瘤组织中，减少药物副作用。

7.2.5.1　材料

聚合物胶束材料包括均聚物和共聚物，后者又包括嵌段共聚物和无规共聚物，其中对嵌段共聚物的研究较多。两亲性嵌段共聚物亲水区主要是聚乙二醇（PEG）或聚氧乙烯（PEO）。聚乙二醇无毒、亲水、生物相容性好，其高度水合作用和较大空间位阻可阻止胶束聚集成二级胶束。已被 FDA 批准用于肠胃外给药，并广泛应用于各种生物医学和制药领域，聚甲基丙烯酸也可作为胶束亲水区，但其生物效应还不明确。疏水区范围较广，包括聚氧丙烯、聚苯乙烯、聚氨基酸（如聚 β-苯甲酰-L-天冬氨酸、聚 γ-苄基-L-谷氨酸和聚天冬氨酸等）、聚酯（聚己内酯 PCL、聚乳酸 PLA、聚乳酸羟基乙酸 PLGA 等）。生物可降解的聚合物生物相容性好，较适合作为药物载体材料。聚合物类型不同，尤其是疏水嵌段/亲水嵌段比例影响胶束的形态。除了亲水性，PEG 还具有独特的溶液性质，包括与水之间最小的界面自由能、高水溶性、高流动性等，所以胶束表面的 PEG 链段对于抑制蛋白质吸收特别有效，PEG 的吸附经常用来改善异体材料的生物相容性。一些其它的亲水性聚合物也可以作为亲水嵌段替代 PEG 用于聚合物胶束系统，例如，Cheng 等分别采用热敏性 N-异丙基丙烯酰胺（NIPAm）和聚（N-异丙基丙烯酰胺-co-二甲基丙烯酰胺）[P(NIPAm-co-DMAm)] 作为嵌段共聚物胶束的亲水嵌段，制备了聚乳酸-PNIPAAm-聚乳酸（PLA-PNIPAAm-PLA）嵌段共聚物以及右旋糖酐-P（NIPAm-co-DMAm）嵌段共聚物胶束体系。这些热敏性共聚物具有低临界溶解温度（lower crtical solution temperature，LCST），温度高于 LCST 会聚集沉淀，通过分子设计可以得到 LCST 略高于体温的胶束体系，有利于对肿瘤细胞的靶向释药，因为肿瘤组织的温度略高于体温。

无规共聚物也称接枝共聚物，如天然高分子经两亲性化改性的衍生物，包括改性壳聚糖、纤维素衍生物，也可形成聚合物胶束。壳聚糖生物相容性和生物降解性好，进行羧甲基化、磺酸化或羟丙基化、乙二醇化后得到水溶性壳聚糖，进一步与酰氯、卤代烷及缩水甘油醚进行疏水改性，得到两亲性壳聚糖衍生物，水中能发生疏水缔合得到胶束。

7.2.5.2 制备方法

制备载药胶束主要通过化学和物理方法实现。化学方法主要是在一定条件下使药物与聚合物的疏水链官能团发生反应，使用化学方法需要考虑的一个重要因素是聚合物的反应基团数量少或疏水性强，以免干扰单分散胶束的形成。尽管化学交联可以显著改善胶束的循环动力学、生物分布和在靶点的积累，但所涉及的一系列化学反应比较复杂或具有挑战性，因此，人们更倾向于用物理方法来制备载药胶束。

（1）物理包封

① 机械分散法　在机械分散法中，难溶性药物和聚合物可以溶解在有机溶剂或混合溶剂中，然后通过旋转蒸发仪蒸发除去溶剂，进行小规模制备。薄膜法或防爆喷雾干燥法则用于大规模生产。干燥之后，进行水化，形成胶束，药物-共聚物复合物可以通过在搅拌条件下加入水溶液来形成。对于具有相对较大亲水基团比例的嵌段聚合物，这种方法是制备胶束最成功的方法，而且超声可以辅助胶束的形成。

Zhang 采用该工艺制备了载紫杉醇的两嵌段共聚物胶束，该工艺中，将药物和共聚物溶解在乙腈（ACN）中，然后于 60℃氮吹 2h，以除去有机溶剂，从而获得紫杉醇/PDLLA-b-MePEG 固体基质复合物，采用火焰电离气相色谱检测紫杉醇/共聚物基质中残留的乙腈，将固体紫杉醇/共聚物基质于约 60℃水浴条件进行预热，获得透明凝胶状样品，然后加入 60℃左右的水，并用涡旋搅拌器或玻璃棒进行搅拌，即可获得澄清的胶束溶液。

② 透析法　透析法使用了仅可溶解聚合物亲水性部分的选择性溶剂（如水），并用其取代可同时溶解药物和共聚物的溶剂[如乙醇、N,N-二甲基甲酰胺（DMF）、硝酸铈铵（CAN）]。当良溶剂被选择性溶剂取代时，聚合物的疏水部分缔合在一起形成胶束核，并将难溶性药物包封在内。将透析时间延长几天可以保证将有机溶剂充分除去。

水透析法制备胶束所用的初始溶剂对聚合物胶束的稳定性有显著的影响，例如，使用 DMF 透析制备的 PEO-b-PBLA 胶束的平均直径较大，并具有较多数量的二级聚集体。La 等使用了几种溶剂经透析法制备了 PEO-b-PBLA 胶束，实验中将 100mg PEO-b-PB-

LA 共聚物分别溶解在 DMF、ACN、四氢呋喃（THF）、二甲基亚砜（DMSO）、N,N-二甲基乙酰胺（DMAc）和乙醇中，室温下搅拌过夜，然后将其置于分子多孔性透析管[截留分子量（MWCO：12000～16000）]中，用去离子水对共聚物溶液进行透析，最后冻干。以 DMAc 为溶剂、水为透析液透析所得的 PEO-b-PBLA 胶束的收率为 87%（质量分数）。根据胶束的数量分布，其粒径大约为 19nm，二级聚集体数量少于总量的 0.01%，直径为 115nm。另外，与其他方法初始溶剂制备的样品相比，以 DMAc 为初始溶剂制备的 PEO-b-PBLA 粒径分布范围较窄。

③ 共溶剂蒸发法　共溶剂蒸发法是将药物和嵌段共聚物溶解在与水易混合的有机溶剂中，如 ACN、THF、丙酮或甲醇，然后慢慢加入水，使共聚物的疏水段自我组装成胶束。最后通过蒸发的方式除去有机溶剂。Jette 等采用 DLS 和 ^{1}H-NMR，研究了通过向 ACN（丙烯腈）单体溶液加入水来组装成 PEG-b-PCL 胶束的过程。在临界含水量（CWC）为 10%～30% 时，根据 PCL 段尺寸的大小组装成胶束，采用 DLS 观察了组装过程。初始胶束结构会膨胀至直径为 200～800nm，但当加入水比例至 40% 时，胶束会急剧塌陷为 20～60nm 的单分散胶束。在 CWC 时 PCL 段基团的 ^{1}H-NMR（D$_2$O/ACN-d_3）共振强度增大或减小，而 PEG 的亚甲基核磁共振强度没有发生改变。

④ 闪蒸纳米沉淀法　闪蒸纳米沉淀技术是共溶剂萃取技术的一种变体，将胶束单体和药物溶解在挥发性的水易混有机溶剂中，然后在搅拌下加入水性非溶剂中，即水或缓冲液中。随着前述溶液向水性非溶剂中的加入，单体和药物达到过饱和状态，并在毫秒级别的时间尺度（约 10ms）内自发形成核，形成纳米聚集体。聚集体会发生融合，直到刷状结构（即水化的 PEO 段）的空间位阻阻止了单分子的快速交换，从而从动态平衡的角度形成稳定状态的胶束。Johnson 和 Prud'homme 将闪蒸纳米沉淀法放大至大规模生产水平，进行了详细的放大研究。

Ge 等采用闪蒸纳米沉淀法制备了包封尼莫地平的 PCL-b-PEO-b-PCL 三嵌段共聚物胶束。将 100mg PCL-b-PEO-b-PCL 共聚物和 10mg 尼莫地平溶解在丙酮中，然后在适当搅拌的条件下，将有机相滴加至 50mL 水中，通过减压除去有机溶剂，将水分散液浓缩至 20mL，用 15μm 微孔膜过滤，除去聚集体和未包封的药物，所得胶束的直径为 89～144nm，包封的尼莫地平为 3%～5%（质量分数）。Forrest 等使用类似的技术制备了包封西罗莫司的 PEO-b-PCL 胶束，所得胶束直径为 46～76nm，西罗莫司载药量为 6%～11%（质量分数）。

⑤ 水包油乳化法　水包油乳化法首先制备共聚物的水溶液，用水不溶的挥发性溶剂配制药物溶液（如加入氯仿形成水包油乳液），蒸发除去溶剂，即形成胶束-药物混合物。与此方法相比，透析法的优势是可以避免潜在的有毒溶剂。Kwon 等比较了透析法和水包油乳化法制备的载阿霉素的 PEO-b-PBLA 胶束。乳化法的载药效率更高，可达 12%（质量分数），高于透析法的 8%（质量分数）。

La 等采用水包油乳化法制备了载 IMC 的胶束。将不含药的 60mg PEO-PBLA 溶于 120mL 去离子水中，超声均质 30 s，室温剧烈搅拌条件下，将 IMC 的氯仿溶液（6mg 溶于 1.8mL 中）滴加至 PEO-b-PBLA 胶束水溶液中，氯仿在开放体系中经蒸发除去，然后采用 Amicon YM-30 超滤膜（MWCO 50000）过滤，除去未结合的 IMC 和低分子量的聚合物，然后冻干。

（2）化学偶联　聚（乙二醇）-b-聚（L-氨基酸）和聚（乙二醇）-b-聚酯是用来偶联药物最多的嵌段共聚物。Yokoyama 等在文献报道的基础上进行一些修改，研究了聚合物胶束化学偶联阿霉素（ADR）的方法。Yokoyama 等采用的聚合物为聚（乙二醇）-b-聚（天冬氨酸）[PEG-P（Asp）]，PEG 链和 P（Asp）链的分子量分别为 12000 和 2100，将 PEG-P（Asp）溶于 DMF，然后加入盐酸阿霉素（ADR·HCl）和三乙胺（TEA）（相当于 1.3 mol ADR）。将混合物冷却至 0 ℃，加入 1-乙基-3-(3-二甲氨基丙基)碳二亚胺盐酸盐（EDC·HCl），激活偶联反应。0 ℃激活 4 h 后，再次加入 EDC·HCl，再过 20 h 后，用 spectrapor 2 透析膜对反应产物进行透析，然后在去离子水中使用 amicon YM-30 超滤膜（MWCO 30000）过滤，采用反相色谱法，通过测试反应产物中未反应的 ADR 量，确定了 PEG-b-P（Asp-g-ADR）偶联的 ADR 含量和相应的天冬氨酸残留量，用加入的底物 ADR 的量减去未反应的量，即得偶联的 ADR 量。

药物与 PEO-b-聚酯的偶联通常先将聚酯末端基团功能化，然后通过与药物的反应来完成。Zhang 等将难溶性抗癌药紫杉醇连接到 PEO-b-PLA 的 PLA 段来增加其溶解度。为此，首次以 MPEO-b-PLA 为引发剂，通过 L-丙交酯的开环聚合反应，合成了二嵌段共聚物单甲氧基-聚（环氧乙烷）-b-聚（丙交酯）（MPEO-b-PLA）。通过 MPEO-b-PLA 与二乙醇酸单叔丁酯反应，再用三氟乙酸（TFA）脱去保护基团叔丁基，即可将 PLA 段末端的羟基转换为羧基。然后在二环己基碳二亚胺（DCC）和二甲氨基吡啶（DMAP）存在的情况下，通过紫杉醇的羟基与聚合物的羧基成酯反应，将两者偶联起来。由于紫杉醇的空间位阻，紫杉醇的 2-羟基比 7-羟基更易酯化，优先偶联。偶联物水解后，紫杉醇被释放出来，其细胞毒性不会有损失。

Yoo 等报道了将 PLGA 末端用对硝基苯氯甲酸酯活化后，将 DOX 偶联在 PEO-6-PL-GA。含化学偶联 DOX 的胶束比物理包封 DOX 的胶束具有更强的缓释特征。有趣的是，与游离的 DOX 相比，HepG$_2$ 细胞对偶联 DOX 胶束的细胞摄取率比游离 DOX 更高，导致其细胞毒性比游离 DOX 高。

通过在每个聚合物分子的聚酯末端引入一个功能性基团，化学载药效率最多只能为 1∶1（物质的量之比）。实验人员通过 PEO-b-PCL 嵌段共聚物 PCL 段的羧基与 DOX 的氨基反应，将 DOX 连接在 PCL 段上，在早期研究中，DOX 的偶联程度可达 1.5∶1（物质的量之比）。

7.2.5.3 应用

表面活性剂胶束对水难溶药物的增溶，长期以来被研究用于提高药物的溶解度，尤其是对于注射或口服途径给药的药物，另外还提出了通过胶束增溶来进一步保护不稳定药物不受环境影响。迄今为止，有几篇文章报道了大量药物与表面活性剂胶束体系的缔合，尤其是关于非离子型表面活性剂。但是，应用于胶束体系的药物比较受限，因为实际应用过程中，胶束的增溶能力通常都非常差。平均剂量为 10mg 级别，且胶束溶液浓度不超过表面活性剂的 20%，仅有高亲脂性的药物（如睾酮），才能用于这样的体系。即使它有可能将溶解度提高到有效程度，最好是表面活性剂浓度达 100mg/g，但仍然有大量其他问题需要处理。一个潜在的问题是，由于胶束溶液的高度稀释，尤其是在注射或口服之后，药物可能会因此发生沉淀，并伴随局部刺激。但是，通过将药物溶解在二元表面活性剂共溶剂混合体系中，可以获得较高的浓度，如 sadimmue 注射剂（注射用环孢素浓溶液）。浓溶液可以用注射用稀释剂在注射前进行稀释，以获得需要的浓度，胶束会在混合稀释过程中形成。对于局部给药，可以通过聚合物表面活性剂处方来实现如雌二醇等药物的控释。

表面活性剂也可用于纳米混悬液，Chen 等采用水溶液蒸发沉积（EPAS）的方法制备了含环孢素的无定型纳米混悬液，研究了不同药物/表面活性剂比、表面活性剂种类、温度、载药量和溶剂对粒径的影响，并研究了同时适用于口服和注射给药的可接受粒径。

胶束溶液通常可以溶解除活性成分以外的处方中的其他添加剂，如防腐剂和甜味剂，这种助溶作用可以降低或增加药物的溶解度。一种溶质对另一种溶质溶解度的影响依赖于增溶机制，药物与加入的位于胶束内的添加剂之间的竞争会导致药物溶解度的降低，一种溶质可能会引起胶束结构的重组，进而增加溶解度。

表面活性剂在制药领域中应用的重要性与日俱增，在所有主要的给药途径中，都常会用到这些辅料。在特定剂型中，表面活性剂的使用水平常依赖于它在处方中所扮演的角色。在固体制剂中，可以加至小于 0.1% 的水平，作为药物的润湿剂，提高药物溶出速率。在液体和半固体制剂中，表面活性剂在自乳化给药系统中的应用水平可达到 10%～40%，其除了作为药物溶剂使用外，还可以作为吸收促进剂。因此，在液体和半固体剂型中，表面活性剂可同时提高药物溶出和促进吸收。在注射剂中，表面活性剂可作为乳剂稳定剂（1%～2%）或分散剂（<1%）。在一些案例中，可作为药物增溶剂（5%～20%）。在局部给药制剂中，表面活性剂经常使用的水平是 2%～10%，有助于制剂（凝胶、乳液、乳剂）微孔结构的形成，促进透黏膜吸收。大多数应用案例中，表面活性剂其实起到了多种功能。

（1）固体剂型　一些已上市的亲脂性药物产品，使用了各种表面活性剂，以促进药物的溶出和口服吸收。已报道了一些有趣的方法来制备亲脂性药物的固体制剂，主要是采用固体胶束分散体制备粉末状药物，根据这一方法，药物首先溶解在溶剂表面活性剂混合物中，接下来得到的混合物被吸附在多孔性糊精上，同时溶剂被除去，形成药物粉末，从而可以填充至硬胶囊壳中，用于口服给药。与商业化的 sandimmune 相比含有非离子型亲水性表面活性剂和多孔性载体的固体胶束分散体，可以改善环孢素的口服吸收。固体胶束分散体与 sandimmune 相比，个体间差异较小，这种方法对其他亲脂性药物是否适用还有待确定。

（2）半固体口服剂型　半固体口服制剂用于溶解亲脂性药物的研究越来越受到人们的关注，其被装入硬胶囊中通过口服给药。这些处方包含溶剂（乙醇、丙二醇、聚乙二醇）、表面活性剂和基于甘油的化合物，当用水介质或生物流体稀释时，它们会形成胶束溶液/分散液或微乳（水包油）。有研究表明，这些制剂中的环孢素与参比制剂（sandimmune）相比，吸收更快，且药动学特征更好。药物吸收的改善可能是因为溶出的改善，导致药物的瞬间吸收。

（3）液体/注射制剂　作为注射剂使用时，药物可以制备为注射溶液或浓缩物，注射用浓缩物在给药前，如静脉输液，在稀释时会形成胶束。这些药物制剂的实例也可见于几个已经上市的产品，如 taxol（紫杉醇）注射液、sandimmune 注射液（注射用环孢素浓缩物）和 vumon（替尼泊苷）注射用浓缩物。本文以 taxol 为例，说明胶束增溶在液体/注射制剂中的应用。

taxol 注射液是百时美施贵宝的产品，是由 6mg 紫杉醇、527mg cremophor EL（聚氧乙烯蓖麻油）和 49.7%（体积分数）无水乙醇组成的 1mL 注射用浓缩物。紫杉醇具有高度亲脂性，不溶于水，熔点为 216～217℃，分子量是 854。作为静脉注射液，药物分子必须为溶解的状态。cremophor EL 是非离子型表面活性剂，主要成分是聚乙二醇蓖麻油甘油酯，其中蓖麻油甘油酯为表面活性剂的疏水性部分，聚乙二醇为表面活性剂的亲水性部分。cremophor EL 是一种淡黄色、油状黏稠液体，HLB 值为 12～14。在 taxol 处方中，cremophor EL 作为增溶剂使用，乙醇作为药物的稀释剂和共溶剂使用。

taxol 的商业规格是 30mg（5mL）和 100mg（16.7mL）多剂量瓶。该注射用浓缩物在输液前，需要用合适的注射用稀释剂进行稀释。taxol 应使用 0.9％注射用氯化钠或 5％葡萄糖或 5％葡萄糖的林格注射液稀释，使其最终浓度为 0.3～1.2mg/mL。药物浓缩物稀释的倍数为 5～ 20 倍，最终给药剂型为胶束分散液。

但是，众所周知，cremophor EL 能够引起过敏反应，因此有严重过敏反应史的患者，不应使用含有 cremophor EL 的 taxol。为了避免严重过敏反应，所有需要注射 taxol 的患者，均需预先使用皮质类固醇（如地塞米松）、苯海拉明和 H2 受体拮抗药（如西咪替丁或雷尼替丁）。显然，当使用特定的表面活性剂作为难溶性药物的增溶剂时，需要考虑不良反应和表面活性剂的毒性。其他几种有望为 taxol 替代品的紫杉醇制剂正在研发。这些制剂中，开发了一种使用非 cremophor EL 表面活性剂的高载药量 O/W 紫杉醇乳剂，采用过滤方式进行除菌。在临床前研究中，这一紫杉醇注射乳剂表现出良好的物理和化学稳定性、低毒性和至少与 taxol 相同的疗效。

7.2.6　聚合物纳米粒载药系统

聚合物纳米粒在结构完整性、储存期间的稳定性、制备方法的多样性和一定的控释能力等方面表现出较大的优势。聚合物纳米粒根据结构和制备方法的不同，又可分为聚合物纳米球和聚合物纳米囊。聚合物纳米球和聚合物纳米囊主要由可生物降解的聚合物材料制备。聚合物纳米球具有不同多孔水平的固体基质骨架结构，药物分子以物理状态均匀地分布于整个体积或吸附在表面；聚合物纳米囊是由小泡组成的系统，固体或溶液化的药物被聚合物的薄膜所包围，具囊状结构，药物包覆在囊腔内，囊腔外包围着一层独特的聚合物膜。聚合物纳米球和聚合物纳米囊既可载负疏水性药物也可载负亲水性药物。根据材料的性能，适合于注射给药、口服给药以及黏膜给药等不同给药途径。

7.2.6.1　材料

制备聚合物纳米载药系统的聚合物材料包括合成聚合物材料和天然聚合物材料，它们必须满足具有良好的生物相容性和可生物降解性等基本条件。常用的天然高分子材料有明胶、阿拉伯胶、海藻酸盐等；半合成高分子材料有纤维素钠、乙酸纤维素、乙基纤维素、羟丙甲纤维素、羧甲基纤维素盐等；合成高分子材料常用的有聚乙烯醇、聚碳酯、聚乙二醇、聚酰胺等。可以根据亲水性和亲油性，将聚合物材料分为亲水性聚合物（hydrophilic polymers）、亲油性聚合物（lipophilic polymers）和两亲性聚合物（amphiphilic polymers）三种类型。

（1）亲水性聚合物材料　亲水性聚合物材料多为天然聚合物及其衍生物，包括蛋白质、多聚糖和多元醇聚合物等。比较典型的有白蛋白、透明质酸及其衍生物、淀粉、藻酸盐、胶原质、壳聚糖和葡聚糖及聚乙二醇（PEG）等。这些亲水性聚合物材料与生物体的相容性好，无不良反应。

白蛋白系椭球状球蛋白，是血浆蛋白的主要成分，具有稳定性好、易储存和容易控制药物释放等优点。白蛋白具有良好的血液相容性，是制备用于静脉注射的纳米载药系统的理想材料。壳聚糖是甲壳素脱乙酰化的产物，是带正电荷的多糖，其溶解性较甲壳素大为改善，化学性质也较活泼，具有优异的生物黏附性、生物相容性和生物可吸收性，是目前研究最多的一类多糖类天然聚合物材料。多元醇聚合物中比较常见的就是聚烷基乙二醇，聚氧乙烯也是一类常用的亲水性聚合物，用作嵌段共聚物的亲水性嵌段。聚烷基乙二醇中的烷基指的是 C1~C4 之间的直链或支链烷基，包括甲基、乙基、丙基、丁基和异丙基。典型的聚烷基乙二醇有 PEG、聚 1,2-丙醇和聚 1,3-丙二醇等。其中制备聚合物纳米载药系统最常用的是分子量约为 2000 的 PEG。其他亲水性聚合物还有聚乙烯吡咯烷酮（polyvinylpyrrolidone，PVP）和具有不同乙酰基含量的聚乙烯醇（polyvinyl alcohol，PVA）。

合成聚电解质是近年来新发展的一类亲水性聚合物。由于核酸等基因药物带负电荷，因此阳离子聚电解质是一类有应用前景的非病毒型基因载体材料。目前研究较多的阳离子聚电解质材料包括聚酰胺-胺（PAMAM）树状大分子、线型多肽聚赖氨酸（polylysine，PL）以及聚乙烯亚胺（polyethylenimide，PEI）等。

（2）亲油性聚合物材料　亲油性聚合物材料中的聚丙烯酸酯（polyacrylate，PA）、聚甲基丙烯酸酯（polymetha-crylate，PMA）和聚苯乙烯（polystyrene，PS）等为不可生物降解聚合物材料。不可生物降解聚合物材料的结构和成分较均一，容易使药物在体内有规律地释放，但由于不能生物降解，残存在体内容易产生坏疽，目前应用较为有限。

亲油性聚合物材料目前研究最多、应用最广的是脂肪族聚酯，如聚丙交酯（聚乳酸，polylactic acid，PLA）、聚乙交酯（聚羟基乙酸，polyglycolic acid，PGA）、乙交酯-丙交酯共聚物［乳酸-羟基乙酸共聚物，poly（lactic-co-glycolic acid），PLGA］、聚己内酯（polycaprolactone，PCL）和聚 β-羟基丁酯（PHB）等。其中，PLA、PGA 和 PLGA 已被 FDA 批准用于临床，是制备聚合物纳米载药系统的重要材料。

其他亲油性聚合物材料还包括聚原酸酯［poly（orthoesters），POE］、聚酸酐（polyanhydride，PAH）、聚氰基丙烯酸烷基酯（polyalkyl cyanoacrylate，PACA）以及聚氨基酸（poly-amino acid，PAA）、聚氨酯（polyurethane，PU）、聚磷酸酯、聚膦腈等。这些聚合物材料还可通过化学修饰获得多样化的性能，在许多研究中被应用于制备不同功能的聚合物纳米载药系统，但其降解产物的体内代谢以及生物毒性等问题尚待进一步研究。

（3）两亲性聚合物材料　两亲性聚合物材料通常由亲水性聚合物和亲油性聚合物链段共聚和接枝共聚形成。常见的两亲性二嵌段共聚物有聚乙二醇-聚苯乙烯（PEG-PS）、聚乙二醇-聚乳酸（PEG-PLA）和聚乙二醇-聚赖氨酸（PEG-PL）等，两亲性三嵌段共聚物有聚氧乙醚-聚氧丙醚-聚氧乙醚（PEO-PPO-PEO）和聚氧乙醚-聚异戊二烯-聚氧乙醚（PEO-PIP-PEO）等。两亲聚合物是制备聚合物胶束的材料，在水溶液中，通过分子间的氢键、静电作用和范德瓦耳斯力等自发组装形成聚合物胶束，一般疏水性链段形成内核，亲水性链段形成外壳，内核可载脂溶性药物，一些聚合物胶束的亲水链段还可进一步交联，形成坚硬的"外壳"，提高聚合物胶束的稳定性。

7.2.6.2　制备

聚合物纳米粒的制备方法包括化学反应方法（又称聚合法）、物理化学方法（如乳化法、凝聚相分离法、纳米沉淀法等）以及物理方法（如机械粉碎法、真空干燥法等），下面分别进行介绍。

（1）化学反应方法

① 乳化/增溶聚合法　乳化/增溶聚合法系将聚合物的单体用乳化或增溶的方法，将其高度分散，然后在引发剂作用下，使单体聚合，同时将药物包裹制成纳米粒。欲使这一过程顺利进行并达到要求的粒度，所用载体材料应具备两个条件。一是作为载体的单体应

具有良好的被乳化性和增溶性，即在乳化剂存在下易于形成 O/W 型微乳或透明乳，粒径可达 140nm 以下，或在增溶剂存在下，疏水性的载体单体可进入增溶剂的胶团烃核中，形成胶体溶液，这样分散度就更高。一般用非离子型表面活性剂作乳化剂或增溶剂。二是载体单体的聚合反应应易于进行，除利用引发剂外，无其他苛刻的条件要求，也应易于控制反应速度或终止反应，以免纳米球长大，超过粒径要求。未聚合的游离载体单体一般毒性较大，应易于从系统中除去。常用的载体材料有甲基丙烯酸甲酯、氰基丙烯酸甲酯、乙酯、丁酯等。

② 交联聚合法　交联聚合法又称盐析固化法。其制备纳米囊过程与单凝聚法制备纳米囊类似。为达到规定的粒度，关键在于控制硫酸钠等凝聚剂（或称盐类沉淀剂）的用量，使浑浊而不沉淀，但即使如此，粒径仍可能在 $1\sim5\mu m$，故需经"重溶"的再分散过程，即加溶剂化剂（resolvating agent）（如异丙醇、乙醇等）使其仅呈现乳化而不浑浊，使其粒径可至 20～100nm，此时加入交联剂使单体交联成聚合物并包裹药物且稳定化，即固化。

载体材料多数应是亲水性的大分子物质而且可因盐析作用（脱溶剂化作用）凝聚，也可因再溶剂化而重溶。目前，在该法中多用蛋白质类大分子物质作载体材料，如明胶、白蛋白、牛血清白蛋白等。常用的交联剂为甲醛、戊二醛等，这是由于蛋白质单体与醛类交联剂发生氨醛缩合反应的结果。其他附加剂的加入也是纳米粒形成的重要条件，如表面活性剂的加入，对水不溶性药物有润湿稳定作用；又如加入亚硫酸钠或焦亚硫酸钠可终止交联反应，使过量的交联剂与亚硫酸盐反应而除去。

（2）物理化学方法

① 乳化法　乳化法的基本原理是先将含聚合物的极性较小的溶剂相（油相）与极性较大的溶剂相（水）在一定条件下乳化形成乳液，再除去溶剂得到纳米粒子。根据除去溶剂的方法，乳化法可以分为乳化-溶剂蒸发法、乳化-溶剂扩散法和盐析法。

乳化-溶剂蒸发法是先将聚合物溶解在不溶于水的有机溶剂中，加入药物使其溶解或分散在聚合物溶液中，然后将混合液分散于含表面活性剂（如 tween80、poloxamer-188、明胶等）和保护胶体（PVA）的水溶液中，用高速乳化、超声分散等方法乳化，形成水包油乳剂，然后通过加温、减压或连续搅拌等方式把有机溶剂蒸发除去，最后形成聚合物纳米粒的水分散体系。过滤、干燥，即可得到 W/O 型、O/W 型及复合（W/O/W）型载药纳米粒。二氯甲烷、氯仿、乙酸乙酯等为常用的有机溶剂，它们对聚合物及药物的溶解能力强，沸点低，且在水中的溶解度很小。乳化-溶剂蒸发法适合于实验室制备聚合物纳米粒。

由于乳化溶剂蒸发法需要用到超声或均化设备，并且均化步骤直接影响分散效率和最终粒子的尺寸，操作复杂，因此出现了乳化溶剂扩散法。这是一种改进的乳化-溶剂蒸发法，也称为自发乳化法或溶剂分散法。在这种方法中，有机相由水溶性有机溶剂（如丙酮、甲醇）和水不溶性有机溶剂（如二氯甲烷、氯仿）的混合液组成。油水两相混合后，油相中的水溶性有机溶剂会自动向水相扩散，在两相界面形成湍流，导致细小粒子的形成，进而形成聚合物纳米粒。

以上两种方法常常用到二氯甲烷、氯仿等水不溶性有机溶剂，毒性较大，因此发展了盐析法，又称乳化-溶剂扩散/萃取法。其特点是使用盐析剂（电解质）将有机溶剂从水溶液中分离出来，或者加入大量的聚合物的不良溶剂，该不良溶剂是可以跟聚合物溶剂互溶的，随着不良溶剂的不断加入，聚合物溶剂逐渐被萃取出来，载有药物的聚合物很快固化形成纳米颗粒。

② 凝聚相分离法　凝聚相分离法一般分为两类：简单凝聚相分离法和复合凝聚相分离法。简单凝聚相分离法首先将聚合物溶解在适当溶剂中，不溶的药物颗粒作为内核悬浮其中，或者溶解在水中之后加到聚合物溶液中形成悬浮液。通过改变体系组成，加入适当盐类（如硫酸钠），改变体系温度、pH 或者加入大量的聚合物的不良溶剂使原来的悬浮液形成两相，即凝聚相（又称为浓相）和连续相（又称为稀相）。随着非溶剂的不断加入，溶剂逐渐被萃取出来，载有药物的凝聚相固化形成纳米颗粒。

复合凝聚相分离法是带相反电荷的两种聚电解质在水溶液中，一定条件下（如改变pH 或温度）通过离子交联（离子键作用），形成不溶于水的复合物纳米粒。通常采用的聚电解质对有明胶与阿拉伯胶、白蛋白与阿拉伯胶、海藻酸盐与聚赖氨酸、海藻酸盐与壳聚糖等。

凝聚相分离法操作简单，制备工艺易于控制，在室温下制备，特别适合于热敏性药物以及高温下易变性的生物大分子药物的聚合物纳米粒。

③ 纳米沉淀法　纳米沉淀法通过有机相与水相混溶时产生的界面骚动现象和溶剂体系的转换，使聚合物材料包覆药物，形成载药纳米粒，并随溶剂的挥发而不断向界面迁移、沉淀。纳米沉淀法的最大优点是可避免含氯溶剂以及表面活性剂的使用，减少对人体的伤害和对环境的污染。

（3）物理方法

① 超临界流体技术　采用超临界流体技术制备聚合物纳米粒的优点是纳米粒内无残留有机溶剂，制备的纳米粒纯度高，且制备过程无环境污染。超临界流体技术包括超临界溶液快速膨胀（rapid expansion of the supercritical solution，RESS）法和超临界反溶剂（supercritical anti-solvent，SAS）法。

RESS 法是将聚合物溶于超临界流体（如二氧化碳、氨气等）中，然后溶液经喷嘴快速喷出，通过喷嘴膨胀溶液，聚合物纳米粒因超临界流体溶解能力的急剧降低而沉降，沉降的聚合物中不会有溶液残留。由于大多数聚合物不溶或略溶于超临界流体，因此 RESS 法的应用受到限制。SAS 法也称为气体反溶剂（gas anti-solvent，GAS）法。具体过程是将聚合物溶解在适宜的气体溶剂中，用泵加压经过喷嘴雾化，在沉淀釜中与 CO_2 超临界流体混合，溶解聚合物的溶剂扩散到超临界流体中，从而使聚合物沉积形成纳米粒。SAS技术已成功应用于多种聚合物纳米粒的制备。

② 喷雾干燥法和喷雾冷冻干燥法　喷雾干燥法是工业上常用的形成粉末的方法。该方法在制备过程中，可以同时用来包覆脂溶性和水溶性药物。与喷雾干燥法不同的是，喷雾冷冻干燥法是在低温液氮中进行的，需要耗费巨大的能量，成本很高，目前主要用来包埋多肽蛋白质类药物。

（4）聚合物纳米粒的表面修饰　聚合物纳米粒进入人体后，会被机体视为异物，并产生抗体与之吸附，血浆中的多种成分，如血浆蛋白、脂蛋白、免疫蛋白、补体 C 蛋白等，也吸附到纳米粒上，加速网状内皮系统（RES）的识别，最终被巨噬细胞吞噬而从体循环中被清除掉。同时，为了实现特定病灶部位的主动靶向给药，需要纳米粒表面连接配体、抗体等具有靶向功能的分子，引导纳米粒进入靶标病灶。因此，为了延长纳米粒在体内的循环时间，实现主动靶向给药，需要对聚合物纳米粒进行表面改性和靶向修饰。

① 表面改性　聚合物纳米粒的亲水/亲油性、表面电荷、粒径等性能决定纳米粒被血浆中特异 IgG 及 C3b 片段吸附或包覆的数量，进而决定其在体内的处置过程。一般而言，

表面为亲水性或双亲性的纳米粒不易被血浆蛋白吸附，在血液中的循环时间较长，表面亲油性越大，越易被 RES 识别。同时，纳米粒的表面电荷对血浆蛋白的吸附和 RES 识别也有影响，表面电荷为中性的纳米粒在体内的循环时间最长，负电荷的纳米粒容易被巨噬细胞吞噬。主要可采用以下几种方法对聚合物纳米粒进行表面改性。

第一种方法是在制备聚合物纳米粒的同时对其进行表面修饰，这是一种简单且常用的表面改性方法。常用的表面修饰材料为亲水性聚合物或非离子表面活性剂，主要有 PEG、poloxamer/poloxamine、壳聚糖、环糊精（cyclodextrin，CD）、肝素以及聚氧乙烯脱水山梨醇酯类（tween）和聚氧乙烯脂肪醇醚类（brij）等。

第二种方法是通过化学反应，在聚合物表面接枝亲水性或两亲性改性材料。需要进行表面改性的对象通常为含有羟基的无机纳米粒子，其表面极性较大，因此在进行表面包覆前必须先改变粒子表面基团的极性，并在其表面接枝上能够参与聚合反应、起到引发作用或使聚合反应终止的基团，然后将单体和引发剂加入其中进行聚合反应。根据接枝基团种类的不同，反应类型能够分为以下四种。

a. 预先接枝引发基团法。利用无机纳米粒子表面原本存在的大量羟基，在粒子表面接枝上具有引发聚合反应作用的过氧化物类或偶氮类引发剂基团，进而引发聚合反应。

b. 预先偶联剂处理法。无机 SiO_2、TiO_2 纳米粒子表面带有的多羟基能够与多种偶联剂反应，如将其与钛酸酯偶联剂或有机硅烷偶联剂反应能够在表面上引入双键，从而起到降低纳米粒子表面极性的作用。在无机纳米粒子表面引入双键后，其表面的乙烯基与单体能够发生共聚合反应，从而在其表面再接枝上聚合物链。

c. 聚合物链接枝法。通过无机纳米粒子表面活性基团与增长链活性基团发生反应生成化学键，从而使增长链接枝到无机纳米粒子的表面。

d. 原子转移自由基聚合法。该方法以过渡金属的配合物为卤族原子的载体，以有机卤化物为引发剂，通过氧化还原反应在纳米粒子及包覆物的休眠基团与活性基团之间建立可逆动态平衡，从而实现对聚合反应的控制。该方法不仅能够大大抑制双基并终止反应，还能够在包覆的聚合物终端引入不同的功能基团，从而实现纳米粒子表面的功能化。

改性后的聚合物纳米粒表面电荷往往会降低，造成稳定性下降，产生团聚现象，因此，应合理设计配方，在保证纳米粒稳定的前提下获得最佳的改性效果。

第三种方法是形成核壳结构（亲油性的核及亲水性的壳）的聚合物纳米粒。随着表面亲水性的增强，核壳结构的聚合物纳米粒被体内蛋白吸附的可能性降低，体内循环的时间大大延长。

② 主动靶向修饰　被动靶向给药是利用人体生物学特性，如 pH 梯度（如胃、小肠、大肠部位具有不同 pH）、毛细血管直径差异、免疫防卫系统、特殊酶降解、受体反应、病变部位的特殊化学环境（如肿瘤部位的特异 pH、酶等）和物理手段（磁场、加热等），将药物靶向传送到病变器官、组织或细胞。主动靶向给药不同于被动靶向给药，是经过特殊和周密的生物识别（如抗体识别、配体识别等）设计，将药物导向至特异性的识别靶区（器官、组织、细胞、亚细胞），实现到达预定目标的靶向给药。

聚合物纳米粒实现主动靶向给药需要对纳米载体进行主动靶向修饰，利用聚合物纳米粒表面的活性基团，通过活化剂活化（如聚合物纳米粒上的羧基通过与碳二亚胺衍生物上的氨基反应而被活化），连上具有主动靶向功能的靶标分子。主动靶向修饰可以利用抗体-抗原反应，将单克隆抗体共价结合或物理吸附到纳米粒上，制备免疫聚合物纳米粒，将药物主动靶向传递至具有与所连抗体相对应抗原的器官、组织和细胞；也可以利用配体与受体的特异性结合，采用特异性配体修饰纳米粒，将药物主动靶向传递至具有与所连配体特异性结合受体的器官、组织和细胞，常用的配体包括特定的表面活性剂、糖类（甘露糖、半乳糖等）、叶酸、转铁蛋白和多肽等。

7.2.6.3 应用

聚合物纳米载药系统可以改变药物的体内分布特征，具有缓控释和靶向给药特性，增加药物的稳定性，提高药物的生物利用度，已被用于注射给药、胃肠道给药、黏膜给药、透皮给药等各种给药途径的研究，成为当前国际药学领域研究的前沿和热点。

（1）**控释载药微粒**　与常规的控释剂不同，载药纳米微粒的控释过程具有特定的规律，囊壁的溶解及酶和微生物的作用均可使囊心物质向外扩散。依据不同的控释目的，选择合适的囊材及成囊工艺，使微粒在局部驻留并达到有效浓度，同时不引起全身毒性反应。如目前问世的载有茶碱的聚异丁基氰丙烯酸酯（PICA）纳米粒子，注射后可维持高血药浓度达 11 h，给药 20 h 后血药浓度仅降低 43.5%。实验表明，将茶碱吸附于 PICA 纳米粒子，可有效地控制大鼠体内的药物释放。

（2）**靶向定位载药微粒**　靶向定位载药是依临床需要通过选用对机体各种组织或病变部位亲和力不同的载体制作载药微粒，或将单克隆抗体与载体结合，以使药物能输送到期望到达的特定部位。

7.2.7 磁性纳米载体

磁性纳米载体是纳米技术与现代医药学结合的产物，由于它具有小尺寸效应、良好的靶向性、生物相容性、生物降解性和功能基团等优点，因此有望克服传统药物所带来的药物无法在循环系统内滞留并达到有效浓度、无法到达特定的治疗目标、无法通过血脑屏障、无法在某个局部形成较高浓度而同时又不产生毒副作用等缺陷。磁性纳米粒也可用于蛋白质和酶的纯化、回收以及酶的固定化，操作简单，且提高酶的稳定性。利用磁性纳米粒进行免疫分析，具有特异性好、分离快、重现性好的特点。使用磁性纳米球载体进行介入治疗，在磁控血管内进行栓塞，则具有磁控导向、靶位栓塞等优点。磁性纳米粒作为药物载体的研究大多数趋向于癌症的诊断和治疗。在疾病治疗方面顺磁性或超顺磁性的纳米铁氧体颗粒在外加磁场的作用下，温度上升至 40～45 ℃，可达到杀死肿瘤的目的。用外加磁场进行定向定位固定药物磁粒子，然后使用交变磁场加热磁粒子消灭癌细胞。在疾病诊断方面磁性纳米材料经过表面包衣等处理后，可作为超顺磁氧化铁纳米材料用于核磁共振成像，也可用于磁性纳米球的制备。

7.2.7.1 材料

纳米磁性材料主要是由纳米级的金属氧化物（如铁、钴、镍等的氧化物）组成的，具有超顺磁性、磁量子隧道效应等。磁性氧化物纳米材料由于具有独特的超顺磁性、交流磁热效应等物理特性，已在各领域得到广泛应用。

常用的磁性材料为三氧化二铁、四氧化三铁、铁钴合金等。这些磁性材料具有较好的磁响应性，采用适当的方式可以方便地得到这些大小在纳米尺度的磁性材料。磁性纳米微球可由磁性纳米粒和高分子骨架材料制备而成。其中的高分子材料包括聚苯乙烯、硅烷、聚乙烯、聚丙烯酸、淀粉、葡聚糖、明胶、白蛋白、乙基纤维素等，有天然的也有合成的，可以单独应用也可以合用作骨架材料。这些骨架材料应该性质稳定、强度较高、无毒副作用。制备磁性纳米微球的方法可分为一步法和二步法。一步法是在成球前即加入磁性纳米材料，成球时聚合物将其包裹于其中；二步法是先制备非磁性小球，然后通过处理使磁性材料进入其中，最后磁性纳米粒以分散的形式存在于微球的骨架材料中。获得的磁性纳米材料，用水适当稀释后，可摄制电镜照片，经图像分析仪测定粒度的大小与分布，或用激光粒度测定仪直接测定，可以获得大小不等的纳米材料，最小可获得平均粒度为几个纳米的磁性材料，粒度一般呈正态分布。还可用 X 射线衍射测定仪分析磁性纳米材料的结构，用磁强计测定其磁化强度。

磁性纳米生物材料多为核壳式的纳米级微球，主要有三种结构形式：核-壳结构、壳-核结构、壳-核-壳结构。核壳式结构由两部分组成：具有导向性的核层（磁核）和具有亲和性、生物相容性的壳层。磁核主要由纳米级的金属氧化物组成，而壳层主要由两类物质组成，一类是合成高分子，另一类是生物高分子。通过适当的方法可以使壳层与核层结合起来，形成具有一定磁性及特殊结构的载体。根据不同的应用，磁性纳米粒的包裹形式可以有 3 种：①核-壳结构，由磁性材料即由金属氧化物（如铁、钴、镍等氧化物）组成核，高分子材料作为壳层，这种结构是以磁核为心部，可以直接在高分子外层连接所需携带的药物、抗体等；②壳-核结构，即将高分子材料作为心部，外面包裹磁性材料；③壳-核-壳结构，即外层和内层为高分子材料，中间层为磁性材料。第二种和第三种结构是以高分子层为心部，一般它携带的是对机体内的生理环境反应较敏感的药物。将药物等包埋在内部，以避免药物在到达靶部位前发生反应，从而降低疗效或对其他器官、组织、细胞产生毒副作用。

7.2.7.2　制备

对磁性氧化物纳米粒子而言，首先需要制备的纳米粒子具有高的比饱和磁化强度，其次需要纳米粒子形貌规则，结晶度高，以获得优异的物理、化学和生物性能。而不同的制备方法对磁性纳米粒子性能的影响极大。本节从物理制备方法、化学制备方法和生物制备方法三个方面对磁性氧化物纳米材料的制备进行介绍。

（1）**物理制备方法**　磁性纳米粒子同样可以用机械球磨法、气相沉积法、磁控溅射法和超声波法等物理方法来制备。

① 机械球磨法　机械球磨法主要是通过球磨机的高速振动和转动使宏观原材料受到硬球的撞击破碎、研磨，从而实现粒子尺寸的减小以及形貌的改变。机械球磨法的工艺相对简单并且能够批量制备，适于工业应用，但是机械球磨法不易获得尺寸均一的纳米粒子。

② 气相沉积法　气相沉积法主要是利用激光、真空加热等方法将块体金属转变为气态，然后在一定介质中骤冷使之快速凝结成纳米粒子，沉积在一定基底上。

③ 磁控溅射法　磁控溅射法是指在高真空条件下充入一定量的氩气，靶材作为阴极，在阴极与阳极之间施加一定的电压使氩气发生电离，随后产生气体离子高速撞击阴极靶材，使靶材表面的原子溅射出来，沉积在基底上形成金属团簇或金属薄膜。

④ 超声波法　超声波法是利用超声空化效应对材料进行机械粉碎、搅拌以及乳化等获得粒径小并且均一的磁性纳米粒子的方法。超声空化效应原理是气泡在液体中形成、生长并快速爆裂，而气泡的爆裂会在材料周围产生瞬间高温、高压冲击波，使材料粉碎，获

得粒径小的颗粒。同时超声波可以有效防止颗粒团聚，使粒子分布均匀。

（2）化学制备方法　化学制备方法在纳米材料制备中具有成本低廉、反应条件温和以及产物组成和尺寸易于控制等优势。因此，研究者们发展了多种制备磁性纳米粒子的化学方法，包括共沉淀法、高温热分解法、溶剂热法、微乳液法、溶胶-凝胶法以及电化学法等。其中最常用的方法是共沉淀法、高温热分解法以及溶剂热法。

① 共沉淀法　共沉淀法制备磁性纳米粒一般是采用水溶性的 Fe^{2+}/Fe^{3+} 盐溶液，在惰性气体的保护下加入碱性溶液，形成氢氧化铁溶胶，然后进行热处理制备出 Fe_3O_4 或 γ-Fe_2O_3 纳米粒。共沉淀法的优点是简单，容易实施，且具有良好的重复性。所制备的磁性纳米粒的比饱和磁化强度一般在 30～50emu/g。但共沉淀法很难对磁性纳米粒的粒径进行良好的控制，其粒径分布通常较宽。为了提高共沉淀法对所制备磁性纳米粒的粒径控制，在共沉淀过程中通常需要加入一些稳定剂。例如，在反应中加入 1%（质量分数）的聚乙烯醇（PVA）水溶液，可以得到粒径在 4～10nm 范围内的 Fe_3O_4 纳米粒。而在共沉淀法中加入柠檬酸三钠作为稳定剂，可以得到粒径在 2～8nm 的 γ-Fe_2O_3 纳米粒。通过调整柠檬酸根离子与铁离子的物质的量比，能很好地调控磁性纳米粒的粒径。一般认为在共沉淀过程中，有机阴离子对磁性纳米粒粒径和形貌有很大的影响。

② 高温热分解法　高温热分解法是目前制备磁性纳米粒最常用的方法，所制备的磁性纳米粒具有粒径小、粒径分布窄等优点。其制备流程一般如下：将有机金属前驱体溶于高沸点有机溶剂（如苯醚、苄醚等），然后在表面活性剂的稳定作用下，加热到 200～300℃，形成磁性纳米粒。在该法中，通过调整起始原料的比例、升温程序、反应时间等参数，可对纳米粒的粒径、粒径分布以及形貌进行有效调控。所制备的磁性纳米粒多为单分散性良好的磁性纳米粒，粒径一般为 4～20nm。除了用于制备铁氧化物纳米粒（Fe_3O_4、Fe_2O_3 等）外，高温热分解法也常用于制备金属纳米粒以及合金纳米粒。纳米粒由于表面被油溶性的表面活性剂（如油酸和油胺分子）包覆，因此通常分散在正己烷等非极性溶剂中。

③ 溶剂热法　溶剂热法是指在密闭高压釜中，以水或多醇溶液为溶剂，对高压釜进行加热，高压釜内产生高温高压的环境，使不溶或难溶的原料溶解并且反应结晶，制备晶型优异的磁性纳米粒子。清华大学的李亚栋教授提出了基于溶剂热法的"液-固-溶液界面相转移的原理"。整个制备过程包括乙醇在金属亚油酸盐界面（固相）、乙醇-亚油酸相（液相）以及水-乙醇溶液中（溶液相）还原金属离子。将金属盐的水溶液、亚油酸钠、亚油酸以及乙醇依次加入反应釜中，就形成了液-固-溶液三相。由于离子交换作用，金属离子相转移过程同时发生在固相界面以及溶液相中，因此形成了亚油酸金属盐，钠离子就会进入溶液相。在高温条件下，液相和溶液相中的乙醇在"液相-固相"和"液相-溶液相"界面还原金属离子。由于生成的纳米粒子包覆了疏水的亚油酸，因此会产生相分离沉积在底部，从而获得磁性纳米粒子。这种方法的反应条件温和，制备的磁性纳米粒子晶型优异、缺陷少、磁响应强度高、尺寸易于控制。

④ 胶束/微乳合成法　众所周知，胶束/微乳是广泛用于纳米材料制备的纳米反应器。采用这种技术，以辛烷为油相，十六烷基三甲基溴化铵和1-丁醇分别为表面活性剂和助表面活性剂，制备了含起始原料的反相胶束/微乳体系（油包水型）。在该体系中，制备了金属钴纳米粒、钴/铂合金纳米粒以及金包覆的钴/铂合金纳米粒等多种磁性纳米粒。胶束/微乳合成技术也广泛用于合成尖晶石型铁氧体纳米粒，其粒径与水/油比直接相关。

（3）生物制备方法　氧化铁纳米粒子同样可以用生物方法制备。铁储存蛋白由一个脱铁蛋白构成的蛋白外壳和一个 6nm 的 $5Fe_2O_3 \cdot 9H_2O$ 核两部分组成。第一步在巯基乙酸、pH 值为 4.5 条件下，通入氮气移除纳米粒子核，形成空壳；第二步在 60℃、pH 值为 8.5、通入氮气条件下，加入 Fe^{2+} 水溶液，这时脱铁蛋白溶液中的 Fe^{2+} 被氧化，因此得到包含在铁蛋白中的粒径约为 6nm 的单晶 Fe_3O_4 纳米粒子。形成具有生物相容性的磁性材料，可以进一步用于生物成像、细胞的标记与分离等。趋磁细菌是常见的合成 Fe_3O_4 纳米粒子的生物模板。利用趋磁细菌制备的磁性纳米粒子粒径均一，并且形成与细胞长轴平行的粒子链。每个粒子都有磁偶极矩，各磁性纳米粒子之间的磁性相互作用也定向平行于所形成的粒子链。

（4）磁性纳米粒的稳定策略和表面修饰

① 稳定策略　磁性纳米粒的稳定性是当前亟待解决的重要问题之一，包括胶体稳定性和化学稳定性两个方面。胶体稳定性即保证纳米粒在一段时间内不发生聚集或沉淀，对于纳米粒的应用至关重要。通常的策略是在合成过程中或之后加入各种空间稳定剂和（或）静电稳定剂（如脂肪酸、脂肪胺等）。另外，磁性纳米粒拥有大量高能的表面原子，其反应活性很高，特别是纯金属或合金纳米粒（如 Fe、Co 和 Ni 等），很容易在空气中氧化。为了保证磁性纳米粒的化学稳定性，一般在高反应活性的纳米粒表面包覆一层氧分子无法透过的惰性材料。

按照所包覆材料的性质，保护策略可分为有机材料（如表面活性剂和聚合物）保护和无机材料（硅、碳、贵金属）保护。有机材料的包覆通常能有效提高磁性纳米粒的胶体稳定性。而惰性的无机材料可极大地增强磁性纳米粒的化学稳定性。此外，采用对磁性纳米粒进行表面氧化或表面沉淀的手段同样能赋予其良好的胶体稳定性和化学稳定性。

② 磁性纳米粒的表面修饰　对磁性纳米粒的包覆不仅起到保护的作用，也为进一步的修饰和功能化提供了可能。配体交换法是一种广泛使用的功能化手段，即在特定条件下，将特定配体（如水溶性配体）与油溶性磁球表面的配体进行交换，制备出具有特定功能的磁性纳米粒。对于大多数油溶性配体，如油酸、油胺、十六烷二醇、八四甲基铵基倍半硅氧烷（TMA-POSS）都能有效地进行配体交换。所获得的水溶性磁性纳米粒在生理 pH 和离子强度的范围内具有卓越的稳定性。

7.2.7.3　磁性纳米粒的应用

磁性氧化物纳米材料具有丰富的磁学特性，因此在生物医学成像、磁性分离、磁性靶向载体以及信号通路调控等诸多领域展现出了良好的应用前景。我们将介绍磁性氧化物纳米材料在以下生物医学领域的应用。

（1）磁共振成像　磁共振成像（magnetic resonance imaging，MRI）是种能够提供高分辨组织成像的非侵入性成像方法。在软组织或软骨病变诊断中常用 MRI 来区分。超顺磁的氧化铁纳米粒子具有明显的 T_2 弛豫效果（T_2 为横向弛豫时间），该效应是指当有外加磁场存在时，超顺磁氧化铁纳米粒子会被磁化，产生磁矩，与周围水分子质子发生偶极相互作用，缩短邻近水分子的弛豫时间，采用 T/T_2 成像时，超顺磁氧化铁纳米粒子所在区域信号降低，呈现暗场图像，增大与周围环境的磁共振信号对比，提高灵敏度。目前，普遍认为通过静脉注射的超顺磁氧化铁纳米粒子可以被循环血液细胞捕获，然后迁移至中枢神经系统的病灶部位，从而进行 MRI 可视化成像。

（2）细胞与生物分子的分离与检测　磁性纳米粒子修饰具有特异性识别作用的基团或蛋白分子后，在外加磁场的作用下即可通过识别基团靶向吸附目标分子，再经过清洗、解吸附等过程将目标分子从复杂的生物体系中分离出来，从而实现对目标细胞或目标生物分子的分离与检测。该方法可以快速分离提纯目标分子，具有很好的特异性和很高的灵敏度。磁性纳米粒子用于细胞分离需要具备很好的分散性、靶向特定细胞的能力以及在磁场作用下快速聚集的能力。副结核分枝杆菌（mycobacterium paratuberculosis，MAP）是导致家畜副结核病的已知病原体，被 MAP 感染的动物会表现出严重的肠道炎症，并且该肠炎具有很强的传染性。此外，研究者从克罗恩病病人体内分离出 MAP，证明该菌还与克罗恩病存在联系。因此，检测 MAP 的存在对控制副结核病的传播具有重要意义。Kaittanis 等报道利用超顺磁氧化铁纳米粒子可将一种 MAP 从复杂的样品如全脂牛奶或血液样品中分离出来，从而达到检测目的。他们将 MAP 抗体修饰于磁性纳米粒子表面，从而可以特异性靶向 MAP 菌，自组装在目标菌落的磁性纳米粒子可以引起溶液中水的弛豫时间 T_2 变化，通过观测 T_2 变化，即可检测目标菌体的存在。随着菌的增长，吸附在菌体上的纳米粒子呈现类似分散的状态，导致 ΔT_2 变小。因此通过观察 T_2 的变化程度还可以实现目标菌体的定量检测，该检测结果不易受其他细菌的影响，检测灵敏度高。反应混合物或者复杂生物样本如细胞裂解液或血清中的生物分子同样可以用磁性纳米粒子分离。Shukoor 等首先将人工合成的双链 RNA［poly（IC）］修饰在 Y-Fe$_2$O$_3$ 粒子表面，利用蛋白海绵（2-5）合成酶 A 与双链 RNA 的连接作用分离纯化该蛋白。分离后，用尿素使蛋白从磁性纳米粒子上脱附进行生物化学分析，磁性纳米粒子可以重复使用。

（3）疾病治疗

① 基因载体　磁性氧化物纳米粒子可以作为 DNA 或 RNA 的载体，实现基因转运，这称之为磁转染。磁性氧化铁纳米粒子具有超顺磁性，可以在外加磁场作用下定向移动，有利于靶向转染。同时，磁性纳米粒子表面带有电荷，有利于修饰，可以负载更多 DNA，提高转染效率。因此，磁性氧化物纳米粒子可以作为有效的基因载体，用于体内和体外的基因转染。

将磁性纳米粒子用于体外磁转染时，细胞一般是在培养皿中贴壁生长，只需要用外加磁场将基因载体吸引至培养皿底部即可作用。然而对于体内磁转染，涉及细胞空间分布、免疫原性和细胞循环等因素影响，转染成功率并不高。Scherer 等将磁性纳米粒子与病毒复合注入大鼠和小鼠的胃中，以 LacZ 作为目的基因，实现了动物体内磁转染。在该实验中，他们对大鼠的回肠部位以及小鼠的胃部施加磁场，对照组未施加磁场。作用 20 min 后，取出相关组织进行 X-gal 染色。结果表明施加磁场之后，相对于不施加磁场的基因表达能力大大提高，证明复合后的纳米粒子可以明显提高转染效率，同时将转染时间缩短至几分钟，并且转染作用局限于磁场施加部位，具有很好的靶向性。

② 药物载体　常规的药物载体由于没有特异性识别作用会降低药理活性，易产生不良反应。纳米药物载体可以有效克服该问题。磁性纳米粒子具有磁响应性，外加磁场可以使纳米粒子聚集在病原组织部位直至药物释放，从而降低非特异性作用所引发的药物副作用。

HER2 是在乳腺癌和卵巢肿瘤细胞的表面过表达的一种人表皮生长因子受体。赫赛汀（曲妥珠单抗）可以识别并且特异性连接 HER2。Yang 等在制备两亲性聚合物包裹的磁性纳米粒子的同时负载抗癌药物阿霉素（doxorubicin，DOX），并在粒子外侧修饰识别基团赫赛汀。该纳米粒子可以将药物递送至体内的癌变组织，同时实现 MRI 成像。首先对小鼠接种 NIH3T6.7 肿瘤细胞形成实体瘤，并通过静脉注射该复合纳米粒子进行治疗，结果表明该纳米粒子具有很好的抗癌活性，能有效抑制肿瘤生长，明显优于连接不相关抗体的磁性纳米粒子或单纯的药物，以及物理混合的药物与赫赛汀。因此，该磁性纳米粒子同时具备治疗与诊断功能，是一种有效的药物载体。

Yu 等制备了热交联的超顺磁氧化铁纳米粒子。该纳米粒子富含羧基，通过静电吸附作用负载带有正电的药物 DOX。静脉注射该药物载体后，在不施加任何磁场的情况下，该纳米复合物可有效外渗进入组织，相对于游离药物在非靶向器官如肝部位的积累较少。小鼠皮下植入的 Lewis 肺癌细胞成瘤后，在用该纳米材料对其进行治疗时，磁性纳米粒子的使用剂量为游离的 DOX 的 1/8。毒理学实验显示，此剂量的 DOX 会诱导肝损害、淋巴损伤，并降低白细胞数量，而磁性纳米粒子制剂可以认为是无毒的。在该研究中并没有施加磁场，磁性纳米粒子制剂的优越性仅仅体现在这些粒子的长循环特性可以使其被动积累至肿瘤部位。相对于其他的长循环纳米粒子，磁性的核并不会带来额外的治疗效果，但是利用磁性核可以实现组织的 MRI 成像。

磁靶向药物传递系统在临床应用上仍然存在一些问题。第一，磁性纳米粒容易在血管中沉析出来，导致血管栓塞；第二，对于较深的组织，由于与外加磁场距离较远，靶向能力较弱；第三，药物从磁靶向传递系统中释放后就丧失了靶向功能；第四，磁靶向传递系统的不良反应问题仍然需要深入研究。最近的研究表明，在解决了这些问题后，磁靶向药物传递系统将在肿瘤等重大疾病的临床治疗上发挥重要的作用。

③ 磁致热疗 在外加交变磁场作用下，氧化铁磁性纳米粒子的磁自旋弛豫可以产生热效应，而组织细胞对温度变化敏感，磁致热疗就是利用这种热效应使细胞结构和蛋白质功能改变，最终使肿瘤组织过热凋亡或坏死，从而达到治疗目的。热消融的优势在于可以通过热坏死、凝固或炭化快速除去一定体积的肿瘤。射频是热消融最常用的方法，它是通过电极将热量传给肿瘤组织。该方法的弊端在于仅适用于尺寸小的肿瘤，并且需要侵入性地插入很多电极，具有损伤性。而磁热效应的明显优势是磁性纳米颗粒优先积累在肿瘤部位，外加磁场以非侵入性的方式使纳米粒子产生热量消除肿瘤。研究表明高比能量吸收率是热消融的关键因素。

（4）调节细胞信号通路 细胞信号通路是指信号分子通过细胞膜受体或胞内受体刺激细胞，细胞获得信息产生反应的现象。一种信号分子是多肽或蛋白质，只能与细胞膜受体结合，这部分蛋白大多是跨膜蛋白，可以通过构象变化，将信息从细胞膜外传递到细胞膜内；另一种信号分子是胆固醇等脂质体，可以透过细胞膜进入细胞与胞内受体结合传递信息。细胞通过以上两种方式接收外界信号分子作出综合性应答。

（5）固定化酶 生物高分子（如酶分子等）都具有很多官能团，可以通过物理吸附、交联、共价耦合等方式将他们固定在磁性微粒的表面。用磁性纳米微球固定化酶的优点是，易于将酶与底物和产物分离；提高酶的生物相容性和免疫活性，提高酶的稳定性，且操作简单可降低成本。

在生物工程中，尤其是生物医学领域中，生物相容性和生物降解性是磁性载体在生物及医学中应用的重要方面。磁性纳米球结构中的壳层，大都使用生物高分子，如多聚糖、蛋白质等具有良好的生物相容性，它们在人体内安全无毒，并且可生物降解。载体与药物或基因片段等定向进入靶细胞之后，表层的载体被生物降解，心部的药物释放出来发挥疗效，避免了药物在其他组织中释放，从而提高药物疗效，这在靶向药物中尤其重要。磁性纳米微球的磁核，可以很方便地通过人体自然排出，不会影响人的健康。由于磁性微粒表面包覆有高分子材料，因而生物高分子带有多种具有反应活性的功能基团可连接具有生物活性的物质，同时也可在颗粒表面偶联特异性的靶向分子，如特异性配体、单克隆抗体等，通过靶向分子与细胞表面特异性受体结合，在细胞摄粒作用下进入细胞内，安全有效地用于靶向性药物、基因治疗、细胞表面标记、同位素标记等。

7.2.8 无机纳米载药系统

无机纳米载药系统（inorganic nano drug delivery system）具有易于制备、粒径可控、毒性低、可功能化修饰等特点，近些年引起人们的关注，并成为药学和材料学领域的热点。目前，文献报道的可作为纳米载药系统的无机纳米材料包括金属纳米材料、碳纳米材料、无机氧化物纳米材料以及磁性纳米材料，本节将重点介绍几类典型的无机纳米材料。

7.2.8.1 金属纳米材料

金属纳米材料是指由钯、铂、金、银、铜等过渡金属及其合金制备的无机纳米材料。其中，贵金属纳米材料具有良好的物理性能，是研究光量子限域效应、磁量子限域效应以及纳米材料特有属性的典型体系，被广泛应用于催化化学、光学、信息学、电子学以及生物学的许多领域。本节主要介绍金（Au）、银（Ag）纳米材料的制备及生物应用。

金属纳米材料的性能很大程度上取决于纳米粒子的尺寸与形貌。因此，如何制备尺寸均匀、形貌满足需求的金属纳米粒子往往是纳米材料领域的研究重点，目前已经发展出多种制备金属纳米材料的方法，主要分为化学制备方法、物理制备方法和生物制备方法。其中，化学制备方法应用最为广泛，成为制备金属纳米材料的主要方法。

（1）化学制备方法

① 溶液还原法　溶液还原法是指在液相环境中，使用适当的还原剂还原金属前驱体从而制备金属纳米材料的方法。常用的还原剂有柠檬酸钠、硼氢化钠、抗坏血酸以及鞣酸等。例如，将柠檬酸钠与硼氢化钠作为还原剂加入氯金酸溶液中，Au^{3+} 被迅速还原为金原子，并聚集形成金种子。此外，他们研究发现还原剂的种类、溶液中 Au^{3+} 的浓度和还原剂的浓度对所制备的金纳米粒子尺寸有较大影响。当还原剂浓度增大时，金纳米粒子的粒径反而变小。同时，不同粒径的纳米粒子以及不同形貌的纳米粒子溶液会呈现不同的颜色。采用柠檬酸钠为还原剂制备银纳米粒子，在 pH 值大于 7 的环境中，制备的银纳米粒子存在棒状和球形两种结构，这是由于在碱性条件下，银离子的还原速率较快；而在 pH 值小于 7 的环境中，制备的银纳米粒子大多呈现三角形或者多边形结构，这主要是由酸性条件下银离子的还原速率减慢所造成的。因此，为了获得球形的银纳米粒子需要经过两步反应，首先在弱碱性条件下制备出银种子，随后将溶液 pH 值调至弱酸性使银种子逐渐生长形成球形结构。

② 模板法　模板法是近年来发展的制备金属纳米材料的新方法，该制备方法简单、高效且具有良好的经济效益。采用多孔阳极氧化铝薄膜为模板原位还原银离子从而制得银纳米材料。氧化铝薄膜的柱形孔排列有序，分布均匀，因此能较好地控制银纳米材料的尺寸与形貌，使制备的金属纳米材料尺寸均一。采用 DNA 网络结构为模板，通过一步合成法成功地制备出不同形貌的银纳米材料，如银纳米粒子、银纳米棒和银纳米线。该合成方法无需加入表面活性剂，银离子首先吸附于 DNA 网络结构中，而后被加入的强还原剂硼氢化钠还原形成银纳米材料。银纳米粒子的粒径以及银纳米棒的长径比可以通过调节 DNA 浓度以及还原时间来控制。

③ 电化学法　电化学法具有操作简单、反应快速等优点，可以用于制备金属纳米材

料。可选用乙二胺作为催化剂，在玻璃碳电极表面低电位合成树枝状金纳米材料。在该反应中金纳米材料的生长分为两个阶段：一是金种子的形成阶段；二是树枝状金结构的生长阶段。研究者同时研究了反应条件如电压的大小、氯金酸溶液的浓度、乙二胺溶液的浓度以及沉积时间对树枝状金纳米材料的形状和尺寸的影响。

（2）**物理制备方法** 金属纳米材料的物理制备方法主要是指将宏观的金属材料通过物理的手段和方式制备成纳米级别材料的过程。目前，金属纳米材料的物理制备方法主要有机械球磨法、气相沉积法和磁控溅射法等。

① 机械球磨法 机械球磨法主要是通过球磨机的高速振动和转动使宏观原材料受到硬球的撞击破碎、研磨，从而实现粒子尺寸的减小以及形貌的改变。在 -196 ℃的低温条件下对宏观的银粉进行高能机械球磨，可获得平均粒径约为 20nm 的银纳米粒子粉末。机械球磨法的工艺相对简单并且能够批量制备，适于工业应用，但是机械球磨法不易获得尺寸均一的纳米粒子。

② 气相沉积法 气相沉积法主要是利用激光、真空加热等方法将块体金属转变为气态，然后在一定介质中骤冷使之快速集结成纳米粒子，沉积在一定基底上。可利用该方法制备一维金纳米线以及金纳米阵列。但是该法制备出的金纳米线是由金纳米粒子凝聚连接而成的，其表面粗糙度高且缺陷较多。利用激光脉冲将单质银烧蚀至气态，再冷却后形成银纳米粒子沉积在氧化铝和二氧化硅基底上，制备的金属薄膜涂层中银纳米粒子分散均匀。

③ 磁控溅射法 磁控溅射法是指在高真空条件下充入一定量的氩气，靶材作为阴极，在阴极与阳极之间施加一定的电压使氩气发生电离，随后产生气体离子高速撞击阴极靶材，使靶材表面的原子溅射出来，沉积在基底上形成金属团簇或金属薄膜，可利用该方法将银纳米粒子沉积于多孔阳极氧化铝基底上制备银薄膜，银纳米粒子粒径约为 100nm。

（3）**生物制备方法** 除了化学与物理制备方法以外，贵金属纳米材料还可以采用生物制备方法获得。生物制备方法主要是采用生物相容性良好的天然材料作为还原剂模拟生物还原过程从而制备贵金属纳米材料。

可采用无患子果皮还原氯金酸制备金纳米粒子。研究发现制备的金纳米粒子为面心立方结构，并且金纳米粒子的产量与氯金酸溶液浓度和所加入的无患子果皮提取物的量有关。红外光谱分析结果表明，无患子果皮中黄酮类物质的羟基和皂素的羧基与金纳米粒子作用，从而使纳米粒子在溶液中可以长期稳定存在。

鸡蛋清中富含各种蛋白质和人类所需的氨基酸。光照条件下采用鸡蛋清溶菌酶为催化剂，催化还原乙酸银的甲醇溶液从而制得银纳米粒子。利用该方法制备的银纳米粒子性能稳定，经过反复离心洗涤并没有改变银纳米粒子的形貌、尺寸等物理性质。该制备方法简单并且不采用其他化学还原剂，制备过程绿色环保。制备的银纳米粒子具有很好的生物相容性。

金属纳米材料，尤其是金纳米材料的尺寸、形状和结构控制以及相应的物理性质，一直是材料科学领域的前沿热点。近年来，对于金纳米材料的研究取得了长足的进步，人们不但可以制备出不同尺寸的球形纳米粒子，还可以对其形貌加以控制，制备出许多不同形貌的金纳米材料。图 7-1 为不同结构的金纳米材料的电镜照片。图 7-2 为不同结构的银纳米材料电镜照片。

金纳米粒（gold nanoparticle，GNP）最常用的合成方法是化学还原法，其基本原理是向一定浓度的氯金酸溶液中加入适量的还原剂，将金离子还原为金原子，同时在反应体系中加入一定量稳定剂，防止纳米颗粒的团聚。通过一步法合成表面功能化的 GNP，具体方法是在巯基稳定剂存在的条件下，使用 NaBH 还原 $AuCl_4^-$ 盐，获得了表面带有巯基、单分散性的 GNP，通过调整巯基的数量，核径可在 $1.5 \sim 6nm$ 范围内调节。在此基础上，又发展了合成多元功能 GNP 的方法，即引入外源巯基取代原有 GNP 外包被层上的巯基。表 7-1 列出了获得不同核径的 GNP 所采用的合成方法。

图 7-1 不同结构的金纳米材料电镜照片

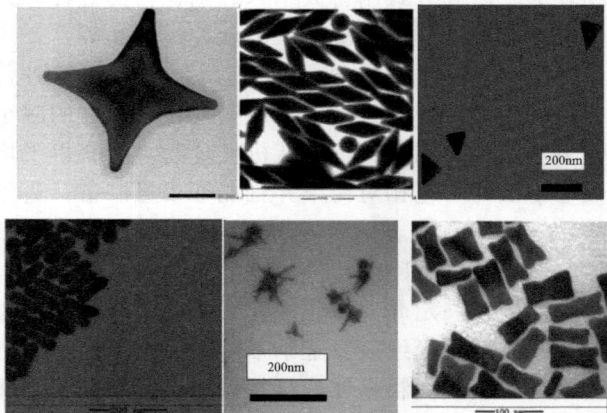

图 7-2 不同结构的银纳米材料电镜照片

表 7-1 合成不同核径 GNP 的方法

核径 d/nm	合成方法	修饰剂
$1 \sim 2$	二硼烷或 $NaBH_4$ 还原 $AuCl(PPh_3)$	磷化氢
$1.5 \sim 5$	在巯基修饰剂存在的条件下，$NaBH_4$ 双相还原 $HAuCl_4$	硫醇烷
$10 \sim 150$	水相中柠檬酸钠还原 $HAuCl_4$	柠檬酸盐

GNP 的金核是生物惰性的，GNP 具有较大的比表面积，可对其进行功能化修饰，制备生物相容性好、具有主动靶向功能的纳米载药系统，还可实现药物的控制释放。

在 GNP 表面修饰上功能化的阳离子季铵盐基团，通过静电相互作用装载质粒 DNA，形成的 GNP-DNA 复合物能有效防止 DNA 的酶解，在谷胱甘肽（GSH）加入的条件下，复合物中的 DNA 自动解离出来。以人源 293T 细胞为模型进行细胞转染实验，结果表明，GNP 提高了基因载体的摄取量和 DNA 从内涵体小泡中的释放量，其细胞转染效率是阳离子聚合物聚乙烯亚胺（PEI）的 8 倍。

先将合成的胶体金表面 PEG 化，再将肿瘤坏死因子（tumor necrosis factor，TNF）作为肿瘤细胞靶向物与胶体金偶联，可得到具有长循环功能和肿瘤靶向功能的金纳米载药系统 cAu-PEG-TNF。经静脉注射到体内，实验结果显示，cAu-PEG-TNF 在肿瘤部位大量聚集，少量分布在肝、脾等其他正常器官中。研究者将抗肿瘤药紫杉醇载入 cAu-PEG-TNF 中，研究发现，与常规紫杉醇注射剂比较，cAu-PEG-TNF 显著增强了紫杉醇的抗肿瘤疗效。

银纳米粒（silver nanoparticle，AgNP）是农业领域研究最多的纳米材料之一。AgNP 可以通过热分解、微波、电化学和利用植物提取物、微生物等不同的绿色方法合成。绿色合成 AgNP 通常采用还原性生物剂从硝酸银溶液中还原银离子的方法。还原剂可以是细菌、真菌、植物或动物提取物。不同的植物提取物含有广泛的不同代谢物，可以产生纳米颗粒。碳水化合物、脂肪和蛋白质等初级代谢物和酚类、黄酮类、花青素、生物碱、萜类等次级代谢物可以将硝酸银还原为 AgNP。纳米银颗粒可以用作杀菌剂和抗病毒剂。使用浸渍法将纳米银整理到羊毛织物表面，以大肠杆菌和金黄色葡萄球菌为实验菌种进行抗菌性能测试，发现整理后的羊毛织物具有优异的抗菌性能。研究表明细菌的 MIC 和最低杀菌浓度（MBC）与纳米银的粒径大小正相关。国外研究人员研究革兰氏阳性菌和革兰氏阴性菌两类致病菌，发现 9nm 和 14nm 的纳米银相比于 30nm 的近球形的纳米银抗菌性能更好。生物安全性是纳米银应用的一个重要问题，它可能对环境中的非目标土壤微生物构成威胁。

贵金属材料大部分都有良好的催化活性。因为纳米银粒子粒径小、悬空键较多，其与其他原子反应更为快捷，与其他材料相比，催化效率更高一些。纳米银因为具有良好的反应选择性，因此可以用作多种反应的催化剂。陈婧雯等人表明纳米银颗粒具有较高的表面活性，可在常温条件下表现出较强的催化活性。以纳米银作催化剂与其他纳米材料作催化剂相比，纳米银作催化剂促使反应产物纯度更高、反应产量提高和反应时间缩短，效果更好。

纳米银凭借其极强的表面活性、低熔点、良好的导电性的特性广泛应用于电子工艺技术，并且有着不可替代的作用。目前发展成熟的导电银浆主要通过纳米量级的银粉导电，这样制得的银浆可以满足大功率、高密度系统的散热要求。纳米级别银浆可以应用于电子纸、电铸导电银浆、电子墨水等。郭荣辉等人通过研究得到了可以减少片状填料接触点的纳米银导电填料，采用原位低温烧结法进行制备，有利于更好地导电。

7.2.8.2　碳纳米材料

目前研究最多的碳纳米材料是富勒烯（fullerene）和碳纳米管（carbon nanotube，CNT）。富勒烯（C_{60}），又名碳笼烯、球碳等，是由 60 个碳原子组成的三十二面体笼状结构，包含 12 个五元环和 20 个六元环，分子结构形状如足球，具有很高的对称性，属 Ih 群，直径约为 0.71nm，内腔直径约 0.3nm，可容纳各种原子和小的分子基团。由于 C_{60} 分子本身具有很高的电负性，而过高的电负性会对细胞产生毒性，通过化学修饰，可降低 C_{60} 的电负性，从而降低其细胞毒性，使其应用于生物医学领域。

可将功能化的富勒烯作为质粒 DNA 的载体，结果显示，该复合纳米粒可进入 COS-1 细胞，具有与商品化脂质体类基因载体相当的转染效率。此外，将富勒烯分别载负钙和化疗药物用于骨质疏松症和癌症的治疗，发现富勒烯提高了药物在病灶部位的浓集。研究发现，金属富勒烯 $Gd@C_{82}$ 与紫杉醇等化疗药物相比，具有显著的抗癌效果，且无明显的不良反应。

碳纳米管（CNT）是由单层或多层石墨片卷曲而成的无缝纳米管状物。每个 CNT 是一个碳原子通过 sp^2 杂化与周围三个碳原子键合而成的，基本结构主要是六边形碳环，还有少量的五边形碳环与七边形碳环。管身弯曲的 CNT 有较多的五边形碳环或七边形碳环集中在弯曲部位，并使 CNT 两端封闭，CNT 分为单壁碳纳米管（single-walled carbon nanotube，SWCNT）和多壁碳纳米管（multi-walled carbon nanotube，MWCNT）两类。圆柱形 MWCNT 层数 2～50 不等，由几个到几十个单壁管同轴套构而成，相邻管间距为 0.34nm，接近石墨层间距（0.335nm）。MWCNT 形成时，层间易形成陷阱中心而捕获各种缺陷，因而 MWCNT 缺陷较多。MWCNT 的典型直径和长度分别为 2～50nm 和 0.1～50μm，SWCNT 的典型直径和长度分别为 0.4～30nm 和 1～50μm。无论是 SWCNT 还是 MWCNT，都具有很高的长径比，一般约为 100nm。

CNT 的制备方法主要有电弧放电法、催化裂解法、激光法、等离子喷射法、离子束法、太阳能法、电解法、燃烧法等。其中催化裂解法是目前应用较成熟的一种制备方法，其基本原理是在铁、钴、镍基催化剂作用下，利用从碳氢化合物中裂解出来的同向碳原子的沉积合成 CNT。CNT 制备后的纯化与分离也非常重要，目前主要采用氧化法纯化 CNT，该方法包括氧化法和强酸法两类，由于 CNT 结构稳定，耐氧化能力强，因此可利用氧化作用除去 CNT 中的石墨粒子与金属粒子。为了进一步应用，还必须对 CNT 进行表面修饰。通过表面修饰，可以提高 CNT 在溶剂中的溶解和分散性能，改善 CNT 在聚合物复合材料中的分散性能和力学性能等。研究发现，开口的 CNT 的顶端含有一定数量的活性基团，如羟基、羧基等，可以利用这些活性基团对 CNT 进行有机化学修饰。

经功能化修饰的 CNT 具有良好的单分散性和生物相容性，其细胞毒性低，可作为化学药物以及蛋白质、DNA 等生物大分子体内输送的纳米载药系统。对 CNT 进行修饰可得到可溶于水的 CNT，再将其分别用荧光染料异硫氰酸酯荧光素（fluorescein isothiocyanate，FITC）和荧光肽标记，在 37 ℃下与人源或鼠源成纤维细胞共孵育 1h 后，观察到荧光修饰后的 CNT 进入到细胞，主要分布于细胞质中，肽修饰的 CNT 甚至进入到细胞核中。将修饰后的 CNT 装载质粒 DNA 转染 HeLa 细胞，转染效率是未使用 CNT 体系的 10 倍多。将 SWCNT 经荧光标记后，与 RNA 聚合物 ploy（rU）偶联，与 MCF7 乳腺癌细胞共孵育，发现 SWCNT-poly（rU）纳米复合物不仅可透过细胞膜，还可透过核膜。将功能化的 SWCNT 与抗生蛋白链菌素偶联后，与人源 HL60 细胞和人源 T 细胞共孵育，结果显示，偶联物可通过胞吞途径很容易地进入到细胞中。

7.2.8.3　无机氧化物纳米材料

无机氧化物纳米材料是指采用氧化硅、氧化钛、氧化锡、氧化锌、氧化铝等无机氧化物制备的纳米材料。这类无机纳米材料目前已在工业上大批量生产，在各类生活消费品和工业产品中广泛使用。

其中，纳米氧化硅具有优越的性能，是应用最广泛的一类无机纳米材料，纳米二氧化硅呈无定形絮状，半透明，常用的粒径为 7～40nm，具有化学纯度高、耐高温、电绝缘性和分散性能好、易于制备等特点。纳米二氧化硅的制备方法有气相法、溶胶-凝胶法、反相微乳液法、沉淀法、硅单质法以及硅灰石合成法等。较常用的方法是气相法、溶胶-凝胶法和沉淀法。气相法是将硅烷在氢氧焰中水解，产生的二氧化硅分子凝集成纳米颗粒。该方法制的纳米二氧化硅为呈球形粒子，纯度高。溶胶-凝胶法是通过正硅酸乙酯的水解聚合形成二氧化硅溶胶，其优点是可在温和的反应条件下进行，二氧化硅纯度高，在溶液中的分散悬浮性能好。沉淀法是液相化学合成高浓度纳米二氧化硅的方法，以水玻璃和盐酸或其他酸化剂为原料，加入适量表面活性剂，控制一定的合成温度，将得到的合成产物用离心法分离、洗涤、干燥、高温灼烧得成品。

纳米二氧化硅具有良好的亲水性、热稳定性、化学稳定性以及生物相容性，在体内可避免被网状内皮系统快速清除。同时，纳米二氧化硅的表面有大量羟基等活性基团，可以通过物理吸附和化学偶联将化学药物以及酶、抗体和 DNA 等生物大分子与二氧化硅纳米粒结合。还可通过制备不同内部结构的二氧化硅纳米粒，实现药物的控制释放。因此，纳米二氧化硅是一类非常有应用前景的新型纳米载药系统，尤其作为基因药物载体，是近年来研究的热点。将单分散的纳米二氧化硅表面偶联上阳离子氨基，然后进行荧光修饰，携带质粒 DNA 分别转染 COS-1 和 KB 细胞，发现复合物不仅可保护质粒 DNA 免受酶的分解，还可以随细胞分裂进行转染，将 DNA 传递到细胞核。二氧化硅纳米粒经嘌呤碱修饰使其表面带上氨基，在 pH 7.4 的 PBS 中显示出正电性，可有效压缩 DNA，防止体内 DNA 降解。利用聚赖氨酸修饰纳米二氧化硅，负载反义寡核苷酸，分别与人鼻咽癌和皮肤癌细胞共孵育，体外试验结果显示，在含有血浆和不含血浆的环境中，纳米二氧化硅将反义寡核苷酸转入细胞量较对比组分别提高了 6 倍和 20 倍。

纳米氧化锌是一种有效的抗病原微生物的抗菌剂，能够通过各种化学、物理、微生物方法合成是高剂量锌的极佳替代品，且具有更高的效率。此外，它在断奶仔猪生长性能、免疫抗氧化等方面具有积极作用。纳米氧化锌可显著抑制金黄色葡萄球菌的生长（$P <$ 0.05），当纳米氧化锌的质量浓度为 2.0mg/mL 时，培养 24h 后金黄色葡萄球菌的数目比不加纳米氧化锌的对照组低 5.2 logCFU/mL（$P < 0.05$）。经纳米材料处理后，金黄色葡萄球菌的菌体外形虽然未发生明显改变，但细胞内部的组织结构遭受严重损伤，细胞膜结构模糊，胞内的氧含量显著升高（$P < 0.05$），SOD 酶活性在处理后期显著降低（$P <$ 0.05）。纳米氧化锌的处理可使金黄色葡萄球菌菌体细胞组织结构和细胞膜发生损伤，并导致细胞产生了氧化应激反应，从而抑制其增殖。

7.3

纳米药物评价

7.3.1　纳米药物的质量评价

7.3.1.1　纳米药物的质量控制指标

在纳米药物的研发过程中，应对纳米药物和纳米材料质量相关的性能指标进行系统评价和考察。相对而言，性能指标可分为纳米相关特性和基本特性两大类。应重点关注与纳米药物生产过程相关的质量指标（如无菌、冻干复溶等）和可能与体内行为相关的质量指标（如粒径、表面电荷、药物释放度等）。根据研究结果选择相应的质量控制指标，酌情列入纳米药物的质量标准中。

与纳米特性相关的性能指标包括平均粒径及其分布、纳米粒结构特征、药物/聚合物物质的量比、微观形态、表面性质（电荷、比表面积、包衣及厚度、配体及密度等）、包封率、载药量、纳米粒浓度、纳米粒稳定性、药物从载体的释放，以及聚合物的平均分子量及其分布、临界胶束浓度、临界聚集浓度等。其中纳米粒的稳定性包括药物和载体的化学稳定性，以及纳米药物和载体的物理稳定性等，应关注纳米药物的聚集状态及演变过程。

制剂基本特性相关的质量控制指标包括特性鉴别、含量测定、有关物质等，以及不同剂型药典要求的质量评价指标，如注射液的 pH 值、黏度、渗透压、细菌内毒素、无菌、不溶性微粒等，口服固体制剂的质量差异、崩解时限、体外释放度、微生物限度等。

需要注意的是，不同纳米药物的质量研究重点和内容可能不同，应根据纳米药物的结构、组成、功能、用法和临床用途等，按"具体问题具体分析"的原则，设置具有针对性的、科学合理的评价指标。例如，对于药物纳米粒可研究其结晶性等；对于载体类纳米药物可研究药物存在形式和状态、药物与载体的结合方式等；对临床即配型纳米药物应关注临床配制过程中关键纳米特性的变化等。

基于风险评估的纳米药物质量控制研究需要确定其关键质量属性。纳米药物的关键质量属性（critical quality attribute，CQA）及其限度范围的确定应考虑到影响产品性能的所有直接和潜在因素，包括制剂的质量属性、中间体的质量属性、载体材料和/或辅料等的质量属性等。应特别关注这些质量属性在制备、贮存和使用过程中的变化对最终产品性能的影响。应重点考察与纳米特性直接相关的质量属性。

纳米药物的质量控制指标和 CQA 研究，可用于纳米药物的处方工艺筛选和稳定性考察等，并为后续的非临床研究乃至临床研究提供参考和依据。

为了对纳米药物和载体材料进行全面的质量控制研究，必须建立相应的质量控制方法，并进行优化和验证。鉴于纳米药物和载体材料的多样性，对现有方法需进行规范的方法学验证；也可建立更具针对性的检测方法并进行系统验证；应通过不同方法之间的比较验证等来证明方法选择的合理性。

在选择质量控制方法时，应注意不同方法提供的产品信息不同，应充分考虑不同方法之间的互补性，以实现对纳米药物关键质量属性的全面覆盖和系统研究；同时应关注拟表征的质量属性与拟采用的检测方法之间的契合度，以保证研究方法的适用性。如：①采用何种检测方法能更好地表征纳米药物的特性（粒径测定可比较激光衍射、光散射或显微技术等）；②检测时样品的处理过程（如稀释、干燥、超声、过滤等）是否会改变纳米药物的性状等；③分析仪器或材料是否与纳米药物发生相互作用（如滤膜吸附等）。

在进行相关质量控制研究时，应考虑分析样本的取样是否具有代表性，取样点是否代表各阶段产品的状态（生产中、中间体、成品、储存过程中、临床使用中），取样数量是否符合检验检测要求等。

纳米药物的质量评价包括但不限于以下方面。

（1）纳米药物的原辅料质量控制　对于纳米药物，其原料药和关键辅料的质量是影响药物质量的重要因素，应考察不同来源原辅料的质量并进行相应的质量控制研究。

药物纳米粒一般由原料药、稳定剂和其他非活性成分组成。除对原料药进行常规质量控制之外，还应关注其粒径、晶型等。同时，鉴于相关辅料可能对药物纳米粒的形成、粒径大小、稳定性、生物利用度、生物相容性等产生重要影响，应对最终制剂中的相关辅料进行质量控制研究。药物纳米粒中其他非活性成分包括冻干保护剂、制备过程中用到的溶剂和试剂等。

载体类纳米药物一般由原料药、载体材料和其他非活性成分组成。载体材料包括天然或合成脂质、聚合物、蛋白类等。载体材料关系到活性成分的包载、保护以及最终产品的体内外性能，应明确载体类材料的规格、纯度、分子量和分子量分布范围等，并通过处方工艺和质量控制研究等证明载体材料选择的合理性。

在纳米药物的开发过程中，辅料的选择和使用应综合考虑其功能性和安全性。在纳米药物中按常规用量和方式使用药用辅料时，按一般药用辅料进行质量控制即可。为了获得特殊功能，有时在纳米药物的开发过程中需要改变常规辅料的性能、使用方式或用量，此时应重点关注这些特异性改变带来的安全性风险。如将现有常规辅料制备成具有纳米结构的辅料，或减少辅料粒径至纳米尺度后，应进行相应的质量控制研究；有时纳米药物开发中需要制备和使用新的纳米材料、载体材料或辅料，此时除按一般药用辅料的要求进行相应的质量控制研究外，在纳米药物的质量控制研究中，应选择其关键质量属性进行研究（见 7.3.1.1），必要时部分质量指标可列入纳米药物的质量标准中。

在改变常规辅料性能或使用新辅料时，需要结合辅料的真实暴露水平、暴露时间和给药途径等，开展系统的非临床安全性评价，具体可参考辅料非临床安全性评价相关指导原则。

（2）纳米药物的粒径大小及分布　纳米药物的粒径大小不仅影响活性成分的载药量和释放行为，也与药代动力学、生物分布和清除途径等密切相关，甚至可能与纳米药物的递送机制相关。纳米药物的粒径分布涉及纳米药物质量稳定或变化的程度。因此，纳米药物的粒径大小和分布对其质量和药效发挥具有重要影响，是纳米药物重要的质量控制指标。准确的粒径及分布的控制对于保证纳米药物的质量稳定性是必须的。对纳米药物的粒径与分布的控制标准，可根据纳米药物的类型、给药途径和临床需求等综合选择制定。

应选择适当的测定方法对纳米药物的粒径及分布进行研究，并进行完整的方法学验证及优化。粒径及分布通常采用动态光散射法（dynamic light scattering，DLS）进行测定，需要使用经过认证的标准物质（certified reference material，CRM）进行校验，测定结果为流体动力学粒径（Rh），粒径分布一般采用多分散系数（polydispersity index，PDI）表示。除此之外，显微成像技术［如透射电镜（transmission electron microscope，TEM）、扫描电镜（scanning electron microscope，SEM）和原子力显微镜（atomic force microscope，AFM）、纳米颗粒跟踪分析系统（nanoparticle tracking analysis，NTA）、小角 X 射线散射（small-angle X-ray scattering，SAXS）和小角中子散射（small-angle neutron scattering，SANS）等］也可提供纳米药物粒径大小的信息。对于非单分散的样品，可考虑将粒径测定技术与其它分散/分离技术联用。

（3）纳米药物的结构及形态　纳米药物的结构和形状可能影响纳米药物在体内与蛋白质和细胞膜的相互作用、药物的释放、纳米颗粒的降解和转运等。不同纳米技术制备的纳米结构包括囊泡、实心纳米粒、空心纳米粒、核-壳结构或多层结构等；纳米药物常见的形状包括球形、类球形、棒状或纤维状等。纳米药物的结构形状可通过电子显微镜等不同的技术方法进行检测。

必要时可选择适当的方法，检测并控制纳米药物中包封药物的存在形式和/或晶体状态等，从而保证药物质量的可靠性。研究方法包括电镜法（electron microscope，EM）、X 射线粉末衍射法（X-ray powder diffraction，XRD）、差示扫描量热法（differential scanning calorimetry，DSC）、偏振光显微镜检查等。

（4）纳米药物的表面性质　纳米药物的表面电荷可能影响其聚集性能和稳定性、与细胞的相互作用和生物分布等。表面电位取决于纳米药物的粒径大小、组成以及分散介质等。纳米药物的表面电荷一般是基于 Zeta 电位进行评估。Zeta 电位的测定值依赖于测定条件，如分散介质、离子浓度、pH 和仪器参数等，应选择适当的方法和介质进行研究，如相分析动态光散射法（phase analysis light scattering，PALS）、电泳光散射法（electrophoretic light scattering，ELS）或可调电阻脉冲感应技术（tunable resistive pulse sensing，TRPS）等。

纳米药物表面的包衣或功能化修饰可能改善其生物相容性、增加体内循环时间、实现靶向递送等。采用适当的表征技术对纳米药物的表面结构等进行分析可提供评价信息。相关研究方法包括 X 射线光电子能谱技术（X-ray photoelectron spectroscopy，XPS）、X 射线能量色散谱（energy-dispersive X-ray spectroscopy，EDS）、飞行时间-次级离子质谱分析法（time-of-flight secondary ion mass spectrometry，TOF-SIMS）、核磁共振（nuclear magnetic resonance，NMR）、元素分析或高效液相色谱法（high performance liquid chromatography，HPLC）等。

（5）纳米药物的包封率和载药量　　对于载体类纳米药物，有效的药物包封和载药能力可能增加药物的体内外稳定性、控制药物释放速度、调节药物的体内分布等。包封率和载药量与纳米药物处方组成和制备工艺等密切相关，应结合具体药物的特点、给药途径以及治疗剂量等进行标准的制定。

包封率是指包封的药量与纳米药物中总药量的比值。包封率测定的关键是分离游离药物与包封药物，分离的方法包括葡聚糖凝胶柱法、超速离心法和超滤法等。应根据纳米药物的特点进行方法的适用性研究和验证。

载药量是指装载的药量与载体类纳米药物量（药量＋载体量）的比值。载药量与药物-载体的相互作用程度有关。低载药量可能导致辅料使用量过多、纳米粒浓度增加或注射体积变大等，使得临床应用受限，且成本和安全风险可能增加。

（6）纳米药物的体外溶出或释放　　药物的溶出/释放是纳米药物的重要质量属性，对药物的吸收、体内安全性、有效性和体内外稳定性等可能有明显影响。体外溶出/释放不仅是纳米药物的质量控制指标，也可在一定程度上反映纳米药物的体内行为。

无论是使用现有方法或修订及重新建立，纳米药物的溶出/体外释放测定法均应经过充分验证，以确保方法的准确性和重现性；对于产品之间存在的可能影响其临床疗效的差异，应具有较好的区分性，对处方和生产过程中的变化具有一定的敏感性。

纳米药物的体外溶出/释放测定的方法，有取样和分离、连续流和透析等不同类型。在进行体外溶出/释放测定时，应充分考虑方法的适用性，详细描述所用方法、试验条件和参数（如设备/仪器的型号规格、介质、搅拌/旋转速度、温度、pH 值、表面活性剂的类型和浓度等），以说明方法选择的合理性。一般应绘制完整的释放曲线，至释放达到平台期，或释放 80% 以上。

（7）注射用纳米药物的内毒素和无菌检测　　在评估纳米药物的免疫毒性和安全性时，无菌和细菌内毒素的检测非常重要。对无菌和内毒素的要求根据纳米药物处方和给药途径的不同而不同。内毒素通常用鲎试剂（limulus amebocyte lysate，LAL）法测定，有三种形式：显色、浊度和凝胶检测。在一些情况下纳米颗粒可能会干扰 LAL 测定，导致结果不准确或重现性差。常见的干扰包括有色纳米制剂会干扰荧光测定，纳米混悬剂会干扰浊度测定，以及用纤维素过滤器过滤的纳米颗粒会产生假阳性。在使用某一种 LAL 法测定受到干扰时，应考虑采用另一种测定形式。

许多纳米药物因其组成和结构的复杂性，可能无法通过常规的终端灭菌程序进行灭菌，因此无菌检测对于纳米药物非常重要。

7.3.1.2 纳米药物全过程质量控制

一般认为，仅通过检测最终产品的质量属性来保证产品质量是不充分的，有必要加强从生产到使用的全过程的质量控制，以确保纳米药物的质量。具体而言，要对纳米药物所用到的原料药、辅料、包装材料等以及生产阶段、运输阶段、临床配制阶段和使用阶段分别进行相应的质量控制研究，避免不同阶段纳米药物的关键质量属性产生明显变化，并影响其人体安全性和有效性等。

对于载体类纳米药物，聚合物等载体材料不仅应按照药用辅料标准进行检测，而且其生产过程也应作为纳米药物制备过程的一部分，进行严格的质量控制，以保证其制备工艺和质量的可靠性。对载体材料的过程控制一般应包括：合成、提取和纯化过程；任何起始物料的来源、规格、分子量及分布范围；生产过程中的杂质或反应副产物；关键中间体的识别和控制；生物技术衍生和/或生物来源的物质作为起始材料时，应符合相关药用要求等。

为确保制备工艺的可靠性，应对纳米药物制备工艺参数和生产设备采取在线或过程控制，应提供详细的生产工艺开发研究资料、生产设备的厂家、型号等信息；应对制备过程和关键工艺参数进行详细的描述，并制定合理的过程控制策略，如关键步骤的生产条件和时限、关键生产设备的规格和设置、关键中间体的质量控制标准、保存条件与时限等；建立和确定 CQA 对于纳米药物制备的过程控制和优化都非常重要，应在系统研究的基础上根据纳米药物的特性等建立完善合理的检测指标；应重视纳米药物关键生产工艺的优化和验证，如对药物纳米粒的均质工艺条件、无菌纳米药物的无菌工艺条件等进行充分优化和筛选，并进行齐全的验证。另外，纳米药物制备工艺研究是一个动态的持续的过程，应随着研究的进展进行相应的调整和验证，以保证最终产品质量连续可靠。

纳米药物的生产规模同样会影响其质量、安全性和有效性。生产规模的改变可能会影响其表观理化性质、制剂/产品稳定性和工艺材料的残留等，从而影响纳米药物的体内作用、药代动力学与组织分布，导致影响药物的疗效和安全性。因此，应特别关注生产批量对纳米药物质量可控性的影响，在改变生产规模时应进行全面的质量对比检查。为了全面地评估批次间的一致性，不仅要考虑纳米药物的理化性能，还必须考察其生物功能、药物释放行为或其它因素。同样的，尽早建立 CQA 并监测不同批次的相关参数，有助于不同批次纳米药物之间的质量衔接性（如早期开发批和正式商业批），减少批次不同的风险。当纳米药物应用于临床时，应评估其批间差异。注册批和商业批的生产工艺及批量原则上应保持一致。

7.3.1.3 纳米药物的稳定性研究

建立适当的方法来准确评估纳米药物的稳定性非常重要。可能会影响纳米药物稳定性的因素包括：聚合物或纳米颗粒的降解、纳米颗粒的聚集、药物的降解、载体内药物的泄漏、表面修饰分子或包衣材料的降解等。通过简单的粒径和表面电荷测定有时难以全面评估纳米粒的稳定性，需要结合纳米药物自身特点，建立符合要求的评价方法或指标。

稳定性试验应关注但不限于以下指标及其变化：粒径及分布、粒子形状和电荷；药物或纳米颗粒的分散状态；纳米颗粒的再分散性；药物的体外溶出、释放或泄漏；纳米颗粒的降解（包括表面配体的清除或交换）；纳米颗粒和包材的相容性；配制与使用中与稀释液、注射器、输液袋等的相容性。

纳米药物稳定性的研究包括储存期间、配制阶段和临床使用中的稳定性以及影响因素考察。

7.3.1.4　纳米药物的上市后变更

纳米药物上市后的药学变更研究可参考相关指导原则，根据变更对产品质量的影响程度开展药学比较研究、体内生物等效性（bioequivalence，BE）研究或临床研究等。应保留关键批次的样品用于变更前后的数据对比。

关于变更研究深入程度，取决于纳米药物自身特征、变更类型及变更阶段等。提供的变更资料应包括不同批次纳米药物的体外关键性质的比较，特别是可能受变更影响或不能确定影响程度的检测指标。体内研究则应证明变更后药品的安全性和有效性是否发生改变等。

7.3.2　纳米药物的非临床安全性评价

药物非临床安全性评价指导原则的一般原则适用于纳米药物，同时应基于纳米药物的特性，开展针对性的研究。由于纳米药物情况复杂，其安全性研究应遵循"具体问题具体分析"的原则。试验设计应符合随机、对照、重复的基本原则。创新纳米药物应进行全面系统的非临床安全性评价研究。应基于纳米药物结构及其功能的表征信息，结合其物理化学性质，对其非临床安全性进行研究。

7.3.2.1　试验系统的选择

在纳米药物非临床安全性研究时，为获得科学有效的试验数据，应选择最适合的试验系统。选择试验系统时，在充分调研受试物的药效学、药代动力学研究等相关文献资料的基础上，还至少应考虑以下因素：试验系统对纳米药物的药效学反应差异，如敏感性、特异性和重现性；实验动物的种属、品系、性别和年龄等因素。如果选择特殊的试验系统，应说明原因和合理性。

由于纳米药物具有特殊的理化性质，一般情况下，可根据纳米药物的特点先开展体外试验进行早期筛选和安全性风险预评估，如细胞摄取及相互作用、补体激活情况等研究。

在进行动物体内试验时，若已知特定动物种属对某些纳米药物的毒性更为敏感，应考虑将其用于试验。

随着纳米药物的不断发展，替代的毒性测试方法可能有助于研究纳米药物与生物系统的相互作用。快速发展的成像技术以及不同的毒理基因组学技术（如基因组学、蛋白质组学和代谢组学等）可考虑作为毒性评价的补充研究。

7.3.2.2　受试物

受试物应能够充分代表临床试验拟用样品。应提供生产过程、关键质量特征、制剂等方面的信息，如稳定性（药物和载体的化学稳定性、物理稳定性）、分散剂/分散方法、纳米特性（粒径、粒径分布、比表面积、表面电荷、表面配体等）、表面性质（包衣及厚度、配体及密度等）、载药量、浓度、溶解性、从载体的释放/纳米药物的聚集状态及变化过程、表征的方法和检测标准等。

由于在储存和运输等不同条件下纳米药物活性形式的稳定性以及纳米药物的功能性、完整性、粒径范围、载体材料的稳定性及可能降解产物等可能发生变化，试验前应考虑在不同的时间间隔内使用合适的技术方法对纳米药物的纳米特性（粒径分布、表面性质、药物载量等）和分散稳定性（在介质中溶解、均匀分散或团聚/聚集）进行测定和量化。

纳米药物可能产生团聚或者存在稀释后包裹药物释放改变等可能性。若纳米药物需稀释和/或配制后给药，应关注纳米药物配制后在不同浓度、溶媒、体外细胞培养液或者其它体外试验体系下的稳定性、均一性和药物释放率等特征是否发生改变。体外试验需要评估受试物是否在体外细胞培养液或者其它体外系统中产生团聚，需要测试满足体外试验浓度和时间条件下纳米药物颗粒大小是否发生改变，评估体外试验进行安全性评价的可行性。

7.3.2.3　试验设计的基本考虑

纳米药物非临床安全性研究的试验设计除遵循普通药物非临床安全性研究的一般原则外，还应关注以下几个方面。

（1）**给药剂量**　纳米药物溶解性、稳定性等多方面因素与普通药物的差异对试验拟最大给药剂量的影响。

在描述纳米药物的剂量反应关系时，除采用传统的质量浓度外，可考虑同时提供质量浓度和纳米颗粒数目/比表面积的剂量单位信息。

（2）**对照组设置**　对于包含新药物活性成分的纳米药物，建议设计单独的药物活性成分组，以考察纳米药物与单独的药物活性成分在安全性上存在的差异。

对于包含新纳米载体的纳米药物，应设计单独的无药纳米载体组，以考察新纳米载体的安全性及其对活性药物成分的安全性的影响。

（3）**检测时间和频率**　部分纳米药物在组织中的清除速度较慢，即使停药一段时间后仍可能存在蓄积，应根据纳米药物在不同组织器官中的蓄积情况合理设置毒性指标的检测时间点和检测频率，必要时可考虑适当延长恢复期的时间和/或设置多个恢复期观察时间点。

（4）**结果分析和风险评估**　应重点关注纳米药物及其活性成分和/或载体材料相关的神经系统、生殖系统和呼吸系统毒性、遗传毒性、致癌性、免疫原性、免疫毒性等，对组织靶向性、毒性特征和作用机制进行综合分析和评估。

在免疫功能评估时，应考虑对免疫激活（如补体系统、细胞因子分泌、诱导抗体反应和过敏反应等）和/或免疫抑制的影响，必要时关注对单核吞噬系统功能的影响。

在对产品或工艺进行变更（如产品或工艺优化）之前，应根据变更的程度及风险，谨慎评估对产品安全性的影响。必要时，需开展非临床对比研究。

7.3.2.4　重点关注内容

（1）**免疫原性和免疫毒性**　纳米药物主要经单核吞噬细胞系统（mononuclear phagocyte system，MPS）的吞噬细胞清除。由于吞噬细胞主要由聚集在淋巴结和脾脏的单核细胞和巨噬细胞以及肝巨噬细胞（Kupffer细胞）等组成，因此纳米粒子更容易聚集到肝脏、脾脏和淋巴组织等器官。此外，纳米颗粒在体内可能会与体液的不同成分相互作用，在纳米材料表面吸附不同生物分子（以蛋白质分子为主）形成生物分子冠层（如蛋白冠），进而被免疫细胞表面受体识别，容易被免疫细胞捕获吞噬，或者蓄积于单核巨噬细胞系统，产生免疫原性和免疫毒性，还可导致类过敏反应。

在纳米药物的研发和使用过程中，应关注纳米药物由于其特殊性质、靶点情况、拟定适应证、临床拟用人群的免疫状况和既往史、给药途径、剂量、频率等相关因素导致的免疫原性和免疫毒性风险，根据免疫反应的潜在严重程度及其发生的可能性，确定相应的非临床安全性评价策略，采用"具体问题具体分析"原则进行免疫原性和免疫毒性的风险评估。在常规毒理学研究的基础上，伴随检测免疫原性，同时结合追加的免疫毒性研究进行综合评价。

此外，还应考虑纳米药物可能存在免疫增强、免疫抑制、补体活化、炎症反应、过敏反应、细胞因子释放等风险，设计特异性的试验进行评估。免疫原性和免疫毒性相关评估方法可参考《药物免疫原性研究技术指导原则》、ICH S8 等指导原则中的相关要求。

（2）**神经系统毒性**　纳米药物与普通药物相比更容易透过血脑屏障，在某些情况下可能会增加人们对安全性的担忧。一些纳米药物透过血脑屏障后进入中枢神经系统，与神经细胞发生相互作用而产生相应的生物学效应和/或导致神经毒性。因此，对于纳米药物，应关注纳米药物透过血脑屏障的情况（如血脑浓度比值），进一步评价其潜在神经毒性作用。纳米药物的神经毒性研究应根据受试物分布特点，结合一般毒理学、安全药理学试验结果等综合评价神经毒性风险，并根据评估结果决定是否需要开展进一步的补充研究。对于具有潜在神经毒性风险的纳米药物，建议开展体外毒性研究（如神经细胞活力测定和细胞功能测定）和体内动物试验。体内动物试验主要包括神经系统的安全药理学试验，以及结合重复给药毒性试验开展的神经系统评价，必要时可考虑开展神经行为学试验和使用成像技术追踪纳米药物及载体在神经系统内的迁移、分布和吸收等研究。

某些纳米药物由于其药代特征的改变可能引起外周神经毒性，应根据品种具体情况加强研究或进行针对性研究。

（3）**遗传毒性**　新药物活性成分的纳米药物和新纳米载体/辅料需要开展遗传毒性评价。由于纳米药物对活性成分的载药量、释放行为和细胞摄取程度有影响，也与药代动力学、生物分布和清除途径以及药物递送机制等密切相关，因此，建议根据纳米药物的作用特点，以遗传毒性标准组合试验为基础，设计合适的试验并开展研究。

某些纳米药物细胞摄取程度可能不同于普通药物，因此进行体外遗传毒性试验时应分析其细胞摄取能力。细菌回复突变试验（ames）可能不适合于检测无法进入细菌内的纳米药物。体外哺乳动物细胞试验建议使用可摄取纳米药物的细胞系，同时应考虑纳米药物在细胞内发挥作用的浓度、时间点进行合适的试验设计，并同时对细胞摄取能力进行分析。进行体内遗传毒性试验时，需通过适当方式研究确定纳米药物在骨髓、血液等取样组织中有暴露且不会被快速清除，否则可能导致假阴性结果。

（4）**致癌性**　纳米药物开展致癌试验的必要性以及致癌性试验要求可参考 ICH S1 指导原则。

（5）**生殖毒性**　纳米药物可能容易通过胎盘屏障、血睾屏障、血乳屏障等生物屏障，从而对生殖器官、生育力、胚胎-胎仔发育、子代发育产生不良影响。因此，应关注纳米药物的生殖毒性风险。生殖毒性评价的研究策略、试验设计、实施和评价等参考 ICH S5 指导原则，同时应关注纳米药物在生殖器官的分布和蓄积情况。在生育力和早期胚胎发育试验中，如果纳米药物存在蓄积或延迟毒性，可考虑适当延长交配前雄性动物给药时间，除常规精子分析（如精子计数、精子活力、精子形态）外，必要时可增加检测精子功能损伤的其它指标。在围产期毒性试验中，应注意考察 F1 子代的神经毒性、免疫毒性、免疫原性等毒性反应情况，必要时可开展更多代子代（如 F2、F3 等）的生殖毒性研究。

（6）**制剂安全性**　对于注射剂型，在进行体外溶血试验时应关注纳米药物在溶液中是否会存在团聚现象。若发生团聚，因对光线存在折射和散射的效应可能会导致测量结果失真，不宜采用比色法（分光光度计）进行体外溶血试验，推荐采用体内溶血的方法进行试验。

（7）**毒代动力学**　纳米药物受其尺度、表面性质和形状等物理化学性质的影响，药物的转运模式发生变化，其体内吸收、分布、代谢、排泄等药代动力学行为均可能发生明显变化，进而引起有效性与安全性方面的改变。部分纳米药物可能在组织中存留的时间较长，组织暴露量高于系统暴露量，尤其毒性剂量下在组织中的存留时间可能会明显比药效剂量下更长，在体内某些组织器官发生蓄积，这种蓄积作用在纳米药物多次给药后，可能产生明显的毒性反应。因此，应通过毒代动力学研究纳米药物在全身和/或局部组织的暴露量、组织分布和清除（必要时）以及潜在的蓄积风险，为纳米药物的毒性特征的阐释提供支持性数据。

对于非临床安全性评价中的毒代动力学研究及体内药物分析方法的具体技术要求可参考《纳米药物质量控制研究技术指导原则（试行）》《药物毒代动力学研究技术指导原则》《药物非临床药代动力学研究技术指导原则》中的相应内容。

7.3.2.5 不同给药途径的特殊关注点

经皮给药：纳米药物可能毛囊渗透性提高或分布至局部淋巴结，不同皮肤状态（如完整、破损、患病）可能影响纳米药物透皮的渗透性，此外，不同于普通药物，纳米药物可能与光照相互作用从而影响皮肤与光的相互作用。因此，毒性试验中应注意考察不同皮肤状态、不同影响因素下纳米药物在给药局部和全身系统的暴露量差异以及相应的毒性风险。

皮下给药：与其它给药途径（如皮肤给药）相比，纳米药物进入角质层下敏感性更高，也可能增强对其它过敏原的敏感性，需关注不溶性纳米药物在皮下的蓄积和转移以及相应的毒性风险。

鼻腔给药：鼻腔黏膜穿透性较高且代谢酶相对较少，对纳米药物的分解作用低于胃肠黏膜，有利于药物吸收并进入体循环。纳米药物还可能通过嗅神经通路和黏膜上皮通路等透过血脑屏障进入脑组织。因此，应关注鼻腔给药的系统暴露量升高以及脑内暴露量升高而带来的安全性风险。

吸入给药：由于纳米药物可广泛分布于肺泡表面，并透过肺泡进入血液循环，因此对于吸入制剂，应关注局部/呼吸毒性。还应关注不溶性载体类纳米药物在肺部的蓄积和转移以及相应的毒性风险。

静脉注射给药：与相同成分的非纳米药物相比，注射用的纳米药物可能具有不同的活性成分组织分布和半衰期，非临床安全性评价时应关注可能的影响；此外，血液相容性可能会发生变化。

口服给药：对于口服药物，使用纳米组分通常是为了提高药物活性成分的生物利用度。如果药品中含不溶性纳米成分，毒理学试验应考虑到这一点，并包含这些不溶性纳米成分可能蓄积的组织的评估。

7.3.3 纳米药物的非临床药代动力学

《药物非临床药代动力学研究技术指导原则》的一般原则适用于纳米药物。但与普通药物相比，纳米药物因其特殊的纳米尺度效应和纳米结构效应等理化特性，使其具有特殊的生物学特性，从而导致其药代特征与普通药物可能存在较大差异，如组织分布、蓄积和清除等。此外，由于纳米药物理化性质的特殊性及体内可能存在多种形态，对其药代动力学研究方法提出了特殊要求。

应采用工艺相对稳定、能充分代表临床拟用样品的受试物开展非临床药代动力学研究。试验样品储存、运输、配制和测定过程中，所包含的纳米粒子的性质有可能发生变化（如聚集、渗漏、结构破坏等），从而导致其动力学行为的改变，而不能真实反映纳米药物的药代特征。因此，在研究过程中需确保受试物的相关性质不发生明显改变。

7.3.3.1 载体类纳米药物药代动力学研究

与普通药物相比，载体类纳米药物具有特殊的纳米尺寸、纳米结构和表面性质等，这可能导致药物的理化性质和生物学行为发生变化，如提高药物的体内外稳定性、改善药物的溶解与释放特性、促进药物的跨膜转运、改善药物的药代动力学特征、体内分布以及对组织器官或细胞的选择性等。充分了解载体类纳米药物的体内、体外药代动力学信息对其非临床安全性和有效性评价具有重要的意义。

（1）体外试验　鉴于当前技术手段的局限性，某些体内信息尚无法准确获得，但在体外模拟情况下，可以对某些体内相关行为进行预测性分析。针对载体类纳米药物的体外试验，包括但不限于以下内容。

① 生物样本中的稳定性　在体内试验前，应对载体类纳米药物在合适的动物种属和人的全血或血浆、其它生理体液、生物组织匀浆中的体外稳定性进行研究，观察指标包括载体类纳米药物渗漏或释放情况、载体材料降解、载药纳米的分散程度等。

② 血浆蛋白吸附　对于具有长循环效应的纳米药物，其体内（尤其是全血或血浆中）的滞留时间是决定纳米药物向单核吞噬系统（mononuclear phagocyte system，MPS）以外的靶部位定向分布的关键因素之一，而血浆调理素（如免疫球蛋白、补体蛋白等）的吸附及其介导的吞噬作用则是体内长循环时间的最主要限制因素。为此，对于经注射进入体循环或经其它途径给药但最终进入体循环的纳米药物，应在体外进行血浆蛋白的吸附试验，以评价血浆蛋白对纳米药物的调理作用。试验中可选用提纯的蛋白对吸附作用进行定量考察。

③ 蛋白冠研究　在体内环境中，蛋白可能附着于载体类纳米药物表面形成蛋白冠，蛋白冠的形成可能影响纳米药物的血液循环时间、靶向性、生物分布、免疫反应、毒性等。必要时，考虑采用动物和人血浆在模拟体内条件下对蛋白冠的组成及其变化进行定性和/或定量分析。

④ 细胞摄取与转运　细胞对纳米药物的摄取与转运与普通药物可能存在差异。必要时，在充分考虑纳米药物体内的处置过程的基础上，选择适当的细胞系进行细胞摄取以及胞内转运过程和转运机制的研究。

（2）体内试验　载体类纳米药物进入体内后，存在载药粒子、游离药物、载体材料及其代谢产物等多种形态成分，"载药粒子-游离药物-载体材料"始终处于一个动态的变化过程之中，对其体内相互关系进行全面解析，是载体类纳米药物药代动力学研究的关键。

① 吸收　纳米药物可以通过静脉、口服、皮下或肌肉等多种途径进入机体，给药途径是决定纳米药物吸收的重要因素。静脉给药后，纳米药物直接进入体循环；经口给药后，载药粒子进入胃肠道后少量可能通过淋巴系统被吸收进入全身循环；经皮下和肌肉途径给药后，载药粒子通过淋巴系统吸收（主要为局部淋巴结），然后分布进入全身循环。

普通药物的体内吸收主要通过测定体循环中的活性药物浓度，以暴露量来体现。载体类纳米药物与普通药物的区别在于其功能单位"载药粒子"的存在。因此需要分别测定血液中游离型药物、负载型药物和载体材料等不同形态成分的浓度，鼓励测定血中载药粒子的浓度（以质量计），以进一步获得体内药物释放动力学及载体解聚/降解动力学的相关信息。

生物样品采集时，应合理选择采样时间点和采样持续时间，以充分反映纳米粒子在体内的清除过程。通常认为初始分布相（如静脉注射给药<30min内）的信息对于评估纳米

药物从血液循环中的消除过程至关重要，应特别关注。

值得注意的是，某些载体类纳米药物静脉注射（如聚乙二醇化载药粒子）可诱导免疫反应。再次注射后，在血液中会被加快消除，甚至丧失长循环特性，并且在肝脾等 MPS 组织的聚集量增加，即"加速血液清除"（accelerated blood clearance，ABC）现象。因此，此类载体类纳米药物在多次给药试验时，建议考察是否存在 ABC 现象。

② 分布　纳米药物在组织器官中的分布取决于载药粒子自身的物理化学性质及其表面特性；同时，还受血中蛋白结合、组织器官血液动力学、血管组织形态（如间隙大小）等多种因素影响。与普通药物不同，载体类纳米药物在体内始终存在"载药粒子-游离药物-载体材料"多种形态的动态变化过程。其中载药粒子是药物的运输工具和储库，靶部位/靶点（如肿瘤组织）中的游离药物是发挥药效的物质基础，而其它组织中的游离药物、载药粒子、载体材料等则是导致不良反应的物质基础。

因此，应进行不同组织中总药物分布研究，建议对靶器官和潜在毒性器官中的游离型药物和负载型药物分别进行测定。对于缓慢生物降解或具有明显穿透生理屏障性质的高分子载体材料，建议进行不同组织中总载体材料的分布研究。同时鼓励在不同组织中进行总粒子分布动力学和释药动力学研究。

③ 代谢　载体类纳米药物中的活性药物及其解聚的载体材料在体内主要经肝脏及其它组织中的代谢酶代谢。此外载药粒子易被 MPS 吞噬，进而被溶酶体降解或代谢，可能对药物和载体材料代谢产物的种类和数量产生影响。因此，应确定活性药物和载体材料的主要代谢途径，并对其代谢产物进行分析。

④ 排泄　载体类纳米药物中的活性药物和载体材料可能通过肾小球滤过和肾小管分泌进入尿液而排泄，或通过肝脏以胆汁分泌形式随粪便排泄。载药粒子自身一般不易经过上述途径直接排泄，需解聚成载体材料或载体材料降解后主要从肾脏经尿排泄，由肝脏排泄的较少。因此，应确定给药后活性药物的排泄途径、排泄速率及物质平衡。同时鉴于载体材料的特殊性，建议根据载体材料的具体情况对其开展排泄研究。

⑤ 药物相互作用　载体类纳米药物进入体内后可能会对代谢酶和转运体产生影响。联合用药时，可能发生基于载药粒子、游离药物、载体材料与其它药物之间的相互作用，带来潜在的安全性风险。建议评估是否存在对代谢酶及转运体的抑制或诱导作用。

（3）样品分析

① 分析方法　试验时需根据载体类纳米药物的具体情况采用合适并经过验证的分析方法。

活性药物的常用分析方法有：高效液相色谱法（HPLC）、液相色谱-串联质谱法（LC-MS/MS）、荧光标记法、放射标记法、酶联免疫吸附测定法（ELISA）等。

鼓励对载药粒子进行体内检测。可采用荧光、放射性物质等标记载药粒子，采用小动物活体荧光成像仪（IVIS）、单光子发射计算机断层成像术（SPECT）等示踪载药粒子，并基于影像信号进行半定量分析。在适用条件下，鼓励采用环境响应探针，如基于聚集导致淬灭（ACQ）、荧光共振能量转移（FRET）、聚集诱导发光（AIE）效应的近红外荧光探针，标记载药粒子，进行载药粒子的体内定量或半定量分析。

高分子载体材料由于其自身及其体内代谢产物分子量呈多分散性，采用荧光或放射标记的方法可对其进行体内定性和半定量分析，但是需通过试验证明标记物在体内不会脱落或被代谢。随着 LC-MS/MS 法在高分子材料中的广泛应用，可尝试采用 LC-MS/MS 法进行载体材料体内定性与定量分析研究。

② 样品处理方法　载药粒子在体内存在游离型药物与负载型药物，在进行药代动力学研究时需要对载药粒子与游离型药物进行有效地分离。分离体液中游离型/负载型药物的常用方法包括：平衡透析、超速离心、超滤、固相萃取、排阻色谱、柱切换色谱等。目前，尚没有适用于所有类型纳米药物的标准处理方法，应基于载药粒子和活性药物的性质来选择合适的方法。

对于体内游离型/负载型药物的测定主要包括直接法与间接法。直接法是分别测定游离型药物和载药粒子中的负载型药物，更能准确体现暴露量；间接法是测定总药物浓度和游离药物浓度，取二者差值即为负载药物浓度。为保证测定的准确性，两种方法在样品处理和分离过程中，均需确保载药粒子、游离药物、解聚材料等不同形态成分的状态不发生变化。

载药粒子在组织匀浆过程中易被破坏或释放药物，从而可能导致无法准确测定组织中不同形态药物或载体材料的真实浓度，因此，建议选择合适的组织样品预处理与分离方法。

③ 分析方法学验证　载体类纳米药物体内分析方法学建立时，建议校正曲线及质控生物样本应模拟给药后载药粒子、游离型药物、负载型药物、载体材料的体内实际状态进行制备。

分析方法学验证内容参照相关指导原则。

（4）数据分析及评价　应有效整合各项试验数据，选择科学合理的数据处理及统计方法。如用计算机处理数据，应注明所用程序的名称、版本和来源，并对其可靠性进行验证。

对所获取的数据应进行科学和全面的分析与评价，综合论述载体类纳米药物的药代动力学特点，分析药代动力学特点与药物的制剂选择、有效性和安全性的关系，从体外试验和动物体内试验的结果，推测临床药代动力学可能出现的情况，为药物的整体评价和临床研究提供更多有价值的信息。

普通药物给药在达到分布平衡后，一般情况下药物在循环系统中的浓度与在靶组织中的浓度呈正相关，基于血药浓度的传统药代动力学模型，可以间接反映药物在靶组织中的浓度及其药理效应。但是载体类纳米药物在体内一直存在着释药过程，在测定载药粒子、载体材料、负载与游离型药物浓度的基础上，结合纳米药物发挥药效的作用方式，鼓励建立适合于纳米药物的药代动力学模型，以评估载体类纳米药物的药代动力学行为。

7.3.3.2　药物纳米粒药代动力学研究

药物纳米粒主要由活性药物以及少量稳定剂构成，不需要载体材料，活性药物分散于介质中，形成一定粒度的胶体分散体系，在文献中通常被称为纳米混悬液。纳米粒子的形成显著改变了活性药物的溶出特征及其与机体的相互作用，因此其体内药物动力学行为可能发生显著的改变。药物纳米粒是由药物自身形成的固态粒子，与载体类纳米药物有一定的相似性，因此其药代动力学研究可参考载体类纳米药物的研究思路，并根据药物纳米粒的特征进行适当调整。

此外，仅以提高表观溶解度和溶解速率为目的的口服药物纳米粒的药代动力学研究可参考非纳米药物的研究思路。

药物纳米粒的体内过程也可以采用标记法进行研究，但由于药物纳米粒的骨架排列紧致，标记物不易被包埋。药物纳米粒的标记可采用杂化结晶技术，探针的使用应不影响药物纳米粒的基本理化性质和药代动力学行为。

7.3.3.3　其他需关注的问题

对于不同给药途径的纳米药物，在进行非临床药代动力学研究时，除了上文所涉及的研究内容外，尚需要关注以下内容。

（1）**经皮给药** 纳米材料可能会具有较强的毛囊渗透性或分布到局部淋巴结处。不同皮肤状态（如完整、破损、患病）可能影响纳米药物透皮的渗透性。因此，在非临床药代动力学评估纳米药物暴露程度时应考虑这种影响。应注意考察不同状态下纳米药物在给药局部和全身系统的暴露量差异，并为毒理学试验设计提供暴露量参考信息。

（2）**皮下给药** 与其它给药途径（如皮肤给药）相比，经皮给药后纳米药物进入角质层下敏感性更高，也可能增强对其它过敏原的敏感性，需关注不溶性纳米药物在皮下的蓄积和转移。

（3）**吸入给药** 由于纳米药物可广泛分布于肺泡表面，并透过肺泡进入血液循环，纳米药物的肺部沉积、呼吸组织中的分布以及系统生物利用度可能与较纳米药物更大的粒子不同。应关注不溶性载体类纳米药物在肺内的蓄积及转移。

（4）**静脉注射给药** 与相同成分的非纳米药物相比，注射用的纳米药物可能具有不同的活性成分组织分布和半衰期，非临床药代动力学研究时应予关注。

（5）**口服给药** 对于口服药物，使用纳米组分通常是为了提高药物活性成分的生物利用度。如果口服药物中含不溶性纳米成分，其非临床药代动力学研究应该评估不溶性纳米成分的组织分布、排泄与蓄积情况。

参考文献

[1] 陈玉祥．纳米药物评价技术与方法[M]．北京：化学工业出版社，2012.

[2] 杨祥良．纳米药物安全性[M]．北京：科学出版社，2010.

[3] 穆罕默德·拉扎·沙赫．基于脂质的纳米载体在药物递送和诊断中的应用[M]．北京：科学出版社，2019.

[4] 刘荣．难溶性药物制剂技术[M]．北京：化学工业出版社，2022.

[5] 国家药品监督管理局药品评审中心．纳米药物质量控制研究技术指导原则（试行）．2021.

[6] 塔苏．纳米粒药物输送系统．北京：北京大学医学出版社，2010.

[7] 国家药品监督管理局药品评审中心．纳米药物非临床药代动力学研究技术指导原则（试行）．2021.

[8] 国家药品监督管理局药品评审中心．纳米药物非临床安全性评价研究技术指导原则（试行）．2021.

第 8 章
生物药物的
创制

8.1

生物药物概述

8.1.1　生物药物的概念

　　药物（drug）是用于预防、治疗、诊断疾病、调节机体生理功能或促进机体康复保健的物质。中国的三大药物来源包括化学药物、生物药物和中草药。生物药物（biopharmaceutics）是以生物体、生物组织或其成分为原料（包括组织、细胞、细胞器、细胞成分、代谢物、排泄物等），综合应用生物化学、物理化学、微生物学、免疫学与药学的原理与方法加工制成的一类药物。生物药物的研究范围包括各类生物药物制造的工艺技术基础、理论、原理、工艺过程和制剂技术及其质量控制，还包括各类生物药物的来源、结构、性质与临床用途。

　　生物药物具有药理学（pharmcology）特性：活性强、有些药物是体内存在的天然活性物质；生物药物治疗针对性强，有些生物药物是基于生理生化机制而研制的；生物药物毒副作用一般较小，营养价值高，但有些药物可能具有免疫原性或产生过敏反应。生物药物还具有含量低、杂质多、工艺复杂、收率低、技术要求高等特点。有些生物药物的组成结构复杂，需具有严格的空间结构才有生物活性，对多种物理、化学、生物学因素不稳定。此外，有些生物药物小剂量即可产生高活性，因此，对药物的有效性和安全性的评价要有一套完备和严格的标准。

8.1.2　生物药物的发展简史

　　生物药物的发展大体可分为三个阶段：传统生物制药技术阶段（traditional biopharmaceutics）、近代生物制药发展阶段（recent biopharmaceutics）和现代生物制药阶段（modern biopharmaceutics）。

　　传统生物制药技术阶段指从生物材料粗加工制成粗制剂阶段。中医上习惯把甲状腺疾病统称为"瘿瘤"，主要症状为甲状腺囊肿、肿瘤、团块结节。公元 4 世纪东晋时期葛洪的《肘后备急方》中记载了"海藻酒"治瘿病的方法，海藻中的药物碘元素含量很高，被认为是中国最早提出用含碘药物治疗"瘿病"的人，现代医学中碘元素是合成甲状腺激素的重要原料已经是共识。"雀目"也称为夜盲症，是指夜间视物不清的一类眼病。我国唐代医药学家孙思邈在其《备急千金要方》和《千金翼方》中记载了他用羊肝治疗人的夜盲症和用羊的甲状腺（"羊靥"）治疗人的甲状腺病（"肿脖子"）的经验。3000 多年前人们用长霉的豆腐治疗皮肤病。

　　近代生物制药发展阶段包括脏器制药、微生物制药时期和生物制药工业时代。20 世纪 20 年代发现的代表性生物药物，如胰岛素、甲状腺素、必需氨基酸（EAA）、必需脂肪酸（EFA）、维生素 C 等。其中胰岛素是由胰岛 B 细胞分泌的一种蛋白质激素。可降低机体内的血糖水平，促进糖原、脂肪、蛋白质合成。临床多用外源性胰岛素皮下注射来治疗糖尿病。20 世纪 40 年代发现的青霉素是世界上第一个抗生素并应用于临床细菌感染的治疗中，青霉素的出现也是人类抗菌史的重要转折点。20 世纪 50 年代发现的代表性生物药物为皮质激素和垂体激素。其中皮质激素是肾上腺皮质所合成分泌的激素总称，属甾体类化合物，具有抗炎、免疫抑制、抗过敏和抗休克的作用。垂体激素（hypophyseal hormones）可调节动物体的生长、发育、生殖、代谢，或控制各外周内分泌腺体以及器官的活动。20 世纪 60 年代的酶制剂、维生素的出现也是近代生物制药发展阶段的标志性成果。60 年代后，生物分离工程技术与设备广泛应用，生化产品达 600 多种，使得生物制药逐渐进入工业时代。

现代生物制药阶段是以基因工程为主导，以细胞工程、发酵工程、酶工程和蛋白质工程为技术基础。现代生物技术近 20 年来发展迅速，生物技术新药产业中心正在迅速崛起并日益影响和改变着人们的生产和生活方式。目前，全世界的主要生物技术成果集中应用于制药工业，用以开发特色新药或对传统医药进行改良，由此引起制药工业的重大变革，使得生物药物得以迅速发展。现代生物药物研发已经进入蛋白质工程药物时代，有些新药的一级结构与功能和天然活性蛋白质完全一样；对天然产物表达物进行简单修饰，如PEG 化或糖基化修饰；在 DNA 水平上，合理设计、改造、创制新型治疗蛋白，以提高活性，减少或消除毒副作用，提高体内外稳定性；有些改造后的新药会产生新的功能特性。治疗性抗体发展迅猛，近 40 年来，FDA 已批准超 100 款抗体药物，在抗肿瘤、治疗风湿性关节炎、防止感染、抗血小板凝集等方面疗效突出。代表性药物如抗 TNF-α 嵌合抗体、TNF-α-R-Fc 融合蛋白。目前应用于蛋白药物的主要表达方式包括原核大肠杆菌表达、酵母表达、哺乳动物细胞表达等，但随着时间的推移哺乳动物细胞表达产物所占比重快速增加，这其中包括抗体、酶、凝血因子等，如 t-PA（组织纤溶酶原激活剂）、EPO（促红细胞生成素）等。RNA 干扰（RNA interference，RNAi）是指生物体细胞内，dsRNA（双链 RNA）引起同源 mRNA 的特异性降解，因而抑制相应基因表达的过程。其是一种转录后水平的基因沉默，在生物体内普遍存在，是抵御外在感染的重要保护机制。RNA 干扰技术也已经被广泛应用于生物药物研发。DNA 疫苗与基因药物发展迅速，将功能基因与表达载体重组，导入人体细胞，使其在体内表达活性蛋白，产生免疫或治疗作用，属于基因治疗剂类生物药物。如乳腺癌 DNA 疫苗可用于杀灭病毒性肿瘤；黑色素瘤基因治疗可使病人晚期肿瘤消失，可以对黑色素瘤产生有效清除作用。

8.1.3　生物药物的发展与展望

当前生物医药产业领域制药技术是热点，关于基因组与蛋白质组的研究逐渐增多，给生物制药提供了较多的创新发展机会。现代生物制药的发展同步生物技术的发展历程，主要包括对天然生物材料的提取制药、发酵工程制药、酶工程制药、细胞工程制药和基因工程制药。生物药物在世界范围内蓬勃兴起，我国虽起步较晚，但在国家"十三五"规划、"十四五"规划的重点支持下，在开发、研制和生产生物药品方面都取得了一定成绩，基因工程药物的开发、研制及生产已经颇具规模化。目前，我国自主研发的乙肝疫苗、重组胰岛素、干扰素、重组表皮生长因子等多种生物药品，对临床医疗和诊断起到了巨大的医学作用。多肽类药物、单克隆抗体研制、B 型血友病治疗等也取得重大进展。

国外生物制药的发展方向主要包括克隆技术的发展、血管生长的研究、艾滋病疫苗研究以及药物基因组学研究等。而国内生物制药的发展方向则更为多样，主要包括天然植物有效成分的发酵生产，改造抗生素工艺技术，大力开发疫苗和酶诊断试剂，开发活性蛋白和多肽药物，开发靶向药物，发展氨基酸工业和开发脑垂体激素，人源化的单克隆抗体的研究开发，血液替代品的研究与开发和人类基因组研究。

与其他行业相比，医药行业尤其是制药行业可谓是朝阳行业，产业化模式优势日益凸显。产业集群化发展形成生物资金、人才、技术密集的区域，能够持续推动生物制药的发展；将生物制药技术从科研逐步移向产业化生产，以委托外包形式建立同盟形成优势互补，进一步促进生物制药创新与发展；预防性治疗与治愈药品将作为关键开发领域；为了应对新病迅速产生的需求，新生物药品将成为生物制药重点；生物制药将不断进行各种技术创新，继续向基因治疗领域扩展。总之，生物药物发展前景十分广阔。

8.2

生物药物的类别

生物药物根据其采用的技术可大体分为四类，包括重组 DNA 药物、基因药物、天然生物药物和生物制品。

重组 DNA 药物，又称基因工程药物，包括细胞因子干扰素类药物、细胞因子白介素类和肿瘤坏死因子、造血功能药物、生长因子类药物、重组蛋白和多肽类激素、心血管病治疗剂与酶制剂、重组疫苗与治疗性抗体等。

基因药物是以 DNA、RNA 为物质基础制造的药物，一般把采用 DNA 重组技术或单克隆抗体技术或其他生物技术制造的蛋白质、抗体或核酸类药物统称为生物技术药物。其活性成分可为 DNA 或 RNA，以及基因改造的病毒、细菌或细胞，通过将外源基因导入靶细胞或组织，替代、补偿、阻断、修正特定基因，以达到治疗和预防疾病的目的。基因药物是当今最前沿的药物开发领域之一，在治疗遗传病、癌症、糖尿病以及预防传染病等方面正不断取得突破性进展，主要包括基于病毒载体的遗传病治疗药物、溶瘤病毒、基因编辑药物、mRNA 药物、小核酸药物等。

天然生物药物是指经现代医药体系证明具有一定药理活性的动物药、植物药、生化药物、微生物药物和海洋药物，其中植物药是以植物初生代谢产物如蛋白质、多糖和次生代谢物（如生物碱、酚类、萜类）为有效成分的原料药、制剂。植物药在天然生物药物中占据主导地位。在治疗上，植物药物因其毒副作用小、来源广泛而备受重视，在临床治疗中也得到了广泛的应用。微生物药物是指来源于微生物整体或部分实体、初级代谢产物或次级代谢产物的一类药物。

生物制品是指以微生物、寄生虫、动物毒素、生物组织作为起始材料，采用生物学工艺或分离纯化技术制备，并以生物学技术和分析技术控制中间产物和成品质量制成的生物活性制剂，包括菌苗、疫苗、毒素、类毒素、抗毒素、免疫血清、血液制品、免疫球蛋白、抗原、治疗性抗体、变态反应原、细胞因子、激素、酶、发酵产品、单克隆抗体、

DNA 重组产品、体外免疫诊断制品等。

此外，对生物药物还可根据其化学性质、原料来源、生理功能和用途进行分类。按照生物药物的化学性质，可分为氨基酸类药物及其衍生物、多肽和蛋白类药物、酶类药物、核酸类药物、糖类药物、细胞因子类药物、细胞制品类药物。许多氨基酸有其特定的药理效应，临床上常通过直接输入氨基酸制剂改善患者营养状况，增加治疗机会，促进康复。多肽和蛋白类药物是指用于预防、诊断、治疗的多肽和蛋白质类生物药物。多肽类药物原料简单易得，药效高，副作用低，不蓄积毒性，用途广泛，品种繁多，新药物层出不穷，且因其研发过程目标明确，所以针对性强。酶类作为生物催化剂普遍存在于动植物和微生物中，可直接从生物中提取，也可通过生物化学合成的方法获得。核酸类药物已广泛应用于临床放射病、血小板减少症、慢性肝炎等的治疗。糖类药物是指含糖药物或者以糖类为基础的药物。细胞因子类药物是指有机体细胞合成和分泌的小分子多肽，可调节机体的生理功能，参与各种细胞的增殖、分化、凋亡和行使各种功能。如干扰素是最早发现、研究最多和第一个被用于临床的细胞因子类药物。近年来，随着干细胞治疗、免疫细胞治疗和基因编辑等理论技术和临床医疗探索研究的发展和日益完善，细胞制品类药物的研发已成为热点，为一些重大及难治性疾病提供了新的思路和治疗方法。按照原料来源分为人体组织来源的生物药物、动物组织来源的生物药物、植物来源的生物药物、微生物来源的生物药物和海洋生物来源的生物药物。按照生理功能和用途分类分为治疗药物、预防药物、诊断药物和其他生物医药用品。

8.2.1 核酸类药物

核酸是由核苷酸组成的。核苷酸由碱基、戊糖和磷酸组成，碱基与戊糖组成的单元叫核苷。狭义的核酸是指核糖核酸（RNA）和脱氧核糖核酸（DNA）。广义的核酸是指碱基、核苷、核苷酸、多聚核苷酸、核酸及其衍生物。以广义核酸来定义核酸药物是指天然核酸药物及其衍生物。主要包括：碱基及其衍生物、核苷及其衍生物、核苷酸及其衍生物和多核苷酸类药物。核酸类药物的主要用途包括抗病毒、抗肿瘤、干扰素诱导剂、免疫增强剂和供能剂。

（1）碱基及其衍生物类药物　碱基及其衍生物类药物多指经过人工化学修饰的碱基衍生物，如巯嘌呤、氟尿嘧啶等。

巯嘌呤（mercaptopurine）

化学名为 6-巯基嘌呤，属于抑制嘌呤合成的细胞周期特异性药物，化学结构与次黄嘌呤相似，因此能够竞争性地抑制次黄嘌呤的转变过程。可口服给药，在抗肿瘤方面应用较多，适用于绒毛膜上皮癌、恶性葡萄胎、急性淋巴细胞白血病及急性非淋巴细胞白血病、慢性粒细胞性白血病的急变期。不良反应：常见骨髓抑制，使白细胞及血小板减少；可致胆汁淤积而引起黄疸。服药过量的患者也可能出现恶心、呕吐、食欲减退、腹泻和口腔炎症等；白血病治疗初期，也可能导致高尿酸血症，严重的可致尿酸性肾病；偶尔可致间质性肺炎和肺纤维化。

氟尿嘧啶（5-fluorouracil）

化学名为 2,4-二羟基-5-氟嘧啶，嘧啶类的氟化物，属于抗代谢抗肿瘤药，能抑制胸腺嘧啶核苷酸合成酶，阻断脱氧嘧啶核苷酸转换成胸腺嘧啶核苷，干扰 DNA 合成。对 RNA 的合成也有一定的抑制作用。本品口服吸收不完全，故注射给药，静注后迅速分布到全身各组织。临床适用于结直肠癌、胃癌、乳腺癌、卵巢癌、绒毛膜上皮癌、肝癌、膀胱癌等的治疗。不良反应：骨髓抑制、血小板下降；食欲不振、恶心、呕吐、口腔炎、胃炎、腹痛及腹泻等胃肠道反应；注射局部有疼痛、静脉炎或动脉内膜炎；偶见心脏功能影响。

（2）核苷及其衍生物类药物 核苷及其衍生物类药物包括腺苷类药物、尿苷类药物、胞苷类药物、鸟苷类药物、肌苷类药物和脱氧核苷类药物等。

阿糖腺苷（vidarabine）

化学名为 9-β-D-阿拉伯呋喃糖基腺嘌呤，分子式为 $C_{10}H_{13}N_5O_4$，是一种抗病毒药，具有抗单纯疱疹和水痘带状疱疹病毒的活性。阿糖腺苷口服、肌注或皮下注射吸收均差，故临床多静脉给药。不良反应：本药的毒性反应与剂量成正比。骨髓抑制；静脉给药剂量过大会出现消化道的不良反应，如恶心、呕吐、腹痛、腹泻、便秘、食欲减退等；偶见震颤、眩晕、幻觉、共济失调、癫痫发作、精神症状和意识模糊等，其发生与剂量有关；可出现血红蛋白减少、血细胞比容下降、白细胞减少、血小板减少、网织红细胞减少等；可引起抗利尿激素分泌失调综合征和血钠过低；皮疹、瘙痒等；发热、全身乏力；该药也可致癌、致畸和致突变。

阿糖胞苷（cytarabine）

阿糖胞苷是一种有机化合物，化学式为 $C_9H_{13}N_3O_5$。本品为细胞周期特异性药物，对处于 S 期增殖期细胞的作用最敏感，通过抑制细胞 DNA 的合成干扰细胞的增殖，临床上主要作为细胞 S 增殖期的嘧啶类抗代谢药物。可静脉注射和鞘内注射给药。不良反应：骨髓抑制；白血病、淋巴瘤患者治疗初期可发生高尿酸血症，严重者可发生尿酸性肾病；偶见的有口腔炎、食管炎、肝功能异常、发热反应及血栓性静脉炎。

碘苷（idoxuridine）

碘苷又称疱疹净、5-碘去氧尿苷。属于尿苷类抗微生物感染药，用于疱疹性角膜炎及其他疱疹性眼病。外用滴眼。不良反应：骨髓抑制；畏光、充血、水肿、痒或疼痛等不良反应；眼睑水肿等过敏反应；长期滴用可引起接触性皮炎、点状角膜病变、滤泡性结膜炎、泪点闭塞等；食欲减退、恶心呕吐、腹泻、口炎、脱发、肝功能损害。

肌苷（inosine）

肌苷，也称为次黄苷、9-β-D-呋喃核糖基次黄嘌呤、次黄嘌呤核苷等，化学式为 $C_{10}H_{12}N_4O_5$，是由次黄嘌呤与核糖结合而成的核苷类化合物。在嘌呤的从头合成中，肌苷酸（IMP）可以作为合成腺苷酸（AMP）和鸟苷酸（GMP）的前体。适用于各种原因引起的白细胞减少症、血小板减少症、各种心脏疾患、急性及慢性肝炎、肝硬化等，此外也可治疗中心视网膜炎、视神经萎缩等。可口服和静脉给药。不良反应：偶见胃部不适、轻度腹泻；静注可见恶心和腹部灼热感。

地西他滨（decitabine）

地西他滨，也称 5-氮杂-2'-脱氧胞苷，分子式为 $C_8H_{12}N_4O_4$。通过抑制 DNA 甲基转移酶，减少 DNA 的甲基化，从而抑制肿瘤细胞增殖以及防止耐药的发生，是目前已知最强的 DNA 甲基化特异性抑制剂，属于 S 期细胞周期特异性药物，适用于治疗骨髓增生异常综合征（简称 MDS）。静脉给药。不良反应：白细胞和血小板减少、贫血、疲劳、发热、咳嗽、恶心、呕吐；大剂量具有神经毒性。

（3）核苷酸及其衍生物类药物　核苷酸及其衍生物类药物可分为单核苷酸类、核苷二磷酸类、核苷三磷酸类、核苷酸类混合物药物。

（4）多核苷酸　多核苷酸包括二核苷酸类和多核苷酸类药物。

辅酶Ⅰ（coenzyme Ⅰ）

注射用辅酶Ⅰ，适用于白细胞减少的辅助治疗。肌内注射给药。不良反应：偶见口干、恶心等。

黄素腺嘌呤二核苷酸（flavin adenine dinucleotide，FAD）

黄素腺嘌呤二核苷酸是一种有机化合物，分子式为 $C_{27}H_{33}N_9O_{15}P_2$。适用于神经性耳鸣、顽固性头痛、肝病、眼疾等治疗。口服、皮下、肌内注射、静脉给药均可。无明显不良反应。

聚肌胞苷酸（Poly Ⅰ：C）

聚肌胞苷酸是一种免疫增强剂类核酸药物。适用于慢性乙型肝炎、流行性出血热、流行性乙型脑炎、病毒性角膜炎、带状疱疹感染等的治疗。

（5）反义核苷酸药　反义寡核苷酸技术（antisense oligonucleotide technology）是2019年提出并公布的新名词。DNA 提供了遗传密码，其姐妹分子 RNA 将该代码转化为执行大脑和无数身体功能的蛋白质。科学家现在可以使用反义寡核苷酸（ASO）分子与 RNA 结合并改变翻译来修改这一过程。ASO 是类似 DNA 的分子，与最初产生它们靶向 RNA 的 DNA 非常相似。根据它们设计结合的位置，这些反义分子可以阻止 RNA 转化为蛋白质，从而降低体内的蛋白水平。美国食品药品监督管理局（FDA）批准 Spinraza（nusinersen）上市，反义寡核苷酸药物获得了重大突破。该药用于治疗儿童和成人患者的脊髓性肌萎缩（spinal muscular atrophy，SMA）。一系列基于 ASO 技术的神经退行性疾病治疗药物取得了较大的研究进展，包括阿尔茨海默病、肌萎缩侧索硬化（ALS）和亨廷顿病的治疗。

8.2.2　反义 RNA

反义技术（antisense technique）是指对反义分子分布、产生、作用及其作用机理研究的技术。反义分子是通过以碱基互补配对方式结合、抑制、封闭或破坏目的基因结构及其表达的核酸分子。

反义 RNA 是指与 mRNA 或 DNA 互补的小型单链 RNA 分子，其长度一般不到 200个核苷酸，它导入靶细胞后，形成 DNA/RNA 或 mRNA/RNA 杂交双链，从而抑制基因表达，达到基因控制的目的，反义 RNA 广泛存在于各类生物中。天然的反义 RNA 普遍存在于原核生物中，近年来在真核生物中也逐渐发现少量的由双链 DNA 降解产生的小的单链 DNA 片段也具有反义的作用。

8.2.2.1　反义 RNA 作用机理

依据 Crick 的中心法则，反义核酸的作用机理主要有 2 种：

① 反义核酸与靶 mRNA 特异性结合，使靶 mRNA 更易被核酸水解酶（RNaseH）识别并降解，从而大大缩短靶 mRNA 的半衰期，抑制了信息流中的翻译过程；

② 反义核酸高特异性地结合于靶基因或靶 mRNA，通过空间位阻效应调控基因转录

过程，使 RNA 前体进行可变剪接，或者通过调控蛋白质翻译过程达到药物的作用（如图 8-1 所示）。

图 8-1 反义核酸的作用机制

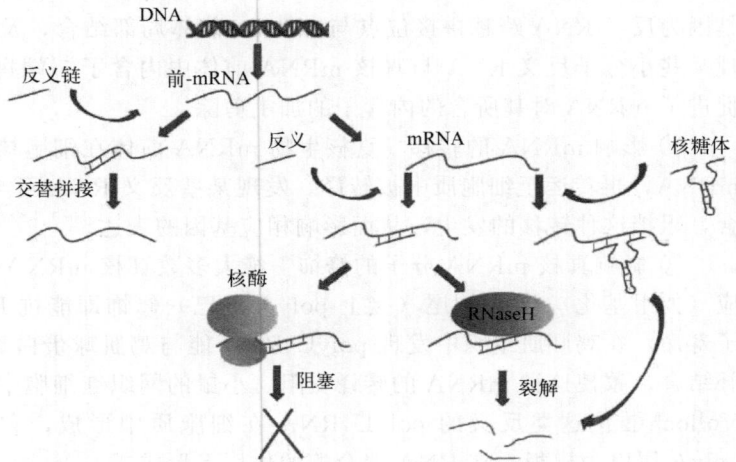

（1）反义 RNA 在原核细胞中的作用

① 在 DNA 复制水平上的控制　ColE1 是一种小型的环状质粒，已被广泛用作 DNA 合成研究的模型系统。在大肠杆菌的质粒 ColE1 的复制中，复制起始时，距起始位点-555bp 处转录一段引物 RNA＋（正义 RNA），RNA＋促使 ColE1 的复制原点处双螺旋 DNA 解旋，继而与 DNA 模板结合，引导 DNA 多聚酶在 RNA＋的 3 端接上脱氧核苷酸合成新的 DNA 子链。但是很快在起始位点－44bp 处，以另一 DNA 为模板，转录一段长约 100 个核苷酸的反义 RNA，与 RNA＋的 5 末端互补结合，使其构型改变，从而阻碍了 RNA＋与 DNA 模板结合，RNA＋不再起到引物的作用，质粒 DNA 的复制终止。

② 在转录水平上的控制　自然界中转录水平的反义 RNA 抑制存在较少。反义 RNA 在转录水平作为转录衰减子实现基因表达调节。如反义 RNA 对大肠杆菌 cAMP 受体蛋白基因（*CRP*）转录的调控。当 cAMP 过量存在时，*CRP* 能激活反义 RNA 转录，这种反义 RNA 与 *CRP* 基因转录生成的 mRNA 的 5′端序列互补结合，形成特异的二级结构，空间构型改变迫使 RNA 多聚酶脱离 DNA 模板，停止转录。另外，反义 RNA 分子中将带有质子化的胞嘧啶碱基插入到能被其识别的一段双螺旋 DNA 区段中，形成局部的三螺旋 DNA 结构，这种异常的结构不能被 RNA 多聚酶所识别，转录作用被阻止。

③ 在翻译水平上的控制　翻译水平是指反义 RNA 作用于 mRNA，通过与 mRNA 结合，导致 mRNA 降解，或者形成空间位阻阻止核糖体与 mRNA 结合，最终阻止 mRNA 翻译成蛋白质。许多原核生物 mRNA 分子 5′端距离转译起始密码 AUG 3～11 个碱基处富含嘌呤序列，这是核糖体中 16S rRNA 分子 3′端所识别和结合部位，核糖体与此部分结合，启动转译作用。某些反义 RNA 分子具有与 16S rRNA3′端相类似的序列，可与 16S rRNA 竞争 mRNA5′端的结合部位，抑制转译的起始。还有一类反义 RNA 与相应的 mRNA 分子（正义 RNA）的编码区相结合，使 mRNA 分子无法与核糖体结合，阻碍翻译的进行。

（2）反义 RNA 在真核生物细胞中的作用

① 影响真核 mRNA 前体的拼接　绝大多数真核生物基因中含有内含子，它们在转录后的拼接过程中被切除，各段编码序列按次序连接成为 mRNA。现已发现一些真核的反

义 RNA 分子直接影响拼接过程。在体外试验中，反义 RNA 分子对人 β 珠蛋白 mRNA 前体分子的拼接有明显的抑制作用，抑制的程度与反义 RNA 的序列长度、浓度、作用位置相关。发现只有在 mRNA 前体刚被提取的瞬间就加入反义 RNA 才有抑制效应，这可能是因为反义 RNA 跨越拼接位点与 mRNA 前体局部结合，及时阻止了拼接的进行。还发现某些小分子反义 RNA 与真核 mRNA 前体中内含子 5′ 端拼接位点互补结合，这种结合促进了 mRNA 对其所含的内含子的加工剪除。

② 影响 mRNA 的转移　真核生物 mRNA 前体在细胞核中转录形成后，经过加工成 mRNA，再转运至细胞质中被转译。发现某些反义 RNA 可与真核 mRNA 分子的 5′ 端结合，阻挡这种转移的发生，从而影响相应基因的表达。

③ 影响真核 mRNA 分子的修饰　绝大多数真核 mRNA 分子的 5′ 端碱基经过加帽反应（如甲基化），3′ 端加尾（接上 polyA 尾巴）修饰即能抗 RNA 酶的降解作用，延长分子寿命。在鸡胚肌组织中发现 polyU RNA 能与鸡肌球蛋白重链 mRNA 的 polyA 部分互补结合，致使这种 mRNA 的转译受阻。小鼠的网织红细胞中也发现有 polyU 反义 RNA，Volloch 推测这类反义的 polyU RNA 在细胞质中形成，它们可能以正常的 mRNA 的 polyA 尾巴为模板，在 RNA 聚合酶的作用下形成。

还有人认为反义 RNA 会激活 RNA 酶 H，RNA 酶 H 专性降解 DNA/RNA 杂合双链中的 RNA，造成转录过程中，尚未从 DNA 模板上剥离下来的 mRNA 链被降解。

8.2.2.2　反义 RNA 的设计与合成

了解反义 RNA 的作用机理后，人们可以有的放矢地设计并合成出一些特殊的反义 RNA 分子，使其专一性地作用于生物基因表达的某个环节，达到控制表达的目的。

（1）反义 RNA 的设计

① 阻止病毒 DNA 复制　当探明某些病毒 DNA 复制原点区域序列后，可以设计出一段反义 RNA 序列，与病毒 DNA 复制原点互补结合，从而阻断病毒的增殖。如 AMV 病毒（苜蓿花叶病毒）等导致禽类白血病的发生。这类病毒侵入宿主细胞后，以 RNA 为模板在自身的反转录酶的作用下合成 DNA 链，以该 DNA 链为模板合成双链 DNA，再整合入宿主基因组中进行增殖。探明反转录病毒的模板后，可以设计出反义 RNA，使之与模板互补结合，阻止反转录酶功能的发挥。

② 阻止异常基因的表达　异常基因与正常基因并存的状态也许仍然会干扰机体的生理代谢。利用反义技术，设计出与异常基因中的异常序列相对应的反义 RNA，可以阻止异常基因的表达，保证正常基因功能的正常发挥。

③ 抗降解的反义 RNA　正常合成的反义 RNA，很容易受到胞内核酸酶的降解，因此要使反义分子有效地抵达作用靶位，必须赋予其抗降解的性能。人们发现肽核酸或硫代磷酸核苷酸难以被核酸酶所水解。这种用肽链与反义 RNA 结合成肽核酸的方式，能够更好地抵御核酸酶的破坏。

（2）反义 RNA 的合成

① 化学法制备　主要技术有固相磷酸三酯法和亚磷酰胺法。其基本原理是根据设计好的序列，先将 3′ 端的第一个核苷酸的 3′-OH 连接在固相载体上，按 5′→3′ 方向将核苷酸逐个加成上去，直至寡聚核苷酸加成结束，将其释放出来，再经电泳分离纯化出目的序列。目前化学法制备已达到微量化、自动化、程序化程度，是较理想的制备方法。

② 基因工程法制备　这一类方法的原理是将特定的反义序列的靶序列取出，反向插

入到一个较强的启动子下游，迫使原先的正、反链互为颠倒，于是转录出反义 RNA。这一技术的优点在于，可将基因工程处理过的靶序列留在靶细胞内，随细胞的生理活动不断产生出反义 RNA，直接作用于靶序列，解决了运送反义核酸分子的问题。

设计合成好的反义 RNA 分子如何送到靶细胞中，至今尚需要进一步研究。目前人们选择出一些相对有效的载体帮助运送反义 RNA，其中包括利用带电荷的多聚赖氨酸或带正电的脂类屏蔽反义 RNA 的负电荷；利用脂质体介导反义 RNA。研究靶细胞的特异受体，选择识别性能的配体，将反义 RNA 连接在配体上，再将反义 RNA 有效地抵达靶细胞。

8.2.2.3　反义寡核苷酸

反义寡核苷酸（antisense oligonucleotide，ASO）对靶基因表达的敲除包括 mRNA 和前体 mRNA（前 mRNA）（RNaseH 和 RNaseP）的 RNase 依赖性切割，以及蛋白质合成的 RNase 非依赖性抑制。此外，ASO 可用于调节 RNA 剪接以产生功能蛋白或首选基因产物。尽管它们不同于主要依赖细胞质 siRNA 诱导沉默复合物（RISC）/miRNA 诱导沉默复合物来控制靶基因表达的 siRNA 和 miRNA，但设计用于靶向相同转录物位点的 ASO 可能与 siRNA 具有同等的活性，但也有一些例外。此外，ASO 似乎更有效地敲除核靶点，而 siRNA 在抑制细胞质靶点方面更为优越，这可能是因为 RNaseH、RNaseP 在细胞核中非常丰富，RISC 存在于细胞质中。

为了使 ASO 药物化，已经开发了多种化学修饰以提高其代谢稳定性和细胞穿透效率，包括将磷酸二酯（PO）连接物改为硫代磷酸酯（PS），用甲基（29 甲氧基）或甲氧基乙基（29-MOE）保护核糖上的 29 羟基，或直接用氟（29 氟）取代，并将 29-O 和 49-C 与亚甲基桥连接，即锁定核酸。对 ASO 也进行了更广泛的修饰，其中碱基配对保留了碱基，而核糖 5-磷酸键可完全被吗啉磷二酰胺主链取代。此外，特定配体，如肝细胞去唾液酸糖蛋白受体结合 N-乙酰半乳糖胺（GalNAc），可共价连接到 ASO（以及 siRNA、miRNA、适体等），以实现细胞或器官选择性基因沉默。一些化学修饰被证明对 ASO 药物的开发非常有用，FDA 批准的 RNA 药物的效用证明了这一点。

（1）抑制机制　经过多年对反义机制研究，一般认为反义核酸药物有以下可能的抑制机制：

① 以反义核酸序列与 RNA 片段的结合带来 RNA 的局部空间位阻，干扰 RNA 的高级结构；

② 阻止相关酶的结合和翻译启动；

③ 干扰前体 mRNA(pre-mRNA)剪接；

④ 引起内含子跳跃；

⑤ 结合 mRNA 上游开放阅读框架产生 RNA-激动剂；

⑥ 聚腺苷酸化的抑制；

⑦ 或所形成的 DNA-RNA 双螺旋结构被内源性 RNaseH 降解靶 RNA，完全破坏致病性 mRNA 和 miRNA。

这些机制可能与靶序列所处的位置和反义核酸的修饰结构有密切关系。

（2）反义药物现状

① 福米韦生（fomivirsen，Vitravene）　福米韦生是由 21 个核苷酸单元组成的全硫代寡核苷酸，其序列为 5′-GCGTTTGCTCTTCTTCTTGCG-3′（见图 8-2），靶向巨细胞病毒（CMV）的 IE-2（immediate-early-2 protein） mRNA，然后 RNaseH 识别并水解靶向

mRNA，最终导致 CMV 复制所必需的蛋白质 IE-2 合成受阻，从而抑制 CMV 的增殖并达到治疗的效果，治疗巨细胞病毒引起的艾滋病患者的视网膜炎。虽然本品目前已停止上市，但其研发历程仍然为反义核酸药物的发展做出了重大的贡献。

图 8-2　福米韦生结构式

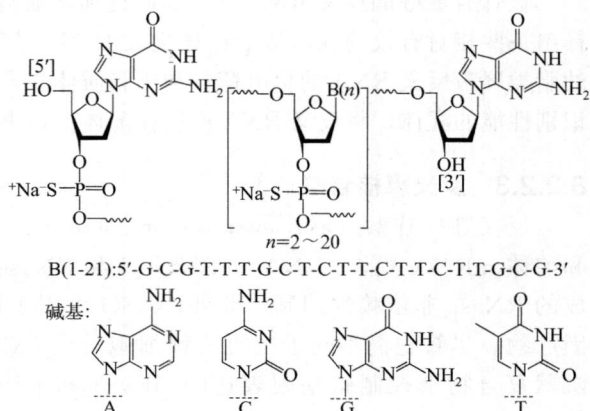

B(1-21):5′-G-C-G-T-T-T-G-C-T-C-T-T-C-T-T-C-T-T-G-C-G-3′

碱基：

② 米泊美生（mipomersen，Kynamro）　米泊美生商品名为 Kynamro，是由法国赛诺菲（Sanofi）公司旗下的 Genzyme 公司开发的一种反义核酸药物。2013 年 1 月，FDA 批准将其用于治疗纯合子家族性高胆固醇血症（homozygous familial hypercholesterolemia，HoFH）。低密度脂蛋白（LDL）颗粒过多是导致动脉粥样硬化的关键，而载脂蛋白 B100（apolipoprotein B100，ApoB-100）是运载这些脂蛋白颗粒的主要蛋白，因此以 ApoB-100 作为药物靶点是治疗 HoFH 的最重要的突破口。米泊美生钠的靶标为 ApoB-100 mRNA，其可特异结合于 ApoB-100 mRNA，RNaseH 通过特异水解 ApoB-100 mRNA 使 ApoB-100 合成受阻从而降低胆固醇。如图 8-3 所示，米泊美生钠为 20nt 的硫代磷酸寡核苷酸钠盐，其序列：5′-G*-m5C*-m5C*-m5U*-m5C*-A-G-T-m5C-T-G-m5C-T-T-m5C-G*-m5C*-A*-m5C*-m5C*-3′[m5 指碱基 5 位被甲基取代，$*$ 指 2′-O-（2-甲氧乙基）取代了 2′-羟基呋喃环]，与福米韦生钠相比，米泊美生钠不仅 α-磷酸位有了硫代修饰，其核酸序列中的胞嘧啶的 5 位被甲基取代，前 5 位和后 5 位的脱氧核糖 2′位被 2′-O-（2-甲氧乙基）所取代，这样的化学修饰使其更加稳定而不易被受体体内的核酸水解酶所降解，保持了 RNaseH 对 DNA-mRNA 杂交结构中的 mRNA 片段的降解能力。本品的最大争议点在于肝毒性，用药后可能导致患者转氨酶水平升高，并引起脂肪肝。

图 8-3　米泊美生结构式

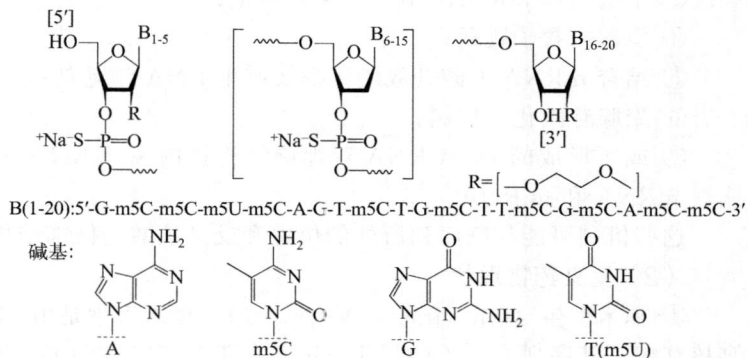

B(1-20):5′-G-m5C-m5C-m5U-m5C-A-G-T-m5C-T-G-m5C-T-T-m5C-G-m5C-A-m5C-m5C-3′

碱基：

③ 依特立生（eteplirsen） 依特立生商品名为 Exondys 51，是于 2016 年 9 月被 FDA 批准用于治疗杜氏肌营养不良症（Duchenne muscular dystrophy，DMD）的磷酰二胺吗啉代寡核苷酸。

依特立生序列为：5′-CTCCAACATCAAGGAAGATGGCATTTCTAG -3′，见图 8-4。肌营养不良蛋白是肌浆复合物的一个组分，为维持肌细胞完整性所必需。该蛋白的不足和缺乏，导致患者表现出进行性骨骼肌退化及心肌病，最终因心力衰竭和呼吸衰竭而死亡。

图 8-4 依特立生结构式

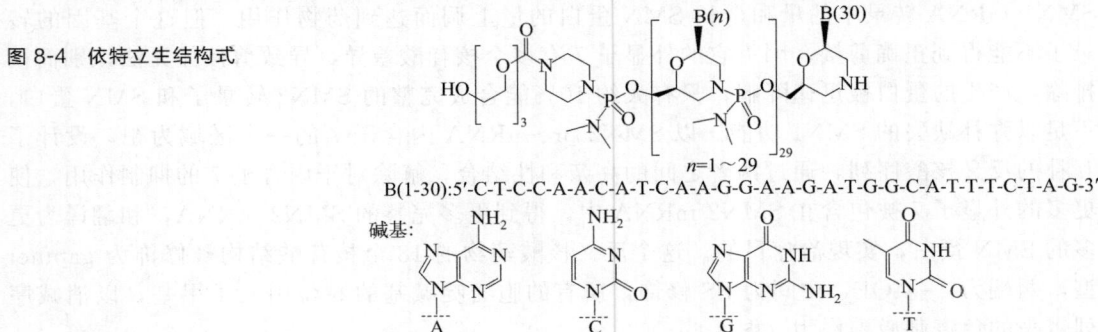

B(1-30):5′-C-T-C-C-A-A-C-A-T-C-A-A-G-G-A-A-G-A-T-G-G-C-A-T-T-T-C-T-A-G-3′

碱基:

DMD 是一种致命性的隐性 X-连锁遗传病，是 DMD 基因突变，造成前信使 RNA（pre-mRNA）形成 mRNA 过程中一或数个外显子移除，改变编码阅读框，终止密码子提前而不能表达功能性抗萎缩蛋白（atrophy protein）。肌营养不良蛋白的 mRNA 共有 79 个外显子，外显子 45～50 及 52 发生消除突变，干扰翻译阅读框，突变的基因无法翻译为功能性蛋白。如跳过外显子 51，则能恢复翻译阅读框，表达出具有部分功能的肌营养不良蛋白。以高亲和性的反义核酸与外显子 51 结合，即可实现跳过外显子 51，恢复功能蛋白的合成。依特立生可与该蛋白 Pre-mRNA 的外显子 51 特异性结合，在 Pre-mRNA 剪接过程中去除外显子 51，恢复下游阅读框并产生截短且有部分功能的抗肌萎缩蛋白，达到治疗的效果。

④ 诺西那生钠（nusinersen，Spinraza） 诺西那生钠于 2016 年 12 月 23 日获得 FDA 批准，用于治疗脊髓性肌萎缩（spinal muscular atrophy，SMA）。其核酸序列为：5′-m5U*-m5C*-A*-m5C*-m5U*-m5U*-m5U*-m5C*-A*-m5U*-A*-A*-m5U*-G*-m5C*-m5U*-G*-G*-3′，其中，m5 表示碱基的 5 位被甲基取代，* 表示糖环的 2′-羟基呋喃环被 2′-O-(2-甲氧乙基)所取代（图 8-5）。

图 8-5 诺西那生钠结构式

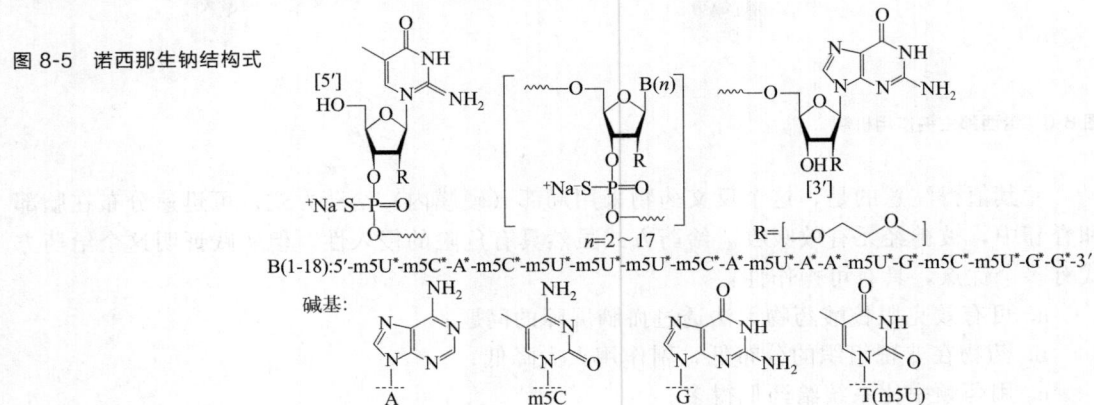

B(1-18):5′-m5U*-m5C*-A*-m5C*-m5U*-m5U*-m5U*-m5C*-A*-m5U*-A*-A*-m5U*-G*-m5C*-m5U*-G*-G*-3′

碱基:

SMA 是一种常染色体隐性遗传病，运动神经元生存蛋白（survival of motor neurons，SMN）基因 *SMN1* 基因功能缺失性突变导致 SMN 蛋白缺失，造成运动神经元的逐渐丧失，最终导致肌萎缩和瘫痪。人体内还有一个与 *SMN1* 基因几乎完全相同的基因，*SMN2* 基因可编码无外显子 7 的不稳定蛋白（SMNΔ7），可利用它来补充 SMN 蛋白。此药物可特异稳定地结合于 SMN2 pre-mRNA 外显子 7 下游的内含子剪接消声器（intronic splicing silencers，ISS-N1）上，阻止 SMN2 外显子 7 被剪切，使包含有外显子 7 的 SMN2 mRNA 转录本的量和全长 SMN 蛋白的量上调而达到药物作用。但这个基因的转录子不能得到正确剪接，因为它的外显子 7 有多个核苷酸差异，导致剪接体无法识别而被排除，产生的蛋白被迅速降解，只有大约 10％能合成完整的 SMN2 转录子和 SMN 蛋白，不足以弥补缺失的 SMN1 功能。以 SMN2 pre-mRNA 内含子 7 的一个区域为靶，设计了互补的反义核酸序列，通过两者之间的高亲和性结合，解除对于内含子 7 的抑制作用，使更多的外显子 7 被包含在 SMN2 mRNA 中，得到更多完整的 SMN2 mRNA，和翻译为更多的 SMN 蛋白，实现治疗目的。这个反义核酸药物的 18 个核苷酸结构被修饰为 gapmer 型，两端为 $2'$-MOE，中间为 PS-修饰，所有的胞嘧啶碱基的 5-位引入了甲基，以消减序列带来的免疫刺激副作用（图 8-6）。

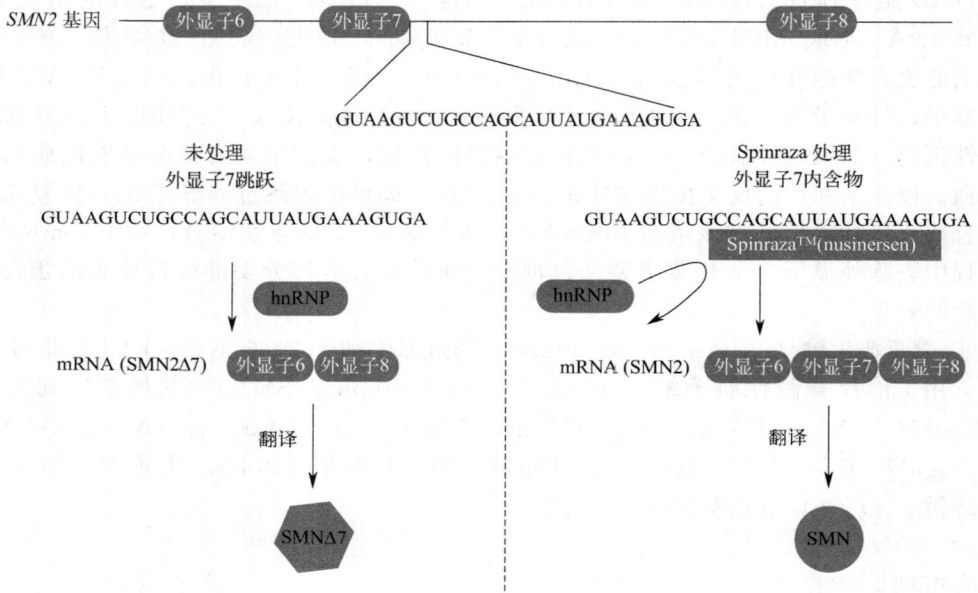

图 8-6 诺西那生钠作用机制

尤其值得注意的是，这个反义药物采用局部（硬膜内）给药方式，可迅速分布在脑部和脊髓中，被神经元有效吸收。给药方式虽然具有危险的侵入性，但实践证明这个给药方式有多个优点，具有可操作性：

a. 可有效克服核酸药物无法透过血脑屏障的问题；

b. 药物在非靶组织的分布低，副作用大大降低；

c. 用药频率比系统给药低得多。

这个实例为其他神经系统疾病的核酸药物治疗提供了一种可行的转运方案。

⑤ 其他 在其他反义核酸药物的研究中，还应用了其他修饰策略。如针对 ApoB mRNA 设计了 LNA（锁核酸）修饰的反义核酸，在小鼠和非人灵长类体内评价具有预期的降胆固醇的作用，同时不增加血清的肝毒性标志物。在这个反义核酸结构中，不仅使用了 LNA，还含有硫代磷酸骨架和 2′-MOE、2′F-ANA、2′F-RNA，并连接了脂溶性分子。各个修饰的数量和位置则是依据反义核酸的抑制效率来确定的。

经 FDA 批准用于治疗转甲状腺素蛋白淀粉样变性多发性神经疫病（ATTR-PN）患者的反义寡核苷酸药物伊诺特生（inotersen），是一种转甲状腺素蛋白（TTR）阻断剂，不同的是该药为 20 个碱基构成的单链结构，可通过化学修饰递送，并作用于更多不同的靶器官。

在反义药物的研发中，成功的比例虽很低，但在解决核酸药物的抗酶解能力和转运效率这两个挑战性难题上取得了巨大的进步，极大改善了核酸药物的成药性，为后续的反义核酸药物研发积累了很多经验，也为优化其他类型核酸药物提供了借鉴。上市或临床试验中的反义药物见表 8-1。

表 8-1 上市或临床试验中的反义药物

名称	靶标	适应证	作用机制	化学成分	递送途径	状态
代谢和内分泌疾病						
米泊美生（mipomersen）	载脂蛋白（B-100）	家族性高胆固醇血症	核糖核酸酶 H	2′-MOE gapmer	皮下注射	已上市
伏拉索生（volanesorsen）	载脂蛋白 CⅢ	家族性乳糜微粒血症综合征	核糖核酸酶 H	2′-MOE gapmer	皮下注射	Ⅲ期临床
IONIS-FXIRx，BAY 2306001	Ⅺ因子	血栓	核糖核酸酶 H	2′-MOE gapmer	皮下注射	Ⅱ期临床
IONIS-APO$_{(a)}$-L$_{Rx}$	脂蛋白 a	高脂蛋白血症	核糖核酸酶 H	GalNAc-conjugated 2′-MOE gapmer	皮下注射	Ⅱ期临床
IONIS ANGPTL3-L$_{Rx}$	血管生成素 3	混合型血脂异常	核糖核酸酶 H	GalNAc-conjugated 2′-MOE gapmer	皮下注射	Ⅱ期临床
revusiran	转甲状腺素蛋白	家族性淀粉样心肌病	siRNA	GalNAc-conjugated 2′-MOE gapmer	皮下注射	Ⅱ期临床
ALN-PCS$_{sc}$	PCSK9	血胆脂醇过多	RNAi	GalNAc-conjugated 2′-MOE gapmer	皮下注射	Ⅰ期临床
IONIS-GCCR$_{Rx}$	糖皮质激素受体	2 型糖尿病	核糖核酸酶 H	2′-MOE gapmer	皮下注射	Ⅱ期临床
IONIS-GCGR$_{Rx}$	胰高血糖素受体	2 型糖尿病	核糖核酸酶 H	2′-MOE gapmer	皮下注射	Ⅱ期临床
IONIS-PTP1B$_{Rx}$	蛋白酪氨酸磷酸酶-1B	2 型糖尿病	核糖核酸酶 H	2′-MOE gapmer	皮下注射	Ⅱ期临床
IONIS-FGFR4$_{Rx}$	成纤维细胞生长因子受体 4	肥胖症	核糖核酸酶 H	2′-MOE gapmer	皮下注射	Ⅱ期临床
ATL 1103	生长激素受体	肢端肥大症	核糖核酸酶 H	2′-MOE gapmer	皮下注射	Ⅱ期临床
IONIS-DGAT2$_{Rx}$	二酰甘油 O-酰基转移酶 2	非酒精性脂肪性肝炎	核糖核酸酶 H	2′-MOE gapmer	皮下注射	Ⅰ期临床

名称	靶标	适应证	作用机制	化学成分	递送途径	状态
神经和神经肌肉疾病						
依特立生 （eteplirsen）	抗肌萎缩蛋白	杜氏肌营养不良症外显子 51	剪接调控	吗啉代	静脉注射	已上市
曲沙珀生 （drisapersen）	抗肌萎缩蛋白	杜氏肌营养不良症外显子 51	剪接调控	均匀 2'-O-甲基	皮下注射	Ⅲ期临床
IONIS-TTR$_{Rx}$	甲状腺素运载蛋白	家族性淀粉样多发性神经病与心肌病	核糖核酸酶 H	2'-MOE gapmer	皮下注射	Ⅲ期临床
帕替西兰 （patisiran）	甲状腺素运载蛋白	家族性淀粉样多发性神经病	siRNA	脂质体制剂	静脉注射	Ⅲ期临床
诺西那生钠 （nusinersen）	存活的运动神经元 2	脊髓性肌萎缩	剪接调控	均匀 2'-MOE	腔内注射	Ⅲ期临床
SRP-4053	抗肌萎缩蛋白	杜氏肌营养不良症外显子 53	剪接调控	吗啉代	静脉注射	Ⅱ期临床
BMN-045	抗肌萎缩蛋白	杜氏肌营养不良症外显子 45	剪接调控	均匀 2'-O-甲基	皮下注射	Ⅱ期临床
IONIS-DMPK-2.5$_{Rx}$	肌营养不良肌强直蛋白激酶	强直性肌营养不良 1 型	核糖核酸酶 H	2'-cEt 和 2'-MOE gapmer	皮下注射	Ⅱ期临床
IONIS-HTT$_{Rx}$	亨廷顿蛋白	亨廷顿病	核糖核酸酶 H	2'-MOE gapmer	腔内注射	Ⅱ期临床
BIIB067/IONIS SOD1$_{Rx}$	超氧化物歧化酶 1（SOD1）	SOD1 突变引起的家族性 ALS	核糖核酸酶 H	2'-MOE gapmer	腔内注射	Ⅰ期临床
SRP-4053	抗肌萎缩蛋白	杜氏肌营养不良症外显子 53	剪接调控	吗啉代	静脉注射	Ⅱ期临床
SRP-4045	抗肌萎缩蛋白	杜氏肌营养不良症外显子 45	剪接调控	吗啉代	静脉注射	Ⅰ期临床
DS-5141b	抗肌萎缩蛋白	杜氏肌营养不良症外显子 45	剪接调控	吗啉代	皮下注射	Ⅰ期临床
癌症						
库司替森 （custirsen）	丛生蛋白	前列腺癌、非小细胞肺癌	核糖核酸酶 H	2'-MOE gapmer	静脉注射	Ⅲ期临床
阿帕托森 （apatorsen）	热休克蛋白 27	前列腺癌、非小细胞肺癌和膀胱癌	核糖核酸酶 H	2'-MOE gapmer	静脉注射	Ⅱ期临床
AZD9150，IONIS-STAT3 2.5$_{Rx}$	信号转导和转录激活因子 3	各种癌症	核糖核酸酶 H	cEt gapmer	静脉注射	Ⅱ期临床
IONIS-AR-2.5$_{Rx}$	雄激素受体	前列腺癌	核糖核酸酶 H	cEt gapmer	静脉注射	Ⅱ期临床
MRX34	小 RNA 34 模拟物	各种癌症	小 RNA 模拟物	双链 RNA 脂质纳米粒制剂	静脉注射	Ⅰ期临床
BP1001	生长因子受体结合蛋白 2（Grb-2）	白血病	未知	脂质体 ASO	静脉注射	Ⅰ期临床
MRG106	小 RNA 155	各种癌症	小 RNA 拮抗剂	嵌合型 LNA	皮下注射	Ⅰ期临床
DCR-MYC	C-Myc	各种癌症	siRNA	脂质纳米粒子配制的 siRNA	静脉注射	Ⅰ期临床
炎症性疾病						
阿利福生 （alicaforsen）	细胞间黏附分子 1（CD54）	结肠袋炎	核糖核酸酶 H	P=S，ODN	灌肠剂	Ⅲ期临床
蒙格生 （mongersen）	SMAD7	克罗恩病	核糖核酸酶 H	P=S，ODN	口服	Ⅲ期临床

名称	靶标	适应证	作用机制	化学成分	递送途径	状态
			炎症性疾病			
ATL 1102	晚期抗原 4 (CD49D)	多发性硬化	核糖核酸酶 H	2′-MOE gapmer	皮下注射	Ⅱ期临床
SB010	GATA3	哮喘	DNA 酶	未知	吸入	Ⅱ期临床
IONIS-PKKRx	激肽释放酶 B1	遗传性血管水肿	核糖核酸酶 H	2′-MOE gapmer	皮下注射	Ⅰ期临床
ALN-CC5	补充因子 5	补体相关疾病	siRNA	GalNAc 结合 siRNA	皮下注射	Ⅰ期临床
			传染性疾病			
米拉韦生 (miravirsen)	小 RNA-122	丙型肝炎病毒	Anti-miR	LNA 嵌合体	皮下注射	Ⅱ期临床
RG-101	小 RNA-122	丙型肝炎病毒	Anti-miR	GalNAc- cEt/ 2′-MOE 混合物	皮下注射	Ⅱ期临床
ARC-520	乙型肝炎病毒	乙型肝炎病毒	siRNA	siRNA 的纳米粒子制剂	静脉注射	Ⅱ期临床
ARB-1467	乙型肝炎病毒	乙型肝炎病毒	siRNA	siRNA 脂质体制剂	静脉注射	Ⅱ期临床
IONIS-HBV-L$_{Rx}$	乙型肝炎病毒	乙型肝炎病毒	核糖核酸酶 H	GalNAc-conjugated 2′-MOE gapmer	皮下注射	Ⅰ期临床

8.2.2.4　存在问题和发展前景

（1）问题　反义核酸技术引入体内试验仍有不少理论与技术问题。

一是专一性转运问题，即如何专一性地对病灶处病变的细胞进行调控，而不影响其他正常细胞，因为特定基因的失控或有害基因表达造成的后果常是某一组织、器官或系统中部分或全部细胞发生病变。

二是反义 RNA 进入靶细胞前的降解问题，反义 RNA 抗 RNase 的能力并不强，体内的 RNase 会使反义 RNA 有效剂量迅速减少，剩下的未被降解的反义 RNA 也无法集中到病灶处，而是分散到全身，这些都阻碍反义核酸在肿瘤治疗中的应用。

受体介导的反义 RNA 转运技术是解决上述两个问题的一条十分有希望的途径。借助于受体介导 DNA 转运方法，把 DNA 换成反义 RNA，就可以实现受体介导的反义 RNA 的转移。由于许多组织的特异性受体已先后被发现，受体介导的反义 RNA 转移技术将会进一步完善。

（2）优点　反义核酸技术也具有一些独到的优点。

一是由体外合成反义核酸，运送到靶细胞起作用，最终在细胞内将被降解，不留残渣。它只产生短效应，不会留下长效的遗传效应，这在前期研究尚未探明其副作用的情况下，只要通过停止用药便可终止副作用，因此有较好的安全性。

二是反义核酸的用量可以人为控制，作用于靶序列表达的哪一个环节可以人工设计，是以体外合成还是克隆入靶细胞的策略可以科学地策划。

三是精确设计的反义序列原理上不会干扰其他的基因结构和它们自身正常的调控方式。

反义疗法的发展仍在继续，有三种已获批准的药物和许多处于后期开发阶段的药物。此外，有 30 多种药物正在开发中，用于多种疾病适应证，其中许多药物在早期临床试验中显示出前景，并显示出广泛的治疗应用。寡核苷酸修饰提高了反义药物的效力和耐受性，并增强了药物向组织的分布，最终在细胞内实现靶向 RNA。反义药物的进一步改进应该通过更好的 ASO 设计、更全面的筛选、新的化学和可能的配方来实现。深入了解寡核苷酸在体内和细胞内流动并最终与靶 RNA 结合的分子机制，将为进一步改进反义药物提供合理的基础。尽管我们对寡核苷酸产生有害作用的机制有相当多的了解，但仍需要进行更多的研究，以进一步提高安全性和耐受性，尤其是对于新的化学制剂和 ASO 设计。最后，确定更方便的方法来管理反义药物对于提高该技术的商业可行性很重要。尽管反义技术已经取得了巨大的进步，但要充分发挥其潜力还需要做更多的工作。

8.2.3 蛋白质类药物

8.2.3.1 蛋白质类药物的概念

蛋白质类药物主要是以 20 种天然氨基酸通过肽键连接而成的一类化合物，且大分子蛋白质水解也能生成多肽。蛋白质类药物是生物大分子药物，此类药物对维持机体的正常功能有重要作用，其具有影响和调节机体生理、生化及病理过程的功能，主要通过抑制人体内或细菌病毒中生理生化过程而发挥作用，具有较低的副作用、药物活性高、针对性强和不易在体内蓄积而引起中毒等优点，其主要采用现代生物技术，利用某些动、植物及微生物生产，或者运用 DNA 重组技术和单克隆抗体技术进行生产。蛋白质类药物的开发和应用是现代健康科学领域的一大创新。自从胰岛素作为第一种治疗性蛋白质应用于临床以来，随着激素、酶、凝血因子和抗体的发展，蛋白质类药物的研究和应用领域迅速扩大。

8.2.3.2 蛋白质类药物的特点

结构特点：蛋白质类药物是以天然氨基酸为基本结构单元的生物大分子。

理化特点：此类药物蛋白质可以看成高分子量的多肽，它的分子量在几千到几十万之间，分子半径在 $1\sim100nm$ 之间，不能透过半透膜。它也是一种两性电解质，具有亲水性质，还具有紫外吸收和旋光性等物理性质。

生理特点：蛋白质类药物在体内主要依靠蛋白多肽酶进行代谢。此类药物具有性质不稳定，会在体内外环境中受到多种复杂的化学降解以及物理变化的影响而失活，分子量大透膜能力差，非注射给药途径的生物利用度低等缺点。但可以利用化学修饰、加入吸收促进剂、应用微粒和纳米给药系统、口服结肠定位给药系统等方法来提高多肽的生物膜透过性及抗蛋白酶降解的能力。

研究表明，蛋白质类药物具有药理活性高、特异性高、可溶性强、疗效稳定、用量少、毒副作用小等优点。

8.2.3.3 蛋白质类药物的种类

目前上市的蛋白重组药物大致可以分为以下几类。

多肽类激素药：包括人胰岛素、人生长激素、卵泡刺激素和其他激素；

人造血因子：包括重组人促红细胞生成素、粒细胞/单核细胞集落刺激因子 GM-CSF、其他造血相关因子；

人细胞因子：包括 α-干扰素、β-干扰素、其他细胞因子；

人血浆蛋白因子：包括重组人凝血因子Ⅷ、重组人凝血因子Ⅶ、重组人凝血因子Ⅸ、组织血浆酶原激活物 tPA、C 反应蛋白、重组人抗凝血酶；

人骨形成蛋白；

重组酶：普尔莫泽〔pulmozyme(Genetech)〕上市；

融合蛋白：是为数很少的以抑制为作用机理的重组药物；

外源重组蛋白：重组水蛭素(hirudin)。

（1）**细胞因子类** 细胞因子是免疫原、丝裂原或其他刺激剂诱导多种细胞产生的低分子量可溶性蛋白质，具有调节固有免疫和适应性免疫、血细胞生成、细胞生长以及损伤组织修复等多种功能。细胞因子类融合蛋白药物是基于细胞因子具有相同或相关的功能活性而各自作用靶点不同，利用基因工程技术将两种或多种细胞因子、细胞因子与其受体、细胞因子与毒素等融合在一起，表达产物或具有独特活性，或生物活性显著性提高，或具备复合功能。

例如 IL-2(白细胞介素-2)是一种广泛使用的 TH1 型的细胞因子佐剂，可提高机体的细胞免疫应答，并可诱导 CTL(细胞毒性 T 细胞)和 NK(自然杀伤细胞)等多种杀伤细胞的分化和效应功能，促进 IFN-γ(干扰素-γ)的产生。IL-2 也可以和其他细胞因子融合成具有双功能的免疫调节因子，抗体/IL-2 融合蛋白可将 IL-2 靶向肿瘤灶，提高肿瘤局部 IL-2 的浓度，从而达到更好的抗肿瘤效应，同时也有助于减轻 IL-2 的毒性。

（2）**抗体类** 抗体药物起源于 20 世纪末，伴随分子生物学技术的发展，以及人们对抗体分子构成和作用机制的深入了解，出现了抗体类融合蛋白药物。这类药物研制的核心包括提高抗体亲和力、降低抗体异源性以及兼顾抗体的免疫学活化作用。往往抗体与细胞因子、抗体与受体、抗体与激素等相融合，可根据抗体的可变片段和恒定片段两大功能进行分别利用，使抗体融合蛋白药物具有抗体的某项特性，形成两大类抗体融合蛋白：一类是将功能蛋白和抗体的可变片段（Fab、Fv 以及 VH、VL）相连，另一类是将功能蛋白和抗体的恒定片段（Fc）融合。

结合抗体可变片段的抗体融合蛋白药物可根据抗体可变片段对靶细胞特异性地识别，将功能蛋白的生物活性引导到靶细胞上。其最重要的应用是免疫导向药物，用以治疗肿瘤、血栓等临床疾病。已有报道将肿瘤坏死因子、外毒素、白喉毒素接在 ScFv 上，用于肿瘤的导向治疗。

利用抗体的 Fc 片段特有的生物效应功能，将抗体的 Fc 片段与另一活性蛋白相融合。这些功能蛋白主要是免疫黏性蛋白，如 Fc 与白细胞介素 2、CD4、干扰素、肿瘤坏死因子、肿瘤坏死因子受体等结合。这些融合蛋白除了保持功能蛋白的活性外，也获得了 Fc 片段的生物学效应，如激活机体的免疫功能或是提高药动学效应。Fc 融合蛋白与 Fc 受体结合后，促进对靶细胞的杀伤作用，发挥 ADCC(依赖抗体的细胞毒性)活性。

（3）**酶类** 融合酶是指通过一定的手段将目标酶和另外 1 个或多个酶（或蛋白质、短肽等）以一定的形式连接起来，从而获得的具有多种功能的酶。融合酶主要被应用在生物质多糖降解、手性催化-辅酶再生偶联体系以及代谢途径调控上，在医药方面，早在 1987 年 Philpott 首次提出：将抗体导向药物与酶学的理论结合起来，提高药物作用的特异性，发展成一种新的靶向治疗系统即抗体导向酶-前药疗法（AD-EPT）。AD-EPT 利用酶促反应特异性强效率高的特点，可以迅速将前药转化为其活性原药发挥作用，通常 1 个酶分子每秒可裂解 800 个前药分子，因此只要在体内的肿瘤组织附近有少量的单抗-酶偶联物，就会在肿瘤部位积累成高浓度药物区。AD-EPT 常用的酶有羧肽酶、碱性磷酸酶、糖苷酶、青霉素酰胺酶、β-内酰胺酶、胞嘧啶脱氨酶等。单抗则可以选择各种肿瘤特异性的抗体，或其他对肿瘤有靶向性的大分子。

除抗体外，酶也和其他类的蛋白融合形成融合酶类药物，如重组水蛭素 12 肽与瑞替普酶、脑钠肽与谷胱甘肽巯基转移酶、抗菌肽 CecropinB 与人溶菌酶等。

（4）**激素类** 激素是调节机体正常活动的重要物质，对动物繁殖、生长发育以及适应体内外环境的变化都有重要作用。当某一分泌激素失去平衡时，就会引发疾病。肽与蛋白质激素通常是由人体特殊的腺体合成和分泌，天然提取的激素不但来源困难，而且易受致病菌和病毒感染。生物技术使得大量生产以及改造人体激素成为可能。目前国内外上市的肽与蛋白激素药物已达十几种，而大多数激素类融合蛋白药物还处于初期研究阶段。

激素与毒素相融合，这是近些年来发展起来的一类新颖的抗癌药物，特异性强、不良反应低，具有良好的临床应用前景。1992 年，我国长春基因工程药物研究所制备了一个由铜绿假单胞菌外毒素 A（PE40）和人促黄体激素释放激素（LHRH）偶联而成的融合蛋白，已完成临床前研究。该蛋白经静脉注射入体内后，通过与肿瘤细胞表面 I 型 LHRH 受体结合，将铜绿假单胞菌外毒素的酶活性区域带到肿瘤细胞内。铜绿假单胞菌外毒素 A 可阻断肿瘤细胞的蛋白质合成而导致细胞死亡，一些研究显示在某些肿瘤表面分布的 LHRH 受体量远远超出正常器官组织的受体量，并多表现高亲和力的受体，这就能很好地诱导 LHRH-PE40 靶向恶性细胞，但对正常组织损伤较小。

除 LHRH 相关的融合蛋白之外，其他的激素类融合蛋白，有引起免疫耐受的霍乱毒素 B 亚基-胰岛素 β 链（CTB-INS），该融合蛋白可减轻胰岛炎症，并且降低血糖；也有甲状旁腺激素（PTH）与人血清白蛋白（HSA）重组后形成的长效蛋白，在酵母中表达后具有一定的 PTH 生物活性，显著延长半衰期，以及生长抑素（SS）/CTB、HSA/hGH（人生长激素）等激素类融合蛋白。

（5）**受体类** 受体主要分为膜结合型受体与可溶性受体，在研究和应用中作为重要药物靶点的是 G 蛋白偶联受体、细胞核受体。目前，构建融合蛋白药物的受体主要是肿瘤坏死因子受体、生长因子受体、细胞因子受体等，这一类药物作用的主要特点是竞争性地与配体结合，从而抑制配体发挥的效应。

近些年来，新的受体与抗体、受体与配体相融合形成的药物不断涌现。例如，将人 IgG1 的 Fc 与 B 细胞活化因子（BLyS）的两种受体穿膜蛋白活化物（TACI）和 B 细胞成熟抗原（BCMA）的胞外可溶性部分构建成融合蛋白 sTACI-Fc 和 sBCMA-Fc，形成了 BLyS 受体-Fc 融合蛋白。由于 TACI 受体对淋巴细胞发育成熟的两个关键调节因子 BLyS 和 APRIL（增殖诱导配体）均具有很高的亲和力，因此，可通过阻止 BLyS 和 APRIL 与膜受体（TACI、BCMA、BAFF-R）之间的相互作用，阻断 BLyS 和 APRIL 的生物学活性，进而高效阻断 B 淋巴细胞增生和 T 淋巴细胞成熟，治疗 SLE（系统性红斑狼疮）等自身免疫性疾病。

8.2.3.4 现存问题

蛋白质类药物除抗体外大多分子质量小于 50kDa，肾小球滤过率高，有免疫原性，体内稳定性差导致其半衰期短。为了达到治疗效果必须频繁或高剂量给药，这不仅给病人带来痛苦和巨大的经济负担，且易引发一系列不良反应。

为了延长半衰期提高病人顺应性，长效修饰必不可少。目前，针对蛋白多肽类药物进行的长效改造策略主要分为 3 类：

① 化学修饰：如聚乙二醇修饰（PEG 化）、内源性物质修饰（饱和脂肪酸修饰、透明质酸修饰、聚氨基酸修饰）；

② 融合蛋白修饰：如人血清白蛋白（HSA）、抗体 Fc 片段、类弹性蛋白；

③ 通过制剂手段达到长效的目的。

8.2.4 多肽类药物

一般来说，多肽是由 100 个以下 α-氨基酸以肽键连接在一起而形成的化合物。多肽在包括细胞增殖分化、免疫防御、肿瘤病变等在内的生命活动过程中起着至关重要的作用。多肽类药物在治疗肿瘤、糖尿病、心血管疾病、肢端体肥大症、骨质疏松症、胃肠道疾病、中枢神经系统疾病、免疫疾病以及抗病毒、抗菌等方面具有显著的疗效。自 1953年首个人工合成的具有生物活性的多肽问世至本书出版时，全球已批准上市的多肽药物有80 种，其中抗肿瘤药物 16 种，糖尿病治疗药物 7 种，抗感染与免疫治疗药物 15 种，血管与泌尿治疗药物 9 种，其他药物 33 种（见表 8-2）。

表 8-2 全球已批准上市的多肽药物

类型	通用名	商品名	适应证	给药途径
抗肿瘤药物	阿巴瑞克	Plenaxis	前列腺癌	肌内注射
	博来霉素	Blenoxane	癌症	肌内和静脉注射
	布舍瑞林	Buserelin	前列腺癌	鼻腔
	硼替佐米	Velcade	多发性骨髓瘤	静、动脉和皮下注射
	卡非佐米	Kyprolis	多发性骨髓瘤	静脉注射和滴注
	西曲瑞克	Cetrotide	促排卵、子宫瘤	皮下注射
	放线菌素	Cosmegen	实体瘤	静脉注射
	地加瑞克	Firmagon	前列腺癌	皮下给药
	依多曲肽	Octreother	神经内分泌瘤	静脉注射
	组氨瑞林	Vantas/Supprelin LA	前列腺癌	皮下注射
	亮丙瑞林	Lupron	前列腺癌	皮下注射
	罗米地辛	Istodax	T 细胞淋巴瘤	静脉滴注
	米伐木肽	Mepact	骨肉瘤	静脉滴注
	曲普瑞林	Trelstar	前列腺癌	肌内注射
	戈舍瑞林	Zoladex	前列腺癌	皮下注射
	戈那瑞林	Factrel	垂体瘤	皮下和静脉注射
糖尿病治疗药物	阿必鲁肽	Tanzeum	2 型糖尿病	皮下注射
	度拉糖肽	Trulicity	2 型糖尿病	皮下注射
	艾塞那肽	Byetta/Bydureon	2 型糖尿病	皮下注射
	利拉鲁肽	Victoza	2 型糖尿病和肥胖症	皮下注射
	利西拉来	Lyxumia	2 型糖尿病	皮下注射
	普兰林肽	Symlin	1、2 型糖尿病	皮下注射
	胰高血糖素	Glucagon	低血糖	皮下和肌内注射
抗感染与免疫治疗药物	阿尼芬净	Eraxis/Ecalta	抗真菌	静脉注射
	杆菌肽	Bacitracin/Baciim	抗菌	静脉注射、眼部
	卡泊芬净	Cancidas	抗真菌	静脉滴注
	短杆菌肽	Neosporin	细菌感染	眼部
	米卡芬净	Mycamine	抗真菌	静脉注射
	硫酸多黏菌素	Cortisporin	抗菌	肌内和静脉注射、眼部
	替考拉宁	Targocid	抗菌	肌内和静脉注射
	特拉万星	Vibativ	抗菌	静脉滴注

类型	通用名	商品名	适应证	给药途径
抗感染与免疫治疗药物	卷曲霉素	Capastat	抗菌	肌内注射
	黏菌素	Coly-mycin S	抗菌	口服、静脉注射
	达托霉素	Cubicin	抗菌	静脉滴注
	万古霉素	Vancomycin Cobicistat	抗菌	口服
	可比司他	Stribild	HIV 感染	口服
	恩夫韦肽	Fuzeon	HIV 感染	皮下注射
	胸腺五肽	Zadaxin	慢性乙型肝炎	肌内注射
血管与泌尿治疗药物	比卢伐定	Angiomax/Angiox	抗凝血	静脉注射
	去氨加压素	DDAVP/Minirin	尿崩溃	鼻腔、皮下和肌内注射
	依替巴肽	Integrilin	急性冠状动脉综合征	静脉注射
	艾替班特	Firazyr	遗传性血管水肿	皮下注射
	赖氨酸加压素	Diapid	尿崩症	鼻腔
	奈西立肽	Natrecor	心力衰竭	静脉滴注
	肌丙抗增压素	Sarenin	高血压	静脉注射和滴注
	加压素	Pitressin	尿崩症	静脉滴注
	特利加压素	Glypressin	食管静脉曲张	静脉注射
其他药物	苯酪肽	Chymex	诊断	口服
	阿托西班	Tractocile/Antocin/Atosiban SUN	抑制宫缩	静脉注射和滴注
	卡比托辛	Duratocin/Lonactene	减少产后出血	静脉注射
	雨蛙肽	Caerulein	麻痹性肠阻塞	静脉注射
	可的瑞林	Acthrel	诊断	静脉注射
	促肾上腺皮质激素	H. P. Acthar Gel	诊断	肌内和静脉注射
	促皮质素	Cortrosyn	诊断	静脉注射
	地普奥肽	Neo Tect Kit/NeoSpect	诊断	静脉注射
	谷胱甘肽	BSS Plus/Endosol extra	遗传性酶病	口服、静脉注射
	兰瑞肽	Somatuline depot	肢端肥大症	皮下注射
	替莫瑞林	Egriphta	HIV 患者脂肪肝	皮下注射
	利落那肽	Linzess	肠易激综合征	口服
	芦西纳坦	Surfaxin	婴儿呼吸窘迫综合征	鞘内注射
	那法瑞林	Synarel	中枢性性早熟	鼻腔
	奥曲肽	Sandostatin	肢端肥大症	静脉注射
	催产素	Oxytocin/Pitocin	催产	静脉和肌内注射
	帕瑞肽	Signifor	库欣综合征	皮下注射
	五肽胃泌素	Peptavlon	诊断	皮下注射
	喷曲肽	Octreoscan	诊断	静脉注射
	普罗林肽	Thypinone	诊断	静脉注射
	鲑鱼降钙素	Miacalcin	骨质疏松	皮下和静脉注射、鼻腔
	胰泌素	Chirhostim	诊断	静脉滴注
	促胰液素	Secroflo	诊断	静脉滴注
	舍莫瑞林	Geref	生长素缺乏症	皮下注射
	辛卡利特	Kinevac	诊断	静脉注射
	生长释素	GHRH	诊断	静脉注射
	生长抑素	Somatostatin	食管静脉曲张	静脉滴注
	替度鲁肽	Gattex	短肠综合征	皮下注射
	特立帕肽	Forteo	骨质疏松	皮下注射
	尿促卵泡素	Bravelle	促排卵	皮下注射

类型	通用名	商品名	适应证	给药途径
其他药物	环孢菌素	Neoral	免疫抑制	口服
	加尼瑞克	Orgalutran	促排卵	皮下注射
	齐考诺肽	Prialt	慢性疼痛	鞘内注射

目前，常见的多肽类药物制备方法有 3 种，分别是从动植物体内提取、通过化学方法合成、利用基因重组技术制备。其中提取法获得的多肽纯度较低，且在生物体内多肽类物质含量甚微，提取过程中易引入动物致病菌或病毒，从而限制了其应用。所以，生物提取多肽技术已逐渐被化学合成法或基因重组技术所替代。而在我国，目前多数多肽类药物以化学合成为主。

多肽类药物具有生物活性高，特异性强，毒性反应相对较弱，在体内不易产生蓄积，与其他药物的相互作用比较少，与体内受体的亲和性比较好等优点。此外，多肽类药物的成药性高于一般化学药物。虽然多肽类药物具有如此多优势，但也有无法忽视的短板：多肽分子稳定性差、易降解、半衰期短，需连续给药以维持其药效。

改变多肽的剂型可有效改善多肽类药物半衰期。目前在应用时大部分为注射剂，特别是以静脉注射或静脉滴注为主，主要制剂类型为冻干粉。近年来，随着各种递药系统的发展，研究人员研发了多种不同制剂类型的多肽类药物，呈现出多种给药途径。

目前，多肽类药物的给药途径主要分为注射给药与非注射给药，前者包括静脉注射、皮下注射、肌内注射，后者包括口腔、鼻腔、眼部、舌下、经皮、肺部、直肠、阴道给药等。

现在已有多种制剂类型的多肽类药物上市，包括微球、埋植剂、脂质体、微乳类纳米粒等。

微球主要分为缓释微球和原位微球。缓释微球是利用高分子材料将多肽类药物制成微球制剂，使药物缓慢释放，延长吸收和分布及作用的时间，曲普瑞林是最先面市的缓释多肽微球制剂，缓释周期可达一个月。原位微球制剂是将生物可降解的聚合物与多肽类药物制成注射液，给药后，聚合物会随着溶剂的扩散而固化，形成微球，达到控制释药的作用，亮丙瑞林缓释注射液可实现每 6 个月注射给药一次。

埋植剂分为天然聚合物（如明胶、葡聚糖等）和合成聚合物（如聚乳酸）两大类。临床上应用的多肽类药物埋植剂有戈舍瑞林植入剂，通常 28d 给药一次。

脂质体可将多肽类药物包被于其磷脂双分子层内从而提高多肽类药物的稳定性。脂质体制剂具有生物相容性好及免疫原性低的优点。以聚丙烯酸酯脂质体包裹胰岛素，口服该制剂后，可显著增强胰岛素药效。

微乳分为水包油（O/W）型和油包水（W/O）型两类，前者多用于包裹疏水性多肽，后者更为常见，用于包裹油包水（W/O）型。微乳制剂可使多肽免受胃酸中酸性物质以及酶的影响，从而提高多肽的稳定性，延长其半衰期，环孢素微乳剂的口服生物利用度明显提高。

纳米粒一般分为聚合物纳米粒和固体脂质纳米粒两类。纳米载药系统具有一定的靶向性，并且可以保护多肽类药物，使其不接触到蛋白酶，从而延长多肽类药物的半衰期。

8.2.5 适配子

适配子（aptamer）是与蛋白质等非核酸靶分子相结合的 DNA 和 RNA 的总称，大小一般 6～40 kDa，主要是通过 SELEX（指数富集的配体系统进化技术）在体外进行多轮筛选、扩增和富集得到。适配子本质上是单链寡核苷酸片段——单链 DNA 或 RNA 序列，可与靶物质分子高特异性、高亲合力结合。适配子药物可识别靶蛋白质的结构并与其结合，从而发挥作用。

目前，已有适配子药物进入临床前期或临床期试验，并逐步成为一类新型药物。2004 年 12 月 FDA 批准第一种适配子药物 Macugen 上市。Macugen 的主要成分是经过化学修饰后的 27 个碱基 RNA，它通过与靶标血管内皮细胞生长因子（VEGF）结合，从而抑制血管的新生作用，用于治疗湿性老年性黄斑变性。2003 年第三季度，Aptamera 公司研制的适配子药物 AGRO100 进入 I 期临床试验，AGRO100 可在癌细胞表面与核仁素（nucleolin，NCL）结合，抑制癌细胞 DNA 的复制并诱导细胞凋亡，并对包括肺癌、宫颈癌、恶性黑色素瘤及白血病等在内的多种癌细胞均有抑制作用。目前，已有 10 种以上核酸适配子药物进入临床试验阶段（见表 8-3）。

表 8-3　临床试验阶段的核酸适配子药物

适应证	药品	靶标	种类	适应证
黄斑变性	Macugen	VEGF165	27-nt RNA	老年性黄斑变性（AMD）；糖尿病黄斑水肿；增殖性糖尿病视网膜病变
	Zimura（2023 年上市）	C5	38-nt RNA	老年性黄斑变性（AMD）；特发性息肉样脉络膜血管病变（IPCV）；地图样萎缩
	Fovista	PDGF	29-nt DNA	老年性黄斑变性（AMD）
凝血	REG1 抗凝血系统	凝血因子 IXA	37-nt DNA	急性冠脉综合征（ACS）；心脏导管术（IV 型）；冠心病（CAD）；经皮冠状动脉介入治疗（PCI）
	ARC1779	血管性血友病因子的 A1 结构域	39-nt DNA	血管性血友病；紫癜；2b 型血栓性血小板减少性血管性血友病；急性心肌梗死；经皮冠状动脉介入治疗；血栓症
	NU172	凝血酶	26-nt DNA	心脏疾病（如在体外循环中维持抗凝状态稳定）
	ARC19499（BAX499）	TFPI	32-nt DNA	血友病
肿瘤	AS1411（AGRO001）	核仁素	26-nt DNA	急性髓样白血病（AML）；转移性肾细胞癌；晚期实体瘤
	NOX-A12	CXCL12 或 SDF-1	45-nt RNA	多发性骨髓瘤（MM）以及非霍奇金淋巴瘤（NHL）；慢性淋巴细胞白血病（CLL）；自体干细胞移植；造血干细胞移植
其他	NOX-E36	CCL2	40-nt RNA	慢性炎症性疾病；2 型糖尿病；系统性红斑狼疮；蛋白尿；肾功能损害
	NOX-H94	海帕西啶肽类激素	44-nt RNA	贫血；终末期肾病；慢性病贫血；炎症

适配子作为一种新型的核酸药物正迅速发展，其独特优势主要表现在以下五个方面。

① 靶分子范围广泛。目前已在体外筛选出多种可与适配子特异性结合的靶标，包括小的离子（如 Zn^{2+}）、核苷酸（如 ATP）、肽，大的糖蛋白（如 CD4）、病毒粒子、细胞，甚至组织。可与适配子结合的靶标理论上无大小上限，多为 65~150 kDa。

② 高亲和性与特异性。已报道的适配体和靶标的亲和力变化范围很广，一般和小分子的亲和力相对比较低，例如适配子与氨基酸结合的亲和力范围在 $0.3~65\mu mol$ 之间；与 ATP、黄嘌呤结合的亲和力分别为 $6\mu mol$ 和 $3.3\mu mol$；与多巴胺结合的亲和力是 $2.8\mu mol$；与维生素 B_{12} 结合的亲和力是 9.0nmol；与典型核酸分子结合的亲和力在纳摩尔范围，适配子与反转录病毒整合酶结合的亲和力为 10~800nmol；与反转录酶结合的亲和力为 0.3~20nmol；与核蛋白结合的亲和力约为 2nmol；与核糖体 RNA 绑定氨基酸糖苷抗生素结合亲和力大约是 0.8nmol；适配子与免疫球蛋白家族的蛋白质结合的亲和力在

2～40nmol 之间，这可能是由于免疫球蛋白和细胞表面糖蛋白的作用。研究发现与靶标有高亲和力的适配子多数可以表现出高特异性，可以区别有相似酶活性的不同酶类，如区分 α-凝血酶和 γ-凝血酶；区分猫免疫缺陷病毒和其他 3 种反转录病毒的反转录酶；区分仅仅有 23 个残基不同的蛋白激酶 C 的同工酶；区分结构仅仅有 1 个甲基的差别的咖啡因和茶碱。但适配子仅在一定程度上表现出特异性，有时也可非特异地识别非靶标物质。如辅酶 A 的适配子也能够识别 AMP；识别黄嘌呤的适配子可以识别鸟嘌呤，但是不能识别腺苷胞嘧啶或尿嘧啶。

③ 体外筛选，与靶分子的结合条件可调控，易人工合成，可以通过 SELEX 技术的自动化进行大批量低成本生产，且批次间差异较小，同时也能针对毒素及免疫原性较弱的物质进行筛选。

④ 稳定性好，易修饰，可以在适配子寡核苷酸的精确位点进行修饰，避免其被体内核酸酶降解。

⑤ 分子小，空间位阻小，可单独成药，也可连接各种标记分子进行临床诊断；或者与一个甚至多个靶分子高效绑定，实现细胞内药物运送与治疗。一般来说，适配子应尽可能小，以达到降低成本、提高与靶标结合效率等目的。利用重组缺失分析、印记和体外合成法可确定绑定于靶标所需的最短核苷酸的大小。最小的适配子长度范围相当广泛，例如在血管内皮生长因子（VEGF）内最小长度 23～35 个碱基；最小的黄嘌呤和鸟嘌呤配体约 32 个碱基；链霉素配体约 46 个碱基；最小丝氨酸蛋白酶配体可达 99 个碱基。适配子分子质量的范围在 6～40kDa，一般标准大小是 10kDa，标准适配体的暴露面积一般为 50～60nm^2。

适配子在生物医药领域显示出巨大的应用前景，在理论上具有显著的技术优势，但是也存在一些不足之处，成药性进展非常迟缓。例如适配子虽然能与靶分子高亲和强特异性结合，但它难以穿透细胞膜接近靶分子；适配子的半衰期大多较短。

从目前研究及临床试验来看，适配子为靶向治疗提供了一个很好的平台。适配子不仅可作为药物和靶向递送载体，还广泛应用于生物传感器的设计、基因芯片和癌症成像等，在生物医学相关的基础研究、临床诊断和药物研发等领域优势显著。但是，目前发展中的诸多适配子与药物的结合物通过修饰［如聚乙二醇（PEG）]后其毒性降低，溶解性、耐核酸酶及膜穿透性都大大提高。这说明通过进一步优化适配子及其结合物的效能、物理性质，可以加快适配子运载药物用于靶向治疗的速度。

8.2.6 其他生物药物

8.2.6.1 中草药中的生物活性成分

从历史上看，天然产物是对抗多种人类疾病的重要药物。从 1981 年到 2014 年，在所有批准的 1211 种小分子治疗药物中，天然产物相关药物几乎占到上市药物的 65%，这些药物要么原封不动地使用，要么基于天然存在的结构进行了改造。

中草药（Chinese herbal medicines，CHMs）是古代中国人对抗疾病的主要治疗方法。早在秦汉时期（公元前 221 年至公元 220 年左右），《神农本草经》就记载了 365 种药物。到明朝（公元 1368 年至 1644 年），《本草纲目》中列出的中药数量已累计 1892 种。

此类典籍中的大多数中药在整个医学史上一直在使用，并且应用至今。根据《神农本草经》，黄连被发现可以缓解腹痛和腹泻，黄连至今仍被广泛用于治疗腹泻或痢疾。此外，三七，一种传统的草药，最初用于止血、活血、缓解疼痛，记录于《本草纲目》中，它现在常用于创伤和心脑血管疾病的病例。最近的一项比较分析进一步表明，几种三七制剂对不稳定型心绞痛患者有益。

生物活性成分是从具有治疗特性的中草药中提取的主要成分。自诺贝尔奖获得者屠呦呦发现青蒿素能够抑制疟疾以来，天然植物提取物，尤其是其中的生物活性成分，越来越受到医学研究人员的关注。研究发现一些中药的生物活性成分可以靶向各种非编码 RNA 分子（ncRNAs），尤其是 miRNAs、lncRNAs 和 circRNAs，它们已成为许多疾病治疗的新靶点。这些生物活性成分通过促进细胞凋亡、抑制增殖和抗迁移、抗炎、抗动脉粥样硬化、抗感染、抗衰老和抑制结构重塑等方式发挥治疗保护作用，它们在癌症、心血管疾病、神经系统疾病、炎症性肠病、哮喘、传染病和衰老相关疾病等方面发挥出巨大潜力，在抗肿瘤耐药、微生物耐药方面也表现出不错的效果。

8.2.6.2　海洋天然产物

近年来，人们对海洋资源的研究兴趣日益浓厚，一方面人们意识到海洋环境中巨大的生物多样性蕴含巨大潜力，是开发新的化学药物和生物药物的有力保障，另一方面随着研究技术和策略的不断进步，阻碍对海洋天然产物进行药物发现和开发的关键问题得到了解决。对产生海洋天然产物的微生物的初步基因组测序表明，大量的海洋天然产物（marine natural product，MNP）仍有待发现。MNP 是公认的强大生物资源库，可填补制药行业的一些药物空白。MNP 具有多样的化学空间结构，它们经常被用来作为有前景的候选物进行药物开发。除了临床实用性外，MNP 还被用作探针，用于推进基础生物医学研究，以研究生物途径和探索非常规生物空间进行药物发现。

为继续用 MNP 推动药物研发并恰当地与相应的药物发现方法结合，MNP 药物开发需解决三个主要问题：①如何识别新分子；②如何解决供应问题；③如何将生物活性与潜在靶点/作用机制（mechanism of action，MOA）联系起来。在这几方面取得的进展见图 8-7。

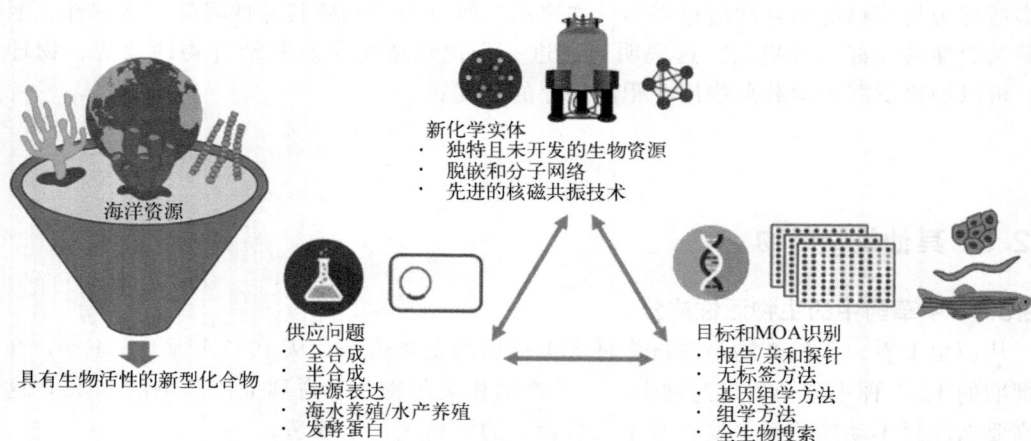

图 8-7　海洋天然产物药物发现的三大瓶颈及相应研究亮点

经学术界和制药业数十年的不懈努力，截至 2019 年 9 月份，已有 11 种海洋衍生药物

（图 8-8）成功上市，其中 5 种用于治疗癌症，包括阿糖胞苷（Cytosar-U®）、曲贝替定（ET-743、Yondelis®）、eribulin mesylate（Halaven®）和抗体药物偶联物（ADC）brentuximab vedotin（Adcetris®）和 polatuzumab vedotin（Polivy®），三款用于治疗高甘油三酯血症包括脂肪酸类药物：Lovaza®、Vascepa® 和 Epanova®，两种用于抗病毒治疗，包括 vidarabine（Vira-A®）和 iota-carrageenan（Carragelose®），还有一种用于改善严重慢性疼痛的 ziconotide（Prialt®）。

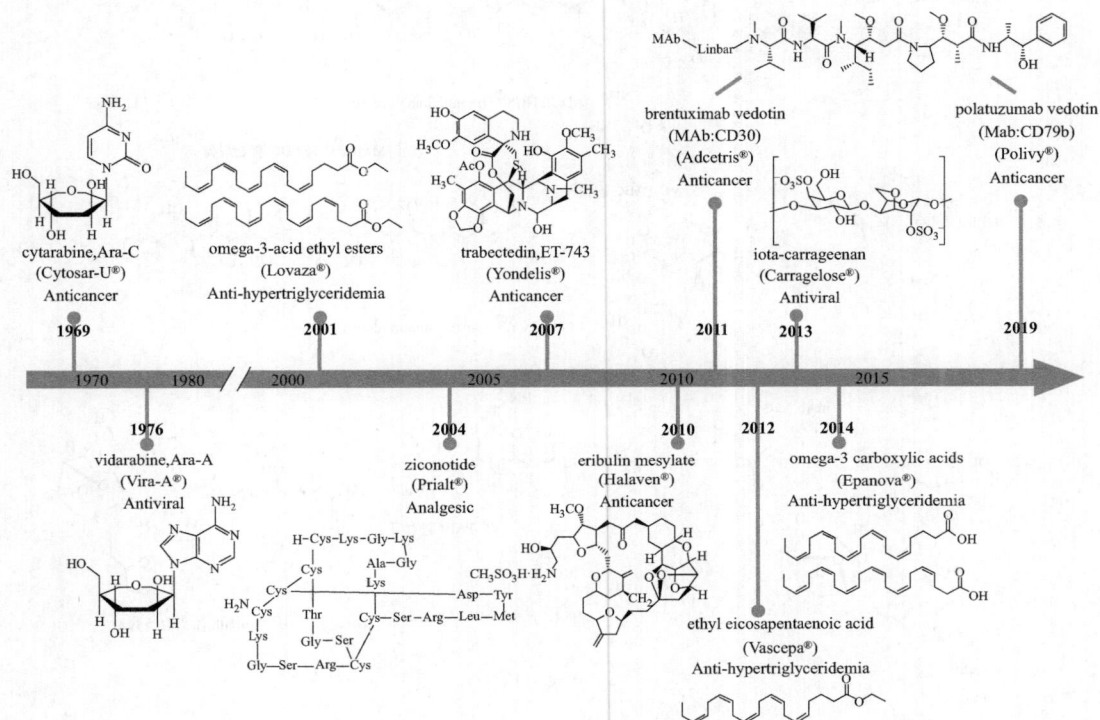

图 8-8　海洋衍生药物上市时间表

截至 2020 年 9 月，处于不同阶段临床试验的 MNP 候选药物已超过 20 种，并且大量的药物前期研究正在针对多种用途进行广泛的临床前开发。由于功效，一些 MNP 也可作为抗体药物偶联物的有效载体，如已上市的维布妥昔单抗（brentuximab vedotin）和泊洛妥珠单抗（polatuzumab vedotin）（图 8-9）。MNP 越来越多地被用于多种应用的新型治疗药物的开发。

MNP 成功转化为商业药物进一步证明了 MNP 作为治疗药物开发的潜力。最初 MNP 的开发主要依靠从天然来源材料中分离提纯，成本高，代价大，甚至存在分离成功的偶然性，因此 MNP 的原始材料供应始终是一个关键问题，这将影响结构解析并阻碍对 MNP 的综合生物学研究。随着各种合成和生物合成研究策略的发展，有限供应问题得到了很大改善。第一种方法是全合成，特别是复杂 MNP 的大规模合成，为深入的生物学研究提供了丰富的材料供应和有效的化学证据，促进了 MNP 的研究。例如，largazole，一种Ⅰ类组蛋白脱乙酰酶（HDAC）抑制剂，最初被认为只能从特定海洋蓝藻中分离出来，目前已经建立成熟的全合成技术，10g 目标化合物可通过 8 个步骤以 21% 的总产率合成。Smith

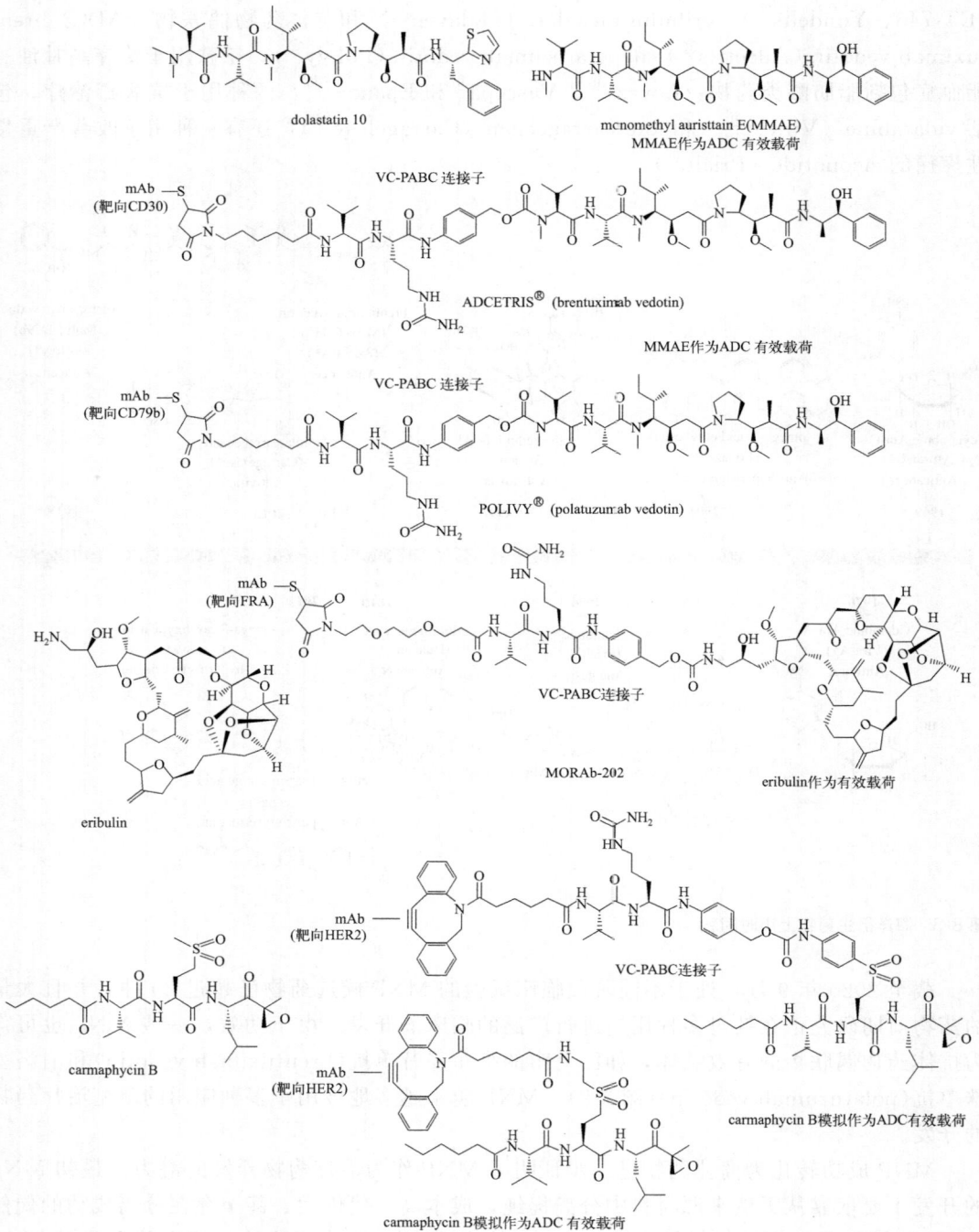

图 8-9 dolastatin 10/MMAE、eribulin、carmaphycin B 及其衍生 ADC 的结构

等人设计和开发了 spongistatin 1 的全合成。spongistatin 1 最初是从海绵属海绵中分离出来的 MNP，是最有效的肿瘤细胞生长抑制剂之一。第二种方法是半合成 MNP 解决供应有限的问题。例如，半合成方法可用天然产物紫苏内酯为原材料七步合成 puupehedione，

MNP puupehedione 最初是从 Verongid 海绵中分离得到的，具有多种生物活性，包括抗血管生成、抗肿瘤、抗菌和免疫调节作用。通过半合成方式，puupehedione 变得更容易获得，更方便对其进行更完整和深入的研究，以拓展 puupehedione 在生物医学中的应用；此外，生物合成基因簇的异源表达代表了一种 MNP 材料供应的新兴方法。已经报道了多种化合物成功异源生产，包括聚酮化合物、非核糖体肽、混合非核糖体肽-聚酮化合物和类异戊二烯。此外，海水养殖也是解决 MNP 供应问题的一种传统方法。除上述方法外，发酵也可用于为科学研究和临床研究提供 MNP。

大多数药物（包括 MNP 衍生药物）都是以蛋白质为靶点。在许多情况下，首先尝试通过识别类似于已知药效团的结构特征来揭示分子的生物学靶标。除了靶向蛋白质外，MNP 复杂的多样性使得靶向非蛋白质生物实体的化合物的生产和发现成为可能。上文提到的上市和处于临床试验的一些 MNP 药物在复制和转录水平上靶向 DNA，而其他药物则通过嵌入蛋白发挥作用。如 cytarabine（Cytosar-U®）和 vidarabine（Vira-A®）都可以干扰 DNA 合成，而曲贝替定（ET-743，Yondelis®）则会干扰激活的转录并诱导双链 DNA 断裂；MNP 的多样性还可用于发现具有新结构特征的化合物，以及识别具有独特 MOA 的化合物，从而发现能够针对特殊空间结构的 MNP。例如，theonellamide A 最初是从带壳海绵（*Theonella* spp.）中分离出来的。据报道，这种双环十二肽具有抗真菌活性的同时，对哺乳动物细胞表现出中等的细胞毒性，对 theonellamide A 与膜相互作用的深入研究表明，theonellamide A 通过与甾醇的相互作用与膜表面结合，theonellamide A 的累积可引起细胞膜局部的形态变化。凭借这一独特的特性，基于 theonellamide 的探针将能够可视化活细胞中含有甾醇的结构域，这可以进一步揭示膜形态的动态变化。

除了脂质膜/甾醇靶向化合物外，MNP 还提供了一个机会来发现具有独特生物靶点的有治疗前景的药物。最近，从海洋细菌丝氨酸中分离出一种新的天然产物丝氨酸醌，并在 NCI-60 筛选面板中显示出对一组黑色素瘤细胞系的选择性活性。seriniquinone 是第一个报道的靶向在黑色素瘤细胞中过表达的 dermcidin 化合物。新的研究数据表明，dermcidin 在稳定癌症发展方面发挥着越来越重要的作用，丝氨酸醌靶向 dermcidin 的能力提供了一种新的细胞特异性方法来诱导自噬和细胞凋亡。

MNP 中有许多细胞毒性化合物，能够作为药物先导物使用。抗体靶向化疗是一种利用细胞毒剂与能够特异性识别肿瘤相关抗原的单克隆抗体（mAb）连接的治疗策略，该策略中使用的复合物是 ADC，它已成为具有代表性的一类治疗药物。癌症的治疗，mAb能将高细胞毒性药物传递给肿瘤细胞而不是正常健康细胞，以实现特异性靶向和杀伤癌细胞作用。目前，FDA 已批准了 5 种 ADC 用于临床应用，包括用于治疗急性髓细胞性白血病（AML）的 Mylotarg®（gemtuzumab ozogamicin）、用于治疗复发或难治性霍奇金淋巴瘤和全身性间变性大细胞淋巴瘤（ALCL）的 Adcetris®（brentuximab vedotin）（HL）、用于治疗 B 细胞急性淋巴细胞白血病（ALL）的 Besponsa®（inotuzumab ozogamicin）、用于治疗转移性乳腺癌的 Kadcyla®（ado-trastuzumab emtansine），以及 Polivy®（po-latuzumab vedotin-piiq）与苯达莫司汀，两种联合使用用于治疗成人弥漫性大 B 细胞淋巴瘤（DLBCL）。

根据 MarinLit（海洋天然产物）数据库中的记录，已报告了 30000 多种来自海洋的化合物。尽管在过去几年中观察到新型天然产物的发现率有所下降，而天然产物的发现率和绝对数量有所增加，但创新发现方法的发展将继续产生具有新化学特性的化合物。更重要的是，目标识别技术的进步保证了对已报道但其生物学作用尚未完全了解的 MNP 的深入研究。这些 MNP 的改进的生物学注释将进一步促进潜在药物候选/线索的识别。因此，我们预计海洋资源将继续为具有新结构和生物学特性的有前途的一流治疗药物提供丰富的供应。

8.2.6.3　基因治疗药物

随着基因载体的改进，嵌合抗原受体 T 细胞（chimeric antigen receptor T-cell，CAR-T）免疫疗法的兴起以及基因组编辑技术的突破，基因治疗再次回到疾病治疗的中心，它为肿瘤、遗传病等疾病的临床治疗带来了新的选择，改变了单基因疾病和弥漫性大 B 细胞淋巴瘤的治疗现状。至 2019 年 8 月，已有 22 种基因药物获得各国药监部门的批准。

早在 1972 年，Theodore Friedmann、Richard Roblin 和 Stanfield Rogers 就提出使用"好的"脱氧核糖核酸（DNA）替代有缺陷的 DNA 来治疗遗传性疾病，这是最早的人类疾病基因治疗的概念。基因疗法可以通过调节故障基因从而从根本上治疗单基因疾病和其他遗传相关疾病。FDA 将基因治疗定义为一种通过修改一个人的基因来治疗或治愈疾病的技术，基因治疗可以通过多种机制发挥作用：①用一种健康基因拷贝；②使功能不正常的致病基因失活；③将新的或修饰的基因引入体内以帮助治疗疾病。同时，FDA 定义人类基因疗法试图修改或操纵基因的表达或改变活细胞的生物学特性以用于治疗用途。基因治疗药物被视为健康科学和制药领域的一场革命，是药物监管机构批准用于基因治疗临床实践中治疗、诊断或预防的药品。基因治疗药物也是生物医药产品，它们以核酸、脂质复合物、病毒或基因工程微生物的形式给药，具有治疗、预防或诊断作用。全球认可的质粒 DNA、反义寡核苷酸、小干扰 RNA（siRNA）-脂质复合物、病毒和基因工程细胞治疗产品都被总结为基因治疗药物。截至 2019 年 8 月，获批基因治疗药物时间表见图 8-10。

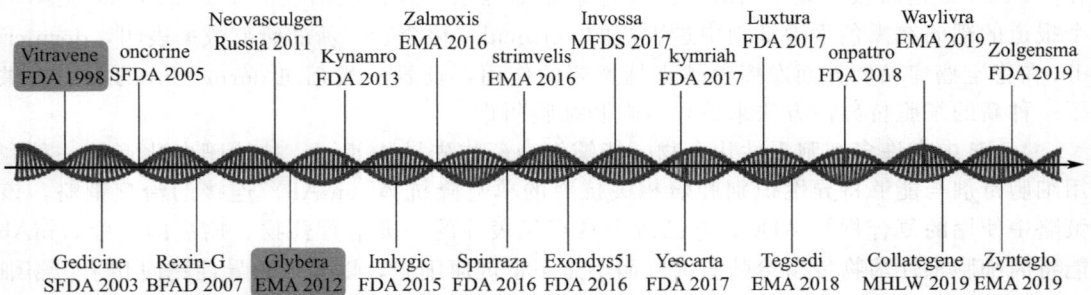

图 8-10　1998 至 2019 年全球批准的基因治疗药物时间表

时间线显示了首次全球批准药物和监管机构或国家批准药物的时间；　Glybera 和 Vitravene 已从市场上撤回；　SFDA—中国国家食品药品监督管理总局（现国家市场监督管理总局）；　EMA—欧洲药品管理局；　MFDS—韩国食品药品安全管理部；BFAD—菲律宾食品和药物管理局；　MHLW—日本厚生劳动省；　Russia—俄罗斯

8.2.6.4　干细胞药物

干细胞（stem cell，SC）是指在一定条件下具有增殖、自我更新和分化为多种功能细胞潜力的一类细胞。根据发育阶段，SC 可分为两大类：从囊胚内细胞团中分离出来的胚胎 SC（embryonic SC，ESC）和成人 SC（adult SC，ASC），也称为体细胞 SC（somatic SC，SSC），它可以存在于各种成人组织中，包括神经干细胞（neural SC，NSC）、造血干细胞（hematopoietic SC，HSC）、间充质干细胞（mesenchymal SC，MSC）、表皮干细胞等。根据分化潜能，SC 可分为三类：全能 SC、多能 SC（PSC）和单能 SC。使用 SC 治疗人类疾病已经进行了几十年的尝试，目前最成熟和普遍的应用之一是移植人类 SC 治疗多种恶性或良性血液病，如白血病等，具有极大的临床价值。此外，通过干细胞疗法治疗神经系统疾病，如缺血性脑卒中、外伤性脑损伤和蛛网膜下腔出血，近年来发展迅速，取得了可喜的成果。

8.3
生物药物制备技术

8.3.1　基因工程技术

基因工程主要是对基因方面的改造，它的理论基础是分子遗传学，主要方法就是利用微生物学和分子生物学这一现代方法，依据设计的方案，对体外来源不同的基因进行敲除或构建重组成新的 DNA 分子，然后导入受体，实现目标基因的获得，在这过程中一般需要多种相关技术对其进行支撑，如 DNA 序列分析、基因定点突变、聚合酶链反应、细菌转化转染、核酸凝胶电泳等技术。

利用基因工程技术开发一个药物，一般要经过以下几个步骤。①目的基因片段的获得，可以通过化学合成的方法来合成已知核苷酸序列的 DNA 片段；也可以通过从生物组织细胞中提取分离得到，对于真核生物则需要建立 cDNA 文库。②将获得的目的基因片段扩增并与适当的载体连接后，再导入适当的表达系统。③在适宜的培养条件下，使目的基因在表达系统中大量表达目的药物。④将目的药物提取、分离、纯化，然后制成相应的制剂。

8.3.1.1　基于同源重组的基因敲除技术

基因敲除又称基因打靶，是一种新型的分子生物学技术，主要是利用 DNA 转化技术，将构建的打靶载体导入靶细胞后，通过载体 DNA 序列与靶细胞内染色体上同源 DNA 序列间的重组，将载体 DNA 定点整合入靶细胞基因组上某一确定的位点，或与靶细胞基因组上某一确定片段置换，从而达到基因敲除的目的。

利用同源重组技术进行基因敲除，同源重组是指在 DNA 分子内或分子间发生同源序列联会和片段交换过程。利用同源重组技术进行基因敲除的机制主要是将目的基因（待敲除的靶基因）两侧的同源序列克隆至复制起始子缺陷的质粒中，一般在两段同源臂之间含有一段抗性基因。在非容纳条件下，质粒通过同源重组整合至细菌基因组中。最后通过质粒的滚环复制发生单交换和双交换，单交换重组时形成含有野生型和突变型同源序列的部分二倍体细胞，靶基因敲除不成功。双交换重组时，随着质粒的切除，或者突变型同源序列留在细菌基因组中，带有野生型的质粒被切除，靶基因敲除成功；或者野生型序列留在细菌基因组中，同源重组质粒切除，靶基因敲除不成功（图 8-11）。

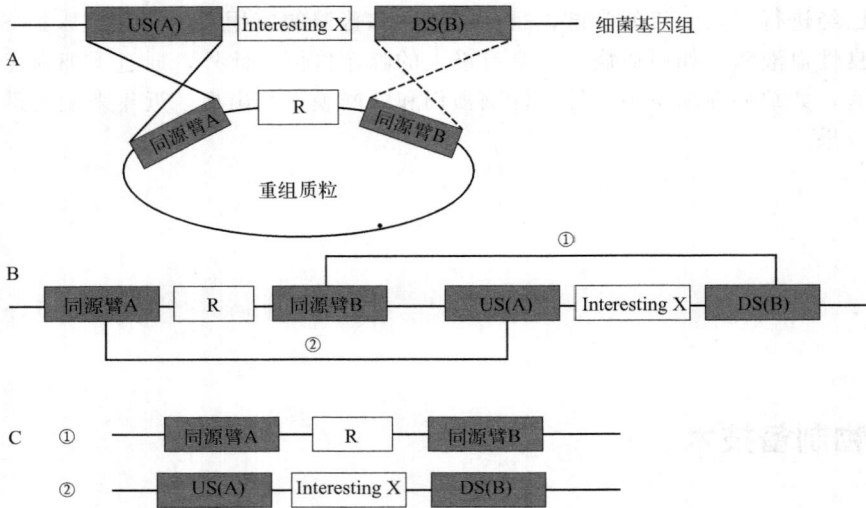

图 8-11　同源重组在细菌基因敲除中的作用

A—同源重组质粒的构建；　US—上游同源臂；　DS—下游同源臂；　R—耐药基因；　B—重组质粒 DNA 与细菌基因组整合；C—双交换重组时质粒 DNA 的切除

　　自杀性质粒载体可用于基因缺失工程菌的构建。将需缺失的目的基因克隆到自杀性质粒载体上，通过接合等使其进入宿主，由于在宿主菌中不存在复制基因起始所需的复制蛋白，其无法复制，在外界选择性压力的作用下，自杀性质粒载体所携带的突变基因就与宿主染色体上的野生型基因发生二次同源重组，产生了带有突变位点的突变株，而质粒载体自身由于自杀性特性连同染色体上原有的野生型基因一起随着细菌的传代从菌体内消失。用于构建基因缺失工程菌的自杀质粒应在受体菌中不能复制，须带有一个在整合到染色体内以后可供选择的抗性标记且带有易于克隆的多克隆位点。环状自杀质粒技术通过宿主细菌的自杀质粒来携带靶基因同源序列进行基因敲除，有单交换和双交换两种重组策略。同源单交换只发生一次同源重组，简便易行且较为稳定。单交换发生后，整个质粒载体插入靶基因内部并产生无活性靶基因。经过两次单交换才达到敲除靶基因的目的，称为同源双交换。同源双交换可通过缺失靶基因编码区中的某区段，或基因敲除后插入额外基因，达到目的基因失活的目的。

8.3.1.2　基于随机插入突变的基因敲除技术

　　插入缺失突变是利用可随机插入基因序列的病毒、细菌或其他基因载体，在靶基因中进行随机插入突变，再通过对相应的标志物进行筛选或已知的序列标签进行序列分析，从而获得相应基因敲除细胞的方法。目前应用于原核微生物较为有效的插入缺失方法，主要是通过噬菌体或转座子插入突变。大规模的随机插入突变理论上可实现在基因组范畴内敲除任一基因。这项技术具有效率高、基因完全失活以及容易分离鉴定等优点。

8.3.1.3　基于噬菌体重组系统的基因敲除技术

　　（1）λRed 重组敲除系统　　λRed 重组系统为 λ 噬菌体重组系统，是利用整合到细菌染色体上或质粒中的 Red 系统编码的重组酶来实现外源性 PCR 片段与基因组中靶基因的同源重组。Red 系统编码基因由 *Exo*、*Beta* 和 *Gam* 组成，其中 *Exo* 基因的产物为 λ 核酸外切酶，可将双链 DNA 5′ 端切开，产生 3′ 端 DNA 区段；*Beta* 基因编码的 β 蛋白可与单链 DNA 结合促进互补链复性，并可介导退火和交换反应。β 蛋白和 λ 核酸外切酶形成的复合物具有调节核酸溶解和重组启动的作用。*Gam* 基因产物为一个多肽，结合到宿主的 Rec BCD 蛋白形成二聚体，发挥外切酶活性。λRed 同源重组系统是细菌基因敲除的有力技术，基因的缺失或置换是确定基因的未知功能、阐明致病机制的重要手段。其应用，一是可以通过敲除细菌中的某个基因，改变细菌的代谢途径，构建工程菌，提高人类所需代谢物的产量；二是利用 λRed 同源重组技术敲除细菌中的某个基因，比较基因敲除前后菌株致病性的变化，从而有助于阐明致病机制；三是通过 λRed 同源重组技术可以明确某基因在耐药方面所起到的作用，有助于阐明耐药机制，为新药的合成提供理论平台。

λRed 重组系统的基因敲除策略如下：先根据宿主染色体上需敲除的片段两端的序列设计合成一对引物，使每条引物的 5′ 端有约 50bp 的长度与靶序列同源，3′ 端与筛选基因同源。以含筛选基因的质粒为模板，PCR 获得中间为筛选基因、两端为同源臂 A 和 B 的线性打靶 DNA。将线性打靶 DNA 转化入含有 Red 重组系统的宿主菌，Red 重组系统表达，λ 核酸外切酶则结合到线性打靶 DNA 的同源臂 A 和 B 末端进行酶切，产生游离的 3′ DNA 突出。此时，β 蛋白则介导 DNA 链复性，从而使得同源臂和宿主 DNA 间以链入侵的方式重组。宿主 DNA 上 A 和 B 之间的序列被线性打靶 DNA 同源臂 A 和 B 之间的筛选基因替换，从而完成对靶基因的定向敲除，得到靶基因缺失的突变株。

（2）Cre-loxP 和 Flp-FRT 敲除系统　　Cre-loxP 系统来源于结肠杆菌噬菌体 P1，由 Cre 重组酶和 loxP 位点两部分组成，Cre 重组酶可作用于多结构的 DNA 底物，且位点专一，可介导 34bp 的重复单元，切除同向重复的两个 loxP 位点间的 DNA 片段和一个 loxP 位点，保留一个 loxP 位点。loxP 位点是一种长 34bp 的回文序列结构，由两个 13bp 的反向重复顺序和 8bp 的间隔区域构成。该系统短小专一，特异性敲除基因不携带抗性标志物，避免了抗生素的应用，不会影响基因的正常表达和调控。

Flp-FRT 系统与 Cre-loxP 系统相同，也是由一重组酶和一段特殊的 DNA 序列组成。重组酶 Flp 是酵母细胞内的一个由 423 个氨基酸组成的单体蛋白，其发挥作用也不需要任何辅助因子，具有良好的稳定性。该系统另一个成分 Flp 识别位点与 loxP 位点相似，同样由两个长度为 13bp 的反向重复序列和一个长度为 8bp 的核心序列构成。

8.3.1.4　基于聚合酶链反应连接诱变技术

聚合酶链反应（PCR）连接诱变技术是一种能在细菌中迅速构建基因敲除突变体的方法，完全不依赖中间媒介载体，减少了外源性载体在基因功能研究时可能造成的影响。该技术的基本路线为：首先设计引物 P1/P2、P3/P4，分别扩增靶基因的侧翼序列，引物 E1/E2 扩增基因破坏盒子 Em AM 序列并引入酶切位点；对三组分片段进行酶切连接后，将连接片段转化导入宿主细菌细胞中，侧翼同源序列进行同源交换；最终 Em AM 序列替换敲除的目标序列。PCR 连接诱变技术最大的优势是不需要额外导入载体，减少了外源性载体在基因功能研究时可能造成的影响。

8.3.1.5　巨核酸酶技术

巨核酸酶（MN）是一种目标识别序列长、DNA 切割特异性高的酶。它们被分为两种类型：归巢内核酶（HE）和合成巨核酶。HE 在自然界中存在于真核生物（特别是植物、藻类、真菌和原生动物）的线粒体和叶绿体基因组中，以及古生菌、细菌和噬菌体的基因组中。同时，通过交换或修饰不同的 HE 结构域来合成大核酸酶。

HE 是一个可移动的基因元件，通过 14～40 个碱基对（bps）的长识别序列聚集（归巢）在目标 DNA 上自然繁殖。它们诱导位点特异性双链断裂，并刺激同源重组的内源性修复机制通路。在宿主范围内，根据结构和序列基序的不同，通常被分为 6 个不同的家族：LAGL-IDADG、HNH、EDxHD、GIY-YIG、PD（D/E）XK 和 His-Cys box。巨核酸酶结构有两个 $\alpha\beta\beta\alpha\beta\beta\alpha$ 域，这些结构要么同时存在于多结构域蛋白，要么通过同源二聚结构域聚集在一起。在性质上，MN 活性主要包括识别和拼接目标区域。重新编程 MN 的蛋白质工程分为四个阶段。首先，在感兴趣的基因组区域内确定一个合适的目标序列，该序列包含一个中心四个识别基序，与现有的野生型或先前设计的 MN 相匹配，并且与原始识别序列相比具有最少的不匹配数量。其次，通过在选定的巨核酸酶的接触模块中随机加入残基，可以生成一个广泛的重编程变异体库。再次，对产生的变异体在体外分室（IVC）系统中的活性进行筛选，独立的液滴具有耦合的转录和翻译能力，携带编码 MN 及其目标序列的 DNA。然后进行多轮筛选和选择，标准越来越严格，如合成时间、裂解时间和耐温性。最后，这个过程可以迭代进行，以修改多个接触模块，或通过细菌表达和裂解来验证活性。

8.3.1.6　基于工程核酸酶的基因定向进化编辑技术

基因编辑技术是指通过工程核酸酶对基因组进行精确修饰的操作技术。它被认为是敲除/插入和替换特定 DNA 片段，并在基因组水平上进行精确基因组编辑的理想平台。有四种主要的工程核酸酶：兆核酸酶（meganuclease）、锌指核酸酶（ZFN）、转录激活因子样效应核酸酶（TALEN）和成簇的规则间隔短回文重复相关核酸酶 Cas9（CRISPR-Cas9）。这些核酸酶主要通过靶向识别和切割基因组中特定位点使 DNA 双链断裂（DSB）。在没有修复模板的情况下，DSB 将激活内源性 DNA 修复机制，即非同源末端连接（NHEJ）。NHEJ 通过直接重新连接两个 DSB 末端来修复病变，这将导致 DSB 位点的插入和/或缺失（插入缺失）。当这些突变发生在基因编码区时，插入缺失往往会引起移码并导致基因敲除，靶细胞中基因功能被永久改变。此外，同时引入两个靶向 DSB 可以实现核酸酶切割位点的特异性缺失或倒位、复制和易位/染色体重排。在有修复模板的情况下，DSB 将通过同源定向修复（HDR）进行修复，其发生的频率低于 NHEJ。供体模板中存在的序列差异可以整合到编辑基因座中以永久修改 DNA，这可能是实现目标基因的可预测插入、替换或缺失的恰当方式。此外，抑制 NHEJ 关键分子（如 DNA 连接酶Ⅳ）可以提高 HDR 的效率，利用内源性 DNA 修复机制进行基因编辑流程如图 8-12 所示。虽然 HDR 只能发生在细胞周期的 S 或 G2 期，但 NHEJ 仅局限于有丝分裂阶段。

迄今为止，已经开发出大范围核酸酶、ZFN、TALEN 和 CRISPR-Cas9 等编辑技术，利用它们的不同特性进行特异性位点基因编辑。表 8-4 比较了不同编辑核酸酶平台相关特性，大范围核酸酶、ZFN 和 TALEN 通过蛋白质-DNA 相互作用切割特定的 DNA 位点。每个实验的目的不同需要用到的工程蛋白也不同，设计开发不同的工程蛋白耗时且昂贵，而 CRISPR-Cas9 系统基于特定引导 RNA（gRNA）和目标基因组位点之间的简单碱基配对规则，提供了简单而有效的基因组编辑方法。CRISPR-Cas 元件是在原核免疫系统中发现的一种防御系统，可阻止宿主基因组中的外来病毒或质粒复制，该系统可分为三种类型的 CRISPR 机制（Ⅰ～Ⅲ型）。对于Ⅰ型和Ⅲ型 CRISPR，多种 Cas 蛋白参与靶基因的识别和破坏。CRISPR-Cas9 属于 Ⅱ 型系统，它利用少数的 Cas 蛋白，因此工程化更简单。CRISPR-Cas9 系统由三个主要元素组成：具有核酸内切酶特性的 Cas9 蛋白，用于特异性靶向的 CRISPR RNA（crRNA）和反式激活的 crRNA（tracrRNA）。crRNA 和 tracrRNA 可以通过碱基互补配对的原理形成双链 RNA，与 Cas9 蛋白结合形成复合物，在靶点进行特异性切割。crRNA 的特异性识别功能依赖于靶序列下游 3′端原型空间相邻基序（PAM），是 CRISPR-Cas9 系统发挥基因编辑功能的必要组件。2012 年，Jinek 等人设计了一种单链引导 RNA（sgRNA），替代了 crRNA-tracrRNA 复合物，该复合物还指导 Cas9 蛋白特异性切割靶基因。

图 8-12 利用内源性 DNA 修复机制进行基因编辑

A 基因组编辑核酸酶（ZFN、TALEN 和 CRISPR-Cas9）在目标位点诱导 DSB；

B NHEJ 和 HDR 发生在细胞周期的不同阶段

DSB 可被 NHEJ 修复，或者在存在供体模板的情况下被 HDR 修复；NHEJ 修复将在编辑位点诱导插入缺失，HDR 可以插入预测的 DNA 片段；抑制 NHEJ 关键酶 DNA 连接酶 Ⅳ 可以提高 HDR 的效率

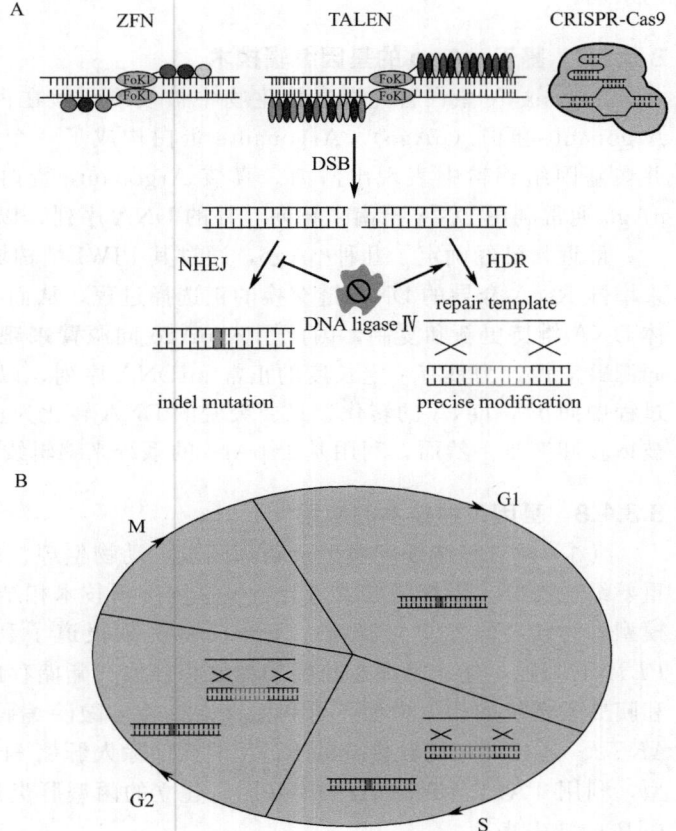

表 8-4 不同编辑核酸酶平台的比较

项目	ZFN	TALEN	Cas9	Meganuclease
识别位置	通常每个单体 9～18bp，每对 18～36bp	通常每个单体 14～20bp，每对 28～40bp	通常为 20bp 引导序列＋PAM 序列	14～40bp 之间
靶向限制	对于含 G 不多的位点来说很难	目标碱基 5′端必须是 T	目标位点应位于 PAM 序列之前	定位位点的效率通常较低
特异性	容忍一些位点不匹配	容忍一些位点不匹配	容忍一个或多个连续位点不匹配	容忍一些位点不匹配
技术难点	需要大量的工程蛋白	需要复杂的分子克隆方法	克隆方法和寡核苷酸合成方法简单	需要大量的工程蛋白
体内递送的难度	相对容易,因为适合各种病毒载体的小尺寸表达元件	由于功能组件的尺寸大而变得困难	常用 SpCas9 体积大，可能对 AAV（腺相关病毒）等病毒载体造成包装问题	相对容易,因为适合各种病毒载体的小尺寸表达元件

基因组编辑已被用于不同类型的生物医学研究。合适的疾病动物模型对研究人类疾病机制至关重要，同时在药物开发和器官移植中也发挥着重要作用。随着种系基因组编辑技术的发展，越来越多的动物疾病模型被研究出来以满足临床需求。2013年，王皓毅等人报道了由CRISPR-Cas9修饰一组最大的内源基因，并证明了这种核酸酶在体内的稳定性，可用于对斑马鱼进行轻松高效的基因编辑。在哺乳动物中，CRISPR-Cas系统允许一步生成携带多个基因突变的小鼠。在基因治疗领域，基因组编辑也是一项非常有用的技术。程序化的治疗元件有可能直接纠正目标组织和细胞中的基因突变，以治疗传统疗法难以治疗的疾病。

8.3.1.7　基于pAgo的基因编辑技术

Argonaute蛋白首先在真核生物中被发现，但在古菌和细菌中也发现了同源的原核Argonaute蛋白（pAgo）。Argonaute蛋白构成了一个高度多样化的核酸引导蛋白家族，并在基因组编辑中表现出潜力。真核Argonaute蛋白介导RNA引导的RNA干扰，而pAgo通常利用DNA指南来靶向互补的DNA序列，以保护其宿主免受DNA入侵。

最近，已经确定了几种pAgo，通过其PIWI结构域和重组酶A（RecA）的相互作用来增强RecA介导的DNA链交换的正选择过程，从而指导靶序列的同源重组。由于线粒体DNA维持更新和复制，因此引入pAgo同源臂来靶向线粒体中的突变序列是合理的。同源臂应设计为具有一定长度的正常mtDNA序列，以指导突变DNA序列在新一轮复制过程中向正常DNA的转化。只要突变的DNA转化为正常的DNA，受损的线粒体就可以被拯救和恢复。然而，利用基于pAgo的系统来编辑线粒体DNA需要进一步探索。

8.3.1.8　基因工程技术的应用

（1）建立筛选细胞模型及新药开发　动物生理、病理模型是药物筛选和靶点研究的重要组成部分。干细胞技术可与新型基因编辑技术相结合，建立符合人类特征的各种细胞模型，为新药研发奠定基础。现今已有文献报道了利用TALEN敲除编码周脂蛋白的PLIN1基因，建立游离脂肪酸的释放和甘油三酯储存的相关模型，以及为建立脂肪代谢和胰岛素抵抗的相关模型，可利用锌指核酸酶敲除编码RAC-β丝氨酸苏氨酸蛋白激酶的AKT2。还比如相比较传统的RNA干扰敲除人肝癌HuH-7细胞系APOB基因的细胞模型，利用TALEN敲除APOB基因后建立的丙型肝炎病毒侵染模型具有更彻底的载脂蛋白B的缺失表达。

（2）建立新型动物模型　动物疾病模型一直是推进生物医学领域的重要资源。将生殖技术与基因组编辑相结合已经构建了许多用于基础和临床研究的动物疾病模型。癌症通常由含有多种基因突变的复杂机制引起。肿瘤抑制基因和原癌基因的多种致病性转化可导致肿瘤发生。在基因组编辑工具的帮助下，通过修改关键基因以生成相应的癌症模型开展了大量研究；基因编辑技术已被用于构建各种心血管疾病动物模型，已经构建斑马鱼模型来模拟血管发育、心脏发育、心脏再生和遗传性心肌病等；应用基因编辑技术靶向动物基因组，建立眼部遗传病动物模型，可以阐明靶基因与疾病表型之间的关系，最终可能为研究遗传性眼部疾病的发病机制提供有效方法；基因组编辑技术也可用于构建代谢疾病模型、神经病和肌肉疾病模型、免疫缺陷动物模型等。在建立不同种类的动物模型的基础上，不断开发具有较高实用性和良好性状的新兴品种。例如，用人类对应基因通过基因编辑技术替换成为猪的部分基因，这种"人源化"基因编辑猪将为人类的医学实验、器官移植等提供重要的技术支持。利用 CRISPR/Cas 靶向野生型 CHO 细胞的 *GS* 和 *DHFR* 基因，可同时敲除 *GS* 和 *DHFR* 基因，获得 *GS* 和 *DHFR* 双缺陷型宿主细胞，即可同时用 *GS*、*DHFR* 两种筛选系统进行筛选，达到筛选出更优工程细胞的目的。

（3）蛋白产物的糖基化水平优化　利用 ZFN 敲除工程细胞株乙酰氨基葡萄糖转移酶，可使其表达的蛋白分子呈高甘露糖糖型。在针对部分罕见病的酶替代疗法中，治疗性酶的甘露糖糖基暴露在糖链外端，可提高该酶与巨噬细胞内甘露糖受体的结合效率，从而提高酶替代疗法的疗效。此外，高甘露糖化的抗体在血液循环中的清除速率提高，在抗体介导的酶催化前药治疗策略中，可以降低血液循环中药物被催化产生毒性的概率。

（4）基因治疗　基因组编辑技术不仅可用于构建动物疾病模型，也注定要进入治疗领域。有多种基于基因组编辑的治疗方法：①灭活或沉默有害突变；②引入保护性突变；③插入治疗性外源基因；④破坏病毒 DNA。依赖基因编辑技术的基因治疗已经有许多成功案例，而要获得治疗性修饰需要将工程核酸酶递送至靶细胞，这一步可以在体外或体内实现，如图 8-13 所示。

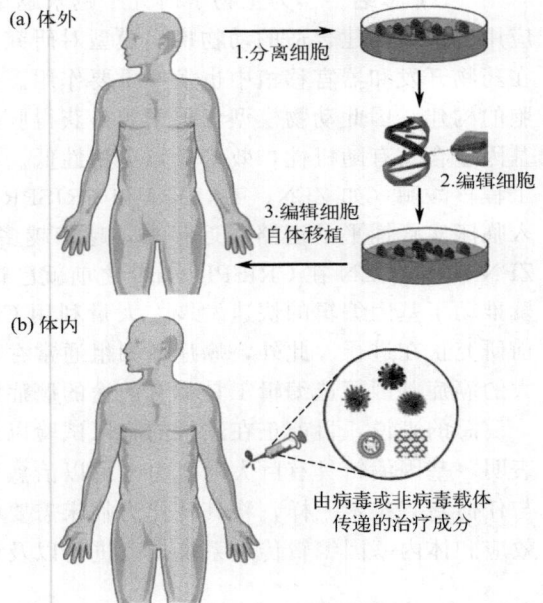

图 8-13　体外和体内基因治疗
（a）在体外基因疗法中，细胞从待治疗的患者体内分离出来，进行编辑后重新移植患者体内；（b）进行体内基因治疗，通过病毒或非病毒方法为载体递送工程核酸酶，直接注射到患者体内以产生全身或靶向组织作用

基因编辑工具箱中最引人注目的小工具之一是 CRISPR/Cas9 允许基因编辑的简单多位点重复使用。在未来，我们可能会看到更多的 CAR-T 细胞临床试验，这些细胞包含多个基因敲除和/或敲入，旨在创造更安全、更有效的基因治疗产品。CRISPR/Cas9 技术为科学家提供了强大的基因重建工具。构建高通量文库筛选平台，可用于研究与肿瘤发生、发展相关的基因，筛选和研发肿瘤治疗药物。CRISPR/Cas9 技术通过构建 sgRNA 文库，筛选与肿瘤细胞生长发育相关的基因，研究肿瘤发生机制并筛选候选药物调节这些靶基因。

迄今为止，基因疗法最成功案例之一可能是 CAR-T 细胞。这些是经过基因工程改造的 T 细胞可表达嵌合抗原受体（chimeric antigen receptor，CAR），CAR 在识别癌细胞后激活细胞毒性 T 细胞反应。CAR 由一个细胞外抗原结合结构域组成，该结构域可以设计用于靶向任何感兴趣的抗原（通常是肿瘤细胞生物标志物）、一个跨膜结构域，以及一个细胞内 T 细胞激活结构域（通常是带有一个或两个共刺激的 CD3ζ 域，例如 CD28、4-1BB 或 OX40）。最先批准的两种的 CAR-T 疗法（Kymriah® 和 Yescarta®）的 CAR 区域针对白血病和淋巴瘤患者的癌性 B 细胞中常见的 CD19 抗体，它们已被成功用于治疗具有高缓解率的复发/难治性大 B 细胞淋巴瘤。使用现代基因编辑工具制造的新一代改进型 CAR-T 细胞产品已经在路上——其中包括使用健康供体 T 细胞作为"现成"产品生产的同种异体 CAR-T 细胞，以及具有改进功能的 CAR-T 细胞。

（5）**抗病毒治疗**　科研人员 Hauber 和 Buchholz 使用另一种基因编辑工具：工程酪氨酸重组酶，从受感染的 CD^{4+} T 细胞中特异性清除 HIV 前体病毒。他们使用定向进化产生了广泛的重组酶 1（Brec1），识别位于 HIV 长末端重复序列内的特定的 34 个 bp 序列，能够有效地切除 HIV 前体病毒，这一发现已在 HIV 的临床前体外和体内模型中得到验证证明。这种潜在的疗法仍处于早期阶段，但它是基因编辑工具应用潜力的另一个极好例子，表明它们不仅可用于治疗由患者自身 DNA 突变引起的疾病，而且还可用作抗病毒疗法。

（6）**总结**　作为生物学研究中越来越重要的辅助手段，基因编辑扩大了基因治疗的应用范围。构建合适的动物疾病模型对研究人类疾病的发病机制和疾病治疗都至关重要，在药物开发和器官移植中也发挥重要作用。构建动物疾病模型的传统方法依赖于胚胎干细胞的构建，因此动物模型仅限于容易获得胚胎干细胞的小鼠等。此外，转基因技术产生的基因整合具有随机性，效率低，适用性低。特定位点的基因编辑将解决这些问题。在开发工程核酸酶（如 ZFN、TALEN 和 CRISPR-Cas9）方面取得的巨大进展为基因组编辑进入临床实践铺平了道路。近年来，越来越多的生物机构专注于靶向基因编辑技术。虽然 ZFN 和 TALEN 在 CRISPR-Cas9 之前就已进入临床阶段，但简单的 CRISPR-Cas 系统无疑推动了基因编辑的快速发展。大量利用 CRISPR-Cas9 介导矫正人类遗传性疾病的临床前研究正在进行。此外，癌症基因组通常存在多种基因突变，CRISPR-Cas 系统可作为强大的癌症基因筛选编辑工具和有前途的癌症治疗方法使用。

总的来说，目前正在进行的临床试验以及世界各地研究机构正在进行的临床前工作都表明，基因编辑具有巨大的潜力，可以治愈至今仍缺乏有效治疗方法的大量疾病。然而，与任何新兴技术一样，将其转化为临床需要解决一些问题，其中包括技术问题，例如脱靶效应和体内基因编辑传递系统的改进，以及监管方面的考虑。

8.3.1.9　基因工程技术面临的问题

（1）**技术层面的伦理问题**　因为基因编辑技术在技术上尚不完善，可能导致应用过程中的诸多不确定性。基因编辑技术本身存在的风险包括：准确率不足导致的非预期编辑（即"脱靶效应"），生物胚胎基因编辑效率低下产生未完全编辑细胞的"嵌合效应"，CRISPR/Cas9 系统进入生物体内导致的"免疫效应"，以及编辑特定功能性基因导致的不可预知的"副作用"等风险。例如，Alanis-Lobato 等的研究中，22% 的细胞中被检出在 POU5F1 周围发生大量突变，包括 DNA 重排和数千个碱基的缺失；Zuccaro 等使用 CRISPR/Cas9 纠正 *EYS2* 基因的突变后，约一半的动物胚胎丢失了大量的染色体片段，甚至是整个染色体；Liang 等发现，尽管基因转换可用于基因校正，但编辑范围会超出目标区域，导致广泛的杂合性损失（LOH），因此存在严重的安全隐患。这些风险及其可能导致的后果尚不能确定，难以较为清晰地分析其应用的"风险-收益"。

（2）**社会层面的伦理问题**　在社会层面，基因编辑技术可能会对社会公平与正义产生冲击，使得部分人对于生物的同情心出现异化，导致社会发展伦理问题的出现。社会学家和伦理学家对于基因编辑技术伦理问题的探讨主要涉及 3 个方面：①基因选择可能带来的消极影响。在基因编辑技术临床应用边界模糊不清的情况下，可能通过基因编辑手段进行生物体的特质选择，从而加剧人类主观意识中对特定生命体存在的偏见和狭隘。②对宠物同理心观念及共同利益的冲击。饲主是宠物最合适的医疗决策者。但在社会其他层面的伦理认知差异性较大，因此可能导致社会上不好的反响。③技术的平等获取和社会正义。基因编辑技术的临床应用，受到地域、种族群体、公共卫生覆盖范围、科技发展程度、社会经济地位等多方面的影响，很难成为大众普遍能够获取的技术，促使生物种群差异加深。

（3）生态层面的伦理问题　在生态层面，基因编辑技术对自然进化提出了挑战，破坏生物基因的完整性和进化性，进而改变整个生物基因库，带来不可控的风险后果。一方面，编辑后的基因遗传所带来的"多代效应"后果难以评估，种系基因编辑不仅会对个体本身产生意想不到的影响，对个体后代的影响也不可预估，可能会人为增加生物出现遗传问题的风险。另一方面，可能会损害整体的自然生态，包括人为进行定向基因选择是否会导致生物基因的多样性消失等。此外，广义上来讲，通过基因编辑技术导入外源基因的动植物可能带来的生态环境问题、基因编辑畜牧食品所涉及的食品安全和监管，以及间接引发的法律规制等问题也可划入基因编辑伦理问题探讨的范畴。

8.3.2　人工智能

人工智能主要指深度学习技术（deeplearning），其核心算法为卷积神经网络（convolutional neural networks，CNN）和循环神经网络（recurrent neural networks，RNN）。其主要原理是输入高质量的标注后的数据，经过 AI 系统多层次的训练，最终输出分类结果，用于新场景的预测。由于输入数据量大和训练层次深等特点，AI 在多个领域表现出准确率高的优势。

随着高新科技的兴起和持续推进，越来越多的高新科技被应用到医疗建设当中，其中最值得关注的是人工智能在医疗行业深入融合。人工智能不仅推动了医疗器械的智能化升级，同时也为药品研发带来了重大利好消息。人工智能（artificial intelligence，AI）技术近两年内在生物医药领域取得了巨大的突破。特别是以卷积神经网络和循环神经网络为核心算法的深度学习技术，更是能够决定生物医学领域现状和未来的新兴技术。大多数情况下，药物研发工作者会利用高通量筛选的方式无限扩大筛选对象以期邂逅目标化合物，提高药物发现的概率。现在越来越多开始引入人工智能开发虚拟筛选技术，以取代或增强传统的高通量筛选过程。

人工智能及机器学习可以应用在药物开发的不同环节，包括新药开发、药物有效性及安全性预测、构建新型药物分子、筛选生物标志物、研究新型组合疗法等。从全球的情况来看，人工智能辅助药物研发的公司比例相对较高，在以研发周期长、投入大、失败率高等为特点的药物研发现状影像下，产业发展的需求量大，可达到千亿级的市场。

大多数情况下，药物研发工作者会利用高通量筛选的方式无限扩大筛选对象以期邂逅目标化合物，提高药物发现的概率。由于不断试错的成本太高，越来越多的药物研发企业开始引入人工智能开发虚拟筛选技术，以取代或增强传统的高通量筛选过程。药物研发企业通过运用人工智能药物研发系统，能在医药研发过程中减少人力、时间、物力等投入，降低药品研发成本。同时基于疾病、用药等建立数据模型，预测药品研发过程中的安全性、有效性、副作用等。此外，随着人工智能和机器学习的不断整合，药物研发企业有望在新药研发过程中显著地实现"去风险"，保守估计每年将节约大概 260 亿美元的研发成本。同时，还将提高全球医疗信息领域的效率，节约的成本价值超过每年 280 亿美元。

目前人工智能技术在药物研发中的应用主要表现为七个场景，分别是：靶点药物研发、候选药物挖掘、化合物筛选、预测 ADME/Tox 性质、药物晶型预测、辅助病理生物学研究和发掘药物新适应证。通过借助人工智能技术的帮助，能够有效提升医药公司的药物研发速度，缩短研发周期，节省资金投入。这一环节的提升，从源头上控制住了药品成本，能够有效避免药价过高的情况。不仅如此，人工智能技术的应用，还有助于拓展新的研发方向，提高创造力。TechEmergence 的研究报告显示，人工智能可以将新药研发的成功率从 12％提升至 14％。虽然只是 2％的提升，但这意味着有望为生物制药行业省下数十亿。

8.3.2.1　药物研发领域常用的 AI 算法

随着药物研发数据的高速积累和数字化转型，众多 AI 算法被提出，促成 AI 技术的快速发展，决策树（DT）、随机森林（RF）和支持向量机（SVM）等机器学习模型以及深度神经网络（DNN）、卷积神经网络（CNN）和循环神经网络（RNN）等深度学习算法逐渐被应用于药物发现领域。

① 决策树（DT）：是一种将决策流程以树状结构清晰表示的机器学习方法，本质上是通过一系列规则对数据进行分类的过程。在决策树模型中，每个决策树的非叶节点表示一个特征属性上的测试，每个分支代表这个特征属性在某个值域上的输出，而每个叶子节点存放一个类别。选择属性和剪枝是构建决策树的 2 个基本步骤。首先，选择根节点属性对输入分子进行测试，依据是否符合根节点属性将分子划分到下一个决策节点，再根据决策节点的属性向下划分子节点，重复该过程直到最终划分到叶子节点。其次，决策树分支过多容易导致模型过拟合，需要使用修剪算法对生成的树进行剪枝，降低树结构的复杂性。

② 随机森林（RF）：是通过构建多个决策树对样本进行训练并预测的一种分类器，其最终输出的类别是由每个决策树的类别的众数而决定。对于每棵树的算法建造：用 N 来表示训练样本的个数，从 N 个训练样本中以有放回抽样的方式，取样 N 次，用来训练一个决策树；随机从每个样本的 M 个属性中选取 m 个属性，然后从 m 个属性中通过信息增益选择一个属性作为该节点的分裂属性，直到该节点不能分裂为止；重复以上步骤构建大量的决策树，从而形成随机森林。随机森林在训练过程中会对数据进行有放回的随机抽样，因此与决策树相比随机森林不太可能过拟合数据，而且对数据分类的准确度也较高。

③ 支持向量机（SVM）：它能够处理小数据集中的高维变量，可以用于分类和回归问题，但更多用在分类问题上。对于线性可分数据集，SVM 模型通过映射空间中的点来分离不同的类别，这样能使不同类别的点之间的边界最大化。对于线性不可分数据集，SVM 使用核映射将非线性数据集放入高维特征空间用于线性分类。SVM 在数据分类领域应用广泛，在某些方面其分类效果要强于其他机器学习方法。

④ 深度神经网络（DNN）：DNN 本质上是具有多个隐藏层的人工神经网络（ANN），而对于 ANN，其由输入层、隐藏层和输出层三部分组成，每层都包含若干个神经元，能

够应用于不同领域。

⑤ 卷积神经网络（CNN）：CNN 是一种前馈神经网络，它在图像识别领域的表现优异。其核心一般由卷积层、池化层和全连接层三部分组成，最后一列为输出层，其中卷积层是最重要的一个部分，该层的参数由一系列过滤器又称卷积核组成，使用不同的卷积核对输入数据进行卷积可以提取不同的特征，随着原始特征的不断提取压缩，最终能提取到高层次的特征。卷积层的优点在于其通过权值共享策略极大地缩小了参数的规模并逐渐建立空间和结构的不变性。池化层也称为下采样层，它用来压缩特征空间，池化层可以降低噪声的影响和参数的规模，提高模型的鲁棒性。每个卷积层连接池化层构成卷积模块，一个 CNN 通常有多个卷积模块，用以提取特征。最后模型中会有一个或多个的全连接层，接受卷积模块提取的特征并输出结果。

⑥ 循环神经网络（RNN）：RNN 是一类用于处理序列数据的神经网络，比如时间序列数据，基因核蛋白质序列数据或分子线性输入字符串（SMILES）等。与 CNN 类似同样由输入层、隐藏层和输出层三部分组成。与普通的前馈神经网络不同，RNN 在其隐藏层的各节点之间建立了连接，使一个节点的输入不仅包括输入层的输出，还包括上一时刻隐藏层节点的输出，这是 RNN 可用于处理序列数据的重要原因，同时 RNN 也是唯一一个具有记忆能力的神经网络，但却受到短期记忆的影响，因此产生了一些 RNN 的改进算法如长短期记忆网络（long short-term memory，LSTM）和 GRU（gated recurrent unit）算法，RNN 在自然语言处理方面得到了广泛的应用，同时基于 LSTM 和 GRU 算法的 RNN 在从头药物设计中也占据很重要的地位。

8.3.2.2　人工智能用于化合物的高通量筛选

化合物筛选是指通过规范化的实验手段，从大量化合物中选择对某一特定靶点具有较高活性的化合物的过程，该过程需要较长的时间和成本。AI 可以通过对现有化合物数据库信息的整合和数据提取、机器学习，提取与化合物毒性、有效性相关的关键信息，从而大幅提高筛选的成功率，降低研发成本和工作量。

利用人工智能助力新药开发，可以避免代价高昂的临床试验失败。药物挖掘，主要完成的是新药研发、老药新用、药物筛选、药物副作用预测、药物跟踪研究等方面的内容。在药物研发领域，药物从一个靶点到先导化合物到临床前研究、临床研究，再到上市后的四期临床，通常会经历非常漫长的过程，超长的研发周期、高昂的研发成本以及较高的研发失败率长期以来都在制约着该行业的发展。与此同时，传统的渐进式的研发生产模式，使得现阶段相对容易取得的研发成果被探索殆尽，随着治疗标准的不断提高，新药研发生产的困难进一步加大，制药公司目前只能通过更努力创新以便在竞争中胜出。

随着公共云服务平台的发展成熟，高效的运算平台和不断精进的 AI 算法为医药研发领域向智能化方向建设提供了基础和保障。人工智能的核心能力是人类自身已有的能力和知识，但与人类相比，其最大的优势在于知识的链接和计算能力的高效，而药物挖掘是基于海量的知识、数据以及脑力劳动的行业活动，人工智能的上述优势在药物研发领域能够针对性地发挥其自身价值，通过高效的算法和强大的算力，有效缩短新药研发周期，降低失败风险并控制研发成本；通过计算机模拟，可以对药物活性、安全性和副作用进行预测；借助深度学习，在心血管药、抗肿瘤药、孤儿药和常见传染病治疗药等多领域迅速寻找突破口。

研究人员利用化合物活性分类方法 ENS-VS 构建蛋白质和配体亲和力模型 Complex

Net，用于预测初步筛选出的小分子与靶标蛋白的结合强度，进行精细筛选。筛选过程分3步：首先，通过集成 SVM、朴素贝叶斯及 DT 这 3 种分类算法将蛋白质-配体相互作用特征和配体结构进行特征融合，解决活性化合物与非活性化合物样本数量严重不平衡的问题以及提高靶标蛋白的适用性、稳定性；其次，通过 Spark 大数据平台实现 ENS-VS 方法的并行加速，提高活性化合物筛选的执行效率；最后，基于 DUD-E 标准数据库针对靶标已知的活性化合物数量和是否出现新的靶标蛋白特性分别构建蛋白家族特异性模型、靶标特异性模型与通用模型。实验结果表明，ENS-VS 方法能有效提高活性化合物筛选的命中率，并且可与任意分子对接程序联合使用，对提高基于结构的虚拟筛选方法的成功率具有极其重要的意义。

新药研发涉及从上游到下游的几个环节：药物靶标的确定，先导化合物的筛选，先导化合物的优化，以及最终的临床试验。其具有研发周期长、资金投入大、失败率高等特点，一直是制药界的痛点。之前，计算机辅助药物设计（computer aided drug design，CADD）的引入虽然给制药业带来了一些成功的案例，但依然没有根本的改观。而人工智能技术的崛起，则为新药研发带来了新的曙光。自 2017 年以来，人工智能在制药领域的应用可谓如火如荼，国际制药巨头纷纷部署自己的 AI 系统，用于提高新药的研发效率，如 Merck、Novatis、Roche、Pfizer 等。基于人工智能与云计算等技术，结合计算物理、量子化学、分子动力学等，旨在提高药物发现与发展这一关键环节的效率与成功率，从而降低研发成本。

8.3.2.3 人工智能用于靶点识别

靶点是新药研发的基础。当前，药物研究的竞争主要集中体现在药物靶点研究上，早期药物靶点确定对研发项目成功至关重要。

DT 算法是一种常用的机器学习算法，具有条理清晰、程序严谨、定量与定性分析相结合、方法简单、易于掌握、应用性强、适用范围广等优点。RF 算法是一种基于 Bagging 的集成学习方法，可处理分类、回归等问题，RF 分类器通过将许多 DT 相结合来提升分类的正确率。目前，DT、RF 分类器可用于预测药物靶点，Costa 等构建了一个基于 DT 的分类器，通过该分类器预测与疾病相关的基因，最后发现了多种转录因子在代谢通路和细胞外定位中的调控作用。Kumari 等通过自助法采样提升了 RF 算法的稳定性，成功从潜在靶点中筛选出最有可能获得成功并应用于临床的靶点。Zeng 等开发了 deepDT-net 深度学习方法，该系统嵌入了 15 种类型的网络，包括化学、基因组、表型和细胞网络，可以将最大的生物医学网络数据集成在一起，通过异构网络中的深度学习对已知药物进行靶标识别，以加速药物的重新利用、减少药物开发中的障碍。Madhukar 等提出 BANDIT（bayesian analysis to determine drug interaction targets）可以准确预测药物与特定靶标的相互作用，不仅可用于识别多种多样的小分子的特定靶标，而且可用于区分同一靶标上的不同作用模式。

8.3.2.4 人工智能用于药物理化特性预测

（1）物理性质的预测　药物设计中的一个重要考虑因素是选择具有一系列所需特性的候选药物，特别是有关生物利用度、生物活性和毒性的特性。药物熔点和分配系数等物理性质极大地影响其生物利用度，因此在设计新药时也必须考虑这些因素。考虑这些性质，AI 药物设计算法中使用的分子表征包括分子指纹、简化分子线性输入规范

（SMILES）串、受体与配体潜在的结合能量测算、分子碎片或不同类型的化学键、3D 中的原子坐标、分子周围的电子密度或其组合。

（2）生物活性的预测　　匹配分子对（MMP）分析研究药物候选物的单一局部变化及其对分子的性质和生物活性的影响，已被广泛用于定量构效关系（QSAR）研究。在典型的研究中，通过用于从头设计任务的重合成规则产生 MMP。候选分子用静态核心和两个片段（描述转化）进行化学定义。然后对核心和这些片段进行编码。最后，三种机器学习（ML）方法，即随机森林（RF）、梯度增强机器（GBM）和 DNN，以前在没有 MMP 的情况下应用，用于推断新的变换静态核心、片段和修改。最近开发了其他方法来预测候选药物的生物活性。研究人员通过将离散的化学物质编码成连续的潜在载体空间（LVS），用图形卷积网络提取药物靶点的特征，LVS 允许在分子空间中进行基于梯度的优化，从而可以基于结合亲和力和其他性质的可区分模型进行预测。

（3）蛋白结构及蛋白-配体相互作用预测　　靶点发现是新药研发的关键，而蛋白质功能分类研究有助于深入理解靶点蛋白特征，是解决药物靶点发现难点的有效途径。随着 AI、大数据等技术的迅速发展，蛋白质功能预测已成为蛋白质功能注释的重要手段，也成为药物靶点发现领域的前沿问题。序列同源性比对、CNN 等多种计算方法被应用于蛋白质功能预测研究，方法论是同源蛋白具有相似功能。DNN 在蛋白结构预测、蛋白质-配体相互作用预测方面也有应用。Alpha Fold 利用高效训练的 DNN 从主序列中预测蛋白质的性质，通过 DNN 预测氨基酸对之间的距离和相邻肽键之间的 φ-ψ 角，探索蛋白质结构的微观结构，以找到与预测相匹配的结构。

（4）目标蛋白质的三维结构预测　　靶蛋白的 3D 结构对于基于结构的药物发现至关重要，因为新药物分子通常根据靶蛋白的配体结合位点的 3D 化学环境设计。传统上将同源建模和从头蛋白质设计应用于此目的。随着基于 AI 的工具的发展，预测目标蛋白质的 3D 结构变得更加准确和复杂。在最近的蛋白质结构预测评估中，AI 工具 AlphaFold 用于预测药物靶蛋白的 3D 结构，并且表现非常好。AlphaFold 依赖于高效训练的 DNN 来从主序列中预测蛋白质的性质。它预测了氨基酸对之间的距离和相邻肽键之间的 φ-ψ 角。然后将这两个概率组合成分数，该分数用于评估预测的 3D 蛋白质结构模型的准确性。使用这些评分函数，AlphaFold 探索蛋白质结构的微观结构，以找到与预测相匹配的结构。

（5）药物-蛋白质相互作用预测　　量子力学（QM）或 QM/分子力学（MM）联合使用的方法可用于预测药物发现中的蛋白质-配体（药物）相互作用。这些方法在原子水平上考虑模拟系统的量子效应，因此提供比传统 MM 方法更好的准确度。由于 MM 方法仅应用基于原子坐标的简单能量函数，因此基于 QM 的方法的时间成本远大于 MM 方法。因此，AI 方法在 QM 计算中的应用需要在 QM 的准确性和 MM 模型的有利时间成本之间进行权衡。已有 AI 模型从原子坐标进行数据训练再现 QM 能量，并且可以达到与 MM 方法类似的计算速度。AI 主要应用于原子模拟和带电性质的预测，而 DL 被用于预测小分子的势能，从而通过快速 ML 方法取代对计算要求严格精密的量子化学计算。

8.3.2.5　人工智能用于新药安全性及有效性预测

预测药物的吸收、分布、代谢、排泄和毒性（ADMET）是药物设计和药物筛选中十分重要的方法。过去，药物 ADMET 性质研究以体外研究技术与计算机模拟等方法相结合，研究药物在机体内的动力学表现。为了进一步提升 ADMET 性质预测的准确度，已有生物科技企业探索通过 DNN 算法有效提取结构特征，加速药物的早期发现和筛选过程，通过应用 AI 高效地动态配置药物晶型，完整地预测一个小分子药物所有可能的晶型，大大缩短了晶型开发周期，更有效地挑选出合适的药物晶型，减少了研发成本。普林斯顿大学化学系的 Abigail G. Doyle 教授与默克公司的研究人员合作，利用 RF 算法对氨基化反应条件进行优化，准确预测具有多维变量的 Buchwald-Hartwig 偶联反应收率，结果表明，RF 算法可以利用高通量实验获得的数据来预测多维化学空间中合成反应的性能和化学反应收率，该机器学习算法模型将会在药物发现领域被广泛应用。

严重药物不良反应是新药开发过程中导致失败的关键因素。王昊通过构建贝叶斯网络预测模型进行药物不良反应的预测，结果发现该模型对寻致呼吸困难发生频率在 1% 以上药物的预测准确率可以达到 86.76%，机器学习模型能够作为有效工具在药物发现阶段对其进行安全性评估。毒性是新药研发的一项重要指标，在药物发现阶段排除毒性大的化合物对于新药研发相当有利。Goh 等构建了 CNN 毒性评估模型，将其用于预测分子的各种性质如毒性、活性和溶解性等，与多层感知机深度神经网络（MLPDNN）相比，CNN 在活性与溶解度的预测方面表现更优异。

8.3.2.6　人工智能用于生物标志物的筛选

众所周知，生物标志物是指可以标志系统、器官、组织、细胞以及亚细胞结构功能的改变或可能发生的改变的生化指标，可用于疾病诊断、判断疾病分期或者用来评价新药或新疗法在目标畜群中的安全性及有效性。

通过对患畜样本进行高通量质谱分析，获得患畜的基因组、蛋白组、代谢组以及线粒体功能等多方面的信息。在这过程中，可以从一个患畜样本中获得上兆个数据点，将这些数据与患畜的临床信息相结合，通过人工智能分析，详细描绘出患畜体内生物系统个体化状态。根据这些信息，研究人员可以进一步发掘与疾病相关的生物标记物、检测手段和治疗方法。

自然界中生物群落的环境往往是复杂多变的，其中一个微生物群落都有成千上百万的个体，包含种属极为多样，如人类胃肠道一般，空回肠中有 $10^4 \sim 10^8$ CFU/mL 菌量，而结肠更是多达 $10^{10} \sim 10^{12}$ CFU/mL 菌量，这些微生物在互相作用的同时也会与宿主互作，对人类的健康是至关重要的。群落中每一个个体互相作用着，或通过分泌代谢产物，或通过竞争营养从而实现多个体间共同存活，维持一种稳态。目前关于微生物群落中不同个体的相互作用，群落对宿主的影响等问题正引起科研工作者们的关注，当研究该类复杂的群落问题时往往我们会使用到"高通量测序"等组学技术，但组学技术仅能得知群落中某个时空的组成成分变化，并不能得知群落随时间与空间的连续改变，因此组学结合成像技术、显微技术、原位标记技术等是研究微生物群落的重要手段，也是未来的方向，以下将介绍 3 种研究群落互作的组学新方法或与组学互补的新技术。

（1）空间宏基因组学　宏基因组绘图采样测序（MaPS-seq），它是一种不依赖于培养的，原位采样的，以微米级分辨率表征微生物组空间组织的新型测序方法。该方法首先将完整的微生物组样品固定在凝胶基质（该基质中含有反向 16S rRNA 扩增引物）中，随后用低温珠冷冻破碎成颗粒。然后通过不同滤径的滤器将基于液滴的包封的生物组织颗粒进行分类，分类后利用微流控装置将条形码化 16S rRNA 正向扩增引物与颗粒封装在一起，在光裂解后，基因组 DNA 与引物结合进行深度测序鉴定颗粒中相邻的微生物类群（图 8-14）。相比于以往的 16S 测序将标尺缩小到微米的范围，同时保证了测序的准确性，更精确地观察到微生物群落的空间分布，但实验所需的流程复杂，目前还没广泛应用。本实验先固化组织再破碎为纳米珠测序的思路为高分辨率群落测序提供思路，本文相似的思路也可用于其他组学的实验中。

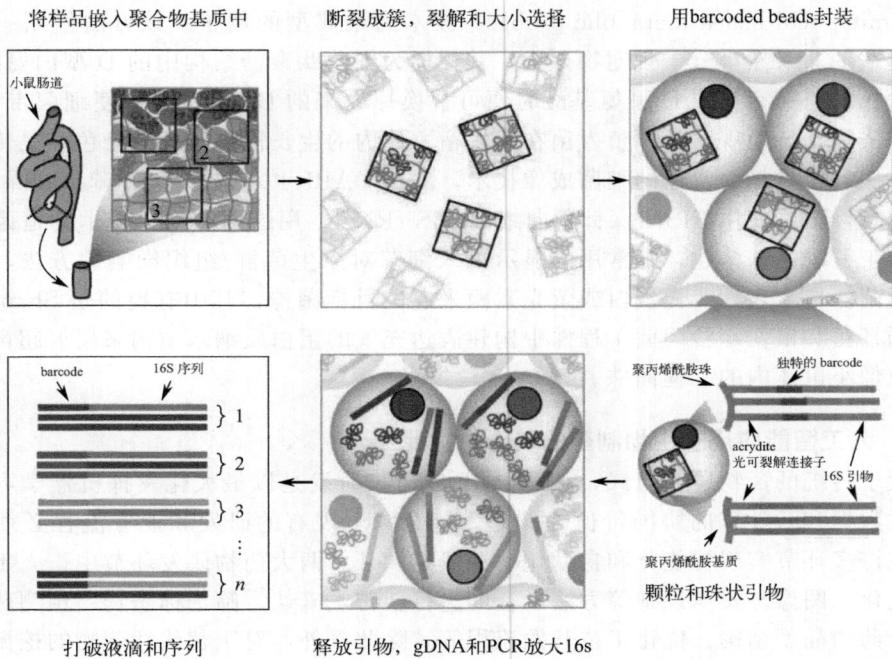

图 8-14　MaPS-seq 的测序方法

（2）空间转录组学（spatial transcriptomics，ST）　转录组学是一种实用的大规模调查微生物群落基因功能和调控的组学方法，一般的转录组学只能研究特定时期、环境、群落样本中所有微生物的 RNA（转录本）的集合，面对群落中相同的基因组不能明确其表达差异，因此不能绘制出高分辨率的基因表达与功能分布图谱。2021 年 8 月 Dar 等在《科学》上发表了一种基于顺序荧光原位并行杂交的转录组成像方法（parallel sequential fluorescence in situ hybridization，par-seqFISH），该方法与目前在哺乳动物组织广泛应用的空间转录组存在区别。利用 par-seqFISH 技术可捕获单个细菌的基因表达谱，同时在空间结构化环境中保留它们的物理环境。这些方法的原理是利用原位杂交的技术定位细胞中的 RNA 位置再通过高通量测序获得序列信息，从而最终得到具有空间信息的转录本概况。Dar 等使用 par-seqFISH 技术揭示了单细胞分辨率下铜绿假单胞菌转录本的动态和空间变化。

（3）代谢标记结合荧光成像（metabolic labeling-based imaging）　高通量测序结合免疫原位杂交的技术虽然能有效地反应群落中个体的定位与基因的种类、表达量，但并不能持续地观察菌群的变化，尤其是活体内的菌群变化。因此目前一些菌群成像的化学技术正开发以补充菌群发展的成像性，围绕着荧光成像有 4 大类技术：抗生素样探针、代谢物探针、核酸染色和基因工程表达株构建。

抗生素样探针，利用抗生素对革兰氏阳/阴性细菌的选择性，Wang 等在万古霉素上加入了 Cy5 荧光基团，在黏菌素上加入了 Cy3 荧光基团，使 Vanco-Cy5 和 PxB-Cy3 能特异地导向革兰氏阳/阴性细菌，从而显示肠道中的菌群组成；代谢物探针，作为一种经典的化学生物学策略，代谢标记通过使用化学标记的非自然前体或底物模拟物，它们通过宿主正常的代谢合成被整合到细胞中成为内源性的标记物，其中 STAMP（sequential tagging with D-amino acid-based metabolic probes）技术为最典型的例子。该方法使用一种基于 D-型氨基酸的非天然小分子代谢物探针，其靶标为细菌肽聚糖结构中的 D-型丙氨酸位置。当细菌生长环境中有其他 D-型氨基酸时便可替换掉原来的 D-Ala，从而使细菌带有荧光，使用该方法可动态地观察外源植入菌在活体宿主体内的生长情况。核酸染色，是传统的细菌染色方法，也是最为常用的细菌成像技术，其用 DAPI(4′,6-二脒基-2-苯基吲哚)对细菌基因组进行标记，使用 FISH 探针靶向细菌 16S rRNA，用这两种染料显示肠道菌群的丰度。基因工程表达株构建，是常用的显示植入细菌对原生菌群/组织影响的方法，主要通过对目标菌株导入表达荧光蛋白或萤光素酶来定位目标菌株，其中有趣的是 Shapiro 等通过在大肠杆菌和鼠伤寒沙门菌工程株中构建表达充气的蛋白质纳米结构来反射超声波，进而超声成像小鼠体内的工程菌株。

8.3.2.7　人工智能应用于生物制药的机遇与挑战

相较于传统的药物研究模式，AI 驱动下的药物研发是以最大化发挥机器学习、深度学习、大数据和云计算的协同价值为核心，这意味着现有的研发和业务流程必须重新设计，并在许多环节实现智能化和自动化。在研究和开发两大药物研发环节中，人工智能通过流程优化、图像与文本识别等方法，辅助进行新靶点确认、筛选标志物、预测药效、预测小分子药物晶型结构、优化工艺开发流程等。除此以外，对于替代性药物的挖掘、分析化合物的构效关系等，人工智能也能起到提升效率作用。

从短期看来，人工智能目前主要是提供单点式辅助性的解决方案。长期来看，随着不断发展和渗透，人工智能未来势必会介入药物研发的全流程。然而，生物制药行业对自己的业务和研究方法较为保守，药物发掘的投资回报周期远长于其他领域，临床验证的速度也非常慢，技术创新往往不会立即改变我们的生活和工作方式，药物挖掘尤其如此。因此，若要达到对其研发和生产的组织变革的要求，还有很长的路要走。

受 DNN 或递归神经网络（RNN）技术快速发展的影响，AI 技术在药物靶点发现、化合物合成、化合物筛选、晶型预测、药理作用评估、药物重定向、新适应证开发等多个场景中应用广泛，应用优势也愈加凸显。TechEmergence 研究报告显示，AI 可以将新药研发的成功率从 12％提高到 14％。此外，AI 在化合物合成和筛选方面可节约 40％～50％的时间，每年为制药行业节约 260 亿美元的化合物筛选成本。基于此，药物研发领域数字化转型加速，各大制药公司都在迫切寻找能够缩短新药研发周期、有效提高研发成功率、开发有竞争力的创新药物的解决方案。

AI 在新药研发中的应用面临政策瓶颈、人才匮乏、技术壁垒、数据质量不确定等方面的挑战。第一，从政策瓶颈来看，新技术的引进改变原有药物研发模式，而现在尚无针对性的政策指南出台。第二，从人才壁垒来看，高端复合型人才缺失较严重，限制创新发展。未来需要国家出台相关人才政策，培养复合型高端人才。第三，从技术壁垒来看，自然语言、知识图谱以及知识问答、分析决策和语义搜索等需要较大提升。第四，从数据质量挑战性来看，AI 模型基于数据学习，数据学习导致了结果的不确定性，新药研发系统工程加上 AI 双系统的不确定性也会导致新药研发结果的不确定性。近年来，出现了一些来源于临床相关模型的高通量数据，例如用于高通量测试的异质细胞系统及其参数（3D

细胞模型中的细胞间相互作用和渗透性）和患畜衍生的测试系统，这些系统产生的数据将来可能会对药物发现产生重大影响；但当前阶段，可用于 AI 挖掘的数据仍相对较少，需要生成足够大量的数据才能真正在上述系统里使用。

"人工智能＋生物制药"的发展形势虽然一片大好，但是距离成熟还有相当长的一段路要走，一方面，人工智能技术还有待进一步加强和完善；另一方面，人工智能药品研发的标准化建设以及相关法规还处于探索阶段。

8.3.3　其他工程技术

生物制药技术主要包括细胞工程制药、发酵工程制药、酶工程制药。细胞工程是应用细胞生物学、遗传学和分析生物学的理论和方法，从细胞水平上对细胞进行大规模培养和分子水平上的基因改造，依据人类的利益和需求进行生产的技术。根据操作部分的不同，可将细胞工程分为染色体工程、细胞质工程和细胞融合工程。细胞工程制药技术是在制药工程的基础上，以细胞工程技术来进行药物的开发、研究和生产。细胞工程在生物制药技术中使用广泛，通过培养动物细胞生产疫苗、单克隆抗体等产品，或通过培养植物细胞以获得具有药用价值的植物。目前，人们已经可以通过细胞工程生产人参、三七等药物，得到的成分及其药理特性与天然产生的药物没有明显不同。发酵工程制药又被称为微生物工程制药，其通过现代生物工程技术，根据微生物的特定功能快速生产出对人们有用的产物或直接将微生物应用到工业生产中。在发酵工程中，人们主要利用微生物的代谢来生产一些初级或次级代谢产物，如酒精类产品和醋等。随着现代生物技术的发展，人们将基因工程等新技术应用到微生物的改良中，给传统的发酵工程注入了新的活力，使其在胰岛素、抗生素等药物的生产中发挥重要作用。酶工程制药是一种通过相关技术，利用具有特殊催化功能的酶、细胞器、细胞等生产药物的技术，是化工技术以及酶学理论结合形成的新技术，在现代生物制药技术中占有重要地位。酶工程主要包括酶制剂的制备、酶的修饰与改造、酶的固定化、酶反应器开发等。目前，酶工程技术在医药卫生、能源开发、环境工程、农业、工业等方面的应用逐渐广泛。如在医药卫生中应用酶清理血液废物，在食品工业中使用的淀粉酶、蛋白酶等消化酶，在轻工业中的饲料加工、胶原纤维的制造等。

8.3.4　新兴生物制备策略

8.3.4.1　生物芯片技术

生物芯片技术是随着人类基因组计划（HGP）的研究发现应运而生的，是近年来发展起来的一项新兴生物技术。生物芯片的概念源自于计算机芯片，狭义的生物芯片即微阵列芯片，主要包括 eDNA 微阵列、寡核苷酸微阵列、蛋白质微阵列和小分子化合物微阵列。分析的基本单位是在一定尺寸的基片（如硅片、玻璃、塑料等）表面以点阵方式固定的一系列可寻址的识别分子，点阵中每一个点都可以视为一个传感器的探头。芯片表面固定的分子在一定的条件下与被检测物进行反应，其结果利用化学荧光法、酶标法、同位素法或电化学法显示，再用扫描仪等仪器记录，最后通过专门的计算机软件进行分析。广义的生物芯片是指能对生物成分或生物分子进行快速并行处理和分析的厘米见方的固体薄型器件，其主要种类有微阵列芯片、过滤分离芯片、介电电泳分离芯片、生化反应芯片和毛细管电泳芯片等。目前，生物技术已应用于分子生物学、疾病的预防、诊断和治疗、新药的开发、司法鉴定和食品卫生监督等诸多领域，在药物靶点发现与药物作用机制的研究、超高通量药物筛选、毒理学研究、药物基因学研究以及药物分析等环节发挥了重要作用。

8.3.4.2　蛋白降解靶向联合体

目前临床使用的治疗策略大多是基于小分子药物的，通过"占据驱动"的作用模式抑制靶蛋白的功能发挥治疗疾病的作用。不同于传统的小分子抑制剂，蛋白降解靶向联合体（proteolysis targeting chimeras，PROTAC）作为蛋白质靶向降解技术的一种，通过利用机体内天然存在的蛋白降解系统，降低蛋白水平达到治疗疾病目的。在后抗生素时代，靶向降解策略是抗生素武器库的一个补充，具有潜在优势。PROTAC因其独特的结构作用机制，已经成为目前新药研发领域备受关注的技术之一，为新药研发提供新思路。PROTAC技术靶点广阔，有较高的选择性，可以提高活性，克服细菌耐药性，已经用于抗癌药物、抗HCV（丙型肝炎病毒）药物等抗病毒药物、抗衰老药物等多种类型药物的研发。尽管PROTAC存在分子量大、不利于采用口服给药的方式、生物利用度差、三元复合体形成及成药困难、用于抗菌药物研发方面不够成熟的缺点，需要进行不断完善，但其已显示出了广阔的发展前景。在抗生素耐药性时代，PROTAC靶向降解策略是抗生素武器库的一个补充，可提高抗菌特异性，减弱耐药突变的可能性。期待抗菌蛋白降解剂取得进一步的发展。

目前，PROTAC技术主要应用在真核系统。由Crews在2013年创立的Arvinas公司，是最早布局PROTAC的公司之一，开发的蛋白降解技术主要用于肿瘤和神经系统类疾病的治疗。目前进展最快的ARV-110和ARV-471都处在Ⅱ期临床试验，分别用于前列腺癌和乳腺癌的治疗。神经退行性疾病（如阿尔茨海默病AD、帕金森等）等中枢神经类疾病的治疗效果目前临床非常有限，Arvinas公司针对该类疾病相关的蛋白（如Tau蛋白等）也有布局，期待能够有所突破。2021年7月22日，辉瑞与Arvinas达成协议，共同开发并商业化ER（雌激素受体）降解剂ARV-471。以PROTAC为代表的蛋白降解疗法受到越来越多的关注，并正在创造越来越大的价值。

PROTAC应用于靶向细菌的抗菌药物研发仍处于初始研究阶段。首先针对胞外细菌，可通过细菌的体内蛋白水解系统杀灭细菌。需要具有合适的蛋白配体及蛋白水解体系，并需要考虑PROTAC分子所形成的三元复合物的稳定性。ClpP是细菌存在的一种蛋白水解酶，曾有研究报道靶向ClpP的物质通过激活蛋白水解导致细菌死亡，或通过HtrA可以降解周质或外膜蛋白，为靶向细菌的蛋白降解提供研究思路。在细菌感染细胞前，利用溶酶体靶向嵌合体（LYTAC）概念设计靶向细菌膜结合蛋白（黏附蛋白）的抗菌降解剂，使黏附蛋白在作用于宿主之前诱导溶酶体降解。

细菌胞内感染是治疗困难、病情反复的重要原因。细菌会利用毒素等物质劫持自噬-溶酶体途径作为安全增殖或渗入宿主细胞细胞质的手段。多数情况下，细菌分泌毒力效应物和毒素以减弱宿主免疫反应，促进细菌包裹在营养丰富的未成熟自噬体中，这些自噬体缺乏溶酶体融合后破坏病原体所需的水解酶。例如，幽门螺杆菌分泌空泡细胞毒素A（VacA），诱导细菌自噬进入自噬体，同时抑制自噬体成熟，创造一个安全的环境，直到细菌分泌成孔毒素促进它们从吞噬体中逃脱，许多细菌利用类似的分泌蛋白来利用自噬-

溶酶体途径并依靠这种机制建立细胞内感染。设计基于细菌毒素的泛素依赖性 PROTAC 型嵌合抗菌剂，将会补充目前以隔离细菌毒素为目标的抗菌策略，为恢复宿主针对细胞内感染的天然防御系统提供了一条途径。此外，设计靶向生物膜降解的 PROTAC 也是控制细菌感染的有效途径。

参考文献

[1] 国家药典委员会. 中华人民共和国药典: 2005 年版[M]. 北京: 化学工业出版社, 2005.

[2] Gideon, Koren, Hassan, et al. Disposition of oral methotrexate in children with acute lymphoblastic leukemia and its relation to 6-mercaptopurine pharmacokinetics[J]. Medical and Pediatric Oncology, 1989, 17（5-6）: 450-454.

[3] Renneville A, Patnaik M M, Chan O, et al. Increasing recognition and emerging therapies argue for dedicated clinical trials in chronic myelomonocytic leukemia[J]. Leukemia, 2021, 35（10）: 2739-2751.

[4] Simoens S, Huys I. Market access of Spinraza（Nusinersen）for spinal muscular atrophy: intellectual property rights, pricing, value and coverage considerations[J]. Gene Therapy, 2017, 24（9）: 539-541.

[5] 唐欣茹. 反义 RNA 介导的靶向核糖体蛋白低表达菌株的构建及应用[D]. 上海: 华东理工大学, 2014.

[6] 李新宇. 利用短链反义 RNA 技术优化 D-甘露糖异构酶表达系统及其应用研究[D]. 北京: 北京化工大学, 2019.

[7] 孟庆文. 逆转录病毒介导的特异性反义 RNA 和核酶抑制禽流感病毒复制的研究[D]. 北京: 中国农业科学院, 2001.

[8] 梁作文. 前列腺癌血清 RGPR_（15868）蛋白反义 RNA 真核表达载体构建及功能研究[D]. 长春: 吉林大学, 2008.

[9] 赵蔚. 双靶区反义 RNA 对 HBV 转基因鼠抗病毒疗效的研究[D]. 兰州: 兰州大学, 2006.

[10] 唐正义, 胡蓉. 反义 RNA 研究进展[J]. 内江师范学院学报, 2004（04）: 30-35.

[11] 何军林. 核酸药物的研究进展[J]. 国际药学研究杂志, 2017, 44（11）: 1028-1051.

[12] 王均, 王兰, 吕家臻, 等. 上市核酸药物的疗效分析和研究进展[J]. 中国新药杂志, 2019, 28（18）: 2217-2224.

[13] C. Frank Bennett. Pharmacology of antisense drugs[J]. Annual Review of Pharmacology and Toxicology, 2017, 57（1）: 81-105.

[14] Sarah B, Gyorgy H. RNA-based therapeutics: From antisense oligonucleotides to miRNAs [J]. Cells, 2020, 9（1）: 137-137.

[15] Crooke Stanley T. Antisense technology: A review J]. Journal of Biological Chemistry, 2021, 296: 100416-100416.

[16] Yu A M, Choi Y H, Tu M J. RNA drugs and RNA targets for small molecules: Principles, progress, and challenges. [J]. Pharmacological reviews, 2020, 72（4）: 862-898.

[17] 杜昭明, 徐寒梅, 王轶博, 等. 长效蛋白多肽类药物技术研究进展[J]. 药物生物技术, 2017, 24（01）: 63-67.

[18] 王永亮，陈敬蕊，孔令聪，等．蛋白/多肽类药物长效化技术研究进展[J]．经济动物学报，26（03）：230-236.

[19] 孙慧，郭晓庆，刘冬，等．蛋白多肽类药物及其微囊化的研究进展[J]．吉林中医药，2015，35（06）：608-610.

[20] 任立华，刘忠，赵丽丽，等．重组蛋白药物的研究进展[J]．齐鲁药事，2008，27（11）：677-678.

[21] 李磊，许冰洁，宣尧仙．融合蛋白药物的研究进展[J]．中国新药杂志，2015，24（03）：266-270.

[22] 周娜娜，王小艳，张媛，等．重组蛋白药物的生产技术进展[J]．生物技术进展，2021，11（06）：724-731.

[23] Schuster J, Koulov A, Mahler H C, et al. In vivo stability of therapeutic proteins[J]. Pharmaceytical Research, 2020, 37: 1-17.

[24] Menacho-Melgar R, Decker J S, Hennigan J N, et al. A review of lipidation in the development of advanced protein and peptide therapeutics[J]. Journal of Controlled Release, 2019, 295: 1-12.

[25] Dingman R, Balu-Iyer S V. Immunogenicity of protein pharmaceuticals[J]. Journal of Pharmaceutical Sciences, 2019, 108（5）: 1637-1654.

[26] D'Hondt M, Bracke N, Taevernier L, et al. Related impurities in peptide medicines [J]. Journal of Pharmaceutical and Biomedical Analysis, 2014, 101: 2-30.

[27] Wang J L, Wang F, Dong S J. Methylene blue as an indicator for sensitive electrochemical detection of adenosine based on aptamer switch[J]. Journal of Electroanalytical Chemistry, 2008, 626（1-2）: 1-5.

[28] Newman D J, Cragg G M. Natural products as sources of new drugs from 1981 to 2014[J]. J Nat Prod, 2016, 79（3）: 629-661.

[29] Song H, Wang P, Liu J, et al. Panax notoginseng preparations for unstable angina pectoris: A systematic review and meta-analysis[J]. Phytother Res, 2017, 31（8）: 1162-1172.

[30] Tu Y. Artemisinin -a gift from traditional chinese medicine to the world （nobel lecture）[J]. Angew Chem Int Ed Engl, 2016, 55（35）: 10210-10226.

[31] Dong Y, Chen H, Gao J, et al. Bioactive ingredients in chinese herbal medicines that target non -coding RNAs: Promising new choices for disease treatment[J]. Front Pharmacol, 2019, 10: 515.

[32] 胡耀昌．前胡等八味中药对多药耐药肿瘤细胞的实验研究[D]．杭州：浙江中医药大学，2012.

[33] 李江，成虹，高文，等．不同中药提取物对幽门螺杆菌耐药菌株体外抗菌活性研究[J]．现代中医临床，2015，22（02）：21-23.

[34] 程国荣．中药逆转肿瘤多药耐药及侵袭转移作用机制研究[D]．合肥：中国科学技术大学，2021.

[35] Singh P A, Desai S D, Singh J. A review on plant antimicrobials of past decade[J]. Curr Top Med Chem, 2018, 18（10）: 812-833.

[36] Zacchino S A, Butassi E, Liberto M D, et al. Plant phenolics and terpenoids as adjuvants of antibacterial and antifungal drugs[J]. Phytomedicine, 2017, 37: 27-48.

[37] Montaser R, Luesch H. Marine natural products: a new wave of drugs[J]. Future Med Chem, 2011, 3（12）: 1475-1489.

[38] Gerwick W H, Moore B S. Lessons from the past and charting the future of marine natural products drug discovery and chemical biology[J]. Chem Biol, 2012, 19（1）: 85-98.

[39] Schorn M A, Alanjary M M, Aguinaldo K, et al. Sequencing rare marine actinomycete genomes reveals high density of unique natural product biosynthetic gene clusters[J]. Microbiology （Reading）, 2016, 162（12）: 2075-2086.

[40] Liang X, Luo D, Luesch H. Advances in exploring the therapeutic potential of marine natural products[J]. Pharmacol Res, 2019, 147: 104373.

[41] Salvador-Reyes L A, Engene N, Paul V J, et al. Targeted natural products discovery from marine cyanobacteria using combined phylogenetic and mass spectrometric evaluation[J]. J Nat Prod, 2015, 78（3）: 486-492.

[42] Engene N, Tronholm A, Salvador -Reyes L A, et al. Caldora penicillata gen. nov. , comb. nov. (cyanobacteria), a pantropical marine species with biomedical relevance[J]. J Phycol, 2015, 51 (4): 670-681.

[43] Chen Q, Chaturvedi P R, Luesch H. Process development and scale-up total synthesis of largazole, a potent class I histone deacetylase inhibitor[J]. Organic Process Research & Development, 2018, 22 (2): 190-199.

[44] Smith A R, Zhu W, Shirakami S, et al. Total synthesis of (+) -spongistatin 1. An effective second-generation construction of an advanced EF Wittig salt, fragment union, and final elaboration[J]. Org Lett, 2003, 5 (5): 761-764.

[45] Smith A R, Tomioka T, Risatti C A, et al. Gram-scale synthesis of (+) -spongistatin 1: development of an improved, scalable   synthesis of the F-ring subunit, fragment union, and final elaboration[J]. Org Lett, 2008, 10 (19): 4359-4362.

[46] Wang H S, Li H J, Nan X, et al. Enantiospecific semisynthesis of puupehedione-type marine natural products[J]. J Org Chem, 2017, 82 (23): 12914-12919.

[47] Martinez-Poveda B, Quesada A R, Medina M A. Pleiotropic role of puupehenones in biomedical research[J]. Mar Drugs, 2017, 15 (10): 325.

[48] Zhang H, Boghigian B A, Armando J, et al. Methods and options for the heterologous production of complex natural products[J]. Nat Prod Rep, 2011, 28 (1): 125-151.

[49] Espiritu R A, Cornelio K, Kinoshita M, et al. Marine sponge cyclic peptide theonellamide A disrupts lipid bilayer integrity without forming distinct membrane pores[J]. Biochim Biophys Acta, 2016, 1858 (6): 1373-1379.

[50] Trzoss L, Fukuda T, Costa -Lotufo L V, et al. Seriniquinone, a selective anticancer agent, induces cell death by autophagocytosis, targeting the cancer-protective protein dermcidin[J]. Proc Natl Acad Sci USA, 2014, 111 (41): 14687-14692.

[51] DiJoseph J F, Armellino D C, Boghaert E R, et al. Antibody-targeted chemotherapy with CMC-544: a CD22-targeted immunoconjugate of calicheamicin for the treatment of B-lymphoid malignancies[J]. Blood, 2004, 103 (5): 1807-1814.

[52] Pye C R, Bertin M J, Lokey R S, et al. Retrospective analysis of natural products provides insights for future discovery trends[J]. Proceedings of The National Academy of Sciences of The United States of America, 2017, 114 (22): 5601-5606.

[53] Ma C C, Wang Z L, Xu T, et al. The approved gene therapy drugs worldwide: from 1998 to 2019[J]. Biotechnol Adv, 2020, 40: 107502.

[54] Gruntman A M, Flotte T R. The rapidly evolving state of gene therapy[J]. Faseb J, 2018, 32 (4): 1733-1740.

[55] Weissman I L, Anderson D J, Gage F. Stem and progenitor cells: origins, phenotypes, lineage commitments, and transdifferentiations[J]. Annu Rev Cell Dev Biol, 2001, 17: 387-403.

[56] Blommestein H M, Verelst S G, Huijgens P C, et al. Real-world costs of autologous and allogeneic stem cell transplantations for haematological diseases: a multicentre study[J]. Ann Hematol, 2012, 91 (12): 1945-1952.

[57] Reis C, Wilkinson M, Reis H, et al. A look into stem cell therapy: Exploring the options for treatment of ischemic stroke[J]. Stem Cells Int, 2017, 2017: 3267352.

[58] Reis C, Gospodarev V, Reis H, et al. Traumatic brain injury and stem cell: Pathophysiology and update on recent treatment modalities[J]. Stem Cells Int, 2017, 2017: 6392592.

[59] Khalili M A, Sadeghian-Nodoushan F, Fesahat F, et al. Mesenchymal stem cells improved the ultrastructural morphology of cerebral tissues after subarachnoid hemorrhage in rats[J]. Exp Neurobiol, 2014, 23 (1): 77-85.

[60] Cox D B, Platt R J, Zhang F. Therapeutic genome editing: prospects and challenges[J]. Nat Med, 2015, 21 (2): 121-131.

[61] Osakabe Y, Osakabe K. Genome editing with engineered nucleases in plants[J]. Plant Cell

Physiol, 2015, 56（3）: 389-400.

[62] Li Q, Qin Z, Wang Q, et al. Applications of genome editing technology in animal disease modeling and gene therapy[J]. Comput Struct Biotechnol J, 2019, 17: 689-698.

[63] Hsu P D, Lander E S, Zhang F. Development and applications of CRISPR-Cas9 for genome engineering[J]. Cell, 2014, 157（6）: 1262-1278.

[64] Jinek M, Chylinski K, Fonfara I, et al. A programmable dual-RNA-guided DNA endonuclease in adaptive bacterial immunity[J]. Science, 2012, 337（6096）: 816-821.

[65] Hwang W Y, Fu Y, Reyon D, et al. Efficient genome editing in zebrafish using a CRISPR-Cas system[J]. Nat Biotechnol, 2013, 31（3）: 227-229.

[66] Wang H, Yang H, Shivalila C S, et al. One-step generation of mice carrying mutations in multiple genes by CRISPR/Cas-mediated genome engineering[J]. Cell, 2013, 153（4）: 910-918.

[67] Liu Z, Liao Z, Chen Y, et al. Research on CRISPR/system in major cancers and its potential in cancer treatments[J]. Clin Transl Oncol, 2021, 23（3）: 425-433.

[68] Seimetz D, Heller K, Richter J. Approval of first CAR-Ts: Have we solved all hurdles for ATMPs[J]. Cell Med, 2019, 11: 1210571651.

[69] Maher J, Brentjens R J, Gunset G, et al. Human T-lymphocyte cytotoxicity and proliferation directed by a single chimeric TCRzeta /CD28 receptor[J]. Nat Biotechnol, 2002, 20（1）: 70-75.

[70] Schuster S J, Svoboda J, Chong E A, et al. Chimeric antigen receptor T cells in refractory B-cell lymphomas[J]. N Engl J Med, 2017, 377（26）: 2545-2554.

[71] Cong L, Ran F A, Cox D, et al. Multiplex genome engineering using CRISPR/Cas systems [J]. Science, 2013, 339（6121）: 819-823.

[72] Karpinski J, Hauber I, Chemnitz J, et al. Directed evolution of a recombinase that excises the provirus of most HIV-1 primary isolates with high specificity[J]. Nat Biotechnol, 2016, 34（4）: 401-409.

[73] Men K, Duan X, He Z, et al. CRISPR/Cas9-mediated correction of human genetic disease [J]. Sci China Life Sci, 2017, 60（5）: 447-457.

[74] Fan P, He Z, Xu T, et al. Exposing cancer with CRISPR-Cas9: from genetic identification to clinical therapy[J]. Translational Cancer Research, 2018, 7（3）: 817-827.

[75] Schacker M, Seimetz D. From fiction to science: clinical potentials and regulatory considerations of gene editing[J]. Clin Transl Med, 2019, 8（1）: 27.

[76] 刘蓓, 尉玮, 王丽华. 基因编辑新技术研究进展[J]. 亚热带农业研究, 2013, 9（4）: 262-269.

[77] Szostak J W, Orr-Weaver T L, Rothstein R J, et al. The double-strand break repair model for recombination[J]. Cell, 1983, 33（1）: 25-35.

[78] Daley J M, Palmbos P L, Wu D, et al. Nonhomologous end joining in yeast[J]. Annual Review of Genetics, 2005, 39（1）: 431-451.

[79] Takata M, Sasaki M S, Sonoda E, et al. Homologous recombination and non-homologous end-joining pathways of DNA double-strand break repair have overlapping roles in the maintenance of chromosomal integrity in vertebrate cells[J]. Embo Journal, 1998, 17（18）: 5497-5508.

[80] 肖安, 胡莹莹, 王唯晔, 等. 人工锌指核酸酶介导的基因组定点修饰技术[J]. 遗传, 2011, 33（7）: 665-683.

[81] Urnov F D, Rebar E J, Holmes M C, et al. Genome editing with engineered zinc finger nucleases[J]. Nature Reviews Genetics, 2010, 11（9）: 636.

[82] Carlson D F, Tan W, Lillico S G, et al. Efficient TAL en-mediated gene knockout in livestock[J]. Proceedings of the National Academy of Sciences of the United States of America, 2012, 109（43）: 17382.

[83] Chen S, Oikonomou G, Chiu C N, et al. A large-scale in vivo analysis reveals that TALENs are significantly more mutagenic than ZFNs generated using context-dependent assembly [J]. Nucleic Acids Research, 2013, 41（4）: 2769-2778.

[84] Cong L, RanF A, Cox D, et al. Multiplex genome engineering using CRISPR/Cas systems

[J]. Science, 2013, 339（6121）: 819-823.

[85] 寇天赐, 胡又佳. CRISPR/Cas9技术及其在药物研发中的应用[J]. 药物生物技术, 2015（6）: 530-534.

[86] Wood A J, Lo T W, Zeitler B, et al. Targeted genome editing across species using ZFNs and TALENs[J]. Science, 2011, 333（6040）: 307.

[87] 俞远京. 猪异种器官移植的人源化修饰[J]. 遗传, 2003, 25（5）: 596-600.

[88] 孙涛, 王佳贤, 李朝东, 等. Crispr/Cas9技术在CHO细胞中基因敲除的应用[J]. 中国医药工业杂志, 2015, 46（4）: 418-421.

[89] Maeder M L, Thibodeaubeganny S, Osiak A, et al. Rapid "open-source" engineering of customized zinc-finger nucleases for highly efficient gene modification[J]. Molecular Cell, 2008, 31（2）: 294-301.

[90] Fu Y F, Foden J A, Khayter C, et al. High-frequency off-target mutagenesis induced by CRISPR-Cas nucleases in human cells[J]. Nature Biotechnology, 2013, 31（9）: 822-826.

[91] Zuo E W, Cai Y J, Li K, et al. One-step generation of complete gene knockout mice and monkeys by CRISPR/Cas9-mediated gene editing with multiple sgRNAs[J]. Cell Research, 2017, 27（7）: 933-945.

[92] Crudele J M, Chamberlain J S. Cas9 immunity creates challenge s man-embryo-genome-editing[J]. Nat Commun, 2018, 9（1）: 3497.

[93] Haapaniemi E, Botla S, Persson J, et al. CRISPR-Cas9 genome editing induces a p53-mediated DNA damage response[J]. Nature Medicine, 2018, 24（7）: 927-930.

[94] Ihry R J, Worringer K A, Salick M R, et al. p53 inhibitsCRISPR-Cas9 engineering in human pluripotent stem cells[J]. Nature Medicine, 2018, 24（7）: 939-946.

[95] Alanis-Lobato G, Zohren J, McCarthy A, et al. Frequent loss of heterozygosity in CRISPR-Cas9-edited early human embryos[J]. PNAS, 2021, 118（22）: e2004832117.

[96] Zuccaro M V, Xu J, Mitchell C, et al. Allele-specific chromosome removal after Cas9 cleavage in human embryos[J]. Cell, 2020, 183（6）: 1650-1664.

[97] Liang D, Mikhalchenko A, Ma H, et al. Limitations of gene editing assessments in human preimplantation embryos[J]. Nat Commun, 2023, 14（1）: 1219.

[98] Cresci G A, Bawden E. Gut microbiome[J]. Nutrition in Clinical Practice, 2015, 30（6）: 734-746.

[99] Sheth R U, Li M, Jiang W, et al. Spatial metagenomic characterization of microbial biogeography in the gut[J]. Nat Biotechnol, 2019, 37（8）: 877-883.

[100] Dar D, Dar N, Cai L, et al. Spatial transcriptomics of planktonic and sessile bacterial populations at single-cell resolution[J]. Science, 2021, 373（6556）: eabi 4882.

[101] Moncada R, Barkley D, Wagner F, et al. Integrating microarray-based spatial transcriptomics and single-cell RNA-seq reveals tissue architecture in pancreatic ductal adenocarcinomas[J]. Nat Biotechnol, 2020, 38（3）: 333-342.

[102] Shah S, Lubeck E, Zhou W, et al. seqFISH accurately detects transcripts in single cells and reveals robust spatial organization in the hippocampus[J]. Neuron, 2017, 94（4）: 752-758.

[103] Lin L, Du Y, Song J, et al. Imaging commensal microbiota and pathogenic bacteria in the gut[J]. Acc Chem Res, 2021, 54（9）: 2076-2087.

[104] Wang W, Zhu Y, Chen X. Selective imaging of gram-negative and gram-positive microbiotas in the mouse gut[J]. Biochemistry, 2017, 56（30）: 3889-3893.

[105] Wang W, Lin L, Du Y, et al. Assessing the viability of transplanted gut microbiota by sequential tagging with D-amino acid-based metabolic probes[J]. Nat Commun, 2019, 10（1）: 1317.

[106] Earle K A, Billings G, Sigal M, et al. Quantitative imaging of gut microbiota spatial organization[J]. Cell Host Microbe, 2015, 18（4）: 478-488.

[107] Bourdeau R W, Lee-Gosselin A, Lakshmanan A, et al. Acoustic reporter genes for non-

invasive imaging of microorganisms in mammalian hosts[J]. Nature, 2018, 553（7686）: 86-90.

[108] Gulshan V, Peng L, Coram M, et al. Development and validation of a deep learning algorithm for detection of diabetic retinopathy in retinal fundus photographs[J]. Jama, 2016, 316（22）: 2402-2410.

[109] Long E, Lin H, Liu Z, et al. An artificial intelligence platform for the multihospital collaborative management of congenital cataracts[J]. Nature Biomedical Engineering, 2017, 1: 0024.

[110] Esteva A, Kuprel B, Novoa R A, et al. Dermatologist-level classification of skin cancer with deep neural networks[J]. Nature, 2017, 542（7639）: 115-118.

[111] Xu T, Zhang H, Xin C, et al. Multi-feature based benchmark for cervical dysplasia classification evaluation[J]. Pattern Recognition, 2017, 63: 468-475.

[112] Jing Y, Bian Y, Hu Z, et al. Deep learning for drug design: an artificial intelligence paradigm for drug discovery in the big data era[J]. The AAPS journal, 2018, 20（3）: 58.

[113] Poplin R, Newburger D, Dijamco J, et al. Creating a universal SNP and small indel variant caller with deep neural networks[J]. BioRxiv, 2016: 092890.

[114] Eraslan G, Arloth J, Martins J, et al. DeepWAS: Directly integrating regulatory information into GWAS using deep learning supports master regulator MEF2C as risk factor for major depressive disorder[J]. BioRxiv, 2016: 069096.

[115] Zhao L L, Ciallella H L, Aleksunes L M, et al. Advancing computeraided drug discovery（CADD）by big data and data-driven machinelearning modeling[J]. Drug Discov Today, 2020, 25（9）: 1624-1638.

[116] Rashid M. Artificial intelligence effecting a paradigm shift in drugdevelopment[J]. SLAS Technol, 2021, 26（1）: 3-15.

[117] Hessler G, Baringhaus K H. Artificial intelligence in drug design[J]. Molecules, 2018, 23（10）: 2520.

[118] Krishnaveni C, Arvapalli S, Sharma J V C, et al. Artificialintelligence in pharma industry-a review[J]. Int J Innov Pharm SciRes, 2019, 7（10）: 37-50.

[119] Vamathevan J, Clark D, Czodrowski P, et al. Applications ofmachine learning in drug discovery and development[J]. Nat RevDrug Discov, 2019, 18（6）: 463-477.

[120] Xiong Z P, Wang D Y, Liu X H, et al. Pushing the boundaries of molecular representation for drug discovery with the graph attentionmechanism[J]. J Med Chem, 2020, 63（16）: 8749-8760.

[121] Costa P R, Acencio M L, Lemke N. A machine learning approachforgenome-wide prediction of morbid and druggable human genesbased on systems-level data[J]. BMC Genomics, 2010, 11（Suppl 5）: S9.

[122] Kumari P, Nath A, Chaube R. Identification of human drug targetsusing machine-learning algorithms[J]. Comput Biol Med, 2015, 56: 175-181.

[123] Zeng X, Zhu S, Lu W, et al. Target identification among knowndrugs by deep learning from heterogeneous networks[J]. Chem Sci, 2020, 11: 1775-1797.

[124] Madhukar N S, Khade P K, Huang L, et al. A Bayesian machinelearning approach for drug target identification using diverse datatypes[J]. Nat Commun, 2019, 10（1）: 1-14.

[125] Iorio F, Knijnenburg T A, Vis D J, et al. A landscape of pharmacogenomic interactions in cancer-Science Direct[J]. Cell, 2016, 166（3）: 740-754.

[126] 李瑾. 基于机器学习技术的药物虚拟筛选方法研究[D]. 重庆: 西南大学, 2020.

[127] Wu C R, Liu Y, Yang Y Y, et al. Analysis of therapeutic targets for SARS-CoV-2 and discovery of potential drugs by computationalmethods[J]. Acta Pharmaceutica Sinica B, 2020, 10（5）: 766-788.

[128] Poorinmohammad N, Mohabatkar H, Behbahari M, et al. Computational prediction of anti HIV-1 peptides and in vitroevaluation of anti HIV-1 activity of HIV-1 P24-derived peptides[J]. J Pept Sci, 2015, 21（1）: 10-16.

[129] Xie Q Q, Zhong L, Pan Y L, et al. Combined SVM-based and docking based virtual screening

for retrieving novel inhibitors ofc-Met[J]. Eur J Med Chem, 2011, 46（9）: 3675-3680.

[130] Zheng W, Thorne N, McKew J C. Phenotypic screens as a renewedapproach for drug discovery[J]. Drug Discov Today, 2013, 18（21-22）: 1067-1073.

[131] Cyclica. The ligand expressTM platform guides drug repurposingstudy[R/OL]. （2018-12-11）[2020-04-30].

[132] Salami J, Crews C M. Waste disposal——An attractive strategy for cancer therapy [J]. Science, 2017, 355（6330）: 1163-1167.

[133] Zhao H Y, Yang X Y, Lei H, et al. Discovery of potent small molecule PROTACs targeting mutant EGFR[J]. Eur J Med Chem, 2020, 208: 112781.

[134] Zhou X, Dong R, Zhang J Y, et al. PROTAC: A promising technology for cancer treatment[J]. Eur J Med Chem, 2020, 1203: 112539.

[135] Powell M, Blaskovich M A T, Hansford K A. Targeted protein degradation: The new frontier of antimicrobial discovery[J]. ACS Infect Dis, 2021, 7（8）: 2050-2067.

[136] Qi S M, Dong J, Xu Z Y, et al. PROTAC: An effective targeted protein degradation strategy for cancer therapy[J]. Front Pharmacol, 2021, 12: 692574.

[137] Qin C, Hu Y, Zhou B, et al. Discovery of QCA570 as an exceptionally potent and efficacious proteolysis targeting chimera（PROTAC）degrader of the bromodomain and extra-terminal（BET）proteins capable of inducing complete and durable tumor regression[J]. J Med Chem, 2018, 61（15）: 6685-6704.

[138] Burslem G M, Smith B E, Lai A C, et al. The advantages of targeted protein degradation over inhibition: An RTK case study[J]. cell chem biol, 2018, 25（1）: 67-77.

[139] Li L, Wu Y, Yang Z, et al. Discovery of KRas G12C-IN-3 and pomalidomide-based PROTACs as degraders of endogenous KRAS G12C with potent anticancer activity[J]. Bioorg Chem, 2021, 12（117）: 105447.

[140] Dale B, Cheng M, Park K S, et al. Advancing targeted protein degradation for cancer therapy[J]. Nat Rev Cancer, 2021, 21（10）: 638-654.

[141] Ma Y, Frutos-Beltrán E, Kang D, et al. Medicinal chemistry strategies for discovering antivirals effective against drug-resistant viruses[J]. Chem Soc Rev, 2021, 50（7）: 4514-4540.

[142] Desantis J, Mercorelli B, Celegato M, et al. Indomethacin-based PROTACs as pan-coronavirus antiviral agents[J]. Eur J Med Chem, 2021, 226: 113814.

[143] Ge M, Hu L, Ao H, et al. Senolytic targets and new strategies for clearing senescent cells [J]. Mech Ageing Dev, 2021, 195: 111468.

[144] Powell M, Blaskovich M A T, Hansford K A. Targeted protein degradation: The new frontier of antimicrobial discovery[J]. ACS Infect Dis, 2021, 7（8）: 2050-2067.

第 9 章
新兽药的质量
控制及质量
标准建立

9.1

新兽药质量控制概述

新兽药质量控制研究是兽药研发的重要组成部分，是兽药质量可控的保证，是确定生产工艺和制定质量标准的依据，是兽药进行安全性、有效性研究的基础和前提。

质量控制研究的最终目的是兽药工业化生产的正常进行和质量可控。兽药研发从立项到上市，质量控制研究始终存在，质量控制研究的过程是对生产工艺的可行性和质量标准的科学与适用性数据的积累过程，数据的积累伴随着质量控制研究而进行。

质量控制研究包含科学可行的制备工艺、有效中间体的质量控制方法和产品的质量标准等内容。以化学药为例：应包含原料药的制备工艺研究、原料药的结构确证的研究、剂型的选择和处方工艺的研究、质量控制的方法学研究、稳定性研究、包材的选择研究、质量标准的建立与修订等主要内容。

质量控制及质量标准的制定是新兽药研究的主要内容之一，研发兽药需要对其质量进行系统的、深入的研究，制定出合理、可行的质量标准，以控制兽药的质量，保证兽药的安全有效。

9.2

质量控制常用分析方法

9.2.1 紫外-可见分光光度法

（1）技术依据及原理　紫外-可见分光光度法是基于分子内电子跃迁产生的吸收光谱进行分析的一种常用的光谱分析法。紫外-可见分光光度法原理上属于分析吸收光谱法。有机化合物分子结构中如含有共轭系、芳香环或发色基团，均可在近紫外区（200～400nm）或可见光区（400～850nm）产生吸收。通常使用的紫外-可见分光光度计的工作波长范围为190～900nm。紫外-可见分光光度法是通过被测物质在紫外区的特定波长处或一定波长范围内光的吸收度，对该物质进行定性和定量分析的方法。紫外-可见分光光度法测定的灵敏度和精密度较高，每毫升溶液有几微克的物质即可测定，且其操作简便快速，在兽药检验中主要用于兽药的鉴别、检查和含量测定。定量分析通常选择物质的最大吸收波长处测量一定浓度样品溶液的吸光度，并用一定浓度的对照品溶液的吸光度进行比较或采用吸收系数法求算出被测物质的浓度，多用于制剂的含量测定；对已知物质定性可用吸收峰波长或吸光度比值作为鉴别方法；若化合物本身在紫外区无吸收，而杂质在紫外区有相当强的吸收，或杂质的吸收峰处化合物无吸收，则可用本法作杂质检查。

紫外吸收光谱为物质对紫外区辐射的能量吸收图。朗伯-比尔（Lambert-Beer）定律为光的吸收定律，它是分光光度法定量分析的依据，其数学表达式(9-1)为：

$$A=\lg\left(\frac{1}{T}\right)=ECL \tag{9-1}$$

式中，A 为吸光度；T 为透光率；E 为吸收系数；C 为溶液浓度；L 为光路长度。

吸收系数有 2 种表示法，即百分吸收系数和摩尔吸收系数。如溶液的浓度（C）为 1%（g/mL），光路长度（L）为 1cm，相应的吸收系数为百分吸收系数，以 $E_{1cm}^{1\%}$ 表示。如溶液的浓度（C）为摩尔浓度（mol/L），光路长度为 1cm 时，则相应的吸收系数为摩尔吸收系数，以 ε 表示。

（2）仪器　紫外-可见分光光度计主要由光源、单色器、样品室、检测器、记录仪、显示系统和数据处理系统等部分组成。

为了满足紫外-可见光区全波长范围的测定，仪器备有二种光源，即氘灯和碘钨灯，前者用于紫外区，后者用于可见光区。

紫外-可见分光光度计依据其结构和测量操作方式的不同可分为单光束和双光束分光光度计两类。单光束分光光度计只有一条光束，通过变换空白（参比）和样品的位置，使其分别进入光路，对光源发光强度的稳定性要求较高，适用于单波长的含量测定。双波长分光光度计是使用最普遍的一种分光光度计，仪器使用双光束光路方式，可以排除由于光源强度不稳定而引入的误差，其操作简单，自动化程度高，但做含量测定时，准确起见，宜用固定波长测量方式。

（3）紫外分光光计的检定

① 波长准确度

a. 波长准确度的允差范围　双光束光栅型紫外-可见分光光度计准确度允许误差为 ±0.5nm。单光束棱镜型 350nm±0.7nm、500nm±2.0nm、700nm±4.8nm。

b. 波长准确度检定方法

ⅰ. 用低压汞灯检定。关闭仪器光源，将灯（用笔式汞灯最方便）直接对准进光狭缝，如为双光束仪器，用单光束能量测定方式，采用波长扫描方式，扫描速度"慢"（如 15nm/min）、响应"快"、最小狭缝宽度（如 0.1nm）、量程 0～100%，在 200～800nm 范围内单方向重复扫描 3 次，由仪器识别记录各峰值（若仪器无"峰检测"功能，必要时可对指定波长进行"单峰"扫描）。单光束仪器以 751G 型为例，可将选择开关放在 x01 位置，透光率读数放在 100（或选择开关放在 x1，透光率放在 10），关小狭缝，打开光闸门，缓缓转动波长盘，寻找汞灯 546.07nm 峰出现的位置，若与波长读数不符，应调节仪器左侧准直镜的波长调整螺丝，如波长向短波长方向移动，应顺时针方向旋转波长调整螺丝，如向长波长方向移动，则应逆时针方向旋转波长调整螺丝，调整好后，再按汞灯的下列谱线测试，记录每条谱线与仪器波长读数的误差。用于检定紫外-可见分光光度计的汞灯谱线波长：237.83nm、253.65nm、275.28nm、296.73nm、302.15nm、313.16nm、334.15nm、365.02nm、365.48nm、366.33nm、404.66nm（紫色）、435.83nm（蓝色）、546.07nm（绿色）、576.96nm（黄色）及 579.07nm。

ⅱ. 用仪器固有的氘灯检定，本法主要用于日常工作中波长准确度的核对。用单光束能量测定方式，测量条件同上述低压汞灯的方法，对 486.02nm 及 656.10nm 二单峰进行单方向重复扫描 3 次。

ⅲ. 用氧化钬玻璃检定，将氧化钬玻璃放入样品光路，参比光路为空气，按测定吸收光谱图方法测定。校正自动记录仪时，应考虑记录仪的时间常数，测定样品与校正时取同一扫描速度。氧化钬玻璃在 279.4nm、287.5nm、333.7nm、360.9nm、418.7nm、460.0nm、484.5nm、536.2nm 及 637.5nm 波长处有尖锐的吸收峰，可供波长检定用。氧化钬玻璃因制造的原因，每片氧化钬的吸收峰波长有差异，应使用经计量部门校验过的。

ⅳ.用高氯酸钬溶液检定，本法可供没有单光测定功能的双光束紫外分光光度计波长准确度检定用。

高氯酸钬溶液的配制方法：取 10％高氯酸为溶剂，加入氧化钬配成 4％溶液，即得。

高氯酸钬溶液较强的吸收峰波长为 241.13nm、278.10nm、287.18nm、333.44nm、345.47nm、361.31nm、416.28nm、451.30nm、485.29nm、536.64nm、640.52nm。

如果是双光束扫描仪器，但不是数据贮存型的（指直接将信号描记于记录纸上），记录的波长可能因记录笔滞后而非真实波长，为了准确测定，建议采用定点检定而不用扫描方式。

② 吸光度准确度　精密称取在 120℃ 干燥至恒重的基准重铬酸钾约 60mg，置 1000mL 量瓶中，用硫酸溶液（0.005mol/L）溶解并稀释至 1000mL，用配对的 1cm 石英池，以硫酸溶液（0.005mol/L）为空白，在 235nm、257nm、313nm、350nm 分别测定吸光度，然后换算成 $E\%$，测得值应符合表 9-1 中规定的允差范围（±1％）。国际药典规定的允差亦为±1％。

表 9-1　分光光度法允差范围

波长	235nm(最小)	257nm(最大)	313nm(最小)	350nm(最大)
吸收系数（$E_{1cm}^{1\%}$）的规定值	124.5	144.0	48.6	106.6
吸收系数（$E_{1cm}^{1\%}$）的许可范围	123.0～126.0	142.8～146.2	47.0～50.3	105.5～108.5

分辨率、杂散光、基线平直度、稳定度、绝缘电阻等项检定，应符合有关规定。

（4）样品测定操作方法

① 吸收系数测定（性状项下），按各该品种项下规定的方法配制供试品溶液，在规定的波长测定其吸光度，并计算吸收系数，应符合规定。

② 鉴别及检查，按该种规定，测定供试溶液在有关波长处的最大及最小吸收，有的还需测定其各最大吸收峰值或最大吸收与最小吸收的比值，均应符合规定。

③ 含量测定

a. 对照品比较法，按该种项下规定的方法，分别配制供试品溶液和对照品溶液，对照品溶液中所含被测成分的量应为供试品溶液中被测成分标示量的 90％～110％以内，用同一溶剂，在规定的波长处测定供试品溶液和对照品溶液的吸光度。

b. 吸收系数法，按各该品种项配制供试品溶液，在规定的波长及该波长±1nm 处测定其吸光度，按各品种在规定条件下给出的吸收系数计算含量。采用吸收系数法应对仪器进行校正后测定，如测定新品种的吸收系数，需按吸收系数测定法的规定进行。计算分光光度法采用计算分光光度法的品种，应严格按各该品种项下规定的方法进行，用本法时应注意：有一些吸光度是在供试品或其成分吸收曲线的上升或下降陡坡处测定，影响精度的因素较多，故应仔细操作，尽量使测定供试品和对照品的条件一致，若该品种不用对照品，如维生素 A 测定法，应在测定前对仪器做仔细的校正和检定。

（5）计算

① 对照品比较法，可根据供试品溶液及对照品溶液的吸光度与对照品溶液的浓度以正比法算出供试品溶液的浓度，再计算含量，见式(9-2)。

$$A_{样品} : A_{对照} = C_{样品} : C_{对照}$$
$$C_{样品} = A_{样品} \times C_{对照} / A_{对照} \tag{9-2}$$

式中，A 为吸光度值；C 为测试液浓度，mg/mL。

② 吸收系数法，《中国兽药典》规定的吸收系数，系指 $E_{1cm}^{1\%}$，即在指定波长时，光路长度为 1cm，试样浓度换算为 1% （g/mL）时的吸光度值，故应先求出供试品的 $E_{1cm}^{1\%}$ 值，再与规定的 $E_{1cm}^{1\%}$ 值比较，可计算出供试品的含量。

（6）注意事项

① 试验中所用的量瓶、移液管均应经检定校正、洗净后使用。

② 使用的石英吸收池必须洁净。用于盛装样品、参比及空白溶液的吸收池，当装入同一溶剂时，在规定波长测定吸收池的透光率，如透光率相差在 0.3% 以下者可配对使用，否则必须加以校正。

③ 取吸收池时，手指拿毛玻璃面的两侧。装盛样品溶液以池体积的 4/5 为度，使用挥发性溶液时应加盖，透光面要用擦镜纸由上而下擦拭干净，检视应无残留溶剂，为防止溶剂挥发后溶质残留在池子的透光面，可先用蘸有空白溶剂的擦镜纸擦拭，然后再用干擦镜纸拭净。吸收池放入样品室时应注意每次放入方向相同。使用后用溶剂及水冲洗干净，晾干防尘保存，吸收池如污染不易洗净时可用硫酸发烟硝酸（3：1 体积比）液稍加浸泡后，洗净备用。如用铬酸钾清洁液清洗时，吸收池不宜在清洁液中长时间浸泡，否则清洁液中的铬酸钾结晶会损坏吸收池的光学表面，吸收池应用水充分冲洗，以防铬酸钾吸附于吸收池表面。

④ 测定前应先检查所用的溶剂在测定供试品所用的波长附近是否符合要求，可用 1cm 石英吸收池盛溶剂以空气为空白（即参比光路中不放置任何物质）测定其吸光度，应符合表 9-2 规定。

表 9-2 以空气为空白测定溶剂在不同波长处的吸光度的规定

波长范围/nm	220～240	241～250	251～300	300 以上
吸光度	<0.4	<0.2	<0.1	<0.05

注：1. 所用溶剂应不超过其截止使用波长。
2. 每次测定时应采用同一批号，混合均匀。

⑤ 称量应按《中国兽药典》规定要求。配制测定溶液时稀释转移次数应尽可能少，转移稀释时所取容积一般应不少于 2mL。含量测定供试品应称取 2 份，如为对照品比较法，对照品一般也应称取 2 份。吸收系数检查也应称取供试品 2 份，平行操作。原料的相对偏差应在 ±0.5% 以内，制剂的相对偏差应在 ±1% 以内。作鉴别或检查可取样品 1 份。

⑥ 供试品测试溶液的浓度，除各该品种项下已有注明者外，供试品溶液的吸光度应在 0.3～0.7 范围内，吸光度读数在此范围误差较小，并应结合所用仪器吸光度线性范围，配制合适的浓度。

⑦ 选用仪器的狭缝谱带宽度应小于供试品吸收带的半宽度，否则测得的吸光度值会偏低，狭缝宽度的选择应以减小狭缝宽度时供试品的吸光度不再增加为准，对于《中国兽药典》紫外测定的大部分品种，可以使用 2nm 缝宽，但对某些品种如青霉素钾及钠的吸

光度检查则需用 1nm 缝宽或更窄，否则其 264nm 的吸光度会偏低。

⑧ 测定时除另有规定外，应在规定的吸收峰±2nm 处，再测几点的吸光度，以核对供试品的吸收峰位置是否正确，并以吸光度最大的波长作为测定波长，除另有规定外吸光度最大波长应在该品种项下规定的波长±1nm 以内，否则应考虑试样的同一性、纯度以及仪器波长的准确度。

（7）紫外-可见分光光度法应用 紫外-可见分光光度主要用于兽药制剂的含量测定、含量均匀度和溶出度检查，也可用于鉴别或部分兽药杂质检查。

① 用于制剂的含量测定、含量均匀度或溶出度检查时，可采用对照品法、吸收系数法和比色法，但新建立的对照品或吸收系数必须经过充分验证。吸收系数若已为药典（包括《中国药典》《中国兽药典》《美国药典》《欧洲药典》《英国药典》《日本药局方》《国际药典》）收载，则可直接引用。采用比色法测定时，应注意影响显色条件的各种因素，并注意操作过程的一致性，当吸光度与浓度的关系偏离线性时应采用标准曲线方法。

② 用于鉴别时，可规定除末端吸收以外的最大吸收波长，也可规定最小吸收波长或肩峰、不同波长处的吸光度比值。吸光度比值或杂质最大吸收波长处的吸光度限值也可用于兽药的纯度检查。

③ 采用紫外-可见分光光度法时，为提高准确度，应避免溶剂、辅料或杂质的干扰。溶剂的选用应注意其纯度和使用的截止波长。仪器的狭缝宽度，除另有规定外系指 2nm，但若所测吸收谱带的半高宽小于 20nm，则应适当减小狭缝宽度。当溶液的 pH 值对吸光度有影响（当制剂的辅料对 pH 值有影响）时，应将供试品溶液和对照品溶液的 pH 值调成一致。用于测定的吸收谱带的吸收强度应足够大，其吸收系数（E）通常应大于 100。吸光度数值以在 0.3～0.7 为宜。

④ 采用紫外-可见分光光度法应尽可能少用有机溶剂，尤其应避免使用有毒溶剂；本法用于同一个品种不同项目测定时，应尽可能采用相同溶剂。

9.2.2 高效液相色谱法

9.2.2.1 技术依据及原理

液相色谱法是一种现代液体色谱法，其基本方法是将具一定极性的单一溶剂或不同比例的混合溶液，作为流动相，用泵将流动相注入装有填充剂的色谱柱，注入的供试晶被流动相带入柱内进行分离后，各成分先后进入检测器，用记录仪或数据处理装置记录色谱图或进行数据处理，得到测定结果。由于应用了各种特性的微粒填料和加压的液体流动相，本法具有分离性能高、分析速度快的特点。

高效液相色谱法适用于能在特定填充剂的色谱柱上进行分离的兽药的分析测定，特别是多组分兽药的测定、杂质检查和大分子物质的测定。有的兽药需在色谱分离前或后经过衍生化反应方能进行分离或检测。常用的色谱柱填充剂有：硅胶，用于正相色谱；化学键合固定相，根据键合的基团不同可用于反相或正相色谱，其中最常用的是十八烷基硅烷（又称 ODS）键合硅胶，可用于反相色谱或离子对色谱；离子交换填料，用于离子交换色谱；具一定孔径的大孔填料，用于排阻色谱。高效液相色谱仪基本由泵、进样器、色谱柱、检测器和色谱数据处理系统组成。检测器最常用的为可变波长紫外可见光检测器，其他检测器有示差折光检测器和蒸发光散射检测器等。色谱信息的收集和处理常用积分仪或数据工作站进行。梯度洗脱，可用两台泵或单台泵加比例阀进行程控实现。

9.2.2.2 高效液相色谱仪的使用要求

① 按《液相色谱仪检定规程》（JJG 705—2014）的规定作定期检定，应符合规定。

② 仪器各部件应能正常工作，管路为无死体积连接，流路中无堵塞或漏液，在设定的检测器灵敏度条件下，色谱基线噪声和漂移应能满足分析要求。

③ 具体仪器在使用前应详细参阅各操作说明书。

9.2.2.3 操作前的准备

① 流动相的制备，用高纯度的试剂配制流动相，必要时照紫外分光光度法进行溶剂检查，应符合要求；水应为新鲜制备的高纯水，可用超级纯水器制得或用重纯化水。凡规定 pH 的流动相应使用精密 pH 计进行调节。配制好的流动相应通过适宜的 $0.45\mu m$ 滤膜过滤，用前脱气。应配制足量的流动相待用。

② 供试溶液的配制，供试晶用规定溶剂配制成供试溶液。定量测定时，对照晶溶液和样品供试溶液均应分别配制 2 份。供试溶液在注入色谱仪前，一般应经适宜的 $0.45\mu m$ 滤膜过滤。必要时，在配制供试溶液前，样品需经提取净化，以免对色谱系统产生污染或干扰色谱。

③ 检查上次使用记录和仪器状态，检查色谱柱是否适用本次试验，色谱柱进出口位置是否与流动相的流向一致，原保存溶剂与现用流动相能否互溶，流动相的 pH 值与该色谱柱是否相适应，仪器是否完好，仪器的各开关是否处于关闭的位置。

9.2.2.4 操作

（1）按高效液相色谱仪操作规程测定 含量测定的对照溶液和样品供试溶液每份至少注样 2 次，由全部注样结果（$n \geqslant 4$）求得平均值，相对标准偏差（RSD）一般应不大于 1.5%。

（2）色谱系统适用性试验 应符合《中国药典》要求，如按指定峰计算的理论板数（n）和拖尾因子（T）以及相邻峰之间的分离度（R）。

（3）测定结果处理

① 内标法，用含对照品和内标物质的对照溶液所得色谱峰响应值，按式（9-3）算出校正因子（f）：

$$校正因子(f) = (A_s/m_s)/(A_r/m_r) = \frac{A_s m_r}{m_s A_r} \tag{9-3}$$

式中，A_s 和 A_r 分别为内标物质和对照品的峰面积或峰高；m_s 和 m_r 分别为加入内标物质和对照品的量。再根据含内标物质的供试品溶液色谱峰响应值，计算含量，见式（9-4）：

$$含量(C) = fA_x/(A_s/m_s) = \frac{fA_x m_s}{A_s} \tag{9-4}$$

式中，A_x 和 A_s 分别为供试品和内标物质的峰面积或峰高；m_s 为加入内标物质的量。必要时，再根据稀释倍数、取样量折算成为标示量的比例（%），或根据稀释倍数、取样量和标示量折算成比例（%）。

② 外标法，用含对照品的对照溶液所得色谱峰响应值，按式(9-5) 计算比值 r：

$$r = C_r/A_r \qquad (9-5)$$

式中，C_r 为对照品的浓度；A_r 为相应的峰面积或峰高。再根据供试品溶液的色谱峰响应值，计算供试品中被测成分的浓度（C_i）：

$$C_i = r \times A_i \qquad (9-6)$$

式中，A_i 为供试品溶液中被测成分峰面积或峰高。必要时，再根据稀释倍数、取样量折算成标示量的比例（％），或根据稀释倍数、取样量和标示量折算成比例（％）。

③ 峰面积归一法，按兽药标准有关项下峰面积归一法求组分含量的，按式(9-7)计算：

$$C = (\textstyle\sum A_i / \sum A) \times 100\% \qquad (9-7)$$

式中，$\sum A_i$ 为被测含量组分峰面积；$\sum A$ 为参与计算的全部峰面积（溶剂峰和其他干扰峰除外）之和。

采用本法时，应考虑最小组分和最大组分的检测响应是否在线性范围内，以及在所用检测波长下各组分响应的差别。

④ 杂质检查法，按兽药标准规定的方法测定杂质的含量或限量时，如杂质对照品已经建立，则可按规定用内标法或外标法进行测定；如杂质对照品没有建立，无法获得，或杂质未知，则可按下法测定。当供试溶液的溶剂干扰供试品溶液的测定时，应取等体积溶剂进样，并将溶剂的背景色谱响应，从供试品溶液的色谱响应中扣除。

a. 加校正因子的主成分自身对照法　在已知杂质在规定检测波长下的吸收系数与主成分不一致的情况下，在建立方法时，可精密称（量）取经精制的杂质和主成分对照品各适量，分别配制成溶液，精密量取各溶液，配制测定杂质校正因子的溶液，进样，记录色谱图，按内标法以主成分为内标计算杂质的校正因子。此校正因子记载在质量标准的含量测定项下，用于校正杂质的实测峰面积，再按照规定的方法计算杂质的含量。由于没有杂质对照品，含量测定项下应规定这类杂质峰的位置，最好用相对于主成分的相对保留时间表示。

b. 不加校正因子的主成分自身对照法　在杂质未知或未建立杂质对照品的情况下，兽药标准可用不加校正因子的主成分自身对照法测定杂质的含量或限量。在测定前，先按各该品种项下规定的杂质限度，将供试品溶液稀释成相应浓度的对照溶液，该对照溶液的主成分色谱峰应具有足够的响应，以便进行计算并调节检测器的灵敏度或色谱记录参数，使对照溶液主成分色谱峰高达记录仪满标度的 $10\% \sim 25\%$，或其积分值应能准确积分（RSD＜10％）。然后取供试品溶液，进样，记录时间除另有规定外，应为主成分保留时间的 $2 \sim 3$ 倍，根据测得的供试品溶液中各杂质峰面积及其总和，按规定的方法计算杂质含量或限量。

9.2.2.5　清洗和关机

① 分析完毕后，先关检测器和数据处理机，再用经过滤和脱气的适当溶剂清洗色谱系统，正相柱一般用正己烷，反相柱如使用过含盐流动相，则先用水，然后用甲醇-水冲洗，冲洗前先按高效液相色谱仪操作规程操作，再用分析流速冲洗，各种冲洗剂一般冲洗 $15 \sim 30 \mathrm{min}$，特殊情况应延长冲洗时间。

② 冲洗完毕后，逐步降低流速至 0，关泵，进样器也应用相应溶剂冲洗，可使用进样阀所附专用冲洗接头。

③ 关闭电源，填写仪器使用记录，内容包括日期、检品、色谱柱、流动相、柱压等。

9.2.2.6 注意事项

① 色谱柱与进样器及其出口端与检测器之间应为无死体积连接，以免试样扩散影响分离。

② 新柱或被污染柱用适当溶剂冲洗时，应将其出口端与检测器脱开，避免污染。

③ 使用的流动相应与仪器系统的原保存溶剂能互溶，如不互溶，则先取下上次的色谱柱，用异丙醇冲洗过渡，进样器和检测器的流通池也注入异丙醇进行过渡，过渡完毕后，接上相应的色谱柱，换上本次使用的流动相。

④ 压力表无压力显示或压力波动时不能进行分析，应检查泵中气泡是否已排除，各连接处有无漏液，排除故障后方能进行操作。如压力升高，甚至自动停泵，应检查柱端有无污染堵塞，可小心卸开柱的进口端螺帽，挖出被污染填充剂后，补入同类填充剂，仔细安装好，再进行操作。

⑤ 发现记录基线波动、出现毛刺等现象，首先应检查检测器流通池中是否有气泡或污染，如不是流通池引起，等氘灯稳定，同时检查仪器的接地是否良好，必要时，换上新的氘灯。仪器稳定后方能进行操作。

⑥ 进样前，色谱柱应用流动相充分冲洗平衡，如系统适用性不符合规定，或填充剂已损坏，则应更换新的同类色谱柱进行分析。由于同类填充剂的化学键合相的键合度及性能等存在一定差异，依法操作达不到预定的分离时，可更换另一牌号的同类色谱柱进行试验。

⑦ 以硅胶作载体的化学键合相填充剂的稳定性受流动相 pH 的影响，使用时，应详细参阅该柱的说明书，在规定的 pH 值范围内选用流动相，一般 pH 范围为 2.5～7.5。使用高 pH 值流动相时，可在泵与进样器之间连接一硅胶短柱，以饱和流动相，保护分析柱，并尽可能缩短在高 pH 值下的使用时间，用后立即冲洗。

⑧ 色谱柱的使用登记，应包括本次测试样品及柱中的保存溶剂。

⑨ 色谱流路系统，从泵、进样器、色谱柱，到检测器、流通池。在分析完毕后，均应充分冲洗，特别是用过含盐流动相的，更应注意先用水，再用甲醇水溶液，充分冲洗。如发现泵漏液等较严重的情况，应请有经验的维修人员进行检查、维修。

本法可用于鉴别、杂质检查、溶出度、释放度、含量均匀度及含量测定等。

（1）色谱条件 根据待测物质的性质、其存在的辅料等，选择不同的色谱条件，实现定性与定量分析的目的，色谱条件主要包括：固定相的种类，流动相的组成，检测器的种类与参数等。

① 固定相 最常用的固定相为化学键合硅胶。反相色谱系统使用非极性固定相，十八烷基硅烷键合硅胶最为常用，辛烷基硅烷键合硅胶、氰基硅烷键合硅胶、氨基硅烷键合硅胶或苯基硅烷键合硅胶等也常有使用；正相色谱系统使用极性固定相，以硅胶最为常用。离子交换色谱常用离子交换键合硅胶作为固定相，分子排阻色谱常用凝胶或高分子多孔微球作为固定相，对映异构体分析常用手性键合硅胶作为固定相。注意建立色谱条件时，应对不同品牌、型号的同类色谱柱进行考察，以确保系统具有较好的耐用性。

② 流动相 反相色谱的流动相首选甲醇-水溶液（采用紫外末端波长检测时，首选乙腈-水溶液），如经试用不适合时，再选用其他溶剂。采用梯度洗脱系统时，应注明洗脱程序，并在"色谱条件与系统适用性试验"项下规定待测物质的保留时间。

③ 检测器　首选紫外检测器。无紫外吸收的物质可选用示差折光检测器或蒸发光散射检测器。亦可根据待测物质的性质选用荧光检测器或电化学检测器等其他检测器。

（2）系统适用性试验　为确保建立的高效液相色谱系统具有专属性、准确性与重现性，需进行系统适用性试验，一般通过理论板数（n）、分离度（r）、重复性与拖尾因子（T）等四个指标进行评价。其中应特别关注分离度，并在'色谱条件与系统适用性试验"项下对其作出具体规定。

① 理论板数　用于评价色谱柱的效能。当色谱柱长度一定时，理论板数 n 越大，柱效能越高。由于不同物质在同一色谱柱上的分配系数不同，采用理论板数作为衡量柱效能的指标时，应指明测定物质，一般为待测组分或内标物质的理论板数。

② 分离度　用于评价待测组分与相邻共存物或难分离物质之间的分离程度，是衡量色谱系统专属性的关键指标。可以通过测定待测物质与已知杂质的分离度，也可以通过测定待测组分与某一添加的指标性成分（内标物质或其他难分离物质）的分离度，对建立的色谱系统进行评价与控制。除另有规定外，定量分析时，待测组分与相邻共存物质间的分离度应大于 1.5；或经过验证，待测组分与指标性成分之间的分离度应大于某一规定值，在"色谱条件与系统适用性试验"项下予以表述。

③ 重复性　用于评价连续进样后，色谱系统响应值的重复性能。采用外标法时，通常取对照品液，连续进样 5 次，除另有规定外，其峰面积测量值的相对标准偏差应不大于 2.0%；采用内标法时，常配制相当于 80%、100% 和 120% 的对照品溶液，加入规定量的内标溶液，配成 3 种浓度，分别至少进样 2 次，计算平均校正因子，其相对标准偏差应不大于 2.0%。

④ 拖尾因子　用于评价色谱峰的对称性。除另有规定外，采用峰高法定量时，T 应在 0.95～1.05 之间。采用峰面积法定量时，T 值偏离过大，也会影响小峰的检测和定量的准确度，必要时，应在"色谱条件与系统适用性试验"项下对其作出明确规定。

（3）定量方法　如满足定量精度的要求，可选用外标法；选用内标法时，内标物质应选择易得并对测定方法无干扰的物质，采用蒸发光散射检测器时，应采用双对数标准曲线法。用于杂质检查时，可用杂质对照品法，如难以获得杂质对照品时，提倡采用加校正因子的自身对照法，也可采用不加校正的自身对照法，避免采用峰面积归一化法。

（4）应用

① 用于鉴别，主要以与对照品的保留时间是否一致作为鉴别依据，也可采用二极管阵列检测（PDA），以保留时间及光谱图是否一致作为鉴别依据。

② 用于杂质检查，主要检查原料药和制剂中可能引入的杂质或降解产物。

③ 用于溶出度、含量均匀度检查和含量测定，主要用于因杂质或辅料干扰，常规方法难以分离或分离手段繁杂或其他方法的检测灵敏度达不到要求的品种。

④ 用于原料药的含量测定，主要用于：a. 多组分原料药的含量测定或组分测定；b. 纯度不高且存在杂质干扰，常规方法难以分离或分离手段繁杂的原料药的含量测定。

⑤ 用于制剂的含量测定，主要用于：a. 所含杂质或辅料干扰含量测定、须先经过繁杂分离后才能测定的制剂；b. 复方制剂。

⑥ 贮藏期间可能分解的制剂的含量测定。

⑦ 用于原料药及制剂的稳定性研究和考察。

9.2.3 红外光谱法

9.2.3.1 红外光谱法技术依据及原理

化合物受红外辐射后，分子的振动和转动运动由较低能级向较高能级跃迁，从而导致对特定频率红外辐射的选择性吸收，形成特征性很强的红外吸收光谱，红外光谱又称分子振动转动光谱。红外光谱是鉴别物质和分析物质化学结构的有效手段，已被广泛应用于物质的定性鉴别、物相分析和定量测定，并用于研究分子间和分子内部的相互作用。

习惯上，往往把红外区分为 3 个区域，即近红外区（$12800 \sim 4000cm^{-1}$，$0.78 \sim 2.5\mu m$），中红外区（$4000 \sim 400cm^{-1}$，$2.5 \sim 25\mu m$）和远红外区（$400 \sim 10cm^{-1}$，$25 \sim 1000\mu m$）。其中中红外区是药物分析中最常用的区域。红外吸收与物质浓度的关系在一定范围内服从朗伯-比尔定律，因而它也是红外分光光度法定量的基础。

红外分光光度计分为色散型和傅里叶变换型两种。前者主要由光源、单色器（通常为光栅）、样品室、检测器、记录仪、控制和数据处理系统组成。以光栅为色散元件的红外分光光度计，波数为线性刻度，以棱镜为色散元件的仪器以波长为线性刻度，后者因缺点甚多，已淘汰不用。波数与波长的换算关系如下：

$$波数（cm^{-1}）=10^4/波长（\mu m）$$

傅里叶变换红外光谱仪（简称 FT-IR）则由光学台（包括光源、干涉仪、样品室和检测器）、记录装置和数据处理系统组成，由干涉图变为红外光谱需经快速傅里叶变换。

9.2.3.2 红外分光光度计的检定

仪器定期进行校正检定。

（1）波数准确度

① 波数准确度的允差范围检定规程规定，在 $4000 \sim 2000cm^{-1}$ 间允许误差为 $\pm 8cm$，$2000cm^{-1}$ 以下允许误差为 $\pm 4cm$。

② 波数准确度检定方法

a. 以聚苯乙烯膜校正　按仪器使用说明书要求设置参数，以常用的扫描速度记录厚度为 $50\mu m$ 的聚苯乙烯膜红外光谱图。测量有关谱带的位置，其吸收光谱图应符合《兽药红外光谱集》（2020 年版）所附聚苯乙烯图谱的要求，并与参考波数（见表 9-3）比较，计算波数准确度。

表 9-3　聚苯乙烯吸收光谱常用的波数值

波数/cm^{-1}	波数/cm^{-1}
3027.1	1583.1
2850.7	1154.3
1944.0	1028.0
1801.6	906.7
1601.4	

b. 液体池用液体茚校正　液体茚在 $3900 \sim 690cm^{-1}$ 范围内有较多的吸收峰可用于比较，适于测定中等分辨率的仪器。一般需用适当液层厚度的固定厚度密封液体池，选用液体池的窗片材料应能保证在测量波数范围内有良好的红外光透过率、窗片应有良好的光洁度和平面平行度，注样品时将液体池放在一楔形板上，打开 2 个进样孔塞，把样品用专用

注射器从下部进样孔缓缓注入，同时观察池内液面缓缓上升而不夹带气泡，至液体在上进样孔内接近满溢时，取下注射器，先盖好下进样孔塞，再盖上上进样孔塞，吸去外溢液体后即可在仪器上测定吸收光谱，其主要吸收谱带见表9-4。

表 9-4 茚主要吸收谱带的波数值（50 μm 液层）

波数/cm^{-1}	波数/cm^{-1}	波数/cm^{-1}	波数/cm^{-1}
3970	1915.3	1251	381.4
3139.5	1553.2	1018.5	
2770.3	1361.1	590.8	

（2）**波数重现性** 用与（1）波数准确度相同的仪器参数，对同一张聚苯乙烯膜进行反复重叠扫描。一般扫描 3～5 次。从扫描所得光谱测定波数的重现性。测得的各吸收峰的重现性应符合要求。

（3）**分辨率** 以聚苯乙烯膜检定，用常规狭缝程序通常的扫描速度，或以较狭的狭缝程序用较慢的扫描速度，记录聚苯乙烯的图谱。在 3110～2850cm^{-1} 范围内，应能显示 7 个吸收带，其中 2924cm^{-1} 和 2851cm^{-1} 两谱带的分辨深度应不小于 18％透光率；1601cm^{-1} 与 1583cm^{-1} 吸收带的分辨深度应不小于 8％透光率。仪器的标称分辨率，应不低于 2cm。

（4）**100％线平直度** 调节 100％控制旋钮，使记录笔置于 95％透光率处，以快速扫描速度扫描全波段，其 100％线的偏差应小于 4％透光率。

（5）**噪声** 调节 100％控制旋钮，使记录笔置于 95％透光率处，在 1000cm^{-1} 处定波数连续扫描 5 分钟，其最大噪声（峰—峰值）应小于 1％透光率。

（6）**其它杂散光水平和透光率准确度检查** 因需要特殊器件，且对兽药测定影响不大，故不作硬性要求。

9.2.3.3 红外光谱测定操作方法

红外光谱测定技术分两类。一类是指检测方法，如透射、衰减全反射、漫反射、光声及红外发射等；另一类是指制样技术，在药物分析中，通常测定的都是透射光谱，采用的制样技术主要有压片法、糊法、膜法和溶液法等。

① 压片法取供试品 1～1.5mg，置玛瑙研钵中，加入干燥的溴化钾或氯化钾细粉 200～300mg（与供试品的比约为 200∶1）作为分散剂，充分研磨混匀，置于直径为 13mm 的压片模具中，使铺布均匀，抽真空约 2 分钟，加压至 0.3×10^6 kPa（8～10T/cm^2），保持压力 2 分钟，撤去压力并放气后取出制成的供试片，目视检测，片子应呈透明状，其中样品分布应均匀，并无明显的颗粒状样品。亦可采用其它直径的压模制片，样品与分散剂的用量需相应调整以制得浓度合适的片子。

② 糊法取供试品约 5mg，置玛瑙研钵中，粉碎研细后，滴加少量液状石蜡或其它适宜的糊剂，研成均匀的糊状物，取适量糊状物夹于两个窗片或空白溴化钾片（每片约 150mg）之间，作为供试片，另以溴化钾约 300mg 制成空白片作为补偿。亦可用专用装置夹持糊状物。制备时应注意尽量使糊状样品在窗片间分布均匀。

③ 膜法参照上述糊法所述的方法，将能形成薄膜的液体样品铺展于适宜的盐片中，形成薄膜后测定。若为高分子聚合物，可先制成适宜厚度的高分子薄膜，直接置于样品光路中测定。熔点较低的固体样品可采用熔融成膜的方法制样。

④ 溶液法将供试品溶于适宜的溶剂中，制成 1％～10％浓度的溶液，灌入适宜厚度的

液体池中测定。常用溶剂有四氯化碳、三氯甲烷、二硫化碳、己烷、环己烷及二氧乙烷等。选用溶液应在被测定区域中透明或仅有中到弱的吸收，且与样品间的相互作用应尽可能小。

⑤ 试样的制备方法除另有规定外，用作鉴别时应按《兽药红外光谱集》（2020 年版）收载的各光谱图所规定的制备方法制备。具体操作技术可参见《兽药红外光谱集》（2020 年版）的说明。用作晶型、异构体限度检查或含量测定时，试样制备和具体测定方法均按《中国兽药典》（2020 年版）各品种项下有关规定操作。

9.2.3.4 测量操作注意事项

① 环境条件，红外实验室的室温应控制在 15～30℃，相对湿度应小于 65％，适当通风换气，以避免积聚过量的二氧化碳和有机溶剂蒸气。供电电压和接地电阻应符合仪器说明书要求。

② 背景补偿或空白校正，记录供试品光谱时，双光束仪器的参比光路中应置相应的空白对照物（空白盐片、溶剂或糊剂等），单光束仪器（常见的傅里叶变换红外仪）应先进行空白背景扫描，扫描供试品后扣除背景吸收，即得供试品光谱。

③ 采用压片法时，以氯化钾最常用。若供试品为盐酸盐，可比较氯化钾压片和溴化钾压片法的光谱，若二者没有区别，则可使用溴化钾。

所使用的溴化钾或氯化钾在中红外区应无明显的干扰吸收，预先应研细，过 200 目筛，在 120℃干燥 4h 后分装并在干燥器中保存备用。若发现结块，则须重新干燥。

④ 供试品研磨应适度，通常以粒度 2～5pm 为宜。供试品过度研磨有时会导致晶格结构的破坏或晶型的转化。粒度不够细则易引起光散射能量损失，使整个光谱基线倾斜，甚至严重变形。该现象在 4000～2000cm^{-1} 高频段最为明显。压片法及糊法中最易发生这种现象。

⑤ 压片法制成的片厚在 0.5mm 以下时，常可在光谱上观察到干涉条纹，对供试品光谱产生干扰。一般将片厚调节至 0.5mm 以上即可避免。也可用金相砂纸将片稍微打毛以去除干扰。

⑥ 测定样品时的扫描速度应与波长校正时的条件一致（快速扫描将使波长滞后），制成图谱的最强吸收峰透光率应在 10％以下，图谱的质量应符合《兽药红外光谱集》（2020 年版）的要求。

⑦ 使用预先印制标尺记录纸的色散型仪器，在制图时应注意记录笔在纸上纵横坐标的位置与仪器示值是否相符，以避免因图纸对准不良而引起的误差。

⑧ 压片模具及液体吸收池等红外附件，使用完后应及时擦拭干净，必要时清洗，保存于干燥器中，以免锈蚀。

9.2.3.5 红外光谱在兽药分析中的应用

主要用于定性鉴别和物相分析。定性鉴别时，主要着眼于供试品光谱与对照光谱全谱谱形的比较，即首先是谱带的有与无，然后是各谱带的相对强弱。若供试品的光谱图与对照光谱图一致，通常可判定两化合物为同一物质（只有少数例外，如有些光学异构体或大分子同系物等）。若两光谱图不同，则可判定两化合物不同。但下此结论时，须考虑供试品是否存在多晶现象，纯度如何，以及其他外界因素的干扰。多晶现象一般可按照《兽药红外光谱集》（2020 年版）中所载重结晶处理法排除。其它影响常可通过修改制样技术而解决。各种型号的仪器性能不同，试样制备时研磨程度的差异或吸水程度不同等原因，均会影响光谱的形状。因此，进行光谱对比时，应考虑各种因素可能造成的影响。

9.2.3.6 常见的外界干扰因素

① 大气吸收：a. 二氧化碳 $2350cm^{-1}$，$667cm^{-1}$；b. 水汽 $3900\sim3300cm^{-1}$，$1800\sim1500cm^{-1}$；c. 溶剂蒸汽。

② 干涉条纹规律性的正弦形曲线叠加在光谱图上。

③ 仪器分辨率的不同和不同研磨条件的影响。

本法主要用于原料药鉴别，也可用于异构体或不同晶型的限度检查和制剂鉴别。

① 除特殊品种外，凡组分单一、化学结构式明确的有机原料药，原则上均应采用本法作鉴别。

② 对于具有同质多晶现象的原料药，应选用稳定晶型或市场主流晶型的图谱，如已规定药用晶型，则应选用有效晶型的图谱。如未规定药用晶型，而市场上又有几种晶型同时在使用，则应规定转晶条件和重结晶溶剂，使转变成稳定晶型或主流晶型后，再依法测定。

③ 可用于兽药混晶中不同晶型的限度检查，有时也可用于异构体限度的检查和控制。

④ 用于制剂鉴别时，必须规定供试品的预处理方法，以避免或减少辅料的干扰。如不能完全消除料的干扰，可在指纹区适当选择待测成分的 $3\sim5$ 个不受辅料干扰的特征谱带，规定其波数作为鉴别依据。

⑤ 除另有规定外，通常采用溴化钾压片法。如供试品为盐酸盐且制样时又易发生离子交换现象，应采用氯化钾压片法；如制样（研磨和压片）时易发生晶型变化，则应采用石蜡糊法或其他适宜制样法。

⑥ 兽药存在多晶现象，而转晶结果又不易重现的品种，可采用对照品平行转晶比对法，或溶液光谱对比法。

⑦ 阴离子具有强吸收的盐类兽药（如磷酸盐），可采用其游离碱做红外鉴别，但应明确规定供试品的预处理方法。

⑧ 多组分兽药，当各组分的相对含量不固定时，不宜采用标准光谱比对法。必要时经考核，也可采用特征谱带比较法，即选择有效成分的若干特征谱带，规定其波数作为鉴别的依据。

9.2.4 气相色谱法

9.2.4.1 技术依据及原理

气相色谱仪是以气相色谱法原理为基础而设计的仪器。填充柱式气相色谱仪是将固定液涂布于惰性载体上，装入玻璃或不锈钢材料制成的色谱柱内。毛细管柱气相色谱仪多将固定液交联或键合于空管弹性石英毛细管内壁，称作熔融石英空心毛细管柱（FSOT）。流动相用气体，称为载气。仪器由气路系统、进样系统、柱分离系统、检测系统、温度控制系统和数据采集系统组成。气相色谱法分析固态和液态样品时，是在加温状态下使样品处于气态，在载体上的固定液和载气间进行分配分离。加温系统耗电量大，为 $2\sim3kW$，故须有可供 $10\sim15A$ 的电源，仪器接地应良好。

9.2.4.2　仪器及性能要求

仪器应定期检定。

（1）气路系统

① 气源，载气有氮、氩、氢等。常用氮作载气。氮纯度最好使用 99.99% 高纯氮。但氢火焰离子化检测器填充柱亦可用 99.9% 纯氮，氮多用高压钢瓶装，按照高压容器安全操作规程操作。当气瓶气压下降到 $20kg/cm^2$（$1kg/cm^2 = 1MPa$）时，应停止使用。由于氢有分子量小、热导系数大、黏度小等特点，因此在缺乏氦的情况下，常被用作热导检测器载气，在火焰离子化检测器中它是必用的燃气。为了提高载气的线速度，缩短分析时间，用毛细管柱分析某些样品时，可采用氢作载气、氮作补气、空气助燃的办法。氢的来源目前除了氢高压钢瓶外，还可采用氢发生器，但要用超纯水，以防钯管失效。即便如此，钯管寿命仍较短，有条件的地方，以采用钢瓶氢为宜。氢易燃、易爆。使用时应特别注意安全，特别要注意气路的各连接部分的漏气检查。空气是氢火焰检测器助燃气体，可用小型无油型空气压缩机提供气源。

② 气路连接、气流指示和调节，在安装气瓶减压阀时，应先将瓶口连接处的灰尘擦干净，将瓶口向外，旋阀门开关放气数次，吹除灰尘，将减压阀用扳手拧紧，再用连接管将减压阀出口连至气相色谱仪。用表面活性剂溶液检查连接处气密性。为了保证色谱定性和定量分析的准确性，载气流量要求恒定（变化小于 1%），在气相色谱仪中一般都采用减压阀、稳压阀，或稳压阀和稳流阀串联使用，以控制气流的稳定。在使用这些阀时，输入压力应符合说明书的规定，以维持压力的稳定。

③ 气流的测量，气体的流速是以单位时间内通过色谱柱或检测器的气体体积大小来表示（mL/min），通常使用转子流量计和压力表换算法，观察直观方便，但不太准确，比较准确的方法是用皂膜流量计，它可以直接准确测出气体的流量。采用 2~3mm 内径填充柱用氮气为载气时，流速在 30~60mL/min 之间。现代仪器有电子流量检测器和电子压力控制器，可编程控制柱头压力和载气流量。

（2）进样系统　进样量的大小、进样时间的长短直接影响到柱的分离和最终定量结果。

① 微量注射器的使用　注射器取样后，针头刺入气化室进样口的密封硅橡胶垫，将液体样品推入气化室。为了达到进样重复性，在进样操作时必须注意。

a. 要用同一根或校准过的微量注射器进样。

b. 由于液体进样是用注射器刺入胶垫注入较高温度的气化室，针头内液体会因受热膨胀挤入气化室中，故每次进样操作应当一致，用同样方式和速度进样。以保证进样的准确和重现性。

c. 使用前应检查注射器针尖光滑性，使用后必须及时清洗干净。

② 进样器

a. 气化进样，气相色谱液体进样需经加热使样品气化，由载气带入色谱柱，因此要有气化室，为了避免气化的样品与金属接触产生分解，一般气化室装有玻璃或石英的插管，此种进样方法使未气化物质残留在插管内，应不时取出插管更换或清洗。

b. 柱上气化进样，为了避免样品的热分解及气化室死体积对样品的稀释与扩散，采用柱上气化进样，即色谱柱进口端一段不装填料，此段空管插入气化室，样品液直接注于填料上。此种进样法不适用于溶剂残留量测定，因其有大量不挥发供试品，结在色谱柱进口端。

c. 毛细管色谱柱进样器分为分流进样和不分流进样。分流进样气化室内插管内径较不分流进样大，并具有分流调节阀，以便调节分流比，分去大部分样品，以免柱过载。

除分流调节阀外，仪器另串联有分流截止阀于分流气路中。不分流进样则关闭此阀。常用分流进样方式是先将分流截止阀关闭，进样后等候一定时间打开分流截止阀分流。除有明确规定外，可根据预试选择最佳条件（如灵敏度、重复性、分离度等）进行。

d. 进样密封硅橡胶垫应先加热老化，除去挥发性物质再用。

（3）柱箱箱温的影响　要求控温精度在 10℃，柱箱温度波动小于 0.1℃/h；温度梯度波动应小于使用温度的 2%。温度控制分恒温和程序升温两种，前者用于简单组分分析，后者用于复杂多组分分析。

（4）检测器　气相色谱检测器有：火焰离子化检测器（FID）、热导检测器（TCD）、电子捕获检测器（ECD）、火焰光度检测器（FPD）、热离子检测器（TSD）或称氮-磷检测器（NPD）等。在药物分析中火焰离子化（FID）检测器是最常用的检测器。

① FID 检测器操作条件

a. 气体流速，FID 检测器须用 3 种不同气体：载气、氢气和空气，通常 3 种气体流速的合适比例约为 1:1:10。使用毛细管柱时要增加补气，即在毛细管出口到检测器流路中增加补气的辅助气路，其目的是增加柱出口到检测器的载气速度，以减少这段死体积的影响，使灵敏度和峰形有所改善。

b. 检测器温度，温度对 FID 检测器的灵敏度和噪声的影响不显著，为了防止有机物冷凝，一般控制在比柱箱温度高 30~50℃。此时氢在检测器中燃烧生成水，以水蒸气逸出检测器，若温度低，水凝在离子化室会造成漏电并使色谱基线不稳，故检测温度应高于 150℃。

c. 检测器清洗，FID 检测器往往由于固定液流失，样品在喷嘴燃烧后产生积碳，或使用硅烷化衍生试剂沉积二氧化硅，污染检测器，喷嘴内径变小，点火困难，检测器线性范围变窄，收集极表面沉积二氧化硅，使灵敏度下降，故最好卸下喷嘴和收集极清洗。先用通针通喷嘴，必要时用金相砂纸打磨，然后再依次用洗涤剂、水超声清洗。在 100~120℃烘干。收集极也按上述方法清洗。

② TCD 操作条件

a. 检测器温度和载气流速的波动影响稳定性，故必须稳定。检测器温度一般设定与柱温相同或高于柱温。

b. 因热导检测是基于参比池气路中流过的纯载气与样品池气路中被测组分流过时导热系数的差别而测定，故选用与被测成分蒸气导热系数相差大的气体作为载气则灵敏度高。用作有机物、水分测定时，理想的惰性载气为氦。若不需高灵敏度时，也可采用氮。氢的导热系数大，也可作分析某些品种的载气，但须注意通风。

③ ECD 操作条件

a. ECD 的电离源一直为放射源，即 α、β、γ 射线。其中 β 射线最适合作为 ECD 的电离源。$^3H_2$ 和 ^{63}Ni 是常用的放射源，但多用 ^{63}Ni，可在 450℃以下工作。有些 ECD 用氚为放射源，检测器温度不得超过 200℃。

b. ECD 对电负性成分灵敏度高，故要求载气纯度高，至少要在 99.99% 以上。检测器的温度对响应值也有较大的影响。

（5）色谱柱　色谱分析好坏主要取决于色谱柱。气相色谱分柱为填充柱和毛细管柱两大类。

① 填充柱的老化　填充好的柱应进行老化处理才能使用，老化的目的是除去填充物中残留挥发性成分，并使固定液再一次均匀牢固地分布在担体表面，久未使用的色谱柱在重新使用前亦需再做老化处理，一般处理方法是将柱装入色谱仪中使载气缓缓通过色谱柱，然后在高于正常温度 20～50℃，而不超过固定液最高使用温度的温度下加热 24h。为了避免柱污染检测器，在老化过程中不要将柱出口与检测器相接，让其放空，如有条件，可以用程序升温方法老化柱，效果更好（以每分钟 2～5℃ 的速率把温度升高到老化温度保持 12～24h）。有些硅酮类的固定液如 SE-30（二甲基聚硅氧烷），可用一种特殊的顺序增强惰性及柱效，即保持 250℃ 柱温 1h，同时通氮除去氧和溶剂，停止通氮，加热至 340℃，维持 4h，然后降温至 250℃，通氮老化直至基线稳定，如测定易分解的生物碱硫酸阿托品含量时，色谱柱必须经这样处理减少活性，否则产生色谱峰拖尾和组分分解。

② 毛细管（FSOT）柱的老化、维护与贮存　与填充柱一样，新柱需要老化，以除去残留溶剂及低分子量的聚合物。此外，老的柱也应定期老化，尤其是出现基线漂移，某些色谱峰开始拖尾时，以除去样品中的难挥发物在柱头的积累。要用高纯度的载气，以免缩短柱寿命，如聚乙二醇固定相柱最易被氧化。毛细管柱的前端数厘米处易损坏，如不挥发物的积累、进样溶剂的侵蚀及机械损伤等。可以切除这受损害的几厘米，不会影响总的柱效，切除时切口应平整。如果是横向交联或键合相柱，则可用适当的溶剂洗涤除去污染物，以使柱再生。选择何种溶剂取决于污染的性质、程度和固定相的种类。一般用戊烷来洗涤。如污染物极性较大，可用二氯甲烷或甲醇。但横向交联的聚乙二醇-20M，应避免用极性溶剂和二甲烷洗涤。洗涤 FSOT 柱，一般用 2mL 溶剂已足够。选用一装置，加压以使溶剂自出口端向入口端缓缓通过色谱柱。洗涤后，先在低温下除去溶剂，再进行老化处理。

毛细管色谱柱如不使用，应小心贮存，可用硅橡胶块将两端封闭，置于盒中。

9.2.4.3　开机操作

① 检查仪器上电器开关，均处于"关"位置。

② 选好合用的色谱柱，柱两端应堵有盲堵。

③ 取下盲堵，分清入口端及出口端，装于仪器上，拧紧固定螺母，但也勿过紧，以不漏气为度。若有换下的色谱柱，应堵上盲堵保存。

④ 开启载气钢瓶上总阀，调节减压阀至规定压力。

⑤ 用表面活性剂溶液检查柱连接处是否漏气，如有漏气应检查刃环或再略紧固螺母。

⑥ 如果仪器有恒压和恒流阀调节气流量，换柱后可不再调节，若有疑点应用皂膜流量计检查和调节流量。

⑦ 打开各部分电路开关，设定气化器、柱箱和检测器温度。开始加热。

⑧ 待各部分温度恒定后，开氢钢瓶总阀、空气压缩机总阀，同载气操作。

⑨ 按下点火按钮，应有"噗"的点火声，用玻璃片置火焰离子化检测器气体出口处检视，玻璃片上应有水雾，表示已点着火，同时记录器应有响应。

⑩ 调节仪器的放大器灵敏度等，待基线稳定度达到可以接受范围内，即可进样分析。

⑪ 分析完毕待组分均流后可断开加热电源开关，同时关氢气、空气，待检测器及柱箱降温至约 50℃ 以下，关载气。

⑫ 使用登记。如工作完毕欲取下色谱柱，取下后应将柱两端用盲堵堵上。

⑬ 如果是做溶剂残留量试验，应取出气化器内玻璃或石英插管，清洗干净再放入。

9.2.4.4　测定

① 仪器系统适用性试验应符合《中国兽药典》各品种项下的要求。

② 供试品及对照品的配制，精密称取供试品和对照品各 2 份，按各该品种项下的规定方法，准确配制供试品溶液和对照品溶液，按规定精密加入内标液或用外标法测定。

③ 预试验，初次测定该品种时，可试验确定仪器参数。根据预试验情况可适当调节柱温、载气流速、进样量等，使色谱峰的保留时间、分离度、峰面积或峰高能符合要求。如用积分仪作峰面积积分时，对于有关物质检查测定的色谱峰面积不得少于 $1000\mu V \cdot s$，对含量测定的色谱峰面积应不得少于 $10000\mu V \cdot s$。否则应调节进样量。可调节 FID 的灵敏度，但应注意信噪比是否达到。

④ 测定时每份校正因子测定溶液（或对照品溶液）及供试品溶液各进样 2 份共 4 个，校正因子及 4 个供试品数据结果平均值相对标准差（RSD）不得大于 1.5%。如超过应重新测定。

9.2.4.5　原始记录

气相色谱分析的原始记录，除按一般兽药检验记录的要求记录外，应注明仪器型号、色谱柱号、气化室温度、色谱柱箱温度、检测器温度、载气流量、放大器灵敏度及衰减、进样体积，并附色谱图及处理打印结果。

9.2.4.6　气相色谱仪色谱柱的安装和使用注意事项

① 新制品或新安装的色谱柱在使用前必须进行老化处理。色谱柱在使用一段时间后，柱内会积留一些水分或其他物质，影响柱效和基线稳定性，也应进行老化处理。

② 新购买的色谱柱在分析样品前必须进行柱性能测试，使用一段时间后，应用标准测试柱测试性能的变化。每次测试结果都应记录存档。

③ 安装、拆卸色谱柱非常重要且技术要求高，必须根据气相色谱仪仪器的说明书要求，在断电、常温下进行，并注意清洁。

④ 色谱柱暂时不用时，应从仪器上卸下，在柱两端套上不锈钢螺帽，再放入柱包装盒中，以免柱头污染。

⑤ 每次关机前，应将柱温降到 50℃ 以下，然后再关电源和载气，否则空气易进入柱管而造成固定液的氧化。注意设定仪器的过温保护温度，确保柱温不能超过色谱柱的最高使用温度，以延长色谱柱的使用寿命。

⑥ 毛细管柱的寿命主要取决于使用情况。如果在其使用温度范围内，样品干净，色谱柱不被污染，柱的寿命一般为 2~3 年。如果使用一段时间后，发现柱效和分辨率降低，则往往是柱被污染了。首先可以通过老化方法将污染物冲洗出来，一般需要较长时间。如果污染严重，或通过老化仍不能使柱性能恢复，那就必须采用溶剂清洗，通常是将 5 倍柱容积的溶剂通过色谱柱。必须指出：只有交联柱才能清洗，对于非交联柱，清洗柱会彻底失效，因为固定液被洗掉了。

气相色谱法可用于鉴别挥发性有机杂质和残留溶剂检查及含量测定等。

（1）色谱条件　根据待测物质的沸点与极性等性质，选择不同的色谱条件，实现定性与定量分析的目的。气相色谱通常可分为填充柱色谱与毛细管柱色谱，色谱条件主要包括：填料或固定相的种类、载气、进样方式、温度、检测器的种类与参数等。

① 填料，填充柱色谱的填料可分为吸附剂类、高分子多孔小球和涂布固定液的硅藻

土担体。其中，吸附剂类主要用于气体分析；二乙烯苯-乙基乙烯苯交联共聚时与不同极性官能团形成不同极性的高分子多孔小球，可用于有机溶剂残留量检查及多元醇、脂肪酸、腈类与胺类等药物的测定；不同浓度与极性的固定液涂布于经酸洗或硅烷化的白色担体，常用作不同性质药物分析时的填料。

② 固定相，毛细管柱色谱的固定相按极性分类，常用的非极性固定相为100％二甲基聚硅氧烷等，极性固定相有5％苯基-95％二甲基聚硅氧烷等，中等极性固定相有6％氰丙基苯基-94％二甲基聚硅氧烷等，极性固定相有聚乙二醇（PEG-20M）。用于药物分析时，通常按照"相似相溶"的原理，根据组分的极性选择适当极性的固定相。

（2）载气　常用的载气有氮气与氢气，可根据供试品的性质和检测器的种类选择，除另有规定外，常用载气为氮气。建立系统时，应注意调节载气的流速，使柱效达到最佳。

（3）进样方式　一般可采用溶液直接进样或顶空进样。溶液直接进样，采用微量注射器、微量进样阀或有分流装置的气化室进样，体积一般为数微升；采用毛细管柱时，一般应采用分流进样方式。顶空进样适用于固体和液体供试品中挥发性组分的分离和测定，尤其适用于残留溶剂测定。

（4）温度　温度是气相色谱分析的重要操作参数，它直接影响到色谱柱的选择、分离效能以及检测器的灵敏度与稳定性，建立色谱系统时，应控制进样口温度、柱温和检测器温度。

① 进样口温度，设定的温度应能使样品瞬间气化而不分解，一般比柱温高10～15℃即可。

② 柱温，设定柱温的原则是在保证组分充分分离的前提下，尽量缩短分析时间。对于沸点范围较宽的混合物，可采用程序升温法，使沸点不同的组分在各自最佳柱温下流出，从而改善分离效果，缩短分析时间。

③ 检测器温度，对于恒温操作，一般选择与柱温相同或略高于柱温；对于程序升温操作，一般选择程序设定的最高温度。除火焰离子化检测器外，大多检测器都对温度的变化敏感，因此必须紧密控制温度。

（5）检测器　火焰离子化检测器（FID）最为常用。测定含有电负性物质的组分时，可采用电子捕获检测器（ECD），测定含硫、磷化合物时，火焰光度检测器（FPD）选择性较高。亦可根据测定需要选择热导检测器（TCD）、氮-磷检测器（NPD）、质谱检测器（MSD）等。

（6）系统适用性试验　同"高效液相色谱法"的规定。

（7）定量方法　一般采用内标法。当采用自动进样器时，在保证进样重复性良好的前提下，可采用外标法。当采用顶空进样技术时，可采用标准溶液加入法以消除基质效应的影响，当标准溶液加入法与其他定量方法结果不一致时，应以标准溶液加入法结果为准。

（8）应用

① 用于鉴别，主要以与对照品的保留时间是否一致作为鉴别依据。

② 用于检查，主要检查原料药和制剂中的挥发性杂质、可能残留的有机溶剂及制剂中的甲醇量或乙醇量。

③ 用于含量测定，主要用于具有一定挥发性的原料药及其制剂，亦可采用简单易行的柱前衍生化法测定不挥发药物的含量。

9.3

建立新兽药的质量标准

兽药质量标准的制定是兽药研究开发的主要内容之一。在兽药的研发过程中需对其质量进行系统、科学的研究，制定出合理可行的质量标准，以控制兽药的质量，保证其在有效期内安全有效。有效性是药物发挥治疗效果的前提，安全性是保证药物在发挥其对机体作用的同时，没有或少有不良的副作用，安全性和有效性是相辅相成、相互制约的两个方面，它们受到药物纯度、制剂的生物利用度或生物等效性的影响。

兽药标准是控制产品质量的有效措施之一，只有将质量标准的终点控制和生产的过程控制结合起来，才能全面地控制产品的质量。质量标准的建立和修订是在质量控制方法研究的基础上，充分考虑兽药安全有效的要求，以及生产、流通和使用环节的影响，确定控制兽药质量的项目、方法和限度。

兽药质量标准的建立主要包括：确定质量研究的内容、进行方法学研究、确定质量标准的项目及限度、质量标准制定、质量标准的修订。应充分考虑所研制兽药的特性（原料药或制剂）、采用的制备工艺，结合稳定性研究的结果，使质量研究的内容能充分地反映兽药的特性和质量变化的情况，并根据研究内容确定质量标准的项目方法和限度，达到控制产品质量的目的。随着兽药研发的进程、产品质量数据的积累以及生产工艺的放大和成熟，不断地改进或优化方法，使质量标准更科学、成熟、稳定，结果更准确、可靠。

质量标准建立一般原则如下。

（1）要确保兽药的安全性和有效性　质量标准是衡量兽药质量而做出的具体规定，要充分体现新兽药的特点，抓住影响质量的几个主环节，作出明确的规定。首先要保证纯度，通过制定外观性状、理化常数、杂质检查和含量等有关规定来保证兽药的质量。杂质检查是控制药物质量的一个重要方面，要有针对性地制订检查项目，探明其对人体危害的程度，并规定其允许限量，危害健康的要严加控制，原则上内服药要求严些，注射用药和麻醉用药更严。有效成分的含量是反映药物纯度的重要标志，应明确规定其含量限度。对制剂的内在质量要有明确的要求，如固体制剂应根据不同情况规定含量均匀度、溶出度，甚至生物利用度等。注射剂要严格检查澄明度、无菌、热原等，以保证用药安全有效。质量标准中还应对影响该药稳定性的因素采取一些措施，如在包装、贮存条件上做出规定，保证产品质量。

（2）要结合实验研究和中试生产的实际　质量标准是在系统评价基础上的高度概括，是根据实验研究、临床试验和中试生产的结果制定的。因此，从评价开始，就要有目的、有计划地收集和积累有关兽药质量问题的资料，及时发现问题并及时解决，为制定新兽药质量标准提供依据。

兽药的质量与生产工艺有密切的关系。中试生产所用的原材料、溶剂等的质量以及最终产品的纯化往往与实验研究不尽相同，有可能产品达不到实验研究的规格和纯度。制定新兽药质量标准时，要全面考虑、宽严适度，保证合理性和可行性。应在保证兽药安全性、有效性的前提下，根据实验研究资料，结合中试生产的实际情况，制定出既确保兽药质量，又能符合生产实际，并能促进生产的新药质量标准。

（3）把检测手段的先进性和可行性结合起来　随着现代分析技术的发展，兽药检测手段也已由经典方法向仪器化、自动化方向推进，从凭感观到尽量用参数。现代分析技术有快速、灵敏、专一的特点，但需要特殊的仪器设备，有些在我国国情条件下，尚难以普及推广。经典方法如容量法、分光光度法等，简便易行、准确度高，不受设备条件的限制，在当前的检测工作中，仍占有一定的地位。选择检测方法，既要积极采用现代分析技术，又要结合实际工作情况，把先进性和可行性结合起来。当然，随着仪器设备的逐步普及，现代分析技术在兽药检测工作中的应用将会与日俱增。《美国药典》新版各项分析方法的应用中，色谱法和光谱法处于最重要的地位，尤其是高效液相色谱法（HPLC），在所有的含量测定方法中应用频率最高。所收载的应用气相色谱法（GC）中，除常规的 GC 法外，还有衍生 GC 法、裂解 GC 法和顶空毛细管 GC 法。核磁共振法也已作为法定检测手段。《美国药典》（2022 年版）还首次在附录中收载了质谱法（MS）和扫描电子显微镜法（SEM）。《中国药典》（2020 年版）和《中国兽药典》（2020 年版）中将高效液相色谱法、原子吸收分光光度法和荧光分析法等列为法定检测手段。

（4）要符合《中国兽药典》或其他国家兽药标准规定 《兽药管理条例》规定，兽药应符合国家兽药标准，国家兽药标准包括《中国兽药典》和国务院兽医行政管理部门发布的其他兽药质量标准。制定新兽药质量标准，应按《中国兽药典》的格式及使用的术语进行书写，力求规范化，应符合兽药典各制剂的项下规定及相关指导原则。在制定标准时，可以参考相关标准。

① 仿制药主要参考原研制剂的质量标准，尽可能与原研标准保持一致或者比原研标准更严格。

② 无标准的新兽药，一般根据制剂通则来建立检查项，根据质量研究、稳定性研究和包材相容性研究结果综合确定质量标准，结合同类产品质量标准，最终确定标准中各项指标。

③ 参照《英国药典》《欧洲药典》《美国药典》《中国药典》标准，进行分析方法对比研究、验证，选择操作简单、准确度高、成本低的方法。

9.3.1 原料药物质量标准的建立

原料药的质量研究应在确证化学结构或组分的基础上进行。原料药的一般研究项目主要包括性状、鉴别、检查和含量（效价）测定等几个方面。

9.3.1.1 研制兽药的特性及生产工艺

阐述目标化合物结构特征、理化性质、化学结构确证等；应有简明的工艺流程图，或用化学反应式表明合成的路线；说明成品的精制方法及可能引入的杂质（如杂质的结构确定，应列出杂质结构式）和残留溶剂；工艺的优化；中试放大研究、工业化生产等研究情况。

9.3.1.2 标准项目编制说明

按标准的项目顺序依次说明。其他技术要求参见《中国兽药典》（指 2020 年版，下同）附录兽药质量标准分析方法验证指导原则。

（1）名称 有中文名、汉语拼音、英文名。中文名参照《关于加强兽药名称管理的通知》进行命名，英文名采用世界卫生组织（Word Health Organization，WHO）推荐的国际非专利药名（INN）（参见《中国药品通用名称》）。

（2）**结构式**　采用世界卫生组织（WHO）推荐的"兽药化学结构式书写指南"书写。同时可参考《欧洲药典》《英国药典》《美国药典》《默克索引》中同品种的结构式。

（3）**分子量**　采用国际纯粹与应用化学联合会（International Union of Pure and Applied Chemistry，IUPAC）最新发布的"原子量表"进行计算，数值保留到小数点后两位。

（4）**化学名**　应根据中国化学会编撰的《有机化学命名原则》命名，母体的选定与IUPAC的命名系统一致，同时参考《欧洲药典》、《英国药典》，《美国药典》或《默克索引》中同品种的化学中译名。

（5）**含量限度的确定**　说明含量限度的确定依据，并列出国内外药典（或资料）同品种的含量限度，做出结论。含量限度一般应规定有上、下限，其数值一般应准确至0.1%，当含量的上限规定不超过101.0%时，可不写上限。

（6）**性状**

① 外观、色泽、臭、味、结晶性、引湿性等，是对兽药的色泽和外表感观的规定。在阳光下（避免直射）实际观察至少3批次产品，给出产品的色泽；如为结晶性粉末，必要时应采用显微镜观察，确定是否为结晶性粉末；臭是指兽药本身所固有的，不包括因混有杂质带入的异臭。具有特有味觉的兽药必须加以描述，剧毒药、麻醉品不描述味觉。凡有引湿、风化、遇光变质等与贮藏条件有关的性质，经试验验证后也应记述。

② 溶解度是兽药的一种物理性质。通常考察药物在水及常用溶剂中的溶解度，溶剂的品种尽量选用与该药物溶解特性密切相关的，配制制剂、制备溶液或精制等常用溶剂，按《中国兽药典》（2020年版）规定进行，在说明中注明供试品用量及溶剂用量，根据测定结果，给出结论。

（7）**物理常数**　物理常数是检定药物质量的重要指标，应根据药物的特性选择相关的物理常数，依次将相对密度、馏程、熔点、凝点、比旋度、折光率、黏度、酸值、皂化值、羟值、碘值、吸收系数排列于"性状"项的溶解度之下。

① **相对密度**　（液体原料）相对密度可反映物质的纯度。纯物质的相对密度在特定条件下为不变的常数。按《中国兽药典》一部"相对密度测定法"操作。注明试验采用的仪器（比重瓶或韦氏比重秤），并按式(9-8)计算供试品相对密度：

$$供试品的相对密度 = \frac{供试品质量}{水质量} \tag{9-8}$$

② **熔点**　熔点是已知结构化学原料药的一个重要的物理常数。熔点数据是鉴别和检查该原料药的纯度指标之一。《中国兽药典》一部"熔点测定法"有三种方法，其中最常用的是第一法，由于第一法中采用的是传温液，熔点宜在200℃以下，熔点在200℃以上的，可视需要而订。测定时应观察固体原料药受热后熔融、分解、软化等情况，记录初熔温度、终熔温度，熔融期间物质分解或另有要求的也应说明。熔点限度范围要包括药物的初熔温度和终熔温度，一般为2~4℃。

③ **旋光度或比旋度**　是反映手性化合物特性及其纯度的指标之一，测定比旋度（或旋光度）可以区别或检查某些药物的纯杂程度。按《中国药典》一部"旋光度测定法"测

定，注明旋光计名称、型号、读数精度（用读数至 0.01°并经检定的旋光计）、测定温度（除另有规定外，应为 20℃）、测定管长（规定使用 1dm 长度测定管，如使用其他管长，应进行换算）、固体供试品精密称定的质量或液体供试品的相对密度、溶剂名称、供试品溶液详细制备方法、供试品溶液最终浓度（g/100mL）。并按式（9-9）、式（9-10）计算供试品比旋度。

液体供试品比旋度：

$$[\alpha]_D^t = \frac{\text{测得的旋光度}}{\text{测定管长度}\times\text{被测液体的相对密度}} \tag{9-9}$$

固体供试品比旋度：

$$[\alpha]_D^t = \frac{100\times\text{测得的旋光度}}{\text{测定管长度}\times\text{每 100mL 溶液中含有被测物质的质量（干燥品或无水物，g）}} \tag{9-10}$$

列出实际数据计算结果。

④ 吸收系数（百分吸收系数：用 $E_{1cm}^{1\%}$ 表示）或吸光度　药物对紫外-可见光的选择性吸收及其在最大吸收波长处的吸收系数。一般制剂的含量均匀度、溶出度检查及含量测定采用以 $E_{1cm}^{1\%}$ 值计算的分光光度法，而其原料的含量测定因精密度的要求而改用其他方法的品种，均应在原料药的性状项下增订"吸收系数"使原料的质量标准与其制剂相适应。按《中国兽药典》一部"紫外-可见分光光度法"进行测定，应注明仪器名称、型号、吸收池厚度、仪器狭缝宽度；供试品精密称定的质量、溶剂名称、供试品溶液详细制备方法、供试品溶液的浓度（mg/mL）及相当于 100mL 中含有的质量（g/100mL）；测定温度、最大吸收波长测定数据、最大吸收波长确定结论、测得的吸光度（测得的吸光度在 0.3～0.7 之间为宜）；按式（9-11）计算百分吸收系数（吸收系数应大于 100 为宜）。

计算公式：

$$E_{1cm}^{1\%} = \frac{\text{吸光度}\times 1\%}{\text{供试品溶液浓度}\%} \tag{9-11}$$

⑤ 酸值、皂化值、羟值、碘值　是脂肪、脂肪油和其他类似物质（如卵磷脂、聚山梨醇酯）特有的物理常数，可用于检查此类药物的纯杂程度。可按《中国兽药典》附录方法测定。

（8）鉴别　鉴别试验是指用理化方法或生物学方法来反映已知药物的某些物理、化学或生物等性质的特征，不是对未知物进行定性分析，因此原料药的鉴别试验只要求使用专属性强、灵敏度高、重复性好、操作简便的方法，常用的方法有化学反应法、色谱法和光谱法。质量标准中鉴别试验一般选用 2～4 项即可，原料药尽量采用红外鉴别。

① 测定生成物熔点　该方法较为繁琐，宜少用，一旦采用时，要具体叙述取用量、试剂用量和操作方法。

② 特征反应（产生的颜色、沉淀等）　应选择反应明显、专属性较强的方法，尽可能地说明其反应原理，如选择的某官能团专属的化学反应等，并列出化学反应式。制订方法时，应进行空白试验，以免出现假阳性反应，并与同类药物进行比对。

③ 色谱及光谱法

a. 薄层色谱法：按《中国兽药典》一部附录"薄层色谱法"检查。注明试验所用薄层板的固定相、市售薄层板生产商或自制薄层板的详细制备方法（含黏合剂的制备方法、使用量)、点样器、展开容器、展开剂的详细配制方法、显色剂的详细配制方法、显色装置、检视装置（可见光、短波紫外线 254nm 或长波紫外线 365nm）、供试品溶液与对照品溶液的详细制备方法、供试品溶液与对照品溶液的浓度（mg/mL 或 μg/mL）、点样基线距薄层板底边距离、展开距离、显色或检视方法。按式(9-12)计算供试品溶液与对品溶液的比移值（R_f）：

$$R_f = \frac{\text{从基线至展开斑点中心的距离}}{\text{从基线至展开剂前沿的距离}} \qquad (9-12)$$

b. 高效液相色谱法：系采用对照品、标准品或经确证的已知药物，在相同条件下进行色谱分离并进行比较。一般规定在相同条件下，供试品溶液主峰的保留时间应与对照品溶液相应主峰的保留时间一致。按《中国兽药典》一部附录"高效液相色谱法"操作。原料药的高效液相色谱法的鉴别，通常是在检查或含量测定项下采用高效液相色谱法时附带引用。

c. 气相色谱法：系采用对照品、标准品或经确证的已知药物，在相同条件下进行色谱分离并进行比较，必须要求能保证与其余同类药物有良好分离。一般规定在相同条件下，供试品溶液主峰的保留时间应与对照品溶液相应主峰的保留时间一致。按《中国兽药典》一部附录"气相色谱法"操作。

d. 紫外-可见吸收光谱特征：在有机药物分子结构中，如含共轭体系、芳香环等结构，均可在紫外和可见光区产生吸收，规定在指定溶剂中的最大吸收波长，可作为鉴别的依据，方法简便快速但其专属性远不如红外吸收光谱，通常采用在指定溶剂中测定 2～3 个特定波长（排列顺序从小到大）处的吸光度比值（峰值与峰值比或峰值与峰谷比），以提高专属性。测定方法可按《中国兽药典》一部附录"紫外-可见分光光度法"进行操作。

e. 红外吸收光谱特征：红外吸收光谱是鉴别物质和分析物质化学结构的有效手段，是组分单一、结构明确的原料药鉴别试验的重要方法。对于药物存在多晶现象，而转晶结果又不易重现的品种，可采用与对照品平行转晶比对法。对于具有同质异晶现象的药物，应选用有效晶型的图谱，或分别比较；晶型不一致，需要转晶的，应规定转晶条件，给出处理方法和重结晶所采用的溶剂。测定按《中国兽药典》一部附录"红外分光光度法"操作，供试品红外光谱图应与对照的图谱一致，对照的图谱系指《兽药红外光谱集》（2020年版）所收载的图谱。试验应注明仪器名称（光栅型或傅里叶型）、型号、供试品干燥方法与温度、试样制备方法（压片法、韧法、膜法、溶液法、衰减全反射法）。如《兽药红外光谱集》（2020年版）未收载供试品的对照图谱，可采用对照品同时测定，除应提供上述信息外，还应注明对照品的纯度、来源，并提供对照品的光谱图。

（9）**检查**　检查项目通常应考虑安全性、有效性和纯度三个方面的内容。药物按既定的工艺生产和正常贮藏过程中可能产生需要控制的杂质，包括工艺杂质、降解产物、异构体和残留溶剂等。

① 酸碱度　纯净的原料药，在加水溶解或制成混悬液后，其水溶液的 pH 值较为恒定；如 pH 测定值有较大的偏离时，即显示其受到酸、碱物质的污染，或有水解现象产生。原料药酸碱度检查方法有以下三种。

a. pH 值测定法：常用于制备注射剂的原料药。按《中国兽药典》一部附录"pH 值测定法"操作，溶解供试品的水为新沸过并放冷至室温的纯化水，其 pH 值应为 5.5～7.0。供试品的溶液浓度应适宜，限度应设置科学合理，使原料药的质量能符合其制剂的要求。

b. 酸碱滴定法：以消耗酸、碱滴定液的体积（mL）作为限度指标。由于所用溶剂自身的酸碱度也将部分影响滴定液用量，因此所用水为新沸过并放冷至室温的纯化水，其pH值应为5.5～7.0，所用溶剂也应是"中性"。对于微溶或不溶于水的原料药，除采用中性有机溶剂外，也可规定加水并经处理后制备供试品溶液的方法。

c. 采用指示剂与试纸方法：方法简便，限度较宽。

② 溶液的澄清度　利用物质在特定溶剂中的溶解性能，及其溶液对可见光的吸收情况，可作为药物的纯度检查之一，以控制微量不溶性杂质和呈色物质。以水或其他溶剂为溶剂，将原料药制成一定浓度后，按《中国兽药典》一部附录"澄清度检查法"检查。

③ 溶液的颜色　检查以水或其他溶剂制成供试品溶液或液体供试品的颜色，并与标准比色液比较；当供试品溶液的色调与标准比色液不一致时，应详细列出对照液配制方法；或在可见光波长范围内测定吸光度或采用仪器测色的方法，均称"溶液的颜色"或"颜色"。测定按《中国兽药典》一部附录"溶液颜色检查法"，药典收载三种方法，应指定采用的是第几法。

④ 有关物质

a. 一般杂质：包括氯化物、硫酸盐、硫化物、重金属、砷盐、炽灼残渣等。重金属，可采用专属性较强的原子吸收分光光度法或具有一定专属性的经典比色法等；硫酸根离子、氯离子、硫离子等多来源于生产中所用的干燥剂、催化剂或pH调节剂等，一般采用兽药典中的经典方法进行检测，参考《中国兽药典》一部附录"氯化物检查法""硫酸盐检查法""硫化物检查法""重金属检查法""砷盐检查法"。

氯化物检查灵敏度，以Cl量计算，不能少于0.01～0.02mg/50mL，最宜检出浓度为0.02～0.08mg/50mL（即相当于标准氯化钠溶液2～8mL），所显混浊梯度明显，因此，应考虑供试品取用量。

硫酸盐检查灵敏度：以SO_4^{2-}量计，为0.05～0.1mg/50mL，最宜检出浓度为0.2～0.5mg/50mL，（即相当于标准硫酸钾溶液2～5mL），所显混浊梯度明显，因此，应考虑供试品取用量。

b. 有关物质：是在生产过程中带入的起始原料、中间体、聚合体、副反应产物，以及贮藏过程中（如降解产物）可能引入的杂质等，其含量是反映药物纯度的直接指标。既要从药物安全性也要从生产实际情况考虑，能允许含一定量无害或者低毒的共存物，但对有毒杂质应严格控制。有关物质检测方法主要采用的有高效液相色谱法、薄层色谱法、气相色谱法和毛细管电泳法。

ⅰ. 薄层色谱法：在有机杂质与有关物质检查中，薄层色谱法是常用方法之一。按《中国兽药典》一部附录"薄层色谱法"检查。用于已知杂质检查时，可用一种或一种以上的一定量已知杂质对照品同时展开，检视，并比较；用于未知杂质检查时，可用供试品溶液或主成分对照品溶液自身稀释对照法；如同时含有已知和未知杂质，则可杂质对照品与自身稀释对照法并用。

ⅱ. 高效液相色谱法：可用于有机杂质、异构体、有关物质或抗生素组分的检查。通常有以下几种方法：杂质对照品法；加校正因子的自身对照法；不加校正因子的自身对照法。因杂质各组分结构不同，在相同的检测波长下相应因子可能存在差异，因此不宜采用峰面积归一化法，可采用自身对照法；对于已知杂质的检查，宜采用杂质对照品外标法。按《中国兽药典》一部附录"高效液相色谱法"检查。

紫外-可见分光检测器，应注明仪器型号、色谱柱的填充剂、色谱柱的内径及长度、填料粒径、型号、品牌、流动相的详细配制方法（必要时给出流速、柱温等信息）；检测器名称与型号、测定波长确定依据与结论；理论板数、灵敏度和分离度列式计算结果（如仪器自动计算给出，应附原始图谱打印数据）；精密称取供试品与对照品的量、供试品溶液、对照品溶液或对照溶液与灵敏度溶液的详细配制方法、供试品溶液的浓度（mg/mL）、对照品溶液或对照溶液的浓度（mg/mL 或与 μg/mL）和灵敏度溶液的浓度（mg/mL 或 μg/mL）。杂质理论限量的列式计算见式(9-13)。

$$杂质理论限量 = \frac{对照（品）溶液浓度}{供试品溶液浓度} \times 100\% \qquad (9\text{-}13)$$

蒸发光散射检测器，应注明仪器型号、色谱柱的填充剂、色谱柱的内径及长度、填料粒径、型号、品牌、流动相的详细配制方法（必要时给出流速、柱温等信息）；检测器名称与型号、测定波长确定依据与结论；理论板数和分离度列式计算结果（如仪器自动计算给出，应附原始图谱打印数据）；精密称取供试品与对照品的量、供试品溶液与对照品溶液或对照溶液的详细配制方法、供试品溶液的浓度（mg/mL）、对照品溶液或对照溶液的浓度（mg/mL 或 μg/mL）。

提供对照品溶液或对照溶液的最低检出限及相应色谱图（对于多组分或有多种已知杂质的品种应标明各组分名称及出峰时间），重复性试验结果；供试品溶液与对照品溶液或对照溶液的进样量、原始色谱图和各自的峰面积，根据峰面积列式计算杂质的限量。

ⅲ．气相色谱法：主要用于挥发性有机杂质和残留溶剂的检查。按《中国兽药典》一部附录"气相色谱法"检查，如果恒温条件下分离效果不好，可采取程序升温的方法。应注明仪器型号、色谱柱的载体（填充柱）或固定液名称与涂布浓度（毛细管柱）、色谱柱的内径、长度、载气源、载气流速、柱温、进样口温度、检测器及其温度、理论板数和分离度等，如顶空进样应给出相关信息。精密称取供试品与对照品的量，供试品溶液、对照品溶液或对照溶液的详细配制方法、供试品溶液的浓度（mg/mL）、对照品溶液或对照溶液的浓度（mg/mL 或 μg/mL）。杂质理论限量的列式计算见式(9-14)。

$$杂质理论限量 = \frac{对照（品）溶液浓度}{供试品溶液浓度} \times 100\% \qquad (9\text{-}14)$$

给出对照品溶液或对照溶液的最低检出限及相应色谱图、重复性试验结果，给出供试品溶液与对照品溶液或对照溶液的原始色谱图与各自的峰面积，根据峰面积列式计算杂质的限量。

⑤ 残留溶剂　由于某些有机溶剂具有致癌、致突变、有害健康以及危害环境等特性，而且残留溶剂亦在一定程度上反映精制等后处理工艺的可行性。在合成时，不建议使用第一类溶剂（人体致癌物、疑为人体致癌物或环境危害物的有机溶剂）；限制使用第二类溶剂（有非遗传毒性致癌、动物实验），或可能导致其他不可逆毒性（如神经毒性或致畸性），或可能具有其他严重的但可逆毒性的有机溶剂，如果使用第二类溶剂应进行残留量的研究；对使用第三类溶剂（GMP 或其他质量要求限制使用，对人体和动物低毒的溶剂）的，可仅对用于最终产品精制环节的溶剂进行残留量的研究；对于使用第四类溶剂（目前尚无足够的毒理学资料的溶剂），应根据生产工艺和溶剂的特点，决定是否进行残留量的研究。

检测按《中国兽药典》一部附录"残留溶剂测定法"。试验应列出仪器型号、色谱柱的载体（填充柱）或固定液名称与涂布浓度（毛细管柱）、色谱柱的内径、长度、载气源、进样方式、载气流速、柱温等信息；如为顶空进样，应给出顶空进样的一般信息。列出检测器名称与型号、理论板数和分离度列式计算结果（如仪器自动计算给出，应附原始图谱打印数据）、分析天平型号、精密称取供试品与对照品的量、供试品溶液与对照品溶液的详细配制方法、供试品溶液的浓度（mg/mL）、对照品溶液的浓度（mg/mL 或 μg/mL），采用内标法的还应给出内标物质名称、取用量、内标溶液制备方法、校正因子测定用对照溶液的制备方法，列式计算校正因子。按式（9-15）计算残留溶剂理论限量。

$$残留溶剂理论限量=\frac{对照（品）溶液浓度}{供试品溶液浓度}\times100\%$$ (9-15)

提供对照品溶液或对照溶液的色谱图、重复性试验结果，给出供试品溶液与对照品溶液或对照溶液的原始色谱图与各自的峰面积，根据峰面积列式计算残留溶剂的限量。提供至少 3 批次供试品（每批次测定 3 次，取其平均值）的数据。根据测定结果，得出结论。

⑥ 干燥失重 按《中国兽药典》一部附录"干燥失重测定法"，在规定的条件下，测定药物所含能被去除的挥发性物质，既包含水，也包括其他挥发性物质。原料药一般规定按干燥品或无水物计算，在质量标准中均会规定干燥失重或水分检测项目。而且具有吸湿性或含有结晶水的药物，会因含水量过高影响其稳定性。

⑦ 水分 按《中国兽药典》一部附录"水分测定法"，一般情况下多采用第一法（费休氏法）A（容量滴定法）测得药物中的吸附水和结晶水的总和，不包括其他挥发性物质。试验应注明采用的方法：费休氏试液的制备方法（碘的取用量、溶剂的加入量等）、费休氏试液的标定数据。其限度应根据药物的物理性质和实测数据，并结合对稳定性的影响制订。限度小于 2% 的，可仅固定一个高限；但当供试品含有结晶水，并因风化失水将影响用药的剂量，应制订高低限度的范围。

⑧ 炽灼残渣 系指硫酸化灰分，以转化成硫酸盐的质量计算，用以考察有机药物中混入的各种无机杂质，一般规定的限量为 0.1%；用炽灼残渣来控制各种无机杂质是一种简便方法，属于纯度检查。按《中国兽药典》一部附录"炽灼残渣检查法"检查。记录供试品的取用量、炽灼温度；第一次炽灼时间（h）、第二次炽灼时间（h）、第一次炽灼后与第二次炽灼前在玻璃干燥器中放置的时间（h）；分析天平型号（经计量检定）、编号与感量；空坩埚第一次炽灼后质量、第二次（或多次）炽灼后恒重的质量、恒重的空坩埚＋供试品重、供试品重、空坩埚＋供试品第一次炽灼后质量、空坩埚＋供试品第二次（或多次）炽灼后恒重的质量。恒重后列式计算供试品残渣含量：

$$供试品残渣含量=\frac{（空坩埚＋供试品恒重）-（恒重空坩埚）}{供试品质量}$$ (9-16)

提示：如供试品中含有碱金属或氟元素，应使用铂坩埚。

⑨ 细菌内毒素 来自植物、动物的脏器或微生物发酵提取物，供直接分装注射用制剂的原料药、易污染内毒素或要求控制内毒素的原料应建立该项检查。按《中国兽药典》一部附录"细菌内毒素检查法"检查，试验注明试剂来源（灵敏度）、试剂灵敏度复核试验结果、细菌内毒素工作标准品来源及效价（EU）、经计算后的细菌内毒素工作标准品溶液配制方法与溶液浓度（EU/mL）、细菌内毒素检查用水来源、供试品精密称取质量、供试品溶液的配制方法和浓度（mg/mL）、阳性对照溶液的制备、供试品阳性对照溶液的制备、鲎试剂制备。

⑩ 无菌 直接无菌分装的无菌制剂的原料药及要求无菌的原料药其标准应设定无菌检查项。按《中国兽药典》一部附录"无菌检查法"检查。试验应注明对照用菌液的名称与制备方法、培养基名称与配制方法、培养基灵敏度的测试、检测环境的相关信息、供试品取量、无菌检查法（第一法或第二法）中供试品溶液的前处理方法、培养时间、培养温度。

⑪ 热原 来自植物、动物的脏器或微生物发酵提取物，供直接分装注射用制剂的原料药、易污染热原或要求控制热原的原料应建立该项检查。按《中国兽药典》一部附录"热原检查法"检查。试验应注明供试品精密称取质量、供试品溶液的配制方法和浓度（mg/mL）；实验家兔的来源、体重、品系、测温计名称与精度（热源测温仪或肛门体温计）；试验前家兔体温、试验用家兔的数量；注射给药量（mL）、注射前体温、注射后体温。

⑫ 铁盐、重金属、砷盐等 按《中国兽药典》一部附录"铁盐检查法""重金属检查法""砷盐检查法"检查。试验应注明采用的方法、供试品溶液与相应的标准溶液详细配制方法、供试品溶液的浓度（mg/mL 或 μg/mL）、标准溶液的浓度（mg/mL 或 μg/mL）、供试品溶液的取用量（mg/mL 或 μg/mL）、标准溶液的取用量（mg/mL 或 μg/mL）。列式计算理论限量：

$$理论限量 = \frac{标准溶液取用量}{供试品溶液取用量} \times 100\% \tag{9-17}$$

尽可能提供检查反应原理及化学反应式，提供至少 3 批次供试品溶液（每批次测定 3 次）的观察结果。根据观察结果，得出结论。

提示：以 Fe^{3+} 计，铁盐检查法的灵敏度为 0.001mg/50mL，最宜检出浓度为 0.02～0.05mg/50mL（即相当于标准铁溶液 2～5mL），所显颜色梯度明显，因此，应考虑供试品取用量。以 Pb 计，重金属检查法的灵敏度为 0.003mg/35mL，最宜检出浓度为 0.01～0.02mg/35mL，（即相当于标准铅溶液 1～2mL），所显颜色梯度明显，因此，应考虑供试品取用量。

砷盐检查法的灵敏度：为 2μg As（即相当于标准砷溶液 2mL）所产生的砷斑色度最灵敏，因此，在实验中固定量取 2mL 标准砷溶液制备标准砷斑，所以应按规定的砷盐限量，改变供试品的取用量。

⑬ 含量测定 药物的含量或效价是评定其质量的主要指标之一，对于含量测定方法的选择，除应要求方法的准确与简便外，测定结果还要有良好的重现性。

a. 容量法：容量分析具有精密度好和操作简便快速的特点，是化学原料药含量测定的首选方法。根据药物分子结构及其化学性质，常用的有酸碱滴定法、非水滴定法、氧化还原法、沉淀滴定法、络合滴定法等等。试验应注明分析天平型号、供试品精密称取量、滴定液名称、滴定液配制日期、滴定液标定日期、滴定液标定温度与使用时温度、滴定液标示浓度（mol/L）、滴定液标定后的 F 值、指示液名称与加入量、供试品滴定消耗滴定液体积（mL）、空白溶液滴定消耗滴定液体积（mL）。尽可能提供测定反应原理及化学反应式，列式计算，含量计算公式见式(9-18)、式(9-19)。

直接滴定法： $$含量 = \frac{VFT}{W} \times 100\% \tag{9-18}$$

式中，V 为滴定所消耗滴定液的体积，mL；T 为滴定度，即每 mL 滴定液相当于被测药物的质量，mg；F 为滴定液浓度矫正因子，即滴定液的实际浓度与规定的滴定液浓度的比值；W 为供试品的称样量，mg。

剩余滴定法：
$$含量 = \frac{(V-V_0)FT}{W} \times 100\%$$
(9-19)

式中，V 为滴定所消耗滴定液的体积，mL；V_0 为空白试验消耗标准溶液的体积，mL；T 为滴定度，mg；F 为滴定液浓度矫正因子；W 为供试品的称样量，mg。

容量分析中，要注意：

ⅰ. 供试品的取用量应满足滴定精度的要求（消耗滴定液约 20mL，非水滴定法约 8mL）。

ⅱ. 滴定终点的判定要明确，如选用指示剂法，除应考虑指示剂变色敏锐度外，还应考虑易得性。

ⅲ. 为了排除因加入其他试剂而混入杂质对测定结果的影响，以及便于剩余滴定法的计算，可将滴定的结果用空白试验校正。

b. 高效液相色谱法：高效液相色谱法主要用于抗生素或生化药物，或因所含杂质干扰测定而常规方法又难以分离或分离手段繁杂的化学药物，以及多组分抗生素的组分测定。一般采用外标法，常用的检测器为紫外检测器，常用的色谱柱填充剂为十八烷基键合硅胶。此方法所用的对照品必须纯度高、稳定性好。按《中国兽药典》一部高效液相色谱法操作。含量测定的方法中说明"色谱条件和系统适应性试验"要求，理论板数和分离度数值符合检测的最低要求。

c. 气相色谱法：气相色谱法因操作较为繁琐，测定的影响因素较多，结果偏差较大，不宜作为一般原料药的含量测定方法。但对于含杂质干扰其他含量测定方法，而药物本身又具有一定挥发性的原料药，是很有效的含量测定方法。

d. 紫外-可见分光光度法：紫外-可见分光光度法操作简便，灵敏度高，适用性强。常用对照品比较法、吸收系数法和比色法进行含量测定。当供试品本身在紫外-可见光区无强吸收，或在紫外区虽有吸收，但为了避免干扰（杂质）或提高灵敏度，可加入适当的显色剂显色后测定，这种比色法对操作条件要求很严格，否则误差会很大，但因其显色有专属性，在受杂质干扰较少时，可考虑用比色法。在不同实验室或不同仪器之间，对同一供试品溶液测得的吸光度有一定的偏差，其相对标准偏差应小于 1.5%，而吸收系数法因不同仪器，测定结果影响更大，因此对于原料药的含量测定，吸收系数法不是首选的方法，可采用对照品比较法。

选用吸收系数法要求：至少 2 台仪器不同分析人员使用同一均匀对照品测定，每台分别测定 3 个不同浓度的测定溶液（80%、100%、120%），每个浓度各分别制备 3 份溶液进行测定，并对 9 个测定结果进行评价，或将相当于 100% 浓度水平的供试品溶液，用至少 6 次的测定结果进行评价。供试品溶液浓度应使吸光度在 0～0.7 之间，并经计算使吸收系数大于 100。

e. 抗生素微生物检定法：通过检测抗生素对微生物的抑制作用，计算抗生素活性（效价）的方法。效价测定包括两种方法，即管碟法和浊度法。效价测定应考虑方法的选择性或专属性，以及生物反应与药效间的相关性，并考虑其鉴定结果的可信限率，通常情况下可信限率不得大于 5%。

（10）类别　按主要作用、主要用途或学科划分，列出药物的主要的、成熟的类别。

（11）贮藏　叙述对兽药包装与贮藏的基本要求。应根据兽药"性状"项下的描述并结合稳定性数据，选择合适的贮藏条件，以避免或减缓兽药在正常贮存期内的变质。对贮藏条件描述应使用兽药典凡例中专用名词术语。

9.3.2 制剂质量标准的建立

兽药制剂的质量研究，通常应结合制剂的处方工艺研究进行。质量研究的内容应结合不同剂型的质量要求确定，主要研究的项目包括性状、鉴别、检查和含量（效价）测定等方面。

9.3.2.1 名称

由原料药名和剂型名两部分组成。每一品种均应有中文名、汉语拼音和英文名。中文名：原料药名列于前，剂型名列于其后，复方制剂可采用以主药加剂型命名，并在药名前加"复方"二字，也可用有效成分药名并列加剂型名。

9.3.2.2 含量（或效价）限度

化学药制剂的含量，通常按照其原料药的分子式（包括结晶水和盐类药物的酸根或碱金属盐）进行计算，抗生素类制剂，一般均按其有效部分进行计算。含量限度的范围，是综合考虑剂型、主药含量多少、原料药的含量限度、制剂稳定性、生产过程和贮存期间可能产生的偏差和变化以及测定方法的误差等因素制订的。对含量限度叙述的要求：

① 制剂的含量限度均按标示量计算；

② 当标准中列有"处方"或未列"规格"时，则规定其浓度（％）或每一单元制品中含量的范围；

③ 粉针剂，除在检查项下列有"含量均匀度"的按平均含量计算或含量测定操作另有规定外，其余均按"装量差异"项下的平均装量计算。

9.3.2.3 性状

制剂性状主要是描述样品的外形和颜色。

注射液的颜色描述一般以黄色或黄绿色各号标准比色液为基准，浅于 1 号稀释一倍的为"无色"，介于 1 号、2 号之间的为"几乎无色"，介于 2 号、4 号之间的为"微黄色"，介于 4 号、6 号之间的为"淡黄色"，介于 6 号、8 号之间的为"黄色"。对颜色进行描述时，还应考察贮藏过程中性状是否有变化。

片剂应描述什么颜色的片剂或包衣片（包薄膜衣或糖衣），还应描述除去包衣后片心的颜色，如果是异形片（椭圆形、长条形等）应描述片的性状。有无刻痕或印字均应描述。

胶囊剂应对内容物的性状进行描述。

预混剂如果没有规定特殊工艺、专用辅料，可以不对性状进行描述。

9.3.2.4 鉴别

制剂的鉴别应采用灵敏度高、专属性强、操作较简便且不受辅料干扰的方法。鉴别试验一般至少采用两种以上的不同类方法，如化学法和 HPLC 法。鉴别方法的采用要求：

① 复方制剂中除应考虑辅料对鉴别的影响外，还应重视共存药物可能对鉴别造成的干扰。

② 某些制剂的主要含量低微，可采用专属性较强、灵敏度较高的薄层色谱法鉴别。

③ 制剂的红外鉴别操作繁琐，且制剂中大量辅料容易造成干扰，除非没有其他好的方法选择，一般不采用红外鉴别。

④ 制剂的含量测定采用高效液相色谱法、气相色谱法的，可以其保留时间作为鉴别；采用紫外-可见分光光度法的也可用最大吸收波长或特定波长间吸光度的比值作为鉴别。

9.3.2.5 检查

制剂直接用于动物疾病的防治，其质量控制应更为严格。各制剂需要制订的检查项目，除应符合《中国兽药典》附录中相应的"制剂通则"中的共性规定外，还应根据制剂的特性、工艺以及稳定性考察结果，制订其他的检查项目。

（1）含量均匀度　主要用于检查小剂量或单剂量的固体制剂、半固体制剂和非均相液体制剂的每个剂量单位中主要含量符合标示量的程度。片剂、胶囊剂或注射用无菌粉末中每个剂量单位标示量不大于 25mg 或主药含量小于剂量单位 25％，预混剂、粉剂主药含量小于 2％的，均应设含量均匀度检查项。按照《中国兽药典》一部附录"含量均匀度检查法"检查。

（2）溶出度与释放度　药物从片剂、胶囊剂或颗粒剂等固体口服制剂中在规定条件下溶出的速率和程度为溶出度，在缓释制剂、控释制剂、肠溶制剂、阴道用制剂等制剂中也称释放度。按《中国兽药典》一部附录"溶出度与释放度测定法"检查，凡检查溶出度或释放度的制剂，不再进行崩解时限的检查。药典收载三种测定方法，篮法和浆法最为常用，缓释制剂或控释制剂释放度测定选用第一法，肠溶制剂选用第二法，透皮贴剂采用第三法。试验应注明供试品测定采用的第几法以及仪器型号、溶出杯容积、内径、高度、溶出介质、溶出介质温度、仪器转速、取样时间等。

（3）杂质　制剂中的有机杂质与有关物质可能由原料药引入，也可能来源于贮存过程中产生的降解产物、高分子聚合物等。原料药中已经控制的杂质，在制剂中一般不再控制，所以制剂中主要控制的杂质是降解产物。

（4）pH 值或酸度、碱度及酸碱度　pH 值是注射液质量标准中必有的检测项目，其他液体制剂一般也会进行 pH 值检查。酸度、碱度及酸碱度用于注射用无菌粉末或其他固体制剂。

（5）生物安全性检查

① 异常毒性：指外源性毒性物质及意外的不安全因素，通常由生产过程中引入或其他原因所致，不同于药物本身的毒性特征。

标准中拟定的给药途径一般应与临床给药途径一致，水溶性的注射剂建议首选静脉注射给药，特殊品种可采用其他适宜方法。所有途径的给药方法均应在正文中注明。

② 细菌内毒素：利用鲎试剂来检测或量化由革兰氏阴性菌产生的细菌内毒素，以判定供试品中细菌内毒素的限量是否符合规定。

静脉给药的注射剂及要求热原和内毒素检查的制剂应设定细菌内毒素检查项。临床用药剂量较大的肌内给药注射剂也可考虑设立细菌内毒素检查项。

③ 微生物限度：是评价产品从原料到生产全过程微生物污染程度的主要依据。如果制剂中污染了微生物，不仅会降低药物的有效性，而且会对动物造成损害。因此必须尽可能使最终产品污染的微生物降到最低限度。

④ 无菌：是针对无菌工艺产品和最终灭菌产品的无菌性而建立的检查法。兽药微生物限度标准及包装中规定的无菌制剂，其质量标准应设定无菌检查法。

⑤ 热原：热原是注射进入人体或动物体后，能导致其体温升高的一类物质总称。对不宜进行内毒素检查的静脉给药的注射剂应设立热原检查项；临床用药剂量大的肌内给药注射剂应考虑设立热原检查项。

（6）含量测定 当其原料的含量测定方法不受制剂辅料的干扰，且较为简便时，制剂应首选与原料药相同的含量测定方法。

紫外-可见分光光度法具有操作简便、检测灵敏和适应性广等优点，可适用于制剂的含量测定，并可同时应用于含量均匀度和溶出度的测定。

单方或复方制剂，或主药为多组分的制剂，或需先经过复杂的分离除去杂质或赋形剂的干扰才能进行测定的品种，可选择高效液相色谱法或气相色谱法。

（7）作用与用途 药物所属的种类。

（8）用法用量 规定常用的给药方法及剂量。

（9）不良反应 如经验证的不良反应，应在质量标准中予以描述。

（10）休药期

（11）规格 制剂规格在 0.1g 以下的用"mg"为单位，0.1g 以上的用"g"为单位。

（12）贮藏

9.3.3 质量控制分析方法的验证

兽药质量标准分析方法验证的目的是判断采用的分析方法是否科学、合理，是否能有效控制产品的内在质量。建立兽药质量标准、兽药生产工艺变更、制剂的组分变更以及质量标准进行修订等情况下，分析方法均需要验证。

9.3.3.1 方法验证的原则

每个检测项目采用的分析方法均需要进行方法验证。

方法验证的内容应根据检测项目的要求，结合所采用分析方法的特点确定。

同一分析方法用于不同的检测项目会有不同的验证要求。采用高效液相色谱法鉴别制剂侧重要求验证的专属性，采用高效液相色谱法进行制剂的杂质定量试验应侧重要求验证的准确性、专属性和定量限。

9.3.3.2 验证的项目

验证的分析项目包括鉴别试验，限量或定量检查，原料药或制剂中有效成分含量测定，以及制剂中其他成分（如防腐剂、中药中的残留物等）的测定。兽药溶出度、释放度等检查中，其溶出量等的测试方法也应进行必要验证。

9.3.3.3 验证的指标

验证指标包括准确度、精密度（包括重复性、中间精密度和重现性）、专属性、检测限、定量限、线性、范围和耐用性。

（1）专属性 专属性系指在其他成分（如杂质、降解产物、辅料等）存在下，采用的分析方法能正确测定被测物的能力。鉴别反应、杂质检查和含量测定方法，均应考察其专属性。如方法专属性不强，应采用多种不同原理的方法予以补充。

① 鉴别 应能与可能共存的物质或结构相似化合物区分。不含被测成分的供试品，

以及结构相似或组分中的有关化合物，应均呈阴性反应。

② 含量测定和杂质检查　在杂质对照品可获得的情况下，对于含量测定，试样中可加入杂质或辅料，考察测定结果是否受干扰，并可与未加杂质或辅料的试样比较测定结果。对于杂质检查，也可向试样中加入一定量的杂质，考察各成分包括杂质之间能否得到分离。

在杂质或降解产物不能获得的情况下，可对含有杂质或降解产物的试样进行测定，与另一个经验证的方法或兽药典方法比较结果。也可用强光照射、高温、高湿、酸（碱）水解或氧化等方法进行加速破坏，以研究可能存在的降解产物和降解途径对含量测定和杂质测定的影响。含量测定方法应比对两种方法的结果，杂质检查应比对检出的杂质个数，必要时可采用光二极管阵列检测和质谱检测，进行峰纯度检查。

（2）线性　线性系指在设计的范围内，测试响应值与试样中被测物浓度呈比例关系的程度。

应在规定的范围内测定线性关系。至少制备5种不同浓度的对照品溶液。以测得的响应信号对被测物的浓度作图，观察是否呈线性，再用最小二乘法进行线性回归。必要时，响应信号可经数学转换，再进行线性回归计算。或者可采用描述浓度-响应关系的非线性模型。应列出回归方程、相关系数和线性图（或其他数学模型）。

（3）范围　范围系指分析方法能达到一定精密度、准确度和线性要求时的高低限浓度或量的区间。范围应根据分析方法的具体应用及其线性、准确度、精密度结果和要求确定。

原料药和制剂含量测定，范围一般为测试浓度的80%～120%；制剂含量均匀度检查，范围一般为测试浓度的70%～130%；溶出度或释放度中的溶出量测定，范围一般为限度的±30%，如规定了限度范围，则应为下限的－20%至上限的＋20%；杂质测定，范围应根据初步实际测定数据，拟订为规定限度的±20%。如果含量测定与杂质检查同时进行，用峰面积归一化法进行计算，则线性范围应为杂质规定限度的－20%至含量限度（或上限）的＋20%。

（4）**准确度**　准确度系指用该方法测定的结果与真实值或参考值接近的程度，通常用回收率表示。

① 含量测定　原料药采用对照品进行测定，或用本法所得结果与已知准确度的另一个方法测定的结果进行比较。制剂可在处方量空白辅料中，加入已知量被测物对照品进行测定。如不能得到制剂辅料的全部组分，可向待测制剂中加入已知量的被测物对照品进行测定，或用所建立方法的测定结果与已知准确度的另一种方法测定结果进行比较。对于对照品加入量与供试品含量之间的比例关系，建议化学药物高、中、低浓度加入量与所取供试品含量之比控制在1.2：1，1：1，0.8：1左右。

② 杂质定量测定　可向原料药或制剂处方量空白辅料中加入已知量杂质进行测定。如不能得到杂质或降解产物对照品，可用所建立方法测定的结果与另一成熟的方法进行比较，如兽药典标准方法或经过验证的方法。在不能测得杂质或降解产物的校正因子或不能测得对主成分的相对校正因子的情况下，可用不加校正因子的主成分自身对照法计算杂质含量。应明确表明单个杂质和杂质总量相当于主成分的质量比（%）或面积比（%）。

③ 校正因子　对色谱方法而言，绝对（或定量）校正因子是指单位面积的色谱峰代表的待测物质的量。待测物质与所选定的参照物质的绝对校正因子之比，即为相对

校正因子。相对校正因子计算法常应用于化学药物有关物质的测定。校正因子的表示方法很多，本指导原则中的校正因子是指气相色谱法和高效液相色谱法中的相对质量校正因子。

相对校正因子可采用替代物（对照品）和被替代物（待测物）标准曲线斜率比值进行比较获得；采用紫外吸收检测器时，可将替代物（对照品）和被替代物（待测物）在规定波长和溶剂条件下的吸收系数比值进行比较，计算获得。

（5）精密度　精密度系指在规定的测试条件下，同一份均匀供试品，经多次取样测定所得结果之间的接近程度。

在相同条件下，由同一个分析人员测定所得结果的精密度称为重复性；在同一个实验室，不同时间由不同分析人员用不同设备测定结果之间的精密度，称为中间精密度；在不同实验室由不同分析人员测定结果之间的精密度，称为重现性。

含量测定和杂质的定量测定应考虑方法的精密度。

① 重复性　在规定范围内，取同一浓度（相当于100%浓度水平）的供试品，用至少测定6份供试品的结果进行评价；或设计3种不同浓度，各测定3次，用9份供试品的测定结果进行评价。采用9份供试品测定结果进行评价时，一般中间浓度加入量与所取供试品待测成分量之比控制在1∶1左右，建议高、中、低浓度对照品加入量与所取供试品中待测成分量之比控制在1.2∶1，1∶1，0.8∶1左右。

② 中间精密度　考察随机变动因素如不同日期、不同分析人员、不同仪器对精密度的影响，应设计方案进行中间精密度试验。

③ 重现性　重现性系指不同实验室之间不同分析人员测定结果的精密度。

（6）检测限　检测限系指试样中被测物能被检测出的最低量。兽药的鉴别试验和杂质检查方法，均应通过测试确定方法的检测限。检测限作为限度试验指标和定性鉴别的依据，没有定量意义。常用的方法如下。

① 直观法　用已知浓度的被测物，试验出能被可靠地检测出的最低浓度或量。

② 信噪比法　用于能显示基线噪声的分析方法，即把已知低浓度试样测出的信号与空白样品测出的信号进行比较，计算出能被可靠地检测出的被测物质最低浓度或量。一般以信噪比为3∶1时相应浓度或注入仪器的量确定检测限。

（7）定量限　定量限系指试样中被测物能被定量测定的最低量，其测定结果应符合准确度和精密度要求。对微量或痕量药物分析，定量测定药物杂质和降解产物时，应确定方法的定量限。常用的方法如下：

① 直观法　用已知浓度的被测物，试验出能被可靠地定量测定的最低浓度或量。

② 信噪比法　用于能显示基线噪声的分析方法，即把已知低浓度试样测出的信号与空白样品测出的信号进行比较，计算出能被可靠地定量的被测物质最低浓度或量。一般以信噪比为10∶1时相应浓度或注入仪器的量确定定量限。

（8）耐用性　耐用性系指在测定条件有小的变动时，测定结果不受影响的承受程度，为所建立的方法用于日常检验提供依据。测定条件小的变动应能满足系统适用性试验的要求，以确保方法的可靠性。典型的变动因素有：被测溶液的稳定性、样品的提取次数、时间等。高效液相色谱法中典型的变动因素有：流动相的组成和pH值，不同品牌或不同批号的同类型色谱柱、柱温、流速等。气相色谱法变动因素有：不同品牌或批号的色谱柱、固定相、不同类型的担体、载气流速、柱温、进样口和检测器温度等。

参考文献

[1] 中国兽药典委员会．中华人民共和国兽药典 2015 年版一部[M]．北京：中国农业出版社，2016.

[2] 农业部兽药评审中心．兽药研究技术指导原则汇编（2006—2011 年）[M]．北京：化学工业出版社，2012.

[3] 国家药典委员会．中国药典分析检测技术指南[M]．北京：中国医药科技出版社，2017.